2. Auflage

Das Wissen für den Profi

PROJEKTMANAGEMENT

vdf Hochschulverlag
AG an der ETH Zürich

2. Auflage

Das Wissen für den Profi

PROJEKTMANAGEMENT

BRUNO JENNY

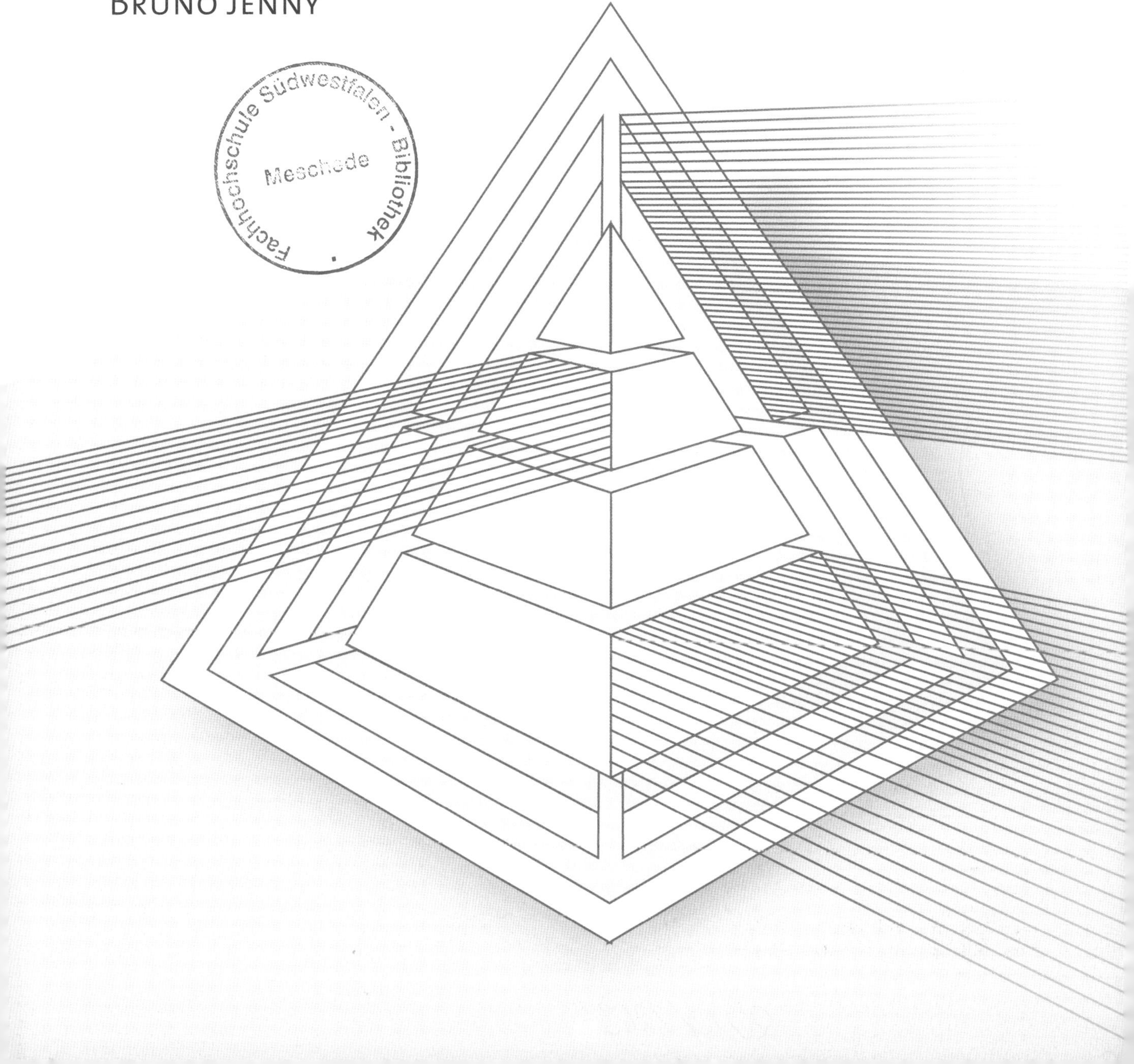

Bibliografische Information der Deutschen Nationalbibliothek

Die Deutsche Nationalbibliothek verzeichnet diese Publikation in der Deutschen Nationalbibliografie; detaillierte bibliografische Daten sind im Internet über http://dnb.d-nb.de abrufbar.

ISBN 978-3-7281-3290-1

1. Auflage 2009
2., durchgesehene und aktualisierte Auflage 2010

Vorwort

„Ah, Sie sind der Mann mit der Peitsche!", wurde ich vor nur wenigen Jahren in einem Team begrüsst, als ich mich bei der Vorstellung als Projektmanager zu erkennen gab. Das war zwar nicht ganz ernst gemeint, charakterisierte aber in wenigen Worten die weit verbreitete Vorstellung, dass Projektmanager in erster Linie die Teammitglieder zum schnelleren Arbeiten antreiben.

Zum Glück wird die Rolle des Projektmanagers mittlerweile weitaus differenzierter gesehen. Zu seinen Aufgaben gehören nicht nur die traditionellen Aufgabenbereiche wie Planung, Überwachung und Steuerung, sondern auch viele weitere anspruchsvolle Verantwortungen wie z.B. das Stakeholdermanagement, das Risikomanagement oder das Wissensmanagement.

Darüber hinaus entwickelte sich auch die Position des Projektmanagers im Unternehmen selbst weiter. Projekte sind in zunehmendem Masse Umsatzträger und entscheiden über den Geschäftserfolg. Projektleiter sind damit nicht nur für das Ergebnis ihres Vorhabens, sondern für das des ganzen Unternehmens mitverantwortlich. Und deshalb sollten sie mehr können, als nur die Peitsche zu schwingen. Die rasant steigende Zahl der Zertifizierungen für Projektmanager spiegelt den daraus resultierenden Bedarf an qualifizierten Projektmanagern wider.

Die globale wirtschaftliche Entwicklung lässt diesen Bedarf zudem drastisch anwachsen:

- Der Faktor Zeit wird immer mehr zum wettbewerbsentscheidenden Faktor für Produktentwicklungen.
- Noch nie gab es weltweit so viele Infrastrukturprojekte zum Bau von Strassen, Flughäfen oder Kraftwerken.
- Die grossen globalen Herausforderungen wie z.B. Klimawandel, Hunger oder Energieknappheit können nur mit internationalen Projekten in Angriff genommen werden.

Es ist an der Zeit, dass Projektmanagement volljährig wird. Das Entstehen der internationalen PM-Norm ISO 21500 „Guide to Project Management" gibt dafür ein erstes Hoffnungszeichen. Projektmanagement tritt aus dem Schatten des Qualitätsmanagement heraus. Ergebnisse müssen nicht nur gut sein, sondern sie müssen auch pünktlich und im Kostenrahmen geliefert werden.

Bruno Jenny begleitet seit vielen Jahren das Projektmanagement auf dem Weg zur Volljährigkeit. In seinen Büchern stellt er den State of the Art im Projektmanagement zusammen und bereitet dieses Know-how für Projektmanager auf. Zu seinen wesentlichen Leistungen dabei zählt, dass er – vielleicht ist dies eine typisch schweizerische Eigenheit – die geltenden Standards berücksichtigt und mit internationalem Horizont aus den verschiedenen Ansätzen ein konsistentes Gesamtkonzept erstellt.

Schon in früheren Werken erweiterte er die Dimension des Projektmanagements über die Sammlung von Methoden hinaus, indem er Systemtheorie und Kybernetik als dessen Basiswissenschaften darstellte. Bereits damit mutete er seinen Lesern einiges an Denkarbeit zu – schliesslich ist es einfacher, Formulare auszufüllen als Systemgrenzen zu bestimmen.

In dem hier nun vorliegenden „Opus Magnum" geht Jenny noch einen Schritt weiter. Mit dem Konzept der „Projektmanagement-Governance" (pmg) rückt er Projektmanagement in den Fokus der strategischen Unternehmensführung. Hier wird Widerspruch nicht ausbleiben. Schliesslich wird in vielen Unternehmen Projektmanagement noch immer nicht als unternehmerisches Handlungsmodell angesehen. Damit macht Projektmanagement-Governance radikal Schluss: Jedes Projekt muss zum Gewinn des Unternehmens beitragen und umgekehrt muss das Unternehmen seine Projekte bedarfsgemäss mit Ressourcen ausstatten. Jennys ausführliche Darstellung der PM-Governance erschliesst sich dem Leser nicht sofort – es ist aber die Mühe wert, dieses Kapitel mehrfach durchzuarbeiten. Allerdings werden nur PM-Profis die neue Dimension von pmg in ihrer Tragweite erfassen: PM-Governance stellt eine gemeinsame, schlüssige Basis dar für Projektportfoliomanagement, Programm-Management und Unternehmensweites Projektmanagement. In einer von pmg geprägten Projektkultur sind Projekte nicht mehr Spielball der Unternehmenspolitik, sondern tragende Unternehmenswerte. Und Projektmanagement ein volljähriges und vollwertiges Mitglied der Managementdisziplinen.

„Projektmanagement. Das Wissen für den Profi" ist einerseits wie ein Schweizer Taschenmesser, das mit seinem beeindruckenden Umfang für alle Situationen ein passendes Werkzeug bereit hält. Andererseits ist es aber auch ein anspruchsvolles Buch, das gerade dem langjährigen Profi viele Denkanstösse bietet.

im Juli 2008

Dr. Georg Angermeier

Dank

Es ist unmöglich, neben der täglichen Arbeit 900 Seiten zu schreiben, wenn nicht ein Umfeld existieren würde, das einem hilft. Es sind dies grosse wie kleine Helfer, die ein solches Buch ermöglichen; jeder in seiner Funktion, in seiner Kompetenz und in seiner Art ein wichtiger Stakeholder. Der wichtigste Stakeholder – ein Promoter, ein Kritiker im richtigen Zeitpunkt, auch ein Bremser, ein Helfer sondergleichen – ist meine Frau Kathrin. Ihr muss und darf ich meinen grössten Dank aussprechen.

Ein Dank auch an Stefan Burch, der in seinen jungen Jahren, neben seinem Studium, mit seiner Unterstützung viel kognitive Kompetenz aufgebaut hat und mir half, das Buch aus einem rein theoretischen Blickwinkel immer und immer wieder zu hinterfragen. So hat er seine Semesterarbeit dem Thema Projektmanagement-Governance gewidmet, was zu sehr interessanten Diskussionen führte. Ein Dank darf ich speziell auch Roland Heini aussprechen, der mich nicht nur als fachlichen Lektor unterstützte; er hat auch während der intensiven Schreibzeit sehr gute Führungsarbeit in unserer Firma geleistet und mich so wesentlich entlastet.

Einen weiteren speziellen Dank möchte ich Peter U. Meier widmen. Er ist ein harter konstruktiver Kritiker, der die Disziplin Projektmanagement so, wie sie sein sollte, versteht. Seine roten Bemerkungen bleiben mir in nachhaltiger Erinnerung. Einige davon haben mich fast zur Verzweiflung gebracht. Aber ohne sie hätte ich nicht den Mut gehabt, das eine oder andere über Bord zu werfen oder neu aufzubauen.

Ein grosses Dankeschön für die unzähligen Diskussionen, Anregungen und Feedbacks möchte ich Stefan Marty, Kurt Tschanz, Werner Schmid, Colinda Kürschner (die mir die Wichtigkeit der Integrierten Unternehmenskommunikation klar verdeutlicht hat), Michael Probst, René Schwab, Hanspeter Zurbrügg, Theo Schmid, Luzia Christen, Debora Stocker, Daniel Hack, Thomas Meyer, Jost Windlin, Stefan Iseli sowie Markus Tremp (der ein absoluter Spezialist der komplizierten SIA-Normen ist) aussprechen.

Den Mitarbeitern und Mitarbeiterinnen des vdf-Verlags, vor allem Herrn Schärer und Frau Rodlauer, gebührt grosser Dank. Sie haben in der Gestaltung des Buches wie auch bezüglich des Lektorats grosse Unterstützung geleistet.

Weiterer Dank gehört auch wieder meinen Schülern und Kunden. Sie drehen, schleifen dauernd an meinen Gedanken und holen mich immer wieder von der schönen Theorie in den harten und spannenden Projektalltag zurück.

Inhaltsübersicht

Inhaltsverzeichnis

6 Teammanagement 474

11 Konfigurationsmanagement 712

Anhang 743

Teil 1: Einleitung

Aus Gründen der besseren Lesbarkeit wurde in diesem Buch nur die männliche Form verwendet. Leserinnen werden dadurch selbstverständlich nicht ausgegrenzt.

Trotz hochqualifizierter Unterstützung, trotz x-fachem Durchlesen gibt es gerade bei einem so spannenden und sich verändertem Thema wie dem Projektmanagement Punkte, die man optimieren kann, sei es in der Darstellung, sei es in der Schreibweise. Liebe Lesende: Für das direkte Feedback und Anregungen zur Optimierung dieses Buches darf ich mich recht herzlich bedanken. Dafür steht die E-Mail-Adresse Feedback@spol.ch zur Verfügung.

I. Motivation des Autors

Ein Buch für PM-Profis, das war ganz klar das Ziel dieses Buches. Was benötigt ein Profi, um Profi in der Disziplin Projektmanagement zu sein, oder auch: Was benötigt ein Profi nicht mehr, was ein Nicht-Profi noch benötigt? Was macht einen Profi aus, und ab wann ist man ein Profi?

All diese Gedanken beschäftigten mich während des Schreibens. Herausgekommen ist dieses über 900 Seiten dicke Nachschlagewerk und Lehrmittel, mit dem ich das Ziel verfolgt habe, das Projektmanagement in einer umfassenden, aber doch einfachen Form zu beschreiben, um damit die Abhängigkeiten und das Zusammenspiel der verschiedenen Elemente in einem Projektmanagement-System aufzuzeigen. Im Weiteren war mein Ziel, aktuelle Themen wie z.B. PM-Governance, Stakeholdermanagement oder projektbezogenes Lieferantenmanagement zu thematisieren und für den PM-Profi so aufzubereiten, dass er nicht unbedingt ein Spezialist in dieser Thematik wird, aber doch im Sinne eines Nachschlagewerks die notwendige Unterstützung findet. Dies wird je länger je mehr zur Notwendigkeit, da sich die Segmentierung und Spezialisierung auch in den anverwandten Gebieten des Projektmanagements weiterentwickelt; zudem hat die Bedeutung des Projektmanagements in allen Unternehmungen massiv zugenommen. „Erfolgreiche Projekte" heisst mehr und mehr auch „erfolgreiches Unternehmen". Oder anders ausgedrückt: Misserfolge im Projektumfeld können sich Unternehmen heute nicht mehr erlauben und morgen nicht mehr verkraften.

Im Bereich des Projektmanagements werden in den Unternehmen deshalb in Zukunft für den erfolgreichen Wandel und die notwendige Innovation Profis gefordert, welche die verschiedenen Projektmanagement-Methoden und -Thematiken „aus dem Effeff" beherrschen, dank ihrer Sozialkompetenz auf die Bedürfnisse des Projektumfelds einzugehen wissen und mit ihrer Zielstrebigkeit und Beharrlichkeit die Zielsetzung des Projekts zusammen mit dem Team erreichen können.

Ein Profi zeichnet sich somit nicht dadurch aus, dass er ein möglichst grosses Projekt führt. Man erkennt ihn daran, dass sein Handeln situationsbezogen ist. Er kann durch sein methodisch qualifiziertes Rüstzeug kalkuliert Risiken eingehen, dank seiner Sozialkompetenz brachliegende Leistungen aus dem Team herausholen und ist aufgrund seiner Selbstkompetenz ein Vorbild für sein Team und das Umfeld.

Ein PM-Profi hat Freude an der Herausforderung, die ihn an die Leistungsgrenzen bringt, weil er sich so weitere Kompetenzen aneignen kann. Ein Profi versteckt sich nicht hinter der Theorie, sondern setzt die Theorie zum Nutzen der Effizienz und schlussendlich der persönlichen Effektivität ein. Für ihn habe ich dieses Buch geschrieben: Es soll ihm helfen, den einen oder anderen Lösungsansatz zu finden, um so die neuen Leistungsgrenzen optimaler auszuloten. Das Buch soll den Profi dazu bewegen Leistungen zu bringen, die ihn selbst motivieren und auf die er stolz sein kann.

Bruno Jenny

„Wer andauernd begreift, was er tut, bleibt unter seinem Niveau."
Martin Walser (*1927), dt. Schriftsteller

II. Buchaufbau

Der Aufbau des Buches orientiert sich an der Hauptabbildung des Projektmanagement-Systems und gliedert sich in fünf Teile. Die Einleitung zu Teil 1 hilft, das Buch effizient durchzuarbeiten.

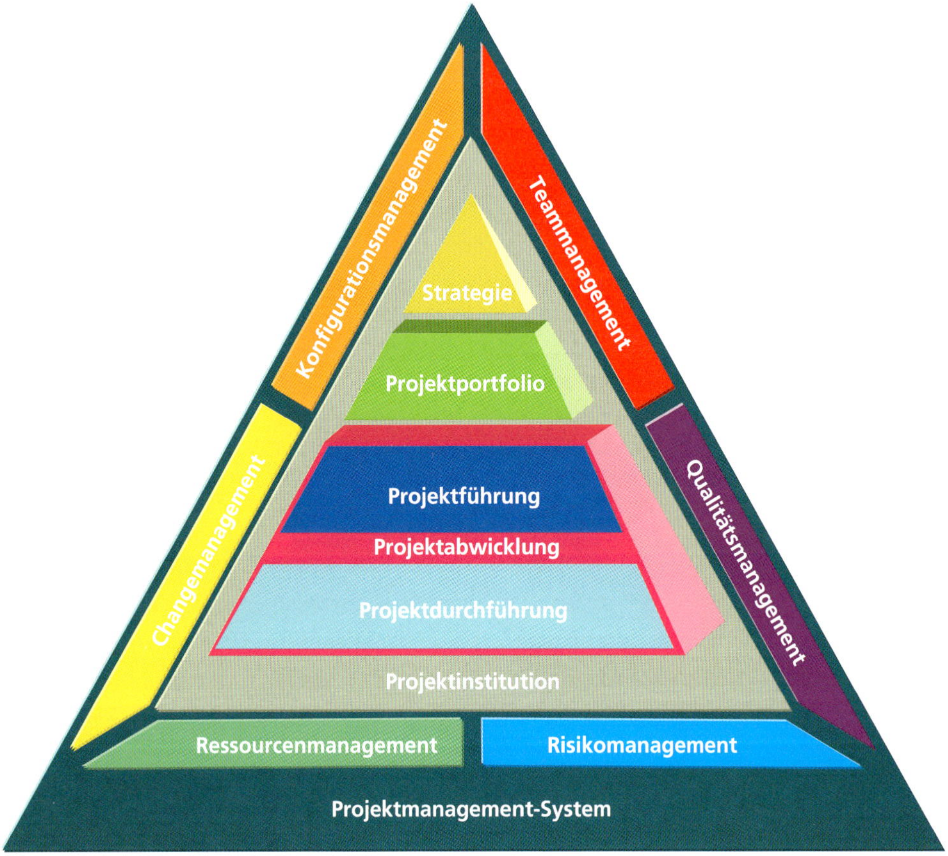

Abb. II.01: Das Projektmanagement-System

Aus der Abbildung II.01 ist ersichtlich, dass das PM-System aus mehreren Elementen besteht, dessen Zentrum eine Pyramide bildet. Das PM-System als Ganzes und die dazu notwendigen theoretischen Grundlagen werden im zweiten Teil dieses Buches beschrieben. Die Beschreibung der hierarchischen Ebenen (Projektportfolio und Projektabwicklung, bzw. Projektführung und Projektdurchführung) sowie der dahinterstehenden notwendigen Organisation (Projektinstitution) erfolgt im dritten Teil des Buches. Im vierten Teil wird auf die weiteren PM-Systemelemente (Teammanagement, Qualitätsmanagement etc.) eingegangen, die jeweils mit Bezug zur analogen Unternehmensdisziplin zu verstehen sind. Im fünften Teil, dem „Anhang", werden die wichtigsten Techniken, Qualitätsmanagement-Modelle und Lieferobjekte des Projektmanagements aufgeführt.

Die einzelnen Elemente des PM-Systems (bzw. Kapitel) werden im Folgenden kurz beschrieben, damit der Leser einen Überblick über das ganze PM-System (bzw. Buch) erhält.

Kapitel 1 „Projektmanagement-System"

In diesem Kapitel wird das gesamte Projektmanagement-System überblicksmässig beschrieben. Es wird dabei ausführlich auf die Begriffe „Projekt" und „System" eingegangen. Auf diesen Begriffen aufbauend, werden die Basiselemente des Projektmanagement-Systems beschrieben. Hier wird unter anderem auf die Bedeutung und die Zusammenhänge der Strategie, des Projektportfolios und der Projektabwicklung eingegangen.

Kapitel 2 „Projektinstitution"

Jedes Projekt benötigt projekteigene Führungsstrukturen. Dabei bildet die Projektinstitution den sogenannten flexiblen und effizienten strukturellen Ordnungsrahmen, der alle Elemente des PM-Systems betrifft bzw. verbindet. In diesem Kapitel werden nicht nur die in der Praxis oftmals in direkte Verbindung gebrachten organisatorischen Aufbaustrukturen, sondern auch die institutionellen Werte des Informations-, Kommunikations- und Dokumentationssystems erläutert.

Kapitel 3 „Projektportfolio"

Um in einem Unternehmen oder in einer grösseren Abteilung alle Projekte aus einer Gesamtsicht zu managen, wird das Projektportfolio (oder Multiprojekting) eingesetzt. Ohne diesen über alle Projekte erstellten Überbau besteht die Gefahr, dass zwar jedes einzelne Projekt in sich seinen Wert erfüllt, sich aber nicht die gewünschte unternehmensweite Wirkung hinsichtlich Wirtschaftlichkeit, Strategiebeitrag etc. entfaltet. Das für das Projektportfolio zuständige Projektportfolio-Board bedient somit das „Gaspedal" und die „Bremse" des Projektmanagement-Systems respektive sorgt für die im Unternehmen stattfindende Innovation und Wandlung.

Kapitel 4 „Projektführung"

Projekte starten, Projekte planen, Projekte steuern und kontrollieren sowie Projekte abschliessen: Das alles gehört zur Projektführung. Insbesondere das Planen sowie das projektinterne Controlling (Steuern und Kontrollieren) sind Aufgaben, die bis zum Projektabschluss je nach Projektumfang periodisch oder fortlaufend gemacht werden müssen. Sie stellen somit keine einmaligen Tätigkeiten dar. Es ist vorwiegend der Projektleiter, der diese Managementtätigkeiten wahrnimmt. Das Element Projektführung im PM-System hat das Ziel, dass ein Projekt geplant und kontrolliert abgewickelt wird.

Kapitel 5 „Projektdurchführung"

Die Projektdurchführung hat die Aufgabe, das Projekt konkret umzusetzen, und beginnt (wie die Projektführung) beim Projektstart. Einerseits ist der Projektstart sehr stark von Führungsaufgaben geprägt, andererseits müssen aber bereits beim Start schon konkrete Durchführungsaufgaben von den Projektmitarbeitern wahrgenommen werden. Dieses Zusammenspiel von Projektführung und Projektdurchführung erstreckt sich über die ganze Projektabwicklung. Um dieses Zusammenwirken zu unterstützen, sind die Projektarbeiten methodisch gestützt und in Phasen gruppiert.

Kapitel 6 „Teammanagement"

Erfolgreiches Arbeiten in Teams verlangt auf der psychologischen und der soziologischen Ebene ein professionelles Handeln. Dies betrifft nicht nur die Bildung und Führung eines Teams, sondern auch dessen Auflösung. Ein Projektleiter muss unter anderem die Fähigkeit besitzen, die Stärken des Teams und der einzelnen Teammitglieder zu erkennen und diese gezielt einzusetzen. Das team- und leistungsfördernde Arbeiten mit den Mitarbeitern und Beteiligten wird als Teammanagement bezeichnet.

Kapitel 7 „Qualitätsmanagement"

Das Projektmanagement-System enthält in all seinen Elementen einzelne (zum Teil sehr kleine) Qualitätswerte. Werden diese Werte aggregiert und wird das Ergebnis isoliert betrachtet, sieht man die Projektabwicklung durch die „QM-Brille". Das Ziel des Qualitätsmanagements ist, Fehlleistungen möglichst zu verhindern und jede Qualitätsabweichung in einem Projekt rasch zu erkennen und durch geeignete Massnahmen zu beseitigen, sodass die Qualitätsvorgaben erfüllt werden.

Kapitel 8 „Risikomanagement"

Das Risikomanagement gilt im Projektmanagement-System als wichtiges Element. Mit dieser Führungsdisziplin werden die Risiken für ein Vorhaben vor und während des Projekts qualifiziert, quantifiziert und gemanagt. Ziel des Risikomanagements ist es, neben dem Identifizieren, Analysieren, Vorsorgen und Beseitigen von möglichen Gefahren auch die Faktoren für den Projekterfolg zu definieren und während der Abwicklung sicherzustellen. In diesem Kapitel wird auch erläutert, was Projekterfolg ist und wie man die Projektzielsetzung via Erfolgsfaktoren erreichen kann.

Kapitel 9 „Ressourcenmanagement"

Im Ressourcenmanagement werden neben dem eigentlichen Managen der Einsatzmittel (Personal- und Betriebsmittel) und der Finanzmittel auch das Vertrags-, das Lieferanten- und das Beschaffungsmanagement beschrieben. Diese Thematik wird, je enger die Gewinnmargen der Unternehmen werden, mehr und mehr zum absoluten Erfolgsfaktor jedes Projekts. Nicht nur die richtige Menge und die benötigte Fähigkeit von Personalmitteln stehen dabei im Vordergrund, sondern auch der qualifizierte Umgang mit den Lieferanten und deren Verträgen.

Kapitel 10 „Changemanagement"

Das Changemanagement befasst sich mit den Veränderungsprozessen, die eine Firma, eine Abteilung oder auch nur einzelne Personen aufgrund des Projekts durchlaufen müssen. Mittels der Projektabwicklung wird primär nur die funktionale Veränderung bewirkt. Ein zusätzlich qualifiziert eingesetztes Changemanagement hingegen bewirkt, dass sich die betroffenen Personen von den alten Prozessen, Strukturen oder Produkten lösen und gut in die neuen Gegebenheiten integrieren respektive das Neue adaptieren können. Dabei ist ein gutes Stakeholdermanagement, Informations- und Kommunikationsmanagement sowie Projektmarketing hilfreich.

Kapitel 11 „Konfigurationsmanagement"

Ein weiteres, nicht zu unterschätzendes Element in der Projektabwicklung ist das Konfigurationsmanagement. Sein Ziel ist es, alle in einem Projekt benötigten und zu erstellenden Lieferobjekte in Abgrenzung zum Produktsystem-Lebenszyklus zu erfassen, zu ordnen und zu dokumentieren, damit die Möglichkeit besteht, alle Änderungen eines Lieferobjekts stets kontrollieren zu können. Das Konfigurationsmanagement bildet mit den Hauptkomponenten Scope- und Änderungsmanagement somit die Grundlage der Projektfortschritts-Bewertung.

Anhang

Im Anhang befindet sich eine Erläuterung von diversen Projektführungstechniken, die in den vorhergehenden Kapiteln aufgeführt wurden. Ferner gibt es ein Kapitel über die Projektmanagement-Institutionen IPMA und PMI bzw. deren Kompetenzfelder, eine Übersicht über vorhandene Qualitätssysteme sowie eine vollständige Aufführung der beschriebenen Lieferobjekte. Ferner befinden sich im Anhang ein Definitionsverzeichnis, das Stichwortverzeichnis, ein Literaturnachweis sowie zwei Korrelationslisten von IPMA- und PMI-Kompetenzen zu Thematiken dieses Buches.

III. Buchnavigation

Das zweiteilige Inhaltsverzeichnis, das umfassende Stichwortverzeichnis, der durchgängig eingesetzte Farbcode für jede Hauptthematik sowie weitere Hilfsmittel zur Lese- und Lernunterstützung ermöglichen einen schnellen Zugriff. Des Weiteren wurde das Buch so aufgebaut, dass es im Selbststudium von vorne nach hinten oder modular in Etappen durchgelesen bzw. durchgearbeitet werden kann.

Farbcode

Um die Vernetztheit des Projektmanagement-Systems aufzuzeigen, wurde ein klar definierter Farbcode aufgebaut, der sich über das ganze Buch erstreckt. So wurde jedem Element des PM-Systems bzw. jedem Kapitel eine eigene Farbe zugeordnet (siehe Abbildung II.01). Wird in einer Abbildung eine andere Farbe als die Kapitelfarbe verwendet, so ist diese kapitelverknüpfend, im Konsens des gesamten Projektmanagement-Systems zu verstehen.

Lieferobjekte

Am Ende der Hauptkapitel 3 bis 11 werden die im jeweiligen Kapitel erläuterten wichtigen Lieferobjekte übersichtsmässig aufgeführt. Diese Lieferobjekte des Projektmanagement-Systems werden etwas ausführlicher im Anhang C erläutert.

Lernziele

Vor jedem Hauptkapitel werden Lernziele aufgeführt, die kurz angeben, was man bei sorgfältigem Durcharbeiten des Kapitels lernen kann. Sie sollen eine kleine Hilfestellung geben, auf welche Punkte besonderes Augenmerk gerichtet werden sollte.

ICB 3-Kompetenzen

Die International Project Management Association hat die Kompetenzen eines Projektleiters zusammengestellt. Die sogenannten ICB 3 (IPMA Competence Baseline) bilden die Kompetenzrichtlinien der IPMA-Zertifizierung. Diese Kompetenzen wurden in einer Tabelle ganz am Schluss dieses Buches soweit machbar in Verbindung mit den Ausführungen dieses Buchs gebracht.

PMI-Kompetenzen

Das Standardwerk „A Guide to the Project Management Body of Knowledge" (PMBOK® Guide) [PMI 2008] ist ein global anerkannter Standard für die Projektführung im heutigen Wettbewerbsumfeld und bildet zugleich die Kompetenzrichtlinien der PMI-Zertifizierung. Diese Kompetenzen wurden in einer Tabelle ganz am Schluss dieses Buches soweit machbar in Verbindung mit den Ausführungen dieses Buchs gebracht.

Internetunterstützung

Den Stoff zu lesen, ist das Eine; ihn anwenden zu können, das Andere. Deshalb wird zu diesem Buch ein Lerninstrument zur Verfügung gestellt, mit welchem das neu erarbeitete Wissen trainiert werden kann. Um die Aufgaben und Lösungen immer auf dem neuesten Stand zu halten und laufend ausbauen zu können, befindet sich dieses Lerninstrument auf der Homepage der SPOL AG unter http://www.spol.ch.

IV. Fallbeispiel „Reise-Flash AG"

Zur besseren Verständlichkeit der theoretischen Ausführungen zieht sich, soweit möglich und sinnvoll, in den Abbildungen ein in sich konsistentes Fallbeispiel durch das ganze Buch: die Reise-Flash AG.

Der Tourismusmarkt ist in den letzten Jahren nur sehr langsam gewachsen. Auf allen Ebenen herrscht starker Wettbewerb. Diese Wandlung hat mehrere Ursachen. Zum einen sind die Konsumenten preisbewusster geworden, und zum anderen haben politische Spannungen in diversen Destinationsländern Auswirkungen auf den Markt gezeigt. Aber auch die Ansprüche seitens der Konsumenten sind stark gestiegen. Dies wirkt sich vor allem auf die Qualität der Produkte und Dienstleistungen aus. Im Fallbeispiel geht es um eine Unternehmung (Reise-Flash AG), die trotz dieser harten Wettbewerbsbedingungen ihren Marktanteil ausbauen möchte. Damit dies möglich ist, passt sie sich der Marktsituation flexibel an und versucht konsequent, ihren Kundenstamm und Marktanteil durch neue interessante Angebote zu erweitern. Das einstige Familienunternehmen hat heute ein Organigramm, das einem Kleinkonzern ähnelt. Um jedoch das Fallbeispiel möglichst einfach und übersichtlich zu halten, wurde das Unternehmensorganigramm etwas vereinfacht.

Abb. III.01: Organigramm der Reise-Flash AG

Die Reise-Flash AG verfügt über hervorragende Mitarbeiter. Einer davon ist der engagierte Reiseagent Tobler. Er arbeitet seit zwölf Jahren firmenbewusst im Reisebüro. Erst kürzlich hatte er wieder einmal eine geniale Produktidee, mit der die Reise-Flash AG Marktanteile gewinnen bzw. ausbauen könnte. Seine Überlegung war, ob es nicht sinnvoll wäre, ein Pauschalangebot „Weltreise" zu offerieren: „Pauschwelt". Er selbst hat Erfahrung mit dem Organisieren einer Weltreise, da er zusammen mit einem Kunden, der Familie Gloor, erst kürzlich vollumfänglich eine Weltreise geplant hat (siehe Buch „Projektmanagement – Das Wissen für eine erfolgreiche Karriere"). Dies ist jedoch nur eines von vielen Projekten, welche die Reise-Flash AG führt, um ihre Marktanteile auszubauen.

Das zentrale Projekt Nr. B, „Pauschwelt", wurde aufgrund seiner für das Unternehmen relevanten Grösse und Besonderheit in die drei Teilprojekte „Produktentwicklung", „Marketinglancierung" und „Informatikintegration" unterteilt. Dies gibt für Dozierende die Möglichkeit, je nach Zielpublikum spezifische Fallbeispiele aufzubauen.

V. Projektmanagement-Zertifizierung

Bereits sehr früh in den 80er-Jahren hat die Entwicklung gezeigt, dass das Managen des Innovations- und Veränderungsmanagements nach Spezialisten verlangt. Lange allerdings haben Führungspersonen diese Funktion noch nebenbei erledigt. Mittlerweile sind diese Zeiten in erfolgreichen Unternehmen endgültig vorbei. Die Aufgabe hat sich zu einer konkreten Rolle, sprich zu einem Beruf entwickelt: dem Projektleiter!

Zu Recht haben viele Unternehmungen nach einer „greifbaren" Professionalität in diesem Bereich gefragt. Hieraus sind weltweit neben vielen anderen Initiativen die zwei Institutionen PMI (Project Management Institute) und IPMA (International Project Management Association) gewachsen. Beide Institutionen arbeiten bei der Umsetzung ihrer Zertifizierungen und Standards mit Ausbildungsanbietern zusammen und ermöglichen auf diese Weise eine Zertifizierung für alle Projektbeteiligten. Zurzeit gibt es mehrere Hunderttausend zertifizierte Projektleiter weltweit, die jährliche Wachstumsrate beträgt ungefähr 20%. Eine Zertifizierung des Projektleiters ist aus zweifacher Hinsicht zu begrüssen. Einerseits gibt es einem Unternehmen bzw. einem Auftraggeber eine gewisse Sicherheit, wenn der Projektleiter über das notwendige Wissen und Know-how im Projektmanagement verfügt. Andererseits stellt es auch für den Projektleiter einen Wert dar, da er durch eine internationale Zertifizierung ausweisen kann, dass er in der Lage ist, ein Projekt erfolgreich zu leiten.

Die PMI-Zertifizierung

Die PMI-Zertifizierung, die mittels eines Multiple-Choice-Tests gemacht werden kann, ist vor allem in den USA verbreitet, befindet sich aber weltweit auf dem Vormarsch. Die Zertifizierung erfolgt auf drei Ebenen:
1. PgMP (Program Management Professional),
2. PMP (Project Management Professional),
3. CAPM (Certified Assistant in Project Management).

Das Project Management Institute ist die weltweit grösste Non-Profit-Organisation für professionelles Projektmanagement mit über 400'000 Mitgliedern. Gleichzeitig ist es der globale Leader in der Entwicklung von Standards für die Projektmanagement-Praxis. Das Standardwerk „A Guide to the Project Management Body of Knowledge" (PMBOK® Guide) [PMI 2008] ist ein global anerkannter Standard für die Projektführung im heutigen Wettbewerbsumfeld und bildet zugleich die Kompetenzrichtlinien der PMI-Zertifizierung (☞ Anhang B.2 „PMBOK® Guide"). „Organizational Project Management Maturity Model" (OPM3) ist ein weiterer von PMI definierter Standard. Seit 1984 widmet sich das PMI der Entwicklung eines professionellen Zertifikationsprogramms. Folgende Gründe können angeführt werden, um eine Zertifizierung nach PMI-Standards zu erwerben:
- weltweit anerkannte Zertifizierung, bei der jeder nach den gleichen PM-Prozessen uns somit einheitlicher Terminologie arbeitet;
- projektorientierter Export von Produkten in die USA;
- Realisation von Projekten in den USA;
- die Kunden fordern eine PMI-Zertifizierung;
- das Unternehmen kann sich an die einzuhaltende PMI-Terminologie ausrichten;
- der Arbeitgeber/das Unternehmen ist PMI-orientiert.

Die IPMA-Zertifizierung

Die IPMA-Zertifizierung, welche ab Level C auch auf die Handlungskompetenz prüft, ist vor allem in Westeuropa mit starkem Trend nach Osten verbreitet. Sie ist aber auch in den USA vertreten. Die Zertifizierung erfolgt auf vier Ebenen nach dem Four-Level-Certification-(4-L-C)-System:

A. Zertifizierter Projektdirektor, „Projects Director"
B. Zertifizierter Senior Projektmanager, „Senior Project Manager"
C. Zertifizierter Projektmanager, „Project Manager"
D. Zertifizierter Projektmanagement-Fachmann „Project Management Associate"

Die International Project Management Association umfasst heute über 40 nationale Projektmanagement-Vereinigungen mit mehr als 40 000 Mitgliedern. Eine der wichtigsten Eigenschaften der IPMA ist die Entwicklung von vernetzten nationalen Vereinigungen, die den spezifischen Entwicklungsbedürfnissen eines jeden Landes in der heimischen Sprache Rechnung tragen. Dies ermöglichte ihr, zur international führenden Förderin von Projektmanagement zu werden. Die sogenannten ICB (IPMA Competence Baseline) bilden die Kompetenzrichtlinien der IPMA-Zertifizierung (☞ Anhang B.1.1 „IPMA Competence Baseline 3, ICB3"). In diesen werden nicht nur die Projektmanagement-Kompetenzen beschrieben, sondern es wird auch eine allgemeine Beurteilungsstruktur (Taxonomie) für die PM-Zertifizierung geliefert. Bei der Gestaltung ihrer National Competence Baseline (NCB) haben die Mitgliedsländer einen genau definierten Freiraum gegenüber der ICB für die Einbindung von nationalen und kulturellen Besonderheiten.

Folgende Gründe können angeführt werden, um eine Zertifizierung nach den Standards der IPMA zu erwerben:

- allgemeine Anerkennung und Wertschätzung des Projekt-Know-hows;
- Zertifizierung, die nicht nur auf Theorie, sondern auch auf Erfahrung beruht;
- die Zertifikation erfolgt in der jeweiligen Landessprache;
- keine Vorgabe der PM-Prozesse, eigene PM-Kultur kann in den Mittelpunkt gestellt werden;
- der Arbeitgeber/die Unternehmung ist IPMA-orientiert.

Weitere Zertifizierungen

Vor allem aus nationalen Regierungsprogrammen, die das Ziel verfolgen, die Effizienz und Effektivität der Projekte in der öffentlichen Verwaltung zu verbessern, ergeben sich weitere Zertifizierungsmöglichkeiten im Projektmanagement. Beispielsweise wurden in Deutschland im Auftrag der Regierung das V-Modell XT entwickelt, in der Schweiz hat das Eidgenössische Finanzdepartement (EFD) mit HERMES oder in Grossbritannien das Office of Government Commerce (OGC) mit PRINCE2 weitere Standards im Projektmanagement gesetzt.

Von PRINCE2 bis und mit HERMES gibt es Zertifizierungsmöglichkeiten auf unterschiedlichen Fähigkeitsstufen. Entsprechende Hinweise über die aktuellen Zertifizierungsanforderungen können auf den jeweiligen Internet-Seiten gefunden werden.

Vielerorts wird gefragt, welche Zertifizierung bzw. welcher Standard der beste sei. Als Autor von Fachbüchern, als Dozent, als Projektleiter, als Auftraggeber und auch als Betroffener von nicht erfolgreichen Projekten kann man dazu nur sagen: Egal, welcher PM-Standard angewendet wird bzw. von welcher Institution die Personen in einem Projekt zertifiziert sind: Wenn es der Projektarbeit zur Professionalität verhilft, ist diese Frage hinfällig.

Teil 2: Projektmanagement-System

1

Lernziele des Kapitels „Projektmanagement-System"

Sie können …

- in eigenen Worten erklären, was unter PM-Governance zu verstehen ist.
- die Prinzipal-Agenten-Theorie an einem praktischen Beispiel aus dem Projektalltag erläutern.
- vier Verbunde der sachlichen Koordination im Projektmanagement anhand eines Beispiels erläutern.
- theoretisch begründen, wie die Projektmanagement-Struktur und die Projektmanagement-Kultur auf unterschiedliche Art und Weise sicherstellen können, dass die Projekte in einem Unternehmen effizient und effektiv abgewickelt werden.
- ein System aus dem Alltag anhand des Systemwürfels in seine Elemente, Dimensionen und Beziehungen zerlegen.
- die Technik „Systemdenken" bzw. die sechs Schritte der Technik „SEUSAG" qualifiziert anhand eines Beispiels anwenden.
- die funktionellen Regelkreise der „Management-Kybernetik" im Projektmanagement-System begründet erläutern.
- die institutionellen Ebenen der Projektmanagement-Pyramide sowie die PM-Systemelemente (Managementdisziplinen), die im Projektmanagement-System eine Rolle spielen, aufzählen und ihre Funktion erläutern.
- mindestens drei verschiedene Arten von Projektportfolios aufzählen und erklären, was Sinn und Zweck dieser Art von Portfolio ist.
- begründet erklären, wann es sich bei einem Vorhaben um ein Projekt handelt und wann nicht (Projektdefinition).
- eine x-beliebige Projektabwicklung als umfassendes System definieren (Systemwürfel).
- in einem Projekt die zehn zentralsten Einflussgrössen identifizieren und begründet erläutern, welche davon Restriktionen und welche Rahmenbedingungen sind.
- vier Kriterien begründet aufführen, die ein Projekt klassifizieren.
- verschiedene Projekte anhand ihrer Klasse und ihres Charakters begründet differenzieren.
- die Ziele (System- und Abwicklungsziele) eines Projekts strukturell über drei Stufen zerlegen.
- die einzelnen Phasen eines generischen Vier-Phasen-Modells sequenziell aufzählen und mindestens zwei Tätigkeiten pro Phase nennen, die dabei wahrgenommen werden müssen.
- an einem Beispiel erklären, wie die Abwicklung eines Projekts nach dem konstruktivistischen (bzw. sequenziellen), nach dem inkrementellen und nach dem evolutionären Ansatz aussehen würde.
- an einem Beispiel erläutern, wie die Lösungssuche eines Problems nach dem Gestaltungsprinzip „Top-Down" und nach dem Gestaltungsprinzip „Bottom-Up" funktionieren würde.
- das 80/20-Prinzip erklären und in der Systemabgrenzung berücksichtigen.
- das Scopemanagement in seine vier Elemente unterteilen und diese kurz erläutern.
- die im Projektscope übliche Technik bezüglich ihrer Anwendung sowie ihrer Vorzüge beschreiben.

1 Projektmanagement-System

Ein Unternehmen ist einer Vielzahl von Einflussgrössen ausgesetzt, die eine Wandlung erforderlich machen, wenn es nicht vor der stets laufenden Evolution kapitulieren will. Der Bedarf, der vom Management z.B. im Sinne einer Strategie (Wohin will das Unternehmen sich wandeln?) vorgegeben wird, kann nur umgesetzt werden, wenn die Wandlungs- sprich Veränderungsbereitschaft in der Belegschaft vorhanden ist. Es reicht nicht zu sagen, wohin die Reise geht: Wollen die Beteiligten und Betroffenen nicht mitmachen, läuft gar nichts. Damit eine Unternehmung ihren Wandlungsbedarf mit ihren willigen Mitarbeitern erfolgreich umsetzen kann, müssen alle Änderungen systematisch und somit kontrolliert geführt werden. Diese Fähigkeit zur systematischen Wandlung ist im weiteren Sinne, sofern die Wandlung in Form von Projekten abläuft, nichts anderes als ein professionelles Projektmanagement, basierend auf dem unternehmensbezogenen Projektmanagement-System.

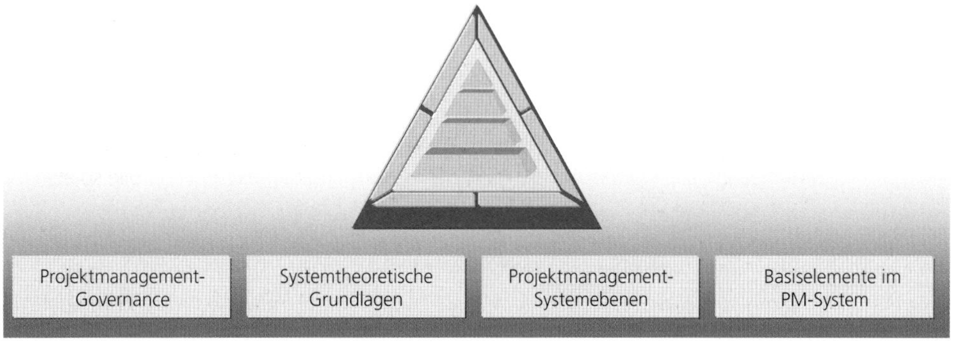

Abb. 1.01: Aspekte des Projektmanagement-Systems

In diesem Kapitel werden wichtige systemische Aspekte des Projektmanagement-Systems beschrieben. Im Unterkapitel 1.1 wird auf die Projektmanagement-Governance eingegangen, die als rohes Gerüst des Projektmanagement-Systems aufgefasst werden kann. Dabei ist wichtig zu verstehen, dass weder die PM-Governance noch das PM-System in einem Unternehmen institutionalisiert werden muss. In irgendeiner Form liegen sie in allen Unternehmungen vor. Wie gut diese allerdings definiert sind, sprich ob das PM-System in sich kohärent und ob die PM-Governance im Sinne einer Unternehmenswertmaximierung ausgestaltet ist, ist eine andere Frage. Im Unterkapitel 1.2 werden systemtheoretische Grundlagen zum besseren Verständnis des Begriffes „System" vermittelt. Es macht für jeden Sinn, es einmal durchzulesen, da in diesem Kapitel einige logische Grundwerte für das Verständnis des ganzen Buches gelegt werden. Im Unterkapitel 1.3 wird auf wichtige Aspekte der einzelnen Hierarchieebenen des Projektmanagement-Systems eingegangen. Diese drei bzw. vier Systemebenen bilden in hierarchischer Form eine Pyramide, daher ist in diesem Zusammenhang auch von der PM-Pyramide die Rede. Im Unterkapitel 1.4 werden schliesslich allgemeine, speziell hervorzuhebende Basiselemente, die für das gesamte PM-System, aber insbesondere für das einzelne Projekt gelten, erläutert.

1.1 Projektmanagement-Governance

Gemäss Burch [Bur 2006] muss, um den Sinn der Projektmanagement-Governance verstehen zu können, gedanklich bei der einstigen grossen Innovation der Unternehmensform „Aktiengesellschaft" angeknüpft werden. Den Kernpunkt bildete dabei die Aufspaltung der Eigentumsrechte (Property Rights) zwischen den Managern und den Aktionären. Insbesondere bei der Publikumsaktiengesellschaft ist diese Aufteilung sehr strikt. Während die Manager über die Koordinationsrechte verfügen, besitzen die Aktionäre die Residualansprüche. Diese Aufteilung der Eigentumsrechte bringt vor allem in Bezug auf Risikoüberlegungen gewaltige Vorteile mit sich. Deshalb ist die Aktiengesellschaft heutzutage auch so weit verbreitet. Allerdings weist sie gegenüber anderen rechtlichen Unternehmensformen einen grundlegenden Nachteil auf. Eine mikroökonomische Betrachtungsweise zeigt, dass zwischen den Managern und den Aktionären ein sogenannter Prinzipal-Agenten-Konflikt besteht. Bildlich gesprochen geht es bei diesem Konflikt darum, dass die Agenten (in diesem Fall die Manager) im Namen der Prinzipale (hier die Aktionäre) ein Feld bestellen, dessen Ernte nicht ihnen, sondern den Prinzipalen zusteht.

Ein grundlegendes Ziel der Ausgestaltung der Corporate Governance muss daher sein, die Probleme, die durch die Aufspaltung der Eigentumsrechte entstehen, zu entschärfen. Dabei müssen nicht nur die Rechtsverhältnisse auf der obersten Hierarchiestufe beachtet werden, sondern alle Rechtsverhältnisse im Unternehmen. In diesem Sinn muss die Corporate Governance ein „Steuerungs- und Regelungssystem" bilden, das sich durch die ganze Unternehmung durchzieht. Folgerichtig ist die Projektmanagement-Governance als eine Teildisziplin der Corporate Governance zu verstehen. Diese soll sicherstellen, dass alle Projekte effektiv und effizient, im Sinne einer Unternehmenswertmaximierung, abgewickelt werden.

1.1.1 Grundgedanke

Wie Abbildung 1.02 etwas plakativ darstellt, lässt sich jedes mittels Strategie geführte Unternehmen in zwei Felder aufspalten. Während der eine Bereich des Unternehmens die Produkte, Dienstleistungen etc. produziert (Betriebsfeld), stellt der andere die Wandlung und Innovation des Unternehmens sicher (Projektfeld). Dies lässt bereits erkennen, dass in diesen zwei Feldern zwei unterschiedliche Kulturen bestehen, die sich nie wirklich verstehen und akzeptieren werden. Die Vergangenheit hat jedoch gezeigt, dass keines der Felder über eine längere Zeit ohne das andere leben kann.

In vielen Unternehmungen ist der Betriebsteil sehr stark reglementiert und strukturiert resp. er muss es sein. In diesem Bereich laufen die immer wiederkehrenden Prozesse (z.B. Produktionsprozess, Mitarbeitereinstellungsprozess) hoch ausgereift mit dem Ziel, mit immer demselben Prozess das immer gleiche Produkt in der gleichen definierten Qualität hervorzubringen. Dabei gilt meistens die Maxime der Nullfehler-Strategie. So ist beispielsweise in einem Betrieb, in dem jahrein, jahraus derselbe Prozess mit dem genau gleichen Ergebnis abläuft, die Null-Fehler-Toleranz sowohl in der Prozessabwicklung als auch im Ergebnis möglich (z.B. Six Sigma).

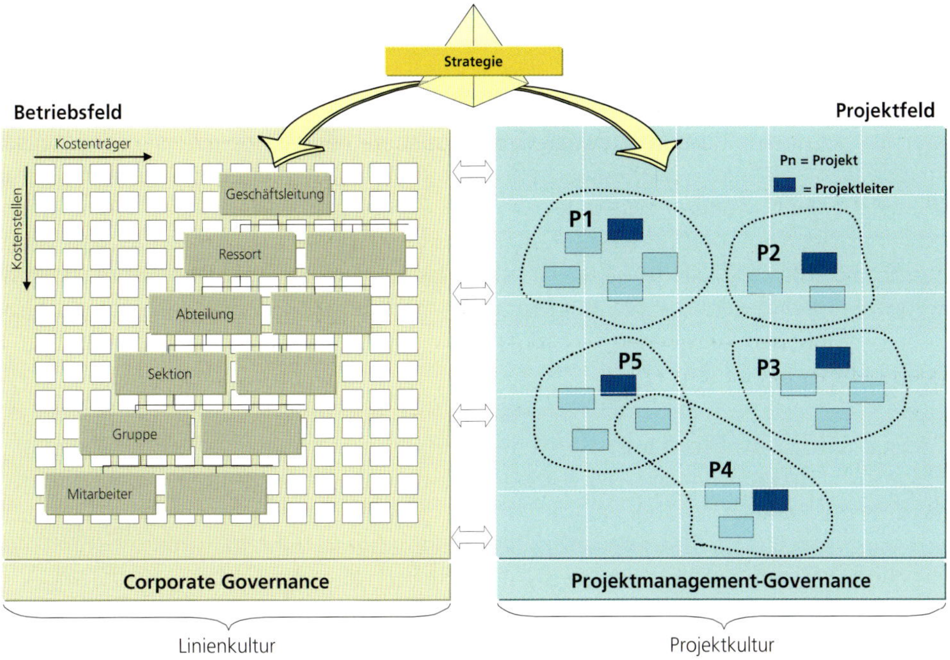

Abb. 1.02: Zwei Felder einer Unternehmung, zwei verschiedene Kulturen

Auf der anderen, auf der Seite des Projektfeldes muss jedes Unternehmen aufgrund der notwendigen Wandlung und Innovation neue Wege beschreiten. Um diese neuen Wege zu finden und Hindernisse zu umgehen, sollte es beim Lösungsweg möglichst wenige Einschränkungen geben. Das bedeutet nicht, dass hier überhaupt keine Rahmenbedingungen und Restriktionen vorhanden sein sollen. Die grosse Herausforderung bei diesem „Arbeitsfeld" ist, das richtige Mass zu finden und dies z.B. in der PM-Governance festzulegen. Das Ziel kann hier nicht die Null-Fehler-Kultur sein, sondern eine hohe, transparente Wandlungs- und Innovationsfähigkeit. Fehler oder die falschen (Lösungs-) Wege müssen möglichst schnell erkannt werden, um darauf direkt und kompetent zu reagieren.

Das Ziel der Ausgestaltung der Projektmanagement-Governance in einem Unternehmen besteht genau darin, den Freiheitsgrad der Projektbeteiligten mittels Grundsätzen festzulegen bzw. mittels Prozessen und Standards soweit möglich und sinnvoll vorzudefinieren, sodass die von verschiedenen Personen auf verschiedenen Hierarchiestufen getroffenen Entscheidungen und Verhalten im Projektfeld aufeinander abgestimmt sind und sichergestellt ist, dass der Unternehmenswert durch das daraus hervorgehende „richtige Handeln" maximiert wird.

Das heisst, etwas überspitzt formuliert, nur wohldefinierte und aufeinander abgestimmte „Rechtsverhältnisse" im Unternehmen können sicherstellen, dass sich alle darin involvierten Mitarbeitenden auf der Projektbühne richtig verhalten können.

> Unter Projektmanagement-Governance fasst man alle Rechtsverhältnisse einer Organisation zusammen, die einen Bezug zum Projektmanagement-System in der Organisation aufweisen.

Gemäss Seiler [Sei 2004] ist ein Rechtsverhältnis ein Verhältnis von (subjektiven) Rechten und/oder Pflichten zwischen zwei oder mehreren (juristischen oder natürlichen) Personen. Diese Rechte und Pflichten können unmittelbar gesetzlich durch ein Rechtsgeschäft (z.B. im Rahmen eines Vertrags) oder durch behördliche Entscheidungen (z.B. im Rahmen eines richterlichen Urteils) entstehen.

In diesem Sinne ist die Projektmanagement-Governance nichts anderes als das Rohgerüst des Projektmanagement-Systems mit seinen hierarchischen Systemebenen (Projektmanagement-Pyramide) und seinen weiteren Systemelementen. Die Ausgestaltung der Projektmanagement-Governance hat direkten und/oder indirekten Einfluss auf das gesamte Projektmanagement-System. Beispielsweise beeinflusst es das Verhalten eines Auftraggebers oder eines Projektleiters, ob er für das erstellte Produkt haftbar gemacht werden kann oder nicht.

1.1.2 Problembereiche

Bei der Ausgestaltung der Projektmanagement-Governance ist sicherzustellen, dass zum einen nur die Projekte durchgeführt werden, die zur Maximierung des Unternehmenswerts beitragen, zum anderen, dass die Projekte so abgewickelt werden, dass der Unternehmenswert auch tatsächlich maximiert wird, sprich dass sich niemand am erwirtschafteten Vermögen (Residuum) „vergreift". Damit dies erreicht werden kann, müssen alle Einsatzmittel, die in den verschiedenen Projekten zum Einsatz kommen, aufeinander abgestimmt und koordiniert werden. Dies bedingt eine Koordination in zwei Bereichen [Ewe 2005], nämlich der sachlichen und der personellen Koordination.

1.1.2.1 Sachliche Koordination

Um den Unternehmenswert einer Unternehmung/Organisation maximieren zu können, bedarf es innerhalb und zwischen den Projekten einer sachlichen Koordination. Beispielsweise müssen die Einsatzmittel aufeinander abgestimmt oder es muss eine Risikoeinschätzung über alle Projekte gemacht werden. Wird eine Aufgabe über die Hierarchie vorgenommen (Autoritätsbeziehung), so muss die Koordination durch Personen höherer Hierarchiestufen erbracht werden. Damit in der Hierarchie die Koordination z.B. in einem Projekt bzw. zwischen Projekten professionell erbracht werden kann, benötigen die Koordinationsverantwortlichen ein umfassendes Projektmanagement-Instrumentarium, sprich ein Projektmanagement-System. Damit ist keine Software gemeint!

Bei der sachlichen Koordination müssen vor allem folgende Abhängigkeiten bzw. „Verbunde" innerhalb und zwischen den Projekten beachtet werden [in Anlehnung an Ewe 2002]:

- Betriebsmittelverbund (☞ Kapitel 9 „Ressourcenmanagement")
  Ein einfaches Beispiel für den Betriebsmittelverbund ist ein Sitzungszimmer. Wenn dieses bereits von einem Projektteam belegt ist, kann es kein anderes Team zur gleichen Zeit beanspruchen. Oder, als zweites Beispiel, die immer grösser werdende Problematik: Welches Projekt darf welche speziellen und teuren Peripheriegeräte wann wie lange nutzen und so den laufenden Betrieb in seiner Produktion stören?

- Erfolgsverbund (☞ Kapitel 3 „Projektportfolio")
  Dieser Verbund kann sowohl auf der Aufwands- als auch auf der Ertragsseite angesiedelt sein. Ein Beispiel für die Aufwandsseite ist die Beschaffung von Bauzubehör, z.B. einem Baugerüst. Kauft ein Projektleiter ein Baugerüst für seinen Bau und ein anderer Projektleiter benötigt ebenfalls ein Baugerüst, könnte der zweite Projektleiter durch Mengenrabatt die Baugerüste günstiger beziehen. Auf der Ertragsseite kann es sein, dass das eine Projekt nur dann erfolgreich ist, wenn ein anderes auch erfolgreich ist. Oder ihre Erfolgsaussichten sind komplementär, sodass nur eines der beiden Projekte erfolgreich sein kann.

- Risikoverbund (☞ Kapitel 8 „Risikomanagement")
  Die Risiken von verschiedenen Projekten in einem Portfolio können sich gegenseitig beeinflussen oder durch die Bündelung exponentiell verstärken. Durch gezielte Risikostrategien können die Risiken im Portfolio minimiert bzw. das Rendite-Risikoprofil optimiert werden.

- Qualitätsverbund (☞ Kapitel 7 „Qualitätsmanagement")
  Wird ein Projekt bzw. das zu erstellende Produkt beispielsweise durch mehrere Teilprojekte realisiert und werden anschliessend die einzelnen Teilprodukte zu einem einzigen Produkt zusammengefügt, so wird die Qualität des Gesamtproduktes durch die Qualitäten der Teilprodukte bestimmt. Im Extremfall können die einzelnen Teilprodukte qualitativ einwandfrei sein, aber die Summe davon ungenügend.

Das zentrale Projektmanagement-Instrument für die sachliche Koordination in Projekten ist die Projektportfolio- bzw. Projektplanung. Dementsprechend versucht der Projektleiter im Projektplan und der Projektportfolio-Controller im Masterplan die aufgeführten Verbunde zu berücksichtigen.

1.1.2.2 Personelle/menschliche Koordination

Gemäss Burch [Bur 2006] muss sichergestellt werden, dass sich die Verantwortlichen, so auch Projektverantwortliche, im Sinne der Residualträger verhalten. Angenommen, die Corporate Governance einer Unternehmung ist so ausgestaltet, dass sich der Topmanager (Agent) im Sinne des Residualträgers (z.B. Aktionär, Eigner) verhalten möchte. Dann muss er, um entsprechend handeln zu können, zuerst einmal selber im Bilde darüber sein, was im Unternehmen bzw. in den Projekten vor sich geht. Schliesslich führt er als Topmanager nicht alle Arbeiten selber durch. Doch wer garantiert, dass die Mitarbeiter die ihnen übertragenen Aufgaben im Sinne des Topmanagers bzw. des Residualträgers (Verwalter des erwirtschafteten Vermögens) ausführen? Um dies sicherstellen zu können, muss die Projektmanagement-Governance durch das ganze Projektmanagement-System als Steuerungs- und Regelsystem wirken.

Um die menschliche Koordinationsproblematik besser verstehen zu können, muss man sich die Unternehmung als Nexus (Verbindung, Gefüge) von impliziten und expliziten Verträgen zwischen Individuen bzw. Akteuren vorstellen. Betrachtet man beispielsweise eine Unternehmung und setzt man das Management als zentralen Vertragspartner in den Mittelpunkt der Betrachtung, so ergibt sich folgendes Bild:

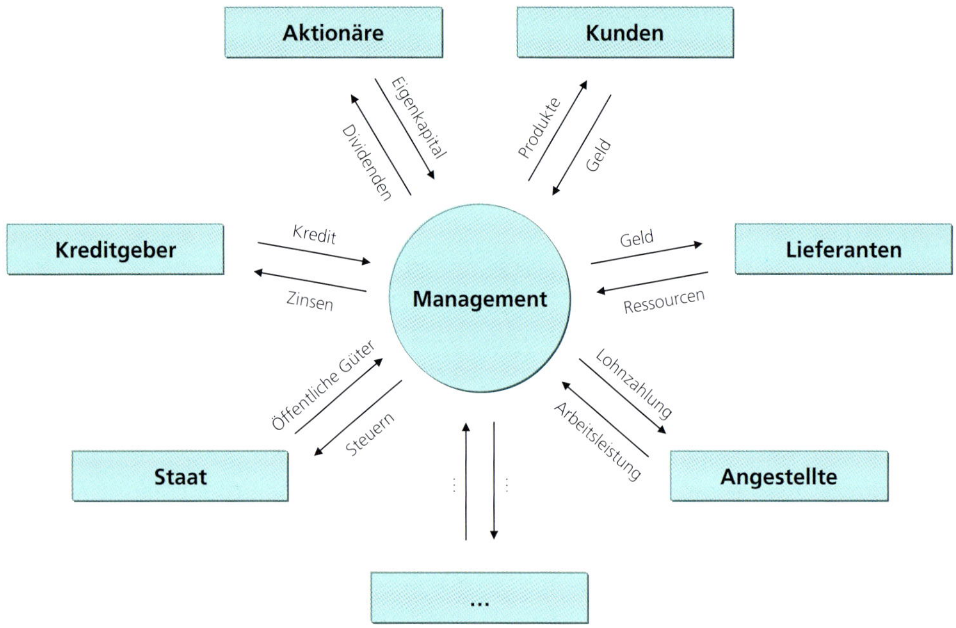

Abb. 1.03: Unternehmung dargestellt als Nexus von impliziten und expliziten Verträgen [Bur 2006]

Gemäss Burch [Bur 2006] verpflichtet ein Prinzipal einen Agenten, ihm eine Leistung gegen Entgelt zu erbringen. In welcher Rolle (Prinzipal oder Agent) sich ein Akteur befindet, ist stark situationsabhängig. Daher ist es möglich, dass eine Person je nach Betrachtungsweise einmal Prinzipal und einmal Agent ist.

Die Prinzipal-Agenten-Beziehungen, zwischen den Akteuren bzw. den Problematiken, die sich zwischen ihnen in einem Projektumfeld ergeben können, sind mannigfaltig, insbesondere nach Vertragsabschluss. Im Folgenden einige Beispiele einer Prinzipal-Agenten-Beziehung mit negativem Sachverhalt:

Prinzipal	Agent	Sachverhalt
Aktionär	Manager	Manager bedient sich am Unternehmenswert.
Versicherer	Versicherter	Versicherter mit Vollkasko-Autoversicherung fährt weniger sorgfältig.
Autobesitzer	Automechaniker	Automechaniker ersetzt Teile, die eigentlich noch i.O. gewesen wären.
Patient	Arzt	Arzt ordnet überflüssige Kontrolltermine an.
Auftraggeber	Projektleiter	Projektleiter tätigt Investitionen mit Konsumcharakter.
Projektleiter	Projektmitarbeiter	Projektmitarbeiter leistet eine zu tiefe Arbeitsleistung.
Etc.	Etc.	Etc.

Abb. 1.04: Verschiedene Prinzipal-Agenten-Beziehungen mit negativem Sachverhalt [Bur 2006]

Nachfolgend wird das Phänomen dieses oftmals opportunistischen Verhaltens anhand der Beziehung zwischen einem Projektauftraggeber und einem Projektleiter beschrieben. Dabei wird vereinfachend davon ausgegangen, dass der Projektleiter – wie bei der reinen Projektorganisation – über alle Koordinationsrechte verfügt. Folgende drei Charakteristika beschreiben einen Prinzipal-Agenten-Konflikt [Pic 2002]:

1. Unvollständige Vertragsbeziehung
   Zwischen dem Auftraggeber und dem Projektleiter besteht eine vertragliche Leistungsbeziehung (Projektauftrag). Der Projektleiter wickelt im Namen des Auftraggebers ein Projekt ab. Somit ist der Auftraggeber in der Rolle des Prinzipals und der Projektleiter in der des Agenten. Der Vertrag, den die beiden Akteure abschliessen, ist wie fast jeder Arbeitsvertrag aufgrund der beschränkten menschlichen Rationalität unvollständig. Ein vollständiger Vertrag würde für jeden möglichen Zustand einen Aktionsplan, einen Verteilungsplan und einen Bestrafungsplan definieren [Mil 1992].

2. Interessenkonflikt
   Damit überhaupt ein Konflikt entsteht, müssen gegensätzliche Interessen bzw. ein Zielkonflikt vorhanden sein. Nachfolgend sind einige klassische Interessenkonflikte zwischen dem Auftraggeber und dem Projektleiter aufgeführt.
   - Nutzenkonflikt
     Versetzt man sich in die Lage des Auftraggebers und fragt man sich, welchen effektiven monetären Nutzen er aus dem Projekt ziehen kann, so ist dies z.B. der Net Present Value. Je grösser dieser ist, desto mehr Nutzen stiftet ihm das Projekt. Demgegenüber hat der Projektleiter neben einem möglichen Erfolgsbonus auch Nutzen aus der Projektabwicklung per se. So geniesst er vielleicht durch das Projekt Sonderprivilegien wie beispielsweise eine spezielle Stakeholderbeziehung oder viel Entscheidungskompetenz etc. Dieser unterschiedliche Nutzen kann Nährboden für Konflikte bilden.
   - Risikokonflikt
     Während ein Auftraggeber von mehreren Projekten sein Risiko durch die Bildung eines geeigneten Projektportfolios diversifizieren und mit geeigneten Strategien mindern kann, besteht diese Möglichkeit für den Projektleiter nicht. Daher wird der Projektleiter versuchen, durch geeignete Wahl seiner Entscheidungen das Projektrisiko zu minimieren. Schliesslich hat der Projektleiter auch etwas zu verlieren, wenn das Projekt misslingt. Diese restriktiven Entscheidungen können (müssen jedoch nicht) den Interessen des Auftraggebers zuwiderlaufen.
   - Zeitpräferenzkonflikt
     Ein Projektleiter erzielt vor allem Nutzen während der Projektabwicklung. Der nach Projektabschluss anfallende Nutzen geht weitestgehend auf das Konto des Auftraggebers. Dieser Tatbestand kann die Ursache für ein opportunistisches Verhalten seitens des Projektleiters sein. (Noch viel ausgeprägter ist dieser Konflikt zwischen dem Aktionär und dem Topmanager. Ein Topmanager, der damit rechnet, nur zwei bis drei Jahre bei einer Firma beschäftigt zu sein, wird seine Entscheidungen wohl eher auf ein positives Ergebnis in der kurzen Frist auslegen.)
   - Wachstumskonflikt
     Zum Beispiel kann ein Projektleiter dazu neigen, durch seine „Gutmütigkeit" ein Projekt aufzublähen. Betrachtet man, was dem Projektleiter Nutzen stiftet, so ist dieses Verhalten zum Teil rational erklärbar. Das Interesse des Projektleiters, einem möglichen Scope-Streit aus dem Weg zu gehen und dadurch „Freunde" zu gewinnen, und das Interesse der Maximierung des Net Present Value seitens des Auftraggebers beschreiben den Wachstumskonflikt.

Aus institutioneller Sicht resultieren solche Interessenkonflikte daraus, dass der Auftraggeber im Prinzip „nur" Nutzen aus der Leistung des Agenten zieht, sprich aus dem erstellten Produkt. Dagegen zieht der Projektleiter auch Nutzen aus der Projektabwicklung, z.B. durch seinen temporären Sonderstatus, in dem er Vorteile geniesst.

3. Asymmetrische Informationsverteilung
   Bei „einfachen" Projekten ist dieser Punkt meistens nicht erfüllt (vorausgesetzt, der Auftraggeber nimmt sich die Zeit für das Projekt). Bei komplexen Vorhaben allerdings verfügt ein Auftraggeber meistens nicht über die nötigen Fachkenntnisse, sodass er zwangsläufig weniger Wissen über den Projektstand hat als der Projektleiter. Dies zeigt sich z.B. in der schwierigen Feststellung des Projektfortschritts. Vor allem in IT-Projekten ist dieser Punkt sehr ausgeprägt.

Für das Vorhandensein eines Prinzipal-Agenten-Konflikts müssen zwingend alle drei Charakteristika gegeben sein. Falls z.B. in einer Beziehung eine asymmetrische Information besteht, aber kein Interessenkonflikt, so gibt es keinen wirklichen Prinzipal-Agenten-Konflikt. Genauso wenig, wenn es einen Interessenkonflikt gibt, aber keine asymmetrische Information. In dieser Situation könnte ja der Prinzipal (Auftraggeber) sofort reagieren und entsprechende Massnahmen treffen, falls der Agent (Projektleiter) nicht in seinem Sinne handelte.

1.1.3 Ausgestaltungsrichtlinien

Die klassische Ökonomie geht davon aus, dass sich Menschen opportunistisch verhalten, sprich dass Gelegenheit Diebe macht. Daher sollte man bei der Ausgestaltung der Projektmanagement-Governance von vornherein versuchen, alle denkbaren Gelegenheiten für opportunistisches Verhalten zu unterbinden. Aber sowohl ein expliziter Eingriff in die Governance-Struktur als auch der Verlust, der dem Residualträger entsteht, wenn die Governance-Struktur suboptimal ausgestaltet ist, stellen Kosten dar. Wie viel Eingriff in die Governance eines Unternehmens und im Speziellen im Projektmanagement Sinn macht, ist immer situationsabhängig. Allgemein kann jedoch gesagt werden, dass im Optimum die Grenzkosten des Eingriffs dem Grenznutzen entsprechen sollten [Bur 2006].

Nachfolgend werden allgemeine Ausgestaltungsrichtlinien zu den zwei Koordinationsbereichen (sachliche und personelle respektive menschliche Koordination) beschrieben [Bur 2006].

1.1.3.1 Ausgestaltungsrichtlinien der sachlichen Koordination

Das Ziel der sachlichen Koordination ist, die Abhängigkeiten (Verbunde) innerhalb von und zwischen Projekten zu erkennen und sinnvoll (Mehrwert generierend) auszunutzen. Während die Koordinationsverantwortung innerhalb eines Projektes vor allem beim Projektleiter liegt, sollte die Koordinationsverantwortung zwischen den Projekten bei einer übergeordneten Instanz liegen (z.B. beim Projektportfolio-Board oder einer höheren Linienstelle). Diese Instanz muss nicht nur die verschiedenen Projekte aufeinander abstimmen, sondern sollte auch einen Abgleich mit den übrigen Unternehmensbereichen und der Unternehmensstrategie vornehmen.

Um den projektverantwortlichen Personen die sachliche Koordination zu erleichtern, ist es sinnvoll, Standards und Richtlinien der Projektabwicklung in einer einheitlichen Terminologie für das ganze Unternehmen zu definieren. Diese Standards und Richtlinien sind schriftlich im unternehmensweiten PM-Leitfaden festgehalten. Einige allgemeine Punkte daraus, die als Lösungsansätze für das sachliche Koordinationsproblem angesehen werden können, werden nachfolgend kurz beschrieben:

- Projektaufbauorganisation
  Die Aufbauorganisation beschreibt, welche Stellen und Instanzen für ein Projekt institutionalisiert werden müssen bzw. können. Dabei müssen vor allem die Kontrollspanne und die Gliederungstiefe optimal gewählt werden. Es gilt zu beachten, dass es in einem Unternehmen auch Stellen und Instanzen geben kann, die zwar in die Projektorganisation integriert werden, die aber nicht neu gebildet werden müssen, da sie bereits existieren.

- Projektablauforganisation
  Der Zielgedanke der Ablauforganisation ist, mittels Arbeitsanalyse und -synthese die Aufgaben und Prozesse eines Projekts in logischer, mengenmässiger, räumlicher und zeitlicher Abfolge zu bestimmen. Hierfür können im Projektmanagement-Leitfaden allgemeine Vorgehens- und Phasenmodelle bzw. der in diesem Buch verwendete zentrale Begriff „Projektabwicklung" (☞ Kapitel 1.3.3 „Ebene: Projektabwicklung") sowie weitere Gestaltungsprinzipien definiert werden.

- Berichtswesen
  In einem Projekt bestehen laufend Informationsasymmetrien zwischen den Projektbeteiligten. Damit die Projektverantwortlichen optimale Entscheidungen treffen können, müssen alle relevanten Informationen aus den einzelnen Wissensträgern extrahiert werden. Dies wird in der Praxis durch die Institutionalisierung eines projektbezogenen Berichtswesens zu erreichen versucht (☞ Kapitel 2.3.2 „Projektberichtswesen"). Damit allerdings sichergestellt werden kann, dass die Berichterstattung wahrheitsgemäss erfolgt, muss entweder ein entsprechendes einfaches Anreizsystem oder ein funktionierender Disziplinierungsmechanismus bestehen.

- Projektabwicklungstechniken
  Im PM-Leitfaden sollten die relevanten Projektabwicklungstechniken eines Unternehmens aufgeführt, beschrieben und mit entsprechendem Unterstützungsmaterial (Vorlagen, Checklisten etc.) hinterlegt werden. Dabei sind die Techniken, die in der Projektabwicklung zur Anwendung kommen können, mannigfaltig und zum Teil von der Projektart abhängig. Wichtig dabei ist, dass alle Instanzen des Projektmanagements (Projektportfolio, Projektführung und Projektdurchführung) die für sie relevanten Projektabwicklungstechniken beherrschen.

- Managementwissen
  Im PM-Leitfaden werden die fachlichen Voraussetzungen aller Projektbeteiligten (insbesondere des Projektleiters) festgehalten. Für einen Projektleiter wird z.B. Fachwissen in den Themenbereichen Teammanagement, Qualitätsmanagement, Risikomanagement, Ressourcenmanagement, Changemanagement und Konfigurationsmanagement vorausgesetzt. Darüber hinaus können zu den Themenbereichen auch konkrete Vorgaben und Prozesse definiert werden, welche die sachliche Koordination erleichtern.

- Projektklassifikation
  Eine Projektklassifikation erhöht nicht nur die Transparenz über alle Projekte für das Projektportfolio-Board bzw. für höhere Linienverantwortliche, sondern ermöglicht auch eine klassengerechte Anpassung des PM-Leitfadens (☞ Kapitel 1.4.1.3 „Tailoring"). Schliesslich darf der PM-Leitfaden die Leistungsfähigkeit der Projektbeteiligten keinesfalls behindern, sondern sollte diese bei der täglichen Arbeit richtungweisend unterstützen.

1.1.3.2 Ausgestaltungsrichtlinien der menschlichen Koordination

Es darf nie vergessen werden, dass Projekte von Menschen in Auftrag gegeben, spezifiziert und durchgeführt werden. Dabei haben nicht alle beteiligten Personen denselben Nutzen aus dem Projekt (☞ Kapitel 10.3 „Stakeholdermanagement"). Während der eine vielleicht das Projekt als Sprungbrett in die Chefetage sieht, möchte ein anderer bloss seinen Bereich im Vergleich zu den anderen Geschäftsbereichen besserstellen. Noch ein anderer möchte sich vielleicht im Projekt ausleben und hätte dazu gerne ein möglichst grosses Projekt. Nimmt man ferner an, dass vor und während der Projektabwicklung die entscheidungsrelevanten Informationen asymmetrisch über die beteiligten Personen verteilt sind, so ist es ziemlich offensichtlich, dass sich auf der Projektbühne die einzelnen Akteure absichtlich und/oder unabsichtlich gegenseitig auf die Füsse treten.

Es ist die Aufgabe der Projektmanagement-Governance, die verschiedenen Akteure auf der Projektbühne so „auszurichten", dass sich keiner auf Kosten eines anderen bereichern kann. Die Hauptkriterien bei der Ausgestaltung von Verträgen zwischen den Akteuren sind dabei die Beobachtbarkeit und die Verifizierbarkeit der Leistung. Ist eine zu erbringende Leistung vom Vertragsgeber beobachtbar und gegenüber einer dritten Partei verifizierbar, so wird eine ganz andere Vertragsausgestaltung zur Anwendung kommen, als wenn die zu erbringende Leistung nicht beobachtbar ist. Im zweiten Fall besagt die Vertragstheorie: Der Vertrag ist so auszugestalten, dass die vertragnehmende Partei den Vertrag (gerade noch) akzeptiert (Partizipationsbedingung) und diejenige Aktion (freiwillig) wählt, die im Sinne des Vertraggebers ist (Anreizbedingung).

Bei der praktischen Umsetzung der menschlichen Koordination im Bereich des Projektmanagements ergeben sich diverse Problemfelder. Das grösste Problemfeld im Sinne des Governance ist die asymmetrische Informationsverteilung. Herrscht eine asymmetrische Informationsverteilung, so könnte die informierte Partei die Informationsdefizite der uninformierten Partei opportunistisch ausnützen. Folgende Ansätze helfen, die Informationsasymmetrie bzw. den Opportunismus des Agenten (Projektleiter) zu verringern [Bur 2006]:

- Überwachen der Leistung (Monitoring)
  Die Informationsasymmetrie kann mit einem umfassenden Berichtswesen reduziert werden. Dieses kann in kleinem Rahmen ausfallen oder auch sehr umfassend sein. Der Projektstatusbericht ist dabei das zentrale Dokument. Moderne (elektronische) Berichtswesen ermöglichen dem Projektleiter eine Projektcockpit- und dem Projektportfolio-Controller eine Projektradar-Sichtweise.

- Durchführen von Zulassungen
  Durch ein phasenweises Vorgehen mit einer Vernehmlassung der abgeschlossenen Phase und der Freigabe des Phasenantrags bekommt der Projektleiter jeweils nur so viele Ressourcen zugespro-

chen, wie zur Durchführung der nächsten Phase benötigt werden. Dies veranlasst den Projektleiter, sich nach jeder Phase um weitere Ressourcen zu bewerben, was Fehlallokationen verringert.

- Setzen von expliziten Leistungsanreizen
  Interessenkonflikte können durch die Angleichung der zu erreichenden Ziele entspannt werden. Lässt man den Projektleiter am Residuum partizipieren (z.B. mit einer Gewinnbeteiligung oder einem Bonus), so wird er sich eher im Sinne des Prinzipals verhalten. Dies setzt allerdings eine wertorientierte Performance-Messung voraus, die nicht immer leicht vorzunehmen ist. Es müssen nämlich Messkriterien gefunden werden, die zum einen den „Erfolg" des Projekts messen können und zum anderen vom Projektleiter effektiv beeinflussbar, jedoch nicht manipulierbar sind. Ferner haben empirische Analysen gezeigt [Feh 2002], dass in der Regel eine positive Ausgestaltung (Belohnungen) solcher Leistungsanreize zu mehr Kooperation führt als eine negative Ausgestaltung (Bestrafungen).

- Mindern der Arbeitslast
  Stellt man dem Projektleiter für seine Arbeit ein geeignetes Projektmanagement-Instrumentarium zur Verfügung (z.B. Softwaretools), so hat dies einerseits den Effekt, dass der Projektleiter seine Arbeit „richtig" umsetzt, und andererseits, dass die Arbeitsbelastung des Projektleiters abnimmt. Bedingung ist allerdings, dass der Projektleiter das Instrumentarium beherrscht. Auf diese Weise hat der Projektleiter Freude an seiner Arbeit.

- Vertrauen in den Projektleitermarkt
  Durch einen externen Arbeitsmarkt kann der Opportunismus eines Projektleiters verringert werden. Einige Projektmanagement-Organisationen versuchen mittels Zertifizierung aller Instanzen des Projektmanagements nicht nur den Projektleitermarkt, sondern auch weitere (mögliche) Arbeitsmärkte zu intensivieren. Durch die Ausstellung von Arbeitszeugnissen und mündliche Weiterempfehlungen können solche Arbeitsmärkte noch weiter verstärkt werden.

- Definieren eines PM-Laufbahnmodels
  Neben dem externen Projektleitermarkt kann auch ein interner Projektleitermarkt, ja sogar ein Markt für das ganze Projektmanagement institutionalisiert werden. Solche internen Arbeitsmärkte eröffnen durch die Ausgestaltung des Beförderungsprozesses und des Lohnschemas verschiedene Möglichkeiten, die Projektbeteiligten zu disziplinieren bzw. anzureizen [Mil 1992]. (Für den Projektleiter könnte beispielsweise ein Karriereweg wie folgt aussehen: Projektleiter-Assistent – Projektleiter – Senior-Projektleiter – Projektdirektor.)

- Fördern von Identität
  Identifiziert sich eine projektbeteiligte Person mit dem Projekt, so ist sie von sich aus an einer hohen Kooperationsbereitschaft interessiert [Ake 2005]. Dies kann mit Hilfe eines aktiv geführten Teambildungsprozesses noch weiter verstärkt werden. Das Ziel der Projektmanagement-Governance muss es sein, die dabei gebildeten Normen im Sinne des Auftraggebers auszugestalten. Die im Projekt gelebten Normen (Projektmanagement-Kultur) werden dabei über Gruppendruck, über Suche nach sozialer Anerkennung und mittels sozialem Band von den beteiligten Personen zu einem gewissen Grad selber durchgesetzt.

1.1.4 PM-Governance-Ansatz

Um in wenigen Worten einen konkreten PM-Governance-Ansatz zu beschreiben, muss einleitend die PM-Kultur erläutert werden, da diese das Basisumfeld bildet, in der eine PM-Governance eingesetzt wird.

1.1.4.1 Projektmanagement-Kultur

Die Problematik einer zu engmaschig geführten Projektmanagement-Governance kann (und sollte) durch eine wohldefinierte und gelebte Projektmanagement-Kultur entschärft werden. Dies kann u.a. so begründet werden: Eine gelebte Kultur kann persönliche Interessensdifferenzen zwischen zwei Parteien dank gemeinsam geteilter Werte und Vorstellungen harmonisieren, was zu einer Lösung der im Kapitel 1.1.2.2 (☞ „Personelle/menschliche Koordination") beschriebenen Prinzipal-Agenten-Problematik beiträgt. Bestünde nämlich zwischen einem Prinzipal und einem Agenten kein Interessenkonflikt, so wäre die menschliche Koordinationsproblematik nach Vertragsabschluss gar nicht gegeben. Aber auch die Übertragung von Informationen bzw. Wissen spielt für eine funktionierende Projektmanagement-Governance eine entscheidende Rolle. Stösst eine Person neu ins Projektfeld, wird sie durch die bestehende PM-Kultur bzw. die in diesem Feld tätigen Personen sozialisiert. Auf diese Weise wird nicht nur explizites, sondern auch implizites Wissen von einer Person auf die nächste weitergegeben.

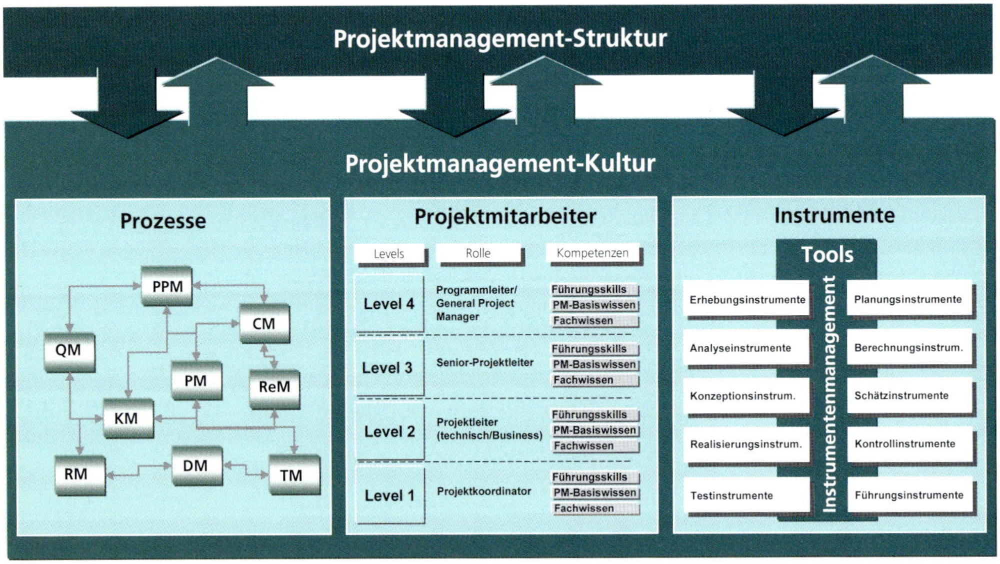

Abb. 1.05: Die drei Hauptkomponenten einer Projektmanagement-Kultur

Wie überall, wo man es mit Menschen zu tun hat, reicht es nicht aus, eine wohldurchdacht ausgestaltete Projektmanagement-Struktur bzw. ein kohärentes Projektmanagement-System zu institutionalisieren, um im Projektfeld den Erfolg sicherstellen zu können. Was ein System und die darin vorkommenden Methoden richtig zum Leben erweckt, ist eine von allen gelebte, adäquate, der Situation angepasste Kultur. Folglich muss für die Gestaltung einer umfassenden Projektmanagement-

Governance auch die PM-Kultur bedacht werden, die wechselseitig von der PM-Struktur abhängig ist. Eine gelebte Kultur kann beispielsweise Lücken in der PM-Struktur schliessen und umgekehrt. Demzufolge muss es ganz klar das Ziel sein, dass die gelebte Kultur und die PM-Struktur aufeinander abgestimmt sind.

Im Rahmen eines professionellen PM-Systems gilt es, die drei Hauptkomponenten Prozesse, Projektmitarbeiter und Instrumente, die eine PM-Kultur ausmachen, aufeinander abzustimmen.

1.1.4.1.1 Prozesse

Obwohl einige Projektleiter noch immer bei der fachgerechten Umsetzung der Hauptprozesse der Projektführung (Planen, Steuern, Kontrollieren) Mühe bekunden, ist die professionelle Entwicklung des Projektmanagements bereits in vielen Unternehmen längst bei weiteren Führungsthemenbereichen wie Stakeholder-, Change-, Anforderungs-, Claim-, Risikomanagement etc. bzw. deren qualifizierten Prozessen angelangt. Sind solche Erfolg versprechenden Prozesse mit einheitlichen Terminologien, abgestimmten Ergebnissen und eingesetzten Methoden nicht auf die Projektgrösse und -art abgestimmt, hat das Management im Sinne der PM-Governance keine Chance, je den wahren Überblick ihrer Vorhaben zu erhalten. Sind sie nicht adäquat zu den Fähigkeiten der Mitarbeiter aufgesetzt, so verfallen gut gemeinte Rapportierungen ohne klar eingehaltene Prozesse in subjektive, nicht nachvollziehbare und somit unbrauchbare Selbstdarstellungen. Nur eine Unternehmung, die ihre Prozesse definiert, geschult und gelebt sowie mit allgemein verständlichen Methodologien versehen hat, ist überhaupt in der Lage, diese zu messen und somit auch zu steuern (☞ Anhang B.7 „CMMI-Modell“).

1.1.4.1.2 Projektmitarbeiter

„Professionelle Mitarbeiter im Bereich Projektmanagement“ bedeutet, nicht nur einen willigen Projektleiter zu haben. Es heisst, dass alle in einem Projekt betroffenen Mitarbeiter, vom Steuerungsgremiums-Mitglied bis zum partiell beteiligten Benutzervertreter, vom Fach Projektmanagement so viel verstehen müssen, dass die an sie aus dem Projekt heraus gestellten Aufgaben effizient nach vorgegeben Prozessen umgesetzt werden können.

Wie bei allen anderen Kompetenzbereichen gehört hier neben Erfahrung natürlich auch das Beherrschen der PM-Theorie dazu. Denn nur wer das Fachwissen hat, weiss, wann er von der Ideallinie abweicht, welches Risiko er eingeht. Dies bezieht sich auf alle Mitarbeitenden, ob sie nun zu 100% oder nur zu 20% im Projekt mitarbeiten.

Was benötigt wird, sind gut ausgebildete Projektleiter und -mitarbeiter, die nicht nur das theoretische Wissen haben, sondern auch die praktische Erfahrung (Handlung) mitbringen, ein Vorhaben wirklich umzusetzen. Diesbezüglich wurde in den letzten Jahren einiges in den Unternehmungen investiert. Hier ist einerseits zu bedenken, dass es nichts nützt, wenn ein Unternehmen hochqualifizierte Prozesse definiert hat und die Mitarbeiter diesbezüglich nicht ausgebildet sind. Andererseits wird das Potenzial aus kultureller Sicht auch nicht ausgenutzt, wenn die Mitarbeiter sehr gut ausgebildet werden, aber im Unternehmen keine PM-Prozesse existieren.

1.1.4.1.3 Instrumente

Sind die Projektleiter und Mitarbeiter in einem Unternehmen gut ausgebildet, sind die Prozesse aufgrund von Initiativen wie QS-Zertifizierung, CMMI-Modell etc. definiert und integriert, so fehlt es nicht selten an adäquat eingesetzten, voll automatisierten PM-Instrumenten. Viele Firmen begnügen sich im Projektfeld immer noch mit einem Planungstool und sind überzeugt, dass alles, was darüber hinausgeht, so oder so Administration sei.

Zu den PM-Instrumenten gehören neben den spezialisierten PM-Softwaretools natürlich auch intelligente Office-Vorlagen und/oder Checklisten. Dabei gelten insbesondere im Kontext zum PM-Governance nicht nur, wie im Kapitel 2.6.4.2 (☞ „Projektabwicklungsinstrumente") beschrieben, die Instrumente der Ebene „Projektabwicklung", sondern auch diejenigen der Ebene „Projektportfolio" und der Ebene „Strategie". Diese Instrumente der verschiedenen Ebenen sollten soweit möglich und sinnvoll auch aufeinander abgestimmt sein.

Bei der Anwendung von PM-Instrumenten gibt es zwei Extreme, die beide ihre Vor-, aber auch Nachteile haben. Das eine Extrem ist, dass alle Projektführungstätigkeiten mittels einfachster Instrumente sozusagen manuell z.B. auf Excelsheet und nicht integral (Einzelplatzlösungen) umgesetzt werden. Auch wenn dies im Einzelfall effizient sein kann – im Verbund mehrerer Parteien und Projekte ist es nicht praktikabel. Solche Instrumente sind allenfalls zu Beginn einer PM-Kultur gut.

Das andere Extrem ist ein PM-Softwaresystem, das in der BI-Architektur (Business Intelligence) mit ihren hinterlegten CRM-, ERP- oder CPM-Softwaresystemen vollends integriert ist (ERP „Enterprise Resource Planning", CRM „Customer Relationship Management" und CPM „Corporate Performance Management"). Diese auf den operativen Betrieb abgestimmten Softwaresysteme mit ihren eigenen Rhythmen und Regeln hindern die Unternehmung, ein einfaches, effizientes PM-Software-Instrument zu betreiben, das vor allem dem Projektleiter hilft. Um die BI-Architektur mit ihrer hundertprozentigen Softwareintegration und Redundanzfreiheit umsetzen zu können, werden daraufhin im Projektbereich vielerorts enorme Abstriche bezüglich zweckgebundenem Projekteinsatz gemacht.

Die Herausforderung bei den PM-Instrumenten besteht darin, dass einerseits in einer Unternehmung meistens unterschiedliche PM-Kulturen existieren (müssen) und andererseits die PM-Kultur im Laufe der Zeit sich grundsätzlich zum Besseren verändert. Dies hat zur Folge, dass Instrumente im PM-Bereich eingesetzt werden müssen, die sich der Kultur anpassen können.

1.1.4.2 Grundlegende Ansatzpunkte der PM-Governance

Ziel einer PM-Governance ist es sicherzustellen, dass alle Projekttätigkeiten innerhalb eines Unternehmens effektiv und effizient im Sinne einer Unternehmenswertmaximierung abgewickelt werden. Die Governance definiert hierfür den rechtlichen und organisatorischen Rahmen. Es wird daher für das Unternehmen ein formeller Rahmen für die effektive und effiziente Abwicklung von Projekten geschaffen. Grundsätzlich geht es beim konkreten PM-Governance-Ansatz in einer Unternehmung im Sinne der in den vorherigen Kapiteln beschriebenen Problematiken darum, im gesamten Projektumfeld eine höhere Transparenz und eine stärkere Rechenschaftspflicht zu erreichen. Ansatzpunkte dafür sind folgende [Bur 2006]:

- Anreizschaffung
  Bei der Ausgestaltung der Rechtsverhältnisse im Projektmanagement muss bedacht werden, welche (beabsichtigten und unbeabsichtigten) Anreize damit für die beteiligten Personen geschaffen werden. Insbesondere bei der Definition von expliziten Leistungsanreizen stellen die Messbarkeit und Nichtmanipulierbarkeit der Leistung, die Vermeidung von Multitaskingproblemen sowie die Nichtverdrängung der intrinsischen Motivation besondere Herausforderungen dar. Das Multitaskingproblem führt dazu, dass sich die vertragnehmende Partei (Projektleiter oder Lieferant) nach Vertragsabschluss nur auf diejenigen Tätigkeiten konzentriert, an denen sie gemessen wird, und dabei alle anderen vernachlässigt. Die Verdrängung der intrinsischen Motivation ergibt sich vor allem bei Menschen, die nicht dem Menschenbild des „Homo oeconomicus" entsprechen. So gibt es beispielsweise auch reziproke Typen, die nach dem Leitsatz „Wie du mir, so ich dir" handeln. Fühlen sich solche Menschen durch die Ausgestaltung eines Vertrags benachteiligt, so werden sie dies negativ quittieren. Bei der Schaffung von Anreizen (z.B. Zielbonus oder Leistungsziele) muss daher sehr überlegt vorgegangen werden, nicht zuletzt deshalb, weil beispielsweise die Ausgestaltung des Lohnschemas eine Signalwirkung hat und mitbestimmend ist, wer sich auf ein Stellenangebot meldet.

- Verantwortungsübernahme
  Damit alle Personen ihre Projektaufgaben professionell erbringen können, müssen sie über die notwendigen Fachkenntnisse verfügen. Zudem muss über die Ausgestaltung der Projektorganisation sichergestellt werden, dass die Aufgaben und die Kompetenzen einer Person übereinstimmen. Nur so kann (und muss!) eine Person auch die Verantwortung für ihr Handeln tragen.

- Holschuld
  Es ist wichtig, dass bei allen Projektträgern, wie sie z.B. in der Abbildung 2.03 aufgeführt sind, bezüglich ihrer relevanten Projektinformationen eine Holschuld existiert. Sie müssen von sich aus einer Sache auf den Grund gehen und dürfen sich nicht darauf verlassen, dass die Probleme (freiwillig) weitergemeldet werden. Dies ist insbesondere im Projektgeschäft wichtig, da Projektleiter nicht selten sehr positive Menschen sind (bzw. sein müssen), die nur das Ziel sehen und oftmals viele Probleme einfach geistig ausblenden, um ihr Projekt zielorientiert abwickeln zu können.

- Nachweisbarkeit
  Sowohl die Projektabwicklung als auch das zu erstellende Produkt müssen, häufig auf Gesetzesgrundlage (z.B. Umweltvorschriften, Haftungsansprüche etc.), fortlaufend dokumentiert werden. Dies beginnt bereits bei der methodischen Erhebung der Projektanforderungen. Ein Projekt muss im Prinzip so dokumentiert werden, dass es theoretisch jederzeit von einem Projektteam bzw. von einem Projektleiter dem Nächsten übergeben werden könnte, ohne dass dabei wichtige Informationen verlorengehen. Auf diese Weise wird nicht nur die Grundlage für ein Monitoring geschaffen, sondern das Projektwissen wird auch nachhaltig gesichert (☞ Kapitel 2.5.3.1 „Dokumentenmanagement").

- Tailoring
  Ein Tailoring (Zuschneiden) der Projektmanagement-Governancestruktur ist nicht nur aus Kostenüberlegungen sinnvoll, sondern auch aus Motivationsgründen. Im PM-Leitfaden sind die Standards und Richtlinien der Projektabwicklung ausführlich beschrieben. Unter anderem wird darin festge-

halten, welche Vorgehens- und Phasenmodelle zur Anwendung kommen, welche Lieferobjekte von wem für wen erstellt werden müssen etc. Dass nicht jedes Projekt eine gleich umfangreiche Projektabwicklung benötigt, liegt auf der Hand: Aus diesem Grund müssen Projekte klassifiziert und die Projektmanagement-Governancestruktur auf die entsprechende Projektklasse zugeschnitten werden (☞ Kapitel 1.4.1.3 „Tailoring").

Im Zusammenhang mit PM-Governance muss klar erwähnt werden, dass in Kleinprojekten oder in kleineren Unternehmen eine grössere Initiative in Richtung PM-Governance sicher fehl am Platz ist.

1.1.4.3 Elemente des PM-Governance-Ansatzes

Das englische Wort „Governance" bedeutet „Beherrschung" oder „Steuerung". Auf Unternehmen bezogen, kann „Corporate Governance" mit „angemessene Unternehmensorganisation zur Optimierung der Unternehmensführung und -kontrolle" übersetzt werden. PM-Governance ist entsprechend die folgerichtige und notwendige Verfeinerung der Corporate Governance, wie es in den vorhergehenden Kapiteln beschrieben wurde, was aus Projektsicht stark mit dem Projektportfolio in Zusammenhang gebracht werden kann. Die in der folgenden Abbildung aufgeführten Hauptkomponenten der PM-Governance können daher so in einem modernen Projektportfolio gebündelt und gesteuert werden.

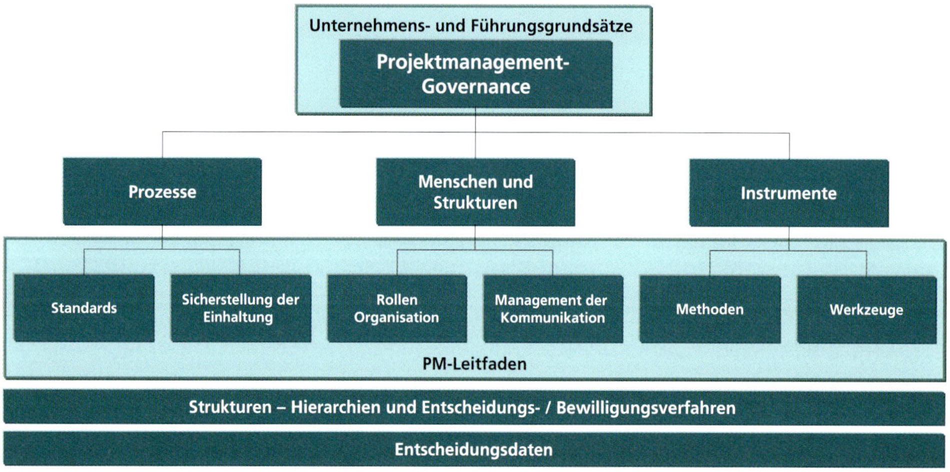

Abb. 1.06: Elemente der Projektmanagement-Governance

In engerem Sinn versteht man unter Projektmanagement-Governance die Beschreibung aller Prozesse und Strukturen, die für die erfolgreiche und transparente Durchführung eines Projekts erforderlich sind und die sich nach den definierten Governance-Grundsätzen (☞ Kap. 1.3.1.1 Unternehmensleitbild) ausrichten. Dies bezieht sich insbesondere auf die Definition:

- von Rollen mit ihren Verantwortlichkeiten,
- des Rahmens für die Gestaltung der Kommunikation,
- der einzusetzenden Methoden,

- der anzuwendenden Standards,
- der einzusetzenden Instrumente,
- der Vorgehensweise zur Sicherstellung der Umsetzung der Governance.

Dabei werden auch externe Verantwortlichkeiten (also Verantwortlichkeiten von Rollen und Organisationseinheiten ausserhalb des eigentlichen Projektbereichs) und die Schnittstellen der Projekte nach aussen betrachtet.

1.1.4.3.1 PM-Leitfaden

Die PM-Governance einer Unternehmung wird, wie die Abbildung 1.06 aufzeigt, zur Hauptsache im PM-Leitfaden festgehalten. Neben den reinen Governance-Aspekten müssen z.B. auch die systematisch anzuwendenden Methoden und Techniken, die den verschiedenen Projektphasen und Entwicklungsschritten zugewiesen werden können, so klar dokumentiert werden, dass sie gezielt eingesetzt werden können. Der Leitfaden gilt als Bestimmungsgrösse der Umsetzung von PM-Governance und als Nachschlagewerk für die anzuwendenden organisatorischen Regeln sowie als Arbeitsanweisung.

Der PM-Leitfaden beinhaltet eine gegliederte Zusammenfassung der für die Projektabwicklung gültigen, übergeordneten organisatorischen Regeln.

Mit dem PM-Leitfaden werden vor allem folgende Ziele verfolgt:

- Bestimmung der Grundlagen der allgemeinen Projektabwicklungsziele (Vernehmlassungszeitpunkte z.B. nach Initialisierung etc.);
- Festlegung der Arbeitsweise in den Projekten (organisatorische Seite des PM-Systems);
- Geltung als verbindliche Richtlinie für die Zusammenarbeit während der Projektabwicklung;
- Zuweisung der Aufgaben, Kompetenzen und Verantwortung an die beteiligten Stellen/Instanzen;
- Geltung als Grundlage zur Erteilung von detaillierten Aufträgen im Rahmen eines Projekts;
- Unterstützung bei der Erstellung und Ausarbeitung aller notwendigen Verträge.

Der Projektmanagement-Leitfaden kann seinen Zweck allerdings nur dann erfüllen, wenn er stets auf dem aktuellsten Stand gehalten wird und, wie in der Abbildung 1.07 aufgeführt, modular gestaltet ist. Bei Bedarf muss er z.B. aufgrund von Erkenntnissen aus einem Projektabschluss angepasst werden (☞ Kapitel 3.3.3 „Portfolio-Projektabnahmeprozess"). Die Verantwortung für die Aktualisierung liegt beim Projektportfolio bzw. Controller oder bei einer dafür speziell definierten Stelle wie z.B. dem PM-Kompetenzzentrum.

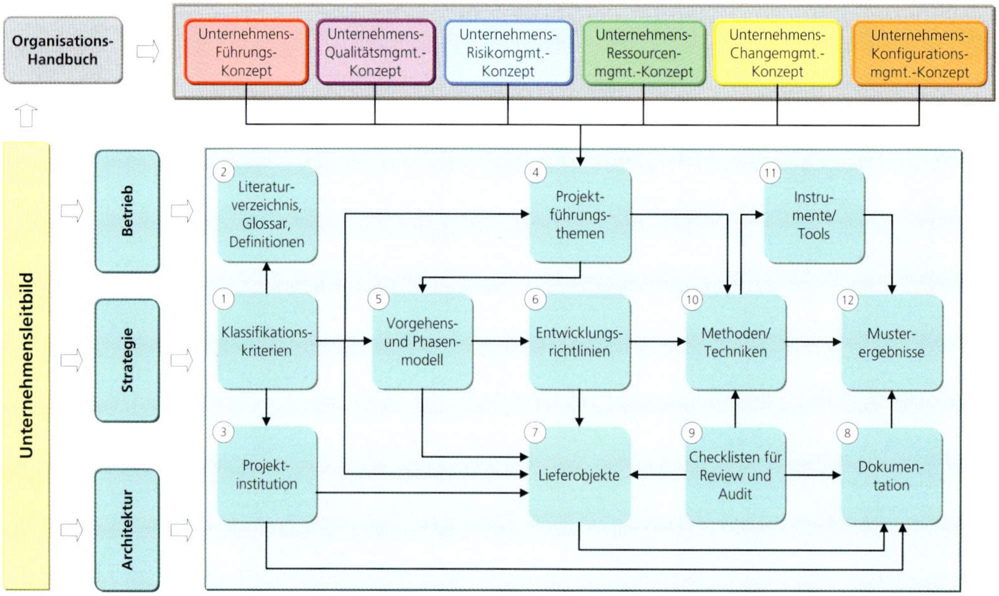

Abb. 1.07: Metamodell eines PM-Leitfadens

Die Abbildung 1.07 zeigt die Gliederung des Inhalts des PM-Leitfadens in verschiedene Bereiche, die stark voneinander abhängig sind. Wie die Abbildung zeigt, werden die im Leitfaden aufgeführten Werte stark von der Strategie, dem unternehmensgültigen Organisationshandbuch respektive dessen Managementrahmenbedingungen, der Produktarchitektur und den betrieblichen Verfahrensregeln beeinflusst.

Nachfolgend werden die einzelnen Bereiche der Abbildung 1.07 kurz erläutert:

1. Klassifikationskriterien
   Die wirkungsorientierten Klassifikationsparameter wie z.B. Risikowirkungsgrad oder Strategiebeitrag werden von der Strategie, der Architektur und dem Betrieb abgeleitet. Diese Kriterien bilden das Zentrum der Entscheidung; sie haben im Projekt direkte Auswirkungen unter anderem auf die Projektinstitution, den Grad der Projektführung, auf das Projektvorgehen und auf den „Tailoring-Generator", der bestimmt, welche Lieferobjekte zwingend erstellt werden müssen.

2. Literaturverzeichnis, Glossar, Definitionen
   Mit dem wichtigen Ziel, im gesamten Unternehmen einen einheitlichen Terminologiestandard im Bereich der Projektabwicklung einzusetzen, werden Literatur- und Definitionsverzeichnisse geführt. So sind z.B. den Benutzer unterstützende Schriften in diesem Modul aufgeführt, sodass er diese in der Unternehmensbibliothek einfach finden kann, da ein Leitfaden kein Lehrbuch sein sollte. Auch das Definitionsverzeichnis mit den Definitionsquellen und Synonymen etc. wird so formuliert, dass es den Anwender in seiner täglichen Arbeit unterstützt.

3. Projektinstitution
   Hier werden die Projektinstitution (Stellen, Gremien und Organisation) sowie deren Aufgaben, Kompetenzen und Verantwortungen, die innerhalb eines Unternehmens für ein Projekt gebildet werden müssen oder können, aufgeführt. Im Weiteren können weitere zusätzliche institutionelle Werte (z.B. Informationssystem mit den Informationspflichten etc.) aufgeführt werden, die in den Projekten ihre Anwendung finden (☞ Kapitel 2 „Projektinstitution").

4. Projektführungsthemen
   Das Modul Projektführungsthemen enthält die allgemeingültigen Projektleiteraufgaben sowie die Managementvorgaben bezüglich Teammanagement, Qualitätsmanagement, Risikomanagement, Ressourcenmanagement, Changemanagement sowie Konfigurationsmanagement.

5. Vorgehens- und Phasenmodelle
   Hier werden die in einem Unternehmen angewendeten Vorgehensmodelle und ihre Anwendungsberechtigungen, basierend auf den einzusetzenden Phasenmodellen und Meilensteinen, erläutert.

6. Entwicklungsrichtlinien
   Pro Projektart müssen entsprechende Entwicklungsrichtlinien für die konkrete Projektdurchführung vorgegeben werden.

7. Lieferobjekte
   In diesem Modul werden die Lieferobjekte, welche pro Vorgehens- respektive Phasenmodell und gemäss den entsprechenden Entwicklungsrichtlinien erstellt werden können/müssen, aufgeführt. Zusammen mit der Klassifikation wird ein Tailoring aufgeführt, das, basierend auf der Projektklasse, vorbestimmt, welche Lieferobjekte zwingend zu erstellen sind.

8. Dokumentation
   Hier werden alle in Bezug zum Konfigurationsmanagement notwendigen Vorgaben (Schlüsselwerte, Strukturen etc.) bezüglich der in einem Projekt zu erstellenden Dokumentation aufgeführt. So auch die Strukturen der externen Projektsicht, u.a. Verträge, Pflichtenhefte der Versionierungsregelung etc.

9. Checklisten für Review und Audit
   Neben den Checklisten in den einzelnen Modulen werden in diesem Modul speziell die Checklisten definiert, welche z.B. bei einem Review oder Audit angewendet werden.

10. Methoden/Techniken
    Hier werden die Methoden/Techniken beschrieben, die in einem Projekt angewendet werden sollen.

11. Instrumente/Tools
    Abgestimmt auf die Methoden, erfolgen in diesem Teil die Beschreibungen über die einzusetzenden, im Unternehmen akzeptierten Tools respektive Instrumente.

12. Mustergebnisse
    Aufgrund von Aktivitäten und dem Ergebnismodell aus dem Modul „Phasenmodell" werden hier Mustergebnisse (Best Practice) als Richtgrössen aufgeführt.

Die konkreten Inhalte eines PM-Leitfadens hängen stark von der Art der durchzuführenden Projekte, den jeweiligen Projektinhalten, den eingesetzten Methoden und Techniken sowie von der Unternehmensstruktur ab. Sie können daher nicht in einer allgemeingültigen Form vorgegeben werden. Beim Erstellen eines Leitfadens sollten folgende Schritte durchgeführt werden:

- Bestimmen der verantwortlichen Stellen sowie des Erstellungs- und Änderungsdienstes;
- Entwerfen der Struktur des Leitfadens;
- Einordnen aller Unterlagen (Methoden, Techniken, Literaturkopien etc.);
- Festlegen des Vorgehensmodells respektive Phasenmodells;
- Zuordnen der Gestaltungs- und Dokumentationstechniken zu den Projektphasen;
- Überprüfen/Korrigieren aller Arbeiten anhand unternehmensspezifischer Gesichtspunkte;
- Durchführen eines Musterprojekts und gegebenenfalls Einbau von Korrekturen;
- Beglaubigenlassen des Leitfadens durch die Unternehmensleitung;
- Schulung und Einführung der festgelegten Methoden und Techniken;
- Einrichten eines permanenten Änderungsdienstes.

Sehr wichtig ist, dass solche Standards und Richtlinien für die Projektführung offen gestaltet werden. Sie dürfen die Leistungsfähigkeit des Projektteams oder des Projektleiters nicht behindern, sondern müssen diese bei der täglichen Arbeit richtungsweisend unterstützen. Das Projektteam sollte neben den Richtlinien und Bestimmungen noch genügend Spielraum haben, um seine Projektarbeit nach kundenspezifischen Bedürfnissen sowie betriebswirtschaftlichen Gesichtspunkten gestalten zu können (= Tailoring).

Wie bereits in der Aufzählung erwähnt, müssen die im Leitfaden enthaltenen Regelungen (Policy) durch die Unternehmensleitung genehmigt werden.

Für die Implementierung und den kontinuierlichen „Betrieb" der vom Unternehmen gewünschten PM-Governance sind Prozesse und entsprechende Kontrollinstrumente unerlässlich. Prozesse, insbesondere bezüglich der Projektabwicklung, können heute von Best-Practice-Referenzmodellen wie im Anhang B aufgeführt abgeleitet werden.

1.1.4.3.2 Struktur – Hierarchie – Entscheidungs- und Bewilligungsverfahren

Betrachtet man Strukturen mittelgrosser Firmen, aber auch Projekte in der Grössenordnung wie Olympiade, Fussball-WM, Fusion zweier Konzerne, Autobahnabgabe-System in Deutschland (LKW-Maut), Airbus A380 etc. aus Sicht des rechtmässigen Projektmanagements, so sind solch komplexe Strukturen, wie in Abbildung 1.08 aufgeführt, keine Seltenheit, sondern die Regel. Betrachtet man in diesem Zusammenhang die Aufgabenteilung, die Verantwortlichkeiten und die daraus abgeleitete strukturbezogene Kompetenz, wird klar, dass hier ein Instrument und eine Sichtweise benötigt werden, die diese Komplexität zu klären versuchen.

Grössere Unternehmen oder Kooperationen mit grösseren Projekten mit einer wie in Abbildung 1.08 dargestellten Zuständigkeitsstruktur benötigen einerseits horizontale Prozesse, welche die Aufgaben und Ergebnisse sowie deren Verantwortlichkeiten klar definieren. Sie benötigen aber auch, wie durch den komplexen Regelkreis dargestellt, vertikale Prozesse, die sicherstellen, dass die Planungs-, Koordinations-, Controlling- und Entscheidungsaufgaben über alle Hierarchiestufen klar geregelt sind.

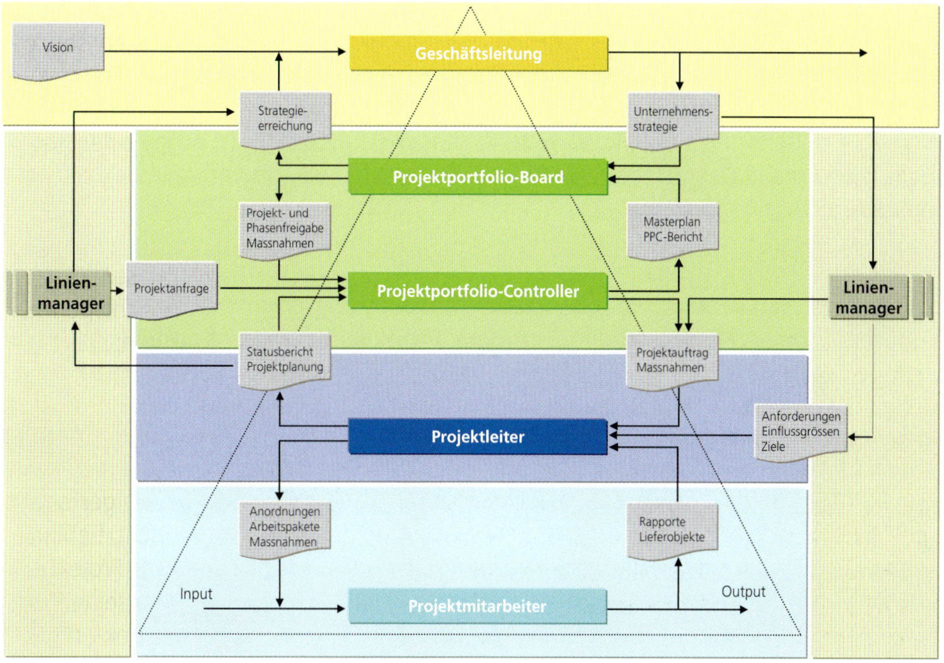

Abb. 1.08: Struktur – Hierarchie – Bewilligungsprozess

Im Sinne der PM-Governance müssen die Strukturen und Hierarchien mit ihren unterschiedlichen Interessen und Aufgabenstellungen geregelt werden. Im Folgenden drei konkrete Problemstellungen und Lösungsansätze, welche mittels PM-Governance-Ansatz diesbezüglich fassbar geklärt werden müssen:

- Projekte werden zentral z.B. über ein Projektportfolio, aber dezentral in der Linie geführt! Bei dieser Problematik (unterschiedliche Interessen werden mit denselben Ressourcen verfolgt) muss eine strukturelle Lösung gefunden werden. Selbst wenn die Geschäftsleitung-Linienmanager-Beziehung „im Lot" wäre und selbst wenn der Linienmanager (als Auftraggeber) den Projektleiter kontrollieren könnte, wäre immer noch eine sachliche Koordination aller Projekte nötig, um den Unternehmenswert zu maximieren. Mit einer Instanz „Projektportfolio-Board" wird diese Diskrepanz oder dieser Konflikt entschärft. So kann sichergestellt werden, dass nur die Projekte durchgeführt werden, die der Unternehmung absolut den meisten Nutzen bringen – und nicht relativ aus Sicht eines Linienmanagers. Effizienz und Effektivität müssen immer auf alle Projekte bzw. sogar auf die ganze Unternehmung bezogen werden.
- Es gibt auch interne Auftraggeber aus der Linie, obwohl ein Projektportfolio institutionalisiert ist!

  Nicht alle Projekte können zentral ins Leben gerufen werden. Viele Projekte entstehen in den Unternehmensbereichen (Bottom-Up). Wenn man der Linie das Projektmanagement wegnehmen würde, könnte der Wandel dort nicht mehr vollzogen werden. Wenn ein Linienmanager genügend Linienbudget zur Verfügung hat und er das Projekt bezahlt, kann es ihm in der Praxis nur sehr schwer weggenommen werden. Aus theoretischer Sicht gehört das Projekt allerdings trotzdem ins Projektportfolio. Das Projekt muss bloss dann nicht ins Projektportfolio aufgenommen werden, wenn das Projekt „klein" ist, sprich: in eine Projektklasse eingestuft wird, die keine spezielle Projektmanagement-Governancestruktur erforderlich macht. Zum einen würde die Kosten-Nutzen-Relation nicht stimmen, zum anderen kann in diesem Fall auch ein Linienmanager alleine, ohne die Fachkenntnisse des Projektportfolio-Controllers, den Projektleiter überwachen oder das Projekt sogar selber ohne einen Projektleiter managen. Die Kosten, die aufgrund einer fehlenden sachlichen Koordination entstehen, sind in der Regel sehr klein und können deshalb vernachlässigt werden.

- Der Projektleiter kann auch eigene Interessen verfolgen!

  Die Geschäftsleitung verfügt zwar über starke Sanktionsmöglichkeiten, doch gleichzeitig besteht eine Informationsasymmetrie gegenüber dem Projektleiter. Diese Konstellation könnte den Projektleiter dazu verleiten, im Projekt seine eigenen Interessen zu verfolgen: sei es durch die Abwicklung eines überdimensionalen Projektes oder durch soziale Anerkennung etc. Und selbst wenn die Geschäftsleitung herausfindet, dass der Projektleiter sich nicht in ihrem Sinne verhält, ist es in der Regel mit hohen Kosten und Zeitverzögerungen verbunden, den Projektleiter von seinem Amt zu entheben bzw. zu entlassen und einen neuen einzustellen, da der neue Projektleiter erst einmal einen Überblick über das Projekt gewinnen muss. Dies verschafft dem aktuell eingestellten Projektleiter gewisse Freiräume. Mittels im PM-Leitfaden offiziell angewiesener Prozesse und Lieferobjekte (z.B. über Projektpläne, Statusberichte, Produktdokumentationen etc.) gelingt es der Geschäftsleitung, das projektspezifische Wissen des Projektleiters explizit zu machen; dadurch werden die Freiräume des Projektleiters stark eingeschränkt.

Über alle drei aufgeführten sowie weitere Problematiken der Macht- und Interessenverhältnisse muss eine auf der Stufe der Projektlieferobjekte klar definierte Abnahme- und Freigabe-Verantwortlichkeit geregelt werden.

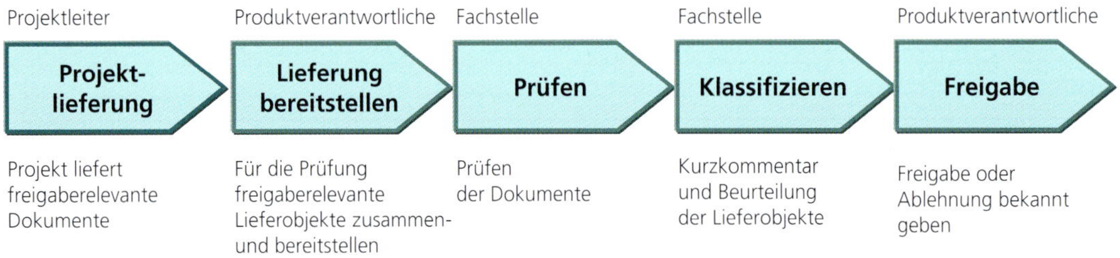

Abb. 1.09: Freigabeprozess (z.B. einer Projektphase)

Um die Effizienz und Wirksamkeit des Projektabwicklungsprozesses in solchen Strukturen und Hierarchien zu gewährleisten, ist der möglichst schnelle und kompetente Ablauf des Entscheidungs- und Bewilligungsverfahrens (Freigabeprozess) einer der entscheidenden Erfolgsfaktoren. Andererseits ist es wichtig, dass die Lieferobjekte wie z.B. Dokumente, welche für einen Entscheid oder eine Bewilligung wichtig sind, auf einem qualitativ angemessenen Level erstellt werden, um einen Entscheid möglichst konkret und korrekt fällen zu können. Die Hauptziele eines Freigabeprozesse sind:

- Der Freigabeprozess definiert, welche Projektergebnisse nach welcher Entwicklungsphase und allenfalls nach welchen Abnahmekriterien durch welche Fachstelle begutachtet bzw. getestet werden, um sicherzustellen, dass das Projekt die grösstmögliche produktive Erfolgschance aufweist.

- Er sichert die Durchsetzung der Vorgaben bezüglich Organisation, Architektur, Standards, IT Security, Support- und Betreibbarkeit bei den IT-Projekten und technischen Projekten. Die Angaben der Projekte zu Kosten und Nutzen werden validiert.

Wird ein solcher Freigabeprozess als ein effizienter und unterstützender Prozess in einem Unternehmen eingeführt, ergeben sich daraus folgende Vorteile:

- Qualität wird gesteigert, Kosten und Risiken werden gesenkt

  Die Qualität der Projektergebnisse wird durch geeignete Vorgaben gefördert. Das Projekt wird durch den Support der Fachstellen bei der Umsetzung unterstützt. Dadurch vermindert sich das Risiko einer Fehlentwicklung und die Gesamtkosten lassen sich senken.

- Kommunikation wird verbessert

  Die Kommunikation zwischen Projekten, Projektbeteiligten und Fachstellen wird durch die Verwendung eines einheitlichen Instrumentariums effizient gefördert. Rechte und Pflichten der Beteiligten sind geregelt.

- Strategie und Architektur werden unterstützt

  Die entstehenden Lösungen passen dank frühzeitiger Abstimmung mit den Fachstellen besser zur bestehenden respektive gut in die künftige Landschaft.

1.1.4.3.3 Entscheidungsdaten

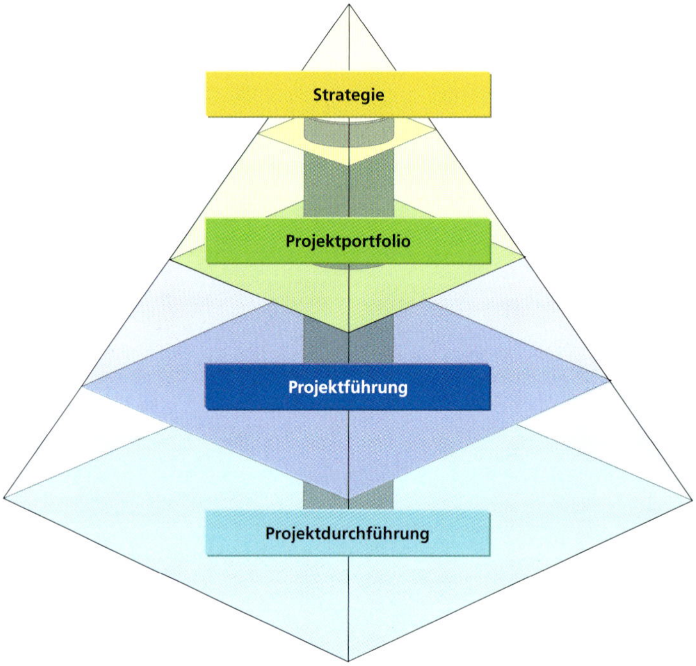

Abb. 1.10: Governance-Röhre für den bidirektionalen Datenaustausch

Die vertikal zusammenhängenden Aufgaben eines PM-Systems müssen durch geeignete Entscheidungsdaten in einer sogenannten „PM-Governance-Röhre" allen Ebenen zur Verfügung gestellt werden. Einerseits müssen dazu Bottom-Up die Daten sinnvoll verdichtet werden können. Andererseits müssen die Daten und die darauf beruhenden Entscheidungen in einem Top-Down-Ansatz stufengerecht durchgesetzt werden. Dieser im Grunde genommen simple bidirektionale Datenaustausch hat im Projektumfeld seine entsprechenden Herausforderungen.

Im Betriebsumfeld mit über Jahren optimierten und verfeinerten Prozessen ist dieser bidirektionale Datenfluss, der in einem Performance-Management-System gebündelt und ausgewertet werden muss, nur noch eine Fleissarbeit. Im Projektumfeld sieht dies schon ganz anders aus. Hier bestehen in Unternehmen meist weder standardisierte Prozesse noch klare Verantwortlichkeiten, noch grosse Erfahrung, noch eingespielte Teams.

Die Indikation der kognitiven Transparenz basiert auf gegen oben verdichteten Datenwerten. Dabei wird für eine effiziente PM-Governance der minimalste Wertebereich definiert. Je nach Einsatz von Instrumenten und je nach Projektklasse können weitere Werte definiert respektive verlangt werden. Im Folgenden ein beispielmässiger Ansatz, welche Datenelemente bei einer PM-Governance von Nutzen sein könnte:

Rollen	Risiken	Leistung	Qualität	Per.-Ressourcen	Kosten	Zeit/Termine	Abhängigkeiten
	Datenelemente						
PPM ATG PSG	• Gesamtstatus Risiken • Anzahl der Risiken • Total gewichtetes Schadenpotenzial	• Earned Value in Bezug zu: • Planned Value • Burned Value	• Gesamtstatus Qualität	• Gesamtstatus Ressourcen • Ressourcen-Gesamtauslastung zur Bedarfsbeurteilung	• Gesamtstatus Kosten • Bewilligte Kosten Gesamtprojekt • Budget Gesamtprojekt	• Gesamtstatus Termine	• Gesamtstatus Abhängigkeit
PPC	• Massnahmen-kosten Total	• Produktive Projektstunden • Projektfortschritts-grad • Restaufwand bis Projektende	• Statistik QS-Massnahmen • Anteil „First Pass" QS-Massnahmen • Kosten für QS-Massnahmen	• Ressourcen-anforderungen je Projekt	• Kosten Gesamtprojekt • Budget intern • Budget extern • Budget Sachmittel	• Projektfertig-stellungstermine Soll/Ist	• Status der Lieferungen, welche auf dem kritischen Pfad sind
PRM PL TPL	• Risikograd (errechnet) • Massnahmen • Massnahmen-kosten • Status der Massnahmen • Eingetretene Risiken (mit Schadenshöhe)	• Erfüllungsgrad der Anforderungen/Ziele • Business Case • Planned Value • Burned Value • Restaufwand bis Projektende	• Qualitätsplan/ Prüfplan • Stastistik QS-Massnahmen • Aufgewendete Stunden für die Qualitätssicherung	• Anzahl Stunden geplant • Anzahl geleistete Stunden gesamt • Anzahl noch zu leistende Stunden gesamt • Personalsituation	• IST-Kosten Total • Kosten Arbeitspaket Soll • Restschätzung Gesamtkosten (Prognose) • Kosten zur Schadensbehebung • Änderungskosten	• Meilensteintermine Plan/IST • Restschätzung Gesamtaufwand (Prognose)	• Anzahl Abhängigkeiten • Status der Lieferung
PMA FaG	• Risikobeschreibung • Eintrittswahrschein-lichkeit • Auswirkungsgrad • Schadenpotenzial in Franken	• Arbeitspaket-Rapport • Earned Value • Burned Value • Stunden-rapportierung nach Arbeitspaket (auch Admin. und nicht produktive)	• Ergebnisse QS-Massnahmen • Anzahl Lieferobjekte erstellt • Anzahl Lieferobjekte geprüft	• Anzahl geleistete Stunden pro Arbeitspaket • Anzahl noch zu leistende Stunden pro Arbeitspaket (Prognose)	• Kostenaufwand Arbeitspaket IST • Restschätzung Kosten Arbeitspaket (Prognose)	• Start- und Endtermine AP Plan/IST • Restschätzung Aufwand AP (Prognose)	• Projektnummer der anderen Projekte • Lieferungsobjekt • Lieferungstermin

Abb. 1.11: Datenelemente auf den verschiedenen Hierarchiestufen

Zur Sicherstellung einer funktionierenden PM-Governance wird in der modernen Projektwelt das „Strategic Project Office" (SPO) beauftragt. Das SPO stellt zusammen mit einem effizienten Projektportfolio-Board (PPB), das als Bindeglied zwischen Topmanagement und der im Unternehmen integrierten Projektwelt dient, ein „Führungsinstrument" zur Verfügung, das die Dynamik und die Komplexität in der Projektwelt im Zaum zu halten versucht.

1.2 Systemtheoretische Grundlagen

In diesem Buch wird immer wieder von verschiedenen Systemen gesprochen. Hauptsächlich handelt es sich dabei, wie in der Abbildung 1.47 aufgeführt, um das „IST-System", das „SOLL-System" und das „Projektabwicklungs-System". Aber auch um das „Projektmanagement-System" als Gesamtheit in einer Unternehmung integriertes System für die Umsetzung aller Projekte, wie es im Kapitel 1.3 (☞ „Projektmanagement-Systemebenen") aufgeführt ist. In diesem Kapitel werden allgemeine systemtheoretische Grundlagen vermittelt, die für ein umfassendes Systemverständnis im Zusammenhang mit Projekten beitragen.

Abb. 1.12: Bereiche der Systemtheorie

1.2.1 Systemdefinition

Die Grenzen des menschlichen Wissens und Denkvermögens machen es erforderlich, dass ein betrachtetes System von anderen Systemen abgegrenzt werden muss.

Ein System im organisatorischen Sinn ist eine gegenüber der Umwelt abgegrenzte Gesamtheit von Elementen (in einer Unternehmung z.B. die Elemente Einkauf, Entwicklung, Verwaltung, Verkauf), zwischen denen Beziehungen bestehen.

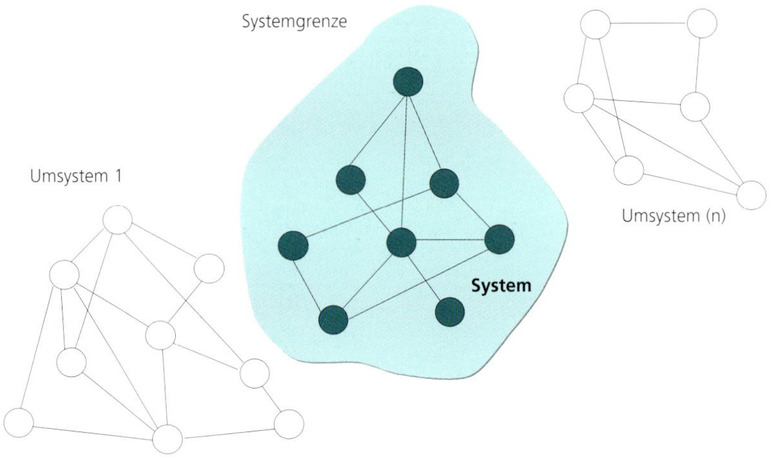

Abb. 1.13: Geschlossenes, abgegrenztes System

In den Ausführungen von Liebelt [Lie 1989] werden das System bzw. dessen Elemente in der Form eines Würfels, wie in der Abbildung 1.14 aufgeführt, dargestellt.

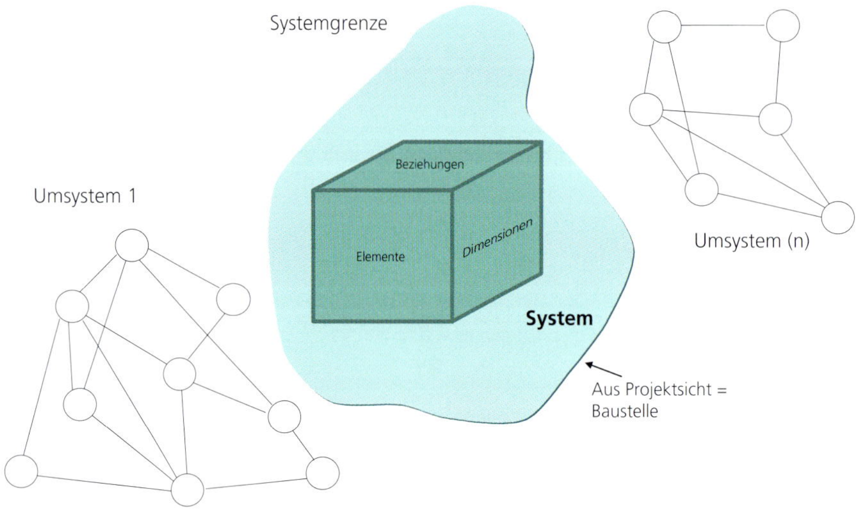

Abb. 1.14: System aus neutraler, organisatorischer Sicht

Mit Projektvorhaben werden oft komplexe Systeme, Teil- oder Untersysteme umstrukturiert und/oder auf den neuesten technischen Stand gebracht. Systeme, die mittels eines Projekts verändert werden, werden so für eine gewisse Zeit zu „Arbeitsfeldern" bzw. zu „Baustellen". Die Arbeiten und das Vorgehen auf einer „Baustelle" sind die Themen dieses Buches.

1.2.2 Systemwürfel

Wird ein System aus organisatorischer Sicht betrachtet, so wird es in die Bestandteile Elemente, Beziehungen und Dimensionen zerlegt. Diese drei Bestandteile stehen miteinander in enger Verbindung, sodass bei einer Veränderung eines einzelnen Bestandteiles auch die anderen Bestandteile tangiert werden. Diese organisatorischen Abhängigkeiten müssen insbesondere in Systemen, die mit der Informatik unterstützt werden, vollständig erkannt werden. Ansonsten besteht die Gefahr, dass eine Lösung erarbeitet wird, die nicht der Praxis entspricht bzw. in der Organisation nicht in einer effizienten Form angewendet werden kann. Durch systematisches Entflechten, Verändern und Zusammensetzen solcher Systeme können Entwicklungen und Reorganisationen erfolgreich durchgeführt werden. Dies gilt insbesondere für die Umgestaltungen von Systemen, die Arbeitsabläufe wesentlich verändern (Ablauforganisation).

Mit dem in der Abbildung 1.15 dargestellten Systemwürfel von Liebelt [Lie 1989] kann die organisatorische Komplexität eines Systems dargestellt werden. Die drei Seiten des Würfels werden in den folgenden Unterkapiteln näher beschrieben.

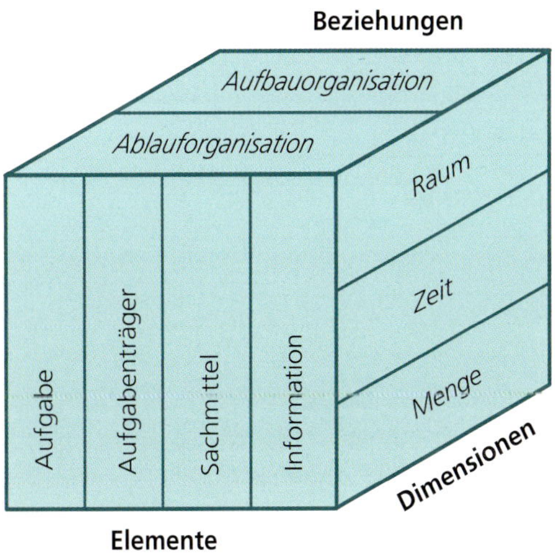

Abb. 1.15: Systemwürfel gemäss Liebelt [Lie 1989]

1.2.2.1 Elemente eines Systems

In einer Organisation besteht ein System immer aus vier Elementen, die den statischen Aspekt verkörpern.

- Aufgabe

  Jedes System, ob ein ganzes Unternehmen oder nur ein Teilbereich davon, kann durch seine Aufgaben beschrieben werden. Meistens stehen diese Aufgaben bei einer Veränderung im Mittelpunkt. Sie bilden die Basis für eine Neuorganisation von Prozessketten (logische Aneinanderreihung von Einzelaufgaben).

- Aufgabenträger (Personalmittel)

  Aufgabenträger bzw. Personalmittel sind Menschen, die ihre Arbeitsleistung für die Durchführung von Aufgaben zur Verfügung stellen. Hier findet eine klare Abgrenzung zur Maschine statt, die im Prinzip auch Aufgaben übernimmt, jedoch keine Verantwortung tragen kann.

- Sachmittel (Betriebsmittel)

  Um eine Aufgabe optimal bewältigen zu können, benötigt der Aufgabenträger die Unterstützung von Sachmitteln bzw. Betriebsmitteln. Diese Betriebsmittel reichen vom Computer und Schreibstift über Auto, Bagger, Werkbankmaschine etc. bis hin zum Büromobiliar.

- Informationen

  Informationen werden benötigt, damit ein Aufgabenträger eine Aufgabe erfolgreich ausführen kann. Dieses wichtige Element muss bei jeder Neugestaltung gebührend berücksichtigt werden. Hier wird das Informationssystem einer Abteilung eingesetzt, das heute praktisch überall durch Informatikmittel unterstützt wird. Die Weitergabe von Informationen sollte unternehmensweit geplant, angeordnet und kontrolliert werden.

1.2.2.2 Dimensionen eines Systems

Die Dimensionen und deren Ausprägungen Raum, Zeit und Menge bilden die dynamische Seite eines Systems. Sie können als Attribute der Elemente bezeichnet werden.

- Raum

  Die Durchführung einer Aufgabe geschieht an einem Ort bzw. in einem Raum. Aus Sicht der Projektabwicklung bleibt die „Baustelle" so lange am selben Ort, bis das Projekt abgeschlossen ist. Wobei auch hier bei einem internationalen Projekt, das sich auf mehrere Standorte verteilt, die örtlichen Werte alleine schon Komplexität aufweisen können.

- Zeit

  Gemäss Liebelt [Lie 1989] beansprucht die Erfüllung einer Aufgabe einen gewissen Zeitraum. Die Aufgabe entsteht zu einem bestimmten Zeitpunkt, gleichgültig, ob dieser Zeitpunkt vorausgesehen werden kann oder nicht. Bei Reorganisationen von Aufgaben und Prozessen wird diesem Attribut mit seinen Ausprägungen wie Arbeitszeit, Liegezeit, Transportzeit etc. grosse Beachtung geschenkt, da dadurch die Durchlaufgeschwindigkeit eines Objektes wesentlich verbessert werden kann. Leider wird der Bezug dieser Dimension zu den anderen Elementen und Komponenten des Systems oft nicht berücksichtigt, was zu einer einseitigen und falschen Umstrukturierung (Rationalisierung) führt.

- Menge

  Erfüllt der Aufgabenträger eine Aufgabe an einem bestimmten Ort in einem vorgegebenen Zeitraum (z.B. in acht Stunden), so erbringt er eine gewisse Leistung (= Menge). Diese kann z.B. bei einer Buchhaltungstätigkeit die Anzahl Buchungen umfassen, aber z.B. im Baugewerbe auch die Anzahl Lastwagenfahrten zur Baustelle etc.

1.2.2.3 Beziehungen innerhalb eines Systems

Die Beziehungen innerhalb eines Systems werden in zwei Hauptgebiete aufgeteilt:

- Aufbauorganisation

  Als Aufbauorganisation wird eine dauerhafte und wirksame Gestaltung des statischen Beziehungszusammenhangs (Elemente) eines soziotechnischen Systems (Mensch – Maschine) bezeichnet. Sie lässt sich in die Teilsysteme Informationssystem, Kommunikationssystem, Betriebsmittelsystem, Leitungssystem und Führungssystem unterteilen.

- Ablauforganisation

  Die Ablauforganisation stellt vornehmlich die Beziehung zu den dynamischen Ausprägungen der Dimensionen räumliche, zeitliche, mengenmässige und logische Folgebeziehungen (Prozesse) her. Innerhalb dieser Beziehung muss natürlich auch die Seite der Elemente berücksichtigt werden. Mit gut gestalteten Regelungen und Vorschriften wird versucht, den Auslastungsgrad der eingesetzten Einsatzmittel und die Durchlaufzeit der zu erstellenden Produkte zu optimieren.

1.2.3 Systemdenken

Wie sieht das „Innenleben" eines Systems aus? Diese zentrale Frage, die sich generell bei jeder Veränderung von komplexen Systemen, insbesondere aber im Zusammenhang mit Projekten stellt, kann beispielsweise mit dem Ansatz des Systemdenkens geklärt werden.

Das Systemdenken ist ein Werkzeug zur Gestaltung von komplexen Systemen.

Systemdenken bedeutet, sich die Methoden und Mechanismen des Denkens bewusst zu machen. Es unterstützt die stufenweise Systemauflösung und ermöglicht damit, einen Sachverhalt vom Groben zum Detail in übersichtliche Teile zu gliedern (Top-Down-Prinzip) und danach den Zusammenhang zwischen den Teilen zu suchen. Mit Hilfe des Systemdenkens werden das System und die darin vorkommenden Probleme transparenter [Böh 1993].

Das Systemdenken beinhaltet [Dae 1992]:

- Begriffe zur Beschreibung komplexer Gesamtheiten und Zusammenhänge;
- Ansätze, die das gesamtheitliche Denken unterstützen;

- modellhafte Ansätze, um reale komplexe Erscheinungen zu veranschaulichen, ohne sie unzulässig vereinfachen zu müssen.

Abbildung 1.16 zeigt ein neutrales, vereinfacht dargestelltes Buchhaltungssystem, das auf der zweitobersten Betrachtungsebene mit Hilfe des Systemdenkens zerlegt wurde.

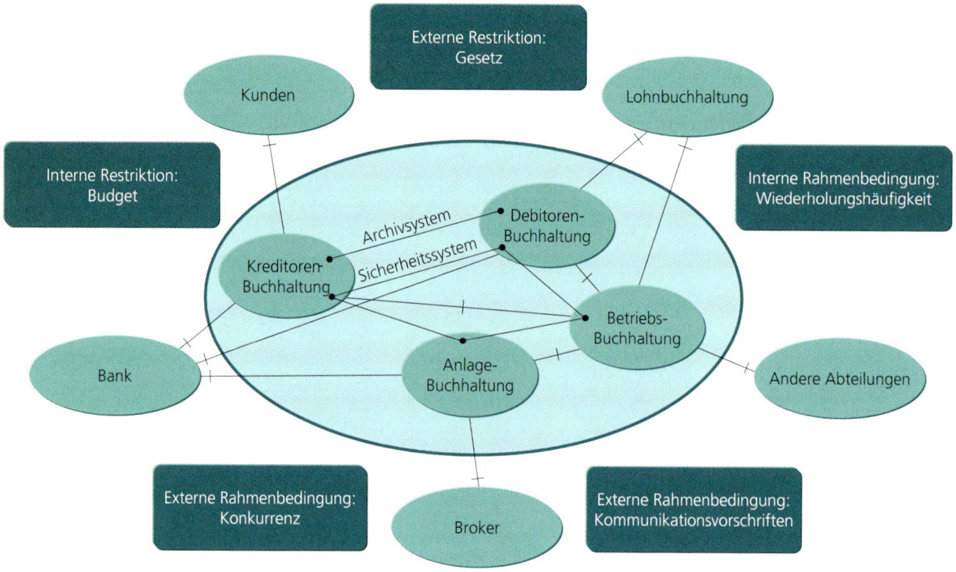

Abb. 1.16: Vereinfachtes Buchhaltungssystem in seiner Komplexität

In den folgenden Abschnitten wird gemäss den Ausführungen von Schmidt [Sch 2000b] auf die sechs Einzelaspekte des Systemdenkens (SEUSAG-Analyse) eingegangen. Werden diese Arbeitsschritte sequenziell abgearbeitet, so können je nach Analysetiefe das ganze System oder einzelne Elemente davon vollständig transparent visualisiert werden.

1.2.3.1 (S) Systemgrenzen bilden

Mit der Linie „Systemgrenze" wird genau definiert, was innerhalb und was ausserhalb eines Systems (Problemkreis) einzuordnen ist. Die ausserhalb des Systems gezeichneten Systeme werden als Umsysteme definiert. Demnach stellen in der Abbildung 1.17 Kunden, Lohnbuchhaltung, andere Abteilungen, Broker und Bank Umsysteme dar. Umsysteme stehen in direkter Beziehung zu einem oder mehreren Untersystemen (Kreditorenbuchhaltung, Debitorenbuchhaltung etc.) bzw. zu einem oder mehreren Elementen des definierten Systems. Damit eine klare Systemgrenze gebildet werden kann, ist es wichtig, nicht nur die Systeme innerhalb des Problemkreises, sondern auch jene ausserhalb der Systemgrenze zu zeichnen, damit im vierten Schritt alle externen Schnittstellen definiert und berücksichtigt werden können. Umsysteme ohne einen Bezug zum betrachteten System sind nicht aufzuführen.

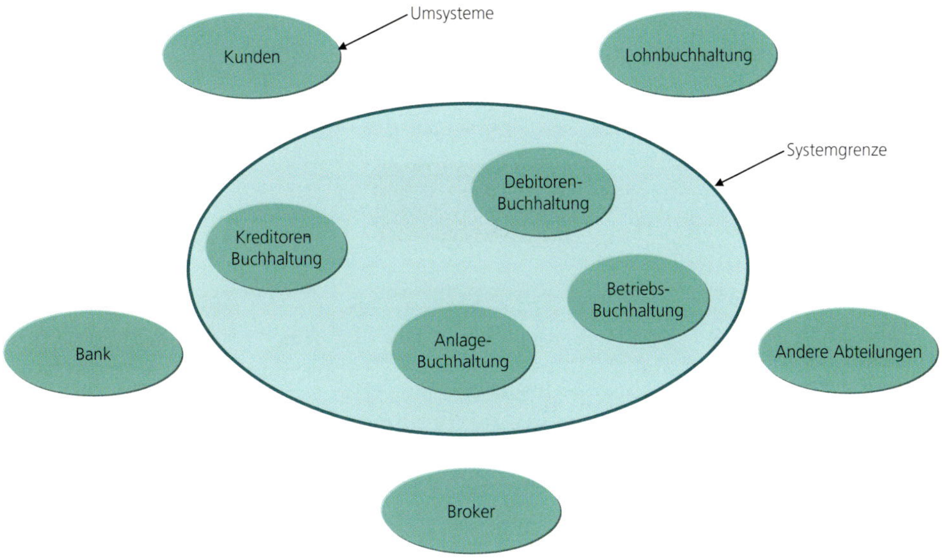

Abb. 1.17: Buchhaltungssystem mit seinen Umsystemen

1.2.3.2 (E) Einflussgrössen ermitteln

Dem Systemdenken entsprechend unterliegt jedes System mehreren Einflussgrössen (Restriktionen und Rahmenbedingungen). Diese „zwingen" es, sich nach gewissen unveränderbaren Vorgaben jenseits des Systemeinflussbereichs zu verhalten. Eine Einflussgrösse des Buchhaltungssystems kann z.B. die Vorgabe der Bank sein, wie die Daten zwischen der Buchhaltung und der Zahlungsverkehrsabteilung der Bank protokolliert und transportiert werden müssen.

Nachfolgend wird eine theoretische Zweiteilung der Einflussgrössen in Restriktionen und Rahmenbedingungen beschrieben.

- Restriktionen

  Restriktionen sind Einschränkungen und Begrenzungen bezüglich der Aufgabenerfüllung, die innerhalb eines Systems beachtet werden müssen. Sie haben einen direkten Einfluss auf die Ziele der Arbeitserfüllung. Aufgrund einer oder mehrerer Restriktionen kann möglicherweise das gewünschte Ziel nicht in vollem Umfang erreicht werden. Sie verhindern somit, alle Lösungsmöglichkeiten in vollem Umfang auszuschöpfen. Restriktionen lassen sich auf neutraler Ebene wie folgt unterteilen:
  – interne Restriktionen (z.B. Unternehmensstrategie, vorhandene Maschinen etc.),
  – externe Restriktionen (z.B. Gesetze, Vorgaben des Kunden etc.).

- Rahmenbedingungen

  Rahmenbedingungen können mit den Leitplanken einer Strasse verglichen werden. Sie geben der Lösung eine bestimmte Richtung vor, ohne diese jedoch festzulegen. Sie bestehen in organisatorischen Gegebenheiten, die bei einer Lösung berücksichtigt werden müssen. Rahmenbedingungen lassen sich wie folgt unterteilen:

– interne Rahmenbedingungen (z.B. Komplexität, zu verwendende Sachmittel etc.),
– externe Rahmenbedingungen (z.B. Konkurrenzverhältnisse, Markt etc.).

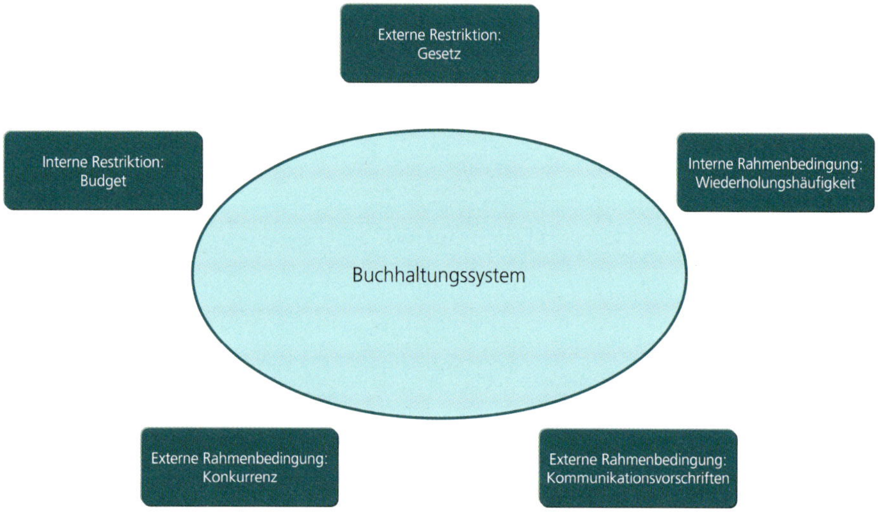

Abb. 1.18: Einflussgrössen des Buchhaltungssystems

Die Unterteilung der Einflussgrössen in Restriktionen und Rahmenbedingungen scheint einfach zu sein. In der Praxis ist das allerdings oftmals nicht so, da Einflussgrössen zum Teil politisch zustande kommen. Ein Projektleiter, der die Einflussgrössen in seinem Projekt nicht kennt, hat einen sehr schweren Stand. Er wird vermutlich oftmals irgendwo „anecken", ohne genau zu wissen, weshalb. Auf der anderen Seite wird ein Projektleiter, der „alle" Einflussgrössen in seinem Projekt kennt und diese nicht hinterfragt, wahrscheinlich nicht in der Lage sein, die beste Lösung zu realisieren. Ein Projektvorhaben muss entsprechend den Einflussgrössen nicht nur in der Betrachtungsperspektive bezüglich „IST/SOLL-System", sondern im Gesamtkontext mit dem System, der Projektabwicklung und dem sozialen Umfeld erfolgen. Daher wird dieser Punkt auch gesondert in den Kapiteln 1.4.3.3 „Einflussscope" und 10.3.1.1 „Identifikation potenzieller Stakeholder" detailliert erläutert.

1.2.3.3 (U) Unter- und Teilsysteme abgrenzen

Mit Hilfe der Unter- und Teilsysteme wird das Feld innerhalb der Systemgrenzen strukturiert. Dies kann entweder nach dem Gliederungsverfahren (Untersysteme) oder/und dem Beziehungsverfahren (Teilsysteme) erfolgen.

Ein Teilsystem ist eine Menge von Elementen, die durch bestimmte Beziehungsarten miteinander verknüpft sind bzw. bestimmte Gemeinsamkeiten aufweisen. Diese Beziehungen können das gesamte System überlagern (Querschnitts- oder funktionale Betrachtung) [Sch 1994b].

Werden Beziehungsarten, die einzelne Elemente untereinander verbinden, isoliert betrachtet, spricht man von einem Teilsystem. Abbildung 1.19 zeigt im einfach dargestellten Buchhaltungssystem, wie dessen Teilsysteme „Archivsystem" und „Sicherheitssystem" gewisse Elemente (Debitorenbuchhaltung, Kreditorenbuchhaltung etc.) des Systems „Buchhaltung" miteinander verbinden.

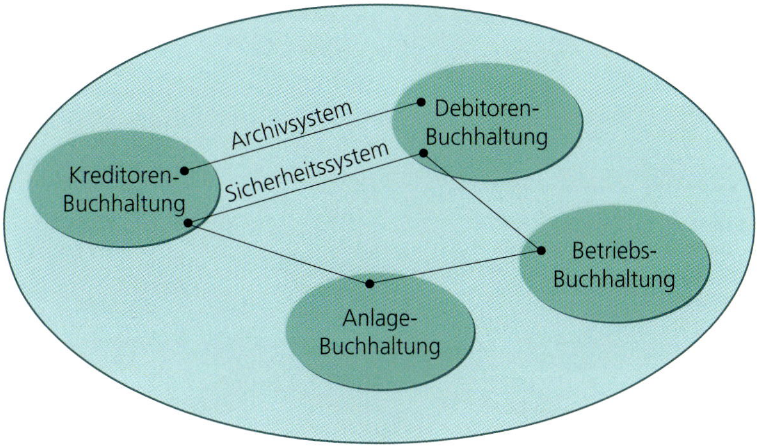

Abb. 1.19: Unter- und Teilsysteme des Buchhaltungssystems

Die im System „Buchhaltung" aufgeführten Elemente (Anlagebuchhaltung, Kreditorenbuchhaltung etc.) lassen vermuten, dass sich hinter ihnen eine detaillierte Wirklichkeit verbirgt, die wiederum aus Elementen und Beziehungen besteht. Werden diese Elemente einer „tieferen" Stufe nach dem Top-Down-Prinzip betrachtet, so werden sie als Untersysteme der oberen Ebene bezeichnet (siehe Abbildung 1.20).

Ein Untersystem ist eine vom Gesamtsystem abgrenzbare Teilmenge von Elementen und Beziehungen [Sch 1994b].

Durch die Gliederung in Unter- und Teilsysteme kann ein komplexes System in kleinere, leichter zu bearbeitende Problemfelder unterteilt werden. Wie Abbildung 1.20 zeigt, können Untersysteme ihrerseits auch wieder unterteilt werden.

Auf diese Weise kann ein System in immer kleinere Granulate zerlegt und analysiert werden. Wie weit man bei einer solchen hierarchischen Zerlegung eines Systems gehen soll, kann nicht allgemein beantwortet werden.

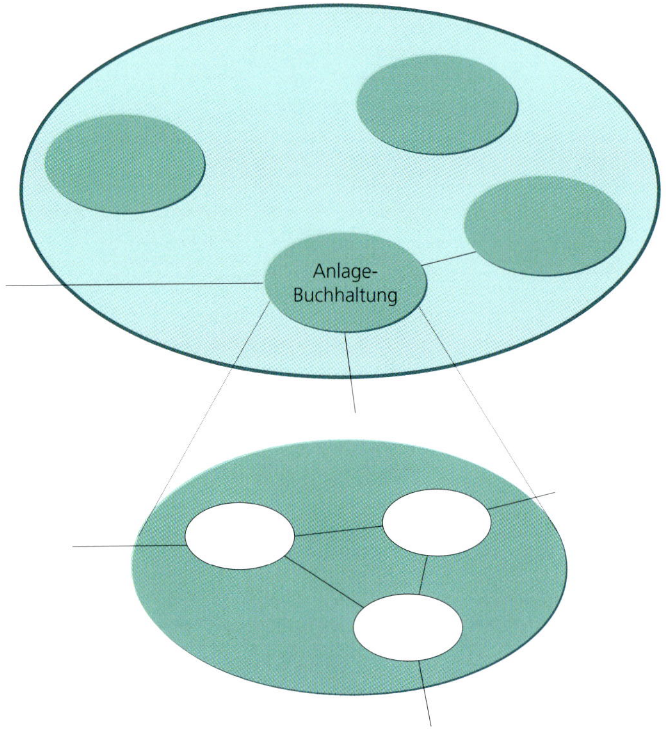

Abb. 1.20: Dritte Hierarchiestufe des Buchhaltungssystems

1.2.3.4 (S) Schnittstellen definieren

Das Definieren von Schnittstellen bei einer Systemanalyse zeigt sowohl die Abhängigkeiten zwischen den einzelnen Elementen oder Untersystemen und deren Umsystemen auf als auch die Abhängigkeiten zwischen den einzelnen Elementen oder Umsystemen. Die konsequente Definition der Schnittstellen verhindert die Bildung von Insellösungen.

Bei der Schnittstellendefinition kann folgende Unterscheidung gemacht werden:
- externe Schnittstellen („Um"-System, Untersystem oder Element),
- interne Schnittstellen („Unter"-System, Untersystem oder Element).

Die nachfolgende Abbildung zeigt interne (I) und externe (E) Schnittstellen des Beispielsystems „Buchhaltung".

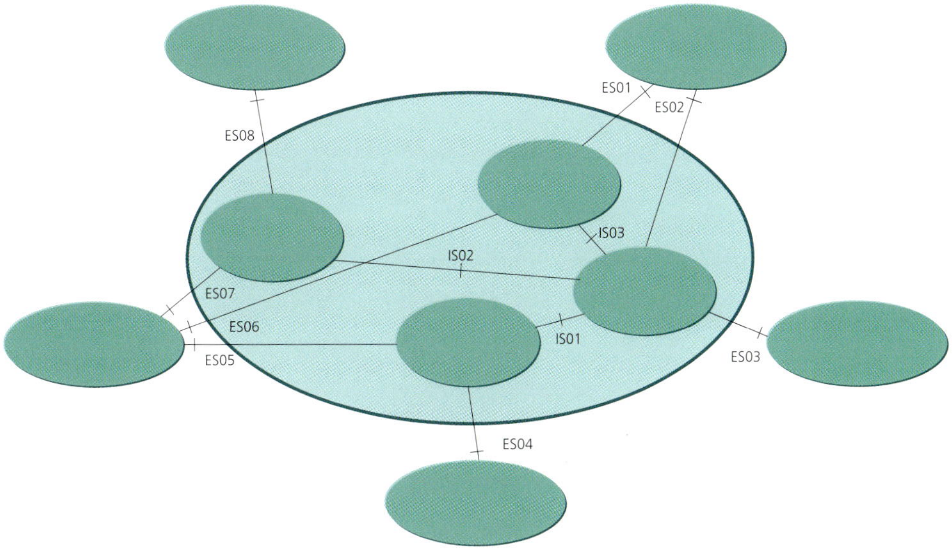

Abb. 1.21: Interne und externe Schnittstellen des Buchhaltungssystems

1.2.3.5 (A) Analyse der Unter- und Teilsysteme

Durch die Analyse der Unter- und Teilsysteme wird eine standardisierte Erhebung der Systembestandteile (Element, Dimension und Beziehung) erreicht. Wenn es stimmt, dass nach Liebelt [Lie 1989] ein System mittels Würfel abgebildet werden kann (☜ Kapitel 1.2.2 „Systemwürfel"), so muss dies auch bezüglich der Untersysteme stimmen. Somit müssen bei der Analyse eines Systems die Fragen pro Teil- und Untersystem geklärt werden, die im Systemwürfel definiert sind (z.B. „Welche Informationen benötigt ein Aufgabenträger, um seine Aufgaben mit den entsprechenden Betriebsmitteln/Sachmitteln durchführen zu können?", oder „Wie läuft der Bestellprozess organisatorisch ab?").

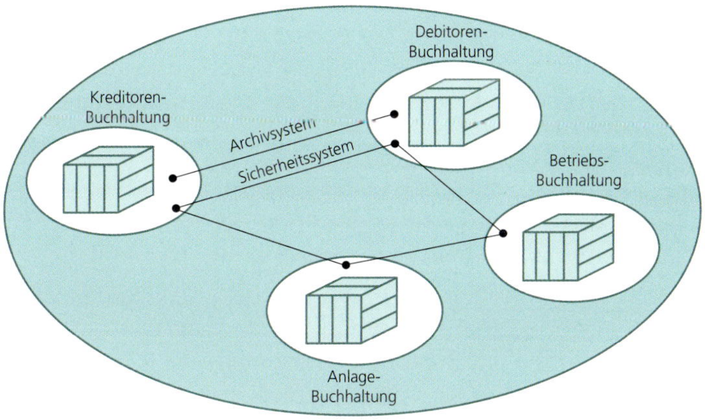

Abb. 1.22: Analyse der Unter- und Teilsysteme

1.2.3.6 (G) Gemeinsamkeiten ermitteln

Wurde das System mit Hilfe des Systemdenkens methodisch zerlegt, so finden sich oft Gemeinsamkeiten. In diesen Gemeinsamkeiten liegt vielfach ein grosses Rationalisierungspotenzial, da sie aus der Funktionssicht betrachtet nichts anderes als Redundanzen sind und somit bei einer einheitlichen, umfassenden Festlegung eine in allen Bereichen gleichlaufende Systematik bewirken.

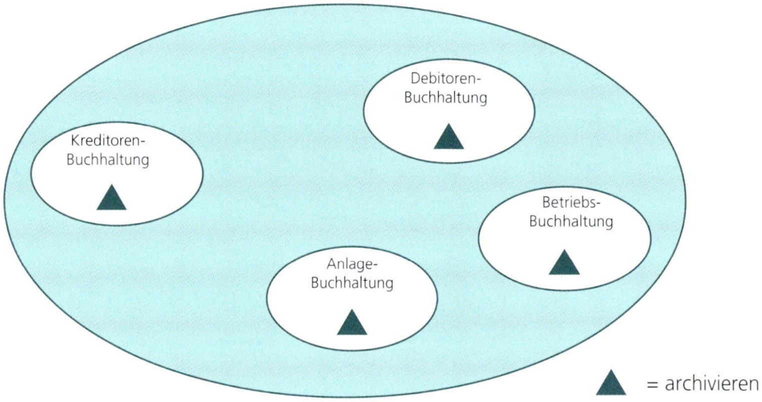

Abb. 1.23: Gemeinsamkeiten ermitteln

Im Beispiel des Buchhaltungssystems wird in der Debitorenbuchhaltung nach Kundennummern archiviert; in der Kreditorenbuchhaltung nach Lieferantennamen und bei der Betriebsbuchhaltung nach dem Erstellungsdatum. Bei diesem Beispiel riecht es förmlich danach, dass ein gemeinsames Archivsystem aufgebaut werden könnte, welches das Archivieren nach diesen (Kundennummern, Lieferantenannahmen, Erstellungsdatum) und weiteren Kriterien ermöglicht.

1.2.4 Kybernetik

Gemäss Lehman [Leh 1980] untersucht die Systemtheorie vornehmlich Systeme unter statisch-strukturellen Gesichtspunkten (Untersuchung der Beziehungen zwischen System, Systemelementen und Systemumwelt). Die Kybernetik hingegen legt grosses Gewicht auf die Untersuchung des Systemverhaltens (Systemwirkungen). Die Unklarheit einer solchen Unterscheidung resultiert daraus, dass zwischen Struktur und Verhalten (Funktion) eines Systems keine eindeutige Abgrenzung besteht, sodass beide Phänomene sich gegenseitig bedingen. Will man die Dynamik eines Systems abbilden, kommt man um die Grundkenntnisse aus Norbert Wieners „Die Kybernetik" [Wie 1948] nicht herum.

Die Kybernetik als Wissenschaft etablierte sich mit diesem Buch von Norbert Wiener, das 1948 unter dem Titel „Cybernetics" erschien. Wiener verstand es, die Regelung der Dynamik so neutral zu gestalten, dass alle Wissenschaften davon profitieren konnten. Der Begriff „Kybernetik" entstammt der altgriechischen Sprache und wurde mit „Steuermannskunst" ins Deutsche übersetzt.

1.2.4.1 Grundlage der Kybernetik

Nach Malik [Mal 1992] lassen sich alle bekannten Definitionen der Kybernetik unter dem Oberbegriff „Wissenschaft von der Ordnung" vereinigen. Ihr Gegenstand ist die Erforschung aller existierenden und möglichen Formen von Ordnung in natürlichen und künstlichen Systemen, insbesondere solchen mit grosser Komplexität. „Es sind Probleme der Natur der Ordnung, ihrer Entstehung, Veränderung und ihres Zerfalls, ihrer Schaffung, Beeinflussung und Nutzung, die den Kybernetiker interessieren."

Erfinder von komplexen Systemen wurden gezwungen, die Entwicklung ihrer Systeme immer weiter zu unterteilen, um diese Teilgebiete als Spezialgebiete zu bearbeiten. Diese Spezialisierung stiess wissenschaftlich an ihre Grenzen, und die themenisolierte Betrachtungsweise (Biologie, Psychologie etc.) führte oftmals nicht zu einer Lösung. Häufig befand sich die Lösung in einer angrenzenden Wissenschaft und zwang den Wissenschaftler dazu, sich auch mit Problemen, Denkweisen und Methoden der Nachbarwissenschaften zu befassen. Nach Flechtner [Fle 1966] entwickelte sich aus dem „Fachspezialisten" der „Problemspezialist". Daraus ergab sich ein Dilemma: Wie konnten die verschiedenen Wissenschaften mit ihren unterschiedlichen Methoden und Terminologien eine einheitliche Norm bzw. Methode finden? Die grosse Errungenschaft von Norbert Wiener war, dass er mit der Kybernetik eine Methode der Systemstandardisierung auf der dynamischen Ebene entwickelte, die Gültigkeit für verschiedene Wissenschaften hat. Aufgrund ihrer Wirkung bezeichnet man heute die Kybernetik selbst als eine Wissenschaft.

Kybernetik ist die allgemeine, formale Wissenschaft von der Struktur, den Relationen und dem Verhalten dynamischer Systeme [Geo 1961].

Im deutschsprachigen Raum begann man Mitte der 60er-Jahre, die Organisationskybernetik zu entwickeln. Man ging vom systemtheoretisch-kybernetischen Ansatz der Organisationstheorie aus, der im weitesten Sinn als die eben erwähnte, wissenschaftliche Disziplin verstanden wird. Sie untersucht die vom Menschen gestalteten soziotechnischen Systeme unter dem Aspekt kybernetischer Mechanismen (insbesondere Steuerung und Regelung). Die Organisationskybernetik will damit die kybernetischen „Mechanismen" auf den Prozess der organisatorischen Gestaltung und auf das Ergebnis übertragen, d.h. auf gestaltete, selbstregulierende und selbstorganisierende, lernfähige Systeme.

Die nachfolgende Abbildung veranschaulicht das Verhältnis der Kybernetik zu anderen Realwissenschaften im Allgemeinen und zur Organisationskybernetik im Besonderen. Die Pfeile sollen den interdisziplinären Charakter der Organisationswissenschaft hervorheben.

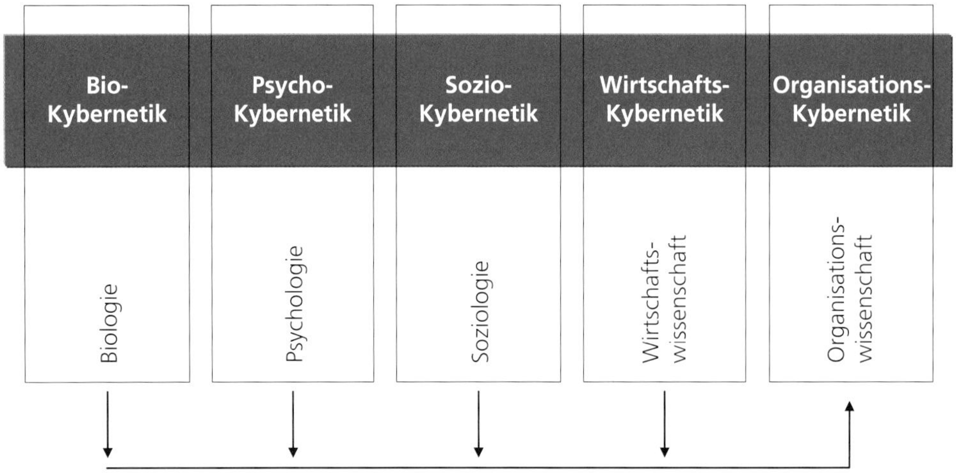

Abb. 1.24: Stellung der Organisationskybernetik in den Wissenschaften in Anlehnung an [Leh 1980]

Für die Projektführung sind fünf Modelle der Kybernetik von Bedeutung:

- linear kausale Verknüpfung bzw. Steuersystem (☞ Kapitel 1.2.4.2),
- geschlossener Wirkungskreislauf bzw. Regelsystem (☞ Kapitel 1.2.4.3),
- komplexe kybernetische Systeme (☞ Kapitel 1.2.4.4),
- soziotechnisches Regelkreismodell (☞ Kapitel 1.2.4.5),
- PM-System im kybernetischen Ansatz (☞ Kapitel 1.2.4.6).

Für die Verdeutlichung der Systeme sollten folgende drei Begriffe eindeutig umrissen werden:

- Steuern

  Wirkt ein Auslöser (Steuerglied oder Regler) verändernd auf den ausgelösten Vorgang ein, so wird von Steuern gesprochen. Der Begriff ist uns geläufig: das Steuern eines Schiffes, eines Autos etc. Hier hat auch das Wort „Kybernetik" seinen Ursprung. Auch andere technische Anwendungen sind uns vertraut, etwa das Steuern eines Energieflusses. Dabei wird unter Steuern nicht das Ein- und Ausschalten des Stromes verstanden (Alles-oder-nichts-Steuerung), sondern die geplante Veränderung der Stromstärke, also das „Regulieren" des Stromes.

- Regeln [Fle 1966]

  „Regeln" und „Steuern" werden im deutschen Sprachgebrauch streng unterschieden, während z.B. in der englischen Sprache für beide Begriffe nur das Wort „control" existiert. In gewissen Situationen spielt das Steuern beim Regeln eine entscheidende Rolle. Dies zeigt, dass das Regeln eine besondere Form des Steuerns (Selbststeuerung des Systems) darstellt, da eine Rückkoppelung via Regler vorgenommen wird.

- Ziel von Steuern und Regeln

  Ein funktionierendes (lebendes) System zeichnet sich durch Stabilität im Gleichgewicht aus. Dies wäre das Ziel von Steuern und Regeln. Stabilität wird als Eigenschaft/Zustand eines Systems verstanden, das trotz auftretender Störungen sein Gleichgewicht erhalten bzw. sein Gleichgewicht zurückgewinnen kann und einen neuen Gleichgewichtszustand (Fliessgleichgewicht) zu erreichen vermag.

1.2.4.2 Linear kausale Verknüpfung bzw. Steuersystem

Bei einem Steuersystem handelt es sich um eine linear kausale Verknüpfung bzw. eine Hintereinanderschaltung von Steuerglied und Steuerstrecke, ohne dass der gesteuerte Prozess auf das steuernde Glied rückkoppelt. Dabei wirken exogene Grössen (Führungsgrösse und Störgrösse) auf die Elemente des Systems ein [Jac 1985].

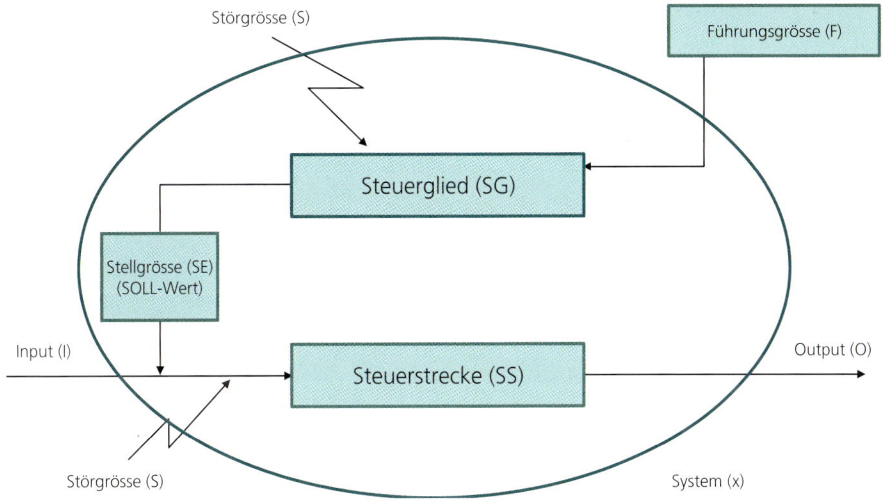

Abb. 1.25: Blockschaltbildliche Darstellung eines Steuersystems [Jac 1985]

In dieser und den anschliessenden Systemabbildungen werden folgende Werte dargestellt:
- (F) Die Führungsgrösse ist ein vorgegebener Richtwert.
- (SG) Das Steuerglied koordiniert, um den vorgegebenen Richtwert zu erreichen.
- (SE) Die Stellgrösse beeinflusst die Steuerstrecke gemäss Steuerglied.
- (SS) Die Steuerstrecke setzt das vom Steuerglied zugewiesene Vorhaben um.
- (S) Die Störgrösse ist eine Zufallsvariable, die verändernd auf eine Systemkomponente einwirkt.
- (I) Input ist ein substanzieller Wert, der benötigt wird, um den Richtwert zu erreichen.
- (O) Mit Output bezeichnet man alle Werte, die von einer Steuerstrecke produziert werden.

1.2.4.3 Geschlossener Wirkungskreislauf bzw. Regelsystem

Beim Regelsystem (☞ Abbildung 1.26) kommt eine wichtige Komponente, die „Regelgrösse", zum Steuersystem hinzu. Bei diesem System wirkt ein Regler über eine Stellgrösse auf eine Regelstrecke ein, die über eine Regelgrösse Kontrollinformationen an den Regler zurückmeldet (Feedback). Dieser wirkt bei IST-/PLAN-Abweichungen über die Stellgrösse auf die Regelstrecke korrigierend. Es handelt sich dabei um einen geschlossenen Wirkungskreislauf. Auch hier bestimmen exogene Grössen das System [Jac 1985].

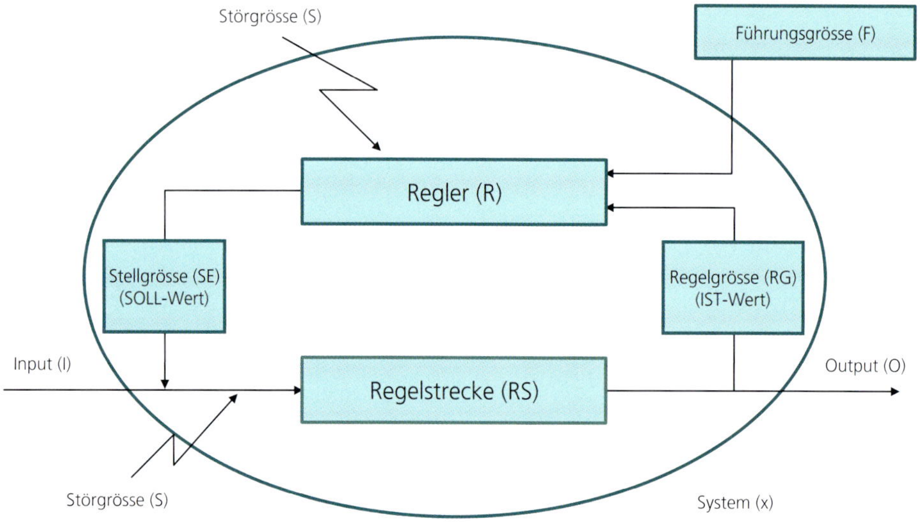

Abb. 1.26: Blockschaltbildliche Darstellung eines Regelsystems [Jac 1985]

Gegenüber dem Steuersystem beinhaltet das Regelsystem folgende unterschiedliche Werte:

- (R) Unter einem Regler wird die Einrichtung eines Systems verstanden, der „PLAN-Wert-Vorgabe" und „IST-Wert-Prüfung" vergleicht und in eine neue Anweisung umwandelt.
- (RG) Die Regelgrösse ist ein Kontrollbezug, über den vorbestimmte Outputwerte (IST-Grössen) transferiert werden, sodass sie mit der Führungsgrösse (PLAN-Grösse) abgeglichen werden können.
- (RS) Die Regelstrecke setzt das vom Regler angewiesene Vorhaben um. Die Werte des Outputs werden als Kontrollgrössen verwendet.

Zusammengefasst gehören gemäss Daenzer [Dae 1988] folgende Punkte speziell zur Regelung:

- bestimmte Verhaltensanweisung an ein System/Untersystem/Element (= Regelstrecke),
- Rückmeldung von Ergebnissen an den Regler,
- Vergleich der Ergebnisse mit den Anweisungen (Wirkungsprüfung, Abweichungsermittlung),
- erneute Anweisungen des Reglers.

1.2.4.4 Komplexe kybernetische Systeme

Ein komplexes kybernetisches System besteht entweder aus einer grösseren Anzahl von miteinander gekoppelten, einfachen Regelkreisen, die horizontal und vertikal vernetzt sind, oder aus mehreren vermaschten Regelkreisen.

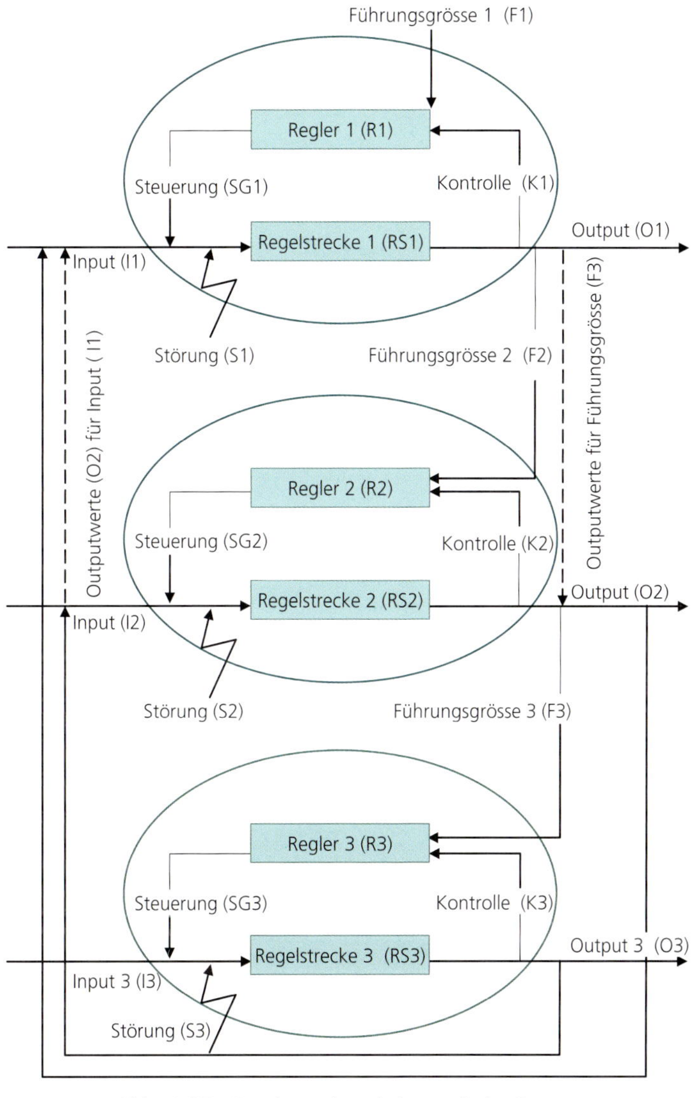

Abb. 1.27: Das komplexe kybernetische System

Ist die Führungsgrösse (F1) vorgegeben, so werden (F2) und (F3) durch die übergeordnete Systemebene entwickelt und bestimmt. Störungen wie (S2) und (S3) können, wenn der Regler R3 diese nicht korrigiert, von der 2. bzw. 3. Systemebene an das nächsthöhere System rückgemeldet werden. Damit kann von diesem Regelsystem aus eine neue Führungsgrösse erarbeitet werden.

1.2.4.5 Soziotechnisches Regelkreismodell

In Anlehnung an Daenzer [Dae 1988] wird davon ausgegangen, dass sowohl im Regler als auch auf der Regelstrecke auch Menschen als Elemente auftreten. Aus diesem Grund wird von einem soziotechnischen Prozess gesprochen.

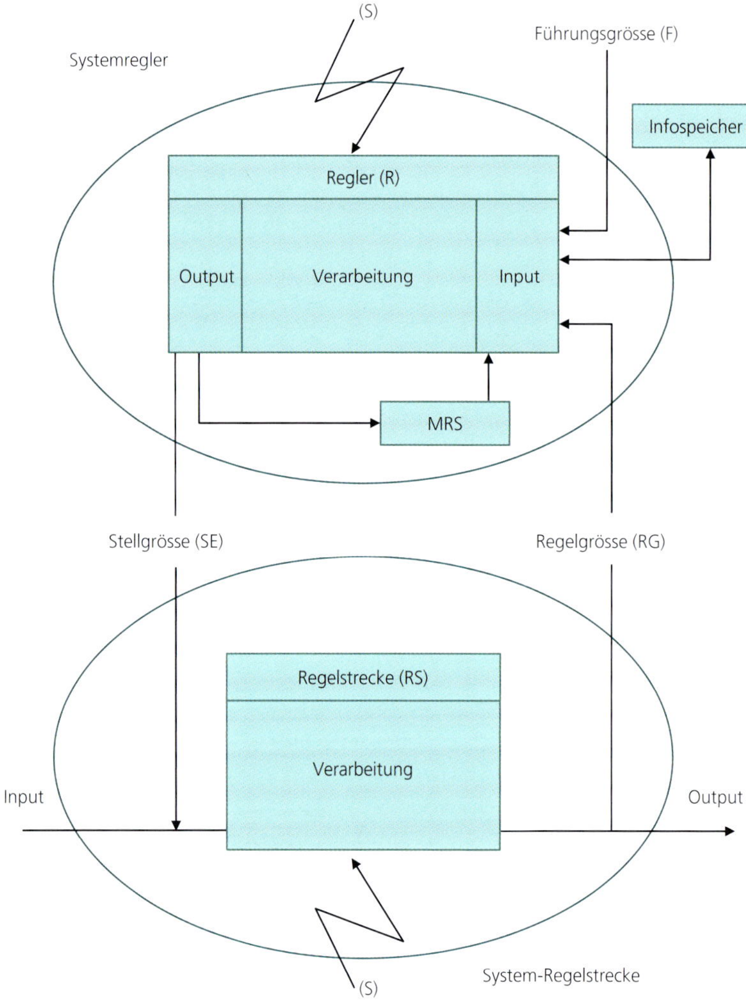

Abb. 1.28: Vereinfachtes hierarchisches soziotechnisches Regelkreismodell in Anlehnung an Daenzer [Dae 1988]

Das Modell wird insofern vereinfacht, als nur von zwei hierarchisch miteinander verknüpften Systemen ausgegangen wird. Das erste tritt als Regler auf (z.B. Führungskraft) und das zweite als Regelstrecke (z.B. Mitarbeiter).

In einem soziotechnischen Regelsystem werden die Komponenten wie folgt beschrieben:

- Der Regler (R) hat die Aufgabe, den auf der Regelstrecke (RS) ablaufenden Prozess zu regeln, insbesondere zu planen, zu kontrollieren und zu steuern.
- Die Regelstrecke (RS) hat aus Sicht des Reglers eine rein ausführende Funktion. Sie kann aber ihrerseits aus Reglerorgan und Regelstrecke bestehen (Achtung: Massgebend ist immer die jeweilige Sichtweise).
- Die Führungsgrösse (F) wird dem System von aussen vorgegeben.
- Die Stellgrösse (SE) ist die konkrete Zielvorgabe, die der Regler aufgrund der Führungsgrösse über ein geplantes Modell (MRS) auf die Regelstrecke einwirken lässt.
- Die Regelgrösse (RG) übermittelt die Kontrollinformationen des auf der Regelstrecke ablaufenden Prozesses. Sie dient als Grundlage für eine neue oder modifizierte Planung, die ihre neuen Werte wiederum über die Stellgrösse an die Regelstrecke vermittelt.
- Das Modell (MRS) der Regelstrecke ist eine rein gedanklich oder mathematisch formulierte Vorstellung (= Planung) des zu erwartenden Prozessablaufs innerhalb der Regelstrecke.
- Die Störgrösse (S) kann sowohl auf das System „Regler" als auch auf das System „Regelstrecke" einwirken.
- Der Regler verfügt über ein zusätzliches informationserarbeitendes System (IS), mit dem er sich bei beliebigen Informationsspeichern (Gedächtnis, Kartei, Dokumente, EDV-Speicher etc.) bedienen kann.

1.2.4.6 PM-System im kybernetischen Ansatz

In diesem Kapitel wird anhand eines Regelkreismodells gezeigt, wie das Projektportfolio-System mit einem Projektabwicklungs-System verknüpft ist. Diese vertikale Zusammenfassung wird gemäss Malik [Mal 1992] als das Ziel erfolgreichen Führens dargestellt, Management-Kybernetik oder auch evolutionäres Management genannt. Malik stützt sich dabei auf die Pionierarbeiten von Stafford Beer, der sich mit den eigentlichen Kernmechanismen des Managements auseinandergesetzt und diese zu einer einheitlichen Theorie zusammengefasst hat. Er entwarf ein Gesamtmodell von der Struktur eines Systems, das in einer dynamischen, sich ständig in unvorhersehbarer Weise verändernden Umwelt entstehen kann. Im Zentrum dieser Theorie stehen Anpassungsfähigkeit, Flexibilität, Lernfähigkeit, Evolution, Selbstregulierung und Selbstorganisation.

Basierend auf diesem Ansatz wird es im Projektmanagement-System möglich, Störungen in einem Unter- oder Teilsystem sofort zu erkennen und auszubalancieren oder aber gezielt in andere (Unter- und Teil-)Systeme weiterzulenken. Die Möglichkeit der sofortigen Berücksichtigung von neuen Situationen im Projektumfeld erhöht die Reaktionsgeschwindigkeit. Es ist verlockend, ein auf der evolutionären, kybernetischen Theorie aufgebautes, geschlossenes System anzuwenden. Dies bedingt jedoch einen organisatorischen Denkansatz (z.B. Business Process Engineering) und dessen Akzeptanz in der gesamten Unternehmung.

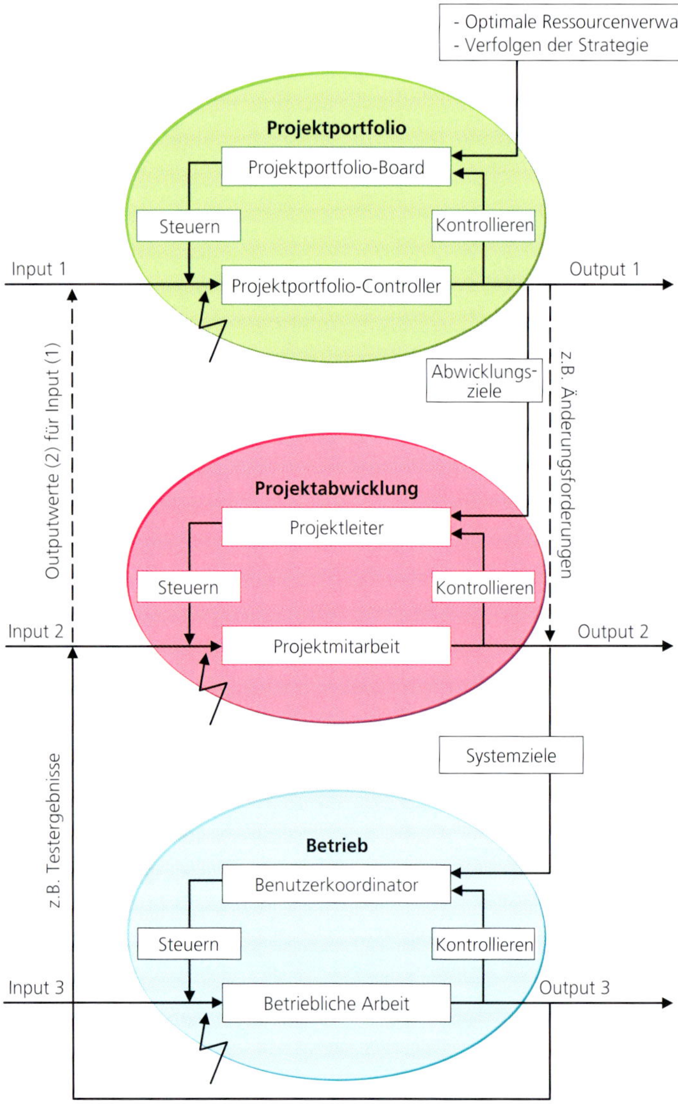

Abb. 1.29: Verknüpfung der Projektabwicklung mit ihren wichtigsten Umsystemen

Wie die Abbildung 1.29 zeigt, steht das System „Projektabwicklung" in seiner Komplexität mit seinen über- und unterstellten Systemen dem in Abbildung 1.16 aufgeführten Buchhaltungssystem in nichts nach. In der Praxis wird man sich dieser Komplexität immer bewusster. In vielen Unternehmen weiss man heute, dass das Führen eines mittelgrossen Projekts nicht als Nebenaufgabe betrachtet werden kann!

1.3 Projektmanagement-Systemebenen

Gemäss der Verhaltenstheorie von Maslow benötigt die „richtige Verhaltungsweise" neben Wollen und Fähigkeit auch das Element der „Möglichkeit". Ein Projektleiter kann noch so fähig sein, er kann noch so motiviert sein – wenn die Unternehmung ihm nicht ein PM-System bietet, das ihm ermöglicht, die immer komplexer werdenden Problematiken in einer immer schneller werdenden Zeit in Form eines professionell geführten Projekts umzusetzen, wird er mit Sicherheit scheitern.

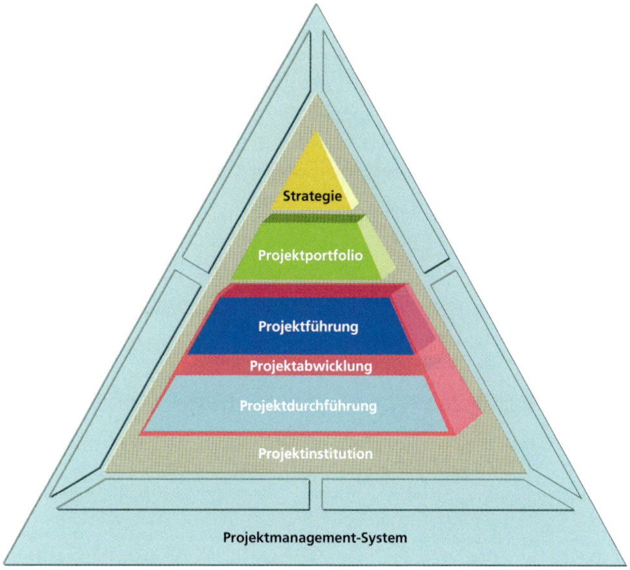

Abb. 1.30: Projektmanagement-System ohne PM-Systemelemente (= PM-Pyramide)

Die Basis dieser „Möglichkeit" sollte ein im Unternehmen integriertes professionelles Projektmanagement-System bieten, das sich auf eine qualifizierte PM-Kultur abstützen muss. Das Wort „System" wird hier im organisatorischen Sinn gesehen. Dieser Begriff wurde im Kapitel 1.2 (☞ Systemtheoretische Grundlagen") ausführlich beschrieben.

> Das Projektmanagement-System (PMS) ist ein System von Richtlinien, organisatorischen Strukturen, Prozessen und Methoden zur Planung, Überwachung und Steuerung von Projekten [DIN 69901-5:2007].

Ein qualifiziertes Projektmanagement-System richtet sich an der Unternehmensstrategie aus und unterteilt sich in Projektportfolio und Projektabwicklung, die durch die Projektinstitution getragen wird. Die Projektabwicklung wiederum beinhaltet die Kernelemente Projektführung und Projektdurchführung, die zusammen mit den PM-Systemelementen das vollständige PM-System bilden.

> Projektmanagement-Systemelemente sind einzelne Disziplinen, die in einem Projekt von den jeweiligen Rollen berücksichtigt und beherrscht werden müssen.

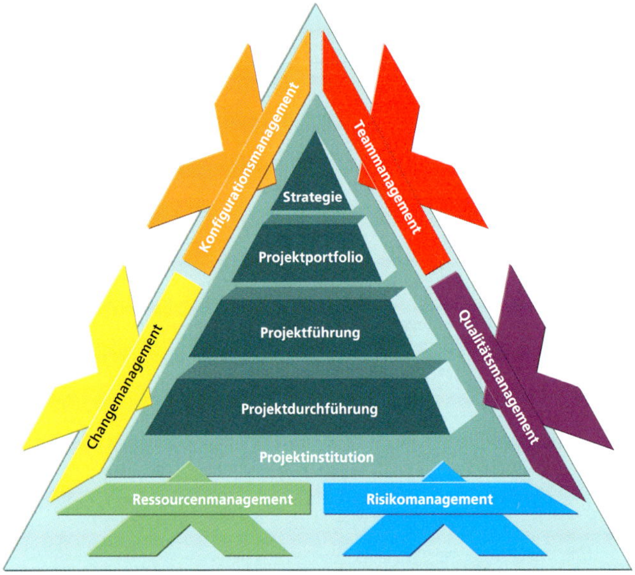

Abb. 1.31: PM-System mit den PM-Systemelementen

Diese Systemelemente sind in Bezug zu den jeweiligen Unternehmensdisziplinen in sich klar abgrenzbare Einheiten, die je nach Projektgrösse mehr oder weniger berücksichtigt werden müssen und je nach Fähigkeitsgrad des Projektleiters tatsächlich in der Projektabwicklung ein- und umgesetzt werden (ob notwendig oder nicht).

Die PM-Systemelemente bzw. die darin vorkommenden Managementdisziplinen existieren in einem Unternehmen nicht nur für das Projektmanagement. So werden die vorherrschenden Unternehmensmanagement-Disziplinen in das Projektmanagement projiziert. Beispiel: Jedes Unternehmen hat offiziell oder inoffiziell ein Qualitätsmanagement, das bezüglich der Prozess- und Produktqualität, meistens im „Betriebsfeld", gewisse Vorgaben gibt. Es macht natürlich absolut Sinn, dass solche qualitätsbezogenen Betriebsvorgaben auch für das Projektfeld gelten. Dabei ist insbesondere zu berücksichtigen, dass diese Managementdisziplinen oftmals nicht eins zu eins ins Projektfeld übernommen werden sollten, da die Kultur im Projektfeld (Rhythmen, Geschwindigkeiten, Gesetze und Verordnungen etc.) gegenüber dem Betriebsfeld diametral entgegensteht. Daher muss jede einzelne Führungsdisziplin bzw. jedes Systemelement auf Grundlage der unternehmerischen Möglichkeiten und Notwendigkeiten ins Projektfeld projiziert und dort an die PM-Kultur angepasst werden.

Eine systematische Integration eines derartig umfassenden PM-Systems in ein Unternehmen ist aufgrund der Komplexität nicht einfach und benötigt eine kulturelle Veränderung des gesamten Unternehmens. Die Chancen eines modernen, in das Unternehmen integrierten Projektmanagement-Systems liegen nicht nur in der Bewältigung dieser systemischen Veränderung in rein funktioneller Hinsicht, sondern auch in der Berücksichtigung einer neuen Kultur. Dabei ist der absolute Schlüsselfaktor des Erfolgs das Management, das eine verbesserte PM-Kultur will. Entweder anerkennt das Management das PM-System als effizientes Führungsmittel an (Management by Projects) oder nicht. Etwas Halbes oder ein sogenanntes „Jein" gibt es als Erfolg nicht.

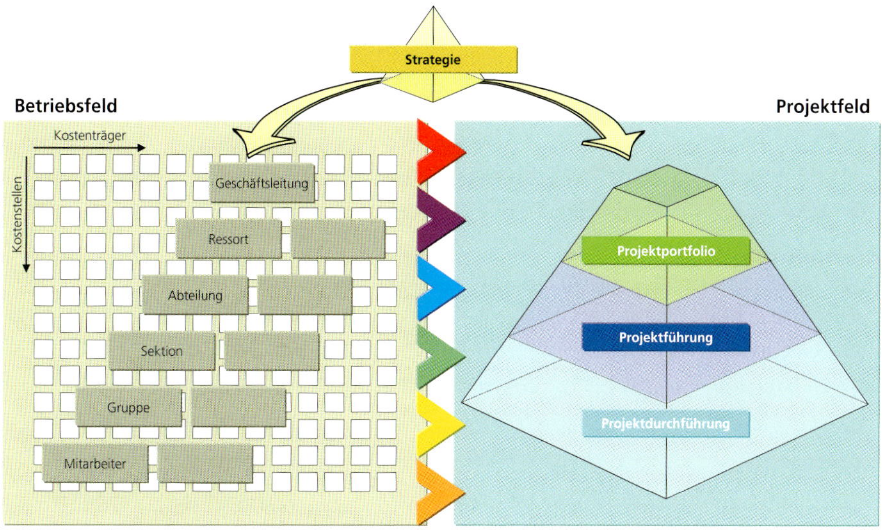

Abb. 1.32: Abstimmung und Verbindung der PM-Systemelemente

Nachfolgend werden wichtige Aspekte der einzelnen Ebenen der hierarchischen Projektmanagement-Pyramide (Strategie, Projektportfolio, Projektabwicklung bzw. Projektführung und Projektdurchführung) erläutert.

1.3.1 Ebene: Strategie

Die Strategie (obwohl sie eigentlich die Spitze der Projektmanagement-Pyramide bildet) zählt nicht zum Projektmanagement-System, da das Projektmanagement „bloss" ein Werkzeug ist, um die Strategie umzusetzen. „Projektmanagement ist das Transportmittel für Innovation und Wandlung!"

Eine Strategie bezweckt die langfristige Gestaltung der Unternehmung. Die Strategie ist das Wichtige, das ständig im Auge behalten werden muss; die Taktik ist das Dringliche, das bewältigt werden muss und nicht vernachlässigt werden darf, wenn man das Wichtige erreichen will [Hin 2004].

Abb. 1.33: Relevante Strategiethemen für das Projektmanagement

Wie die Abbildung 1.33 aufzeigt, werden in diesem Kapitel vier für das Projektmanagement relevante Strategiethemen erläutert. Das Unternehmensleitbild, aus welchem das Organisationshandbuch, aber auch der PM-Leitfaden abgeleitet wird, welcher den organisatorischen Bezug zum Unternehmen unter anderem sicherstellt. Die Ableitung von Projekten aus der Strategie (Businessbezug zum Unternehmen). Die Beziehung von den Projektzielen zu den strategischen Zielen mittels Balanced Scorecard und die Steuerung eines PM-Systems mittels projektbezogenen Kennzahlen.

1.3.1.1 Unternehmensleitbild

Ein Projekt ist trotz seiner autonomen Struktur (aus der normalen Unternehmenshierarchie-Struktur ausgelagertes Organisationsgebilde) kein Vorhaben ohne jeglichen Bezug zu seinem Umfeld. Insbesondere die Berücksichtigung des Unternehmensleitbilds stellt eine grundlegende Restriktion dar.

Gemäss Thommen [Tho 2002] gilt das Unternehmensleitbild (Unternehmungs- und Führungsgrundsätze) als allgemeine Richtlinie, die alle Führungskräfte bei ihrem Handeln berücksichtigen sollten.

- Die Unternehmensgrundsätze beziehen sich auf das Verhalten der gesamten Unternehmung gegenüber ihrer Umwelt (Kunden, Lieferanten, Mitarbeiter, Staat etc.). Dieser Punkt wird unter anderem vom Leitbild ins Organisationshandbuch und über die S & R (Standards und Richtlinien) in den PM-Leitfaden übertragen.

- Die Führungsgrundsätze beziehen sich primär auf das Verhältnis der Vorgesetzten zu den Mitarbeitenden [Gab 1986]. Sie werden mit Bezug auf das Projektmanagement im Kapitel 6 (☞ „Teammanagement") beschrieben.

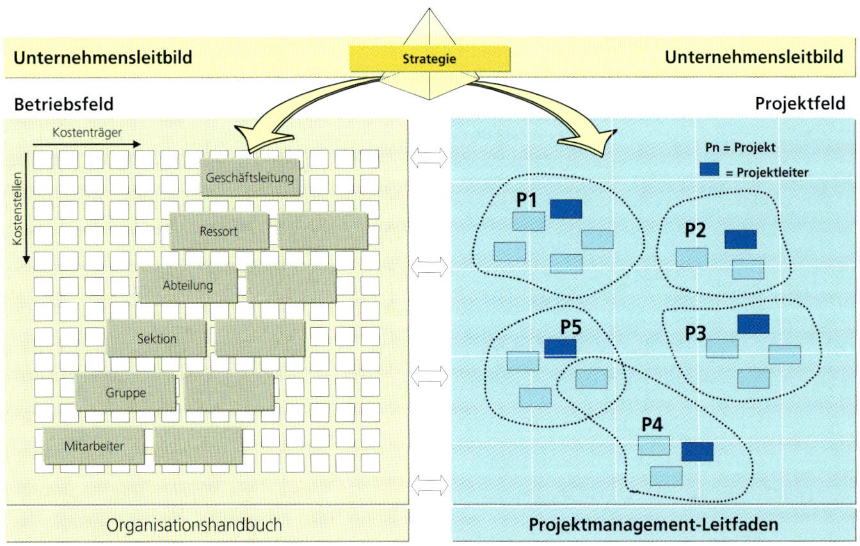

Abb. 1.34: Einfluss des Leitbilds auf die Betriebs- und Projektfelder

Das Unternehmensleitbild dient dazu, alle Teilbereiche einer Unternehmung auf eine gemeinsame, aufeinander abgestimmte Zielrichtung und Verhaltensweise auszurichten. Sie bestimmen in erster Linie eine beabsichtigte und realistische Gesamtorientierung, ordnen der Arbeit Präferenzen zu, halten gemeinsam zu verfolgende Absichten fest, gleichen gegensätzliche Interessen aus, helfen, einmal festgelegte Ziele durchzusetzen und legen die zu lebenden Werte fest (Unternehmenskultur). Dies bildet die Basis jedes Governance-Ansatzes. Der Zweiteilung einer Unternehmung in ein Betriebs- und ein Projektfeld muss natürlich bei der Umsetzung des Leitbildes Rechnung getragen werden. Ein Leitbild muss also berücksichtigen, dass in einem Unternehmen diese zwei Felder zu managen sind: einerseits das kontinuierliche, fehlerfreie, andererseits das dynamische, forschende. Wird dies im Leitbild einer Unternehmung nicht wahrgenommen, werden mit Sicherheit schon auf dieser Ebene Spannungen provoziert.

Nachfolgend wird auf das Organisationshandbuch, das einer Linienkultur im Unternehmen entsprechen sollte, sowie auf den PM-Leitfaden, der einer Projektkultur im Unternehmen entsprechen sollte, eingegangen. Aufgrund der Fokussierung dieses Buches wird das spannende Thema Organisationshandbuch allerdings nur sehr kurz abgehandelt.

1.3.1.1.1 Organisationshandbuch

Das Organisationshandbuch enthält die für eine Organisation (Unternehmen, Institution usw.) allgemeingültigen und verbindlichen Regelungen, Vorschriften und Vorlagen, die sich nach dem Leitbild dieser Organisation ausrichten und genügend „Raum" lassen, die Strategie umzusetzen. Das Organisationshandbuch dient dazu, das tägliche Miteinander zu erleichtern, um so die Effizienz der Organisation zu erhöhen.

Abb. 1.35: Mögliche Bestandteile eines Organisationshandbuchs

Eine mögliche Struktur für ein Organisationshandbuch zeigt Abbildung 1.35. In vielen Unternehmungen ist der Projektmanagement-Leitfaden, da er die gleichen Ziele verfolgt, im Organisationshandbuch als abgeschlossenes Ganzes integriert.

1.3.1.1.2 Projektmanagement-Leitfaden

Das Leitbild kann als „Verfassung" oder „Gebot" betrachtet werden, der PM-Leitfaden als „Gesetzbuch", wie er umfassend im Kapitel 1.1.4.3.1 (☞ „PM-Leitfaden") beschrieben ist. Projektleiter und

Projektmitarbeiter, die das Leitbild einer Firma nicht kennen, ecken oftmals an den Bestimmungen des PM-Leitfadens an. Geht ein Projektleiter nicht gemäss Unternehmensleitbild bzw. dem daraus abgeleiteten Gedankengut und der entstandenen Kultur vor, so wird er sehr schnell einen Konflikt heraufbeschwören und schliesslich einen Misserfolg verbuchen müssen. Es ist daher sehr wichtig, dass ein (sowohl interner als auch externer) Projektleiter sich bewusst ist, welchem Leitbild die Firma mittels welchem PM-Leitfaden folgt.

1.3.1.2 Von der Strategie zum Projekt

In diesem Kapitel wird kurz beschrieben, wie der Prozess von der Strategie zum Projekt abläuft. Genauere Erläuterungen, insbesondere im Zusammenhang mit der nachfolgenden Abbildung, werden vor allem im Kapitel 3 (☞ „Projektportfolio") erläutert.

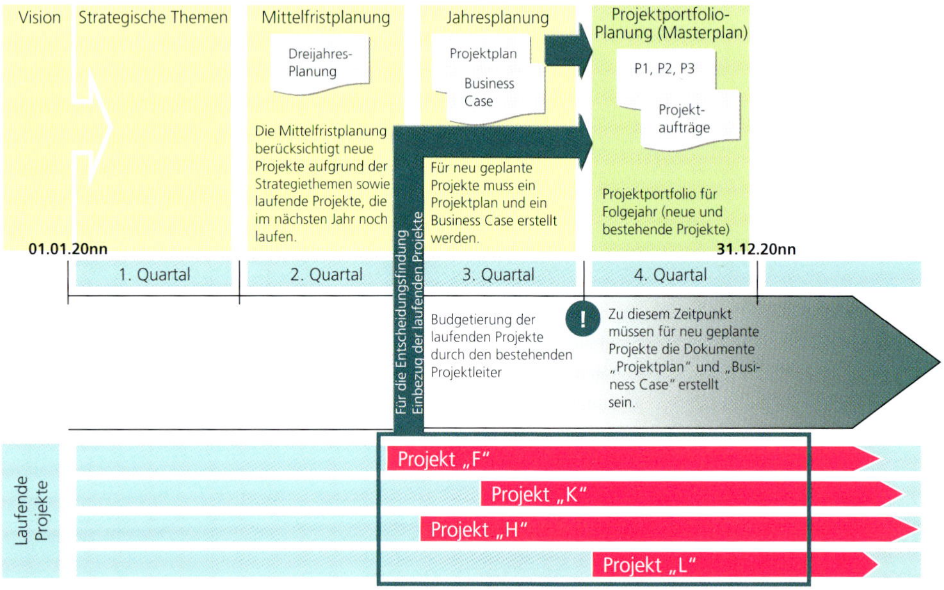

Abb. 1.36: Vier Schritte von der Strategie zum Projekt

Eine Herausforderung für jedes Unternehmen ist die richtige Umsetzung einer definierten Strategie, damit sie die gewünschte Wirkung erzeugt. Dabei gilt es, an die zwei Felder der Unternehmung zu denken, wie sie in Abbildung 1.38 aufgeführt sind: Welche der festgelegten Strategieziele soll über das Feld „Betrieb", welche über das Feld „Projekt" umgesetzt werden?

Bei den meisten Unternehmungen wird ein Strategieprozess verfolgt, der sich, wie Abbildung 1.36 aufzeigt, gemäss dem Top-Down-Ansatz (vom strategischen Thema zum operativen Projektauftrag) in vier Schritte gliedert. Diese vier Schritte sind, zeitlich sequenziell betrachtet, in etwa deckungsgleich mit den Jahresquartalen. Der Strategieprozess setzt bei der Vision an, mit dem Ziel, diese möglichst direkt zu verfolgen.

- Strategische Themen (Massnahmen)
  Im ersten Jahresquartal werden in einem Managementworkshop, basierend auf der Vision und den neuesten geschäftlichen Gegebenheiten, die strategischen Themen bestimmt, die in den Folgejahren mit hoher Priorität verfolgt werden müssen. Ziele des Strategieworkshops sind:
  – Neubeurteilung der Marktsituation,
  – Standortbeurteilung des Unternehmens gegenüber dem Markt und der definierten Strategie,
  – Bestimmung der strategischen Themen, die mit hoher Priorität verfolgt werden müssen.
  Bei der Definition der strategischen Themen bzw. Massnahmen ist wichtig, dass die laufenden Massnahmen überprüft und allenfalls verbessert, sprich modifiziert werden. Dabei sollte man auch den Mut haben, ungeeignete eingeleitete Massnahmen zu stoppen.

- Mittelfristplanung
  Die definierten „strategischen Themen" werden in einzelne Vorhaben unterteilt und mit den laufenden Projekten, die auch noch im nächsten Jahr aktiv sind, abgestimmt. Es wird eine Strategieklassifizierung (Grad des strategischen Beitrags) durchgeführt, um auf diese Weise eine erste Prioritätsübersicht über alle geplanten und laufenden Projekte zu erhalten.

- Jahresplanung
  In die Jahresplanung werden die geplanten Vorhaben aus der Mittelfristplanung und die laufenden Projekte, die sich bis in das nächste Jahr erstrecken, aufgenommen. Diese werden gemäss der Initialisierungsklassifikation (neue Projekte) und der Abwicklungsklassifikation (laufende Projekte) auf ihre „endgültige" Priorität wiederholt überprüft. Dabei wird auch eine z.B. der BSC-(C1.3.1.3) oder Beyond-Budgeting-Methode (sinngemäss „Jenseits von Budgetierung") entsprechende Budgetierung vorgenommen.

- Projektportfolio-Masterplanung
  Im letzten Quartal des Jahres werden, basierend auf den Werten der Initialisierungsklassifikation sowie den Werten der Abwicklungsklassifikation der im Folgejahr immer noch aktiven Projekte, von der Geschäftsleitung definitive Entscheidungen gefällt. Entschieden wird darüber, welche Projekte im nächsten Jahr gestartet werden und welche laufenden Projekte in der Priorität erhöht, zurückgestuft oder sogar gestoppt werden. Der Masterplan wird für das nächste Jahr endgültig freigegeben.

Da der Wandel der Umwelt immer dynamischer wird, sind einige Firmen zu einer rollenden 12-Monats-Planung übergegangen. Dieser sinnvolle Schritt ist für die Führungskräfte motivierend, da er, auf den jeweils aktuellen Geschäftsgeschehnissen basierend, realitätsnäher ist. Die gerade aufgeführten vier Schritte laufen nicht über ein Jahr hinweg, sondern, je nach Unternehmensgrösse, z.B. in einem Zweitages-Workshop alle drei Monate ab. Dabei wird die Jahresplanung, vom jeweiligen Workshop ausgehend, immer mit +12 Monate geführt. Die in vielen Firmen übliche Budgetverschiebung in andere Abrechnungszeiträume wird damit abgemildert, denn welche Führungskraft kann z.B. im August eines Jahres voraussehen, welche Budgetpositionen und welche Prioritäten sie im Dezember des nächsten Jahres verfolgen muss? Für die Planung ist dieses Vorgehen sinnvoll, denn bei steigendem Geschäftserfolg können quartalsweise weitere Projekte gestartet werden, bei nicht erwartungsgemässem Geschäftserfolg können gewisse Projekte gestoppt, verzögert, verkleinert oder aufgegeben werden.

1.3.1.3 Balanced Scorecard

Die Balanced Scorecard (BSC) wurde Anfang der 90er-Jahre in der Harvard Business School von Robert S. Kaplan und David P. Norton [Kap 1997] entwickelt. Aufgrund der starken finanziellen Ausrichtung der amerikanischen Managementsysteme definierten Kaplan und Norton ein ausgewogenes Kennzahlensystem für das Managen von Unternehmungen. Mit den Finanz-, Kunden-, Prozess- und Lern-/Wachstumsperspektiven, die untereinander verknüpft sind, entwickelten sie ein umfassendes Managementsystem zur Findung, Präzisierung, Kommunikation und Implementierung einer Unternehmensstrategie. Eine Balance Scorecard für Unternehmen kann mit folgenden 10 Schritten aufgebaut werden:

1. Leitbild und Leitziel formulieren	2. Strategische Ausrichtung ermitteln/festlegen
3. Perspektiven ermitteln	4. Perspektiven gewichten
5. Strategische Ziele ableiten	6. Ursache-/Wirkungsbeziehungen aufbauen
7. Wichtigste Leistungstreiber eruieren	8. Kennzahlen definieren
9. Zielwerte festlegen	10. Strategische Vorhaben bestimmen

Natürlich war es bloss eine Frage der Zeit, bis Ableitungen der BSC im Projektmanagement in Namen wie Projektmanagement Scorecard oder Project Scorecard (PSC) ihren Niederschlag finden würden. Das Negative an diesen Begriffen ist, dass bei Ausdrücken wie z.B. Project Scorecard das wichtige Wort „balanced" in den Hintergrund rückt, obwohl es grundsätzlich den Kernwert der BSC darstellt.

Im Bereich des Projektmanagements entwickelten sich drei Hauptarten der BSC-Integration:

1. Klare Umsetzung der strategischen Themen über das BSC-Management-Führungssystem. Dadurch wird das Ziel verfolgt, „werden die richtigen Projekte gemacht". Dies erfolgt mit der klassischen BSC.
2. Gezielte Optimierung des Projektmanagement-Systems über das Definieren von Projektmanagement-bezogenen BSC-Zielen. Dadurch wird sichergestellt, dass in den Projekten das Richtige gemacht wird. Dies erfolgt allenfalls mit einer PPSC „Project Portfolio Scorecard".
3. Innerhalb eines Projektes werden die Projektziele auch nach der BSC-Methode respektive nach den Perspektiven definiert. Dies allein kann, aufgrund der Ursachen-Wirkung-Transparenz, dazu führen, dass die Projekte effizienter abgewickelt werden. Die Umsetzung erfolgt bei diesem Ansatz nicht nach der klassischen, sondern nach der speziellen Project Scorecard Methode (PSC).

Im Rahmen der Umsetzung der Strategie werden im Folgenden nur der erste und der dritte Punkt kurz erläutert. Der zweite Punkt wird im Projektportfolio-Supportprozess (☞ Kapitel 3.3.5) beschrieben.

1.3.1.3.1 BSC in Verbindung mit Projekten

Voraussetzung für die Erstellung einer BSC für Projekte ist, dass die notwendigen Schritte in der Unternehmens-BSC erfolgt sind [Fie 2001]. Eine weitere Voraussetzung, die sich aus der ersten Voraussetzung ergeben sollte, ist, dass die strategischen Ziele gut formuliert sind. Sie sollten:

- unternehmensspezifisch, individuell und nicht austauschbar sein.
- die Strategie und die Vision in aktionsorientierte Aussagen überführen,
- die Strategie in ihre Bestandteile aufgliedern und somit zur Strategieerreichung beitragen,
- innerhalb der Möglichkeit der Organisation liegen und von den verantwortlichen Mitarbeitern akzeptiert werden.

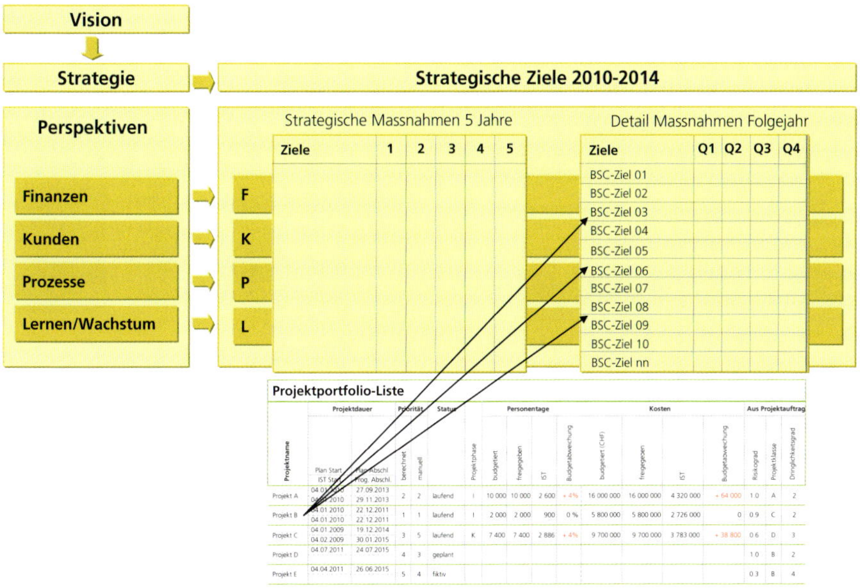

Abb. 1.37: Ableitung der Strategie via BSC in eine 5-Jahres- und 1-Jahres-Planung

Durch die qualifizierte Zielformulierung ist es relativ einfach, daraus Projekte „herauszubrechen" (Top-Down-Vorgehen) oder die Projektziele den strategischen Zielen zuzuordnen (Bottom-Up-Vorgehen). So wird sichergestellt, dass jedes in einem Unternehmen zu startende Projekt einen strategischen Beitrag leistet (☞ Abbildung 1.37), sofern das Projekt nicht aufgrund von externen Restriktionen verlangt wird. Um die BSC für Projekte effizient einzusetzen, ist es von Vorteil, die strategischen von den operativen Projekten zu trennen. Diese Trennung schafft nicht nur eine bessere Übersicht, sondern ist auch logisch. Während die als strategisch klassifizierten Projekte auf die neuen Potenziale von Innovation und Wandlung ausgelegt sind, versuchen die operativen Projekte die Potenziale, die in einem Unternehmen bestehen, auszunutzen.

Basierend auf den in der BSC definierten Perspektiven, können z.B. klar in sich isolierte Finanzprojekte, Kunden-Markt-Projekte etc., abgeleitet werden, aber auch Projekte, die in mehreren Perspektiven eine Leistung erbringen. Diese isolierte Ableitung mag aus strukturellen Gründen gut sein, ist aber, wenn man die gegenseitige Abhängigkeit von den Perspektiven begreift, nur bedingt richtig. Die zieldifferenzierte Ableitung der strategischen Orientierung des Unternehmens wird mittels der Balanced Scorecard für Projektgruppen zur Operationalisierung der Unternehmensstrategien vollzogen [Schr 2004].

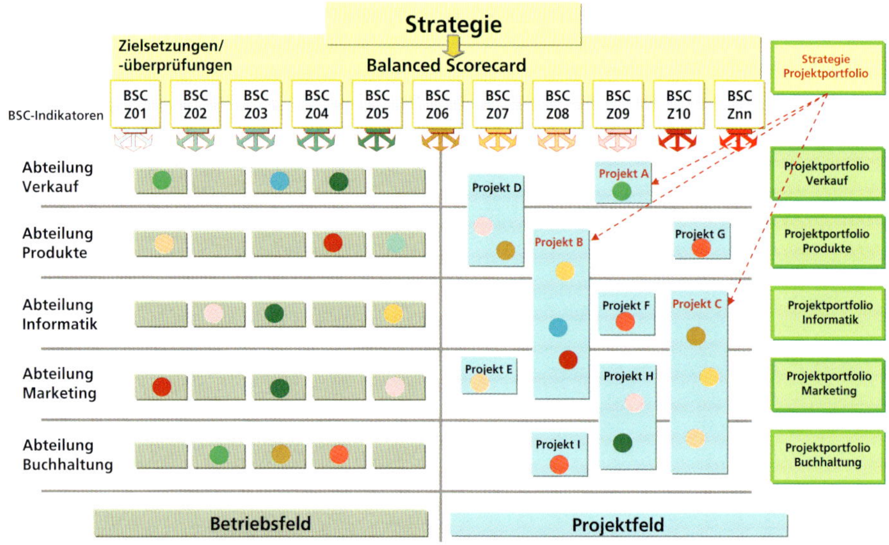

Abb. 1.38: Aufteilung der BSC-Ziele auf Projekte und Organisationseinheiten

Wie gemäss Abbildung 1.38 zusammenfassend erläutert werden kann, definiert ein Unternehmen, basierend auf den strategischen Themen, die einzelnen Zielwerte der Balanced Scorecard. Diese werden einerseits mittels Betriebstätigkeit, andererseits mittels Projekten verfolgt. Betrachtet man das Projektfeld, so leistet jedes Projekt einen strategischen Beitrag und wird, wenn abteilungsübergreifend wie in Abbildung 1.38 aufgeführt in den verschiedenen Abteilungsportfolios geführt. Auf der anderen Seite werden – aufgrund welcher Kriterien auch immer (☞ Kapitel 3.4.1.1 „Wirkungsbezogene Bewertungsaspekte") – gewisse Projekte als „strategisch" erklärt und zusätzlich in einem strategischen Portfolio geführt.

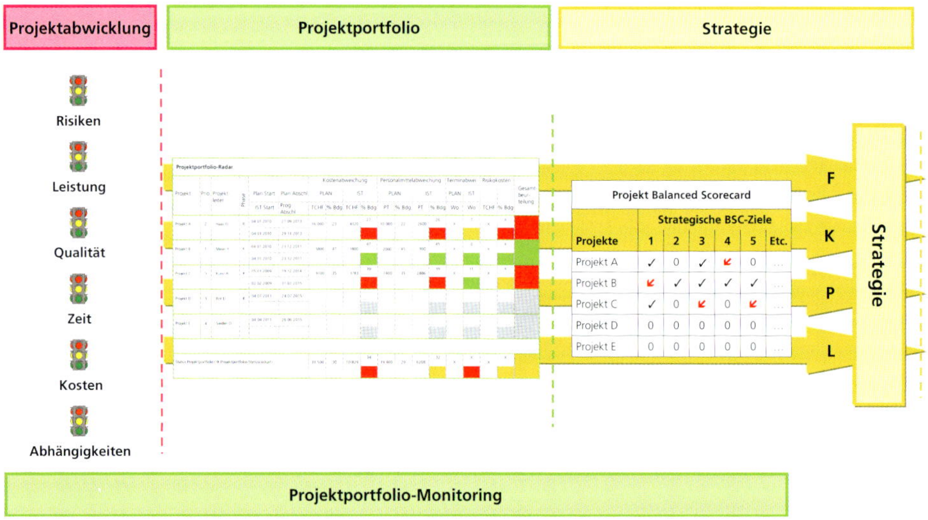

Abb. 1.39: Visualisierung der Projektleistung zur Strategie

Werden Projekte durch eine Balanced Scorecard mit der Strategie verknüpft, ergeben sich daraus folgende Vorteile:

- Schaffung eines Mehrwerts durch eine mehrdimensionale Gewichtung bei der Priorisierung,
- Verankerung der Unternehmensstrategie in den Projekten,
- Verbesserung der Leistungsbeurteilung während und nach den Projekten,
- Schaffung der Grundlage für ein aussagefähiges Projekt-Kennzahlensystem,
- Möglichkeit der Etablierung eines „ganzheitlichen" Controllinginstruments

1.3.1.3.2 Project Scorecard (PSC)

Werden Projekte durch eine Project Scorecard gemanagt und diese mit der Unternehmens-BSC zusammengehängt, ergibt dies im Sinn des PM-Governance für das Unternehmen einen deutlichen Mehrwert. Die mittels der PSC-Methode gesteuerten Projekte bedingen somit nicht nur eine Rapportierung auf die Projektabwicklungsziele wie Leistung, Qualität, Zeit und Kosten etc., sondern natürlich auch auf die BSC-Ziele. Wird dies nicht umgesetzt, so wird meistens zu spät erkannt, dass ein Projekt vielleicht an sich gut läuft, leider aber neben den angestrebten BSC-Zielen „einschlägt". Die Anwendung der PSC-Methode ist insbesondere bei grösseren Projekten sehr hilfreich. Während ein Projektleiter vielleicht bei kleineren Projekten noch in der Lage ist, die wichtigsten Zielwerte im Kopf zu „managen", so dürfte dies für grössere Projekte und insbesondere Programme schon schwieriger werden, da z.B. nicht allen Beteiligten die in der Unternehmens-BSC wichtigen „Spätindikatoren" jederzeit präsent sind und sie daher erst zu spät erkennen, dass ihre erbrachte Projektleistung negative Wirkungen (z.B. auf Kundenperspektiven) haben kann.

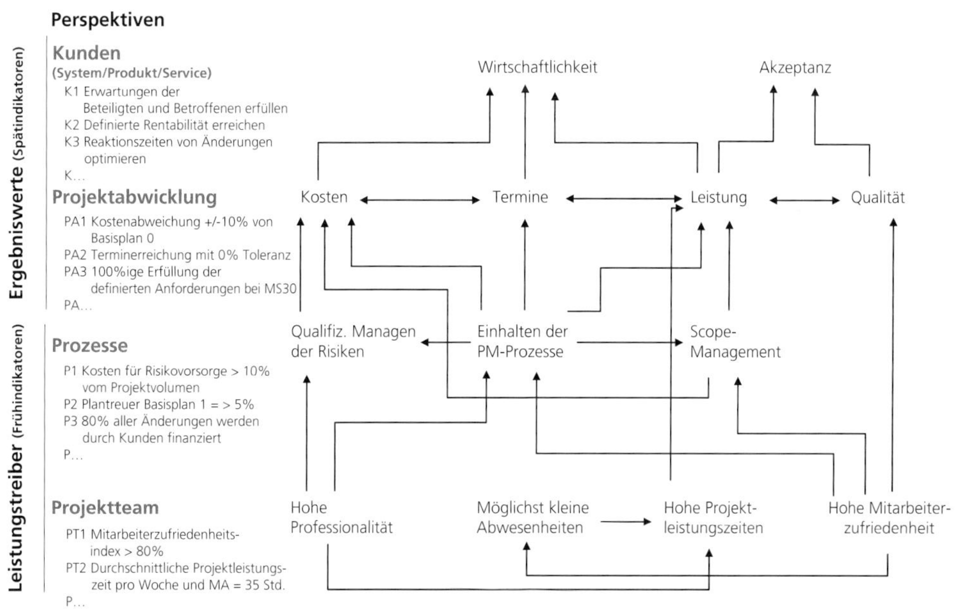

Abb. 1.40: PSC mit Ursache-Wirkung-Beziehung

Es gibt verschiedene strukturelle Perspektiven, die bei einem Project Scorecard-Modell zur Anwendung kommen können. In Abbildung 1.40 ist ein Ansatz skizziert, der Leistungstreiber (Frühindikatoren) und Ergebniswerte (Spätindikatoren) in einer Ursache-Wirkung-Beziehung darstellt.

Die in der Abbildung skizzierte projektbezogene Balanced Scorecard weist vier Perspektiven auf. Diese sind einerseits auf den im Kapitel 8.4 (☞ „Projekterfolg") beschriebenen Projekterfolg ausgerichtet und verfolgen daher klar Ergebniswerte, andererseits (insbesondere bei personalmittelintensiven Projekten) aber auch auf konkrete Leistungen und verfolgen somit Professionalität bzw. Projekteffizienz. Das Ziel dieses Modells wäre, dass ein Projektleiter bereits bei der Messung der Leistungstreiber erkennen könnte, ob das Projekt auf die gewünschten Ergebnisse zusteuert. Aber auch schon eine „einfache" Messung der Ergebniswerte (z.B. über die Projektabwicklungs-Perspektive) liefert dem Projektleiter ein gutes Controllinginstrument.

Der Aufbau eines Project Scorecard in einem Projekt erfolgt in folgenden 10 Schritten:

1. Strategischen Projektbeitrag ermitteln	2. Sonstigen Projektbeitrag ermitteln
3. Perspektiven und Ziele ermitteln und gewichten	4. Projektscope definieren
5. Umformulieren der Einflussgrössen zu Zielen	6. Ursache-Wirkung-Beziehungen aufbauen
7. Weitere Projektstartarbeiten umsetzen	8. Wichtigste Leistungstreiber eruieren
9. Kennzahlen definieren	10. Zielwerte festlegen

Es macht durchaus Sinn, ein PSC-Modell nicht nur für ein einzelnes grosses Projekt zu definieren, sondern in einem Unternehmen auf einer generischen Ebene ein Modell für alle Projekte aufzubauen. Entscheidende Vorteile eines eigens für Projekte definierten PSC-Modells sind:

- Verbessertes Überwachen des Projektfortschritts und dadurch frühzeitiges Erkennen von Diskrepanzen zwischen PLAN und IST. Dadurch können Risiken reduziert oder verhindert werden.
- Optimierte bis kompromisslose Einbindung von machthabenden Stakeholder. Dadurch können z.B. Scope-Diskussionen dann geführt werden, wenn sie angebracht sind.
- Möglichkeit eines projekt- und sogar projektartenübergreifenden Benchmarkings. Dies ist die Basis für ein gezieltes Verbessern.

1.3.1.4 Projektkennzahlen

In der BSC-Methode werden die Ziele eines Projekts aufgenommen (quantifiziert) und mit einer Kennzahl (Metrik/Masseinheit) versehen. So gesehen

- kann über die Kennzahlen die Erreichung der strategischen Ziele gemessen werden,
- ermöglichen die Kennzahlen eine objektive Bewertung des IST-Zustandes,
- dienen die Kennzahlen der Analyse, der Zielvorgabe und der Kontrolle in Projekten.

Abgesehen davon können die von den strategischen Zielen abgeleiteten Unternehmenskennzahlen „Key Performance Indicator (KPI)" in Bezug auf Projekte dreierlei bewirken:

1. Mit sinnvollen Unternehmenskennzahlen kann man in den Projekten und im Projektumfeld den notwendigen Handlungsdruck erzeugen, um eine Veränderung oder eine einzuleitende Massnahme zu forcieren. Auf diese Weise gibt das Management dem Projektleiter eine gute Rückendeckung.

2. Kennzahlen können auf der Projektprozessebene z.B. mittels Benchmarking zur kontinuierlichen Verbesserung des Projektmanagements im Unternehmen beitragen, was schliesslich auch ein strategisches Ziel sein sollte (☞ Kapitel 1.1.4.1 „Projektmanagement-Kultur").

3. Mittels Kennzahlen lässt sich der Projektfortschritt sehr gut kommunizieren, da sie die kontinuierliche Entwicklung transparent machen. Die Visualisierung wichtiger Kennzahlen, egal in welcher Einsatzart, ergibt dadurch eine bildhafte Darstellung wichtiger Informationen, sodass sie von allen entscheidenden Stakeholdern schnell und richtig aufgenommen werden können.

Beispiele von Kennzahlen für die Perspektive der Projektabwicklung:

Ziel:	**Messgrösse:**	**Zielwert:**	**Messinstrument**
Einhalten der Kosten	Gesamtkosten basierend auf dem Basisplan 0	+/-10% Abweichung	CPI (Cost Performance Index), Formel: Earned Value / Burned Value
Einhalten der Zeit	Der Projektendtermin muss zwingend gemäss Basisplan 1 eingehalten werden	0% Abweichung	SPI (Schedule Performance Index), Formel: Earned Value / Planned Value oder Meilensteintrend-Analyse
Vollständige Konzeption innerhalb der Planwerte	Alle Lieferobjekte sind bei MS 30 erledigt und geprüft	EV innerhalb des Spektrums von > 10 zu PV und BV	EV (Earned Value) im Verhältnis zu BV (Burned Value) und PV (Planned Value)

Damit Kennzahlen als Instrument zur Verfolgung von strategischen Zielen eingesetzt werden können, bedarf es einer konsequenten Rapportierung über alle Hierarchiestufen hinweg. Für das Zusammentragen und Verfolgen der Daten bzw. der Kennzahlenwerte der einzelnen Projekte ist der Projektportfolio-Controller verantwortlich. Mit dem Wissen, welche Projekte welche strategischen Leistungen zurzeit erbringen bzw. nicht erbringen, kann ein Unternehmen bezüglich Innovation und Wandlung gut gemanagt werden.

1.3.2 Ebene: Projektportfolio

In diesem Kapitel werden in kurzer Form einige wichtige Aspekte der Systemebene „Projektportfolio" erläutert, die zu einem grundlegenden Verständnis des PM-Systems beitragen sollen. Detaillierte Ausführungen zum Projektportfolio werden im Kapitel 3 (☞ „Projektportfolio") beschrieben.

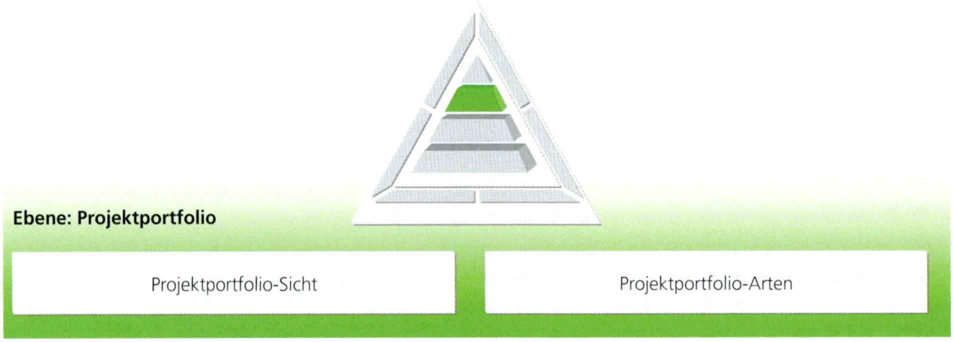

Abb. 1.41: Relevante Aspekte des Projektportfolios

1.3.2.1 Projektportfolio-Sicht

Jedes Unternehmen als Ganzes oder jede Unternehmenseinheit für sich hat ein Investitionsbudget. Etwas vereinfacht betrachtet, wird dieses Budget in die zwei Bereiche „Betrieb" und „Projekte" unterteilt.

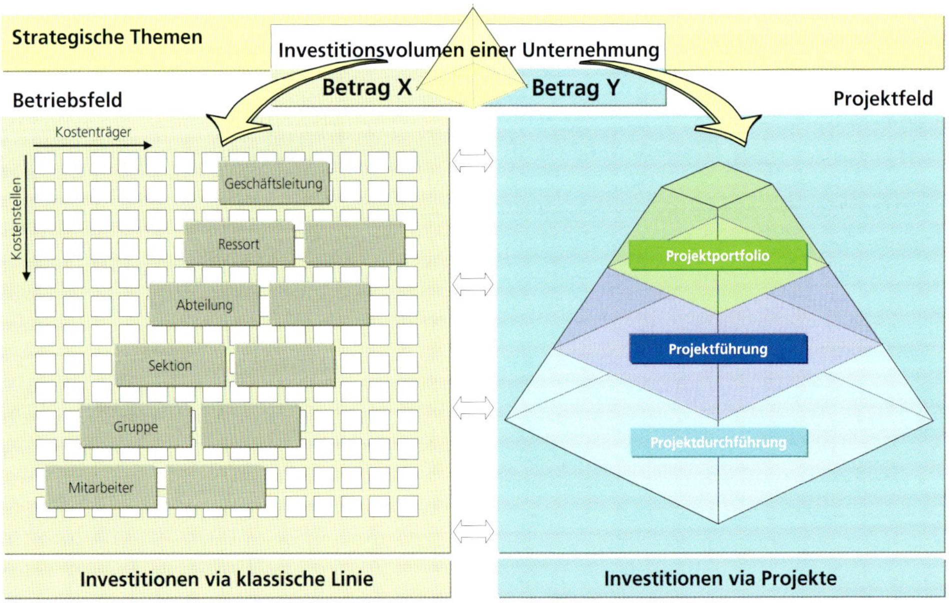

Abb. 1.42: Budgetaufteilung in einer Unternehmung oder Unternehmenseinheit

Der eine Teil des Budgets fliesst über die gewohnten Hierarchiewege in den produktiven Betrieb. Der andere Teil wird in Vorhaben bzw. Projekte investiert, welche hierarchieübergreifende Relevanz haben (☞ Abbildung 1.42). Das Verwalten dieser zweiten „Masse" ist Aufgabe des Projektportfolios, sprich des Projektportfolio-Boards.

Eine Frage, die sich vielerorts stellt, ist, ob es einen Unterschied zwischen den Begriffen „Projektportfolio" und „Multiprojekting" gibt. Die Antwort lautet, einfach gesagt, nein. Im Detail werden zwar in der Literatur und den zahlreichen Publikationen gewisse kleinere Unterschiede gemacht, doch in diesem Buch werden die Begriffe als Synonyme verwendet. Demgegenüber ist das Wort „Programm" schon klarer abzugrenzen:

> Ein Programm ist ein grosses, zeitlich begrenztes Vorhaben, um eine strategische Aufgabe zu erfüllen. Diese wird erfüllt, indem mehrere Projekte, die durch gemeinsame Hauptziele eng miteinander gekoppelt sind, ins Leben gerufen und durch eine vernetzte Planung, organisatorische Regeln, eine gemeinsame Kultur und eine abgestimmte Kommunikation koordiniert werden.

Das globale Ziel des Projektportfolios ist, das richtige Projekt (oder ein ganzes Programm) zur richtigen Zeit im richtigen Unternehmensbereich mit den richtigen Einsatzmitteln zu initialisieren, die laufenden Projekte qualifiziert zu unterstützen und professionell aus Sicht des Projektportfolios abzuschliessen. Das Projektportfolio-Board befasst sich somit vorwiegend mit folgenden Fragen:

- Welche Projekte sind zurzeit durchzuführen?
- In welcher Reihenfolge sollen die Projekte realisiert werden?
- Welche Projekte sind zugunsten der höher priorisierten Projekte zurückzustellen?
- Wann kann mit welchen Projekten begonnen werden?
- Wann muss ein Projekt abgeschlossen sein?
- Welche Projekte können parallel zu anderen Projekten realisiert werden?
- Wie lange soll das gesamte Realisierungsvorhaben dauern?
- Wann müssen welche Investitionen getätigt werden?
- Wie hoch ist der jährliche Entwicklungsaufwand in Wochen/Monaten?
- Welche Projekte müssen in den nächsten Jahren umgesetzt werden?
- Wie ist der Status der laufenden Projekte?
- Sind korrigierende Massnahmen, aus der Gesamtportfoliosicht betrachtet, anzuordnen?
- Haben die abgeschlossenen Projekte die zu Beginn definierten Ziele erreicht?
- Was kann man aus dem abgeschlossenen Projekt lernen?

1.3.2.2 Projektportfolio-Arten

Bei kleineren Unternehmen gibt es ganz klar nur ein Projektportfolio, nämlich das Unternehmens- respektive strategische Projektportfolio. Dieses wird zentral an oberster Stelle geführt und verwaltet. Bei grösseren Unternehmen respektive Konzernen gibt es unterschiedliche Sichtweisen bei der Betrachtung von mehreren Projekten und somit unterschiedliche Projektportfolios (☞ Abbildung 1.38). Um in einem Konzern alle Projekte aus der „richtigen" Sicht zu managen, können folgende Projektportfolios institutionalisiert werden [UBS 2003]:

- Budgetverantwortungs-Projektportfolio

  Es umfasst für jeden Führungsbereich (Ressort/Abteilung) die Kosten aller in diesem Bereich geführten (Teil-)Projekte. Die Auswertungen zeigen z.B. per Stichtag auf, wie und wo die budgetierten Kosten verwendet wurden.

- Sponsoren-Projektportfolio

  Es umfasst für eine Führungsperson diejenigen Projekte, welche über eine oder mehrere seiner Kostenstellen (%-Anteile) abrechnen. Die Auswertungen zeigen z.B. per Stichtag auf, welche Projektabrechnungen geplant waren und welche effektiv angefallen sind.

- Auftraggeber-Projektportfolio

  Oftmals hat ein Auftraggeber (eine bestimmte Person) in grossen Konzernen nicht nur ein Projekt, bei dem er die Gesamtverantwortung trägt. Daher umfasst dieses Projektportfolio alle Projekte, die in der Verantwortung eines Auftraggebers liegen. Die Auswertungen zeigen z.B. per Stichtag auf, wie sich die Gesamtheit der Projekte in der Verantwortung eines Auftraggebers entwickelt (Fertigstellungsgrad).

- Auftragnehmer-Projektportfolio

  Gibt es grosse Entwicklungsabteilungen, welche für die anderen Businesseinheiten projektmässig Aufträge erledigen, umfasst ein solches Portfolio alle (Teil-)Projekte dieser Entwicklungseinheiten. Die Auswertungen zeigen z.B. per Stichtag auf, wie sich die geführten (Teil-)Projekte entwickeln.

- Strategisches respektive Unternehmens-Projektportfolio

  Das strategische Projektportfolio umfasst alle als strategisch klassifizierten Projekte. Diese werden durch das Topmanagement entlang der strategischen Massnahmen zur Erreichung der mittelfristigen, nachhaltigen Ergebnisverbesserung initialisiert. Sie erhalten z.B. bei der Ressourcenallokation in der jährlichen Planung höhere Priorität.

Einfachheitshalber wird in diesem Buch grundsätzlich vom strategischen respektive Unternehmens-Projektportfolio ausgegangen, falls nichts anderes explizit erwähnt wird. Dabei soll eine erweiterte Geschäftsleitung, welche die Rolle des Projektportfolio-Boards innehat, alle wichtigen Projekte ihrer Unternehmung im Projektportfolio führen. Wie diese Stelle institutionell in ein Unternehmen integriert wird, wird im Kapitel 2.2. (☞ „Instanzen und Stellen") erläutert.

1.3.3 Ebene: Projektabwicklung

Die Projektabwicklung umfasst die Projektführung (engl. Project Management) sowie die Projektdurchführung (engl. Project Processing), die harmonisch zusammenspielen müssen.

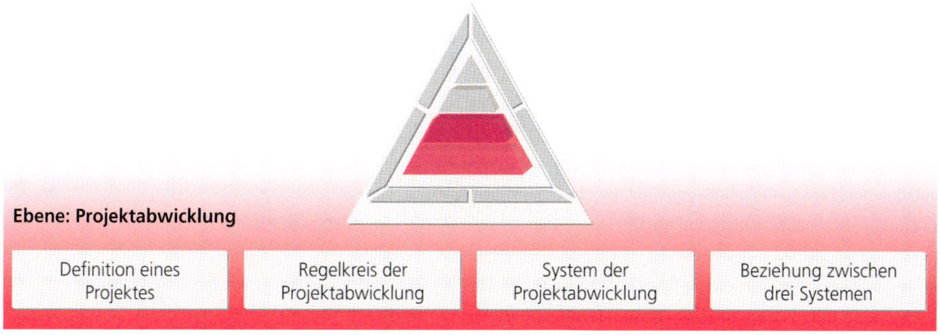

Abb. 1.43: Ebene Projektabwicklung

In diesem Kapitel wird neben einer neutralen Definition eines Projektes, basierend auf den theoretischen Kapiteln 1.2.4 (☞ „Kybernetik") und 1.2.2 (☞ „Systemwürfel"), der direkte Bezug zum Projekt bzw. zur Projektabwicklung hergestellt.

1.3.3.1 Definition eines Projekts

Als Erstes gilt es das Wort „Projekt" zu klären. Dazu vorweg drei Definitionen von Schmidt [Sch 1994b], welche für die Abgrenzung hilfreich sind:

- Aufgaben sind dauerhaft wirksame Aufforderungen, um Verrichtungen an Objekten zur Erreichung von Zielen durchzuführen.
- Aufträge sind einmalige Aufforderungen, um Verrichtungen an Objekten zur Erreichung von Zielen durchzuführen.
- Arbeit ist die Erfüllung von Aufgaben und Aufträgen.

Die Frage stellt sich natürlich: Was ist nun ein Projekt? In Abstimmung zu den drei Definitionen lassen sich „Projekte" wie folgt umschreiben:

Projekte sind in sich geschlossene, komplexe und/oder komplizierte Aufträge. Ihre Erfüllung bedingt eine Organisation, die für die Umsetzung der Vorhaben eine Projektmethode anwendet. Mit dieser können alle anfallenden Arbeiten geplant, gesteuert, durchgeführt und kontrolliert werden.

- Jedes Projekt hat immer einen definierten Start- und einen definierten Abschlusszeitpunkt. Die Projektarbeiten sind somit gegenüber der Umwelt abgrenzbar.
- Projekte werden gestartet, um bestehende IST-Zustände in gewünschte SOLL-Zustände zu überführen oder aber ganz neue Produkte, Dienstleistungen etc. zu entwickeln. Dies erfordert eine interdisziplinäre Zusammenarbeit mehrerer Verantwortungsbereiche eines Unternehmens. Über

diese Betrachtung hinaus ist auch die Beziehung der einzeln zu erstellenden Komponenten zu berücksichtigen. Das Gesamte kann schnell zu einer komplexen und komplizierten Angelegenheit werden.

- Im Vergleich zur alltäglichen Arbeitsaufgabe ist die Projektarbeit ein einmalig zu verrichtender komplexer und/oder komplizierter Auftrag. Diese Einmaligkeit macht das Projekt sowohl interessant als auch „riskant", denn viele projektspezifische Erfahrungen können meist erst während der Projektarbeit gesammelt werden.
- Um diese Herausforderungen sowohl fachlich als auch sozial professionell lösen zu können, bedarf es einer gut funktionierenden Projektorganisation, die sich an sich verändernde Einflussgrössen sowie an ein qualifiziertes Stakeholdermanagement optimal anpassen kann.
- Um Komplexität, Dynamik, Risiken etc. meistern zu können, bedarf es eines methodischen Projektvorgehens bzw. -handelns. Jedes Projekt läuft so stets nach einer allgemeingültigen, gemäss Projektart abgestützten Methode ab. Diese ist für die Effizienz der Projektabwicklung und somit für den Projekterfolg entscheidend. Jede Methode beinhaltet neben einem Führungsaspekt (planen, steuern und kontrollieren) auch einen Durchführungsaspekt (Art und Weise der Projektumsetzung). Ist eines dieser Elemente nicht gegeben, so kann man nicht von einem methodischen Vorgehen sprechen.

1.3.3.2 Regelkreis der Projektabwicklung

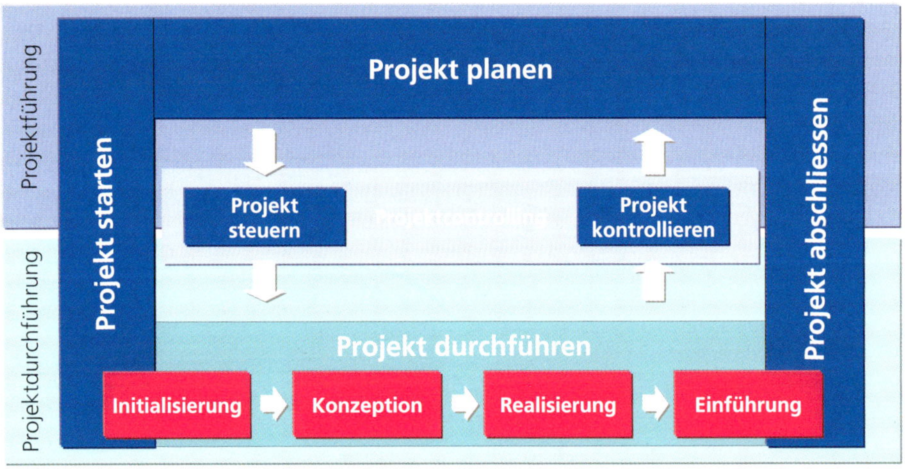

Abb. 1.44: Metamodell der Projektabwicklung

Das in Abbildung 1.44 dargestellte Metamodell der Projektabwicklung vereint die Projektdurchführung über ein Vier-Phasen-Modell (Initialisierung, Konzeption, Realisierung, Einführung) mit dem Projektmanagement-Zyklus. Dieser Zyklus umfasst alle zentralen Führungsaufgaben der Projektführung. Bis auf die Führungsaufgaben „Projekt starten" und „Projekt abschliessen" laufen die Aufgaben „Projekt planen" und „Projekt steuern und kontrollieren" in Verbindung mit der Projektdurchführung iterativ während des ganzen Projektes ab.

Um das dynamische Zusammenspiel der zwei Kernelemente Projektführung und -durchführung aufzuzeigen, macht es an dieser Stelle Sinn, abgeleitet vom Metamodell der Projektabwicklung den Regelkreis der Projektabwicklung kurz zu erläutern.

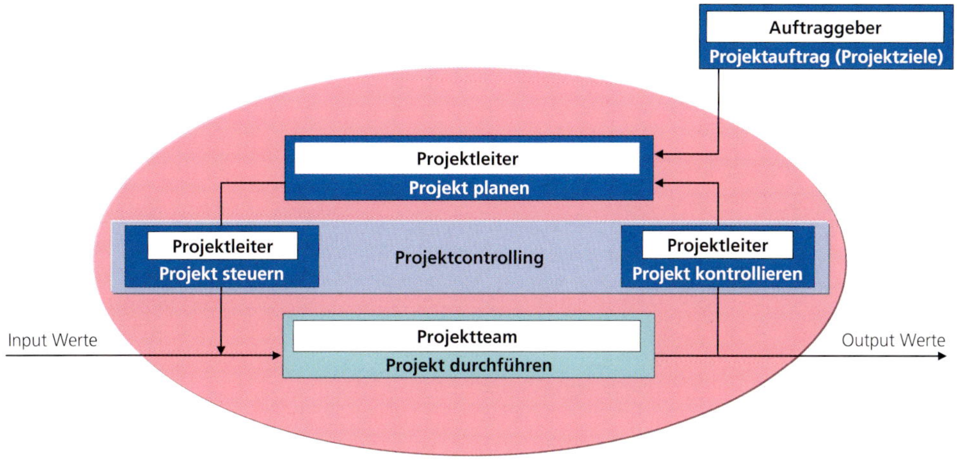

Abb. 1.45: Regelkreis der Projektabwicklung

Die definierten Projektziele bilden die Basis für die Erstellung der Planung. In der Projektplanung befasst sich der Projektleiter mit projektbezogenen Ereignissen und Aufgaben, die er über das „Steuern" in Form von Arbeitspaketen anordnet und als Koordinationsanweisungen und Massnahmen an das Projektteam weitergibt. Das Projektteam bzw. die einzelnen Projektmitarbeiter führen diese Arbeiten aus. Die entstehenden Ergebnisse, sprich Lieferobjekte, werden über die Projektkontrolle mit den Planwerten bzw. den vorgegebenen Zielen verglichen (PLAN-IST-SOLL-Vergleich). Entsprechende Erkenntnisse der Kontrolle fliessen dann wiederum in die Planung ein. So wird der Prozess bis zum Projektabschluss dauernd durchlaufen. Diese enge Verbindung zwischen Projektführung und -durchführung sollte aufgrund von Standards und abgestimmten Methoden möglichst harmonisch sein. Nur so erreicht man die gewünschte Projekteffizienz.

> Mit Projektabwicklung wird das prozessorientierte Projektvorhaben bezeichnet, das in Projektdurchführung und Projektführung unterteilt ist. Es bezieht sich auf den gesamten Aufgabenbereich vom Start bis zum Abschluss eines Projektes.

Grundsätzlich kann gesagt werden, dass die Projektführung bei allen Projektarten die gleichen Aufgaben in unterschiedlicher Ausprägung umfasst. Demgegenüber ist die Projektdurchführung ja nach Projektart (Bauprojekt, Informatikprojekt etc.) sehr spezifisch, wie z.B. unterschiedliche Vorgehensmodelle, Standards sowie Lieferobjekte. Die beiden Kernelemente der Projektabwicklung werden im Kapitel 4 (☞ „Projektführung") und im Kapitel 5 (☞ „Projektdurchführung") ausführlich erläutert.

1.3.3.3 System der Projektabwicklung

Es ist wichtig zu verstehen, dass die Projektabwicklung ein System ist, das ein IST-System in ein SOLL-System transferiert. Somit kann auch die Projektabwicklung in Form eines Systemwürfels dargestellt und entsprechend analysiert werden.

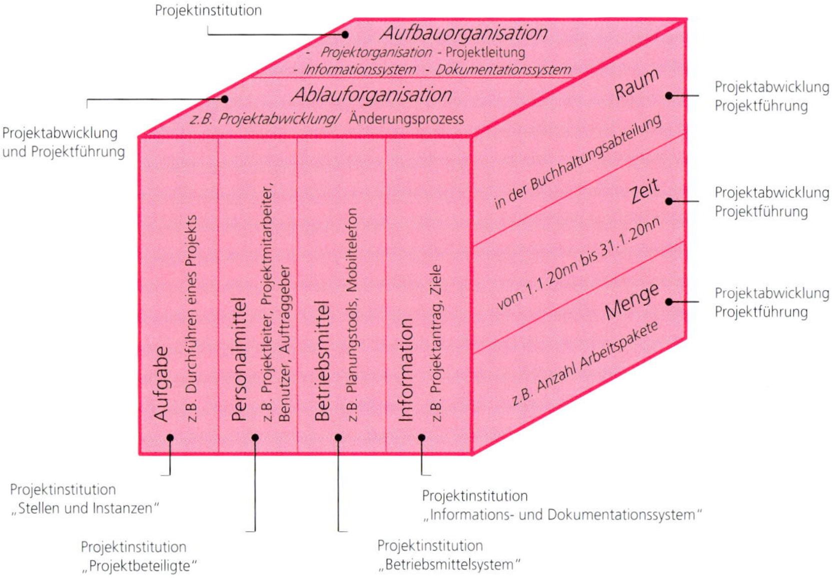

Abb. 1.46: Systemwürfel „Projektabwicklung" und der Themenbezug

In den folgenden Unterkapiteln werden die drei Seiten des Systemwürfels „Projektabwicklung" näher erläutert und mit einigen Beispielen illustriert. Bei jedem Beispiel ist vermerkt, zu welchem Themenbereich es gehört bzw. in welchem Kapitel es näher beschrieben wird.

1.3.3.3.1 Elemente der Projektabwicklung

- Aufgabe
  Die Aufgabe eines Projektes besteht darin, innerhalb einer bestimmten Zeitspanne einen vorgegebenen IST-Zustand in einen gewünschten SOLL-Zustand zu überführen („Systemveränderung"). Diese Aufgabe wird grundsätzlich mittels Projektauftrag initiiert (☞ Kapitel C.2.3 „Projektauftrag").

- Aufgabenträger
  Unter Aufgabenträgern versteht man Personen in einer definierten Rolle (Auftraggeber, Ingenieur, Projektleiter, Entwickler, zukünftige Benutzer, Betreiber etc.), die eine Leistung für ein Projekt erbringen. Diese Personen haben zum System „Projektabwicklung" eine Beziehung, indem sie für dieses System Aufgaben übernehmen und je nach Beteiligungsgrad diese vollumfänglich oder anteilsmässig erfüllen. Voraussetzungen und Eigenschaften dieser Personen werden in Kapitel 2.2 (☞ „Instanzen und Stellen") beschrieben.

- Betriebsmittel/Sachmittel
  Betriebsmittel unterstützen den Aufgabenträger, damit er die ihm übertragenen Aufgaben z.B. bezüglich Qualität und Zeit optimaler ausführen kann. Betriebsmittel im System „Projektabwicklung" bilden z.B. die Anwendung von Werkzeugbank, Bagger, Planungstool, Programmiersprachen etc. Dieser Punkt wird ausführlich im Kapitel 2.6 (☞ „Projektbetriebsmittel-System") erläutert.

- Informationen
  Damit sind alle Informationen gemeint, die ausschliesslich der Erfüllung von Aufträgen dienen. Die Quellen der benötigten Informationen sind im Projektauftrag enthalten. Dies wird in der Praxis oftmals zu wenig berücksichtigt. Je konkreter und vollständiger diese Quellen sind, desto effizienter kann an der Lösung gearbeitet werden. Alle für ein Projekt notwendigen Informationen werden durch das Projektdokumentations-System (☞ Kapitel 2.5) und das Projektinformations-System (☞ Kapitel 2.3) geregelt, die in der Projektinstitution näher beschrieben sind.

1.3.3.3.2 Dimensionen der Projektabwicklung

- Raum
  Die räumlichen Aspekte eines Projekts sind unterschiedlich und beziehen sich auf viele Faktoren wie:
  – Umsetzungsort (innerbetriebliche Umsetzung, Outsourcing bzw. Turn-Key-Projekt etc.),
  – Entwicklungssituation (national – international),
  – Arbeitsplätze (Auftraggeber – Projektleiter – Projektmitarbeiter).
  Die Kombinationen, in denen diese räumlichen Situationen in einem Projekt vorkommen, werden im Kapitel 4 (☞ „Projektführung") beschrieben.

- Zeit
  Der Zeitfaktor ist in jedem Projekt eine der dominierenden Grössen, da der Endtermin meistens im Voraus bekannt ist bzw. bestimmt wird. Auch in einem Projekt gibt es die unterschiedlichsten Zeitarten wie Liegezeit, Transportzeit, Bearbeitungszeiten. So gibt es in Grosskonzernen oftmals vordefinierte Prozesse, die, aneinandergehängt, bei einem Projekt – ob Klein- oder Grossprojekt – zu einer minimalen Durchlaufzeit von sechs Monaten führen. Dieser „Zeit"-Faktor wird in den Kapiteln 4.1.2.1 (☞ „Terminmanagement") und 4.3 (☞ „Projekt planen") umfassend behandelt.

- Menge
  Im System Projektabwicklung kann die Menge z.B. aus den Teilaufgaben bestehen, die im vorgegebenen Zeitraum (vom Projektstart bis zum Projektabschluss) erledigt werden müssen. Diese Mengen werden im Bereich der Planung vorbestimmt und in der Projektdurchführung umgesetzt (☞ Kapitel 4.2.3 „Projektdefinition").

1.3.3.3.3 Beziehungen innerhalb der Projektabwicklung

Die Aufgaben oder Prozesse eines Arbeitsumfeldes werden gebündelt und einer Stelle zugeordnet. Eine Stelle muss in ein Gesamtsystem eingeordnet werden. Dies geschieht über formale oder informelle Beziehungen. Es muss das Ziel jeder bewusst herbeigeführten Veränderung (jedes Projekts) sein, zwischen den beschriebenen Elementen und Prägungen formale Beziehungen herzustellen.

- Aufbauorganisation „Projektinstitution"
  Die Aufbauorganisation wird im Projektbezug „Institutionelles Projektmanagement" genannt. Mit aufbauorganisatorischen Regelungen werden immer die Projektziele angestrebt. Das heisst, erst wenn diese Ziele bekannt sind, kann beurteilt werden, ob die Konstruktion des institutionellen Projektmanagements zum Ziel führt. Die Projektinstitution wird im gesamten Kapitel 2 aufgeführt.

- Ablauforganisation „Projektabwicklungs-Prozess"
  In der Ablauforganisation gestaltet man die dynamischen (zeitlichen, räumlichen, mengenmässigen) sowie logischen Folgebeziehungen der Projekttätigkeiten. Im System „Projektabwicklung" sind dies auf der Durchführungsebene die Konzipierungs-, Anforderungsentwicklungs-, Testprozesse etc. sowie die einzusetzenden Standards und Richtlinien. Auf der Managementebene (Projektführung) sind dies die Projektmanagement-Prozesse wie Projekte starten, Projekte planen, Projekte steuern und kontrollieren sowie Projekte abschliessen. Die Projektführungs- und -durchführungs-Prozesse werden im Phasenmodell zeitlich und ergebnisorientiert zum Projektabwicklungs-Prozess „zusammengebunden" (☞ Kapitel 4 „Projektführung" und Kapitel 5 „Projektdurchführung").

1.3.3.4 Beziehung zwischen drei Systemen

Nimmt man den Systemwürfel der Projektabwicklung und legt man den Projektabwicklungs-Prozess gemäss dem kybernetischen Regelkreis in den Würfel hinein, so ist kognitiv durch den verformten Würfel ersichtlich, wie sich statisches und dynamisches Systemdenken in Bezug zum Projekt vereinigen lassen. Dieser in das Projektabwicklungs-System eingebundene Projektabwicklungs-Prozess kann wie eine von der Konstruktion beeinflusste Pipeline betrachtet werden.

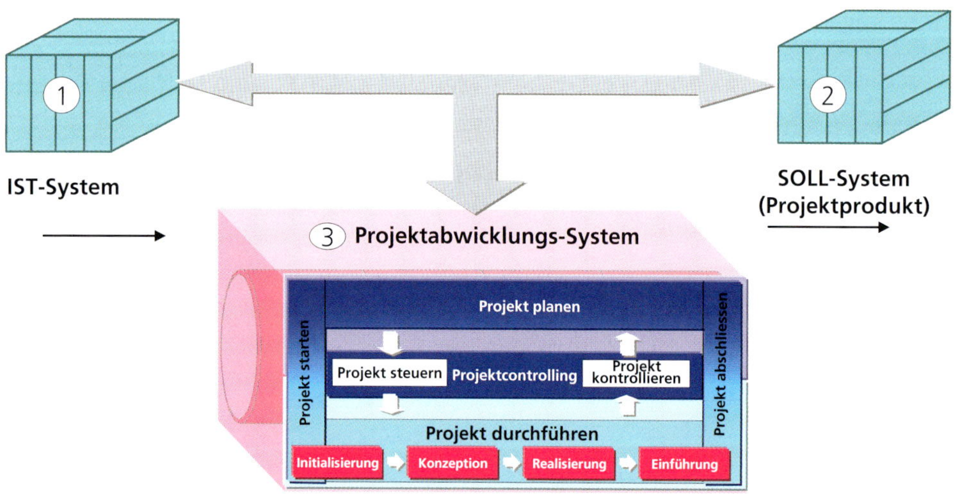

Abb. 1.47: Das Projektabwicklungs-System transferiert ein IST- zu einem SOLL-System

Wie Abbildung 1.47 aufzeigt, stehen somit folgende drei Systeme bei einem Projekt in Beziehung:
1. IST-System (wie ist es heute mit den Aufgaben, Aufgabenträgern etc.?),
2. SOLL-System (wie soll das System mit den Aufgaben, Aufgabenträgern etc. künftig aussehen?),
3. Projektabwicklungs-System (mit welchem System „Baumannschaft und -Prozess" wird das IST-System ins SOLL-System transferiert?).

Nachdem die Beziehungen und Abhängigkeiten zwischen dem IST-, dem SOLL- und dem Projektabwicklungs-System dargelegt wurden, bleibt noch die Frage zu klären, wie diese in Bezug zum PM-System der ganzen Unternehmung zu sehen sind.

Während das PM-System permanent institutionalisiert ist, sind die Projektabwicklungs-Systeme der einzelnen Vorhaben, aufgrund der zeitlichen Beschränktheit eines Projektes, nur temporärer Natur. Damit ein Projektabwicklungs-System sprich Projekt mit wenig Aufwand institutionalisiert werden kann, sollten dafür unterstützend im PM-System Standards und Richtlinien definiert sein (☞ Kapitel 1.1.4.3.1 „PM-Leitfaden"). Obwohl die einzelnen Projektabwicklungs-Systeme laufend gebildet werden müssen, stellt die Ebene Projektabwicklung den eigentlichen Kern des PM-Systems dar. Umgesetzt in einen qualifizierten Prozess, werden auf dieser Ebene mittels der Projektabwicklung die anstehenden Probleme, Ideen, Sachzwänge etc. auf professionelle Art und Weise gelöst.

1.4 Basiselemente im PM-System

In diesem Kapitel werden einige wichtige Basiselemente des Projektmanagement-Systems beschrieben. Diese helfen, die Projektabwicklungs-Systeme im Projektmanagement-System sachlogisch optimaler einzubinden. Daher sollten diese Basiselemente respektive Richtwerte allgemein geklärt und standardisiert im Projektmanagement-System verankert sein. Ferner erleichtern sie die konkrete Projektabwicklung, da dank ihnen das ganze Projektgeschehen geordneter abläuft.

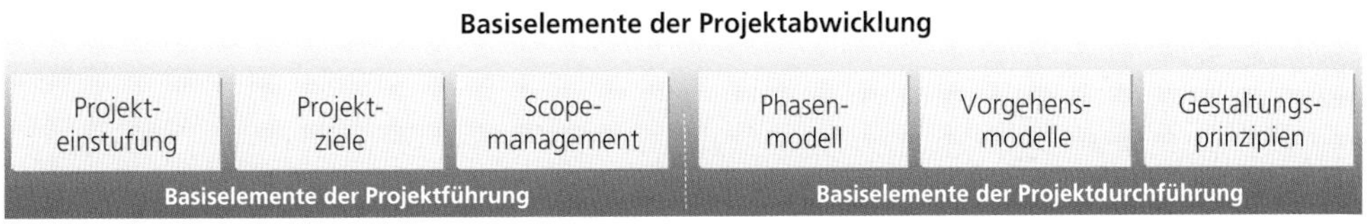

Abb. 1.48: Basiselemente der Projektabwicklung

1.4.1 Projekteinstufung

Obwohl im Kapitel 3 (☞ „Projektportfolio") die Thematik der Projektklassifizierung und -charakterisierung ausführlich beschrieben wird, soll in den folgenden Unterkapiteln aufgrund der Bedeutung der Basiselemente des PM-Systems eine kurze Einleitung erfolgen.

1.4.1.1 Projektklassifizierung

Mit einer Projektklassifizierung bezüglich Kosten, Wirtschaftlichkeit, Architektur etc. wird erreicht, dass die Werte respektive Projektmerkmale, z.B. die Priorität eines Projekts, nach aussen wie nach innen transparent werden. Diese Transparenz unterstützt alle Entscheidungsträger (Auftraggeber, Management etc.) bei der besseren Beurteilung der Wirkung einer Entscheidung.

Baut man einen Stausee – Kostenpunkt mehrere Milliarden –, spricht man von einem Projekt. Aber auch eine Hochzeitsvorbereitung kann, obwohl bloss ein Fest für einen Tag organisiert werden muss, ein Projekt sein. Die Vorbereitung für diesen speziellen Tag erreicht schnell eine Komplexität, die ohne ein methodisches Vorgehen kaum bestellt werden kann. So erfüllt auch dieses „kleine" Vorhaben alle Punkte der Projektdefinition (☞ Kapitel 1.3.3.1 „Definition eines Projekts"). Es ist aber offensichtlich, dass die beiden Projekte ganz andere Dimensionen haben. Natürlich muss dies auch bei der Projektabwicklung berücksichtigt werden. Deshalb wird jedes Projekt in eine Klasse respektive Projektklasse eingestuft. Diese Einstufung hängt von verschiedenen Kriterien ab.

	Ausprägungen			
Kriterien	**D**	**C**	**B**	**A**
Strategiebeitrag	keinen Beitrag	niedriger	mittlerer	hoher
Architekturbeitrag	keinen Beitrag	niedriger	mittlerer	hoher
Betriebsbeitrag	keinen Beitrag	niedriger	mittlerer	hoher
Wirtschaftlichkeitsgrad (Pay Back)	negativ	> 3 Jahre	< 3 Jahre	< 1 Jahr
Senken des Unternehmensrisikos	gering	mittel	hoch	sehr hoch
Organisationsveränderungsgrad	keinen Einfluss	eine Abteilung	mehrere Abt.	gesamte Firma
Kostengrad „Personen" (in tausend)	> 50	50-500	501-2000	> 2000
Abwicklungsrisikograd	gering	mittel	hoch	sehr hoch

Klasse (A bis D)

Abb. 1.49: Mögliche Darstellungsform einer Projekteinstufung in Klassen

Wie man von den konkreten Ausprägungen der Kriterien zur Projektklasse kommt, hängt vom Algorithmus ab, der angewendet wird. Man kann zum Beispiel einfach alle Zahlen der Ausprägung (1 bis 4) zusammenzählen. Die Summe entscheidet dann über die Klasse (Punkteverfahren). Oder etwas komplexer: Man gewichtet die Kriterien zusätzlich. Für die Skalierung der Kriterien (Ausprägungen) können je nach Projekt entweder konkrete Zahlenwerte oder eine verbale Gewichtung (z.B. hoch/mittel/tief) zur Hilfe genommen werden. Wie man sich vorstellen kann, ist die Einstufung mittels verbaler Gewichtung nicht ganz unproblematisch. Aber auch bei der Abstützung auf konkrete Zahlenwerte gilt es einiges zu bedenken. Beim Kriterium Wirtschaftlichkeitsgrad beispielsweise könnte die Zeitspanne des Pay Back berechnet werden – was allerdings bei einem Versuchsprojekt nur schwer errechenbar ist, da auch ein misslungener Versuch Erfolg bedeuten kann. Leider zeigt die Praxis, dass bei gewissen Firmen alles über die ultimative Rentabilitätsformel läuft. Das heisst: Kann nicht nachgewiesen werden, dass sich die Projektinvestition innerhalb der nächsten drei Jahre bezahlt macht, wird nicht gestartet. Das führt oftmals dazu, dass solche Firmen schon bald keine echten Innovationen mehr hervorbringen.

Die Einstufung in Projektklassen (Wichtigkeit) ist bloss eine Dimension der Projektklassifikation. Um eine vollständige (Gesamt-)Projektklassifikation zu erhalten, muss jedes Projekt z.B. zusätzlich noch mit der zeitlichen Dimension der Dringlichkeit bewertet werden. Dabei kann die Zeitachse z.B. von „über 12 Monaten" bis „sofort starten" eingeteilt werden.

Solche (Gesamt-)Projektklassifikationen können, wie bereits erwähnt, sehr einfach, aber auch umfassend erstellt werden. Was sinnvoll ist, muss das Projektportfolio-Board bzw. der Projektportfolio-Controller entscheiden, weil diese Instanzen mit einer Klassifikation (☞ Kapitel 3.4.1 „[Erst-] Bewertung") richtig umgehen müssen. Ferner ist bei der Projektklassifikation zu beachten, dass dies bloss ein unternehmungsinternes Ranking ist. Denn ein Projekt (Investition 2 Mio.), das in einem Konzern in die Klasse B eingestuft würde, würde bei einer kleineren Unternehmung mit Sicherheit als ein A-Projekt klassifiziert werden.

Die Projektklassifikation und die daraus abgeleitete Charakterisierung schafft eine Transparenz über alle Projekte, die alle Entscheidungsträger in ihren Handlungen unterstützt. Neben dieser Entscheidungshilfe hat die Klassifizierung auch eine ganz klare Wirkung auf wichtige Projektkomponenten. So könnte z.B. definiert werden, dass Vorhaben mit der Einstufung D „kein Projekt", sondern nur einen Auftrag darstellen oder aber dann als Kleinstprojekte klassifiziert werden. Es könnte auch abgeleitet werden, dass für ein Projekt der Klasse C nicht alle Projektführungs- und Projektdurchführungs-Lieferobjekte (☞ Abbildung 1.54 „Tailoring") erstellt werden müssen. Wichtig ist es daher, jeweils die entsprechende Projektklasse zu erwähnen, wenn man von einem Projekt spricht. So bekommt das „Wort" Projekt im jeweiligen Kontext die richtige Bedeutung.

Die Klassifizierungswerte der Abbildung 1.49 vermitteln leicht den Eindruck, dass C-Projekte nichts Bedeutendes sind. Allerdings gibt es auch in grossen Firmen viele „kleine" Projekte, die für eine Abteilungs- oder Ressortstufe enorm wichtig sind. Daher müssen auch diese Projekte möglichst konform abgewickelt werden.

1.4.1.2 Projektcharakterisierung

Erfahrungsgemäss reicht eine Klassifizierung nicht immer aus, um das Projekt aus Sicht des Portfolios unterstützend zu begleiten. Es macht Sinn, basierend auf den Wirkungs- und Abwicklungsaspekten ein Charakterbild respektive weitere Projektmerkmale des Projekts aufzubereiten. Jedes Projekt hat einen „Charakter", auf den das Management bezüglich Planung und Controlling eingehen sollte. Insofern bestehen Parallelen zur Führung von Menschen, wo das Management auch mehr wissen sollte als nur, ob der Betreffende gross und allenfalls wichtig ist.

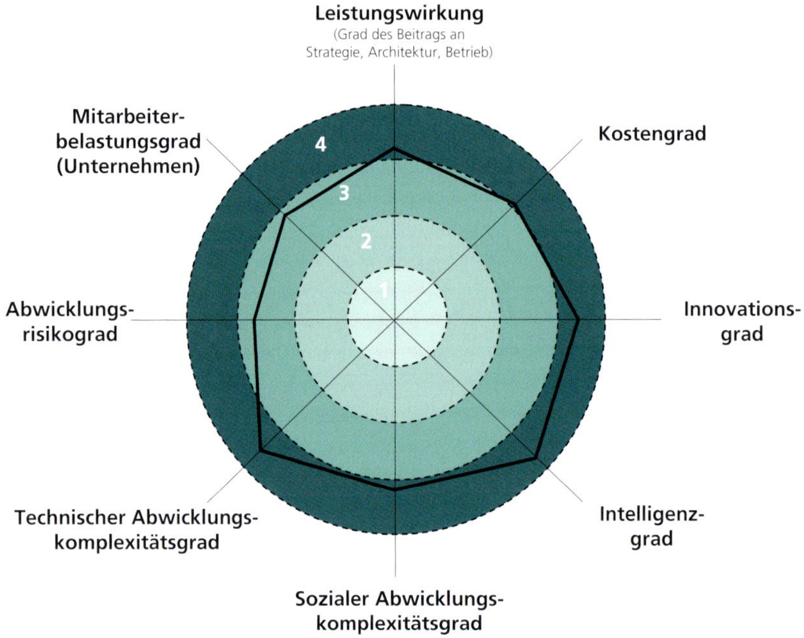

Abb. 1.50: Projektcharakter anhand eines Kiviat-Diagramms

Anhand eines Kiviat-Diagramms kann eine Projektcharakterisierung visualisiert werden. Solch eine Darstellung gibt auf gute Art und Weise die „Eigenheiten" eines Projekts wieder. Basierend auf diesen „Eigenheiten" kann das Management z.B. entscheiden, in welcher Form ein Projektleiter Unterstützung vom Management erhält.

Im Zuge der Entwicklung des gesamten Projektmanagements mit den entsprechenden Modellen und vorgeschriebenen Prozessen entwickelten sich vermehrt die Anzeichen zweier „Grundcharaktere" von Projekten, die es zu berücksichtigen gilt. Das heisst, etwas vereinfacht ausgedrückt, „alle" Projekte dieser Welt können unabhängig von der Projektklasse bezüglich ihrer „Intelligenz" und „sozialen Komplexität" in einen Prototyp eingestuft werden.

Ist die soziale Komplexität (einfache Wirkungszusammenhänge bis hin zu interdisziplinären) relativ einfach verständlich, bedarf es für die Intelligenz eine gewisse Erläuterung. Einfach gesagt, hat jedes Projekt wie ein Mensch eine existenzielle Intelligenz, sprich einen IQ-Wert. Gemäss dem Ansatz von Catell [Cat 1965], der ein Gruppenfaktorenmodell für das Messen von Intelligenz entwarf, kann man diese in fluid und kristallin einteilen:

- Die „fluid intelligence" ist eine eher allgemeine, weitgehend angeborene Leistungsfähigkeit. Sie spiegelt die Fähigkeit wider, sich neuen Problemen und Situationen anzupassen, ohne dass es dazu umfangreicher früherer Lernerfahrungen bedarf. Gemäss Wewetzer [Wew 1972] würde sich demnach Fluidität in Verhaltensweisen wie „schnelles Schalten", „sofort Im-Bilde-Sein", „instinktiv, ohne Überlegen in einer neuen Situation das Richtige tun", „ohne Zögern das Unwichtige vom Wichtigen trennen", „möglichst viele Zusammenhänge zwischen den Informationen ‚auf einen Schlag' erfassen und ordnen", widerspiegeln.

- Die „crystallized intelligence" vereinigt all jene kognitiven Fähigkeiten, in denen sich angehäuftes Wissen aus bisherigen Lernprozessen kristallisiert und verfestigt hat. Die kristallisierte Intelligenz ist gewissermassen das Endprodukt dessen, was flüssige Intelligenz, Erfahrung und Schulbesuch gemeinsam hervorgebracht haben [Cat 1973].

Ohne nun wissenschaftlich zu werden, können Projekte auch plakativ in „kristalline" und „fluide" Projekte auf- respektive zugeteilt werden. Gemäss diesem Charakterisierungsansatz gibt es Branchen, deren Projekte eher einen fluiden Charakter haben, und Branchen, deren Projekte eher einen kristallinen Charakter aufweisen. Sind beim „kristallinen" Projekt die Ziele, die Anforderungen und insbesondere der Lösungsweg klar, sind es beim „fluiden" Projekt oftmals nur die Ziele, welche eindeutig definierbar sind. Ein kristallines Projekt ist meistens in sich geschlossen klar abgrenzbar und hat eine relativ transparente Komplexität, z.B. wie ein bereits mehrmals durchgeführtes Roll-Out-Projekt oder ein Wartungsprojekt.

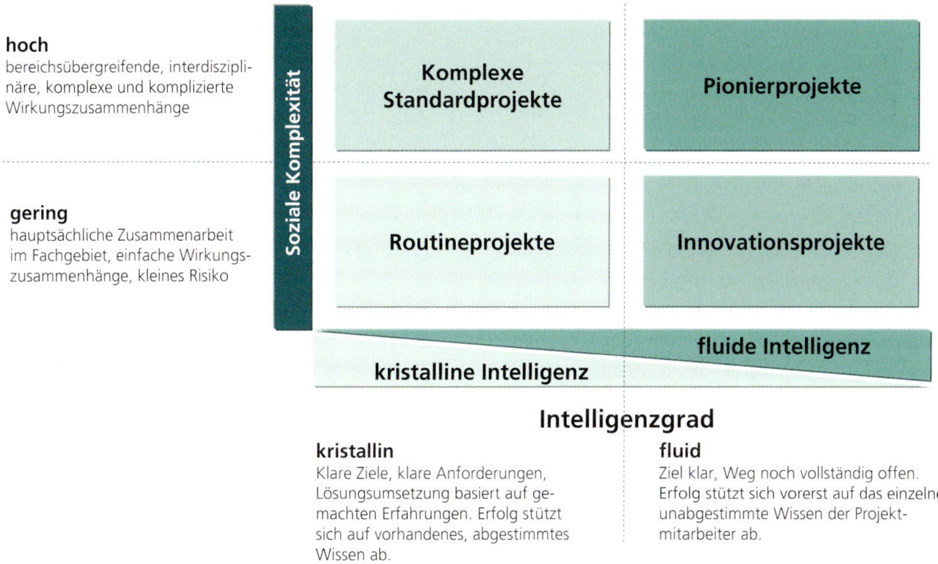

Abb. 1.51: Projekttypisierung gemäss Kriterium Intelligenz und soziale Komplexität

Diese Aufteilung, zusammen mit der sozialen Komplexität, hat eine grosse Wirkung auf verschiedene Aspekte der Projektabwicklung bzw. auf das gesamte Vorgehen.

Allein in Bezug auf das vorhandene, strukturierte und dokumentierte Know-how unterscheiden sich kristalline und fluide Projekte enorm. Ist beim kristallinen Projekt das benötigte Know-how umfassend dokumentiert und können die benötigten Kompetenzen der Projektmitarbeiter klar aufgezeigt und aufeinander abgestimmt werden, so ist dies bei fluiden Projekten anders. Meistens gibt es vage Vorstellungen von den Zielen, mehr jedoch nicht. Das gesamte Know-how, die zum Teil sehr differenzierte Vorstellung über das Endprodukt etc. sind noch in den Köpfen der einzelnen beteiligten Personen, bei denen man wenigstens hoffen kann, dass eine gewisse Menge an fluider Intelligenz vorhanden ist. Dieses Know-how muss über mehrere Iterationen unter Zuhilfenahme geeigneter Instrumente und durch flexibles Vorgehen erst noch zu einem gemeinsam geklärten Projekt-Know-how entwickelt werden.

Bei der Gegenüberstellung der beiden Dimensionen resultiert eine Typisierung der Projektcharakter:

- Routineprojekte können als Projekte bezeichnet werden, denen ein hoher Grad an Erfahrung zugute kommt, und die demzufolge standardisiert und einfach abgewickelt werden können. Eine Kostenabweichung von 5% könnte bei solchen Projekten schon „die rote Projektampel" bedeuten.
- Komplexe Standardprojekte sind Vorhaben mit klar umrissenen Aufgabenstellungen, bei denen Methoden und Hilfsmittel aufgrund bisheriger Erfahrungen bis zu einem gewissen Grad formalisiert und standardisiert sind. Die fachlichen und sozialen Vernetzungen sind aber sehr vielfältig.
- Innovationsprojekte sind Vorhaben mit offenen Fragestellungen; sie benötigen eine Intelligenz, die allenfalls in den Köpfen einzelner Personen, die aufgrund ihres Expertenwissen die Methode des Vorgehens problembezogen umsetzen können, vorhanden ist.
- Pionierprojekte sind oft folgenreiche Eingriffe in die Organisation und bereichsübergreifend. Sie haben hohen Neuigkeitsgehalt und sind risikoreich, da allenfalls das Faktenwissen bei einzelnen Experten vorhanden ist, diese jedoch selbst noch kein gesichertes Handlungswissen aufgebaut haben. Daher ist der Aufgabenumfang schwer abzuschätzen. Eine Kostenabweichung von 20% würde bei einem solchen Projekt in der Phase Konzeption allenfalls die Farbe gelb auslösen.

Kombiniert man den Charakter eines Projekts mit dem einzusetzenden Wissensmanagement, also mit dem existierenden Wissen des Projektteams, das das Projekt umsetzen wird, so könnte dies wie folgt klassifiziert werden:

- Faktenwissen (komponentenbezogene Intelligenz)
- Handlungswissen (kontextuelle oder praktische Intelligenz)
- Expertenwissen (erfahrungsbezogene Intelligenz)

Projektteambeurteilung bezüglich vorhandenem Wissen				
	gering			**hoch**
Wissen	**1**	**2**	**3**	**4**
Faktenwissen				
Handlungswissen				
Expertenwissen				

Abb. 1.52: Wissenseinstufung eines Projektteams

Um in Kombination mit dem Projektteam die Intelligenz eines Projekts messen zu können, muss man die kristalline Intelligenz, die komponentenbezogene Intelligenz, das Faktenwissen sowie die praktische und erfahrungsbezogene Intelligenz, die fluide Intelligenz, das Handlungs- und das Expertenwissen des Projektes messen! Mag dies für viele ein etwas seltsamer Ansatz sein, so führt er uns doch genau zu einer der wesentlichen Essenzen des Projekterfolgs.

Wurde in der Vergangenheit dieser Unterteilung und Charakterisierung nicht entsprechende Aufmerksamkeit geschenkt, so entwickelten sich trotz gut gemeinter Q-Modelle, intensiver Schulungen und kräftiger softwaregestützter Instrumente die Projekte in den Unternehmungen schlecht. Oder einfacher gesagt: Es wurde nicht immer auf den Grundcharakter, sprich auf den Projekttyp eines Projekts, Rücksicht genommen und somit durch das starre Vorgehen der Charakter dieses Projekts gebrochen – was zu sehr problematischen Projektsituationen führte.

1.4.1.3 Tailoring

Wie Abbildung 1.53 in Beziehung zur Projektklassifikation (☞ Kapitel 1.4.1.1 „Projektklassifizierung") aufzeigt, ist es nicht immer zwingend, alle Dokumente, oder generell Lieferobjekte, welche in einem Projektmanagement-Leitfaden aufgeführt sind, zu erstellen.

> Als Lieferobjekt werden alle Ergebnisse bezeichnet, die im Verlauf der Projektabwicklung entstehen.

Die damit verbundene Streichung nichtrelevanter Tätigkeiten und Produkte wird als Tailoring (Zuschneiden) bezeichnet. Hauptanliegen des Tailoring ist es für das Projekt zu gewährleisten, dass der eingesetzte Aufwand den Anforderungen bzw. Umständen entspricht.

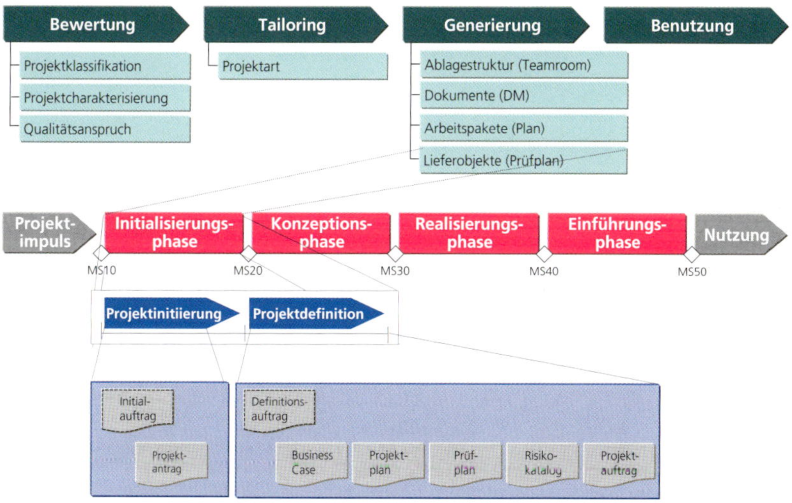

Abb. 1.53: Teilaspekt Lieferobjekte des Tailoring

> Mit dem Tailoring werden die nichtrelevanten Tätigkeiten und Lieferobjekte, die im Projektmanagement-Leitfaden aufgeführt sind, gestrichen. Damit wird gewährleistet, dass der eingesetzte Aufwand für jedes Projekt situationsgerecht ist.

Mit diesem Vorgehen erreicht man z.B. eine effiziente Projektdokumentation.

m = muss, g = gekürzt , u = nicht zwingend	Projektklasse			
Lieferobjekte	D	C	B	A
Projektantrag	u	g	m	m
Anforderungskatalog	m	m	m	m
Business Case	n	g	m	m
Projektplan	g	m	m	m
Prüfplan	n	n	g	m
Risikokatalog	n	n	g	m
Projektauftrag	m	m	m	m
Konzept	g	g	m	m
Anforderungsspezifikation	m	m	m	m
Realisierungsantrag	g	m	m	m
Einführungsantrag	m	m	m	m
Phasenbericht	n	g	m	m
Projektabschlussbericht	m	m	m	m

Abb. 1.54: Beispiel eines möglichen Dokumenten-Tailoring-Schemas, basierend auf der Projektklassifizierung

Ein mittels qualifiziertem Tailoring an das Projekt angepasstes, gut standardisiertes Projekt-Dokumentationssystem hilft allen Projektbeteiligten. Daher sollte das Dokumentationssystem respektive das Dokumentenmanagement in einem Projekt auch kontrolliert werden (☞ Kapitel 4.4.3.3.3.4 „Projektdokumentationskontrolle").

1.4.2 Projektziele

Spricht man von Projektzielen, so wird oftmals angenommen, dass dies Ziele auf der Systemseite sind. Das ist jedoch falsch. Das Wort Projektziel umfasst nicht nur die Systemziele, sondern auch die Abwicklungsziele. Wird daher von Projektzielen gesprochen, muss jeweils geprüft werden, ob es Ziele für den Bereich Produkt (Systemziele) oder für den Bereich Projektabwicklung (Abwicklungsziele) sind.

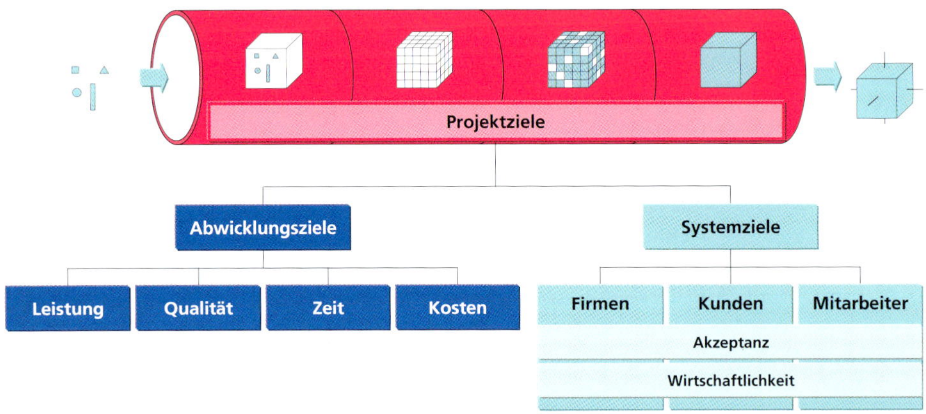

Abb. 1.55: Struktur der Projektziele

Diese gedankliche Trennung der Projektziele ist wichtig, da eine genaue gegenseitige Analyse der System- und Abwicklungsziele einen zentralen Punkt für den Erfolg darstellt: Diese zwei Zielbereiche können sich gegenseitig behindern. So kann z.B. vom Auftraggeber auf der Seite der Abwicklungsziele ein Zwischentermin (Meilenstein) gewünscht werden, der aufgrund hoher Qualitätsansprüche auf der Systemziel-Seite nicht erreichbar ist. Wird dieser Zielkonflikt im Vorfeld nicht aufgedeckt, hat der Projektleiter ein Problem: Er hat den Projektauftrag mit den entsprechenden Zielen unterschrieben und steht somit in der Pflicht der Erfüllung.

Die Projektziele sind die Gesamtheit von Einzelzielen, die durch das Projekt erreicht werden sollen, bezogen auf Projektgegenstand (Ergebnis) und Projektablauf (Abwicklung) [DIN 69905].

Aufgrund der beschriebenen Problematik und damit alle Beteiligten wissen, was in einem Projekt erreicht werden muss, sollten die Systemziele in der Initialisierungsphase über den Zielfindungsprozess (☞ Kapitel 4.2.5.3 „Bedürfnisse; Anforderungen und Ziele ermitteln") so detailliert wie möglich ausgearbeitet werden. Die Abwicklungsziele werden im Rahmen der Projektplanung (☞ Kapitel 4.3.3.1 „Abwicklungszielplanung") und natürlich auch beim Projektstart nach Möglichkeit sehr detailliert ausformuliert.

Kann man beim Projektstart die zwei Zielbereiche geistig klar trennen, nähern sie sich während der Projektabwicklung an und „verschmelzen" schliesslich beim Projektabschluss zu allgemeinen Messwerten, die erreicht werden müssen und den Projekterfolg widerspiegeln.

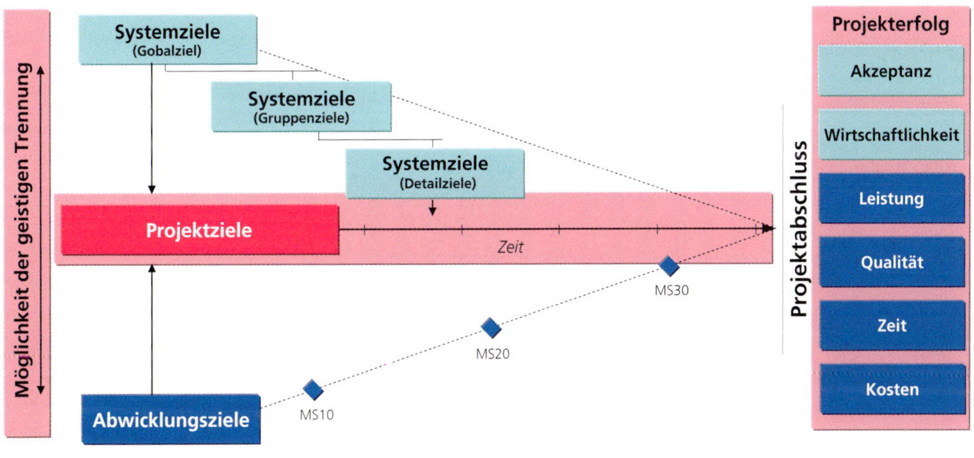

Abb. 1.56: Projektziele prozessmässig aufgeteilt in System- und Abwicklungsziele

In den kommenden Unterkapiteln wird näher auf die System- und die Abwicklungsziele eingegangen. Nachfolgend werden jedoch noch allgemeine Grundsätze aufgeführt, die bei einer Zielformulierung beachtet werden sollten [Dae 1988]:

- Die Zielformulierung soll lösungsneutral sein. Dadurch wächst die Chance, dass bei der Lösungssuche auch Ideen Gestalt annehmen können, die sonst aufgrund der lösungsorientierten Formulierung ausgeschlossen würden. Alle sinnvollen Lösungen sollen möglich sein.
- Die Zielformulierung soll jene Wirkungen beinhalten, die auf die Beurteilung und die Auswahl der Lösung einen Einfluss haben. Kriterien, nach denen später die erarbeiteten Lösungsvarianten beurteilt werden, sollten erfüllt werden und stellen somit auch zu erreichende Projektziele dar.
- Die Zielformulierung kann neben positiven Wirkungen auch die Vermeidung von negativen Wirkungen beschreiben. Dabei denke man etwa an Umweltschäden oder negative Auswirkungen auf bestehende Produkte, Organisationen und Geschäfte durch die Realisierung des Projekts.
- Ziele (Detailziele) sollen möglichst „operational" formuliert werden. Das heisst, sie sollen für alle beteiligten Personen verständlich und umfassend formuliert sein. Zudem muss die Zielerreichung eindeutig festgestellt und gemessen werden können.
- Ziele sollen anspruchsvoll, aber erreichbar sein.
- Ziele, welche die Lösung beeinträchtigen (d.h. nicht lösungsneutral sind), sind keine Ziele, sondern werden als Einflussgrössen bezeichnet (☞ Kapitel 1.4.3.3 „Einflussscope").

1.4.2.1 Systemziele

Meistens folgt in einem Projekt nach der ersten Situationsanalyse (IST) die Formulierung der Systemziele (SOLL). Mit diesem Schritt sollen die Zielvorstellungen für das neue System/Produkt/die neue Dienstleistung (= Projektprodukt), die sich teilweise bereits in der Formulierung der Idee ergeben haben und im Projektantrag definiert wurden, bereinigt werden. Zu diesem Zweck werden die Ziele systematisch strukturiert, auf ihre Vollständigkeit geprüft, ergänzt und schliesslich in verbindlicher Form primär im Projektauftrag und definitiv im Konzept und in den Anforderungen (☞ Kapitel 5.3.2 „Anforderungsentwicklungs-Prozess [Makro]") festgehalten.

Systemziele sind Aussagen über künftige Zustände, über wichtige Merkmale und Verhaltensweisen eines Systems, die erreicht werden sollen. Sie orientieren sich vor allem an den Wirkungen, die ein zu gestaltendes System in der Nutzungsphase hervorbringen soll.

Die Systemziele werden eingesetzt als

- Führungsmittel, um nach Vorgaben arbeiten zu können.
- Kontrollgrössen, um eine Beurteilung der Lösung vornehmen zu können.
- Kommunikationsmittel, damit sich alle Beteiligten im Hinblick auf den SOLL-Zustand auf dem gleichen Wissensstand befinden.

Je nach Ausführlichkeit, mit der die Systemziele beim Projektimpuls oder beim Projektantrag beschrieben werden, kann schon bei der ersten Planung auf diesen Werten aufgebaut werden.

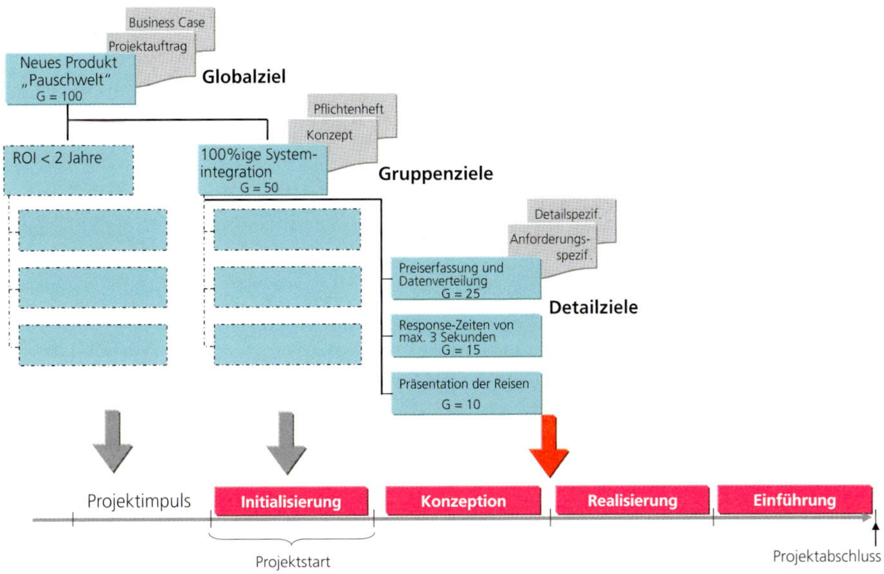

Abb. 1.57: Formulierungszeitpunkt der Systemziele

Bei den Systemzielen kommt es häufig vor, dass am Anfang eines Projekts nicht alle Ziele umfassend definiert oder sogar operationalisiert werden können. Die Formulierung der Systemziele stellt einen Prozess (Global-, Gruppen-, Detailziele) dar, der meistens und insbesondere bei „fluiden" Projekten auf Erkenntnissen aus der konzeptionellen Projektarbeit aufbaut. Bei der Definition der Systemziele sollten folgende drei Regeln berücksichtigt werden:

1. Systemziele sollen möglichst früh definiert und operationalisiert werden.
2. In der Phase „Realisierung" dürfen keine neuen Systemziele definiert werden, und alle Ziele müssen bis zum Ende der Konzeption auf die dritte Hierarchieebene (Detailziele) ausformuliert sein.
3. Jede Veränderung der Ziele muss, um Gültigkeit zu erlangen, vom Auftraggeber und vom Projektleiter unterzeichnet werden. Bei Änderungen der Ziele ist es notwendig, die einzelnen (Ziel-) Hierarchien jeweils von Neuem auf Konkurrenzziele und Doppelspurigkeiten zu überprüfen. Ausserdem wird eine erneute Gewichtung notwendig, da bei einer Erweiterung des Ziels der Nennwert sinkt (☞ Kapitel 11.5 „Änderungsmanagement").

1.4.2.2 Abwicklungsziele

Aus der Diskrepanz zwischen der Situationsanalyse (das IST) und dem SOLL (Systemziele) und unter Einbezug der Einflussgrössen (☞ Kapitel 1.4.3.3 „Einflussscope") werden die Abwicklungsziele definiert. Das heisst: Ein Projektabwicklungsziel ist ein Zielwert auf dem Weg vom IST zum SOLL.

Abwicklungsziele sind wesentliche Merkmale des Weges, der zur Erreichung der Systemziele eingeschlagen werden soll.

Abwicklungsziele bilden einen wichtigen Bestandteil des Projektauftrags und müssen daher bis zum offiziellen Projektstart definiert werden. Daraus resultieren gewisse Spannungen, da die detaillierten Systemziele meist erst am Ende der Konzeptionsphase offiziell abgesegnet werden.

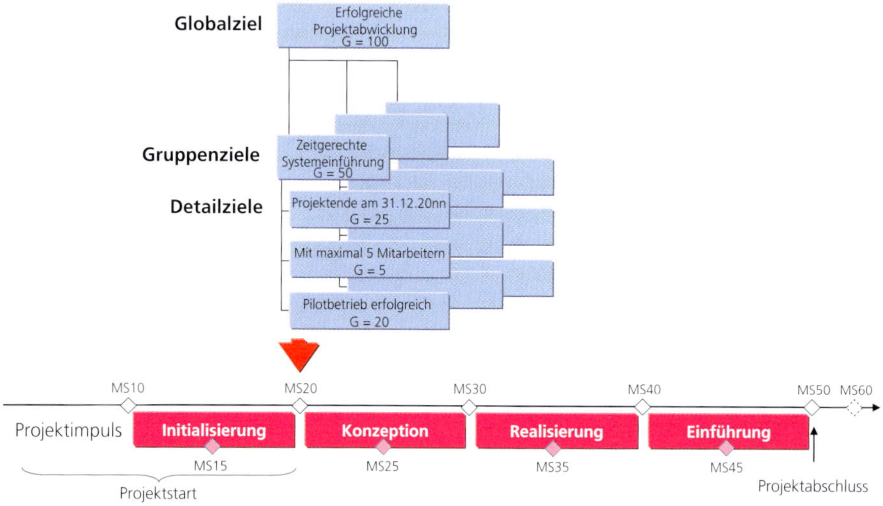

Abb. 1.58: Zeitpunkt der Strukturierungstiefe für Abwicklungsziele

Durch eine Bündelung der Projektabwicklungsziele zu Meilensteinen ergeben sich Etappenziele, die jeweils die vier Werte Leistung, Qualität, Zeit und Kosten aufweisen müssen. Meilensteine werden oft als Endpunkte einer Projektphase gesetzt, was aber nicht zwingend sein muss. Es ist auch sinnvoll, einen Meilenstein oder ein einzelnes Abwicklungsziel mitten in eine Projektphase zu setzen, um das Projekt sicherer durch eine kritische Phase steuern zu können.

Ein Meilenstein beschreibt einen Zustand einer Leistung bzw. ein oder mehrere entscheidende Lieferobjekte, die in der definierten Qualität bis zu einem bestimmten Zeitpunkt mit den entsprechenden Kosten erstellt werden müssen.

Bei jedem Erreichen eines Meilensteins wird das Projekt kurz „angehalten" und überprüft, ob die Resultate den gewünschten Werten entsprechen. Dieses Stoppen und Prüfen bedeutet in der Regel eine Vernehmlassung seitens der Projektträgerinstanzen. Meilensteine bzw. die einzelnen Abwicklungsziele sind somit auch Motivatoren. Es sind klar zu erreichende Etappenziele auf dem langen Weg der Projektabwicklung. Alle projektexternen Stakeholder sowie das ganze Projektteam können sich auf diese Zwischenerfolge ausrichten.

Zeitpunkt	Stand des Wissens	Beispiele der Entscheide
Meilenstein 10	Am Ende der Vorphase Projektimpuls wissen alle Verantwortlichen, ob sie etwas tun wollen.	Ist die Initialisierungsphase freizugeben?
Meilenstein 20	Am Ende der Initialisierungsphase wissen alle Verantwortlichen, was sie tun wollen.	Das Projekt redimensionieren, stoppen, zurückstellen, in die Konzeptionsphase freigeben.
Meilenstein 30	Am Ende der Konzeptionsphase wissen alle Verantwortlichen, wie sie es tun wollen bzw. welche SOLL-Vorschläge zur Lösung eines Problems ausgearbeitet werden sollen.	Die Konzeption nochmals überarbeiten, das Projekt redimensionieren, stoppen, sich für eine Variante entscheiden und in die Realisierungsphase freigeben.
Meilenstein 40	Am Ende der Realisierungsphase wissen alle Verantwortlichen, ob sie das Projektprodukt so einführen wollen.	Teile der Lösung nochmals überarbeiten, das Projekt in die Abschlussphase freigeben.
Meilenstein 50	Am Ende der Einführungsphase wissen alle Verantwortlichen, dass der Projektauftrag erfüllt wurde und damit das Projekt abgeschlossen ist.	Müssen noch offene Arbeiten abgeschlossen werden? Projekt als beendet erklären.
Meilenstein 60	Bei diesem Meilenstein wissen alle Verantwortlichen, inwieweit der angestrebte und im Projektauftrag definierte Nutzen erreicht wurde.	Korrekturmassnahmen freigeben, Projekt als definitiv erfolgreich erklären.

Wie in der Abbildung 1.58 aufgeführt, können Meilensteine in „interne" (MS15, MS25 etc.) und „externe" (MS10, MS20 etc.) Meilensteine unterteilt werden. Die externen Meilensteine werden meistens von der Unternehmensleitung für alle Projekte in einem Portfolio respektive PM-System als Führungsstandard definiert. Die internen Meilensteine sind Zielbojen, die der Auftraggeber oder der Projektleiter setzen kann, um Zeitpunkte für Teilergebnisse oder Zu- und Ablieferungen aufzuzeigen. Die internen Meilensteine (spezielle Zeitpunkte) werden meistens bei grösseren Projekten angewendet.

1.4.3 Scopemanagement

Basierend auf dem im Kapitel 1.2 (☞ „Systemtheoretische Grundlagen") beschriebenen Systemgedanken, bezieht sich das Scopemanagement, auch Inhalts- und Umfangsmanagement genannt, zur Hauptsache auf die zwei Systeme „Projektabwicklung" und das betroffene „System (IST)" respektive das mit dem Projekt zu verändernde „System (SOLL)" (Projektprodukt). Im Weiteren muss das Scopemanagement das Projektumfeld, das in Stakeholder und Einflussgrössen unterteilt werden kann, berücksichtigen respektive klären. Mit diesen vier Elementen des Scopemanagements wird der Projektscope definiert.

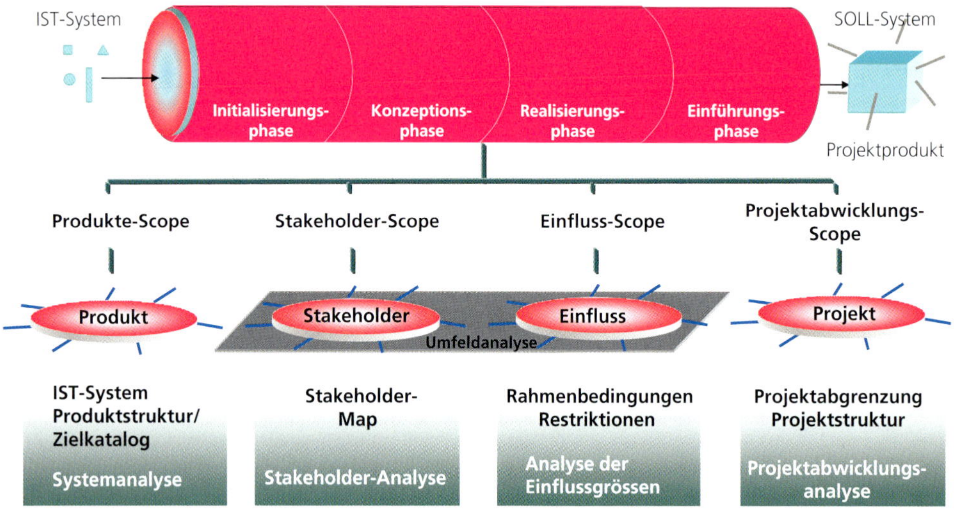

Abb. 1.59: Die vier Scopeelemente des Projektscope

Konkret heisst dies, dass zum einen der Inhalt bzw. Umfang des zu erstellenden Produkts definiert werden muss (Anforderungskatalog und/oder Produktstruktur). Zum anderen muss der Inhalt bzw. Umfang der Projektabwicklung festgelegt werden (Projektstruktur). Ist der Inhalt definiert, gilt es, das Projektumfeld (Stakeholder und Einflussgrössen) zu analysieren, die während der Projektabwicklung auf das Projekt und auf das zu erstellende Produkt Einfluss nehmen.

Es sei an dieser Stelle erwähnt, dass sich die Definition des Projektscope, speziell bei den fluiden Projekten, erst im Verlaufe eines Projektes definitiv ergibt. Damit ein Projektleiter diesen Konkretisierungsprozess managen kann, soll gezielt der Scopemanagement-Prozess eingesetzt werden. Die wichtigsten Ziele des Scopemanagements sind einerseits zu definieren, was ist („In und Out of Scope?"), und andererseits diesen im Projektauftrag meist vereinbarten Scope über die gesamte Projektabwicklung zu managen.

In den kommenden Kapiteln wird kurz aufgezeigt, wie für die zwei Systeme „Projektprodukt" und „Projektabwicklung" der optimale Inhalt bzw. Leistungsumfang „In-Scope" respektive „Out-of-Scope", deren Beziehung zum Umfeld sowie die Einflussgrössen definiert werden können.

Die vier verschiedenen Scope stehen in gegenseitiger Beziehung zueinander. Daher ist eine rein sequentielle Erarbeitung des Scope eher unwahrscheinlich. In Anlehnung an die Balanced-Scorecard-Methode könnte man deshalb auch sehr gut von der „Balanced Scopecard" sprechen.

Scopemanagement ist eine Führungsdisziplin. Dennoch wurde der Scopemanagement-Prozess im Kapitel „Projektdurchführung" aufgeführt, da er stark das zu erstellende Ergebnis beeinflusst (☞ Kapitel 5.2.2 „Scopemanagement-Prozess"). Im Weiteren ist das Scopemanagement eine aggregierte Sichtweise von den verschiedenen Disziplinen. Aufgrund dessen sind die detaillierten Beschreibungen jeweils in den entsprechenden Kapiteln aufgeführt.

1.4.3.1 Produkt-/Systemscope

Zu Beginn eines Projektes – egal, ob der Projektimpuls systematisch eruiert wurde oder nicht – steht bloss eine Idee, ein Problem oder Wunsch (☞ Kapitel 5.2.1 „Ideenfindungsprozess"). Welche umfassende Tragweite dieser Impuls auf die Realität hat, wird erst beim genauen Ausformulieren klar:

- Das muss gemacht werden;
- dieses geht nicht;
- jenes sollte aber auch berücksichtigt werden etc.

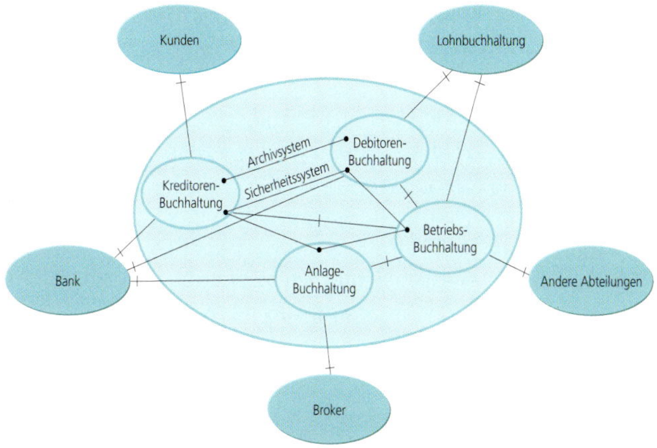

Dieses Ab- und Ausgrenzen ist meistens ein Kampf der verschiedenen Interessengruppen, gepaart mit den unterschiedlichen Sichtweisen und vielen Missverständnissen. Daher macht es bei jedem Projekt Sinn, die Abgrenzung des Produktinhalts und -umfangs, neben den verbalen Ausführungen, möglichst grafisch aufzuzeichnen, da bekanntlich ein Bild mehr sagt als tausend Worte.

1.4.3.1.1 IST-Abgrenzung

Jeder umfassenden System-Zielformulierung geht eine Situationsanalyse voraus. Unter einer projektbezogenen Situationsanalyse wird die systematische Durchleuchtung einer intuitiv als problematisch empfundenen Gegebenheit bzw. eines im Projektauftrag enthaltenen Sachverhalts (Situation) zu Beginn der Konzeptionstätigkeit verstanden. Schmidt [Sch 2000b] definierte das Vorgehen in einer Situationsanalyse in sechs Schritten (SEUSAG):

- Systemgrenzen bestimmen
- Einflussgrössen ermitteln
- Unter- und Teilsysteme abgrenzen
- Schnittstellen definieren
- Analyse der Unter- und Teilsysteme durchführen
- Gemeinsamkeiten herausfinden

Erst die Gewissheit über die IST-Situation lässt eine konkrete, systembezogene Zieldefinition zu.

1.4.3.1.2 SOLL-Abgrenzung

Je nach Projektsituation kann die SOLL-Abgrenzung am besten mittels drei Instrumenten aufgezeigt werden:

- Erstens mit den Systemzielen respektive dem Zielfindungsprozess. Bei den Systemzielen ist es in Bezug zum Scopemanagement wichtig, allenfalls die Nicht-Ziele aufzuführen. Nicht-Ziele haben eine sehr klärende Wirkung, da in vielen Situationen irgendjemand der Ansicht ist, dies und jenes gehöre auch noch dazu. Solche stillen Erwartungen können mit Nicht-Zielen besser geklärt werden.

- Zweitens kann der Scope im frühen Stadium mit einem Anforderungskatalog, später mit der Anforderungsspezifikation geklärt werden.
- Drittens soll, wenn möglich, eine Produktstruktur erstellt werden.

Diese durch die entsprechenden Instrumente visualisierten Inhalte (Produktstruktur, Anforderungskatalog, Zielkatalog etc.) des Projekts entsprechen den Details, die durch das Ausführen der Arbeitspakete erstellt werden müssen.

Sobald alle Verantwortlichen über die Differenz zwischen IST- und SOLL-Zustand informiert sind, können die definierten Systemziele bezüglich ihrer Wichtigkeit „ins richtige Licht gerückt" werden.

1.4.3.2 Stakeholderscope

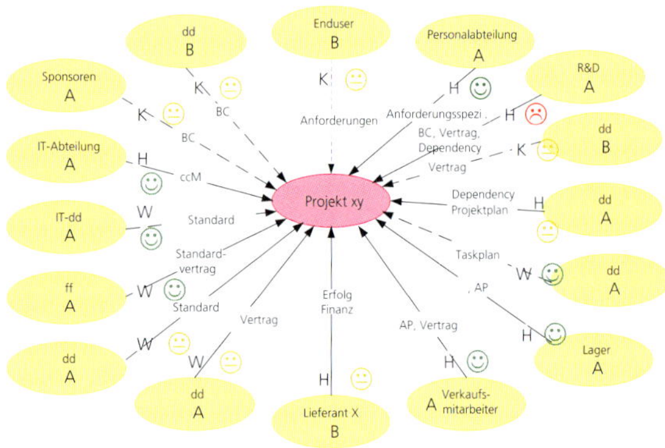

Wird der Scope des zu erstellenden Systems bestimmt, werden im Prinzip automatisch auch die Personen bestimmt, die einen „stake" am Projekt haben. Oder umgekehrt; befragt man die Stakeholder nach ihren Bedürfnissen und Zielen, so wird im Prinzip automatisch der Systemscope bestimmt, der noch nach wirtschaftlichen Kriterien überprüft wird. Wie im Kapitel 10.3 (☞ „Stakeholdermanagement") beschrieben, macht es Sinn, diese Personen und ihre Bedürfnisse im Zusammenhang mit den definierten Anforderungen und Zielen genauer zu analysieren. Es ist die Aufgabe des Projektteams, alle relevanten Stakeholder eines Projekts zu identifizieren, zu qualifizieren und entsprechend zu betreuen.

Selbstverständlich müssen die Bedürfnisse und Wünsche der Stakeholder im Kontext mit den anderen Komponenten (z.B. zur Verfügung stehende Zeit oder Kosten des Projektabwicklungscope) sein. Schon viele Stakeholder haben sich etwas gewünscht, was sie sich schliesslich nicht leisten konnten.

1.4.3.3 Einflussscope

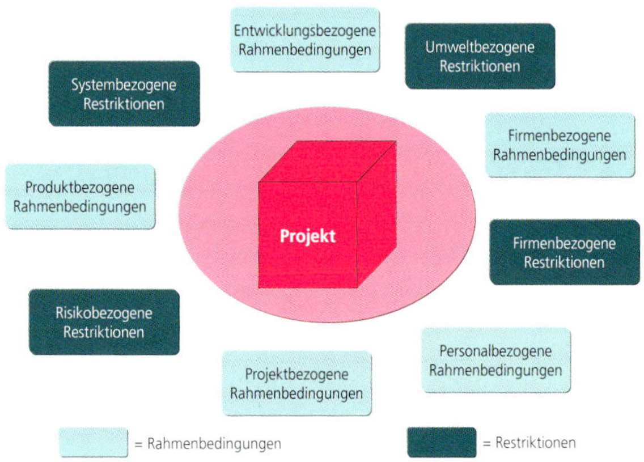

Sowohl das zu erstellende System wie auch das Projekt sind einer Vielzahl von Einflussgrössen ausgesetzt, welche für alle klar ersichtlich gemacht werden müssen, da genau diese Einflussgrössen verhindern, die ideale Lösung, die logisch naheliegendste Abwicklungsvariante, umzusetzen. Diese Einflussgrössen werden theoretisch in Restriktionen und Rahmenbedingungen aufgeteilt. Projektbezogen ist es egal, ob es eine Restriktion oder eine Rahmenbedingung ist, welche berücksichtigt werden muss. Wichtig ist, dass die Einflussgrössen erkannt und in die Umsetzungsüberlegungen miteinbezogen und allenfalls mittels Einflussdiagramm aufgezeigt werden.

Das Projektteam geht ein grösseres Risiko ein, wenn es diese Einflussgrössen nicht kennt oder nicht entsprechend berücksichtigt. Solche nicht berücksichtigten Einflussgrössen haben schon manches Projekt zum Scheitern gebracht.

1.4.3.3.1 Restriktionen

Restriktionen zeigen dem Projektleiter ganz klare Grenzen. Er ist dazu verpflichtet, diese zu beachten, da sie für ihn „Gesetze" sind. Die Schwierigkeit für den Projektleiter besteht darin, nur die „echten" Restriktionen zu berücksichtigen. Die Restriktionen eines Projekts lassen sich in fünf Gebiete unterteilen:

- Umweltbezogene Restriktionen
  Nicht selten kommen Restriktionen, die ein Projektleiter einhalten muss, von aussen (von den Umsystemen). Er muss sie befolgen, sonst droht ihm z.B. die technische Isolation:
  – technologiebezogene Restriktionen, insbesondere die Informatik betreffend,
  – Leistungsrestriktionen (z.B. Art des Prozessors),
  – Verordnungen (ein Hersteller schreibt z.B. etwas vor),
  – internationale Vorgaben der Übermittlungsprotokolle.

- Firmenbezogene Restriktionen
  In der Initialisierungsphase werden firmenbezogene Restriktionen definiert; sie sollten im Projektauftrag vermerkt werden. Diese können folgende Gebiete betreffen:
  – Veränderungserlaubnis,
  – Vorgehensvorgaben (z.B. empirisch, konzeptionell bzw. Standards und Richtlinien),
  – Vorgaben bezüglich der erlaubten Konsequenzen des Projektes (z.B. kein Personalabbau),
  – Termine, die zu berücksichtigen sind,
  – Kosten, die einzuhalten sind,
  – Personal, das im Projekt eingesetzt werden darf.

- Risikobezogene Restriktionen
  Da das Risiko vielfach eine von aussen gegebene und nicht zu kontrollierende Grösse darstellt, wird es natürlich auch als Restriktion aufgeführt. Insbesondere dann, wenn das Risiko das Handeln im Projekt stark beeinflusst (z.B. beim Kauf einer eigenen Entwicklungsumgebung). In der Umwelt, in Unternehmen und in einer Abteilung können unzählige Risiken auftreten. Wie in Kapitel 8.1.2.1 „Ursachen" beschrieben, muss der Projektleiter speziell auf drei Risikogruppen achtgeben:
  – Managementrisiko,
  – technisches Risiko,
  – soziales Risiko (z.B. Betroffene wollen nicht mehr mitmachen).

- Systembezogene Restriktionen
  Durch vor- oder nachgelagerte Stellen/Arbeitsprozesse etc. werden Grössen vorgegeben, die unbedingt eingehalten werden müssen. Beispiele für systembezogene Restriktionen sind:
  – das System muss einem vorgegebenen Standard entsprechen;

- die Durchlaufgeschwindigkeit des Geschäftsvorfalles darf maximal 3 Tage betragen;
- der Geschäftsvorfall darf höchstens 2 Arbeitsstellen durchlaufen.

1.4.3.3.2 Rahmenbedingungen

Der Projektleiter muss die Rahmenbedingungen eines Projekts sehr gut kennen. Berücksichtigt er sie nicht, wird er dauernd mit unliebsamen Erfahrungen rechnen müssen. Die Rahmenbedingungen eines Projekts lassen sich in fünf Gebiete unterteilen:

- Entwicklungsbezogene Rahmenbedingungen
  - Häufigkeit von Änderungen auf der Entwicklungsbasis,
  - Nutzung der Entwicklungsmethoden,
  - Vorhandensein von Entwicklungstools,
  - Bearbeitungszyklus,
  - Unterstützung durch Test- und Prüfverfahren,
  - QS-Durchdringung (Qualitätssicherung).

- Firmenbezogene Rahmenbedingungen
  - Leitbild/Unternehmenskultur/Unternehmensstrategie,
  - Standards und Richtlinien,
  - Entwicklungsstand des Produkts,
  - Wirtschaftlichkeitsvorgaben.

- Personenbezogene Rahmenbedingungen
  - Betroffene Personen (soziales Verhalten),
  - Verfügbarkeit des Personals (20% bis 100%),
  - Mentalität, nationale und internationale kulturelle Gegebenheiten
  - Ausbildungsgrad der Anwender,
  - Leistungswille und -fähigkeit der Anwender,
  - Trends (vieles muss in einer bestimmten Art und Weise gemacht werden, die der Kunde im Moment wünscht, weil es einem Trend entspricht).

- Projektbezogene Rahmenbedingungen
  - Dimension der Entwicklungszeit,
  - Rahmen des Entwicklungsetats,
  - Entscheidungskraft der Leitung,
  - Arbeitsaufteilung der Projektstruktur,
  - Qualität des Projektmanagements,
  - Einsatz von Projektmanagement-Methoden und -Verfahren.

- Produktbezogene Rahmenbedingungen
  - Modularität,
  - Komplexität,
  - Wiederholungshäufigkeit des Prozesses,
  - Grösse des Entwicklungsbereichs (z.B. Abteilung, Konzern).

1.4.3.4 Projektabwicklungs-Scope

Bei der Projektabgrenzung respektive der Abgrenzung der Projektabwicklungs-Pipeline geht es primär um fünf Komponenten:

- Welche Leistungen werden vor dem Projekt gemacht?
- Welche Leistungen werden nach dem Projekt gemacht?
- Welche Managementgrössen wie Leistung, Qualität, Zeit, Kosten ergeben sich aus der Projektabwicklung?
- Welche Instrumente und Methoden werden bei der Projektabwicklung eingesetzt?
- Welche konkreten abwicklungsbezogenen Lieferobjekte müssen erstellt werden?

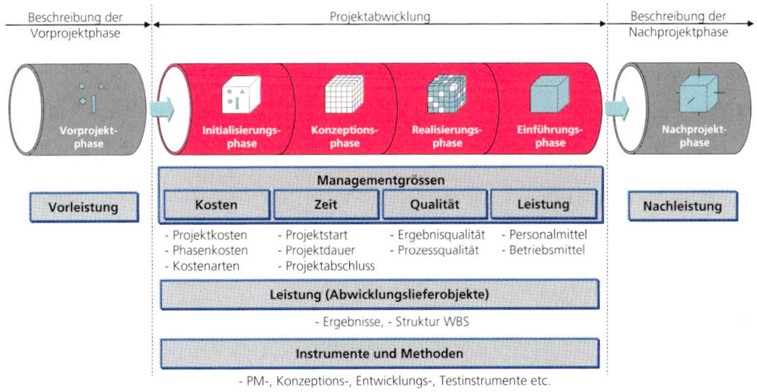

Bei kleineren Projekten ist die Projektabgrenzung meistens relativ einfach zu bewältigen. Bei grösseren Projekten dürfte dieser Punkt alle Projektteammitglieder ziemlich herausfordern.

- Vor- und Nachprojektleistungen
  Es muss beim Projektscope klar geregelt werden, welche Arbeiten nicht im Projekt, sondern vorher oder nachher umgesetzt werden. Diese Klärung hat bezüglich Zeit und Kosten einen entscheidenden Einfluss.
- Managementgrössen
  Diese Grössen kommen allenfalls aus den Vorgaben des Managements und sind somit Einflussgrössen. „Sie haben genau fünf Monate Zeit!", oder aus der Planung: „Gemäss Projektplan benötigen wir drei Bagger und drei Baggerführer!" Solche Grössen sollten sauber geklärt werden, denn sie bestimmen einen wichtigen Teil des Handlungsspielraums, den der Projektleiter für die erfolgreiche Umsetzung benötigt.
- Instrumente und Methoden
  Es ist enorm wichtig, dass in jedem Projekt ein Instrumenten- und Methodenscope zu erfolgen hat, da klar sein soll, bei welchen Themen (wie z.B. Projektmanagement, Konzeption, Realisierung, Test etc.) welche Methoden und welche Instrumente einzusetzen sind. Daraus kann auch abgeleitet werden, ob alle oder nur gewisse Projektteammitglieder eine entsprechende Ausbildung benötigen.
- Abwicklungslieferobjekte
  Länge, Dicke und Durchmesser der Projektabwicklungs-Pipeline sollen so gewählt werden, dass nicht „mit Kanonen auf Spatzen geschossen wird". Damit dies nicht geschieht, kann ein Tailoring, basierend auf der Projektklassifizierung, angewendet werden (☞ Kapitel 1.4.1.3 „Tailoring"). Zusammen mit dem Produkt-/Systemscope ergibt diese Abgrenzung die Beziehung zu den Vor- und Nachprojektleistungen sowie zu der Projektabhängigkeit in Bezug auf andere, parallel laufende Projekte.

1.4.4 Phasenmodell

Jede Branche stellt in organisatorischer sowie in entwicklungstechnischer Hinsicht unterschiedliche Anforderungen an die Abwicklung von Projekten. So sind z.B. die Terminologien und insbesondere die eingesetzten Techniken unterschiedlich. Bei einem Reorganisationsprojekt werden keine Schaufeln und Pickel wie in einem Bauprojekt benötigt, obwohl auch dort alte Strukturen eingerissen und neue Prozesse aufgebaut werden müssen! Zusammen mit der Charakteristik der umzusetzenden Idee ergeben sich unter anderem folgende unterschiedliche Projektarten:

- Sanierungsprojekte
- Entwicklungsprojekte
- Wartungsprojekte
- Organisationsprojekte
- Informatikprojekte
- Marketingprojekte
- Veranstaltungsprojekte
- Integrationsprojekte
- Bauprojekte
- Querschnittsprojekte
- Ausführungsprojekte
- Ausbildungsprojekte
- Infrastrukturprojekte
- Forschungsprojekte

Da in der heutigen Geschäftswelt selten nur eine Projektart in einem Unternehmen oder sogar in einem umfangreichen Projekt vertreten ist, ist es wichtig, über alle Projektarten hinweg die gleiche Terminologie und eine einheitliche (homogene) Projektabwicklung zu verwenden. Dies ermöglicht es der Ebene Projektportfolio im PM-System, die verschiedenen Projekte aus einer übergeordneten Perspektive zu führen. Solche Standards dürfen allerdings die charakteristischen Eigenschaften eines Projekts, sprich eines Projektabwicklungs-Systems, nicht unterdrücken.

Mit einer unternehmensweiten homogenen Projektterminologie wird einerseits erreicht, dass alle Beteiligten (egal welcher Fachrichtung) sich leichter untereinander verständigen können. Ein einfaches Beispiel: Nennt man ein „Konzept" nun Hauptstudie, Grobkonzept, Detailkonzept, Marktanalyse oder sogar Voranalyse? Das Beispiel zeigt, dass hier auf der Ebene der Terminologie einiges gemacht werden kann, geschweige denn auf der Ebene des jeweiligen Inhalts. So ist an dieser Stelle wichtig zu erwähnen, dass in diesem Buch das „Endergebnis" eines Projekts (sei es ein verbessertes System, eine erweiterte Dienstleistung, ein neuer Sortimentsartikel, ein neues Haus etc.) ganz allgemein als ein Projektprodukt oder zum Teil auch als SOLL-System bezeichnet wird.

Ein Projektprodukt ist ein in sich abgeschlossenes, für den Auftraggeber bestimmtes Ergebnis eines erfolgreich durchgeführten Projekts.

Andererseits ist es in einem Unternehmen entsprechend wichtig, dass bezüglich der Projektabwicklung über alle Projekte hinweg weitgehend Homogenität herrscht. So muss davon ausgegangen werden, dass unabhängig vom Vorgehensmodell (über alle Projektarten hinweg) ein gleichartiges Phasenmodell zugrunde liegt, dass also verschiedene Projektarten nach ein und demselben (Phasen-)Modell abgewickelt werden. Dabei weisen die einzelnen Phasen (Bearbeitungsschritte) je nach Projektart eine andere Charakteristik auf.

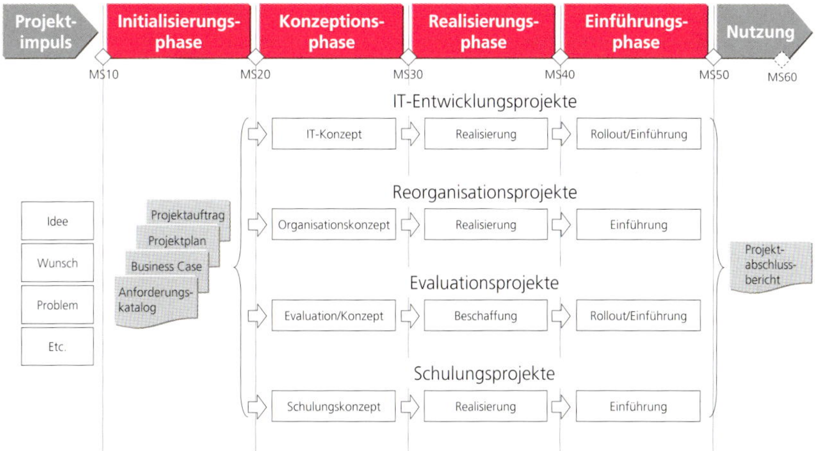

Abb. 1.60: Ein allgemeingültiges Phasenmodell

Diese Homogenität der Projektphasen ist insbesondere für das Projektportfolio-Board wichtig. Wie ein Flughafenchef muss das Board all seine Projekte auf dem Radarschirm haben. Dabei sollen alle Projekte nach dem gleichen Grobprozess ablaufen: Beladen des Flugzeugs, starten, fliegen, landen und entladen, egal ob Klein-, Gross-, Transport-, Militär- oder Passagierflugzeug. Nur mit einer solchen Strukturierung des Projektabwicklungs-Prozesses ist es möglich, die gesamte Innovation und Wandlung eines Unternehmens einigermassen zu managen. Dass je nach Projektart noch für das Projektteam oder den Kunden relevante Zwischenschritte bzw. Zwischenstopps (interne Meilensteine) definiert werden können, liegt auf der Hand, ist allerdings für das Managen aus Unternehmenssicht nicht von entscheidender, gesamthafter Bedeutung.

Mit der Anwendung eines Phasenmodells wird die Projektabwicklung in einzelne, überschaubare Phasen unterteilt, die logisch und zeitlich voneinander getrennt werden können. Daraus ergeben sich folgende Vorteile:

- Ein phasenweises Vorgehen hilft, den Überblick zu behalten und die Zusammenhänge im Projekt sicherzustellen.
- Das Risiko einer Produktfehlentwicklung wird durch phasenweises Vorgehen verringert, da nach jeder Phase eine Vernehmlassung stattfindet.
- Ein phasenweises Vorgehen zwingt das Projektteam bzw. den Projektleiter zu einer periodischen Stellungnahme.
- Das Ende einer Phase und deren Lieferobjekte sind bekannt bzw. oft als Meilenstein definiert.
- Die Lieferobjekte können mittels Checklisten auf Vollständigkeit geprüft werden.
- Das Erreichen von Zwischenzielen motiviert alle.

Eine Projektphase ist ein zeitlicher Abschnitt eines Projektablaufs, der sachlich von anderen Abschnitten getrennt ist. Die Projektphase wird durch eine Vernehmlassung offiziell abgeschlossen [DIN 69901]. Mit Projektprozessen sind diejenigen Prozesse gemeint, die zur Erzielung von Projektergebnissen dienen [DIN 69901-5:2007].

Die Anzahl der Projektphasen und auch der Formalismus, mit dem sie abgewickelt werden, sind von Art, Umfang und Bedeutung eines Projekts abhängig [Bec 2002]. Grundsätzlich könnten kleinere Projekte auf die eine oder andere Phase verzichten, da die darin vorgesehenen Aufgaben nicht gemacht werden müssen oder phasenverdichtet zusammengelegt werden können. Es sollte auch nicht für jede Art oder für jeden Umfang eines Projekts ein eigenes Phasenmodell im Projektmanagement-Leitfaden definiert werden. Ein heute weit verbreitetes neutrales Phasenmodell beschränkt sich hauptsächlich auf vier Projektphasen.

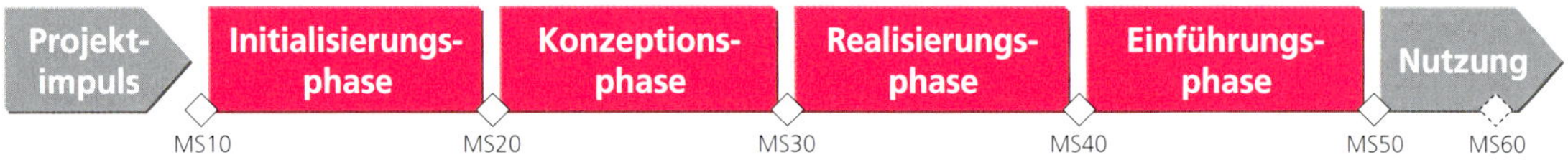

Abb. 1.61: Ein generisches Vier-Phasen-Modell

Die Vorphase „Projektimpuls" sowie die Nachphase „Nutzung" sind keine eigentlichen Projektphasen, aber im Kontext einer Unternehmensführung wichtig. Jede Phase sollte mit einer offiziellen Vernehmlassung abgeschlossen werden (☞ Kapitel 1.1 „Projektmanagement-Governance"). Diese ermöglicht einerseits dem Projektleiter, seine beim Phasenstart erhaltene Verantwortung dem Auftraggeber zurückzugeben, andererseits bietet sie den „machthabenden" Stakeholdern die Möglichkeit ihrerseits zu prüfen, ob im Projekt alle für sie notwendigen Aufgaben bis zu diesem Zeitpunkt erledigt wurden.

In den kommenden Kapiteln werden die einzelnen Phasen des allgemeinen Phasenmodells aus der Sicht der Projektdurchführung kurz beschrieben. Die Vorphase Projektimpuls und die Initialisierungsphase sind identisch mit dem Kapitel 4.2 (☞ „Projekt starten").

1.4.4.1 Projektimpuls

Der Projektimpuls ist eine Vorphase der Projektabwicklung und keine offizielle Phase, da das Projekt eigentlich noch gar nicht begonnen hat. In dieser Vorphase geht es hauptsächlich um zwei Sachen:

- konkrete Formulierung der Projektidee und/oder Problemstellung (☞ Kapitel 5.2.1 „Ideenfindungs-Prozess"),
- Beantragung der Ressourcen für die erste „richtige" Projektphase, die Initialisierungsphase (Initialauftrag), um festzustellen, ob es sich lohnt das Projekt durchzuziehen.

Um eine Freigabe des Projektimpulses für die Initialisierungsphase zu erreichen, muss die Projektidee schriftlich formuliert und genehmigt werden. Sie muss folgende Punkte erfüllen:

- Projektidee und/oder Problem kurz und verständlich beschreiben (Ausgangslage, Ideen etc.),
- erstmalige (grobe) „Projektabgrenzung" vornehmen (☞ Kapitel 5.2.2 „Scopemanagement-Prozess"),
- mögliche organisatorische wie technische Schnittstellen aufführen,
- Projektdauer grob einschätzen,
- Projektnutzen und -kosten erstmals grob einschätzen,
- Das Projekt aus Sicht des Antragstellers klassifizieren und mit dem entsprechenden Dringlichkeitsgrad bewerten (☞ Kapitel 3.4.2.1.3 „Die Projektdringlichkeit"),

- zur Sicherstellung der benötigten Ressourcen alle Anträge mit konkreten personellen Zuordnungen präsentieren,
- Personal- und Betriebsmittel für die Initialisierungsphase aufführen (nicht für das ganze Projekt!).

Ziel dieser Vorphase ist es, ein Problem, einen Bedarf oder eine Idee kurz (auf ein oder zwei A4-Blättern) sachlich darzulegen. Hier wird schon das erste Mal die Spreu vom Weizen getrennt: Ist das Problem oder der Bedarf zu wenig gross, ist die Idee zu wenig bestechend, als dass man den Aufwand in diese Projektidee investiert, ist das Vorhaben sehr wahrscheinlich nichts wert.

Als zweites Lieferobjekt sollte der Initialauftrag erstellt werden, mit dem die Ressourcen für die Arbeiten in der Initialisierungsphase beantragt werden (eine halbe A4-Seite).

Aufgrund der Inhalte fällt die Entscheidung, ob zum vorliegenden Thema überhaupt etwas getan werden soll. Ist das der Fall, so wird der Antrag freigegeben und der Initialauftrag erteilt. Dies löst die Initialisierungsphase aus.

- Der Meilenstein 10 wird erreicht, bei dem folgende Entscheidung getroffen werden muss: Ist die Idee weiterzuverfolgen? Wird eine Initialisierungsphase angestossen, oder wird die Idee mittels einfachem Auftrag umgesetzt?

1.4.4.2 Initialisierungsphase

Die erste (offizielle) Phase des Projektes beginnt. Die Projektidee hat beim Entscheidungsgremium Akzeptanz gefunden. Jetzt müssen die Wirtschaftlichkeit und der konkrete Bedarf des Vorhabens geprüft sowie die klare Problemabgrenzung und die Zielsetzung (Systemziele) definiert werden. Dazu müssen die Werte, die in der Vorphase Projektimpuls formuliert und in der Projektidee aufgeführt wurden, gefestigt und konkretisiert werden. Diese Arbeit unterteilt sich hauptsächlich in zwei Schritte: Zuerst muss der IST-Zustand festgestellt werden, um dann den gewünschten SOLL-Zustand definieren zu können. Die Diskrepanz zwischen IST und SOLL ergibt dann das Projekt. Die Ergebnisse dieser zwei Prozesse und der anderen durchzuführenden Arbeiten werden einerseits auf der Seite der Projektdurchführung in Dokumenten wie Business Case und/oder Anforderungskatalog festgehalten. Andererseits bilden die erarbeiteten Werte die Grundlage, um auf der Seite der Projektführung den Projektplan mit konkreten Abwicklungszielen und daraus wiederum den Projektauftrag zu erstellen. Der Projektauftrag als Hauptlieferobjekt der Initialisierungsphase sollte insbesondere aus Sicht der Projektdurchführung folgende Fragen klären:

- Wo ist die Projektgrenze?
- Welche Schnittstellen bestehen zu den Umsystemen?
- Wer sind die relevanten Stakeholder?
- Was soll erreicht werden?
- Wie könnte der Endzustand aussehen?
- Welche Eigenschaften soll der Endzustand haben?
- Was sind die Anforderungen an und die Systemziele für das Projektprodukt?
- Was sind die Anforderungen (Abwicklungsziele) an das Projekt?
- Welche Ressourcen werden für die Projektabwicklung benötigt?
- Welche Risiken bedrohen das Projekt?
- Wie wird der Projekterfolg garantiert?

Der vom Projektleiter (allenfalls zusammen mit dem Auftraggeber) erstellte Projektauftrag wird nun vom Projektportfolio-Board (oder einem Linienmanagement) geprüft. Entspricht er der Unternehmensstrategie bzw. hat das Projekt die nötige Priorität, so wird das Projekt aus Portfoliosicht freigegeben. Wenn nicht, wird es entweder gestoppt oder gewisse Details müssen nochmals abgeklärt werden. Je nach Projektgrösse und -art kann diese Phase auch in zwei Teile zerlegt werden: Daraus erfolgt der „Interne Meilenstein" MS15 mit dem Hauptlieferobjekt Projektantrag.

- Der Meilenstein 20 wird erreicht. Hier muss nun folgende Entscheidung getroffen werden: „Was wollen wir tun?" Das Projekt redimensionieren, stoppen, zurückstellen oder in die Konzeptionsphase freigeben?

1.4.4.3 Konzeptionsphase

Existiert ein unterschriebener Projektauftrag, so sind die Voraussetzungen für die Konzeptionsphase geschaffen. Ziel dieser Phase ist gemäss Projektauftrag die Erstellung einer detailliert beschriebenen, realisierbaren Lösung (Konzipierung) und der daraus allenfalls abzuleitenden Anforderungen (Anforderungsentwicklung). In dieser Phase muss somit herausgefunden werden, wie die im Projektauftrag definierten Ziele anschliessend in der Realisierungsphase konkret umgesetzt werden sollen. Die dazu nötigen Arbeiten unterscheiden sich je nach Projektart sehr stark. Generell muss aber bei allen Projektarten Folgendes erledigt werden:

- IST-Zustand bzw. die wesentlichen IST-Werte ermitteln,
- genaue Mengengerüste erheben,
- Stärken, Schwächen, Chancen und Gefahren (SWOT-Analyse) des IST-Zustands analysieren,
- Zielsetzungen und Anforderungen (Requirement) detaillierter beschreiben,
- den Zielwert konkret beschreiben,
- SOLL-Prozesse, -Elemente, -Modelle definieren,
- Grundlagen der Rahmenorganisation für die SOLL-Situation erarbeiten,
- gewünschten Output und benötigten Input im Detail beschreiben,
- Kapazitäten der neuen Lösung(en) ausrechnen,
- konkrete Lösungsvorschläge ausarbeiten (immer mindestens als Alternative = zwei Varianten),
- Lösungsvorschläge auf der Basis „Kosten-Nutzen-Analyse" bewerten,
- Feinpläne wie z.B. Testplan, Schulungsplan, Bauplan, Einführungsplan erstellen,
- Projektplanung überarbeiten für die Realisierung und Phasenauftrag erstellen,
- Umsetzungspläne erstellen und Vorbereitungsarbeiten für die Realisierung durchführen,
- mögliche Lieferanten abklären (☞ Kapitel 9.5 „Beschaffungsmanagement"),
- allenfalls Offerten auswerten,
- allenfalls Bestellungen vornehmen.

Damit diese Konzeptionsarbeiten qualifiziert durchgeführt werden, kann man unter anderem den Problemlösungs-Prozess anwenden. Dieser wird im Kapitel 5.2.4 (☞ „Problemlösungs-Prozess") umfassender erläutert. Weil die Konzeptionsphase je nach Projekt (Bau eines Stausees oder Erstellen einer neuen Software-Applikation) unterschiedlich lange bis sehr lange andauern kann, wird diese Phase für grosse Projekte in mehrere Teilschritte zerlegt. Wenn die Konzeptionsphase zum Beispiel 6 Monate oder länger dauern sollte, wird diese Denkphase sinnvollerweise in „Unterphasen" (wie Grobkonzeption und Detailspezifikation) unterteilt und somit der Problemlösungs-Prozess in einem

Top-Down-Ansatz zweimal durchlaufen. Dabei wird in der „Unterphase" Grobkonzeption zunächst das äussere Erscheinungsbild des Problems betrachtet und erst danach der Probleminhalt. Mit diesem Unterteilen in zwei „Unterphasen" vermindert man das Risiko, erst nach 6 Monaten entsetzt festzustellen, dass das Problem falsch angegangen wurde.

Den Projektträgern liegen mit den Lieferobjekten dieser Phase das erste Mal detaillierte Lösungsansätze und konkrete, verbindliche Zahlen bezüglich Zeit und Kosten vor. Nun gilt es definitiv zu entscheiden: Wird das Projekt realisiert, wird es abgebrochen oder muss – aus welchen Gründen auch immer – die Konzeptionsphase nochmals durchlaufen werden? Korrekturen konnten bis jetzt relativ kostengünstig auf Papier angebracht werden; ab sofort hat jede Korrektur weitreichendere Konsequenzen. Daher ist diese Entscheidung von entsprechender Tragweite, denn von der Kostenseite her ist am Schluss dieser Phase bei vielen Projekten der „Point of no return" erreicht. Das heisst, ein Projektabbruch hätte, insbesondere auf der Kostenseite, grössere Konsequenzen.

- Der Meilenstein 30 wird erreicht. Nun muss folgende Entscheidung getroffen werden: „Wie wollen wir es tun?" Die Konzeption nochmals überarbeiten, das Projekt redimensionieren, stoppen oder z.B. mit einem Variantenentscheid in die Realisierungsphase freigeben?

1.4.4.4 Realisierungsphase

Bis zu diesem Zeitpunkt wurde, wenn kein Baumodell, Muster oder Prototyp erstellt bzw. eingesetzt wurde, grundsätzlich nur auf Papier „planerisch" gearbeitet. Erst jetzt kommt die physische Umsetzung: Bei einem Organisationsprojekt wird nun also umstrukturiert, bei einem Bauprojekt gebaut etc.

In der Realisierungsphase werden die Projektdurchführungs-Lieferobjekte der Konzeptionsphase umgesetzt. Das realisierte Produkt kann meistens nach der Erstellung einer dynamischen Kontrolle (Test oder projektneutral „Erprobung") unterzogen werden. Ferner wird auch, je nach Projektart, eine Benutzerdokumentation erstellt und die nötige Personalschulung vorgenommen. In dieser Phase werden somit die konzeptionellen Vorbereitungsarbeiten in die Tat umgesetzt. Dabei sind in einem Realisierungsprozess folgende Hauptaufgaben wahrzunehmen:

- Erstellen bzw. Anpassen der notwendigen Lösungskomponenten,
- Testen bzw. Erproben der erstellten/angepassten Lösungskomponenten,
- Schaffen der organisatorischen Voraussetzungen.

Nach der Konsultation des Test- bzw. Phasenberichts muss der Auftraggeber entscheiden, ob das neue Produkt eingeführt wird. Ein Abbruch könnte auch nach dem „Point of no return" im äussersten Notfall vorgenommen werden, da dies immer noch sinnvoller wäre, als etwas Negatives mit Langzeitwirkungen zu lancieren. Eine Zurückweisung zur Erarbeitung einer besseren Lösung wäre ebenfalls vorstellbar. Dies geschieht übrigens gar nicht so selten.

- Der Meilenstein 40 wird jetzt erreicht und es muss folgende Entscheidung getroffen werden: „Wollen wir das Umgesetzte so einführen?", Teile der Lösung nochmals überarbeiten, das Projekt in die Abschlussphase freigeben?

1.4.4.5 Einführungsphase

In dieser Phase müssen alle Arbeiten durchgeführt werden, um das in der Realisierungsphase erstellte System/Produkt/Dienstleistung (Projektprodukt) ausliefern zu können. Mit dem Begriff „Auslieferung" ist auch der Akt im nichtphysischen Sinne gemeint, also die Entscheidung zur Marktfreigabe von Produkten oder Entwicklungen. Insbesondere bei Software wird für Auslieferung auch der englische Begriff „Deployment" verwendet.

Folgende Arbeiten müssen in dieser Phase unter anderem aus Sicht der Projektdurchführung erledigt werden:

- Schulung aller Betroffenen (falls dies nicht schon in der Realisierungsphase erfolgte),
- Durchführung der Daten- oder Dokumentationskonversionen,
- Übergabe des realisierten Produkts an den Auftraggeber bzw. Prozess-Owner, Betreiber,
- Einsetzen einer Hotline und weiterer Betreuungsmassnahmen, insbesondere zu Beginn der „Nachphase" Nutzung bzw. Sicherstellung der optimalen Nutzung und Handhabung,
- Umstellung der Organisation von alt auf neu sowie Neuregelung der Verantwortlichkeiten,
- Sicherstellen der Dokumentation bzw. des erarbeiteten Wissens,
- altes Produkt ausser Kraft setzen,
- entsorgen,
- Abschluss aller Durchführungsarbeiten.

Aus Sicht der Projektführung müssen in dieser Phase folgende Hauptarbeiten erledigt werden:

- Projektabschlussbericht erstellen,
- Projektteam auflösen,
- Projekt offiziell abschliessen.

Voraussetzung für die erfolgreiche Einführung bzw. die Abnahmebereitschaft ist neben dem erstellten Produkt unter anderem eine „veröffentlichungsreife" Dokumentation des erstellten Produkts. Dies scheint auf den ersten Blick etwas banal zu sein. Die Erfahrung hat jedoch gezeigt: Wurde alles sauber dokumentiert, so wurde der Auftrag meist vollständig erfüllt. Demnach kann das erstellte Produkt etwas vereinfacht abgenommen und eingeführt bzw. freigegeben werden.

- Der Meilenstein 50 wird erreicht. Hier muss folgende Entscheidung getroffen werden: „Hat das Projekt seinen Leistungsauftrag erfüllt"? Müssen noch offene Arbeiten abgeschlossen werden oder kann das Projekt als beendet erklärt werden?

1.4.4.6 Nutzung

Ein Projekt umfasst die Dauer von der Initialisierungsphase bis zur Einführungsphase. Die Nutzung gehört somit nicht mehr zum Projekt. Aus Sicht eines Produktlebenszyklus ist es jedoch sinnvoll, diese je nach Situation jahrelang andauernde Nachphase kurz aufzuführen. Sie trägt wesentlich zum vollständigen Projekterfolg bei, da oftmals erst jetzt die Nachhaltigkeit des Projekts, sei es auf der wirtschaftlichen, sprich funktionalen, oder auch auf der psychologischen Seite bestimmt bzw. beeinflusst wird. Daher sollte nach Projektabschluss mindestens einmal (Meilenstein 60), besser noch in regelmässigen Abständen überprüft werden, ob die ursprünglichen Projektziele mit einem vertretbaren Aufwand erreicht wurden und werden. Wenn nicht, hat der ursprüngliche Auftraggeber entsprechende Massnahmen einzuleiten.

Das im Projekt erstellte Projektprodukt muss stets den sich verändernden Bedingungen angepasst werden. Wird das eingeführte Produkt mit einem akzeptablen Aufwand „gewartet", so ist seine Lebensdauer länger. Häufig ist es sinnvoll, einem Spezialisten die Betreuung eines eingeführten Produktes zu übertragen. Dabei kann es sich auch um Mitarbeiter aus den Fachbereichen handeln, die bereits am Projekt als Mitglieder des Projektteams beteiligt waren. Die Betreuung durch den Fachbereich hat zwei wesentliche Vorteile:

- Notwendige Änderungen können unmittelbar und qualifiziert vorgenommen werden, aber immer im Rahmen des Änderungsmanagements.
- Die Planungskapazität der organisatorisch Tätigen wird nicht durch Wartungsaufgaben blockiert.

Das Ziel der Nutzung, welche gemäss Produktlebenszyklus (☞ Abbildung 11.02) sehr lange dauern kann, ist:

- IST-/SOLL-Abweichungen nach der Einführung festzustellen, insbesondere bezüglich der Wirtschaftlichkeit,
- Verbesserungen und Erweiterungen zu definieren und in einen späteren Release einfliessen zu lassen (☞ Kapitel 11.5 „Änderungsmanagement"),
- die Betreuung der Benutzer bzw. Betroffenen sowie kleinere Anpassungen vorzunehmen.

Je nach Projektart sind ganz unterschiedliche Arbeiten durchzuführen. Daher wird auf eine detaillierte Aufführung des Nutzungsprozesses verzichtet.

- Der Meilenstein 60 wird erreicht. Nun muss folgende Entscheidung getroffen werden: „Hat das Projekt den gewünschten Nutzen gebracht?" Müssen Massnahmen eingeleitet werden?

1.4.5 Vorgehensmodelle

Neben der Bündelung der Projektaufgaben in Phasen gibt es in der Projektabwicklung verschiedene Denkansätze (Vorgehensmodelle), nach denen Vorhaben abgewickelt werden können.

> Unter einem Vorgehensmodell wird eine projektübergreifende Vorgehensmethode oder Regelung verstanden, mit der Aktivitäten und Ergebnisse eines Vorhabens aus Sicht des gesamten Projekt- aber auch Produktlebenszyklus umgesetzt bzw. bearbeitet werden können.

Alle Vorgehensmodelle basieren theoretisch entweder in reiner oder in gemischter Form auf einem konstruktivistischen (bzw. sequenziellen), inkrementellen oder evolutionären Ansatz.

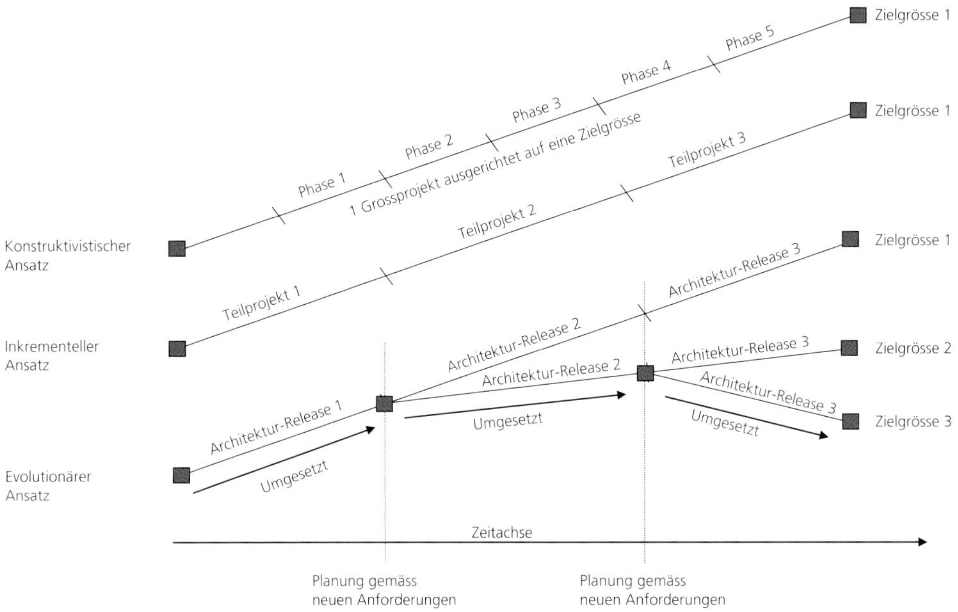

Abb. 1.62: Verschiedene Ansätze im Vergleich

Bei einem konstruktivistischen Ansatz wird das Projektprodukt (Zielsetzung) quasi in einem Durchlauf realisiert. Demgegenüber wird das Projektprodukt (Zielsetzung) bei einem inkrementellen Ansatz in in sich geschlossene Teile zerlegt, und diese werden entsprechend sequenziell realisiert. Dieser Ansatz hat den Vorteil, dass in früheren Teilen gesammelte Erkenntnisse in alle künftigen Teile einfliessen können (optimierte Projektabwicklung). Beim evolutionären Ansatz wird das Projektprodukt (Zielsetzung) ebenfalls in Teile zerlegt und schrittweise realisiert. Nach jedem Teilschritt, einem sogenannten „Architekturrelease", werden nicht nur die gemachten Erkenntnisse in den nächsten Teil transferiert, sondern es wird auch überprüft, ob der Endzielwert gemäss der „Evolution" angepasst werden muss.

Die nachfolgende Abbildung zeigt, wie Anforderungen (Z), die sich im Laufe der Zeit verändern (Z1), auf der Basis eines evolutionären Vorgehensmodells mittels funktionierenden Änderungsmanagements abgefangen werden können. Demgegenüber kann theoretisch ein rein konstruktivistisches Vorgehensmodell die einmal definierte Grösse (Z) aufgrund seiner relativen Unflexibilität „nicht" mehr verändern.

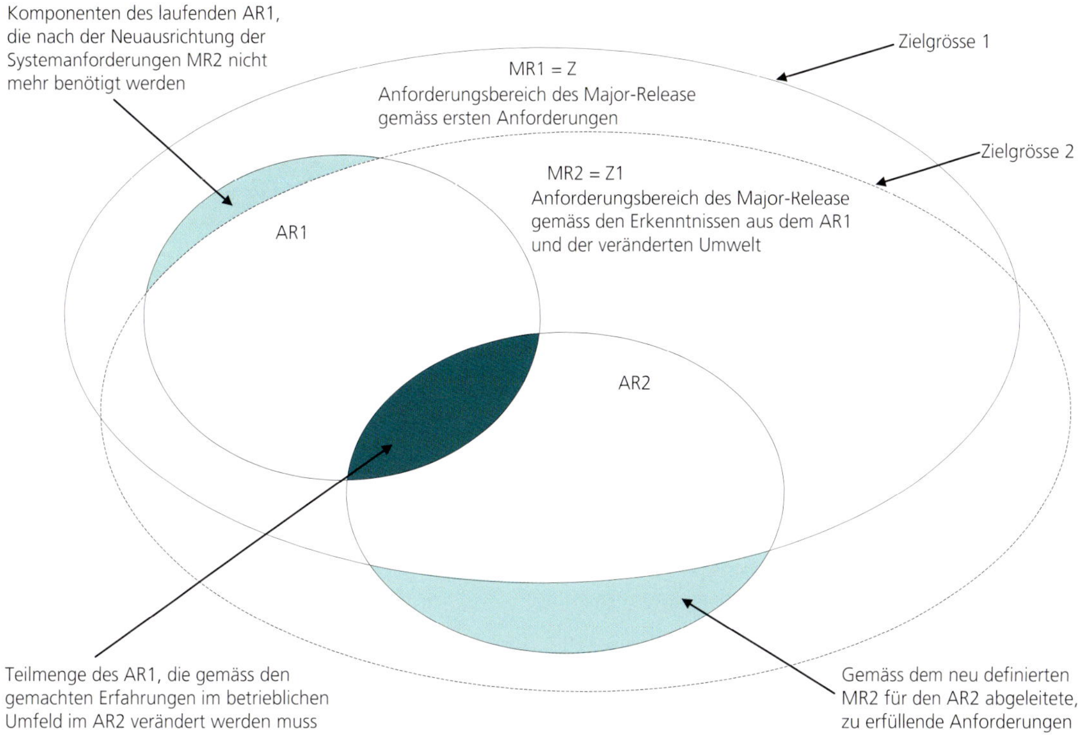

Abb. 1.63: Veränderungen der Systemanforderungen [Sti 1996]

Explizit erwähnt werden muss, dass auch in der heutigen Zeit, in der scheinbar die Evolution eine noch nie da gewesene Geschwindigkeit aufgenommen hat, das evolutionäre Vorgehen nicht immer die beste Lösung ist. So sollte beim evolutionären Modell berücksichtigt werden, dass in Bezug auf das vollständige Projektprodukt die reine Entwicklungszeit länger dauert und daher in der Sichtweise der reinen Erstellung auch teurer ist.

1.4.5.1 Evolutionärer Prozess von Stafford Beer

In den letzten Jahrzehnten hat sich der evolutionäre Veränderungsansatz der Projektabwicklung vermehrt durchgesetzt, weil er auf die Veränderungen der Umwelt und auf die neuen Erkenntnisse aus der Projektabwicklung eingehen und reagieren kann. Dieser Ansatz stützt sich auf die allgemeingültige evolutionäre Konzeption ab, die gemäss Malik [Mal 1992] im Bereich der sozialen Institution wie folgt umschrieben wird:

- Die evolutionäre Konzeption basiert im Wesentlichen auf der Annahme, dass soziale Institutionen nicht das Ergebnis einer planenden und gestaltenden Vernunft sind, sondern das Resultat von Wachstums- und Entwicklungsprozessen. Der menschliche Konstruktionswille spielt zwar immer eine gewisse Rolle, aber die sozialen Institutionen können daraus nicht erklärt werden. Soziale Institutionen und Verhaltensweisen resultieren aus evolutionärer Sicht nicht in erster Linie aus vernunftgeleiteter Einsicht über die Zusammenhänge von Ursache und Wirkung oder aus einer bewussten Zweckverfolgung, sondern beruhen weitgehend auf der unbewussten faktischen Befolgung von Regeln, die ihrerseits durch Entwicklungsprozesse entstanden sind.

Als Verdeutlichung dieser Darstellung wird hier der Gegenpol der evolutionären Konzeption beschrieben, der das konstruktivistische Vorgehen widerspiegelt.

- Die konstruktivistische Auffassung basiert auf der Annahme, dass alle sozialen Institutionen das Ergebnis bewusster, zweckrationaler Planung und Gestaltung sind, dass sie von Menschen für ganz bestimmte, konkrete Zwecke konstruiert wurden und dass alles soziale Handeln zweckrational geleitet ist oder zumindest so geleitet sein sollte. Soziale Institutionen und Verhaltensweisen werden als Ergebnis der möglichst vollständigen und umfassenden Durchdringung aller Probleme durch die menschliche Vernunft und als Ergebnis rationaler Gestaltung betrachtet [Mal 1992].

Die wichtigsten anwendbaren Ergebnisse der Evolutionskonzeption lassen sich wie folgt zusammenfassen:

- Der konkrete Verlauf von Evolutionsprozessen in der Natur ist überhaupt nicht vorherzusehen; evolutionäre Prozesse sind in sozialen Systemen nur bedingt (in ihren Grundzügen) planbar. Daher ist ein hohes Mass an Flexibilität bezüglich der Steuerung solcher Prozesse erforderlich.
- Die Logik von Evolutionsprozessen beruht auf den fundamentalen Elementen von „Try and Error", denn sie stösst in Bereiche vor, über die noch keine Erfahrungen vorliegen. Daher müssen alle Projektbeteiligten in den entscheidenden Phasen solcher Prozesse sehr eng und intensiv zusammenarbeiten, um immer wieder aufs Neue ihre gesamte Beurteilungskraft zur Einschätzung der Lage und zur Konzipierung des jeweils nächsten Schrittes einzubringen.
- Insbesondere ist immer wieder neu zu beurteilen, was dem Projekt zugemutet werden kann und was es in welchen Zeiträumen verkraften kann.
- Evolutionäre Prozesse produzieren immer Nebenwirkungen positiver und negativer Art, mit denen niemand rechnet. Aus diesem Grund ist die Mitwirkung von Personen mit ausreichenden Kompetenzen erforderlich, damit alle denkbaren Folgen erörtert und nötigenfalls Massnahmen getroffen werden können.

Wird diesen Fakten eines evolutionären Prozesses in einer Projektabwicklung Rechnung getragen, so ergibt sich daraus der namhafte Vorteil einer erhöhten Flexibilität, die je länger, desto mehr zu einem zentralen Erfolgsfaktor der Produktentwicklung wird. Um den evolutionären Prozess in einem Projekt anwenden und daraus Nutzen ziehen zu können, bedingt dies ein klares Bewusstsein des Auftraggebers, dass er z.B. mit extrem tief gesetzten Budget- und Zeitvorgaben solche Ansätze verhindern würde.

1.4.5.2 Vorgehensmodelle

In der nachfolgenden Abbildung sind die bekanntesten traditionellen Arten von Vorgehensmodellen – stark von der Software-Entwicklung geprägt, aber allgemein anwendbar – aufgeführt [Boe 1981 und Boe 1986]. Alle Vorgehensmodelle basieren auf einem der drei Vorgehensansätze konstruktivistisch, inkrementell oder evolutionär. Sie werden in den kommenden Unterkapiteln erläutert.

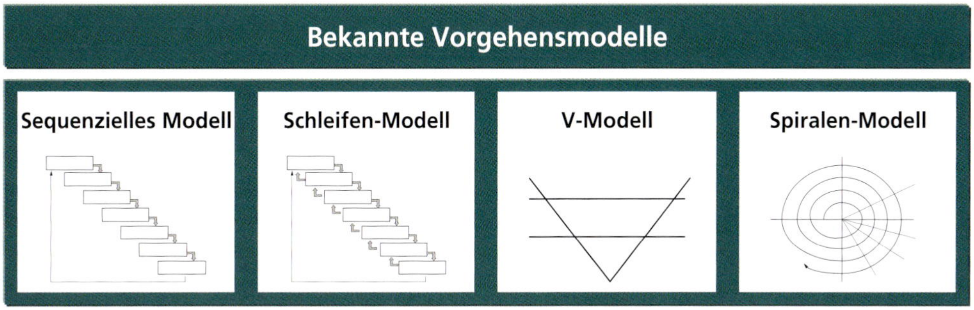

Abb. 1.64: Bekannte Vorgehensmodelle im Überblick

1.4.5.2.1 Sequenzielles Vorgehensmodell

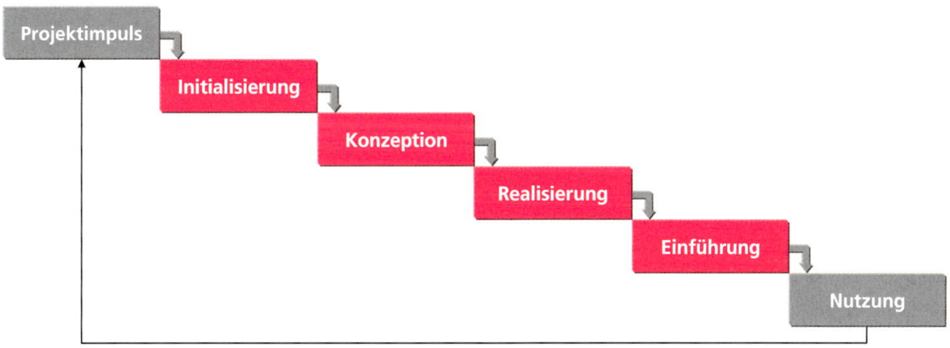

Abb. 1.65: Sequenzielles Vorgehensmodell

Beim sequenziellen Vorgehensmodell werden die verschiedenen Projektphasen entlang einer Zeitachse angeordnet. Dieses Vorgehensmodell zeigt grösstenteils nur den Zusammenhang zwischen den einzelnen Phasen, aber nicht, wer welche Aktivitäten ausführt und wie phasenübergreifende Massnahmen durchzuführen sind. Neue Erkenntnisse, die erst zu einem späteren Zeitpunkt integriert werden können (z.B. eine Phase später), haben damit keinen Einfluss auf die Ergebnisse einer abgenommenen Phase. Aufgrund seiner „klar vorhersehbaren" Abwicklungsgrössen spricht man bei diesem Vorgehensmodell auch von einem konstruktivistischen Vorgehen. Charakteristiken des rein sequenziellen Modells sind:

- Im Sinne der Evolution ein eher statischer Charakter,
- mehrere hintereinander liegende abgeschlossene Phasen, die klar entlang einer Zeitachse angeordnet sind,
- keine verstärkte Berücksichtigung der sich stets verändernden Umgebung und der sich laufend verändernden Ziele über einen Phasenentscheid hinweg,
- es baut auf den validierten Zwischenergebnissen (-produkten) auf,
- Top-Down-Prinzip,
- kompakte, zielstrebige Projektabwicklung,
- es unterstützt die verbreitete, aber falsche Anschauung, dass ein Abweichen vom ursprünglich festgelegten Plan einer der gröbsten Fehler in der Projektabwicklung sei.

Dieses Vorgehen ist ein rein theoretischer Ansatz, über den viel geschrieben wird, der in der heutigen Praxis der modernen Projektwelt aber nicht mehr zur Umsetzung gelangen kann. Es wird deshalb in diesem Buch nicht weiterverfolgt.

1.4.5.2.2 Schleifen-Vorgehensmodell

Im Schleifen-Vorgehensmodell können die neuen Erkenntnisse phasenweise berücksichtigt werden. Die Phasen werden zwar als abgeschlossene Einheiten definiert, durch eine Validierung am Schluss jeder Phase wird jedoch in Ausnahmefällen die Möglichkeit geschaffen, die neuen Erkenntnisse in vorhergehende Phasen einfliessen zu lassen und einzelne Aktivitäten einer Nachbearbeitung zu unterziehen.

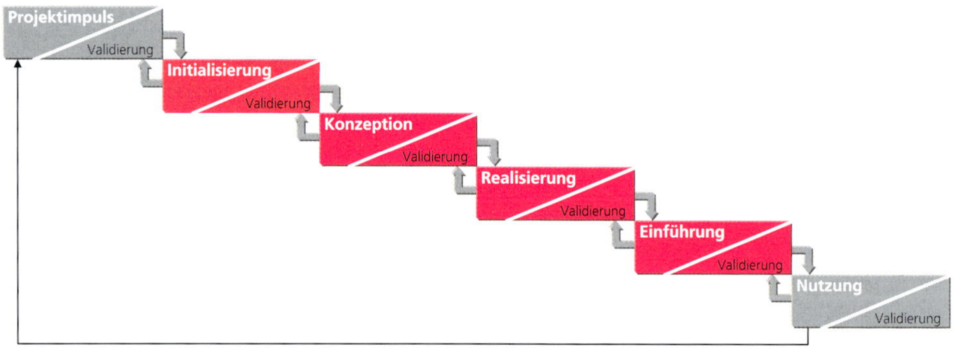

Abb. 1.66: Schleifen-Vorgehensmodell [Boe 1981]

Dieses Modell hat, wie auch das sequentielle Vorgehensmodell, folgende Eigenheit: Es berücksichtigt nicht, dass nicht immer notwendigerweise alle Projektphasen in derselben Reihenfolge sowie vollständig abgewickelt werden müssen. Zudem besteht die Gefahr, dass die Dokumentation und nicht das Endergebnis im Vordergrund steht. Demgegenüber ist dieses Vorgehensmodell einfach zu verstehen und kann, bei entsprechender Planung, relativ einfach kontrolliert werden. Charakteristiken des Schleifen-Vorgehensmodells sind:

- Das Endziel wird nicht verändert. Es ist jedoch möglich, das Gelernte während der Projektabwicklung durch eine Rückkopplung einfliessen zu lassen.

- Mehrere hintereinanderliegende, abgeschlossene Phasen mit der Möglichkeit zur Rückkopplung – natürlich bei konzeptionellen Änderungen immer mit Bewilligung des Auftraggebers.
- Keine verstärkte Berücksichtigung der sich stets verändernden Umgebung und der sich laufend verändernden Ziele über einen Phasenentscheid hinweg.
- Es baut auf den validierten Zwischenergebnissen (-produkten) auf.
- Top-Down-Prinzip.
- Im Fokus stehen die phasenorientierten Ergebnisse.

1.4.5.2.3 V-Vorgehensmodell

Das V-Vorgehensmodell basiert auf der Trennung der konstruktiven Aktivitäten (z.B. Systementwurf) von den prüfenden Aktivitäten (Verifikation und Validierung). Diese beiden Tätigkeiten werden einander auf einer V-Achse gegenübergestellt und den verschiedenen Phasen zugeordnet. Zwischen diesen zwei Grundaktivitäten (konstruktive und prüfende Aktivitäten) bestehen Interaktionsachsen, auf denen die gewonnenen Erkenntnisse dargestellt und somit berücksichtigt werden können.

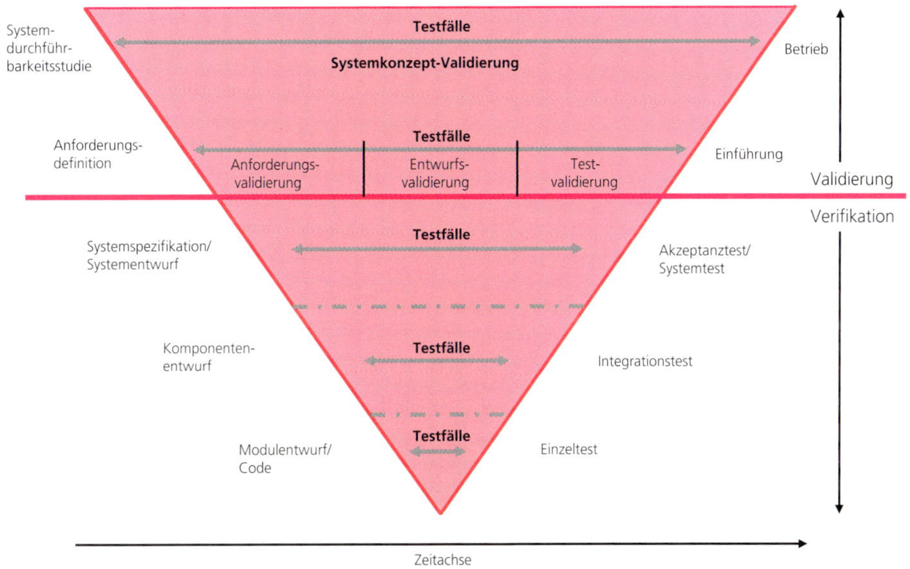

Abb. 1.67: Das V-Modell [Boe 1981]

Das V-Vorgehensmodell basiert auf einem weiterentwickelten konstruktivistischen Vorgehensmodell. Dabei ist es sehr gut möglich, in diesem Modell den inkrementellen Ansatz zu verfolgen. Bei diesem werden alle Anforderungen des neuen Systems bis und mit der Phase „Anforderungsdefinition" möglichst vollständig definiert und anschliessend Teil für Teil spezifiziert und realisiert. Damit gehört das Vorgehen zu der Gruppe der evolutionären Vorgehensmodelle, obwohl Boehm [Boe 1981] bei seiner damaligen Definition sehr wahrscheinlich noch nicht so weit ging. Sein definitiver evolutionärer Ansatz kam erst mit dem Spiralen-Vorgehensmodell.

1.4.5.2.4 Spiralen-Vorgehensmodell

Beim Spiralen-Vorgehensmodell wird das Produkt auf der Basis des evolutionären Gedankens in Form von Produktstufen (Versionen) entwickelt. Dabei wiederholen sich die einzelnen Phasen während der gesamten Lebensdauer des Produkts. Dieses Vorgehen kann am besten spiralförmig dargestellt werden. Jeder neue Zyklus beginnt mit der Identifikation der Systemziele der Produktstufe und gelangt über die gewonnenen Erkenntnisse aus der Vorversion und z.B. die neuen Erkenntnisse aus dem Prototyping zu einer neuen Version [Boe 1986].

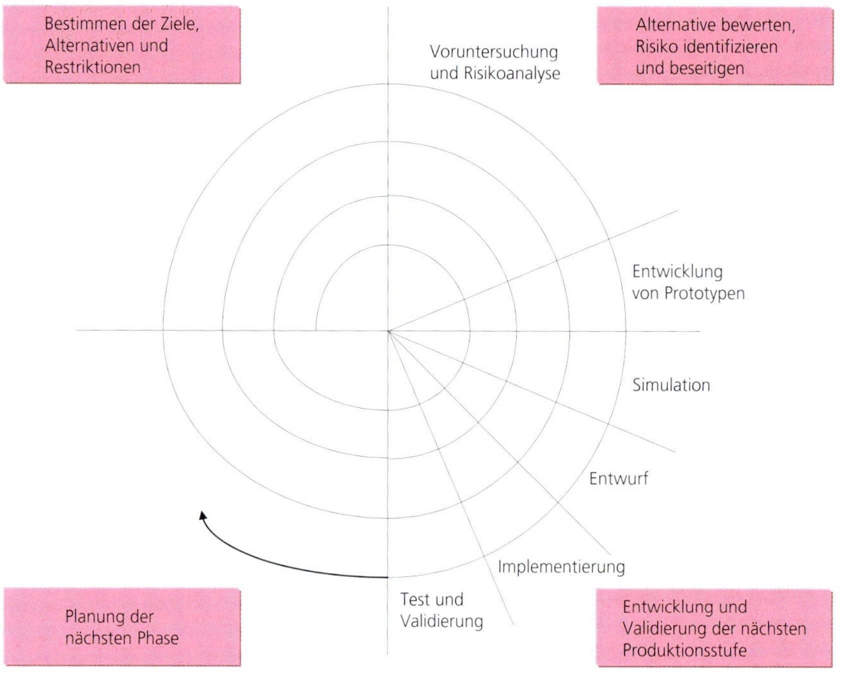

Abb. 1.68: Spiralen-Vorgehensmodell

Charakteristiken des Spiralen-Vorgehensmodells sind:

- Jede Spirale ist ein iterativer, evolutionärer Zyklus mit denselben Phasen.
- Es nutzt dedizierte Prozessmodelle für Teilphasen.
- Ziele, Erkenntnisse und Risiken werden aus den Ergebnissen des letzten Zyklus abgeleitet.
- Qualifizierte Änderungen und Anpassungen des Vorgehens wie auch des Endergebnisses sind möglich.
- Es muss klar von einem Trial-and-Error-Prinzip abgegrenzt werden.
- Es bedingt über ein Einzelprojekt hinweg ein qualifiziertes Risiko-, Qualitäts- und Änderungsmanagement.

Anmerkung zu diesem Vorgehensmodell: Trennt man eine Spirale aus dem Modell heraus und biegt diese zu einer geraden Linie, kommt man innerhalb dieses Iterationszyklus (theoretisch) zu einem konstruktivistischen Vorgehen.

1.4.6 Gestaltungsprinzipien

Die Effizienz der Projektdurchführung, bzw. die Effektivität und die Produktivität der Projektabwicklung, ist grösstenteils von der konsequenten Beachtung und der gleichartigen Anwendung der Gestaltungsprinzipien abhängig.

Gestaltungsprinzipien sind Denkansätze, mit deren Hilfe komplexe Aufgaben auf eine systematische Art und Weise angegangen und umgesetzt werden können.

Anders gesagt: Diese Prinzipien sind allgemein anerkannte Grundsätze, die dem zielgerichteten und effizienten Handeln zugrunde liegen. Solche Prinzipien sind beispielsweise das Top-Down-Prinzip, das Bottom-Up-Prinzip oder das 80/20-Prinzip (Pareto-Prinzip).

Abb. 1.69: Gestaltungsprinzipien

1.4.6.1 Top-Down-Prinzip

Mit dem Top-Down-Prinzip wird ein abgestecktes Problemfeld konzeptionell vom Groben ins Detail bearbeitet. Bei diesem Vorgehen wird

- das Problemfeld zunächst weiter gefasst und hierauf schrittweise und gekonnt eingeengt. Dies betrifft nicht nur die Untersuchung des gesamten Problemfeldes, sondern auch den Entwurf von Lösungen.
- bei der Untersuchung des Problemfeldes mit detaillierten Erhebungen erst dann begonnen, wenn das betrachtete Feld grob strukturiert und gegenüber seinen Umsystemen mit den nötigen Schnittstellen abgegrenzt wurde.
- bei der Gestaltung der Lösung zuerst ein genereller Lösungsrahmen festgelegt, dessen Detaillierungs- und Konkretisierungsgrad im Verlauf der weiteren Projektarbeit schrittweise vertieft wird.

Im Top-Down-Prinzip dienen Konzepte auf höheren Ebenen gewissermassen als Orientierungshilfe für die detaillierte Ausgestaltung der Lösung, z.B. Sicht Initialisierung, Sicht Konzeption etc. Daher kann dieses Prinzip mit dem konstruktivistischen Ansatz in Verbindung gebracht werden. Negativ zu bewerten ist, dass erst nach einer gewissen Untersuchungszeit konkrete Lösungen hervorgebracht werden können. Vielerorts wird dieses Prinzip wegen der drängenden Zeit als langsam empfunden.

Auf der obersten Stufe des Top-Down-Prinzips sind nur die richtigen und klaren Abgrenzungen (Schnittstellen) des Problemfeldes zu den Umsystemen interessant. Es geht um die klare Definition, was der Input und was der Output ist. Auf der zweiten Stufe müssen die Unter- und Teilsysteme sowie deren In- und Output bestimmt werden. Die Summe dieser In- und Outputs sollte gleich dem Input und Output der oberen Stufe sein. Dieses strukturierte, von Stufe zu Stufe zerlegende Vorgehen kann so lange wiederholt werden, bis die entsprechend notwendige Transparenz erreicht wird.

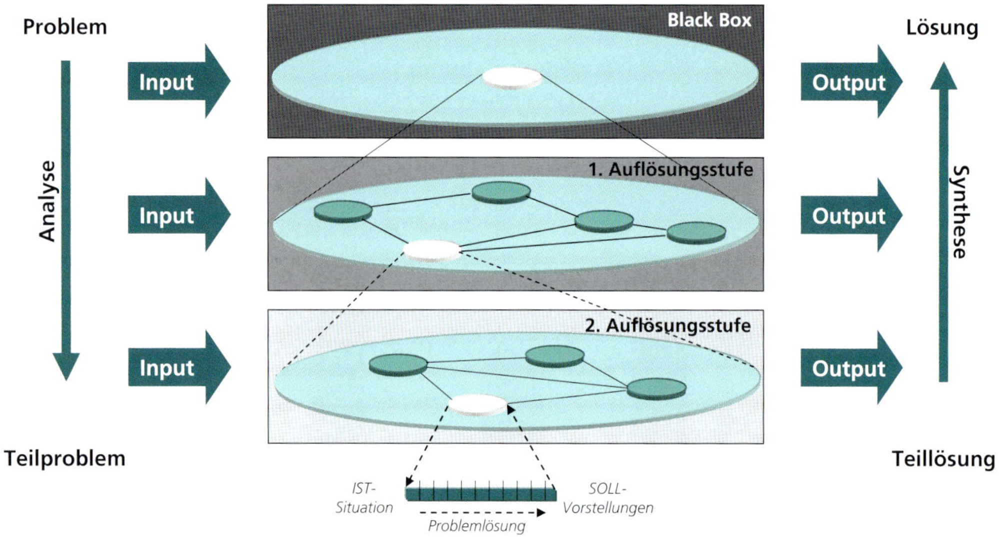

Abb. 1.70: Top-Down-Prinzip

Betrachtet man einen Produktlebenszyklus als Ganzes, das heisst a) Konzeption, b) Realisierung, c) Erhaltung, so liegen die Vorteile dieses Prinzips besonders in der Langzeitnutzung wie auch im finanziellen Aspekt des Unterhalts. Insbesondere Punkt c) kann in einem Unternehmen zu einem belastenden Problem werden, wenn der Unterhalt oder die Pflege eines eingeführten Produktes aufgrund mangelnder Konzeption zu einem Fass ohne Boden wird.

1.4.6.2 Bottom-Up-Prinzip

In besonderen Situationen, etwa dann, wenn es um die Verbesserungen vorhandener Lösungen geht, kann ein „Von unten nach oben"-Prinzip sinnvoll sein. Dabei geht es um die Optimierung in den Teilbereichen, in denen man vom Detail zum Ganzen gelangen sollte. Das verbesserte Ganze gibt sich als Konsequenz dieser Arbeitsweise.

Dieses Prinzip wird besonders bei der schnellen Suche nach einer geeigneten punktuellen Lösung angewendet. Es wird vorerst auf ein in die Umgebung eingebettetes Gesamtkonzept verzichtet; so beginnt man gleich mit dem Zusammenfügen bekannter und vorhandener Lösungskomponenten. Die langfristige Brauchbarkeit bei grossen konzeptionellen Projekten, vor allem in zeitlicher Hinsicht, ist jedoch zweifelhaft.

Mit dem Bottom-Up-Prinzip kann man bei gewissen definierten Elementen eine laufende Verbesserung aufbauen. Daher wird es meist dort eingesetzt, wo kurzfristige Lösungen angedacht werden sollen.

Der wohl absolut ideale Ansatz ist somit eine gesunde Mischform der beiden Prinzipien.

1.4.6.3 80/20-Prinzip

Gemäss Koch [Koc 1997] besagt das 80/20-Prinzip, dass eine Minderheit der Ursachen, des Aufwands oder der Anstrengungen zu einer Mehrheit der Wirkungen, des Ertrags oder der Ergebnisse führt. Wörtlich genommen bedeutet dies, dass 80% dessen, was man in der Arbeit erreicht, auf 20% Prozent der aufgewendeten Zeit zurückgeht. In der Praxis sind daher vier Fünftel der Anstrengung weitgehend unbedeutend. Projiziert man diese Aussage auf Projekte, so liegt darin ein enormes Potenzial.

Das 80/20-Prinzip stellt eine inhärente Unausgewogenheit zwischen Aufwand und Ertrag, Ursachen und Wirkungen, Anstrengung und Ergebnis fest. Ein typisches Verteilungsmuster zeigt, dass 80% des Ertrags von 20% des Aufwands herrührt, dass 80% der Wirkungen durch 20% der Ursachen bedingt sind oder dass 80% der Ergebnisse auf 20% der Anstrengungen zurückgehen.

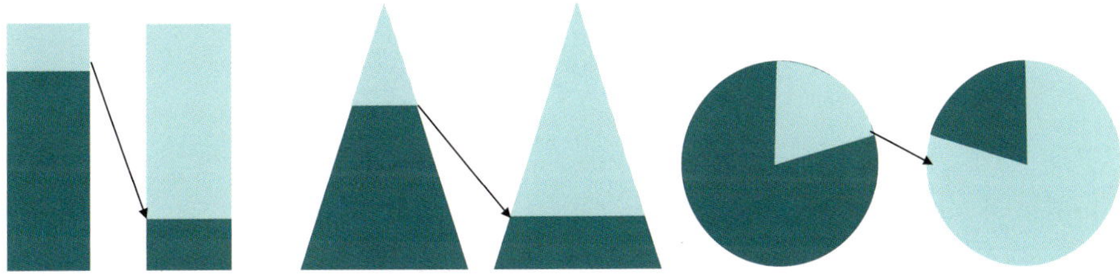

Abb. 1.71: Das Gesetz des 80/20-Prinzips [Koc 1997]

Die dem 80/20-Prinzip zugrunde liegende Verteilung wurde 1897 vom italienischen Ökonomen Vilfredo Pareto entdeckt. Seither wurde dieses Prinzip durch verschiedene Wissenschaftler auf den unterschiedlichsten Gebieten bestätigt und weiterentwickelt.

Es gibt zwei Anwendungsmöglichkeiten des 80/20-Prinzips. Traditionell erfordert das 80/20-Prinzip die quantitative Methode der 80/20-Analyse, um exakte Relationen zwischen Aufwand/Ursachen/Anstrengung und Ertrag/Wirkungen/Ergebnis festzustellen. Diese 80/20-Analyse nutzt das 80/20-Verhältnis als Ausgangshypothese und trägt dann die Fakten zusammen, um das tatsächliche Verhältnis zu erfahren.

Bei Informatikprojekten könnte das Prinzip so eingesetzt werden, dass z.B. alle Mengenwerte der benötigten Funktionen zu Beginn der Konzeptionsphase aufgenommen und analysiert werden. Mit sehr grosser Sicherheit kann dann festgestellt werden, dass mit der Umsetzung von 20% der Funktionen 80% des tatsächlichen Bedarfs abgedeckt wird. Das würde bedeuten, dass so angegangene Projekte in deutlich reduzierter Zeit durchgeführt werden könnten. Um das Prinzip richtig anzuwenden, ist es wichtig zu verstehen, dass die 80/20-Analyse jeweils auf konkret erhobenen

Zahlenwerten beruht. Ein Beispiel: Eine Firma, die Fertighäuser erstellt, hat ihre Kunden jeweils nach ihren Wünschen zu neuen Küchen umfassend befragt. Die Kunden wollten immer alles und das Modernste zum möglichst günstigen Preis. Als sie dann die bestellte Küche erhielten, entsprach sie nicht den Bedürfnissen. Die Firma änderte ihr Analysesystem und liess die Zeit, die die Kunden in der Küche waren, die Kosten, die sie für das Essen ausgaben etc. über vier Wochen protokollieren. Anschliessend analysierte sie diese Daten und stellte gemäss dem 80/20-Prinzip einen Vorschlag (Grösse, Geräte etc.) für die neue Küche zusammen. Der Erfolg war schlichtweg sensationell.

Die zweite, ergänzende Anwendungsmöglichkeit ist gemäss Koch [Koc 1997] als 80/20-Denken zu bezeichnen. Mit diesem Denkansatz sollten möglichst gute und schnelle Entscheidungen getroffen werden. Die meisten Entscheidungen werden nicht aufgrund von Analysen getroffen Das 80/20-Denken ist die nichtquantitative Anwendung des 80/20-Prinzips auf das Alltagsleben. Dies sollte ein Projektleiter in seinem Alltag begleiten. 80/20-Denken setzt voraus, dass wir in der Masse der unwichtigen Dinge die wenigen wichtigen Dinge und Ereignisse erkennen. 80/20-Denken bedeutet, dass wir uns ständig die Frage stellen „Was sind die 20%, die zu den 80% führen?", ohne dass wir eine vollständige Analyse der Daten als Basis für unsere Entscheidung haben.

Teil 3: Projektmanagement-Pyramide

2

Lernziele des Kapitels „Projektinstitution"

Sie können …

- ein Informations- und ein Dokumentationssystem in einem mittelgrossen Projekt institutionalisieren.
- in eigenen Worten erklären, wie die virtuelle Projektorganisationsform funktioniert.
- auf eine gegebene Situation begründet eine Projektorganisationsform definieren.
- allgemein zu jeder Stelle und Instanz eines grösseren Projekts jeweils zwei Aufgaben, Kompetenzen und Verantwortlichkeiten aufzählen.
- Institutionalisierungstätigkeiten (Aktivierung, Überarbeitung und Desaktivierung) während der Projektabwicklung gezielt vornehmen.
- vier Werte des Betriebsmittelsystems (vorwiegend für Informatik- und Organisationsprojekte) aufzählen.
- vier Vorteile aufführen, wieso ein effizientes Informationssystem wesentlich zum Projekterfolg beiträgt.
- mindestens vier Gremien aufzählen, die in einem Projekt institutionalisiert werden könnten, und begründen, was Sinn und Zweck eines solchen Gremiums ist.
- die Vor- und Nachteile von verschiedenen PM-Governancestrukturen diskutieren.
- mindestens drei Vor- und drei Nachteile einer Projektorganisation im Vergleich zur Linie aufzählen.
- mindestens fünf Auswahlkriterien für eine Projektorganisationsform nennen und aufgrund deren entscheiden, welche Organisationsform für ein bestimmtes Projekt die „beste" ist.
- mindestens drei Projektsitzungen inklusive einer möglichen Traktandenliste aufzählen.
- mindestens fünf Kommunikationsinstrumente aufzählen und an einem Beispiel aufzeigen, wann welches eingesetzt werden sollte und wann nicht.
- Projektmanagement-Tools differenziert betrachten.

2 Projektinstitution

Zur Bewältigung eines umfassenden und vielschichtigen Auftrags empfiehlt es sich, ein Projektvorgehen mittels einer formellen Aufbauorganisation zu initialisieren. Die Hauptaufgaben der Projektinstitution (institutionelles Projektmanagement) sind:

- Erstellen einer Organisation, die sich schnell an veränderte Einflussgrössen anpassen kann.
- Wählen der Organisationsform, die die fachlichen und personellen Beziehungen und Hierarchien festlegt.
- Festlegen einer klaren Abgrenzung und Zuordnung der Aufgaben, Kompetenzen und Verantwortungen von und zu den verschiedenen Instanzen.
- Festlegen der Form, damit alle Beteiligten im notwendigen Umfang informiert werden, sowie Bestimmen des Kommunikationsmittels, mit dem Informationen transportiert werden.
- Bestimmung der Form der Projektdokumentation, um damit die Projekt- und Systemergebnisse schriftlich festzuhalten.
- Struktureller Aufbau und wenn möglich Zuordnung der notwendigen Betriebsmittel (Sachmittel), damit eine effiziente Leistung vollbracht werden kann.

Um in einem PM-System die institutionellen Werte für ein Projekt wie z.B. die Projektorganisation vollumfänglich zu institutionalisieren, müssen folgende institutionelle Bestandteile berücksichtigt werden:

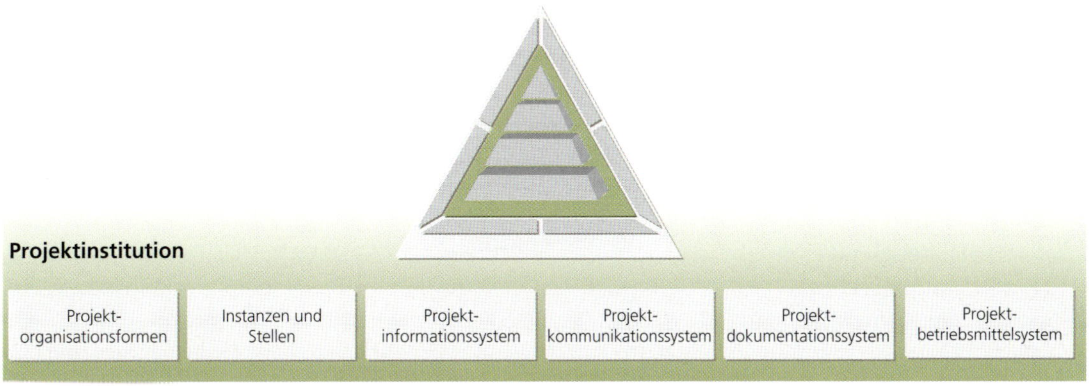

Abb. 2.01: Bestandteile der Projektinstitution

Eine optimale institutionelle Projektbasis, auf der die geforderten Projektleistungen erbracht werden können, beinhaltet sechs Bereiche.

> Die Projektinstitution definiert das institutionelle Projektmanagement, das alle aufbauorganisatorischen Bereiche beinhaltet, die für ein Projektmanagement-System notwendig sind.

Der Aufbau des institutionellen Projektmanagements läuft zeitlich parallel mit der Projektdefinition. Das institutionelle Projektmanagement wird endgültig nach der Festlegung des offiziellen Vorgehens definiert und aktiv. Dieser Zeitpunkt scheint logisch, da eine Institution immer zu Beginn eines

Vorhabens aufgebaut werden muss. Aber: Fallen während des Projekts nur ein einziges Mal Institutionalisierungsarbeiten an? Diese Frage muss mit einem klaren Nein beantwortet werden, da nicht nur Produktions- und Vertriebsabteilungen in einer Unternehmung laufend optimiert werden müssen, sondern auch die Projektorganisationsstrukturen während der Projektabwicklung. Abbildung 2.02 zeigt auf, wie im Rahmen einer Projektabwicklung, neben dem dauernden Kalibrieren, zu klar definierten Zeitpunkten Institutionalisierungstätigkeiten wie Aktivierung, Überarbeitung und Deaktivierung vorgenommen werden.

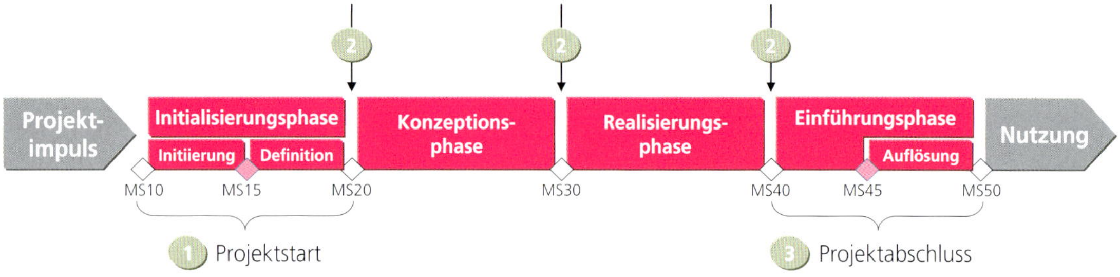

Abb. 2.02: Aktivierung, Überarbeitung und Abbau der Projektinstitution

1. Beim Projektstart (Projektgründung):
   Das Ziel des institutionellen Projektmanagements ist, in der Phase Initialisierung insbesondere beim Schritt „Definition" über die gesamte Projektdauer in den sechs institutionellen Bereichen (Projektorganisationsformen, Stellen und Instanzen etc.) eine möglichst flexible und zugleich stabile Institution zu bilden, um optimal arbeiten zu können. Stabilität sollte dabei nicht mit Starrheit verwechselt werden. Beispielsweise ist es wirtschaftlich kaum tragbar, ein Projektteam vom Projektstart bis zum Ende zusammenzuhalten. Daher sollten neben einem stabilen Kernteam (Projektleiter plus ein bis zwei Personen) situative, anforderungsgerechte und flexible „Temporärteams" aufgebaut werden. Ein Beispiel: Bei einem Hausbau braucht es den Baggerführer nicht, wenn beim fertigen Haus das Dach gedeckt werden soll.
2. Bei der Phasenplanung:
   Eine Überarbeitung bzw. Überprüfung der Projektinstitution muss bei jeder Phasenplanung vorgenommen werden. So ist es z.B. wichtig, die Betriebsmittel kritisch zu überprüfen: Damit minimiert man die Gefahr, dass die Projektmitarbeiter mit unzulänglichen Einsatzmitteln arbeiten. Bei diesen Phasenplanungen müssen auch die fachlichen Qualifikationen des eingesetzten Personals überprüft werden. Wird etwa fehlendes Wissen beim Kernteam festgestellt, so muss dieses ausgebildet werden. Im Gegensatz zum Kernteam werden nicht passend qualifizierte Mitarbeiter des Temporärteams nach Möglichkeit ausgewechselt. Achtung: Die Prüfung der Qualifikationen bezieht sich sowohl auf Über- als auch auf Unterqualifikation!
3. Beim Projektabschluss:
   Der dritte und letzte Zeitpunkt zur Durchführung institutioneller Tätigkeiten ergibt sich aus der Notwendigkeit, beim Projektabschluss sowohl das Projektteam als auch die anderen aufbauorganisatorischen Bereiche offiziell aufzulösen. Letzte aufbauorganisatorische Tätigkeiten finden somit beim Projektabschluss im Teilschritt „Auflösung" statt. Vielfach ist dies ein fliessender Auflösungsprozess, bei dem die Mitarbeiter nach und nach aus dem Projektteam ausscheiden und eventuell neuen Projekten zugeordnet werden. Eine umsichtige und frühzeitige

Planung ermöglicht die problemlose Rückintegration von Benutzervertretern in ihre bestehenden Organisationseinheiten und längerfristige Umstellungen können überlegt eingeleitet werden. Ohne sorgfältige Ausführung besteht die Gefahr, dass wertvolle Mitarbeiter kündigen und so u.a. viel Know-how verloren geht.

2.1 Projektorganisationsformen

Erfahrungsgemäss erfolgt die Einführung einer Projektorganisation in eine bestehende Organisation in der Praxis oft unbedacht und übereilt.

Diese Kritik bezieht sich vor allem auf personalpolitische Veränderungen. Für die Projektmitarbeit werden der vorhandenen Linie oft Mitarbeiter übereilt entzogen, um das Projekt möglichst schnell zu starten. Aufgrund des unvorbereiteten Veränderungsprozesses sind diese Mitarbeiter nicht selten erhöhten Belastungen ausgesetzt. In der Folge können Konflikte mit der etablierten Linienorganisation entstehen.

Projektorganisation beinhaltet die Aufbau- und Ablauforganisation zur Abwicklung eines bestimmten Projekts [DIN 69901].

Zur Bildung einer idealen Projektorganisation sollten folgende Punkte berücksichtigt werden:

- Frühzeitige Information der möglichen, gewünschten Mitarbeiter,
- gezielte Vorbereitungen (z.B. anforderungsgerechte Ausbildung der Beteiligten),
- klare Vereinbarungen mit den Linienvorgesetzten,
- genaue Darstellung der erwarteten Leistungen,
- Definition der Sondervollmachten (insbesondere des Projektleiters, z.B. Unterschriftsrecht, Aufhebung der Blockzeiten etc.),
- Darlegen von Erfolgsaussichten,
- Aufzeigen der möglichen Risiken etc.

Eine der ersten Handlungen im institutionellen Projektmanagement wird durch den Auftraggeber ausgeführt: Er bestimmt die Projektleitung, also den Projektleiter, für die neue Organisation. Diese Vorgehensweise ist nicht immer selbstverständlich, denn häufig wird dem Auftraggeber ein ihm unbekannter Projektleiter zugeteilt. Die Projektleitung ist jedoch einer der grössten Projektrisikofaktoren. Unter diesem Risikoaspekt ist eine vorbestimmte Zuteilung nicht vorteilhaft, da die Zusammenarbeit bei einem Projekt, auch im Führungsbereich, fachlich, sachlich und menschlich harmonieren sollte.

Mit dem Begriff Projektleitung wird die für die Dauer eines Projektes geschaffene Stelle, die für das Planen, Steuern und Kontrollieren dieses Projektes verantwortlich ist, umschrieben.

Nachdem der Projektleiter durch den Auftraggeber bestimmt wurde, sollte theoretisch der Projektleiter seinerseits seine Mitarbeiter und die direkt beteiligten Benutzervertreter auswählen können. Auch dies trifft in der Praxis selten zu. Vielfach wird dem Projektleiter ein komplettes Team, von einer höheren Instanz bestimmt, zur Verfügung gestellt. Ob der Projektleiter auswählen kann oder ob ihm von der Unternehmungsleitung Personen zur Verfügung gestellt werden: erfahrungsgemäss wird stets eine gewisse Zeit benötigt, bis die idealen Fachmitarbeiter gefunden sind. Denn für die Projektarbeit sind nicht nur die fachlichen Fähigkeiten der Mitarbeiter ausschlaggebend, sondern vielmehr ihr Geschick, mit der neuen Situation (Interessenkonflikt, Zeiteinteilung, Teamfähigkeit etc.) umzugehen.

Die Zusammensetzung des Projektteams innerhalb der gewählten Projektorganisation hängt vor allem ab von:

- Art und Umfang des Projekts,
- Branchenkompetenz der Mitarbeiter,
- Methoden-Know-how der Mitarbeiter,
- soziale Kompetenz der Mitarbeiter, aber insbesondere des Projektleiters,
- dem technischen Know-how aller Beteiligten.

Es ist wichtig, dass alle aufgeführten Kompetenzen in einem Projektteam entsprechend vertreten sind. Wie ein Team mit unterschiedlichen Kompetenzen gebildet wird, wird in den Kapitel 6.1.4 (☞ „Individuum") und 6.1.5 (☞ „Teamarchitektur") ausführlicher dargelegt.

Isoliert betrachtet, kann der aufbauorganisatorische Aspekt in einem Projekt in die drei Funktionsbereiche Projektträger, Projektteam und Betroffene bzw. Involvierte aufgeteilt werden:

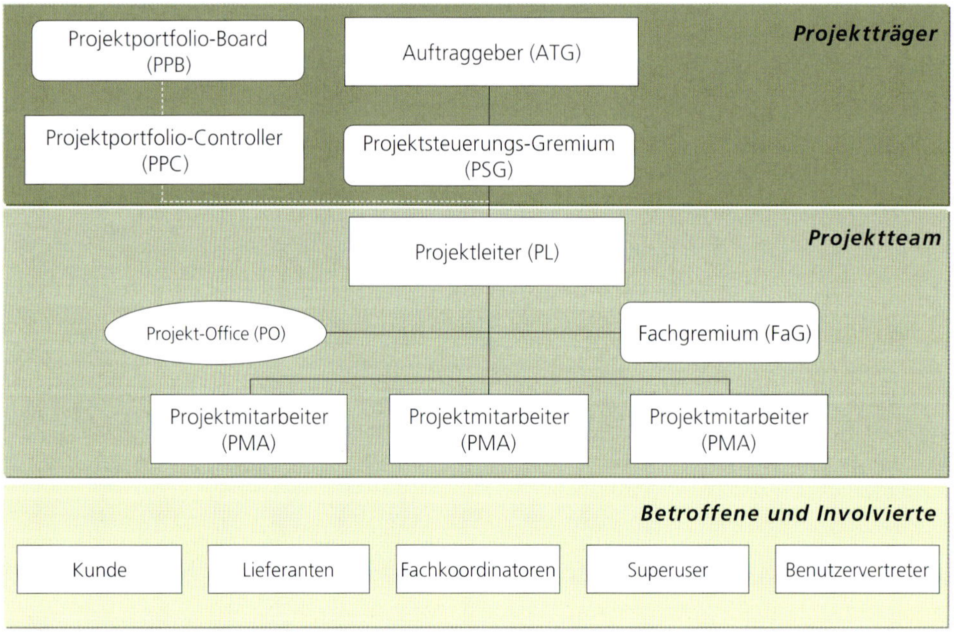

Abb. 2.03: Funktionsstrukturierte Unterteilung der Projektorganisation

Nach der Bestimmung aller Beteiligten (☞ Kapitel 4.3.3.5.1 „Projektmitarbeiter selektieren") muss die Organisationsform definiert werden (☞ Kapitel 4.3.3.5.2 „Projektorganisationsform institutionalisieren"). Diese soll aus betrieblicher und aufgabenbezogener Sicht die grössten Vorteile bieten und sich in das vorhandene Liniensystem der Unternehmung relativ problemlos integrieren lassen.

2.1.1 Aufgaben und Formen der Institution

Die Organisationsform im institutionellen Projektmanagement muss die Aufgabenerfüllung in Bezug auf geforderte und/oder bestimmte Leistung, Qualität, Zeit und Kosten gewährleisten. Diese „Aufnahmebedingung" sollte eine geeignete Basis für die Durchführung und Führung des Projekts schaffen. Die Projektorganisation wird durch Projektgrösse, -art und situatives Umfeld, durch die Verantwortung und die Kompetenz des Projektleiters bestimmt sowie durch den zeitweisen Einbezug der Projektmitarbeiter geprägt. Die Organisationsform beinhaltet klare Vorgaben über die Beteiligungsart der Projektmitarbeiter (Vollzeit, Teilzeit). Die wichtigsten Anforderungen an eine Projektorganisation sind:

- Starkes und klares Engagement der Geschäftsleitung oder hoher Instanzen.
- Die Ziele der Projektorganisation sind den Zielen des Projekts unterzuordnen.
- Durch eine regelmässige Projektkontrolle wird die Leistungsfähigkeit der Projektorganisation überprüft.
- Die Entscheidungskompetenz für weitreichende Projektentscheidungen liegt immer bei der Projektträgerinstanz, die auch die Schlussverantwortung trägt.
- Die Fachabteilung (Endbenutzer) muss in die Projektorganisation mit einbezogen werden,
  - damit eine benutzergerechte Lösung entsteht,
  - damit das Verständnis des Benutzers für das neue Projekt gewährleistet ist,
  - damit die Integration des neuen Produkts in den Betrieb möglich wird.
- Die Projektorganisation muss die Koordination mit allen betroffenen Stellen gewährleisten,
  - damit alle beteiligten Instanzen informiert sind,
  - damit das vorhandene Wissen in die Lösung mit einbezogen werden kann,
  - damit eine optimale Prozessstruktur erstellt werden kann.
- Durch eine klare Verteilung der Aufgaben, Kompetenzen und der Verantwortungen werden
  - alle Stellen im richtigen Verhältnis mit AKV ausgestattet,
  - gute Planungen ermöglicht,
  - weniger Konflikte ausgelöst.

Ob der in eine Projektorganisation eingebundene Mitarbeiter eine unternehmensinterne oder -externe Person ist, ist sekundär. Primär sind seine Fähigkeiten im Einzelnen, aber auch im Kontext zu den anderen Teammitgliedern.

Viele durch Projekte erledigte Aufträge in einem Unternehmen könnten auch in der bestehenden Linie durchgeführt werden. Was sind also die Vorteile einer „losgelösten" Organisationsform?

- Die Zusammenarbeit der verschiedenen betroffenen Fachabteilungen ermöglicht bessere Lösungen in Bezug auf technische Möglichkeiten und praktische Anforderungen.
- Die Konzentration auf eine Spezialaufgabe erfolgt intensiver und somit effizienter.
- Die zeitliche Begrenzung, die Sonderstellung und die daraus erwachsenden Spezialaufgaben bewirken bei vielen Personen eine grössere Eigenmotivation (= überdurchschnittliche Leistung).
- Die entsprechende Entscheidungskompetenz des Projektleiters fördert unkomplizierte Entscheidungen. Langwierige Entscheidungswege durch die Hierarchien der Unternehmung können vermieden werden.
- Der Kommunikation und der Information werden mehr Bedeutung zugemessen, was sich positiv auf das Projekt auswirkt.

Was sind die Nachteile der Projektorganisation?

- Fehlende Regelungen verunsichern die Mitarbeiter in ihrer Anstellung, da Projekte zeitlich begrenzt sind.
- Hierarchische Veränderungen können sich negativ auswirken.
- Die aufbauorganisatorische Veränderung (Projektinitialisierung – Projektabschluss) bewirkt im Unternehmen eine gewisse Unruhe.
- Neuformierte Projektteams benötigen bis zu ihrer vollen Leistungsfähigkeit eine gewisse Zeit (☞ Kapitel 6.2 „Teambildung").
- Eine bestimmte Erwartungshaltung (Rolle) wird jedem Projekt bzw. jeder Projektorganisation aufgedrängt.

2.1.2 Theoretische Grundformen der Projektorganisation

Je nach Grösse, Tragweite, Dauer, Kosten, benötigten Einsatzmitteln und Wichtigkeit des Projekts sowie der betrieblichen Situation kann zwischen drei „Grund"-Organisationsformen unterschieden bzw. entschieden werden:

- Linien-Projektorganisation (reine Projektorganisation),
- Stab-Linien-Projektorganisation (Einfluss-Projektorganisation),
- Matrix-Projektorganisation.

2.1.2.1 Linien-Projektorganisation

Die Linien-Projektorganisation (☞ Abbildung 2.04) ist eine häufig angewendete Organisationsform, wenn es darum geht, Projekte mit voller Kraft voranzubringen. Mit ihr besitzt der Projektleiter die allgemeinen disziplinarischen Kompetenzen (Urlaubsregelungen, Leistungsbeurteilung etc.) über die Projektmitarbeiter sowie die gesamte fachliche Kompetenz über die zu erfüllenden Projektaufgaben. Bei dieser Organisationsform trägt der Projektleiter sowohl die fachliche Projekt- als auch die Führungsverantwortung. Alle Mitarbeiter zusammen bilden ein neues, von der bisherigen Unternehmensorganisation unabhängiges Projektteam. Sie werden (theoretisch) zu 100% für die Projektarbeit eingesetzt und somit von ihren üblichen Haupttätigkeiten entbunden. Damit können die Mitarbeiter mit vollem Einsatz, befreit von allen Zusatztätigkeiten, am Projekt arbeiten. Die dadurch gesteigerte Leistung führt bei vielen Mitarbeitern zu einer noch grösseren Identifikation mit dem Vorhaben und damit wiederum zu besseren Resultaten.

Bei umfangreichen und wichtigen Projekten ist der Projektleiter im Unternehmensorganigramm einem Projektträgergremium zuzuordnen, das mit entscheidungskompetenten Personen besetzt ist. Dies kann im Extremfall zu einer Eingliederung direkt unter der Geschäftsleitung führen.

Die Stärke dieser Organisationsform liegt auf der Ebene der Führung bzw. in den Kompetenzen des Projektleiters. Zu den erwähnten Befugnissen gehören auch das Fremdentscheidungs- und Anordnungsrecht, die Fremdkontrolle und das Fremdverantwortungsrecht über die ihm unterstellten Projektmitarbeiter.

Die Linien-Projektorganisation ist empfehlenswert bei komplexen Projekten, in die mehrere Abteilungen involviert sind und die während einer längeren Zeitspanne mit einer beschränkten Anzahl von

Fachspezialisten umgesetzt werden müssen. Diese Projektform wird z.B. aus Geheimhaltungsgründen gewählt oder wenn Mitarbeiter nicht von ihren Linienfunktionen entbunden werden können (Überlastung). Im zweiten Fall muss die Unternehmensleitung externe Fachspezialisten engagieren.

Besonders negativ bei dieser Organisationsform ist oftmals die Rückintegration der Fachmitarbeiter in ihre „alten" Linienstellen (Stammorganisation). Mitarbeiter, die während der Projekttätigkeit Spezialbefugnisse hatten, die „schnelle" Entscheidungen durchsetzen konnten, die im „Rausch" der Neuigkeit und der Veränderung lebten, bekunden oft Mühe, in ihre frühere Position zurückzukehren. Eine reibungslose Rückführung muss daher frühzeitig und sorgfältig vom zuständigen Management geplant werden. Die Gefahr, gute Mitarbeiter zu verlieren, kann damit deutlich reduziert werden.

Die folgende Darstellung zeigt einen möglichen Aufbau der Linien-Projektorganisation.

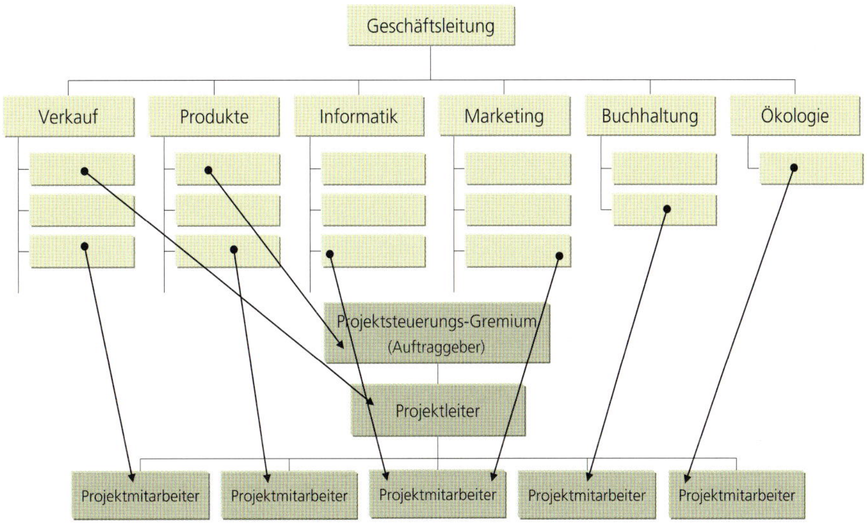

Abb. 2.04: Linien-Projektorganisation

Vorteile der Linien-Projektorganisation:
- Die volle Konzentration der Mitarbeiter auf das Projekt steigert deren Leistung.
- Aufgrund der klaren Kompetenzzuteilung einer ganzheitlichen Führung ist sie konfliktarm.
- Sie schreibt klare Verantwortlichkeiten vor.
- Auf veränderte Situationen kann sofort reagieren werden.
- Die Projektdauer verkürzt sich durch erhöhte Leistung und hohen Effizienzgrad.

Nachteile der Linien-Projektorganisation:
- Durch die 100%ige Zuteilung der Mitarbeiter können zeitweilig Überkapazitäten entstehen.
- Die neue Institutionalisierung verursacht hohe Umstellungskosten.
- Je nach Aufgabenart und Konfliktsituation kann eine Abkapselung gegenüber den Linienstellen und anderen Projektteams entstehen.
- Durch die Aufgabenkonzentration entsteht die Gefahr der Spezialisierung.
- Die Teammitglieder müssen aus der Firmenhierarchie aus- und wieder eingegliedert werden.

2.1.2.2 Stab-Linien-Projektorganisation

Bei der Stab-Linien-Projektorganisation wird dem Projektleiter die Leitung in Form einer Koordinationsaufgabe übertragen, ohne ihm formale Weisungsrechte zu gewähren. In der Praxis wird auch von einer Einfluss-Projektorganisation gesprochen, wobei der Projektleiter als Projektverfolger oder Projektkoordinator bezeichnet wird. Die Projektmitarbeiter sind in dieser Organisationsstruktur lediglich funktionell beteiligt, disziplinarisch bleiben sie ihrer angestammten Organisationseinheit (Stammorganisation) unterstellt. Der Projektleiter muss daher nicht vollamtlich tätig sein. Er ist für den sachlichen und terminlichen Ablauf des Projektes mitverantwortlich und schlägt Massnahmen vor. Da er keine Weisungsbefugnisse besitzt (Stabsfunktion), müssen darüber andere Instanzen entscheiden (z.B. Vorgesetzter oder Geschäftsleitung). Für die Projektzielerreichung bzw. deren Nichterreichung kann er deshalb nicht allein verantwortlich gemacht werden.

Verantwortlich ist der Projektleiter jedoch für die rechtzeitige Information der Instanzen, für die Qualität der Vorschläge und für die Empfehlungen und Berichte, in denen er die zur Verfügung gestellten Informationen verarbeitet. Dies setzt voraus, dass er zu diesen Informationen ungehinderten Zutritt hat. Bei der Stab-Linien-Projektorganisation wird die Struktur des Unternehmens nicht verändert. Sämtliche beteiligten Fachleute bleiben in ihren Linienstellen und unterstehen ihrem Linienvorgesetzten. Der Projektleiter übernimmt, wie beschrieben, die Koordination aller im Projekt anfallenden Arbeiten. Um notfalls seine Positionsautorität spielen lassen zu können, sollte der Projektleiter in seiner Stabsstellenfunktion einer Instanz mit hohen Befugnissen zugeordnet sein.

In der Praxis ist nicht selten derjenige Stab-Linien-Projektleiter erfolgreich, der sich die dem Projekt dienlichen Kompetenzen einfach nimmt. Dieses Entrepreneur-Verhalten hat schon so manches Projekt zum Erfolg geführt – aber auch zum Misserfolg!

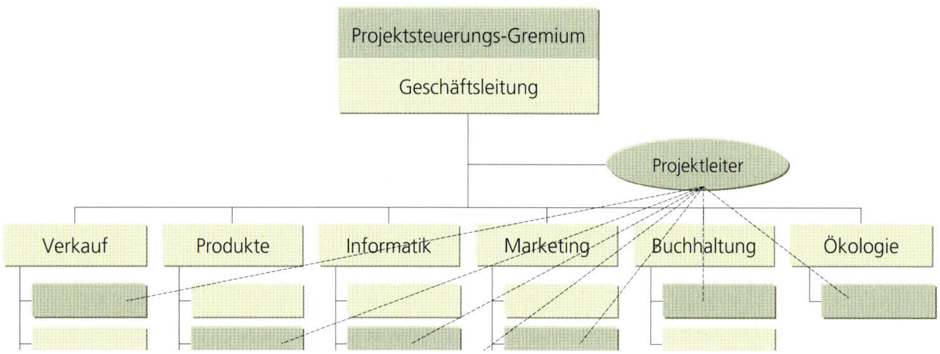

Abb. 2.05: Die Stab-Linien-Projektorganisation

Abbildung 2.05 zeigt, wie die Stab-Linien-Projektorganisation ins Unternehmensorganigramm eingegliedert werden kann. Praktisch alle Vor- und Nachteile der Linien-Projektorganisation könnten hier mit anderem Vorzeichen aufgeführt werden.

Vorteile der Stab-Linien-Projektorganisation:

- Geringfügige organisatorische Umstellungen, da die Projektmitarbeiter in ihren angestammten Organisationseinheiten bleiben.
- Aufgrund ihrer organisatorischen Abhängigkeit handelt es sich um eine kostengünstige Organisation.
- Durch die fachspezifische Konzentration auf die Problematik können die Aufgaben isoliert betrachtet werden.
- Die Flexibilität für Einsätze ist gross, da die Mitarbeiter unter Umständen für mehrere Projekte gleichzeitig tätig sein können.
- Keine Wiedereingliederung der Projektmitarbeiter nach dem Projektabschluss notwendig.

Nachteile der Stab-Linien-Projektorganisation:

- Zwischen den Projektmitarbeitern und den Abteilungsleitern kann es zu Interessenkonflikten kommen, da das Projekt nicht über eigene Betriebsmittel (Tools, Computer etc.) verfügt. Daraus resultieren Kompetenzschwierigkeiten und langwierige Entscheidungsfindungen.
- Aufgrund der Verteilung von Aufgaben, Kompetenzen und Verantwortungen kann sich die Entscheidungsfindung umständlich gestalten.
- Da die Beteiligten in einer sachlich neutralen Form mitarbeiten, ist die Identifikation mit dem Projekt oft sehr gering.
- Aufgrund der Arbeitsverteilung (z.B. auf mehrere Abteilungen) besteht die Gefahr, dass Aufgaben nicht oder doppelspurig ausgeführt werden.
- Trotz mangelnder Kompetenz wird meistens der Projektleiter für negative Resultate als Alleinschuldiger verantwortlich gemacht.
- Das Gesamtrisiko vergrössert sich aufgrund der aufgabenorientierten Dezentralisierung markant und erfordert eine starke Kontrollinstanz.

2.1.2.3 Matrix-Projektorganisation

Bei der Matrix-Projektorganisation werden eine bestehende Organisation bzw. einen oder mehrere Organisationsbereiche einer Unternehmung mit zusätzlichen projektbezogenen Weisungsrechten einer Unternehmung überlagert. Es entsteht ein zeitlich befristetes Mehrliniensystem. Dieses wird meistens als Matrix dargestellt, weshalb auch von einer Matrixorganisation gesprochen wird.

Die Matrixorganisation kann als eine Mischform aus der Linien-Projektorganisation und der Stab-Linien-Projektorganisation angesehen werden. Aufgrund der Überlagerung von zwei Arbeitsfeldern ergibt sich aus Sicht der Unternehmungsleitung eine optimale Mitarbeiterauslastung. Daher und wegen des benötigten fachspezifischen Know-hows sowie des Fachwissenstransfers ist die Matrix eine oft gebrauchte Projektorganisationsform, obwohl sie erhöhte Kompetenzkonflikte mit sich bringt (Kompetenzüberlappungen der zwei Führungsinstanzen). Diese Konfliktanfälligkeit muss sich aber nicht negativ auswirken. Gemäss Konfliktmanagement ermöglichen es gerade die Reibungsflächen (personelle, kapazitätsmässige, terminliche etc.), diese als konstruktive Führungselemente zu nutzen, eine fachlich kompetente und führungsstarke Projektleitung vorausgesetzt. Die Matrixorganisation erlaubt dem Projektleiter, für mehrere Vorhaben gleichzeitig verantwortlich zu sein, da er disziplinarisch vom Linienvorgesetzten unterstützt wird. Die zeitliche Verfügbarkeit des Projektleiters setzt diesen „Multi-Projektleiter-Fähigkeiten" jedoch schnell ihre Grenzen.

Positiv zu sehen ist, dass weder der funktionelle Leiter noch der Projektleiter allein gesamtheitliche Entscheidungen fällen können. Sie sind gezwungen, das Wissen beider Fachgebiete zusammenzulegen und unter Berücksichtigung beider Seiten zu entscheiden. Diese Organisationsform ist für routinemässig abzuwickelnde Projekte sehr geeignet, z.B. bei der Einführung eines Point-of-Sale-Systems in 20 Verkaufsfilialen.

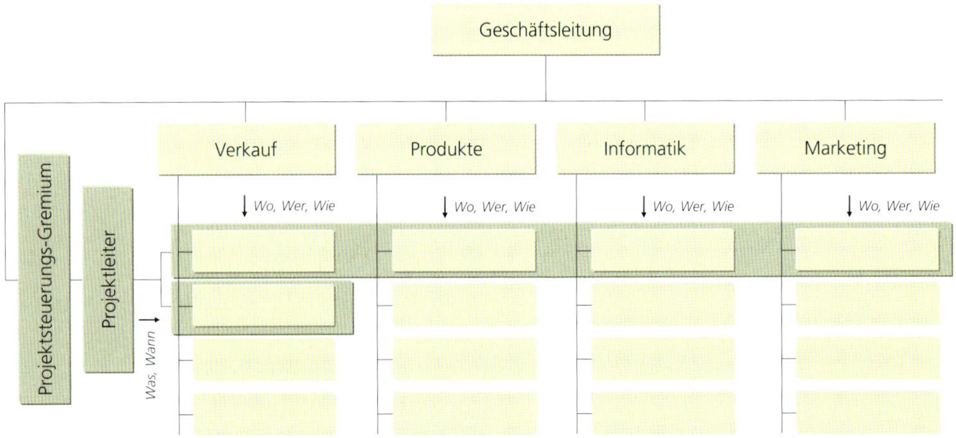

Abb. 2.06: Die Matrix-Projektorganisation

Normalerweise entscheidet:

- der Projektleiter über das Was und Wann,
- die Linie über das Wer, Wie, Wo und Womit.

Weil die Projektmitarbeiter nicht aus der Linienorganisation (Stammorganisation) herausgelöst werden, arbeiten sie anteilmässig mit. Eine 50%ige Projektmitarbeit ist aber nicht so zu verstehen, dass der Mitarbeiter 30 Minuten im Fachbereich und danach 30 Minuten am Projekt arbeitet. Eine Fünftagewoche müsste in diesem Fall so strukturiert werden, dass der Mitarbeiter 2 ½ Tage hintereinander am Projekt arbeitet und 2 ½ Tage in seinem Fachbereich. Nur so kann die gewünschte Leistung erbracht werden.

Vorteile der Matrixorganisation:

- Infolge der Einsatzmittelverteilung auf die Linien- und die Projekttätigkeit ergibt sich eine optimale Kapazitätsauslastung.
- Durch die erklärte Zuständigkeit fühlt sich der Projektleiter für das Vorhaben verantwortlich.
- Da der Mitarbeiter nicht aus der Linieninstanz herausgelöst wird, fühlt er sich an seinem Arbeitsplatz sicherer.
- Diese organisatorische Form verursacht geringe Umstellungskosten, da die Grundstruktur nicht verändert wird.

Nachteile der Matrixorganisation:

- Durch die Trennung der Weisungsbefugnisse entsteht eine erhöhte Anfälligkeit für Konflikte.
- Da ein Mitarbeiter zwei Vorgesetzte hat, muss er diszipliniert und motiviert sein, um seine Arbeiten unter diesen Umständen ausführen zu können.

- Von den Mitarbeitern und Vorgesetzten wird mehr Teamgeist und Fairness verlangt.
- Sowohl der Projektleiter als auch der Fachbereichsleiter müssen bereit sein, ihre Informationen grosszügig auszutauschen.
- Die Doppelunterstellung erfordert von den Mitarbeitern eine erhöhte Selbstständigkeit und ein strapazierfähiges Nervenkostüm, da die Konflikte der zwei Vorgesetzten über sie ausgetragen werden.

2.1.2.4 Auswahlkriterien für die richtige Projektorganisation

In der Praxis entscheidet nicht selten der Auftraggeber ohne grössere Abklärungen, welche Organisationsform eingesetzt wird. Diese Entscheidung sollte, wie erwähnt, in Zusammenarbeit mit dem Projektleiter nach bzw. während der ersten Gesamtprojektplanung stattfinden. In Abbildung 2.07 sind Kriterien aufgeführt, die als Entscheidungshilfen bei der Suche nach der geeigneten Projektorganisation dienen können. Sie sind aber nicht als absolut, sondern nur als richtungweisend zu betrachten:

Organisation / **Kriterien**	Stab-Linien-Projektorganisation	Matrix-Projektorganisation	Linien-Projektorganisation
Bedeutung für das Unternehmen	gering	gross	sehr gross
Grösse des Projekts	klein oder mehrere	gross	sehr gross
Risiko in Bezug auf die Zielerreichung	gering	mittel	hoch
Technologieanspruch	normal	hoch	neu
Projektdauer	kurz	mittel/lang	lang
Komplexitätsgrad	gering	mittel	hoch
Bedürfnis nach zentraler Steuerung	gering	gross	sehr gross
Mitarbeitereinsatz	oft nebenamtlich	Teilzeit	permanent

Abb. 2.07: Kriterien für die Wahl der Projektorganisation in Anlehnung an Kummer [Kum 1988]

2.1.3 Situationsbezogene Organisationsformen

Erfahrungsgemäss existieren noch weitere Formen der Projektorganisation, die stets auf den drei genannten Grundformen basieren. Aufgrund der zunehmend spezialisierten Rollen sowie der vermehrt eingesetzten flexiblen und schnellen Abwicklungsprozesse ergeben sich starke aufbau- und ablauforganisatorische Verbindungen, die in eine moderne Projektorganisationsform umgesetzt werden müssen. Mit diesen Organisationsformen, die sich mit dem Prozess verschmelzen, müssen zum Teil ganz neue Strukturen in einer Abteilung definiert werden.

2.1.3.1 Mischformen der Grundorganisationen

Eine in der Praxis beliebte Form ist die Mischform aus der Linien-Projektorganisation und der Matrixorganisation. Damit wird versucht, die Vorteile beider Grundformen zu vereinen. Diese Form wird in Abbildung 2.08 dargestellt.

Der Vorteil dieser Mischform ist, dass sie die traditionelle Aufbaustruktur nicht „verletzt", aber trotzdem, bezüglich des Mitarbeitereinsatzes, das Optimum an Leistung herausholen kann. Bei dieser Form arbeiten somit einige interne oder externe Projektmitarbeiter zu 100% im Projekt mit, andere sind nur zu einem gewissen Prozentsatz im Projekt aktiv.

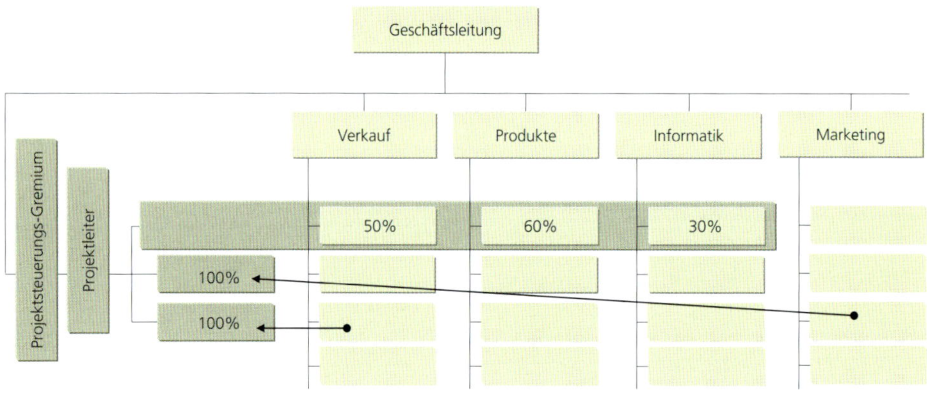

Abb. 2.08: Mischform aus den Grundorganisationsstrukturen

2.1.3.2 Competence-Center-Projektorganisation

Unter immer grösser werdendem Kosten- und Zeitdruck muss auch bei der Projektabwicklung eine sinnvolle Optimierung vorgenommen werden. Spezialisierte teure Projektmitarbeiter dürfen nicht für unqualifizierte Arbeiten herangezogen werden, bis sie dann für kurze Zeit in ihrem Spezialgebiet (z.B. Programmieren oder Ausbilden) arbeiten können. Zur Verdeutlichung ein Beispiel aus der Baubranche: Der spezialisierte Baggerführer führt nach dem Ausheben der Baugrube bis zum Bauende nur noch diverse Handlangerarbeiten aus.

In Projekten müssen mittels einer geeigneten Projektorganisation die spezialisierten Arbeitskräfte vermehrt dort eingesetzt werden, wo sie am meisten Nutzen bringen. So wird z.B. bei der virtuellen Projektorganisation, wie die Abbildung 2.09 zeigt, für die Dauer des Projekts ein Kernteam aus ca. drei Personen (vornehmlich Generalisten) gebildet, das u.a. den Know-how-Transfer garantiert. Alle anderen Personen werden aus einem Pool (externe Mitarbeiter oder aus dem Competence Center) so lange ins Projektteam integriert, wie sie von grossem Nutzen sind. Dadurch entsteht eine laufende virtuelle Veränderung des Projektteams gemäss den Projektphasen bzw. Arbeitspaketen. Die Basis für eine möglichst effiziente Abwicklung ist dabei die grosse Leistungsfähigkeit der Kernteammitglieder, bezogen auf ihre Bruttozeiten: Sie sollten für die Dauer des Projekts sehr wenig geplante Ausfallzeiten sowie anderweitige Auslastungen aufweisen (☞ Kapitel 4.3.3.4.1.2 „Ermittlung des Personalvorrats").

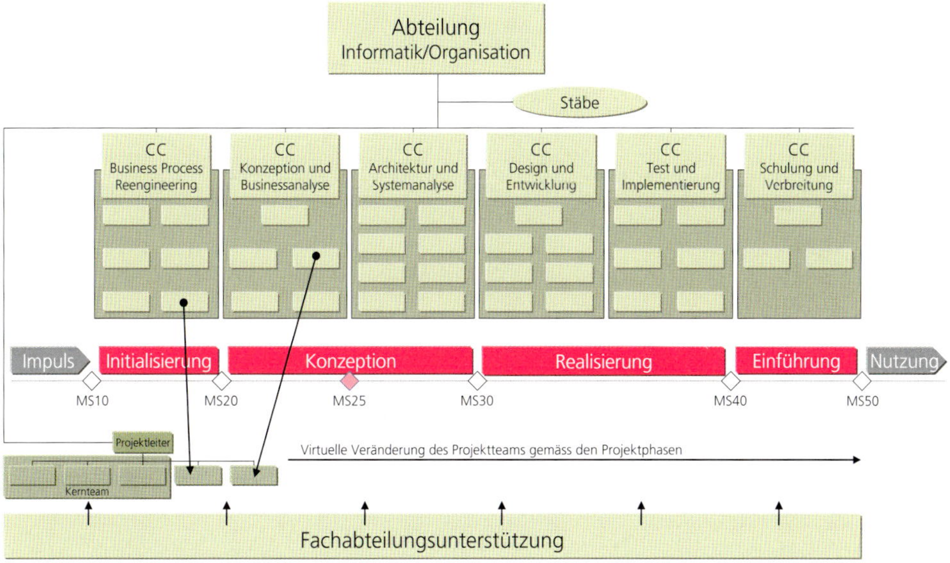

Abb. 2.09: Virtuelle Projektorganisation eines Softwareentwicklungsprojekts

Folgende Bedingungen müssen bei dieser Organisationsform berücksichtigt werden:

- Die Kernteammitglieder arbeiten „zu 110%" am Projekt.
- Das Projekt darf nicht länger als ein Jahr dauern.
- Die einzelnen Arbeitspakete müssen klar den „Temporärmitarbeitern" zugeteilt und mittels stets aktueller Planung koordiniert werden können.
- Aufgrund des vermehrten Einbezugs von Spezialisten benötigt diese Organisationsform einen erhöhten Koordinationsaufwand.
- Die Kernteammitglieder dürfen nach dem Projektabschluss Überzeiten abbauen, Ausbildungen absolvieren, Urlaub machen etc. (geplante Ausfallzeiten). So können sie nach dem übermässigen Projektstress regenerieren.
- Während der Regenerationszeit arbeiten die ehemaligen Kernteammitglieder im Pool als Temporärmitglieder für andere Projekte. Diese Arbeit darf jedoch nicht als minderwertig gelten! Ist ein Mitarbeiter wieder bereit, überdurchschnittliche projektbezogene Leistungen zu erbringen, soll er sich wiederum als Kernteammitglied zur Verfügung stellen.

Ob nun wie in Abbildung 2.09 Phasen bzw. Meilensteine mit den Competence Center so direkt in Zusammenhang gebracht werden können, ist unwichtig. Die in dieser Form erstellte Abbildung soll lediglich unterschiedliche Firmen bzw. Kompetenzen aufzeigen, die im Laufe der Zeit bei der Projektabwicklung benötigt werden.

2.1.3.3 Prozessprojektorganisation

Gegenüber den anderen aufgeführten Organisationsformen wird bei der virtuellen Prozessprojektorganisation der Projektabwicklungsprozess in drei Subprozesse unterteilt.

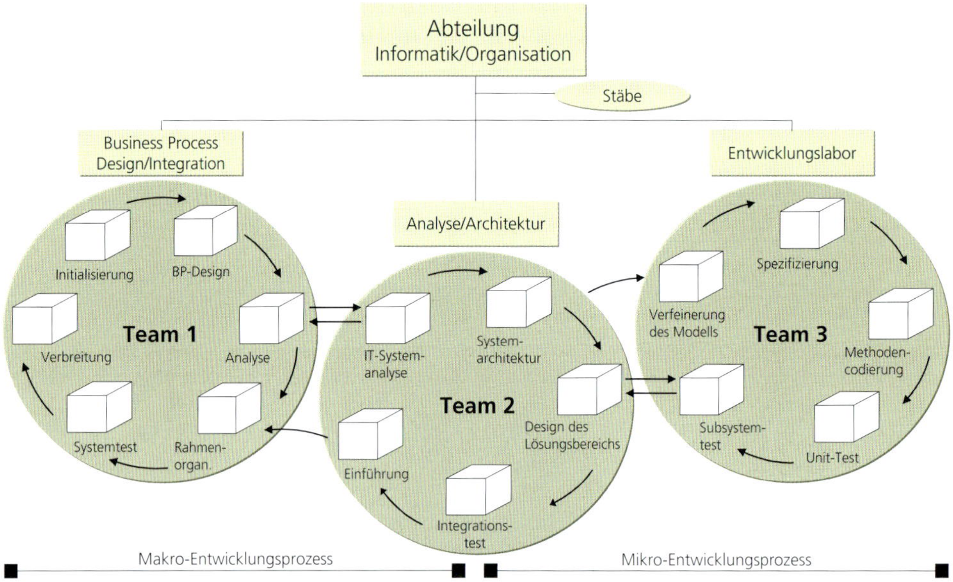

Abb. 2.10: Virtuelle Prozessorganisation eines Softwareentwicklungsprojekts

Die nachstehend beschriebenen Subprozesse richten sich nach eigenständigen, in sich geschlossenen Kompetenzbereichen (Competence Center im Falle eines Softwareentwicklungsprojekts):

- Business Process Design/Integration
  Das Team 1 besteht mehrheitlich aus Business Process Designern, Organisatoren und Fachbereichsmitarbeitern. Sie haben einerseits die Aufgabe, klare Anforderungen festzulegen, indem sie die Geschäftsfälle definieren und klar gegen die Umsysteme abgrenzen. Auf der Basis der Anforderungsspezifikation geben sie ihre Resultate an das Team 2 weiter. Andererseits erhalten sie vom Team 2 fertiggestellte Geschäftsfälle, die sie in die neu gestaltete Rahmenorganisation integrieren und im Betrieb verbreiten.

- Analyse/Architektur
  Die Mitarbeiter des zweiten Subprozesses übernehmen von Team 1 die Anforderungsspezifikation, erstellen die Detailspezifikation und übergeben diese Ergebnisse, abgestützt auf die gewünschten Use Cases, dem Entwicklungsteam. Im Gegenzug erhalten sie vom Entwicklungsteam getestete Moduldiagramme etc., mit denen sie den technischen Integrationstest vornehmen und so die Funktionen in ihrer Gesamtheit auf ihre Anwendbarkeit testen.

- Entwicklungslabor
  Das Team 3 übernimmt von Team 2 die Detailspezifikation und überprüft, ob es keine gleichwertigen Komponenten (z.B. Framework) in seinem „Ersatzteillager" vorfindet. Wenn nicht, entwickelt es die gewünschte Methode und testet sie auf ihre Funktionalität, Leistungsfähigkeit etc. Wenn ja, entnimmt es das Gewünschte aus dem Lager (engl. Reuse) und gibt es an Team 2 weiter.

Die virtuelle Prozessorganisation wird insbesondere im Bereich der inkrementellen Entwicklung, vor allem im objektorientierten Design, ihre Anwendung finden. Bis es selbstständige Dienstleistungsunternehmen gibt, die sich auf einen der drei Subabwicklungsprozesse spezialisiert haben, bleibt diese prozessorientierte Organisationsform grösseren Entwicklungsabteilungen vorbehalten.

Diese „Organisationsform" hat zwei Vorteile:

- Je grösser das „Ersatzteillager" ist, desto schneller wird bei konsequenter, vorschriftsgemässer Modulentwicklung der Projektabwicklungsdurchlauf.
- Es können in einem Subabwicklungsteam gleichartig spezialisierte Fachkräfte zusammenarbeiten, was eine hohe Qualitätssteigerung mit sich bringen sollte!

Demgegenüber steht der Nachteil, dass diese Organisationsform sehr kommunikationsaufwendig ist und unbedingt nach ausgeprägt klaren Entwicklungsrichtlinien gearbeitet werden muss.

2.1.3.4 Programmorganisation

Werden in einem Unternehmen grössere und komplexere Vorhaben, sprich Programme, umgesetzt, so müssen diese auch in Bezug auf die Aufbauorganisation den zu erledigenden Arbeiten entsprechen. Eine solche Programmstruktur mit einem Programmleiter, der über die notwendigen Führungserfahrungen insbesondere in Teambildung, Konflikt- und Organisationsmanagement etc. verfügt, könnte wie folgt aussehen:

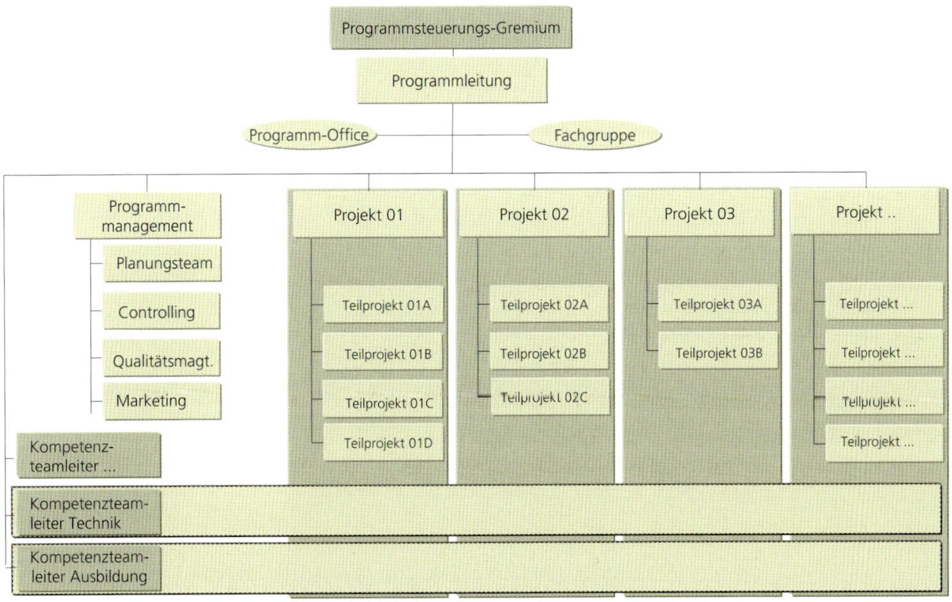

Abb. 2.11: Programmorganisation

Gemäss Struktur einer Matrixorganisation enthält das Programm analog zum Projekt entsprechende Stellen und Instanzen wie Programmsteuerungs-Gremium, Programmcontroller, Programm-Office und Veränderungsmanager – aber auch ganze Kompetenzenteams.

2.2 Instanzen und Stellen

Wie bei der Bildung von normalen Stellen werden auch bei der Bildung von temporären Stellen für eine Projektorganisation die Aufgaben, Kompetenzen und Verantwortungen (AKV) eindeutig festgelegt. Gemäss Organisationslehre müssen bei der Stellenbildung die

- Aufgaben,
- Kompetenzen und
- Verantwortungen

mit dem jeweiligen Umfang gegenseitig übereinstimmen. Dieser Grundsatz der Einheit und Kongruenz muss insbesondere in einer Projektorganisation respektiert werden, da z.B. der Projektleiter seine Aufgaben nicht erfüllen kann, wenn ihm die Befugnis fehlt, innerhalb bestimmter Grenzen Verträge oder Abkommen für sein Projekt abzuschliessen. Die Verantwortlichkeit darf auch bei den Projektmitarbeitern nicht weiter reichen als die Kompetenzen, d.h., ein Projektmitarbeiter darf nur für Aufgaben aus seinem Kompetenzbereich zur Rechenschaft gezogen werden. Diese wichtige Erkenntnis in die Praxis umzusetzen, ist schwierig, da sich die Verantwortungsbereiche im Verlaufe eines Projekts stets ändern. Die Kurve in Abbildung 2.12 zeigt sehr vereinfacht den Verlauf der Verantwortung während eines Projekts, verteilt auf die verschiedenen am Projekt beteiligten Instanzen.

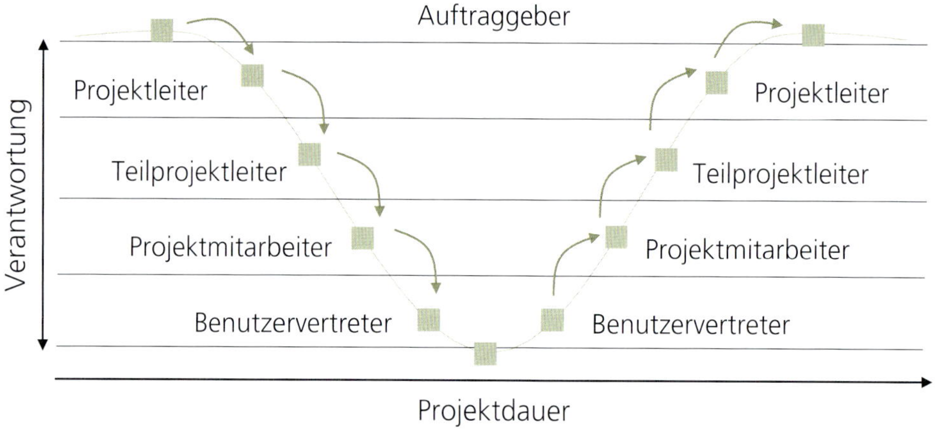

Abb. 2.12: Verantwortungskurve während des Projektverlaufs

Übergibt der Auftraggeber dem Projektleiter die gesamte Ausführungsverantwortung, so zerlegt dieser die Verantwortung in Teilbereiche, die er an seine Teilprojektleiter delegiert. Diese bilden daraus Arbeitspakete, die sie ihrerseits an die Projektmitarbeiter weitergeben. Jene setzen die ihnen zugeteilten Arbeitspakete, sprich Aufgaben, mittels entsprechender Kompetenzen um und überlassen die Resultate den Benutzern zur Prüfung. Der Benutzer hat die Aufgabe, die Ergebnisse fachgerecht zu testen, und übernimmt somit die Funktionsverantwortlichkeit. Entsprechen die Ergebnisse den Anforderungen, so lässt der Benutzer das Resultat dem Projektmitarbeiter zukommen, der dieses mit dem Vermerk „Erledigt" an den Teilprojektleiter weiterleitet. Der Teilprojektleiter liefert die Ergebnisse nach erfolgreicher Prüfung (Dokumentationsprüfung, Funktionsvollständigkeitsprüfung etc.) an den Projektleiter ab, und der Projektleiter schliesst den Kreis und händigt die Lösung dem Auftraggeber aus.

Der hier geschilderte Ablauf wird in Form von klaren Aufträgen delegiert und andererseits durch Kontrollen „zurückdelegiert". Durch die laufende Veränderung der Werte „Kompetenzen", „Verantwortungen" und „Aufgaben" stellt sich hier die Frage: „Wer ist schliesslich für was verantwortlich?" Dieser Punkt wird nachfolgend, soweit theoretisch möglich, in der Beschreibung der einzelnen Stellen und Instanzen aus organisatorischer Sicht beantwortet.

In Anlehnung an Litke [Lit 1991] lassen sich aus der Sicht der zeitlichen Beteiligung bzw. der projektmässigen Arbeitsleistung die in einem Projekt involvierten Personen in vier bzw. sechs Bereiche kategorisieren:

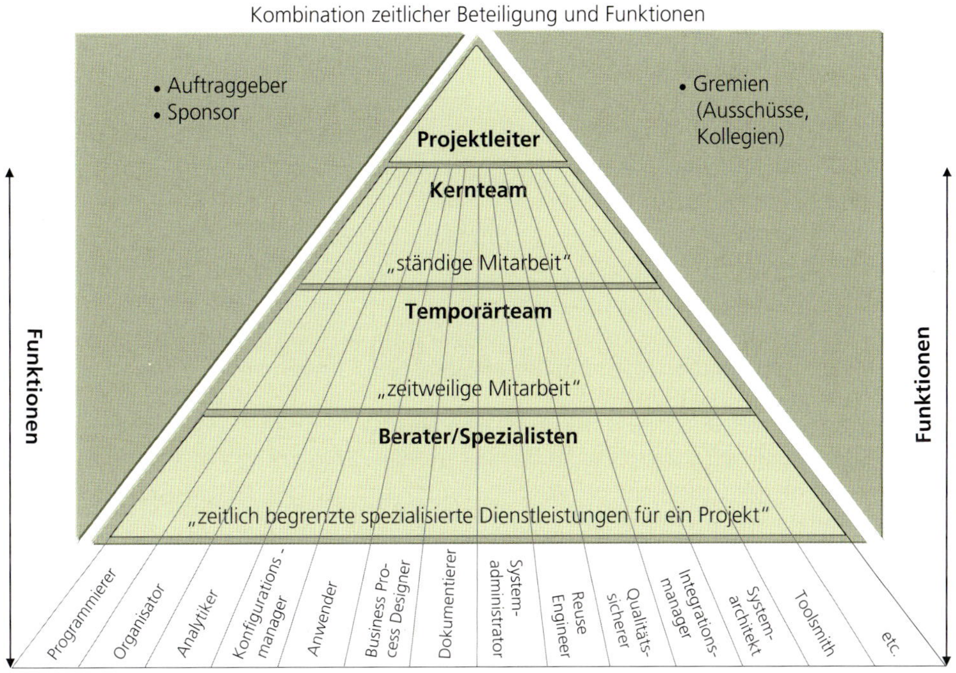

Abb. 2.13: Struktur der zeitlichen Projektbeteiligung in Anlehnung an Litke [Lit 1991]

Die in der Abbildung 2.13 als Beispiele aufgeführten Ausführungsfunktionen (Kompetenzen) wie Programmierer, Organisator etc. gelten für ein Softwareentwicklungsprojekt. Diese Funktionen müssen natürlich je nach Projektart ausgewechselt werden.

Die Abgrenzungen zwischen Auftraggeber, Gremien und Projektleiter sind, wie in den folgenden Kapiteln gezeigt wird, klar hervorzuheben. Die Unterteilung nach Kernteammitglied (Process Owner), Temporärmitglied (Personen-Power) und Spezialisten (Problem Owner) kann nicht generell aus einer funktionalen, sondern wirklich nur aus zeitlicher Sicht vorgenommen werden, weil je nach Projektart z.B. ein Organisator als Process Owner und ein Informatiker als Problem Owner oder umgekehrt bestimmt werden kann.

2.2.1 Auftraggeber

Die dem Projekt übergeordnete Instanz, die das Projekt in Auftrag gegeben hat, wird als Auftraggeber (oder Projekt-Owner) bezeichnet. Der Auftraggeber (ATG) muss das Projekt begründen, seine Anforderungen an die Lösungen spezifizieren, die fachlichen Restriktionen festlegen und den erwarteten Nutzen bestimmen. Als Auftraggeber (Einzelperson oder Gremium, z.B. Geschäftsleitung) kommen Personen innerhalb der Firma oder auch externe Personen/Unternehmungen infrage. Neben der Vergabe des Projektauftrags hat der Auftraggeber weitere Hauptaufgaben zu erfüllen, z.B. Projektentscheidungen fällen, Ergebnisse freigeben und über Phasenfreigaben entscheiden. In diesem Zusammenhang wird des Öfteren anstatt von Auftraggeber auch von Sponsor oder Promotor gesprochen. Die Rollen von Auftraggeber, Promotor und Sponsor können zusammenfallen: Grundsätzlich ist der Sponsor ein ranghoher Befürworter und Unterstützer des Projekts, der sich offiziell zu dieser Rolle bekennt und seine Positionsautorität für den erfolgreichen Abschluss des Projektes einsetzt. Diesbezügliche Unterteilungen werden nur bei Grosskonzernen vorgenommen.

Auftraggeber für Projekte können sein:

- Geschäftsleitung,
- Gremium, das z.B. die Strategie und die Architektur betreut,
- Projektportfolio-Board,
- Spezialisten mit Sonderaufgaben,
- externe Firmen/Personen,
- Benutzer der Fachabteilungen (sofern mit genügend Geld ausgerüstet).

Soll ein Projekt erfolgreich sein, muss der Auftraggeber das Projektteam vollumfänglich unterstützen. Besonders bei Projektbeginn entstehen beim Formierungsprozess grosse Abgrenzungsprobleme bezüglich der AKV, die schwerwiegende Konflikte auslösen können. Daher muss der Auftraggeber über diese befristete Institution zu Projektbeginn gezielt eine Schutzfunktion ausüben. Auch nach dem Start hat er, wie nachfolgend beschrieben, konkrete Aufgaben zu erfüllen.

Der Auftraggeber darf sich nicht durch Delegation aus dem Vorhaben „ausklinken" und je nach Verlauf des Projektes gegen Ende die „Szene" wieder betreten. Er hat, genau wie die anderen Stellen, über die gesamte Projektdauer klare Aufgaben, Verantwortungen und Kompetenzen.

2.2.1.1 Aufgaben

Der Auftraggeber ist für folgende Aufgaben in einem Projekt zuständig:

- Er formuliert den Projektantrag und leitet die erste Wirtschaftlichkeitsberechnung.
- Er formuliert zusammen mit allen betroffenen Stellen den Projektauftrag.
- Er fällt Meilenstein-Entscheidungen zwischen den Projektphasen.
- Er formuliert seine Wünsche und die Systemziele auf der Stufe der Gruppenziele.
- Er formuliert eventuelle Rahmenbedingungen und Restriktionen.
- Er definiert die Kompetenzen des Projektleiters und erstellt ein Pflichtenheft (Funktionsdiagramm).
- Er ernennt den Projektleiter, nachdem er abgeklärt hat, ob diese Person über die notwendigen Qualifikationen verfügt.

- Er legt in Absprache mit dem Projektleiter die Projektorganisation fest.
- Er leitet das Projektsteuerungs-Gremium
- Er unterstützt den Projektleiter bei der Umsetzung und/oder Durchsetzung von Projektentscheidungen, die im Interesse der gesamten Unternehmung liegen.
- Er setzt die Unternehmensinteressen gegenüber dem Projektleiter und den Linienvorgesetzten durch.
- Er übernimmt vorwiegend die Informationspflicht in Bezug auf die Führungsriege des Unternehmens.
- Er hat die Kontrollpflicht über die gesamten Ergebnisse des Projekts.
- Er setzt in Ausnahmefällen Prioritäten, wie z.B. bei Kapazitätsengpässen, bei Terminverschiebungen etc.

2.2.1.2 Kompetenzen

Der Auftraggeber besitzt sämtliche Kompetenzen für „sein" Projekt. Dabei muss er stets die übergeordneten Unternehmensinteressen (Strategie, Projektportfolio etc.) vertreten. In der Praxis zählt hier der Grundsatz: Wer bereit ist, entsprechende Mittel in ein Vorhaben zu investieren, verfügt auch über die entsprechenden Kompetenzen, diese innerhalb der gesetzlichen Gegebenheiten, sprich PM-Governance, nach seinen Wünschen einzusetzen.

2.2.1.3 Verantwortung

Der Auftraggeber trägt während der ganzen Projektarbeit die volle Verantwortung für alle Ergebnisse. Die Intensität seiner Verantwortung (☞ Abbildung 2.12) ist allerdings innerhalb der einzelnen Projektabwicklungsperioden unterschiedlich. Trägt er während des Projektstarts die Verantwortung für alle notwendig durchzuführenden Tätigkeiten, so reduziert sich diese während der Projektabwicklung auf seine Hauptverantwortungen, nämlich die

- Finanzverantwortung,
- Sachverantwortung,
- Terminverantwortung.

Beim Projektabschluss übernimmt der Auftraggeber durch die offizielle Projektabnahme wieder die Gesamtverantwortung für das Projekt bzw. das Ergebnis. Ideal wäre, wenn er gemäss der Verantwortungskurve die Sachverantwortung Stück für Stück wieder zurückholen könnte. Dieses Zurückholen kann er realisieren, indem er periodische Reviews durchführt. Er überprüft alle Resultate; bei deren Richtigkeit wird der Projektleiter formell, in Bezug auf die geprüften Ergebnisse, aus seiner Verantwortung entlassen.

2.2.1.4 Generalunternehmer

Da viele Firmen keine grosse Entwicklungsabteilung unterhalten wollen bzw. sich keine leisten können, wird für Projektvorhaben als Auftragnehmer vermehrt ein Generalunternehmen gesucht. Mit diesem wird ein Vertrag z.B. über ein sogenanntes Turn-Key-Projekt zu einem Fixpreis abgeschlossen, wobei bei gewissen Projektarten – z.B. in der Baubranche – häufig Iterationen sowie formale Reviews zwischen Auftraggeber und Auftragnehmer bis zur Fertigstellung des gesamten Produkts notwendig sind. Das Generalunternehmen kann wiederum für die spezifischen Aufgaben bei der Projektabwicklung weitere Firmen hinzuziehen, mit denen es einen eigentlichen „Joint-Venture-Vertrag" abschliesst. Um solche Projekte erfolgreich abwickeln zu können, sollten folgende Voraussetzungen bestehen:

- Der Auftraggeber stellt auch einen Projektleiter.
- Das Generalunternehmen muss die Profile der Mitarbeiter, die es in diesem Projekt einsetzen wird, dem Auftraggeber zustellen, insbesondere das des Projektleiters.
- Ein sachlich flexibles Vertragswerk (☞ Kapitel 9.3 „Vertragsmanagement").
- Offenheit von beiden Seiten, somit eine gute Vertrauensbasis.
- Angebote prüfen bzw. miteinander vergleichen; das günstigste Angebot ist nicht immer das beste!
- Ein beidseits anerkanntes Methodenhandbuch (Projektmanagement-Leitfaden).
- Klare Aufgabenzuteilung, insbesondere vonseiten des Auftraggebers.
- Ein gut ausgearbeiteter Prüfplan. Etc.

Viele der heutigen Verträge mit einem Generalunternehmen orientieren sich am Schleifen-Vorgehensmodell (☞ Kapitel 1.4.5.2.2 „Schleifen-Vorgehensmodell"). Dabei verpflichtet sich das Generalunternehmen in einer sehr frühen Projektphase (oft bereits nach der Initiierung), das System (oder Produkt) zu einem Fixpreis zu erstellen. Diese Situation ist bei vielen, insbesondere bei fluiden Projekten nicht ganz problemlos, da genaue Grössen hinsichtlich der Kosten zu diesem Zeitpunkt nur schwer auszumachen sind. Möchte der Auftraggeber sein System (oder Produkt) nach einem evolutionären Vorgehensmodell entwickeln, so muss ein sehr flexibler Rahmenvertrag erstellt werden, da sonst alle Vorzüge dieser Entwicklungsform zunichte gemacht werden.

2.2.2 Projektportfolio-Board

Das Projektportfolio-Board (PPB), auch Projekt-Steuerkreis genannt, ist meist ein von der Geschäftsleitung ausgewähltes Gremium. Im Unterschied zum Projektsteuerungs-Gremium erhält das Projektportfolio-Board alle aggregierten Projektanträge sowie alle laufenden aggregierten Projektberichte des gesamten Projektportfolios. Es hat somit nicht die Einzelsicht auf ein Projekt, sondern die Sicht über alle Projekte. Beispielsweise als Entscheidungsgremium des Gesamtunternehmens stellt es die Umsetzung der Strategie sicher.

2.2.2.1 Aufgaben

Im Projektportfolio-Board werden entlang der aufgeführten Portfoliophasen die Entscheidungsgrundlagen erarbeitet. Die Aufgaben im Projektportfolio-Board sind wie folgt:

- Planen und Bewertung, dazu gehören:
  - die Erstellung eines Mehrjahresplans (Masterplan), der projektbezogen die übergeordnete Zielsetzung z.B. der Strategie unterstützt respektive sicherstellt,
  - die Erstellung der entsprechenden Pläne wie Einsatzmittelplan, Finanzmittelplan, Skillsplan, Entwicklungsplan über die Folgejahre.

- Entscheiden, dazu gehören:
  – die Auswahl und die Beauftragung von Projekten im Hinblick auf Gesamtportfolioziele,
  – die Prioritätssetzung (Ressourceneinsatz) bezüglich der verschiedenen Projekte, und
  – die Genehmigung risikoreicher Projekte, sofern die Risiken auch andere Projekte betreffen.

- Controlling, dazu gehören:
  – die Überprüfung der Strategiekonformität der Projekte,
  – die Unterstützung bei Projektkrisen,
  – die Koordination der Projektideen zwecks Vermeidung von Doppelspurigkeiten,
  – die Überprüfung von Konsequenzen eines Projekts für das (Teil-)Projektportfolio,
  – die Qualität im Projektportfolio bzw. dass diese in den Projekten laufend verbessert wird (z.B. mit einer Balanced Scorecard) und dass
  – anhand der Projekterfolgsberichte die stetige Qualitätsverbesserung in der Projektabwicklung gewährleistet ist.

2.2.2.2 Kompetenzen

- Priorisierung (z.B. Zurückstellen eines Vorhabens zugunsten eines anderen bzw. neuen Projekts).
- Wirkt bei der projektspezifischen Mehrjahresplanung mit (bestimmt mit).
- Alloziert die notwendigen Finanzmittel aus Sicht des Projektportfolios.
- Gibt die wichtigen Projektführungs-Lieferobjekte aus Sicht des Projektportfolios frei.
- Kann Ressourcen bewilligen.

2.2.2.3 Verantwortung

- Trägt die Verantwortung, dass die Projekte im Sinn der Firmenstrategie erfolgen.
- Trägt die Verantwortung, dass portfoliobezogen entsprechende Ressourcen zur Verfügung stehen.
- Trägt die Verantwortung, dass Ressourcen-Engpässe im erträglichen Mass vorkommen.
- Trägt die Verantwortung, dass sich die PM-Kultur der Unternehmung stetig verbessert.
- Trägt die Verantwortung, dass die kumulierten oder in Kausalität stehenden Risiken rechtzeitig aufgedeckt und angegangen werden.

2.2.3 Projektportfolio-Controller

Wie das Projektportfolio-Board steht auch der Projektportfolio-Controller (PPC), zum Teil auch Portfoliounterstützungsbüro genannt, ausserhalb der eigentlichen Projektorganisation. Er pflegt das Projektportfolio und liefert so die nötige Transparenz, die eine gute Entscheidungsgrundlage für das Projektportfolio-Board, das Projektsteuerungs-Gremium und den Projektleiter bildet.

Ein guter Controller unterstützt den Projektleiter durch seine gezielten, vorausschauenden Anweisungen bezüglich der Projektabwicklungsziele (Leistung, Qualität, Zeit und Kosten).

2.2.3.1 Aufgaben

Die Hauptaufgaben des Projektportfolio-Controllers sind in die folgenden vier Bereiche gegliedert:

- Projektaufnahme und -priorisierung
  In der Projektaufnahme und -priorisierung werden die Projektanmeldungen mit einem Projekt-Assessment bewertet. Dazu gehören:
  - die Priorisierung (Vorschlag) und die Kategorisierung von Projekten,
  - die Selektionierung nach Schlüsselprojekten und
  - die Aufbereitung der Entscheidungsgrundlagen für das Projektportfolio-Board,
  - neue Projekte in den Masterplan aufnehmen.

- Projektportfolio-Führung
  In der Projektportfolio-Führung wird die Qualifizierung des projektbezogenen Berichtswesens sichergestellt. Dazu gehört z.B. die Analyse der nachfolgenden Daten der Projektstatusberichte:
  - Termine
  - Budget
  - Risiken
  - Problemlösung
  - Einsatzmittel
  - Qualität
  - Leistung
  - Abhängigkeiten
  - Änderungen etc.

  Anhand der Projektdaten und deren Analyse wird vom Projektportfolio-Controller eine Zusammenfassung in Form des Projektportfolio-Controllingberichts (PPC-Bericht) für das Projektportfolio-Board erstellt. Weiter gehören zu diesem Bereich Aufgaben wie:
  - laufende, koordinierende Überwachung der Projekte,
  - Unterstützung der Projektleiter (eine Art Coaching aus Controlling-Sicht),
  - Anpassung des Masterplans,
  - Vorbereitung von Entscheidungen,
  - Überwachung und Koordination der vom PPB getroffenen Massnahmen.

- Portfolio-Projektabschluss
  Auch bei einem Projektabschluss werden vom Projektportfolio-Controller entsprechende Arbeiten aus Sicht des Projektportfolios vorgenommen und die Resultate an das Projektportfolio-Board weitergeleitet bzw. für künftige Projekte archiviert. Dazu gehören:
  - die Verfassung des Projekterfolgsberichts durch den Projektportfolio-Controller und
  - die Erhebung der Controllingdaten für die Projektportfolio-Excellence.

  Der Projektportfolio-Controller moderiert das Projekt-Review und koordiniert das Projekt-Audit.

- Supportfunktion
  Unter Supportfunktion werden alle Unterstützungsarbeiten verstanden. Dazu gehören vor allem:
  - die zur Vorbereitung, Durchführung und Nachbereitung der Sitzung des Projektportfolio-Boards notwendigen Aktivitäten,
  - Definieren von allgemeingültigen Projektstandards,
  - ständige Aktualisierung der Instrumente (Tools, Checklisten, Vorlagen etc.),
  - Ausführen von diversen Auswertungen,
  - Analysieren des gesamten Portfolios,
  - die Beratungsleistungen für Projektportfolio-Controller anderer Projektportfolios.

2.2.3.2 Kompetenzen

- Der Projektportfolio-Controller veranlasst den Projektleiter zur Berichterstattung (z.B. Projektstatusberichte) und ordnet bei Bedarf Korrekturen an.
- Er verfolgt die vom Projektportfolio-Board angeordneten Projektsteuerungsmassnahmen.
- Er interveniert bei unsachgemässer Antragstellung und Berichterstattung.

2.2.3.3 Verantwortung

- Der Projektportfolio-Controller ist verantwortlich für die formal korrekte und effiziente Eingabe von Anträgen und Massnahmen an die Genehmigungsinstanz oder das Projektportfolio-Board.
- Er ist verantwortlich, dass die Übersicht über den Status der laufenden und geplanten Projekte des Projektportfolios jederzeit möglich ist.
- Er ist verantwortlich für die Umsetzung der Richtlinien bezüglich des Projektportfolios.
- Er ist verpflichtet, periodisch oder bei Unregelmässigkeiten sofort das Projektportfolio-Board zu informieren (Frühwarnsystem).

2.2.4 Projektleiter

Der Projektleiter ist für die fach- und termingerechte Abwicklung des Projekts zuständig. Zu seinem Aufgabenbereich gehören alle steuernden, planenden und kontrollierenden Massnahmen, die in einem Projekt anfallen, sowie die Mitarbeit bei der Lösungsfindung und die entsprechenden Administrationsarbeiten. Dabei trägt er nach aussen auch die Projektverantwortung für die sachgerechte Durchführung der von ihm geplanten Aufgaben plus die sogenannte Eigenverantwortung.

Gemäss Surböck [Sur 1978] unternimmt der Projektleiter alles, um das Projekt in Gang zu halten – aber er übernimmt nicht selbst die Bearbeitung einer Durchführungsaufgabe! Natürlich arbeitet er im Rahmen seiner Koordinationsarbeiten bei der Lösungsfindung mit. Es sind aber die Projektmitarbeiter, die die Lösung umsetzen.

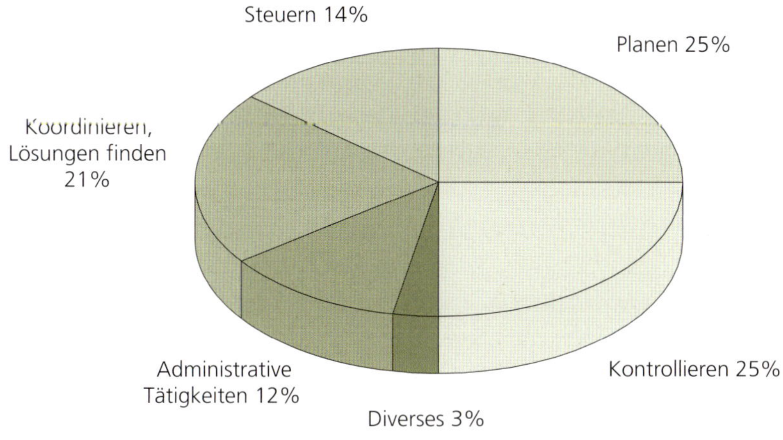

Abb. 2.14: Aufgabenverteilung des Projektleiters [Sur 1978]

Eine Ausnahme, d.h. die gleichzeitige Erfüllung von Führungs- und Ausführungsaufgaben, gibt es nur bei einfachen Projekten, in denen der Projektleiter aufgrund des geringen Projektumfangs beide Funktionen ausübt. Hier muss sich der Projektleiter bewusst sein, dass er diese zwei „Rollenhüte" respektive Aufgabenarten nicht miteinander vermischen darf, da er sonst schnell in die Lage kommt, Dringlichkeit vor Wichtigkeit zu stellen. Die einzelnen Aktivitäten eines Projektleiters gemäss Abbildung 2.14 können sich ungefähr auf die gesamte Arbeitszeit verteilen. Die aufgeführten Werte beziehen sich auf ein mittelgrosses Projekt; sie dienen als Anhaltspunkte und nicht als absolute Werte. Je nach Grösse und Art des Projekts kann sich insbesondere die Koordinationstätigkeit stark verändern.

Bei sehr grossen Vorhaben wird die Projektleiterfunktion auf einen Gesamtprojektleiter und verschiedene Teilprojektleiter aufgeteilt. Dies geschieht erfahrungsgemäss dann, wenn mehr als sieben Personen in einem Projektteam mitarbeiten. Der Gesamtprojektleiter wird in diesem Fall allenfalls auch Programmleiter genannt. Er kann drei bis fünf Teilprojektleiter führen. Mit dieser Unterteilung in kleinere Teams wird die Effizienz des Projektes gesteigert, da dadurch insbesondere die Koordinationsfähigkeit optimiert wird.

2.2.4.1 Anforderungen

Die Anforderungen an einen Projektleiter sind sehr vielfältig (☞ Anhang B.1.1 „IPMA Competence Baseline 3 (ICB 3)"). Wie den folgenden Abschnitten zu entnehmen ist, sollte er fast übermenschliche Fähigkeiten besitzen. Diesen Anforderungen kann eine Einzelperson nur schwerlich in allen Bereichen gerecht werden. Das ist die eine Seite der Medaille. Die andere Seite ist, überhaupt zu erkennen, welche Fähigkeiten ein Projektleiter besitzt. Dazu werden zunehmend Assessment Tools (zur Eigen- wie zur Fremdbewertung) eingesetzt. Werden solche Assessment-Werkzeuge zur Be- und nicht zur Verurteilung eingesetzt, sind sie ein sehr positives Instrument, das der gezielten Weiterentwicklung eines jeden Projektleiters dienen kann.

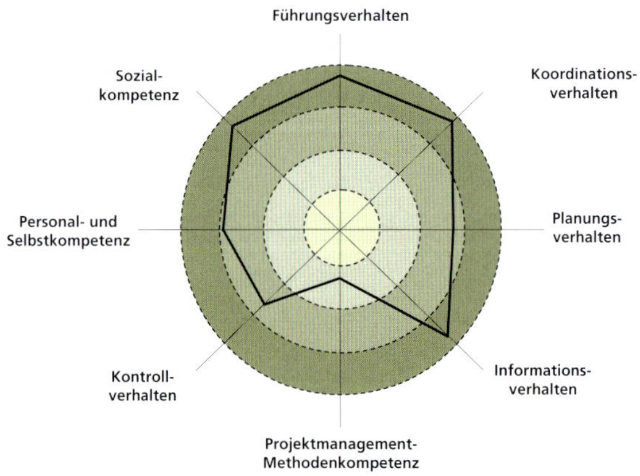

Abb. 2.15: Extraktauswertung eines PL-Fähigkeits-Assessments (SPOL Assessment ®)

Eine wichtige, „übergeordnete" Eigenschaft, über die ein Projektleiter auf alle Fälle verfügen sollte, ist die Fähigkeit zur Selbstkritik. Sie ermöglicht ihm, mit seinen eigenen Schwächen besser umzugehen. In der folgenden Tabelle wird, basierend auf den Kompetenzen eines Individuums (☞ Kap. 6.1.4), „etwas gewagt" eine subjektive Gewichtung der Fähigkeiten sowie der Eigenschaften des Projektleiters vorgenommen.

				Fach- und Sachkompetenz	
	Methoden-kompetenz	Sozialkompetenz	Personal- und Selbstkompetenz	PM-Kompetenz	Branchen und Fach-Kompetenz
Wichtigkeit	15	20	20	35	10

Abb. 2.16: Gewichtung der Eigenschaften und Fähigkeiten eines Projektleiters

Darin werden z.B. projektleiterbezogene Kompetenzen respektive die darin anfallenden Aufgaben im Bereich des Projektmanagements, der Sozialkompetenz sowie der Personal- und Selbstkompetenz, die nur in beschränktem Umfang an die Projektmitarbeiter delegiert werden können, stärker gewichtet als die Fach- und Sachkompetenz im Bereich der Branchen und spezifisches Fachwissen. Gruppiert nach Fähigkeiten und Qualifikationen, wird in Abbildung 2.17 das Anforderungsprofil eines Projektleiters gezeigt.

2

Fähigkeiten und Qualifikationen	gering			hoch
Methodenkompetenz				
Führungsfähigkeit (Führungserfahrung/Führungsqualität)				X
Organisations- und Koordinationsfähigkeit			X	
Problemlösungsfähigkeit				X
Sprachkenntnisse		X		
Fähigkeit, Zusammenhänge zu sehen				X
Improvisationsfähigkeit/Chaosmanagement			X	
Sozialkompetenz				
Fähigkeit, mit Krisen und Konflikten umzugehen			X	
Motivationsfähigkeit				X
Kooperations- und Integrationsfähigkeit		X		
Kommunikationsfähigkeit/Kontaktfreudigkeit/Offenheit			X	
Vermittlungs- und Verhandlungsfähigkeit (Überzeugungskraft)			X	
Teamfähigkeit/Kontaktfreudigkeit		X		
Personal- und Selbstkompetenz				
Sorgfalt, Zuverlässigkeit			X	
Belastbarkeit, Ausdauer und Flexibilität				X
Entscheidungsfreudigkeit/Zielstrebigkeit (resultatorientiert)			X	
Einsatzbereitschaft/Leistungsfähigkeit (Effizienz)			X	
Selbstständigkeit (Selbststeuerung, -kontrolle, Selbstkritik)				X
Einfühlungsvermögen, Ethik, Wertanerkennung			X	
Lernbereitschaft (-fähigkeit)			X	
Fach- und Sachkompetenz				
Wissens- und Handlungskompetenz der PM-Prozesse				X
Wissens- und Handlungskompetenz der PM-Führungsthemen				X
Fähigkeit, PM-Instrumente anzuwenden			X	
Kenntnisse von PM-Vorgehensmethodik			X	
Kenntnisse der Entwicklungs- respektive Umsetzungstools	X			
Fach- (z.B. Informatik) und Branchenwissen (z.B. Bank)				
Berufserfahrung		X		
Technische Fachkenntnisse	X			
Theoretische Fachkenntnisse		X		
Branchenwissen (Bank, Versicherung)				
Betriebskenntnisse (je nach Situation)				X
Branchenwissen		X		

Abb. 2.17: Anforderungsprofil für einen Projektleiter

2.2.4.2 Aufgaben

Die wichtigste, übergeordnete Aufgabe eines Projektleiters besteht im Erreichen der festgelegten und definierten Projektziele. Dabei muss er den Kosten- und Terminrahmen einhalten und den geforderten Leistungsumfang sowie die geforderte Qualität zusichern. Neben all den „üblichen" Projektaufgaben muss der Projektleiter vermehrt auch Marketinginstrumente einsetzen, damit er mit dem Promotor/Sponsor zusammen sein Projekt nach aussen verkaufen kann. Er betreibt daher ein aktives Projektmarketing, d.h., er leitet alle notwendigen Massnahmen ein, die dem „Verkauf" des Projekts dienen.

Einige Hauptaufgaben des Projektleiters:
- Initialisieren und Definieren des Projekts in Zusammenarbeit mit den Teilprojektleitern und Mitarbeitern,
- Entwerfen, Abgrenzen und Strukturieren der Arbeitspakete sowie der Aufgabenprozesse,
- Planung, Steuerung und Kontrolle der einzelnen Projekttätigkeiten,
- Mithilfe bei der Institutionalisierung des eigenen Projektteams,
- fachliches, zum Teil auch disziplinarisches Führen der Projektmitarbeiter,
- Arbeits-, Ergebnis- und Informationskoordination mit den betroffenen Umsystemen,
- Informieren der zuständigen Gremien mittels eines guten Informationssystems,
- Schaffen der Voraussetzungen für die Projektdurchführung,
- Erstellung und Kontrolle des Budgets,
- Vorbereitung, Durchführung und Nachbearbeitung der Reviews,
- Durchführung des Projektabschlusses,
- Vertretung des Projekts gegenüber der Trägerinstanz und den Auftraggebern,
- bedürfnisgerechte Information der Betroffenen, um sie zu Beteiligten zu machen (Projektmarketing).

2.2.4.3 Kompetenzen

Je nach Definition der Aufgaben des Projektleiters werden seine Kompetenzen entsprechend geregelt. Zu den Weisungs- und Entscheidungsbefugnissen innerhalb seines Aufgabengebiets gehören:
- Arbeitsauftragsvergabe an fremde Stellen, z.B. direkt beteiligte Stellen der Fachabteilung etc.,
- Arbeitsauftragsverteilung innerhalb des Projektteams,
- Fremdentscheidungskompetenz innerhalb des Arbeitsgebiets des Projektteams,
- Kontrolle und Steuerung aller Projektarbeiten,
- Einberufung der diversen Gremien, die eine Beziehung zu seinem Projekt haben,
- je nach Organisationsform ein mehr oder weniger stark ausgeprägtes Partizipationsrecht bei Personalentscheidungen,
- Verwaltung sämtlicher freigegebener Ressourcen.

Abgestützt auf die Organisationsform, sind die Kompetenzen eines Projektleiters unterschiedlich. Sie können sich auf Empfehlungs- und Beratungsrechte (Stab-Linien-Projektorganisation) beschränken oder aber sämtliche Weisungsbefugnisse (Linien-Projektorganisation) beinhalten. Angepasst an Projektdauer und Projektorganisationsform, werden dabei die disziplinarischen Befugnisse meistens nur in begrenzter Form (z.B. Verwaltung der gleitenden Arbeitszeit) auf den Projektleiter übertragen. Der Projektleiter besitzt damit für die folgenden Massnahmen bei der langfristigen Mitarbeiterentwicklung keine oder nur eine beratende Kompetenz:

- Mitarbeiterbeurteilung,
- Gehaltsfindung,
- Aus- und Weiterbildungsmassnahmen,
- Beförderungen.

2.2.4.4 Verantwortung

Wie beim Auftraggeber verändert sich auch die Verantwortung des Projektleiters während des Projektverlaufs. Generell trägt er die Verantwortung für die Erreichung der im Projektauftrag formulierten Zielsetzungen sowie für die fachliche Führung des Projektteams, dessen Arbeiten und für die notwendige Repräsentanz des Projekts. Je nach Organisationsform (z.B. Linien-Projektorganisation) gehört neben der fachlichen auch die personelle Betreuung der Mitarbeiter zu seinem Verantwortungsbereich.

2.2.5 Projekt-Office

Ein Projektleiter kann aufgrund des entsprechenden Projektumfangs ein Projekt-Office (PO) installieren. Das Office (Projektmanagement-Büro) kann ihn einerseits im Bereich der administrativen und koordinierenden Tätigkeiten entlasten, andererseits können dem Projekt-Office aber auch Spezialarbeiten übertragen werden. Neben der Sicherstellung der projektbezogenen Leistungsverrechnung kann es für den Projektleiter folgende Dienstleistungen erbringen:

- Erstellen einer Rohfassung des Projektplans,
- Eröffnen des Projekts im entsprechenden System (Customizing von Projektstammdaten),
- Erstellen von Rohpräsentationen,
- Erstellen von Roh-Protokollen,
- Projektdaten zur Vorlage bei PL und PPC verdichten und auswerten,
- Sicherstellen der Einhaltung von Qualitätsaspekten bei der Projektabwicklung,
- Aufbereiten von Standards und Richtlinien,
- Sicherstellen der Betriebskonfiguration des Projektteams,
- Verwalten des Vertrags- und Lieferantenmanagements,
- rechtzeitiges Einfordern der notwendigen Projektberichte (PSB, Abschlussbericht etc.),
- Vornehmen der Kostenabrechnungen,
- Durchführen der kostenseitigen Nachkalkulation,
- Durchführen von Kundenumfragen pro Projekt etc.

Das Projekt-Office ist damit kein verstecktes Sekretariat, sondern dient als qualifizierte Unterstützung für qualifizierte Arbeiten. So erstellt das Projekt-Office z.B. während der Sitzung effizient das Rohprotokoll und übergibt dies nach der Sitzung dem Sitzungsleiter. Politisch korrekte Aussagen, schöne Darstellungen etc. kann der Sitzungsleiter selbst einfügen, wenn er es für notwendig hält.

Die AKV für das Projekt-Office global zu beschreiben, ist nicht sinnvoll, da diese einerseits von den Bedürfnissen je nach Projekt abhängen und andererseits die Fähigkeit des Projekt-Officers oftmals stark variiert.

2.2.6 Projektteam

Das Projektteam, das aufgrund des Auftrags zeitlich befristet existiert, wird am Anfang eines Projekts durch den Projektleiter und den Auftraggeber gebildet (Projektdefinition). Es wird nach der Zielerreichung, nach Erledigung eines Arbeitspakets (Temporärteam) oder am Ende des Projekts (Kernteam) wieder aufgelöst. Die definierten Aufgaben können die gesamte oder auch nur eine begrenzte Arbeitszeit einzelner Mitglieder beanspruchen. Grundsätzlich gilt, dass ein Projektteam aus maximal sieben Mitarbeitern bestehen sollte. Wird diese Zahl überschritten, müssen entweder die Anforderungen an das Projekt reduziert, die Entwicklungszeit verlängert oder Teilprojekte mit entsprechend angepassten Teamgrössen gebildet werden. Die Mitglieder eines Projektteams sollten durch ihre gemeinsamen Interessen und die Projektidentifikation nach aussen auffallen. Die einzelnen Rollen sollten klar definiert sein, und das ganze Team muss sich in organisatorischen Belangen wie in zwischenmenschlicher Hinsicht an Normen halten. Ferner muss sich das Projektteam in seiner Zusammensetzung qualitativ und quantitativ nach den Zielen des Projektauftrags richten [Leh 1991]. Für Projekte ist es ideal, wenn ein Team (in fachlicher Hinsicht) aus unterschiedlichen Rollen zusammengesetzt werden kann. Dies kann natürlich je nach Projektart und Projektauftrag sehr stark variieren. Die Fachmitarbeiter können bei entsprechenden Fähigkeiten grundsätzlich aus allen Unternehmensbereichen kommen.

2.2.6.1 Anforderungen

Folgende fachlich übergeordnete Anforderungen sollten die Projektmitarbeiter erfüllen können:

- Es muss eine hohe Bereitschaft zur Kooperation vorhanden sein, nicht nur innerhalb des Teams, sondern auch gegenüber den Umsystemen.
- Sie müssen geistig beweglich und flexibel sein. Daher müssen sie Lernbereitschaft und logisches Denkvermögen mitbringen.
- Sie sollten kreativ arbeiten können und über genügend Abstraktionsvermögen verfügen.
- Sie müssen zu überdurchschnittlichen Leistungen bereit sein und sich mit den Projektzielen identifizieren können.
- Sie müssen eine gewisse Überzeugungskraft sowie didaktische Fähigkeiten besitzen.
- Sie müssen genügend Selbstsicherheit/Eigenständigkeit und eine gewisse Berufserfahrung mitbringen.

2.2.6.2 Aufgaben

Je nach Rolle fallen unterschiedliche Aufgaben an. Das Team in seiner Gesamtheit ist beauftragt,

- die in Zusammenarbeit mit dem jeweiligen Auftraggeber zweckmässigen Systemgrenzen (Scope), System- und Abwicklungsziele zu definieren;
- realisierbare Lösungsentwürfe im Detail auszuarbeiten;
- die Lösungsentwürfe zu analysieren, damit eine Bewertung und eine qualifizierte Auswahl möglich ist;
- die im Detail geplanten Lösungen umzusetzen, zu testen und bei erfolgreichen Ergebnissen diese in die bestehende Umgebung einzuführen;
- mit den betroffenen Linienstellen z.B. die neue Aufbau- und Ablauforganisation zu definieren und sie formell in die Unternehmung einzuführen.

2.2.6.3 Kompetenzen

Aufgrund der unterschiedlichen Aufgabenbereiche ist es nicht sinnvoll, dem Projektteam globale Kompetenzen zu übertragen. Es wird eher dem Projektleiter überlassen, einzelne Mitarbeiter zu autorisieren. Beim Übertragen von Kompetenzen an die Projektmitarbeiter sind folgende Einflussgrössen ausschlaggebend:

- Art des Projekts,
- Art der Projektführung (Führungsstil des Projektleiters),
- allgemeine Projektumgebung,
- Fähigkeiten der Projektmitarbeiter,
- Art der Aufgabenstellung.

Im Rahmen seiner Befugnisse und abgestützt auf die erwähnten Einflussgrössen, kann der Projektleiter folgende Kompetenzen vergeben:

- Die Projektmitarbeiter können ihrer Tätigkeit entsprechend Arbeitspakete an die Benutzer übergeben.
- Die Mitarbeiter erhalten die Kompetenz, die für ihre Arbeit notwendigen Informationen einzuholen.
- Die Mitarbeiter erhalten die Kompetenz, Ergebnisse der anderen Teammitglieder zu prüfen und formell abzunehmen.

2.2.6.4 Verantwortung

Grundsätzlich ist das Projektteam oder auch der einzelne Mitarbeiter für die ihm übertragenen Aufgaben bzw. für die von ihm erarbeiteten Ergebnisse verantwortlich. Zu seinen Verantwortlichkeiten gehören:

- die sachliche Beurteilung der einzelnen ausgearbeiteten Varianten;
- die system- und sachtechnische Umsetzung der richtigen Lösungen;
- das Erstellen einer ausführlichen Projektdokumentation;
- die zweckmässige Anwendung nach erfolgter Einführung sicherzustellen.

2.2.7 Fachmitarbeiter (Anwender)

Obwohl der Fachmitarbeiter schon beim Projektteam aufgeführt ist, sollen seine Aufgaben, Kompetenzen und Verantwortung aufgrund seiner Wichtigkeit und Besonderheit nachfolgend besonders erwähnt werden. Es ist bei vielen Projektarten, insbesondere bei Produkt-Entwicklungsprojekten, äusserst wichtig, die Fachmitarbeiter als sogenannte Benutzervertreter in die Projektarbeit einzubeziehen. Damit ermöglicht man fachseitig eine frühzeitige Identifikation mit dem neuen Projektprodukt und eine „benutzergerechte" Lösung. Diese Beteiligung sollte durch die volle Integration eines oder mehrerer Fachmitarbeiter in das Projektteam abgedeckt sein.

2.2.7.1 Anforderungen

Auch an die Fachmitarbeiter werden gewisse Anforderungen gestellt. Motto ist hier: „Ein Produkt ist funktionell immer nur so gut, wie vom Fachmitarbeiter definiert." Deshalb sollte immer die fähigste Person bei einem Projekt mitwirken.

- Der Fachmitarbeiter muss die betrieblichen Abläufe sehr gut kennen und Bescheid wissen über:
  - den IST-Zustand in seinem Bereich,
  - die betrieblichen Schnittstellen,
  - die bestehenden Weisungen und Richtlinien,
  - die zur Verfügung stehenden Betriebsmittel etc.
- Er sollte über ein ausgezeichnetes Vorstellungsvermögen in Bezug auf die kommende SOLL-Lösung verfügen, damit er sich die Ergebnisse des zu testenden Produkts/Systems, sprich Projektprodukts, vorstellen kann.
- Als Kommunikator zwischen der Fachabteilung und den Projektbeteiligten muss er sehr teamfähig sein.
- Er benötigt strategisches Denkvermögen, damit er die Zielsetzungen der SOLL-Lösung immer klar verfolgen kann.
- Der Benutzervertreter muss während der geplanten Requirement- und Testperiode verfügbar oder allenfalls kurzfristig abrufbar sein. Nacht- und Wochenendeinsätze können oft nicht vermieden werden.

2.2.7.2 Aufgaben

Für den Fachbeteiligten können Aufgabenbereiche, sofern diese nicht bereits durch Fachvertreter des Projektteams übernommen wurden, wie folgt aussehen:

- Ziele und Wünsche präzise formulieren.
- Voraussetzungen für eine wahrheitsgetreue IST-Analyse schaffen.
- Projektarbeit durch folgende Tätigkeiten unterstützen:
  - Sammeln von praxisbezogenen Geschäftsvorfällen,
  - Aufbereiten und Neugestalten der gesammelten Geschäftsvorfälle,
  - Definition der Testziele und der zu erwartenden Resultate,
  - Dokumentation der Geschäftsvorfälle/Testfälle,
  - Überprüfen der Resultate und Produktergebnisse,
  - Dokumentation von Fehlermeldungen/Fehlerkorrekturabläufen,
  - Kontrolle/Überwachung von Zielkorrekturen,
  - Auffinden von möglichen Risiken und Problemen,
  - Freigabe der Applikation durch seine Unterschrift.
- Koordination der Schnittstellen mit seiner Fachabteilung in Zusammenarbeit mit dem Fachausschuss.
- Know-how und Erfahrung bei der Einführungsvorbereitung und der Ausbildung der Fachabteilung zur Verfügung stellen.
- Motivator für seine Arbeitskollegen sein.
- Vermittler und Verkäufer zwischen Projekt und der Fachabteilung sein.

2.2.7.3 Kompetenzen

Dem Fachbeteiligten werden die notwendigen Kompetenzen vorwiegend situativ aufgrund seiner Aufgabenerfüllung gewährt. Dies sind unter anderem:
- Die „Mit"-Freigabe der Phasendokumente und der getesteten Projektprodukte.
- Berechtigung, den involvierten Stellen im Betrieb Testaufträge zu erteilen.
- Sich für wichtige Projekttätigkeiten im Betrieb freizustellen.
- Prioritäten zu setzen, um Fehler bzw. Mängel zu bereinigen.
- Testwiederholungen zu verlangen, bis die gewünschte Produktqualität erreicht ist.
- Ungelöste Konflikte an das Projektsteuerungs-Gremium zur Überprüfung weiterzuleiten.

2.2.7.4 Verantwortung

Der Fachbeteiligte übernimmt eine Kollektivverantwortung für die Richtigkeit der getesteten und abgenommenen Projektprodukte. Er trägt auch die Verantwortung für die Wahrung der Interessen und der Vorgaben des Fachausschusses und ist für dessen umfassende Information verantwortlich. Idealerweise werden sowohl die Verantwortungen des Fachbeteiligten als auch die definierten Kompetenzen im Projektauftrag klar geregelt.

2.2.8 Projektberatung

Unter Projektberatung versteht man die Beratertätigkeit im Entwicklungsbereich. Diese wird zur Planung, Entwicklung oder Einführung eines Projekts benötigt. Neben der expliziten Projektberatung sind Beratungen insbesondere bei der Reorganisation eines Unternehmens oder bei Projekten, die in eine Krise geraten sind, notwendig. Die Projektberatung umfasst nur die Beratung und Unterstützung des Projektleiters und der Projektmitarbeiter, nicht aber z.B. die Reduzierung von Entwicklungsengpässen.

- Interner Berater
  Es wird oft vergessen, dass man auch interne Berater heranziehen kann. Verfügt man über ein Fähigkeitsprofil, so findet man leicht die richtige Person und kann sie entsprechend einsetzen. Falls die Kosten firmenintern verrechnet werden, dürfte es einfacher sein, solche Berater auch für längere Zeit in Anspruch zu nehmen. Der firmeninterne Berater verfügt über betriebsinternes Wissen, was von grossem Vorteil ist.

- Externer Berater (Consulting)
  In vielen Fällen ist es jedoch besser, eine herstellerunabhängige, unternehmensneutrale Beratung zu suchen. Um einen geeigneten Berater zu finden, kann je nach Situation einer der folgenden „Beratertypen" hinzugezogen werden:
  - Einzelne Berater, die sich auf einem Gebiet als Spezialist anbieten. Dabei können Berufsverbände der Spezialisten bei der Beschaffung von Adressen behilflich sein. Oder man verlässt sich auf die Empfehlung von Berufskollegen.
  - Firmen, die eine umfassende Gebietsunterstützung und Garantieleistungen anbieten.
  - Technische Universitäten und Hochschulen, die Betriebswissenschaft/Betriebswirtschaft lehren.

Welcher Beratertyp schliesslich infrage kommt, hängt von der jeweiligen Situation ab.

2.2.9 Gremien

Zur Planung und Steuerung eines Projekts, zur Sicherstellung eines umfassenden Informationsflusses und einer vollständigen Kommunikation sind organisationsübergreifende und projektbegleitende Gremien notwendig. Sie können vielfältig gestaltet werden, und ihre Art und Form können von der gewählten Projektorganisation, der Projektgrösse und der Aufgabenstellung abhängig sein.

2.2.9.1 Ausschüsse – Kollegien

In der Praxis findet man viele Namen für die verschiedenen Gruppierungen, wie z.B. Steering Committee oder Review Board. Gemäss Liebelt [Lie 1989] können solche hierarchieüberlagernden Gremien organisatorisch jeweils ganz klar in Ausschüsse oder Kollegien unterteilt werden.

- Kollegien sind zeitlich befristete, hierarchiefreie Gruppierungen zur Bearbeitung von Aufträgen (z.B. Kollegium zur Überprüfung und Abnahme der Projektberichte).
- Ausschüsse sind dauerhafte, hierarchiefreie Zusammenschlüsse zur Bearbeitung von wiederkehrenden Aufgaben (z.B. Projektplanungsausschuss).

Ausschüsse und Kollegien beanspruchen nicht die gesamte Arbeitszeit ihrer Mitglieder. Sie schliessen durchaus die Rolle eines Vorsitzenden ein, der jedoch gegenüber den andern Mitgliedern nicht weisungsberechtigt ist. Er ist eher ein Moderator und zuständig für koordinierende Belange.

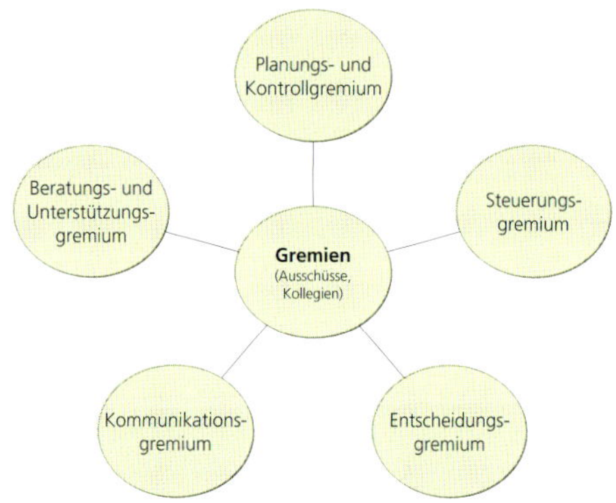

Abb. 2.18: Die verschiedenen Gremien einer Projektorganisation je nach Funktion

Ob ein Ausschuss oder ein Kollegium notwendig ist, ist nur durch die zeitliche Form bedingt (temporär oder dauerhaft). Wird in einem kleineren Unternehmen für ein Projekt ein Kontrollgremium gebildet, so handelt es sich um ein Kollegium, da sein Einsatz zeitlich befristet ist. Besteht in einer Unternehmung ein Gremium, das alle laufenden Projekte überwacht, so spricht man von einem Ausschuss, da die Kette von laufenden Projekten nie abbricht und es sich um eine dauerhafte Institution handelt. Die aufgeführten Gremien können grundsätzlich zwei unterschiedliche Aufgaben verfolgen:

- Projektträgerfunktion
  Das Gremium, dem die gesamte Projektorganisation unterstellt ist, hat eine Projektträgerfunktion. Es verkörpert den Auftraggeber/Sponsor oder übernimmt in den meisten Fällen alle seine Aufgaben (übergeordnete Planung, Steuerung, Entscheidungen, Kontrolle). Aus diesem Grund hat dieses

Gremium die letzte Entscheidungskompetenz. Die Entscheidungs- und Durchsetzungskraft dieses Gremiums ist umso grösser, je mehr Mitglieder aus höheren Hierarchiestufen der Unternehmung ihm angehören. Der direkte Einbezug der Geschäftsleitung ist jedoch nur bei sehr wichtigen Projekten eine zwingende Voraussetzung. Bezieht man sich auf die Struktur, so sind die meisten Mitglieder dieser Projektinstanz auch für das Projektportfolio zuständig.

- Beratungs- und Unterstützungsfunktion
  Weitere Aufgaben, die ein Gremium wahrnehmen kann, sind Beratung, Informationsverbreitung und fachliche Unterstützung. Diese Funktionen können entweder vom selben Gremium, das auch die Projektträgerfunktion ausübt, erfüllt werden oder aber von einem eigens dafür institutionalisierten Gremium. Hierarchisch sind solche Gremien zwischen dem Projektleiter und dem Auftraggeber angesiedelt.

2.2.9.2 Planungs- und Kontrollgremium

Planungs- und Kontrollteams bestehen aus Fachleuten unterschiedlicher Fachbereiche (Entwicklung, Fertigung, Vertrieb etc.). Die Mitglieder sind für die Erstplanung oder für die Gesamtplanung bei grossen Projekten verantwortlich. Dazu treffen sie sich z.B. einmal wöchentlich. Sie sind zuständig sowohl für entsprechende Projektkontrollen (Reviews) als auch für die fachliche Beurteilung zusätzlicher Planungen, die vom Projektleiter erstellt wurden. Der Erfolg eines Planungs- und Kontrollgremiums hängt von der Kooperationsfähigkeit seiner Mitglieder ab. Das Gremium sollte nicht mehr als acht Mitglieder umfassen, damit in kurzer Zeit annehmbare Planungs- und Kontrollergebnisse erreicht werden können. Unterschieden wird aufgrund der Namen zwischen:
- Planungs-Kontrollteam, Planungs-Kontrollgruppe, Control Board,
- Planungs-Kontrollausschuss, Planungs-Kontrollkollegium.

2.2.9.3 Steuerungsgremium

Sind an einem Produkt-Entwicklungsprojekt verschiedene Linienbereiche beteiligt (z.B. Logistik, Systemtechnik, Fertigung und Vertrieb), so wird ein produktorientiertes Steuerungsgremium gebildet. Dieses Gremium berät über den Projektablauf und steuert im Einvernehmen mit dem Projektleiter die Entwicklungsabläufe.

Das Steuerungsgremium wird oft für strategische Entwicklungen eingesetzt. Meistens ist es für die Initialisierung der Projekte und für die Begleitung des Projektteams verantwortlich. Die Vertreter dieses Gremiums haben oftmals eine undankbare Aufgabe, da sie mit allen Steuerungsmassnahmen versuchen müssen, die geplanten Projektwerte zu erreichen. Aufgrund der Funktion als „Antreiber" müssen diese Aufgabenträger über eine gewisse Selbstsicherheit und Diplomatie verfügen. Dieser Funktion wird in Zukunft in jedem Projekt eine grosse Bedeutung zukommen, da die Arbeitsbelastung generell zunimmt und die Mitarbeiter daher ihre Prioritäten mit Blick auf den Erfüllungsdruck setzen. Den Steuerungsgremien werden z.B. je nach Schwerpunkttätigkeit verschiedene benannt:

- Change Control Board
- Produktentwicklungsinstanz
- Steering Committee
- Systementwicklungsgremium
- Anwenderausschuss

2.2.9.4 Entscheidungsgremium

Bei umfangreichen Projekten ist es vorteilhaft, ein Entscheidungsgremium zu bilden. Der Zweck eines Entscheidungsgremiums ist nicht in erster Linie, den Auftraggeber oder den Projektleiter in seiner Verantwortung zu entlasten. Das Gremium soll durch die gemeinsame Ergebnisprüfung mithelfen, Fehlentscheidungen zu verhindern und dem Projektleiter die nötige Rückendeckung zu geben. Bei projektbezogenen Entscheidungsgremien besteht häufig die Gefahr, dass die Mitglieder durch die angestrebte Einstimmigkeit den Entscheidungsprozess bremsen und Entscheidungen hinausschieben. Nur wenn alle Mitglieder wirklich konsensfähig sind (tolerant, auf das Ergebnis konzentriert etc.), kann dieses Gremium seine Aufgabe zufriedenstellend erfüllen. Vielfach ist der Auftraggeber in dieses Gremium mit eingebunden, manchmal verkörpert er dieses als Einzelperson. Synonyme für Entscheidungsgremien sind:

- Entscheidungsinstanz
- Lenkungsausschuss
- Entscheidungsausschuss
- Produktkommission

2.2.9.5 Kommunikationsgremium

Kommunikationsgremien sind nicht direkt an der Projektarbeit beteiligt. Sie dienen als Informationsdrehscheiben für die Entwicklungsstellen der einzelnen von einem Projekt betroffenen Linienbereiche oder der vor- und nachgelagerten Projekte. Ein Kommunikationsgremium hat die Aufgabe, den Informationsfluss eines Projekts zu gewährleisten, um Parallelentwicklungen zu verhindern und Synergien zu nutzen. Gerade im synergetischen Bereich sind bei grossen Unternehmen oft immense Wissensreserven vorhanden, die in die Projektarbeit einfliessen sollten. Da die Qualität der Information, die über ein Kommunikationsgremium fliesst, besonders wichtig ist, erhält diese Art Gremium laufend mehr Bedeutung. Kommunikationsgremien tragen z.B. folgende Namen:

- ERFA-Gruppe (Erfahrungsgruppe)
- Fachkollegium
- Mail Board
- Fachgruppe
- Promotorkollegium

Der Einsatz eines Kommunikationsgremiums hängt sehr stark von der Organisationsform ab. Ist bei der Projekt-Stab-Linien- und Projektmatrix-Organisationsform durch die überlagernde Struktur vielfach eine gute Kommunikationsbasis vorhanden, so kommt der Nutzen jener Gremien vor allem bei der Linien-Projektorganisationsform stark zum Tragen.

2.2.9.6 Beratungs- und Unterstützungsgremium

Betrifft das Projekt(resultat) verschiedene Bereiche, so sollte ein Beratungsgremium geschaffen werden, das den Informationsfluss und den Transfer von Spezialwissen zwischen den verschiedenen Bereichen gewährleistet und unterstützt. Diese Unterstützung ist notwendig, um Spezialtätigkeiten in angemessener Frist mittels Spezialistenberatung bewältigen zu können. Synonyme dafür sind:

- Usergruppe
- Fachausschuss
- Spezialisten-Board
- Beratungskollegium

2.3 Projektinformations-System

Um ein Projekt sachlich, terminlich und aufwandmässig über alle betroffenen Hierarchieebenen hinweg optimal steuern zu können, benötigt man während der Dauer der Projektabwicklung ein geordnetes Projektinformations-System. Wird dieses Informationssystem nicht detailliert im Projektmanagement-Leitfaden festgehalten, so muss das Projektteam unter der Leitung des Projektleiters am Anfang eines Projekts ein geeignetes Informationssystem definieren, institutionalisieren und durch die Projektinformationsplanung gezielt mit „Leben" versehen (☞ Kapitel 4.3.3.9.1 „Planung des Informationssystems" und ☞ Kapitel 10.4 „Informations- und Kommunikationsmanagement").

Das übergeordnete Ziel des Projektinformations-Systems ist die Regelung der formellen Information zwischen dem Projekt und den übergeordneten sowie den beteiligten und betroffenen Stellen (Stakeholders). Es dient zur Verbreitung der Planungsdaten, der getroffenen Entscheidungen und Anordnungen bezüglich verwendeter Ressourcen, aber auch der Kontrolle und der Bekanntmachung von Problemen und Schwachstellen während des Projektablaufs. Ferner kann das System auch für allgemeine Informationsverteilung an alle betroffenen Fachbereiche verwendet werden. Alle Informationen vom Projektstart bis zum Projektabschluss laufen somit über das Projektinformations-System. Die relevanten Informationen werden periodisch zu Berichten verdichtet oder als Präsentationen aufbereitet und stufengerecht weitergegeben.

Projektinformationssystem

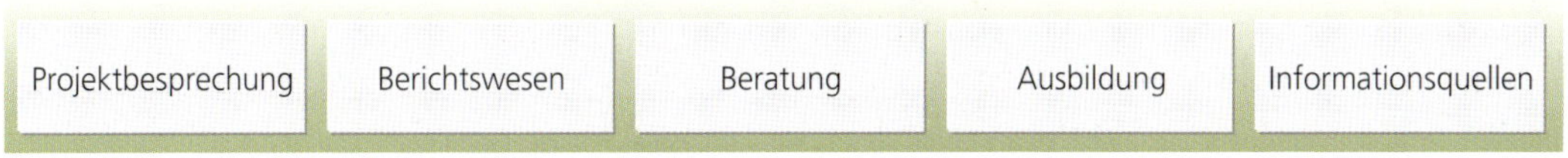

Abb. 2.19: Bestandteile des Projektinformations-Systems

Da das Projektinformations-System die verschiedenen Stellen und Instanzen bei ihrer Arbeit unterstützt, müssen folgende Punkte berücksichtigt werden [Dae 1988]:

- Die rechtzeitige und gezielte Orientierung oder Instruktion der Benutzervertreter muss geplant werden, damit sie ihre Wirkung erreicht.
- Das Projektinformations-System ist nicht in erster Linie als Ablage konzipiert, sondern entscheidungs- und handlungsorientiert. Mit seiner Hilfe sollen Entscheidungsunterlagen, Projektstatusberichte, Aufwand- und Kostensituation, besondere Vorkommnisse, geplante Massnahmen etc. den Projektverantwortlichen übermittelt werden.
- Kontrollinformationen sollen Abweichungen vom geplanten Ablauf signalisieren. Die Planung der Kontrolle ist als wesentlicher Bestandteil des Projektinformations-Systems zu betrachten.
- Orientierungen und Informationen, die zwischen den Beteiligten ausgetauscht werden und von oder an die Projektumwelt übermittelt werden, können im Einzelfall ohne Bedeutung sein.

Neben einem formalisierten Informationssystem ist ein informeller Informationsaustausch nicht nur vorteilhaft, sondern zum Teil sogar erwünscht. Eine schnelle, unkomplizierte Informationsverteilung (ad hoc und mündlich) ist wichtig, um das Leistungspotenzial aller Beteiligten voll auszuschöpfen.

Vorsicht: Die Reduktion auf einen ausschliesslich informellen, mündlichen Informationsaustausch kann sehr problematisch werden, da es in der Regel unstrukturiert und nicht verbindlich ist (keine Beweissicherung).

Unter Projektinformations-System wird das ausgewogene Verhältnis zwischen vorhandenen, notwendigen und nachgefragten projektbezogenen Informationen verstanden und deren Zusammenwirken bei der Erfassung, Be- und Verarbeitung, Auswertung und Weiterleitung.

DIN 69901 definiert die Projektinformation wie folgt:

Projektinformationen sind Daten für Planung, Steuerung und Überwachung eines Projektes.

Die gesamte Verantwortung für die Definition und die Feinabstimmung des Informationssystems trägt der Projektleiter. Er ist die Sammel- und Verteilstelle für alle projektbezogenen Informationen. Dies bezieht sich nicht nur auf die Informationen an das Kernteam, das Temporärteam und die Fachbeteiligten, sondern auch an alle anderen direkt und indirekt Betroffenen. Für alle Informationsempfänger gelten die folgenden drei wichtigen Grundprinzipien:

- Die für Informationen vorgeschriebenen Standards und Richtlinien müssen konsequent von allen eingehalten werden.
- Der administrative Aufwand darf nur so gross sein, wie wirtschaftlich vertretbar.
- Die institutionalisierte Information wird als sogenannte Bringschuld bezeichnet.

Das Projektinformations-System bildet die institutionelle Basis für das projektbezogene Informations- und Kommunikationsmanagement sowie das Projektmarketing (☞ Kapitel 10.4 „Informations- und Kommunikationsmanagement" und 10.5 „Projektmarketing").

Es ist sehr wichtig, dass der Projektleiter sein im Projekt verwendetes Informationssystem laufend kontrolliert. Die Überprüfung auf Vollständigkeit und Zuverlässigkeit des Informationssystems ist Aufgabe der Projektinformationskontrolle (☞ Kapitel 4.4.3.3.3.5 „Projektinformationskontrolle"). Mit dieser Kontrolle wird gewährleistet, dass alle Beteiligten die benötigten Projektinformationen erhalten, um ihre Aufgaben entsprechend erfüllen zu können.

2.3.1 Projektbesprechungen

Ein Teil der Projektinformationen wird anlässlich von Projektbesprechungen zum Teil erarbeitet und an das Zielpublikum (involvierte Personen) weitergegeben. Dies kann in Form einer Projektsitzung, eines Dialogs oder einer Präsentation geschehen. In den kommenden Unterkapiteln werden diese drei Projektbesprechungsarten beschrieben.

2.3.1.1 Projektsitzungen

Wenn der Informationsfluss in beide Richtungen gehen soll, werden Sitzungen abgehalten. Sie garantieren eine bewusste, gegenseitige Kommunikation. An Sitzungen beteiligen sich mehrere Personen, deren Zahl begrenzt sein sollte, um die Effizienz zu erhöhen.

Sitzungen werden vielfach auch ad hoc einberufen. Deshalb ist es nicht ganz einfach, diese zu institutionalisieren. Zur Sicherstellung der Information muss jeweils ein Protokoll verfasst werden. Für eine effiziente Sitzung gelten folgende Grundregeln:

- Die betroffenen, fachkompetenten Personen einladen.
- Tagesordnungspunkte (Traktanden) mit ausführlicher Pendenzenliste frühzeitig bekannt geben.
- Sitzung pünktlich beginnen und zügig durchführen.
- Für ein entspanntes Diskussionsklima sorgen.
- Aufgaben und Beschlüsse während der Sitzung von den Betroffenen selbst diktieren lassen (Sekretärin/Sekretär an der Sitzung).
- Protokoll noch am gleichen Tag schreiben und verteilen lassen.

Folgende Sitzungsarten werden bei einem Projekt unterschieden und sollten nach Möglichkeit institutionalisiert werden:

- Projektstartsitzung
  Die Projektstartsitzung (Kick-off-Sitzung) gilt als offizieller Startschuss für die Projektarbeit. Sie beinhaltet eine kurze Präsentation des bevorstehenden Projekts sowie des geplanten Vorgehens durch den Projektleiter. Diese Sitzung soll den Teamgeist von allen Beteiligten fördern und dazu dienen, das Projekt auf den richtigen Weg zu bringen. Zu welchem Zeitpunkt im Startprozess die Kick-off-Sitzung abgehalten werden soll, kann nicht genau definiert werden. Sinnbildlich kann dieser Akt mit dem ersten Spatenstich im Rahmen eines Bauvorhabens verglichen werden: Auch im Bau sind zu diesem Zeitpunkt die Verträge unterschrieben.

1. Begrüssung	6.2 Was muss gemacht werden? Was nicht?
2. Vorstellen der Traktandenliste	6.3 Wie sollte die Lösung aussehen?
3. Bekanntgabe der Sitzungsziele	6.4 Definieren der Ziele
4. Vorstellen der Projektbeteiligten	6.5 Was wollen wir nicht?
5. Kurzpräsentation des Projektvorhabens	6.6 Einstimmigkeit erarbeiten
6. Projektabstimmung	7. Weiteres Vorgehen
6.1 Definitives Klären der Systemgrenzen	8. Wer macht was?
6.1.1 Welche Bereiche sind betroffen?	9. Verabschiedung

- Kontrollsitzungen
  Zu den Kontrollsitzungen werden diejenigen Sitzungen gezählt, bei denen offizielle, gemäss Prüfplan vorbestimmte Kontrollen wie Reviews oder Audits vorgenommen werden. Dabei kontrollieren die Begutachter den vorgelegten Prüfling. Diese Sitzungstermine sowie auch die anwesenden Begutachter und deren Aspekte können im Voraus bestimmt werden. Oftmals fallen sie entweder in periodischen Intervallen an oder werden vor den Phasenenden angesetzt.

1. Begrüssung	8. Festlegen des Prüfstatus
2. Vorstellen der Traktandenliste	9. Unterschriften der Begutachter
3. Bekanntgabe der Sitzungsziele	10. Festlegen der Massnahmen
4. Vorstellen der Begutachter und ihrer Aspekte	11. Weiteres Vorgehen
5. Kurzpräsentation der Prüfregeln	12. Wer macht was?
6. Anerkennung der Regeln durch alle Beteiligten	13. Verabschiedung
7. Durchführen des Prüfverfahrens	

- Problem-/lösungsbezogene Sitzungen
  Diese Sitzungen fallen ad hoc an. Eine Einberufung kann unterschiedliche Gründe haben (ungeplantes Ereignis, Probleme etc.). Schwierig ist für den Projektleiter, dass er Aufwand und Termin von solchen Sitzungen nicht planen kann. Eine gewisse Reservezeit ist daher einzuplanen. Eine Standardisierung ausserordentlicher Sitzungen kann in folgenden Punkten vorgenommen werden:
  – Art und Weise der Zusammenkunft,
  – Regelung der Protokollierung,
  – Regeln der Art der Probleme, die eine Sitzung verlangen.

- Periodische Meetings
  Diese Sitzungen finden regelmässig auf verschiedenen Hierarchieebenen statt. Damit erhält der Projektleiter die Gewissheit, dass die wichtigsten Personen die notwendigen Informationen direkt erhalten. Bei solchen Meetings werden anfallende Probleme behandelt, eine Standortbestimmung vorgenommen und eine kurze Vorschau auf die kommenden Arbeiten abgehalten.

1. Begrüssung	6. Projektabstimmung
2. Vorstellen der Traktandenliste	7. Beschliessen von Massnahmen
3. Bekanntgabe der Sitzungsziele/des Projektstands	8. Weiteres Vorgehen
4. Abarbeiten offener Punkte	9. Wer macht was?
5. Bearbeiten neuer Punkte	10. Verabschiedung

- Projektabschlusssitzung
  Analog zur Projekt-Kick-off-Sitzung muss beim Projektabschluss eine Abschlusssitzung mit allen Beteiligten durchgeführt werden. Auch diese Sitzung erfolgt nach einem klaren Protokoll, sodass alle Abschlusssitzungen einheitlich ausfallen.

1. Begrüssung	8. Festlegen des Prüfstatus
2. Vorstellen der Traktandenliste	9. Unterschriften der Begutachter
3. Bekanntgabe der Sitzungsziele	10. Festlegen der Massnahmen
4. Vorstellen der Begutachter und ihrer Aspekte	11. Weiteres Vorgehen
5. Kurzpräsentation der Prüfregeln	12. Wer macht was?
6. Anerkennung der Regeln durch alle Beteiligten	13. Verabschiedung
7. Durchführen des Prüfverfahrens	

2.3.1.2 Dialoge

Das Führen von Dialogen erfolgt in allen möglichen Formen. Dialoge sind schwierig zu planen, da sie meistens ad hoc stattfinden. Der Projektleiter sollte stets berücksichtigen, dass diese Art des Informationsaustausches enorm wichtig, aber auch sehr zeitintensiv ist. Vielfach wird diese Arbeit auch als Koordinationstätigkeit bezeichnet. Arten der Dialoge:

- Telefonate,
- Diskussionen,
- Lunch/Mittagessen,
- gesellschaftlicher Anlass.

In diesen Dialogen werden jegliche Arten von Gesprächen geführt. Ein wesentlicher Vorteil dieser Kommunikationsform besteht darin, dass die umliegenden Stellen und Instanzen nie den menschlichen und fachlichen Bezug zum Projektteam bzw. zur Projektarbeit verlieren.

2.3.1.3 Präsentationen

Man spricht von einer Präsentation, wenn der Informationsfluss vornehmlich in eine Richtung geht, wobei eine anschliessend gesteuerte, moderierte Diskussion nicht ausgeschlossen wird.

> Die Präsentation ist eine spezielle Form der Kommunikation, die es ermöglicht, Wort, Schrift, Bild sowie die ganze Vielfalt menschlicher Ausdrucksfähigkeit einzusetzen, um den Teilnehmern die eigenen Ideen nahezubringen oder andere beabsichtigte Wirkungen zu erzielen.

In einem Projekt werden vier Arten von Präsentationen eingesetzt:
- Informationsabgabepräsentation,
- Meinungsbildungspräsentation,
- Überzeugungspräsentation,
- Entscheidungsfindungspräsentation.

Um den vollen Nutzen aus einer Präsentation zu ziehen, müssen folgende vier Phasen berücksichtigt werden (☞ Anhang A.5.1 „Präsentationstechnik"):
- Planungsphase,
- Vorbereitungsphase,
- Durchführungsphase,
- Nachbearbeitungsphase.

Die Institutionalisierung solcher Präsentationen ist für die gleichmässige und stufengerechte Informationsverteilung sowie für den Aufbau und Erhalt persönlicher Kontakte sehr wertvoll. Eine Präsentation hat den Vorteil, dass man während des Prozesses erkennen kann, ob man verstanden wird und ob das Ziel erreicht wurde. Je nach Reaktionen der Teilnehmer werden Fragen aufgenommen und beantwortet, Informationslücken geschlossen und/oder Missverständnisse sofort geklärt. Auch nonverbale Einwände (wie Schweigen, Killergestik, Killermimik) nimmt der Präsentator wahr und kann darauf reagieren [Woh 1984].

2.3.2 Projektberichtswesen

Ein weiterer Punkt im Projektinformations-System ist der schriftliche Bericht. Beim Dialog steht die aktuelle Information im Vordergrund, im Gegensatz zum Projektberichtswesen, bei dem es auf eine vollständige und umfassende Information ankommt. Das Projektberichtswesen, auch Fortschrittsberichtswesen genannt, dient als Grundlage für Kontroll- und Steuerungsmassnahmen und ist hauptsächlich ergebnisbezogen.

Projektberichtswesen

Projektstatus-berichte	Pendenzen-berichte	Planungs-berichte	Belegungs-berichte	Qualitäts-berichte
Review-berichte	Audit-berichte	Phasen-berichte	Projektabschluss-bericht	Etc.

Abb. 2.20: Dokumentarten des Berichtswesens

In einem koordinierten Projektberichtswesen muss auf folgende drei Grundregeln geachtet werden:

- einheitlicher Aufbau,
- Informationsbedürfnisse des Empfängers berücksichtigen,
- objektive Interpretation.

Die ersten zwei Grundregeln werden im institutionellen Projektmanagement für das ganze Projekt festgelegt. Die dritte Grundregel muss jeweils beim Schreiben des Berichts berücksichtigt werden.

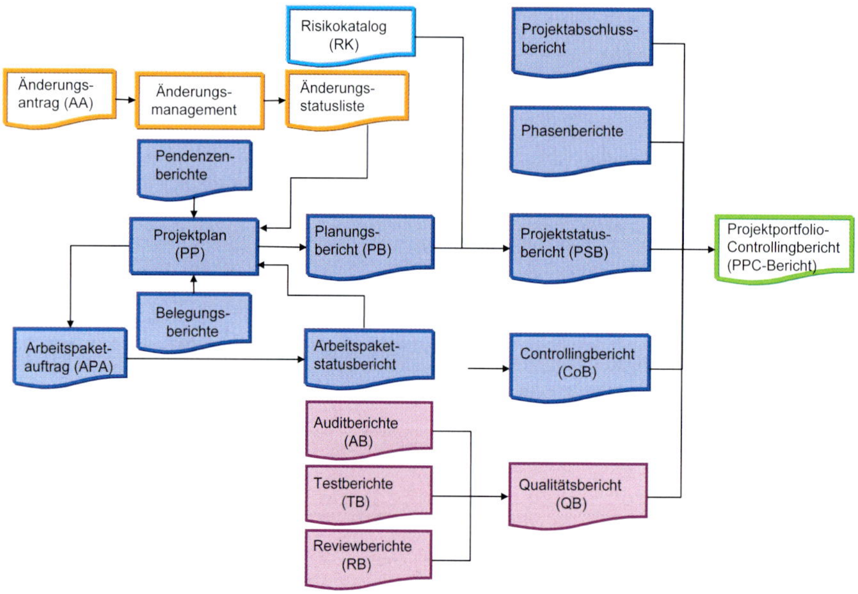

Abb. 2.21: Zusammenhänge von Berichten

Wie viele Berichte in einem Projekt notwendig sind, hängt von der Klassifikation, aber auch von der unternehmensspezfischen Regelung ab. Lieber wenige, diese jedoch qualitativ gut.

2.3.2.1 Aufgabenliste (Pendenzenberichte)

Der Projektleiter soll alle beteiligten Personen (Mitarbeiter, Gremien, Berater etc.) dazu veranlassen, eine Aufgabenliste aller offenen, unerledigten Arbeiten zu führen, die sie monatlich abliefern müssen.

Die Nachführung dieser Listen erfolgt:
- von Hand (Vorteil: wird eher gemacht als mit dem Notebook/PC),
- mit dem Notebook/PC (Vorteil: kann sortiert und selektiert werden).

Diese Aufgabenliste integriert der Projektleiter in seine Planungen. Das Ergebnis ist eine umfassende, projektbezogene Aufgabenliste, die er den Vorgesetzten der beteiligten Personen zustellt (vor allem bei der Matrix-Projektorganisation), damit diese über die Arbeiten ihrer Mitarbeiter in den nächsten Tagen/Wochen orientiert sind.

2.3.2.2 Planungsberichte

Der Planungsbericht (PB) ist ein Statusbericht, der aufgrund einer Projektkontrolle wie ein Review entsteht. In diesem Bericht werden die messbaren Projektdaten:
- Termine,
- Kosten,
- Aufwand

aufgeführt, die einem PLAN-IST-SOLL-Vergleich unterzogen wurden. Es ist dabei vorteilhaft, kritische Resultate zu markieren, damit alle verantwortlichen Personen, die die Berichte lesen, sofort auf diese Punkte aufmerksam werden.

2.3.2.3 Belegungsberichte

Mit Belegungsberichten (Auslastungsberichten) wird aufgezeigt, wie stark die Einsatzmittel aktuell oder in der geplanten Zukunft ausgelastet sind. Aufgeführt werden können die Belegungen und Auslastungen von folgenden Einsatzmitteln:
- Personalauslastung,
- Testkonfigurations-Belegung,
- Rechenanlagenauslastung oder -belegung,
- Innovationskonfigurationen-Belegung (Laborräume),
- Officesystem-Auslastungen.

Das Ziel dieser Berichte ist, eine möglichst gute Ausgewogenheit von Bedarf und Vorrat eines bestimmten Einsatzmittels zu erreichen. Dies geschieht jedoch nur, wenn alle Betroffenen entsprechend informiert sind. Daher sind die Adressaten dieser Auslastungsberichte jene Personen, die für die jeweiligen Ressourcen zuständig sind.

2.3.2.4 Reviewberichte

Bei allen Projekten müssen periodisch Reviews durchgeführt werden. Um ein positives Projektresultat zu erreichen, muss darüber ein institutionalisierter Bericht erstellt werden. Ein Reviewbericht (RB) hält die messbaren Projektplanungsdaten fest. Er wird allen zuständigen Personen (Auftraggeber, Projektleiter etc.) zugestellt, damit entsprechende Massnahmen zur Steuerung eingeleitet werden können.

2.3.2.5 Auditberichte

In den Auditberichten (AB) werden jeweils der angetroffene IST-Zustand der Arbeitsergebnisse, die Zielsetzungen des geprüften Standards und der Erreichungsgrad festgehalten, der durch die Prüfung ermittelt werden konnte. Im Weiteren werden alle Massnahmen aufgeführt, die aufgrund entdeckter Differenzen zwischen dem Ergebnis und den auferlegten Normen eingeleitet wurden. Durch die konsequente Erstellung der Auditberichte sind die Wirkungen der eingeleiteten Massnahmen über den gesamten Projektverlauf ersichtlich. Das Inhaltsverzeichnis eines Auditberichts kann wie folgt gegliedert werden:

1. Einleitung	3. Analyse der Projektführungsprozesse
1.1 Basiswerte als Vergleichswerte	4. Analyse der Reviewprotokolle
2. Analyse der Projektdurchführungsprozesse	5. Massnahmenliste zur Korrektur

2.3.2.6 Testberichte

Dokument (TB), das die Test-/Prüfaktivitäten und -ergebnisse zusammenfasst und eine darauf basierende Bewertung der Test-/Prüfobjekte enthält [Spi 2005].

- Zusammenfassung	- Test-/Prüfumfang
- Einschätzung des Tests/Prüflings	- Test-/Prüfergebnisse
- Bewertung	- Abweichungen
- Empfehlung: abgenommen / abgelehnt	- Genehmigungen

2.3.2.7 Qualitätsberichte

Im Qualitätsbericht (QB) wird über alle qualitätsbezogenen Aufgaben und die durch Massnahmen veränderten Prozessabläufe sowie deren Auswirkungen auf die Resultate informiert. Dieser Bericht dient der Projektträgerinstanz als Gewähr für ein wirkungsvolles Qualitätsmanagement und die Einhaltung des Qualitätsstandards. Ein Qualitätsbericht enthält folgende Punkte:

- Terminkenngrössen,
- Aufführung der eingeleiteten Qualitätssicherungsmassnahmen,
- Angaben über Fehler und Probleme bezüglich der Qualität,
- Angaben über die Kosten der eingeleiteten Massnahmen,
- Leistungsgrössen in Bezug auf die Produktivität (Leistung/Kosten).

2.3.2.8 Projektstatusberichte

Die Projektstatusberichte (Fortschritts- und Aufwandsmeldungen) sind kurze, prägnant geschriebene Schriftstücke (max. 2 bis 3 Seiten), die in der Regel periodisch (monatlich) erstellt werden. Bei sehr wichtigen Projekten oder während intensiver Zeitphasen, z.B. während der Einführungszeit, kann dies auch wöchentlich geschehen. Ein Projektstatusbericht ist immer im Zusammenhang mit dem ganzen

Projekt zu sehen. Der Leser bzw. der Empfänger muss, um das Geschriebene richtig beurteilen zu können, immer Kenntnis von den Projektbasisdaten (z.B. Gesamtaufwand, Start- und Endzeit etc.), der Restplanung (Meilensteine, Aufwand etc.) und den geplanten Arbeitsergebnissen der nächsten Berichtszeitperiode haben. Deshalb muss der Projektleiter alle diese Daten in einer geeigneten Darstellungsform aufbereiten. Folgende Werte sollen unter anderem in einem Projekt-Statusbericht (PSB) aufgeführt sein:

- Projektkopf (Projektidentifikation),
- allgemeiner Projektstatus (Ampelmanagement),
- Stand des Projekts (Aufwand – Phase – Erfolge),
- Personalbedarfsplanung,
- erledigte Arbeiten der vergangenen Berichtszeitperiode,
- Schwierigkeiten (Risiken, Probleme),
- erforderliche Massnahmen,
- weiteres Vorgehen (geplante Arbeiten für die nächste Periode).

2.3.2.9 Phasenberichte

Über die Ergebnisse einer Phase muss jeweils ein Phasenbericht (Management Summary) verfasst werden. Dies ist eine komprimierte Zusammenstellung aller in einer Phase erarbeiteten Ergebnisse. Der Umfang dieses Berichts beträgt ca. zwei bis fünf Seiten. Diese Arbeit benötigt sehr viel Zeit, da bekanntlich das Kürzen bzw. Auswählen und Zusammenstellen der wichtigsten Informationen oft schwierig ist. Dieser Bericht soll gemäss der Phasenmethode immer zu einer Entscheidung führen: Bei Phasen, in denen es darum geht Lösungen zu erarbeiten, werden daher im Management Summary Lösungsvarianten kurz beschrieben. Durch eine Variantenentscheidung wird die nächste Phase eingeleitet. Der Bericht, meistens begleitet von einer Präsentation, geht an die Projektträgerinstanz, welche die Entscheidung für das weitere Vorgehen fällt. Danach wird das von allen unterschriebene Ergebnisprotokoll dem Bericht beigelegt.

Auf dem Deckblatt des Management Summary werden Verteiler, Datum, Titel und Kopf (Projekttyp, Version, Genehmigungsvermerke, Unterschriften etc.) aufgeführt.

1. Einleitung (Projekt, Auftraggeber etc.)	4. Projektstand
2. Welche Ziele sollen erreicht werden?	4.1 Arbeitsfortschritt
3. Ergebnisse der Phase	4.2 Produktfortschritt
3.1 Präsentation der Lösungsvarianten	4.3 Kosten/Aufwand
3.2 Schnittstellenproblematik	4.4 Termine, Meilensteine
3.3 Kosten/Nutzen	4.5 Besondere Projektrisiken
3.4 Bewertungsresultate (absolut/relativ)	5. Weiteres Vorgehen (z.B. nächster Phasentermin)
3.5 Abweichungen gegenüber dem Geplanten?	6. Antrag auf Entscheidung (Phasengenehmigung)

2.3.2.10 Controllingbericht

Da Projekte regelmässig mit erheblichen Risiken behaftet sind, macht es bei gewissen Projekten Sinn, ein externes Controlling auf das Projekt anzusetzen. Die transparente Darstellung der Risiken und Massnahmen zu deren Beseitigung stehen im Mittelpunkt eines effizienten externen Projekt-Controllings. Mit Hilfe des Controllingberichts (CoB), der je nach Situation monatlich, aber auch nur vierteljährlich erstellt wird, soll ein zentraler Beitrag an eine erfolgreiche Projektführung geleistet werden.

1. Projektidentifikation (Name, Nr. PL, Datum)	6. Kosten und Beurteilung des Controllers
2. Projektcontroller und Controllingperiode	7. Abhängigkeiten und Beurteilung des Controllers
3. Projektleistung und Beurteilung des Controllers	8. Risiken und Beurteilung des Controllers
4. Meilensteine und Beurteilung des Controllers	9. Problemfelder aus Sicht des Controllers
5. Ressourcen und Beurteilung des Controllers	10. Massnahmen aus Sicht des Controllers
- Datum	- Unterschrift

2.3.2.11 Projektabschlussbericht

Der Projektabschlussbericht enthält alle entscheidenden Ergebnisse der Sequenzen „Produktintegration" und „Projekt abschliessen" (☞ Kapitel 4.5 „Projekt abschliessen") sowie die offizielle Regelung der Übergabe des Produkts durch den Auftragnehmer und der Übernahme durch den Auftraggeber. Dieser Bericht wird in der Regel mit jedem Betroffenen besprochen, bevor er als offiziell gilt. Die Struktur eines Projektabschlussberichts kann wie folgt aussehen:

- kurze Projektbeschreibung (Problemstellung/Aufgabe/Zielsetzung),
- getroffene Entscheidungen während der Projektabwicklung,
- erreichte und nicht erreichte Werte (Abweichungen gegenüber den ursprünglichen Zielsetzungen),
- noch offene Punkte und Mängel (Mängelliste),
- Gegenüberstellung sämtlicher PLAN-IST-SOLL-Werte,
- neu berechnete Wirtschaftlichkeit und Diskrepanz zum Projektauftrag,
- Aussagen von Beteiligten und Betroffenen,
- Schlussfolgerungen und Lernwerte aus dem gesamten Abwicklungsprozess,
- Konsequenzen,
- Abschlussszenario,
- Antrag auf Projektende.

2.4 Projektkommunikations-System

Bezieht sich das Projektinformations-System auf den Inhalt der Informationen, die in einem Projekt verteilt und verwaltet werden müssen, so beschäftigt sich das Projektkommunikations-System mit dem Informationsträger bzw. mit der Art und Weise, wie eine Information vom Absender zum Empfänger gelangt. Wie Abbildung 2.22 zeigt, gibt es zwei Arten von Kommunikationssystemen, die sich in Bezug auf Art und Weise, Form und Zuführungsverantwortung (Bring- und Holschuld) voneinander unterscheiden.

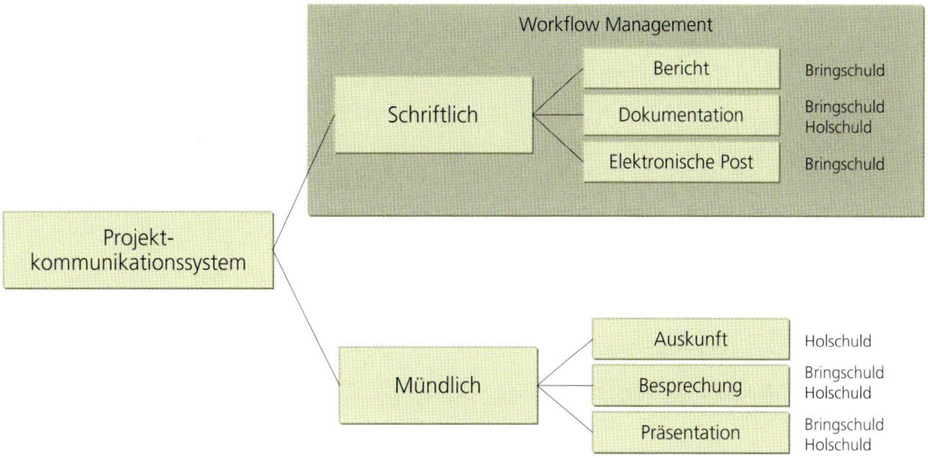

Abb. 2.22: Kommunikationssystem in einem Projekt

Das Ziel der Institutionalisierung eines Kommunikationssystems ist die Gestaltung von Informationsprozessen, die eine schnelle, qualitativ und quantitativ ausgewogene, adressatenbezogene Verteilung von Informationen ermöglichen.

Neben den bekannten schriftlichen und mündlichen Informationskanälen sind auf schriftlicher Basis stattfindende Dialogausgaben von Office- und Internetanwendungen vermehrt zu berücksichtigen. Diese Systeme ersparen die aufwendige und zeitraubende Verteilung von umfangreichen Listen. Projektberichte und andere Informationen können per Mailsystem jederzeit in Dialogform via Bildschirm allen oder ausgewählten Beteiligten und Betroffenen zur Verfügung gestellt werden. Hier muss heute vermehrt darauf geachtet werden, dass Workgroup- oder Workflow-Management-Systeme zum Einsatz gelangen. Mit der Anwendung solcher Systeme hat der Projektleiter die Möglichkeit, das gesamte institutionelle Projektkommunikationssystem stark prozessorientiert zu gestalten.

Der Nachteil dieser Dialogform besteht in der Unpersönlichkeit. Unangenehme oder negative Informationen können so völlig unbeteiligt verteilt werden. Daher sollte dieses Kommunikationssystem gezielt nur dort eingesetzt werden, wo ein persönliches Feedback des Informationsempfängers nicht unbedingt notwendig ist.

Besonders in einem Projekt ist es wichtig, dass nicht alles neu erfunden wird. Daher werden sinnvollerweise die in einer Unternehmung bestehenden Kommunikationsinstrumente für das Projekt genutzt und nur ergänzend dazu die im Projekt zusätzlich benötigten Instrumente definiert.

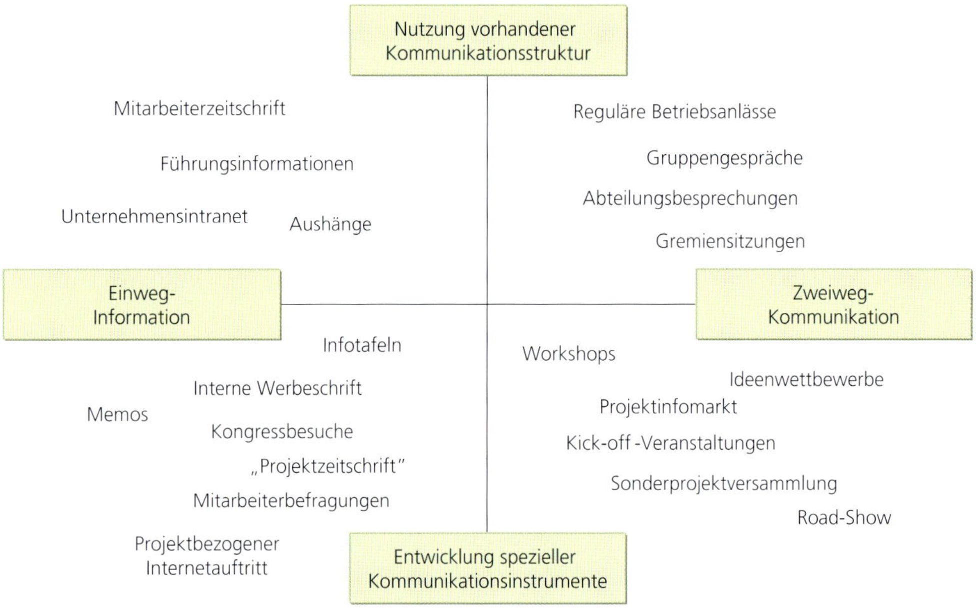

Abb. 2.23: Informations- und Kommunikationsinstrumente

Im Weiteren muss für ein projektbezogenes Kommunikationssystem auch überlegt werden, wo ein Einweg- und wo ein Zweiweg-Kommunikationsinstrument sinnvoll ist. Das projektbezogene Kommunikationssystem liegt in der Verantwortung des Project Office. Beim Institutionalisieren des Projektkommunikationssystems sollten daher die Zeiten und Wege der Erreichbarkeit des Projekt Office festgelegt werden. Dies für alle Formen: physisch, per Telefon, Anrufbeantworter, Fax und E-Mail oder über eine Projektplattform „Virtuelles Project Office".

2.5 Projektdokumentations-System

Die Aufgabe des Projektdokumentations-Systems ist die strukturelle Gestaltung, Kennzeichnung, Verteilung und Archivierung aller Dokumente, die in einem Projekt anfallen können. Diese zu koordinieren, ist die Aufgabe des Dokumentenmanagements. Zur Projektdokumentationsliste gehören Listen, Pläne, Berichte, Vorschriften, Spezifikationen etc. Für jedes Dokument sollte z.B. eine einheitliche Bezeichnung, eine Dokumentationsnummer sowie ein einheitlicher Veränderungsprozess festgelegt werden. Dies in einem Projekt sicherzustellen, ist anschliessend wiederum die Aufgabe des Dokumentenmanagements. Mit den vom Projektdokumentations-System „geforderten" Verhaltensmassnahmen wird ein im Projektumfeld wichtiges Ordnungssystem geschaffen, das z.B. das Auffinden und Identifizieren von Dokumenten erleichtert. Etwas abstrakt formuliert, kann das Projektdokumentations-System in einen „statischen", sprich strukturellen, und einen dynamischen, prozessorientierten Teil unterteilt werden. Der dynamische Teil, d.h. der Prozess der Erstellung und Veränderung, wird im Dokumentenmanagement sowie im Änderungs- und Versionsmanagement erläutert. Im Folgenden wird der statische Teil des Projektdokumentations-Systems in der Projektabwicklung erläutert.

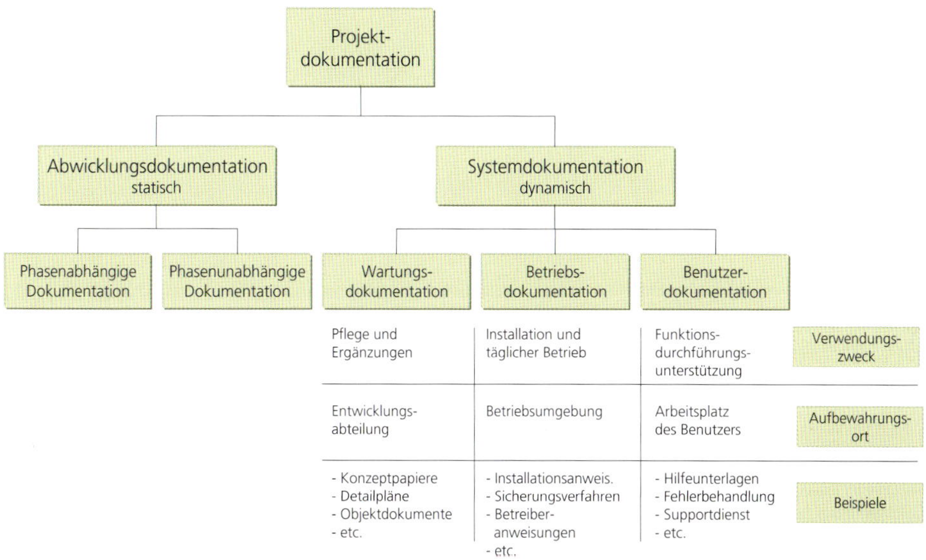

Abb. 2.24: Gliederung der Projektdokumentation

Die Projektdokumentation lässt sich, wie Abbildung 2.24 zeigt, in zwei Hauptbereiche gliedern. Diese wiederum werden in einzelne Kategorien unterteilt, da Zeitpunkt, Ziel und Nutzen etc. der einzelnen Dokumentationen ganz unterschiedlicher Natur sind.

- Statische Dokumentation = Abwicklungsdokumentation
  Diese Dokumentation zeigt die unveränderten Arbeitsergebnisse, sofern sie nicht in ein dynamisches Dokument einfliessen. Dazu zählen insbesondere die Ergebnisse der Phasen Initialisierung und Konzeption sowie die Projektmanagement-Lieferobjekte.

- Dynamische Dokumentation = Systemdokumentation (Projektprodukt)
  Dies betrifft die Dokumente, die nach der Einführung des Projektprodukts auf dem aktuellen Stand zu halten sind, da sie für den Betrieb, den Unterhalt und die Weiterentwicklung gebraucht werden. Sie stammen zur Hauptsache aus der Realisierungsphase.

Detailliertere Ausführungen, inbesondere bezüglich der statischen Dokumente, sind im Anhang C aufgeführt.

2.5.1 Abwicklungsdokumentation

Bei den phasenabhängigen Dokumentationen handelt es sich um Dokumentationen, die Ergebnisse aus der phasenbezogenen Projektarbeit beschreiben. Dazu gehören unter anderem:
- der Projektauftrag,
- Berichte wie z.B. Phasenberichte,
- das Pflichtenheft,
- der Kriterienkatalog.

Die phasenabhängigen Dokumente werden während einer Projektphase erarbeitet und jeweils am Phasenende zu einer Dokumentation zusammengefasst. Die phasenunabhängige Dokumentation beschreibt die Organisationsformen der Ablauf- und Aufbauorganisation des Projekts. Dazu gehören unter anderem folgende Dokumente:
- Stellenbeschreibungen bzw. Pflichtenhefte,
- Zeichnungen und Beschreibung der Projektorganisationen,
- Projektabwicklungsziele,
- Budgetanträge etc.

Als Projektdokumentation gilt die Zusammenstellung von ausgewählten, wesentlichen Daten über Konfiguration, Organisation, Mitteleinsatz, Lösungswege, Ablauf und erreichte Ziele innerhalb eines Projekts [DIN 69901].

2.5.2 Systemdokumentation

Die Systemdokumentation umfasst alle Dokumente, die für Unterhalt, Betrieb, Nutzung und Weiterentwicklung des neu erstellten Systems notwendig sind. In den meisten Informatik-Entwicklungsabteilungen wird die Systemdokumentation gemäss den Vorgaben des Projektmanagement-Leitfadens erstellt. Die Art und Weise der Erstellung sowie der Darstellung wird oft durch Entwicklungstools vorgegeben.

Die gesamte Systemdokumentation sollte unter anderem die folgenden Informationen enthalten:
- Welchen Nutzen hat die Software bzw. das System, und welche besonderen Eigenschaften beinhaltet sie?
- Wie arbeitet der Benutzer mit diesem System, damit es ihm bei seinen Aufgaben am besten dient?
- Wie installiert man dieses System, und welche Massnahmen sind für die Installation erforderlich?

- Welche Probleme sind bei seiner Entwicklung aufgetreten, und welche Einflüsse hatten sie auf die Entwicklung?
- Mit welchem Aufwand hat man was entwickelt, und wie sieht das Resultat aus?

Wie Abbildung 2.24 zeigt, wird aufgrund unterschiedlicher Verwendungszwecke und Aufbewahrungsarten bzw. Einsatzorte die Systemdokumentation in drei Bereiche unterteilt. Die für den Unterhalt des Systems benötigte Dokumentation muss an andere Stellen weitergeleitet werden können (z.B. die Dokumentation für die Wartung). Die Aufbewahrung dieser Dokumentation im Entwicklungsbüro sollte gemäss den Richtlinien geregelt werden und ist nicht Gegenstand des institutionellen Projektmanagements.

2.5.2.1 Wartungsdokumentation

Die Wartungsdokumente basieren auf Entwürfen, die auf diversen Phasen des Projekts stammen. Folgende Dokumente können als sogenannte Wartungsdokumente bezeichnet werden:
- Programmvorgabe, Konstruktionspläne,
- Funktionsbeschreibungen,
- Modulbeschreibungen,
- Systemüberblick (z.B. Prozessmodell)/Produktentwurf,
- Testfallordner (z.B. Rallyeläufe),
- Testkonzept und -szenario,
- Dokumentation bezüglich Unterhaltsverantwortlichkeiten.

Die Wartungsdokumentation soll die Kommunikation der Entwickler erleichtern, eine Grundlage für die Fehlersuche bilden sowie Änderungen und Erweiterungen des Systems/Produkts vereinfachen. Als übergeordnetes Dokument wird das sogenannte Wartungsdokument erstellt, das wie folgt gegliedert werden kann:
- Beschreibung der Aufgaben (Spezifikation),
- Beschreibung der Implementierung,
  (Import-/Exportschnittstelle, Aufrufmöglichkeiten, Aufgaben etc.),
- Testprotokollierung,
- Aufführung aller Diagramme,
- Auflistung aller verwendeten Objekte.

2.5.2.2 Betriebsdokumentation

Die Betriebsdokumente basieren auf den Entwurfs- und Entwicklungsdokumenten, die aus diversen Phasen des Projekts stammen und von denen der grösste Teil in der Phase Konzeption erarbeitet wurde. Folgende Dokumente können als Betriebsdokumente bezeichnet werden:
- Betreiberhandbuch,
- Katastrophenszenario,
- Eskalationsplan,
- Pikettlisten,
- Installationshandbuch,
- Konfigurationshandbuch.

Die Betriebsdokumentation wird für die Aufrechterhaltung des Produkts verwendet und sollte somit in einer Form gestaltet werden, dass Änderungen einfach nachgetragen werden können.

2.5.2.3 Benutzerdokumentation

Die Benutzerdokumente sollen sicherstellen, dass z.B. ein Softwareprodukt ohne Zuhilfenahme weiterer Informationen benutzt werden kann. Sie werden meistens in der Phase Realisierung anlässlich der Rahmenorganisation verfasst und enthalten mehrere für verschiedene Zwecke bestimmte Papiere. Darunter fallen alle Dokumente, die aus den Ergebnissen der Tests hervorgehen. Dies sind unter anderem:

- Benutzerhandbuch
- Help Summary
- Online-Help
- Hotline
- Fehlerhandbuch
- Anforderungsrichtlinien

Eine Benutzerdokumentation muss folgenden Anforderungen genügen:

- knapp und präzise, aber nicht gänzlich ohne „Redundanz",
- zum selektiven Lesen geeignet,
- vom Allgemeinen zum Detail führend,
- einwandfreier Schreibstil.

Mit den heute verfügbaren technischen Hilfsmitteln ist es in wartungs- und nutzungstechnischer Hinsicht sinnvoll, den grössten Teil dieser Dokumentation auf der Dialogbasis zu gestalten.

1. Allgemeine Systembeschreibung	4. Angaben über die Systemstruktur
2. Spezialfälle „Besonderheiten"	5. Fehlermeldungen und Massnahmen
3. Anleitung für die Systembedingungen	

2.5.3 Ordnungssystem

Wie einleitend erläutert, werden im Projektdokumentations-System keine Dokumentationen erstellt, sondern im statischen Teil werden „lediglich" die Ordnungskriterien (Kodierungssystem) und ihre Definition festgelegt sowie folgende Fragen geklärt:

- Wie wird dokumentiert? (Darstellungsmethoden und -techniken)
- Was muss dokumentiert werden?
- Wann soll dokumentiert werden?
- Wie lange werden die Dokumente aufbewahrt?
- Wo werden die Dokumente aufbewahrt?
- Wie geschieht die Nachführung?

Mit dieser Institutionalisierung wird einerseits der grösstmögliche Nutzen für die Sicherung des Projekt- und System-(Produkt)wissens erreicht, andererseits dient sie als Grundlage einer abgestimmten und rationellen Aufgabenerfüllung, da sich längere Projekte in einer sich ständig verändernden Umgebung vollziehen [Dae 1988]. Der statische, strukturelle Teil des Projektdokumentations-Systems wird in den Projektmangement-Leitfaden der Unternehmungen oft sehr ausführlich beschrieben

(☞ Kapitel 1.1.4.3.1 „PM-Leitfaden"). Diese detaillierte Aufführung verhilft nicht nur einem einzelnen Projekt zur Standardisierung, sondern gibt allen Projekten in einer Abteilung und/oder in einem Unternehmen eine geordnete und einheitliche Dokumentationsform. Die projektbegleitende Dokumentation sollte gemäss der allgemeinen Institutionalisierung folgenden Anforderungen genügen respektive diese unterstützen:

- Vollständigkeit,
- Zuverlässigkeit des Inhalts (Wahrheitsgehalt),
- Aktualität des Inhalts (neuester Projektstand),
- geordnete Darstellung, einheitliche Gliederung,
- Änderungsfreundlichkeit,
- Eindeutigkeit der Aussagen.

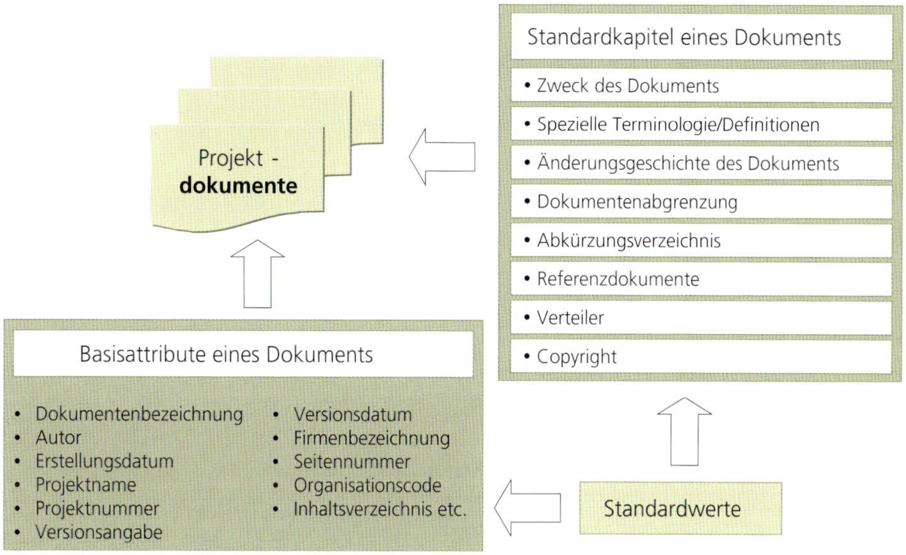

Abb. 2.25: Standardwerte von Projektdokumenten

Die einzelnen Dokumente können nach drei Gesichtspunkten geordnet und archiviert werden:

1. ohne Ordnungsschema,
2. mit Ordnungsschema,
3. mit Auswahl-Ordnungsschema.

Jedes dieser Ordnungsschemen hat seine Vor- und Nachteile. Wichtig ist, dass bei der Festlegung des Ordnungssystems Art und Zweck der Dokumente berücksichtigt werden. Die Dokumentation wird mit Vorteil modular aufgebaut, sprich jedes Ergebnis wird einzeln dokumentiert und nummeriert. Damit erreicht man eine flexible Handhabung der einzelnen Unterlagen.

Auf einem Schlüsselsystem aufbauend, benötigt das einzelne Dokument neben der Laufnummer ein zusätzliches, eindeutiges Identifikationskriterium. Hierfür muss man einen Projektdokumentationsschlüssel bilden, der folgende Angaben enthalten kann:

- Projektnummer (z.B. Kostenstelle),
- Art der Dokumentation (Abwicklungs-, Systemdokumentation),

- Phasennummer oder Produktnummer,
- Kennzeichen für die Entwicklungsphase,
- Identifikation des Arbeitspakets aus dem Produktstrukturplan,
- Laufnummer (0-9999),
- Status des Dokuments (Entwurf, erledigt, freigegeben).

Jedes Dokument muss folgende Angaben (ob in Form eines Schlüssels oder eines Freitextes) für jeden Leser gut ersichtlich enthalten:

- Gebiet/Projekt/Titel/Thema,
- Identifikation/Zugriffspfad,
- Verantwortung (z.B. Autor),
- Ansprechpartner/Kontaktstelle,
- Dokumentversion/-geschichte, Lagerort (bei gedruckten Versionen),
- Status,
- Erstellungs- und Änderungsdatum,
- Gesamtseitenzahl.

Nach Abschluss des Projekts ist die vollständige Dokumentation gemäss betriebsinternen Weisungen zur Verteilung, Ablage und Archivierung weiterzugeben. Dabei sollten alle Dokumente anhand eines Projektdokumentations-Aufbewahrungssystems möglichst an einem zentralen Ort archiviert werden. Die Praxis hat gezeigt, dass bei einer Papierarchivierung das gesamte Ordnungsschema eines Projekts in einem Ordner zusammengefasst werden kann. Darin wird aufgelistet, was, wie und wo die Dokumente abgelegt sind. Durch eine farbliche Ordneraufteilung wird eine schnelle und übersichtliche Bearbeitung bzw. Pflege und Betreuung möglich.

Stehen elektronische Hilfsmittel wie z.B. ein Scanning-System zur Verfügung, kann die gesamte Dokumentation elektronisch erfasst und somit elektronisch lückenlos archiviert werden.

Jede grössere Unternehmung hält für die entsprechenden Projektdokumente Vorlagen bereit (sogenannte Templates). Diese Templates bieten allen Beteiligten enorme Unterstützung bei der Erstellung bzw. Interpretation eines Lieferobjekts. Das Kuriose daran ist, dass sich jeweils viele Mitarbeiter trotz dieser Unterstützung Zeit nehmen, eigene Vorlagen zu kreieren, und dann sich anschliessend über die Überlastung beschweren.

2.5.3.1 Dokumentenmanagement

Das Dokumentenmanagement im Projektmanagement bezweckt, dass die wie im Kapitel „Projektdokumentations-System" (☞ Kapitel 2.5 „Projektdokumentations-System") beschriebenen Aufgaben unter den gegebenen Projektprämissen gemäss definierten Standards eingehalten werden können. Obwohl als Grundlage für alle Projekte in einem Unternehmen die Kapitelstruktur in den zur Verfügung gestellten Vorlagen definiert und vorgegeben werden kann, ist das Dokumentenmanagement für den effektiven Inhalt der Dokumente nicht verantwortlich. Der Nutzen eines funktionierenden Dokumentenmanagements ist unter anderem:

- die in einem Projekt vorkommenden Änderungen von Dokumenten können effizient vorgenommen werden;

- die Überprüfbarkeit durch externe Stellen wird zu jedem Zeitpunkt sichergestellt;
- Vermeiden von Missverständnissen, da abgestimmte Dokumente eine konkrete Diskussionsbasis bilden;
- damit wird weitgehende Personenunabhängigkeit erreicht;
- die Dokumente sind zentral verwaltet und für mehrere Anwender unterschiedlicher Fachrichtungen und Funktionen zugriffsbereit, d.h. alle haben somit dieselben Informationsunterlagen zur Verfügung;
- es wird eine verbindliche Dokumentation sichergestellt.

2

2.5.3.2 Projektspezifische Ablagestruktur

Bei grösseren Projekten ist es von entscheidender Bedeutung, eine für alle Teammitglieder sinnvolle elektronische Ablagestruktur, insbesondere für Dokumente, zu erstellen. In Abstimmung mit dem Versionsmanagement muss einerseits festgelegt werden, welche Dokumente in welcher Ablagestruktur in welchem Zustand (in Arbeit, geprüft etc.) gespeichert werden. Andererseits muss bestimmt werden, wer mit welchem Recht die Dokumente kopieren, verändern, lesen etc. darf.

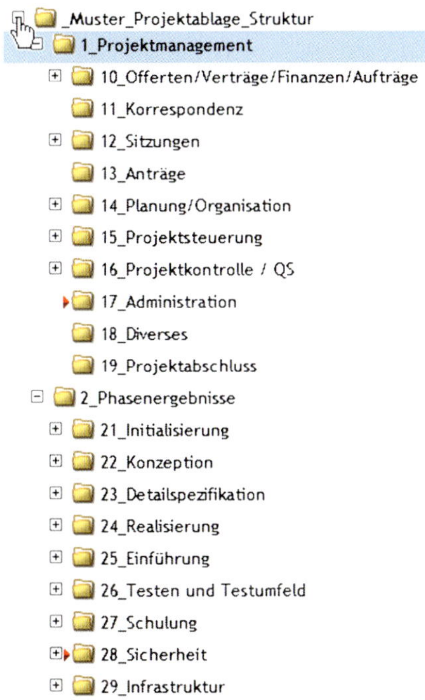

Abb. 2.26: Mögliche projektspezifische Ablagestruktur

Die Abbildung 2.26 zeigt eine mögliche, für alle Projekte einzusetzende Ablagestruktur. Die Unterverzeichnisse wurden nicht weiter detailliert und sollten projektspezifisch unterteilt werden. Diese Struktur unterliegt ebenfalls dem Konfigurationsmanagement.

2.6 Projektbetriebsmittel-System

Der Projektleiter muss bei der Institutionalisierung der Betriebsmittel primär auf die von ihm durchgeführte Analyse bezüglich der Betriebsmittelbedürfnisse für die Projektarbeit zurückgreifen. Er ist dafür verantwortlich, dass seine Teammitglieder mit den erforderlichen Betriebsmitteln ausgestattet werden. In der Praxis wird dieser Punkt bei einigen Projekten zu Beginn eines Projekts meistens vernachlässigt. Diese Nichtberücksichtigung kann sich jedoch sehr schnell rächen, wenn den Projektmitarbeitern keine entsprechenden Räume, Maschinen oder Maschinenleistungen zur Verfügung stehen und sie deshalb die von ihnen erwartete Leistung nicht erbringen können. Eine umfassende Ausstattung mit Betriebsmitteln, die vorwiegend in „Knowledge"-Projekten benötigt werden, bezieht sich auf vier Gebiete:

- Arbeitsplatz/Räumlichkeiten,
- Büromaterial,
- Soft- und Hardware,
- Projektabwicklungsinstrumente.

Bei allen anderen Projektarten wie z.B. Bauprojekten, Produkt-Entwicklungsprojekten etc. werden je nach Art unterschiedliche Betriebsmittel zum Einsatz kommen.

2.6.1 Arbeitsplatz/Räumlichkeiten

Um von den Projektmitarbeitern eine optimale Leistung zu erhalten, ist eine professionelle Arbeitsplatzgestaltung notwendig. Dazu gehört die Bereitstellung folgender Einrichtungen:

- Mobiliar (Schreibtisch, Ablagefläche etc.),
- ausreichende Beleuchtung, Luftzirkulation etc.,
- Kommunikationsmittel.

Um effizient arbeiten zu können, sollten folgende zusätzliche und nicht immer selbstverständliche Forderungen berücksichtigt werden:

- Besprechungsraum,
- Gruppenbüros,
- sanitäre Anlagen,
- Infrastruktur (z.B. genügend Strom- oder Internetanschlüsse).

Arbeitsplätze, die laut oder düster sind, Räume, die zu kalt oder zu warm sind oder grelle Farben aufweisen, werden als nicht ideale Arbeitsplätze eingestuft [Web 1984].

Einem Projektteam muss gewiss nicht der schönste Arbeitsplatz in einer Firma zur Verfügung stehen. Unzweckmässig ist es aber, dem Team einen sehr schlecht eingerichteten Arbeitsplatz zuzuweisen, da von ihm unter allen Umständen überdurchschnittliche Leistungen erwartet werden.

2.6.2 Büromaterial

Der Projektleiter muss dafür sorgen, dass dem Team Büromaterial und eine umfassende Ausstattung der einfachen Betriebsmittel zur Verfügung gestellt werden. Erst wenn diese einfachen Materialien fehlen, merkt man, wie wichtig sie für das effiziente Arbeiten sind. Zu den Büromaterialien gehören unter anderem:

- Arbeitsmittel (Papier, Schreibmaterial etc.)
- Hellraumprojektor
- Manuals
- Zeitschriften
- Kopierapparat
- Flipchart, Pinwand, Whiteboard etc.
- Fachliteratur
- Scanner mit automatischem Mailsystem

2.6.3 Soft- und Hardware

Das gesamte Projektteam muss über zweckmässige Hard- und Software verfügen können. Nicht selten sind Hardware und Software entweder veraltet oder auf dem absolut neusten Stand. Beide Extreme sollten vermieden werden: Mit veralteter Hard- und Software wird aufgrund z.B. fehlender Prozessorleistungen das effiziente Arbeiten verhindert, mit der neuesten Hard- und Software hingegen kann die notwendige Leistung aufgrund fehlender Ausbildung und Routine nicht erbracht werden. Beim Einrichten des Projektteam-Rooms müssen über nachfolgende Hard- und Software-Komponenten nachgedacht werden:

Software

- Betriebssystem
- Netzwerk und entsprechende Software
- Systemservice
- Entwicklungstools
- Datenbankmanagement-System
- Dokumentenmanagement-System
- Kommunikationssoftware
- Unternehmensbezogene Produktsoftware
- Utilities (Wissensdatenbank etc.)
- Office-Software
- Projektmanagement-Tools

Hardware

- Workstation, Notebook, Monitore
- Arbeitsplatzdrucker, Scanner, Kamera
- Netzwerkkommunikation, -drucker etc.
- Kommunikationsserver, Datenserver etc.
- Zentrale Hardware (Host-Kapazität etc.)
- Verschiedene Datenträger (Sicherheitssystem)
- Handy und/oder Pocket-PC
- Elektronische Bibliothek
- Internetstation
- Notstromgruppe

An immer grösserer Bedeutung werden die gesamten Collaboration Tools gewinnen. Diese ermöglichen es, weltweit in einer logischen, virtuellen Projektumgebung zu arbeiten („virtuelle Projekträume"). Moderne Collaboration Tools unterstützen den in einem Projekt stattfindenden Wissensmanagement-Prozess entscheidend, weil keinerlei individuelle Daten-/Informations- und Wissenssilos entstehen. Alle Projektmitarbeitenden haben Zugriff auf die gemeinsamen Wissensbestände. Über solche Instrumente können Konferenzen abgehalten, gemeinsam Resultate erarbeitet oder auch nur einfach lose Gedanken ausgetauscht werden. Auf Workgroup-Plattformen gibt es z.B. ein Dokumentenmanagement-Tool, das den sicheren Umgang mit allen Projektabwicklungsdokumenten durch eine Online-Verwaltung erleichtert. Oder es können in Diskussionsforen mühelos und sicher wichtige Ideen, Vorschläge und Informationen innerhalb der Arbeitsgruppe ausgetauscht werden. Die Verwendung solch moderner

Instrumente wird in Zukunft so grenzenlos sein, dass die Herausforderung darin besteht, die wirklich nutzbringenden Funktionen zu finden und diese konsequent einzusetzen. Dabei ist auch zu beachten, dass Vernetzung Abhängigkeiten und Komplexitäten hervorbringt, die beim schnellen Arbeiten nicht immer förderlich sind.

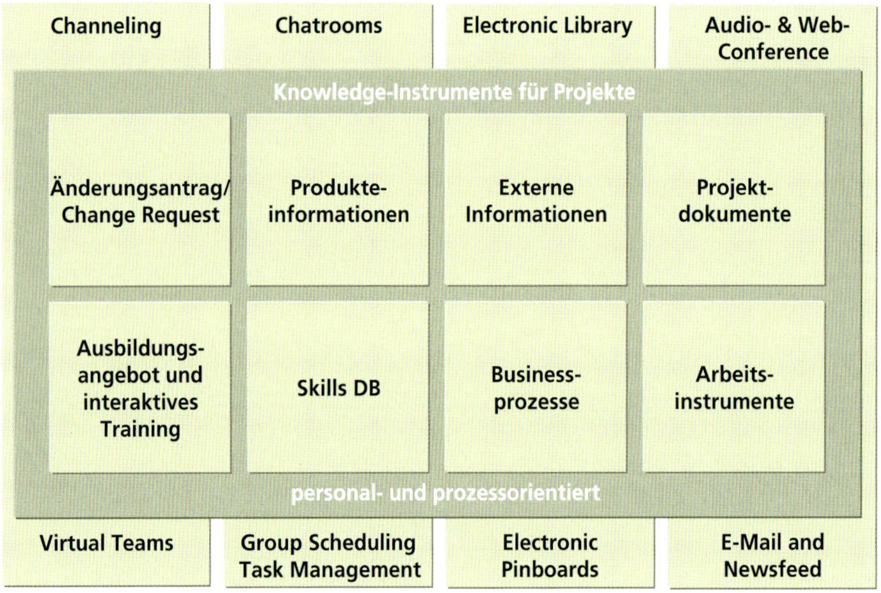

Abb. 2.27: Beispiel einer Collaboration-Plattform in der Projektumwelt

2.6.4 Projektmanagement-Software

Die Abwicklung umfangreicher Projekte ist ohne Computerunterstützung heute nicht mehr denkbar. Die grosse Anzahl von Einzelaktivitäten, ihre komplexen Beziehungen untereinander sowie die Vielzahl der an derartigen Projekten beteiligten Stellen lassen eine rein manuelle Bearbeitung der Projekttätigkeit nicht mehr zu. In diesem Bereich gibt es heute entsprechende Projektmanagement-Software, die während der Projektabwicklung hilft, das Projekt zu führen und z.B. Zeit und Kosten im vorgesehenen Rahmen zu halten. Besonders der Projektleiter sollte mit solchen Instrumenten entlastet werden. Immer bedeutender wird nicht die isolierte Betrachtung der Arbeiten des Projektleiters, sondern das generelle Arbeiten im gesamten Projektmanagement-System, also auf allen drei Ebenen im Einzelnen und natürlich im Verbund. Es macht nicht mehr viel Sinn, dass jeder auf seiner Arbeitsebene eigene nicht kompatible Managementinstrumente hat.

In den letzten Jahren sind sehr viele PM-Tools auf den Markt gekommen. Es ist schwer, dabei die Übersicht zu behalten und zu beurteilen, was gut und was nicht so gut ist, da eine permanente Weiterentwicklung stattfindet. Bei einer Evaluation sollten daher folgende drei Hauptkriterien berücksichtigt werden:

1. Das Tool soll dem Projektleiter helfen und ihn nicht belasten. Es soll nicht nur Termin- und Kostenfunktionen enthalten, die vom oberen Leitungsmanagement gefordert werden. Sowohl

Projekt- als auch Projektleiter-Assessment, PM-eLearning wie eine Toolbox mit halbautomatisierten PM-Instrumenten etc. sind für den Projektleiter nutzbringende Instrumente.

2. Bei der Evaluation sollen nicht nur die drei besten und „grössten" Projektleiter des Unternehmens mitmachen. Die kaufen mit Bestimmtheit ein Tool mit Funktionalitäten ein, die sie, nicht aber die hundert anderen „kleineren" Projektleiter bewältigen können. Ein Tool muss fähig sein, Anfänger, Fortgeschrittene und Profis auf jeder PM-Kulturebene zu unterstützen. Ein Nachwuchs-PL mit einem Sechs-Monate-Projekt z.B. benötigt keine Earned-Value-Funktion.

3. Es muss sehr gut überlegt werden, zu welchen Unternehmensapplikationen (Betriebsseite; z.B. zum ERP-Tool) das PM-Tool eine Schnittstelle haben muss. Oftmals werden mit den Schnittstellen von der Betriebsseite Rhythmen (Monats- und Jahresende, Kontierungsprozessdauer etc.) übernommen, die mit der Projektwelt nur bedingt in Zusammenhang stehen. Dies geschieht häufig mit der Absicht, Daten nicht doppelt erfassen zu müssen. Mit dieser Vernetzung geht auf der Projektseite die von der Projektleitung dringendst benötigte Dynamik verloren.

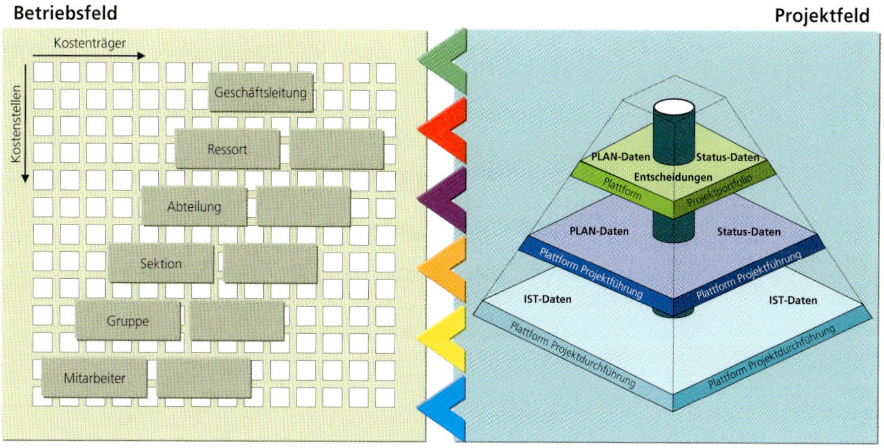

Abb. 2.28: Elektronische Planungsmittel/-tools

Abbildung 2.28 zeigt die drei Ebenen eines modernen PM-Tools. Dabei werden auf der untersten Ebene aus der Sicht des Projektmanagements mehrheitlich IST-Daten (Zeitabrechnung, Open Task etc.) erfasst. Auf der zweiten Projektmanagement-Ebene werden mehrheitlich Plan-Daten und Status-Daten generiert, auf der dritten Ebene Plan-, Entscheidungs- und Status-Daten bewirtschaftet (☞ Kapitel 3 „Projektportfolio").

2.6.4.1 Konzeption der PM-Arbeitsplattform

Das A und O eines effizienten PM-Tools besteht in der Konzeption der benötigten Arbeitsplattform des Projektleiters. Dies kann von Unternehmen zu Unternehmen und von PM-Kultur zu PM-Kultur unterschiedlich sein. Wird auf dem Markt ein solches Tool gesucht und werden spezifische Anforderungen definiert, ist es absolut wichtig, sich bezüglich des Gewünschten und des Machbaren im Klaren zu sein. Das Managen einer Projektwelt mittels eines neuzeitlichen PM-Tools zeichnet sich dadurch aus, dass weniges, dafür aber konsequent, umgesetzt wird und nicht, dass vieles situativ erstellt wird. Anders ausgedrückt: Dem Portfoliomanager/Auftraggeber ist es lieber, konsequent jeden zweiten Tag im Folgemonat zu allen Projekten die „Projekt-Ampeln" zu bekommen, bei denen er sicher sein kann, dass grün grün ist, als irgendwann im Monat von einigen Projektleitern die schönsten Charts, die zudem mit nicht im ganzen Unternehmen standardisierten Daten erstellt wurden. Auf der Metaebene könnte eine Arbeitsplattform eines PLs wie folgt aussehen:

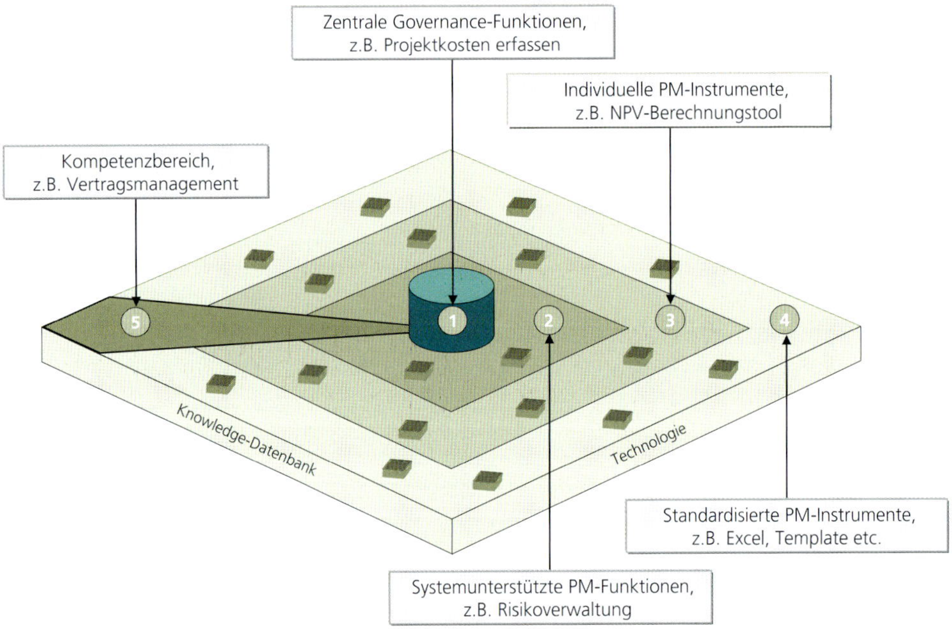

Abb. 2.29: Mögliche Arbeitsplattform eines Projektleiters

Nachfolgend wird gemäss der Nummerierung in Abbildung 2.29 eine mögliche Arbeitsplattform für Projektleiter umrissen:

1. Funktionsbereich
   Der erste Funktionsbereich ist die PM-Governance-Röhre, in der die PM-Datenextrakte verwaltet werden. Die PM-Daten, die hier bidirektional zu den anderen Arbeitsplattformen von Projektmitarbeitern und Projektportfolio laufen, werden zu 100% mit Hilfe des Tools verwaltet und ohne weitere Aufbereitung von den anderen Plattformen verwendet.

2. Funktionsbereich
   Der zweite Bereich sind vollautomatisierte Funktionen, die je nach „PM-Kulturstand" dem Projektleiter dazu dienen, das Projekt zu führen. Diese können, müssen jedoch nicht eine Verbindung zu den anderen Plattformen haben.

3. Funktionsbereich
   Der dritte Funktionsbereich umfasst für das ganze Unternehmen geltende, standardisierte, halbautomatisierte Instrumente, z.B. Excelvorlagen für die Berechnung des NPVs oder „dumme" Instrumente, z.B. Wordvorlagen für die Erstellung eines Projektantrags.

4. Funktionsbereich
   Der vierte Funktionsbereich umfasst alle vom Projektleiter selbst erstellten, persönlichen Instrumente, die jedoch mit Instrumenten vom Bereich drei nicht konkurrieren dürfen. Viele Firmen versuchen erfolglos, solche selbst erstellten oder kopierten Instrumente zu verbieten. Jeder PL hat „persönliche" Instrumente und darf – ganz offen gesagt – diese im Sinne der Leistungsförderung auch haben.

5. Kompetenzbereich
   Wird nun ein Kompetenzbereich (Vertragsmanagement, Kostenmanagement, Teammanagement etc.) nach dem anderen über diese vier Bereiche gelegt, ergibt dies die Arbeitsplattform des Projektleiters. So können im Kompetenzbereich „Vertragsmanagement" z.B. im Funktionsbereich eins die Lieferantenstammdaten, die Lieferantenampel, die Kostendaten (PLAN, IST, Differenz, Kosten bis zum Ende und SOLL) verwaltet werden. Im Funktionsbereich zwei können die Funktionen des Claimmanagements – sprich: Was wird gegenüber der Vertragsvereinbarung noch leistungsmässig geschuldet? – bewirtschaftet werden. Im Funktionsbereich drei können Vertragstemplates für Arbeits-, Werk- oder auch Dienstleistungsverträge für alle PLs zur Verfügung gestellt werden, und im Funktionsbereich vier hat der PL z.B. noch ein auf Excel-Basis selbst programmiertes Lieferantenbewertungstool abgelegt.

Bevor Tools eingekauft werden, sollten sich die Betroffenen über die Konzeption und nicht nur über die Vielzahl der Funktionen Gedanken machen. Im Konzeptionellen gibt es riesige Unterschiede, und zwar nicht in erster Linie qualitative, sondern eher bezüglich Machbarkeit bzw. Durchsetzbarkeit. Deshalb muss eine Entwicklungsabteilung beim Tool-Einkauf genau wissen, welche Software ihr Konzept unterstützt, sodass dieses Unterstützungsverfahren in jedem Projekt gewinnbringend eingesetzt werden kann.

2.6.4.2 Projektabwicklungsinstrumente

In jedem Projekt werden, wie die Konzeption der Abbildung 2.29 aufzeigt, Werkzeuge benötigt bzw. eingesetzt, um sowohl die Projektführung als auch die -durchführung zu unterstützen.

> Werkzeuge sind im Projektmanagement meistens Softwaretools sowie intelligente Officevorlagen, welche die zur Anwendung kommenden Techniken unterstützen und deren Verwendung erzwingen.

Für kleinere Projekte kann es ausreichend sein, einzelne Bereiche (z.B. Fehlermanagement) mittels sinnvoller Werkzeuge entsprechend zu unterstützen. In grösseren Projekten ist es für eine effiziente Projektabwicklung absolut notwendig, unterstützende Werkzeuge, insbesondere im Teamverbund, einzusetzen. Eine hohe Effizienz beim Tooleinsatz wird von folgenden Faktoren beeinflusst:

- sinnvolle Durchgängigkeit der/des eingesetzten Tools,
- bisherige Kenntnisse/Erfahrungen im Umgang mit dem entsprechenden Tool.

Je grösser das Projekt wird, umso stärker muss der Faktor „Durchgängigkeit" bewertet werden. Grosse Projekte können es verkraften, Mitarbeiter speziell in neuen Tools zu schulen. Sie können es aber nicht verkraften, dieselben Informationen infolge von Tool-Inkompatibilitäten innerhalb des Projekts mehrfach pflegen zu müssen (dadurch können sich einerseits Fehler einschleichen, andererseits geht die Übersicht verloren, und es ist nicht sichergestellt, dass sämtliche Elemente von Tool A auch in Tool B weitergepflegt werden). Die in einem Projekt eingesetzten Instrumente können in verschiedene Gruppen unterteilt werden. Wie in der nachfolgenden Grafik anhand des V-Modells dargestellt, können in der Projektabwicklung folgende Bereiche toolbezogen gruppiert werden:

- Managementinstrumente,
- Konzeptionsinstrumente,
- Entwicklungsinstrumente,
- Erprobungsinstrumente,
- Unterstützungsinstrumente.

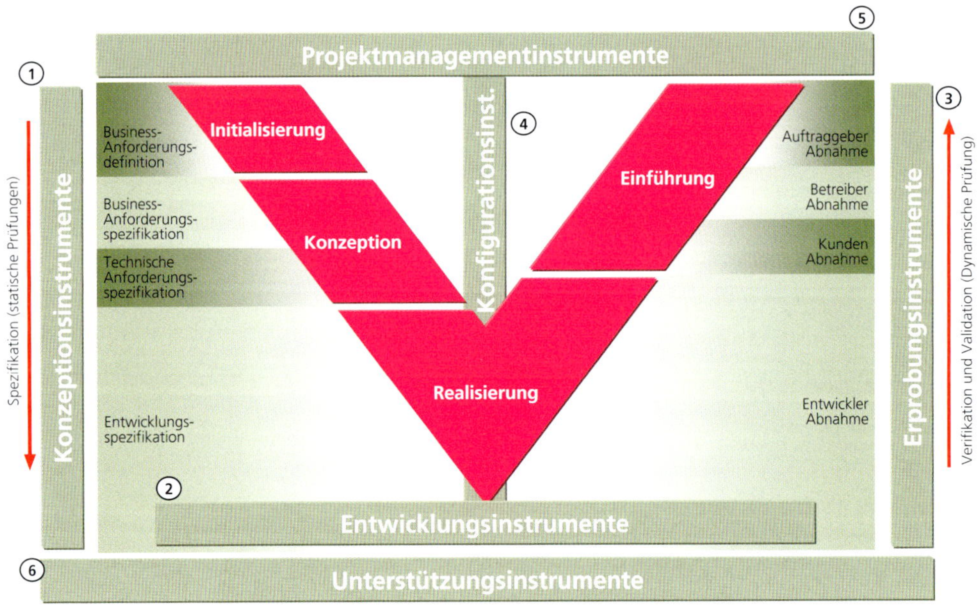

Abb. 2.30: Instrumentekonzept anhand des V-Modells

Im Folgenden werden die verschiedenen Funktionsgruppen mit ihren Hauptfunktionen ansatzweise aufgeführt.

Auf der Ebene der Projektdurchführung (bei der Projektart „Software-Entwicklung") können für Aufgabenbereiche z.B. folgende Instrumente zum Einsatz gelangen:

Konzipieren

- Anforderungsdefinition und -verwaltung
- Prototyping
- Änderungsmanagement
- Architektur
- Fehlermanagement
- Repository

Entwickeln

- Design
- Analysewerkzeuge
- Projektprodukt erstellen
- Datenbanktools
- Projektprodukt überprüfen

Erproben

- Test automatisch durchführen
- Unit-Testing
- Pilot
- Verbundtest
- Testfall-/-datenverwaltung
- Entwicklertests/Integrationstests
- Nullserie
- Vorserie

Konfigurationen managen

- Workflow bezüglich Konfigurierung
- Change Request erstellen
- Installationen vornehmen
- Installation/Rollout
- Automatischer Build-Prozess
- Objekt-Versionierungsverwaltung
- Refactoring

Auf der Ebene der Projektführung können folgende Aufgabenbereiche zum Einsatz gelangen:

Projekt managen

- Projektplanung
- Termin-/Zeitmanagement
- Lieferantenmanagement
- Leistungskontrolle
- Risikomanagement
- Kostenmanagement
- Berichtswesen
- Scopemanagement
- Vertragsmanagement
- Stakeholdermanagement
- Führung
- Einsatzmittelmanagement

Projekt unterstützen

- Dokumentenmanagement
- Elektronischer Projektmanagement-Leitfaden
- Kollaborationsfunktionen
- Dokumentation
- E-Learning für Endbenutzer
- Definitionsmanagement
- Hilfe etc.

3

Lernziele des Kapitels „Projektportfolio"

Sie können ...

- die Haupttätigkeiten, welche die Instanz „Projektportfolio" während des Projektstarts wahrnehmen sollte, aufzählen und erläutern.
- drei verschiedene Quellen von Projektimpulsen identifizieren und erläutern, was für typische Projekte daraus abgeleitet werden.
- die drei Phasen im Projektportfolio aufzählen und mit eigenen Worten deren Hauptprozess aus Sicht des Projektportfolio-Controllers anhand eines Beispiels beschreiben.
- die fünf Schritte im Projektportfolio-Managementprozess in eigenen Worten zusammenhängend erläutern.
- den „Motor" bzw. die sechs Haupttätigkeiten des Projektportfolios in eigenen Worten zusammenhängend erklären.
- ein Projekt anhand von mindestens drei Wirkungs- und drei Abwicklungsaspekten bewerten.
- die Abhängigkeiten von mehreren Projekten anhand einer Einflussmatrix bestimmen, grafisch darstellen und ihre Rolle im Portfolio diskutieren.
- Priorisierungs- und Korrekturentscheidungen treffen, die formal nachvollzogen werden können.
- einen konsistenten Masterplan erstellen, der aus einem Entwicklungs-, einem Finanzmittel-, einem Personalmittel- und einem Betriebsmittelplan besteht.
- sechs Berichtsgrössen nennen, die für das Erstellen eines Projektportfolio-Radars notwendig sind und begründen, wozu die einzelnen Grössen sinnvoll sind.
- mindestens vier Elemente, die ein Projektportfolio-Radar sinnvollerweise enthalten sollte, begründet aufzählen.
- in einem Projektportfolio Analysen durchführen (Ampelanalyse, Wirkungsanalyse, Abwicklungsanalyse).

3 Projektportfolio

In jedem mittels Strategie geführten Unternehmen lässt sich, wie im Kapitel 1.3.2.1 in der Abbildung 1.42 aufgeführt, neben dem Betriebsfeld ein Projektfeld identifizieren. In diesem werden laufend mehrere Projekte, basierend auf dem Jahresbudget und der Mehrjahresplanung, sequenziell und parallel abgewickelt. Das „endlose Führen dieser Projekte" verlangt nach einer institutionellen unternehmens- oder abteilungsüberspannenden Hierarchieebene: nach dem Projektportfolio.

Im Projektportfolio (bzw. Multiprojekting) werden alle eigenständigen Projekte einer Führungseinheit gemanagt. Dazu gehören alle Aufgaben, die für das Priorisieren, das Koordinieren, das Kontrollieren und das Unterstützen der anstehenden und laufenden Projekte aus Projektportfolio-Sicht notwendig sind.

Abb. 3.01: Bestandteile des Projektportfolios

In früheren Kapiteln wurden bereits allgemeine Aspekte des Projektportfolios (☞ Kapitel 1.3.2 „Ebene: Projektportfolio") und dessen zwei zentralen Stellen, dem Projektportfolio-Board „PPB" bzw. dem Projektportfolio-Manager „PPMA" und dem Projektportfolio-Controller „PPC" (☞ Kapitel 2.2.3 „Projektportfolio-Controller"), beschrieben. In diesem Kapitel wird nun die Thematik vertieft betrachtet. Dabei werden die verschiedenen Quellen von Projektimpulsen erläutert, die drei Phasen des Projektportfolios anhand eines komplexen Regelkreises beschrieben und danach die fünf Hauptprozesse im Projektportfolio genauer verifiziert. Für ein umfassenderes Verständnis sollte in diesem Zusammenhang auch das Kapitel 4.2 (☞ „Projekt starten") und das Kapitel 4.5 (☞ „Projekt abschliessen") der Ebene Projektführung gelesen werden. Abschliessend werden in diesem Kapitel die Haupttätigkeiten, die im Projektportfolio wahrgenommen werden müssen, ausführlich erklärt.

3.1 Quellen von Projektimpulsen

In der Theorie ist es klar die Strategie eines Unternehmens, die seine Zukunft bestimmt. Im Unternehmensalltag ist es leider nicht ganz so einfach. Da herrscht ein grosser Verdrängungswettbewerb bezüglich der vorhandenen Ressourcen, der nicht ausschliesslich von der Strategie beherrscht wird. So sind zusätzlich zur Strategieverfolgung sowohl operative Zwänge als auch die architektonische Relevanz (Produkte-, Daten-, Geräte, Funktionsarchitektur etc.) aufzuführen, die um die vorhandenen Ressourcen „streiten". Selbstverständlich könnte man auch die zwei letztgenannten in die strategischen Ziele integrieren. Aus Sicht der Schlussfolgerungen, die sich bei einer Priorisierung ergeben, macht es jedoch Sinn, diese auseinanderzuhalten.

Unter Berücksichtigung des Planungszwecks, des Detaillierungsgrades, der Führungsstufe und des Zeithorizonts sowie anderer Abgrenzungsmerkmale kann zwischen drei Planungsarten bzw. Quellen von Projektimpulsen differenziert werden. Während die Impulse eins und zwei aus Sicht der Ebene Projektportfolio „Top-Down" erfolgen, entspricht der dritte Impuls „Bottom-Up".

1. Strategische Planung (Projektimpuls aus der Strategie = langfristige Sicht)
   Die strategische Planung baut auf den langfristigen Geschäftszielen (Strategie) und dem Unternehmensleitbild auf. Der notwendige Ressourceneinsatz und die zur Akquisition und Disposition dieser Ressourcen notwendige Unternehmenspolitik werden geplant. Die gewählten Strategien umfassen insbesondere Produktentwicklungsprogramme und Kanäle, auf denen Produkte/Dienstleistungen auf ihre Märkte gebracht werden können. Aus der strategischen Planung werden vor allem Innovations- und grössere Unternehmenswandlungsprojekte abgeleitet. Diese Projekte, bzw. die daraus resultierenden Produkte, Systeme oder strukturellen Veränderungen, sollen dem Unternehmen wirtschaftliche und marktpolitische Vorteile bringen. Daher geniessen sie vielfach eine hohe Priorität und Aufmerksamkeit vonseiten des Unternehmensmanagements. Nichtsdestotrotz sollten insbesondere solche Projekte bzw. bereits deren Anträge auf die Vorgaben der vorherrschenden oder zukünftigen Architektur ausgerichtet werden.

2. Operative Planung (Projektimpuls aus der Architektur = mittelfristige Sicht)
   Gemäss Hill [Hil 1983] stehen in der operativen Planung die einzelnen Teilbereiche Finanzen, Produktion, Beschaffung etc. im Vordergrund. Dafür wird ein detaillierter Jahresplan erstellt. Für die folgenden ein bis zwei Jahre kommt ein Grobplan hinzu, für den die Führungskräfte den konkreten Einsatz der Ressourcen in Projekten sicherstellen müssen. Es handelt sich dabei oftmals um Projektanträge für Systeme oder Produktgruppen etc., die in ihrem Lebenszyklus am Ende ihrer Lebenszeit stehen. Infolge von technischen und organisatorischen Veränderungen, neuen Rahmenbestimmungen und stetigen empirischen Anpassungen müssen solche Systeme von Zeit zu Zeit konzeptionell überarbeitet, sprich architektonisch gänzlich neu aufgebaut werden. Anträge aus der operativen Planung beziehen sich somit meistens auf eine Neukonzeption von bestehenden Systemen (Informatiksystem, Produktsystem, Finanzsystem etc.). Die Anträge hierfür werden nicht selten gegenüber den Anträgen aus der Strategie etwas benachteiligt. Möglicherweise, weil es heutzutage viel „angesagter" ist, neuen, dynamischen Ideen nachzugehen als z.B. einem neuen Finanzregelwerk für die gesamte Unternehmensgruppe oder einer Vereinheitlichung der immer so aufwendigen IT-Technologie. Daher ist der Architekturbewertung entsprechende Bedeutung beizumessen (☞ Kapitel 3.4.1.1.2 „Bewertung des Architekturbeitrags"): Architektur hat immer

etwas Langfristiges in sich, und ein gemachter Fehler kann nur schwer behoben werden. So kann beispielsweise eine Siedlungsüberbauung, bei der einst ein in sich geschlossenes Heizsystem für maximal fünf Häuser realisiert wurde, nachträglich nicht einfach um ein sechstes und siebtes Haus erweitert werden.

3. Dispositive Planung (Projektimpuls aus dem operativen Betrieb = kurzfristige Sicht)
Mitarbeiter der Fachabteilungen, die Anwender von unterstützten Systemen sowie Kunden-Feedbacks stellen eine wichtige Quelle für Verbesserungsvorschläge dar. Ein Antrag, der aus den Änderungsvorschlägen des entsprechenden Fachbereichs hervorgeht, wird über den dritten Planungsinputkanal ins Projektportfolio aufgenommen. Solche Anträge beruhen meistens auf dem optimierten Ausnutzen des Unternehmenspotenzials. Die dispositive Planung dient dem Managen von sich wiederholenden Prozessen im Rahmen des finanz- und leistungswirtschaftlichen Umsetzungsprozesses (z.B. Terminplanung, Personaleinsatzplanung, Planung der Bestell- und Lagermengen, kurzfristige Finanzmittelplanung). Daraus geht der kurzfristige Zeithorizont der dispositiven Planung hervor. Mittels dieser Planung wird sichergestellt, dass die geplanten Aufgaben tatsächlich und effizient ausgeführt werden. Diese Detailplanung berücksichtigt auch Abwesenheitszeiten wie Urlaub, Militärübungen oder Ausbildung der Mitarbeiter. Ferner werden bei solchen Planungen Probleme aus dem aktiven Geschäftsgebaren berücksichtigt, seien dies Veränderungen der Einflussgrössen (z.B. Änderungen von gesetzlichen Bestimmungen, Kartellvereinbarungen etc.) oder systeminterne Störungen. Daraus werden oftmals Wartungsprojekte abgeleitet, die geordnet in den Systemlebenszyklus integriert werden können. Durch gezielte projektorientierte Wartungsaktivitäten wird die Lebensdauer eines Systems/Produkts/Objekts wesentlich verlängert. Die aus der dispositiven Planung entstehenden Anträge für Wartungsprojekte müssen bezüglich der Integrität auch mit der bestehenden Architektur genaustens abgeglichen werden. Damit wird unter anderem ein Komponenten-Wildwuchs in einem bestehenden System/Produkt verhindert. Anträge aus dem operativen Betrieb ergeben meistens kurzfristige und schnelle Einsparungen oder z.B. kundenbezogene Vorteile. Dabei werden in diesen Anträgen oftmals mehrere Ideen, Probleme oder Optimierungsvorschläge gebündelt.

3.2 Phasen im Projektportfolio

Wie die Hierarchieebene „Projektportfolio" ins Projektmanagement-System integriert ist, wird in der nachfolgenden Abbildung, anhand eines komplexen Regelkreises, aufgezeigt.

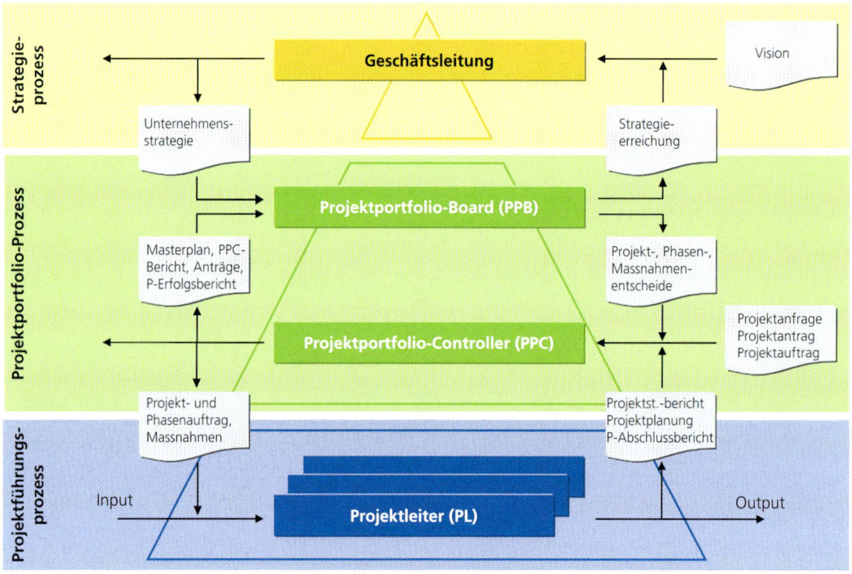

Abb. 3.02: Die „virtuelle" Hierarchieebene Projektportfolio

Spielt man den Regelkreis aus Einzelprojektsicht durch, so wird deutlich, dass sich das Projektportfolio in drei eigenständige sequenzielle Phasen (A-C) unterteilen lässt.

A. Aufnahmephase

In der Abbildung 3.03 im Kapitel 3.3 (☞ „Hauptprozesse im Projektportfolio") ist ersichtlich, dass ein Projektantrag/-auftrag (unabhängig davon, ob dieser aus der strategischen, der operativen oder der dispositiven Planung abgeleitet wurde) vom Projektportfolio-Controller formal geprüft, aus Projektportfolio-Sicht bewertet und in den Masterplan eingearbeitet wird. Der Projektantrag wird dann vom Projektportfolio-Board auf Basis der Unternehmensstrategie diskutiert und aus einer übergeordneten Unternehmens- oder Abteilungssicht priorisiert. Die Entscheidung des PPB, ob der Projektantrag freigegeben, abgelehnt oder zurückgestellt wird, wird über den Projektportfolio-Controller an das Projekt bzw. die zuständigen Personen weitergeleitet. Der Projektstartprozess in Verbindung mit dem Portfolio wird im Kapitel 4.2 (☞ „Projekt starten") detaillierter erläutert.

Allgemein: In der Aufnahmephase werden anhand der Projektanmeldungen die Projekte nach vordefinierten Aspekten klassifiziert, priorisiert und auf ihre Umsetzungsfähigkeit beurteilt. Es wird eine Projektportfolio-Planung (ein Masterplan) erstellt, in der alle Projekte thematisch und/ oder organisatorisch gegliedert werden. In dieser Phase werden die endgültigen Entscheidungen gefällt, welche Vorhaben freigegeben und somit zu Projekten werden und welche zurückgestellt oder definitiv abgelehnt werden.

B. Führungsphase
Betrachtet man ein laufendes Projekt, so stellt der Projektleiter dem PPC in einem vorbestimmten Rhythmus den Projektstatusbericht und eine aktualisierte Projektplanung zu. Der PPC prüft diese Lieferobjekte (und die aller anderen Projekte) und aktualisiert den Masterplan (☞ Kapitel 3.4.3 „Planen"). Auf dieser Grundlage erstellt er dann den PPC-Bericht. Dieser Bericht sowie der Masterplan werden vom PPB bearbeitet und nötige Korrekturmassnahmen festgelegt. Der PPC ist wiederum dafür verantwortlich, diese Massnahmen an den PL oder an andere Empfänger weiterzuleiten.

Allgemein: In der Führungsphase werden alle Projekte des Portfolios in Bezug auf Termine, Budgets, Einsatzmittel, begründete Risiken, projektübergreifende Probleme etc. geprüft und so weit als möglich aufeinander abgestimmt. Falls nötig, werden entsprechende Korrekturmassnahmen eingeleitet. Der Hauptfokus liegt auf der integralen Sicht der Abhängigkeit des Projektportfolios von Gesamtressourcen, Gesamtrisiko und Sachfortschritt der einzelnen Projekte, die bei Verschiebungen/Veränderungen eine Korrektur des Masterplans nach sich ziehen. Das qualifizierte Führen eines Portfolios bedingt je nach Grösse eine sehr aktive Pflege.

C. Abschlussphase
Auch beim Projektabschluss ist die Ebene Projektportfolio beteiligt (☞ Kapitel 4.5 „Projekt abschliessen"). Wird ein Projekt abgeschlossen, erstellt der Projektleiter einen Projektabschlussbericht. Nach einer gewissen Zeit wird der tatsächliche Erfolg des Projekts vom PPC gemessen und dem PPB mittels Projekterfolgsbericht mitgeteilt. Das PPB beurteilt, ob der beim Start gewünschte Strategiebeitrag vom Projekt erreicht wurde und meldet das Resultat an die Geschäftsleitung.

Allgemein: In der Abschlussphase erfolgt auch die Beurteilung der Art und Weise, in der die Resultate erreicht wurden. Ebenso ist die Zufriedenheit der Stakeholder mit der Projektabwicklung und dem zu erwartenden Nutzen (Produktwirkung) zu analysieren. Daraus abgeleitet wird auf der Ebene des Projektportfolios mit einer gezielten Verbesserungsanalyse die Zielgrösse Project Excellence (☞ Anhang B.1 „Project-Excellence-Modell") des gesamten Projektmanagement-Systems gefördert.

Verdichtet man diese Einzelprojektsicht zu einer gesamtheitlichen Betrachtung, indem man alle geplanten, laufenden und abgeschlossenen Projekte einer Unternehmung gleichzeitig betrachtet, so fällt auf, dass diese drei Phasen iterativ endlos ablaufen.

3.3 Hauptprozesse im Projektportfolio

Der Projektportfolio-Prozess besteht, wie die nachfolgende Abbildung zeigt, aus fünf Hauptprozessen, die sich über die drei im vorhergehenden Kapitel beschriebenen Projektportfoliophasen legen.

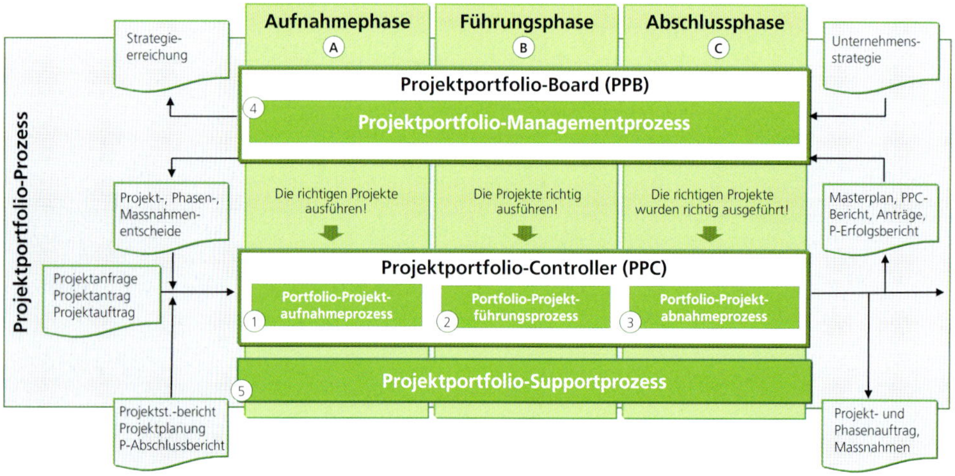

Abb. 3.03: Die Hauptprozesse im Projektportfolio über den drei Portfoliophasen

Die drei Aussagen „Die richtigen Projekte ausführen!“, „Die Projekte richtig ausführen!“ und „Die richtigen Projekte wurden richtig ausgeführt!“ beziehen sich auf die Hauptzielsetzung der Projektportfoliophasen Aufnahme, Führung und Abschluss. Nachfolgend wird, gemäss der Nummerierung 1 bis 5 in der Abbildung 3.03, auf die fünf Hauptprozesse der PM-Systemebene Projektportfolio eingegangen.

3.3.1 Portfolio-Projektaufnahmeprozess

Im Projektportfolio muss ein genau definierter Ablauf für die Aufnahme von Anträgen und Aufträgen definiert werden. Dadurch sollen alle Interessen einer Unternehmung bzw. eines Führungsbereichs (Fachbereich, Abteilung etc.) gleichartig und transparent berücksichtigt werden.

Im Rahmen des Portfolio-Projektaufnahmeprozesses ist es eine der wichtigsten Aufgabe, zu Beginn eines Geschäftsjahres oder zu ganz bestimmten Zeiten im Jahr aus einer Auswahl von formell konkretisierten Vorhaben (Projektanträgen, Projektaufträgen) diejenigen auszuwählen, die in ein neu definiertes Portfolio aufgenommen werden sollen bzw. die vor dem Hintergrund einer überarbeiteten Strategie nicht mehr ins Portfolio passen und dementsprechend gestrichen werden müssen.

Im Portfolio-Projektaufnahmeprozess wird über zwei Bewertungs- und eine Konkretisierungsstufe möglichst effizient die Anzahl möglicher Vorhaben identifiziert, die realisiert werden sollen. Um dem PPB eine Entscheidungsgrundlage zu bieten, werden in diesem Prozess einerseits die geplanten Vorhaben im Hinblick auf ihren Beitrag bewertet (z.B. Erreichen der Unternehmensziele, Gewinnsteigerung etc.) und andererseits unter der Berücksichtigung von Abwicklungsaspekten in den Masterplan aufgenommen.

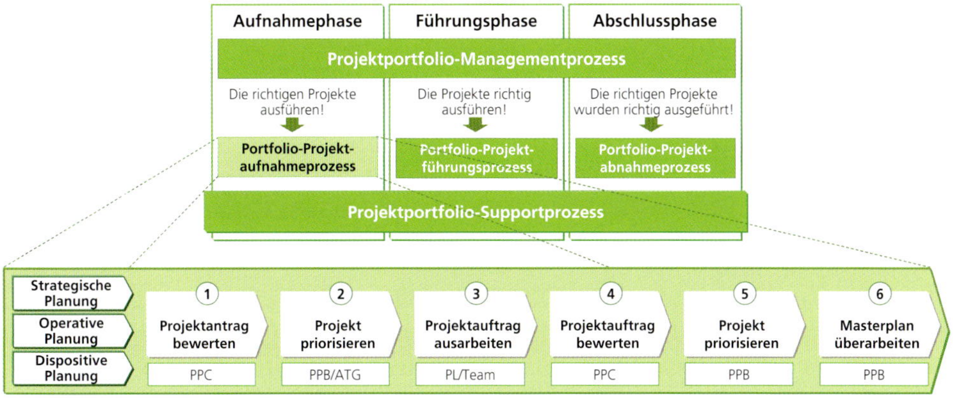

Abb. 3.04: Der Portfolio-Projektaufnahmeprozess

Welcher Quelle ein Projektimpuls auch entspringt (☞ Kapitel 3.1 „Quellen von Projektimpulsen"), für jedes Vorhaben muss ein Projektantrag gestellt werden. Die Anträge müssen so formuliert sein, dass Dritte (Projektportfolio-Controller oder Auftraggeber) diese prüfen und bewerten können. Die einzelnen Schritte des Portfolio-Projektaufnahmeprozesses laufen wie folgt ab:

1. Projektantrag bewerten
   Alle Anträge werden im „Impuls-Auffangtrichter" erfasst und auf formale Richtigkeit geprüft. Der PPC beurteilt die Projektanträge anhand wichtiger Bewertungsaspekte wie Wirtschaftlichkeit, Strategiebeitrag etc. (☞ Kapitel 3.4.1 „(Erst-)Bewertung"). Aufgrund dieser Bewertung definiert er den Projektcharakter, klassifiziert das Vorhaben und analysiert die Dringlichkeit.

2. Projektantrag priorisieren
   Vergleicht man das bewertete Vorhaben mit anderen Projekten im Portfolio, so wird transparent, wo sich das Vorhaben im Portfolio positioniert. Zu einem solch frühen Zeitpunkt des Projektstarts sind allerdings z.B. Nutzenangaben meist noch nicht quantifizierbar. Aufgrund der Positionierung bestimmen „Entscheider" (zukünftiger Auftraggeber [ATG] und/oder Projektportfolio-Board [PPB]), ob das Vorhaben weiterverfolgt, zurückgestellt oder abgebrochen wird. Zu diesem Zeitpunkt wird nicht selten ein Antrag mit weiteren Ideen ergänzt, was dem Vorhaben ganz andere Dimensionen geben kann.

3. Projektauftrag ausarbeiten
   Wurde der Projektantrag mittels Initialauftrag freigegeben, wird die Teilphase „Projektdefinition" der Initialisierungsphase gestartet (☞ Kapitel 4.2.3 „Projektdefinition"). Es macht Sinn, einen vom PPB freigegebenen Projektantrag durch einen vom künftigen Projektleiter erstellten Business Case und eine Projektplanung zu präzisieren. Daraus erhält man noch weitere und vertiefte entscheidungsrelevante Informationen. Schliesslich ist der Projektauftrag nichts anderes als das Management Summary von Projektplan und Business Case. Für Kleinst- oder für Wartungsprojekte muss übrigens kein Business Case, dafür jedoch ein ausführlicher Anforderungskatalog erstellt werden.

4. Projektauftrag bewerten
   Die Projektaufträge werden wiederum gemäss wichtiger Bewertungsaspekte vom Projektportfolio-Controller beurteilt (☞ Kapitel 3.4.1 „(Erst-)Bewertung"). Auf Basis dieser Bewertung wird das Vorhaben charakterisiert, klassifiziert, bezüglich der Dringlichkeit bewertet und für die Entscheider deutlich gemacht. Projektcharakterisierung und -klassifizierung können ganz andere Werte als bei der Antragsbewertung hervorbringen. Dies beruht auf Vorhabenserweiterungen bei der Antragsfreigabe oder auf neuen Erkenntnissen aus dem Business Case.

5. Projektauftrag priorisieren
   Das Priorisieren des Projektauftrags erfolgt wie das des Projektantrags. Das betrachtete Projekt wird mit den anderen Projekten im Portfolio verglichen – allerdings basierend auf konkreteren Datenwerten als bei der Projektantragspriorisierung. Zum Beispiel sollte der Projektnutzen nun aufgrund des Business Case quantifiziert sein.

6. Masterplan anpassen
   Integriert man das geplante Vorhaben in das bestehende Portfolio (Masterplan) bzw. stellt man das beantragte Vorhaben in den Kontext des gesamten Portfolios, so zeigt sich dessen Stellenwert in der Gesamtbeziehung. Aufgrund dieser Positionierung wird vom PPB endgültig entschieden, ob das Projekt weiterverfolgt, zurückgestellt oder definitiv abgebrochen wird. Ein Abbruch auf einer solchen Grundlage ist übrigens durchaus als positiv zu verstehen!

Generell erfolgt in der Praxis dieser Aufnahmeprozess sehr bereichsspezifisch und nicht selten situativ. Aufgrund der Chancengleichheit, der Bereichsplanungs- und der Kontrollvorteile sollte er in Verbindung mit dem Projektstart für das ganze Unternehmen standardisiert sein (☞ Kapitel 4.2 „Projekt starten"). Das Hauptergebnis dieses Prozesses ist schliesslich eine neu in ihrer Priorisierung zusammengesetzte Projektportfolio-Liste.

3.3.2 Portfolio-Projektführungsprozess

Im Portfolio-Projektführungsprozess stehen einerseits das Überwachen (Monitoring) der einzelnen Projekte (Aufzeigen der portfoliobezogenen Diskrepanz zwischen den PLAN-, IST- und den SOLL-Werten) und andererseits das Pflegen des Masterplans im Mittelpunkt. Um die Aufgabe ausführen zu können, erhält der Projektportfolio-Controller von den Projektleitern während der Projektabwicklung diverse Lieferobjekte, die er zu prüfen und für das Projektportfolio-Board zusammenzufassen hat. Bei den Lieferobjekten handelt es sich hauptsächlich um Projektstatusberichte, Phasenberichte, Änderungsanträge und Projektpläne. In diesem Prozess bereitet der Projektportfolio-Controller gestellte Anträge sowie aufgrund von Kennzahlen entdeckte Diskrepanzen der laufenden Projekte für das Projektportfolio-Board auf, damit dieses fundiert Entscheidungen fällen und gegebenenfalls korrigierende Massnahmen einleiten kann.

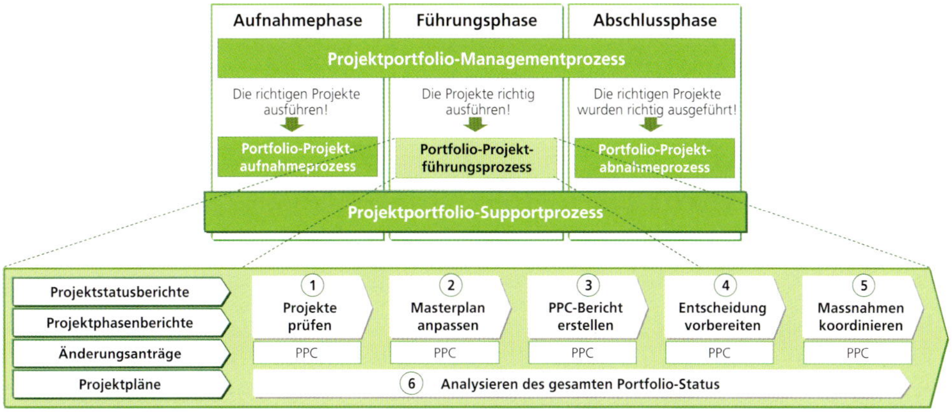

Abb. 3.05: Der Portfolio-Projektführungsprozess

Die einzelnen Schritte des Portfolio-Projektführungsprozesses laufen wie folgt ab:

1. Projekte prüfen
   – Analysieren „Sachfortschritt"
   Die Projektleiter erstellen für ihre Projekte Projektstatus- und Phasenabschlussberichte. In diesen Berichten wird die aktuelle IST-Situation des Projektfortschritts beschrieben und entsprechende Korrekturanträge werden eingereicht. Der Projektportfolio-Controller analysiert den Fortschritt bzw. den aktuellen Status gegenüber den aus Portfoliosicht definierten PLAN-Werten, bzw. er ermittelt die leistungsbezogene Diskrepanz zwischen dem IST und dem PLAN:
   - Über-/Unterschreitung von Terminen und Abhängigkeiten in Bezug auf andere Projekte,
   - konzeptliche Inhaltsveränderungen gegenüber dem definierten Strategiebeitrag,
   - Lieferantenleistung bezüglich Termin und Eingangsqualität,
   - Kostenverbrauch in Bezug zum Sachfortschritt,
   - Probleme und Nutzen des Einsatzes von Methoden und Tools etc.

   – Monitoring „Planwert"
   Beim Monitoring der Planwerte werden Kosten/Aufwand sowie die Termine der laufenden Projekte, auf Grundlage der Projektstatusberichte der Projektleiter, mit den Planungsvorgaben des Portfolios verglichen. Dieser Vergleich mit der sogenannten Sachfortschrittskontrolle ergibt Aussagen bezüglich:
   - der effektiven Kosten-/Sachfortschritt-Relationen mit Diskrepanz zu den PLAN-Werten,
   - der effektiven Zeit-/Sachfortschritt-Relationen mit Diskrepanz zu den PLAN-Werten,
   - der effektiven Aufwand-/Sachfortschritt-Relationen mit Diskrepanz zu den PLAN-Werten,
   - der effektiven Aufwand-/Zeit-Relationen mit Diskrepanz zu den PLAN-Werten,
   - und der jeweiligen Restwerte.

   Von besonderem Interesse ist das Monitoren der eingesetzten Personalmittel, da diese vielerorts schliesslich den „Motor" jeglicher Projektleistungen darstellen.

   – Analysieren „neue Projektvorhaben"
   Ausserhalb des jährlichen Budgetprozesses können dringende, nicht vorhersehbare Vorhaben entstehen, oder laufende Projekte müssen aufgrund gewisser Ereignisse abgebrochen werden. Je nach Ressourcensituation und Prioritätsänderung müssen dann andere, bereits bewilligte

Projekte entsprechend zurückgestellt, gestoppt oder höher priorisiert, sprich vorgezogen werden. Aufgrund dieser Änderungen werden die Abweichungen zwischen dem IST der Projekte und dem SOLL des Masterplans analysiert.

2. Masterplan anpassen
   Je nachdem, ob das Resultat des Monitorings (Abweichungsanalyse) positiv oder negativ ausfällt, muss, unter Berücksichtigung des Gesamtportfolios, der Masterplan angepasst werden (☞ Kapitel 3.4.3 „Planen"). Ideal ist es, wenn die Änderungen vom Projektportfolio-Board monatlich kurz diskutiert werden.

3. PPC-Bericht erstellen
   Alle Resultate des PLAN-/IST-/SOLL-Vergleichs der laufenden Projekte sowie die Gesamtanalyse des Projektportfolios (☞ Kapitel 3.4.4 „Prüfen") bilden zusammengefasst (synthetisiert und abstrahiert) den PPC-Bericht. Mit dem PPC-Bericht mitgeliefert wird jeweils die Liste der anstehenden Anträge.

4. Entscheidung vorbereiten
   Der Projektportfolio-Controller stellt dem Projektportfolio-Board den Masterplan, den PPC-Bericht und die aktuellen Projektanträge zu. Auf Grundlage dieser Dokumente trifft das Projektportfolio-Board seine Entscheidungen.

5. Massnahmen koordinieren
   Entscheidungen bezüglich Korrekturmassnahmen des PPB werden vom Controller abwicklungsorientiert bewertet und dem Projektleiter mitgeteilt.

6. Analysieren des gesamten Portfolio-Status
   Wie im Kapitel 3.4.4.2 (☞„Analysieren") detailliert beschrieben, muss der Projektportfolio-Controller nicht nur das einzelne Projekt, sondern die kumulierten Werte und deren Wirkungen analysieren. Dabei kommt ihm das Controllinginstrument PIKS (Projektinternes Kontrollsystem) zu Hilfe, das z.B. sicherstellt, dass eine Risikonummer, Problemnummer etc. nur einmal pro Projekt vergeben werden kann.

Zu den Haupttätigkeiten des PPC, die sich in diesem Prozess stark widerspiegeln, gehört die konstruktive Art und Weise der Unterstützung im positiven Sinne für die Projektleiter. Belastet er die Projektleiter nur mit zusätzlichen (Abklärungs-)Aufträgen, so werden ihm die Akzeptanz der Projektleiter und die damit verbundene Offenheit fehlen. Ganz besonders wichtig ist, dass er die Projekte nicht nur aus Kostensicht beleuchtet, sondern diese stets in Relation zu Zeit, Leistung und Qualität zu setzen weiss. Ohne diesen konstruktiven ganzheitlichen Ansatz kann er keine objektive Beurteilung der Projektlage vornehmen.

3.3.3 Portfolio-Projektabnahmeprozess

Wurde vom Projektsteuerungs-Gremium das System/Produkt zur Einführung freigegeben (Meilenstein 40) und wurde die Produktintegration erfolgreich abgeschlossen und durch den Auftraggeber bestätigt (Meilenstein 45), muss der Projektleiter die Projektauflösung vornehmen. Die Autorisierung dazu erfolgt durch die Vernehmlassung des Projektabschlussberichts (Meilenstein 50).

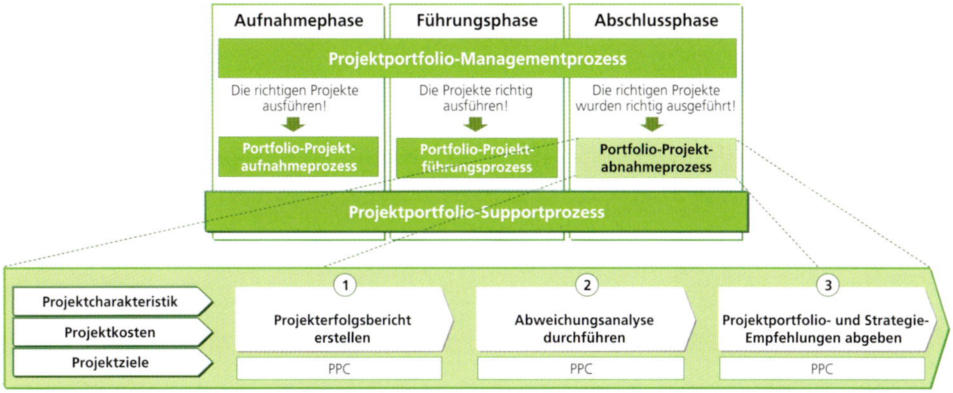

Abb. 3.06: Der Portfolio-Projektabnahmeprozess

Anschliessend, das heisst sofort oder aber auch erst nach einer gewissen Zeit (Meilenstein 60), startet der vom Projektportfolio-Controller durchzuführende Portfolio-Projektabnahmeprozess.

Im Rahmen des Portfolio-Projektabnahmeprozesses werden unter anderem die ursprüngliche Projektcharakteristik, die geplanten Projektkosten und die Projektziele mit der tatsächlich implementierten Projektcharakteristik, den effektiven Projektkosten und den erzielten Resultaten zum Zeitpunkt des Projektabschlusses miteinander verglichen. Die einzelnen Schritte des Portfolio-Projektabnahmeprozesses laufen wie folgt ab:

1. Projekterfolgsbericht erstellen
   Der Projekterfolgsbericht wird vom Projektportfolio-Controller eine gewisse Zeit nach Projektabschluss (Meilenstein 60) erstellt und dient dem endgültigen Nachweis über den Erfolg bzw. Misserfolg des durchgeführten Projekts.

2. Abweichungsanalyse durchführen
   Die aufgearbeiteten Projektabschlussdaten, die u.a. mit der Projektcharakterisierung des Projektstarts abgeglichen werden, gehen an das Projektportfolio-Board, das daraus entsprechende Lehren und Konsequenzen zieht.

3. Projektportfolio- und Strategie-Empfehlungen abgeben
   Entsprechend der Abweichungsanalyse kann der Projektportfolio-Controller Empfehlungen für eine Anpassung des Projektportfolios oder gar der Strategie abgeben.

Das Ziel dieses Prozesses ist, die effektiven Wirkungen eines Projekts und die daraus resultierenden Folgen ersichtlich zu machen. Gegebenenfalls können auch Empfehlungen für Anpassungen des Projektportfolios oder der Unternehmensstrategie gemacht werden.

3.3.4 Projektportfolio-Managementprozess

Der Projektportfolio-Managementprozess beschäftigt sich mit den drei Hauptfragen, welche Vorhaben realisiert werden sollen, wie laufende Projekte geführt bzw. unterstützt werden sollen und welchen Effekt umgesetzte Projekte auf den Unternehmenserfolg haben.

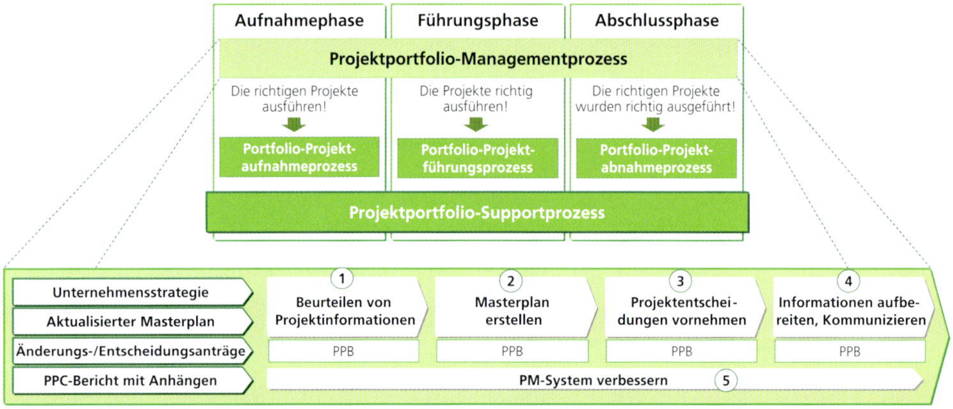

Abb. 3.07: Der Projektportfolio-Managementprozess

Als Input stehen dem Projektportfolio-Board u.a. folgende Datenwerte zur Verfügung:

- aktuelle Unternehmensstrategie bzw. deren Ziele (z.B. in Form einer BSC);
- Änderungs-/Entscheidungsanträge auf Basis von Phasenanträgen, Projektveränderungen, Masterplan-Veränderungen, Statusberichten, Projektanträgen und -aufträgen etc.;
- aktualisierter Masterplan, der z.B. die Auswirkungen der zu entscheidenden Projektanträge zeigt;
- PPC-Bericht und Projektstatusberichte der kritischen („gelben") und stark gefährdeten („roten") Projekte.

Die einzelnen Schritte des Projektportfolio-Managementprozesses laufen wie folgt ab:

1. Analysieren und Beurteilen von Projektinformationen
   Das Projektportfolio-Board bespricht und beurteilt die Informationen, die in PPC-Bericht, Masterplan etc. enthalten sind, an einer Portfoliositzung. Dabei werden insbesondere die Projekte, die gelben oder roten Ampelstatus aufweisen, diskutiert und etwaige Änderungs- und Projektaufträge bezüglich Risiko und Machbarkeit etc. besprochen. Ferner wird der aktuelle Gesamtstand des Portfolios, die damit verbundenen Probleme und Risiken sowie die aktuelle Ressourcen- und Budgetsituation analysiert.

2. Erstellen des Masterplans
   Analyse und Planung gehen auf dieser Stufe grundsätzlich Hand in Hand. Alle Analysegedanken und deren Wirkungen müssen definitiv oder auch simulationsmässig in den einzelnen Plänen des Masterplans ersichtlich sein. Durch Simulationen kann erkannt werden, welche Investitionen bzw. welche neuen Projekte mit welchen Finanz-, Personal- und Betriebsmitteln wann am besten umzusetzen sind.

3. Projektentscheidungen vornehmen
   Einigt man sich auf das beim Planen bestimmte weitere Vorgehen, müssen Entscheidungen getroffen werden (Priorität zuteilen, Freigabe/Ablehnung vornehmen, Projektleiter und Ressourcen zuteilen, Termine zu den Meilensteinen zuordnen etc.).

4. Informationen aufbereiten und kommunizieren
   Auf der Stufe des Projektportfolio-Boards müssen Entscheidungen und die daraus resultierenden Massnahmen ausformuliert und über den Projektportfolio-Controller offiziell lanciert oder umgesetzt werden. Bei Ablehnungen oder Rückstellungen von Projekten sollten die Gründe schriftlich erfasst und die wichtigsten Stakeholder direkt informiert werden. Der Unternehmensleitung müssen die Effekte der abgeschlossenen Projekte mitgeteilt werden.

5. PM-System verbessern
   Dieser Prozessschritt ist den ersten vier Prozessschritten unterlegt. Durch ihn soll im Sinne von Project Excellence das Projektmanagement-System laufend verbessert werden. Beispielsweise durch Prozessoptimierungen, Personalschulungen etc.

In diesem Managementprozess wird geregelt, was wie und wann geschehen muss, damit der Masterplan eines Unternehmens im Hinblick auf die Strategie effizient umgesetzt werden kann. Diese Führungsaufgaben werden durch das Projektportfolio-Board wahrgenommen, das bei seinen Arbeiten operativ durch den Projektportfolio-Controller unterstützt wird. Im Sinne einer laufenden Verbesserung des gesamten PM-Systems implementiert und überwacht das Projektportfolio-Board auch alle Instrumente, Prozesse sowie die Standards und Richtlinien.

3.3.5 Projektportfolio-Supportprozess

Die einzelnen Portfolioprozesse werden durch administrative Leistungen und Support Services unterstützt. Im Wesentlichen handelt es sich dabei um die Pflege und die Aufbereitung von Daten und die Zusammenstellung und Verteilung von Informationen durch den Projektportfolio-Controller.

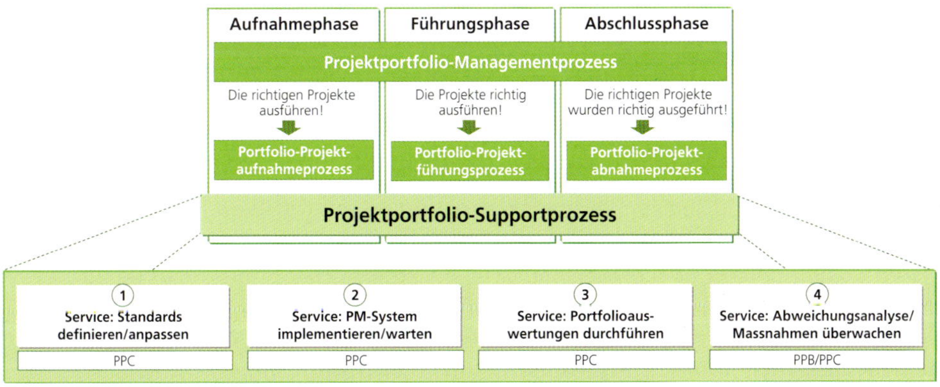

Abb. 3.08: Der Projektportfolio-Supportservice

In Berichten und Auswertungen werden auf unterschiedlichen Verdichtungsebenen die Projektinformationen dargestellt. Die Wesentlichsten sind:

- Projektstatusbericht-Feedback (Feedback an den Projektleiter),
- Projekterfolgsbericht des Projektportfolio-Controllers,
- unternehmerische Projektabwicklungs-Reihenfolge,
- Portfolio-Massnahmenliste,
- Masterplan, Projektportfolio-Statusbericht (Projektportfolio-Statuscockpit).

Die in der Abbildung 3.08 aufgeführten einzelnen Support Services werden nachfolgend beschrieben:

1. Standards definieren/anpassen
   Hier werden die Portfolio- bzw. Projekt-Standards definiert, so z.B. die allgemeinen, über alle Projektarten hinweg definierten externen Meilensteine.

2. PM-System implementieren/warten
   Wenn eine entsprechende PM-Software existiert, sollten hier die allgemeinen, aber auch die abteilungsspezifischen Implementierungen und die daraus resultierenden Wartungsarbeiten vorgenommen werden. Gibt es keine Software, kann das PM-System „nackt" über den Projektmanagement-Leitfaden und dessen Instrumente implementiert und gewartet werden.

3. Projektportfolio-Auswertungen durchführen
   Dieser Service bezieht sich auf die Auswertung der Situation im Projektportfolio, z.B.: wie viele Projekte stehen auf rot, alle Risiken aller Projekte mit Risikograd grösser 2.0 aufzeigen, welche Projekte sind in welcher Phase etc.

4. Abweichungsanalyse vornehmen/Massnahmen einleiten
   Basierend auf den Auswertungen, sollten grundsätzlich laufend die Leistungen der Projekte als Gesamtes gegenüber dem Masterplan abgeglichen werden. Bei Abweichungen sind deren Ursachen mittels einzuleitender Massnahmen abzuschwächen oder zu beseitigen.

Grundsätzlich wird in diesen Support Services die Frage geklärt, was alles wie und wann geschehen muss, damit dem Projektportfolio-Board im Hinblick auf die geplanten und laufenden Projekte ein möglichst aktueller Wert angezeigt wird.

Wird mittels dem Projektportfolio-Support-Prozess unter anderem das Ziel verfolgt, das Projektmanagement-System als Ganzes kontinuierlich weiterzuentwickeln, können an diesem Prozess die im Kapitel 1.3.1.3 (☞ „Balanced Scorecard") beschriebenen PPSC-Ziele „Project Portfolio Scorecard" eingesetzt werden.

Dabei könnten als Spätindikatoren respektive Ergebniswerte zum Beispiel der Strategiebeitrags-, Architekturbeitrags- und Betriebsbeitragsgrad aufgezeigt werden, die zudem ins Verhältnis zu den eingesetzten Kosten gesetzt werden könnten. Daraus ergibt sich z.B. der jährliche Effizienzwert der Strategieerreichung.

Als Frühindikatoren respektive Leistungstreiber könnten Werte gemessen werden wie PM-Prozesstreue, Anzahl PM-Systemprozess-Optimierungen, Blockeinsatz von Schlüsselpersonen (siehe CCPM), Projektabhängigkeitsgrad, Prüfplan-Treue etc.

3.4 Haupttätigkeiten im Projektportfolio

Betrachtet man die Arbeiten in einem Projektportfolio nicht als einzelne Prozesssequenzen, sondern als Tätigkeitsgruppen, so ergeben sich über alle Phasen und Prozesse hinweg sechs Haupttätigkeiten. Wie die nachfolgende Abbildung zeigt, stehen diese in Abhängigkeit zueinander.

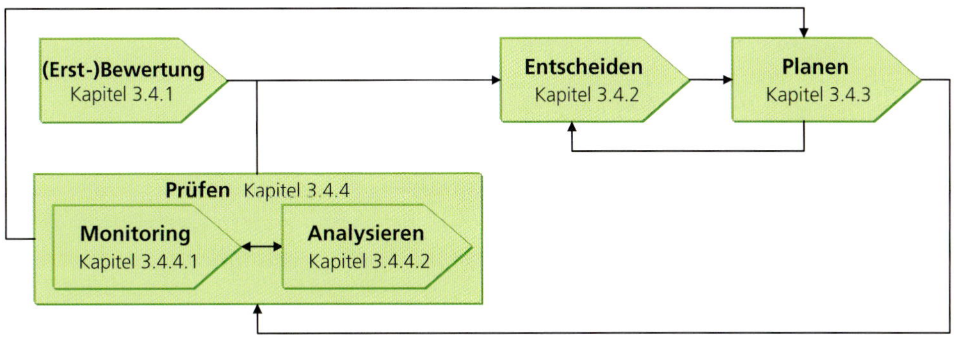

Abb. 3.09: Abhängigkeiten der Haupttätigkeiten im Projektportfolio

Bevor die Haupttätigkeiten in den kommenden Kapiteln ausführlich erläutert werden, werden sie hier kurz vorgestellt.

- (Erst-)Bewertung
  Jedes Projekt sollte auf seine Wirkungs- und Abwicklungsaspekte hin bewertet werden. Diese Bewertung erfolgt nicht nur beim Projektstart, sondern auch während der Projektabwicklung sowie beim Projektabschluss. Da die laufende Bewertung eines Projekts nach Aufnahme in das Portfolio dem „Monitoring" entspricht, wird das erstmalige Bewerten in der Initialisierungsphase „Erstbewertung" genannt.

- Planen
  Aufgrund der definierten Projektabwicklungs-Reihenfolge werden die Projekte in einem Plan, dem Masterplan, visualisiert. Hierbei wird insbesondere der Bedarf der Einsatz- und Finanzmittel ermittelt und dem Bestand gegenübergestellt. Natürlich fliessen auch Informationen des Monitorings in die Planung mit ein.

- Entscheiden
  Ziel des Entscheidens ist, die verschiedenen Projekte der nächsten 3 bis 5 Jahre anhand der Bewertungsaspekte in eine unternehmerische Projektabwicklungs-Reihenfolge zu bringen. Damit wird entschieden, welche Projekte umgesetzt werden und welche nicht.

- Prüfen
  Die Projekte müssen aus Sicht der hierarchischen Ebene Projektportfolio nicht nur beurteilt, sondern auch überwacht und analysiert werden. Hierbei kann zwischen einer verhaltensorientierten und einer ergebnisorientierten Prüfung unterschieden werden. Diese Prüfungen sind stichprobenmässig und aufgrund von Erfahrungswerten durchzuführen.

- Monitoring (Überwachen)
  Durch laufendes Überwachen der Projekte bezüglich der Zielerreichung und genereller Metriken wird der „Status" der Projekte ermittelt. Somit werden die einzelnen Projekte laufend neu bewertet, also nicht nur zu Beginn eines Vorhabens. Darüber hinaus wird das ganze Portfolio in seinem „Verhalten" überwacht.
- Analysieren
  Beim Analysieren geht es nicht darum, ein einzelnes Projekt, sondern das gesamte Portfolio zu durchleuchten. Beispielsweise werden Risikoanalysen über das gesamte Portfolio durchgeführt.

3.4.1 (Erst-)Bewertung

Alle Projekte eines Portfolios sollten in einem klar definierten Rhythmus kritisch bewertet werden. In der Regel kommt diesem Bewertungsvorgang zu Beginn eines Geschäftsjahres eine besondere Rolle zu, da zu diesem Zeitpunkt auf Basis von neuen Budgets und angepassten Strategien eine Prioritätsentscheidung bezüglich aller Vorhaben des neuen Jahres durchgeführt werden muss. Damit allerdings das Projektportfolio-Board das Portfolio professionell managen kann, ist es zwingend, dass all seine Entscheidungen jeweils auf aktuellen Informationen, sprich: aktuellen Projektbewertungen, erfolgen. Betrachtet man ein einzelnes Projekt, so nimmt in dessen Verlauf die Qualität der verfügbaren Informationen logischerweise zu. Daher ist es sinnvoll, eine projektbezogene Bewertung als eine sich in gewissen Zeitabständen wiederholende Aufgabe zu definieren. Grundsätzlich lässt sich diese Projektbewertung in drei Zeitfenster einteilen, die den Phasen des Projektportfolios entsprechen:

A. Bewertung in der Aufnahmephase
   Die Erstbewertung in der Aufnahmephase erfolgt gemäss der Logik des Projektstartprozesses in zwei Schritten. Die erste Bewertung erfolgt aufgrund der Informationen des Projektantrags. Da zu diesem frühen Zeitpunkt eines Projekts oftmals noch keine konkreten Datenwerte vorliegen, erfolgt die „Antragsbewertung" ordinal. In der zweiten Bewertung, die auf Grundlage der Datenwerte des Projektauftrags vorgenommen wird, ist dies anders. Die „Auftragsbewertung" sollte möglichst auf kardinalen Werten beruhen. Wie diese zwei Bewertungsschritte im Zusammenspiel mit der Projektführung erfolgen, ist im Kapitel 4.2 (☞ „Projekt starten") beschrieben.

B. Bewertung in der Führungsphase
   Die Projekte sollten nicht nur in ihrer Startphase, sondern auch laufend bewertet werden. Diese stetigen Beurteilungen erfolgen unter anderem auf Basis der monatlichen Projektstatusberichte, die von den jeweiligen Projektleitern erstellt werden. Aus Sicht des Projektportfolios entspricht diese laufende Beurteilung, sprich: Überwachung der Projekte, dem Monitoring (☞ Kapitel 3.4.4.1 „Monitoring")

C. Bewertung in der Abnahmephase
   Der Projektportfolio-Controller stellt sicher, dass nach einem Projektabschluss aus Sicht des Projektportfolios der Projekterfolgsbericht verfasst wird, der eine Projekterfolgsbewertung beinhaltet. Bezugsgrössen sind einerseits die tatsächlichen Kosten und erbrachten Leistungen, andererseits der Vergleich von erbrachter und gewünschter Wirkung des Projekts. Die Erkenntnisse, die aus dieser Abschlussbewertung resultieren, haben allenfalls wiederum Einfluss auf die Bewertung zukünftiger Projektanträge.

Damit alle Projekte im Portfolio miteinander verglichen werden können, sollten sie auf Basis der gleichen Aspekte bewertet werden. Grundsätzlich lassen sich alle potenziellen Bewertungsaspekte in zwei Gruppen einteilen: „wirkungsbezogene Aspekte" und „abwicklungsbezogene Aspekte".

Wirkungsaspekte	Abwicklungsaspekte
Strategiebeitrag Welchen strategischen Beitrag liefert das Vorhaben?	**Abwicklungsrisiko** Welche Risiken hat das Vorhaben während der Projektabwicklung?
Architekturbeitrag Entspricht und/oder unterstützt das Vorhaben die Architektur?	**Abwicklungskomplexität** Wie komplex ist das Vorhaben?
Betriebsbeitrag Welchen Beitrag bringt das Vorhaben für den operativen Betrieb?	**Ressourcenbedarf** Wie gross sind die Investitionen und/oder der Personalbedarf?
Wirtschaftlichkeit Wie wirtschaftlich ist dieses Vorhaben?	**Mitarbeiterbelastungsgrad (Unternehmen)** Welche Belastung bewirkt das Projekt in der Belegschaft?
Unternehmensrisiko Wie beeinflusst das Vorhaben die Unternehmensrisiken?	**Zeitliche Projektabwicklung** Wie viel Zeit wird für die Projektabwicklung benötigt?
Organisatorische Veränderung Wie gross ist die Wirkung des Projekts auf die Organisation?	**Projektabhängigkeiten** Welche Abhängigkeit besteht zu anderen Projekten?

Abb. 3.10: Gliederung der Bewertungsaspekte

In den kommenden Kapiteln wird zuerst auf die wirkungsbezogenen Bewertungsaspekte eingegangen und danach auf die abwicklungsbezogenen. Dabei geht es in erster Linie um eine Erstbeurteilung der Projekte: Die Erläuterungen der einzelnen Aspekte beziehen sich somit hauptsächlich auf die Aufnahmephase eines Projekts ins Portfolio. Nachdem die Beurteilung der einzelnen Aspekte vorgenommen wurde, ist es möglich, den „Charakter" eines Projekts zu bestimmen, respektive ihn anhand eines Kiviat-Diagramms grafisch darzustellen.

3.4.1.1 Wirkungsbezogene Bewertungsaspekte

Die wirkungsbezogenen Bewertungsaspekte beziehen sich auf das Projektprodukt. Es geht dabei hauptsächlich um die Frage: „Was geschieht, wenn das Produkt erstellt wird?" Nachfolgend werden die in der Abbildung 3.10 aufgeführten Wirkungsaspekte beschrieben.

3.4.1.1.1 Bewertung des Strategiebeitrags

Bei der Bewertung des strategischen Beitrags eines Projekts sind in einem ersten Schritt die strategischen Ziele eines Unternehmens aufzuführen und zu gewichten. Dabei können beispielsweise Gewichte von 1 bis 10 pro strategischem Ziel verteilt werden (1 geringe Gewichtung, 10 starke Gewichtung). Die Projekte werden anschliessend den gewichteten strategischen Zielen gegenübergestellt. Zu jedem Ziel wird dann aufgeführt, wie gross der Projektbeitrag ist. Diese Beitragsbewertung kann beispielsweise mit den Punktewerten 0 bis 6 erfolgen (0 kein Beitrag, 6 sehr grosser Beitrag). Anschliessend wird die Gewichtung pro strategischem Ziel mit dem Beitragswert multipliziert. Summiert man alle so erhaltenen Werte für ein Projekt, erhält man als Ergebnis den gesamten strategischen Beitrag des Projekts zur Unternehmensstrategie. Vergleicht man diese Beiträge der verschiedenen Projekte miteinander, so entspricht dies der unternehmerischen Rangfolge.

Strategische Unternehmensziele	Gewicht	Projekt A		Projekt B		Projekt C		Projekt D		Projekt E	
BSC Z1. Erhöhung und Sicherung des Marktanteils	10	1	10	2	20	2	20	4	40	1	10
BSC Z2. Sicherung der Stammkunden	8	6	48	3	24	6	48	2	16	2	16
BSC Z3. Steigerung des EBITs gegenüber Vorjahr	8	2	16	4	32	3	24	6	48	3	24
BSC Z4. Gruppenübergreifende Produktstärkung	10	5	50	6	60	2	20	1	10	1	10
BSC Z5. Wir sind Innovationsleader	5	2	10	3	15	3	15	1	5	4	20
BSC Z6. Effizienzsteigerung	7	4	28	4	28	0	0	3	21	4	28
BSC Z7. Marktwert des Unternehmens steigern	10	3	30	2	20	3	30	2	20	1	10
BSC Z8. Etc.	...		...		...		...		...		...
Total strategischer Beitrag			**192**		**199**		**157**		**160**		**118**

Abb. 3.11: Strategiebeitragsbewertung bzw. Festlegen der strategischen Reihenfolge

Das Festlegen, welches Projekt als strategisch wichtig zu klassifizieren ist, führt in einem Unternehmen oftmals zu grösseren Diskussionen. Schliesslich muss jedes Projekt seinen strategischen Beitrag zur Unternehmens- oder Bereichsstrategie leisten. Tut es dies nicht, so darf dieses Vorhaben gar nicht gestartet werden! Was ein Vorhaben zu einem „strategischen Projekt" macht, ist von Unternehmen zu Unternehmen verschieden. Mit einer entsprechenden Klassifizierung kann das verantwortliche Management kennzeichnen, welches Vorhaben eine besondere Relevanz hat. So kann beispielsweise ein Vorhaben für strategisch erklärt werden, wenn es eines oder mehrere der folgenden Charakteristika aufweist:

- Der Strategiebeitrag des Projekts ist besonders hoch.
- Die Projektumsetzung ist mit einem erheblichen unternehmerischen Risiko verbunden.
- Der Ressourcenaufwand für das Vorhaben ist sehr hoch.
- Die Projektabwicklung nimmt viel Zeit in Anspruch.

Kriterien des Strategiebeitragsgrads	1	2	3	4
Total strategischer Beitrag	< 100	100-150	150-200	> 200

Abb. 3.12: Kriterienachse des Strategiebeitrags

3.4.1.1.2 Bewertung des Architekturbeitrags

Um eine abgestimmte Realisierung von neuen oder zu verändernden Systemen, Produkten oder Organisationen zu ermöglichen, sollte jede Unternehmung ein Rahmenkonzept oder eine Architektur haben. Mit einer Unternehmensarchitektur werden folgende Ziele verfolgt [Hil 1992]:

- vertikale Integrität (z.B. Unterstützung der Geschäftsziele und Berücksichtigung der Entscheidungen aus der strategischen Planung),
- horizontale Integrität (z.B. Bereitstellung einer Infrastruktur, welche die Abstimmung aller Systeme erleichtert, oder Integrieren einer richtigen Organisationsstruktur),
- Verständlichkeit (z.B. Reduktion der Komplexität),
- Flexibilität (= Modularität),
- Nutzen-/Kosten-Optimum.

Aus den unterschiedlichen Architekturen (Finanzarchitektur, Informatikarchitektur, Produktarchitektur, Organisationsarchitektur etc.) einer Unternehmung resultiert ein unternehmensweites „Architekturmodell". Durch eine sinnvolle Aggregierung dieser unterschiedlichen Architekturen kann dem Unternehmen die langfristige Stabilität gegeben werden. Wenn sie gut „konstruiert" wurden, bieten die einzelnen Architekturen auch die notwendige Flexibilität bzw. die Möglichkeit einer dynamischen Veränderung.

Unternehmensarchitektur	Gewicht	Projekt A		Projekt B		Projekt C		Projekt D		Projekt E	
1. Technologiearchitektur	7	3	21	0	0	1	7	0	0	3	21
2. Infrastrukturarchitektur	6	6	36	0	0	3	18	2	12	4	24
3. Organisationsarchitektur	9	3	27	4	36	2	18	2	18	1	9
4. Produktarchitektur	7	5	35	3	21	5	35	0	0	2	14
5. Prozessarchitektur	10	2	20	3	30	1	10	5	50	1	10
6. Finanzarchitektur	4	0	0	0	0	3	12	3	12	5	20
7. Informationsarchitektur	3	0	0	6	18	4	12	4	12	3	9
8. Etc.	...		...		...		...		...		...
Total architektonischer Beitrag			**139**		**105**		**112**		**104**		**107**

Abb. 3.13: Architekturbeitragsbewertung bzw. Festlegung der architektonischen Reihenfolge (1)

Das klingt nun für manchen Leser vielleicht etwas gar kompliziert. Das Ganze ist jedoch nichts anderes als eine logische Sache des „Systembaus". Wenn z.B. die Organisationsarchitektur für den Vertrieb nur auf die nationalen Gegebenheiten ausgerichtet ist und man nun „plötzlich" international tätig sein will, so dürfte dies die bestehende Organisationsstruktur bzw. deren Architektur unliebsam auf die Probe stellen. Oder: Ist die Infrastrukturarchitektur auf 500 Mitarbeitende ausgerichtet und ist nun durch die Akquisition eines Unternehmens die Belegschaft auf 800 angewachsen, so dürften sich neben einer unlogischen Dezentralisierung noch andere infrastrukurelle Nachteile ergeben. Einfach gesagt: Man konstruiert etwas für eine bestimmte Grösse, für eine bestimmte Reichweite, für eine bestimmte Belastung. Werden die daraus resultierenden Grenzwerte überschritten (egal, wie gross das Unternehmen ist), droht die Gefahr, dass die Konstruktion zusammenbricht.

Ein anderes Beispiel: Die Architektur eines Hauses hat ganz bestimmte Grenzen. Wird nachträglich ein Lift eingebaut, dann ein Wintergarten, baut man anschliessend das Dachgeschoss noch aus und eine Einlegerwohnung ein und möchte das ganze Haus noch mit der neuesten Informationstechnologie verkabeln, wird der Architekt mit der Meldung kommen, dass es nicht geht – oder aber, dass die geplante Erneuerung im Verhältnis zum Nutzen sehr viel kostet. Deshalb macht es Sinn, nicht eine Bewertung der unterschiedlichen Architekturen vorzunehmen, sondern den Beitrag bezogen auf die Ziele einer Architektur (Erhöhen der Stabilität etc.) zu bewerten.

Hauptziele der Architektur	Projekt A	Projekt B	Projekt C	Projekt D	Projekt E
1. Erhöhen der Stabilität	+ 4	+ 6	− 2	+ 5	0
2. Erhöhen der Modularität	− 3	+ 3	0	− 1	+ 6
3. Verringern der Kompliziertheit	0	+ 4	+ 5	+ 1	− 1
4. Etc.	...	...	...	...	...
Total Beitrag zu den Zielen der Architektur	**+ 1**	**+ 9**	**+ 5**	**+ 3**	**+ 5**

Abb. 3.14: Architekturbeitragsbewertung bzw. Festlegung der architektonischen Reihenfolge (2)

Für einen sachlogischen, betriebswirtschaftlich vertretbaren Aufbau und eine Weiterentwicklung der Unternehmensarchitektur ist es entscheidend, in welcher Reihenfolge die geplanten Vorhaben umgesetzt werden. Diese architektonische Reihenfolge steht meistens in der Entscheidungskonkurrenz zur strategischen Relevanz. Vielleicht sieht die Strategie z.B. vor, mittels eines geplanten Organisationsprojekts in Asien tätig zu werden, um so dem stark schwindenden Gewinn entgegenzuwirken. Demgegenüber will der Informatikleiter aufgrund des Lebenszyklus und der Überlastung die Mainframe sofort ablösen, da diese schon heute in einem kritischen Bereich läuft und für das Unternehmen einen „Supergau" auslösen kann. Für was entscheidet man sich?

Kriterien des Architekturbeitragsgrads	1	2	3	4
Total architektonischer Beitrag	< 100	100-150	150-200	> 200

Abb. 3.15: Kriterienachse des Architekturbeitrags

3.4.1.1.3 Bewertung des Betriebsbeitrags

Häufig müssen Projekte, die auf der operativen Ebene initiiert werden, z.B. aufgrund von Gesetzesänderungen, Kundenzwängen oder anderen Unwägbarkeiten, so schnell wie möglich umgesetzt werden. In der heutigen hektischen Zeit wird gerade dies gerne von den Vertretern eines Projekts in die Bewertungsschale geworfen (beispielsweise: „Ich habe gehört, die Konkurrenz arbeitet an einer verbesserten Produktlinie!"). Daher ist es aus Sicht des Managements wichtig, die in das Bewertungsfeld geführten Imponderabilien genauestens zu prüfen und eine Skala des Betriebsbeitrags zu entwerfen.

Komponenten des Betriebsbeitrags	**Gewicht**	**Projekt A**		**Projekt B**		**Projekt C**		**Projekt D**		**Projekt E**	
1. Basistechnologieerneuerung	10	3	30	0	0	1	10	0	0	1	10
2. Benutzerfreundlichkeit	6	5	30	1	6	3	18	2	12	4	24
3. Kundenservice	6	4	24	0	0	5	30	4	24	4	24
4. Mitarbeiterzufriedenheit	4	5	20	3	15	5	25	0	0	2	10
5. Verlängern des „product life cycle"	10	3	30	4	40	1	10	2	20	5	50
6. Sicherstellen der Integrität	4	3	12	2	8	2	8	3	12	0	0
7. Umsatzsteigerung	3	0	0	6	18	0	0	5	15	3	9
8. Etc.	...		...		...		...		...		...
Total betrieblicher Beitrag			**146**		**87**		**101**		**83**		**127**

Abb. 3.16: Betriebsbeitragsbewertung bzw. Festlegen der betrieblichen Reihenfolge

Diese Bewertung ergibt die betriebliche Reihenfolge, die natürlich am gleichen „Ressourcennapf" zehrt wie die Strategie und die Architektur.

Kriterien des Betriebsbeitragsgrads	1	2	3	4
Total betrieblicher Beitrag	< 100	100-150	150-200	> 200

Abb. 3.17: Kriterienachse des Betriebsbeitrags

3.4.1.1.4 Bewertung der Wirtschaftlichkeit

Der Erfolg einer Investition kann am besten durch die Gegenüberstellung von Kosten (Aufwand) und Nutzen (Ertrag) gemessen werden. Dabei werden Berechnungen auf der rein monetären Ebene angestellt. Diese ermöglichen eine betriebswirtschaftliche Argumentation, um Fehlinvestitionen zu verhüten. Die gebräuchlichsten Verfahren der Wirtschaftlichkeitsbetrachtung eines Projekts sind folgende Berechnungstechniken, die im Anhang A.3 (☞ „Bewertungstechniken") ausführlich beschrieben sind:

- Kostenvergleichsrechnung,
- Gewinnvergleichsrechnung,
- Rentabilitätsrechnung,
- Amortisationsrechnung,
- Kapitalwertmethode.

Sehr wahrscheinlich ist eines der strategischen Ziele, wie in Abbildung 3.11 aufgeführt, die „Steigerung des EBITs gegenüber Vorjahr". Die Wirtschaftlichkeitsbewertung ist dann mit der Strategiebewertung zumindest mit einem Ziel verknüpft. In den meisten Unternehmungen werden diese monetären Bewertungen, sobald möglich, mit ROI oder NPV berechnet.

	Pro Jahr ab Zeitpunkt der Einführung t=0				
Quantifizierbarer Nutzen	**Projekt A**	**Projekt B**	**Projekt C**	**Projekt D**	**Projekt E**
1. Personaleinsparungen	1 300 000	800 000	300 000	700 000	0
2. Senken der Informationskosten	150 000	450 000	100 000	0	300000
3. Senken der Vertriebskosten	0	200 000	20 000	550 000	40 000
4. Einsparungen im zugelieferten Material	100 000	0	90 000	800 000	250000
5. Senken der Infrastrukturkosten	50 000	120 000	0	150 000	1 150 000
6. Senken des Ausschusses	0	50 000	150 000	50 000	0
7. Steigerung des Produktgewinns aus Verkauf	400 000	0	450 000	1 400 000	0
8. Etc.	...	...	...	...	...
Total jährlicher Mehrerlös	**2 000 000**	**1 620 000**	**1 920 000**	**3 650 000**	**1 740 000**

Abb. 3.18: Berechnen des monetären Nutzens einer Investition respektive eines Projekts

Schon im Projektantrag muss versucht werden, den monetären Nutzen auf konkrete Zahlen festzulegen.

Im frühen Stadium einer Idee bzw. eines geplanten Vorhabens oder bei „nutzenmässig" nicht fassbaren Vorhaben muss mit einer relativen Methode die Wirtschaftlichkeit bzw. der Nutzen dargestellt werden. So kann z.B. mittels der Punktebewertungstechnik die Wirtschaftlichkeitsbewertung ohne grössere Berechnung vorgenommen werden.

Nichtquantifizierbarer Nutzen	Gewicht	Projekt A		Projekt B		Projekt C		Projekt D		Projekt E	
1. Personaleinsparungen	3	1	3	3	9	2	6	4	12	0	0
2. Steigern der Produktivität (Effizienzsteigerung)	9	6	54	4	36	2	18	2	18	1	9
3. Verringern der Kompliziertheit (Flexibilitätssteigerung)	10	2	20	6	60	1	10	2	20	1	10
4. Entwicklungsorientierter Zusatznutzen	3	5	15	1	3	5	15	3	9	6	18
5. Kundenorientierter Zusatznutzen	4	2	8	3	12	4	16	5	20	3	12
6. Erfüllung von gesetzlichen Auflagen	3	4	12	5	15	3	9	2	6	4	12
7. Risikoverhinderungskosten reduzieren	10	3	30	3	30	1	10	2	20	3	30
8. Etc.	...		...		...		...		...		...
Total Beitrag nichtquantifizierbarer Nutzen			**142**		**165**		**84**		**105**		**91**

Abb. 3.19: Beispiel einer nichtquantifizierbaren Nutzenbewertung

Bei der Bewertung des nichtquantifizierbaren Nutzens ist der Faktor „Basistechnologieerneuerung" respektive „Entwicklungsorientierter Zusatznutzen" (☞ Abbildung 3.19) von besonderer Bedeutung. Er ist die Gewichtung für Investitionen, die selbst überhaupt nicht wirtschaftlich sind, aber für die weitere Entwicklung des Unternehmens eine grosse Bedeutung haben (Unternehmensreorganisation oder Einführen einer neuen Netzwerktechnologie etc.). Sie werden auch als sogenannte Vorinvestitionen definiert. Um diesen Faktor für die Entscheidung entsprechend gewichten zu können, kann er auch als eigenständiger Aspekt den Aspekten Strategie, Wirtschaftlichkeit etc. gegenübergestellt werden.

Da in einem Projekt von Phase zu Phase genauere Werte für die Wirtschaftlichkeitsberechnung vorliegen, muss diese Berechnung nach jeder Phase wiederholt werden (☞ Kapitel Anhang A.3 „Bewertungstechniken"). Denn der eine oder andere zu Beginn nichtquantifizierbare Wert wird plötzlich messbar und so zum quantifizierbaren Nutzen (☜ Abbildung 3.18).

3.4.1.1.5 Bewertung des Unternehmensrisikos

Folgt ein Projektimpuls aus der Strategie, so sieht man darin meistens eine Chance für das Unternehmen, mehr Macht, mehr Gewinn etc. zu erhalten. Wird ein solches Vorhaben aus strategischer Sicht beurteilt, so müssen sich die Verantwortlichen über das Risiko im Klaren sein, wenn sie das Projektprodukt erstellen – oder eben auch nicht erstellen. Ist diese risikobezogene Entscheidung gefällt, kann nun auf der strategischen Stufe ermittelt werden, welchen Einfluss das geplante Projektprodukt auf die Unternehmensrisiken hat. Für diese strategische Analyse stehen dem Management verschiedene Standardbewertungsschemen zur Verfügung. Zu den bekanntesten Bewertungsstrukturen gehören dabei die der US-GAAP oder die der europäischen IFRS (International Financial Reporting Standards). Eine solche Bewertung kann jedoch auch mit einfachen Instrumenten umgesetzt werden: So können z.B. die 10 bis 15 grössten Unternehmensrisiken aufgeführt und alle Projekte diesen gegenübergestellt werden.

	Einfluss auf die aktuellen Unternehmensrisiken									
Unternehmensrisiko	**Projekt A**		**Projekt B**		**Projekt C**		**Projekt D**		**Projekt E**	
	erhöht	senkt	erhöht	senkt	erhöht	senkt	erhöht	senkt	erhöht	senkt
1. Liquidationsengpass	3	0	0	0	2	0	4	0	1	0
2. Produkthaftung	0	7	0	9	5	0	0	0	5	0
3. Imageschaden	3	0	0	2	0	0	3	0	1	0
4. Produktionsausfall	8	0	3	0	0	0	0	2	0	3
5. Informationssystemausfall	2	0	1	0	0	4	0	2	0	0
6. Zulieferungsschwierigkeiten	4	0	2	0	2	0	0	0	0	2
7. Rechtsprobleme	0	5	0	0	0	0	2	0	2	0
8. Etc.	...	...	...	...	...	...	...	...	...	...
Total Beitrag zu Unternehmensrisiken	**+20**	**-12**	**+6**	**-11**	**+9**	**-4**	**+9**	**-4**	**+9**	**-5**

Abb. 3.20: Bewertung des Einflusses der geplanten Projekte auf die Unternehmensrisiken

Die so erhaltene Unternehmensrisikobewertung pro Projekt kann dann mit dessen strategischer Bedeutung verglichen werden. Bei dieser Betrachtung kommt das Management zu einem wichtigen Entscheidungsindikator bezüglich der Umsetzung bzw. Nichtumsetzung des Projektprodukts.

3.4.1.1.6 Bewertung der organisatorischen Veränderung

Eine wichtige Kenngrösse ist die von einem Projekt ausgelöste organisatorische Veränderung. Ist die Veränderung – durch die Vielzahl der Projekte – zu gross, beeinflusst das erfahrungsgemäss einerseits die Produktivität der betroffenen Organisationseinheit, andererseits steigt die Personalfluktuation dieser Einheit an. Daher ist es sinnvoll, bei einer ständig steigenden Zahl von Projekten in einem Unternehmen auf der Ebene des Projektportfolios zu prüfen, welche organisatorische Wirkung ein Projekt im Kontext mit den anderen laufenden Projekten hat.

Betroffene Organisationseinheit	**Gewicht**	**Projekt A**		**Projekt B**		**Projekt C**		**Projekt D**		**Projekt E**	
1. Eine Abteilung (Hauptabteilung)	1	3	3	4	4	2	2	5	5	3	3
2. Mehrere Abteilungen im gleichen Ressort	3	2	6	3	9	3	9	2	6	2	6
3. Ganzes Ressort	4	2	8	2	8	2	8	1	4	2	8
4. Departement	7	4	28	0	0	1	7	1	7	2	14
5. Konzern	10	4	40	0	0	1	10	2	20	1	10
6. Zulieferer	3	3	9	2	6	0	0	2	6	0	0
7. Abnehmer	3	1	3	4	12	0	0	3	9	0	0
8. Etc.	...		...		...		...		...		...
Total organisatorische Veränderung			**97**		**39**		**36**		**57**		**41**

Abb. 3.21: Organisatorische Veränderungsstärke eines geplanten Vorhabens

3.4.1.2 Abwicklungsbezogene Bewertungsaspekte

Die abwicklungsbezogenen Bewertungsaspekte beziehen sich auf das Projektabwicklungs-System. Was geschieht bei der Projektabwicklung? Hier steht eher das einzelne Projekt im Fokus als der Verbund aller Projekte. Nachfolgend werden die in der Abbildung 3.10 aufgeführten Abwicklungsaspekte beschrieben.

3.4.1.2.1 Bewertung des Abwicklungsrisikos

Auf der Ebene des Projektportfolios dreht sich bei einer ersten Risikoanalyse zum Zeitpunkt des Projektantrags und/oder des Projektauftrags alles um das Hauptproblem: „Was könnte während der Projektabwicklung mit welcher Wahrscheinlichkeit passieren, und was wären die Konsequenzen davon?" Durch die Auseinandersetzung mit dieser Problematik, z.B. mittels einer Annahmeanalyse-Technik, sollte allen Projektträgern sowie dem ganzen Projektteam bewusst werden, mit welchen Hauptrisiken sie sich während der Projektabwicklung auseinanderzusetzen haben. Bereits zu diesem frühen Zeitpunkt eines Projekts sollten entsprechende Massnahmen ergriffen werden, damit die identifizierbaren Hauptrisiken den Projekterfolg nicht beeinträchtigen bzw. nicht das ganze Projekt zum Scheitern verurteilt ist.

Beispiel Hausbau: Werden im Projektantrag die Kosten eines Hauses auf 1.2 Millionen geschätzt, so ist dies eine klare erste Kenngrösse. Wird dieses Haus jedoch an einem Hang gebaut und ist bekannt, dass es während der Bauzeit auch ergiebige Regentage geben kann, so ist die Gefahr gross, dass der Hang beim Bau ins Rutschen kommt. Das Eintreffen dieses Risikos würde nicht nur erhebliche Mehrkosten bedeuten, sondern auch einen zeitlichen Verzug, der wohl nicht mehr aufgeholt werden könnte. Daher macht es Sinn, eine risikobezogene Gegenmassnahme einzuleiten, die zwar etwas kostet, die jedoch die Eintrittswahrscheinlichkeit eines teureren Unheils reduzieren oder gar verhindern kann. Vielleicht ist dies der Bau einer Stützmauer, deren Erstellung 0.3 Millionen kostet. Somit belaufen sich die effektiven Kosten des Hauses nicht auf 1.2 Millionen, sondern auf 1.5 Millionen. Die 0.3 Millionen, die benötigt werden, um das Risiko eines Hangrutsches einzudämmen (bzw. allgemein die Mehrkosten, die entstehen, um die Projektabwicklungsrisiken auf ein akzeptables Niveau zu reduzieren), nennt man Risikoreserve oder „Contingency Reserve". Alle definierten Risikomassnahmen zusammen werden Risikovorsorge, Eventualplan, Risikoreserveplan oder im Englischen Contingencyplan genannt.

Für die Bewertung des Abwicklungsrisikos eines Projekts entnimmt der Projektportfolio-Controller die berechneten Risikoänderungsgrade aus der First Cut Risk Analysis (☞ Kapitel 8.2.2 „Risikomanagement Ebene Projektportfolio", Abbildung 8.18). Die nachfolgende Abbildung fasst alle Risikoänderungsgrade der Projekte im Portfolio zusammen.

Abwicklungsrisikokategorien	Projekt A	Projekt B	Projekt C	Projekt D	Projekt E
R1. Qualität der Anforderungsdefinition	2	4	2	5	3
R2. Personalsituationen	9	3	3	2	2
R3. Innovationsgrad	1	2	2	1	2
R4. Politische Faktoren/Soft Factors	3	0	1	1	2
R5. Umweltverträglichkeit	6	0	1	2	1
R6. Zeit für die Umsetzung	2	2	0	2	0
R7. Zulieferer	2	4	0	3	8
R8. Sicherheit	16	4	4	12	6
R9. Recht und Bewilligungen	2	3	12	10	10
R10. Infrastruktur/Betrieb	4	3	4	8	6
Total Risikoänderungsgrad (R)	**47**	**25**	**29**	**46**	**40**

Abb. 3.22: Bewertung der Projekte nach ihrem Abwicklungsrisiko (Änderungsgrad)

Das Total der Risikoänderungsgrade (R) ergibt den globalen Risikowert des Projekts. Mit diesem kann anhand der Vorsorgestrategie der Bedarf in Bezug auf die definierten Gegenmassnahmen festgelegt werden (☞ Kapitel 8.1.2.6 „Massnahmen [Vorsorgestrategien]"). Dieser Risikowert ermöglicht unter anderem den Vergleich mit anderen Projekten oder zwischen anderen Projektbewertungsaspekten wie Gewinnsteigerung, Imagegewinn etc.

Kriterien des Abwicklungsrisikograds	1	2	3	4
Total Risikoänderungsgrad	< 30	31-50	51-75	> 75

Abb. 3.23: Abwicklungsrisikograd

Weiter können die totalen Risikoänderungsgrade aller Projekte, die sich im Portfolio befinden, addiert werden (☞ Kapitel 3.4.4.2.4 „Risikoanalyse"). Die daraus resultierende interessante Kennzahl zeigt das Gesamtrisiko im Portfolio.

3.4.1.2.2 Bewertung der Abwicklungskomplexität

Zur Charakterisierung der Abwicklungskomplexität eines Projektes und zur Bestimmung des Einflusses auf Aufwand/Dauer etc. muss diese bewertet werden. Dafür stehen, wie in Abbildung 3.24 aufgeführt, unterschiedliche Kriterien zur Verfügung.

Kriterien der Abwicklungskomplexität	1	2	3	4
Standort des Teams	im gleichen Büro	im gleichen Gebäude	in mehreren Gebäuden	weltweit verteilt
Internationale Projekte (Distanz zwischen Subcontractors, Projektteam und Kunde)	im gleichen Gebäude	in gleicher Stadt	auf gleichem Kontinent	weltweit verteilt
Abhängigkeit zu anderen Projekten	< 3	4-8	9-15	> 15
Für wie viele andere Projekte bringt dieses Projekt Vorleistungen	keine	2	3-5	> 5
Organisationsform des Projektteams (Hierarchiebelastung, Entscheidungsprozess und Managementunterstützung)	sehr einfach	einfach	komplex	sehr komplex
Anzahl involvierte Parteien (ohne Kunde)	< 3	4-6	7-8	> 8

Abb. 3.24: Kriterien der Abwicklungskomplexität

3.4.1.2.3 Bewertung des Ressourcenbedarfs

Der Bedarf an Finanzmitteln wird hauptsächlich an der Personalmittelbindung und an den Investitionen in Betriebsmittel festgemacht. Diese Bewertung hilft dem Management, eine klare Beurteilung eines Investitions- und/oder Entwicklungsvolumens zu erhalten. So lassen sich Projekte einfach miteinander vergleichen. Da die für die Projektabwicklung notwendigen Betriebsmittel, ausser z.B. bei Bau- oder Infrastrukturprojekten, nicht relevant sind, wird diese Grösse meist – wenn überhaupt – mit ordinalen Werten beschrieben. In vielen Unternehmen werden die Pesonalmittel nicht in Form von Kosten, sondern in Form von Anzahl Personentagen bestimmt.

Kriterien des Ressourcenbedarfs	1	2	3	4
Bedarf an Finanzmitteln	< 500 000	500 000- 2 000 000	2 000 000- 6 000 000	> 6 000 000
Bedarf an Personalmitteln	< 10	10-20	20-50	> 50
Bedarf an Betriebsmitteln	klein	mittel	hoch	extrem hoch

Abb. 3.25: Generelle Kriterien des Ressourcenbedarfs

3.4.1.2.4 Bewertung der Personalmittelbelastung

Das Bewerten der Personalmittelbelastung ist immer eine relative Grösse. Bewertet wird jeweils das Verhältnis der aus einer Abteilung zu beziehenden und zur Verfügung stehenden Personalmittel sowie die Adaption der sogenannten Schlüsselmitarbeiter. Eine Bewertung der Personalmittelbelastung kann nach „absolutem Bauchgefühl" (sehr gross, gross, mittel, klein) oder aufgrund von in Abbildung 3.26 aufgeführten Grössen vorgenommen werden. Für die qualifizierte Entscheidung bezüglich eines Projekts ist das Wissen über die Personalmittelbelastung, die dieses Projekt im Unternehmen verursacht, notwendig.

Kriterien der Mitarbeiterbelastung (Unternehmen)	1	2	3	4
Involvierung der Organisationseinheiten	Abteilung	Ressort	Division	ganzes Unternehmen
Zeitintensität (Zeitdruck in der Umsetzung)	klein	mittel	hoch	extrem hoch
Im Projekt involvierte Stellen (ausser Projektkernteam), die konkrete Leistungen erbringen müssen	< 10	10-20	20-50	> 50
Prozentualer Investitionsanteil der jährlichen Investitionsgrösse	< 10%	11-20%	21-50%	> 50%
Involvierte Schlüsselpersonen	0	1-3	4-6	> 6

Abb. 3.26: Kriterien der Personalmittelbelastung (Unternehmen)

3.4.1.2.5 Bewertung der zeitlichen Projektabwicklung

Bei der zeitlichen Projektabwicklung geht es lediglich um die Gesamtdurchlaufzeit des Projekts. An sich ist dieser Wert nicht vielsagend. In Kombination mit der Wirtschaftlichkeit oder der Personalmittelbelastung allerdings liefert er den Entscheidungsträgern wichtige Informationen.

Kriterien der zeitlichen Projektabwicklung	1	2	3	4
Durchlaufzeit	< 9 Mt.	9-18 Mt.	18-36 Mt.	> 36 Mt.

Abb. 3.27: Bewerten der zeitlichen Abwicklung (Durchlaufzeit)

3.4.1.2.6 Bewertung der Abhängigkeiten

Da die Systeme, Produkte, Organisationen etc. mehr und mehr voneinander abhängen, ist es naheliegend, dass auch die Projekte eines Portfolios untereinander abhängen. Um diese Abhängigkeit besser verstehen zu können, gibt es unterschiedliche Techniken. Hier werden die Projektabhängigkeiten mit Hilfe einer Einflussmatrix bestimmt und anschliessend mit einem Diagramm zur Rollenverteilung visualisiert.

Neben den Abhängigkeiten zwischen Projekten können selbstverständlich auch Beziehungen zu Organisationen oder Systemen etc. aufgezeigt werden. Bei einer Abhängigkeitsanalyse für das Projektportfolio steht aber die Abhängigkeit zwischen Projekten im Vordergrund. Diese können, genau genommen, wiederum in unterschiedliche Abhängigkeiten bzw. Verbünde unterteilt werden:

- Aufgabenabhängigkeit (projektübergreifende Verknüpfungen): Bei Aufgabenabhängigkeiten hängt der Beginn oder das Ergebnis einer Aufgabe in einem Projekt vom Beginn oder vom Ergebnis einer Aufgabe eines verknüpften Projekts ab.
- Risikoabhängigkeit: Höhe der durch eine Projektabhängigkeit entstehenden Risikoverstärkung. Das Abhängigkeitsrisiko wird abgeleitet vom Start- und Enddatum eines möglichen Risikoeintritts.
- Ressourcenabhängigkeit: Schlüsselperson 1, die den Projekten A, B und C zugeordnet ist, kommt in Schwierigkeiten, wenn z.B. das Projekt A länger dauert.

Die Abhängigkeiten zwischen Projekten können als „aktiv" und „passiv" eingestuft werden. Wenn ein Projekt (B) ausführbare Elemente verwendet, die von einem anderen Projekt (A) generiert wurden, wird das Projekt B als passiv abhängig von Projekt A bezeichnet. Demgegenüber wird das Projekt A als aktiv abhängig von Projekt B bezeichnet. Verspätet sich also z.B. das aktive Projekt A, so hat dies direkten Einfluss auf das passiv abhängige Projekt B. Die gegenseitige aktive und passive Beeinflussung der Projekte in einem Portfolio kann in einer Einflussmatrix (von ihrem Erfinder auch Papiercomputer genannt [Ves 2004]) festgehalten werden.

Von der Logik her wird beim Ausfüllen der Einflussmatrix wie folgt vorgegangen. Man betrachtet ein Projekt in einer Zeile und fragt sich, wie dieses die anderen Projekte aktiv beeinflusst. Je nach Beeinflussungsintensität werden die Ziffern 0 bis 3 (0 = keine Beeinflussung, 1 = schwache Beeinflussung, 2 = mittlere Beeinflussung, 3 = starke Beeinflussung) eingesetzt. Aus der vollständig ausgefüllten Einflussmatrix lassen sich dann vier Grössen ableiten, die für das Verständnis der Rolle, die ein Projekt im Portfolio einnimmt, zentral sind.

Summe der Projekte: 5		Projekt A	Projekt B	Projekt C	Projekt D	Projekt E	**Aktivsumme**	**Q-Wert**
1	Projekt A		0	2	1	1	**4**	50
1	Projekt B	3		3	3	0	**9**	225
1	Projekt C	3	2		1	1	**7**	100
1	Projekt D	1	0	1		0	**2**	40
1	Projekt E	1	2	1	0		**4**	200
	Passivsumme	**8**	**4**	**7**	**5**	**2**		
	P-Wert	**32**	**36**	**49**	**10**	**8**		

26 : 5 = 6.5 (Durchschnittlicher A/P-Wert)

26 : 5 = 6.5

Abb. 3.28: Einflussmatrix der gegenseitigen Beeinflussung

- Aktivsumme
  Durch das Addieren aller Bewertungsintensitäten einer Zeile erhält man die Aktivsumme eines Projekts. Diese sagt etwas darüber aus, wie stark ein betrachtetes Projekt aktiv auf die übrigen Projekte im Portfolio einwirkt.

- Passivsumme
  Durch das Addieren aller Bewertungsintensitäten einer Spalte erhält man die Passivsumme eines Projekts. Diese sagt etwas darüber aus, wie empfindlich ein betrachtetes Projekt auf Veränderungen der übrigen Projekte im Portfolio reagiert.

- Q-Wert
  Mittels der Formel (Aktivsumme/Passivsumme)*100 erhält man den Q-Wert eines Projekts. Dieser Verhältniswert eines Projekts sagt etwas über seine Rolle im Portfolio aus. Ein hoher Q-Wert bedeutet, dass das Projekt eine aktive Rolle im Portfolio hat. Demgegenüber bedeutet ein tiefer Q-Wert, dass das betrachtete Projekt eine passive Rolle innehat.

- P-Wert
  Durch die Multiplikation der Aktivsumme mit der Passivsumme eines Projekts erhält man dessen P-Wert. Vergleicht man die P-Werte der Projekte miteinander, so sagt dies etwas darüber aus, inwiefern das betrachtete Projekt im Projektportfolio-Geschehen mitspielt.

Die Rolle, die ein Projekt im Portfolio einnimmt, lässt sich auch grafisch in einem zweidimensionalen Diagramm mit den Achsen „Aktivsumme" und „Passivsumme" darstellen. Dabei lässt sich das Diagramm gemäss Vester in vier Schlüsselfelder (aktiv, kritisch, reaktiv und puffernd) unterteilen, denen entsprechende Eigenschaften zugeordnet werden können.

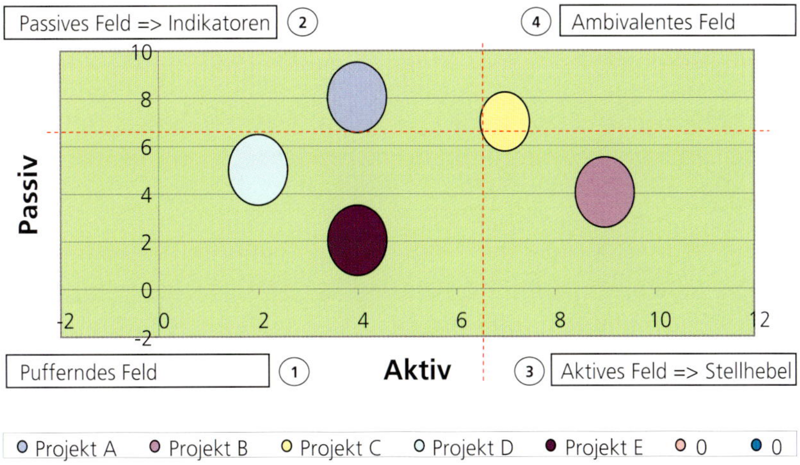

Abb. 3.29: Rollenverteilung der Projekte im Projektportfolio

Für das Projektportfolio-Board ist es von entscheidender Bedeutung, in welchem Schlüsselfeld ein Projekt platziert ist. Ist es mit der Platzierung nicht einverstanden, so muss der Projektleiter entsprechend angewiesen werden, zusammen mit dem Auftraggeber das Projekt neu aufzusetzen.

1. Pufferndes Schlüsselfeld (puffernd)
   Projekte, die in diesem Feld positioniert sind, haben wenig Einfluss auf das Portfoliogeschehen. Sie werden kaum von anderen Projekten beeinflusst und beeinflussen auch kaum andere Projekte. Veränderungen in solchen Projekten sind somit als nicht so gravierend für das ganze Portfolio anzusehen, da sie auf das Portfolio träge wirken.

2. Passives Schlüsselfeld (Indikatoren)
   Projekte, die in diesem Feld positioniert sind, haben wenig Einfluss auf das Portfoliogeschehen. Sie werden allerdings von anderen Projekten stark beeinflusst und können daher als die „Leidtragenden" am Ende einer Veränderungskette gesehen werden.

3. Aktives Schlüsselfeld (Stellhebel)
   Projekte, die in diesem Feld positioniert sind, beeinflussen andere Projekte sehr aktiv, werden aber ihrerseits wenig beeinflusst. Sie können als Stellhebel betrachtet werden. Wird an einem solchen Projekt etwas verändert, so kann das ganze Portfolio „neu" ausgerichtet werden.

4. Kritisches Schlüsselfeld (ambivialent)
   Projekte, die in diesem Feld positioniert sind, beeinflussen andere Projekte sehr aktiv und werden ihrerseits auch sehr stark beeinflusst. Sie sind insofern kritisch, als bei einer Veränderung dieser Projekte Kettenreaktionen ausgelöst werden können, die durch das ganze Portfolio gehen.

Kriterien des Projektabhängigkeitsgrads	**1**	**2**	**3**	**4**
Zugehörigkeit aktiv und passiv	puffernd	Indikatoren	Stellhebel	ambivalent

Abb. 3.30: Kriterien des Projektabhängigkeitsgrads

3.4.2 Entscheiden

Bei der entscheidungsfindenden Diskussion zur Festlegung der Projektabwicklungs-Reihenfolge wäre es von Vorteil, diese nicht nur auf einer politischen (bzw. unquantifizierbaren), sondern auch auf einer möglichst sachbezogenen Entscheidungsebene stattfinden zu lassen. Das soll nun aber nicht bedeuten, dass die sachbezogene die politische Entscheidungsfindung steuern soll. Natürlich steht die politische über der sachlichen Ebene, aber etwas mehr Sachlichkeit in einer solchen Portfolio-Entscheidungssitzung hat selten geschadet. Bei Portfolio-Entscheidungssitzungen werden insbesondere zwei Aufgaben wahrgenommen. Zum einen geht es darum, die Projekte im Portfolio zu priorisieren, sprich: eine unternehmerische Projektabwicklungs-Reihenfolge festzulegen, zum anderen Korrekturmassnahmen zu definieren, wenn ein Projekt oder das ganze Portfolio in Schieflage gerät. Damit diese Aufgaben professionell wahrgenommen werden können, muss das PPB die Projekte im Portfolio „greifen" können. Hierfür gibt es drei Basiswerte, die im kommenden Unterkapitel beschrieben werden, bevor anschliessend näher auf die zwei Haupttätigkeiten „Priorisierungsentscheidung" und „Korrekturentscheidung" eingegangen wird.

3.4.2.1 Basiswerte

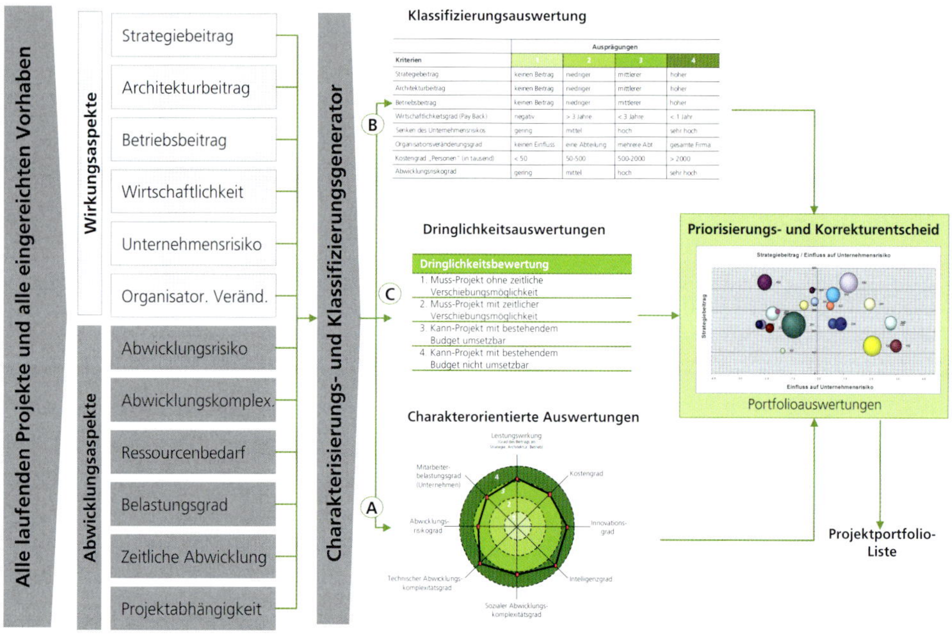

Abb. 3.31: Basiswerte des Entscheidens

Aus welchem Bereich ein Projektimpuls auch kommen mag (Strategie, Architektur oder operativer Betrieb): Damit das Projektportfolio-Board die Vorhaben der nächsten Jahre miteinander vergleichen kann, sprich: mit einer sachlichen Diskussion die Projektabwicklungs-Reihenfolge festlegen kann, sollten die Vorhaben vom Projektportfolio-Controller nach den gleichen Wirkungs- und Abwicklungsaspekten bewertet und geprüft worden sein. Aufbauend auf diesen Bewertungen, lassen sich drei Basiswerte pro Projekt ableiten: A) der Projektcharakter, B) die Projektklasse und C) die Projektdringlichkeit.

3.4.2.1.1 Der Projektcharakter

Betrachtet man die bewerteten Aspekte eines Projekts in einem Kiviat-Diagramm, so erkennt man seine Eigenheiten (☞ Kapitel 1.4.1.2 „Projektcharakterisierung"). Im vorigen Kapitel wurden die Bewertungsaspekte in Wirkungsaspekte und Abwicklungsaspekte unterteilt. Folgerichtig könnte man für ein Vorhaben zwei verschiedene Charakterbilder zeichnen: eines für die Wirkung des Vorhabens und eines für die Abwicklung. Der Einfachheit halber wird in diesem Buch nur ein Charakterbild verwendet. In diesem sind sowohl Wirkungs- als auch Abwicklungsaspekte enthalten. Welche Aspekte konkret in der Praxis für eine Projektcharakterisierung berücksichtigt werden, ist eine politische Entscheidung des jeweiligen Unternehmens.

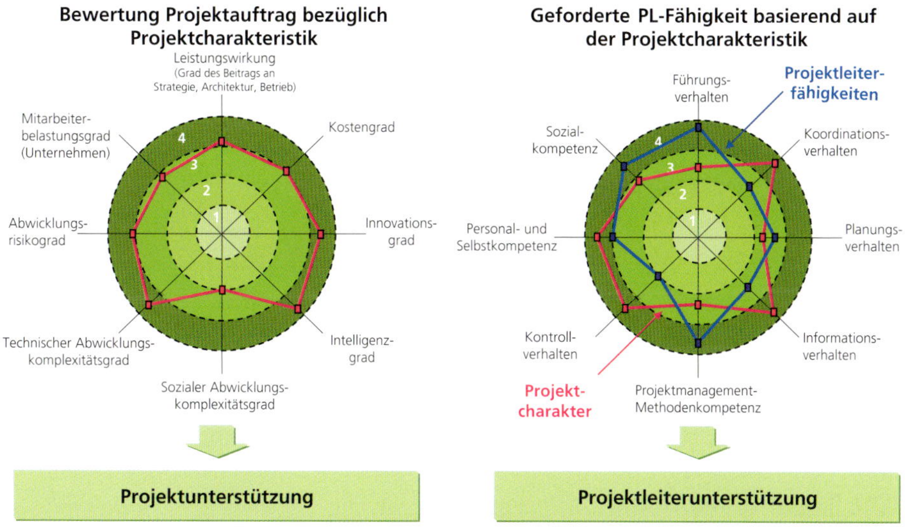

Abb. 3.32: Projektcharakter versus Projektleiterfähigkeit SPOL Assessment ®

Mit den Werten der Projektcharakteristik können noch weitere erfolgsunterstützende Analysen vorgenommen werden. So kann z.B. die Fähigkeit des Projektleiters in ein solches Charakterbild hinein„berechnet" werden, um so die allfällige Diskrepanz zwischen Projektintensität und Projektleiterfähigkeit zu erkennen. Basierend auf dieser Darstellung, können vom Projektportfolio-Board entsprechende unterstützende Massnahmen eingeleitet werden.

Projektunterstützung
- Verstärktes Projektcontrolling
- Konsequentes methodisches Vorgehen
- Teilung des Projekts
- Erhöhte Managementunterstützung
- Gezielter Einsatz von Schlüsselpersonen

Projektleiterunterstützung
- Gezieltes Projektleiter-Coaching
- Ausbildung
- Teilbegleitungen (z.B. Projektstart)
- Erhöhen der Überwachung des Projektleiters
- Spezielle Teamzusammensetzung

3.4.2.1.2 Die Projektklasse

Die Projektklasse definiert die Bedeutung eines Projekts für die Unternehmung (☜ Kapitel 1.4.1 „Projekteinstufung"). Den Unterschied zum Projektcharakter veranschaulicht Folgendes: Ein Mensch gehört einer sozialen Klasse an. Darüber hinaus hat er allerdings selbst einen Charakter. Die Klasse und der Charakter können voneinander abhängig sein, müssen allerdings nicht.

		Ausprägungen			
A	**Kriterien**	D	C	B	A
	Strategiebeitrag	kein Beitrag	niedriger	mittlerer	hoher ●
	Architekturbeitrag	kein Beitrag	niedriger ●	mittlerer	hoher
	Betriebsbeitrag	kein Beitrag	niedriger ●	mittlerer	hoher
	Wirtschaftlichkeitsgrad (Pay Back)	negativ	> 3 Jahre ●	< 3 Jahre ●	< 1 Jahr
	Senken des Unternehmensrisikos	gering	mittel	hoch ●	sehr hoch
	Organisationsveränderungsgrad	kein Einfluss	eine Abteilung ●	mehrere Abt.	gesamte Firma
	Kostengrad „Personen" (in tausend)	< 50	50-500	500-2000 ●	> 2000
	Abwicklungsrisikograd	gering	mittel	hoch ●	sehr hoch
B	**Klassifizierung (Projektklasse)**	Anz. Treffer >= 3 dann D Projekt.	Anz. Treffer >= 3 dann C-Projekt.	Anz. Treffer >= 3 dann B-Projekt.	Anz. Treffer >= 3 dann A-Projekt.
	* = zutreffendes Merkmal; Summe der Treffer ist Massstab für die Klassifizierung	8	8	5	1
C	**Dringlichkeitsbewertung**	Dringlichkeit			
	Dringlichkeitsgrad/Intensität	Kann 2. Prio.	Kann 1. Prio.	Muss mit Versch.	Absolutes Muss ●

= definierte Projektklasse ● = zugetroffene Ausprägung eines bewerteten Projekts

Abb. 3.33: Projektklassifizierung eines einzelnen Projekts (Projektklasse = 3)

3.4.2.1.3 Die Projektdringlichkeit

Insbesondere in der Aufnahmephase eines Projekts ins Portfolio, bzw. in seiner Startphase, muss die Dringlichkeit des Projekts aufgrund der Zeitkomponente berücksichtigt werden. Alle Projekte eines Portfolios können beispielsweise in Muss- und Kann-Projekte kategorisiert werden, wobei diese beiden Kategorien noch wie folgt verfeinert werden können:

Dringlichkeitsbewertung	
1. Muss-Projekt ohne zeitliche Verschiebungsmöglichkeit	Absolutes Muss
2. Muss-Projekt mit zeitlicher Verschiebungsmöglichkeit	Muss mit Versch.
3. Kann-Projekt mit bestehendem Budget umsetzbar	Kann 1. Prio
4. Kann-Projekt mit bestehendem Budget nicht umsetzbar	Kann 2. Prio

Abb. 3.34: Operative Dringlichkeitsbewertung

3.4.2.2 Priorisierungsentscheidung

Den Rahmen, wie viele Projekte umgesetzt werden können, setzt das für die Projekte einer Unternehmung reservierte gegebene Budget (☞ Abbildung 1.42). Bei der Entscheidung des Projektportfolio-Boards, welche Projekte umgesetzt werden, spielen nicht nur die Bewertungen der einzelnen Projekte eine Rolle, sondern auch die Analyse des gesamten Portfolios. Wann genau welches Projekt gemäss der Projektabwicklungs-Reihenfolge umgesetzt wird, wird meistens anhand der vorhandenen Ressourcen im Masterplan bestimmt (☞ Kapitel 3.4.3 „Planen").

Der Hauptverdrängungskampf bei der Entscheidung, welche Projekte umgesetzt werden, basiert wie bereits erklärt auf den drei zum Teil stark divergierenden Dimensionen der strategischen, der architektonischen und der betrieblichen Reihenfolge. Um eine vollständige unternehmerische Projektrangfolge bestimmen zu können, müssen jedenfalls drei Plandimensionen in einen „Planungstopf" geworfen und betrachtet werden:

- Laufende Projekte
  Kopie der notwendigen Daten, die der Projektleiter bewirtschaftet.

- Geplante Projekte
  Projekte, die vom Projektportfolio-Board freigegeben, aber noch nicht gestartet wurden.

- Fiktive Projekte
  Gewünschte Vorhaben, beruhend auf den Vorstellungen der Strategie, der Architektur oder des operativen Betriebs, die jedoch noch nicht mittels Business Case konkretisiert wurden. Diese können ins Projektportfolio als „fiktiv" integriert werden, sodass deren Wirkung auf die Personal-, Betriebs- und Finanzmittel „spielerisch" gesehen werden kann.

Betrachtet man die Abbildung 3.35 etwas genauer, so erkennt man, dass darin die Bewertungen der Kapitel 3.4.1.1 und 3.4.1.2 zu einer unternehmerischen Projektabwicklungs-Reihenfolge zusammengefasst wurden. Hierzu sollte erwähnt werden, dass in dieser Abbildung die Wirtschaftlichkeit auf der nichtquantifizierbaren Methode beruht (☞ Abbildung 3.19).

Reise-Flash AG: Projektportfolio-Liste „Strategische Projekte" — Datum: 04.01.2010

Projekt	Status	Strategie-beitrag	Architektur-beitrag	Betriebs-beitrag	Wirtschaft-lichkeit	UG-risiko		Org. Veränderung	Berechnete Rangfolge	Taktische Rangfolge
Projekt A	laufend	192	139	146	142	20	12	97	2	2
Projekt B	laufend	199	105	87	165	6	11	39	1	1
Projekt C	laufend	157	112	101	84	9	4	36	3	5
Projekt D	geplant	160	104	83	105	9	4	57	4	3
Projekt E	fiktiv	118	107	127	91	9	5	41	5	4

Abb. 3.35: Unternehmerische Projektabwicklungs-Reihenfolge (Priorsierungsliste)

Die Zusammenfassung der einzelnen Bewertungen zu einer Projektabwicklungs-Reihenfolge geschieht mittels eines unternehmensspezifischen Algorithmus. Ein solcher Algorithmus wird höchstwahrscheinlich den Projekten, welche die strategischen Ziele besser berücksichtigen und/oder eine grös-sere Wirtschaftlichkeit als andere Projekte aufweisen, bei der Projektabwicklungs-Reihenfolge

Reihenfolge den Vorrang geben. Da ein solcher Algorithmus (meistens „Projektnutzwert" genannt) allerdings nicht über alle Zweifel erhaben ist (Condorect-Paradoxon), kann auf dessen Basis vom Projektportfolio-Board die endgültige unternehmerische Projektabwicklungs-Reihenfolge manuell (taktische Rangfolge) festgelegt werden. Dies wurde auch in der Abbildung 3.34 so vorgenommen.

3.4.2.3 Korrekturentscheidung

Beim Entscheiden geht es nicht nur um das Priorisieren der Vorhaben, sondern auch um das Entscheiden, welche korrigierenden Massnahmen vom Projektportfolio-Board ergriffen werden sollen. Dies gilt in Bezug zu einem in Schieflage geratenen Projekt, aber auch zum ganzen Portfolio. Solche Massnahmen sollten mit Bedacht gewählt werden, da die Projekte im Portfolio oftmals nicht unabhängig voneinander sind, sondern im Gegenteil ein System bilden, das vorsichtig gemanagt werden sollte. Die im Kapitel 3.4.1.2.6 (☞ „Bewertung der Abhängigkeiten") beschriebene Analyse der Abhängigkeiten liefert aufschlussreiche Informationen für fundierte Korrekturentscheidungen.

3.4.3 Planen

Auf der Ebene Projektportfolio ist das Ziel der Planung, die Projekte gemäss der definierten Projektabwicklungs-Reihenfolge im Masterplan anhand der verfügbaren Ressourcen im Unternehmen (Personalmittel, Betriebsmittel und Finanzmittel) zu fixieren. Dabei wird der Masterplan vom Projektportfolio-Controller erstellt und anschliessend vom hierarchieübergreifenden Projektportfolio-Board abgesegnet. In vielen Unternehmungen gilt der Masterplan als eines der wichtigsten Führungsinstrumente, da er den Innovations- und Änderungsdrang des Managements in qualitativer und quantitativer Hinsicht abbildet. Wird nicht ungemein gut geplant, so ist es heute fast nicht mehr möglich, die immer umfangreicheren Innovationsideen eines Unternehmens mit den weiter schrumpfenden Ressourcen zu verwirklichen.

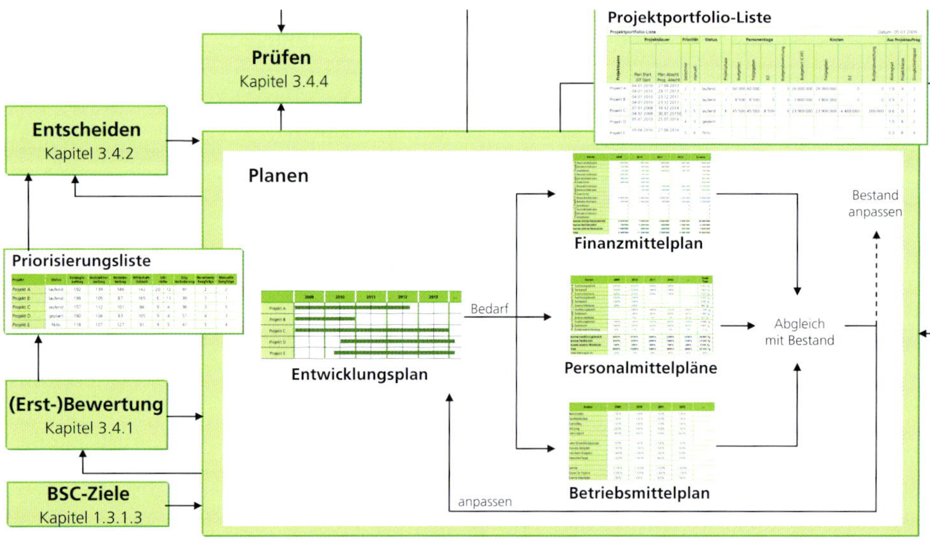

Abb. 3.36: Masterplan des Projektportfolios

Der Masterplan besteht aus mehreren Subplänen. Zudem basiert er auf Informationen aus dem Kapitel Entscheiden (Projektabwicklungs-Reihenfolge) und aus den Projektdaten des (Erst-)Bewertens bzw. des Monitorings. In den kommenden Kapiteln wird zuerst der Entwicklungsplan und danach der Finanzmittel- und der Personalmittelplan beschrieben. Der Betriebsmittelplan wird nicht näher erläutert. Erwähnt werden muss, dass beim Erstellen der Planung starke Abhängigkeiten zwischen diesen Plänen bestehen. Verfügt eine Unternehmung nicht über genügend Ressourcen, um alle gewünschten Projekte gemäss der Projektabwicklungs-Reihenfolge umsetzen zu können, stehen grundsätzlich nur zwei mögliche Wege offen: Entweder beschafft sich das Unternehmen a) mehr Ressourcen, oder b) der Entwicklungsplan bzw. die Projektabwicklungs-Reihenfolge muss überarbeitet werden.

Als Zusammenfassung des Masterplans kann man die Projektportfolio-Liste sehen. Nachfolgend ist eine solche Liste aufgeführt, in der bereits die Daten aus der Tätigkeit „Entscheiden" aufgeführt sind.

Reise-Flash AG: Projektportfolio-Liste „Strategische Projekte" Datum: 04.01.2010

	Projektdauer		Priorität		Status		Personentage				Kosten				Aus Projektauftrag		
Projektname	Plan Start IST Start	Plan Abschl. Prog. Abschl.	berechnet	manuell		Projektphase	budgetiert	freigegeben	IST	Budgetabweichung	budgetiert (CHF)	freigegeben	IST	Budgetabweichung	Risikograd	Projektklasse	Dringlichkeitsgrad
Projekt A	04.01.2010 04.01.2010	27.09.2013 29.11.2013	2	2	laufend	I	10 000	10 000	0	0 %	16 000 000	16 000 000	0	0	2.3	A	2
Projekt B	04.01.2010 04.01.2010	23.12.2011 23.12.2011	1	1	laufend	K	2000	2000	0	0 %	5 800 000	5 800 000	0	0	3.1	B	1
Projekt C	05.01.2009 02.02.2009	19.12.2014 30.01.2015	3	5	laufend	K	7400	7400	1850	+4 %	9 700 000	9 700 000	2 800 000	+800 000	2.6	A	3
Projekt D	04.07.2011	24.07.2015	4	3	geplant		7000	0	0	0	11 500 000	0	0	0	1.0	A	2
Projekt E	04.04.2011	26.06.2015	5	4	fiktiv		3500	0	0	0	5 500 000	0	0	0	2.3	B	3

Abb. 3.37: Projektportfolio-Liste (Zusammenfassung des Masterplans)

Wie die Abbildung zeigt, fängt eine Planung auf Stufe Projektportfolio in der Realität wahrscheinlich nie auf der grünen Wiese an. Es laufen bereits Projekte, während andere noch nicht gestartet, ja sogar noch gar nicht geplant wurden (fiktive Projekte). Versetzt man sich allerdings gedanklich in die Lage, dass noch kein Projekt läuft, aber alle Projekte geplant sind, so kann die Erstellung des Masterplans relativ einfach durchgespielt werden.

3.4.3.1 Entwicklungsplan

Im Kapitel 3.4.2 (☞ „Entscheiden") wurde erläutert, wie man methodisch zu einer unternehmerischen Projektabwicklungs-Reihenfolge kommt. Diese Reihenfolge kann unter Berücksichtigung der terminlichen Abhängigkeiten und Präferenzen im Entwicklungsplan visuell abgebildet werden.

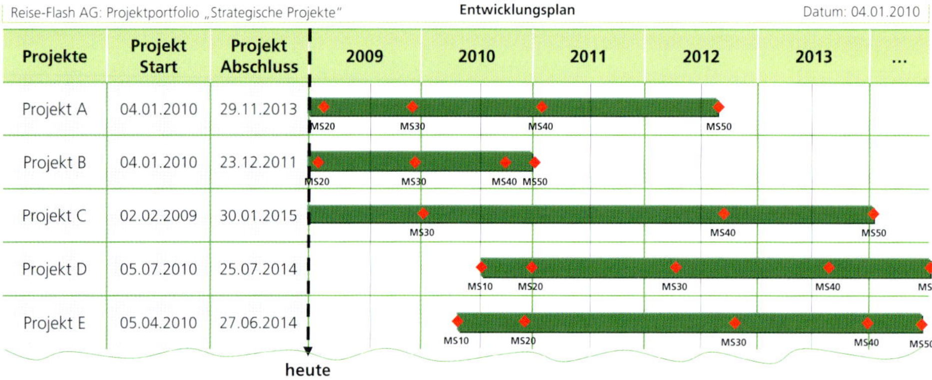

Abb. 3.38: Entwicklungsplan

Zudem kann aufgrund der Projektabwicklungs-Reihenfolge (falls auf der grünen Wiese vorgegangen wird) ein Finanzmittel-, ein Personalmittel- und notwendig ein Betriebsmittelplan erstellt werden. Dabei geht es in erster Linie um die Beschaffung bzw. um die Bereitstellung der Finanz-, Personal- und Betriebsmittel für das gesamte Portfolio über die nächsten Jahre und erst in zweiter Linie um deren Bereitstellung für das einzelne Projekt (☞ Kapitel 9 „Ressourcenmanagement").

Sind nicht genügend Ressourcen vorhanden (Nachfrageüberschuss) bzw. ist der Bedarf an Ressourcen grösser als der Bestand, so muss, wie bereits einleitend erwähnt, entweder der Entwicklungsplan angepasst oder es müssen mehr Ressourcen geschaffen werden (z.B. Fremdkapital, Personaleinstellungen, Maschinenankauf). Eine Anpassung des Entwicklungsplans kann neben einer Anpassung der Realisierungsrangfolge auch eine Veränderung der einzelnen Projektpläne bedeuten (☞ Kapitel 4.3 „Projekt planen"). In diesen kann der Projektleiter beispielsweise eine Ressourcenverschiebung vornehmen, sodass über alle Projekte gesehen (bzw. aus Projektportfolio-Sicht) eine Ressourcenglättung stattfindet.

Ferner sollten beim Ausarbeiten des Entwicklungsplans Überlegungen angestellt werden, ob die Unternehmung oder die betroffene Abteilung die Wirkung der organisatorischen Veränderung überhaupt verkraften kann (☞ Kapitel 3.4.1.1.6 „Bewertung der organisatorischen Veränderung").

3.4.3.2 Projektportfolio-Finanzmittelplan

Das Ziel des Finanzmittelplans auf der Stufe des Projektportfolios ist, den finanziellen Bedarf für die geplanten und laufenden Projekte der nächsten 3 bis 5 Jahre zu erkennen. Dazu müssen die Kosten der einzelnen Projekte möglichst genau gemäss den Kostenarten bestimmt werden.

Projekt	Projekt Start	Projekt Abschluss	Interne Personalmittel	Externe Personalmittel	Betriebsmittel	Investitionen	Total FM-Bedarf
Budgetverfügbarkeit/Kostenstelle der nächsten 5 Jahre			55 200 000	32 600 000	38 000 000	38 000 000	
Projektbudget/Kostenstelle der nächsten 5 Jahre			20 500 000	12 300 000	2 500 000	10 400 000	
			Bedarf	Bedarf	Bedarf	Bedarf	
Projekt A	04.01.2010	29.11.2013	5 500 000	5 500 000	500 000	4 500 000	16 000 000
Projekt B	04.01.2010	23.12.2011	1 800 000	2 200 000	100 000	1 700 000	5 800 000
Projekt C	02.02.2009	30.01.2015	5 200 000	2 500 000	500 000	1 500 000	9 700 000
Projekt D	04.07.2011	24.07.2015	5 500 000	1 700 000	1 300 000	3 000 000	11 500 000
Projekt E	04.04.2011	26.06.2015	2 500 000	1 700 000	300 000	1 000 000	5 500 000
Total Finanzmittelbedarf der nächsten 5 Jahre			25 500 000	14 700 000	3 600 000	17 700 000	56 500 000

Abb. 3.39: Finanzmittel pro Projekt gemäss Kostenart

Dieser Finanzmittelbedarf wird anschliessend auf die geplante Abwicklungsperiode umgelegt und mit den vorgesehenen Budgets verglichen. Falls nicht genügend Finanzmittel vorhanden sind, können beispielsweise zusätzliche finanzielle Ressourcen beschafft werden (evtl. Fremdfinanzierung).

Reise-Flash AG: Projektportfolio „Strategische Projekte" — **Finanzmittelplan** — Datum: 04.01.2010

	Kosten	...	2010	2011	2012	2013	2014	Total Projekt
Projekt A	Personalmittelkosten		2 000 000	3 800 000	3 800 000	1 400 000	0	11 000 000
	Betriebsmittelkosten		100 000	100 000	100 000	200 000	0	500 000
	Investitionen		100 000	200 000	3600 000	600 000		4 500 000
Projekt B	Personalmittelkosten		1 500 000	2 500 000	0	0	0	4 000 000
	Betriebsmittelkosten		50 000	50 000	0	0	0	100 000
	Investitionen		300 000	1400 000	0	0	0	1700 000
Projekt C	Personalmittelkosten		800 000	2 200 000	1 000 000	1 200 000	800 000	7 700 000
	Betriebsmittelkosten		50 000	100 000	100 000	100 000	100 000	500 000
	Investitionen		0	0	0	0	1 500 000	1 500 000
Projekt D	Personalmittelkosten		0	1 000 000	1 500 000	3 200 000	2 400 000	7 200 000
	Betriebsmittelkosten		0	200 000	100 000	200 000	200 000	1 300 000
	Investitionen		0	500 000	500 00	500 000	1 500 000	3 000 000
Projekt E	Personalmittelkosten		0	400 000	900 000	700 000	800 000	4 200 000
	Betriebsmittelkosten		0	70 000	70 000	70 000	70 000	300 000
	Investitionen		0	0	0	0	500 000	1 000 000
	Summe Personalmittel		**6 400 000**	**8 400 000**	**6 000 000**	**6 800 000**	**6 600 000**	**34 400 000**
	Summe Betriebsmittel		**700 000**	**1 200 000**	**900 000**	**1 400 000**	**350 000**	**6 200 000**
	Summe Investitionen		**5 400 000**	**3 600 000**	**3 600 000**	**2 200 000**	**1 500 000**	**22 800 000**
	Total		**8 500 000**	**12 200 000**	**7 500 000**	**8 400 000**	**9 500 000**	**45 600 000**

Abb. 3.40: Projektportfolio-Finanzmittelplan

3.4.3.3 Projektportfolio-Personalmittelplan

			Geschäftsleitung						
Personalverfügbarkeit/Jahr (Anzahl Mitarbeiter)			Verkauf 695	Produkte 145	Informatik 120	Marketing Kommunik. 52	Buchhaltung 12	Ökologie 3	
Personalverfügbarkeit/Jahr in % für Projekte			2000%	1500%	2000%	500%	100%	80%	
Projekt	**Total**	**%**	**Bedarf**	**Bedarf**	**Bedarf**	**Bedarf**	**Bedarf**	**Bedarf**	**Schlüssel-personen**
Projekt A	82	3000	40 (1500%)	15 (500%)	12 (1000%)	–	–	–	14
Projekt B	21	1500	3 (300%)	8 (500%)	4 (320%)	2 (200%)	2 (60%)	2 (120%)	2
Projekt C	50	1300	–	–	6 (620%)	6 (600%)	2 (80%)	–	3
Projekt D	0	0	–	–	–	–	–	–	–
Projekt E	0	0	–	–	–	–	–	–	–
Projektpersonalbedarf/Jahr			**43**	**23**	**18**	**8**	**2**	**2**	
Projektpersonalbedarf/Jahr in %			**2300%**	**1700%**	**1740%**	**800%**	**130%**	**120%**	

Abb. 3.41: Berechnung des Personalbedarfs eines Jahres

Eine Problematik, die auf der Portfolioebene nicht gelöst, aber immerhin qualifiziert angegangen werden kann, ist die rechtzeitige Beschaffung von qualifizierten Projektmitarbeitern in der benötigten Menge. Für die Projekte werden immer mehr Spezialkenntnisse zu einem bestimmten Zeitpunkt an einem bestimmten Ort benötigt. Deshalb dürfen nicht nur die „Köpfe" einer Abteilung, die zufälligerweise zurzeit in keinem Projekt involviert sind, gezählt werden, sondern es müssen Qualifikationen und Erfahrungen der einzelnen Mitarbeiter berücksichtigt werden. Wie bei den Finanzmitteln sind auch hier im ersten Schritt die zu erwartenden Personalmittel pro Projekt – unter Umständen mit der Kenntnis der benötigten Schlüsselpersonen zum Verhältnis der vorhandenen Personen – aufzuführen.

In der nachfolgenden Abbildung ist ein Projektportfolio-Personalmittelplan abgebildet. In diesem geht es nicht um eine akribische Bestimmung des Personalbedarfs, sondern bloss darum, eine Richtgrösse zu erhalten, die dem Unternehmens-Personalplan gegenübergestellt werden kann. (In der Abbildung 3.42 entsprechen 100% einer Person mit einer jährlichen Netto-Projektleistungskapazität von 200 Tagen.) Mit Hilfe des Projektportfolio-Personalmittelplans ist schnell zu erkennen, ob das Unternehmen genügend eigene Personalmittel zur Durchführung der Projekte hat oder ob es auf externe Unterstützung zugreifen soll/muss.

In vielen Firmen hat das „Zugreifen auf externe Mitarbeiter" eine entsprechende Finanzwirkung und somit Auswirkungen auf die in der Abbildung 3.40 aufgeführten Finanzmittel. Externe kosten nicht unbedingt mehr als Interne – aber in vielen Firmen herrscht diesbezüglich finanzpolitisch eine unterschiedliche Bewertung von Primär- und Sekundärkosten.

Reise-Flash AG: Projektportfolio „Strategische Projekte"		Personalmittelplan „Stellenprozente"					Datum: 04.01.2010
	Kosten	**2010**	**2011**	**2012**	**2013**	**2014**	**Total Tage**
Projekt A	Ausführungsbereich	1500%	800%	400%	300%	0 %	3400 Tg
Projekt A	Fachbereich	500%	800%	300%	200%	0 %	1100 Tg
Projekt A	Externe Mitarbeiter	500%	100%	300%	100%	0 %	5500 Tg
Projekt B	Ausführungsbereich	500%	1500%	0 %	0 %	0 %	500 Tg
Projekt B	Fachbereich	500%	1600%	0 %	0 %	0 %	500 Tg
Projekt B	Externe Mitarbeiter	200%	200%	0 %	0 %	0 %	1'000 Tg
Projekt C	Ausführungsbereich	0 %	2000%	1600%	1200%	1000%	5 600 Tg
Projekt C	Fachbereich	0 %	200%	500%	600%	400%	1400 Tg
Projekt C	Externe Mitarbeiter	0 %	0%	0%	0%	200%	400 Tg
Projekt D	Ausführungsbereich	0%	1200%	1000%	800%	1200%	4 800 Tg
Projekt D	Fachbereich	0%	300%	500%	800%	800%	2800 Tg
Projekt D	Externe Mitarbeiter	0%	200%	300%	200%	200%	0 Tg
Summe Ausführungsbereich		**4200%**	**6700%**	**3000%**	**2300%**	**2200%**	**28 800 Tg**
Summe Fachbereich		**3500%**	**3300%**	**2000%**	**1600%**	**1200%**	**15 200 Tg**
Summe externe Mitarbeiter		**700%**	**300%**	**300%**	**100%**	**200%**	**3 200 Tg**
Total		**8400%**	**10300%**	**5300%**	**4000%**	**3600%**	**47 200 Tg**
Anteil Wartung (in %)		26%	15%	28%	40%	56%	40%

Abb. 3.42: Projektportfolio-Personalmittelplan

Wie in Abbildung 3.43 dargestellt, kann der Projektportfolio-Personalmittelplan auch bezogen auf die Qualifikation der Personen erstellt werden. Dieser bildet die Basis für die langfristige Personalmittelplanung, aus der sich die noch zu besetzenden SOLL-Stellen ableiten lassen. Die Selektion der Mitarbeiter bestimmt schliesslich die Qualität des Arbeitsteams. Mit der Personalselektion stellen die Verantwortlichen bedeutende Weichen für das Gelingen der Projekte.

Reise-Flash AG: Projektportfolio „Strategische Projekte"		Personalmittelplan „Skills"			Datum: 04.01.2010
Kosten	**2010**	**2011**	**2012**	**2013**	**2014**
Bereichsleiter	100%	100%	100%	100%	100%
Stab/Methodiker	100%	200%	200%	100%	100%
Controlling	100%	100%	100%	100%	100%
Schulung	200%	300%	300%	100%	200%
User Support	300%	400%	500%	600%	500%
Leiter Entwicklungsgruppe	100%	100%	100%	100%	100%
Businessanalysten	1000%	1500%	500%	300%	1300%
Informatikanalysten	1000%	2000%	500%	500%	1100%
Entwickler/Tester	1000%	1500%	800%	500%	1500%
Summe	3700%	6200%	3100%	2400%	3400%
Davon für Projekte	3000%	5500%	2000%	1500%	2700%
Externe Mitarbeiter	700%	1300%	1300%	1400%	300%

Abb. 3.43: Personalmittelplan bezüglich der Personalqualifikation (Skillsplan)

Erstellt ein Unternehmen solche Skills-Pläne, könnten die notwendigen Kompetenzen mit dem Ersatz via natürliche Fluktuation oder mit langfristiger Ausbildung gezielt aufgebaut werden.

Bericht bzw. Report wird vom Projektportfolio-Controller aufbereitet und vom Projektportfolio-Board verifiziert und freigegeben. Selbstverständlich könnten diesem Report noch weitere Elemente hinzugefügt werden, doch das Wesentlichste in einem Unternehmen ist die direkte Umsetzung der Strategie. Diesbezüglich sollte das Management jederzeit den Überblick haben.

Reise-Flash AG: Projektportfolio „Strategische Projekte" — **Strategische Ziele** — Datum: 31.12.2010

Projekte	Risiko	Leistung	Qualität	Zeit	Kosten	Abhängig.	Strategische Ziele (Balanced Scorecard) BSC Z1	BSC Z2	BSC Z3	BSC Z4	BSC Z5	Etc.
Projekt A	● ○ ○	○ ● ○	○ ○ ●	○ ● ○	○ ● ○	● ○ ○	✓	0	✓	↙	0	…
Projekt B	○ ● ○	● ○ ○	● ○ ○	● ○ ○	● ○ ○	● ○ ○	↙	✓	✓	✓	✓	…
Projekt C	● ○ ○	● ○ ○	● ○ ○	○ ● ○	○ ○ ●	● ○ ○	✓	0	↙	0	↙	…
Projekt D	○ ○ ○	○ ○ ○	○ ○ ○	○ ○ ○	○ ○ ○	○ ○ ○						
Projekt E	○ ○ ○	○ ○ ○	○ ○ ○	○ ○ ○	○ ○ ○	○ ○ ○						
Total	● ○ ○	● ○ ○	● ○ ○	○ ● ○	○ ● ○	● ○ ○	✓	✓	✓	**0**	**0**	**…**

Abb. 3.49: Kurzreport strategische Ziele

3.4.4.2 Analysieren

Die Aufgabe des Projektportfolio-Controllers ist in erster Linie, die einzelnen Projekte laufend zu beurteilen. Darüber hinaus liegt es auch in seinem Verantwortungsbereich, explizite portfoliomässige Analysen durchzuführen, also insbesondere Analysen bezüglich des „Zustands" des Portfolios. Die Erkenntnisse aus Monitoring und Analyse fasst der Projektportfolio-Controller im Projektportfolio-Controllingbericht (PPC-Bericht) zusammen. Das Ziel dieses Berichts ist in erster Linie, dem Projektportfolio-Board einen transparenten Überblick über alle sich im Portfolio befindenden Projekte zu geben.

Darüber hinaus kann der Bericht auf Basis der Portfolioanalysen, z.B. Benchmarking, Lösungsmöglichkeiten und Alternativen bezüglich portfoliobezogener Problematiken aufzeigen.

Analog zu den Projekt-Cockpits kann auch ein Projektportfolio-Statuscockpit definiert werden. Die Zusammenfassung des Projektportfolio-Status ist in der Abb. 3.48 bereits in der untersten Zeile angedeutet. Ein mögliches Projektportfolio-Statuscockpit ist in der nächsten Abbildung 3.50 skizziert.

Reise-Flash AG: Projektportfolio „Strategische Projekte" | **Personalmittelplan „Stellenprozente"** | Datum: 04.01.2010

	Kosten	**2010**	**2011**	**2012**	**2013**	**2014**	**Total Tage**
Projekt A	Ausführungsbereich	1500%	800%	400%	300%	0 %	3400 Tg
	Fachbereich	500%	800%	300%	200%	0 %	1100 Tg
	Externe Mitarbeiter	500%	100%	300%	100%	0 %	5500 Tg
Projekt B	Ausführungsbereich	500%	1500%	0 %	0 %	0 %	500 Tg
	Fachbereich	500%	1600%	0 %	0 %	0 %	500 Tg
	Externe Mitarbeiter	200%	200%	0 %	0 %	0 %	1'000 Tg
Projekt C	Ausführungsbereich	0 %	2000%	1600%	1200%	1000%	5 600 Tg
	Fachbereich	0 %	200%	500%	600%	400%	1400 Tg
	Externe Mitarbeiter	0 %	0%	0%	0%	200%	400 Tg
Projekt D	Ausführungsbereich	0%	1200%	1000%	800%	1200%	4 800 Tg
	Fachbereich	0%	300%	500%	800%	800%	2800 Tg
	Externe Mitarbeiter	0%	200%	300%	200%	200%	0 Tg
Summe Ausführungsbereich		**4200%**	**6700%**	**3000%**	**2300%**	**2200%**	**28 800 Tg**
Summe Fachbereich		**3500%**	**3300%**	**2000%**	**1600%**	**1200%**	**15 200 Tg**
Summe externe Mitarbeiter		**700%**	**300%**	**300%**	**100%**	**200%**	**3 200 Tg**
Total		**8400%**	**10300%**	**5300%**	**4000%**	**3600%**	**47 200 Tg**
Anteil Wartung (in %)		26%	15%	28%	40%	56%	40%

Abb. 3.42: Projektportfolio-Personalmittelplan

Wie in Abbildung 3.43 dargestellt, kann der Projektportfolio-Personalmittelplan auch bezogen auf die Qualifikation der Personen erstellt werden. Dieser bildet die Basis für die langfristige Personalmittelplanung, aus der sich die noch zu besetzenden SOLL-Stellen ableiten lassen. Die Selektion der Mitarbeiter bestimmt schliesslich die Qualität des Arbeitsteams. Mit der Personalselektion stellen die Verantwortlichen bedeutende Weichen für das Gelingen der Projekte.

Reise-Flash AG: Projektportfolio „Strategische Projekte" | **Personalmittelplan „Skills"** | Datum: 04.01.2010

Kosten	**2010**	**2011**	**2012**	**2013**	**2014**
Bereichsleiter	100%	100%	100%	100%	100%
Stab/Methodiker	100%	200%	200%	100%	100%
Controlling	100%	100%	100%	100%	100%
Schulung	200%	300%	300%	100%	200%
User Support	300%	400%	500%	600%	500%
Leiter Entwicklungsgruppe	100%	100%	100%	100%	100%
Businessanalysten	1000%	1500%	500%	300%	1300%
Informatikanalysten	1000%	2000%	500%	500%	1100%
Entwickler/Tester	1000%	1500%	800%	500%	1500%
Summe	3700%	6200%	3100%	2400%	3400%
Davon für Projekte	3000%	5500%	2000%	1500%	2700%
Externe Mitarbeiter	700%	1300%	1300%	1400%	300%

Abb. 3.43: Personalmittelplan bezüglich der Personalqualifikation (Skillsplan)

Erstellt ein Unternehmen solche Skills-Pläne, könnten die notwendigen Kompetenzen mit dem Ersatz via natürliche Fluktuation oder mit langfristiger Ausbildung gezielt aufgebaut werden.

3.4.4 Prüfen

Jedes Projekt in einem Unternehmen sollte mehr oder weniger aus übergeordneter Projektsicht geprüft werden, z.B. unter dem Gesichtspunkt einer wahrheitsgemässen Berichterstattung (asymmetrische Informationsverteilung). Da in einem Projektportfolio die Projekte einer Abteilung oder gar des gesamten Unternehmens zusammengefasst werden und das Projektportfolio-Board im Unternehmen organisatorisch oftmals direkt der Geschäftsleitung unterstellt ist, bietet sich der Projektportfolio-Controller als Prüfer an. Durch seine Prüfungen kann er als Intermediär dem Projektportfolio-Board zusichern, dass die dem Board vorgelegten Informationen der „Realität" entsprechen. Wichtig ist, dass es sich dabei „bloss" um eine Zusicherung handelt und nicht um eine 100%ige Garantie. Dementsprechend ist auch seine Prüfungs- bzw. Revisionsfunktion statistischer Art.

Für eine Projektprüfung aus übergeordneter Projektsicht stehen grundsätzlich drei Prüfungsansätze zur Verfügung, die in der nachfolgenden Abbildung zusammengefasst sind.

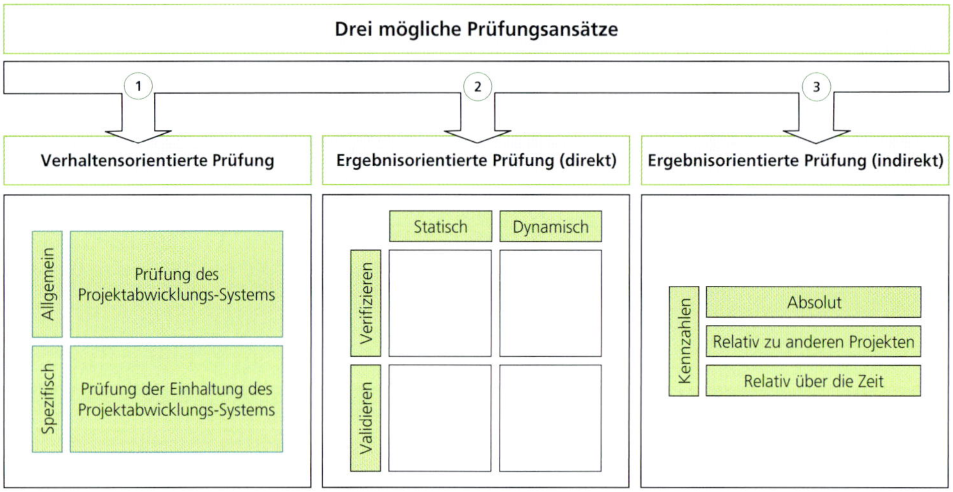

Abb. 3.44: Drei mögliche Prüfansätze

Zur Prüfungsfunktion des Projektportfolio-Controllers ist zu erwähnen, dass dieser keine direkten ergebnisorientierten Prüfungen vornimmt. Dies liegt in der Verantwortung eines entsprechenden Fachgremiums, das entsprechende Prüfprotokolle (Abweichungsbericht) erstellt und dem PPC zustellt. Nachfolgend werden die drei Prüfansätze in aller Kürze beschrieben.

1. Verhaltensorientierte Prüfung
   Bei dieser Prüfung geht es einerseits darum, das Projektmanagement-System auf seine Funktionstüchtigkeit zu überprüfen und andererseits sicherzustellen, dass die definierten Standards und Richtlinien des Projektmanagement-Systems, wie Sie im Projektmanagement-Leitfaden formuliert sind, in den Projekten eingehalten werden. Diesbezüglich wird natürlich auch überprüft, ob das Projektmanagement-System passend auf die Projektklasse „getailert" wurde. Wird Verbesserungspotenzial entdeckt, so sollte dies genutzt werden, um das PM-System anzupassen.

2. Ergebnisorientierte Prüfung (direkt)
   Bei dieser Prüfung werden die erstellten Lieferobjekte geprüft. Dabei wird einerseits kontrolliert, ob das „richtige" Lieferobjekt erstellt wurde (Validierung), und andererseits, ob das Lieferobjekt „richtig" erstellt wurde (Verifizierung). Diese Prüfungen können entweder statischer oder dynamischer Natur sein. Da allerdings eine solche Prüfung fachspezifisches Wissen voraussetzt, sollte sie entsprechend von Fachpersonen durchgeführt werden (Fachgremium).

3. Ergebnisorientierte Prüfung (indirekt)
   Bei dieser Prüfung werden ebenfalls die Lieferobjekte bzw. die konkrete Leistungserstellung geprüft. Dabei wird allerdings indirekt über Kennzahlen (Kosten, Sachfortschritt etc.) vorgegangen. Diese Kennzahlen können auf drei Arten interpretiert werden: als absolute Grösse (z.B. 2 Millionen wurden bisher ausgegeben), als relative Grösse zu anderen/früheren ähnlichen Projekten (z.B. das Projekt kostet doppelt so viel wie jenes letztes Jahr) oder als relative Grösse über die Projektlaufzeit (z.B. im letzten Monat wurde doppelt so viel ausgegeben als diesen Monat).

Wie im Kapitel 3.3.2 (☞ „Portfolio-Projektführungsprozess") erläutert, geht es beim Prüfen einerseits um das „Monitoren", das Überwachen der Projektwerte von PLAN, IST und SOLL, andererseits um das Analysieren der resultierenden Projektportfolio-Werte wie Risiken, Termine, Scope etc.

3.4.4.1 Monitoring

Das primäre Ziel des Projektportfolio-Monitorings ist, den momentanen Zustand eines jeden einzelnen Projekts in Bezug zu dessen definiertem Auftrag und somit zu den effektiven Leistungen hinsichtlich Strategie zu erkennen. Wesentliche Beiträge zur Bestimmung dieses Status erbringen die Projektstatusberichte, die aktuellen Projektpläne sowie die Prüfberichte respektive Protokolle. Durch die stufengerechte Verdichtung und Analyse der Projektdaten wird unter anderem der Projektportfolio-Controllingbericht erstellt.

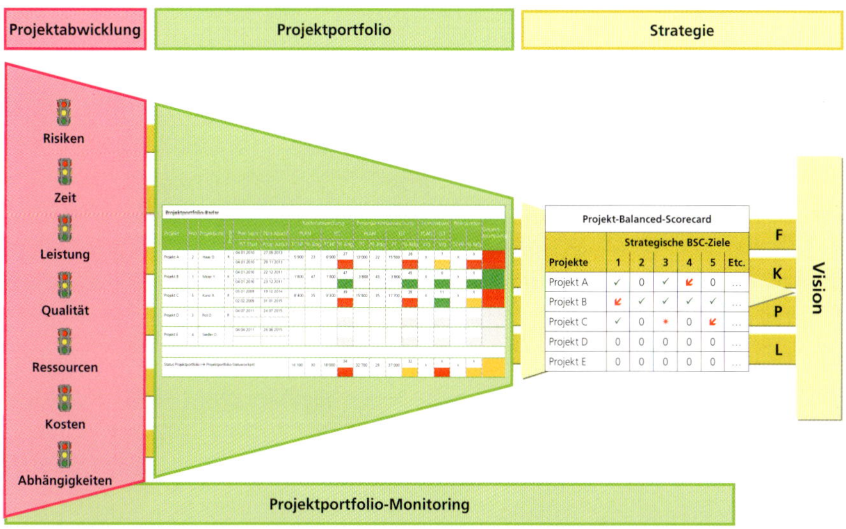

Abb. 3.45: *Visualisieren des Projektstatus in Bezug zur Strategie (☞ Kapitel 1.3.1.3)*

Das proaktive Monitoring der einzelnen Projekte im Portfolio ist Aufgabe des Projektportfolio-Controllers. Dabei geht es hauptsächlich um die Beurteilung, wie sich ein Projekt im Verlaufe seiner Abwicklung, im Zusammenhang mit anderen Projekten im Portfolio und im Gesamtkontext der Strategieumsetzung entwickelt. Gemäss dem Projektportfolio-Prozess findet diese Tätigkeit insbesondere in der „Führungsphase" statt (☞ Abbildung 3.03).

3.4.4.1.1 Monitoring der Projektabwicklung

Während der Projektabwicklung werden vom Projektleiter zu festgelegten Zeitpunkten der Projektstatusbericht, der überarbeitete Projektplan und, wenn notwendig, noch weitere Informationen an den Projektportfolio-Controller weitergeleitet. Dieser vergleicht anschliessend einerseits die ihm zur Verfügung gestellten Datenwerte des Projekts mit den vorgegebenen Planwerten. Andererseits prüft er, ob die vom Projektportfolio-Board definierten Massnahmen im Projekt die gewünschte Wirkung erzielt haben. Die Abbildung 3.46 zeigt, dass diesbezüglich grundsätzlich nur in wenigen Bereichen Daten geführt und hierarchisch verdichtet werden müssen. Etwas plakativ kann man sagen, dass die Projektdurchführung seine Projektdaten erfasst, die Projektführung diese managt, das Projektportfolio diese projektübergreifend koordiniert und die obere Führung auf der Ebene der Strategie entsprechende Entscheidungen fällt.

Um die entsprechende Koordinationstätigkeit auf der Projektportfolio-Ebene wahrnehmen zu können, müssen nicht nur die wichtigsten Abwicklungsdaten Leistung, Kosten, Zeit und Ressourcen eines Projekts erfasst werden, sondern auch Daten, die den Projektscope beeinflussen. Dies sind vor allem Projektrisiken und Abhängigkeiten von anderen Projekten. Deshalb sollten folgende Datenwerte in den einzelnen Projekten erhoben werden:

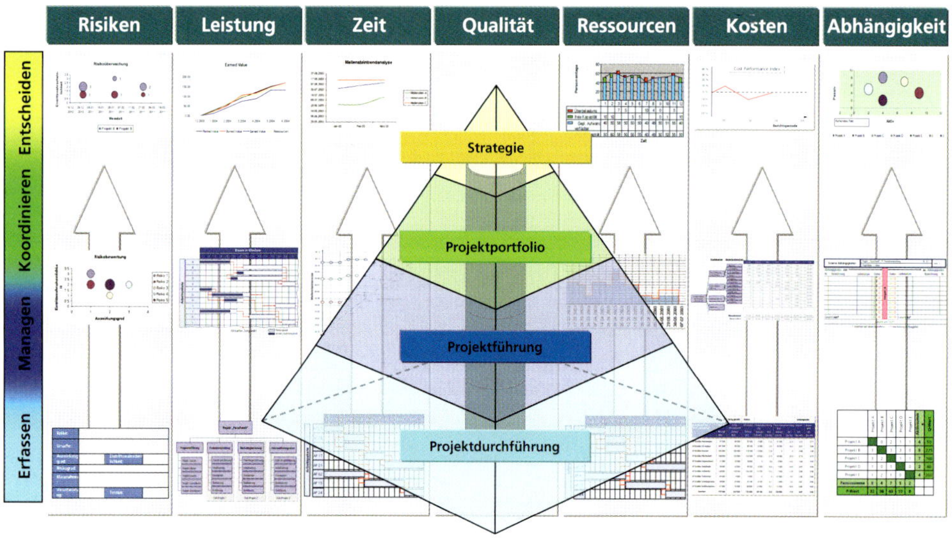

Abb. 3.46: Die sechs Hauptberichtsgrössen von Einzelprojekten

- Risiken
  Mit den Angaben zum Risiko und dessen Auswirkungen auf die Erfolgskomponenten (Leistung, Qualität, Zeit, Ressourcen, Akzeptanz, Wirtschaftlichkeit) kann der Status der Erfolgswerte dargestellt werden. Mit den Angaben zur Vorsorgeplanung (PLAN, IST, Rest, SOLL) wird das Risiko in Bezug auf die Kosten visualisiert.

- Leistung
  Je nach Art der Leistungsrapportierung werden zum Monatsende bei der relativen Methode die Erfüllungsgrade der Arbeitspakete als prozentualer Anteil von deren Planwerten gemeldet. Bei der absoluten Methode werden nur die Leistungswerte der effektiv abgeschlossenen Arbeitspakete und die Planwerte gemeldet.

- Qualität
  Basierend auf den im Prüfplan aufgeführten Lieferobjekten und den entsprechenden Prüfverfahren und fixen Prüfterminen, genügt es dem Controller zu wissen, ob diese erfolgreich durchgeführt wurden.

- Zeit
  Mit den zum jeweiligen Monatsende zusammengefassten Daten (geplant, bereits verbraucht, Restwert, Abweichung) auf Arbeitspaketebene können die gewünschten Aussagen gemacht werden. Die Termindaten bezogen auf die Arbeitspakete ergeben dann die notwendige PLAN-, IST-, SOLL-Transparenz. Auf der Stufe Controller interessierten hier grundsätzlich die Termine der Meilensteine.

- Ressourcen (Personal)
  Mit den zum jeweiligen Monatsende zusammengefassten Daten (geplant, bereits verbraucht, Restwert, Abweichung) auf Arbeitspaket- und Phasenebene können die gewünschten Aussagen bezüglich des Status der Personalressourcen gemacht werden. Die Rapportierungen bezogen auf die Arbeitspakete und Phasen ergeben die notwendige PLAN-, IST-, SOLL-Transparenz. Auf der Stufe Controller interessierten die Ressourcen bezüglich Menge und allenfalls Skills.

- Kosten
  Die Kosten bzw. die Finanzmittel werden auf das jeweilige Monatsende aggregiert und müssen jeweils den entsprechenden Arbeitspaketen zugewiesen werden, sodass sie phasenbezogen verdichtet werden können. Meistens werden hier auch die Werte für den Personalmittelaufwand in Bezug auf betroffene Mitarbeiter und entsprechende Arbeitspakete (geplant, bereits verbraucht, Restwert, Abweichung) pro Monat aufgeführt.

- Abhängigkeiten
  Bei den Abhängigkeiten kann eigentlich nur ein Ampelstatus gemeldet werden. Um den Status etwas fassbarer zu machen, können aber auch konkrete Werte pro Abhängigkeit angegeben werden. So kann zum Beispiel die Anzahl der beim Projektstart erhobenen Abhängigkeiten als Planwert gesetzt werden.

In fortschrittlich geführten Projekten pflegt ein Projektleiter seine Datenwerte mit einem einfachen und effizienten Softwaretool. Ist dieses „intelligent", so kann es aus den Daten automatisch ein übersichtliches Projekt-Cockpit generieren. Ein solches Cockpit unterstützt nicht nur die Arbeiten des

Projektleiters, sondern hilft auch dem Projektportfolio-Controller und allen anderen verantwortlichen Personen beim Monitoring der Projekte. Ein elektronisch unterstütztes Projekt-Cockpit verbessert nicht nur das Projektverständnis, sondern fördert auch die aktive Kommunikation zwischen den verantwortlichen Personen. Das Wissen, wie und wohin ein Projekt gerade „fliegt", ist ein wichtiger und entscheidender Erfolgsfaktor für jedes Unternehmen.

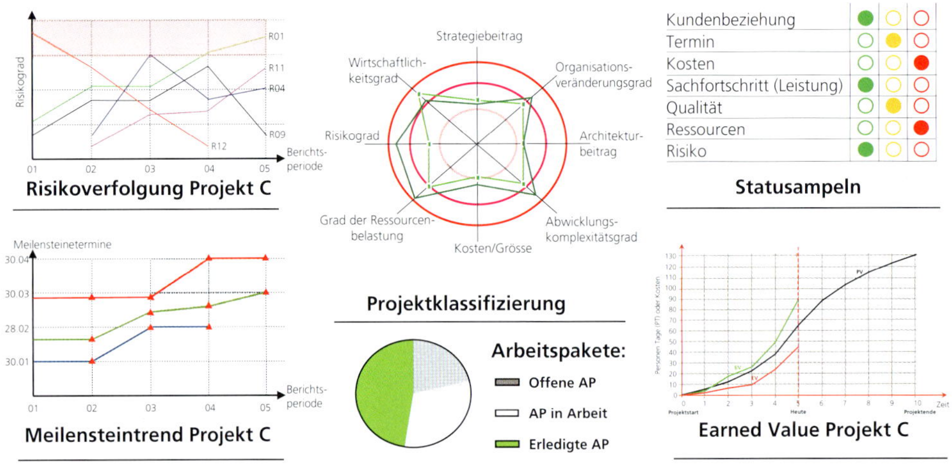

	Plan	IST	Rest	SOLL
Initialisierung	50	60	0	60
Konzept	150	220	0	220
Realisierung	200	150	90	240
Einführung	100	-	100	100
Total	500	400	190	620

Personalplan Projekt C

	Plan	IST	Rest	SOLL
Initialisierung	500 000	500 000	500 000	500 000
Konzept	2 000 000	2 100 000	0	2 100 000
Realisierung	2 000 000	1 500 000	700 000	2 200 000
Einführung	500 000	-	500 000	500 000
Total	5 000 000	4 500 000	5 000 000	5 300 000

Finanzplan Projekt C

Abb. 3.47: Mögliches Projekt-Cockpit

Ein Projekt-Cockpit, das natürlich Teil des Projektstatusberichts und integraler Bestandteil des projektinternen Controllings ist, kann je nach Bedürfnis unterschiedliche Werte beinhalten (☞ Kapitel 4.4.2 „Führungscontrolling").

- Projektklassifikation/-charakteristik
  Am Anfang wird das Projekt klassifiziert und charakterisiert. Jeden Monat sollte der Projektleiter ein Kurzassessment bezüglich der einzelnen Achsen vornehmen. So kann der Auftraggeber sehr schnell sehen, ob sich das Projekt eventuell in seinem Scope und Auftrag verändert.

- Risikoverfolgung (Risikoüberwachung)
  Durch monatliches Aufführen des Grades der einzelnen Risiken kann der Verlauf der Risiken verfolgt werden.

- Meilensteintrend
  Mit dem Aufführen der geplanten Meilensteintermine und der IST-Meilensteintermine kann monatlich die Meilenstein-Trendanalyse erstellt werden. Mit dem Meilensteintrend sieht der Auftraggeber gut, ob terminliche Vereinbarungen eingehalten werden oder um wie viel sie sich verschieben.

- Personalmittelplan
  Mit der PLAN-/IST-/SOLL-Aufführung des Personalbedarfs bzw. -aufwands ist die Personalmittelsituation eindeutig aufgeführt.

- Finanzmittelplan
  Mit der PLAN-/IST-/SOLL-Aufführung des Budgets bzw. des Kostenverbrauchs ist die Kostensituation gut ersichtlich.

- Statusampeln
  Mit den Ampelfarben kann der Projektleiter seinen subjektiven Eindruck des Projektstands festhalten.

Selbstverständlich sind dies nur Beispielwerte. Ein Projekt-Cockpit kann noch mit vielen weiteren sinnvollen Informationswerten KPI wie Earned Value, CPI, SPI , Teamharmonie etc. bestückt werden.

3.4.4.1.2 Monitoring des Projektportfolios

Es wäre natürlich hilfreich, wenn nun mit Unterstützung eines Tools die Projekt-Cockpit-Daten weiter verdichtet und auf einem „Radarschirm" übersichtsmässig zusammengefasst werden könnten. Dieses Radar ermöglichte es dem Projektportfolio-Controller sowie dem Projektportfolio-Board (ähnlich wie einem Fluglotsen), alle Projekte im Unternehmen (alle Flugzeuge am Himmel) zu beobachten. Natürlich würden auf diesem Radar auch die Erkenntnisse aus den Monitortätigkeiten der einzelnen Projekte abgebildet. Zum Beispiel könnten die Projekte mit einer „Eskalationsfarbe" versehen werden. Abbildung 3.48 zeigt ansatzweise ein solches Projektportfolio-Radar. Würde man im Softwaretool beispielsweise auf das Projekt B klicken, so käme man ins Projekt-Cockpit des Projekts B.

Projektportfolio-Radar Datum: 31.12.2010

Projekt	Prio.	Projektleiter	Phase	Plan Start	Plan Abschl.	Kostenabweichung PLAN		Kostenabweichung IST		Personalmittelabweichung PLAN		Personalmittelabweichung IST		Terminabwei. PLAN	Terminabwei. IST	Risikokosten		Gesamtbeurteilung
				IST Start	Prog. Abschl.	TCHF	% Bdg.	TCHF	% Bdg.	PT	% Bdg.	PT	% Bdg.	Wo	Wo	TCHF	% Bdg.	
Projekt A	2	Haas O.	R	04.01.2010 04.01.2010	27.09.2013 29.11.2013	16 000	23	4320	27	10 000	22	2600	26	X	7	X	X	
Projekt B	1	Meier Y.	K	04.01.2010 04.01.2010	23.12.2011 23.12.2011	1800	47	2726	47	2000	45	900	45	X	0	X	X	
Projekt C	5	Kunz A.	R	05.01.2009 02.02.2009	19.12.2014 31.01.2015	9700	35	3783	39	7400	35	2886	39	X	11	X	X	
Projekt D	3	Rot D.	R	04.07.2011	24.07.2015													
Projekt E	4	Siedler O.		04.04.2011	26.06.2015													
Status Projektportfolio (☒ Projektportfolio-Statuscockpit)						31 500	30	10 829	34	19 400	29	6208	32	X	X	X	X	

Abb. 3.48: Projektportfolio-Radar „Projektportfolio-Status"

3.4.4.1.3 Monitoring der Strategieverfolgung

Um den endgültigen Zyklus zu schliessen, sollte quartalsmässig ein einfacher Statusreport bezüglich Verfolgung und Erreichung der strategischen Ziele aufbereitet werden. Dabei gilt es, dem obersten Management die im Kapitel 3.4.1.1.1 (☞ „Bewertung des Strategiebeitrags") vorgenommenen Strategiebeiträge pro Ziel und pro Projekt in Kombination mit den Projektampeln aufzuzeigen. Dieser

Bericht bzw. Report wird vom Projektportfolio-Controller aufbereitet und vom Projektportfolio-Board verifiziert und freigegeben. Selbstverständlich könnten diesem Report noch weitere Elemente hinzugefügt werden, doch das Wesentlichste in einem Unternehmen ist die direkte Umsetzung der Strategie. Diesbezüglich sollte das Management jederzeit den Überblick haben.

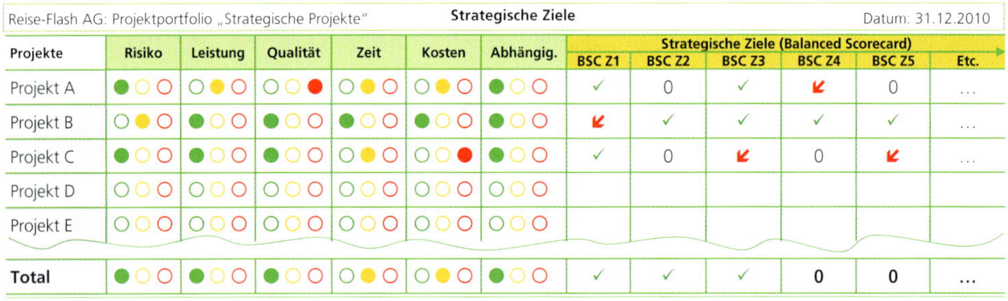

Abb. 3.49: Kurzreport strategische Ziele

3.4.4.2 Analysieren

Die Aufgabe des Projektportfolio-Controllers ist in erster Linie, die einzelnen Projekte laufend zu beurteilen. Darüber hinaus liegt es auch in seinem Verantwortungsbereich, explizite portfoliomässige Analysen durchzuführen, also insbesondere Analysen bezüglich des „Zustands" des Portfolios. Die Erkenntnisse aus Monitoring und Analyse fasst der Projektportfolio-Controller im Projektportfolio-Controllingbericht (PPC-Bericht) zusammen. Das Ziel dieses Berichts ist in erster Linie, dem Projektportfolio-Board einen transparenten Überblick über alle sich im Portfolio befindenden Projekte zu geben.

Darüber hinaus kann der Bericht auf Basis der Portfolioanalysen, z.B. Benchmarking, Lösungsmöglichkeiten und Alternativen bezüglich portfoliobezogener Problematiken aufzeigen.

Analog zu den Projekt-Cockpits kann auch ein Projektportfolio-Statuscockpit definiert werden. Die Zusammenfassung des Projektportfolio-Status ist in der Abb. 3.48 bereits in der untersten Zeile angedeutet. Ein mögliches Projektportfolio-Statuscockpit ist in der nächsten Abbildung 3.50 skizziert.

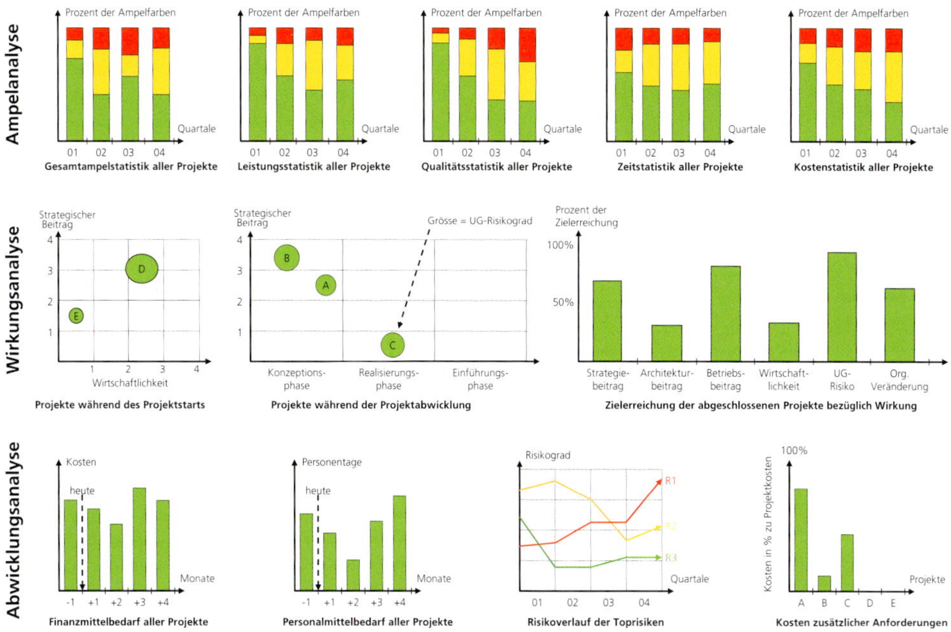

Abb. 3.50: Projektportfolio-Statuscockpit

In den kommenden Kapiteln werden die wichtigsten Analysesichten des Projektportfolio-Statuscockpits beschrieben.

3.4.4.2.1 Terminanalyse

Das Terminmonitoring auf der Stufe des Projektportfolio-Controllings wird gebraucht, um projektübergreifende Verknüpfungen (Aufgabenabhängigkeiten) terminbezogen zu erkennen und Verschiebungen bzw. deren Konsequenzen zu zeigen.

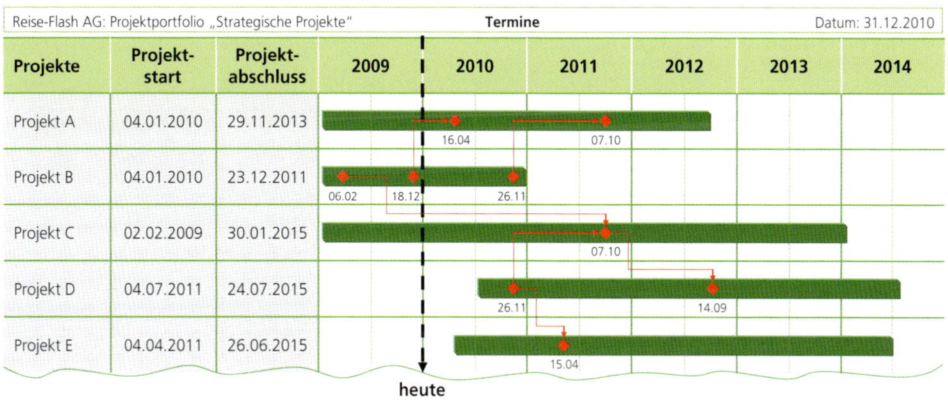

Abb. 3.51: Terminanalyse auf Portfolioebene

3.4.4.2.2 Personalmittelanalyse

Die Personalmittelanalyse auf der Portfolioebene dient zur Klärung, ob und wo wie viel Personalmittel in den nächsten Monaten/im nächsten Quartal benötigt werden und effektiv bereitstehen. Dieses insbesondere bei Dienstleistungsunternehmen administrativ aufwendige Unterfangen kann in vielen Unternehmen auf eine konsequente Prüfung der Schlüsselpersonen reduziert werden.

Reise-Flash AG: Projektportfolio „Strategische Projekte" **Personalmittel** Datum: 31.12.2010

Projekte	Ampeln Pers.mittel	PLAN-Pers.mittel	IST-Pers.mittel	REST-Pers.mittel	SOLL-Pers.mittel	Differenz	1.Quartal 2011	2. Quartal 2011	3. Quartal 2011	4. Quartal 2011
Projekt A	○ ○ ●	60 000	15 500	47 000	62 500	2500	3700	3800	3800	3700
Projekt B	● ○ ○	8500	3800	4700	8500	0	1200	1200	1200	1100
Projekt C	○ ○ ●	45 500	17 700	29 600	47 300	1800	1900	2000	2000	2000
Projekt D	○ ○ ○	20 500	0	20 500	20 500	0	0	0	850	1200
Projekt E	○ ○ ○	12 000	0	12 000	12 000	0	0	850	850	850
Total	○ ● ○	**146 500**	**37 000**	**113 800**	**150'800**	**4300**	**6800**	**7850**	**8700**	**8850**

Abb. 3.52: Personalmittelanalyse auf Portfolioebene (Werte in Personentage)

Abbildung 3.52 zeigt eine Personalmittelanalyse auf der Ebene des Portfolios. Diese aufgeführten Werte müssen mit den Detailangaben aus den Projekten bezüglich Mengen und Skills verifiziert werden.

3.4.4.2.3 Kostenanalyse

Die Analyse aller Projektkosten lässt einerseits erkennen, welche Kosten gesamthaft tatsächlich im Portfolio auflaufen, andererseits gibt sie an, welche Aufwendungen in den nächsten Monaten/ im nächsten Quartal anstehen.

Reise-Flash AG: Projektportfolio „Strategische Projekte" **Kosten** Datum: 31.12.2010

Projekte	Ampeln Kosten	PLAN-Kosten	IST-Kosten	REST-Kosten	SOLL-Kosten	Differenz	1.Quartal 2011	2. Quartal 2011	3. Quartal 2011	4. Quartal 2011
Projekt A	○ ● ○	26 000	6900	20 100	27 000	1000	1600	1600	1600	1600
Projekt B	● ○ ○	3800	1800	2000	3800	0	600	500	500	400
Projekt C	○ ○ ●	19 700	9300	15 500	24 800	5100	1000	1000	1000	1000
Projekt D	○ ○ ○	11 500	0	11 500	11 500	0	0	0	400	500
Projekt E	○ ○ ○	5500	0	5500	5500	0	0	300	400	400
Total	○ ○ ●	**66 500**	**18 000**	**54 600**	**72 600**	**6100**	**3200**	**3400**	**3900**	**3900**

Abb. 3.53: Kostenanalyse auf Portfolioebene (Werte in 1000)

Abbildung 3.53 zeigt einen Kostenüberblick pro Projekt auf der Stufe der Gesamtkosten. Diese können natürlich bei Bedarf entsprechend innerhalb des Projekts gegliedert werden, z.B. in Primär- und Sekundärkosten etc.

3.4.4.2.4 Risikoanalyse

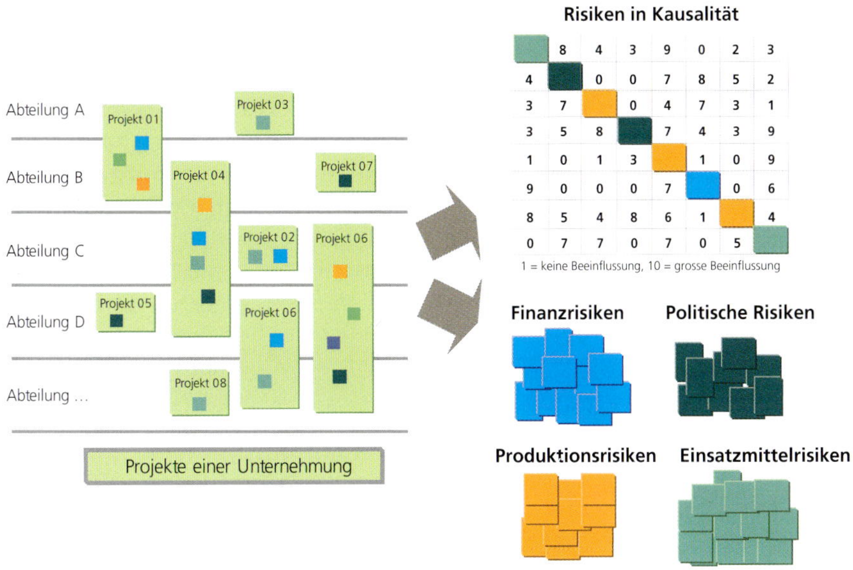

Abb. 3.54: Risikoanalyse auf Portfolioebene

Das Verifizieren und Verfolgen der gemeldeten Risiken im Kontext der anderen Projekte muss der Projektportfolio-Controller bzw. das Projektportfolio-Board erledigen. Dies stellt Abbildung 3.54 vereinfacht dar. Der PPC muss alle Risiken von allen Projekten einerseits gruppieren und als Gruppe bewerten, z.B. Finanzrisiken über alle Projekte oder politische Risiken aller Projekte etc. Andererseits sollten die Risiken bezüglich ihrer Kausalität zu den anderen Risiken analysiert werden.

Projektportfolio-Risikoliste — Datum: 31.12.2010

Risikoart	Projekt	Projektleiter	Risiko-Nr.	Risikokurzbeschreibung	Kausalität	Bewertung AW	Bewertung EW %	Bewertung RG	Risikominderungskosten
Finanzrisiko	Projekt A	Haas O.	R12	Rechnungen können nicht rechtzeitig erstellt werden, da gewisse Filialen einen zu alten Drucker haben.	R11, R14	3	70	2.1	24 000.–
	Projekt B	Meier Y.	R01	Ölpreise steigen markant, Reisekosten steigen und somit wird das Produkt teurer.	R20	4	60	2.4	120 000.–
	Projekt C	Kunz A.	R03	Gefahr besteht, dass die Sicherheit der Lokalitäten nicht gegeben ist.		3	70	2.1	83 000.–
	Projekt D	Rot D.	R07	Ökologie-Ansatz kann allenfalls nicht umgesetzt werden, wenn keine Spende erfolgt.	R09, R01	4	80	3.2	8000.–
	Projekt E	Siedler O.	R09	Schnittstellen zu Lieferanten können allenfalls nicht rechtzeitig umgesetzt werden, da der Bonus zu tief ist.	R01, R07	4	50	2.0	12 000.–
Einsatzmittelrisiko	Projekt A	Haas O.	R11	xx	R22	3	70	2.1	15 000.–
	Projekt B	Meier Y.	R04	xx	R11, R15	4	60	2.4	98 000.–

Abb. 3.55: Risikogruppierung eines Projektportfolios

3.4.4.2.5 Scopeanalyse

Ein Projekt sollte nicht nur einmal (während des Projektstarts) klassifiziert und charakterisiert werden, sondern regelmässig während der ganzen Projektabwicklung. Jeden Monat sollte der Projektleiter ein Kurzassessment bezüglich der einzelnen Achsen vornehmen. So können er und die Projektträgerinstanzen sehr schnell sehen, ob das Projekt in seinem Scope möglicherweise verändert wurde. Dies hilft einerseits, z.B. den zumeist langsam und sich laufend verändernden Scope ersichtlich zu machen, andererseits ermöglicht es rechtzeitig zu erkennen, wann sich die Entscheidungswerte für die positive Projektentscheidung (wie z.B. Strategiebeitrag, Kosten oder Wirtschaftlichkeit) ins Negative verändern. Werden alle Projektcharakterabbildungen eines Portfolios aufgeführt, so wird schnell erkannt, wie sich die Projekte generell bezüglich der „Scopetreue" verhalten.

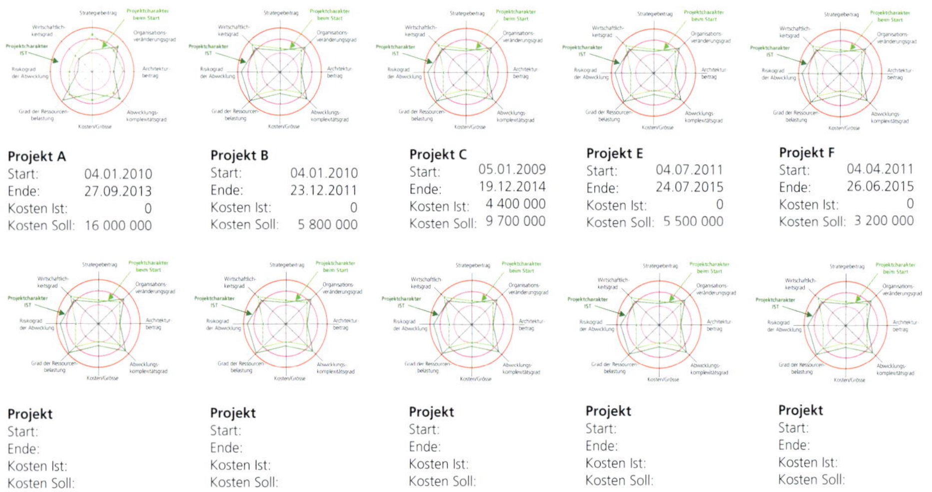

Abb. 3.56: Scopeanalyse auf Portfolioebene

3.4.4.2.6 Qualitätsanalyse

Eine wichtige Aufgabe des Projektportfolio-Controllings ist die Früherkennung möglicher Qualitäts- und somit Leistungsabweichungen im Bereich des Projektmanagements der einzelnen Projekte. Dazu können folgende Indikatoren gesetzt werden:

- Anzahl Änderungsanträge
- Umfang der Arbeitspakete
- Anzahl Umstrukturierungen der Projektorganisation
- Anzahl Verschiebungen von Meilensteinen
- Verhältnis der offenen zu den geschlossenen Änderungsanträgen
- Prozentuale Abweichung der IST- zu den geplanten Kosten
- Anzahl Überstunden der Projektmitarbeiter
- Anzahl Änderungen des Projektplans
- Anzahl geplanter, aber ausgelassener Qualitätssicherungsmassnahmen
- Abwesenheitsquote der Mitarbeiter
- Verhältnis der Personalabgänge zur totalen Anzahl Projektmitarbeiter
- Verhältnis der Aufgaben, die nicht im Zeitplan liegen, zur Anzahl aller Aufgaben

- Verhältnis der genehmigten Änderungsanträge zur Anzahl der beantragten
- Anzahl erkannter Probleme

Mit diesen für den Aspekt Qualität erstellten qualifizierten Indikatoren, die aber auch bei allen anderen wichtigen Leistungsaspekten genutzt werden können, kann in einem guten, kontrollierten PM-System die Wirksamkeit von Massnahmen relativ einheitlich und objektiv bewertet werden.

3.5 Lieferobjekte des Projektportfolios

Das Projektportfolio umfasst mehrere Projekte und hat somit auch bei den Lieferobjekten einen übergeordneten Fokus. Das heisst, bei den meisten Lieferobjekten, ausser dem Initialauftrag und dem Projekterfolgsbericht, richtet sich die Sichtweise jeweils auf alle im Projektportfolio aufgeführten Projekte. Im Folgenden werden für jeden in diesem Kapitel erläuterten logischen Arbeitsschritt die wichtigsten Lieferobjekte in Kurzform erklärt. Weitere Ausführungen zu den Lieferobjekten finden sich im Anhang C.1 (☞ „Lieferobjekte des Projektportfolios“).

3

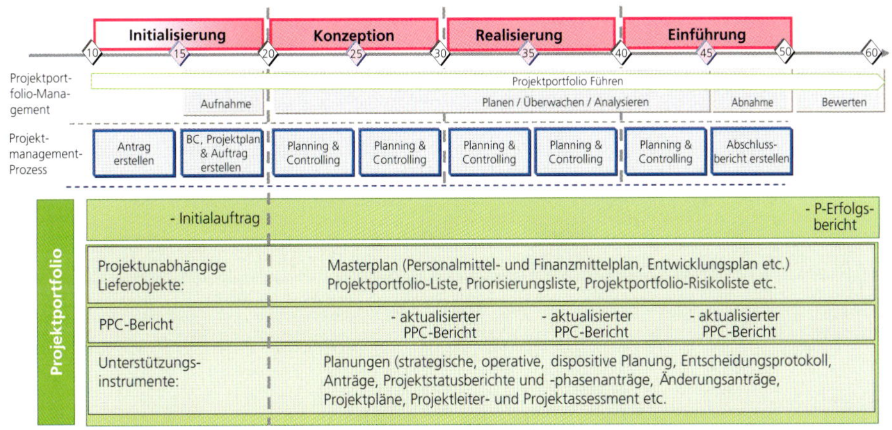

Abb. 3.57: Übersicht über die Lieferobjekte des Projektportfolios

Ob ein Lieferobjekt gemäss Abb. 3.57 erstellt werden kann oder muss, basiert auf der Bestimmung der PM-Governance und kann nur teilweise mit der Projektabwicklung in Verbindung gebracht werden.

Lieferobjekt	**Kurzbeschreibung**
Projektportfolio-Liste	Auf der Projektportfolio-Liste sind alle aktuellen Eckwerte der anstehenden und laufenden Projekte aufgeführt. Mittels dieser zentralen Liste hat das Projektportfolio-Board die Übersicht über alle Projekte. Eine mögliche Darstellung wurde im Kapitel 3.4.3 (☞ „Planen“) aufgeführt.
Masterplan	Der Masterplan bildet das Zentrum des Projektportfolios. Er bietet eine Übersicht der laufenden wie auch der zukünftigen Projekte bezüglich der wichtigsten Managementgrössen wie Zeit, Kosten und Ressourcen zum Ziel. Ausführlich wird er im Kapitel 3.4.3 (☞ „Planen“) erläutert.
Projektportfolio-Risikoliste	Die Projektportfolio-Risikoliste enthält die gesamte Risikoeinstufung aller Projekte im Sinne der Gefährdung für das Unternehmen, einerseits gebündelt nach Risikoursachen und andererseits gruppiert nach Abhängigkeit.

PPC-Bericht	Der PPC-Bericht ist eine verdichtete Form der Projektstatusberichte aller laufenden Projekte mit der zusätzlichen Einschätzung des Projektportfolio-Controllers. Mit diesem speziellen Bericht hat das Projektportfolio-Board den Überblick über den aktuellen Status der laufenden Projekte und kann die Wirksamkeit seiner Massnahmen beurteilen.
Initialauftrag	Wird der Projektantrag freigegeben, bildet der Initialauftrag die Basis der Zusammenarbeit zwischen Auftraggeber und Projektleiter in der Initialisierungsphase. Er umschreibt, was in welcher Qualität zu welchen Kosten bis wann in der Initialisierungsphase eines Projekts zu liefern ist.
Projekterfolgs-bericht	In diesem Bericht, der vom Projektportfolio-Controller oder vom ehemaligen Auftraggeber erstellt wird, sollte unter anderem auf die Frage „Wurde der im Business Case versprochene Projektnutzen, z.B. Mehrerlöse oder Minderkosten, termingerecht realisiert?“ eine abschliessende Antwort geben.

4

Lernziele des Kapitels „Projektführung"

Sie können …

- ein Tailoring an einem Projekt durchführen und dieses als Vorschlag dem Auftraggeber vorlegen.
- mindestens fünf Haupttätigkeiten des Projektstarts aufzählen und diese mit Blick auf die geforderten Ergebnisse beschreiben.
- die einzelnen Schritte des Terminmanagement-Prozesses aufzeichnen und die wichtigen Input- wie Outputwerte aufzeigen.
- die zentralen Führungsaufgaben des Projektleiters und die Führungsthemen, die der Projektleiter bei der Projektführung berücksichtigen muss, aufzählen.
- den Unterschied zwischen einem Projekt- und einem Produktstrukturplan anhand eines Beispiels darlegen.
- alle neun Schritte respektive Elemente der Projektplanung in logischer Reihenfolge aufzählen und erläutern, wie die einzelnen Elemente voneinander abhängig sind.
- Projektabwicklungsziele zu Meilensteinen bündeln.
- die Projektorganisationsplanung und die Projektinstitution fachlich korrekt in Beziehung setzen.
- den Unterschied zwischen der Kostenplanung und der Budgetplanung erläutern und darlegen, wieso es Sinn macht, diese Planungsarbeiten in zwei Schritten aufzuteilen.
- die Unterschiede in der Projektplanung bei unterschiedlichen Vorgehensmodellen aufzeigen.
- die effektive Zeit, die einem Mitarbeiter pro Jahr für ein Projekt zur Verfügung steht, berechnen.
- eine sinnvolle Projektinformations- und -dokumentationsplanung erstellen und erkennen den Zusammenhang dieses Planungspunkts zur Organisationsplanung.
- direkt und indirekt wirksame Steuerungsmassnahmen unterscheiden und für beide Kategorien mindestens zwei Beispielmassnahmen darlegen.
- anhand eines Beispiels erläutern, wie das Teufelsquadrat funktioniert.
- alle wichtigen Inputwerte eines Projektstatusberichts aufzählen.
- jedes der neun Controllingführungsthemen anhand eines Beispiels darlegen.
- in eigenen Worten erläutern, weshalb eine Projektkontrolle ökonomisch sinnvoll ist.
- die sechs Bereiche der Projektkontrolle aufzählen und erklären, wie die einzelnen Kontrollen durchgeführt werden können.
- die vier Kontrollsichten und die dazugehörenden Kontrollbereiche erläutern.
- den Projektabnahmeprozess aufzeigen und die Zusammenhänge zwischen der Projektführung und dem Projektportfolio darlegen.
- sechs Tätigkeiten eines Projektabschlusses priorisiert aufzählen.

4 Projektführung

Die vielfältigen Aufgaben eines Projekts werden nicht den einzelnen Linienstellen zugeordnet, sondern fachspezifisch zusammengefasst und den projektbezogenen „Rollenträgern" zugewiesen. Diese Rollenträger werden in eine Projektorganisation eingebettet. Damit wird eine wichtige Konzentration der Arbeitsleistung erreicht. Die Leitung und Führung dieser Arbeitsleistung respektive eines Projekts wird allgemein als Projektführung (Projektmanagement) bezeichnet.

Die Projektführung beinhaltet alle leitenden Aufgaben, die von einem Projektleiter in einem Projekt wahrgenommen werden müssen, um die Abwicklungsziele erreichen zu können.

Die Projektführung beinhaltet hauptsächlich die funktionellen Führungsaufgaben „Projekte planen" und „Projekte steuern und kontrollieren", die vom Projektstart bis zum Projektabschluss vom Projektleiter wahrgenommen werden müssen. Darin sind auch die Führungsaufgaben, die sich aus den PM-Systemelementen wie Teammanagement, Risikomanagement etc. ergeben, enthalten. Damit der Projektleiter diese Führungsaufgaben professionell erledigen kann, ist das Anwenden von entsprechenden Projektführungstechniken erforderlich. Eine Zusammenstellung der wichtigsten Projektführungstechniken ist im Anhang A dieses Buches gegeben.

4

Abb. 4.01: Bestandteile der Projektführung

In diesem Kapitel werden im Sinne des Projektführungsprozesses (Projektmanagement-Zyklus) die Hauptthemen Projekt starten, Projekt planen, Projekt steuern und kontrollieren respektive das Projektcontrolling sowie der Projektabschluss ausführlich erläutert. Vorgängig soll einerseits der Zusammenhang zwischen Führung und Durchführung und andererseits kurz der Bezug zu den Hauptprozessen der PM-Systemelemente, insbesondere zum Terminmanagement, geschaffen werden.

4.1 Grundlage der Projektführung

Die Herausforderung der Projektführung ist ein auf die Projektsituation angepasstes und im richtigen Umfang umgesetztes Zusammenspiel der zentralen Führungsaufgaben (starten, planen, steuern, kontrollieren, abschliessen) aus dem Projektabwicklungszyklus und den betreffenden Führungsthemen wie Risiko-, Qualitäts-, Terminmanagement etc.

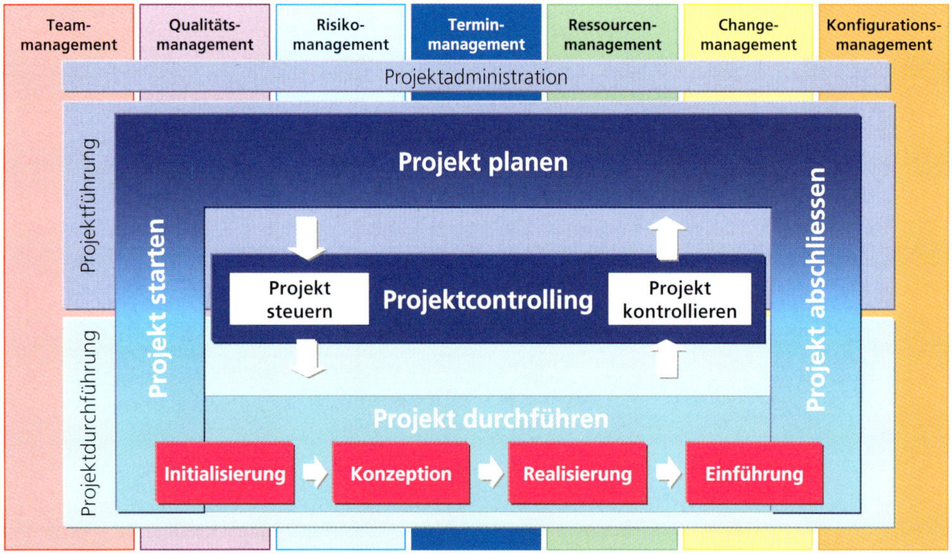

Abb. 4.02: Zentrale Führungsaufgaben des Abwicklungszyklus in Bezug auf die wichtigsten Führungsdisziplinen

4.1.1 Beziehung von Führung und Durchführung

Wie Abbildung 4.03 zeigt, gehört zum Projektführungszyklus (Projekt planen, steuern und kontrollieren) auch noch der Projektstart sowie der Projektabschluss. Bis auf „Projekt starten" und „Projekt abschliessen" laufen alle anderen zentralen Führungsaufgaben der Projektführung (planen, steuern und kontrollieren) in Verbindung mit der Projektdurchführung iterativ während der gesamten Dauer des Projekts ab.

Oft sind Projektleiter zu Beginn ihrer Karriere als Sachspezialist in der Projektdurchführung tätig und werden aufgrund guter Leistungen zum Projektleiter befördert. Dabei wird vergessen, dass diese Beförderung vom Ausführenden zum Führenden eine relativ grosse mentale Veränderung beinhaltet. Kann beispielsweise ein Softwareentwickler am Ende eines erfolgreichen Arbeitstages „fünf fehlerfreie Programme" (Papiergewicht 4 Kilogramm) vorweisen, so hat der Projektleiter vielleicht nur eine Planung (Papiergewicht 500 Gramm) in den Händen, die zu seinem Verdruss nicht einmal „richtig" ist. Der Grund liegt darin, dass eine Planung (die geistige Vorwegnahme der kommenden möglichen Realität – und damit ist nicht ein Tagesplan gemeint), aufgrund des dynamischen, instabilen Umfelds nur begrenzt richtig sein kann! Langfristig geplante Vorhaben (Programmpläne,

Projektpläne oder Phasenpläne) können somit nie in allen Einzelheiten zutreffen! Ein unerfahrener Projektleiter stuft daher oftmals seine geistige Arbeit (Planung) geringer ein als die Leistungen der Projektdurchführung.

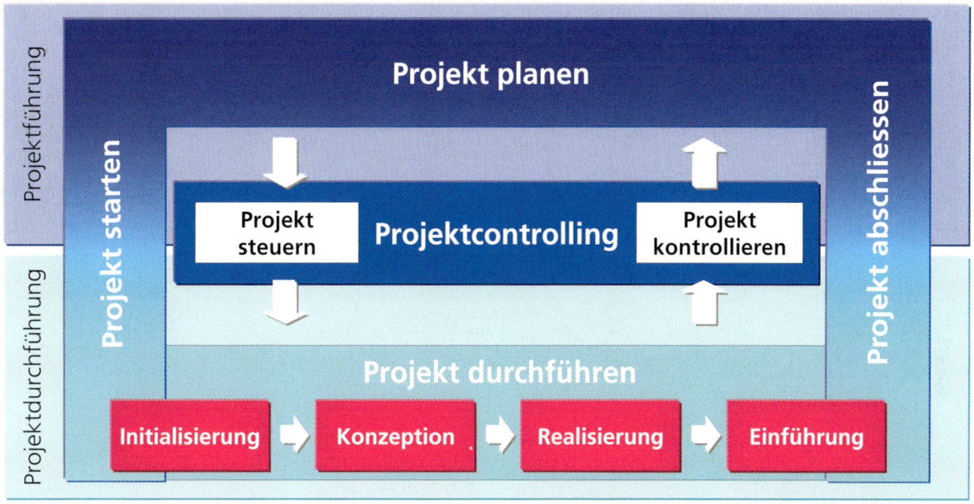

Abb. 4.03: Metamodell der Projektabwicklung

Die Realitätsnähe der Planungsergebnisse zur Projektdurchführung kann nur über ein intensives Steuern und ein umfassendes Kontrollieren respektive via Projektcontrolling erreicht werden.

4.1.2 Führungsdisziplinen

Neben den zentralen Führungsaufgaben des Projektleiters (das Projekt starten, Projekt planen, Projekt steuern, Projekt kontrollieren und das Projekt abschliessen) resultieren aus den sechs PM-Systemelementen weitere Führungsdisziplinen respektive Führungsaufgaben. Diese Führungsaufgaben, welche sich aus den aufgeführten Prozessen und Thematiken der Abbildung 4.04 ableiten lassen, beziehen sich in einem Projekt jeweils auf Perioden, Fristen oder Zeitpunkte. Letztere wiederum werden durch das Zeitmanagement miteinander „verbunden" und so gemanagt. Aus diesem Grund steht das Terminmanagement im Zentrum: Es wird in diesem Buch als Basis des Managens betrachtet (Eine Zeit sagen ist nicht schwer, eine qualifizierte Zeit sagen dagegen sehr!). Über alle Führungsdisziplinen hinweg fallen in einem Projekt führungsbezogene administrative Arbeiten an, die zusammenfassend Projektadministration genannt werden können.

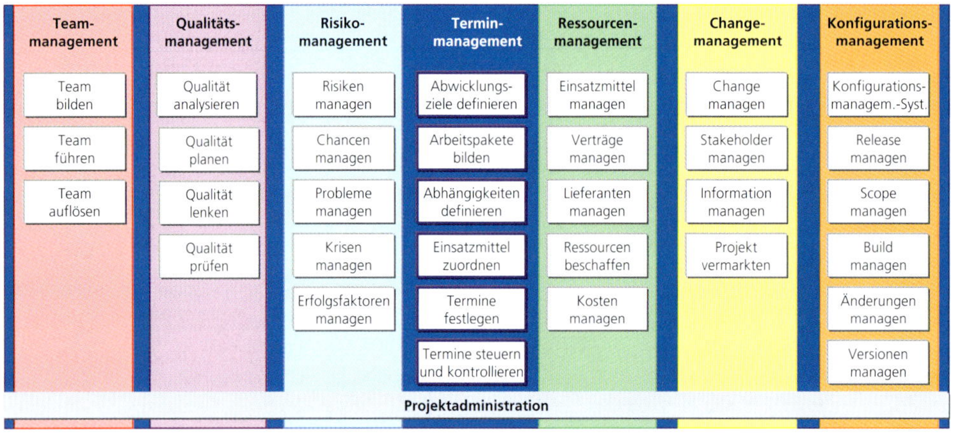

Abb. 4.04: Aufgaben der Führungsdisziplinen

4.1.2.1 Terminmanagement

Eine professionelle Planung ist die Basis, um einen qualifizierten Projekttermin zu bestimmen. Deshalb sind einzelne Planungsschritte, wie sie im Kapitel 4.3.3 (☞ „Planungsablauf") ausführlich erläutert werden, Bestandteile respektive Prozessschritte des Terminmanagements. Zusammen mit einem guten Controlling stellt das Terminmanagement im Projektmanagement aus Führungsperspektive sicher, dass die einzelnen Arbeiten respektive das gesamte Projekt termingerecht abgeschlossen werden können. Zusammenfassend werden im Folgenden die wichtigsten Arbeiten des Terminmanagements respektive primär das Entwickeln des Terminplans aufgeführt.

Abb. 4.05: Bestandteile des Terminmanagement-Prozesses

4.1.2.1.1 Abwicklungsziele definieren

Die Definition der Abwicklungsziele ist von grosser Bedeutung, da diese den Massstab für den Erfolg respektive Misserfolg des Projektabwicklungsprozesses festlegen. Daher ist insbesondere wichtig, dass die Abwicklungsziele klar definiert und operationalisiert werden sowie bezüglich der Zielintensität in Kann- und Muss-Ziele eingeteilt sind.

Inputwerte sind z.B. die zu lösenden Probleme/Ideen, die Anforderungen, die durch den Produktscope definierte Systemabgrenzung und alle aus einem iterativen Vorgehen resultierenden Planwerte des Projektplans. Berücksichtigt werden müssen die Werte aus dem vorgegebenen/definierten Vorgehensmodell, die Einflussgrössen wie z.B. externe Terminvorgaben sowie die zeitlichen Bedürfnisse der Stakeholder. Die wichtigsten Outputwerte (Ausgangswerte) sind die Projektabwicklungsziele und die daraus gebündelten Meilensteine.

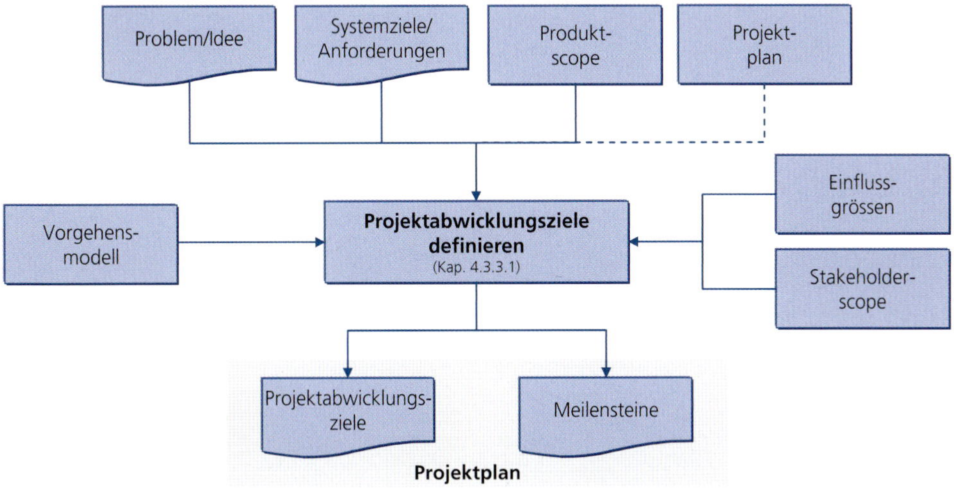

Abb. 4.06: Hauptelemente, um die Projektabwicklungsziele zu definieren

4.1.2.1.2 Arbeitspakete bilden

Die Strukturierung eines Projekts ist das zentralste Planungselement, das der Projektleiter erarbeiten muss, um die notwendige Leistungstransparenz über das Gesamtprojekt zu erlangen. Die Voraussetzungen dazu bilden einen klaren Produktscope, präzise Zielvorgaben und Anforderungen sowie mögliche Werte aus dem Änderungsmanagement und dem Projektplan.

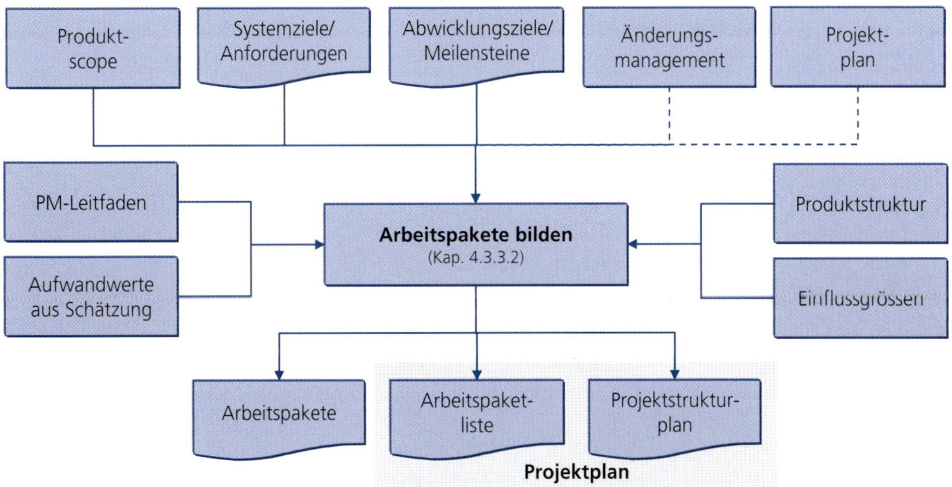

Abb. 4.07: Hauptelemente, um Arbeitspakete zu bilden

Berücksichtigt werden müssen allfällige Vorgaben aus dem PM-Leitfaden, Aufwandwerte aus dem Schätzverfahren oder der Erfahrungsdatenbank, allfällige logische Vorgaben aus der Produktstruktur und relevante Einflussgrössen wie z.B. zwingende Bedürfnisse der Stakeholder. Die Hauptergebnisse sind der Produktstrukturplan mit allen in sich abgrenzbaren, aus der Hierarchie logischen abhängigen

Einheiten und die definierten Arbeitspakete, die in der Arbeitspaketliste zusammenfassend aufgeführt sind.

4.1.2.1.3 Abhängigkeiten definieren

Das Erkennen und Zusammentragen der logischen Abhängigkeiten von Teilaufgaben, wie sie in den Arbeitspaketen beschrieben sind, soll zu einer zweckmässigen und für alle Beteiligten durchschaubaren Ablauffolge führen. Die Ergebnisse, die aus der Ablaufplanung resultieren, sind eine Arbeitspaketliste (auch Vorgangsliste genannt) ein Aufgabenplan sowie ein Abhängigkeitsplan, z.B. ein Netzplan ohne Zeitangaben. Diese drei Werte bilden wiederum eine Basis für weitere Planungselemente. So bildet z.B. ein wirklichkeitsgetreuer, ablauforganisatorisch richtig erstellter Netzplan die Voraussetzung für die späteren Terminberechnungen.

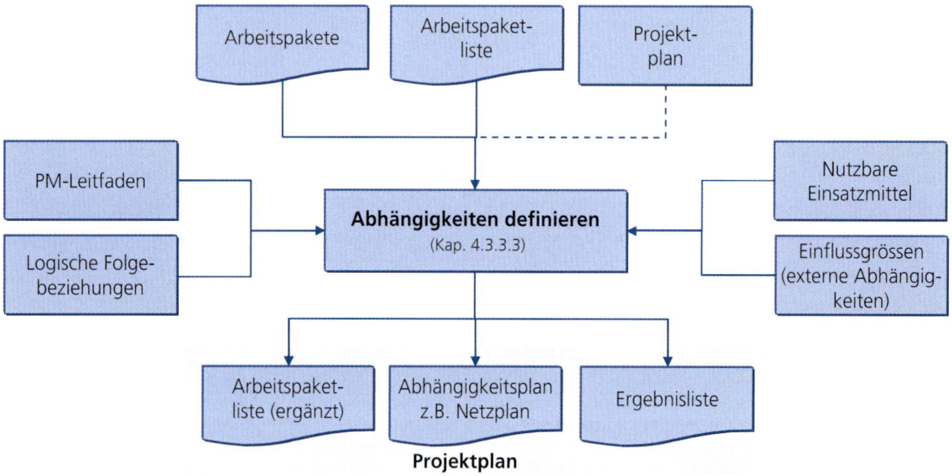

Abb. 4.08: Hauptelemente, um Abhängigkeiten zu definieren

Als Hauptinput dienen die Arbeitspaketliste sowie die beschriebenen Arbeitspakete, insbesondere die darin aufgeführten geplanten (Teil-)Ergebnisse. Bei dieser Aufgabe müssen unter anderem die logischen Folgebeziehungen (der Frühling kommt vor dem Sommer) auf bereits definierte Werte aus dem PM-Leitfaden wie z.B. Meilensteine, auf die nutzbaren Einsatzmittel und auf die Einflussgrössen wie z.B. einen Entscheid bezüglich eines Gesetzes berücksichtigt werden.

4.1.2.1.4 Einsatzmittel zuordnen

Aus diesem Aufgabenelement resultiert zur Hauptsache der Einsatzmittelplan mit den Personal- und den Betriebsmittelplänen sowie die ergänzte Arbeitspaketliste. Dass diese Aufgabe gut umgesetzt werden kann, bedingt wenn möglich die einzelnen Arbeitspakete und die Kenntnis der vorhandenen Einsatzmittel, sicher jedoch die Arbeitspaketliste und der Abhängigkeitsplan mit seinen logischen Verknüpfungen. Um die einzelnen Werte pro Arbeitspaket errechnen zu können, werden Aufwandschätzmethoden angewandt, oder man stützt sich auf vorhandene Aufwandwerte ab.

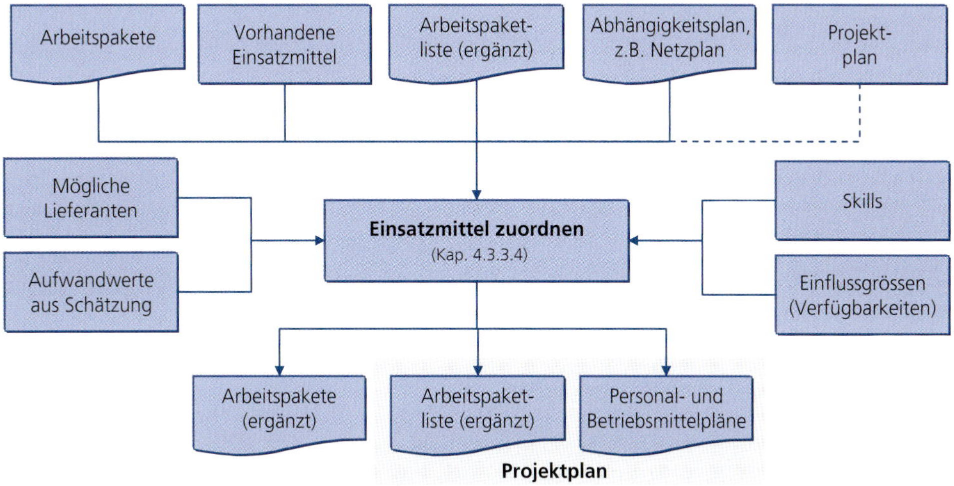

Abb. 4.09: Hauptelemente, um Einsatzmittel zuzuordnen

Bei dieser Aufgabe müssen auch die möglichen Lieferanten, die Fähigkeitsprofile (Skills) der einzusetzenden Personalmittel und die entsprechenden Einflussgrössen wie z.B. die Verfügbarkeit der Einsatzmittel berücksichtigt werden. Die Einsatzmittel sollen mit Hilfe dieses Prozessschritts optimal eingesetzt werden können. Dazu bedient man sich zusätzlich der Kapazitätsbelastungsmethode, die Aufschluss darüber gibt, wie die Einsatzmittel bezüglich Menge und Zeit möglichst wirtschaftlich genutzt werden können.

4.1.2.1.5 Termine festlegen

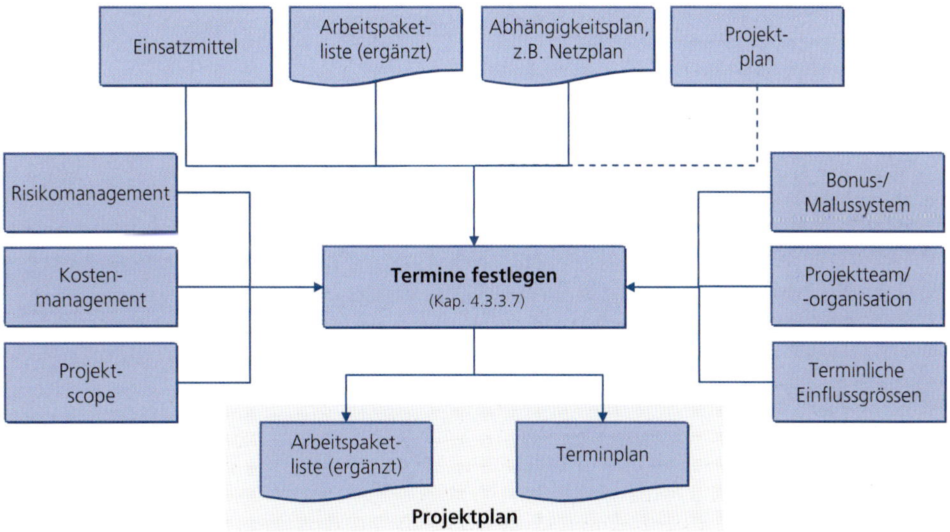

Abb. 4.10: Hauptelement, um Termine festzulegen

Da in der Praxis oftmals fixe Termine vorgegeben werden, ist es für den Projektplaner von grosser Bedeutung, eine transparente Terminplanung zu erstellen. Für jedes Projekt muss somit ein Terminplan erstellt werden, um alle für die Projektdurchführung notwendigen Aktivitäten und Meilensteine zeitlich eindeutig zu definieren. Der Terminplan zählt zu den am häufigsten gebrauchten Kontrollinstrumenten, was bedingt, dass er stets auf dem neuesten Stand zu halten ist. Als hauptsächliche Inputwerte gelten die Arbeitspaketliste, der Abhängigkeitsplan und die definitiv zur Verfügung stehenden Einsatzmittel (Personal- und Betriebsmittel). Bei dieser Aufgabe sind Werte aus dem Risiko- und Kostenmanagement, der Projektscope, ein allfällig einzusetzendes Bonus-/Malussystem, die Form der Projektorganisation (z.B. Anweisungsbefugnisse) sowie die terminlichen Einflussgrössen zu berücksichtigen.

4.1.2.1.6 Termine steuern und kontrollieren

Das Termincontrolling ist ein wesentlicher Baustein des Projektcontrollings. Basierend auf der vorausschauenden Planung, beinhaltet es die systematische Kontrolle und die aktive Steuerung der Projektabwicklung aus terminlicher Sicht. Ziel des Termincontrollings ist in jedem Fall die Terminsicherung des Projekts. Auf Basis einer konsequenten und detaillierten Terminfortschreibung müssen z.B. die Projekttermine während der gesamten Abwicklungszeit bis zur Fertigstellung des Projektprodukts transparent gemacht werden.

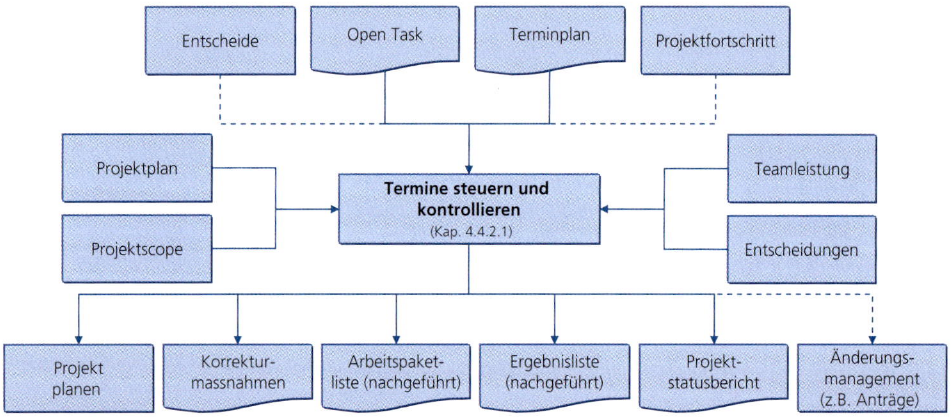

Abb. 4.11: Hauptelemente, um Termine zu steuern und zu kontrollieren

Die Input- und Outputwerte sowie die zu berücksichtigenden Zusatzwerte für das Termincontrolling sind mannigfaltig. Sehr wichtige Inputs sind unter anderem der Zeitpunkt der Entscheidung, aber auch das, für was man sich entschieden hat, oder der effektive Projektfortschritt und die momentane Leistungsfähigkeit des Teams etc.

4.1.2.2 Teammanagement

Eine Herausforderung für jeden Projektleiter ist zudem, ein gutes harmonisches und leistungsfähiges Team zu bilden und dieses auch wieder gekonnt aufzulösen. Innerhalb des Teammanagements (☞ Kapitel 6 „Teammanagement") ist vordergründig der Bereich Teamführung (motivieren, kommunizieren etc.) ein wesentlicher Bestandteil der Führungsdisziplin. Die „weichen" Faktoren haben auf die Leistungsfähigkeit eines Einzelnen, aber insbesondere auf ein Team eine starke Wirkung. Deshalb müssen diesbezüglich gewisse Punkte, wie sie im Unterkapitel „Steuerungsarten" (☞ Kapitel 4.4.1.2) beschrieben sind, etwas umfassender und gezielter mit einbezogen werden. Da das Führen in Projekten ein anderes Führen ist als z.B. das Führen einer Buchhaltungsabteilung, sind das rechtzeitige und direkte Kommunizieren, das kontrollierte Managen von Konflikten sowie das gezielte Motivieren wichtige Werte, die ein Projektleiter berücksichtigen muss.

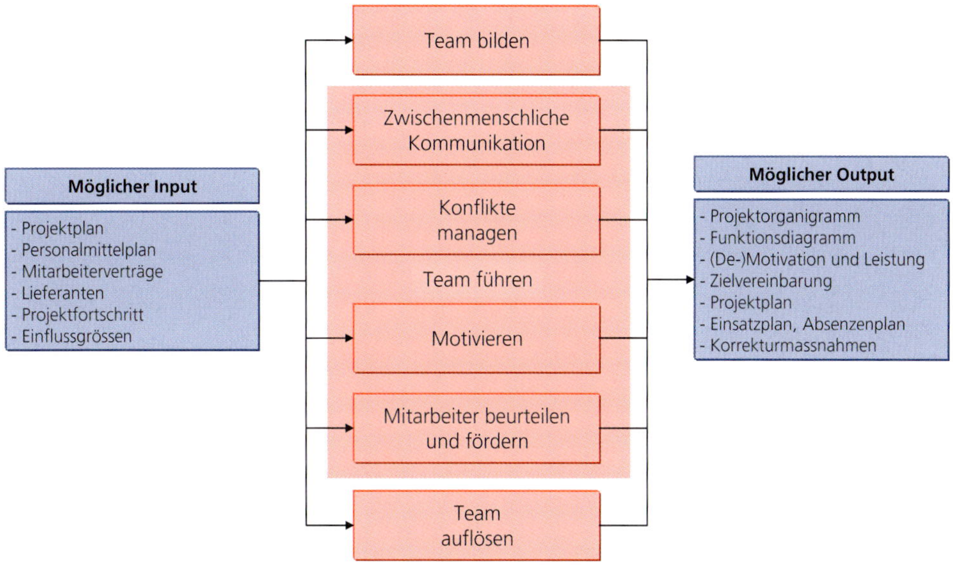

Abb. 4.12: Hauptführungsaufgaben im Bereich des Teammanagements

Methoden, Techniken und Instrumente im Bereich des Teammanagements:

- Funktionsdiagramme, Stellenbeschreibungen	- Organigramme, Organisationsformen
- (Projekt-)Leistungsbeurteilung	- Persönliche Entwicklungsplanung
- Konfliktlösungsstrategien	- Mediation, Moderation, Sitzungsführung
- Führungstechniken	- Motivationstechniken
- Persönliche Dialoge (Gesprächsführung)	- Verhandlungstechnik, Delegationstechnik
- Skillanalyse (Assessments)	

4.1.2.3 Qualitätsmanagement

Qualitätsmanagement als Führungsdisziplin im Projektmanagement umfasst das Wissen, welche Qualität notwendig und richtig ist, das Planen, wie man diese Qualität erreichen wird, aber natürlich auch das Lenken und Prüfen der „Qualität". Qualität generell, insbesondere aber der Bereich Qualitätslenkung des Qualitätsmanagements (☞ Kapitel 7.4 „Die Qualitätslenkung") ist ein zentrales Thema der Projektführung. Qualitätslenkung bedeutet, mit entsprechenden Korrekturmassnahmen die gewünschte Qualität trotz entstandener Abweichungen zu erreichen. Die Qualitätslenkung hängt stark mit der Projektsteuerung zusammen. Dies besonders, weil sie neben korrigierenden Massnahmen auch die organisatorischen Elemente beinhaltet, die für das Erreichen der geforderten Qualität notwendig sind. Die funktionale klare Trennung von Projektsteuerung und Qualitätslenkung ist daher nicht direkt möglich. Richtig eingesetzt hat die Qualitätslenkung einen gezielten Einfluss auf die zwei Bereiche Produkt- und Prozessqualität.

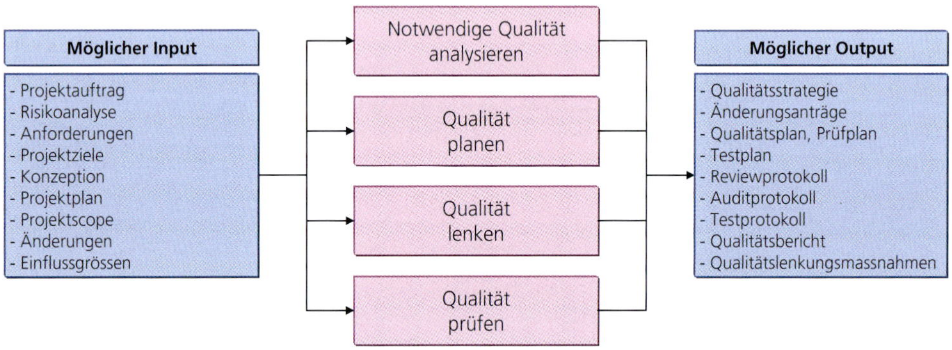

Abb. 4.13: Hauptführungsaufgaben im Bereich des Qualitätsmanagements

Zentrale Elemente neben Methoden, Standards, Prinzipien etc. sind bei der Qualitätslenkung die konstruktiven Massnahmen:

- technische Qualitätsmassnahmen,
- organisatorische Qualitätsmassnahmen,
- soziopsychologische Qualitätsmassnahmen.

Methoden, Techniken und Instrumente im Bereich des Qualitätsmanagements:

- Qualitätskostenanalyse	- Reviewtechniken
- Fehlerkategorien	- Testtechniken, Testwerkzeuge
- Ursachen-Wirkungs-Diagramm	- Auditarten (-techniken)
- Prozessdiagramme	- Paretodiagramm
- Checklisten zu den Prozessen und Lieferobjekten	- Benchmarking

4.1.2.4 Risikomanagement

Beim Risikomanagement, welches im Kapitel 8 (☞ „Risikomanagement") ausführlich beschrieben ist, geht es im Zusammenhang mit der Führungsaufgabe des Projektleiters vor allem darum, neben dem Auffinden und Bewerten von Risiken die bestehenden Risiken und zu deren „Bekämpfung" definierte Massnahmen zu verfolgen sowie von Zeit zu Zeit eine vollständige Neuanalyse vorzunehmen. Wie im Kapitel Risikomanagement erläutert, ist es die Kunst des Projektleiters, für das Bekämpfen der Risiken so viel wie nötig, dies aber mit der notwendigen Konzentration zu machen. Welche Risiken vom Projektleiter eskaliert werden müssen, zeigt die Eskalationstabelle, welche Risiken wie weit vermarktet werden müssen (Projektmarketing), untersteht dem Geschick des Projektleiters. Ein beseitigtes Risiko darf/muss als Erfolg ausgewiesen werden! Der Projektleiter soll bei dieser „Risikoarbeit" jeweils auch die möglichen Chancen genauer bewerten. Beim „Führen" im Risikomanagement sollen auch die eingesetzten Erfolgsfaktoren gecheckt werden: Wirken diese noch, werden sie konsequent eingesetzt, und sind es noch die richtigen? Dazu gehört auch das Koordinieren der Probleme sowie, wenn notwendig, das Managen von Krisen.

4

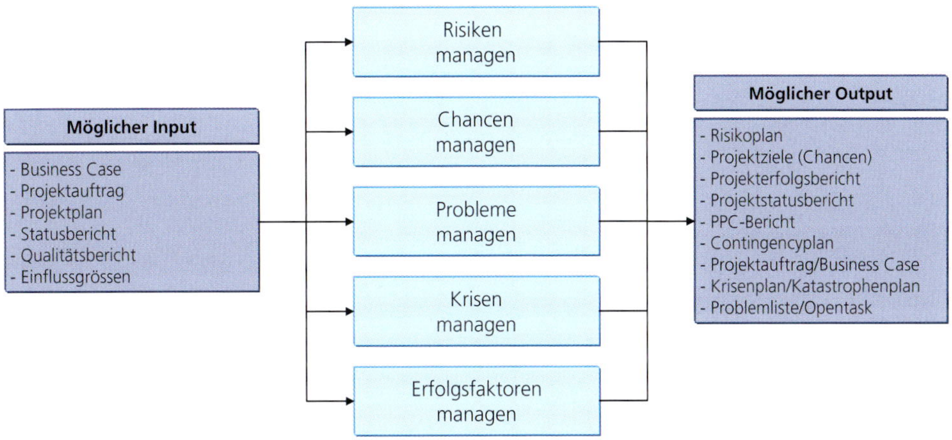

Abb. 4.14: Hauptführungsaufgaben im Bereich des Risikomanagements

Methoden, Techniken und Instrumente im Bereich des Risikomanagements:

- First-Risk-Analyse (Ersteinstufung der Risiken)	- Risiko-, Chancenanalyse
- Erfolgsfaktorentechnik	- Vorsorgestrategien (Vermeidung, Verminderung etc.)
- Erhebungs- und Analysetechniken	- Darstellungstechniken
- Abweichungs- und Trendanalysen	- Risikokategorien, Risikoquotient
- Qualitätsmassnahmen	- Ursachen-Wirkungs-Analyse

4.1.2.5 Ressourcenmanagement

Bei dieser Disziplin der Projektführung geht es in den Projekten darum, die „richtigen" Einsatzmittel (Personal- und Betriebsmittel) zur „richtigen" Zeit in der „richtigen" Menge und Qualität am „richtigen" Ort zu haben (☞ Kapitel 9 „Ressourcenmanagement"). Dieses Ziel, so logisch es ist, so schwer ist es zu erfüllen. Der heutige Kampf um fähiges Personal, das bis in alle Details vorgedrungene Leanmanagement, wo man nichts mehr auf Lager hat, das stetige „Sofort" und nicht planbare Ereignisse wie Krankheit, Lieferstopp etc. stellen einen Projektleiter vor grosse Herausforderungen, seine Koordinationsfähigkeiten zielführend einzusetzen. Allen Planungen zum Trotz muss der Spielraum innerhalb der Planungsgrössen täglich überdacht und den neuen Gegebenheiten angepasst werden und es muss allenfalls neu entschieden werden. Neben dem Einsatzmittel gehört zu dieser Führungsdisziplin auch das Koordinieren der Finanzmittel, die in einem Projekt nicht minder wichtig sind. Da die Personal- und die Betriebsmittel den Motor der Projektabwicklung darstellen und die Finanzmittel das dafür notwenige Benzin, sollte in dieser Führungsdisziplin gekonnt mit allen Elementen umgegangen werden. Zum Führen im Ressourcenmanagement gehört natürlich auch das Vertrags- und Lieferantenmanagement sowie, falls notwendig, das professionelle Umsetzen von Beschaffungen.

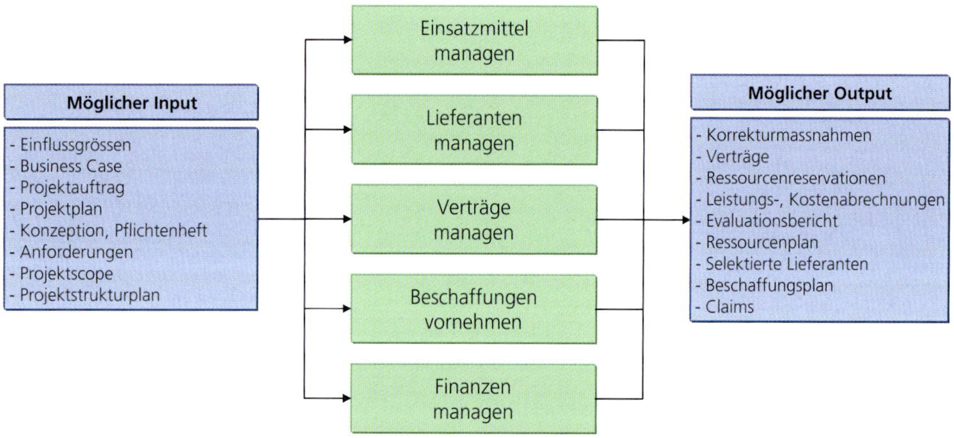

Abb. 4.15: Hauptführungsaufgaben im Bereich des Ressourcenmanagements

Methoden, Techniken und Instrumente im Bereich des Ressourcenmanagements:

- Aufwandschätztechniken, Projektkalkulation	- Verhandlungstechnik
- Claimmanagement	- Präferenzmatrix, Kosten-Nutzen-Analyse
- Skillanalyse	- Bewertungstechniken
- Prognosetechniken	- Kostentrendanalysen
- Make-or-Buy-Analyse	- Vertragsvorlagen
- Ausschreibungsverfahren, Bieterkonferenzen, Shortlist	- Lieferantenaudit

4.1.2.6 Changemanagement

Jedes Projekt bewirkt eine Veränderung, daher ist das Changemanagement (☞ Kapitel 10 „Changemanagement"), welches dafür „verantwortlich" ist, dass das Projektumfeld diesen Change mitmacht, auch eine Führungsdisziplin, die vom Projektleiter beherrscht werden sollte. Das gezielte Arbeiten mit dem direkten Projektumfeld gehört wohl zu den schwierigsten Aufgaben eines Projektleiters, da es keine normierten Stimmungsbarometer gibt, und wenn es solche gäbe, wäre das noch lang keine Garantie, dass die gemessene Stimmung so lange anhalten würde, bis die entsprechende Korrekturhandlung eintrifft. Es ist trotzdem ideal, wenn der Projektleiter z.B. basierend auf der Stakeholderanalyse und je nach Projektsituation entsprechende Aktionen für das erfolgreiche Verändern des Umfelds einleitet. Dies kann er mittels Marketinginterventionen, Präsentationen, Kommunikationen etc. vornehmen. Mit dem Ausführen dieser Führungsdisziplin sollte vor allem die Projekterfolgskomponente „Akzeptanz" gefördert werden (☞ Kapitel 8.4 „Projekterfolg"). Diesbezüglich muss auch erwähnt werden, dass nicht selten die gut gemeinte Kommunikationsdichte etwas zurückgenommen werden muss, da zu viele Aktionen beim Projektumfeld das Gleiche bewirken wie zu wenige, nämlich „Ablehnung". Daher ist die Herausforderung bei dieser Führungsdisziplin, die richtige Menge und Art und Weise der Umsetzung kongruent zur Problemstellung herauszufinden. So müssen bei einem kleinen, nicht mit erster Priorität versehenen Projekt nicht unbedingt ein grosses Marketingkonzept und entsprechende Werbespots erstellt werden. Aber ein kleines, effektives und kostengünstiges Vermarkten hat noch keinem Projekt geschadet.

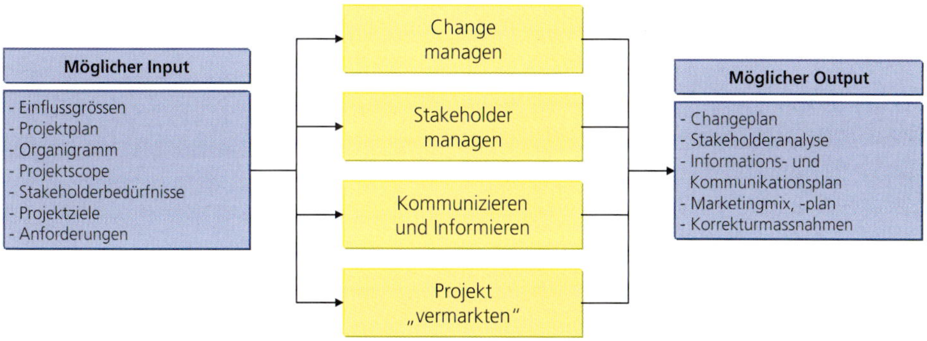

Abb. 4.16: Hauptführungsaufgaben im Bereich des Changemanagements

Methoden, Techniken und Instrumente im Bereich des Changemanagements:

- Präsentationen, Veranstaltungen, Unterlagen	- Flyer, Internet, Berichte, Div. Unterlagen
- CI, CD	- Kommunikationsmethode
- Beziehungsmanagement (z.B. Lobbying)	- Mediation, Moderation, Sitzungsleitung
- Stakeholderanalyse, -map, Kräfteanalyse	- Strategien (partizipativ, diskursiv, repressiv)
- Coaching, Supervision	- Konfliktmanagement
- Umfeldanalyse	

4.1.2.7 Konfigurationsmanagement

Auch das Konfigurationsmanagement (☞ Kapitel 11 „Konfigurationsmanagement") stellt eine Disziplin der Projektführung dar. Diese Disziplin ist in gewissen Projektarten mit dem Managen von Produktänderungen und deren Wirkungen auf Projektscopes gleichzusetzen. Konfigurationsmanagement in Bezug zur Projektabwicklung ist nichts anderes als eine Form von „Lagerverwaltung". So sollte der Projektleiter stets wissen, was in welcher Form in der Projektdurchführung bereits erstellt wurde und wo (örtlich) sich das Lieferobjekt befindet, ebenso in welchem Zustand (Entwurf, erstellt, geprüft etc.) es ist und in welcher Abhängigkeit zu welchen anderen Lieferobjekten. Neben den primären Führungsaufgaben des Konfigurationsmanagements, dem Managen der Konfiguration per se, dem Änderungsmanagement, gehören auch das Release-, das Versions- und das Buildmanagement dazu. Bilden das Managen der Konfiguration und das Änderungsmanagement das Zentrum dieser Führungsdisziplin, so sind die koordinierenden Werte von Release-, Versions- und Buildmanagement aus abgrenzender Sicht des Projektscopes in der Produktlebensbetrachtung nicht immer eine zentrale Projektleiterführungsaufgabe. In Verbindung mit dem Änderungsmanagement gilt es, mit dieser Führungsdisziplin erstens durch ein geschicktes Monitoring festzustellen, was ein Änderungsantrag bewirken soll, zweitens den Änderungsantrag qualifiziert zu bewerten und zu priorisieren, sowie drittens, die Wirkung eines bewilligten bzw. nichtbewilligten Änderungsantrags für alle transparent zu machen und viertens, diese Änderung zu managen.

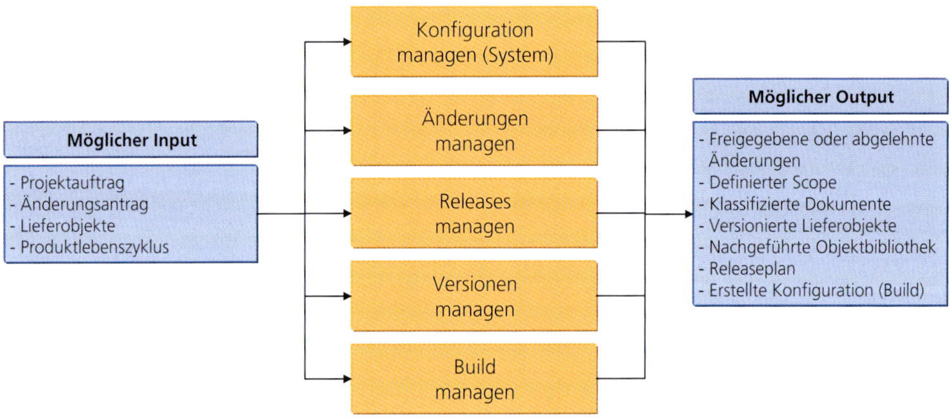

Abb. 4.17: Hauptführungsaufgaben im Bereich des Konfigurationsmanagements

Methoden, Techniken und Instrumente im Bereich des Konfigurationsmanagements:

- Änderungsantrag, Klassifzierung-/Priorisierungstechnik	- Dokumentenanalyse, Nummern und Namenskonventionen
- Szenariotechnik	- Buchführung, Repository
- Checklisten der einzelnen Prozesse	- Scopediagramme (SEUSAG, Stakeholdermap etc.)
- Releaseplan	- SLA (Service Level Agreements)
- Einflussdiagramm	

4.1.2.8 Projektadministration

Die Projektadministration sorgt dafür, dass die erforderlichen Führungsaufgaben effizient und strukturiert abgewickelt werden können. Hier sind alle administrativen Aktivitäten sicherzustellen, die innerhalb des Projekts von Bedeutung sind (z.B. Arbeitsauftragskoordination, Berichtswesen), aber auch solche, die nicht unmittelbar für das Projekt von Bedeutung sind, von ihm jedoch tangiert werden (z.B. Zutrittsregelungen zu den Räumlichkeiten, Vertraulichkeitserklärungen, Berechtigungen usw.). Bei grösseren Projekten kann der grösste Teil dieser Arbeiten vom Projektoffice übernommen werden.

4.2 Projekt starten

Der Projektstart ist für alle Beteiligten bzw. für die gesamte Unternehmung wohl der wichtigste Teil eines Projekts, da ein schlecht oder zu Unrecht begonnenes Projekt grossen Schaden verursachen kann. Der Impuls für ein Projekt kann in einer Unternehmung aus drei Plänen abgeleitet werden:

- strategische Planung,
- operative Planung,
- dispositive Planung.

Die Gründe, um ein Projekt zu starten, können ganz unterschiedlich sein. Nachfolgend sind drei häufige Motive aufgeführt:

1. Systempriorisierung
   Gemäss der in der Business-, IT- oder Produktarchitektur und/oder -strategie festgelegten Entwicklungspriorität.
2. Externe Bedürfnisse
   Aufgrund von Gesetzesänderungen oder speziellen Kundenwünschen.
3. Mitarbeiteranträge
   Aufgrund ihrer praktischen Erfahrung stellen Mitarbeiter Änderungsanträge (Verbesserungen, Ergänzungen).

„Woher" im Unternehmen ein Projektimpuls kommt, ist meist einfacher zu eruieren als das „Wann". Darüber kann oftmals keine konkrete Aussage gemacht werden, da es zum Teil aufgrund der „Gär- oder Knetzeit" schwierig festzustellen ist, wann genau eine Idee oder ein Wunsch den Ausschlag für ein Projektvorhaben gegeben hat. In der Theorie ist dies beim Meilenstein 10: Das heisst jedoch noch nicht, dass ein Projekt ab dann gestartet ist, da man zu diesem Zeitpunkt noch nicht alle Fakten kennt.

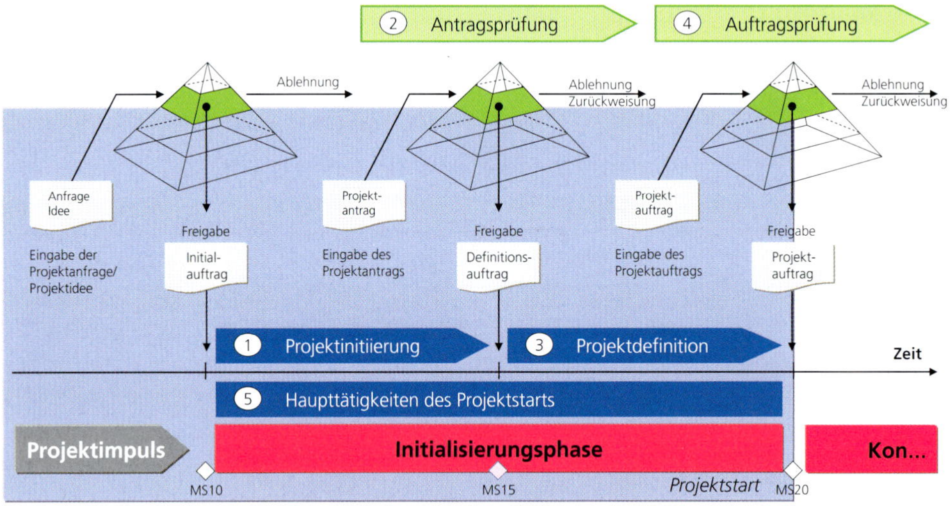

Abb. 4.18: Der Projektstartprozess

Die Abbildung 4.18 zeigt den vollständigen Ablauf eines Projektstarts in vier Schritten (Punkt 1–4). So wird im Projektstartprozess sowohl der Projektantrag als auch der Projektauftrag auf der Projektführungsebene verfasst und offiziell bei der richtigen Stelle zur Prüfung und Entscheidung eingereicht. Diese richtige Stelle ist in der Theorie der Projektportfolio-Controller, der den geprüften und bewerteten Projektantrag/Projektauftrag dem Projektportfolio-Board zur Entscheidung vorlegt. Da aber in der Praxis die Instanz Projektportfolio nicht in allen Unternehmungen existiert, führt der Weg des Projektstarts meist über die Linie (z.B. Abteilungsleitung).

Ein schlecht gestartetes Projekt kann nur schwerlich und mit viel Aufwand wieder auf den richtigen Kurs gebracht werden. Aus diesem Grund muss in der Praxis alles daran gesetzt werden, dass jedes Projekt möglichst standardisiert und umfassend – das heisst jedoch nicht langsam – gestartet wird. Aus Sicht der Projektführung kann die Initialisierungsphase in zwei Schritten erfolgen. Erster Schritt: Projektinitiierung mit dem Resultat des Projektantrags; zweiter Schritt: Projektdefinition mit dem Resultat des konkreten Projektauftrags. Diese zwei Teilschritte des Projektstarts, die darin umzusetzenden Haupttätigkeiten plus die Aufgaben, die der Projektportfolio-Controller bei einem Projektstart durchführen muss, werden in den kommenden Unterkapiteln prozessmässig (gemäss der Nummerierung in der Abbildung 4.18) erläutert.

4.2.1 Projektinitiierung

Die Teilphase „Initiierung" beginnt mit dem Erteilen des Initialauftrags, der die betroffenen Personen legitimiert, die schriftlich eingereichte Projektidee zu konkretisieren. Das Ergebnis der Projektinitiierung ist ein Projektantrag, der den Projektträgerinstanzen (Projektportfolio, Auftraggeber etc.) zur Prüfung eingereicht werden muss. Die Ziele der Projektinitiierung sind:

- Es sollen nur diejenigen Ideen und Wünsche zu Projekten werden, die ein gewisses Soll an Wirtschaftlichkeit, Innovation und direktem oder indirektem Nutzen erfüllen.
- An den Problemformulierungen, bzw. an der konkreten Ideensuche, sollen mehrere Personen

teilnehmen, damit diese einerseits umfassend erarbeitet werden können und andererseits die Idee von mehreren Personen getragen wird.
- Es soll versucht werden, die Projektgrenzen (Scope) schon möglichst konkret aufzuzeigen.
- Ideen und Wünsche sollen mit konkreten personellen Zuordnungen präsentiert werden, damit es verantwortliche Personen oder Gremien gibt, die alle Starttätigkeiten koordinieren und als machthabende Stakeholder vorantreiben. Oftmals ist dies der spätere Auftraggeber.

Mit der Projektinitiierung soll ein Projekt möglichst geordnet begonnen werden. Idealerweise beinhaltet sie einen Workshop, bei dem alle betroffenen Führungsstellen beteiligt sind, damit der Projektantrag einerseits umfassend erarbeitet werden kann und andererseits von mehreren Personen getragen wird. Falls keine umfangreiche Wirtschaftlichkeits- und Durchführbarkeitsanalyse gemacht werden muss, ist die Projektinitiierung keine allzu aufwendige Sache. Es geht dabei hauptsächlich darum, den Projektinhalt bzw. -scope (Leistung, Qualität, Zeit und Kosten) möglichst fassbar aufzuzeigen. Der Aufwand für eine Projektinitiierung dürfte im Normalfall, je nach Projektart und -grösse, drei bis zehn Tage betragen. Müssen zu diesem Zeitpunkt schon umfassende Abklärungen gemacht werden, z.B. bei einem Bauprojekt die Durchführung einer Wirtschaftlichkeitsanalyse, kann dieser Aufwand mehrere Personenmonate umfassen.

Die hauptsächlichen Tätigkeiten dieser Teilphase sind:

- Vorhandenes Datenmaterial (Idee/ Probleme etc.) sammeln und sortieren.
- Sitzung/Workshop einberufen, um miteinander den Projektantrag grob zu erstellen:
  - Projektnamen festlegen,
  - mögliche Projektleiter vorschlagen oder sogar bestimmen,
  - erste Einschätzung der Projektwirkung (Wirtschaftlichkeit, Nutzen etc.) vornehmen,
  - Dringlichkeit des Vorhabens diskutieren und vorschlagen,
  - entsprechend detaillierte IST-Analyse durchführen,
  - SOLL-Zustand formulieren und Anforderungs- und Ideenkatalog erstellen,
  - mögliche Meilensteine und Termine ausarbeiten und aufführen,
  - benötigte Personalmittel und Betriebsmittel grob abschätzen,
  - mögliche Risiken eruieren (IST-System, „wenn nichts gemacht wird", Risiko in der Veränderungsphase, Risiko bezüglich des SOLL-Systems),
  - Abhängigkeiten zu anderen Projekten aufzeigen.
- Projektantrag ausformulieren (☞ Anhang C.2.1 „Projektantrag").
- Projektantrag der entsprechenden Instanz zustellen.

4.2.2 Antragsprüfung

Nach Einreichung des durch die Fachabteilung oder durch ein Fachgremium erstellten Projektantrags beim Projektportfolio-Board respektive beim Projektportfolio-Controller wird dieser vom Controller geprüft. Dieses Prüfen beinhaltet zum einen eine umfassende Projektbewertung, und zum anderen wird auf dieser Basis entschieden, ob das Vorhaben weiterverfolgt wird.

- Bewerten
  Ein Projektantrag sollte alle Informationen enthalten, damit der Projektportfolio-Controller die im Kapitel 3.4.1 (☞ „(Erst-)Bewertung") beschriebenen wirkungs- und abwicklungsbezogenen

Bewertungsaspekte beurteilen kann. Zu diesem frühen Zeitpunkt der Projektabwicklung können dafür meist nur ordinale Werte verwendet werden, um eine Charakterisierung und Klassifizierung durchzuführen.

- Prüfen
  Der Projektantrag muss auf seine Vollständigkeit, Konsistenz und Wahrheitstreue überprüft werden. Das Prüfen erfolgt zu diesem Zeitpunkt Hand in Hand mit dem Bewerten. Schliesslich sollte eine geprüfte Projektbewertung vorliegen, damit das Projekt in den Masterplan eingearbeitet werden kann und das Projektportfolio-Board entscheiden kann, ob das Vorhaben weiterverfolgt wird.

- Planen
  Das Planen und Entscheiden erfolgt ebenfalls ineinandergreifend. Ist der Masterplan aktualisiert, so ist ersichtlich, ob genügend Finanz-, Personal- und Betriebsmittel vorhanden sind, um das Vorhaben durchführen zu können. Sind nicht genügend Ressourcen vorhanden, so kann beispielsweise vom PPB entschieden werden, den Projektscope zu verändern.

- Entscheiden
  Da in einem Unternehmen wohl nie genügend Ressourcen vorhanden sind, um alle potenziellen Vorhaben umsetzen zu können, sollten nur diejenigen Projektanträge weiterverfolgt werden, welche bei der Bewertung im Vergleich zu den anderen Projektanträgen „gut" abschneiden und ein gewisses SOLL an Wirtschaftlichkeit, Innovation und direktem oder indirektem Nutzen erfüllen. Das Priorisieren der Projektanträge wird in der Theorie vom Projektportfolio-Board wahrgenommen. Es entscheidet, ob ein Antrag gutgeheissen, abgelehnt oder allenfalls näher spezifiziert werden muss. Wird ein Projekt für die nächste Teilphase „Projektdefinition" freigegeben, so werden der gewünschte Projektstart- und -abschlusszeitpunkt sowie weitere Rahmenbedingungen, wie z.B. die Bestimmung des Projektleiters, festgelegt. Wird der Projektantrag abgelehnt oder zurückgestellt, weil beispielsweise die notwendigen Ressourcen nicht zur Verfügung stehen, so wird dies dokumentiert. Die ausführliche Begründung wird den Antragstellern zugestellt oder mündlich mitgeteilt.

- Erstellen des Definitionsauftrags
  Bei kleineren und Kleinstprojekten ist es meistens so, dass nun das Projekt zur Umsetzung freigegeben wird – sprich, dass ein Sprung zum Projektauftrag gemacht werden kann. Bei grösseren und komplexeren Projekten muss mittels Definitionsauftrag (halbe A4-Seite) der nächste Teilschritt angestossen werden.

4.2.3 Projektdefinition

Nach der Teilphase „Projektinitiierung", aus der ein Projektantrag hervorgeht, wird bei positivem Entscheid die zweite Teilphase der Initialisierung, die Projektdefinition, eingeleitet. Die Projektdefinition, die bis zu 15 und mehr Tage Aufwand bedeuten kann, bringt einen umfassenden Projektauftrag (Mandat) hervor. Je nach Verhältnis zwischen Auftraggeber und (internem oder externem) Auftragnehmer können Form und Detaillierungsgrad des Projektauftrags markante Unterschiede aufweisen. Die Hauptziele der Projektdefinition sind:

- Den Verantwortlichen genügend aufbereitete Informationen zur Verfügung zu stellen, sodass sie bezüglich einem Go/NoGo entscheiden können.

- Den Sachverhalt so weit klären, dass alle Beteiligten wissen, was in welchem Umfang bis wann gemacht werden muss.
- Die Voraussetzungen schaffen, dass ein Projekt erfolgreich abgewickelt werden kann.

Die hauptsächlichen Tätigkeiten der Teilphase „Projektdefinition", umfassender im Kapitel 4.2.5 (☞ „Haupttätigkeiten des Projektstarts") formuliert, sind:
- Arbeitspaket für die betroffenen Personen erstellen.
- Problemfeld (System), das verändert werden soll, klar abgrenzen bzw. beschreiben.
- Projektziele und Anforderungen möglichst detailliert ausformulieren. Dies bezieht sich sowohl auf die Abwicklungs- als auch auf die Systemziele, damit ein Zielkatalog erstellt werden kann.
- Erstellen einer groben Lösungskonzeption und eines -umsetzungsansatzes.
- Schnittstellenkatalog erstellen, der die internen, aber im Speziellen auch die externen Schnittstellen (Out of Scope) aufführt.
- Konkreten Projektabwicklungs-Scope definieren (Leistung, Qualität, Zeit und Kosten).
- Projektinstitution definieren, bei der die institutionellen Strukturen umschrieben werden.
- Alle produkt-/systembezogenen Arbeiten in einem Business Case zusammenstellen.
- Erstellen des ersten Projektplans:
  - genauere Schätzungen über die Projektaufwendungen,
  - genauere Angaben über die Wirtschaftlichkeit,
  - Dokumentations-, Informations- und Kommunikationssystem festlegen,
  - die Projektorganisationsform des Projektteams festlegen,
  - das Vorgehensmodell festlegen,
  - QM-Plan erstellen,
  - die wichtigen Termine wie Projektstart- und Projektabschlusstermin sowie die Meilensteintermine bestimmen (Terminplan).
- Vollständigen Risikokatalog bezüglich der qualifizierten Abwicklungsrisiken erstellen.
- Sondervollmachten und die Belohnungs- bzw. Bestrafungsmassnahmen klar regeln.
- Abhängigkeiten zu den anderen Projekten im Portfolio eindeutig aufzeigen.
- Glossarliste erstellen, die eine eindeutige Terminologie der Schlüsselwörter des Projekts enthält.

Die beschriebenen Tätigkeiten können wie in der Teilphase Projektinitiierung im Rahmen eines oder mehrerer Workshops mit allen involvierten Stellen durchgeführt werden. Wie die Tätigkeiten auch immer ausgeführt werden, der Projektauftrag muss, basierend auf diesen Arbeiten, schriftlich formuliert und alle Ergebnisse müssen darin festgehalten werden. Das Ziel besteht nicht darin, ein möglichst umfangreiches Dokument zu verfassen, sondern es sind nur die für das Projekt massgebende Punkte aufzuführen und so zu umschreiben, dass sie für Auftraggeber wie Auftragnehmer und/oder Projektleiter gut verständlich sind. Zur Abgrenzung der Lieferobjekte ist zu erwähnen, dass der Projektauftrag grundsätzlich nichts anderes als das Management Summary der beiden Hauptlieferobjekten Business Case und Projektplanung ist.

Nach der Fertigstellung des Auftrags wird dieser zur Beurteilung und Prüfung an die Projektträgerinstanzen (Projektportfolio-Board, -Controller und Auftraggeber) eingereicht.

Sobald der Auftrag eingereicht wurde, müssen allfällige Änderungen bezüglich des Projektscope immer schriftlich festgehalten werden. So verfügt man von Anfang an über eine lückenlose Dokumentation aller aufwandbezogenen Änderungen, was zu einem späteren Zeitpunkt sehr hilfreich sein kann (☞ Kapitel 11.5 „Änderungsmanagement").

4.2.4 Auftragsprüfung

Der eingereichte Projektauftrag wird nun nochmals von der entsprechenden Instanz, meistens dem Projektportfolio-Controller, geprüft bzw. bewertet. Anschliessend wird durch das Projektportfolio-Board entschieden, ob das Projekt tatsächlich gestartet werden soll. Im Vergleich zur Antragsprüfung liegen bei der Auftragsprüfung viel verlässlichere (kardinale) Werte vor. Daher kann nun, wie im Kapitel 3.4.1 (☞ „(Erst-)Bewertung") beschrieben, eine relativ genaue (Erst-)Bewertung des Projektes vorgenommen werden.

Bewertungsaspekte	Bewertung des Antrags	Bewertung des Auftrags
1. Strategiebeitragsgrad	2.5	3.0
2. Wirtschaftlichkeitsgrad	3.8	3.5
3. Architekturbeitragsgrad	4.0	2.3
4. Organisatorischer Veränderungsgrad	2.0	2.8
5. Abwicklungsrisikograd	2.5	2.5
6. Grösse/Kosten	2.0	2.8
7. Abwicklungskomplexitätsgrad	2.2	2.3
8. Personalmittelbelastungsgrad	1.8	1.8
9. Dringlichkeitsgrad	2.0	2.0

Abb. 4.19: Bewertungsdifferenz zwischen Projektantrag und Projektauftrag

Ein positiver Aspekt dieser zwei aufeinanderfolgenden Projektbewertungen ist unter anderem, dass einfach erkannt werden kann, ob sich der Projektcharakter und somit allenfalls auch die Projektklasse verändert hat. Die grossartigen Ideen haben sich plötzlich beim näheren Hinschauen relativiert. Oder zum eingereichten Antrag wurden zwischenzeitlich noch weitere Elemente hinzugefügt etc. Vielleicht ist dadurch der bisher nominierte Projektleiter aufgrund seiner Fähigkeiten allenfalls der Falsche.

Bei der Auftragsprüfung werden die gleichen Arbeiten wie bei der Antragsprüfung vorgenommen. Hinzu kommen allenfalls noch Tätigkeiten wie:

- Konsistenzprüfung von Antrag und Auftrag wie auch Diskussion der Abweichungen.
- Vergleich der Zeitwerte mit den Werten der Entwicklungsplanung (Masterplan).
- Vergleich des Kostenwertes mit dem reservierten Wert aus der Portfolio-Finanzmittelplanung.
- Prüfen der aufgeführten Beteiligten und der involvierten Personen.
- Standards vorgeben.
- Endgültiges Bestimmen: Um was für eine Projektart handelt es sich beim geplanten Vorhaben? In welche Projektklasse soll das Vorhaben eingestuft werden? Was für eine Charakteristik weist das Vorhaben auf? Welche Lieferobjekte müssen zwingend erstellt werden?
- Entscheidung über das weitere Vorgehen.

Wurde nach Erledigung der aufgeführten Arbeiten der Projektauftrag vom Auftraggeber und Projektleiter unterschrieben, so ist theoretisch der Projektstart durchgeführt. Idealerweise soll nun die offizielle Initialisierungssitzung (Kick-off) stattfinden, in der allen Beteiligten und Betroffenen die genaue Ausgangslage mitgeteilt wird.

4.2.5 Haupttätigkeiten des Projektstarts

Die Gliederung des Projektstarts gemäss Abbildung 4.18 hilft sicherlich für ein theoretisches Verständnis des Projektstartprozesses. Wie dieser Prozess allerdings in einem Projekt genau abläuft, ist eine andere Frage. In der Realität kann es (je nach Projektsituation) sehr unterschiedlich sein, was wann mit welchen Unterteilungen während des Projektstarts abläuft. Aus dieser Überlegung heraus ist es sinnvoll, einen etwas neutraleren Fokus einzunehmen und alle Tätigkeiten, die bis zum Ende des Projektstarts (bzw. in der Initialisierungsphase) wahrgenommen werden müssen, in einer ablauf(un)-gebundenen Reihenfolge zu betrachten.

Abb. 4.20: Ablauf(un)gebundene Haupttätigkeiten des Projektstarts

Bevor die aufgeführten Haupttätigkeiten sequenziell in den kommenden Unterkapiteln näher beschrieben werden, gilt es zur Abbildung 4.20 noch drei Punkte anzumerken:

- Die aufgeführten Haupttätigkeiten stellen meistens den Beginn einer Aufgabe dar, die während des Projekts weitergeführt werden muss. Die daraus resultierenden Ergebnisse werden daher im Verlauf des Projekts in detaillierterer Form ausgearbeitet. So zum Beispiel der Anforderungskatalog, der im Anforderungsmanagement bis zur vollen Klärung spezifiziert wird. Oder der Risikokatalog, der im Risikomanagement bis zum Projektabschluss laufend aktuell gehalten wird.
- Die aufgeführten Haupttätigkeiten können nicht eindeutig als Tätigkeiten des Projektleiters (Projektführung) oder des Projektteams (Projektdurchführung) identifiziert werden. Da oftmals als Erster der Projektleiter nominiert wird, wirkt er sicher bei den meisten Arbeiten mit.
- Die aufgeführten Haupttätigkeiten entstehen in der Realität vielfach in einem iterativen Prozess. Die Kunst dabei ist es, den richtigen Detaillierungsgrad im Verhältnis zur Aufgabenstellung mit dem sinnvollen Arbeitsaufwand zu finden. Die Praxis zeigt diesbezüglich, dass aufgrund der drängenden Zeit eher zu oberflächlich gearbeitet wird, was sich leider auf die weitere Projektabwicklung in vielen Fällen negativ auswirkt.

4.2.5.1 Projekt und System abgrenzen

Eine der zentralsten und schwierigsten Aufgaben beim Projektstart ist das Abgrenzen des zu entwickelnden Systems (Produkt-Scope) respektive somit auch des Projektes (Projektabwicklungs-Scope). Dabei geht es zu diesem Zeitpunkt nicht primär um Detailinformationen, sondern um das Wissen, was im System erstellt (In Scope) und was konkret nicht umgesetzt werden muss/soll (Out of Scope).

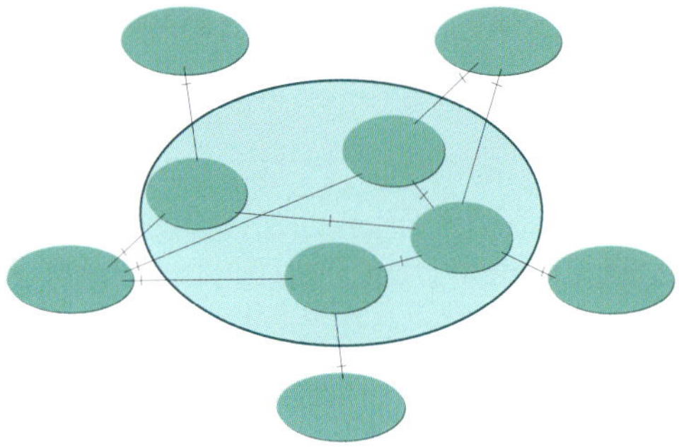

Am idealsten wird in einem Workshop mit allen Sachverständigen in groben Schritten die „System-" oder „Produktanalyse" auf der Ebene des IST-Zustands durchgeführt. Dabei wird das System auf dem entsprechend gewünschten und notwendigen Detaillierungsgrad analysiert. Die betroffenen Komponenten, der Umfang und die Umsysteme des zu verändernden IST-Systems werden ein- und ausgegrenzt, respektive die Systemgrenzen werden festgelegt (Produktinhalt und -umfang). Im Weiteren ist klar zu analysieren und zu definieren, in welchem Kontext das System mit anderen Umsystemen (Systemen/ Produkten) steht.

Auf der Ebene des Projektmanagements soll klar definiert werden, aufgrund welchen Ereignisses das Projekt starten muss/soll (z.B. Betriebsjahresplan, Vertragsunterzeichnung, Gesetzesentwurf etc.). Dazu soll auch die sachliche Abgrenzung erfolgen. Das heisst, was liefert z.B. ein Vorprojekt, die F&E-Abteilung oder ein Lieferant, sodass das Projekt diese Ergebnisse in der gewünschten Qualität abnehmen und gemäss Auftrag weiterentwickeln kann. Am anderen Ende der Pipeline muss definiert werden, wie weit das Projekt geht, respektive was das Projekt konkret liefert und was nicht. So kann ein eventuelles Nachfolgeprojekt oder die System-/Produktintegration klar definiert werden.

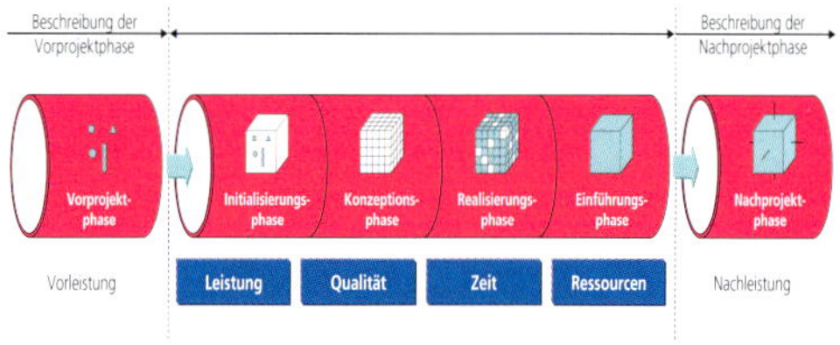

4.2.5.2 Projektumfeld analysieren

Im Hinblick auf die immer grössere Vernetzung der Systeme/Produkte ist es beim Projektstart wichtig, das Projektumfeld genauer unter die Lupe zu nehmen. Dabei geht es sowohl um die sachlichen als auch um die sozialen Faktoren, welche analysiert und aufgenommen werden müssen.

Durch Analyse der Einflussgrössen, die sich in Rahmenbedingungen (z.B. Kundensegment Top Class) und Restriktionen (z.B. Umweltschutzgesetz) unterteilen lassen, bekommt der PL die Sichtweise, was er bei der Lösung zwingend berücksichtigen muss. Macht er dies nicht, so entstehen grössere Abwicklungsrisiken, die ein Projekt zum Scheitern bringen können. Diese kritischen Einflussgrössen müssen in Muss-Ziele umgewandelt und somit im Zielkatalog aufgenommen werden.

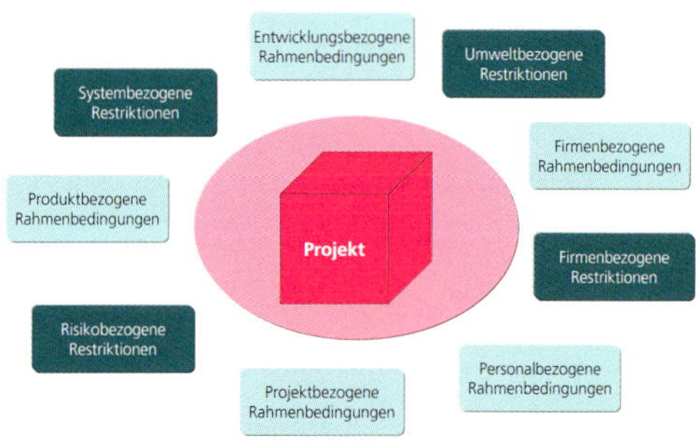

Neben den sachlichen sind es mehr und mehr soziale Faktoren wie z.B. die Stakeholder mit ihren persönlichen Bedürfnissen, die auf ein Projekt direkt oder indirekt Einfluss nehmen. Der Projektleiter tut gut daran, dem Projekt verbundene Stakeholder möglichst früh zu erkennen und sie richtig zu analysieren und zu positionieren. Bei grösseren Projekten wird dafür im grösseren Umfang eine Stakeholdermap erstellt, bei der die Stakeholder und deren Bedürfnisse sowie deren Befugnisse etc. detailliert aufgeführt werden.

4.2.5.3 Bedürfnisse, Anforderungen und Ziele ermitteln

Was ist ein Projekt ohne Bedürfnisse? Oder etwas genauer: Was ist ein Projekt ohne konkrete Ziele und Anforderung? Die Antwort ist einfach: Es ist kein Projekt. Diese klare Logik hat jedoch ihre Tücken. Was bei „kristallinen" Projekten weitgehend nur Fleissarbeit ist, ist bei den „fluiden" Projekten eine grössere Herausforderung. Ziele und Anforderungen bilden die Basis der gesamten weiteren Projekttätigkeiten. Wie detailliert sie beschrieben werden sollten/müssen, ist nicht allgemeingültig aufzuführen. Als Tipp kann hier nur angebracht werden, dass ein Projekt noch nie an zu früh formulierten detaillierten Zielen und Anforderungen gescheitert ist, hingegen unzählige Projekte aufgrund der zu oberflächlich definierten Zielsetzungen. Gleichzeitig ermöglicht es dieser Arbeitsschritt hervorragend, den effektiven Beweggrund des Projekts herauszufinden.

Neben dem Systemzielkatalog, in dem globale, operationalisierte Systemziele aufgeführt sind, sollen möglichst früh auch die zur Projektplanung gehörenden Abwicklungsziele, sprich Meilensteine, definiert werden. Der Wert der Systemziele muss einen klar definierbaren Beitrag an die Unternehmensstrategie bieten können, da dieser Bewertungsaspekt für das Go/NoGo eines Projekts entscheidend ist.

- Systemziele
  Was soll erreicht werden? Wie soll der Endzustand aussehen? Welche Eigenschaften soll der Endzustand haben? Die Systemziele werden in die folgenden Zielklassen unterteilt:
  – finanzielle Ziele (Unternehmensziele),
  – funktionelle Ziele (Kundenziele),
  – soziale Ziele (Mitarbeiterziele).

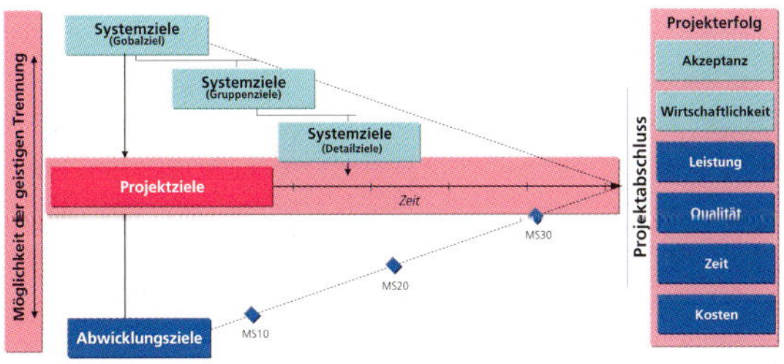

Sind die Systemziele definiert, so können die ersten Abwicklungsziele benannt werden. Dieser Schritt gilt generell als erster Planungspunkt. Hier ist es wichtig, dass die von der Antragsentscheidungsinstanz dem Projekt zugeteilte Priorität mit berücksichtigt wird.

- Abwicklungsziele
  In welchen Etappen werden welche Ergebnisse erreicht? Wann soll was geschehen? Welche Projektarbeitsergebnisse sind in welcher Form und Menge zu erreichen?

4

Neben den allgemeingültigen Attributen der Zieldefinition (lösungsneutral, widerspruchsfrei etc.) sollten die Projektziele in diesem frühen Stadium Folgendes aufweisen:

- akzeptiert von Auftraggeber und betroffenen Fachabteilungen,
- akzeptiert vom Projektleiter,
- anspruchsvoll, aber erreichbar.

Werden diese Eigenschaften bei der Zieldefinition mit berücksichtigt, so erhält man einen konkreten Zielkatalog, der zusammen mit der Projektplanung das Kernstück für die weitere Projektarbeit bildet.

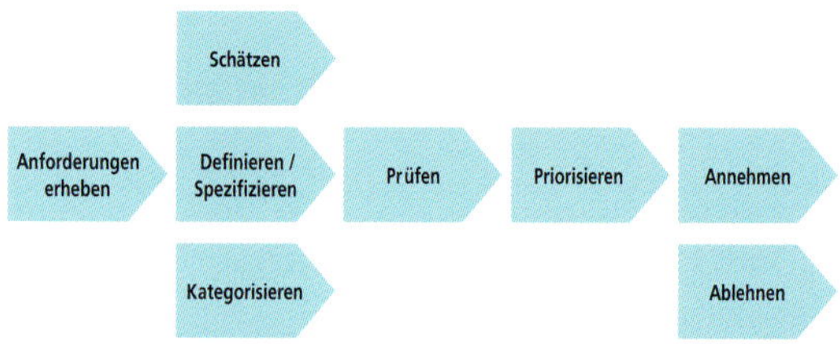

Als weiterer Schritt der Bedürfnisermittlung sollte wenn möglich ein Anforderungskatalog im notwendigen Umfang erstellt werden, der die Funktionen und Eigenschaften des SOLL-Systems aufführt. Diese Anforderungen, die auf der Basis des zu entwickelnden Systems/Produkts und der Idee beruhen, sollten von den machthabenden Stakeholdern unterstützt werden. Oder umgekehrt: Die machthabenden Stakeholder müssen in diesem Katalog erkennen können, dass ihre Bedürfnisse abgedeckt werden. Je besser dies ein Projektleiter beim Projektstart erreicht, umso grössere Unterstützung kann er erwarten. Der Anforderungskatalog entsteht in ausführlichen Diskussionen mit allen Beteiligten. Da dieser Katalog meist noch unrealistische Anforderungen enthält, sind in diese Arbeit zwei selbst bereinigte Prüfungen einzubauen: A) Zu jeder Funktion/Anforderung sollte ein „Preisschild" mit seinem Sponsor angehängt werden. B) Basierend auf der Logik, dass jede Anforderung auch getestet wird, soll hier auch überlegt oder sogar definiert werden, wie der Testfall aussehen muss. Ist dies in den Grundzügen, gemäss den gesetzten Rahmenbedingungen, nicht möglich, dürfte die Anforderung vom Katalog gestrichen werden. Als Resultat soll ein qualifizierter Anforderungskatalog entstehen.

4.2.5.4 Lösung konzipieren

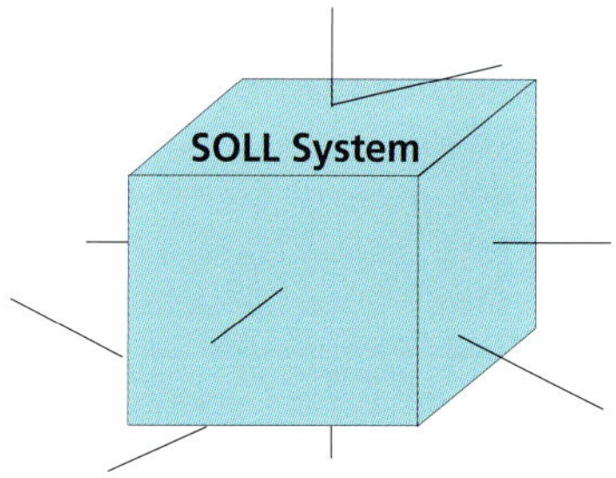

Im iterativen Prozess der Ziel- und Anforderungsdefinition müssen erste Gedanken des SOLL-Systems respektive Lösungsansatzes sowie Überlegungen, wie diese Lösung erreicht werden soll, formuliert werden. Die Ergebnisse dieser Tätigkeit werden auch im Business Case festgehalten.

Beim Definieren eines Lösungsansatzes geht es in diesem frühen Stadium nicht darum, alle Details auszuarbeiten. Je nach Situation ist dem Auftraggeber schon von vornherein klar, wie die Lösung aussehen sollte (Machen Sie es wie die Konkurrenz!). In diesem Falle gilt es, seine Lösung zu beschreiben, sodass alle das Gleiche darunter verstehen. Ist der Lösungsansatz noch offen, macht es Sinn, allein aus taktischer Sicht zwei, drei Lösungsvorschläge auszuarbeiten und deren Vor- und Nachteile abzuwägen, sodass der Auftraggeber auswählen kann, welchen Lösungsansatz er in der Konzeption vertiefen möchte.

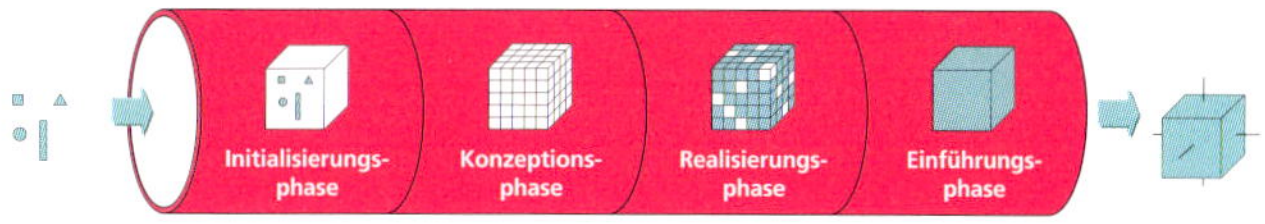

Danach muss überlegt werden, wie man vom IST zum SOLL kommt. Das heisst, es wird der Lösungsweg (nicht die Planung!) kurz beschrieben. Bei kleineren Vorhaben ist dies nicht schwierig. Bei einem grösseren Projekt geht es darum, das Vorhaben in logische und taktisch richtige Einheiten (Releasemanagement) zu unterteilen.

Basierend auf den definierten Systemzielen und den Lösungsvorschlägen, sollten bei diesem Punkt auch die qualitativen Aspekte der Projektabwicklung wie auch des neuen Systems ganz klar definiert werden. Damit wird das angestrebte Qualitätsniveau festgelegt. Dabei ist zu berücksichtigen, dass die Abwicklung des Projekts einen hohen Qualitätsstandard aufweisen kann, auch wenn ein qualitativ minderwertiges Produkt angestrebt wird.

4.2.5.5 Risiken und Chancen ermitteln

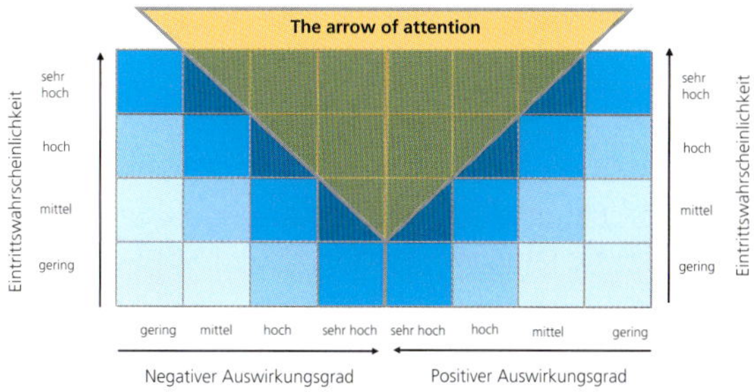

Zu den grob definierten Lösungen/Lösungsvarianten sollen nun Risiken wie auch Chancen der definierten Lösung respektive der Lösungsvarianten ausgearbeitet werden. Dieser Teil des Business Case bildet für die Entscheidungsträger zusammen mit der Wirtschaftlichkeit, in der sich oft die Chancen widerspiegeln, wichtige Grundlagen. Idealerweise macht der Projektleiter zusammen mit dem Projektportfolio-Controller die erste Risikoanalyse bezüglich der Abwicklung (☞ Kapitel 8.2.2 „Risikomanagement Ebene Projektportfolio"). Alle Entscheidungsträger müssen sich bei jedem grösseren Vorhaben vor dem „ersten Spatenstich" bewusst sein, welche Risiken dieses Vorhaben bei der Abwicklung mit sich bringen kann.

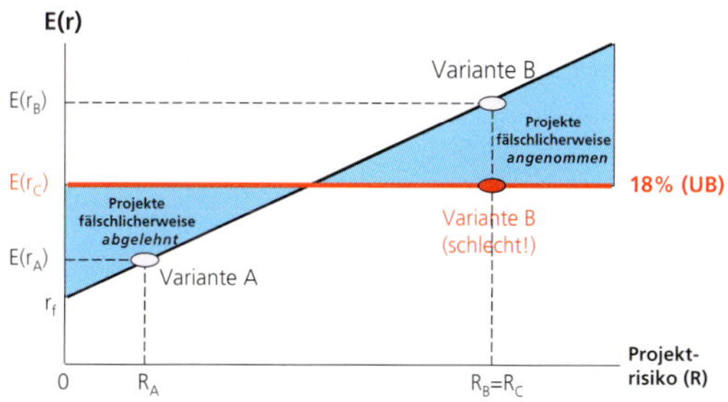

Für alle Lösungsvarianten gilt es, einerseits die Kosten und andererseits den quantifizierbaren (z.B. monetären) und nichtquantifizierbaren Nutzen zu berechnen. Der monetäre Nutzen zusammen mit den Kosten wird gemäss den unternehmensinternen Regeln für die Bewertung der Wirtschaftlichkeit aufbereitet (☞ Anhang A.3 „Bewertungstechniken"). Bei den Vorinvestitionen, das heisst bei den Projekten, die in sich geschlossen nicht wirtschaftlich sind, aber für das Unternehmen und/oder für spätere Projekte grosse Vorteile erbringen, muss mit entsprechenden relativen Bewertungstechniken der Wert des Projekts aufgezeigt werden.

4.2.5.6 Projektplan erstellen

In diesem Arbeitsschritt gilt es, aufgrund der Situationsanalyse (IST), der Ziele, der Anforderung sowie der Groblösung (SOLL) die Planung zu erstellen. Das heisst, mit der Planung wird der managementbezogene Abwicklungsweg vom IST zum SOLL beschrieben. Wenn man nicht die im Kapitel 4.3 (☞ „Projekt planen") beschriebene umfassende Planung machen will, so sind sicher in jedem Projekt zwingend einerseits die Arbeiten, sprich Arbeitspakete, zu definieren und andererseits konkret festzulegen, wer mit welcher Rolle in diesem Projekt mitmacht und für welche Arbeiten er wann zuständig ist.

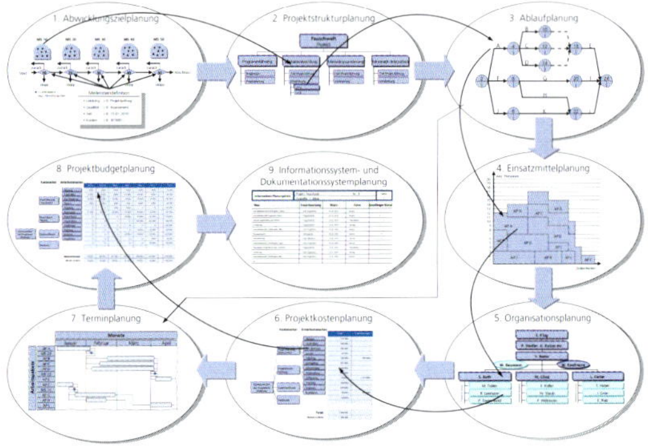

Das heisst, in diesem frühen Stadium muss als wichtiger Punkt der Projektplanung der Ablauf der einzelnen Prozesse des Projekts definiert und festgelegt werden.

Die Wahl der geeigneten Prozessorganisation (Projektstruktur) hängt stark von der Projektart, vom Projektumfang, von der Problemstellung des gewählten Vorgehensmodells und eventuell vom Lösungsweg ab. Gerade grössere Projekte können in Teilprojekte unterteilt werden, die nach unterschiedlichen Phasenmodellen ablaufen können.

Der Projektleiter und der Auftraggeber müssen sich mit der interessanten Frage befassen, wer das Projekt umsetzt (Projektteammitglieder) und wie die beteiligten Personen organisiert sind. Ausführlicher beschrieben wird dies in Kapitel 2.1 und 2.2 (☞ „Projektorganisationsforen", „Instanzen und Stellen"). Das Bestimmen oder Festlegen der genauen Verantwortlichkeiten zu diesem frühen Zeitpunkt ist nicht immer leicht. Trotzdem ist es wichtig, dass dies zu Anfang einer Projektabwicklung eindeutig geklärt ist.

4.2.5.7 Projektinstitution gründen

Die Gründung der Projektinstitution erfolgt grundsätzlich erst nach der offiziellen Freigabe des Projektauftrags auf Basis des Projektplans, sprich, wenn das Projektbudget vom Projektportfolio-Board oder Auftraggeber gesprochen wurde. Das heisst, bevor mit der grossen Abwicklungstätigkeit im Projekt begonnen werden kann, sollten, wenn nicht bereits durch die vorher aufgeführten Aufgaben erledigt, noch folgende Arbeiten umgesetzt werden:

- Verträge abschliessen (Vertragsmanagement)
  Wird mit externen Lieferanten, aber auch mit internen Abteilungen, mit ganz bestimmten Leistungswerten wie z.B. Support zusammengearbeitet, müssen die Leistungen und Bedingungen vertraglich geregelt werden.

- Arbeitsbasis generieren
  - Bestimmen, welche Lieferobjekte in welchem Detaillierungsgrad erstellt werden müssen? Dies auf Basis der endgültigen Klassifizierung und den Auflagen seitens des Projektportfolio-Board.
  - Bestimmen, welche Dokumente in welcher Struktur angelegt und wie archiviert werden müssen?
  - Festlegen, wann welche Sitzung mit welchen Traktanden erfolgen muss?
  - Aufsetzen eines Definitionsverzeichnisses, in dem alle neuen Definitionen festgehalten werden und das für alle zugänglich ist.
  - Festlegen der Spielregeln für die Zusammenarbeit im Team.
  - Bestimmen der anzuwendenden Methoden und der einzusetzenden Werkzeuge.
  - Beschreiben der Informations- und Dokumentationsmittel, die eingesetzt werden.
  - Festlegen, mit welcher Arbeitskonfiguration was erstellt werden kann.

m = muss g = gekürzt u = unwichtig	Projektklasse			
Lieferobjekte	**A**	**B**	**C**	**D**
Projektantrag	m	m	g	u
Anforderungskatalog	m	m	m	m
Business Case	m	m	g	n
Projektplan	m	m	m	g
Projektauftrag	m	m	m	m
Konzept	m	m	m	g
Anforderungsspezifikation	m	m	m	m
Realisierungsantrag	m	m	m	g
Einführungsantrag	m	m	m	m
Phasenbericht	m	m	g	n
Projektabschlussbericht	m	m	m	m

- Personen bestimmen
  Verantwortliche Personen endgültig designieren. Dies bezieht sich auf folgende Funktionen oder Personen:
  - Auftraggeber,
  - Auftragnehmer,
  - diverse Gremien,
  - Projektmitarbeiter (Teammanagement),
  - Fachbeteiligte.

  Das heisst festlegen, wer nun konkret welche Funktion und Verantwortung hat. Der Akt des Designierens der wichtigsten Beteiligten kann in offizieller Form des Projekt-Kick-offs durchgeführt werden. Aufgrund dieses Aktes sollten auch die entsprechenden Berechtigungen und Kompetenzen verteilt werden.

4.3 Projekt planen

Die Projektplanung beinhaltet einerseits die Erstellung des ersten Projektplans und umfasst anderseits einen sich täglich wiederholenden, iterativen Prozess, der im Laufe des Projekts einem Detaillierungs- und Verbesserungsprozess unterworfen ist [End 1990].

Projektplanung ist die geistige Vorwegnahme der zukünftigen möglichen Realitäten.

Der Projektplan wird erstmals in der Initialisierungsphase erstellt und von den verantwortlichen Personen offiziell abgenommen. Er soll laufend oder periodisch bis zum Projektabschluss überprüft und allenfalls aktualisiert werden.

Die Basis für eine verbindliche erste Projektplanung bilden die im Kapitel 4.2.5 „Haupttätigkeiten des Projektstarts" aufgeführten Tätigkeiten. Diese gilt es möglichst „klar" und detailliert wahrzunehmen. Dabei sind insbesondere die Ziele und Anforderungen für die Planung sowie deren spätere Optimierung existenziell wichtig. Die Werte der ersten Planung sind jeweils verbindliche Grössen für den Projektauftrag, welcher auch vom Projektleiter unterschrieben wird. Im Verlauf der Projektabwicklung bringen dann zum einen die Anforderungsänderungen, die über ein institutionalisiertes Änderungsmanagement (☞ Kapitel 11.5 „Änderungsmanagement") laufen müssen, sowie Erkenntnisse aus der Projektkontrolle Inputwerte für die zu korrigierende und präzisierende Projektplanung. Bei grösseren Planabweichungen müssen die Projektträgerinstanzen sofort informiert werden, um die neue Planung durch einen Change Request freizugeben oder entsprechende korrigierende Massnahmen einzuleiten.

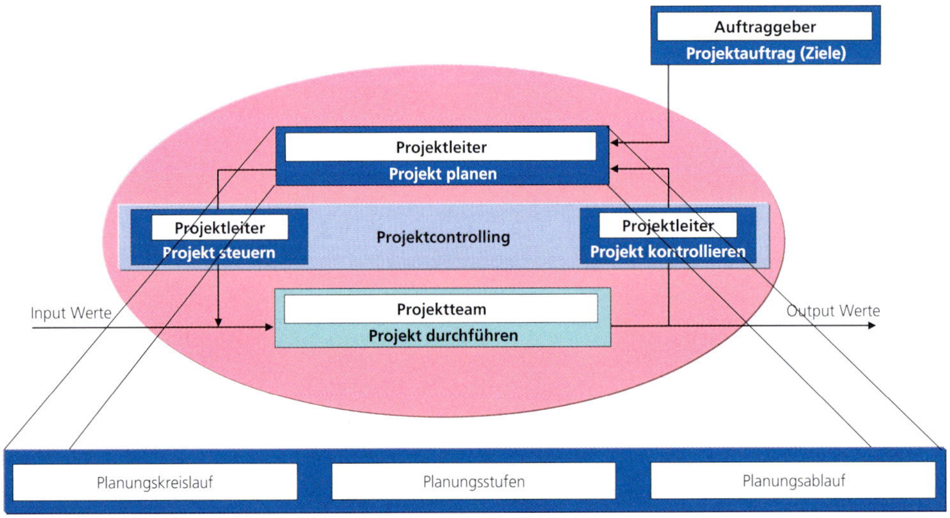

Abb. 4.21: Projektplanung

Mit der Projektplanung werden immer zwei Grundsätze verfolgt:

- Alle Ergebnisse der Planung werden in Form von grafischen Darstellungen, Diagrammen, Tabellen und Beschreibungen schriftlich festgehalten. Diese Plandokumente sind für die notwendige Plantransparenz wichtig.
- Die Pläne ermöglichen eine effiziente Kommunikation zwischen den Projektbeteiligten und fördern eine sinnvolle Ausrichtung ihrer Anstrengungen im Hinblick auf die Projektziele [Dae 1988].

Mit einer Projektplanung werden folgende Ziele angestrebt:

- Transparenz des zu erwartenden Zeitaufwandes und der Kosten.
- Logische, mengenmässige, zeitliche und örtliche Gliederung der Aufgaben (Arbeitspakete).
- Erarbeitete Vorgaben verständlich dokumentieren und den Betroffenen bekannt machen.
- Zusammenwirken mit anderen Projekten oder Versionen sicherstellen.
- Aufzeigen des Erreichens der definierten Ziele.
- Mögliche Grössen für die Kontrolle und Steuerung erarbeiten.
- Effiziente Durchführung des Projekts im Voraus beeinflussen.
- Mittels klarer und ehrlicher Angaben die Projektträgerinstanzen informieren, damit sie ihre Entscheidungen fundiert treffen können.

In einem Projekt bedient man sich verschiedener Planarten bzw. Projektpläne und unterschiedlicher Planungsmethoden. Jeder dieser Pläne deckt einen bestimmten Bereich oder Aspekt der Projektabwicklung ab und gewährleistet eine umfassende Transparenz. Die Pläne bilden ein Netzwerk, in dem Lücken aufgrund der Abhängigkeiten sehr schnell entdeckt werden. In der Abbildung 4.22 ist die Projektplanung anhand eines Metamodells aufgeführt.

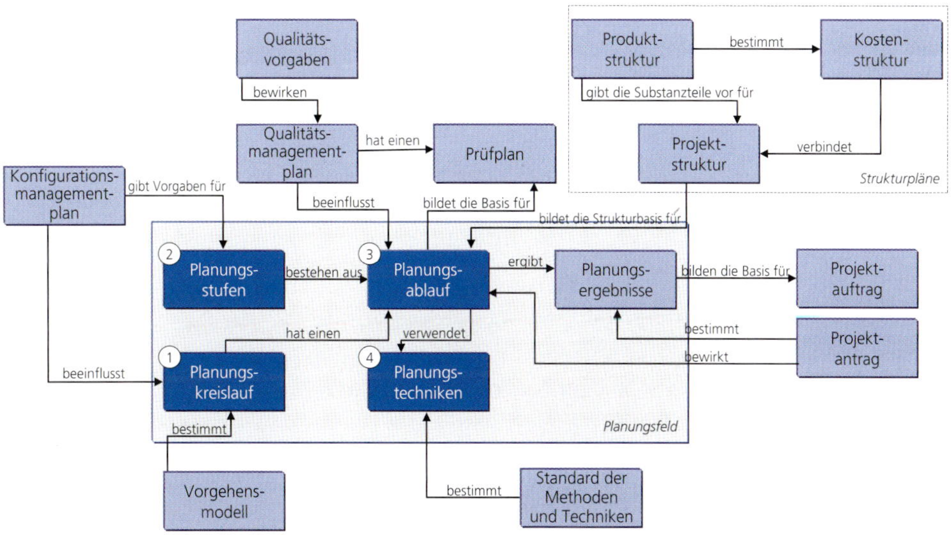

Abb. 4.22: Metamodell der Planungen

Da die Planung ein sehr komplexes Gebiet ist, wird nachfolgend auf die vier Hauptkomponenten des Metamodells detailliert und ordnend eingegangen.

1. Planungskreislauf (☞ Kapitel 4.3.1 „Planungskreislauf")
   Abgestützt auf die zwei Extremwerte der Vorgehensmodelle, ergeben sich aus planungszyklischer Sicht zwei Planungskreisläufe, die sich insbesondere im Transfer der erarbeiteten Projekterkenntnisse unterscheiden:
   - Planungskreislauf bei konstruktivistischen Vorgehensmodellen,
   - Planungskreislauf bei evolutionären Vorgehensmodellen.

2. Planungsstufen (☞ Kapitel 4.3.2 „Planungsstufen")
   Der zeitliche Aspekt der Planung kommt in den folgenden Plänen zum Ausdruck:
   - Programmplan,
   - Projektplan,
   - Phasenplan.

3. Planungsablauf (☞ Kapitel 4.3.3 „Planungsablauf")
   Um eine umfassende, lückenlose und integrierte Projektplanung erstellen zu können, bedient man sich eines standardisierten Planungsablaufs (Planungsprozess). Dieser besteht aus modularen Planungselementen, damit Änderungen an der Planung zielgerichtet vorgenommen werden können. In diesem Buch besteht der Ablauf aus folgenden neun Planungselementen:
   - Abwicklungszielplanung,
   - Projektstrukturplanung,
   - Ablaufplanung,
   - Einsatzmittelplanung,
   - Organisationsplanung,
   - Projektkostenplanung,
   - Terminplanung,
   - Projektbudgetplanung,
   - Informations- und Dokumentationsplanung.

4. Planungstechniken (☞ Anhang A.1 „Planungstechniken")
   Um die Pläne er- und bearbeiten zu können, müssen Planungstechniken angewendet werden. In der Praxis gibt es einige gute Planungstools, die den Projektleiter dabei unterstützen. In diesem Buch werden folgende Planungstechniken beschrieben:
   - Netzplan,
   - Balkendiagramm,
   - Einsatzmittel-Kapazitätsdiagramm.

Um eine Projektplanung professionell erstellen zu können, muss man sich als Projektleiter insbesondere über diese vier Themenbereiche im Klaren sein:

a. Je nach Vorgehensmodell wird ein anderer Planungskreislauf angewendet.
b. Eine Projektplanung besteht stets aus mehreren Stufen.
c. Die Projektplanung ist ein Prozess bzw. folgt einem Planungsablauf.
d. Planungselemente basieren auf Planungstechniken.

4.3.1 Planungskreislauf

Die Art und Weise der Projektabwicklung (Vorgehensmodell) hat einen starken Einfluss auf die Projektführung bzw. deren Planung. Wie im Kapitel 1.4.5 (☞ „Vorgehensmodelle") beschrieben, können grundsätzlich drei verschiedene Vorgehensansätze unterschieden werden: konstruktivistisches Vorgehen, inkrementelles Vorgehen und evolutionäres Vorgehen. Je nach Vorgehen wird ein anderer Planungskreislauf angewendet, der mit projektinterner und projektexterner Veränderung unterschiedlich umgehen kann. Dabei geht es hauptsächlich um folgende zwei zentralen Fragen:

- Projektinterne Veränderung
  Wie kann planerisch auf gewonnene Erkenntnisse der Projektarbeit reagiert werden?
- Projektexterne Veränderung
  Wie kann planerisch auf Umweltveränderungen während der Projektarbeit reagiert werden?

Da ein konstruktivistisches und ein inkrementelles Vorgehen einen ähnlichen Planungskreislauf bedingen, wird nachfolgend nur auf die Planungskreisläufe der zwei polarisierenden Vorgehensansätze eingegangen. Zur Erklärung der beiden Planungskreisläufe bei konstruktivistischem bzw. evolutionärem Vorgehen wird auf das kybernetische Grundmodell „Regelkreis" abgestützt, welches es ermöglicht, die Unterschiede abstrakt darzustellen.

4.3.1.1 Planungskreislauf bei konstruktivistischen Vorgehensmodellen

Bei einem konstruktivistischen Vorgehensansatz, wie dies beim Schlaufen- oder Inkrementellen-Vorgehensmodell der Fall ist, laufen die Phasen linear ab. Vor Beginn jeder Phase muss die vorangegangene Phase abgeschlossen sein, das heisst phasenbezogene Aktivitäten einer vorhergehenden Phase können nur in begrenzter Form aufgrund von neuen Erkenntnissen wiederholt werden.

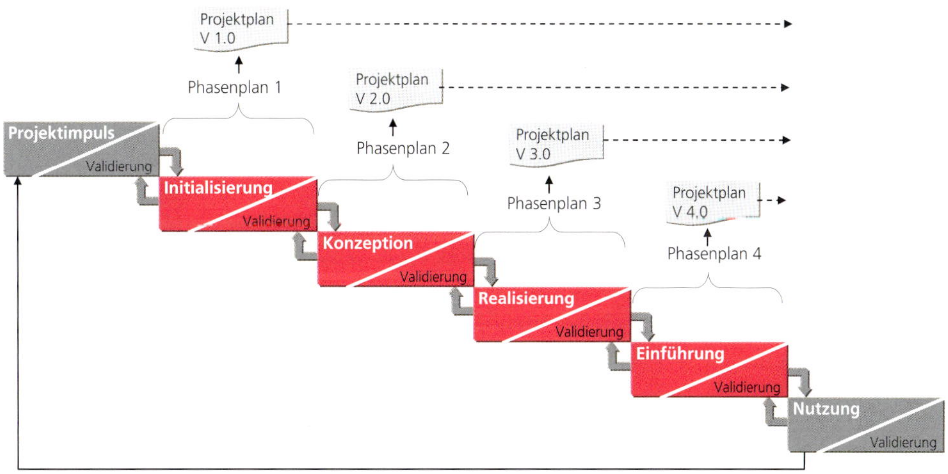

Abb. 4.23: Konstruktivistische Projektplanung

Dieses Merkmal bedeutet, dass auch die Planung sequenziell auf die Phasen ausgerichtet wird und sich die während der Projektarbeit gewonnenen Erkenntnisse höchstens auf zukünftige, jedoch nicht auf vergangene Arbeiten (zeitlich gesehen) auswirken können. In diesem Zusammenhang wird von einem Erkenntnisrücklauf gesprochen, der vergangenheitsbezogen nicht direkt genutzt werden kann. Bei der konstruktivistischen Projektplanung ist es also nicht möglich, validierte Ergebnisse oder Teilergebnisse aus früheren Phasen nochmals zu überarbeiten, in einer absehbaren nächsten Version zu ergänzen oder total neu zu erstellen. Wie Abbildung 4.23 aufzeigt, fliessen die Erkenntnisse z.B. via Kontrolle in die Planung ein. Diese werden dann bei den kommenden Planungen bzw. Tätigkeiten mit berücksichtigt, was wiederum eine steuernde Wirkung erzeugt. Das Positive an diesem Planungskreislauf ist, dass er nur eine einzige zu modifizierende Version erlaubt und der Projektleiter daher eine relativ einfache Planung vornehmen kann. Die Projektmitarbeiter können sich auf validierte Ergebnisse voll und ganz abstützen. Das Negative dabei ist, dass die während der Projektarbeit gewonnenen Erkenntnisse oftmals planerisch nicht konserviert werden und daher für spätere Änderungen verloren sind. Auch die Veränderungen der Umwelt können nur bedingt berücksichtigt werden, da bei der Projektdurchführung planerische, konzeptionelle Elemente verändert werden müssten, was wiederum zwingende Veränderungen an Arbeiten aus früheren Phasen zur Folge hätte. Obwohl dieser Abwicklungs- und Planungsansatz veraltet erscheint, wird er heute aufgrund seiner positiven Aspekte noch sehr oft angewendet, vor allem bei Projekten, die in einem Auftragsverhältnis (z.B. Turn-Key-Projekt) ausgeführt werden. In diesen Fällen wird der Auftragnehmer (z.B. das Generalunternehmen) meistens nur das realisieren, was der Auftraggeber explizit verlangt. Sind keine anderen Beweggründe vorhanden (z.B. Prestige, Know-how etc.), welche den Projektleiter dazu bringen können, Erkenntnisse mit einzubeziehen und damit einen Mehraufwand zu betreiben, bleibt der Projektleiter „stur" bei seiner konstruktivistisch erstellten Projektplanung.

4.3.1.2 Planungskreislauf bei evolutionären Vorgehensmodellen

Der evolutionäre Vorgehensansatz, wie das Spiralen-Vorgehensmodell, drängt sich als polarisierender Wert zum konstruktivistischen Vorgehensansatz auf. Dieses Vorgehen bedingt im ganzheitlichen Systemerstellungs- und Erweiterungsprozess keinen sequenziellen Projektablauf mehr, sondern erlaubt aufgrund seiner Konzeption (z.B. Major Release, Architectural Release, Internal Release [☞ Kapitel 5.1.1 „Evolutionäres Phasenmodell"]) ein wiederholtes Zurückgreifen auf vorherige Ergebnisse und Tätigkeiten früherer Phasen (Internal Release) sowie frühere Versionen (Architectural Release). Im Gegensatz zum konstruktivistischen Vorgehensansatz ist der evolutionäre Ansatz wegen seiner Flexibilität und Reaktionsfähigkeit in Bezug auf die sich laufend verändernde Umwelt ideal für Grossprojekte. Er zeichnet sich dadurch aus, dass er auf Veränderungen von Zielen, Rahmenbedingungen und der Umgebung rasch reagieren kann und garantiert die sukzessive Bereitstellung funktionstüchtiger Teilprodukte. Ein evolutionärer Vorgehensansatz bewährt sich dadurch,

- dass nach dem Startzyklus der globalen Planung und Architekturerstellung des Produkts mehrere Zyklen von Phasen folgen, in denen das Endprodukt schrittweise erstellt wird.
- dass am Ende eines jeden Zyklus ein funktionstüchtiges (Teil-)Produkt dem Benutzer übergeben werden kann.

Ein evolutionäres Vorgehen bedeutet allerdings nicht „Try and Error". Es bedeutet auch nicht, den Projektplan zum Zweck der Zielerreichung unkontrolliert anzupassen. Dieses Vorgehensmodell bedingt sehr sorgfältige Überlegungen und stellt wesentlich höhere Anforderungen an die Planung als ein konstruktivistisches Vorgehensmodell.

4.3.1.2.1 Evolutionärer Planungskreislauf

Geht man von den heutigen marktwirtschaftlichen Gegebenheiten aus (starker Verdrängungsmarkt, sich rasch entwickelnde Technik, kurze Reaktionsfristen etc.), so erscheint es bei gewissen Projektarten zwingend, ein Projekt auf Basis des evolutionären Grundgedankens zu entwickeln. Dabei muss der Projektleiter einerseits sein Kontrollsystem (Regelgrösse) so einrichten, dass Erfahrungen und Erkenntnisse aus dem laufenden Projekt sofort herauskristallisiert werden, und andererseits die Beziehung zur Zielsetzung so gestalten, dass diesbezügliche Änderungen berücksichtigt werden, damit sie in die kommende Planung gezielt einfliessen und daraus eventuell Versionen gestaltet werden können. Diese Versionen können sofort oder zu einem späteren Zeitpunkt über das Konfigurationsmanagement bzw. mittels Releasemanagement eingesetzt werden. Das Konfigurationsmanagement unterstützt mit seinen Verfahrensbestimmungen den Projektleiter in der Planung, damit er den evolutionären Prozess bzw. die daraus resultierenden Erkenntnisse vollständig umsetzen kann. Das heisst, dass er einerseits die laufenden Arbeiten weiterführen und andererseits gleichzeitig eine neue System-/Produktversion einplanen muss.

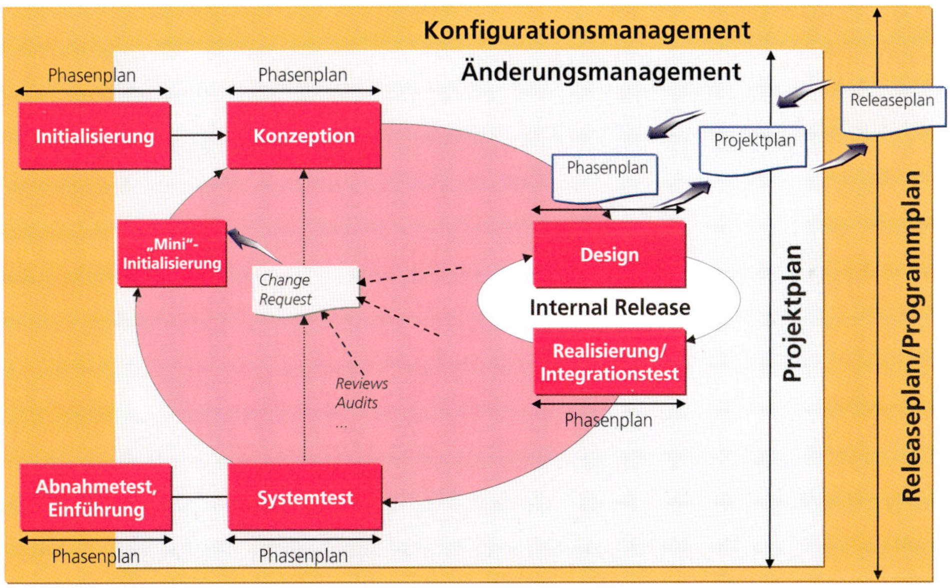

Abb. 4.24: Evolutionäre Projektplanung

Durch die Anwendung einer evolutionären Projektplanung und mit Unterstützung eines aktiv gehaltenen Konfigurationsmanagements wird der Projektleiter befähigt, im Projekt zwei oder mehrere Versionen gleichzeitig zu managen. So kann z.B. die Entwicklung der Grundversion wie geplant weiterlaufen, während für eine zweite Version mit den gewonnenen Erkenntnissen (via Änderungsmanagement) mittels einer „Mini-Initialisierung" ein neuer Architectural Release (AR) gestartet werden kann. Innerhalb eines Architectural Release können Erkenntnisse, die beim Design gewonnen werden, durch den iterativen Prozess des Internal Release sofort in den AR einfliessen.

Ein grosses Risiko besteht darin, dass Projekte, die nach dem evolutionären Vorgehensansatz abgewickelt werden, zu einem „nie endenden Projekt" ausarten können. Dies kann geschehen, wenn kein Änderungs- und Releasemanagement existiert und sich immer wieder neue Erkenntnisse bzw. Anforderungen an das Projekt ergeben oder wenn technische Komponenten so lange weiterentwickelt werden, bis sie aus rein politischen Gründen unbedingt integriert werden müssen. Mit den folgenden Regeln oder Entscheidungsstrukturen können die Verantwortlichen diese Gefahr (insbesondere beim Internal Release) reduzieren:

- Begrenzung der Anzahl Versionen.
- Reicht das Projektbudget (Personal-, Betriebs- und Finanzmittel) aus, um die neuen Erkenntnisse in die Projektarbeit einfliessen zu lassen? Wenn nicht, eine Budgeterweiterung beantragen oder diese Erkenntnisse für die nächste Version neuer Architectural Releases aufbewahren.
- Werden die Muss- und/oder Kann-Ziele so oder so erreicht? Wenn ja, die Verbesserung nur mit der Zustimmung des Auftraggebers in die Projektdurchführung einfliessen lassen, ansonsten ins Änderungsverfahren aufnehmen.
- Sind die Verbesserungen für den betrieblichen Ablauf notwendig oder nur für die Entfaltung des Entwicklers? Wenn Ersteres zutrifft, dann gemäss den ersten zwei Punkten prüfen.
- Verursacht der Verbesserungsaufwand erhöhte Zeitnot, so muss die Planung überarbeitet werden. Wird die Projektverzögerung vom Auftraggeber nicht akzeptiert, so ist die Verbesserung wiederum für die nächste Version aufzubewahren.

Auf Basis des Regelsystems werden somit beim evolutionären Planungskreislauf einerseits die neuen Erkenntnisse über die Achse der Projektkontrolle und andererseits die sich ändernden Ziele über den externistischen Bereich der Führungsgrössen in die Planung transferiert. Scheint es sinnvoll, aufgrund dieser Erkenntnisse und der neuen Zielsetzungen früher validierte Arbeiten nochmals zu überarbeiten, so kann durch entsprechende Arbeitsbündelung via Änderungsmanagement bzw. Releasemanagement ein neuer Release beziehungsweise eine neue Version gebildet werden.

4.3.2 Planungsstufen

Wie bereits erwähnt, stellt die Projektplanung keine einmalige Tätigkeit dar. Es handelt sich vielmehr um einen andauernden Prozess, in dem Pläne (Dokumente) produziert werden, die einer laufenden Pflege bedürfen. Dies wird besonders beim Programmplan/Releaseplan deutlich, der während eines grossen Vorhabens mehrmals revidiert werden muss.

Mittels Unterteilung der Planung in drei Planungsstufen (Programmplan, Projektplan und Phasenplan) wird versucht, die vorhandenen Ressourcen optimal mit den bevorstehenden Aufgaben zu verbinden sowie die Termine und die dazu notwendigen Aufwände bestmöglich zu bestimmen. Der Inhalt aller drei Pläne bzw. Planungsstufen sollte aus Gründen der Einfachheit für die Verdichtungs- wie auch für Detaillierungsprozesse genau gleich sein. Die folgende Abbildung zeigt die Komplexität einer vollständigen Projektplanung. Die einzelnen neun Planungsschritte respektive -elemente werden im Kapitel 4.3.3 (☞ „Planungsablauf") beschrieben.

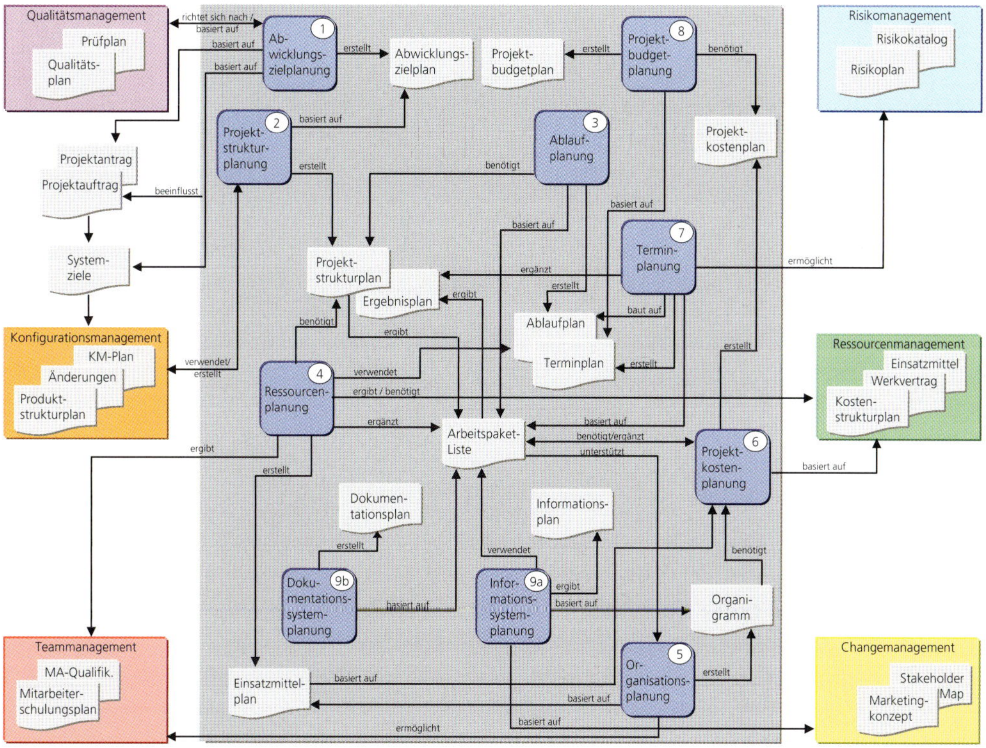

Abb. 4.25: Metamodell eines vollständigen Projektplans mit Bezug zu den weiteren Führungsthemen

Normalerweise muss in einem Projekt bloss ein Projektplan mit entsprechenden Phasenplänen erstellt werden. Eine etwaige Abstimmung zwischen den Projekten erfolgt dann auf Stufe „Projektportfolio". Ist allerdings ein Projekt sehr gross und besteht seinerseits aus stark abhängigen Teilprojekten, wird ein Programmplan erstellt. Damit wird das Projektportfolio in seiner diesbezüglichen Aufgabe entlastet. Wie dem auch sei, der Programmleiter (und wenn es diesen nicht gibt, dann der Projektleiter) teilt seine Planungsgrössen in einem zuvor definierten Rhythmus den Projektträgerinstanzen mit. Es ist die Aufgabe des Projektportfolio-Controllers, die gelieferten Planungsgrössen mit dem Masterplan des Projektportfolios abzugleichen bzw. diesen zu aktualisieren.

4.3.2.1 Stufe Programmplan

Der Programmplan beinhaltet neun Planelemente (☞ Kapitel 4.3.3 „Planungsablauf"). Diese Planungsstufe umfasst primär den „Gesamtplan" eines Vorhabens und wird durch Projekt- und Phasenpläne verfeinert. Das heisst, der Programmleiter bedient sich der periodisch erstellten Projekt- und Phasenpläne für eine Konsolidierung des Programmplans.

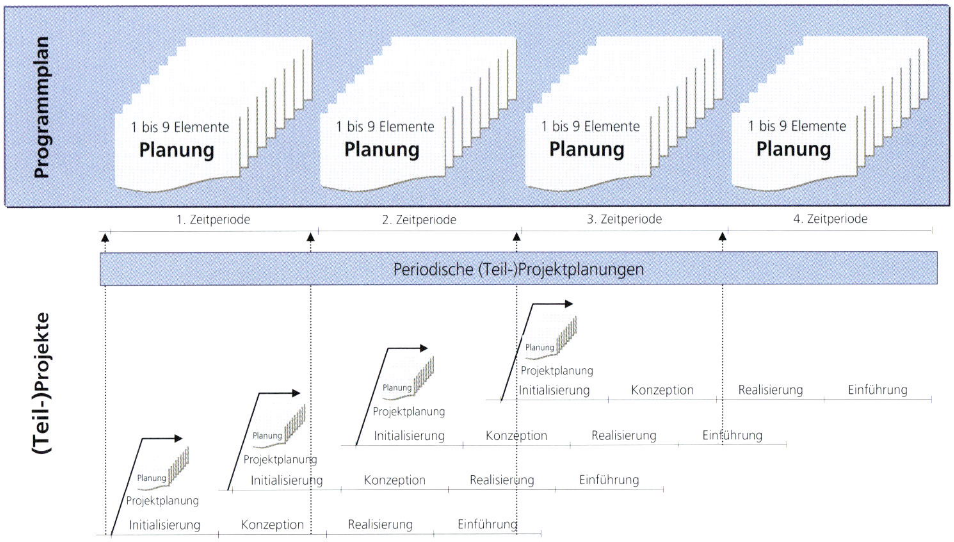

Abb. 4.26: Programmplan

Ein möglichst genauer erster Programmplan erfordert folgende Voraussetzungen:

- Projektleiter respektive Programmleiter mit Projekt- bzw. Schätzerfahrung,
- Datenbank mit Daten bisheriger Projekte,
- strukturiertes Planungsvorgehen,
- geeignete Schätztechniken,
- klare Vorgaben (Ziele, Wünsche, Anforderungen),
- sehr enge Zusammenarbeit zwischen den Projektmitarbeitern, den Fachabteilungen und dem Programmleiter.

Um eine Aussage über den Programmstand und den Restaufwand des Programms machen zu können, verlangt der Programmleiter z.B. vierteljährlich von den einzelnen Projektleitern eine umfassende Planung, welche die neun Planungselemente umfassen muss. Auf diese Weise kann der Programmleiter alle (Teil-)Projekte, die sich meistens in unterschiedlichen Arbeitsphasen befinden, konsolidieren.

4.3.2.2 Stufe Projektplan

Der Projektplan (Projektmanagementplan) wird erstmals während des Projektstarts in der Teilphase „Projektdefinition" erstellt. Mit den Vorgaben aus einem möglichen Programmplan und aus dem Änderungsmanagement Stufe Product Change oder aus dem Projektantrag (bei „normalen" Projekten) wird versucht, eine möglichst genaue Planung für die gesamte Projektabwicklung zu erarbeiten. Dass diese Arbeit den Projektleiter stark fordert, muss wohl nicht speziell erwähnt werden.

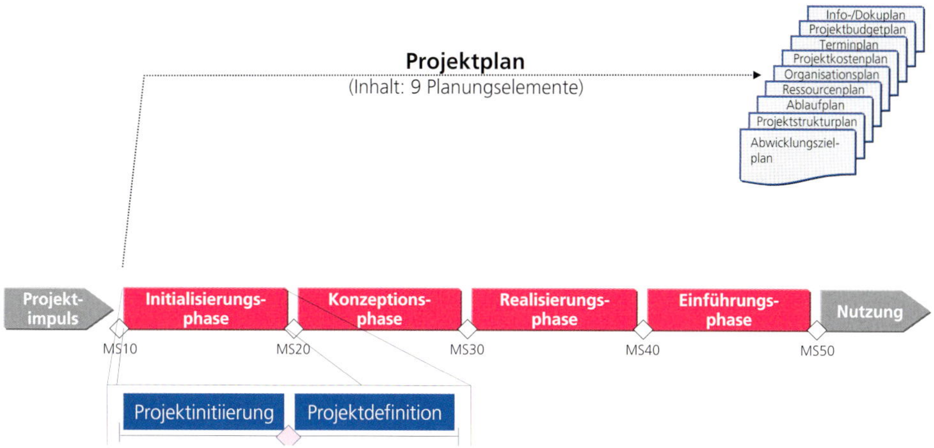

Abb. 4.27: Projektplan

4.3.2.3 Stufe Phasenplan

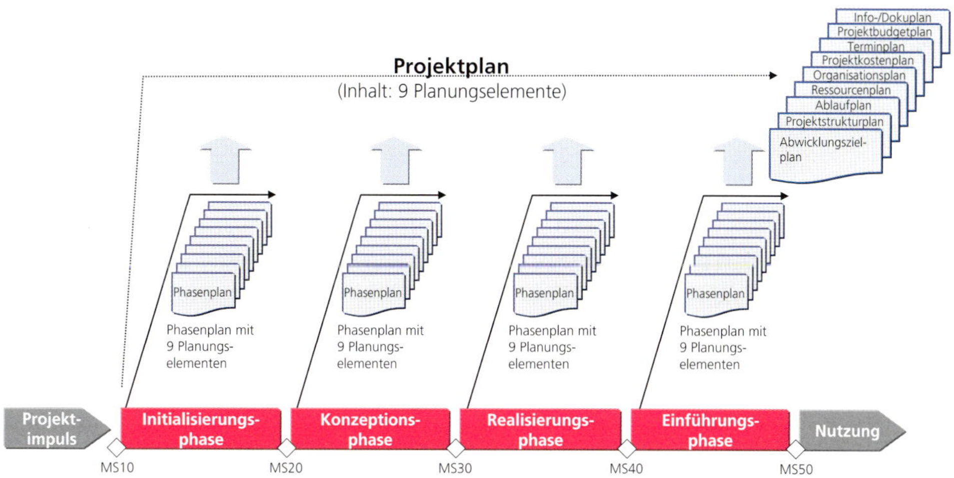

Abb. 4.28: Phasenpläne gemäss konstruktivistischem Vorgehen

Wie der Name bereits erahnen lässt, wird bei jeder Phase eines Projekts ein Phasenplan erstellt. Dieser baut immer auf den aktuellen Planungsergebnissen des Projektplans auf. Dabei fliessen die Ergebnisse eines Phasenplans wiederum in den Projektplan zurück, sodass die Auswirkungen (Abweichungen) auf das gesamte Projekt neu errechnet und entsprechende Massnahmen eingeleitet werden können. Das Ziel des Phasenplans ist die Verfeinerung bzw. die Operationalisierung aller aus dem Projektplan hervorgegangenen Aktivitäten. Um die Übereinstimmung mit dem Projektplan gewährleisten zu können, muss jeder Phasenplan wie der Projektplan alle im Kapitel 4.3.3 (☞ „Planungsablauf") aufgeführten Planungselemente beinhalten. Damit immer ein aktueller Stand der Projektplanung garantiert ist, müssen Phasenpläne regelmässig nachgeführt werden. Dieser stets aktualisierte Stand vermittelt dem Projektleiter Übersicht, Sicherheit und ein ausgezeichnetes Führungsinstrument. Etwas vereinfacht kann der Phasenplan als detaillierterer Bestandteil im Projektplan aufgeführt werden.

4.3.2.4 Versionierung der Planung

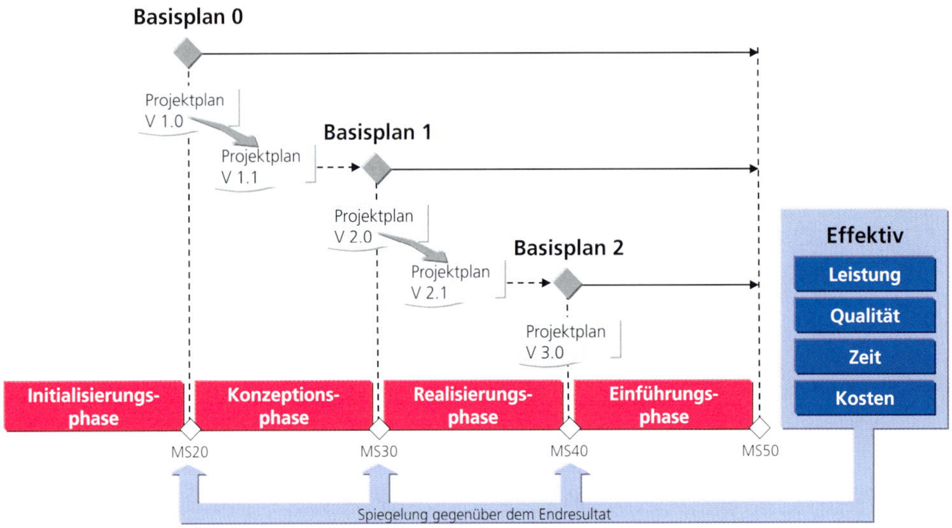

Abb. 4.29: Versionierung des Projektplans

Bei der Versionierung der Planung ist es wichtig, dass der bei der Projektfreigabe „eingefrorene" Projektplan V1.0 als Basisplan 0 bezeichnet wird (auch Fortschrittsmessungsbasisplan genannt). Aufgrund dieses Basisplans wird eine Kopie V.1.1 etc. erstellt, in der die Korrekturen und Erkenntnisse regelmässig nachgeführt werden. Am Ende der Phase wird dieser Plan für den nächsten Phasenauftrag von offizieller Seite verifiziert und entsprechend durch die Phasenfreigabe offizialisiert. Daraus resultiert dann der Basisplan 1 und der Projektplan V 2.0 etc. Dieses konsequente Vorgehen ermöglicht am Ende des Projekts die Genauigkeit respektive Ungenauigkeit der Planung zu analysieren und entsprechende Lernwerte für kommende Projekte abzuleiten.

4.3.3 Planungsablauf

Egal ob nach dem konstruktivistischen oder dem evolutionären Ansatz vorgegangen wird, egal ob ein Programm-, Projekt- oder Phasenplan erstellt wird, bei allen Planungen bedient man sich eines Planungsablaufs, der die einzelnen Planungsaktivitäten in sinnvolle und logische Planungselemente (bzw. Planungsschritte) unterteilt. Diese ablauforganisatorische Logik ermöglicht eine kongruente und umfassende Planung, bei der in so kleinen Schritten gearbeitet wird, dass sich bei jedem Planungsschritt konkrete Aufgaben ergeben. Durch die Anwendung dieser Planungsmethodik wird eine Planungsvollständigkeit erreicht und dem Projektleiter eine Führungssicherheit vermittelt, die er mit keinem anderen Führungsinstrument erreichen kann.

Der Planungsablauf (Planungsprozess) umfasst neun Elemente. Diese laufen methodisch in einer rein sequenziellen Reihenfolge ab. Die Anwendung in der Praxis zeigt jedoch sehr bald, dass selbst bei der erstmaligen Erstellung spätestens ab dem siebten Planungselement (Terminplanung) eine Iteration beginnt, die den Projektleiter im Extremfall bis zum ersten Planungselement zurückführen kann (☞ Abbildung 4.25). Entscheidend ist somit nicht das rein sequenzielle Abarbeiten der Planungsschritte, sondern vielmehr, dass alle Planungselemente durchgeführt werden.

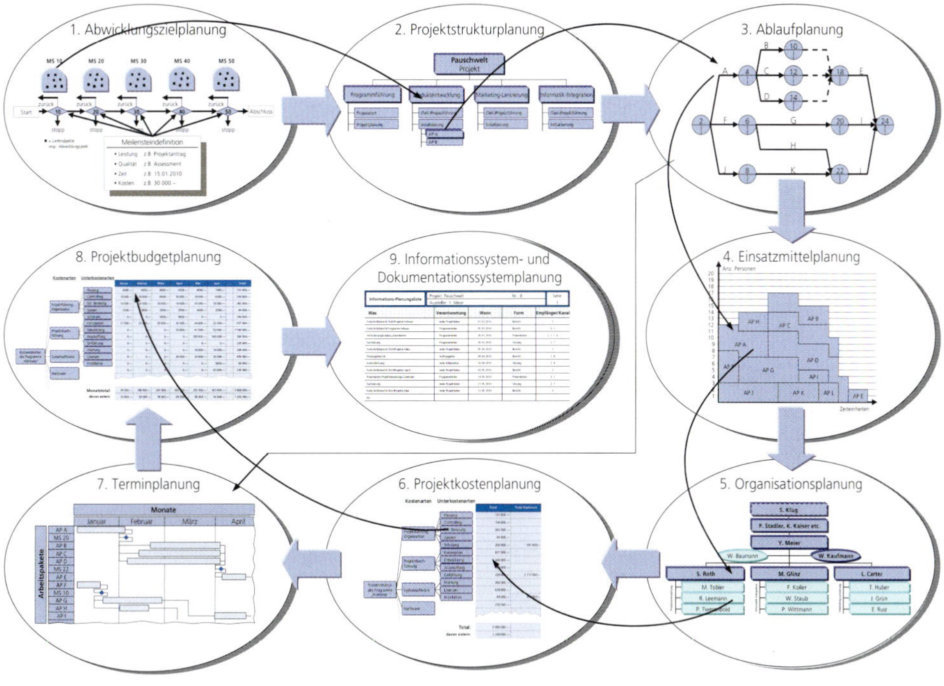

Abb. 4.30: Die neun Schritte des Planungsablaufs

Bevor die einzelnen Planungselemente erläutert werden, wird nochmals auf die Wichtigkeit der gedanklichen Unterscheidung zwischen dem Abwicklungs- und dem Systembereich hingewiesen. Die Projektplanung stützt sich vorwiegend auf Werte aus dem Systembereich ab. Das heisst, die Projektplanung benötigt Inputwerte, die vom System stammen, das verändert wird. Diese Werte werden während der Projektdurchführung erarbeitet/errechnet und an die Planung weitergegeben. Somit ist die Projektplanung stark von Anforderungen (Systemzielen), dem IST-System (Systemdenken) und den Ergebnissen der Arbeiten der Projektdurchführung abhängig. Abbildung 4.31 zeigt das Zusammenspiel zwischen dem Abwicklungs- und dem Systembereich.

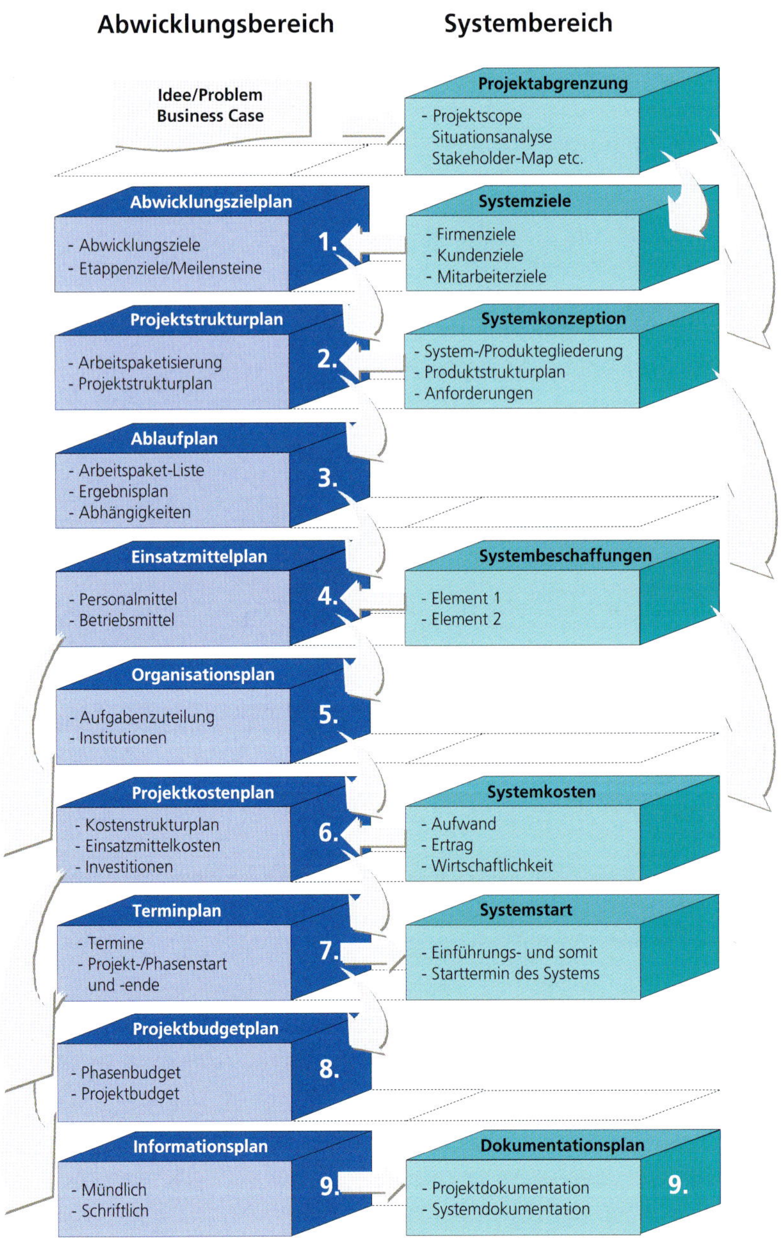

Abb. 4.31: Planungselemente der Projektplanung

4.3.3.1 Abwicklungszielplanung

Die Projektziele setzen sich aus den Systemzielen und den Abwicklungszielen zusammen. Gemäss Abbildung 4.31 beziehen sich die Systemziele auf das zu erstellende System (Projektprodukt) und bilden das gewünschte SOLL ab. Die Systemziele umfassen somit diejenigen Grössen, die durch die Projektabwicklung erreicht werden müssen. Das geplante Delta, das es durch die Systemanalyse (IST-Zustand) und die Systemziele (SOLL-Zustand) zu überwinden gilt, wird Projektabwicklung genannt. Um diese effizient durchführen zu können, werden folgerichtig Abwicklungsziele definiert.

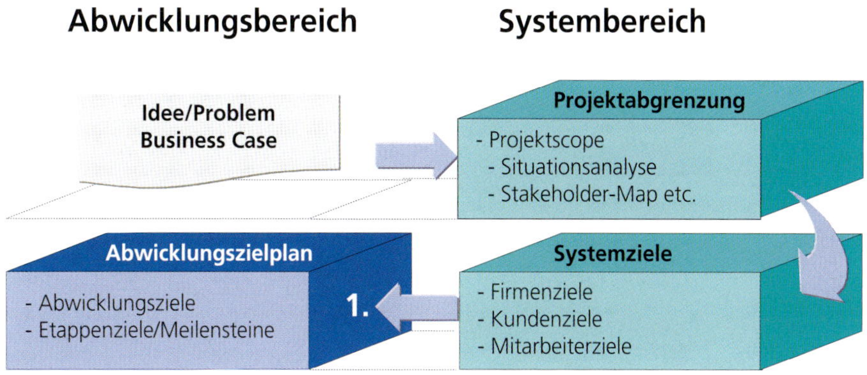

Abb. 4.32: Abwicklungszielplanung (1. Planungselement)

Abwicklungsziele zeigen auf, in welchen Teiletappen die Systemziele erreicht werden sollen. Das heisst, in einem ersten Schritt der Projektplanung wird bestimmt, wie die Ergebnisse der einzelnen Entwicklungs- oder Realisierungsetappen aussehen sollen [Dae 1988]. Dabei sind die Abwicklungsziele in zwei Genauigkeitsstufen zu sehen. Während sie beim erstmaligen Erstellen der Planung „nur" Richtwerte (Zielbojen) darstellen, sind sie bei einer vom Management in die Vernehmlassung gegebenen (bewilligten) Planung, in gebündelter Form, absolut zu erreichende Werte, sprich Meilensteine, und dürfen nur noch in Ausnahmesituationen (mittels gegenseitiger Unterschrift des Projektleiters und des Auftraggebers) abgeändert werden.

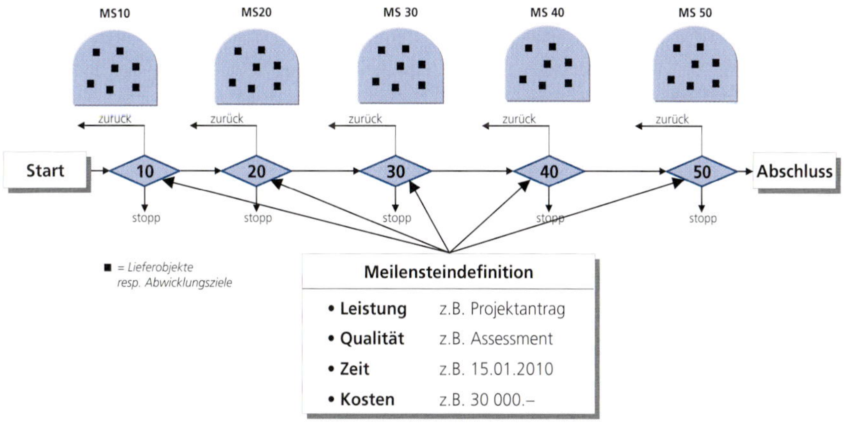

Abb. 4.33: Bündelung der Lieferobjekte resp. Abwicklungsziele zu Meilensteinen

Werden die Inhalte der Abwicklungsziele mit dem Projekterfolg in Verbindung gebracht, so ist leicht zu erkennen, dass die Messgrössen Leistung, Qualität, Zeit und Kosten benötigt werden, um den Erfolg auf der Abwicklungsseite nachweisen zu können. Das bedeutet, dass klar definierte Abwicklungsziele massgeblich zum Projektabwicklungserfolg beitragen. Abwicklungsziele sind somit ein fundamentaler Bestandteil jeder Planung, und ihre Formulierung zählt zu den direkten Planungsaufgaben des Projektleiters.

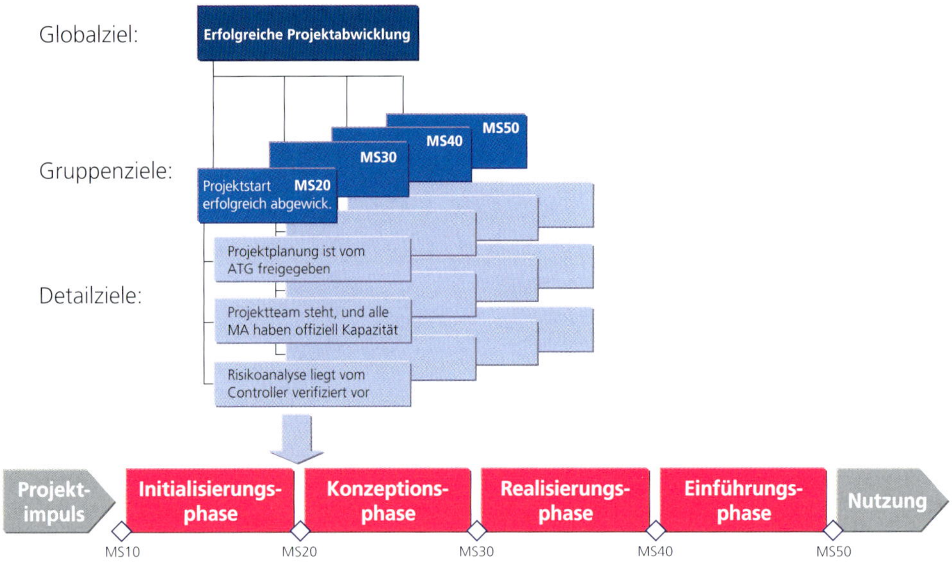

Abb. 4.34: Zielhierarchie der Abwicklungsziele

Abwicklungsziele müssen wie die Systemziele operationalisiert und anhand einer Zielhierarchie (Globalziele, Gruppenziele, Detailziele) strukturiert werden. Im Gegensatz zu den Systemzielen müssen die Abwicklungsziele die Stufe der Operationalisierung allerdings bereits während des Projektstarts erreichen. In vielen Planungen werden die Abwicklungsziele losgelöst von den Systemzielen definiert, was vom rein planungstheoretischen Aspekt her richtig ist. In der Praxis lassen sie sich nicht abgrenzen; Abwicklungsziele kann man nur durch Beiziehen von Systemzielen definieren. Als Bedingung für eine erfolgreiche Projektplanung sind die Systemziele daher ebenso wichtig wie die Abwicklungsziele (☞ Kapitel 1.4.2.1 „Systemziele").

Die Inhalte der Abwicklungsziele haben einen relevanten Einfluss auf die Einsatzmittelplanung. Es ist z.B. entscheidend, ob das System am 1.7. oder am 31.12. desselben Jahres eingeführt werden soll. So kann es durchaus vorkommen, dass der Projektleiter bei Planelement 4 (Einsatzmittelplanung) aufgrund von knappen Einsatzmitteln (Personal- und Betriebsmittel) gezwungen ist, die terminlichen Komponenten der Abwicklungsziele nochmals zu überarbeiten. Beispiele von Abwicklungszielen sind:

Abwicklungszielplan		Projekt: „Pauschwelt“, TP: Produktentwicklung	Nr.: B.1		Seite: 1
		Projektleiter: Y. Meier			
Nr.	**Meilenstein**	**Leistung**	**Qualität**	**Zeit**	**Kosten**
MS 15	Mitte Initialisierung	01 Projektantrag ist erstellt. Die Idee ist ausformuliert	Assessment	15.01.2010	30 000.–
		02 Ideenscope wurde vom Business erstellt	Desk-Check		
		03 Budgetantrag für Projektinitiierung ist erstellt	Vernehmlassung		
MS 20	Ende Initialisierung	01 Projektplanung ist detailliert erstellt	Tech. Review	05.02.2010	70 000.–
		02 Anforderungskatalog ist ausformuliert	Vernehmlassung		
		03 Projektauftrag basierend auf Business Case und Planung	Vernehmlassung		
		04 GL-Präsentation	Erfolg. präsentiert		
		05 Shortlist der möglichen 5 Lieferanten ist erstellt	Vernehmlassung		
MS 25	Mitte Konzeption	01 Pflichtenheft erstellt	Tech. Review	15.06.2010	950 000.–
		02 Offertstruktur für die möglichen Lieferanten ist erstellt	Desk-Check		
		03 Kriterienkatalog und weitere Evaluationsunterlagen erstellt	Walkthrough		
		04 Organisationskonzept erstellt	Tech. Review		
MS 30	Ende Konzeption	01 Detailkonzeption erstellt, Verträge unterzeichnet	Vernehmlassung	17.12.2010	700 000.–
		02 Produktekonzept im Detail ausgearbeitet	Techn. Review		
		03 Marketingkonzept erstellt	Vernehmlassung		
MS 35	Mitte Realisierung	Design erstellt, Prototyp erstellt	0 Fehler	15.04.2011	900 000.–
MS 40	Ende Realisierung	Produkt ist verfiziert und validiert	Vernehmlassung	25.11.2011	950 000.–
MS 45	Produkt eingeführt	Produkt in der Produktion eingeführt	Audit	09.12.2011	175 000.–
MS 50	Ende Einführung	Projektarbeit erledigt und Verantwortungen übergeben	Vernehmlassung	23.12.2011	25 000.–

Abb. 4.35: Beispiel von grob formulierten Abwicklungszielen

Abgeleitet von den Abwicklungszielen können sinnvolle Meilensteine definiert respektive der Meilensteinplan erstellt werden. Dabei kann zwischen externen und internen Meilensteinen unterschieden werden. Externe Meilensteine sind meist vom Phasenmodell, aufgrund der Projektportfolio-Betrachtung, gesetzt. Die internen Meilensteine werden mit dem Auftraggeber zusammen definiert und projektintern offizialisiert.

4.3.3.2 Projektstrukturplanung

Das Hauptziel des zweiten Planungselements ist, die bevorstehende Gesamtaufgabe des Projekts in einzelne plan- und kontrollierbare Teilaufgaben (Arbeitspakete) zu gliedern. Dabei ist die Gesamtaufgabe so weit zu zerlegen, dass der Projektleiter mit den modularen Arbeitspaketen eine flexible Projektabwicklung gestalten kann.

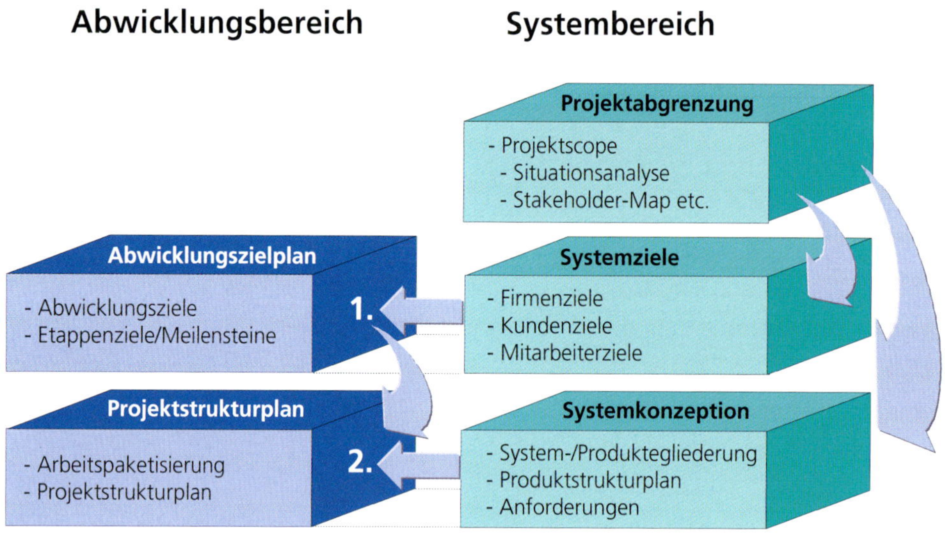

Abb. 4.36: Projektstrukturplanung (2. Planungselement)

Gemäss Burghardt [Bur 2002] ist eine technische Strukturierung des geplanten Produkts (bzw. Systems) für die sachgerechte Abwicklung eines Projekts unbedingt notwendig. Sie wird als Produktstruktur bezeichnet und enthält alle zu entwickelnden Produktteile; damit verkörpert sie den Architekturplan des Vorhabens. Aus der Produktstruktur wird die Projektstruktur abgeleitet (Abbildung 4.36). Die unterste Strukturebene des Projektstrukturplans umfasst alle für die Realisierung des Vorhabens notwendigen Arbeitspakete (AP).

Um die verschiedenen Strukturpläne besser voneinander unterscheiden zu können, ist es sinnvoll, die in Abbildung 4.37 verwendete Zeichenkonvention einzuhalten. Gemäss dieser Darstellungsweise wird der Projektstrukturplan im Vergleich zum Produktstrukturplan mit waagrechten und senkrechten Verbindungen gezeichnet. Die Produktstruktur hingegen wird mit schrägen Verbindungslinien dargestellt. Der Vorteil dieser Zeichenkonvention besteht darin, dass man allein aufgrund der äusseren Form sofort erkennt, ob es sich um einen Projektstrukturplan oder um einen Produktstrukturplan handelt.

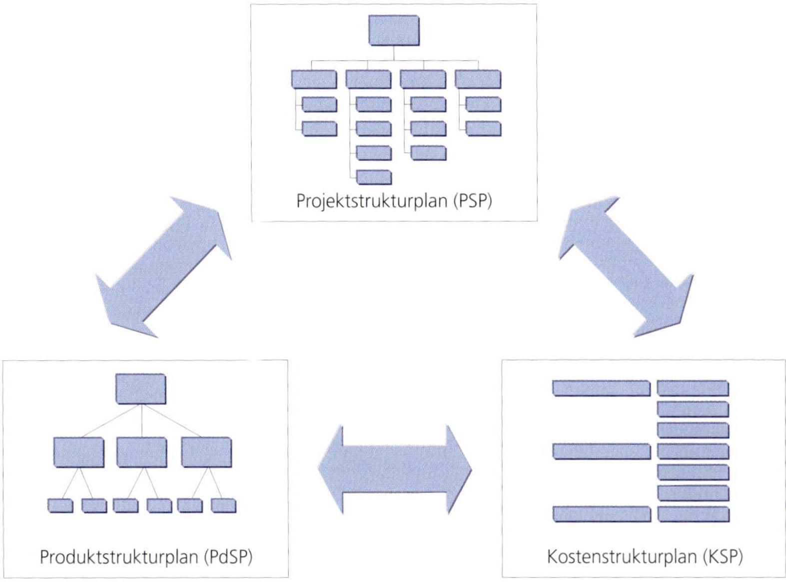

Abb. 4.37: Strukturierungs-Dreigespann [Bur 2002]

In den nachfolgenden Unterkapiteln wird näher auf den Produkt- und den Projektstrukturplan eingegangen. Der Kostenstrukturplan wird im Kapitel 4.3.3.6.1 (☞ „Kostenstrukturplan") erläutert. Zudem gibt es ein Unterkapitel, das beschreibt, wie aus dem Projektstrukturplan Arbeitspakete (und konkrete Aktivitäten) abgeleitet werden können.

4.3.3.2.1 Produktstrukturplan

Der Produktstrukturplan enthält alle Teile respektive Komponenten, aus denen das zu entwickelnde Produkt (bzw. System) bestehen soll. Dazu gehören sowohl die neu zu entwickelnden Teile als auch jene, die aus früheren Entwicklungen stammen oder zugekauft werden müssen. Grundsätzlich muss die Produktstruktur von den betriebsinternen Produktgestaltern für das Projekt zur Verfügung gestellt werden. Dies ist leider nicht immer der Fall, und so kommt es in Projekten des Öfteren vor, dass die Produktstruktur vom Projektteam selbst entwickelt werden muss. Produktstrukturen leiten sich oftmals auch aus der Unternehmenstradition ab. Dies hat zur Folge, dass nicht das neutrale Produkt in seinen Einzelteilen, sondern das bestehende Produkt in seinen traditionsbezogenen Strukturen abgebildet wird, was zu einer absoluten Unbeweglichkeit führen kann. Ziel eines jeden Projekts ist es daher, das Produkt (System) auf einer neutralen, flexiblen Struktur aufzubauen. Ist kein Produktstrukturplan vorhanden, ist es die Aufgabe des Projektleiters, im Rahmen der Anforderungsentwicklung einen Auftrag für eine Produktstruktur einzureichen, der von der entsprechenden Fachabteilung unter Mithilfe des Projektteams zu erfüllen ist (☞ Kapitel 5.3 „Anforderungsentwicklung"). Dies ist eine aufwendige und schwierige Arbeit: Sie gibt dem Projektleiter jedoch die notwendige Übersicht für die Planung und zusätzlich flexible Produktgestaltungsmöglichkeiten.

Als Produktstruktur bezeichnet man die technische Gliederung des zu entwickelnden Produkts (bzw. Systems) in seine Produktteile; sie ist die Realisierungsstruktur des Produkts [Bur 2002].

Der Produktstrukturplan fungiert als Basisplan für die gesamte Produktentwicklung. Die Darstellung mit Hilfe einer Grafik vermittelt eine bessere Übersicht über das zu entwickelnde Produkt bzw. System (☞ Abbildung 4.37). Der Nachteil dieser Darstellungsform ist, dass schon kleinere Produkte Grafiken erzeugen, die rasch über das übliche Kopiermass hinauswachsen, was in Bezug auf die Vervielfältigung und Verbreitung problematisch werden kann. Demgegenüber ist eine Gliederung in Listenform handlicher und änderungsfreundlicher. Ausserdem bietet die Listenform die Möglichkeit, zusätzliche Informationen für unterschiedliche Anwendungszwecke laufend zu integrieren. Die folgende Abbildung zeigt die vereinfachte, historisch gewachsene Produktstruktur einer Tageszeitung.

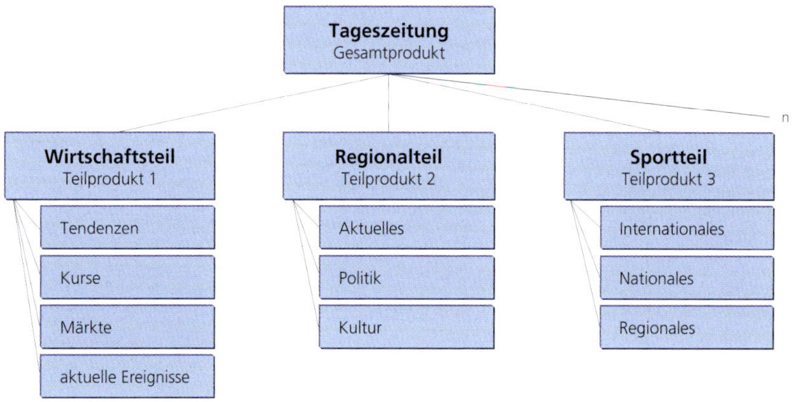

Abb. 4.38: Vereinfachte Produktstruktur einer Tageszeitung

Eine neutrale Gestaltung dieses Beispiels zeigt hingegen die folgende Abbildung:

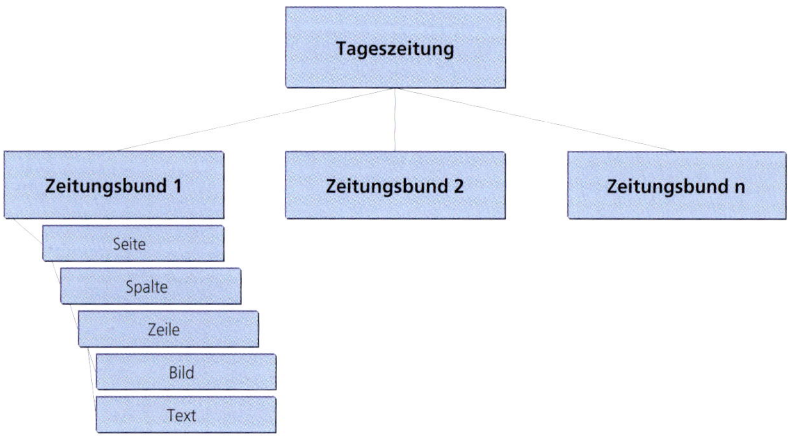

Abb. 4.39: Vereinfachte neutrale Produktstruktur einer Zeitung

Aus den Abbildungen 4.38 und 4.39 ist ersichtlich, dass die erste Produktstruktur mit einem bestehenden Produkt fest verbunden ist, die zweite Struktur hingegen nicht, da sie nur nach den reinen Gliederungsbestandteilen einer Tageszeitung aufgeteilt ist. Würde in einem Zeitungsverlag die gesamte Systemgestaltung (Reorganisation eines Verlags) nach einer neutralen Produktstruktur (Abstrahierung) ausgerichtet, so könnte dies auf die Strategie der gesamten Unternehmung eine entscheidende, positive Wirkung ausüben. Dieses wertneutrale System würde somit mit den entsprechenden Nummernsystemkreisen innerhalb eines Zeitungsprodukts und des gesamten Verlags eine sehr grosse Flexibilität und eine immense Reaktionsgeschwindigkeit zulassen. Das heisst, es könnte ohne grössere Probleme z.B. ein weiterer Verlag mit einem Zeitungsprodukt aufgekauft und ins Unternehmen systemtechnisch integriert werden.

4.3.3.2.2 Projektstrukturplan

Ein detaillierter Projektstrukturplan (Work Breakdown Structure „WBS") ist die Basis für das gute Gelingen eines Projekts. Spätestens bei seiner Erstellung werden die Fähigkeiten des Projektleiters auf die Probe gestellt. Beherrscht er die Erstellung, so dürfte den Projektleiter, aufgrund seines modularen und transparenten Projektstrukturplans, nichts so schnell „aus der Bahn werfen". Er kann den Plan nicht nur für die restlichen Planungselemente einsetzen, sondern auch zum Steuern und Kontrollieren der Termine, der Kosten und zur Beschreibung des Projektfortschritts.

Die Projektstruktur ist die Gesamtheit aller Elemente (Teilprojekte, Arbeitspakete, Vorgänge) eines Projekts sowie die wesentlichen Beziehungen zwischen diesen Elementen [DIN 69901-5:2007].

Auf der obersten Ebene eines Projektstrukturplans steht der Projektname oder die Projektbezeichnung. Auf der nächsten Ebene folgen, wenn vorhanden, die Teilprojekte (Architectural Release), die in ihrer Bezeichnung auch identisch mit den Unter- oder Teilsystemen sein können. Auf der untersten Ebene eines Projektstrukturplans befinden sich die einzelnen Arbeitspakete (AP), welche die einzelnen Tätigkeiten beinhalten.

Der Projektstrukturplan bildet das Fundament für die gesamte Projektplanung. Dies gilt für die Planung der Termine (ablauforientierter Projektstrukturplan) sowie für die Planung der Einsatzmittel (funktionsorientierter und objektorientierter bzw. gemischter Projektstrukturplan). Welchen oder welche Projektstrukturpläne der Projektleiter letztlich verwendet, wird allein vom Verwendungszweck bestimmt, der neben den organisatorischen Aspekten auch die Kosten, die verfügbaren Einzellösungen oder die Auftragsverteilung berücksichtigt.

Nachfolgend werden die verschiedenen Projektstrukturpläne kurz beschrieben, die nach verschiedenen Gesichtspunkten aufgebaut und je nach Aufgabenstellung eingesetzt werden können.

- Objektorientierter Projektstrukturplan
  Beim objektorientierten Projektstrukturplan richtet sich die Gliederung der Arbeitspakete nach den einzelnen „Bestandteilen" eines Systems inklusiv solcher, die nur für die Dauer des Projekts notwendig sind (z.B. eine Zwischenlösung). Ein objektorientierter Projektstrukturplan schafft Übersicht über die einzelnen Bestandteile des zu gestaltenden Objekts und deren logische Gruppierung.

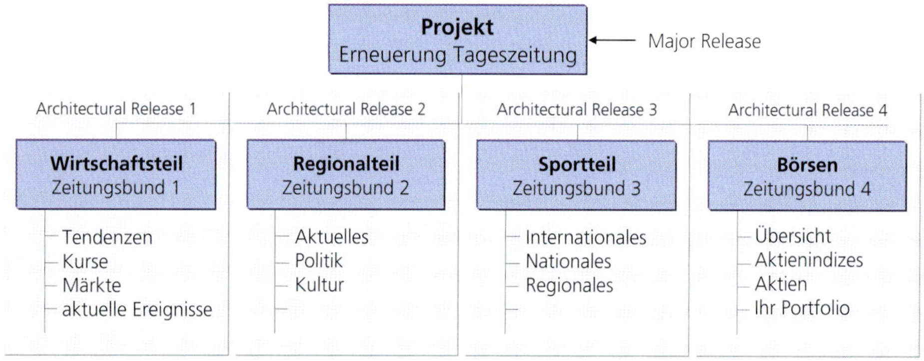

Abb. 4.40: Objektorientierter Projektstrukturplan

Die Produktstruktur sollte deutlich vom objektorientierten Projektstrukturplan getrennt werden. Der Produktstrukturplan ist eine rein bestandteilmässige Gliederung des zu entwickelnden Produkts. Der objektorientierte Projektstrukturplan hingegen beinhaltet neben den Einzelteilen des künftigen Produkts auch die während des Vorhabens zusätzlich entwickelten und die für die Entwicklung benötigten temporären Bestandteile. In Informatikprojekten gehören z.B. Übergangslösungen, Temporärdateien, Testkonstruktionen etc. dazu, die später nicht mehr als Bestandteile des Produkts gelten; in einem Bauprojekt ist das Gerüst, das gebraucht wurde, am Schluss nicht Bestandteil des Produkts „Haus". Die klare Unterscheidung von objektorientierter Projektstruktur und Produktstruktur hat den Vorteil, dass die endgültigen Bestandteile des Produkts und die temporär notwendigen Teile deutlich voneinander getrennt werden.

- Ablauforientierter Projektstrukturplan
  Beim ablauforientierten Projektstrukturplan werden alle notwendigen Arbeitspakete für die Produkterstellung aufgeführt und möglichst ablauflogisch strukturiert. Er beschreibt alle zu erfüllenden Aufgaben in der logischen Reihenfolge ihrer Folgebeziehungen.

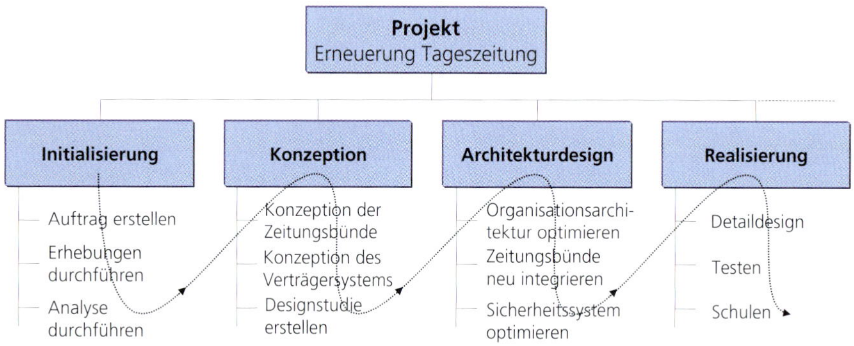

Abb. 4.41: Ablauforientierter Projektstrukturplan

Wie Abbildung 4.41 aufzeigt, kann der ablauforientierte Projektstrukturplan so beschrieben werden, dass er als Rohgerüst grundsätzlich bei jeder Projektabwicklung angewendet werden kann. In dieser Form sollte er auch für eine homogene Abwicklung aller Projekte in einem Unternehmen im Projektmanagement-Leitfaden allgemein definiert sein.

- Gemischter Projektstrukturplan
  Der objektorientierte Projektstrukturplan birgt die Gefahr einer Verflechtung mit dem Produktstrukturplan in sich, und der ablauforientierte Projektstrukturplan ist zu stark an den Ablaufplan angelehnt. Dies kann einen gewissen Mangel an Flexibilität bei der Definition der Arbeitspakete zur Folge haben. Deshalb treten in der Praxis häufig Mischformen von Projektstrukturplänen auf, die auf den genannten zwei Grundtypen aufbauen. Diese Mischformen können beispielsweise auf der obersten Ebene eine objektorientierte Strukturierung und auf den unteren Ebenen eine ablauforientierte Strukturierung aufweisen [Bur 2002]. Ein wichtiger Grund, weshalb die Mischformen in der Praxis so weit verbreitet sind, liegt unter anderem darin, dass die Haupttätigkeiten des Projektleiters (Planen, Steuern und Kontrollieren) in der Struktur mitaufgeführt werden können. Bei der objektorientierten Strukturierung werden diese Arbeiten oft vergessen, da sie nicht direkt in die logische Gliederung passen. Der Vorteil der Mischform liegt unter anderem in der implizierten Strukturierung der Tätigkeiten des Projektmanagements.

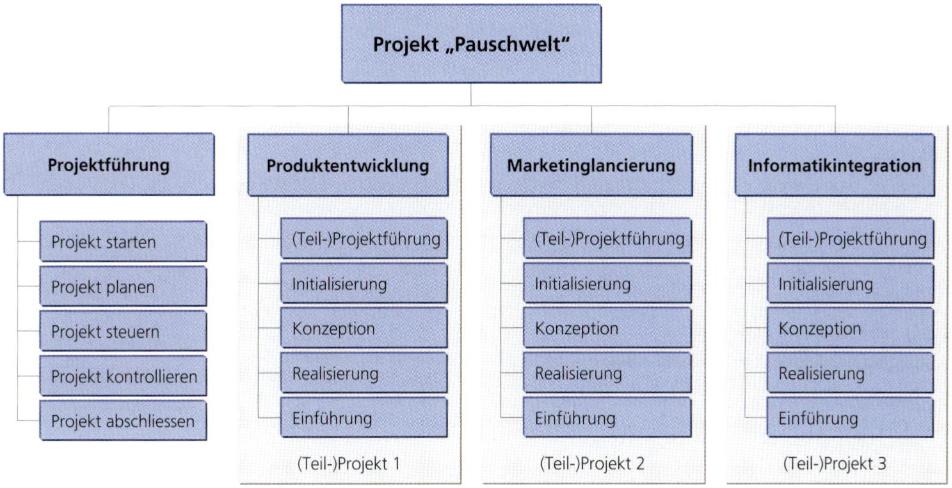

Abb. 4.42: Gemischter Projektstrukturplan

4.3.3.2.3 Arbeitspaketisierung

Die Ebene Arbeitspaket ist die letzte Detaillierungstufe einer Projektstrukturierung. Auf diesem Detaillierungsgrad sollten klare, arbeitsbezogene Konturen ersichtlich sein. Dadurch erlaubt ein detaillierter Projektstrukturplan eine genaue und vollständige Beschreibung aller Arbeitspakete eines Projekts.

Ein Arbeitspaket ist eine in sich geschlossene Aufgabenstellung innerhalb eines Projekts, die bis zu einem festgelegten Zeitpunkt mit definiertem Ergebnis und Aufwand vollbracht werden kann.

Arbeitspakete (APs) müssen so definiert werden, dass der Projektleiter die für ihn notwendige Übersicht und Flexibilität bezüglich der Projektabwicklung erhält.

Hierarchien	Beschreibung	Auftrag	Feedback
Programm	Ein Programm ist ein umfassendes Vorhaben, welches einen grossen Teil einer Unternehmung betrifft. Ein Programm umfasst mehrere Projekte.		
Projekt	Ein Projekt ist ein in sich geschlossenes Vorhaben, das aufgrund der Strategie, eines Bedarfs, eines Problems etc. definiert wird. Die Projekte werden gemäss der Projektklassifizierung in 4 Klassen unterteilt.	Projektantrag Projektauftrag	Projektstatus-bericht
Teilprojekt	Ein Teilprojekt ist ein grösserer, in sich logisch geschlossener Teilbereich eines grösseren Projekts. Bezüglich Planung, Kontrolle, Berichterstattung wird das TP genau gleich wie das Projekt behandelt.	Projektantrag	Teilprojekt-statusbericht
Arbeitspaket	Ein Arbeitspaket (AP) ist eine in sich geschlossene Arbeitseinheit und sollte nicht kleiner als 3 Arbeitstage und nicht grösser als 30 Arbeitstage sein. Gibt es keine Teilprojekte, so sind die APs direkt dem Projekt zuzuordnen.	Arbeitspaket-auftrag	Arbeitspaket-statusbericht
Aktivität	Eine Aktivität ist eine Tätigkeit, die einem AP zugeordnet ist oder aber auf der „Aktivitätenliste" geführt wird. Es können 1–n Aktivitäten einem AP zugeordnet werden.	Mündliche Delegation einer Aktivität	Mündliche Rapportierung über den Aktivitätenzustand

Abb. 4.43: Projektstrukturebenen

Die Kunst der Arbeitspaketisierung besteht nicht darin, einen möglichst hohen Detaillierungsgrad, sondern den optimalen Detaillierungsgrad zu finden, der sicherstellt, dass die Planung und Überwachung des Projekts sowie die Zuordnung der Aktivitäten problemlos funktionieren. Der optimale Detaillierungsgrad hängt im Weiteren von den Einflussfaktoren wie der Art des Projekts, den eingesetzten Hilfsmitteln, den Fähigkeiten des Projektleiters sowie von der zur Verfügung stehenden Infrastruktur ab.

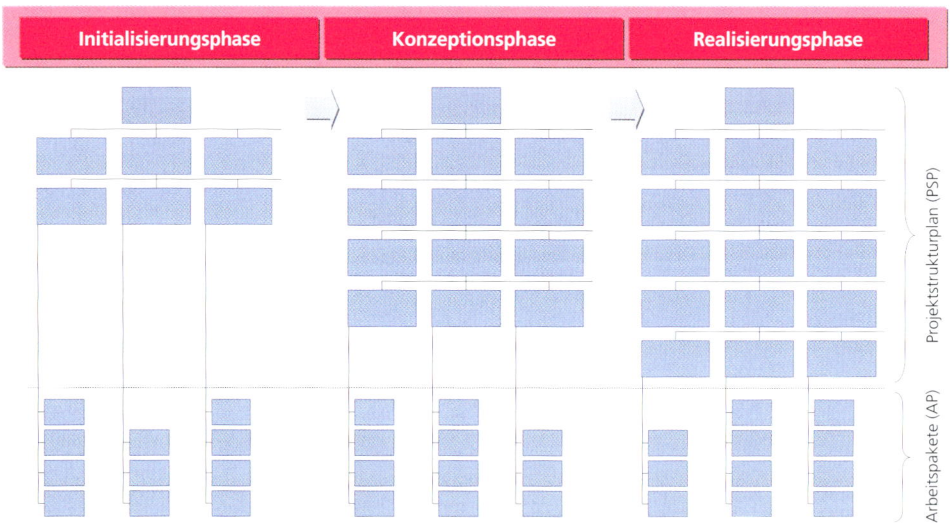

Abb. 4.44: PSP-Entwicklungsschritte [Mad 1994]

Von einem Projektleiter wird nicht verlangt, dass er die Projektstruktur bzw. die Arbeitspaketisierung schon bei der ersten Planung bis ins letzte Detail erstellt. Insbesondere bei einem Top-Down-Ansatz wäre dies für den Projektleiter sehr schwierig. Bei der Bildung der Projektstruktur bzw. der Arbeitspakete handelt es sich vielmehr um einen Prozess stetiger Verfeinerung.

Welche Hauptpunkte bei der Beschreibung eines Arbeitspakets berücksichtigt werden müssen, wird in Abbildung 4.45 gezeigt.

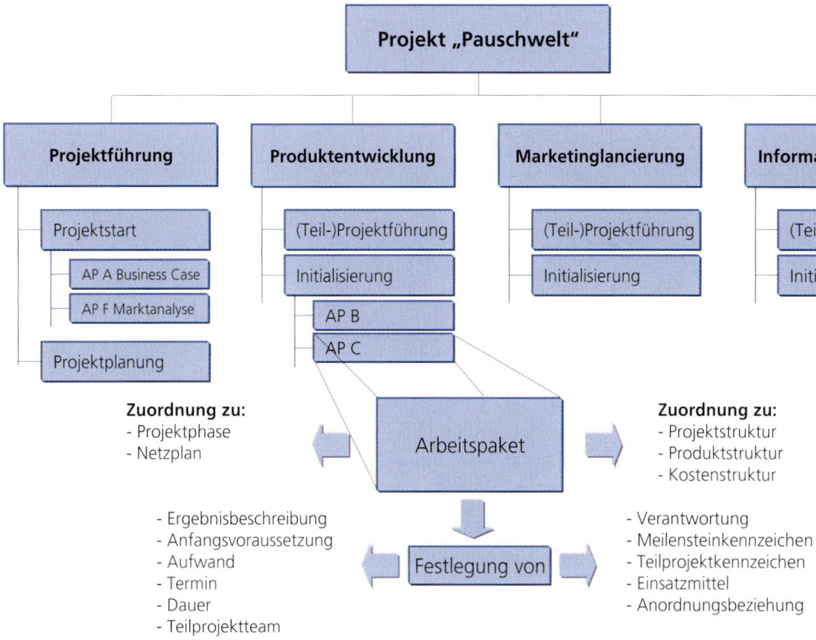

Abb. 4.45: Definition eines Arbeitspakets

Wie umfangreich (Personentage) ein Arbeitspaket sein soll, hängt, wie bereits erwähnt, von diversen Faktoren ab. Unabhängig davon können folgende Punkte als Richtgrössen dienen:

- Ein Mitarbeiter kann max. 4 Arbeitspakete gleichzeitig bearbeiten.
- Mit einem Arbeitspaket sollten maximal drei Mitarbeiter beschäftigt sein.
- Ein Arbeitspaket sollte nicht kleiner als 5 Tage und nicht grösser als 60 Arbeitstage sein – das heisst, drei Mitarbeiter à 20 oder ein Mitarbeiter à 60 Arbeitstage. Die Erfahrung hat gezeigt, dass Arbeitspakete zwischen 5 und 30 Tage eine ideale Grösse sind.
- Arbeiten mit einem Arbeitsaufwand von weniger als 5 Tagen werden in der Pendenzenliste festgehalten.

Wurden die Arbeitspakete im notwendigen Detaillierungsgrad definiert, kann zu diesem Zeitpunkt (spätestens beim Planungsschritt 4: „Einsatzmittelplanung") ein erstes Mal eine einsatzmittelorientierte Aufwandschätzung durchgeführt werden. Das A und O jeder eingesetzten Aufwandschätzung ist der Projektstrukturplan: Je besser dieser erstellt wurde, desto genauer ist die Schätzung. Jedem Projektleiter stehen einfache, aber sehr effiziente Aufwandschätztechniken zur Verfügung, die im Anhang A.2 (☞ „Aufwandschätztechniken") im Detail beschrieben sind.

4.3.3.3 Ablaufplanung

Bei diesem Planungselement müssen die logischen Abhängigkeiten der Arbeitspakete, die durch verschiedene Einflussgrössen bestimmt werden, ermittelt und festgelegt werden. Aufgrund einer übersichtlichen Ablaufplanung wird den Projektbeteiligten ersichtlich gemacht, welches Arbeitspaket erstellt sein muss, bevor mit einem anderen Arbeitspaket begonnen werden kann, bzw. was getan werden muss, um festgelegte Abwicklungsziele und Meilensteine erreichen zu können.

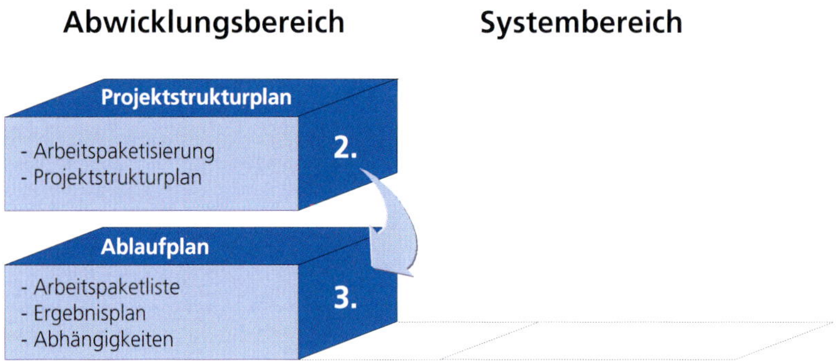

Abb. 4.46: Ablaufplanung (3. Planungselement)

Aus dem Projektstrukturplan wird eine Arbeitspaketliste (Vorgangsliste) abgeleitet und aufgrund dieser ein Netzplan ohne Zeitangaben erstellt. Die Arbeitspaketliste wird dabei so gestaltet, dass alle weiteren Resultate wie beispielsweise die Einsatzmittel-, die Kosten- und die Zeitwerte aus den nachfolgenden Planungselementen einfliessen und mit berücksichtigt werden können. Aufgrund des Netzplans ist ersichtlich, welche Arbeitspakete parallel (sofern genügend Ressourcen vorhanden sind) und welche sequenziell durchgeführt werden müssen. Diese Erkenntnisse bilden wiederum die Grundlage für den Ergebnisplan, der ebenfalls im Verlauf der Planung sukzessive vervollständigt wird und aus dem schliesslich ein Prüfplan abgeleitet werden kann (☞ Kapitel 7.3.1 „Prüfplan“).

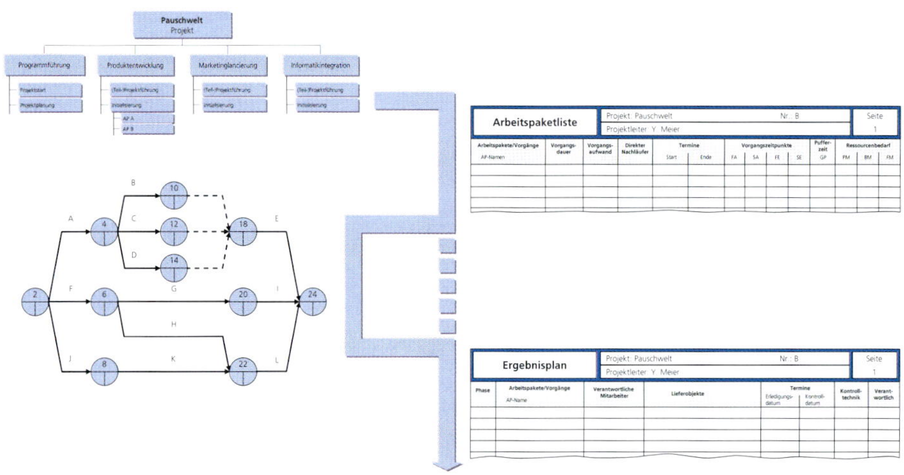

Abb. 4.47: Planungswerteübertragung [Bur 2002]

Bei der ersten Betrachtung ist dieses Planungselement nicht so schwierig. Bei grösseren Projekten mit mehreren hundert APs dürfte dies jedoch zu einer äusserst herausfordernden und sehr wichtigen Planungsarbeit zählen, da es beispielsweise bei einem Hausbau entscheidend ist, dass der Beton trocken ist, bevor der Gipser und der Maler ihre Arbeiten verrichten können. Berg [Ber 1973] erfasst die logischen Beziehungen zwischen den Ereignissen und Vorgängen einer auf die Vorgänge bezogenen Projektbetrachtung mit einer systematischen Fragetechnik:

- Welche Vorgänge sind unmittelbare Voraussetzungen für das betrachtete Arbeitspaket?
- Welche Vorgänge können einem betrachteten Arbeitspaket unmittelbar folgen?
- Welche Vorgänge können unabhängig vom betrachteten Arbeitspaket ausgeführt werden?
- Entspricht der gewählte Feinheitsgrad der Arbeitspakete den Anforderungen einer ablaufgerechten Projektabbildung?

Diese Fragetechnik ist ein sehr gutes Hilfsmittel, um aus dem Projektstrukturplan die Arbeitspaketliste (und den Netzplan ohne Zeitangaben) ableiten zu können.

4.3.3.3.1 Arbeitspaketliste

Wie bereits erwähnt, wird die Arbeitspaketliste im Verlauf der Planung sukzessive ausgefüllt. Zu diesem Zeitpunkt des Planungsablaufs können die Arbeitspakete und die vorgangsbezogenen logischen Abhängigkeiten (direkter Nachfolger) in die Liste eingetragen werden.

Arbeitspaketliste | Projekt: „Pauschwelt", TP: Produktentwicklung | Nr.: B.1 | Seite: 1
Projektleiter: Y. Meier

Arbeitspakete/Vorgänge	Vorgangs-dauer	Vorgangs-aufwand	Direkter Nachläufer	Termine		Vorgangszeitpunkte				Puffer-zeit	Ressourcenbedarf		
AP-Namen				Start	Ende	FA	SA	FE	SE	GP	PM	BM	FM
Arbeitspaket A			B, C, D										
Arbeitspaket B			E										
Arbeitspaket C			E										
Arbeitspaket D			E										
Arbeitspaket E			-										
Arbeitspaket F			G, H										
Arbeitspaket G			I										
Arbeitspaket H			L										
Arbeitspaket I			-										
Arbeitspaket J			K										
Arbeitspaket K			L										
Arbeitspaket L			-										

FA = Frühester Anfangszeitpunkt des Vorgangs	GP = Gesamte Pufferzeit	PM = Personalmittel
SA = Spätester Anfangszeitpunkt des Vorgangs	FP = Freie Pufferzeit	BM = Betriebsmittel
FE = Frühester Endzeitpunkt des Vorgangs	UP = Unabhängige Pufferzeit	FM = Finanzmittel
SE = Spätester Endzeitpunkt des Vorgangs		

Abb. 4.48: Arbeitspaketliste in der Ablaufplanung

4.3.3.3.2 Externe Abhängigkeiten

Wie im Kapitel 3.4.1.2.6 (☞ „Bewertung der Abhängigkeiten") erläutert, ist ein Projektleiter mit seinem Projekt vermehrt in die Umwelt eingebettet. Das heisst, er hat und er produziert mit seinem Projekt Abhängigkeiten. Diese externen Abhängigkeiten werden in diesem Planungspunkt auf die konkreten Leistungen reduziert, sprich auf konkrete zu erstellende Lieferobjekte (Abhängigkeit zu) und zu erhaltene Lieferobjekte (Abhängigkeit von). Diese Abhängigkeiten, versehen mit der notwendigen Eingangs- wie auch Ausgangskontrolle, müssen in einem Projekt geplant respektive gemanagt werden. Dabei kann eine einfache Tabelle helfen:

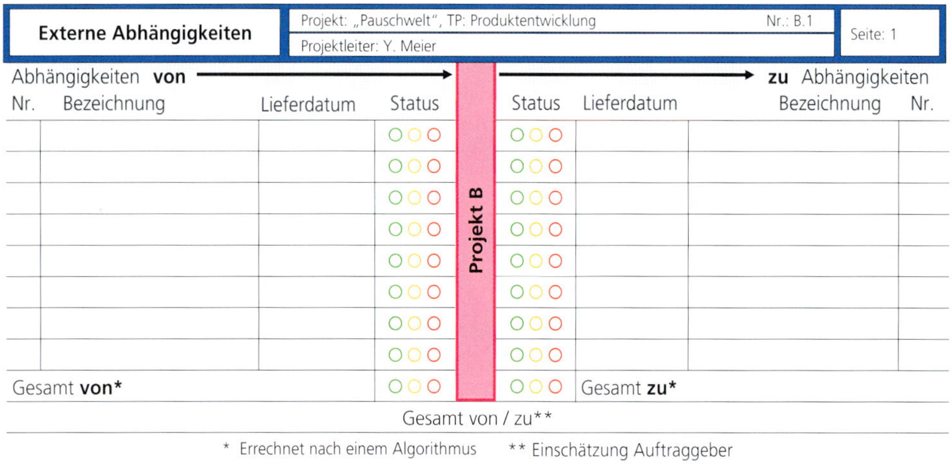

Abb. 4.49: Externe Abhängigkeiten von und zu dem Projekt

Diese tabellarische Aufführung, mit entsprechenden Ampeln versehen, kann bei der monatlichen Berichterstattung einfach aufzeigen, wie der Status der externen Abhängigkeiten aussieht.

4.3.3.3.3 Netzplan ohne Zeitangaben

Mit dem Netzplan ohne Zeitangaben sollen die in diesem Planungselement notwendigen logischen Abhängigkeiten zwischen den einzelnen Arbeitspaketen grafisch dargestellt werden. Da in den ersten zwei Planungselementen keine konkreten Angaben über die Dauer und die Termine der einzelnen Arbeitspakete gemacht werden können, müssen sie in den nachfolgenden Planungsschritten bzw. -elementen ergänzt werden.

Das Erstellen eines Balkendiagramms macht zu diesem Planungszeitpunkt aufgrund der oben aufgeführten Gründe keinen grossen Sinn.

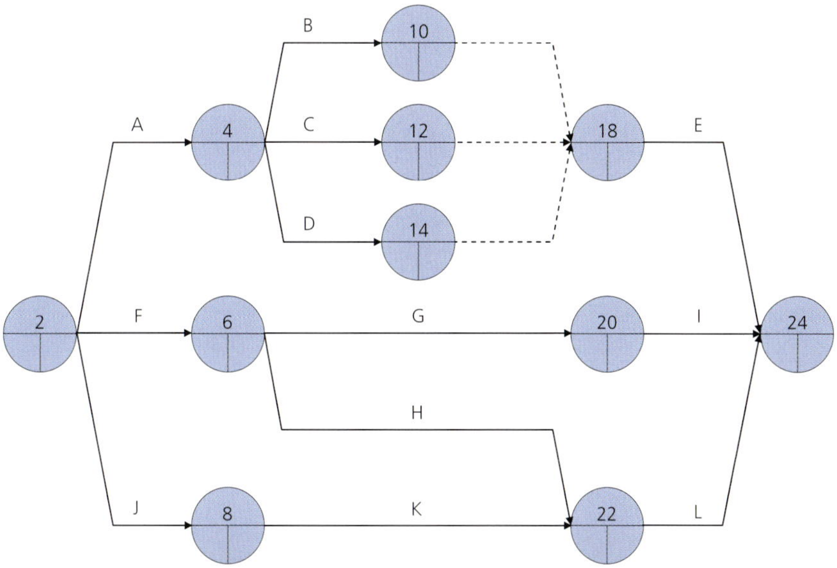

Abb. 4.50: Netzplan ohne Zeitangaben

4.3.3.3.4 Ergebnisplan

Während die Arbeitspaketliste in erster Linie die Basis für den Einsatzmittel-, den Projektkosten- und den Terminplan bildet, stellt der Ergebnisplan ein Führungsinstrument dar, mit dem der Einsatz der Mitarbeiter angeordnet werden kann und deren konkrete Ergebnisse (Lieferobjekte) kontrolliert werden. Genau gleich wie die Arbeitspaketliste wird auch der Ergebnisplan während der Projektplanung schrittweise vervollständigt.

Ergebnisplan	Projekt: „Pauschwelt", TP: Produktentwicklung	Nr.: B.1	Seite: 1
	Projektleiter: Y. Meier		

Phase	Arbeitspakete/Vorgänge AP-Name	Verant-wortlich	Hauptlieferobjekt der Arbeitspakete	Erledigungs-datum	Status	Kontroll-datum	Kontroll-technik	Status	Verant-wortlich	Freigabe-datum
Init.	Arbeitspaket A		Business Case							
Konz.	Arbeitspaket B		SWOT-Analyse							
Konz.	Arbeitspaket C		Pflichtenheft							
Konz.	Arbeitspaket D		Kriterienkatalog							
Konz.	Arbeitspaket E		Vertrag							
Init.	Arbeitspaket F		Marktanalyse							
Konz.	Arbeitspaket G		Konzept							
Konz.	Arbeitspaket H		Mengengerüst							
Konz.	Arbeitspaket I		Phasenbericht							
Konz.	Arbeitspaket J		Anforderungsspezifikation							
Konz.	Arbeitspaket K		Papierprototyp							
Konz.	Arbeitspaket L		Aktualisierter Projektplan							

⧗ = geplant ✓= erstellt ◆ = geprüft

Abb. 4.51: Ergebnisplan in der Ablaufplanung

4.3.3.4 Einsatzmittelplanung

Mittels Berechnung oder Schätzung der notwendigen Einsatzmittel (Personal- und Betriebsmittel) werden in diesem Planungselement der Einsatzmittelbedarf sowie die optimale Dauer der Arbeitspakete festgelegt (Einsatzmittelbedarfsschätzung). Aufgrund von Kapazitätsberechnungen wird bestimmt, wann wo wie viele Einsatzmittel benötigt werden, um den vorgegebenen oder gewünschten Endtermin einhalten zu können. Als Basiswerte eignen sich hier wiederum die Arbeitspaketliste und der Netzplan, da aus diesen Werten ein optimaler Einsatz der Personal- und Betriebsmittel hergeleitet werden kann.

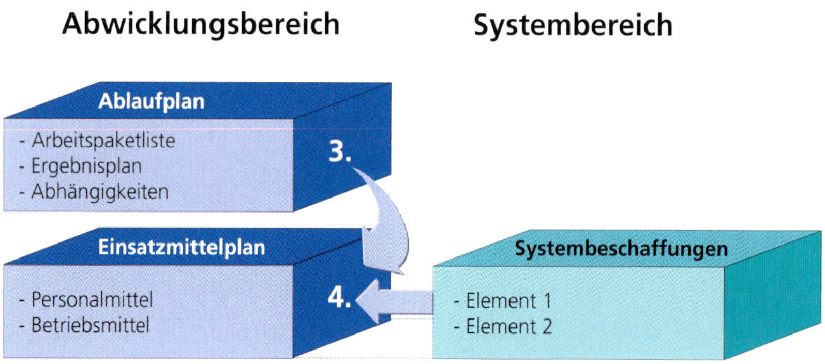

Abb. 4.52: Einsatzmittelplanung (4. Planungselement)

Der Einsatzmittelplan ist ein wichtiges Führungsinstrument, da mit seiner Hilfe eine optimale Ausnützung der notwendigen Personal- und Betriebsmittel erreicht werden kann. Leider ist vielen Projektleitern der einfache Zusammenhang zwischen „Bagger und Baggerführer" nicht klar. Ein Kran steht nicht rein zufällig oder gar gratis auf der Baustelle. Es kommt auch nicht vor, dass auf einer Baustelle sechs Baggerführer und nur zwei Bagger vorhanden sind. In vielen IT-Projekten ist es jedoch so, dass mehrere Software-Entwickler in einer viel zu kleinen Testumgebung arbeiten – das entspräche mehreren Baggerführern in derselben Baggerführerkabine! Diese Fehlsituation kommt in Projekten häufig vor, weil die Personal- und Betriebsmittel bzw. deren Kosten nicht vollständig als Projektaufwand gerechnet werden. Die Folgen sind gravierende Engpässe bei den vorhandenen Einsatzmitteln, da auch andere Projekte dieselben Einsatzmittel ungeplant benötigen. Nicht selten ist der Projektleiter über diesen Zustand sehr erstaunt, obwohl er den planerischen Fehler selbst begangen hat.

> Die Einsatzmittelplanung befasst sich mit den Einsatzmitteln, die für Projektvorgänge und Arbeitspakete benötigt werden. Hierbei sind vorgegebene Ziele und Einflussgrössen zu beachten und erforderliche Massnahmen vorzusehen [DIN 69902].

Mit einem umfassenden Einsatzmittelplan kann der beschriebenen „Bagger-Baggerführer-Problematik" entgegengewirkt werden. Voraussetzung für dieses Planungselement sind die einzelnen Arbeitspakete und deren logische Verknüpfungen, die aus den vorhergehenden Planungsschritten stammen.

Das konkrete Ziel dieses Planungselements besteht darin, den zeitlichen sowie den mengenmässigen Einsatz der Personal- und Betriebsmittel unter betriebswirtschaftlichen Gesichtspunkten zu bestimmen. Dadurch wird die Dauer eines Arbeitspakets unter Berücksichtigung des Aufwands und Verwendung der bereitgestellten Einsatzmittel festgelegt. Bei einer Kapazitätsberechnung werden den einzelnen Arbeitspaketen die erforderlichen Personal- und Betriebsmittel zugeordnet, und es wird daraus die entsprechende Dauer abgeleitet. Das heisst, die Einsatzmittel werden pro Arbeitspaket disponiert. Diese Disposition erfolgt aufgrund des geschätzten Aufwands an Einsatzmitteln sowie der jeweiligen Bedarfsanalyse und -beurteilung.

In diesem Planungselement können weitere Werte in die Arbeitspaketliste eingetragen werden:

- Vorgangsdauer der einzelnen Arbeitspakete (z.B. Anzahl Wochen),
- Vorgangsaufwand (z.B. Anzahl Personenwochen),
- Vorgangszeitpunkte (FA, SA, FE und SE),
- Pufferzeiten (gesamte, freie und unabhängige Pufferzeit),
- Personal- und Betriebsmittelbedarf.

Arbeitspaketliste	Projekt: „Pauschwelt", TP: Produktentwicklung	Nr.: B.1	Seite: 1
	Projektleiter: Y. Meier		

Arbeitspakete/Vorgänge	**Vorgangs-dauer**	**Vorgangs-aufwand**	**Direkter Nachläufer**	**Termine**		**Vorgangszeitpunkte**				**Puffer-zeit**	**Ressourcenbedarf**		
AP-Namen				Start	Ende	FA	SA	FE	SE	GP	PM	BM	FM
Arbeitspaket A	5	20	B, C, D			0	0	5	5	0	4	YYYY	
Arbeitspaket B	6	18	E			5	7	11	13	2	3	YYYZ	
Arbeitspaket C	7	21	E			5	6	12	13	1	3	YYZY	
Arbeitspaket D	8	32	E			5	5	13	13	0	4	YZYY	
Arbeitspaket E	2	4	-			13	13	15	15	0	2	ZYYY	
Arbeitspaket F	2	10	G, H			0	4	2	6	4	5	YYZZ	
Arbeitspaket G	6	24	I			2	6	8	12	4	4	YZYZ	
Arbeitspaket H	3	9	L			2	10	5	13	8	3	YZZY	
Arbeitspaket I	3	6	-			8	12	11	15	4	2	ZYZY	
Arbeitspaket J	6	18	K			0	3	6	9	3	3	ZZYY	
Arbeitspaket K	4	12	L			6	9	10	13	3	3	YZZZ	
Arbeitspaket L	2	6	-			10	13	12	15	3	3	ZYZZ	

FA = Frühester Anfangszeitpunkt des Vorgangs	GP = Gesamte Pufferzeit	PM = Personalmittel
SA = Spätester Anfangszeitpunkt des Vorgangs	FP = Freie Pufferzeit	BM = Betriebsmittel
FE = Frühester Endzeitpunkt des Vorgangs	UP = Unabhängige Pufferzeit	FM = Finanzmittel
SE = Spätester Endzeitpunkt des Vorgangs		

Abb. 4.53: Arbeitspaketliste in der Einsatzmittelplanung

Mit Hilfe von Einsatzmittel-Kapazitätsdiagrammen wird versucht, die wirtschaftlich optimale Auslastung der Personal- und Betriebsmittel zu bestimmen (☞ Anhang A.1.3 „Einsatzmittel-Kapazitätsdiagramm). Zudem zeigen solche Kapazitätsüberlegungen Engpässe und Leerläufe auf. Ist die Einsatzmittelauslastung optimiert, kann mit Hilfe des Netzplans der kritische Pfad bestimmt werden (☞ Abbildung A.19). Daraus ergibt sich auch die gesamte Projektdauer in Tagen (Achtung, noch keine Termine!).

In den kommenden zwei Unterkapiteln wird die Einsatzplanung der Personal- und Betriebsmittel getrennt aufgezeigt. Natürlich müssen diese zwei Subplanungen konsolidiert werden, damit ein einziger Planwert für alle Einsatzmittel resultiert. Das Ergebnis ist schliesslich ein nach allen einsatzmittelbezogenen Gesichtspunkten überarbeiteter Netzplan.

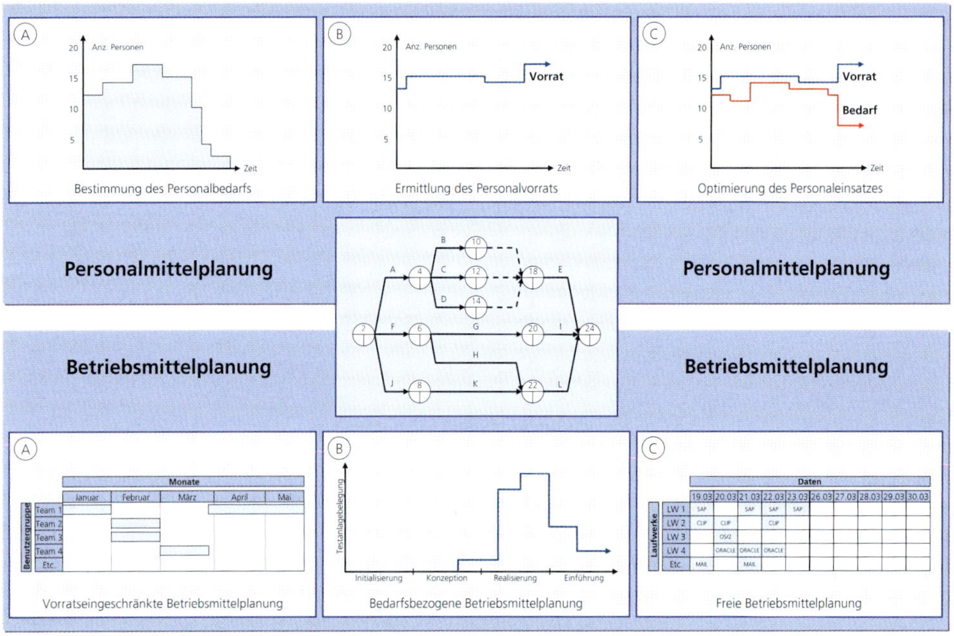

Abb. 4.54: Konsolidierter Einsatzmittelplan

4.3.3.4.1 Personalmittelplanung

Die Personalmittelplanung wird in Zukunft noch mehr an Bedeutung gewinnen, da es zunehmend schwieriger wird, qualifizierte Personen zur richtigen Zeit und am richtigen Ort (und dies möglichst preiswert) einzusetzen. Heutzutage ist das Personal oft das wertvollste Einsatzmittel sowohl hinsichtlich der Kosten als auch hinsichtlich der Qualifikation. Deshalb muss ein Personalmittelplan mit Sorgfalt und Umsicht erstellt werden.

Ist in einem Unternehmen ein Projektportfolio institutionalisiert, so ist das Optimieren des Personalmitteleinsatzes eine um so wichtigere Planungsaufgabe, da ein Projektleiter vom Projektportfolio-Board meistens eine globale Personalmittelvorgabe erhält, in deren Rahmen er sein Projekt abwickeln muss. Sowohl für die hierarchische Ebene „Projektportfolio" als auch für die hierarchische Ebene „Projektführung" ist dabei das Personalmittelvolumen eine wichtige Controlling-Grösse. Diese Grösse kann, nachdem die Organisationsplanung und die Terminplanung durchlaufen wurden, in einem Monats- oder Phasen-Personalmittelplan bestimmt werden. Obwohl zu diesem Zeitpunkt der Planung diese Schritte noch nicht abgehandelt wurden, wird in der nachfolgenden Abbildung ein möglicher kombinierter Monats- und Phasen-Personalmittelplan aufgeführt.

Projekt: Pauschwelt TP: „Produktentwickl."	Total bis heute:	Jahr 2010:												Folgejahr:	
		1	2	3	4	5	6	7	8	9	10	11	12	1	Total
Noch benötigte Tage	0	1883	1839	1792	1742	1699	1653	1599	1539	1500	1437	1379	1321	1259	1200
Y. Meier	0	17	10	10	05	06	20	20	14	13	17	12	20	17	
M. Tobler	0	12	05	10	15	17	19	10	05	20	18	19	15	12	
J. Grün	0	15	20	20	15	15	10	20	05	20	10	17	15	15	
P. Twerenbold	0	10	12	10	8	8	05	10	15	10	13	10	12	15	
Total		54	47	50	43	46	54	60	39	63	58	58	62	59	
									Total benötigte Tage:						1883
									Davon in der PP eingeplant:						683
									In der PP noch benötigte Tage:						1200

	Initialisierungs-phase	Konzeptions-phase	Realisierungs-phase	Einführungs-phase	Total
Phasenstatus	geplant	geplant	geplant	geplant	
Starttermin	11.01.2010	08.02.2010	03.01.2011	03.10.2011	
Endtermin	05.02.2010	17.12.2010	25.11.2011	23.12.2011	
Geplante Tage	75	559	1049	200	1883
Verbrauchte Tage	0	0	0	0	0
Noch benötigte Tage	75	559	1049	200	1883
Abweichung	0	0	0	0	0

Abb. 4.55: Monats- und Phasen-Personalmittelplan

Um einen solchen Personalmittelplan projektspezifisch optimal erstellen zu können, müssen als Erstes der Personalbedarf und der Personalvorrat aufeinander abgestimmt werden. Dies geschieht über drei Stufen: Bestimmung des Personalbedarfs, Ermittlung des Personalvorrats und Optimierung des Personaleinsatzes. Diese drei Stufen werden nachfolgend beschrieben.

4.3.3.4.1.1 Bestimmung des Personalbedarfs

Auf dieser Stufe wird ermittelt, wie viele Arbeitskräfte in welchem Zeitraum für welche Arbeitspakete benötigt werden und welche Anforderungen diese Arbeitskräfte erfüllen sollen. Bei der Erstellung des Personalbedarfsplans müssen somit folgende Aspekte mit einbezogen werden:

- Qualifikation des Personals bezogen auf die auszuführenden Tätigkeiten;
- geschätzte, notwendige Personalkapazität pro Arbeitspaket;
  - gewünschte zeitliche Verfügbarkeit der Personalmittel (Nettoaufwand),
  - gewünschte örtliche Verfügbarkeit der Personalmittel,
  - organisatorische Zuordnung des Personals (IST-Zustand).

Die benötigten Personalmittel stehen vielfach in einem direkten Verhältnis zur vorgesehenen Gesamtprojektdauer, da diese Grösse oftmals vom Auftraggeber vorgegeben wird. Idealerweise sollte der Nettoaufwand (inkl. Einflussgrössen) eines Arbeitspakets gemäss einem oder mehreren Schätzverfahren berechnet werden (☞ Anhang A.2 „Aufwandschätztechniken"). Dieser Nettoaufwand pro Arbeitspaket bildet dann die Berechnungsbasis für die Dauer der Erledigung.

Der notwendige Personalbedarf für jedes einzelne Arbeitspaket wird also aus dem Wert der vorgegebenen oder der geschätzten Gesamtprojektdauer abgeleitet.

$$\text{Einsatzmittel (Personal-)Bedarf} = \frac{\text{Arbeitsmenge}}{\text{Einsatzdauer}}$$

Mit dieser Berechnung, im Zusammenhang mit den logischen Abhängigkeiten (☞ Kapitel 4.3.3.3 „Ablaufplanung"), erhält der Projektleiter den PLAN-Wert (Bedarf) für die Personalmittel, mit denen er das Projekt in der vorgesehenen Zeit durchführen kann.

Im Planungsschritt 3 der Projektplanung wurde ein Netzplan ohne Zeitangaben erstellt (☞ Abbildung 4.50). Wird dieser nun mit den berechneten Einsatzmitteln (Anzahl Personalmittel) ergänzt und als Balkendiagramm dargestellt, erhält man den in der folgenden Abbildung dargestellten Plan.

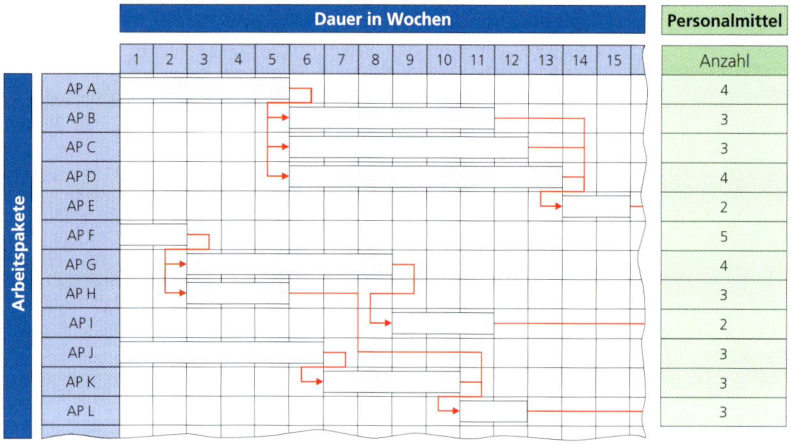

Abb. 4.56: Ablaufplan als Balkendiagramm mit Personalmittelangabe

Nun kann relativ leicht ein Personal-Bedarfsdiagramm erstellt werden. Dies funktioniert wie beim bekannten Spiel „Tetris": Man baut lückenlos die einzelnen Arbeitspakete aufeinander. Wird ein Planungstool eingesetzt, so wird dieses Diagramm automatisch erstellt. Besitzt man kein solches Tool, so kann es relativ einfach mit Programmen wie z.B. „Excel" erstellt werden. Aus dem Diagramm ist der Bedarf an Personalmitteln über die Zeit erkennbar.

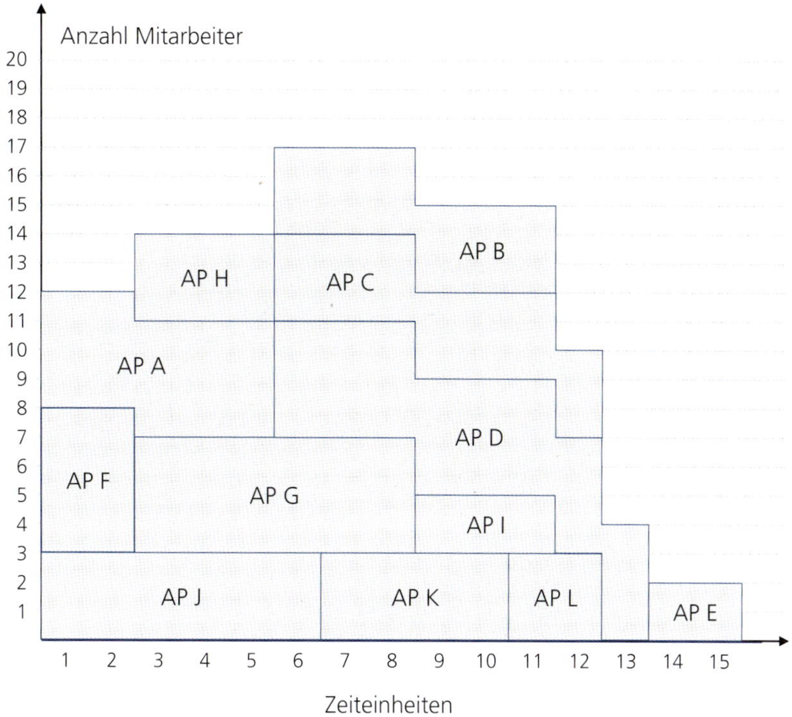

Abb. 4.57: Personal-Bedarfsdiagramm (hier: früheste Lage)

Die Technik der Erstellung eines solchen Kapazitäts- oder Belastungsdiagramms bezüglich des Personalbedarfs wird im Anhang A.1.3 genau erläutert.

4.3.3.4.1.2 Ermittlung des Personalvorrats

Hat der Projektleiter seine Bedarfsplanung durchgeführt, muss er gemäss der Planlogik auf der zweiten Stufe den Vorrat an Mitarbeitern bezüglich Quantität und Qualität ermitteln. In der Praxis wird dem Projektleiter oftmals ein komplettes Projektteam bzw. eine gewisse Anzahl Personen (qualitative Grösse) für die Projektabwicklung zur Verfügung gestellt. Ist dies der Fall, so muss der Projektleiter sofort die qualitative Grösse (Fähigkeiten/Skills) dieses Teams abklären, damit er allenfalls auf Differenzen reagieren kann.

Der Handlungsspielraum eines Projektleiters beim Ermitteln und Bereitstellen von Personalmitteln umfasst je nach Kompetenz das Abziehen von Arbeitskräften aus anderen Organisationseinheiten, Neueinstellungen sowie gezielte Schulungen für die Projektmitarbeiter (Schulungsplan).

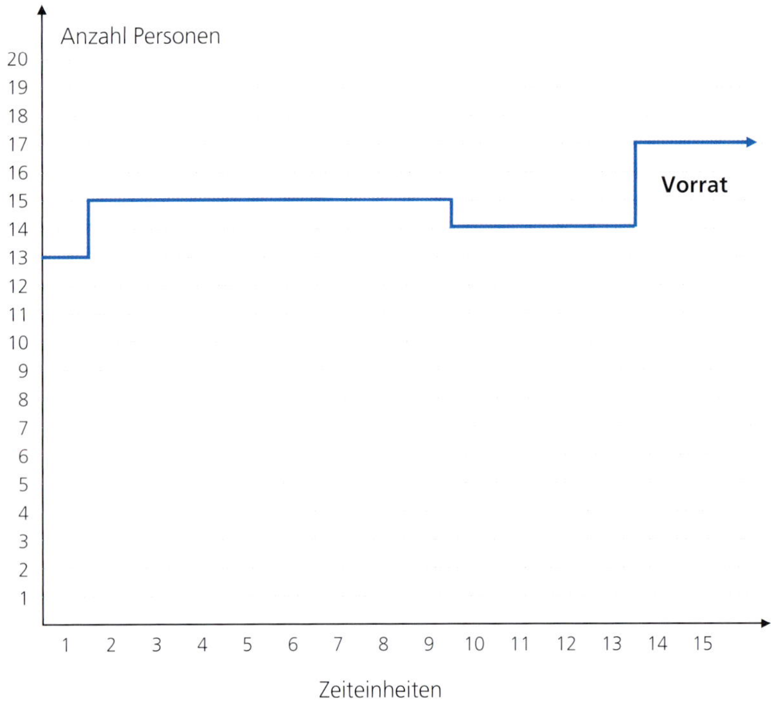

Abb. 4.58: Personalmittel-Belastungsdiagramm vom Vorrat

Bezüglich der Ermittlung des Vorrats an Personalmitteln müssen folgende Aspekte berücksichtigt werden:

- Quantitativer/zeitlicher Aspekt
  Unter dem quantitativen/zeitlichen Aspekt wird die Menge (Anzahl Personen) und deren zeitliche Verfügbarkeit ermittelt. Dabei werden sowohl der mögliche Belastungsgrad (Bruttoarbeitszeit) als auch der aktuelle Auslastungsgrad pro Person analysiert. Der Belastungsgrad einer Person sagt aus, wie viel sie pro Zeiteinheit (z.B. pro Jahr) leisten kann. Der Auslastungsgrad einer Person oder Stelle sagt aus, wie viel Arbeitszeit direkt oder indirekt für die Erfüllung von Aufgaben bereits produktiv genutzt wird. Subtrahiert man den Auslastungsgrad sowie weitere mögliche Ausfallzeiten vom Belastungsgrad, so erhält man den quantitativen zeitlichen Vorrat (Projekteinsatzzeit).

- Qualitativer Aspekt
  Hat man den quantitativen Vorrat errechnet, so müssen die Qualifikationen bestimmt werden. Die Anforderungen für die Erfüllung einer Tätigkeit werden mit der Fähigkeit der Personen (Leistungsfähigkeit und -wille) verglichen, um festzustellen, von welchem effektiven Personenvorrat für die einzelnen Projektaufgaben ausgegangen werden kann [Bur 2002]. Der Nettoaufwand, den ein Arbeitspaket aufweist, basiert immer auf dem Faktor 1. Jede Rolle, die ein Mitarbeiter in einem Projekt einnimmt, erhält gemäss der Fähigkeit der einzusetzenden Person einen Fähigkeitsfaktor. So erhält ein Junioringenieur z.B. einen Faktor von 1.2, ein Senioringenieur dagegen einen Fähigkeitsfaktor von 0.8.

Allzu oft wird in der Praxis der zeitliche Aufwand für ein Arbeitspaket (oder für das ganze Projekt) aus den Bruttozeiten des Personals abgeleitet. Die Verantwortungsträger sind dann erstaunt, wenn die errechneten Werte nicht zutreffen. Viele Planer begründen diese Abweichung mit dem Argument, sie seien keine Hellseher und könnten unvorhergesehene Ausfälle oder Abwesenheiten nicht in die Planung mit einbeziehen. Wird jedoch eine seriöse Brutto-/Netto-Personalaufwandsberechnung vorgenommen, so können solche Abweichungen oftmals planerisch von vornherein eliminiert oder zumindest qualifiziert angegangen werden.

Der Bruttoaufwand eines Arbeitspakets lässt sich mit folgender Formel berechnen:

Bruttoaufwand = Nettoaufwand x Einsatzfaktor x Fähigkeitsfaktor

Um diese Formel fassbarer zu machen, wird der Bruttoaufwand für das Arbeitspaket XY, das von einem Projektmitarbeiter erledigt werden soll, berechnet. Der Nettoaufwand für dieses Arbeitspaket wurde auf 20 Personentage geschätzt. Da der Mitarbeiter ein Junioringenieur ist, hat er in der Rolle „Entwickler" einen Fähigkeitsfaktor von 1.2 in seiner Jahresqualifikation erhalten. Die Frage, die sich nun noch stellt, ist: Wie gross ist sein Einsatzfaktor? Hierfür muss etwas ausgeholt werden.

4

Mögliche Präsenzzeit	52 Wochen x 40 Stunden	**2080 Std.**
Leistungskürzende Grössen:		
- Aussergewöhnliche Feiertage	3 x 8 Std. = 24	
- Teilzeit		
Bruttoarbeitszeit (Bruttoleistungszeit)		**2056 Std.**
Ausfallzeiten:		
- Krankheit/Unfall	3 x 8 Std. = 24	
- Militärdienst	15 x 8 Std. = 120	
- Ferientage	25 x 8 Std. = 200	
- Feiertage	9 x 8 Std. = 72	
- Weiterbildungstage	20 x 8 Std. = 160	
- Überzeit vom Vorjahr	10 x 8 Std. = 80	
Nettoarbeitszeit (Belastungsgrad)	35 Wochen	**1400 Std.**
Anderweitige Auslastungen:		
- Abteilungssitzung	36 x 2 Std. = 72	
- Arbeiten für Wartung und Pflege	36 x 4 Std. = 144	
- Sonstiges	36 x 4 Std. = 144	
Zeitlicher Vorrat (Projekteinsatzzeit)	27 Wochen	**1040 Std.**

Abb. 4.59: Berechnung der Projekteinsatzzeit

Geht man von einer theoretischen Präsenzzeit von 52 Wochen zu 5 Tagen à je 8 Std. pro Mitarbeiter aus (2080 Std. pro Jahr), so müssen pro einzusetzende Person zuerst einige leistungskürzende Grössen berücksichtigt werden:

- Neueinstellungen (Reduktion durch Einarbeitung)	- Teilzeitarbeit (Teilzeitleistungen mit Wissenstransfer)
- Kündigungen (Reduktion durch Aufräumarbeiten)	- Pensionierungen (Teilzeitleistungen mit Wissenstransfer)
- Probezeiten (Reduktion durch Einarbeitung)	- Aussergewöhnliche Feiertage (Hochzeit, Umzug etc.)
- Versetzungen (Reduktion durch Einarbeitung)	

Gemäss Burghardt [Bur 2002] erhält man nach Abzug der aufgeführten Zeiten von der Präsenzzeit die Bruttoleistungszeit. Davon müssen eventuell nochmals bestimmte Ausfallzeiten abgezogen werden:

- Krankheits- und unfallbedingte Ausfallzeiten	- Mutterschaftsurlaub
- Vertraglich festgelegte Ferientage	- Offizielle Feiertage
- Tarifbedingte Verfügungstage (z.B. Kadertage)	- Militäreinsatzzeiten
- Weiterbildungsausfallzeit	- Wegzeiten (z.B. Arbeitsweg)

Hierzu stellt sich beispielsweise die Frage, wie die Ausfallzeiten durch Krankheit vorausberechnet werden können. In der Realität ist dies sicher nicht zu 100% möglich. Wenn der Projektleiter davon ausgeht, dass alle Projektbeteiligten bei bester Gesundheit und gegen alle möglichen Krankheiten immun sind, entspricht dies natürlich nicht der Realität. Daher sollten durchschnittliche Einsatzzeiten und Ausfallzeiten des Personals einer Unternehmung angenommen werden. In jeder Personalabteilung stehen solche statistischen Daten zur Verfügung, aus denen z.B. die durchschnittlichen Ausfallzeiten pro Jahr und Kopf entnommen werden können.

Nach dem Abzug dieser Ausfallzeiten erhält der Projektleiter die Nettoarbeitszeit (Belastungsgrad). Diese entspricht der Zeit, die einer Person plantheoretisch zur Verfügung steht. Von der Nettoarbeitszeit (Belastungsgrad) wird der vorhandene Auslastungsgrad (wie viel Zeit einer Person anderweitig für Arbeiten in der Linie genutzt wird) abgezogen. Dies ergibt dann die Projekteinsatzzeit.

Um nun den Einsatzfaktor (EF) bestimmen zu können, muss die mögliche Präsenzzeit durch die Projekteinsatzzeit dividiert werden. Da der im Beispiel aufgeführte Mitarbeiter zu 100% angestellt ist, ergibt sich daraus für ihn ein Einsatzfaktor von 2 („Präsenzzeit" 2080 dividiert durch „Projekteinsatzzeit" 1040). Jetzt sind alle relevanten Grössen bestimmt, um den Bruttoaufwand für das Arbeitspaket XY zu berechnen. Der Bruttoaufwand beträgt 48 Personentage (20 „Personentage" x 2 „Einsatzfaktor" x 1.2 „Fähigkeitsfaktor").

Würden alle Arbeitspakete nach diesem Verfahren berechnet, so wären bestimmt die heute „üblichen" Verspätungen nicht so gravierend.

4.3.3.4.1.3 Optimierung des Personaleinsatzes

Auf der dritten Stufe wird der Einsatz der Personalmittel optimiert. Dies geschieht in zwei Teilschritten:

- Gegenüberstellung von Personalbedarf und Personalvorrat
  Nachdem der Vorrat und der Bedarf für das gesamte Projekt definiert sind, wird im ersten Teilschritt pro Zeiteinheit der ermittelte Bedarf pro Tätigkeit (PLAN-Wert) dem ermittelten Vorrat gegenübergestellt.

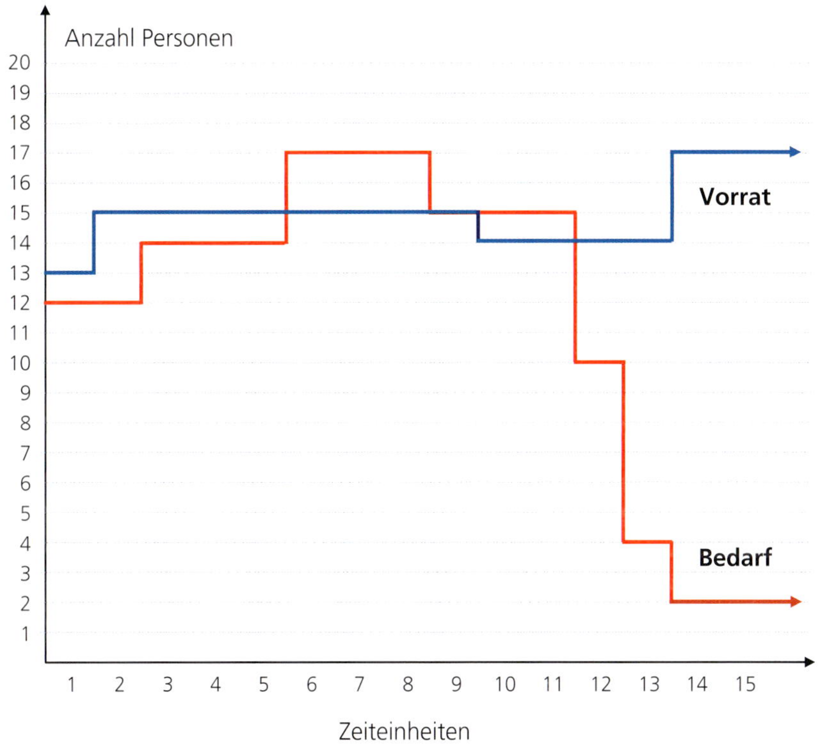

Abb. 4.60: Gegenüberstellung von Bedarfs- und Vorratsdiagramm

- Optimierung der Personalauslastung
  Durch die Errechnung der Pufferzeit (Zeitdauer vom frühestmöglichen Startzeitpunkt bis zum spätestmöglichen Endzeitpunkt einer Tätigkeit minus der Tätigkeitsdauer (☞ Anhang A.1.1.5 „Ausrechnen der Pufferzeiten") ist es dem Projektleiter im zweiten Teilschritt möglich, die Tätigkeiten innerhalb des Projekts so zu verschieben, dass er mit seinen geplanten Personalmitteln (PLAN-Wert) möglichst nahe an den Vorrat (vorhandene Personalmittel) herankommt. Dies ist jedoch nicht immer ganz einfach, da die Menge des Vorrats (Personen mit entsprechenden Eigenschaften zu einem bestimmten Zeitpunkt) sich nicht immer für die Tätigkeiten eignet, die innerhalb der Pufferzeiten hin und her geschoben werden können.

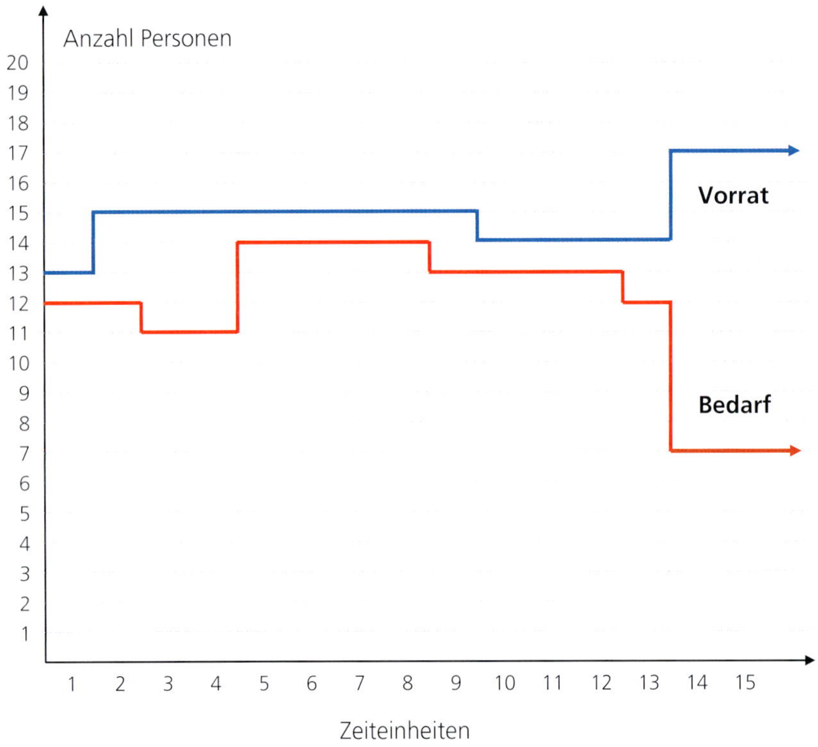

Abb. 4.61: Optimierte Personalauslastung

4.3.3.4.2 Betriebsmittelplanung

Damit Projekte nicht wegen maschineller oder materieller Engpässe unter Termin- und/oder unter Kostendruck geraten, muss die Betriebsmittelplanung grundsätzlich nach einem analogen Verfahrensprozess wie die Personalmittelplanung durchgeführt werden:

- Bestimmung des Betriebsmittelbedarfs,
- Ermittlung des Betriebsmittelvorrats,
- Optimierung des Betriebsmitteleinsatzes.

Mit dem Betriebsmittelplan wird Folgendes bezweckt:

- Engpässe sollen im Voraus festgestellt werden, damit frühzeitig Gegenmassnahmen getroffen werden können.
- Durch ein Reservationssystem soll sichergestellt werden, dass die Betriebsmittel zum richtigen Zeitpunkt zur Verfügung stehen.
- Unter- und Überlastungen eines Betriebsmittels sollen ausgeglichen werden.

Die Einsatzplanung für Betriebsmittel erfolgt gemäss Burghardt [Bur 2002] nach den drei unterschiedlichen Gesichtspunkten „Vorratseingeschränkte Betriebsmittelplanung", „Bedarfsbezogene Betriebsmittelplanung" und „Freie Betriebsmittelplanung". Diese drei Gesichtspunkte werden in den kommenden Unterkapiteln erklärt.

4.3.3.4.2.1 Vorratseingeschränkte Betriebsmittelplanung

Zu dieser Planung gehören Betriebsmittel wie Testanlagen, Schulungsraum mit PC-Arbeitsplätzen, Transportmittel, Lastwagen etc., die nur in einem bestimmten Ausmass zur Verfügung stehen. Solche Betriebsmittel schränken den Planer ein, das heisst, er muss beispielsweise in Schichten fahren oder die Bau- und Entwicklungszeit verlängern.

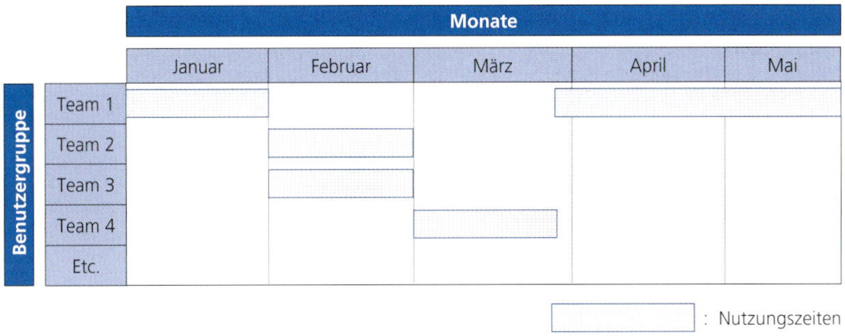

Abb. 4.62: Vorratseingeschränkte Betriebsmittelplanung (Schichtplan)

4.3.3.4.2.2 Bedarfsbezogene Betriebsmittelplanung

Die bedarfsbezogene Betriebsmittelplanung geht primär von einem unbegrenzten bzw. nicht beschränkten Vorrat aus. Zu den einzelnen Arbeitspaketen werden die gewünschten Betriebsmittel hinzugefügt und via Netzplan ein optimales Betriebsmittel-Kapazitätsdiagramm erstellt. Wird durch die Kumulierung das wirtschaftliche SOLL überschritten, so werden wie bei den Personalmitteln innerhalb der Pufferzeiten Optimierungen vorgenommen.

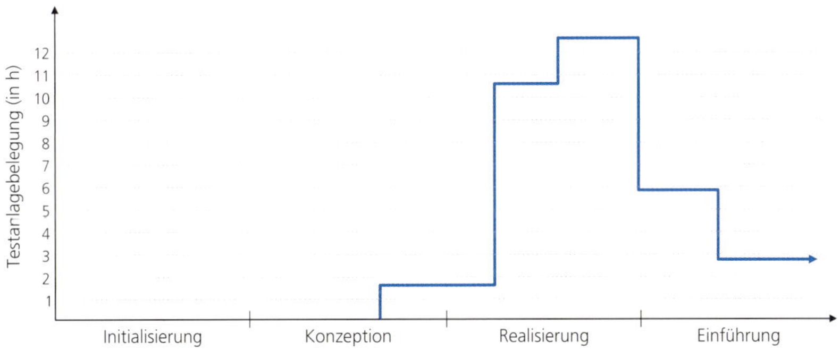

Abb. 4.63: Bedarfsbezogene Betriebsmittelplanung (Einsatzplan)

4.3.3.4.2.3 Freie Betriebsmittelplanung

Wenn ein Betriebsmittel jederzeit und ausreichend zur Verfügung steht, besteht weder Gefahr von allfälligen Engpässen, noch gibt es punktuelle Überlastungen. Hier spricht man von einer freien Betriebsmittelplanung, was allenfalls wegen der Koordination einen Belegungsplan bedingt.

Laufwerke	Daten									
	19.03	20.03	21.03	22.03	23.03	26.03	27.03	28.03	29.03	30.03
LW 1	SAP		SAP	SAP	SAP					
LW 2	CLIP	CLIP		CLIP						
LW 3		OS/2								
LW 4		ORACLE	ORACLE	ORACLE						
Etc.	MAIL		MAIL							

: Belegte Kapazität   : Freie Kapazität

Abb. 4.64: Freie Betriebsmittelplanung (Belegungsplan)

4.3.3.5 Organisationsplanung

Der Aufbauorganisationsplan ist die logische Verbindung zum institutionellen Projektmanagement (☞ Kapitel 2 „Projektinstitution"). Er umfasst die komplette planerische Gestaltung der Bereiche „Projektorganisationsformen" sowie „Instanzen und Stellen". Der Projektleiter hat in diesem Planungselement die Aufgabe, anhand des im 4. Planungsschritt erstellten Einsatzmittelplans für den Einsatz der Personen eine geeignete Aufbauorganisationsstruktur zu bilden.

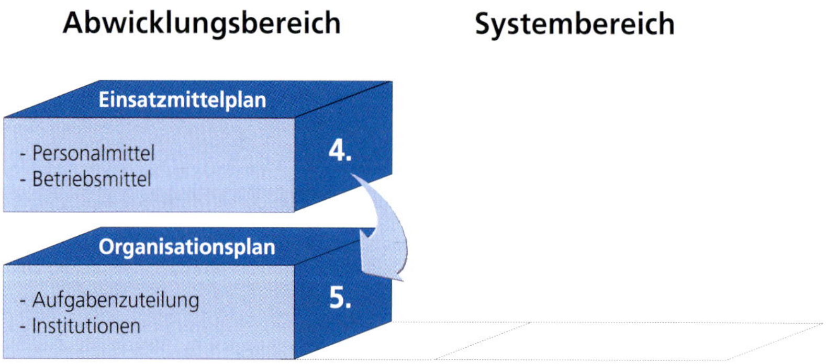

Abb. 4.65: Organisationsplanung (5. Planungselement)

In der Projektabwicklung muss von Phase zu Phase überprüft werden, ob mit derselben Organisationsform und mit den gleichen Betriebsmitteln wie bis anhin die künftigen Arbeiten der Projektdurchführung erledigt werden können. Grundsätzlich gilt es, folgende Aufgaben zu realisieren [Dae 1988]:

- Aufgrund der Arbeitseinheiten werden Projektteams gebildet, denen die definierten Aufgaben übertragen werden.
- Disponieren von Betriebsmitteln.
- Personen und Gremien bestimmen, welche die Projektdurchführung unterstützen sollen oder die informiert werden müssen.
- In verbindlicher Form festhalten, wer wofür zuständig und verantwortlich ist (Pflichtenhefte, Funktionsdiagramme etc.).

Diese Aufgaben werden durch ein strukturiertes Vorgehen der Projektorganisationsplanung verwirklicht. Sie kann in drei Stufen durchgeführt werden:

- Erstens: Alle Projektbeteiligten und die involvierten Stellen und Instanzen müssen bestimmt und in einen temporären Organisationsplan eingebunden werden.
- Zweitens: Die geeignete Organisationsform (Linien-Projektorganisation, Stab-Linien-Projektorganisation oder Matrix-Projektorganisation) soll gebildet werden.
- Drittens: Danach werden die Aufgaben, Kompetenzen und die Verantwortung an die geplanten „Projektstellen" spezifisch zugeteilt.

4.3.3.5.1 Projektmitarbeiter selektieren

In diesem Arbeitsschritt geht es nicht um die Anzahl Mitarbeiter, sondern um die Suche respektive das endgültige Bestimmen der geeigneten Personen, die am Projekt schliesslich mitarbeiten. Alle Projektbeteiligten sowie alle involvierten Stellen müssen in einen (temporären) Organisationsplan eingebunden werden. Dabei müssen einerseits die Gegebenheiten der bestehenden Linienorganisationen berücksichtigt werden, um das Leistungspotenzial so hoch wie möglich zu halten. Andererseits müssen die Personalmittel-Anforderungen hinsichtlich Qualität und Quantität berücksichtigt werden (Planungselement 4). Es muss entschieden werden, ob Mitarbeiter aus bestehenden Unternehmens-Organisationsformen kompetenzmässig vollständig herausgelöst werden können. Zudem muss abgeklärt werden, wie weit ein Mitarbeiter fachlich und/oder disziplinarisch (aus der Sicht der Führung) mit der bestehenden Organisation verbunden ist. Im Weiteren muss der betroffene Mitarbeiter und sein Vorgesetzter von offizieller Seite darüber informiert werden, dass der Mitarbeiter für die Mitwirkung an einem Projekt hinzugezogen wird.

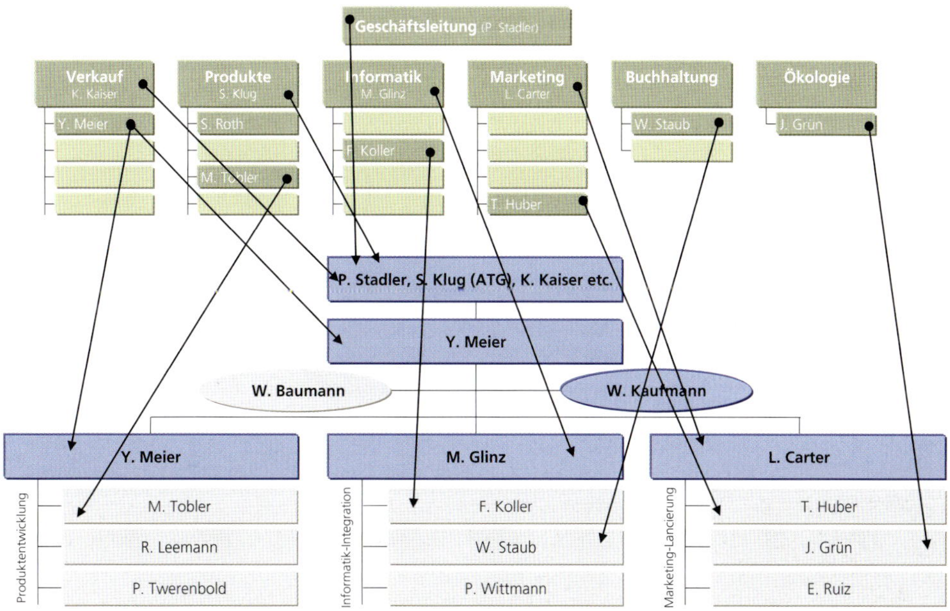

Abb. 4.66: Bestimmen der benötigten, spezifischen Mitarbeiter

Zu beachten gilt hier, dass die Mitarbeiter entsprechend den ihnen übertragenen Aufgaben Kompetenzen und Verantwortlichkeiten haben. Daraus entsteht der entsprechende Personaleinsatzplan (☞ Abbildung 4.69). Der Personaleinsatz pro Arbeitspaket wird natürlich auch im Ergebnisplan nachgetragen.

4.3.3.5.2 Projektorganisationsform institutionalisieren

Ein Projekt – zeitliche Begrenzung, einmaliger Inhalt, interdisziplinäre Durchführung etc. – unterscheidet sich von den bestehenden und üblichen Unternehmensaufgaben. Daher muss eine geeignete Projektorganisationsform gefunden werden, die auf die Gegebenheiten der Unternehmung, auf die Wünsche des Auftraggebers sowie auf den bereits festgelegten Projektscope zugeschnitten ist. Wie in Kapitel 2.1 (☞ „Projektorganisationsformen") ausführlich beschrieben, kann grundsätzlich zwischen drei theoretischen Projektorganisationsformen und zwischen diversen prozessorientierten Mischformen gewählt werden. Ein gutes aufbauorganisatorisches Design gilt als Basis einer effizienten Projektabwicklung.

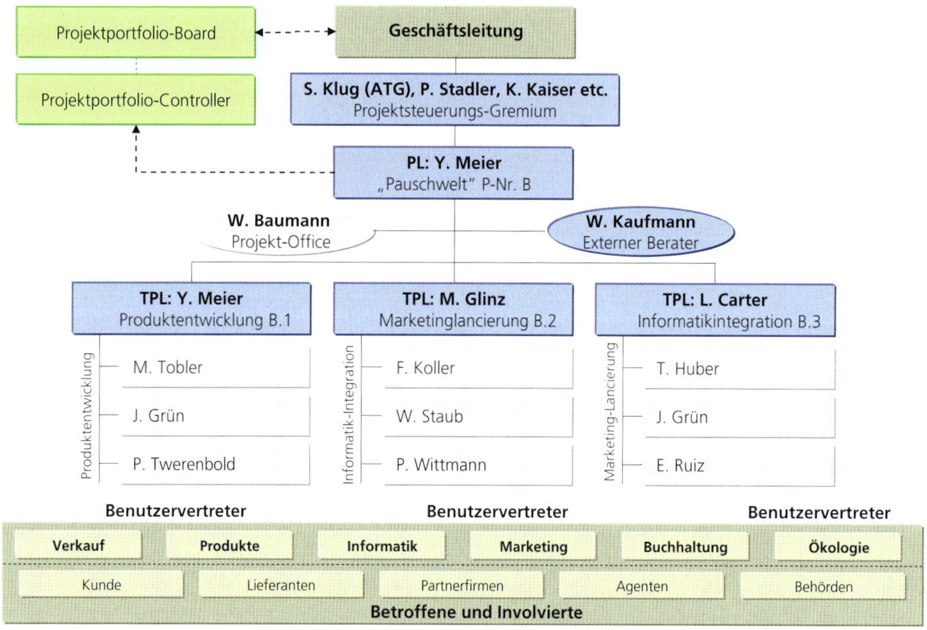

Abb. 4.67: Projektorganisationsform des Projekts „Produkt Pauschwelt"

Ein wichtiger Aspekt, der bei einer Organisationsform-Institutionalisierung berücksichtigt werden muss, ist die Flexibilität der Teamstruktur. In einer Zeit, in der mit Einsatzmitteln gezielt und kostenbewusst umgegangen werden muss, sollte die institutionalisierte Organisation nicht mehr für alle Beteiligten und für die gesamte Projektzeit gelten. Der Projektleiter muss die Möglichkeit haben, Mitarbeiter nur für bestimmte Sequenzen, gemäss ihren Fähigkeiten, in ein Projekt mit einzubinden. Selbstverständlich darf der Wechsel zeitlich und personell nicht allzu gross sein. Trotzdem sollte von Phase zu Phase überdacht werden, ob die richtigen Personen am richtigen Ort arbeiten.

4.3.3.5.3 Stellen und Instanzen beschreiben

Für die Stellen- und Instanzenbeschreibung müssen die bisher erarbeiteten Werte der Organisationsplanung mit den bevorstehenden Aufgaben zusammengeführt werden. Dabei sollen die Arbeitspakete in quantitativer und qualitativer Hinsicht eindeutig auf die einzelnen Stellen der Aufbauorganisation zurückgeführt werden, sodass das A/K/V (Aufgaben, Kompetenz und Verantwortung) geklärt ist. Die geeignete Darstellung für diese Zusammenführung ist das Funktionsdiagramm.

Aufgaben \ Funktionen	Projektportfolio-Board	Projektportfolio-Controller	Auftraggeber	Projektsteuerungs-Gremium	Programmleiter	Externer Berater	(Teil-)Projektleiter	Fachgremium	Projekt-Office	Projektmitarbeiter	Benutzervertreter	Organisationseinheiten
Organisatorische Tätigkeiten, Ausbilden							● (rot)		○ (hellblau)		● (grün)	
Realisieren, Testen										● (rot)	● (grün)	
Erhebungen und Analysen							● (rot)					
Einführen, Benutzerunterstützung							● (rot)				● (grün)	● (grün)
Pflegen der Dokumentation									○ (hellblau)	● (rot)		
Businessanforderungen entwickeln								● (rot)		○ (hellblau)		● (grün)
Spezifikation der Detailpläne und Anforderungen						● (blau)				● (rot)		
Projektführungsfunktionen												
Ziele und Scope setzen	● (grün)		● (rot)	● (blau)	● (rot)		● (blau)					
Planen		● (grün)			● (rot)		● (rot)					
Entscheiden	● (grün)		● (blau)	● (blau)	● (rot)		● (rot)	○ (hellblau)				● (grün)
Koordinieren		● (grün)	● (blau)	● (blau)	● (rot)	● (blau)	● (rot)	○ (hellblau)				
Kontrollieren		● (grün)	● (blau)	● (blau)	● (rot)	● (blau)	● (rot)	○ (hellblau)	○ (hellblau)	○ (hellblau)	● (grün)	
Korrigieren	● (grün)		● (blau)	● (blau)	● (rot)		● (rot)					

● (rot) Aus Einzelprojektsicht = Hauptverantwortung
(Farben korrespondieren mit Abb. 4.67)

Abb. 4.68: Funktionsdiagramm

Aus diesem Diagramm ergeben sich klare Verantwortungsbereiche, zu denen entsprechende Kompetenzen hinzugefügt werden können. Das Funktionsdiagramm kann als Basis für die Stellenbeschreibungen oder für die Pflichtenhefte der beteiligten Stellen dienen.

4.3.3.5.4 Arbeitspakete an Projektmitarbeiter zuordnen

Wurde einmal festgelegt, welche Personen im Projekt mitwirken, so können die Arbeitspakete, gemäss der Stellenbeschreibung, den einzelnen Mitarbeitern zugeordnet werden. Diese Arbeit erfolgt natürlich in der Interaktion mit dem Planungsschritt 4.

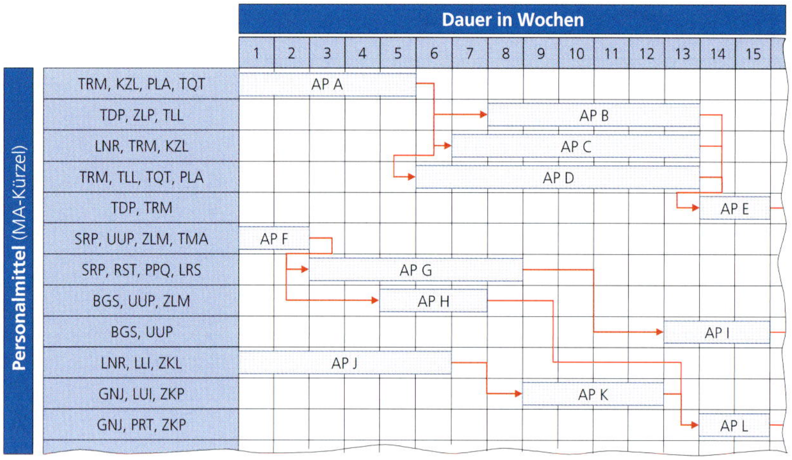

Abb. 4.69: Balkendiagramm als Personaleinsatzplan

4.3.3.6 Projektkostenplanung

Aus den vorhergehenden Planungsschritten erhält der Projektleiter eine Fülle von Angaben, die es ihm ermöglichen (je nach Planungstiefe), eine lückenlose Kostenplanung zu erstellen. Die Kostenplanung basiert auf einer einsatzmittelbezogenen Aufwandberechnung, die pro Arbeitspaket erstellt wird.

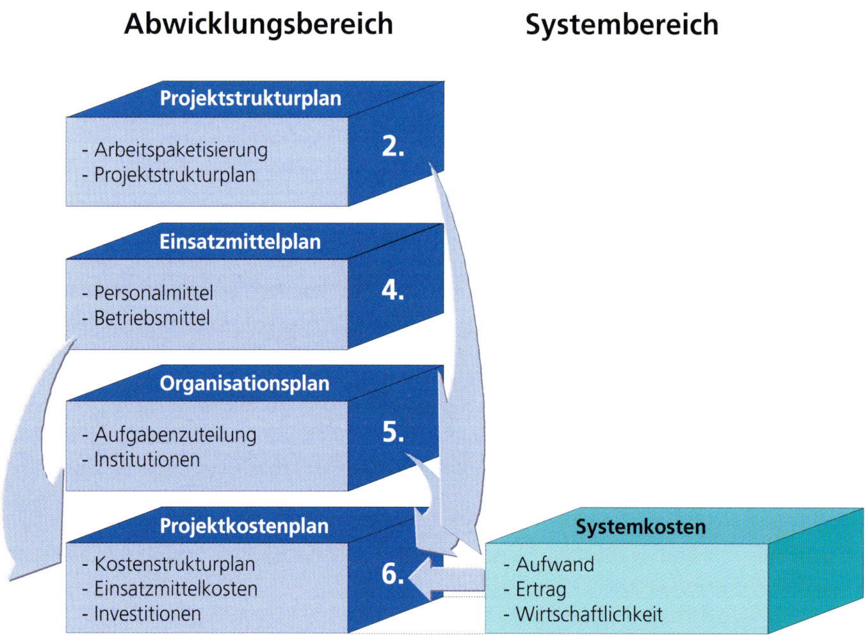

Abb. 4.70: Projektkostenplanung (6. Planungselement)

Da jede Projektkostenplanung eine gewisse Ungenauigkeit zulässt, die je nach Planungstiefe und Projektfortschritt einkalkuliert werden muss, ist es angebracht, statt von „Aufwandberechnung" von „Aufwandschätzung" zu reden. Dieser Begriff deutet an, dass eine definitive oder endgültige Berechnung in Projekten nicht zu jedem Zeitpunkt möglich ist. Aufgrund der vielen Einflussgrössen, denen ein Projekt unterliegt, ist eine exakte Planung zu Beginn eines Projekts in den seltensten Fällen möglich. Aufgrund der vom Unternehmen geplanten Investitionskosten muss trotzdem versucht werden, möglichst nahe an eine 100%ige Genauigkeit heranzukommen, damit allfällige Fehlinvestitionen frühzeitig gestoppt werden können. Es empfiehlt sich, die einzelnen Tätigkeiten (Arbeitspakete) nicht nur realistisch, sondern eher etwas höher, pessimistisch, einzuschätzen (d.h., etwas mehr Aufwand zu berechnen). Eine knappe oder zu niedrige Einschätzung der Kosten wird am Anfang mit viel Sympathie aufgenommen. Wenn dann aber gegen Ende des Projekts Budgetnachträge oder Funktionskürzungen notwendig werden, kann sich dies negativ auf das Projekt und sein Umfeld auswirken.

Der Zweck dieses Planungsschrittes ist es,

- durch die Gliederung der Kosten (Kostenstrukturplan) in Kostenarten genaue Projektkostengrössen zu entwickeln.
- die Projektkosten, aufgeteilt in Personal- und Betriebsmittel pro Arbeitspaket, zu ermitteln.
- die Zeit- und Kostenplanung zu optimieren.
- Überlegungen über den tatsächlichen, quantifizierbaren Nutzen des neuen Systems (Produkts) anzustellen.
- Kosten-Nutzen der einzelnen Varianten bzw. der geplanten Projektabwicklung zu berechnen.

Die Kenntnisse über die benötigten Finanzmittel verschaffen dem Projektleiter die notwendige Voraussicht, um das Projekt aktiv managen zu können.

4.3.3.6.1 Kostenstrukturplan

Mit zunehmender Projektgrösse steigt die Notwendigkeit, die Kosten zu strukturieren. Hierbei hilft der Kostenstrukturplan.

> Der Kostenstrukturplan eines Projekts ist die hierarchische Darstellung der Projektkosten. Er gliedert die anfallenden Kosten in Kostenarten, wobei diese wiederum in Unterkostenarten zerlegt werden können.

Der Kostenstrukturplan bietet somit neben der Einteilung der Kosten in Kostenarten auf einer einzigen Ebene auch die Möglichkeit, die Kosten nach oben zu komprimieren und nach unten zu zerlegen. Dies ist letztlich die Einteilung des „Haushaltsbuches" für das Projekt! Der so definierte Kostenstrukturplan wird in Zukunft noch weiter an Bedeutung gewinnen, da vor allem von den Unternehmensführungen vermehrt eine grössere Transparenz der Projektvorhaben verlangt wird. Nicht zuletzt bildet der Kostenstrukturplan (bzw. dessen Erfahrungswerte) eine ausgezeichnete Basis für zukünftige Projektkostenschätzungen.

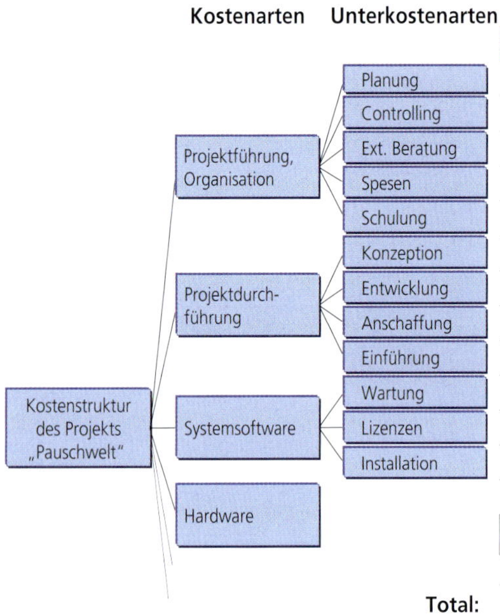

Unterkostenarten	Total	Total Kostenart	Abwicklungskosten	Investitionen
Planung	131 000.–		131 000.–	
Controlling	194 000.–		194 000.–	
Ext. Beratung	382 000.–		382 000.–	
Spesen	84 000.–		84 000.–	
Schulung	200 000.–	**991 000.–**	200 000.–	
Konzeption	837 000.–		507 000.–	330 000.–
Entwicklung	1 160 000.–		800 000.–	360 000.–
Anschaffung	500 000.–			500 000.–
Einführung	220 000.–	**2 717 000.–**	220 000.–	
Wartung	200 000.–		200 000.–	
Lizenzen	630 000.–			630 000.–
Installation	80 000.–	**910 000.–**	80 000.–	
	230 000.–			230 000.–
Total:	**5 800 000.–**		1 900 000.–	
davon extern:	**3 900 000.–**		1 250 000.–	2 650 000.–

Abb. 4.71: Kostenstrukturplan

Es muss hinzugefügt werden, dass die Gliederung der Kostenarten immer von Art und Inhalt eines Projekts geprägt ist.

> Unter Projektkostenarten versteht man, unter Berücksichtigung der jeweiligen Fragestellung, die Gliederung der Kosten von Projekten, die sich an technischen, arbeitsteiligen und/oder kalkulatorischen Gegebenheiten orientieren.

In der Praxis können verschiedene Strukturen angewendet werden. Nachfolgend werden drei Strukturierungsmöglichkeiten kurz beschrieben:

- Projektabwicklungskosten vs. Systemanschaffungskosten
  Die Summe aller Kosten, die aus den Tätigkeiten der Projektabwicklung resultieren, und die notwendigen Systemanschaffungskosten (Investitionen) werden als Projektkosten definiert. In Anlehnung an Schreiber [Schr 1991] lassen sich demnach beispielsweise bei Evaluationsprojekten die Kostenarten gemäss der nachfolgenden Abbildung in Projektabwicklungskosten und Systemanschaffungskosten gliedern.

	Kostenarten	Projektabwicklungskosten	Investitionen
Projektkosten	Projektführung, Organisation	Planung, Koordination, Kontrolle, Spesen, Schulung, Beratung	
Projektkosten	Projektdurchführung	Konzeption, Beratung, Qualitätskosten, Einführung, Entwicklungskosten, SW-Anschaffungen für die Entwicklung	Komponenten einkaufen
Projektkosten	Systemsoftware	Systemsoftware für die Entwickler	Lizenzen, Installationen
Projektkosten	Hardware	Hardwareanschaffungen für die Entwicklung	Hardwareanschaffungen, Installationen, Entsorgungskosten
Projektkosten	Kommunikation	Anschaffungen für die Entwicklungsgruppe	Netze (Datennetze, Netzzugangsgeräte)
Projektkosten	Infrastruktur	Nutzung der Entwicklungsinfrastruktur	Bauten, Umbauten, Mobiliar
Projektkosten	Nebenkosten	Speichermedien, Diverses	Formulardruck, Verbrauchsmaterial
	Betriebskosten		Betreuung, Wartung

Abb. 4.72: Beispiel einer Aufteilung von Kosten und Kostenarten

Diese Gliederung bringt vor allem bei Projektkosten-Vergleichsrechnungen und Kosten-Nutzen-Berechnungen erhebliche Vorteile.

- Ausgabenwirksame vs. interne Projektkosten
  Die folgende Unterteilung der Projektkosten kann den Projektleiter in seiner Entscheidungsargumentation stark unterstützen:
  – Ausgabenwirksame Projektkosten sind Kosten, die zu Ausgaben führen, die ohne das Projekt nicht auftreten würden (z.B. Investitionen). Sie bewirken einen direkten Mittelabfluss.
  – Interne Projektkosten sind Kosten, die nur kalkulatorisch anfallen und keine zusätzlichen Ausgaben oder Investitionen verursachen. Es handelt sich um Werte oder Gegenstände, die in der Unternehmung schon vorhanden sind und über einen Schlüssel den entsprechenden Kostenstellen oder Kostenträgern zugeordnet werden (z.B. Umlagekosten).

- Einmalige Kosten vs. wiederkehrende Kosten
  Das Projekt hat einen vorbestimmten Anfangs- und Endzeitpunkt. Das macht jedes Projekt grundsätzlich einmalig, was betriebswirtschaftlich bezüglich der Kosten wiederum als Investition gewertet werden kann. Deshalb sind auch die gesamten Projektkosten einmalig. Innerhalb dieser einmaligen Zeitspanne können die Kosten speziell für den Budgetplan wie folgt aufgeteilt werden:
  – Einmalige Projektkosten
    - Personalkosten der Projektmitarbeiter (Salärkosten, Beraterhonorare, Ausbildungen),
    - Hardwarekosten (Anschaffungen, Installationen),
    - Materialkosten (Datenträger, Maschinenzubehör),
    - Softwarekosten (Anschaffungen von Entwicklungssoftware),
    - Infrastrukturkosten (Gebäude, Schulungsräume).

- Wiederkehrende Projektkosten
  - Personalkosten (Lohn, Sozialabgaben),
  - Unterhaltskosten (Leasing, Wartung),
  - Datenübertragungskosten (Konvertierung, Datenleitungen),
  - externe Dienstleistungen (Projektmitarbeit, Service),
  - Infrastruktur (Miete, Versicherungen, Energie),
  - Gemeinkosten (Kosten, die nicht direkt einem Kostenträger zugeordnet werden können).

  Bei dieser Aufteilung ist es möglich, dass die Personalkosten bei den einmaligen sowie bei den wiederkehrenden Projektkosten auftreten. Die Zuordnung dieser Projektkosten ist daher unter dem Aspekt des Zeithorizonts und der Aufgabenart vorzunehmen.

Egal wie die Kostenarten gegliedert werden, bei der Erstellung des Kostenstrukturplans sollte darauf geachtet werden, dass die Kostengliederung leicht in den Kontenrahmen des Unternehmens integrierbar ist. Schliesslich müssen die anfallenden Projektkosten auch buchhalterisch erfasst und einer Kostenstelle zugewiesen werden können.

Die Projektkostenstelle ist der in einem Projekt abgegrenzte Verantwortungsbereich, der sich mit den Projektkosten befasst.

Werden die Kosten einer Kostenstelle zugeordnet, so können die Verantwortlichkeiten bezüglich Aufgaben und Kompetenzen gemäss den Unternehmensrichtlinien gewahrt werden.

4.3.3.6.2 Einsatzmittelkosten der Arbeitspakete

Am Ende der schrittweisen Projektplanung kann für jedes Arbeitspaket eine ganz klare Aussage bezüglich des Projektkostenanfalls gemacht werden.

Der Projektkostenanfall umfasst alle Kosten, die zur Erzielung eines bestimmten Arbeitsergebnisses in einem Projekt entstehen. Sie werden einem Arbeitspaket und/oder einem bestimmten Zeitraum oder Zeitpunkt zugeordnet.

Die benötigten Ressourcen pro Arbeitspaket können entweder in Mengen- oder aber in Werteinheiten ausgedrückt werden. Während sie in der Einsatzmittelplanung in Mengeneinheiten bestimmt wurden (Personal- und Betriebsmittel), werden sie hier in der Projektkostenplanung in Werteinheiten (Finanzmittel) ausgedrückt:

- Aus Personalaufwand (Personentage oder -monate) werden Personalkosten (intern/extern).
- Aus Betriebsmittelaufwand (z.B. 20 Std. Anlagebelegungszeit) werden Betriebsmittelkosten (z.B. 3000.– für die Benutzung der Testanlage).

Für die Schätzung der Projektkosten pro Arbeitspaket ist es wesentlich, die Einflussfaktoren zu kennen, welche die Projektkosten beeinflussen. Nachfolgend werden einige Einflussfaktoren aufgeführt:

- Qualität der Aufgabenstellung und Anforderungsspezifikation,
- Grösse des Produkts,
- Schwierigkeitsgrad der Erstellung des Produkts,
- Anforderungen an Zuverlässigkeit oder Sicherheit,

- Anforderungen an Unterlagen (Dokumentationsumfang, Sprachen),
- Abwicklungsmethoden und -werkzeuge,
- Verfügbarkeit der Betriebsmittel,
- Mitarbeiter: Anzahl, Erfahrung, Leistungswille,
- Zeitvorgaben
- Etc.

In Projekten bezieht sich ein sehr grosser Teil der Kosten auf die Zeiteinheiten, die ein Mitarbeiter pro Arbeitspaket benötigt. Daher ist es wichtig, dass der Projektleiter bei der Aufwandschätzung genau weiss, wie hoch der Kostenansatz pro Personentag ist und was er beinhaltet (dies wird oft von den Unternehmen vorgegeben). Es kann grundsätzlich von zwei Kostenansätzen ausgegangen werden:

- Netto-Kostenansatz
  Der Netto-Kostenansatz pro Zeiteinheit beinhaltet die reinen Personalkosten.

- Brutto-Kostenansatz
  Beim Brutto-Kostenansatz werden neben den Personalkosten z.B. auch die Betriebskosten berücksichtigt. Je nach firmenspezifischer Aufteilung können darin sämtliche projektbezogenen Kosten enthalten sein.

Im Weiteren kann zwischen internen und externen Kostensätzen unterschieden werden. Interne Kostensätze werden kalkulatorisch ermittelt. Demgegenüber werden externe Kostensätze durch Verhandlungen zwischen den Vertragsparteien bestimmt. Für die Schätzung der Kosten existiert eine Reihe von Techniken, die auch bei der Personalmittelplanung für die Schätzung des Nettoaufwandes (Leistungstage ohne Berücksichtigung des Einsatzfaktors und des Fähigkeitsfaktors) bzw. der Betriebsmittelplanung angewendet werden können. Die Resultate aus der Kostenplanung liefern weitere notwendige Werte für die zum Netzplan gehörende Arbeitspaketliste.

Arbeitspaketliste | Projekt: „Pauschwelt", TP: Produktentwicklung | Nr.: B.1 | Projektleiter: Y. Meier | Seite: 1

Arbeitspakete/Vorgänge	Vorgangs-dauer	Vorgangs-aufwand	Direkter Nachläufer	Termine		Vorgangszeitpunkte				Puffer-zeit	Ressourcenbedarf		
AP-Namen				Start	Ende	FA	SA	FE	SE	GP	PM	BM	FM
Arbeitspaket A	5	20	B, C, D			0	0	5	5	0	4	YYYY	X.-
Arbeitspaket B	6	18	E			5	7	11	13	2	3	YYYZ	X.-
Arbeitspaket C	7	21	E			5	6	12	13	1	3	YYZY	X.-
Arbeitspaket D	8	32	E			5	5	13	13	0	4	YZYY	X.-
Arbeitspaket E	2	4	-			13	13	15	15	0	2	ZYYY	X.-
Arbeitspaket F	2	10	G, H			0	4	2	6	4	5	YYZZ	X.-
Arbeitspaket G	6	24	I			2	6	8	12	4	4	YZYZ	X.-
Arbeitspaket H	3	9	L			2	10	5	13	8	3	YZZY	X.-
Arbeitspaket I	3	6	-			8	12	11	15	4	2	ZYZY	X.-
Arbeitspaket J	6	18	K			0	3	6	9	3	3	ZZYY	X.-
Arbeitspaket K	4	12	L			6	9	10	13	3	3	YZZZ	X.-
Arbeitspaket L	2	6	-			10	13	12	15	3	3	ZYZZ	X.-

FA = Frühester Anfangszeitpunkt des Vorgangs
SA = Spätester Anfangszeitpunkt des Vorgangs
FE = Frühester Endzeitpunkt des Vorgangs
SE = Spätester Endzeitpunkt des Vorgangs
GP = Gesamte Pufferzeit
FP = Freie Pufferzeit
UP = Unabhängige Pufferzeit
PM = Personalmittel
BM = Betriebsmittel
FM = Finanzmittel

Abb. 4.73: Arbeitspaketliste in der Projektkostenplanung

4.3.3.6.3 Optimierung der Zeit- und Kostenplanung

Bei jeder Projektkostenschätzung muss das optimale Verhältnis von Kosten und Zeit gefunden werden. Mit unterschiedlichen Mengen an Einsatzmitteln versucht man, den idealen Kosten-Nutzen-Punkt zu ermitteln. Es ist die Aufgabe des Projektleiters zu entscheiden, ob es z.B. sinnvoll ist, die Arbeitspakete zeitlich zu verkürzen und mit grösseren Einsatzmitteleinheiten (Personal- oder Betriebsmittel) zu arbeiten. Eine solche Massnahme hat einen wesentlichen Einfluss auf die Projektkosten, da innert kürzerer Zeit mehr Geld verbraucht und ein grösserer Planungs- und Koordinationsaufwand verursacht werden. Wenn jedoch dadurch das Produkt früher fertiggestellt und somit anschliessend die Einnahmen wesentlich gesteigert werden können, lohnen sich auch die erhöhten Investitionen. Auch die Variante einer Verlängerung der Projektzeit muss überprüft werden. Dabei nehmen die Projektkosten aber nur so lange ab, bis die beste Auslastung (besonders bei den Personalmitteln) erreicht wird.

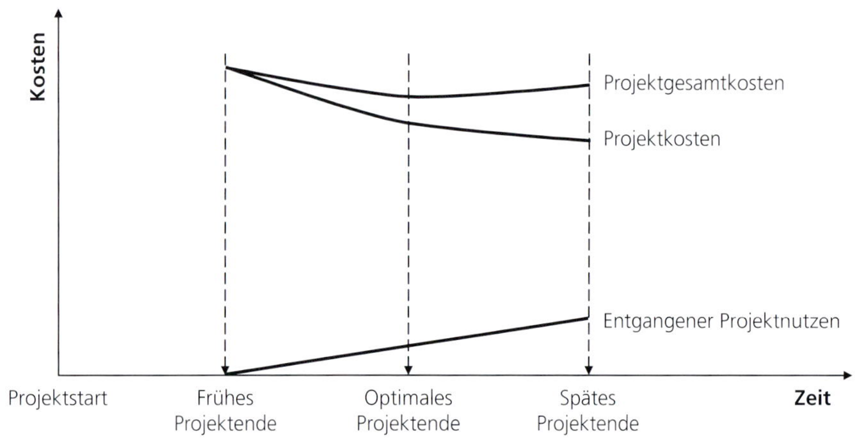

Abb. 4.74: Verhältnis der Projektkosten zur Projektdauer

Der Projektleiter muss den Projektträgerinstanzen die verschiedenen Varianten der Projektdauer mit all ihren Konsequenzen aufzeigen, damit diese die für das Unternehmen am besten geeignete Zeitvariante bestimmen können.

4.3.3.6.4 Projektnutzen

Der beste Zeitpunkt, um den effektiven Nutzen eines Projekts bzw. eines neu zu erstellenden Produkts zu erfassen, ist derjenige der Aufwandschätzung. Oftmals wird nur beim Abwägen der Kosten die Tiefe erreicht, mit welcher der entsprechende Nutzen der verschiedenen Varianten beleuchtet werden kann. Es liegt in der Natur des Menschen, dass er bei der Berechnung von Kosten immer auch an den Nutzen denkt. Dieser Eigenart sollte zu diesem Zeitpunkt Rechnung getragen werden.

Das Errechnen des Nutzens ist vor allem bei kostspieligen Projekten von grosser Bedeutung. Unter anderem vereinfacht eine solche Berechnung Verhandlungen über die bevorstehenden Investitionen, da zusammen mit der Aufwandschätzung der Nutzen der eventuellen Lösungsvarianten (z.B. mit einer

Kosten-Nutzen-Analyse) den Entscheidungsträgern präsentiert werden kann. Solche Vergleichsmöglichkeiten bilden hervorragende Diskussionsgrundlagen für eine sachliche Verhandlung.

Es ist wichtig, dass für einen Investitionsentscheid neben dem monetären auch der nichtmonetäre Nutzen betrachtet wird. Dies ist insbesondere für Infrastrukturvorhaben entscheidend, da diese in der Regel einen negativen NPV (Net Present Value) aufweisen. Ein nichtmonetärer Nutzen liegt dann vor, wenn ein Nutzen nicht wertmässig quantifiziert werden kann bzw. kein Kausalzusammenhang zum quantitativen Nutzen besteht. Nichtmonetärer Nutzen muss jedoch, soweit es geht, auch messbar gemacht werden, damit eine anschliessende Überprüfung der Zielerreichung möglich ist.

Neben den Notwendigkeiten [Zeh 1991] (zwingende Gründe einer Veränderung, z.B. gesetzliche Vorschriften) können folgende Ertragskomponenten durch ein Projekt erwirtschaftet werden [Bec 2002]:

- Direkter Nutzen

Direkte Einsparungen	**Vermeidbare Kosten**
- absolute Personaleinsparungen	- kein zusätzliches Personal bei Erhöhung des Arbeitsvolumens
- Wegfall von Mieten für konventionelle Geräte	- vermeidbare zusätzliche externe Leistungen
- Wegfall von Servicekosten	- spätere Bezahlung der Kreditoren durch gezielte Überwachung der Zahlungsausgänge
- absolute Materialeinsparungen	- frühzeitige Erkennung von Ladenhütern
- Wegfall von Mietkosten	- Vermeidung von Liquidationskosten
- geringere Kapitalbindungen im Lager	
- Reduktion der Durchlaufzeitkosten	
Nichtmonetärer Nutzen	**Erhöhung der Einnahmen**
- geringere Personalabhängigkeit durch besser organisierte Abläufe	- frühere Zahlungseingänge durch frühzeitiges Fakturieren und termingerechtes Mahnen
- aktuelle Informationen, rasche und gezielte Disposition	- Umsatzerhöhung durch schnellere Auslieferung
- weniger Fehler	
- Werbeeffekt	
- Verbesserung des Kundendienstes	
- Straffung des Verwaltungsapparates	
- Transparenz über Bewegungen und Bestände	

- Indirekter Nutzen
  Ein indirekter, sekundärer Nutzen entsteht bei Dritten, ausserhalb des Zielbereichs des Projekts. Unterschieden werden:

Technischer Nutzen	**Marktmässiger Nutzen**
- neueste Maschinen, die auch anderweitig genutzt werden können	- mehr Ansehen (Image)
- verlängerte Nutzungsdauer	- Aufbau von Know-how
- erhöhte Funktionssicherheit	- Den Namen besser bekannt machen, „Brand Name"

4.3.3.6.5 Kosten-Nutzen-Berechnung

Jede Investition ist auf ihre Wirtschaftlichkeit zu prüfen. Ideal ist, wenn der Projektleiter über vollständige, absolute Zahlen von konkreten Ausgaben und Einsparungen verfügt.

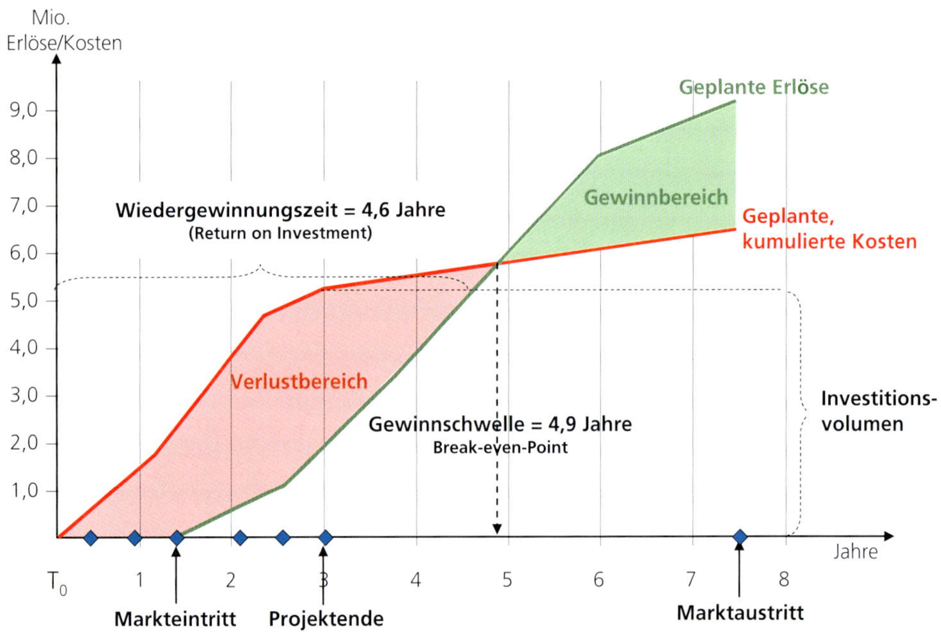

Abb. 4.75: Kosten-/Einnahmenverlauf einer Investition (Finanzmittelfluss)

Mit diesen Zahlen ist der Projektleiter in der Lage, die in der Betriebswirtschaft bekannten Berechnungen durchzuführen, die nachfolgend kurz beschrieben werden [Pro 1994]:

- Kostenvergleichsrechnung
  Mit der Kostenvergleichsrechnung werden oft in einer Periode (z.B. ein Jahr) die anfallenden Kosten zweier oder mehrerer verschiedener Varianten einander gegenübergestellt.

- Erfolgsdifferenzrechnung
  Bei der Erfolgsdifferenzrechnung werden die zu erwartenden Gewinne und die diversen Investitionen miteinander verglichen. Gewählt wird schliesslich jene Investition, die den grössten Gewinn pro Zeiteinheit oder während der Einsatzzeit aufweist.

- Rentabilitätsrechnung
  Die Rentabilitätsrechnung (Return on Investment = ROI) bezieht sich auf den durchschnittlich erzielten Jahresgewinn (= Nutzen/Kosten), vor Abzug der kalkulatorischen Zinsen auf das eingesetzte, durchschnittliche Kapital.

- Amortisationsrechnung
  Mit der Amortisationsrechnung wird der Zeitpunkt bestimmt, an dem die kumulierten Einnahmenüberschüsse die Höhe der Investitionssumme erreichen; der Break-even-Point steht im Zentrum.

- Barwertmethode
  Verschiedene Varianten werden verglichen, indem alle künftigen Kosten und Nutzen auf den Investitionszeitpunkt abgezinst werden. Je früher Einnahmen anfallen und je später Ausgaben getätigt werden, umso günstiger wirkt sich dies auf jede Variante aus.

- Methode des internen Zinsfusses
  Konzept des Zeitwertes von Einnahmen und Ausgaben: gesucht wird der Zinssatz, bei dem ein Kapitalwert von Null erzielt wird. Oder einfacher ausgedrückt: Das Konzept erläutert die Berechnung des Ertrags, wenn das zu investierende Geld anderweitig zu einem bestimmten Zinssatz angelegt wird.

Da es nicht immer einfach ist, den Nutzen einer Investition in absoluten Zahlen auszudrücken, können die Varianten mit relativen Berechnungsmethoden beurteilt werden (z.B. Nutzwertanalyse). Umfassende Ausführungen über die Kosten-Nutzen-Berechnung sind im Anhang A.3 (☞ „Bewertungstechniken") zu finden.

4.3.3.7 Terminplanung

Da in der Praxis oftmals fixe Termine (Time Based Management) vorgegeben werden, ist es für den Projektleiter wichtig, einen transparenten Terminplan, basierend auf dem Planungsablauf, aufzubauen. Bezugnehmend auf die von externen Stellen festgelegten Terminvorgaben sowie die errechneten Zeitgrössen, sind in diesem Planungselement wichtige Termine wie auch Zwischentermine (Meilensteine) sowie die genauen Start- und Endtermine pro Arbeitspaket festzulegen. Durch die zeitliche Festlegung der Meilensteine sowie bestimmter Zeitpunkte wird die Basis für eine effiziente Projektfortschrittskontrolle und damit auch für eine wirksame Projektsteuerung geschaffen. Time Based Management bedeutet, von einem vorgegebenen Zeitziel ausgehend rückwärts zu ermitteln, welche Leistungen bis wann zu erbringen sind, um einen vorgesehenen (End-)Termin einzuhalten.

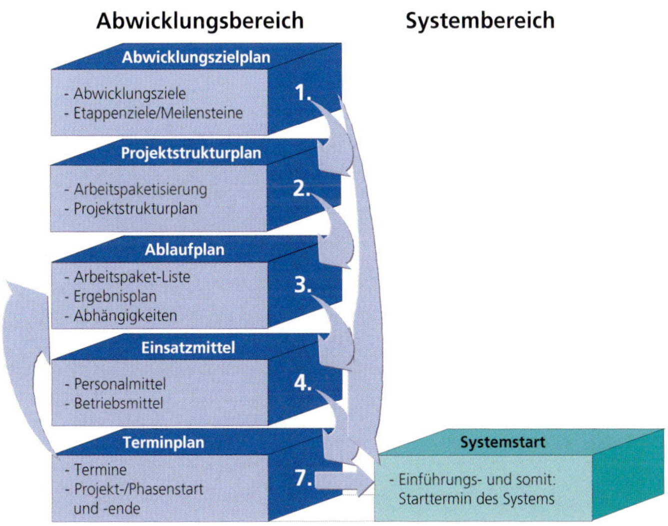

Abb. 4.76: Terminplanung (7. Planungselement)

Beim Erstellen des Terminplans (Projektterminplan) können unter anderem folgende drei Planungsinstrumente zum Einsatz kommen:

- Balkendiagramm,
- Arbeitspaketliste und Netzplan,
- Einsatzmittel-Kapazitätsdiagramm.

Werden die vorangegangenen sechs Planungsschritte unter dem Aspekt der Terminplanung betrachtet, so kann man von einem Terminplanungsprozess sprechen. Dieser beginnt mit der Projektstrukturierung (Projektstrukturplanung) und geht über die Festlegung der logischen Arbeitspaketreihenfolge (Ablaufplanung) und der Einsatzmittelzuteilung (Einsatzmittelplanung) bis zur endgültigen Terminierung (Terminplanung).

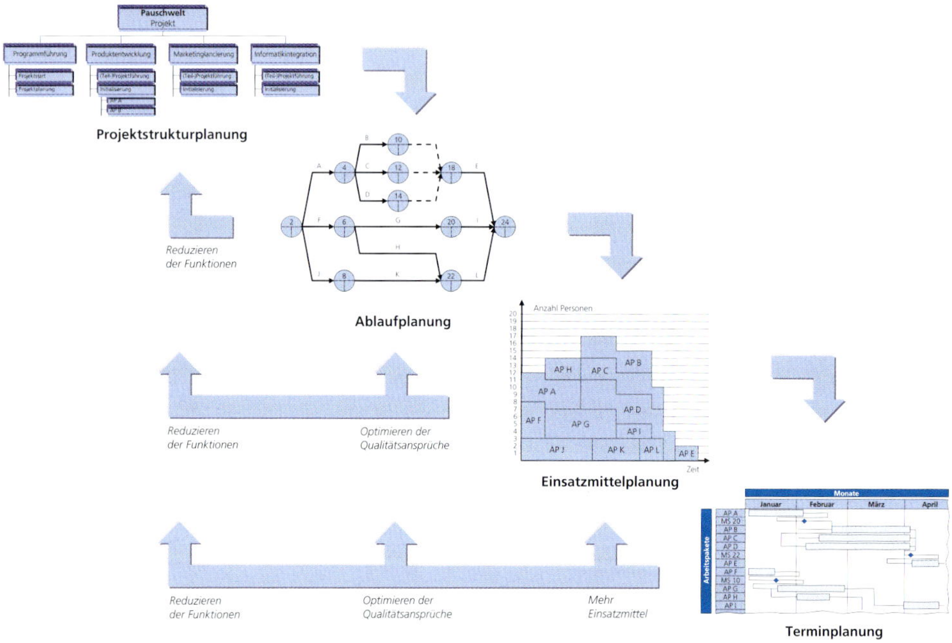

Abb. 4.77: Prozesskette der Terminplanung

Die einzelnen Teile dieses Prozesses sind so unmittelbar miteinander verknüpft, dass jede Änderung eines Planwertes Auswirkungen auf die anderen Pläne hat. Projektstruktur-, Ablauf-, Einsatzmittel- und Terminplanung bilden somit eine geschlossene Prozesskette innerhalb der Projektplanung. Das heisst: Werden z.B. Start- oder Endtermin des Projekts aufgrund äusserer Einflüsse oder Verzögerung eines einzelnen Arbeitspakets negativ verändert und kann diese Zeitverkürzung mit den Pufferzeiten nicht mehr aufgefangen werden, so ist der Projektleiter gezwungen, in vorangegangene Planelemente dieser Prozesskette zurückzuspringen und neu zu planen. Bei gravierenden Veränderungen (z.B. Verschiebung eines Meilensteins) muss eventuell bis zum Produktstrukturplan zurückgegangen werden. Falls die vorgegebenen Zeitpunkte und Einsatzmittel beibehalten werden müssen, kann dies z.B. nur durch Hinzufügen von Arbeitspaketen geregelt werden. In den meisten Fällen geht man jedoch nur bis zur Einsatzmittelplanung zurück und versucht, durch eine genauere Abstimmung und punktuelle Verstärkungen der Einsatzmittel das Problem zu beheben. Liegen Terminüberschreitungen vor, sind grundsätzlich folgende Massnahmen möglich:

- mehr Ressourcen beantragen bzw. qualifizierter einsetzen (☞Anhang A.1.4 „Critical-Chain-Projektmanagement")
- Tätigkeitsabhängigkeiten optimieren,
- Anforderungen und/oder Arbeitspakete reduzieren,
- Terminverhandlung einberufen, um spätere Termine auszuhandeln,
- definierte Qualitätsanforderungen reduzieren.

Arbeitspaketliste | Projekt: „Pauschwelt", TP: Produktentwicklung | Nr.: B.1 | Seite: 1
Projektleiter: Y. Meier

Arbeitspakete/Vorgänge AP-Namen	Vorgangs-dauer	Vorgangs-aufwand	Direkter Nachläufer	Termine Start	Termine Ende	Vorgangszeitpunkte FA	SA	FE	SE	Pufferzeit GP	Ressourcenbedarf PM	BM	FM
Arbeitspaket A	5	20	B, C, D	04.01.2010	05.02.2010	0	0	5	5	0	4	YYYY	X.-
Arbeitspaket B	6	18	E	22.02.2010	02.04.2010	5	7	11	13	2	3	YYYZ	X.-
Arbeitspaket C	7	21	E	15.02.2010	02.04.2010	5	6	12	13	1	3	YYZY	X.-
Arbeitspaket D	8	32	E	08.02.2010	02.04.2010	5	5	13	13	0	4	YZYY	X.-
Arbeitspaket E	2	4	-	05.04.2010	16.04.2010	13	13	15	15	0	2	ZYYY	X.-
Arbeitspaket F	2	10	G, H	04.01.2010	15.01.2010	0	4	2	6	4	5	YYZZ	X.-
Arbeitspaket G	6	24	I	18.01.2010	26.02.2010	2	6	8	12	4	4	YZYZ	X.-
Arbeitspaket H	3	9	L	01.02.2010	19.02.2010	2	10	5	13	8	3	YZZY	X.-
Arbeitspaket I	3	6	-	29.03.2010	16.04.2010	8	12	11	15	4	2	ZYZY	X.-
Arbeitspaket J	6	18	K	04.01.2010	12.02.2010	0	3	6	9	3	3	ZZYY	X.-
Arbeitspaket K	4	12	L	01.03.2010	26.03.2010	6	9	10	13	3	3	YZZZ	X.-
Arbeitspaket L	2	6	-	05.04.2010	16.04.2010	10	13	12	15	3	3	ZYZZ	X.-

FA = Frühester Anfangszeitpunkt des Vorgangs
SA = Spätester Anfangszeitpunkt des Vorgangs
FE = Frühester Endzeitpunkt des Vorgangs
SE = Spätester Endzeitpunkt des Vorgangs
GP = Gesamte Pufferzeit
FP = Freie Pufferzeit
UP = Unabhängige Pufferzeit
PM = Personalmittel
BM = Betriebsmittel
FM = Finanzmittel

Abb. 4.78: Arbeitspaketliste in der Terminplanung

Aufgrund der vorangehenden Schritte können nun in der Arbeitspaketliste die endgültigen Anfangs- und Enddaten der Pakete eingetragen werden. Mit dem Einsatz entsprechender Planungstools wird automatisch z.B. ein Balkendiagramm erstellt.

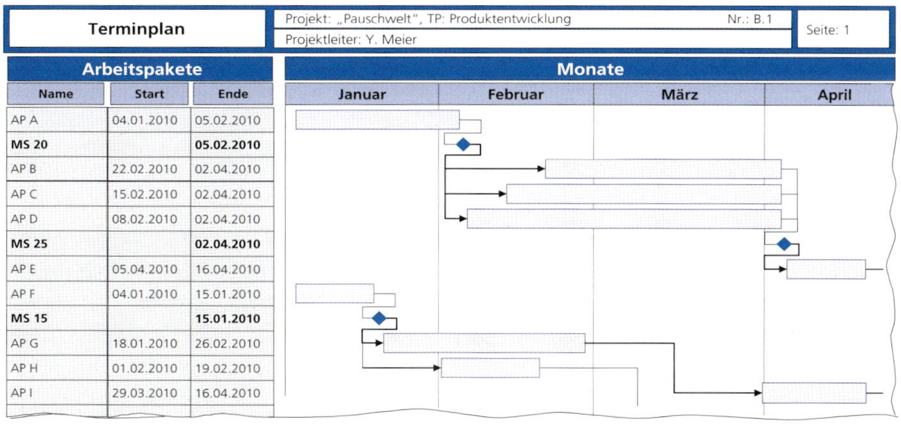

Abb. 4.79: Balkendiagramm mit Abhängigkeiten und Meilensteinen als Terminplan

Werden Termine festgelegt, stellt sich bei der Ausführung die Frage, ob diese auch eingehalten werden können: Es können Risiken projektinterner bzw. -externer Natur oder Einflussgrössen vorhanden sein, die zu zeitlichen Verzögerungen des Projekts führen. Damit ist die Terminplanung logischerweise mit Fragen des Risikomanagements, aber auch mit Fragen, welche die Arbeitsmotivation der Mitarbeiter betreffen, konfrontiert.

Folglich dient der Terminplan nebst dem Festlegen von rein zeitlichen Daten wie Start- und Abschlussterminen der einzelnen Phasen, Zeitpunkten der Meilensteine und der Festlegung bzw. Disponierung von Start- und Abschlussterminen der einzelnen Arbeitspakete auch:

- als Krisenmanagementplan,
- als Steuerungs- und Kontrollinstrument,
- als Belohnungs- und Bestrafungsgrundlage.

Der Terminplan legt die kalenderbezogenen Start- und Endzeitpunkte der einzelnen Arbeitspakete bzw. des gesamten Projekts fest. Diese Termine sind für Projektleiter und Projektteam verbindliche Grössen. In der Terminplanung werden auch wichtige Zwischentermine (Meilensteine) bestimmt, die als Kontrollpunkte dienen. Für eine effiziente Kontrolle bezüglich Termin und Projektfortschritt kann der im Planungselement 2 aufgesetzte Ergebnisplan verwendet werden, der in diesem Planungsschritt weiter vervollständigt wird.

Ergebnis-/Prüfplan

Projekt: „Pauschwelt", TP: Produktentwicklung — Nr.: B.1 — Seite: 1

Projektleiter: Y. Meier

Phase	Arbeitspakete/Vorgänge AP-Name	Verantwortlich	Hauptlieferobjekt der Arbeitspakete	Erledigungsdatum	Status	Kontrolldatum	Kontrolltechnik	Status	Verantwortlich	Freigabedatum
Init.	Arbeitspaket A	TRM	Business Case	05.02.2010	⌛					
Konz.	Arbeitspaket B	TDP	SWOT-Analyse	02.04.2010	⌛					
Konz.	Arbeitspaket C	LNR,	Pflichtenheft	02.04.2010	⌛					
Konz.	Arbeitspaket D	TRM	Kriterienkatalog	02.04.2010	⌛					
Konz.	Arbeitspaket E	TDP	Vertrag	16.04.2010	⌛					
Init.	Arbeitspaket F	SRP	Marktanalyse	15.01.2010	⌛					
Konz.	Arbeitspaket G	SRP	Konzept	26.02.2010	⌛					
Konz.	Arbeitspaket H	BGS	Mengengerüst	19.02.2010	⌛					
Konz.	Arbeitspaket I	BGS	Phasenbericht	16.04.2010	⌛					
Konz.	Arbeitspaket J	LNR	Anforderungsspezifikation	12.02.2010	⌛					
Konz.	Arbeitspaket K	GNJ	Papierprototyp	26.03.2010	⌛					
Konz.	Arbeitspaket L	GNJ	Aktualisierter Projektplan	16.04.2010	⌛					

⌛ = geplant ✓= erstellt ◆ = geprüft

Abb. 4.80: Ergebnisplan in der Terminplanung

Mit entsprechenden zusätzlichen Angaben der Qualität, der Kontrolltechnik etc. kann dieser Plan sehr einfach zu einem effizienten Prüfplan erweitert werden (☞ Kapitel 7.3.1 „Prüfplan"). Um die Abwicklungstermine zu sichern, sollte in diesem Planungselement respektive zu diesem Planungszeitpunkt wenn notwendig auch der Risikomanagementplan erstellt werden (☞ Anhang C.6.1 „Risikomanagementplan").

4.3.3.8 Projektbudgetplanung

Sofern der Auftraggeber keinen Budgetrahmen vorgibt, muss der Projektleiter einen Budgetplan erstellen. Daraus wird der Budgetantrag abgeleitet, der via Projektportfolio-Board und/oder Projektsteuerungs-Gremium/Auftraggeber geprüft, freigegeben, gestoppt oder mit einer sachlichen Begründung zur Überarbeitung an der Projektleiter zurückgegeben wird.

Das Projektbudget (Summe der einem Projekt zur Verfügung gestellten finanziellen Mittel) wird auf ein Jahresziel (verfügbare Personal- und Betriebsmittel innerhalb eines Jahres) oder auf eine Phase, sprich Projektabwicklungsziel (Meilenstein), ausgerichtet und aufgeteilt. Bevor das Projektbudget errechnet werden kann, müssen verschiedene vorausgehende Planungselemente abgeschlossen sein. Wurden diese genügend detailliert erarbeitet, so ist es relativ einfach, daraus den Projektbudgetplan abzuleiten, das heisst, die erwarteten Mengen- und Wertgrössen in Bezug auf den gewählten Zeitpunkt zusammenzustellen. Das Projektbudget wird somit dadurch erstellt, dass man die erarbeiteten Zeit-, Kosten- und Tätigkeitsvorgaben auf eine Zeitachse überträgt.

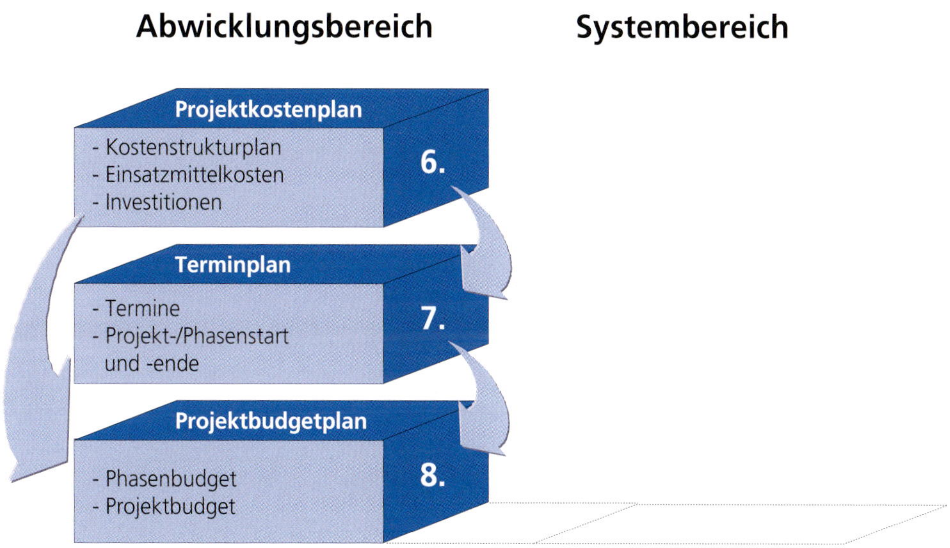

Abb. 4.81: Projektbudgetplanung (8. Planungselement)

Um nicht finanzielle Insellösungen zu schaffen, muss der Projektleiter ein Budgetierungssystem wählen, das auf die Projektorganisation und die Bedürfnisse der Unternehmung zugeschnitten ist. Ein detailliertes Projektbudget bringt folgende Vorteile für ein Projekt bzw. für das Unternehmen:

- Der Budgetplan ermöglicht eine gute gegenseitige Verständigung (Finanzabteilung – Projektleitung). Damit kann im Projektbereich auf derselben strukturellen Ebene wie im Unternehmensbereich operiert werden.
- Da in vielen Unternehmungen ein aktives Finanzmanagement betrieben wird, kennt der Finanzleiter aufgrund der vorhandenen Projektbudgetplanung den genauen Zeitpunkt, an dem er dem Projekt die finanziellen Mittel zur Verfügung stellen muss. Somit bildet das Projektbudget eine Grundlage für die Liquiditätsplanung des Unternehmens.

- Das Budget ist ein geeignetes Mittel für ein aktives Projektcontrolling durch den Auftraggeber. Einerseits muss er es offiziell freigeben (Vernehmlassung), andererseits dient es ihm als „Messlatte" für Kostenüber- oder -unterschreitungen.

Hat der Auftraggeber ein Budget vorgegeben, so muss dieses zuerst der Aufwandschätzung gegenübergestellt werden. Überschreitet die Aufwandschätzung die Budgetvorgabe, dann sollten rechtzeitig Massnahmen ergriffen werden:
- Reduzierung der Anforderungen, damit die Kosten gesenkt werden können.
- Einsatz von billigeren Ressourcen (Achtung: Qualitätsanforderungen).
- Antrag um Budgeterweiterung stellen, damit die geplanten Ziele erreicht werden können.

Nach der Budgetfreigabe wird das Gesamtprojektbudget auf Phasen aufgeteilt, und der Projektleiter weist den einzelnen Projektteams Teilbudgets zu. Es ist zweckmässig, das Gesamtbudget nicht restlos zu verteilen, sondern gewisse Reserven zurückzubehalten. Der Projektleiter sollte jederzeit Unvorhergesehenes und kleinere Aufwandüberschreitungen auffangen können, ohne eine Budgeterhöhung beantragen zu müssen [Dae 1988]. Hierzu dient ihm der Projektbudgetplan: Er offenbart, welche Ausgaben zu welchen Zeitpunkten anfallen, und dient in dieser Hinsicht dem Steuern von Projekten.

Ein Projektbudgetplan sollte aufzeigen, wann welche Finanzmittel benötigt werden, die für die Abwicklung eines Projekts erforderlich sind.

Der aus der Projektstrukturierung hervorgegangene Kostenstrukturplan ergibt einen Finanzmittelplan, der zugleich als Budgetplan verwendet werden kann.

Kostenstruktur des Projekts „Pauschwelt"

Kostenarten	Unterkostenarten	Januar	Februar	März	April	Mai	Juni	...	Total
Projektführung, Organisation	Planung	4000.–	4000.–	8000.–	4000.–	4000.–	7000.–		131 000.–
	Controlling	10 000.–	10 000.–	8000.–	10 000.–	10 000.–	6000.–		194 000.–
	Ext. Beratung	14 000.–	14 000.–	18 000.–	14 000.–	14 000.–	18 000.–		382 000.–
	Spesen	2500.–	3000.–	2000.–	3500.–	4000.–	2000.–		84 000.–
	Schulung	0.–	0.–	5000.–	5000.–	0.–	0.–		200 000.–
Projektdurchführung	Konzeption	27 500.–	22 000.–	29 000.–	36 500.–	44 000.–	22 000.–		837 000.–
	Entwicklung	0.–	0.–	0.–	50 000.–	67 000.–	53 000.–		1 160 000.–
	Anschaffung	0.–	0.–	0.–	0.–	100 000.–	100 000.–		500 000.–
	Einführung	0.–	0.–	0.–	0.–	0.–	0.–		220 000.–
Systemsoftware	Wartung	0.–	0.–	0.–	0.–	10 000.–	10 000.–		200 000.–
	Lizenzen	0.–	0.–	0.–	30 000.–	30 000.–	30 000.–		630 000.–
	Installation	0.–	0.–	0.–	0.–	0.–	5000.–		80 000.–
Hardware		0.–	0.–	0.–	0.	0.–	60 000.–		230 000.–
	Monatstotal:	99 500.–	188 000.–	201 000.–	302 500.–	292 000.–	303 000.–		5 800 000.–
	davon extern:	125 000.–	154 000.–	158 000.–	164 500.–	158 000.–	154 000.–		3 900 000.–

Abb. 4.82: Budgetplan mit Kontenstrukturierung

Sind z.B. in einem Projektbudgetplan nur die kumulierten Werte pro Konto aufgeführt, ist es für eine genaue Bearbeitung des Budgets notwendig, die Kosten noch eine Stufe tiefer aufzugliedern. Dies kann mit Hilfe von Budgettabellen erreicht werden. Sie ermöglichen auch eine Kostenglättung im Zusammenspiel mit den Einsatzmitteln, sodass weniger Extremwerte in einer Zeitperiode anfallen.

Kostenglättung beinhaltet das Erzeugen eines vorgegebenen (z.B. gleichmässigen) Kostenanfalls durch Verschieben von Vorgängen oder Einsatzmitteln [DIN 69903].

4.3.3.9 Informations- und Dokumentationsplanung

Dieser Planungsschritt umfasst zwei Hauptpunkte:

- Planung des Informationssystems
  Mit dem Projektinformations-System werden die Erstellung, die Verteilung und die Dokumentation der neusten Erkenntnisse, Informationen etc. einer Projektabwicklung kurzfristig garantiert.
- Planung des Dokumentationssystems
  Demgegenüber muss das Projektdokumentations-System die Erstellung, die Verteilung und die Dokumentation aller Arbeitsergebnisse einer Entwicklung langfristig garantieren.

Es ist wichtig, in diesem Punkt zwischen dem institutionellen und dem funktionellen Projektmanagement zu unterscheiden. Im institutionellen Projektmanagement werden hauptsächlich das Wann (ergebnisorientiert), das Was und die Form bestimmt. Hier, im funktionellen Projektmanagement, werden insbesondere das Wann (zeitorientiert, Echtzeit), der Empfänger (Person mit Namen) und das konkrete Wie (Kommunikationsmittel) definiert.

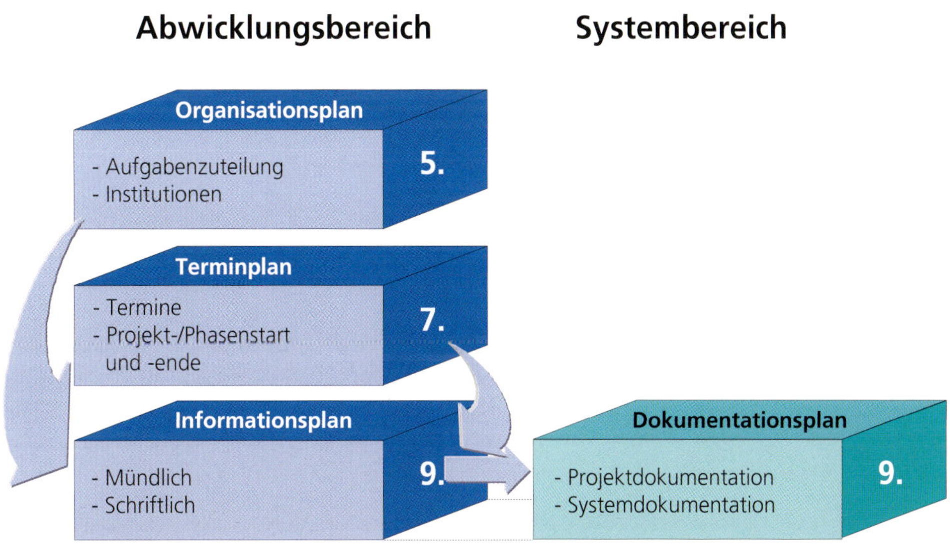

Abb. 4.83: Projektinformations- und Dokumentationsplanung (9. Planungselement)

In diesem Planungsschritt wird formal die Verteilung der wichtigen Informationen geplant und überlegt, welche Dokumente erstellt werden, wie sie gespeichert und an wen sie verteilt werden. (Unter wichtigen Informationen sind in diesem Zusammenhang Angaben über Aufträge, Anweisungen,

Entscheidungs- und Beschlussprotokolle etc. zu verstehen.) Als Basis zur Planung und Koordination des Projektinformations- und Dokumentationssystems dienen die Angaben aus dem institutionellen Projektmanagement, wo alles Grundsätzliche über die Informationen und Dokumentationen festgelegt worden ist (☞ Kapitel 2.3 und 2.5). Ein geordnetes Informations- und Dokumentationssystem ist für eine effiziente Projektabwicklung unabdingbar: Dies insbesondere deshalb, weil eine effizient eingesetzte Informationsverteilung den wichtigsten Bestandteil des Projektmarketings bildet (☞ Kapitel 10.4 „Informations- und Kommunikationsmanagement").

4.3.3.9.1 Planung des Informationssystems

Das Aufbereiten von Projektinformationen und deren gezieltes Verteilen an alle Projektbeteiligten ist eine Grundvoraussetzung für den Projekterfolg, daher sollte diese Planungsarbeit mit grösster Sorgfalt ausgeführt werden. Das Globalziel dieses Planungselements besteht darin, für alle Beteiligten festzulegen, von wem sie wie und zu welchem Zeitpunkt Informationen über das Projekt erhalten beziehungsweise einholen können. Für die Aufteilung der einzelnen Informationsebenen ist das Projektorganigramm ein geeignetes Mittel, da es primär die wichtigsten Empfänger von Informationen beschreibt. Daraus lassen sich Informationsbedürfnisse (☞ Kapitel 10.3 „Stakeholdermanagement") ableiten und Kommunikationskanäle bestimmen, auf denen die Informationen zum Empfänger gelangen oder auf denen der Empfänger sich seine Informationen holen kann.

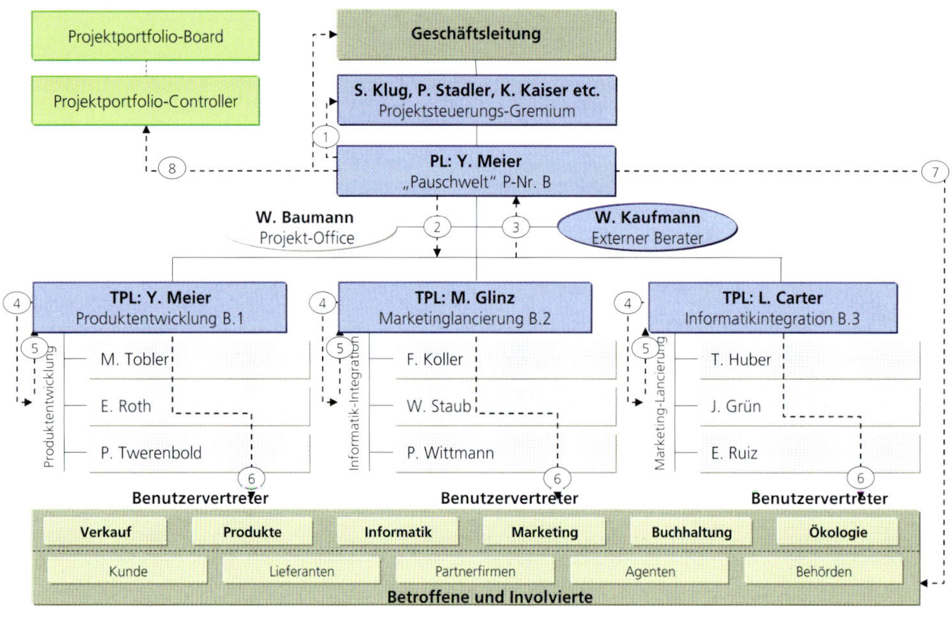

Abb. 4.84: Projektinformations-System, auf die Projektorganisation abgestimmt

Inhalte und Verwendungszweck der Informationen werden je nach Funktion des Empfängers unterschieden. Generell wird von zwei Empfängerkategorien ausgegangen:

- Projektträgerinstanz und Projektteam
  Die Projektträgerinstanz sollte möglichst umfassend und eher finanz- sowie aufwandspezifisch informiert werden. Das Projektteam wird ebenso umfassend, jedoch aufgaben- und sachspezifisch informiert.

- Beteiligte (ausserhalb Projektteam), Betroffene und Gremien
  Die Informationsabgabe an Gremien, Beteiligte und Betroffene muss klar gebiets- und teilweise hierarchiebezogen stattfinden. Auch liegt zwischen Informationsaufbereitung und -weiterleitung eine etwas grössere Zeitdifferenz, da aufgrund der Informations-Sorgfaltspflicht vielfach Informationen erst weitergeleitet werden, nachdem sie vom Projektauftraggeber genehmigt wurden.

Pro Empfängerkategorie wird, wenn nicht bereits in der Projektinstitution bestimmt, Folgendes festgelegt:
- Form der Weitergabe der Information,
- Darstellung,
- Vollständigkeitsgrad,
- Detaillierungsgrad,
- Aktualität,
- Art der Information.

Die Frage nach der Berichts- und Informationshäufigkeit (Periodizität der Berichterstattung) kann nicht allgemein beantwortet werden. Sie hängt unter anderem von den Merkmalen des Projekts, den Vertragsbedingungen, der Berichtsart und der Bedeutung der Information ab. Berichte über die Kosten oder die Finanzsituation werden in fast allen Projekten in einem monatlichen Rhythmus erstellt. Über Ausnahmesituationen muss dagegen unmittelbar berichtet und informiert werden. Fluide Projektvorhaben erfordern üblicherweise einen kürzeren Berichts- und Informationszyklus als kristalline Projekte. Die Effizienz der Berichterstattung kann z.B. mittels eines einfachen Workflow-Management-Systems wesentlich optimiert werden, und durch den Einsatz von guten Collaboration-Produkten, die heute eine Voraussetzung für die moderne Projektadministration sind, kann die Leistungsfähigkeit des gesamten Projektteams wesentlich gesteigert werden.

Bei der Ausführung dieses Planungsschrittes muss der Projektleiter Folgendes beachten:
- Bei der Weiterleitung von Informationen muss der verfolgte Zweck dem Ersteller und dem Empfänger bewusst sein.
- Es sind primär nur Informationen weiterzuleiten, die den Aufgabenbereich des Empfängers betreffen.
- Informationen wie z.B. Berichte müssen einem gut strukturierten Aufbau entsprechen, der dem Leser die Übersicht erleichtert.
- Informationen mit Feedback-Verpflichtung (Monatsberichte, Reviewberichte etc.) müssen frühzeitig verteilt werden, damit der Empfänger genügend Zeit hat, den Bericht zu lesen und zu reagieren.

Dieses Planungselement erzeugt auf der Basis der Projektorganisation somit eine Informations-Planungsliste, aus der hervorgeht, wer welche Informationen zu welchem Zeitpunkt auf welchem Kommunikationskanal erhält:

- Informationen/Informationsempfänger
  Das Informationsbedürfnis der Empfänger unterscheidet sich ihrer Funktion entsprechend ganz erheblich. Daher muss zum Planungszeitpunkt schon genau festgelegt werden, wer (namentlich) welche Informationen erhält.

- Informationszeitpunkt
  Aus den Ergebnissen der bisherigen Planung gehen die genauen Zeitpunkte hervor, an denen die Informationen verteilt werden müssen. Dabei werden grundsätzlich unterschieden:
  – ereignisorientierte Informationen (z.B. bei Phasenende 15.3.20nn),
  – zeitorientierte Informationen (z.B. monatlich, am 1. Montag).

- Kommunikationskanäle
  Für die Verteilung der Projektinformationen gibt es zwei verschiedene Kanäle, die sich in der technischen Ausprägung, der Durchführung und der Zuführungsverantwortung unterscheiden:
  – schriftliche Information,
  – mündliche Information.

Abbildung 4.85 zeigt eine Informations-Planungsliste, die alle Ergebnisse aus der Informationsplanung festhält und mit den Kommunikationskanälen gemäss Organigramm verknüpft.

Informations-Planungsliste	Projekt: „Pauschwelt", TP: Produktentwicklung Projektleiter: Y. Meier		Nr.: B.1	Seite: 1
Was	**Verantwortung**	**Wann**	**Form**	**Empfänger/Kanal**
Fortschrittsbericht (Teil-)Projekte Februar	Jeder TPL + PL	01.03.2010	Bericht	3
Fortschrittsbericht Projekt Februar	Projektleiter	05.03.2010	Bericht	9, 1
Anforderungskatalog präsentieren	Projektleiter	26.03.2010	Präsentation	2, 1, 7, 4
Fachsitzung	Projektleiter	26.03.2010	Sitzung	2, 7
Fortschrittsbericht (Teil-)Projekte März	Jeder TPL + PL	05.04.2010	Bericht	3
Planungsbericht	Auftraggeber	09.04.2010	Bericht	1, 8
Kontrollsitzung	Jeder Mitarbeiter	16.04.2010	Sitzung	2, 4
Fortschrittsbericht (Teil-)Projekte April	Jeder TPL + PL	03.05.2010	Bericht	3
Präsentation Projektsteuerungs-Gremium	Projektleiter	14.05.2010	Präsentation	3, 1
Fachsitzung	Jeder Projektleiter	21.05.2010	Sitzung	2, 7
Fortschrittsbericht (Teil-)Projekte Mai	Jeder TPL + PL	31.05.2010	Bericht	3
Etc.	...	...	...	...

Abb. 4.85: Informations-Planungsliste

4.3.3.9.2 Planung des Dokumentationssystems

Bei der Planung des Dokumentationssystems werden die nachfolgenden drei Punkte aus den Vorgaben des institutionellen Projektmanagements und der PLAN-IST-Situation einander gegenübergestellt und aufeinander abgestimmt:

- Dokumentationsbedürfnisse
  - Was muss dokumentiert werden?
  - Für wen wird die Dokumentation geschrieben?
- Dokumentationszeitpunkt
  - Wann muss dokumentiert werden?
  - Wie lange muss die Dokumentation aufbewahrt werden?
- Dokumentationsart/Dokumentationsträger
  - Wie muss dokumentiert werden?
  - Wo muss die Dokumentation aufbewahrt werden?

Als Ergebnis dieses Planungsschrittes erhält man eine Liste, auf der alle relevanten Punkte für die Dokumentationserstellung festgelegt werden.

Dokum.-Nr.	Dokumentationsart	Erstellungs-zeitpunkt	Dokumentations-träger	Aufbewahrungsort
Abwicklungsdokumentation				
A11a	Wirtschaftlichkeitsanalyse	17.01.20nn	Papier	Informatik
A11b	Projektauftrag	01.01.20nn	Papier	Informatik
A12a-d	Phasenpapiere	-	Papier	Informatik
A13a	Übernahmeanweisungen	20.12.20nn	Intranet	Informatik
Benutzerdokumentation				
B21a	Benutzerhandbuch	01.12.20nn	Intranet	Produktivserver
B21b	Berechtigungsverfahren	01.10.20nn	Intranet	Produktivserver
B22a	Krisenplan	01.12.20nn	Intranet	Produktivserver
B23a	Fehlerbehandlungsbuch	15.11.20nn	Intranet	Produktivserver
B23b	Musterordner	05.10.20nn	Ordner/Papier	Benutzer
Wartungs- und Betriebsdokumentation				
W1	Systementwurf	30.16.20nn	Papier	Entwicklungsabteilung
W2a	Systembeschreibung	15.11.20nn	Papier	Entwicklungsabteilung
W2b	Bedienerhandbuch	30.11.20nn	Intranet	Informationscenter
W2c	Systemhandbuch	25.10.20nn	Intranet	Informationscenter

Abb. 4.86: Komprimierte Planungsliste eines Projektdokumentations-Systems

Wo vorhanden, können die Dokumentationsangaben dem in vielen Unternehmen existierenden PM-Leitfaden entnommen werden. In diesem Fall ist es von Vorteil, wenn auch das Gliederungsschema, das in diesem Leitfaden aufgeführt ist, übernommen wird (☞ Kapitel 2.5 „Projektdokumentations-System“).

4.4 Projektcontrolling

Damit der Projektleiter die gesetzten Ziele unter Einbezug der gegebenen Rahmenbedingungen und Restriktionen erreichen kann, setzt er je nach Situation spezifische Controllinginstrumente ein. Der dafür definierte Controllingprozess respektive die darin enthaltenen Aufgaben werden vom Start bis zum Projektende in einer repetitiven Form umgesetzt.

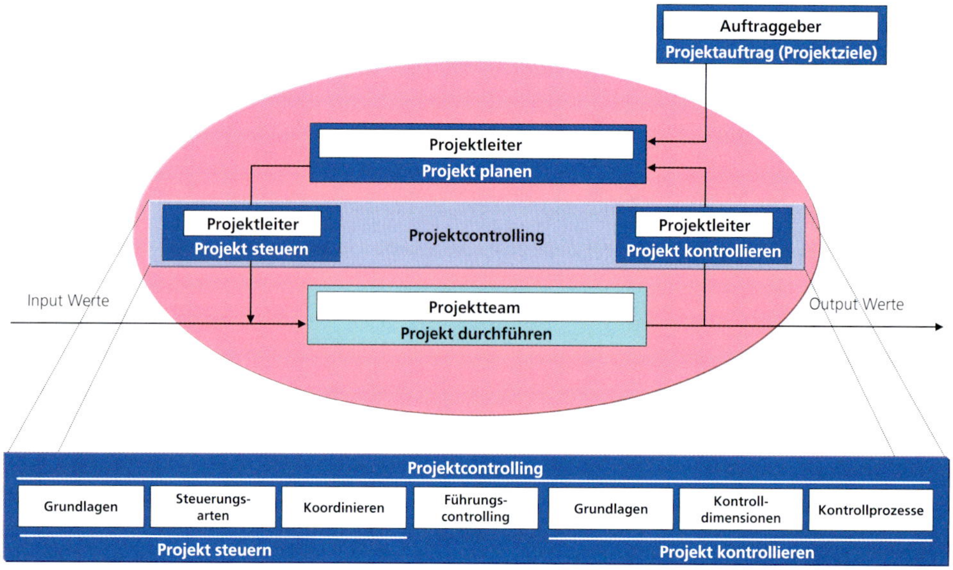

Abb. 4.87: Elemente des Projektcontrollings

Unter der Betrachtung des in der Abbildung 4.87 aufgeführten Projektcontrollings als eigenständigem Prozess sind die zwei darin enthaltenen Hauptelemente „Projekte steuern" und „Projekte kontrollieren" die Bindeglieder zwischen der Projektplanung und der Projektdurchführung.

Projektcontrolling wird in ein internes und in ein externes Controlling unterteilt. Der „projektinterne" Controllingprozess wird vom Projektleiter eingesetzt, um die Einfluss- bzw. Störgrössen, Änderungen der Projektziele, Planungs- und Schätzfehler etc. entsprechend zu managen. Dies mit dem Ziel, das Projekt möglichst innerhalb des einmal definierten Projektscope erfolgreich zu Ende zu führen. Das projektinterne Controlling verfolgt zwei Hauptzielsetzungen:

- Durch zeitnahes Aufzeigen von der Projektleistung eine hohe Transparenz bezüglich der Projektabwicklung und der Zielerreichung gewähren.
- Durch geeignete Massnahmen eine wirtschaftliche Projektabwicklung sicherstellen.

Durch das konsequente Verfolgen dieser zwei Ziele wird erreicht, dass die Reaktionszeit vom Erkennen der Planabweichung oder drohenden -abweichung über die Ursachen- und Wirkungsanalyse bis hin zur Korrektur möglichst kurz und somit kostengünstig ist. Das interne Projektcontrolling läuft, auf einer etwas abstrakten Ebene definiert, wie folgt ab:

Geht man, wie in der Abbildung 4.88 aufgeführt, von den Projektzielen aus, so sind diese die Hauptgrundlage der Projektplanung. Wurde die Projektplanung erstellt, kann der Projektleiter die anstehenden Aufgaben den Projektmitarbeitern (via Projektsteuerung) delegieren und diese untereinander koordinieren. Basierend auf den von den Mitarbeitern geleisteten Stunden sowie anderweitigem Einsatzmittelverbrauch werden die IST-Werte, z.B. 82 Arbeitsstunden, rapportiert. Die erstellten Ergebnisse werden kontrolliert, so z.B. ob die richtigen Funktionalitäten bei einem Softwaremodul richtig umgesetzt wurden. Anhand der vorgenommenen Kontrolle wird der Fertigstellungsgrad festgestellt. Daraus kann abgeleitet werden, wie viel noch zu leisten ist, bis man mit entsprechenden Aufwänden die definierten Ziele bezüglich Quantität und Qualität erreicht hat (REST-Wert z.B. 45 Stunden). Der IST-Wert und der REST-Wert ergeben dann den „neuen" SOLL-Wert. Der SOLL-Wert (127 Arbeitsstunden) wird mit dem PLAN-Wert (z.B. 100 Arbeitsstunden) verglichen. Ergibt das Resultat des Vergleichs eine grössere Differenz, so muss eine entsprechende Abweichungsanalyse (Ursache und Wirkung) vorgenommen werden, welche einerseits Input für den kommenden Projektstatusbericht sein wird, aber auch eine Planänderung bewirken kann sowie eine steuernde Handlung erfordert (☞ Kapitel 4.4.1.1.2 „Teufelsquadrat").

Dieser projektinterne Projektcontrolling-Prozess wird in einem Projekt bewusst und unbewusst immer und immer wieder durchlaufen. In welchem Masse dies erfolgt, ist von Situation zu Situation verschieden. Da er von verschiedenen Faktoren abhängt, kann er auch nicht allgemeingültig für alle Projekte definiert werden. In jedem Projekt gilt es jedoch gewisse Aspekte zu berücksichtigen.

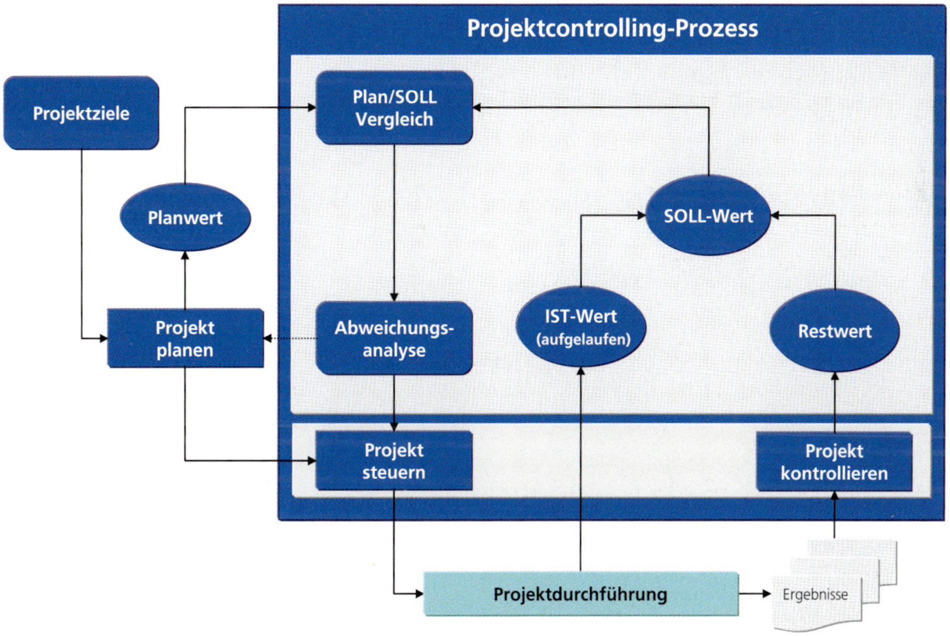

Abb. 4.88: Projektcontrolling-Prozess

Das projektexterne Controlling wird von ausserhalb der Projektabwicklung, z.B. von einem Projektportfolio-Controller, vorgenommen (☞ Kapitel 3.4.4 „Prüfen"). In den folgenden Kapiteln wird ausschliesslich das projektinterne Projektcontrolling erläutert.

4.4.1 Projekte steuern

Das Element „Projekt steuern" als Führungsfunktion ist das direkte Bindeglied zwischen den Elementen „Projekt planen" (das sich immer auf die Zukunft bezieht) und „Projekt durchführen" (das sich immer auf die gegenwärtigen Projekttätigkeiten bezieht). Um ein Projekt gut steuern zu können, bedarf es neben brauchbaren Planungsvorgaben auch einer geeigneten Kontrolle, welche die Abweichungen aus dem Entwicklungsprozess aufzeigt. Diese Abweichungen werden durch Vergleiche mit der Planung und den Projektzielen festgestellt und über entsprechende Steuerungsmassnamen versucht zu korrigieren. Das Steuern von Projekten beschäftigt den Projektleiter kontinuierlich während der gesamten Abwicklung.

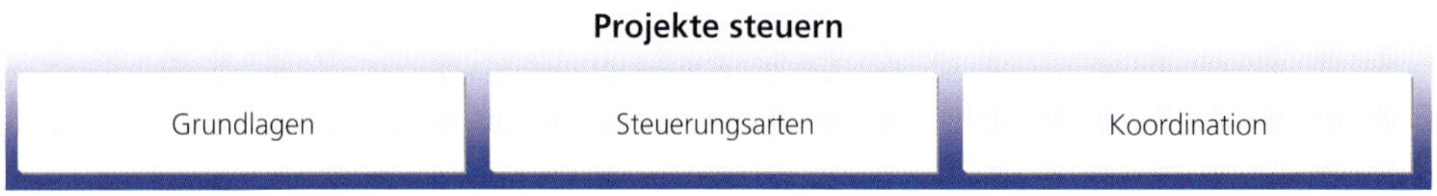

Abb. 4.89: Bestandteile von Projekte steuern

Die Projektsteuerung umfasst in erster Linie alle projektinternen Aktivitäten des Projektleiters, die notwendig sind, um das geplante Projekt innerhalb der Planungswerte abzuwickeln und erfolgreich durchzuführen [Men 1988].

Die Überführung eines Entscheides in zweckgerichtetes Handeln anderer Menschen setzt in irgendeiner Form eine Steuerung voraus [Rüh 1993]. Eine Auswahl an Techniken, die in der Projektsteuerung eingesetzt werden können, wird im Anhang A.4.1 („Diagnosetechniken") aufgeführt und erläutert.

4.4.1.1 Grundlagen „Projekte steuern"

4.4.1.1.1 Voraussetzung zum Steuern

Planung und Kontrolle können anhand von Methoden oder Verfahren durchgeführt werden. Diese Tätigkeiten erfordern nicht unbedingt grosse Fertigkeiten, sondern eher eiserne Disziplin. Das Steuern dagegen kann nicht so klar wie das Planen und Kontrollieren direkt nach vorbestimmten Mustern oder Methoden bewerkstelligt werden. Daher ist es wahrscheinlich die schwierigste, aber auch die interessanteste Aufgabe des Projektleiters. Er muss sie nach Gefühl, aufgrund von Erfahrungswerten aus früheren Tätigkeiten und nach bestimmten Führungsrichtlinien etc. bewältigen. Für ein einwandfreies Steuern sind folgende Voraussetzungen zu erfüllen:

- klar definierte Abwicklungs- und Systemziele,
- genau definierte Rahmenbedingungen,
- stetige Unterstützung durch das Management,
- aufgabengerechte Qualifikation des Projektleiters und der Projektmitarbeiter,
- zweckmässige Infrastruktur, Softwaretools, Werkzeuge und Methoden,
- genaue und umfassende Kontrolle,
- möglichst detaillierte Planung.

Sind diese Voraussetzungen nicht oder nur teilweise gegeben, so besteht ein grosses potenzielles Projektabwicklungsrisiko. Obwohl sich der Projektleiter im Bereich der Projektsteuerung oftmals auf seine Erfahrungen abstützen muss, existieren einige Grundsätze, auf die er sich beziehen kann. Zwei davon sind das Teufelsquadrat und die Reaktionsfrist.

4.4.1.1.2 Teufelsquadrat

Der Projektleiter muss sich bewusst sein, dass eine steuernde Handlung oder Massnahme nie nur einen einzigen Effekt auslöst. Wie Abbildung 4.90 zeigt, sind die vier Komponenten Leistung, Qualität, Zeit und Kosten stark voneinander abhängig. Einfach erläutert geben diese vier, basierend auf der Planung, den Durchmesser der Projektabwicklungs-Pipeline, was nichts anderes ist als der Projektabwicklungs-Scope. Verändert der Projektleiter aufgrund einer Projektabweichung als steuernde Massnahme eine dieser Komponenten, so beeinflusst dies sofort alle restlichen Komponenten des Vorgangs. „Zufälligerweise" stimmen die Eckwerte des Teufelsquadrats auch mit den Projekterfolgskriterien von Kapitel 8.4 (☞ „Projekterfolg") überein!

4

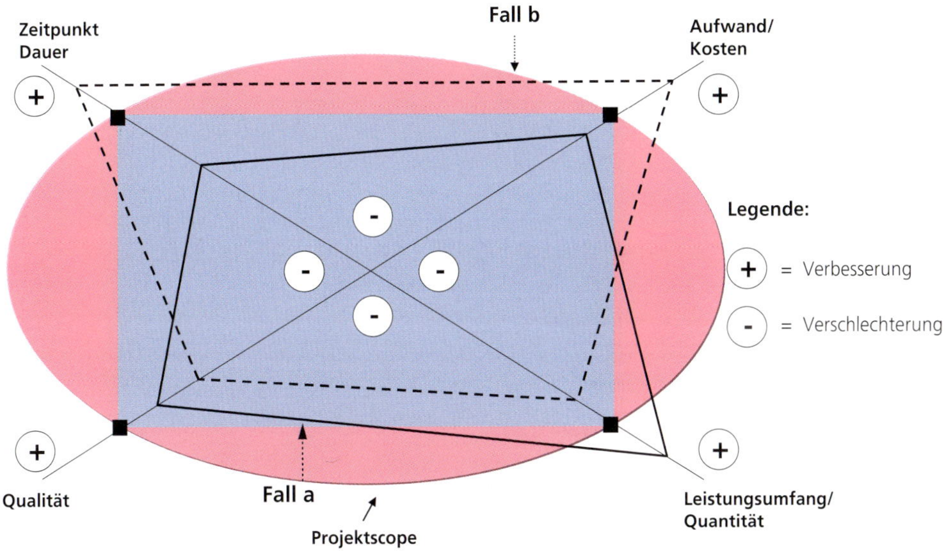

Abb. 4.90: Das „Teufelsquadrat" gemäss Daenzer [Dae 1992]

Die Darstellung der Abbildung 4.90 ist dafür geeignet, Auswirkungen bei Veränderung einer Komponente auf andere Komponenten optisch aufzuzeigen. Die zwei Beispiele sollen dies verdeutlichen [Dae 1992]:

- Im Fall a wird eine Erhöhung des Leistungsumfangs gefordert (+).
  Dies bedeutet, dass die Qualität abnimmt (-) und/oder die Zeit zunimmt (-) und/oder die Kosten (Aufwand) zunehmen (-).
- Im Fall b wird eine Reduktion des Kostenaufwands und der Zeit gefordert/reduziert (+).
  Dies bedeutet, dass die Qualität abnimmt/sich verschlechtert (-) und/oder der Leistungsumfang abnimmt (-).

Will der Projektleiter im Fall einer Abweichung vom geplanten Erfolg wieder auf die Erfolgsspur zurückkommen, so kann er anhand des Teufelsquadrats die Ursachen eruieren, die Konsequenzen analysieren und entsprechende Massnahmen einleiten, die sich in zwei Massnahmengruppen zusammenfassen lassen:

- Planänderungsmassnahmen
  Das sind alle Massnahmen, die eingeleitet werden, um das neue Soll als neuen Planwert für alle verbindlich zu machen.

- Korrekturmassnahmen
  Das sind alle Massnahmen, die eingeleitet werden, um die Projektabwicklung wieder in die ursprünglich vorgesehenen Planwerte zu bringen.

Projektsteuern ist im Grunde nichts anderes als dauerndes ergebnisbezogenes Handeln, um die Planwerte (Leistung, Qualität, Zeit und Kosten) im vereinbarten Projektscope halten zu können.

Leistungsabweichung

Ursache/Problem z.B.:
- Sinkende Motivation der Mitarbeiter.
- Gleiche Aufgaben wurden unterschiedlich gelöst.
- Laufend Änderungen bei den bereits definierten Anforderungen.

Mögliche Massnahmen:
- Jeder Mitarbeiter erhält eine persönliche Planung.
- Teamziele initiieren und jeweils in den Teamsitzungen überprüfen.
- Einführen von Standards (z.B. Templates).
- Ändern des Ressourceneinsatzes (z.B. mehr Finanzmittel, optimierte Einsatzmittelplanung).
- Leistungskonzentration, z.B. nicht fünf Personen à 20%, sondern einer zu 100%.
- Nicht alles immer neu machen; ein „Hochgestelllager" für Re-Use-Ansatz einrichten.

Aufgaben beim Steuern der Leistung:
- Koordinieren der Arbeitspakete und Abstimmen der Schnittstellen zwischen APs.
- Messen respektive Verifizieren und Validieren von Leistungen und entsprechende Leistungstrends analysieren.
- Prüfen, ob die erbrachte Leistung innerhalb des definierten Scope liegt und dem definierten Projektplan entspricht. Aufbereiten von Prognosen und weiteren nützlichen Informationen.
- Wenn notwendig, entsprechende Leistungskorrekturen einleiten.
- Das Projektteam, die einzelnen Mitarbeiter und die Lieferanten koordinieren.
- Leistungsrapporte analysieren und entsprechende Massnahmen einleiten.
- Aufbereiten und Sicherstellen von Erfahrungswerten.
- Sicherstellen, dass geeignete Werkzeuge zum richtigen Zeitpunkt am richtigen Ort zur Verfügung stehen.
- Leistungen von Änderungen koordinieren und kontrollieren.

- Sinnvolle, vorbeugende Massnahmen aufbereiten und einleiten, sodass die Leistungsträger die Möglichkeit und die Motivation haben, die notwendigen Leistungen in der Zukunft erbringen zu können.
- Sicherstellen, dass die erbrachten Leistungen entsprechend dokumentiert sind.

Qualitätsabweichung

Ursache/Problem z.B.:
- Es existiert keine vollständige Kontrolle, dies zeigt sich z.B. über fehlende Funktionalitäten.
- Unterschiedliche Arbeitsweisen (= Nichtbefolgen von Standards).
- Es existiert kein geregelter Projektabwicklungsprozess.

Mögliche Massnahmen:
- Vier-Augen-Prinzip einführen, sodass jedes produzierte Lieferobjekt geprüft wird.
- Bewusst tiefere Qualität akzeptieren und allenfalls nach Einführung nachbessern.
- Qualitäts-Review-Teams einführen.
- Qualitätsmetriken allen bewusst machen (z.B. schulen) und sie darauf verpflichten.
- Abwicklungskonventionen festlegen und diese durch Schulung ins Team integrieren.
- Prüfchecklisten einsetzen.

Aufgaben beim Steuern der Qualität (Qualitätslenkung):
- Sicherstellen, dass alle Beteiligten die geforderte Qualität kennen.
- Sicherstellen, dass rechtzeitig bei Über- oder Unterqualität geeignete Massnahmen eingeleitet werden.
- Einleiten von geeigneten konstruktiven Massnahmen, bevor ein Ergebnis erzielt wurde.
- Sicherstellen, dass die Verantwortlichkeiten für die Qualität zu jeder Zeit allen klar sind.
- Sicherstellen, dass die definierten Standards sowie Methoden und Techniken konsequent eingesetzt werden.
- Systematisches Durchführen dynamischer und statischer Prüftechniken.
- Sicherstellen, dass die eingesetzten Mitarbeiter über das nötige Know-how verfügen.
- Managen der gemeldeten Fehler und Befunde.
- Dauerndes Optimieren der effizienten Qualitätssicherung.
- Dauerndes Optimieren der Abwicklungsprozesse etc.

Zeitabweichung

Ursache/Problem z.B. :
- Leistungshemmende Betriebsmittel („Engpässe").
- Entscheidungsgeschwindigkeit des Managements oder des Kunden.
- Leistungen der Mitarbeiter sind nicht ersichtlich.

Mögliche Massnahmen:
- Technischen Stand der Betriebsmittel optimieren.
- Erhöhen des Ressourceneinsatzes (z.B. mehr Finanzmittel, externe Personalmittel).

- Schichtbetrieb einführen, z.B. bezüglich der Arbeitspakete, die auf dem kritischen Weg liegen.
- Weglassen von Kann-Zielen.
- Leistungsbericht auf Arbeitspaketstufe einführen (Rapport).
- Arbeitspakete mit strikten Leistungsvorgaben zuteilen.

Aufgaben beim Steuern der Termine:
- Sicherstellen, dass der Terminbasisplan von allen wichtigen Stakeholdern abgesegnet wird.
- Analysieren der Wirkung von Terminabweichungen der Arbeitspakete auf die Meilensteine (Trendanalyse).
- Abstimmen der verlangten Termine mit den benötigten Projektleistungen.
- Sicherstellen, dass alle Projektteammitglieder die für sie wichtigen Termine kennen.
- Unrealistische Termine konstruktiv thematisieren.
- Zeitliches Koordinieren der verschiedenen einzusetzenden Ressourcen auf die zu erwartenden, geplanten Leistungen.
- Rechtzeitiges Erkennen von Verspätungen in Bezug auf den Basisplan und entsprechendes Einleiten von korrigierenden Massnahmen.
- Da Termine unweigerlich nahen, müssen alle Einflussgrössen gemanagt werden, damit die geplanten Termine eingehalten werden können.
- Sicherstellen eines wirtschaftlich sinnvollen Verhältnisses von Leistung, Qualität, Zeit und Kosten etc.

Kostenabweichung

Ursache/Problem z.B.:
- Zusätzliche Anforderungen wurden realisiert.
- Technisch komplexer als angenommen.
- Es wurde vermehrt auf Überzeit gearbeitet (+ 50%).

Mögliche Massnahmen:
- Detaillierten Projektkostenplan erstellen und strikte Prüfung einführen.
- Zusätzliche Anforderungen nur mittels Änderungs-/Budgeterhöhungsantrag zulassen.
- Aufwände von noch nicht erledigten Arbeiten auf Lieferanten überwälzen (Claimmanagement).
- Nicht alle Arbeiten müssen von hochqualifizierten Mitarbeitern ausgeführt werden. Das heisst: Arbeiten an günstigere Lieferanten vergeben.
- Qualitätslimit senken.
- Einsatzplan pro Mitarbeiter mit Leistungsvorgaben und budgetierten Kosten erstellen.

Aufgaben beim Steuern der Kosten:
- Alle Änderungsanträge auf die Kostenwirkung überprüfen und wenn notwendig entsprechende Massnahmen einleiten.
- Erbrachte Leistungen mit gestellten Rechnungen abgleichen, wenn notwendig einen entsprechenden „Claim" erstellen.
- Sicherstellen, dass das freigegebene Kostenbudget nicht überschritten wird. Negative Kostenentwicklung frühzeitig kommunizieren und allfällige Einsparpotenziale aufbereiten.

- Dokumentieren und archivieren aller kostenbezogenen Aktivitäten (Rechnungen, Kosten-/ Budgetpläne, Vertragsänderungen etc.).
- Managen aller Einflussgrössen, sodass die geplanten Kosten eingehalten werden können.
- Nachführen der aktuellen Kostengrössen wie Tagessätze, Stückkosten.
- Sicherstellen, dass die Budgeterweiterungsanträge bei den Verantwortlichen rechtzeitig eingereicht werden.
- Sicherstellen, dass das Projekt über genügend „flüssige" Mittel verfügt. Koordination mit Einkauf und Rechnungswesen etc.

Ähnliche Abhängigkeiten, wie sie das Teufelsquadrat bei den Sachkomponenten Leistung, Qualität, Zeit und Kosten aufzeigt, gibt es im Bereich der menschlichen Psyche respektive im sozialen Bereich der Projektführung. Diese sind jedoch viel komplexer. Eine Aufzeichnung dieser Vorgänge dürfte nicht einfach sein, da jeder Mensch z.B. anders auf Anweisungen reagiert. In diesem Bereich muss der Projektleiter vor allem mit Menschenkenntnis, Führungserfahrung und seiner natürlichen Autorität (Persönlichkeit) arbeiten. Er muss also beim Steuern jeweils die Verknüpfungen der Sachkomponenten sowie die psychologischen Aspekte in Betracht ziehen. Mit einer überlegten Handlungsweise, abgestützt z.B. auf eine Stakeholder-Map, wird er in seiner Projektführungstätigkeit erfolgreich sein und viel zu einer guten Motivation im Team beitragen können, da so unerwartete oder negative Reaktionen eher ausbleiben oder früher entdeckt werden.

4.4.1.1.3 Reaktionsfrist

Die Zeit ist ein enorm wichtiger Faktor beim Steuern. Der Projektleiter muss ihr folglich grosse Beachtung schenken, da gewisse gewünschte Veränderungen eine sehr lange Reaktionsfrist benötigen.

> Mit Reaktionsfrist ist die Zeit gemeint, die vom Entdecken einer zu verändernden Situation über das Einleiten einer Massnahme bis zu ihrer effektiven Umsetzung verstreicht.

Der Umgang mit der Reaktionsfrist ist nicht selten sehr heikel, da sie nie genau vorausgesagt werden kann. Ein Projektmitarbeiter braucht z.B., um seine Spezialarbeiten effizient ausführen zu können, einen neuen speziellen Server (Beschaffungswert 15 000.–). Da diese Beschaffung nicht über das Projektbudget läuft, geht er mit einem Vorschlag zu seinem Vorgesetzten, der jedoch meint, der alte Server sei noch gut genug. Einen Monat später kommt derselbe Mitarbeiter mit einem schriftlichen Antrag zu seinem Vorgesetzten, in dem er begründet, dass der alte Server für seine Arbeit wirklich nicht mehr tauge. Der Vorgesetzte versteht nun die Problematik und verspricht ihm, die Sache in die Hand zu nehmen. Da der Vorgesetzte zurzeit andere, gewichtigere Probleme hat, legt er den Antrag zu seinen anderen Pendenzen. Vier Wochen später bearbeitet er den Antrag und stellt fest, dass sein Hardware-Budget für diese Anschaffung nicht mehr ausreicht. Er muss nun seinerseits zu seinem Vorgesetzten gehen und eine Budgeterweiterung beantragen. Dieser Vorgesetzte vom Chef des Mitarbeiters meint, dass es jetzt gerade die dümmste Zeit sei, einen solchen Antrag zu stellen, da es der ganzen Firma zurzeit schlecht gehe. Da nun das Projekt wegen dieses speziellen Servers ins Straucheln gerät, geht der Chef vier Wochen später nochmals zu seinem Vorgesetzen, der nun, trotz wirtschaftlicher Lage, einsieht, dass dieser Server sofort zu beschaffen ist.

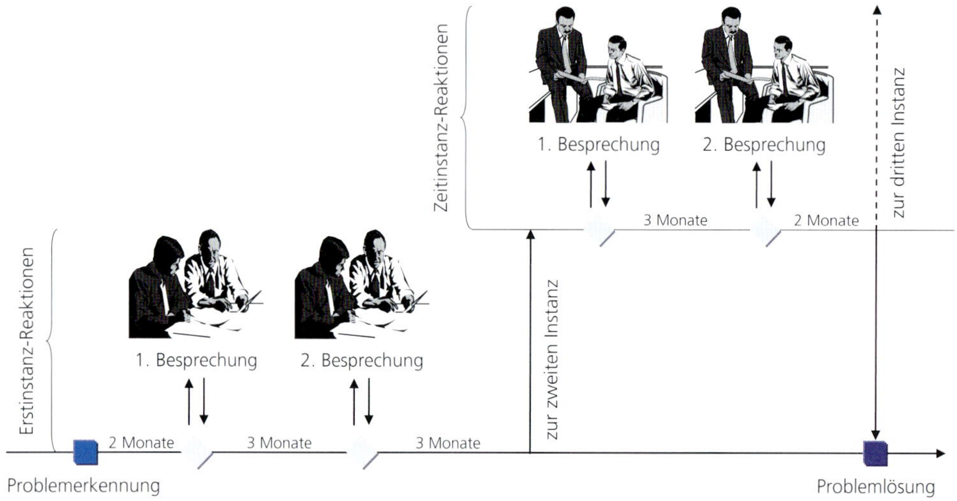

Abb. 4.91: Reaktionsfrist bei zwei involvierten Instanzen

Dieses realitätsnahe Beispiel schildert, wie lange es dauern kann, bis eine notwendige Massnahme getroffen wird, da die nötigen Entscheidungen meistens von mehreren Instanzen bearbeitet und gefällt werden. Es macht schliesslich keinen Unterschied, ob es um eine einfache Server-Beschaffung oder eine Aufstockung der Projektmitarbeiter geht. Es handelt sich hier auch keinesfalls um Desinteresse oder eine bewusste Verzögerung einer Problemlösung, denn solche Prozesse laufen in der Praxis (besonders in Grossfirmen) normalerweise sehr langsam ab. Deshalb muss der Projektleiter die üblichen Reaktionsfristen seiner Umgebung und Unternehmung kennen und sollte schon bei der Wahrnehmung einer Tendenz zur Verzögerung die ersten Massnahmen einleiten. Wartet er ab, bis die Verzögerung zu einem Problem führt, kann es für eine geeignete wirtschaftliche Massnahme schon zu spät sein.

Abbildung 4.91 visualisiert auf eine etwas pragmatische Art die Reaktionsfrist von nur zwei involvierten Stellen oder Hierarchien. Die Zeitspannen sind relative Werte, die je nach Situation grösser oder kleiner sein können. Sie sollten jedoch beim Steuern rechtzeitig berücksichtigt werden.

4.4.1.2 Steuerungsarten

Es ist nicht einfach, alle Steuerungstätigkeiten eines Projekts per Definition konkret zu bestimmen, da diese je nach Projektcharakter, Situation und Projektleiter sehr unterschiedlich sind. Aus führungstechnischer Sicht können diese Tätigkeiten in zwei Steuerungsarten gegliedert werden:

- direkt wirksame Steuerung,
- indirekt wirksame Steuerung.

Diese zwei „Arten" sollen in erster Linie die in der Planung vorbestimmten Aufgaben eines Projekts so organisieren, dass die daraus entstehenden Ergebnisse in der benötigten Menge (Leistung), in der geforderten Qualität, innerhalb der vorgesehenen Zeit und den geplanten Kosten entsprechend erarbeitet werden können.

4.4.1.2.1 Direkt wirksame Steuerung

Aus zeitlicher Sicht besteht ein Unterschied zwischen den sofort und den langfristig wirksamen Einflüssen einer steuernden Massnahme. Mit der direkt wirksamen Steuerung wird das sofortige und kurzfristige Reagieren auf

- Differenzen zwischen der Planung (Zukunft) und der unmittelbaren Gegenwart (Projektdurchführung) berücksichtigt.
- Differenzen, die durch die vergleichende Kontrolle des geplanten und des erstellten Resultats aufgedeckt werden, berücksichtigt.

Zur direkt wirksamen Steuerung gehören unter anderem:

- Anordnen
  Einem Mitarbeiter Anordnungen geben, heisst nichts anderes, als ihm direkte Vorgaben machen, an denen er sich orientieren kann und ausrichten muss. Um eine Arbeit nach den Wünschen des Projektauftraggebers bzw. des Projektleiters durchführen zu können, benötigt der Ausführende unter anderem klare Standards und Richtlinien, einen klaren Auftrag sowie eine stabile Umgebung, in der die Richtlinien eine gewisse Dauerhaftigkeit besitzen. Nur mit einer gut formulierten Anleitung kann selbstständiges Arbeiten erreicht werden. Auf diese Weise entstehen auch weniger Fälle von klassischer Rückdelegation, indem z.B. ein Auftragsempfänger verlangt, dass der Auftraggeber jede einzelne Entscheidung selber trifft. Die Schwierigkeit des Anleitens besteht darin, dass nicht nach einem bestimmten Muster verfahren werden kann, sondern individuell, je nach Situation, nach Aufgaben und nach Fähigkeiten und Motivation des Aufgabenerfüllers vorgegangen werden muss. Standardisierte Werte wie z.B. Arbeitspaket-Beschreibung, Aufwandschätzungs-Richtwerte etc. optimieren das Anleiten und führen zu erhöhter Gesamteffizienz.

- Motivieren
  Motivation ist wohl einer der wichtigsten Faktoren in einem Projekt, da es sich hierbei um das Fundament jedes Leistungswillens handelt. Die Psychologie teilt die Motivation auf in:
  – intrinsische Motivationsfaktoren (z.B. Bedürfnisse, Neigungen),
  – extrinsische Motivationsfaktoren (z.B. Belohnung, Neuigkeitswert).
  Der Grad der aktivierten Motivationsfaktoren äussert sich in den Zielen, die einen Mitarbeiter zu einem bestimmten Handeln oder Verhalten veranlassen. Können diese Ziele durch die Mitarbeit in einem Projekt (z.B. durch die Aufgabenstellung oder ein gutes Arbeitsverhältnis) erreicht werden, so bedeutet dies reine, produktive Leistung. Der Projektleiter muss darauf achten, dass er sowohl die intrinsischen als auch die extrinsischen Motivationsfaktoren seiner Mitarbeiter anspricht. Ist er fähig, die Arbeit oder die Situation der Mitarbeiter so zu gestalten, dass sie ihre Bedürfnisse (Ziele) realisieren können, werden sie alles daransetzen, diese Ziele auch zu erreichen. Die so entfachte Motivation wird sie zu hervorragenden Leistungen anspornen. In der direkt wirksamen Steuerung ist mit Motivation in erster Linie das Aktivieren der extrinsischen Faktoren gemeint, im Gegensatz zu der in Kapitel 6.3.6 (☞ „Motivation") beschriebenen Motivation, die eine „Langzeitwirkung" haben soll und bei der eher die intrinsischen Faktoren eine Rolle spielen.

- Schützen der Mitarbeiterleistung
  Da die Projektmitarbeiter der „Motor" des Projekts sind, muss der Projektleiter alles daransetzen, dass die Mitarbeiter störungsfrei arbeiten können. Dazu gehören unter anderem:

– Zu starke Störungen des Arbeitsflusses durch Telefon, E-Mails, Meetings etc. vermeiden.
– Keine zusätzlichen Aufträge direkt an Projektmitarbeiter durch den Betrieb oder andere Organisationseinheiten.
– Ein Mitarbeiter sollte nicht mehr als an drei Arbeitspaketen gleichzeitig arbeiten.
– Bei „Teilzeit-Projektmitarbeitern" konzentriertes Arbeiten an einem Stück. Bei 50% heisst dies Montag, Dienstag und Mittwochmorgen oder Mittwochnachmittag, Donnerstag und Freitag.

- Kontrollbewusstsein
  Das Bewusstsein, dass eine Projektkontrolle stattfindet, stellt an sich schon einen steuernden Wert dar. Dabei spielt es keine Rolle, ob die Kontrolle aktiv oder inaktiv ist, solange der zu Kontrollierende dies nicht weiss. Ein einfaches Beispiel für solche Kontrollen sind die Radarkästen, die Autos mit überhöhter Geschwindigkeit fotografieren. Oftmals sind viele dieser Kästen an exponierten Stellen stationiert, damit jeder Autofahrer sie sieht. Allein dieses Zurschaustellen genügt, damit sich alle Autofahrer an die Vorgaben halten, egal ob der Radar mit einer Kamera geladen ist oder nicht. Dieses Verhalten ist menschlich und auch in einem Projekt anzutreffen, wo sich etwa ein Projektmitarbeiter trotz der knappen Zeit an die vorgegebene ISO-Norm hält, weil er weiss, dass vom externen Projektcontrolling Stichproben durchgeführt werden.

4.4.1.2.2 Indirekt wirksame Steuerung

Mit der indirekt wirksamen Steuerung wird das Leistungsverhalten des Menschen für längere Zeit beeinflusst. Deshalb sind auch die Reaktionen auf Massnahmen, die durch eine indirekt wirksame Steuerung eingeleitet wurden, oftmals nicht sofort ersichtlich. Die indirekt wirksame Steuerung umfasst vorwiegend folgende Massnahmen und Elemente:
- Führungsstil und Führungsverhalten des Projektleiters,
- Motivation (bezieht sich vornehmlich auf die intrinsischen Faktoren),
- Stellenbeschreibung (klare Abgrenzung der Aufgaben, Kompetenzen und Verantwortung),
- Mitarbeiterbeurteilung (Standortbestimmungen und Festlegen von Zielen),
- Mitarbeiterausbildung und -förderung (gezieltes Aufbauen von Mitarbeitern für höhere Anforderungen).

Mit einer gezielten, indirekt wirksamen Steuerung werden in einem Projekt langfristige „Leitplanken" angelegt, welche die Mitarbeiter trotz gewisser Freiräume zum Erreichen eines gemeinsamen Ziels führen. Grundsätzlich beinhaltet die indirekt wirksame Steuerung nichts anderes als wichtige Führungsinstrumente, die in allen Führungsfunktionen zum Tragen kommen.

4.4.1.3 Koordinieren

Unter Koordination ist im Zusammenhang mit dem Projektmanagement das zielgerichtete Aufeinanderabstimmen aller Steuerungsmassnahmen zu verstehen, die in, mit und um ein Projekt getroffen werden.

Wie Abbildung 4.92 ansatzweise zeigt, muss der Projektleiter alle Tätigkeiten miteinander koordinieren, die innerhalb seines Systems ablaufen und/oder mit den Umsystemen zusammenhängen.

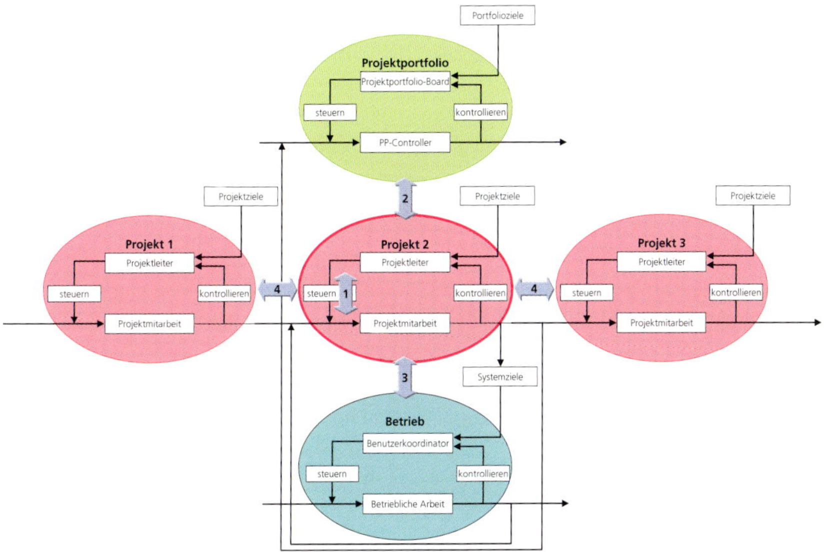

Abb. 4.92: Koordinationsgebiete eines Projektleiters

Bei der Projektkoordination wird zwischen zwei Gegebenheiten unterschieden. Bei der ersten (1) handelt es sich um die Koordination innerhalb des Projekts, diese macht einen grossen Führungsanteil aus, ist jedoch für den Projektleiter meistens unproblematisch, da er für dieses Regelsystem respektive diese Organisationseinheit auf der Führungsebene das Fremdbestimmungsrecht (Mitarbeiterführung) hat. Man spricht auch von einer inneren Projektkoordination. Die andere Gegebenheit ist demzufolge die äussere Projektkoordination, bei der die Tätigkeiten des eigenen Systems mit jenen der Umsysteme koordiniert werden. Bei den Umsystemen wird zur Hauptsache zwischen den vor- und nachgelagerten Projekten sowie den über- und unterstellten Systemen wie z.B. dem Betrieb und dem Projektportfolio-System unterschieden. Diese Umsysteme erfordern eine andauernde und intensive Koordinationstätigkeit. Daneben gibt es natürlich eine Vielzahl von anderen Umsystemen wie z.B. Zulieferer, Ämter etc., bei denen die Koordinationstätigkeit zeitlich begrenzt und unterschiedlich intensiv ist. Das Managen dieser Umsysteme ist personenbezogen nichts anderes als Stakeholder Management und bedarf viel „Fingerspitzengefühls", da hier der Projektleiter keine Fremdanweisungsbefugnisse hat.

In den meisten Projekten besteht ein hohes Mass an Arbeitsteilung, da neben den reinen Projekttätigkeiten oftmals auch Handlungen bzw. Anpassungen an den Umsystemen vorgenommen werden müssen. Diese werden unter anderem auch von Personen oder Teams aus anderen Projekten ausgeführt. Je mehr arbeitsteilige Aufgaben vorkommen, desto grösser ist der Koordinationsbedarf. Dabei muss der Projektleiter darauf achten, dass die Einzelaktivitäten immer auf die Ziele des Projekts ausgerichtet sind und so aufeinander abgestimmt werden, dass das Gesamtergebnis möglichst effizient erreicht werden kann. Arbeiten, die zur Projektkoordination gehören, sind unter anderem:

- Troubleshooting;
- Sicherstellen der allgemeinen Kommunikation;
- Präsentationen, Fragen beantworten;
- Sitzungen leiten (PL nimmt z.B. an Sitzungen seine Koordinationsaufgabe wahr);
- Managen der Abhängigkeiten zwischen den Arbeitspaketen, zwischen den vor- und nachgelagerten Projekten, zwischen dem Projektteam und der Linienorganisation;
- To-do-Liste „managen";
- Informationsdrehscheibe sein;
- Projektmitarbeiter koordinieren (Koordination der projektinternen Leistungserbringung, sprich der -erbringer);
- Soweit für das Projekt von Vorteil, das Koordinieren der Projektumwelten (z.B. Schnittstellen zu anderen Projekten aktiv managen);
- Sicherstellen, dass alle Beteiligten dasselbe Verständnis haben;
- Koordination der Stakeholder und projektexternen Leistungserbringer.

Wie viel Aufwand der Projektleiter in die Koordination stecken muss, hängt stark von verschiedenen Faktoren wie der Projektgrösse, der Branche, der Projektkomplexität, der Projektart etc. ab. Der Aufwand unterscheidet sich auch von Phase zu Phase innerhalb desselben Projekts. Die Zeiteinteilung des Projektleiters, die im Kapitel 2.2.4 (☞ „Projektleiter") aufgeführt ist, bildet dabei aufgrund empirischer Erhebung einen Durchschnittswert.

4.4.2 Führungscontrolling

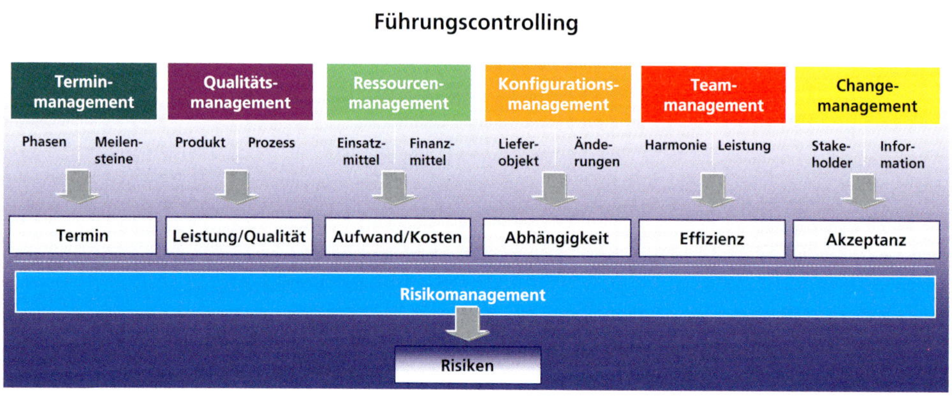

Abb. 4.93: Elemente des Führungscontrollings

Wie bereits erwähnt, ist aus methodischer Sicht nicht nur das Steuern, sondern auch die übergeordnete Thematik, das sogenannte Führungscontrolling, nicht ganz so einfach zu erstellen wie eine

Projektplanung. Als zentrales Element des Projektcontrolling-Prozesses geht es einerseits darum, die entsprechenden Plangrössen durch die im vorhergehenden Kapitel beschriebenen steuernden Handlungen in der Projektdurchführung umzusetzen. Andererseits gilt es, in einer pro Projekt festgelegten Periodizität die Werte der verschiedenen Führungsdisziplinen zu überprüfen und falls nötig entsprechende Planänderungs- und Korrekturmassnahmen einzuleiten. Um diese steuernden und kontrollierenden Handlungen im richtigen Zeitpunkt vornehmen zu können, bedarf es eines guten „Monitorings", oder auf Deutsch: eines „Messens von Metriken".

Die Basis für dieses Monitoring sind die in einem Projekt vorhandenen Führungsdisziplinen wie z.B. Terminmanagement, Qualitätsmanagement, Risikomanagement etc. (Kapitel 4.1.2 ☜ „Führungsdisziplinen"). Daraus resultiert ein Führungscontrolling, das mittels Diagnosetechniken oder entsprechenden, gezielt eingesetzten Metriken das geforderte „Controlling im Projekt" umsetzen kann.

Mit dem Wissen, dass nicht alle Führungsdisziplinen in allen Projekten in der gleichen Ausprägung benötigt werden, werden im Folgenden einige zentrale Metrikwerte kurz aufgeführt. Daneben gibt es noch eine Unzahl weiterer Werte, die gemessen werden könnten. Beim Controlling zählt der Grundsatz: eher wenige Metrikwerte, diese jedoch führungsmässig konsequent verfolgen und nutzen.

4.4.2.1 Termincontrolling

Beim Controlling der Termine geht es nicht unbedingt um die effektive Zeit, sondern um die Leistung, welche in einer ganz bestimmten Zeit erbracht werden muss. Beim Controlling der Termine müssen einerseits die IST-Werte der Leistung auf einen ganz bestimmten Zeitpunkt analysiert werden. Andererseits ist zu überprüfen, ob der gesetzte Termin in Bezug zur erwarteten Leistung im richtigen Verhältnis steht. Um dies zu bewerkstelligen, wird ein Stichtag (meistens Meilenstein) genommen, an dem die geplante „Gesamtqualität", das heisst die Summe aller darin erstellten Lieferobjekte, erreicht werden muss. Es wird, wie bereits erwähnt, der Wert der Arbeit in Bezug zu diesem Termin analysiert und festgestellt, welche zeitlichen Konsequenzen diesbezüglich der Restwert (d.h. die noch ausstehende Arbeit) z.B. auf die Projektphasen hat. Aufgrund der festgestellten Abweichungen – diese können auch ausnahmsweise einmal positiv sein – müssen korrigierende Massnahmen eingeleitet werden.

Meilensteinplan	Projekt: Pauschwelt, Teilprojekt „Produktenwicklung Nr.: B.1	Seite
	Projektleiter: Y. Meier Datum: 31.12.2010	1

Nr.	Meilenstein	Qualität	Plan-Termin	IST-Termin	SOLL-Termin	Abweichung	Status
MS 15	Mitte Initialisierung	Assessment	15.01.2010	15.01.2010		0	Grün
MS 20	Ende Initialisierung, Konzeption	Tech. Review	05.02.2010	05.02.2010		0	Grün
MS 25	Mitte Konzeption	Vernehmlassung	15.06.2010	09.07.2010		4 Wochen	Rot
MS 30	Ende Konzeption	Vernehmlassung	17.12.2010	31.12.2010		2 Wochen	Gelb
MS 33	Mitte Realisierung	0 Fehler	15.04.2011		15.04.2011		Grün
MS 40	Ende Realisierung	Vernehmlassung	25.11.2011		25.11.2011		Grün
MS 45	Produkt eingeführt	Audit	09.12.2011		09.12.2011		Grün
MS 50	Ende Einführung	Vernehmlassung	23.12.2011		23.12.2011		Grün

Abb. 4.94: Gegenüberstellung der Plan-, IST- und SOLL-Termine auf der Ebene der Meilensteine

4.4.2.2 Leistungscontrolling

Wie die Zeit sagt eine Leistung im Projekt allein nur bedingt etwas aus. Erst wenn man die Leistung insbesondere in Bezug zur Qualität, aber auch zur Zeit und zu den Kosten setzt, bekommt die erbrachte Leistung eine für das Management sinnvolle Aussagekraft (z.B. mittels Earned Value). Damit der Projektleiter zu einer qualifizierten Aussage kommt, sind in der Leistungsgegenüberstellung primär die von Scopemanagement und Projektstrukturplan definierten Inhalte und der Umfang gegenüber der tatsächlichen Leistung in Bezug zu Zeit und Qualität zu verifizieren. Das heisst z.B., eine geplante Leistung wird nur als erledigt deklariert, wenn auch die vorgesehene Qualitätskontrolle bestanden wurde und die Leistung innerhalb des Scope liegt. Daher muss bei der Leistung auch der Aspekt der notwendigen Qualität abgedeckt werden.

Projekt „Pauschwelt", TP: „Produktentwicklung" — **PLAN/IST/SOLL-Termingegenüberstellung** — P-Nr. 2.1

Phase	Arbeitspakete AP-Name	Lieferobjekte	Aufwand Plan	IST	Rest	SOLL	Termine Erledigungsdatum	Kontrolldatum	Erled.-Grad%	Verantwortlich
Init.	Arbeitspaket A	Business Case	5	5	0	5	05.02.2010	12.02.2010	100 %	Roth
Konz.	Arbeitspaket B	SWOT-Analyse	10	10	0	10	02.04.2010	23.04.2010	100 %	Twerenb.
Konz.	Arbeitspaket C	Pflichtenheft	15	15	0	15	02.04.2010	12.04.2010	100 %	Grün
Konz.	Arbeitspaket D	Kriterienkatalog	35	35	5	40	02.04.2010	05.04.2010	80 %	Tobler
Konz.	Arbeitspaket E	Vertrag	5	8	0	8	16.04.2010	28.04.2010	0%	Roth
Init.	Arbeitspaket F	Marktanalyse	10	10	0	10	15.01.2010	19.02.2010	100%	Roth

Abb. 4.95: Gegenüberstellung der Plan-, IST- und SOLL-Leistung auf der Ebene der Lieferobjekte

4.4.2.3 Qualitätscontrolling

Innerhalb des Controllings ist die Qualitätslenkung ein zentrales Thema. Qualitätslenkung bedeutet, mit entsprechenden Massnahmen die gewünschte Qualität, z.B. trotz entstandener Abweichungen, zu erreichen. Die Qualitätslenkung hängt stark mit allen anderen Disziplinen des Projektmanagements zusammen, und somit hat es auch organisatorische Komponenten, die diesbezüglich berücksichtigt werden müssen. Eine wirksame Qualitätslenkung wird mit einer durchdachten Qualitätsplanung (Prüfplan) und mit stetiger Qualitätsprüfung erreicht. Aufgrund ihrer gegenseitigen Abhängigkeiten kann die gesamte Qualitätssicherung wiederum als Regelkreis betrachtet werden, was ihren dynamischen Charakter widerspiegelt (☞ Kapitel 7.1 „Grundlagen"). Eine gute Metrik bezüglich der Qualität ist neben dem Stand des Prüfplans, dem Auswerten der Prüfprotokolle z.B. das Messen der Anzahl Änderungen und der daraus resultierenden Aufwände.

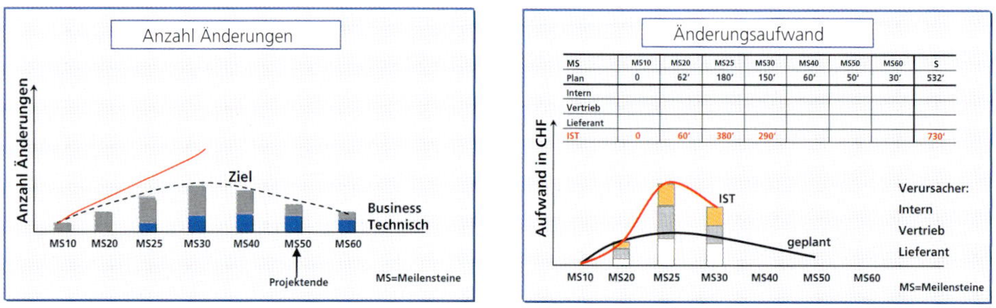

Abb. 4.96: Änderungskennzahlen als Instrument der Qualitätslenkung

Das heisst erstens: Es muss durch geschicktes Monitoring festgestellt werden, was überhaupt ein Änderungsantrag darstellt. Nicht jeder Änderungswunsch bedeutet per se eine schlechte Qualität. Zweitens muss der Änderungsantrag bewertet und priorisiert werden, um festzustellen, welcher Art Änderungen zugestimmt wurde. Und drittens muss, wie erwähnt, die Wirkung (z.B. Aufwände) eines bewilligten bzw. nichtbewilligten Änderungsantrags für alle transparent gemacht werden.

4.4.2.4 Kostencontrolling

Die Kosten sind neben den objektorientierten Investitionen (Anschaffungen) die Summe von Personal- und Betriebsmittelaufwand (Einsatzmittel). Beim Controlling der Kosten geht es einerseits darum, das aktive Managen der Kosten wie z.B. das in der Budgetplanung definierte Geld im geplanten Zeitraum zu verwenden.

Projekt „Pauschwelt", TP: „Produktentwicklung" — **AP-Kostenübersicht** — P-Nr. B.1

Arbeitspakete der Phase „Konzeption"	Budget (Betrag) (PV)	IST-Kosten (Betrag) (AC)	Rest Obligo-Kosten	Rest Obligo-Kosten & IST-Kosten	Restkosten bis Ende	SOLL-Kosten
AP Erstellen Marktanalyse	51 500	35 500	2500	38 000	9000	47 000
AP Erstellen IST-Analyse	101 500	98 500	5000	103 500	6500	110 000
AP Erstellen Konzept	105 000	118 500	2000	122 500	500	123 000
AP Erstellen Pflichtenheft	160 000	153 500	6000	159 500	45 500	205 000
AP Erstellen Rahmenorganisation	21 000	18 000	3000	21 000	0	21 000
AP Erstellen Detailstudie	50 000	49 300	3000	52 300	5700	58 000
AP Erstellen Architektur	120 000	134 200	2000	136 200	1800	138 000
AP Erstellen Testkonzept	45 000	4000	35 000	39 000	6000	45 000
AP Erstellen Schulungskonzept	30 000	33 100	2000	35 100	900	36 000
AP Erstellen Einführungskonzept	91 500	88 000	4000	92 000	13 000	105 000
Summen	**775 500**	**732 600**	**64 500**	**797 100**	**88 900**	**0.93**

Abb. 4.97: Kostenübersicht auf der Ebene Arbeitspaket

Andererseits gilt es, die Kosten zu prüfen respektive im Lot zu halten, aber auch günstige Gelegenheiten wie z.B. Aktionen wahrzunehmen, die eine Anschaffung anstatt für 240 000.– für 200 000.– ermöglichen, und das erst noch zwei Monate früher als geplant. Das Kostencontrolling sollte am idealsten auf der Ebene der Arbeitspakete begonnen und, wie in Abbildung 4.98 aufgezeigt, auf der Ebene Budget zusammengezogen werden.

Projekt „Pauschwelt", TP: Produktentwicklung — **Kostenübersicht „Monat"** — P-Nr. B.1

	Januar	Februar	März	April	Mai	Juni	...	Total
Projektbudget Basisplan 0:	99 500.–	188 000.–	201 000.–	302 500.–	292 000.–	3 033 000.–		2 800 000.–
IST-Kosten	103 000.–	197 000.–	223 000.–	0.–	0.–	0.–		523 000.–
Abweichung	3500.–	9000.–	22 000.–	0.–	0.–	0.–		34 500.–
SOLL-Kosten	103 000.–	197 000.–	223 000.–	102 500.–	392 000.–	453 000.–		2 834 500.–
Budget externe Kosten Basisplan 0:	25 000.–	54 000.–	58 000.–	64 500.–	58 000.–	54 000.–		1 200 000.–
IST Kosten	26 000.–	58 000.–	60 000.–	0.–	0.–	0.–		144 000.–
Abweichung	1000.–	4 000.–	2000.–	0.–	0.–	0.–		7 000.–
SOLL-Kosten	26 000.–	58 000.–	60 000.–	64 500.–	58 000.–	54 000.–		1 207 000.–

Abb. 4.98: Gegenüberstellung von IST- und SOLL-Kostenplan „Ebene Budget"

Mit dem Aufführen der sogenannten „Obligokosten" wird auch aufgezeigt, welches Geld vertragsmässig noch versprochen ist, aber bis jetzt noch nicht bezahlt wurde.

4.4.2.5 Aufwandcontrolling

Beim Aufwandcontrolling geht es darum, einerseits die „richtigen" Einsatzmittel zur „richtigen" Zeit, andererseits in der „richtigen" Menge am „richtigen" Ort zu haben. Dieses Ziel, so logisch es ist, so schwer ist es zu erreichen. Der Kampf um fähiges Personal, das weit vorgedrungene Leanmanagement, das stetige „Sofort" und die nicht planbaren Ereignisse, z.B. Krankheit, Lieferstopp etc., stellen einen Projektleiter vor grosse Herausforderungen. Allen Planungen zum Trotz muss der Spielraum innerhalb der Planungsgrössen täglich überdacht, den neuen Gegebenheiten angepasst und allenfalls neu bewertet werden. Da die Personalressourcen das Benzin für den Projektabwicklungsmotor sind, sollte mittels Controlling gekonnt mit diesem Element umgegangen werden, sei es beim Koordinieren eines Lastwagens, der die Bauelemente genau zur Minute X im Einklang mit der laufenden Bauetappe in Manhattan an die Baustelle bringen muss, da der Umschlagplatz sehr begrenzt ist, oder beim rechtzeitigen Ausbilden eines Mitarbeiters, damit dieser die ihm zugeteilten Arbeiten professionell erledigen kann.

Projekt „Pauschwelt", TP: „Produktentwicklung" — **Personalmittel** — P-Nr. B.1

Projekt: „Pauschwelt" TP: „Produktintegrat."	**Total bis heute**	**Jahr 2010** 1	2	3	4	5	6	7	8	9	10	11	12	**Folgejahr** 1	**Total**
Noch benötigte Tage	0	1883	1839	1792	1742	1699	1653	1599	1539	1500	1437	1379	1321	1259	1200
Y. Meier	0	17	10	10	05	06	20	20	14	13	17	12	20	17	
M. Tobler	0	12	05	10	15	17	19	10	05	20	18	19	15	12	
J. Grün	0	15	20	20	15	15	10	20	05	20	10	17	15	15	
P. Twerenbold	0	10	12	10	8	8	05	10	15	10	13	10	12	15	
Total		54	47	50	43	46	54	60	39	63	58	58	62	59	
									Total benötigte Tage:						1883
									Davon in der PP eingeplant:						683
									In der PP noch benötigte Tage:						1200

Abb. 4.99: Volumen der geplanten einzusetzenden Personalmittel

Bei den meisten Projekten geht es beim Aufwandcontrolling darum, rechtzeitig zu erkennen, ob die geplanten Ressourcen auch tatsächlich erbracht wurden und z.B. welcher Phase diese zugeordnet sind.

	Initialisierungs-phase	**Konzeptions-phase**	**Realisierungs-phase**	**Einführungs-phase**	**Total**
Phasenstatus	erledigt	In Arbeit	geplant	geplant	
Starttermin	11.01.2010	05.02.2010	04.01.2010	01.10.2010	
Endtermin	05.02.2010	17.12.2010	25.11.2011	23.12.2011	
Geplante Tage	75	559	1049	200	1883
Verbrauchte Tage	78	80	0	0	158
Noch benötigte Tage	0	479	1049	200	1728
Abweichung	3	0	0	0	3

Abb. 4.100: Volumen der phasenbezogenen verbrauchten und noch benötigten Personalmittel

In Kombination mit dem Leistungs- und Effizienzcontrolling kann mit entsprechenden Metriken schnell erkannt werden, ob die eingesetzten Ressourcen die notwendige Leistung erbringen und ob die eingesetzten Personalmittel auch effizient arbeiten. Aufgrund der Erkenntnisse dieser Werte gilt es, allenfalls entsprechende korrigierende und koordinierende Massnahmen einzuleiten.

4.4.2.6 Abhängigkeitscontrolling

Beim Abhängigkeitscontrolling geht es vor allem um das Managen von ergebnisorientierten Abhängigkeiten gegenüber der Projektumwelt. Die mehr und mehr integrale Systemwelt bewirkt, dass logischerweise Abhängigkeiten gegenüber anderen Projekten oder Systemen einen immer grösseren Einfluss haben. So muss z.B. geprüft und koordiniert werden, welche Projekte bis zu welchem Zeitpunkt ein konkretes Ergebnis liefern, das für unser Projekt wichtig ist. Oder unser Projekt: Welche konkreten Ergebnisse liefert es an andere Projekte? Diese Abhängigkeit ist bei vielen Projekten ein zentraler Erfolgsfaktor. Ohne dass man einen grossen Aufwand generiert, kann, wie in Abbildung 4.101 aufgezeigt, mit einfachen Mitteln der Stand der Abhängigkeiten visualisiert werden.

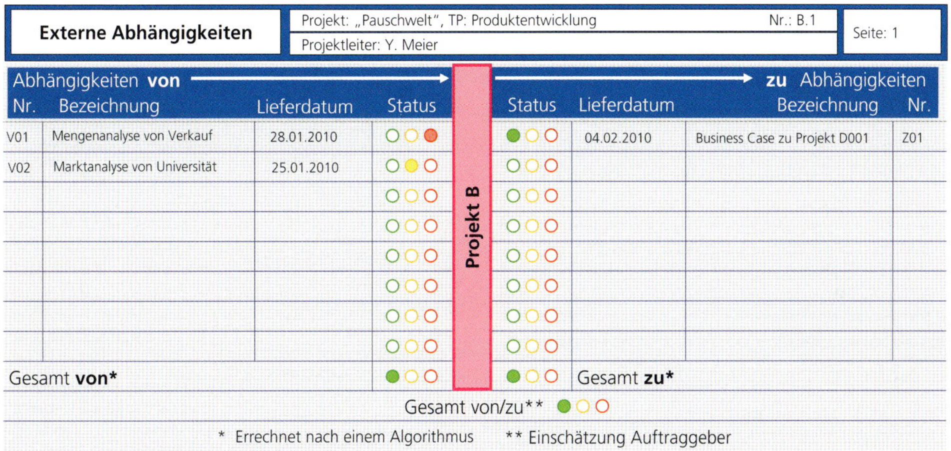

Abb. 4.101: Monitoring von projektexternen Abhängigkeiten

4.4.2.7 Teamcontrolling

Innerhalb des Teammanagements ist vordergründig der Bereich Teamführung (motivieren, kommunizieren etc.) ein wesentlicher Bestandteil der Projektführung (☞ Kapitel 6 „Teammanagement"). Die „weichen" Faktoren haben auf die Leistungswilligkeit und -fähigkeit eines Einzelnen, aber im Speziellen auf ein Team eine grosse Wirkung. Deshalb sollte diese Thematik etwas umfassender und gezielter in das Projektcontrolling mit einbezogen werden.

Effizientes Arbeiten beruht natürlich nicht nur auf den weichen Faktoren. Mitarbeiter können gute Leistung bringen, wenn sie auch entsprechend der Aufgabenstellung ausgebildet sind und wenn sie überhaupt die Möglichkeit erhalten, die Leistung effizient zu erbringen. Nicht selten herrscht in einem Projektteam grosse Harmonie. Die am Projekt Beteiligten können jedoch nicht effizient arbeiten, da z.B. nicht genügend funktionsfähige Arbeitsinstrumente vorhanden sind.

Projekt „Pauschwelt", TP: „Produktentwicklung"	Team-Monitoring					P-Nr. B.1
Team	**Akzeptanz**	**Fähigkeit**	**Willigkeit**	**Möglich-keit**	**Konflikt**	**Unterstüt-zung**
Harmonie		3	4	2	1	3
Leistung		4	3	3	3	2

Abb. 4.102: Team-Monitoring

Teamharmonie und Teamleistung sind zwei wichtige Erfolgsfaktoren in den meisten Projekten. Es macht daher durchaus Sinn, diese monatlich zu spiegeln, obwohl hinter dieser Beurteilung zum Teil viel Subjektivität liegt.

4.4.2.8 Akzeptanzcontrolling

Bei dieser Thematik ist die Verhältnismässigkeit des einzusetzenden Controllings besonders ausgeprägt. Ist das abzuwickelnde Projekt z.B. eine Reorganisation, so steht diese Thematik mit all ihren Instrumenten im Mittelpunkt. Demgegenüber kann bei einem kleinen Beschaffungsprojekt ein qualifiziertes, gezieltes Informieren genügen. Es ist nützlich, dass der Projektleiter z.B. basierend auf der Stakeholderanalyse und je nach Projektsituation entsprechende Massnahmen einleitet, um die Akzeptanz bei den verschiedenen Umfeldgruppen respektive Stakeholdern positiv zu beeinflussen. Der Status dieser „Akzeptanz" sollte daher auch über die subjektiven Metriken wie Betroffenheit, Interesse, Macht, Konflikt etc. oder zusammenfassend über die Ampel Akzeptanz rapportiert werden.

Projekt „Pauschwelt", TP: „Produktentwicklung"	Stakeholder-Monitoring					P-Nr. B.1
Umfeldgruppe	**Ampel**	**Betroffenheit**	**Interesse**	**Macht**	**Konflikt**	**Unterstützung**
Produktion		3	3	4	1	3
Verkauf		2	2	3	4	4
Informatik		4	4	5	4	4
Mark. & Verkauf		3	2	2	3	3

Abb. 4.103: Monitoren der Akzeptanzwerte der wichtigsten Stakeholder

4.4.2.9 Risikocontrolling

Beim Risikomanagement, welches im Kapitel 8 (☞ „Risikomanagement") ausführlich beschrieben ist, geht es im Zusammenhang mit dem Projektcontrolling vor allem darum, die bestehenden Risiken und zur deren „Bekämpfung" definierte Massnahmen zu verfolgen sowie von Zeit zu Zeit eine vollständige Neuanalyse vorzunehmen. Ein beseitigtes Risiko darf/muss als Erfolg im Statusbericht ausgewiesen werden! Ein eingetroffenes Risiko wird zum Problem und sollte ab sofort aktiv in einer Problemliste bewirtschaftet werden.

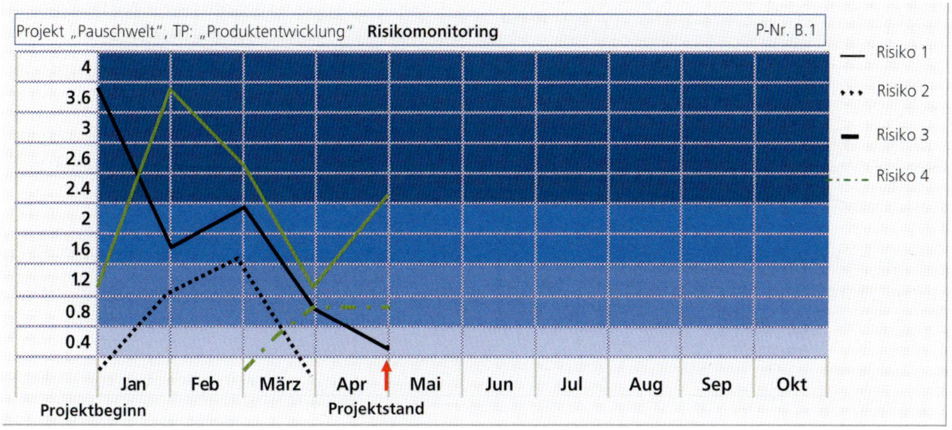

Abb. 4.104: Risikomonitoring

Wie im Kapitel Risikomanagement erläutert, ist es die Kunst des Projektleiters, für das Bekämpfen der Risiken so viel wie nötig, dies aber mit der notwendigen Konzentration zu machen. Welche Risiken vom Projektleiter „eskaliert" werden müssen, zeigt die im Projekt definierte Eskalationstabelle; auch welche Risiken wie weit vermarktet werden müssen (Projektmarketing), untersteht seinem Geschick. Der Projektleiter soll bei dieser „Risikoarbeit" jeweils auch die daraus entstehenden Chancen genauer bewerten.

Beim Ausführen der Controllingarbeiten innerhalb des Risikomanagements müssen auch die im Projekt eingesetzten Erfolgsfaktoren geprüft werden: Wirken diese noch, werden sie konsequent eingesetzt, und sind es noch die richtigen?

4.4.2.10 Projektstatusbericht (PSB)

Die Projektstatusberichte (Fortschritts- und Aufwandsmeldungen) sind kurze, prägnant geschriebene Berichte (max. 2 bis 3 Seiten), die in der Regel periodisch (monatlich) erstellt werden. Bei sehr wichtigen Projekten oder während intensiver Zeitphasen, z.B. während der Einführungszeit, kann dies auch wöchentlich geschehen. Folgendes muss in solchen Berichten enthalten sein:

- Zeitpunkt der Fortschritts- und Aufwandsmeldung.
- Wo steht das Projekt heute?
- Wo sollte das Projekt heute stehen?
- Gründe der Abweichung.
- Massnahmen (Vorschläge und Anträge vom PL).
- Welches sind die Konsequenzen?
- Die Top Five der Risiken, Probleme und Unregelmässigkeiten.
- Hauptaktivitäten der nächsten Berichtsperiode.
- Aufwandmässiger Stand des Projekts
- Wie gross ist der Restaufwand?
- Personalsituation und der zukünftige personelle Aufwand.

Neben dem Inhalt des Projektstatusberichts ist das eindeutige Festlegen der Empfängergruppen (Institutionalisierung) wichtig. Ideal ist es, wenn die Empfänger darüber informiert werden, wie sie die periodisch erhaltenen Informationen verarbeiten müssen, und auch dementsprechend geschult werden. Dies kann sich, je nachdem, sehr unterschiedlich gestalten: Die Mitglieder der Kommunikationsgremien müssen z.B. diese Informationen meistens nur zur Kenntnis nehmen. Das Projektsteuerungs-Gremium hingegen wird zum Teil aufgefordert, entsprechende Massnahmen einzuleiten, ganz sicher aber ein konkretes Feedback zu geben.

Die folgende Abbildung soll aufzeigen, welche Datenquellen, bezogen auf eine Berichtszeitperiode, für den Projektstatusbericht existieren.

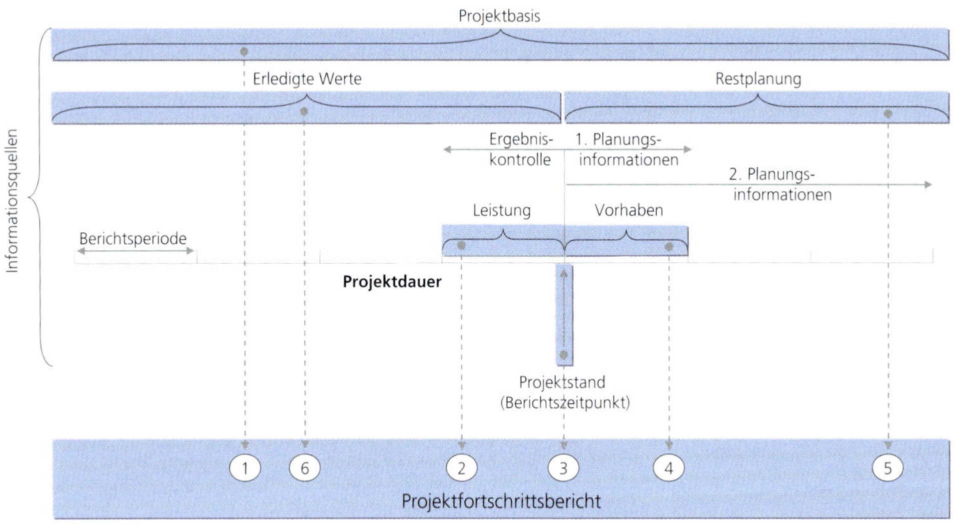

Abb. 4.105: Berichtszeitspektrum

Die Zahlen in der Abbildung bedeuten Folgendes:
1. Projektbasisdaten (z.B. Start- und Enddatum).
2. Angaben über geleistete Arbeiten der letzten Zeitperioden (z.B. erledigte APs).
3. Angaben über den derzeitigen Projektstand (z.B. Kosten, Zeit, Akzeptanz, Risiken).
4. Was ist für die nächste Zeitperiode geplant (z.B. geplante Lieferobjekte, Präsentationen)?
5. Welche Zeit- und Aufwandswerte sind bis zum Projektabschluss noch abzuarbeiten?
6. Angaben über die IST-Werte, die bis zum Rapportierungstag geleistet/erarbeitet/verbraucht wurden.

Die Angaben in einem Projektstatusbericht sind immer im Kontext mit dem ganzen Projekt zu sehen. Das heisst, dass der Leser bzw. der Empfänger, um das Geschriebene richtig beurteilen zu können, immer Kenntnis von den Projektbasisdaten (z.B. Gesamtaufwand, Start- und Endzeit etc.), der Restplanung (Meilensteine, Aufwände etc.) und den geplanten Arbeitsergebnissen der nächsten Berichtszeitperiode haben sollte. Deshalb muss der Projektleiter alle diese Daten in einer geeigneten Darstellungsform aufbereiten. Folgende Werte sollen unter anderem in einem Statusbericht aufgeführt sein:

- Projektkopf (Projektidentifikation),
- Ampelmanagement (Leistung, Qualität, Zeit, Kosten, Risikostatus, Abhängigkeiten),
- Stand des Projekts (Aufwand – Phase),
- beteiligte Mitarbeiter/Projektstatus,
- Personalbedarfsplanung,
- erledigte Arbeiten der vergangenen Berichtszeitperiode,
- Erfolge (hier ist vorgängig zu definieren, ob Plan = Erfolg ist oder nur besser als Plan!),
- Schwierigkeiten (Risiken, Probleme),
- erforderliche Massnahmen,
- weiteres Vorgehen (geplante Arbeiten für die nächste Periode).

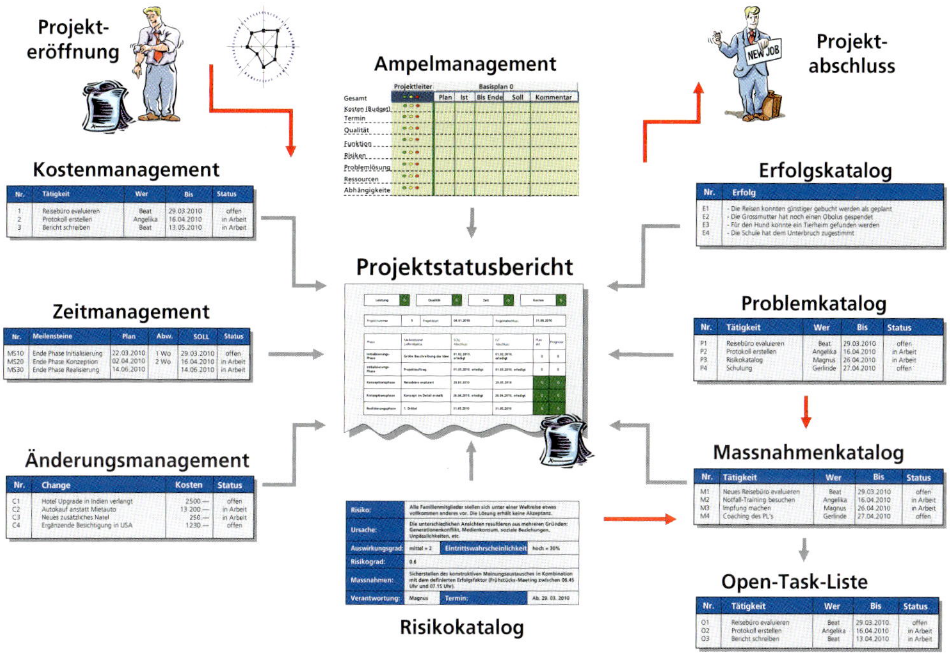

Abb. 4.106: Inputkanäle für den Projektstatusbericht pmplus+®

Dem Projektstatusbericht wird jeweils ein Feedbackblatt beigelegt, auf dem der Informationsempfänger bestätigt, dass er den Bericht gelesen und das Geschriebene verstanden hat. Dieses Feedbackblatt ist für den Projektleiter enorm wichtig, da die verantwortlichen Personen (Auftraggeber, Entscheidungsgremien, Fachabteilung) sich mit ihrer Unterschrift direkt an der Projektverantwortung beteiligen. Eine andere Form des Berichterstattens ist, wenn man anstelle aller Abweichungen nur die wesentlichen Planabweichungen in einem Abweichungsbericht rapportiert (Exception Report).

4.4.3 Projekt kontrollieren

Um Kosten- und Terminabweichungen bei der Abwicklung sowie Qualitätsabweichungen beim Produkt feststellen zu können, ist eine umfassende Projektabwicklungs- und Produktkontrolle notwendig. Sie wird mehrheitlich in Form von Reviews, Audits und Tests durchgeführt.

Die Projektkontrolle umfasst alle Aktivitäten, um projektbezogene Abweichungen zwischen dem Plan- und dem IST-Zustand aufzudecken.

Im Regelkreis der Projektabwicklung entspricht die Kontrolle der Rückkoppelung vom Output (Resultat) zur Planung. Dem Resultat, das die neue IST-Grösse darstellt, werden Messdaten entnommen, die mit der Führungsgrösse (Projektziele) wie auch mit den PLAN-Grössen verglichen werden. Die Abweichungen bezüglich Leistung, Qualität, Zeit und Kosten und die daraus gewonnenen neuen Erkenntnisse fliessen wieder in die Planung ein. Dieses Einfliessen der Erkenntnisse aus der Projektdurchführung und der Projektkontrolle in die Planung ist ein wesentlicher Bestandteil des evolutionären Ansatzes (☞ Kapitel 1.4.5.1 „Evolutionärer Prozess von Stafford Beer").

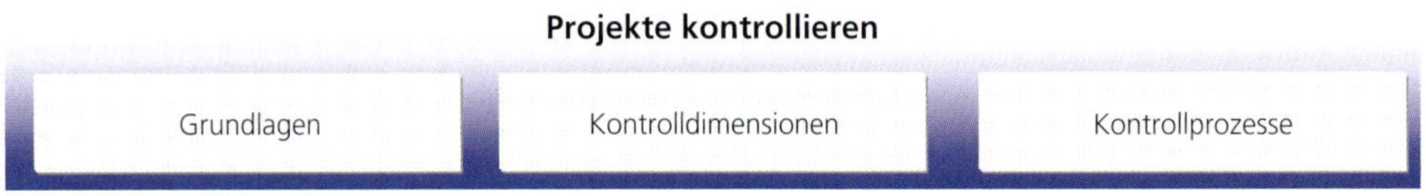

Abb. 4.107: Bestandteile der Projektkontrolle

Eine Auswahl an Techniken, die in der Projektkontrolle eingesetzt werden können, wird im Anhang A.4.2 (☞ „Kontrolltechniken") aufgeführt und erläutert.

4.4.3.1 Grundlagen „Projekte kontrollieren"

4.4.3.1.1 Kontrollzweck

Da Projekte oftmals integral, bereichsübergreifend und interdisziplinär sind, stellt die Projektkontrolle eine umfassende und wichtige Aufgabe dar, um neben den Abwicklungszielen auch die Systemziele zu erreichen. Mit dieser anspruchsvollen Tätigkeit wird bezweckt, dass die Kontrollwerte, die aus dem SOLL-IST-Vergleich entstehen, zu vorbeugenden wie auch korrigierenden Massnahmen der weiteren Projekttätigkeiten führen. Daher müssen die Kontrollen in regelmässigen Abständen durchgeführt werden.

Wie Abbildung 4.108 zeigt, wird das Beheben eines Fehlers um ein Vielfaches teurer, je mehr Zeit zwischen Entstehung und Entdeckung bzw. der Fehlereliminierung vergeht. Je früher ein Fehler aufgedeckt wird, desto einfacher ist es, ihn zu korrigieren, und desto grösser ist die Wahrscheinlichkeit, ihn richtig zu korrigieren. Der Zeitdruck wie auch der Folgeschaden sind geringer, und dadurch erhöht sich auch die Chance, den Fehler möglichst ohne negative Nebenerscheinungen zu eliminieren.

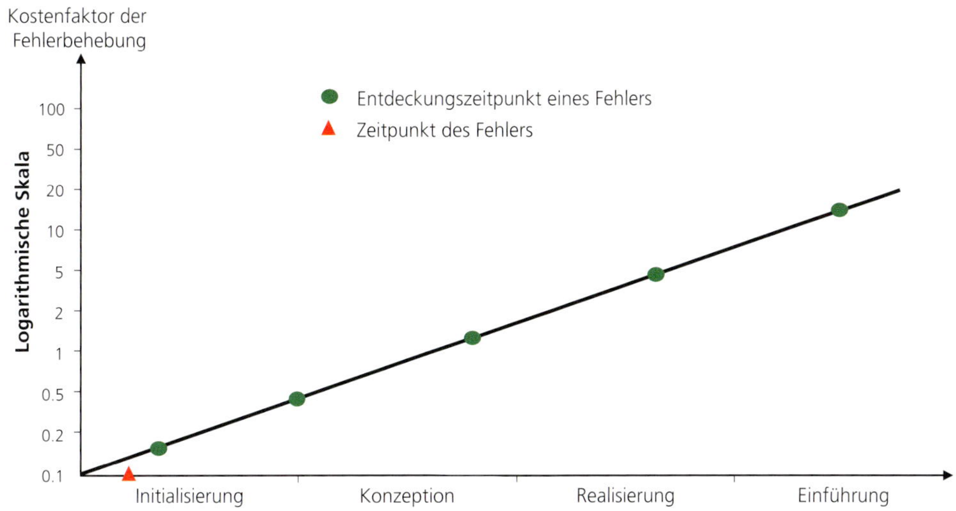

Abb. 4.108: Relative Kosten bei der Behebung von Design-Fehlern, bezogen auf den Entstehungszeitpunkt [Glo 1985]

Neben der Reduzierung von Fehlerbehebungskosten führt eine gute Projektkontrolle zu weiteren positiven Ergebnissen:

- Alle Projektbeteiligten werden auf den gleichen Informationsstand gebracht.
- Klärung, ob eventuell vom Projektmanagement-Leitfaden vorgeschriebene Aufgaben übergangen werden können.
- Änderungs- und Verbesserungsvorschläge können auf ihre Gültigkeit, Anwendbarkeit und Auswirkungen überprüft werden.
- Unbekannte Abhängigkeiten und äussere Einflüsse werden rechtzeitig aufgedeckt.
- Überprüfung der definierten Projektziele auf ihre Gültigkeit und Erreichbarkeit (evtl. Zielrevision).
- Klärung, ob Projektinstitution, -leitung und -überwachung ausreichen.
- Verträglichkeit der Pläne, Mittel und Ziele können geprüft werden.
- Beziehungen zwischen künftigen Benutzern und Projektteams werden verbessert.
- Gruppenbewusstsein des Projektteams wird gestärkt.
- Feststellung, ob das Projekt den grösstmöglichen Beitrag zu den definierten Unternehmens-, Kunden- und Mitarbeiterzielen liefert.
- Verantwortung für die Lösung der erkannten Probleme kann besser zugeordnet werden.

4.4.3.1.2 Kontrollverantwortung

Bisher mussten Projektleiter selten die volle Verantwortung für die Projektergebnisse übernehmen. Dies wird sich in absehbarer Zeit verstärkt ändern, da manche Unternehmensführungen ihre Mitarbeiter nun auffordern, gemäss ihrer Funktion die zugewiesene Eigen- wie auch Fremdverantwortung wahrzunehmen. Tendenziell wird aus diesem Grund die Verantwortung des Projektleiters für die Projektergebnisse stark zunehmen. Setzt der Projektleiter nicht ein geeignetes Prüfkonzept ein, so trägt er mit zunehmender Projektdauer eine immer grösser werdende Verantwortung, was einen sehr starken negativen Einfluss auf die Leistung des Projektteams haben wird. Dies ist gleichzusetzen mit der Bedeutung eines Hochgestellregallagers. Je mehr Ware man einlagert, desto höher wird der „Lagerwert", umso grösser wird logischerweise die Verantwortung des Verantwortlichen, und umso mehr Zeit muss das Lagerteam aufwenden, um die eingelagerten Elemente à jour zu halten.

Mit der Projektkontrolle hat der Projektleiter ein ideales Instrument zur Verfügung, um die im Laufe des Entwicklungsprozesses angestaute Verantwortung des „Lagerwerts" an übergeordnete Instanzen abgeben zu können.

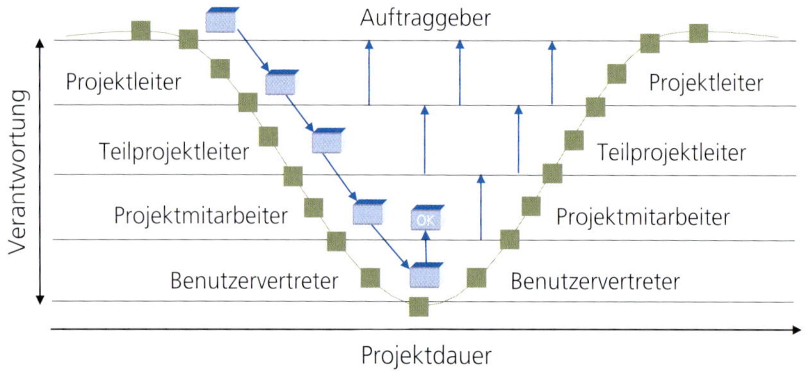

Abb. 4.109: Rückführung der Verantwortung an übergeordnete Instanzen mittels geeigneter Kontrollen

Werden die abgestuften Verantwortlichkeiten von Auftraggeber, Projektleiter, Projektmitarbeiter und den Fachbeteiligten betrachtet, so wird deutlich, dass sich keiner gänzlich der Verantwortung entziehen kann. Durch intervallartige Kontrollen können jedoch die Verantwortlichkeiten in zeitlicher, aufwand- und ergebnismässiger Hinsicht aufeinander abgestimmt und sukzessive an die höhere Verantwortlichkeitsstufe zurückgegeben werden. Analog zu einem Bergsteiger, der all seinen Proviant inklusive des produzierten „Abfalls" bis auf die Spitze eines Berges mitnehmen muss, verlangsamt auch die von erledigtem Arbeitspaket zu erledigtem Arbeitspaket zunehmende Ergebnisverantwortung in einem Projekt das Vorwärtsgehen des Projektleiters. Wie der Bergsteiger muss auch der Projektleiter „Basislager", sprich z.B. Meilensteine in Form von Sign-offs einrichten, in denen er seinen Proviant auspacken und kritisch bewerten kann. Alles, was er während seiner Expedition bis zu diesem Zeitpunkt gesammelt bzw. produziert hat, übergibt er mit dem Siegel „geprüft" der Tourenleitung. Nach solchen Zwischenstopps, die z.B. mittels Sign-off Audits durchgeführt werden, packt der Bergsteiger bzw. der Projektleiter nur jenen Proviant wieder ein, den er für die nächste Etappe oder bis zum Ziel benötigen wird. Die durch die Überprüfung verloren gegangene Zeit wird aufgrund der verminderten Verantwortungslast innert Kürze aufgeholt sein. Dieses „Verantwortlichkeitsspiel" wiederholt sich auf allen in Abbildung 4.109 gezeigten Ebenen.

4.4.3.2 Kontrolldimensionen

Wie aus der Abbildung 4.110 ersichtlich, besteht die Kontrolle aus dem Zusammenspiel mehrerer Dimensionen (wie, von wem, wann etc.). Die Kunst besteht nun darin, dass der Projektleiter nicht zu viel, aber auch nicht zu wenig, sondern im richtigen Umfang das Richtige kontrolliert. Optimal ist, wenn er dieses ideale Zusammenspiel von wem, wann, was wie etc. in der Qualitätsplanung vorausschauend im Auge behält (☞ Kapitel 7.3 „Die Qualitätsplanung“).

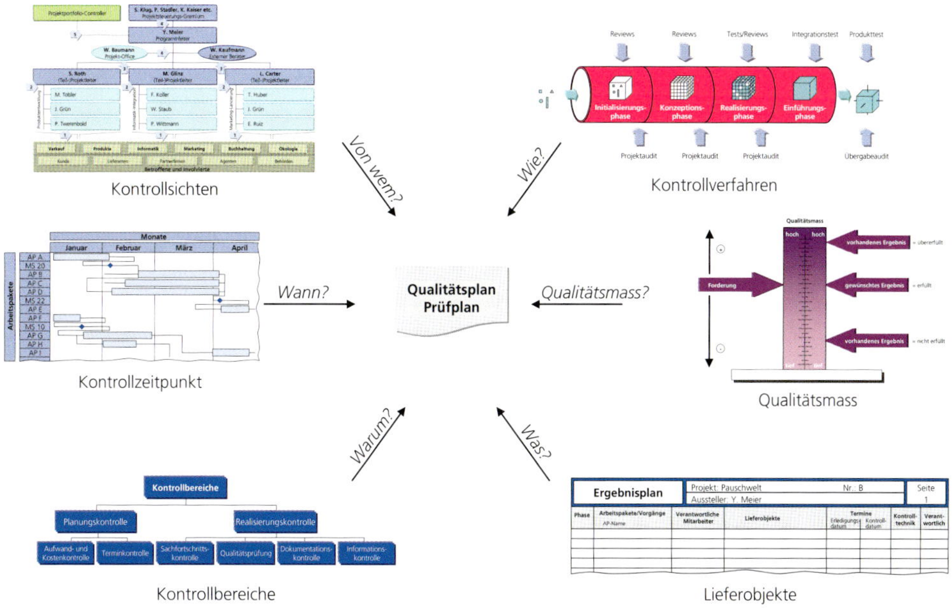

Abb. 4.110: Dimensionen der Projektkontrolle

In den folgenden Kapiteln werden die kontrollbezogenen Dimensionen kurz erläutert.

4.4.3.2.1 Qualitätsmass

Es stellt sich die Frage, wie es möglich ist, durch Qualitätsplanung in einem Projekt eine ganz bestimmte, im Vorfeld festgelegte Qualität zu erhalten. Dieses nicht ganz einfache Unterfangen kann etwas vereinfachend mit einer Gegenfrage beantwortet werden: „Wie viel Geld wurde im Verhältnis zum Projektbudget für das Qualitätsmanagement reserviert?“ Von nichts kommt nichts! Wenn also weder Prüfkosten noch Finanzmittel für Fehler verhindernde Massnahmen reserviert wurden, kann auch nicht verlangt werden, dass schliesslich das Produkt auf einem qualitativ hohen Niveau erstellt wird. Gegenüber dieser etwas pauschalen Wertung gibt es z.B. die Möglichkeit, mit Hilfe von Reviewtechniken die Qualität von Lieferobjekten planerisch zu bestimmen. So garantiert eine Eigenkontrolle, wie die Abbildung 4.111 zeigt, nicht die gleiche Qualität wie z.B. das Vernehmlassungsverfahren, da einer der Unterschiede dieser verschiedenen Reviewtechniken der Grad der formalisierten Durchführung ist. Wie die Abbildung 4.111 auch aufzeigt, muss der Projektleiter berücksichtigen, dass eine gewünschte Qualität auch immer eine Prüf- und Korrekturzeit bedingt. Wird diese Zeit dem „Projekt“ zuerst planerisch und dann effektiv nicht zugestanden, so dürfte es schwer werden, die geforderte Qualität zu erreichen.

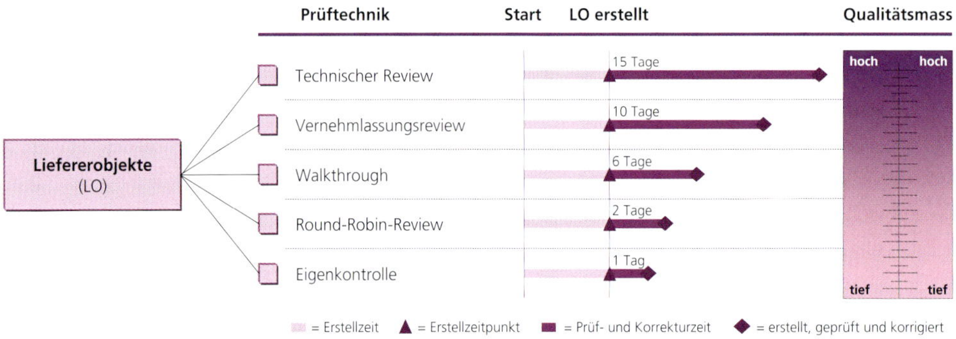

Abb. 4.111: Prüftechniken im Vergleich auf Zeit und Qualität

Da der Projektleiter und der Auftraggeber die Verantwortung für die Projektabwicklungs- sowie die Produktqualität tragen, können sie mittels Prüftechnik grundsätzlich „selbst bestimmen", welches Lieferobjekt welche Qualität haben muss. Natürlich richtet der Projektleiter sich diesbezüglich klar auch nach den Forderungen der meistens machthabenden Stakeholder.

4.4.3.2.2 Kontrollsichten

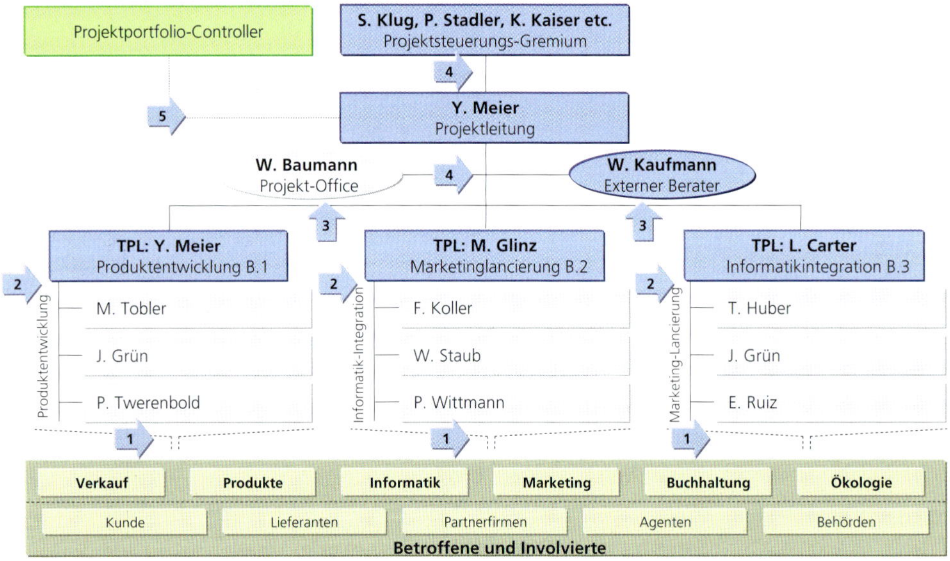

Abb. 4.112: Die vier Prüfsichten eines Projekts aus Sicht der Projektführung

Alle Beteiligten in Projekten haben ihre eignen unterschiedlichen Sichten und Interessen an den Kontrollen. Entsprechend müssen die Kontrollen ausgerichtet und gestaltet sein:

1. Prüfsicht bezieht sich auf die Arbeitswertbetrachtung, die der Benutzer z.B. mit Tests und technischen Reviews durchführt.

2. Prüfsicht kontrolliert z.B. den qualitativen Leistungswert, der vom Projektteam erbracht wird. Diese Kontrolle wird meistens vom Projektleiter selbst (Inspektion) oder von einem QM-Verantwortlichen (Audits) durchgeführt.
3. Prüfsicht kontrolliert die gesamte Leistung eines Projekts oder eines Teilprojekts. Bei dieser Kontrolle geht es vor allem um die Planungskontrolle sowie die Sachfortschrittskontrolle. Sie wird vom Projektauftraggeber selbst, bei den Teilprojektreviews vom Projekt-/Programmleiter oder von einem speziell dafür zuständigen Kontrollausschuss durchgeführt (Projektreview).
4. Prüfsicht kontrolliert z.B. die Schnittstellen. Durch das Splitten der grossen Vorhaben in mehrere (voneinander abhängige) kleine Projekte erhöht sich der Koordinationsaufwand beträchtlich. Diese wachsenden Koordinationsaufwendungen müssen systematisch kontrolliert werden.
5. Prüfsicht kontrolliert die Leistungswerte in Verbindung zu der Strategie und den anderen Projekten des Projektportfolios.

4.4.3.2.3 Kontrollzeitpunkt

Der Zeitpunkt, zu dem in einem Projekt kontrolliert werden soll, muss aufgrund von zwei Gegebenheiten festgelegt werden:

- Ergebnisbezogen
  Zum Beispiel am Ende einer Projektphase müssen die Ergebnisse überprüft werden, bevor sie veröffentlicht/freigegeben werden.

- Aufwandbezogen
  Um eine sinnvolle Kontrolle über das geleistete Arbeitsvolumen ausüben zu können, muss ein Kontrollintervall definiert werden, das ein maximales Kontrollvolumen zulässt.

Diese zwei Gegebenheiten werden in der Initialisierungsphase im Schritt Projektdefinition bei der Projektplanung festgelegt, und zwar in einer persönlichen Absprache zwischen den kontrollierenden und den zu kontrollierenden Personen. Nur mittels Durchführungskontinuität der verschiedenen Prüfverfahren können Fehlereliminierungszeiten und -kosten in Grenzen gehalten werden. Je kürzer das „Rollback" eines durch einen Fehler verursachten Verhaltens ist, desto schneller kann mit dem Projekt am alten Standort fortgefahren werden. Entscheidend für eine Projektkontrolle sind daher die vier folgenden Kontrollindikatoren:

- Erreichung eines Resultats
  Ist ein Lieferobjekt erstellt, so sollte dieses unmittelbar, so weit wie möglich, kontrolliert werden, um so möglichst rasch die existierenden Fehlleistungen entdecken zu können.

- Phasenende
  Es ist sicher sinnvoll, am Ende jeder Phase ein Audit, z.B. Sign-off, durchzuführen, das prüft, ob aus unterschiedlichen Sichten (Architektur, Recht etc.) die vorgegebenen Richtlinien eingehalten wurden.

- Zeitdauer (z.B. maximal 3 Monate)
  Dauert eine Phase länger als 3 Monate und überschreitet die Arbeitsleistung innerhalb einer Phase 300 Arbeitstage, so sollte allein aufgrund der Menge, des Überblicks wie auch des Erin-

nerungsvermögens der Mitarbeiter wiederum vorzeitig eine entsprechende „Zwischenkontrolle" angeordnet werden. Das heisst, dass der zweite Indikator aufgrund des Rekapitulierungsvermögens festgelegt werden muss.

- Kontrollvolumen (z.B. maximal 300 Arbeitstage)
  Die Grösse des Kontrollvolumens hängt von der Anzahl Personen ab, die an einem Projekt arbeiten, sowie vom zu überprüfenden Zeitraum bzw. der geleisteten Arbeitsmenge. Grundsätzlich soll die Überprüfung eines Objekts erst nach dessen Fertigstellung stattfinden. Wird aufgrund der Projektgrösse (Arbeitspaketumfang) oder der geringen Anzahl Projektmitarbeiter der maximale Zeitraum von 3 Monaten überschritten, so müssen geeignete „Zwischenkontrollen" angeordnet werden. In Abhängigkeit zur Kontrollart gibt es bezüglich des Volumens auch eine qualifizierte Mindestmenge, da eine solche Kontrolle je nach Kontrolltechnik nicht unbedingt günstig ist.

4.4.3.2.4 Prüfverfahren

Am Anfang des Projektabwicklungsprozesses existieren meistens nur Konzepte oder Modelle, die schriftlich festgehalten sind. Solche „statische" Lieferobjekte können mittels Reviewtechniken „statisch" geprüft werden. Je weiter z.B. das Konzept umgesetzt wird, desto mehr kommen die Testtechniken zum Einsatz, da nun an konkreten „dynamischen" Lieferobjekten getestet werden kann. Mit Hilfe der Audits wird überprüft, inwiefern sich das Projektteam/die Lieferanten bis zu diesem Zeitpunkt u.a. an die Entwicklungsvorgehens- oder andere vorgegebene Richtlinien wie Umweltschutz und Rechnungslegung gehalten haben.

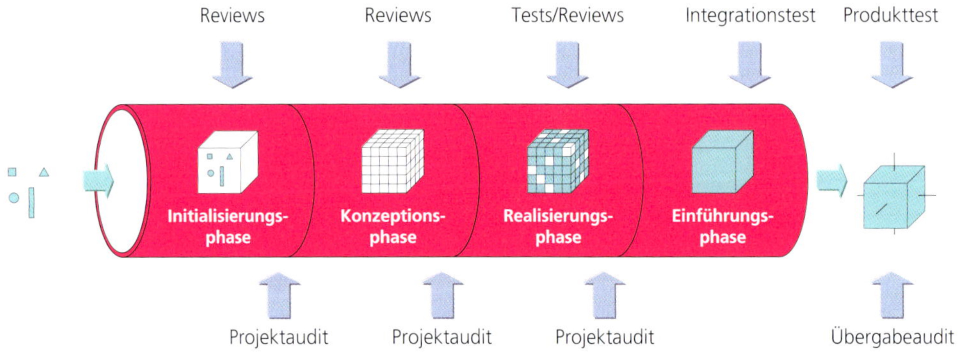

Abb. 4.113: Kontrollen anhand der Projektabwicklungs-Pipeline

In der Projektabwicklung kommen folgende Kontrolltechniken zur Anwendung, die im Anhang A.4.2 (☞ „Kontrolltechniken") zum Teil detaillierter beschrieben sind:

- Review: Techn. Review, Vernehmlassungsreview, Walkthrough, Round-Robin-Review etc.
- Audit: Produktaudit, Prozessaudit, Lieferantenaudit, Übergabeaudit, Managementaudit etc.
- Test: Black-Box-Test, White-Box-Test.

4.4.3.2.5 Kontrollbereiche

Ein zielorientiertes Kontrollvorgehen ist dann möglich, wenn die Kontrollen geplant, in Bereiche unterteilt, methodisch, umfassend und nach einem vordefinierten Kontrollprozess durchgeführt werden. Erst das laufende, strukturierte Überwachen des Projektstandes in allen Kontrollbereichen führt über das Projektberichts- (Reviewbericht) und Dokumentationswesen (neuer IST-Wert) zu Vergleichsmöglichkeiten mit der Planung (Plan-Werte). Die Schwierigkeit guter Kontrollen liegt bei der Vollständigkeit. Deshalb ist es von Vorteil, das zu kontrollierende Umfeld in zwei Gebiete und innerhalb der Gebiete in sechs Bereiche aufzuteilen. Die funktionale Aufgabengliederung in zwei Gebiete umfasst:

- Planungskontrolle (Managementkontrolle, -review),
- Realisierungskontrolle (Fachkontrolle, -review).

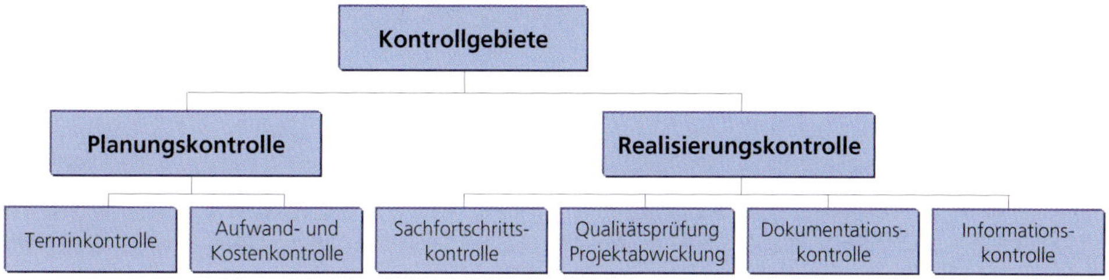

Abb. 4.114: Gliederung der Projektkontrolle

Die sechs Kontrollbereiche innerhalb der Kontrollgebiete im Sinn des Projektmanagements sind:

- Terminkontrolle,
- Aufwand- und Kostenkontrolle,
- Sachfortschrittskontrolle,
- Qualitätsprüfungskontrolle,
- Dokumentationskontrolle,
- Informationskontrolle.

Die ersten zwei sind die wichtigsten Bereiche der Planungskontrolle, und die vier Letztgenannten sind die wichtigsten Kontrollbereiche der Realisierungskontrolle. In der Praxis werden diese zwei Kontrollgebiete oftmals getrennt kontrolliert. Werden die Planungskontrollen vorwiegend vom Projektleiter und in letzter Konsequenz vom Auftraggeber oder einem Gremium übernommen, so werden die Realisierungskontrollen meistens vom Projektmitarbeiter in erster Instanz selbst und/oder von einer speziell dafür zuständigen Person(engruppe) – z.B. der QM-Verantwortliche führt Audits durch, und die Testverantwortlichen „Techniker“, „Benutzer“, „Architekt“ etc. machen die Tests – durchgeführt.

Bei der Projektkontrolle muss ein Kontrollprozess definiert werden, der von allen Beteiligten verstanden und akzeptiert wird. Dieser Prozess gibt dem Kontrollierenden wie auch den zu Kontrollierenden eine Richtlinie. Im Weiteren wird damit die Konsistenz der Prüfung gewährleistet. Je nach Art der Prüfung muss der entsprechende Kontrollabwicklungsprozess eingesetzt werden. Im Kapitel 4.4.3.3 (☞ „Kontrollprozesse“) werden die Kontrollprozesse, die in den Planungs- und den Realisierungsgebieten stattfinden, erläutert.

4.4.3.2.6 Qualitäts- oder Prüfplan

Projekte sollten nicht von Phase zu Phase nach einem situativen, individuellen Kontrollvorgehen kontrolliert werden. Das benötigte Kontrollvorgehen muss vielmehr einer Gesamtkonzeption unterstehen, die von Auftraggeber und Projektleiter verstanden und akzeptiert wird (☞ Kapitel 7.2.1 „Q-Konzept"). Ein Qualitäts- und/oder Prüfplan, der zur übersichtlichen und vollständigen Projektkontrolle beiträgt, ist dabei sehr hilfreich. Je umfangreicher ein solcher Plan ist, umso besser können sich die Beteiligten danach richten, umso einfacher wird die Durchführung, und umso präziser können die gewünschten Ziele erreicht werden.

Die Ergebnisse der Qualitätsplanung werden im Qualitätsplan respektive – für kleinere Projekte – im Prüfplan festgehalten. Gemäss Wallmüller [Wal 1990] ist der Qualitätsplan das zentrale Hilfsmittel, mit dem das Qualitätsmanagement im Projekt vorbereitet und organisiert werden soll. Er enthält alle bewusst gewählten Qualitätsmanagement-Massnahmen für ein Projekt und dient zudem als schriftlicher Nachweis der Qualitätslenkung. Nicht selten wird der Qualitätsplan in den Projektplan integriert. Um die Planung modularer und situationsbezogener zu gestalten, sollte jedoch der Qualitätsplan gesondert produziert werden. Grundsätzlich ist der Prüfplan ein Teil des Qualitätsplans (☞ Kapitel 7.3 „Die Qualitätsplanung"). Die Praxis hat gezeigt, dass, wenn überhaupt die Qualität geplant wird, oftmals nur ein Prüfplan erstellt wird. Dem ist, wenn er konsequent umgesetzt wird, nichts entgegenzuhalten. In einem solchen Prüfplan müssen neben der Auflistung der Punkte „was" (Lieferobjekte), „wie" (Kontrolltechnik), „wann" (Kontrollzeitpunkt) und „welche Merkmale" (z.B. Vollständigkeit) auch der Qualitätsindikator festgelegt werden.

Mit dem Qualitätsplan respektive Prüfplan soll Folgendes erreicht werden [End 1990]:

- Die in einem Projekt notwendigen Qualitätsmanagement-Tätigkeiten sollen rechtzeitig und vollständig geplant und abgestimmt werden.
- Plan-Vorgaben für die Qualitätssicherung müssen vorliegen, und über deren Einhaltung muss berichtet werden.
- Die Qualitätsmanagement-Kosten sollen leichter abgeschätzt und überwacht werden können.

4.4.3.3 Kontrollprozesse

Basierend auf den im Kapitel 4.4.3.2.5 beschriebenen Kontrollbereichen lassen sich Kontrollprozesse ableiten. Dies, wie bereits erläutert, einerseits für das Planungsgebiet und andererseits für das Realisierungsgebiet. Je nach der eingesetzten Kontrolle werden einer oder mehrere dieser Prozesse eingesetzt.

4.4.3.3.1 Prüfregelkreis

Bevor die einzelnen Kontrollprozesse im Detail erläutert werden, soll im Folgenden zusammenfassend und vereinfacht das Zusammenspiel der in einem Projekt zu prüfenden Ergebnisse und Prozesse anhand des Prüfregelkreises erläutert werden (☞ Abbildung 4.115). Damit kann aufgezeigt werden, wie einfach es grundsätzlich ist, ein Qualitätskonzept und den daraus abzuleitenden Qualitätsplan oder einen Prüfplan zu erstellen.

Werden die gesamten projektbezogenen Kontrollaktivitäten von einer gewissen Metaebene betrachtet, so werden zu Beginn des Projektes – ausser man erstellt Prototypen – mehrheitlich statische Lieferobjekte erstellt. Diese zur Kontrolle freigegebenen Lieferobjekte werden zu „Prüfobjekten" oder „Prüflingen" und mittels einer Reviewtechnik auf Vollständigkeit, Richtigkeit, Verständlichkeit etc. geprüft. Die Befunde werden in einem Reviewbericht festgehalten.

Die dynamischen Lieferobjekte können durch Tests auf ihre Funktionalität geprüft werden. Entsprechende Fehler werden in einem Testbericht festgehalten. Dieser Testbericht (= statisches Lieferobjekt) kann und wird bei sehr wichtigen Projekten mittels Review entsprechend geprüft. Durch ein Audit können die im Projekt eingesetzten Prozesse, so z.B. Projektabwicklungsprozesse wie Konzipierungs- oder Anforderungsentwicklungsprozess, oder die eingesetzten Review- und Testprozesse bezüglich der Einhaltung der definierten Standards, überprüft werden. Das Ergebnis ist ein Auditbericht, in dem alle Abweichungen festgehalten werden. In einem bestimmten, meistens monatlichen Rhythmus wird vom Projektleiter der Projektstatusbericht erstellt und die Projektplanung aktualisiert. Alle Berichte und die aktuellste Planung sind Inputs für das Projektreview, der von den Projektträgern durchgeführt wird. Neben dem Reviewbericht wird eine Massnahmenliste erstellt, die in die Projektabwicklung einfliesst und umgesetzt werden muss.

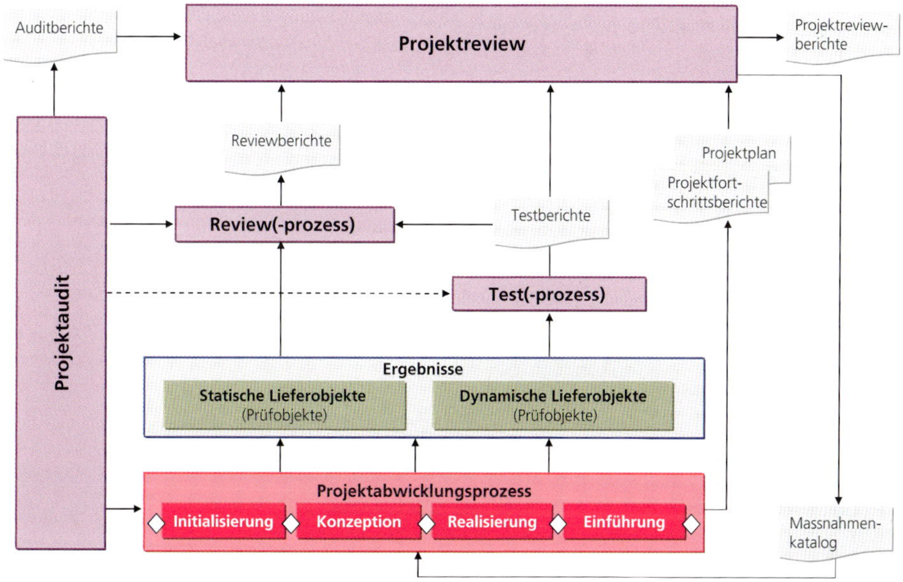

Abb. 4.115: Regelkreis der Projektprüfverfahren

Es ist die Aufgabe des Projektleiters, für sein Projekt den entsprechend geeigneten Prüfregelkreis zu definieren. Mit der Begründung, dass für die Reviews im Unternehmen das notwendige Verständnis fehlt, dass Audits in der Unternehmung wegen fehlender Standards nicht eingesetzt werden können, dass Tests so oder so meistens und abschliessend durch den Endkunden bei der Anwendung gemacht werden, dass das Management für das Projektreview keine Zeit hat, können natürlich alle Prüfungen gestrichen werden. Dem Projektleiter muss einfach in Erinnerung gerufen werden: Je früher ein Fehler entdeckt wird, desto niedriger sind die Wiedergutmachungskosten (☞ Abbildung 4.108). Ausserdem trägt er mit dem Auftraggeber zusammen die Hauptverantwortung für die Projektabwicklungs- sowie Projektprodukt-Qualität.

4.4.3.3.2 Planungskontrolle

Die Planungskontrolle beschäftigt sich hauptsächlich mit der Überprüfung der Projektführungsaspekte wie Aufwände, Termine, Kosten etc. Dies meistens in Bezug zur erbrachten oder nicht erbrachten Leistung. Daher wird diese Kontrolle auch als „Managementkontrolle" bezeichnet. Je nach Planungsvorgehen können unterschiedliche Gliederungen der Planung bzw. deren Kontrollen vorgenommen werden. Die Basis für eine gute, lückenlose Projektkontrolle ist daher eine Projektplanung, die sich auf eine bewährte Projektvorgehensmethode abstützen kann. Diese Projektmethoden beinhalten vielfach Checklisten, die neben dem normalen Kontrollprozess für jede Phase eines Projekts die notwendigen und relevanten Kontrollpunkte im Detail aufführen. Für den Projektleiter sowie für den Auftraggeber oder das Kontrollgremium sind solche Checklisten sehr hilfreich. Beiden Parteien dienen sie als Anhaltspunkte, um einerseits das Ziel der Planungen zu erkennen, andererseits die Ergebnisse zu kontrollieren und den Projektstand zu messen. Die Bereiche Aufwand- und Kostenkontrolle sowie Terminkontrolle können mit Hilfe eines punktuell durchgeführten Reviews und/oder über ein Projektmanagement-Softwaretool kontrolliert werden.

Wie Abbildung 4.116 zeigt, werden bei der Planungskontrolle die Terminkontrolle sowie die Aufwand- und Kostenkontrolle durchgeführt. Die Abwicklungsprozesse dieser zwei Kontrollbereiche werden nach der folgenden Erläuterung eines allgemeinen Planungskontrollprozesses detailliert beschrieben.

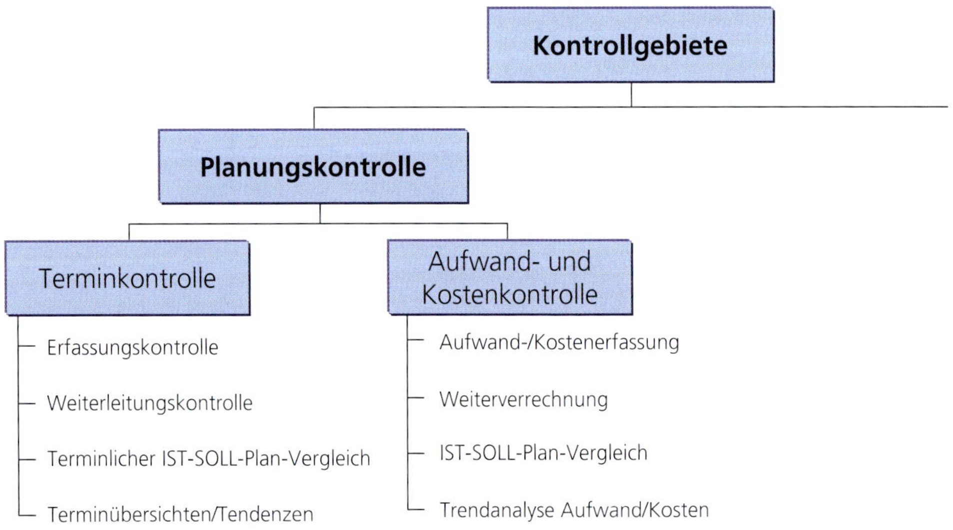

Abb. 4.116: Kontrolle der Planung

4.4.3.3.2.1 Allgemeiner Planungskontrollprozess

Die Planungskontrolle wird in Teilschritte gegliedert. Dies ist notwendig, um eine zeitgerechte und mit angemessenem Aufwand realisierbare Kontrolle vornehmen zu können. Diese Standardisierung gibt dem Kontrollierenden weitgehend die Gewähr der Kontrollvollständigkeit.

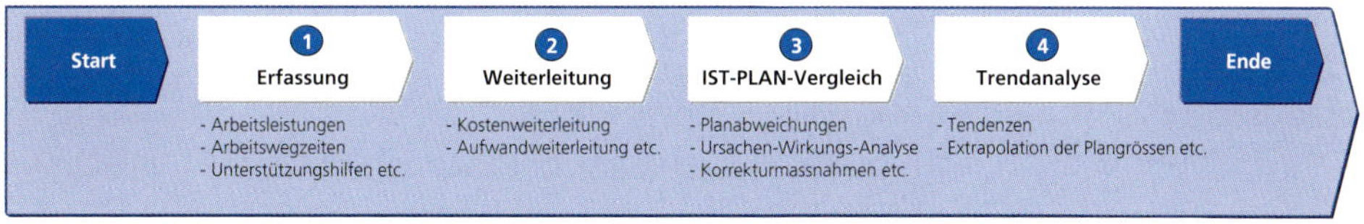

Abb. 4.117: Planungskontrollprozess

1. Erfassung

Voraussetzung für jede Planungskontrolle ist das entwicklungsbezogene richtige Erfassen des Aufwands (Zuordnung der Arbeitsleistungen zu den richtigen Aufträgen) oder anderer Grössen. Daher ist z.B. eine regelmässige, vollständige und richtige Stundenrapportierung gemäss der Projektstruktur wichtig. Was nützt dem Projektleiter eine grafisch schön dargestellte Plan-IST-Abgleichung, wenn die Erfassung der Aufwände nicht stimmt? Folgende Fragen gilt es bei diesem Prozessschritt zu beantworten:

- Wurden die Arbeitsleistungen den richtigen Aufträgen (Arbeitspaketen) zugeordnet?
- Wurden die Sozial- und Arbeitswegzeiten, soweit vom Projektleiter geplant, auch notiert?
- Wohin wurden die Unterstützungshilfen (Schulung von Kollegen, Beratungen des Benutzers etc.) oder sonstige nichtprojektbezogene Arbeiten, die häufig im täglichen Arbeitsprozess vorkommen, verbucht?

Kommt man aufgrund dieser Fragen zum Ergebnis, dass die Daten falsch erfasst wurden, hat es wenig Sinn, die Kontrolle fortzusetzen. Entsprechend müssen die Daten zuerst korrigiert werden.

2. Weiterleitung

Im Zeitalter der Spezialisierung ergibt sich ein hohes Mass an Arbeitsteilung. Mitarbeiter unterschiedlicher Fachrichtungen müssen kooperieren, damit neue technische Entwicklungen und die darauf basierenden Produkte entstehen können. Diese Arbeitsleistungen werden oft von Personen erbracht, die in Bezug auf die Kosten nicht primär dem Projekt zugeteilt sind. Die für die erbrachten Dienstleistungen entstandenen Aufwände und Kosten müssen jedoch der zuständigen Projektkostenstelle weiterverrechnet werden. Auch das Weiterleiten von Terminen muss bei der heutigen fachlichen Spezifizierung der Aufgaben verstärkt überprüft werden. Oftmals werden Verspätungen wie auch frühzeitiges Beenden von Arbeitspaketen den Verantwortlichen nicht mitgeteilt. Dies führt zu unangenehmen Überraschungen, die durch zweckmässige Kontrollen jedoch vermieden werden können. Wie beim ersten Kontrollschritt gilt auch hier die Regel, dass bei einem negativen Kontrollergebnis weitere Kontrollen zwecklos sind. Sind Verrechnungsfehler aufgetreten, so müssen die verantwortlichen Personen bestrebt sein, diese umgehend zu korrigieren.

3. Plan-IST-SOLL-Vergleich

Wurden die ersten zwei Prozessschritte kontrolliert und als richtig taxiert, so kann der wichtigste Schritt jeder Kontrolle vorgenommen werden: Das Gegenüberstellen der IST- und der Plan-Werte.

Dieser Vergleich hilft, Abweichungen zur Planung aufzudecken und somit auf die kritischen Teile des Projekts aufmerksam zu machen. Ist eine grössere Abweichung vorhanden, so muss eine Ursachen-Wirkungs-Analyse durchgeführt werden. Das Resultat dieses Kontrollschritts dient als Grundlage für die Einleitung entsprechender Korrekturmassnahmen und eventuell für die Überarbeitung der Planung, sprich des neuen SOLL-Werts. Wird dieser SOLL-Wert vom Auftraggeber und/oder Projektsteuerungsgremium in offizieller Form akzeptiert, wird er zum neuen Plan-Wert!

4. Trendanalyse

Im Unterschied zur statischen Kontrolle (IST-Plan-Vergleich) ermöglicht die dynamische Kontrolle (Trendanalyse) eine zukunftsorientierte Aussage. Gemäss Burghardt [Bur 2002] ist nicht die momentane IST-Grösse das entscheidende Vergleichskriterium, sondern die aus dem wertmässigen Verlauf der regelmässig aktualisierten Plangrössen vorgenommene Extrapolation in die Projektzukunft (möglicher SOLL-Wert). Grundgedanke dieser Betrachtungsweise ist die Überlegung, dass eine punktuelle IST-Plan-Abweichung normalerweise noch keine Gefährdung der Projektrahmendaten darstellt. In ihrer Summierung können jedoch Planverschiebungen (auch geringfügige) ein Projekt erheblich gefährden.

Die folgenden Abweichungsindizes bieten sich an, um die Leistungswerte der Sachfortschrittskontrolle in Bezug auf Kosten und Termine zu einem bestimmten Zeitpunkt zu bewerten.

$$\text{Kosten-Terminindex} = \frac{\text{IST-Aufwand}}{\text{Plan-Gesamtaufwand}}$$

$$\text{Aufwand-Termin index} = \frac{\text{IST-Dauer}}{\text{Voraussichtliche Dauer}}$$

Bei einem Indexwert < 1 (berechnet sich aus dem Verhältnis Kosten-Terminindex zu Aufwand-Terminindex) liegt z.B. ein positiver Projektfortschritt vor, bei einem Indexwert > 1 hingegen nicht. Für den Projektleiter ist es von Vorteil, wenn er Kontrollindizes einsetzt. Sie warnen ihn frühzeitig, wenn sich eine negative Tendenz abzeichnet. Die Kontrollindizies ermöglichen somit eine effizientere Projektkontrolle.

Es ist wichtig zu sehen, dass jede negative Abweichung vom Geplanten zu einem erhöhten Risikostatus in einem Projekt führen kann. Da viele Projekte allein aufgrund ihres gewagten Vorhabens risikoreich sind, können solche Veränderungen gravierende Auswirkungen haben. Daher ist es wichtig, bei jeder Aufwand-, Kosten- und Terminkontrolle zu überprüfen, ob sich der Risikostatus (☞ Kapitel 8.1.2 „Risikobetrachtung“) verändert hat.

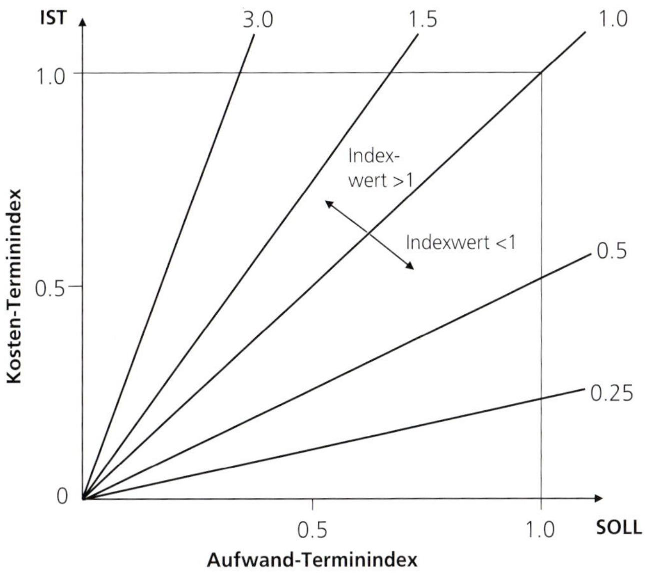

Abb. 4.118: Abweichungsspektrum

4.4.3.3.2.2 Terminkontrolle

Gemäss dem allgemeinen Planungskontrollprozess müssen bei der Terminkontrolle die folgenden Schritte durchgeführt werden:

1. Erfassungskontrolle

Aufträge richtig zuzuteilen und zu besprechen, ist die Basis der effektiven Erfassungskontrolle. Deren Ausführung muss mit den richtigen und vollständigen Terminrückmeldungen kontrolliert werden. Der Kontrollierende überprüft als Erstes in diesem Prozessschritt, ob im Projekt ein offizielles Rückmeldewesen besteht. Dieses „System" wird auf seine Funktionalität und Effizienz untersucht. Als Zweites wird die Aktualität der Rückmeldeliste überprüft. Im Bereich des Terminrückmeldewesens muss der Projektleiter von den Entwicklern somit den aktuellen Terminstand erhalten. Dabei geht es in erster Linie um:

- abgeschlossene Arbeiten,
- nicht abgeschlossene Arbeiten.

Bei den abgeschlossenen Arbeiten muss auf die richtige und vollständige Terminrückmeldung sowie auf die durchgeführte Ergebniskontrolle geachtet werden. Bei den nicht abgeschlossenen Arbeiten müssen die Projektmitarbeiter melden,

- ob der vorgegebene Termin gehalten werden kann,
- ob der vorgegebene Termin nicht gehalten werden kann,
- ob der vorgegebene Termin vorverlegt werden kann.

Die Aussagen bezüglich der noch nicht erledigten Arbeiten ziehen nicht automatisch Terminkorrekturen nach sich. Die Terminwerte geben jedoch dem Controller eine Tendenz an, die für die Gesamtbeurteilung nicht ganz unwichtig ist.

2. Weiterleitungskontrolle
Bei der Weiterleitungskontrolle wird getestet, ob die veränderten End-, Anfangs- oder Verschiebungstermine nicht nur gemeldet, sondern auch im eingesetzten Planungsmittel nachgeführt wurden. Wird z.B. in einem Projekt ein Planungswerkzeug (Netzplan, Balkendiagramm) eingesetzt, so muss dieses auch von allen Projektmitarbeitern benützt werden. Eine effiziente Projektführung kann mittels eines Netzplans nur dann erfolgen, wenn Terminrückmeldungen jeweils sofort eingetragen werden (= Netzplanaktualität). Durch dieses stete Nachführen werden die Auswirkungen einer Terminverschiebung frühzeitig erkannt. Nachfolgend sind die drei zentralen Prüfungspunkte der Termin-Weiterleitungskontrolle aufgeführt:

- Terminaktualisierung
  Bei den Terminkontrollen wird überprüft, ob z.B. der Netzplan stets nachgeführt wird.

- Terminbesprechungen
  Es muss nachgeprüft werden, ob bei einer Veränderung der Termine alle Beteiligten benachrichtigt wurden und ob sie mit den Konsequenzen einverstanden sind.

- Darstellen der Terminverschiebungen
  Alle Termine, die der Projektleiter verschiebt, müssen gut visualisiert werden. Um den nächsten Schritt im Kontrollprozess vornehmen zu können, ist es vorteilhaft, wenn die Visualisierung so erfolgt, dass ein Abgleichen des alten mit dem neuen Planstand möglich ist.

3. Terminlicher Plan-IST-SOLL-Vergleich
Wurde das Erfassen und Nachführen der Termine ordnungsgemäss überprüft, so kann danach auf der Basis einer guten Terminkontrolle laufend der Vergleich zwischen der offiziell abgesegneten Basisplanung (Plan-Wert), dem IST-Wert sowie der aktuellen SOLL-Planung (SOLL-Wert) stattfinden, d.h. die Gegenüberstellung der Plantermine und der voraussichtlichen Fertigstellungstermine. Die Notwendigkeit dieses Plan-IST-SOLL-Vergleichs resultiert aus einer im Projekt vorkommenden, stark detaillierten Aufgabenteilung. Das Ergebnis dieser Kontrolle kann klare Abweichungen von den geplanten Werten aufzeigen, was beim Projektverantwortlichen eindeutige und unmissverständliche Massnahmen auslösen muss. Die Problematik liegt jedoch darin, dass Terminabweichungen nicht selten verschwiegen werden. Das erzeugt eine „falsche" Transparenz. Die Konsequenz daraus ist oftmals eine zu späte Visualisierung des wirklichen Standes der Projekttermine, sodass ein rechtzeitiges Reagieren nicht mehr möglich ist. Abbildung 4.119 zeigt, wie Terminabweichungen, gekoppelt mit dem Stand des Projektsachfortschritts, veranschaulicht werden können.

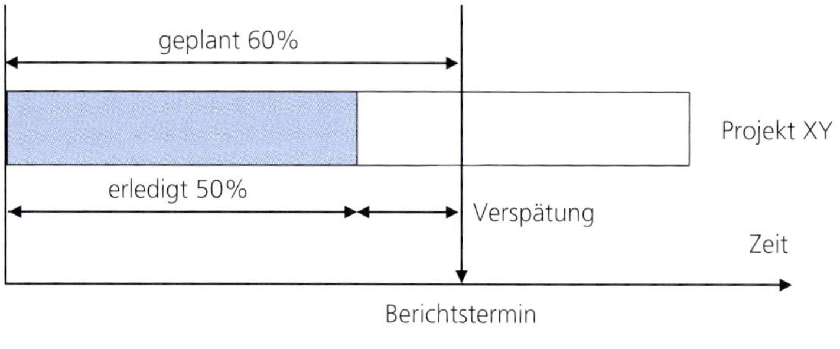

Abb. 4.119: Visualisierung einer Terminverspätung [Kum 1988]

Beim terminlichen IST-Plan-Vergleich werden insbesondere folgende zwei Punkte überprüft:

- Plantreue
  - Wurden innerhalb des gesetzten Termins die vorgegebene Qualität, der vorgegebene Funktionsumfang und die vorgegebene Verfügbarkeit angestrebt?
  - Wurden innerhalb des gesetzten Termins die minimalsten Kosten bzw. der kleinste Aufwand angestrebt?
- Termintreue
  - Die Termintreue weist gemäss Burghardt [Bur 2002] den Durchschnittswert des terminlichen Plantreue-Quotienten aller Aufgabenkomplexe aus. Dem Controller vermittelt die Aussage des Termintreue-Indexes eine gute Übersicht über die Projekt-Terminsituation.

$$\text{Termintreue in \%} = \frac{\text{Geplante Dauer - Terminverzug}}{\text{Geplante Dauer}} \times 100$$

4. Terminübersichten/Tendenzen

Neben allgemeinen Terminübersichtslisten, welche die Termine aller Arbeitspakete enthalten, werden in diesem Schritt auch Rückstandsübersichten bzw. Negativlisten erstellt, die nur Arbeitspakete mit kritischen Terminen aufführen. Diese Listen enthalten Arbeitspakete mit

- Terminen, die bereits überschritten sind, und
- Terminen, die wahrscheinlich nicht eingehalten werden können.

Zur Visualisierung aller nicht eingehaltenen Einzeltermine ist also das explizite Kennzeichnen gefährdeter Termine in Form einer „Frühwarnung" ein positives Kontrollergebnis. Dieses Frühwarnsystem ermöglicht es allen verantwortlichen Personen, sich auf die kritischen Punkte zu konzentrieren und beim Überschreiten des zugelassenen Maximalwerts sofort zu handeln. Anhand der Terminkontrolle lassen sich zwei Analysen erstellen:

- Meilenstein-Trendanalyse
  Die Meilenstein-Trendanalyse gibt über die zu erwartende terminliche Situation der Arbeitspakete in Bezug auf den Stand der Entwicklungsperioden Auskunft.

- Terminrisikoanalyse
  Es ist von grosser Wichtigkeit, dass alle Aufträge mit hohem Terminrisiko (z.B. Arbeitspakete, die auf dem kritischen Pfad liegen) erkannt werden. Die Terminrisikoanalyse beschreibt ausführlich den besten bzw. schlechtesten Ausgang dieser Aufträge.

4.4.3.3.2.3 Aufwand- und Kostenkontrolle

Gemäss dem allgemeinen Planungskontrollprozess müssen bei der Aufwand- und Kostenkontrolle die folgenden Schritte durchgeführt werden:

1. Aufwand-/Kostenerfassung

Wie im allgemeinen Prozess bereits erwähnt, muss als erster Kontrollschritt bei der Aufwand-/Kostenerfassung überprüft werden, ob z.B. die Stundenkontierung bzw. Arbeitsrapportierung der Mitarbeiter korrekt erfolgte. Hier wird nicht nur die Vollständigkeit geprüft, sondern auch die Qualität der erfassten Stunden. Wie in den Projekten üblich, wird nur selten tageweise an einem Arbeitspaket gearbeitet. Zwischenzeitliche Unterstützungen z.B. von Berufskollegen, die in einem anderen Projekt arbeiten, sind an der Tagesordnung. Diese „Fremdleistungen" haben keinen direkten Bezug zum Projekt und müssen somit separat aufgeführt bzw. dürfen nicht auf das Projekt abgewälzt werden. Im Idealfall ist eine klare Aufwand- und Kostenerfassung auf Ebene der einzelnen, detaillierten Arbeitspakete anzustreben. Dies ermöglicht eine genaue Analyse der Aufwendungen gegenüber den Ergebnissen. Bei den Kostengrössen muss die richtige Erfassung der

- Personalmittelkosten (interne und/oder externe)
- Betriebsmittelkosten (Verbrauchs- und/oder Gebrauchsgüter)

nachgeprüft werden. Das Resultat dieser Überprüfung gibt unter anderem den Projektverantwortlichen die Gewähr, dass dem Projekt keine „Fremdleistungen" verrechnet werden.

2. Weiterverrechnung

Wie in der Beschreibung des Planungskontrollprozesses erwähnt, sind an einem Projekt manchmal viele Personen beteiligt, die in ihrem Fachbereich Dienstleistungen (im Auftragsverhältnis) erbringen. Daher müssen die Kosten für die einzelnen Arbeitsbeiträge den Projekten verursachungs- bzw. nutzungsgerecht belastet werden. Beträge, die z.B. einem „Abteilungs"-Konto belastet werden, wie Lohn- oder Betriebskosten, werden gemäss der erbrachten Leistungen dem Projekt weiterverrechnet. Auch aus umgekehrter Sicht erfolgt eine Weiterverrechung. Dies geschieht, wenn ein Projekt mehrere Produkte oder Arbeitsprozesse von verschiedenen Abteilungen unterstützt. Folgende Arten der Weiterverrechnung kommen dabei zur Anwendung:

- Indirekte Weiterverrechnung
  - Anzahl Installationen
  - Anzahl Benutzer etc.
- Direkte Weiterverrechnung
  - Gesamtheit der Kosten der Dienstleistungen
  - Alle Installationen etc.

Bei der Kontrolle der Weiterverrechnung muss darauf geachtet werden, dass die richtigen Kosten (z.B. brutto oder netto) in der richtigen Grösse auf das richtige „Konto" weiterverrechnet werden. In der Praxis kommt es nicht selten vor, dass auf das Konto von Projekten falsche Beträge weiterverrechnet wurden, da der Projektleiter neben seiner Funktion als Projektleiter meistens noch eine weitere Funktion z.B. als Abteilungsleiter ausübt. So werden Abteilungsausflugs-, Büromaterial- oder Fotokopierbeschaffungskosten der Einfachheit halber dem Projekt angelastet, da bei der Verbuchung dieser Belastung aufgrund der Unterschrift des Projektleiters irrtümlich eine Analogie zum Projekt hergestellt wurde.

3. IST-Plan-Vergleich

Beim Erstellen eines IST-Plan-Vergleichs der Aufwände bzw. Kosten wird der Budgetverbrauchsgrad (Budgetverbrauch im Verhältnis zum Budget) gemessen. Bei dieser Arbeit müssen folgende Aspekte berücksichtigt werden [Bur 2002]:

- In welcher Gliederung sollen die Plan-Werte den IST-Werten gegenübergestellt werden?
- Auf welchen Ebenen soll ein Aufwands- und Kostenvergleich vorgenommen werden?
- Wie wird der Sachfortschritt in die Kostenkontrolle einbezogen?

Sind die einzelnen Aufgaben in verschiedene, einzelne Arbeitspakete unterteilt, und wurde die Kostenberechnung und -verrechnung „paketweise" (gemäss der Auftragsnummer) durchgeführt, so ist die kostenmässige Gegenüberstellung der erledigten und der noch offenen Pakete relativ einfach. Mit Hilfe dieser Abgrenzung erkennt man, in welchem Verhältnis zu Zeit und Kosten die erledigte und die noch anfallende Projektarbeit besteht.

$$\frac{\text{Anzahl abgeschlossener Arbeitspakete}}{\text{Anzahl aller Arbeitspakete}} \times 100 = n\ \%$$

In einem zweiten Berechnungsschritt werden die entstandenen Projektkosten mit den geplanten Kosten verglichen.

$$\frac{\text{Aufgelaufene Kosten der Arbeitspakete}}{\text{Totale Kosten aller Arbeitspakete}} \times 100 = m\ \%$$

Mit diesen Berechnungen der „Entwicklungskosten" kann die Aufwand- bzw. Kostensituation eines Projekts gut beurteilt werden. Weist das Projekt eine Verspätung auf, müssen die geplanten Kosten mit den vorhandenen Ergebnissen, d.h. mit den effektiven Kosten (IST-Kosten) zum Kontrollzeitpunkt, in Beziehung gebracht werden. Dies ergibt gemäss Kummer [Kum 1988] eine Wertverschiebung auf der Zeitachse (siehe auch Earned-Value-Technik).

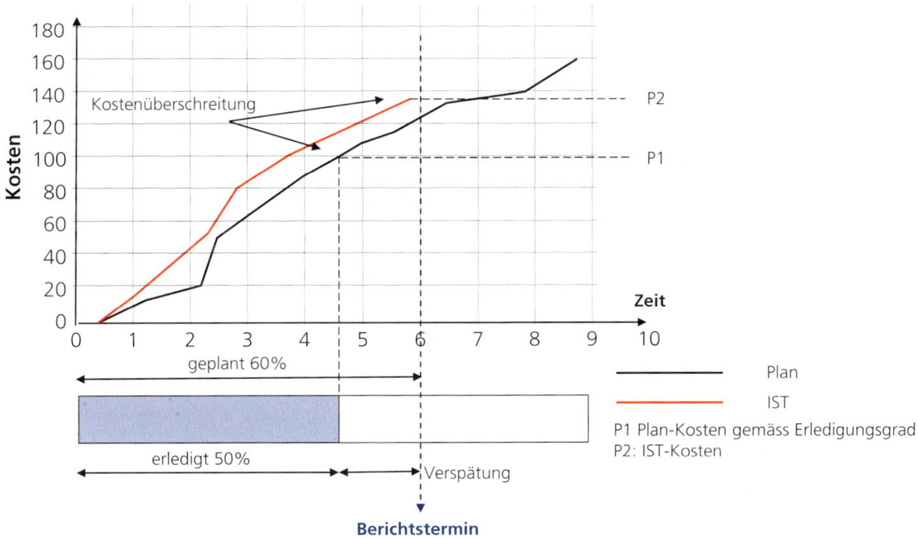

Abb. 4.120: Termin- und Kostenabweichung [Kum 1988]

Ein zeitlicher Vorsprung bewirkt ebenfalls eine Verschiebung. Nur wenn das Projekt wie geplant voranschreitet, kann die Kostenunter- bzw. -überschreitung auf der senkrechten Linie des Berichtstermins im Kosten-/Zeitdiagramm anhand des Unterschieds zwischen der Plan- und der IST-Kurve direkt abgelesen werden. Bei diesem Kontrollschritt sollten folgende Fragen beantwortet werden:

- Fallen die Kosten gleichmässig über die Zeitspanne verteilt an, oder kommt es je nach Arbeitspaketen zu Extremwerten?
- Wurden gegenüber der Planung grössere Kostenabweichungen und deren Ursachen festgestellt?
- Wie hoch ist der Restaufwand, und wie verhält er sich zu den geplanten Ergebnissen?
- Sind noch Beträge ausstehend bzw. Rechnungen offen? Je genauer die Ursachen bekannt sind, desto gezielter kann der nächste Schritt der Trendanalyse eingeleitet werden. Wie hoch ist deren Aufwand?
- Wie verhalten sich die Kosten zu den geplanten Terminen etc.?

Kosten und Ergebnisabweichungen zu einem bestimmten Zeitpunkt sowie deren Beziehungen zum Sachfortschritt können gut grafisch dargestellt werden. Dies vereinfacht die Interpretation der Ergebnisse einer Termin-/Aufwand- und Kostenkontrolle. Sind Abweichungen aufgetreten, geht es darum, die Ursachen der Kostenüberschreitungen herauszufinden. In Projekten gibt es dafür verschiedene Gründe:

- keine klare Projektabgrenzung/viele Änderungen,
- Aufwendungen, die aufgrund von Verspätungen erbracht werden müssen,
- unrealistische Schätzungen, zu grosser Optimismus,
- unvorhergesehene technische Komplikationen,
- übertriebenes Verfolgen (unrealistisches Kosten-Nutzen-Verhältnis) von Kann-Zielen,
- fehlende Managementunterstützung.

Je genauer die Ursachen bekannt sind, desto gezielter kann der nächste Schritt der Trendanalyse eingeleitet werden.

4. Trendanalysen Aufwand/Kosten
Wie bei der Terminkontrolle, ist es auch bei der Aufwand-/Kostenkontrolle möglich, Trendanalysen durchzuführen. Diese ergeben sich, indem man die aktualisierten Planwerte der Kosten und Aufwände den früher erstellten Planwerten dieser Kenngrössen gegenüberstellt (Plan-Plan-Vergleich). Ziel dieses Abgleichs ist es, mittels einer Extrapolation die Zukunft dieser Grössen zu projizieren, sodass der zukünftige Verlauf der Aufwände und Kosten abgeschätzt werden kann (SOLL-Werte). Die Analyse erfolgt, indem man

- einen prozentualen Vergleich und
- einen absoluten Vergleich erstellt.

4.4.3.3.3 Realisierungskontrolle

Stützt man sich auf das Phasenmodell beziehungsweise auf den Gestaltungsprozess ab, so verteilen sich die Realisierungskontrollen zeitlich auf die zwei Abwicklungsbereiche (☞ Abbildung 5.02):

- Konzipierungsbereich bzw. strukturiertes Denken
  Erstellen und Planen von Synthesen, Konzepten, Modellen, Beurteilungen etc.

- Umsetzungsbereich bzw. strukturiertes Umsetzen
  Umsetzen der geplanten Synthesen, Konzepte, Modelle, Beurteilungen etc.

Kontrollen während der Umsetzungsphasen sind gegenüber den Kontrollen der Konzipierungsphasen oft einfacher und daher beliebter. Werden keine Simulationsinstrumente (z.B. Prototyping) eingesetzt, kann der Kontrollierende die erstellten Funktionen erst in den Umsetzungsphasen (Realisierungsphase gemäss Abbildung 5.03) zum ersten Mal mit der Wirklichkeit messen bzw. vergleichen. Da die Resultate dieser Messung funktional und optisch einfacher nachzuvollziehen sind, werden sie von den Beteiligten auch besser verstanden und akzeptiert. Es ist dennoch zu berücksichtigen, dass eine Kontrolle in den Umsetzungsphasen nur sinnvoll ist, wenn eine genau definierte Sollgrösse vorliegt, d.h., klare Vorstellungen über die zu erreichende Qualität, Leistung und Dokumentation bestehen.

Schwieriger dagegen ist die Realisierungskontrolle in den Konzipierungsphasen, da die Ergebnisse funktionell nicht geprüft werden können. Sie liegen oftmals „nur" in Form von Dokumentationen vor. Diese Ergebnisse müssen daher z.B. mit einem „technischen Review" bezüglich der Dokumentationsvollständigkeit und ihres Informationsgehalts streng kontrolliert werden. Später entdeckte Abweichungen von den Sollvorgaben können gravierende Kosten- und Zeitfolgen mit sich bringen, da mit diesen dokumentierten, konzeptionellen Werten Folgeergebnisse erstellt werden.

Die Erfahrung zeigt, dass durch Festhalten an einem definierten Kontrollprozess und durch die strukturierte Aufteilung des Kontrollgebiets in Kontrollsegmente sinnvolle Resultate erbracht werden können.

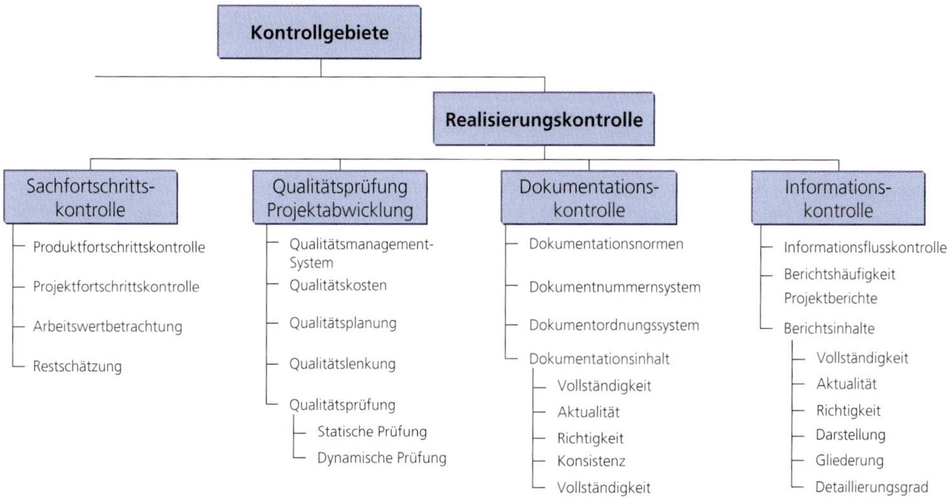

Abb. 4.121: Realisierungskontrolle

Die genau strukturierten Kontrollbereiche und -segmente ermöglichen dem Kontrollierenden, sich in kurzer Zeit Übersicht über die produktbezogenen Projektergebnisse zu verschaffen. Damit kommt er zu Kontrollergebnissen, die allen Beteiligten umfassende Informationen zum Projektstand vermitteln. Diese Kontrolle wird auch als „Fachkontrolle" bezeichnet. Wie die Abbildung 4.121 zeigt, umfasst die Realisierungskontrolle die Bereiche Sachfortschrittskontrolle, Qualitätsprüfung,

Dokumentationskontrolle und Informationskontrolle. Die Prozesse dieser vier Kontrollbereiche werden nach der Beschreibung eines allgemeinen Realisierungskontrollprozesses detailliert erläutert.

4.4.3.3.3.1 Allgemeiner Realisierungskontrollprozess

Wie beim Planungskontrollprozess ist es auch beim Realisierungskontrollprozess wichtig, dass ein bestimmtes Vorgehen eingehalten wird. Dieser Prozess hilft dem Kontrollierenden wie auch den zu Kontrollierenden, die hier anfallenden, umfassenden Überprüfungsarbeiten gemäss den definierten Prüfaspekten effizient umzusetzen. Abbildung 4.122 zeigt den Kontrollprozess im Bereich Sachfortschrittskontrolle für die Prüfung des Segmentes „Produktfortschritt" sowie für die Prüfung der Bereiche „Projektdokumentation und -information". Er kann aufgrund der unterschiedlichen Kontrollsegmente innerhalb der einzelnen Bereiche der Realisierungskontrolle nicht wie der Planungskontrollprozess eindeutig abgegrenzt und pro Kontrollbereich eingesetzt werden, sondern er dient vielmehr als generelle Leitlinie für das Kontrollvorgehen pro Kontrollsegment innerhalb der Kontrollbereiche.

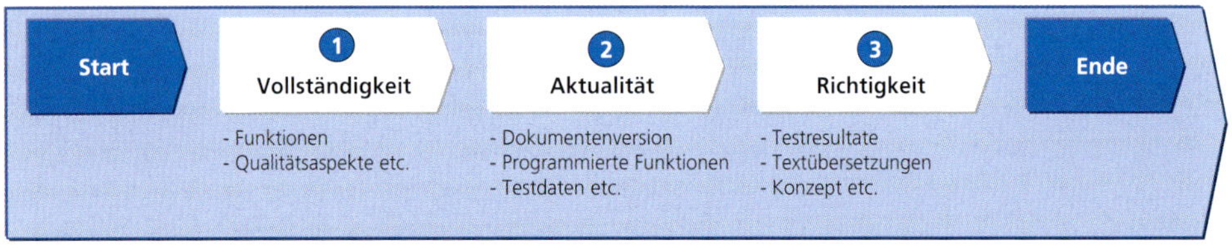

Abb. 4.122: Realisierungskontrollprozess je Bereich

1. Vollständigkeit

Jedes betroffene Kontrollsegment der Realisierungskontrolle muss in einem ersten Schritt auf seine funktionelle Vollständigkeit geprüft werden. Ist diese nicht gewährleistet, so erübrigen sich die restlichen Kontrollschritte. Zur Prüfung der Vollständigkeit können folgende Fragen gestellt werden:

- Wurden alle Funktionen/Anforderungen berücksichtigt?
- Sind alle Qualitätsaspekte der Planung in die Realisierung eingeflossen?
- Wurden alle umgesetzten Anforderungen umfassend dokumentiert?

2. Aktualität

Da in den Projekten zum Teil gleichzeitig in verschiedenen Phasen und/oder mit verschiedenen Versionen (☞ Kapitel 11.6 „Versionsmanagement") gearbeitet wird, ist es äusserst wichtig, dass dem Kontrollierenden der Aktualitätsstand der zu prüfenden Komponente bekannt ist. Die Aktualität sollte nicht nur innerhalb eines Teilstücks, sondern auch bereichsübergreifend gesichert sein. Zur Prüfung der Aktualität dienen z.B. folgende Fragen:

- Stimmt die Dokumentationsversion mit der erstellten Realisierungsversion überein?
- Entsprechen die erstellten Ergebnisse den aktuellsten Anforderungen?
- Entsprechen die Testdaten dem neusten Produktionsstand respektive den aktuellen Anforderungen?

3. Richtigkeit
Erst nach der entsprechenden Vollständigkeits- und Aktualitätsprüfung kann die Richtigkeit geprüft werden. Besonders in der Sachfortschrittskontrolle zeigt dieses Vorgehen seine Effizienz. Die Richtigkeit wird anhand der geplanten funktionalen Sollvorgaben gemessen. So z.B.:

- Entsprechen die Testresultate den definierten Sollvorgaben?
- Werden die Texte richtig übersetzt?
- Ist das Konzept auf den Untersuchungsbereich abgestimmt?

Wurde eine Abweichung entdeckt, so wird eine Ursachen-Wirkungs-Analyse durchgeführt.

4.4.3.3.3.2 Sachfortschrittskontrolle

Für die Auftraggeber, Kontroll- und Fachgremien eines Projekts ist neben der Aufwand-/Kosten- und Terminkontrolle zweifellos die Sachfortschrittskontrolle ein wichtiger Faktor für die Beurteilung des Projektstandes.

Obwohl die durch die Sachfortschrittskontrolle gewonnenen Erkenntnisse die wichtigsten „Massnahmenlieferanten" zuhanden des Projektsteuerungs-Gremiums sind, ist es für die Beteiligten nicht einfach, die notwendigen Kontrollgrössen für eine gute Sachfortschrittskontrolle zu definieren. Dies gestaltet sich z.B. in Informatikprojekten umso schwieriger, da speziell in der Planungsphase wenige zweckmässige Messgrössen zur Verfügung stehen, um den Fortschritt eines Konzepts bzw. eines Systemplanwerts zu messen. Die in der Sachfortschrittskontrolle gestellten Kernfragen lauten:

- Wie verhält sich der Projektaufwand zu den erbrachten Leistungen?
- Wie hoch ist der Zielerreichungsgrad im Bereich der Systemziele?

Die Sachfortschrittskontrolle kann primär in die Kontrollbereiche Produktfortschritt und Projektfortschritt unterteilt werden. Hinzu kommen natürlich auch die Arbeitswertbetrachtung und die Restschätzung.

- Produktfortschrittskontrolle
  Mit der Produktfortschrittskontrolle wird der Zielerreichungsgrad einer Prozessfunktion oder eines Qualitätsstands gemessen. Das heisst, es wird versucht festzustellen, wie weit man von einem funktionalen oder technisch gesteckten Ziel entfernt ist. Wie bereits erwähnt, gestaltet sich diese Messung z.B. im Softwareentwicklungsbereich recht schwierig. Sie bedingt, dass operationelle Systemziele sowie qualifizierte Anforderungen festgelegt werden müssen (☞ Kapitel 1.4.2.1 „Systemziele", ☞ Kapitel 5.3 „Anforderungsentwicklung"). An diesem Punkt macht sich der grosse Aufwand der Ziel- und Anforderungsdefinition bemerkbar. Wurden die Systemziele wie auch die Anforderungen vom Auftraggeber und von anderen Stakeholdern unvollständig definiert, so dürfen sie nicht erstaunt sein, wenn sie vom Projektleiter ungenaue Informationen über den Stand des Produktfortschritts erhalten. Gerade in der Kontrollperiode der Konzipierungsphasen ist es sinnvoll, wenn der Kontrollierende bei den vorhandenen Dokumenten nach dem definierten Kontrollprozess vorgeht:
  – Prüfen der Vollständigkeit,
  – Prüfen der Aktualität,
  – Prüfen der Richtigkeit.
  Für die Prüfung des Produktfortschrittes werden vorzugsweise die Ergebnisse des Konzipierungsbereichs mittels Reviews und die Ergebnisse aus dem Realisierungsbereich mittels Tests geprüft.

- Projektfortschrittskontrolle
  Mit der Projektfortschrittskontrolle wird der Stand des Projekts gemessen, indem die für das ganze Projekt geplanten Arbeitsvolumen dem erbrachten Arbeitsvolumen gegenübergestellt werden.

$$\text{Fertigstellungsgrad} = \frac{\text{Erbrachtes Arbeitsvolumen}}{\text{Gesamtes Arbeitsvolumen}}$$

  Diese Informationen werden dem Auftraggeber zusammen mit den Angaben aus der Planungskontrolle im monatlichen Projektstatusbericht mitgeteilt.

- Arbeitswertbetrachtung
  Gemäss Burghardt [Bur 2002] ist die Arbeitswertbetrachtung ein sehr guter Ansatz für die genaue Projektfortschrittskontrolle. Dabei wird an einem Stichtag der Wert der erbrachten Arbeit in seinem Verhältnis zu den anteiligen Plan-Kosten und den aufgelaufenen IST-Kosten analysiert. Im Rahmen der Sachfortschrittskontrolle sollten somit folgende Fragen gestellt werden:
  - Liegen zum ausgewählten Zeitpunkt die geplanten Resultate, z.B. die Lieferobjekte, vollständig und richtig vor?
  - Entsprechen die erbrachten Ergebnisse den geforderten Leistungsmerkmalen?
  - Wie hoch ist der aktuelle Kostenleistungsindex bzw. der Terminleistungsindex?
  - Wie gestaltet sich der zu erwartende Verlauf dieser zwei Werte?

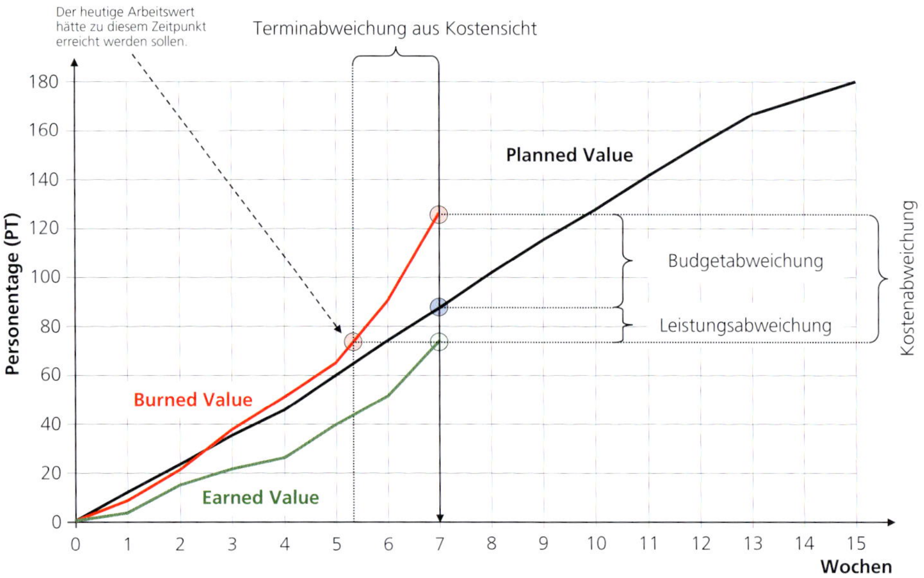

Abb. 4.123: Earned-Value-Diagramm

Die Arbeitswertbetrachtung im Zusammenhang mit dem Termin und den Kosten kann in einem Earned-Value-Diagramm aufgezeigt werden. Gegenüber der reinen Termin-/Kostenabweichung kann der effektive Sachfortschritt respektive die -abweichung mit den EV-Instrumenten vereinfacht aufgezeigt werden (☞ Anhang A.4.1.3 „Earned-Value-Technik").

- Restschätzung
  Was den Auftraggeber oder die Kontrollgremien sehr interessiert, ist das Resultat der Restschätzung in Bezug auf den Sachfortschritt:
  - Wie gross ist der zu erwartende Aufwand bezüglich Kosten für den „Entwicklungsrest"?
  - Wie verhält sich dieser Rest in Bezug auf die gesetzten Termine bzw. auf die veranschlagte Zeit?
  - Wie gross ist der zu erwartende Arbeitsaufwand bis zur endgültigen Fertigstellung?

4.4.3.3.3.3 Qualitätsprüfung der Projektabwicklung

Im Kontrollbereich Qualitätsprüfung geht es nicht in erster Linie darum festzustellen, ob die Ergebnisse der geforderten Qualität entsprechen, sondern es werden die vorgegebenen Qualitätsverfahren im Projekt kontrolliert. Hier wird eigentlich geprüft, wie gut die Qualität der eingesetzten Prüfungsinstrumente ist!

Solche Qualitätsprüfungen werden grundsätzlich mittels Qualitätsaudits durchgeführt. Gemäss Wallmüller [Wal 1990] wird der Begriff Qualitätsaudit wie folgt definiert:

> Ein Qualitätsaudit dient zur Beurteilung der Einhaltung organisatorischer Festlegungen zur Qualitätssicherung sowie der Wirksamkeit dieser Festlegungen anhand objektiver Nachweise.

Die Kontrollergebnisse dieser Prüfung dienen als Entscheidungsgrundlage sowohl für die Abnahme und Freigabe von Zwischen- und Endprodukten als auch für die Einleitung von geeigneten Qualitäts-Korrekturmassnahmen. Bei diesen Prüfungen wird ausserdem analysiert, wo während des Entwicklungsprozesses die häufigsten oder gravierendsten Qualitätsmängel entstanden sind.

Die nun folgenden Ausführungen beziehen sich auf die Kontrolle des gesamten Qualitätsmanagement-System, so wie es der Projektleiter in seinem Projekt einsetzen kann.

1. Qualitätsmanagementsystem
   Für den Kontrollierenden eines Projekts stellen sich in Bezug auf die Einsetzung des Projekt-Qualitätsmanagementsystems folgende zentrale Fragen:
   - Wird das in der Firma portierte Qualitätsmanagementsystem angewendet, oder beruht das im Projekt angewandte Qualitätsmanagementsystem auf einer Methode, welche die Vollständigkeit bezüglich der Organisation, der Zuständigkeit und der Mittel gewährleistet?
   - Ist ein Qualitätskonzept vorhanden, und wird das Qualitätsmanagementsystem auch von allen Beteiligten eingesetzt?
   - Sind die eingesetzten, ablauforganisatorischen Qualitätskontrollprozesse bezogen auf die angewandte Entwicklungsumgebung noch aktuell?

2. Qualitätskosten
   Die dem Kontrollierenden bezüglich der Kosten zu stellenden Fragen lauten unter anderem:
   - Wurden vollständige Aufstellungen der Projektqualitätskosten vorgenommen?
   - Welche Ansätze (Kosten) wurden für welche Tätigkeiten festgelegt?
   - Wer führt die Qualitätsarbeiten durch?

3. Qualitätsplanung
   Bei der Qualitätsplanung können unter anderem folgende Fragen gestellt werden:
   - Sind entsprechende Normen vorhanden, und sind sie den Mitarbeitern bekannt?
   - Wurde eine umfassende, produktbezogene Qualitätsplanung vorgenommen?
   - Gibt es Hinweise darauf, dass eine Änderung der Planung notwendig ist?
   - Wer betreut die Qualitätsplanung? Wie ist der aktuelle Stand der Qualitätsplanung?
   - Wurde eine Qualitätsplanung im Sinne des Qualitätsmanagementsystems vorgenommen?

4. Qualitätslenkung
   Bei einer Überprüfung der Qualitätslenkung stellen sich folgende Grundfragen:
   - Kann eine umfassende Projektsteuerung eingesetzt werden? Sind die notwendigen Rahmenbedingungen (Planung, Kontrolle) vorhanden?
   - Entspricht die Qualitätslenkung dem aktuellen Projektcontrolling-Prozess? Werden in der Abteilung neue Instrumente eingesetzt, die eine geeignetere Form der Qualitätssicherung zulassen?
   - Wird die Qualitätslenkung im richtigen Mass (Vorgaben) wie auch in der richtigen Häufigkeit (bezogen auf die Kontrolle) eingesetzt?
   - Gibt es Tendenzen, die auf eine notwendige Änderung der Qualitätslenkung hinweisen?

5. Qualitätsprüfung
   Im Bereich der Qualitätsprüfung bezüglich Produkt und Projekt werden neben der Durchführung von Tests unter anderem folgende Fragen gestellt:
   - Ist die Systemabgrenzung (Systemscope) eindeutig?
   - Sind die Ziele klar und messbar formuliert?
   - Sind die Schnittstellen bekannt, beschrieben?
   - Sind für das System als Ganzes und für jedes Hauptelement Leistungsgrenzen festgelegt?
   - Besteht Konsistenz zwischen allen Systemelementen?
   - Werden durch den Entwurf die Muss- und Wunschziele abgedeckt?
   - Wurden Alternativen ausgearbeitet?

4.4.3.3.3.4 Projektdokumentationskontrolle

Die Projektdokumentationskontrolle ist eher eine Redundanz der Sachfortschrittskontrolle. Dies deswegen, weil bei vielen Projektarten sehr viele Lieferobjekte, seien diese aus dem Konzipierungs- oder Realisierungsbereich, Dokumente sind. Somit geht es bei der Dokumentationskontrolle nicht um die Prüfung der vorliegenden Dokumentationen, sondern primär um das Vorhandensein eines Dokumentationssystems und um dessen Detailattribute (wie Dokumentnormen oder -ordnung). Je nach Projektstand müssen unterschiedliche Dokumentationen geprüft werden. Eine Aufstellung möglicher Abwicklungs- und Systemdokumentationen befindet sich im Anhang C.

Um den Nutzen der Dokumentation voll ausschöpfen zu können, ist es wichtig zu wissen, für wen eine Dokumentation erstellt wird. Folgende Empfänger der Abwicklungs- und Systemdokumentationen können z.B. bei einem Softwareentwicklungsprojekt unterschieden werden:

- Auftraggeber,
- Betroffene der Projektauswirkungen,
- Zukünftige System-/Produktbetreuer,
- Systembauer und Projektmitarbeiter,
- Zukünftige Benutzer.

Je nach Empfänger müssen unterschiedliche Kontrollmassstäbe angewandt werden. Eine Benutzerdokumentation muss z.B. in einer Terminologie geschrieben sein, die auch zukünftige Anwender verstehen können.
Bei der Dokumentationskontrolle müssen folgende Punkte geprüft werden:

- Dokumentationsnormen
  Es gilt zu überprüfen, ob die Dokumentationen den allgemeingültigen Normen der Firma, z.B. der CI/dem CD, entsprechen. Diese Normen können sich an die DIN-Normen oder an andere allgemeingültige Standards anlehnen, die oftmals in Projekthandbüchern definiert sind.

- Dokumentnummernsystem und Dokumentordnungssystem
  Damit ein umfassendes Ordnungsschema garantiert werden kann, das bei grossen Projekten unerlässlich ist, muss bei der Dokumentationskontrolle überprüft werden, ob die Dokumentationen mit den institutionalisierten Dokumentennummern versehen sind. Bezüglich der Ordnung können bei einer Kontrolle folgende allgemeine Fragen gestellt werden:
  - Erfolgt die Ablage der Dokumentationen gemäss einem Zugriffsschlüssel?
  - Sind die Dokumentationen elektronisch vorhanden und sichergestellt?
  - Haben alle Betroffenen Zugriff auf die Dokumentation, und sind sie imstande, innert nützlicher Frist das gewünschte Dokument zu finden?
  - Ist die Dokumentation (Produkt, Projekt) korrekt nach Arten gegliedert?
  - Ist die Gliederung innerhalb der Dokumentation logisch und nach einheitlichen Richtlinien strukturiert?
  - Bestehen Sicherungskopien der Dokumente?

  Im weitesten Sinne muss hier kontrolliert werden, ob die erstellten Dokumentationen den Normen des Konfigurationsmanagements entsprechen.

- Dokumentationsinhalt
  Die Kontrolle bezüglich des Dokumentationsinhalts umfasst folgende Punkte:
  - Vollständigkeit
  - Die Vollständigkeitsprüfung von Dokumentationen basiert auf zwei Werten:
    - Ist die inhaltliche Vollständigkeit gegeben? Das heisst, sind z.B. alle Systemkomponenten, die zum Gegenstandsbereich des Systemhandbuchs gehören, beschrieben?
    - Ist die formale Vollständigkeit gegeben? Das heisst, sind alle Verzeichnisse, Texte, Abbildungen, Anhänge etc. vorhanden?
  - Aktualität
  - Mit der Aktualitätsprüfung wird überprüft, ob die Dokumentation auf dem neusten Stand, z.B. gegenüber den aktuellen Funktionen, ist.

- Richtigkeit
- Mit der Richtigkeitsprüfung wird kontrolliert, ob der Inhalt auch mit der Realität übereinstimmt.
- Konsistenz
- Werden durchgehend die gleichen Begriffe in der gleichen Schreibweise für einen Gegenstand verwendet?
- Verständlichkeit
- Die Dokumentationen müssen auch bezüglich ihrer Verständlichkeit durchgesehen werden. Dabei sollten folgende Merkmale geprüft werden [Rup 1987]:
  - Ist der Wortschatz an die Kenntnisse der Benutzer angepasst?
  - Erleichtert der Satzbau das Verständnis?
  - Sind die Informationen in der richtigen Reihenfolge dargestellt?
  - Werden abstrakte Sachverhalte oder formale Syntaxbeschreibungen anhand von Beispielen konkretisiert?

Insbesondere dieser Teil (Dokumentationsinhalt) kann als Redundanz zur Sachfortschrittskontrolle bezeichnet werden. Grundsätzlich ist es egal, nach welchem Ordnungs- bzw. Prüfprinzip kontrolliert wird. Wichtig ist aber, dass kontrolliert wird. Wie bei der Sachfortschrittskontrolle erwähnt, ist es empfehlenswert, den Dokumentationsinhalt mit Hilfe von qualifizierten Reviewtechniken zu prüfen.

4.4.3.3.3.5 Projektinformationskontrolle

Als eine Nebenkontrolle, die aber insbesondere bei Changeprojekten nicht unwichtig ist, muss in einem ganzheitlichen Kontrollverfahren die Projektinformationskontrolle durchgeführt werden. Gerät ein Projekt in Zeitnot, so wird vielfach (wenn kein entsprechendes Instrument eingesetzt wird, das die Mitarbeiter dazu „zwingt") an der Informations- und Dokumentationsarbeit gespart, mit dem Argument, diese Arbeit werde nachgeholt. In der Praxis ist dies jedoch dann selten wirklich der Fall. Daher muss das Projektinformations-System durch ein Kontrollsystem überwacht werden. Dieses Kontrollsystem sollte in genereller Form folgende periodische Prüfungen beinhalten:

- Vollständigkeit (IST-Zustand und Prognose),
- Zuverlässigkeit (Genauigkeitsgrad muss bekannt sein),
- Aktualität,
- Einfachheit der Ausführung (vom Groben ins Detail),
- Wirtschaftlichkeit (Wurden die Informationen prägnant und einfach erstellt?),
- Hierarchiegerechtigkeit („Wie sage ich was zu welchem Publikum?"),
- Feedback (Hat der Empfänger eine schriftliche oder mündliche Antwort auf die erhaltene Information gegeben?),
- Wahrnehmen der Informationsverantwortung. (In diesem Zusammenhang ist es wesentlich, die Koordination zu kontrollieren. Ebenso muss geprüft werden, ob die Informationen von den einzelnen Arbeitsgruppen wahrgenommen wurden.)

In einem grösseren Projekt ist es unabdingbar, dass spezifisch folgende Punkte geprüft werden müssen:

- Informationsfluss
  Unter der Kontrolle des Informationsflusses versteht man hauptsächlich die Überprüfung folgender drei Bereiche:
  – Kommunikationskanäle,
  – Sind ausreichende Kommunikationskanäle vorhanden, und werden diese auch genutzt?
  – Informationsstand des Informationsempfängers,
  – Wie steht es mit dem Projektwissen beim Informationsempfänger? Hat er die Informationen nur erhalten oder auch zur Kenntnis genommen?
  – Feedbackverhalten des Informationsempfängers,
  – Reagierte der Empfänger auf wichtige Informationen, die ihn betreffen?

- Berichtshäufigkeit
  Eine Kontrolle der Berichtshäufigkeit hat sehr viel mit Subjektivität zu tun. Nicht alle Beteiligten empfinden die Aufnahme von neuen Informationen als gleich wichtig. Trotzdem sollte der Kontrollierende an dieser Stelle aufgrund der institutionellen und planerischen Vorgaben folgende Positionen klarstellen:
  – Zeitpunkt (Wurde zum richtigen Zeitpunkt informiert?),
  – Intervalle (Sind die Intervalle der Berichterstellung zweckmässig gewählt, oder müssen sie verändert werden?),
  – Planungstreue (Wurden die Berichte gemäss der Planung erstellt?).

- Projektberichte
  Aufgrund der vorhandenen Substanz kann bei der Projektinformationskontrolle nur das kontrolliert werden, was schriftlich in Berichten und in Protokollen festgehalten wurde.

- Berichtsinhalte
  Wie im Kontrollprozess der Realisierung für die anderen Dokumente aufgeführt, müssen den Berichtsinhalt betreffend folgende Kontrollen vorgenommen werden:

- Vollständigkeit	- Aktualität
- Richtigkeit	- Darstellung
- Gliederung	- Detaillierungsgrad

4.5 Projekt abschliessen

Es kommt immer wieder vor, dass Projekte gar nie abgeschlossen werden. Dies hat häufig mit einem Nachlassen der Konzentration und des Interesses am Projekt zu tun. Ist ein neues System/Produkt eingeführt und läuft es einigermassen, so wird, besonders wenn sich die Einführung verzögert hatte, die Zielflagge schon auf allen Hierarchieebenen geschwenkt. Hinter der Bühne wird aber entweder noch monatelang eifrig gearbeitet, oder alle „rennen" bereits einem neuen Projekt nach. Besonders der zweite Fall bedeutet, dass das Projekt nie fertig wird, da niemand die Aufräumarbeiten bzw. die Abschlussarbeiten erledigt.

Das Aufräumen würde bestimmt besser honoriert werden, wenn man allen Verantwortlichen und Beteiligten verständlich machen könnte, was für enorme Vorteile die Abschlussarbeiten mit sich bringen. Mit der Verankerung dieser Tätigkeiten im definierten Projektabwicklungs-Zyklus respektive -System können diese Arbeiten und die damit erbrachten Leistungen „erzwungen" werden. Auf diese Weise wird die Notwendigkeit dieser Tätigkeiten nicht gerade von den Beteiligten direkt eingesehen, aber sie werden in jedem Projekt ausgeführt.

Die führungsbezogenen Arbeiten des Projektabschlusses (oder das „managementmässige" Aufräumen) können in einzelne Sequenzen gegliedert werden. Dabei ist zu berücksichtigen, dass ein Projektabschluss auch aus der Situation eines Projektabbruchs entstehen kann. Die dabei anfallenden Arbeiten sind sequenzenmässig fast die gleichen.

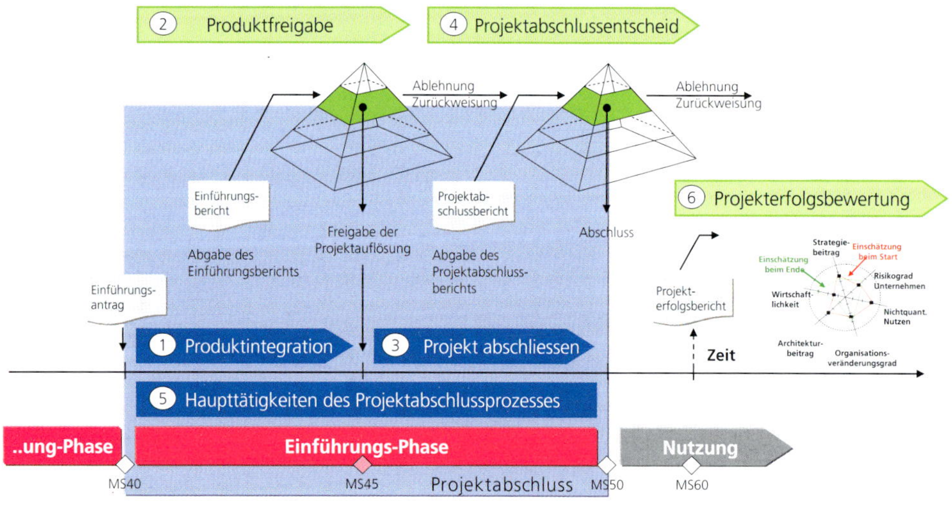

Abb. 4.124: Projektabnahmeprozess

Der Projektabnahmeprozess wird grundsätzlich mit der Bewilligung des Einführungsantrags angestossen, danach laufen die in der Abbildung 4.124 aufgeführten Sequenzen/Prozessschritte ab, welche nachfolgend kurz erläutert werden.

4.5.1 Produktintegration

Bei der Produktintegration geht es vor allem darum, die unter dem Hauptkapitel „Projektdurchführung" in der Phase „Einführung" beschriebenen Arbeiten (☞ Kapitel 5.6 „Auslieferung") vorzunehmen oder zusammenfassend das erstellte Projektprodukt (bzw. System) in seine „natürliche" Umgebung zu setzen respektive auszuliefern (Deployment) und die entsprechende Produktabnahme durchzuführen. Daraus erfolgt nach erledigter Produktintegration der Einführungsbericht.

4.5.2 Produktfreigabe

Anhand der benötigten Abschlussprotokolle wie z.B. dem Abnahmeprotokoll, die zusammenfassend im Einführungsbericht vom Projektleiter aufgeführt und erläutert werden, entscheidet das Projektsteuerungs-Gremium unter der Führung des Auftraggebers bei Meilenstein 45, ob das Produkt (bzw. System) offiziell freigegeben wird.

4.5.3 Projekt abschliessen

Diese Tätigkeit bestimmt das Ende des Projekts bzw. beendet die „Projektlebensdauer". Ein Projekt kann erst dann abgeschlossen werden, wenn alle für den System-/Produktunterhalt erforderlichen Grundlagen erstellt wurden bzw. wenn alle in den vorherigen Punkten aufgeführten Arbeiten erledigt sind. Die grundlegenden Ziele des Projektabschlusses sind:

- offizielles Bekanntgeben des Projektabschlusses,
- alle vertraglichen Verpflichtungen auflösen,
- Neuzuteilung der Verantwortlichkeiten,
- offizielles Auflösen des Projektteams,
- Sichern der Erfahrungswerte,
- Festhalten des Systemzustandes zum Zeitpunkt des Projektabschlusses.

In diesem Arbeitsschritt wird der Projektabschlussbericht (☞ Anhang C.2.6 „Projektabschlussbericht/ Projektende-Antrag") geschrieben, der via Projektportfolio-Controller dem Auftraggeber, aber auch dem Projektportfolio-Management eingereicht werden muss. Generell sollte dieser Bericht folgende Informationen enthalten:

- Resümee des gesamten Projektteams.
- Positive und negative Erfahrungen verglichen mit den Erwartungen aus Benutzersicht.
- Positive und negative Erfahrungen verglichen mit den Erwartungen aus Sicht des Rechenzentrums oder der Systembetreuer.
- Aussagen über Personalaufwände und deren Bezug zu den Ergebnissen.
- Aussagen über die Leistungen und deren Qualitäten.
- Aussagen über tatsächliche Kosten und Nutzen des Systems/Produkts im Vergleich zu den geplanten Kosten und Nutzen.
- Welche Arbeiten müssen noch erledigt werden, damit das Projekt als abgeschlossen betrachtet werden kann? Begründung der Abweichungen.
- Weiteres Vorgehen bezüglich Produkt-/Systemübergabe und -unterhalt.

4.5.4 Projektabschlussentscheid

Der Projektportfolio-Controller beurteilt das Projekt anhand des Projektabschlussberichts und übergibt das Resultat der Abschlussklassifikation dem Auftraggeber und dem Projektportfolio-Board. Diese erklären das Projekt, wenn alles soweit in Ordnung ist, als offiziell abgeschlossen. Eine mögliche Kurzform der Abschlussbeurteilung zeigt die Abbildung 4.125.

Nr.	Fragen		Ergebnisse
1	Ist der Benutzer/Auftraggeber mit dem Ergebnis zufrieden?	nein → Welche Mängel bestehen? Welche Bedürfnisse sind nicht abgedeckt?	Zufriedenheit/Mängel Abgedeckte/nicht abgedeckte Bedürfnisse
	ja ↓		
2	Stimmen gesetzte Ziele und realisierte Lösungen überein?	nein → Wo stimmen sie nicht überein? Aus welchen Gründen?	Zielerreichung/-abweichung und Begründungen
	ja ↓		
3	Entsprechen die Ziele den tatsächlichen Benutzerbedürfnissen?	nein → Welche Ziele entsprechen nicht den Bedürfnissen? Aus welchen Gründen?	Ziele, welche den Bedürfnissen entsprechen/nicht entsprechen
	ja ↓		
4	Wurden die Termine eingehalten?	nein → Welche Termine wurden nicht eingehalten? Aus welchen Gründen? Was waren die Folgen?	Termineinhaltung/-abweichungen und Begründung
	ja ↓		
5	Wurden die veranschlagten Kosten eingehalten?	nein → Welche Kostenpunkte stimmen nicht überein? Aus welchen Gründen?	Kostenabweichung (+/-) und Begründung
	ja ↓		
6	Wurde der angestrebte Nutzen erreicht?	nein → Welcher Nutzen wurde nicht erreicht?	Nutzenerfüllung/-abweichungen und Begründung
	ja ↓		
7	Was war ausschlaggebend? Zu ziehende Schlussfolgerungen?		Schlussfolgerung

Abb. 4.125: Fragekette bei einer Abschlussbeurteilung von Projekten

4.5.5 Haupttätigkeiten des Projektabschlusses

Der Zeitraum des Projektabschlusses kann je nach Grösse des Projekts und je nach Projektart nur Tage, aber auch Monate dauern. Die Projektabschlusstätigkeiten in einem Projekt umfassen alle Tätigkeiten von MS40 bis MS50. Am idealsten ist es, gewisse Abschlussarbeiten erst nach einer gewissen Zeit nach Auslieferung des Projektprodukts (z.B. zwei bis drei Betriebsmonate) auszuführen, da bis dann der Einführungs-/Auslieferungsstress abgeklungen ist und einige wertvolle und für den Projektabschlussbericht wichtige Erfahrungen vorliegen.

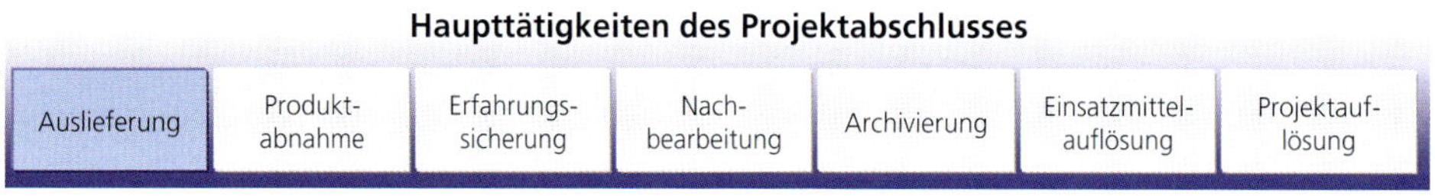

Abb. 4.126: Haupttätigkeiten des Projektabschlusses

Wurden alle Einführungs-/Auslieferungsarbeiten erfolgreich erledigt, kommen noch eine Anzahl von zu erledigenden Einzelaufgaben hinzu, die für eine offizielle Auflösung und somit die Beendigung des Projekts notwendig sind. Diese Arbeiten liegen meistens in der direkten Verantwortung des Projektleiters, und deren Reihenfolge ist weitgehend irrelevant. Vielmehr geht es im Projektabschluss darum, alle Punkte mit den jeweils zuständigen Personen durchzuarbeiten. Dies gilt sowohl für den Programmleiter als auch für jeden (Teil-)Projektleiter.

4.5.5.1 Produktabnahme

Wie im Kapitel 5.6 (☞ „Auslieferung") erläutert, gehört die Produktabnahme auch zum Prozessschritt „Auslieferung". Da die Produktabnahme aus Projektleiter- und Projektsicht entscheidend ist, muss sie hier als separater und spezieller Punkt nochmals aufgeführt werden. Bei der Produktabnahme (bzw. Systemabnahme) geht es darum, das im Auftrag formulierte und durch die Projektabwicklung erstellte Projektprodukt (bzw. System) gemäss den Abnahmekriterien einer Abschlusskontrolle zu unterziehen. Dabei können die im Kapitel 5.6.2 (☞ „Produktionstest- und Produktabnahme") kurz beschriebenen und vom Projektleiter eng begleiteten und/oder überwachten Tätigkeiten durchgeführt werden:

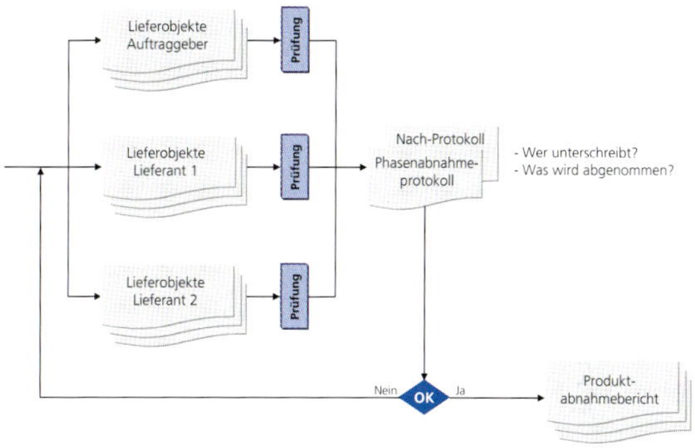

- Systemabnahme,
- Integrationsabnahme,
- Akzeptanzprüfung.

Mit den Resultaten aus diesen Tätigkeiten kann ein Produktabnahmeprotokoll respektive Abnahmeprotokoll verfasst werden, in dem alle Testergebnisse aufgeführt sind und das von allen Teilnehmern unterzeichnet und mit der Bemerkung „keine/geringfügige Mängel", „erhebliche Mängel" oder „unerhebliche Mängel" versehen wird (☞ Kapitel 9.4.4 „Lieferantenproduktabnahme", Abbildung 9.20). Dieses Protokoll ist meistens ein Anhang/eine Beilage des Einführungsberichts.

4.5.5.2 Erfahrungssicherung

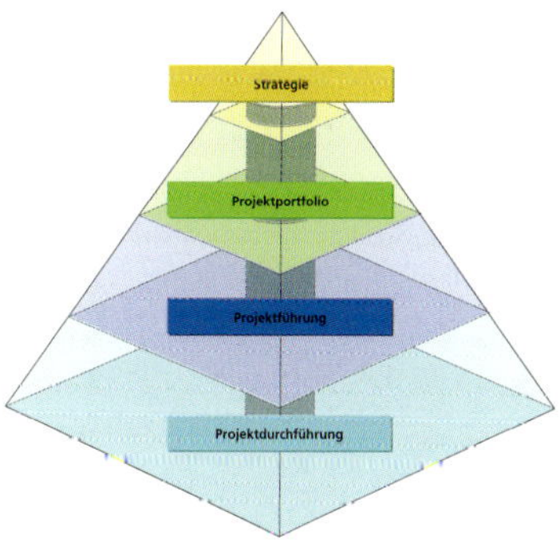

Gut strukturiertes Sammeln und Auswerten aller Erfahrungsdaten während des Projektverlaufs sind die Basis jeder Erfahrungssicherung. Am Ende eines Projekts müssen diese Daten nochmals überprüft und eventuell angepasst werden. Die gesammelten Daten sind äusserst wichtig für die Aufwandschätzung und Kennzahlensysteme für die Verwendung in späteren Projekten.

Dieser Punkt ist für den persönlichen Nutzen des Projektleiters der wichtigste im gesamten Abschlussprozess. Je mehr Erfahrungen er festhalten kann, desto bessere Leistungen (genauere Schätzungen, konkretere Massnahmen etc.) kann er in den nächsten Projekten erbringen. Dabei müssen auch alle Fehlentscheide, allgemeine Fehler oder Fehlinterpretationen festgehalten werden. Verständlicherweise wird dies oft nicht gerne und unvollständig getan. Es bildet jedoch das Fundament für alle Verbesserungen und den gezielten PM-Kulturwandel der Unternehmung.

4.5.5.3 Nachbearbeitung

Die bei den Abnahmetests und in den ersten Betriebsmonaten festgestellten Mängel sollten während der Nachbearbeitungsphase korrigiert werden. Die Nachbearbeitung muss 3 bis 6 Monate nach der Produkt-/Systemeinführung abgeschlossen sein. Mit einer Nachbearbeitung will man grundsätzlich die Anforderungen bezüglich der Funktionalität und/oder Produktequalität sichern und festigen. Dabei werden Fehler und Mängel so weit behoben, dass der Benutzer funktionell ohne Probleme damit arbeiten/leben kann. Es ist nicht das Ziel der Nachbearbeitung, neue Anforderungen oder Benutzerwünsche umzusetzen.

4.5.5.4 Archivierung

Es muss sichergestellt werden, dass alle Projektabwicklungs- und Systemdokumentationen gemäss Konfigurationsmanagement an einem zentralen Ort vollständig, elektronisch, allenfalls auch in Papierform abgelegt und vom Auftraggeber abgenommen wurden. Entsprechende archivierungsspezifische Tätigkeiten müssen vorgenommen werden, sodass diese Unterlagen wenn nötig schnellstmöglich benutzt werden können. Diese Projekt- und Systemdokumentationen werden in der bereinigten Form an den neuen „Besitzer", z.B. dem Business, übergeben.

4.5.5.5 Einsatzmittelauflösung

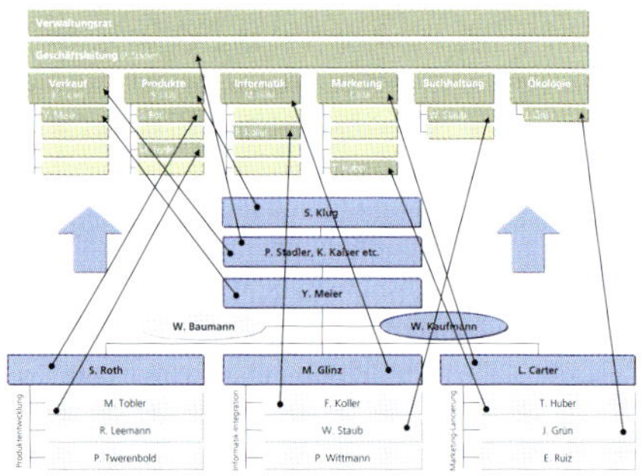

Beim Projektabschluss müssen alle allozierten Einsatzmittel aufgelöst werden (☞ Kapitel 9.2.6 „Einsatzmittelauflösung"). Neben den Betriebsmitteln müssen auch die Personalmittel „aufgelöst" werden. Dabei stellt sich natürlich die Frage: „Wohin mit dem Projektpersonal?" Dies ist vielfach ein zentrales Problem, mit dem sich die Projektträgerinstanz und der Projektleiter schon Monate vor dem Projektabschluss auseinandersetzen sollten. Aus betriebswirtschaftlicher Sicht ist ein sukzessiver Abbau des Projektteams am vorteilhaftesten. Vor allem dann, wenn die betroffenen Personen nahtlos in andere Projekte oder in die Linienorganisation überwechseln können. Dieser teambezogene Auflösungsprozess ist jedoch nicht immer ganz einfach, da in den meisten Projektteams zwischenmenschliche Bindungen entstanden sind, die ungern wieder aufgelöst werden (☞ Kapitel 6.4 „Teamauflösung"). Wie dem auch sei, die Projektmitarbeiter haben Anspruch auf eine offizielle Leistungsbeurteilung und allenfalls ein Arbeitszeugnis. Waren externe Lieferanten am Projekt beteiligt, müssen allenfalls noch folgende Aufgaben durchgeführt werden:

- Auflösen aller vertraglichen, projektbezogenen Verpflichtungen (Vertragsmanagement).
- Sicherstellen, dass die Claims entsprechend weiterverfolgt werden. Verantwortliche Person bestimmen.

- Sicherstellen, dass allfällige notwendige Verträge, z.B. Wartung, Versicherungen etc., vereinbart wurden/werden.

4.5.5.6 Projektauflösung

Wurden die vorher aufgeführten Abschlussarbeiten erfolgreich erledigt, müssen nicht unbedingt aufwändige, aber wichtige Arbeiten ganz am Schluss eines Projekts erledigt werden. Zur offiziellen Projektauflösung gehören folgende Arbeiten:
- Informieren aller Betroffenen und Beteiligen (Stakeholdermanagement, Informationssystem).
- Offizielle Übergabe der Verantwortlichkeiten an den Betrieb/die Produktion.
- Projektpersonal auf neue Aufgaben vorbereiten.
- Erstellen des Projektauflösungsprotokolls.
- Offizielle Projektabschlusssitzungen mit allen Projektgremien durchführen.
- Bei der Projektträgerinstanz den Antrag auf Projektabschluss stellen.
- Projektabschlussbericht durch die entsprechenden Personen und Gremien unterzeichnen und verteilen lassen.

Es ist eine Selbstverständlichkeit, dass bei einem Projektabschluss, natürlich basierend auf der Projektgrösse, auch eine Abschlussfeier durchgeführt wird. Bei einer solchen Feier kann der Projektleiter offiziell den „Verantwortungsstab" übergeben und so klar zu verstehen geben, dass er ab nun nicht mehr zuständig ist. Der Auftraggeber erteilt ihm dabei die offizielle Decharge. Es ist auch eine Selbstverständlichkeit, dass der Projektleiter eine offizielle Dankesrede hält, gemäss dem Grundsatz: So wie man eine Türe schliesst, so lässt sie sich auch wieder öffnen!

4.5.6 Projekterfolgsbewertung

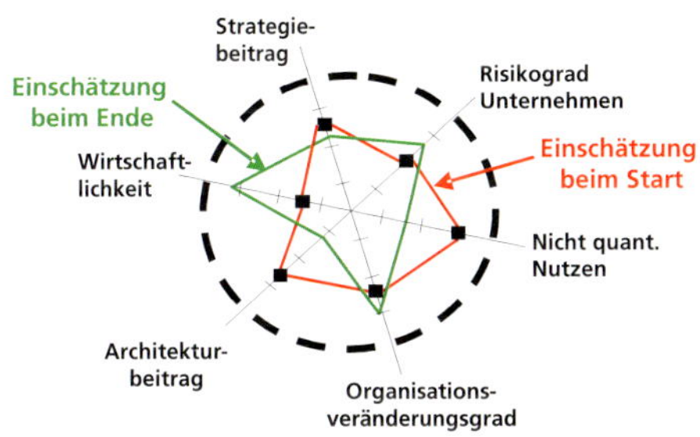

Der Projekterfolgsbericht gehört eigentlich zum Aufgabenspektrum des Projektportfolios und kann erst einige Zeit (MS60) nach dem Projektabschluss geschrieben werden (☞ Kapitel 3.3.3 „Portfolio-Projektabschlussprozess"). Dies vor allem, weil es einige Zeit der Nutzung benötigt, bis der effektive Erfolg (Wirtschaftlichkeit, Akzeptanz) festgestellt werden kann. Die Projekterfolgsbewertung beleuchtet nochmals das gesamte Projekt. Die bei der Produktabnahme gemachten Tests und deren Ergebnisse sind für die Beurteilung sehr wertvoll und bilden, zusammen mit dem Projektabschlussbericht, die Basis dieser Bewertung. Eine gezielte Sammlung aller Ergebnisse während der ersten Betriebsmonate ermöglicht das einfache Erstellen eines umfassenden Projekterfolgsberichts. Die Projekterfolgsbeurteilung erfolgt in drei Schritten:

1. Beurteilung des Systems

   Das Projektprodukt (System oder Produkt) soll anhand folgender Kriterien bewertet werden:
   - Wurden die ursprünglichen Vorstellungen gemäss Business Case realisiert?
   - Entspricht das Produkt/System den aktuellen Anforderungsspezifikationen und die Dokumentation dem System?
   - Bis zu welchem Grad wurden die Systemziele und die Abwicklungsziele erfüllt?

- Klare Aufführung der Kenngrössen (Nachkalkulation).
- Klare Präzisierung des heute ersichtlichen Nutzens und Gegenüberstellung mit der Nutzenberechnung vom Projektbeginn.
- Kosten/Nutzen-Vergleich (Wirtschaftlichkeitsanalyse).
- Wurde der erwartete strategische Beitrag geleistet?
- Alle Abweichungen begründen, die das nun produktive System/Produkt gegenüber den Zielsetzungen und Wünschen aufweist.
- Welche Anforderungen sind aus heutiger Sicht noch nicht erfüllt, nur zum Teil erfüllt oder bedürfen einer Änderung?

Was jedoch gemäss der Abbildung 4.127 das Projektportfolio-Board der Unternehmensleitung pro Projekt „schuldet", ist der tatsächliche Beitrag zur Unternehmensstrategie.

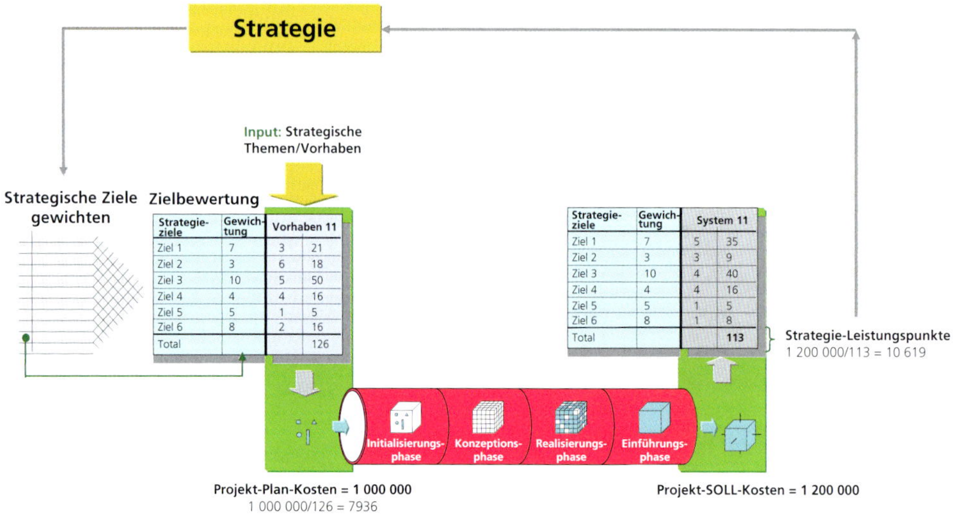

Abb. 4.127: Leistungsnachweis bezüglich des strategischen Beitrags

Das heisst, jedes Projekt soll (basierend auf seiner Erstbeurteilung) nach Projektabschluss auf den Erfüllungsgrad des strategischen Beitrags und/oder den Projektnutzwert überprüft werden. Dabei werden die gewichteten und auf der relativen Ebene bewerteten strategischen Ziele beim Projektstart nochmals mit den möglichst absolut messbaren Wirkungen des Projekts bewertet.

2. Beurteilung des Projektabwicklungsprozesses
   Bei der Beurteilung des Abwicklungsprozesses werden alle beteiligten bzw. betroffenen Personen sowie deren Beiträge und Verhalten während des Projektverlaufs bewertet. Wird diese Beurteilung in Form eines Rückblickworkshops gemacht, so kann das eine oder andere auf der menschlichen Ebene geklärt und bereinigt werden, was für alle sehr befreiend sein kann.

3. Beurteilung durch den Kunden
   Es ist im Sinn der Sache, dass nicht nur von innen eine Beurteilung erfolgt, sondern auch von aussen, das heisst durch den Kunden. Bei internen wie externen „Kundenprojekten" wird mit Hilfe eines Umfragebogens eine Abschlussbeurteilung eingeholt.

4.6 Lieferobjekte der Projektführung

Im Folgenden werden die wichtigsten Lieferobjekte der Projektführung für jeden in diesem Kapitel erläuterten logischen Arbeitsschritt kurz vorgestellt. Weitere Ausführungen zu den Lieferobjekten sind im Anhang C2 (☞ „Lieferobjekte der Projektführung") aufgeführt.

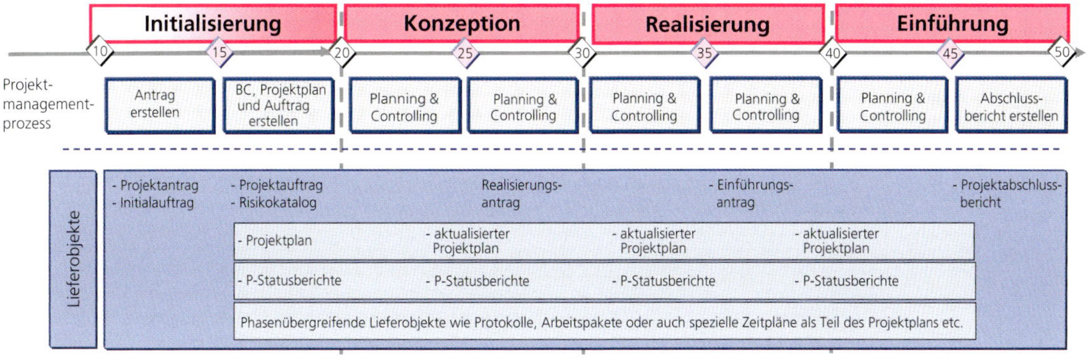

Abb. 4.128: Übersicht über die Lieferobjekte der Projektführung

Ob ein Lieferobjekt gemäss Abbildung 4.128 genau zum aufgeführten Zeitpunkt erstellt werden kann oder muss oder ob sogar zwei Lieferobjekte wie z.B. Risikokatalog und Projektstatusbericht zusammengelegt werden können, muss durch ein Tailoring festgelegt werden.

4.6.1 Lieferobjekte des Projektstarts

Lieferobjekt	Kurzbeschreibung
Projektantrag	Vor Beginn der eigentlichen Projektaktivitäten wird der Projektantrag erstellt, um zu klären, ob die darin beschriebene Idee projektmässig relevant ist. Jeder, der eine Idee realisieren will, richtet den Projektantrag an seinen direkten Vorgesetzten oder an die zuständige Fachstelle wie z.B. den Projektportfolio-Controller.
Initialauftrag (Gehört grundsätzlich ins Kapitel Projektportfolio)	Der Projektinitialauftrag ist die Grundlage für die Zusammenarbeit zwischen Projektauftraggeber und Projektleiter in der Phase Initialisierung, mit dem Ziel, die Phase Initialisierung offiziell abwickeln zu können. Er beschreibt, was in welcher Qualität, zu welchen Kosten und bis wann während der Initialisierungsphase eines Projekts zu liefern ist. Je nach Vorgehen erfolgt bei MS 15 noch der Definitionsauftrag, der eine Spezifizierung des Initialauftrags ist.
Projektplan	In Abstimmung mit dem Business Case wird der Projektplan erstellt. Der Projektplan macht die planerischen Leistungwerte des gesamten Projekts transparent. Die als Nächstes beginnende Phase ist jeweils detaillierter ausgearbeitet. Der Projektplan ist eine weitere Grundlage für den Projektauftrag.
Projektauftrag	Der Projektauftrag ist die verbindliche schriftliche Vereinbarung zwischen dem Projektauftraggeber und dem Auftragnehmer (Programm- resp. Projektleiter oder externe Firma) zur Durchführung des Projekts.

4.6.2 Lieferobjekte Planung und Controlling

Lieferobjekt	Kurzbeschreibung
Projektstatusbericht	Projektstatusberichte sind kurz und standardisiert (max. 2 bis 3 Seiten). Sie werden in der Regel periodisch (monatlich) erstellt. Bei sehr wichtigen Projekten oder während intensiver Zeitphasen, z.B. während der Einführungsphase, kann dies auch wöchentlich geschehen.
Projektplan angepasst	Aufgrund der allgemeinen Starttätigkeiten wird der Projektplan das erste Mal erstellt und bei Projektfreigabe als Basisplan 0 Version 1.0 „eingefroren". Der Projektplan wird laufend angepasst und in einer nächsthöheren Dezimalversion abgespeichert. Bei jeder Phasenfreigabe wird die Planbezeichnung um eine Vollversion erhöht (z.B. Freigabe der Realisierungsphase = „Basisplan 1", Version 2.0).
Realisierungsantrag	Der Realisierungsantrag beinhaltet die wesentlichen Entscheidungsgrundlagen aus allen fachlichen Spezifikationen und Lösungsdokumenten der Konzeptionsphase. Der Antrag ist das Grundlagenpapier für die Entscheidung über die Umsetzung der Realisierungsphase und wird am Ende der Konzeptionsphase erstellt. Die Freigabe des Berichts ist somit der erteilte Auftrag zur Realisierung. Er wird in der Praxis eher nur bei umfangreicheren Projekten eingesetzt.
Einführungsantrag	Der Einführungsantrag beschreibt, wie die Einführung erfolgen soll. Anhand des Antrags fällt der Entscheid, ob das realisierte Projektprodukt fachlich, technisch und organisatorisch in Betrieb genommen werden kann. Mit der Freigabe des Antrags wird implizit der Auftrag zur Einführung gegeben. Er wird in der Praxis eher nur bei umfangreicheren Projekten eingesetzt.
Zeitpläne	Zeitpläne als Teil des Projektplans oder einzeln können zu jedem Zeitpunkt eines Projekts erstellt oder überarbeitet werden. Wichtig ist, dass sie aktuell sind.
Controllingbericht (CoB)	Da Projekte regelmässig mit erheblichen Risiken behaftet sind, macht es bei gewissen Projekten Sinn, ein externes Controlling auf das Projekt anzusetzen. Die transparente Darstellung der Risiken und Massnahmen zu deren Beseitigung stehen im Mittelpunkt eines effizienten externen Projekt-Controllings. Mittels Controllingbericht, welcher je nach Situation monatlich, aber auch nur vierteljährlich erstellt werden kann, soll ein zentraler Beitrag an eine erfolgreiche Projektführung geleistet werden.

4.6.3 Lieferobjekte des Projektabschlusses

Lieferobjekt	Kurzbeschreibung
Einführungsbericht	Siehe Kapitel 5.7.5 (☞ „Lieferobjekte der Auslieferung")
Abnahmeprotokoll	Siehe Kapitel 5.7.5 (☞ „Lieferobjekte der Auslieferung")
Projektabschlussbericht	Jeder ordentliche Projektabschluss muss im Projektabschlussbericht dokumentiert werden. Er dient als Basis für die definitive Projektauflösung. Auch wenn das Projekt vorzeitig abgebrochen werden muss, ist ein den Umständen angepasster Projektabschlussbericht zu erstellen. In diesem Bericht wird ein kurzer Rückblick über die gesamte Projektabwicklung vorgenommen.

5 Lernziele des Kapitels „Projektdurchführung"

Sie können …

- alle Phasen des allgemeinen Phasenmodells in logischer Reihenfolge nennen und erklären, was in welcher Phase warum umgesetzt werden muss.
- mindestens drei spezifische Phasenmodelle nennen und erläutern, wann sie zur Anwendung kommen können.
- die zeitlichen Abhängigkeiten der verschiedenen in der Projektdurchführung eingesetzten Prozesse anhand eines Kontextdiagramms darstellen.
- für eine gegebene Situation begründet erläutern, welches Phasenmodell Sie anwenden würden.
- drei Vor- und Nachteile eines phasenweisen Vorgehens aufzählen.
- erklären, wie man auf methodische Art und Weise eine Projektidee generieren kann.
- die verschiedenen Konzipierungsansätze anhand eines Beispiels erläutern und Vor- wie Nachteile des einzelnen Ansatzes aufführen.
- die einzelnen Prozesse der Konzipierung und deren Zusammenspiel anhand eines Beispiels darlegen.
- aufzeigen was der Unterschied zwischen Ideen-, Auftrags-, Konzept- und Technical-Scope ist.
- Systemziele vollständig/vollumfänglich mittels Zielfindungsprozess definieren.
- ein gegebenes Problem methodisch (mittels Problemlösungs-Prozess) lösen.
- ein gegebenes Problemfeld mittels Scopemanagement-Prozess abgrenzen.
- die Lieferobjekte des Anforderungsentwicklungsprozesses aufführen und deren Inhalte erklären.
- die drei Checkpoints der Anforderungsprüfung im Zusammenhang mit dem Änderungsmanagement in ihrem Projekt aufzeigen.
- begründen, wieso man dem Auftraggeber nicht nur eine einzige Problemlösung als Vorschlag unterbreiten sollte.
- in eigenen Worten erklären, wie der Anforderungsentwicklungs-Prozess funktioniert.
- erklären, was der Unterschied zwischen dem Makro- und dem Mikro-Anforderungsentwicklungsprozess ist.
- eine Priorisierung der Anforderungen vornehmen.
- auf einer generischen Ebene die Realisierungsarbeiten eines Projekts aufzeigen und die Problematik in Bezug zur dauernd stattfindenden Evolution anhand eines Beispiels erklären.
- in einer übersichtlichen Form die unterschiedlichen Arten von Prototypen anhand eines Beispiels aufzeichnen.
- den Testprozess mit den verschiedenen Test- und Leistungsstufen erläutern.
- die Testelemente im Zusammenhang mit den wichtigsten Abwicklungslieferobjekten aufzeichnen.
- die Inhalte eines Testberichts aufführen.
- die einzelnen Arbeitsschritte des Auslieferungsprozesses anhand eines Beispiels erläutern.

5 Projektdurchführung

Während in der Projektführung die Sicht auf das Managen der Arbeiten gerichtet war, wird in der Projektdurchführung das Augenmerk auf die konkrete Verrichtung und Durchführung respektive die Gestaltung des Projektprodukts und der Projektarbeiten gerichtet.

> Die Projektdurchführung beinhaltet alle Projektaufgaben, die unmittelbar für eine effiziente Erstellung der systembezogenen Lieferobjekte (Projektprodukt) respektive für die Erfüllung der Systemziele vom Projektteam durchgeführt werden müssen.

Damit die ablauforganisatorischen Projektdurchführungstätigkeiten in einem Unternehmen je nach Projektart von Projekt zu Projekt möglichst gleich bzw. standardisiert vor sich gehen, sollten die in Abbildung 5.02 aufgeführten Tätigkeiten des Gestaltungsprozesses der Projektdurchführung konkret definiert und im PM-Leitfaden schriftlich festgehalten werden. Die Arbeiten der Projektdurchführung werden nicht vom Projektleiter, sondern von den Projektmitarbeitern umgesetzt. Ist ein Mitarbeiter sowohl zu 40% in der Rolle Projektleiter und zu 60% in der Rolle Projektmitarbeiter im gleichen Projekt engagiert, so ist es entscheidend, dass er sich diesem Rollenwechsel stets bewusst ist.

Abb. 5.01: Bestandteile der Projektdurchführung

Der Weg zum Ziel kann in einem Projekt sehr lang sein. Um nicht vom Weg abzukommen, wird die Projektabwicklung bzw. die Projektdurchführung in einzelne Phasen unterteilt. Einerseits können so die Projekte aus Sicht des Projektleiters besser geführt werden, andererseits erhält das Projektteam ganz klare Zwischenziele – „Abwicklungsziele" respektive Meilensteine –, auf die es konkret zuarbeiten kann.

Mit dem Einteilen der Projektdurchführung in einzelne Phasen ist die erfolgreiche Durchführungstätigkeit noch lange nicht sichergestellt. Die Projektphasen geben der Durchführung bloss die äussere Form vor. Die eigentliche Projektdurchführung geschieht natürlich im „Inneren" der Phasen. Dafür werden verschiedene Elmente des gesamten Gestaltungsprozesses eingesetzt. Diese erhalten auf der

Durchführungsebene die grösste Aufmerksamkeit, denn mit ihnen wird der gestellte Projektauftrag methodisch konkret umgesetzt.

Der Gestaltungsprozess kann in zwei Bereiche aufgeteilt werden. Der erste Bereich („Strukturierte Denkprozesse") mit seinen fünf Prozessen ist dabei grundsätzlich schwieriger. In diesem Bereich geht es darum, geistig vom Problem (Impuls) zur konzeptionellen Lösung zu gelangen. Das heisst: Strukturiertes Denken steht im Vordergrund!

Die Prozesse für das strukturierte Umsetzen der Lösung sind natürlich je nach Innovationsgrad nicht minder herausfordernd. Weil aber in diesen Prozessen, gemäss dem Konzept, das Projektprodukt konkret umgesetzt wird, sind die darin auszuführenden Arbeiten je nach Konzeptionstiefe mehr eine operative, disziplinierte Umsetzung. Können die Arbeiten des strukturierten Denkens auf einer Metaebene noch in gewisser Hinsicht projektartenneutral gehalten werden, so sind sie im strukturierten Umsetzen sehr stark projektartenabhängig (bei einem Bauprojekt wird gebaut, bei einem Informatikprojekt wird programmiert etc.). Die in den Kapiteln 5.4 bis 5.6 aufgeführten Umsetzungsprozesse werden daher, soweit möglich, auf einer generischen, projektartenneutralen Ebene erläutert.

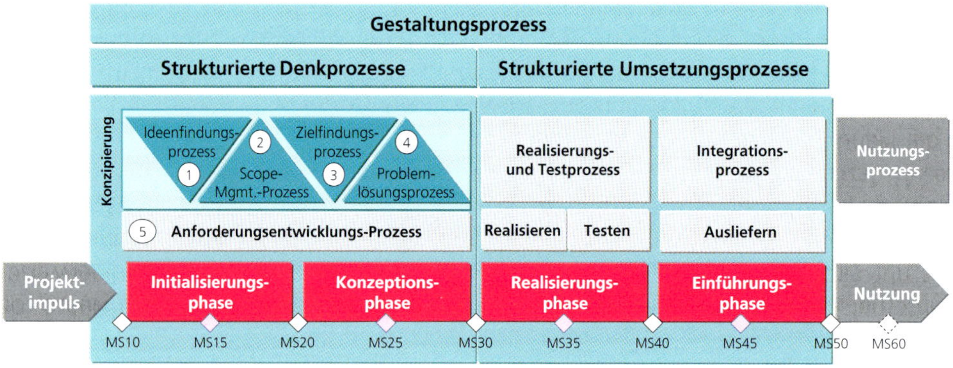

Abb. 5.02: Strukturiertes Denken und Umsetzen (Gestaltungsprozess)

In Abbildung 5.03 wird dargestellt, wie die einzelnen Themen der Projektdurchführung auf Basis des Gestaltungsprozesses ineinander verzahnt sind. Je nach Projektart und Projektsituation können die einzelnen Schritte stark ineinander „verschmelzen". Der gesamte Gestaltungsprozess wird natürlich durch den Projektmanagement-Prozess begleitet. Neben den „projektexternen Meilensteinen" wie MS10, MS20 etc., die wichtige ergebnisbezogene Zeitpunkte für das Projektumfeld markieren, werden „projektinterne Meilensteine" oder auch spezielle Zeitpunkte aufgeführt. Diese Meilensteine wie z.B. MS15, MS25 etc. helfen dem Projektteam, sich nach den wichtigen Zeitpunkten der verschiedenen Denk- und Umsetzungsprozesse zu fokussieren.

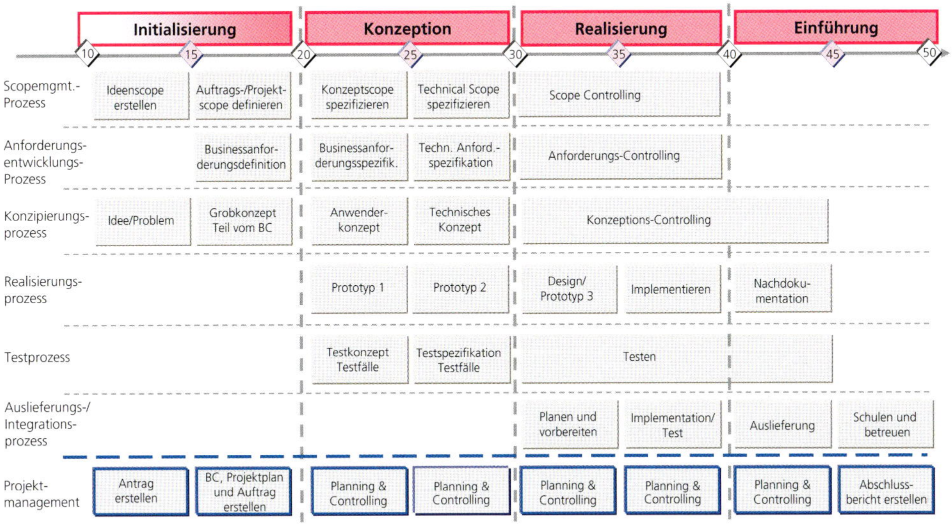

Abb. 5.03: Prozess-Kontextdiagramm der Projektdurchführung

Im Folgenden werden einerseits einige spezifische Phasenmodelle erläutert, um die in der Praxis bestehende Vielfalt etwas aufzuzeigen. Andererseits wird versucht, möglichst projektartenneutral die einzelnen Themen und Prozesse des Gestaltungsprozesses zu erläutern, obwohl da und dort Begriffe und Methoden aus der Informatikprojektwelt etwas dominieren.

5

5.1 Grundlagen „Spezifische Phasenmodelle"

Es ist grundsätzlich logisch, dass man bei einem komplexen Projekt nicht einfach so drauflos arbeitet, da ein einigermassen geordnetes Vorgehen nicht nur einem selbst hilft, sondern auch allen davon betroffenen und daran beteiligten Personen. Mit der Anwendung eines Phasenmodells wird die Projektabwicklung in einzelne, überschaubare Phasen unterteilt, die logisch und zeitlich voneinander getrennt werden können. Es gibt unzählige Phasenmodelle, die zur Anwendung kommen können; einige davon werden im Folgenden beschrieben. Betrachtet man diese allerdings etwas genauer, so kann man erkennen, dass alle einem einheitlichen Muster bzw. einem allgemeinen Phasenmodell folgen. Dieses allgemeine Phasenmodell ist in Abb. 5.04 dargestellt.

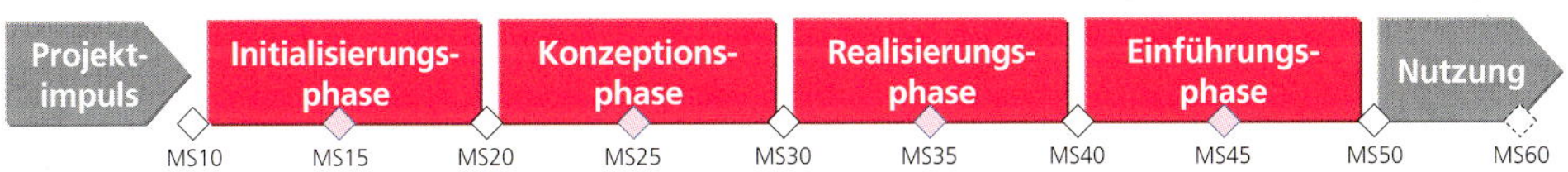

Abb. 5.04: Generisches Phasenmodell

Ein Phasenmodell teilt die Projektabwicklung in eine sequenzielle Folge von Phasen und Entscheidungen ein. Die Entscheidungspunkte (Meilensteine) des Phasenmodells synchronisieren die Projektführungs- und Projektdurchführungsprozesse.

Projektdurchführung

Die Vorphase „Projektimpuls" sowie die Nachphase „Nutzung" sind keine eigentlichen Projektphasen. Allerdings sind sie im Kontext einer Unternehmensführung nicht zu vernachlässigen, insbesondere der Meilenstein 60, der nach einer gewissen Zeit der Nutzung sicherstellen soll, dass überprüft wird, ob das abgeschlossene Projekt den zu Beginn definierten Nutzen tatsächlich erreicht hat. Im Folgenden eine kurze Beschreibung des Vierphasenmodells: Detaillierte Erläuterungen der Aufgaben innerhalb der Phasen wurden in Kapitel 1.4.4 (☜ „Phasenmodell") beschrieben.

- Initialisierungsphase
  Wird durch MS10 dem Projektimpuls genügend „Anerkennung" gegeben, kann die Initialisierungsphase starten. Der Zweck der Initialisierungsphase besteht darin, die Anforderung des Auftraggebers formal festzuhalten, um den konkreten, offiziellen Projektauftrag (Projektvertrag) zu erhalten. Im Weiteren gilt es in dieser Phase festzustellen, ob der Impuls wirklich zu einem Projekt reicht, ob das Bedürfnis über die normale Linie abgehandelt werden kann oder ob aus der Betrachtung des Projektportfolio-Boards das Projekt überhaupt Sinn macht, sprich die Projektwürdigkeit erreicht.
  → MS20-Entscheidung: Was wollen wir tun?

- Konzeptionsphase
  Der Sinn dieser Phase ist es, die im Projektauftrag formulierten Ziele und Anforderungen zu ausführungsreifen Lösungsideen auszuformulieren und festzuhalten. Eigentlich könnte man diese Phase auch „Denkphase" nennen. Hier wird konkret ausgedacht, wie die Lösung aussehen sollte. Der Wert dieses Denkens wird in unterschiedlichen Detailplänen festgehalten. Wenn man dieser „Denkphase" zu wenig Bedeutung zumisst, kann man davon ausgehen, dass sich dies bei der Realisierung in einer negativen Form bemerkbar machen wird.
  → MS30-Entscheidung: Wie wollen wir es tun?

- Realisierungsphase
  In dieser Phase werden die konzeptionellen Vorbereitungsarbeiten (Detailpläne) aus der Konzeptionsphase in die Tat umgesetzt respektive realisiert. Das heisst, bei einem Bauprojekt wird gemäss den Plänen gebaut, bei einem Produkteentwicklungsprojekt wird gemäss Spezifikation der Prototyp oder die Null-Serie erstellt etc.
  → MS40-Entscheidung: Wollen wir das Realisierte so einführen?

- Einführungsphase
  Mit der Einführung wird das neu erstellte Produkt respektive das zu Ende erstellte Projektprodukt für den Gebrauch, Verkauf etc. freigegeben. Neben den Einführungstätigkeiten gehört auch die Projektauflösung in diese Phase. Diese Tätigkeit bestimmt den Projektabschluss respektive schliesst die Projektlebensdauer ab. Ein Projekt kann erst dann aufgelöst werden, wenn alle für den Unterhalt des Projektprodukts erforderlichen Grundlagen erstellt wurden respektive wenn der Auftraggeber das Projekt offiziell für abgeschlossen erklärt.
  → MS-50 Entscheidung: Hat das Projekt den Leistungsauftrag erfüllt?

Die Anzahl der Projektphasen und auch der Formalismus, mit dem sie abgewickelt werden, sind ohne Zweifel von Art, Umfang und Bedeutung eines Projekts abhängig [Bec 2002]. Grundsätzlich könnten kleinere Projekte in der Regel auf die eine oder andere Phase verzichten, da die darin vorgesehenen einzelnen Aufgaben nicht gemacht werden müssen oder phasenverdichtet zusammengelegt werden können. Es ist jedoch anzustreben, dass nicht für jede Art oder für jeden Umfang ein eigenes Phasenmodell entsteht. Eher muss mit einem qualifizierten Tailoring gearbeitet werden, mit dem die geforderten Lieferobjekte, abgestützt auf die Projektsituation, zusammengestellt werden können.

Neben den im Kapitel 1.4.4 (☜ „Phasenmodell") beschriebenen Vorteilen hat ein phasenweises Vorgehen folgende „Nachteile":

- Der Auftraggeber ist ungeduldig und möchte eine direkte, schnelle Problemlösung ohne langes Nachdenken: „Man weiss ja, wo der Fehler liegt!"
- Detailwünsche gehen verloren, da sich die Beteiligten oftmals nur den Schwerpunkten widmen.
- Probleme werden zu Unrecht bagatellisiert. Dies geschieht, weil am Anfang der Gesamtzusammenhang fehlt.
- Vom Benutzer wird zu einem frühen Abwicklungszeitpunkt ein hohes Mass an abstraktem Vorstellungsvermögen gefordert.

Oftmals setzt ein Projektleiter jenes Phasenmodell ein, das ihm vom Unternehmen vorgeschrieben wird. Er kann/muss sich dabei an die Richtlinien des PM-Leitfadens halten. In vielen Unternehmungen besteht der Nachteil, dass der falsch konzipierte PM-Leitfaden den Projektleiter zwingt, Arbeiten durchzuführen, die weder ihm, dem Projekt noch der Unternehmung etwas bringen. Dies verhindert natürlich die dringendst erforderliche Flexibilität. Die in der Abbildung 5.05 aufgeführten verschiedenen Phasenmodelle unterscheiden sich zum einen in der Anzahl der Phasen und zum anderen im angewandten Vorgehensmodell (☜ Kapitel 1.4.5 „Vorgehensmodelle"). Sie zeigen ansatzweise die Vielfalt der möglichen, existierenden Phasenmodelle.

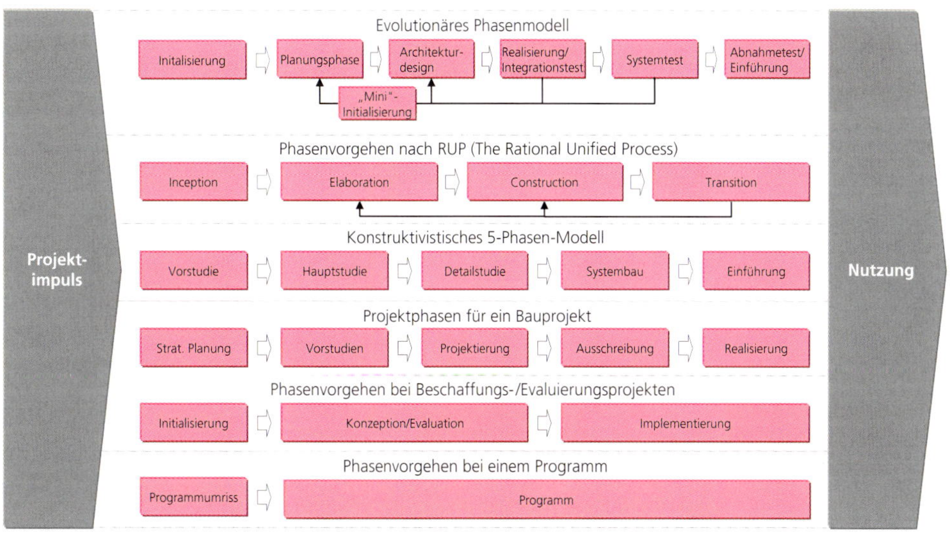

Abb. 5.05: Projektarten spezifischer Phasenmodelle

Die in Abbildung 5.05 aufgeführten Phasenmodelle sind sicher bezüglich der Artenvielfalt unvollständig, da laufend neue Methoden und Werkzeuge entwickelt werden, die zu anderen Phasenmodellen führen. Die Modelle werden auch kombiniert angewendet, da z.B. ein umfangreiches Projekt auf Basis des konstruktivistischen Ansatzes in fünf Phasen abgewickelt werden muss. Die Wahl, ob ein

durch seinen übergeordneten Release gesteuert. Auf der untersten Stufe der Internal Releases (IR) hat man eine Planungsoptik für zwei bis sechs Wochen (für kleine Teams). Auf Ebene der Architectural Releases (AR) beträgt die Planungsoptik eher Wochen und Monate (max. 12 Monate). Das daraus resultierende Produkt sollte beim Anwender sinnvoll einsetzbar sein. Der AR richtet sich nach den planerischen Vorgaben eines Major Release (MR) respektive des Release-Konzepts aus (☞ Kapitel 11.3 „Releasemanagement"). Nicht dargestellt ist eine zusätzliche Release-Ebene für Superprojekte mit einem Zeithorizont von etwa 3 bis 5 oder noch mehr Jahren. Nachfolgend werden die drei Release-Ebenen, wie sie die nachfolgende Abbildung zeigt, kurz erläutert [Sti 1996].

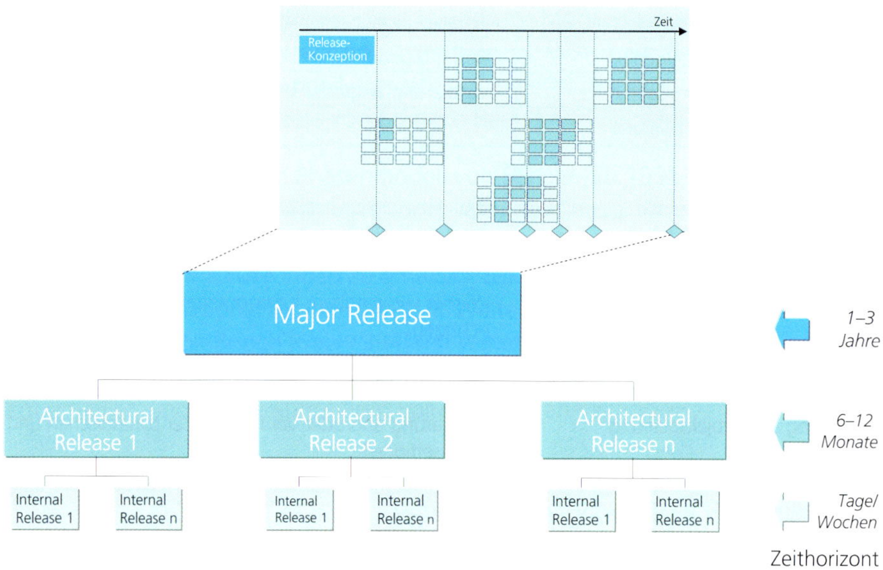

Abb. 5.07: Projektmodellierung (Releasebildung) für ein evolutionäres Vorgehen

- Major Release
  Ein Major Release (MR) stellt den Rahmen für die Neuentwicklung, Erweiterung oder den Unterhalt eines grösseren Systems oder Produkts dar. In der Regel wird der MR in einen oder mehrere Architectural Releases unterteilt, die in sich abgeschlossene, in der Regel (einzelne) betrieblich einführbare Einheiten bilden. Ein MR stellt in diesem Sinne eine Gesamtversion dar (statement of direction). Die einzelnen Aufbauschritte helfen, die Gesamtversion sukzessive zu realisieren.
  Die Planung innerhalb eines MR sollte in der Regel nicht über zwei bis drei Jahre hinausgehen. Wann genau ein MR enden und ein neuer beginnen soll, liegt im Ermessen des Auftraggebers. Drei Arten von MR können grob unterschieden werden:
  – Neuentwicklung,
  – Erweiterung,
  – Unterhalt.

- Architectural Release
  Ein Architectural Release (AR) ist ein Ausschnitt aus dem geplanten Major Release. Ein AR muss eigenständig ausführbar sein! Er bildet eine in sich abgeschlossene, in der Regel beim Anwender

einführbare Einheit (Letzteres im Sinne eines Realisierungspakets). Die ARs repräsentieren daher Etappen und stellen wichtige Meilensteine im Verlauf eines Projekts dar. Aufgrund des Erreichens dieser Meilensteine lässt sich der Projektfortschritt feststellen, bzw. lassen sich Korrekturen an den einzelnen Aufbauschritten aus Anwendersicht vornehmen. Der AR verkörpert somit auch eine wichtige Grösse im Zusammenhang mit Verträgen und der Verrechnung im weiteren Sinne; seine Realisierung sollte nicht länger als ein Jahr dauern.
Ausschlaggebend bei der Definition von AR sind Faktoren wie:
- Sukzessive Reduktion des Gesamtabwicklungsrisikos.
- Frühzeitige Einführung wichtiger Komponenten für den Anwender. Die frühe praktische Erfahrung wirkt sich positiv auf die weiteren Planungsschritte aus.
- Kleine Teilprojekte, die für Auftraggeber, Anwender und Entwickler handhabbar werden und zu schnellem Feedback bzw. Korrekturmöglichkeiten führen.
- Einsparungen von Kosten durch frühzeitige Einführung.
- Sofortiges Einfliessen der gemachten Entwicklungserkenntnisse.

- Internal Release
  Ein Internal Release (IR) ist ein Ausschnitt aus dem geplanten Architectural Release, der allerdings nur einzelne Systemkomponenten realisiert. Ein IR muss nicht notwendigerweise in sich alleine ausführbar sein. Auch die einzelnen IR sind wichtige „interne" Meilensteine im Verlauf des Projektes. Aufgrund des Erreichens dieser Meilensteine lässt sich der Projektfortschritt innerhalb eines AR feststellen, bzw. lassen sich gezielt Optimierungen vornehmen.
  Bei der Planung von IR werden drei Situationen unterschieden:
  - Eigenentwickelte Systemkomponente: wird im Projekt selbst entwickelt.
  - Fremdentwickelte Systemkomponente: wird durch andere Projekte entwickelt.
  - Kauf externer Systemkomponenten: werden extern (bei Dritten) eingekauft und integriert.
  Somit besteht ein AR aus einer Folge von IR. Während der ersten Releases steht der schrittweise Aufbau der Basisfunktionalitäten im Vordergrund. In späteren Releases werden alle weiteren, durch den Leistungsumfang des AR vorgegebenen Anforderungen sukzessive implementiert. Im Rahmen dieser Entwicklung kann es zu Änderungsanforderungen hinsichtlich des ursprünglich vorgesehenen Leistungsumfangs kommen. Diese neuen, veränderten Anforderungen werden durch das Änderungsmanagement abgehandelt (☞ Kapitel 11.5 „Änderungsmanagement").

Ganz wichtig bei diesem evolutionären Vorgehen ist, dass man zu Beginn klar wissen muss, wohin die „Reise" gehen soll. Ist dies nicht der Fall, dürfte sich ein „Try and Error"-Vorgehen einschleichen.

5.1.2 Phasenvorgehen nach RUP

Der Rational Unified Process (RUP) ist ein Vorgehensmodell zur Softwareentwicklung und ein kommerzielles Produkt der Firma Rational Software, die seit 2002 Teil des IBM-Konzerns ist. IBM entwickelt den RUP und die zugehörige Software weiter. Der RUP benutzt die Unified Modeling Language als Notationssprache. Der RUP wurde von Philippe Kruchten in seiner Urform erstmals 1996 vorgestellt. Der RUP legt grundlegende Arbeitsschritte fest:
- Geschäftsprozessmodellierung (Business Modeling),
- Anforderungsanalyse (Requirements Analysis),
- Analyse & Design (Analysis & Design),

- Implementierung (Implementation),
- Test (Test),
- Auslieferung/Softwareverteilung (Deployment).

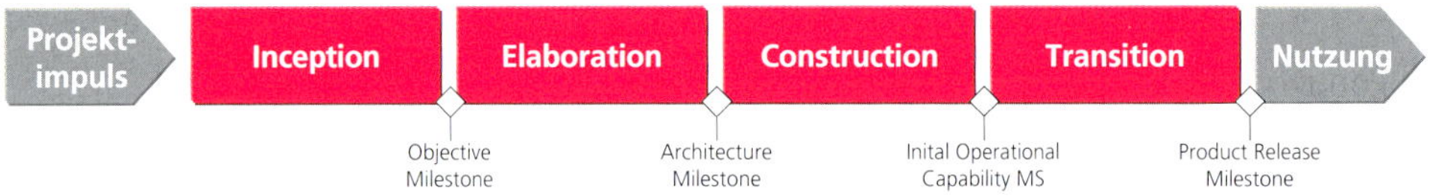

Abb. 5.08: RUP-Phasenmodell

Orthogonal dazu gibt es im RUP 4 Phasen, in denen jeder der Arbeitsschritte mehr oder weniger intensiv zur Anwendung kommt:

- Projektsetup, Konzeptionsphase (Inception):
  - Spezifizierung von Endproduktversion,
  - Spezifizierung der Geschäftsvorfälle,
  - Definition des Umfangs des Projekts,
  - Kosten und Risiken vorhersagen.

- Ausarbeitungs-, Entwurfsphase (Elaboration) mit typischerweise 1–2 Iterationen:
  - Spezifizierung der Produkteigenschaften,
  - Design der Architektur,
  - Planung der notwendigen Aktivitäten und Ressourcen.

- Implementierung (Construction) mit typischerweise 1–2 Iterationen:
  - Entwicklung der Bauteile und Produktkomponenten,
  - Test und Eingliederung der Bauteile in das fertige Produkt,
  - Beschreibung des aktuellen Release.

- Übergabephase, Inbetriebnahme (Transition) mit typischerweise 1–2 Iterationen:
  - Freigabe des Produkts an die Benutzer,
  - Überprüfung des Qualitätslevels,
  - Auslieferung, Training, Einsatzunterstützung, Wartung.

Diese Phasen sind in Iterationen unterteilt. Somit basiert RUP auf einem iterativen/inkrementellen Vorgehensmodell.

5.1.3 Konstruktivistisches 5-Phasen-Modell

Abbildung 5.09 zeigt ein 5-Phasen-Modell, das auf einem konstruktivistischen Vorgehensmodell abstützt (☞ Kapitel 1.4.5.2 „Vorgehensmodelle“). Es verfolgt den Ansatz, dass die Erarbeitung einer Lösung „vom Groben zum Detail“ vor sich gehen muss.

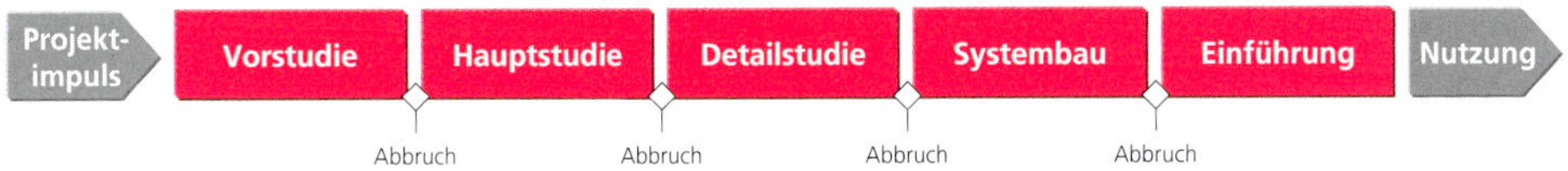

Abb. 5.09: Konstruktivistisches 5-Phasenmodell der Systementwicklung

Nachfolgend werden Inhalt und Ziele der Phasen kurz beschrieben. Vielerorts wird dieses Vorgehen zu Unrecht gegenüber dem evolutionären Vorgehen als „alt" abgetan. Schaut man die Projektlandschaft etwas genauer an, so wird heute noch aufgrund der vorherrschenden Rahmenbedingungen (fehlendes Releasemanagement, Ausschreibungsverfahren, Projekte, bei denen etwas nicht rückgängig gemacht werden kann etc.) mehrheitlich diese Vorgehensform gewählt.

- Vorstudie
  Der Zweck der Vorstudie besteht darin, den Projektimpuls mittels eines vertretbaren Aufwands in einen Konzeptrahmen umzusetzen. Insbesondere für Turn-Key-Projekte gilt die Vorstudie als interne Vorphase, um vertraglich wichtige Punkte abzuklären. Das Ziel der Vorstudie ist es, künftige Lösungsansätze hinsichtlich Ziele, Einflussgrössen, Nutzen und Wirtschaftlichkeit, Realisierbarkeit und Erfolgschancen zuverlässig beurteilen zu können. Nicht Erfolg versprechende Vorhaben sollen als solche erkannt und rechtzeitig abgebrochen werden können.

- Hauptstudie
  Der Sinn der Hauptstudie ist es, die Vorstudie auf Basis des gewählten Lösungsprinzips zu verfeinern. In dieser Phase wird ein Grobkonzept erarbeitet, aufgrund dessen über Realisierung oder Einstellung des Projekts entschieden werden kann (Leistung, Qualität, Zeit, Kosten, Akzeptanz und Wirtschaftlichkeit). Das Ziel der Hauptstudie ist es, ein Gesamtkonzept zu erstellen, das die Möglichkeit bietet, die weiteren Entwicklungen in einen geordneten Rahmen einzugliedern.

- Detailstudie
  Das zu realisierende Gesamtkonzept bzw. dessen Teillösungen werden im Rahmen der Detailstudie so genau beschrieben, dass Realisierungspläne erarbeitet werden können. Das Ziel der Detailstudie ist es, die Lösungskonzepte so weit zu konkretisieren, dass endgültig entschieden werden kann, ob die Lösung realisiert wird. Als Ergebnis liegt eine Detailspezifikation der zu realisierenden Lösung vor.

- Systembau
  In dieser Phase werden die konzeptionellen Vorbereitungsarbeiten in die Tat umgesetzt. Es geht um die Erstellung bzw. Anpassung der Anwendersoftware sowie um die Schaffung der organisatorischen Voraussetzungen. Eine Realisierung der Detailstudie hat zum Ziel, ein funktionstüchtiges, übergabebereites System zu schaffen. Nebenprodukte: Schulung, Dokumentation etc.

- Einführung/Abschluss
  Mit der Einführung wird das neue System dem Anwender übergeben. Es muss sichergestellt werden, dass eine reibungslose Ablösung des alten Verfahrens durch die neue Lösung erfolgt und die Zweckerfüllung gewährleistet ist. Das Ziel ist erreicht, wenn die Übergabe der neuen Lösung realisiert und das Alte ersetzt/ergänzt/abgelöst wurde.

5.1.4 Phasenvorgehen bei einem Bauprojekt

Gemäss SIA 112 werden im Leistungsmodell 112 die Phasen des Lebenszyklus von der Idee bis zur Nutzung eines Bauwerks beschrieben. Mit diesem Phasenmodell besteht, wenn man es konsequent anwendet, eine sehr gute Chance, ein Bauvorhaben ohne grössere Überraschungen abzuwickeln. Die SIA-Norm 112 muss im Planungskontext hauptsächlich zu den anderen SIA-Normen wie SIA 102 (Leistungen und Honorare der Architekten), 103 (Leistungen und Honorare der Bauingenieure) und 108 (Leistungen und Honorare der Maschinen- und der Elektroingenieure sowie der Fachingenieure für Gebäudeinstallationen) wie aber auch zu 118 (Allgemeine Bedingungen für Bauarbeiten) stehen. Beim SIA handelt es sich um ein Normenwerk des Schweizerischen Ingenieur- und Architektenvereins (SIA) für den Baubereich in der Schweiz, welches auf einem hohen Reifegrad ist und in starkem oder direktem Bezug zu den EN- und ISO-Normen steht. Die Normen sind anerkannte Regeln der Baukunde, welche von Gesetzes wegen zu beachten sind. Gegenüber den anderen aufgeführten Phasenmodellen ist insbesondere die Phase Ausschreibung, die in dieser Projektart eine recht grosse Bedeutung einnimmt, eine Besonderheit.

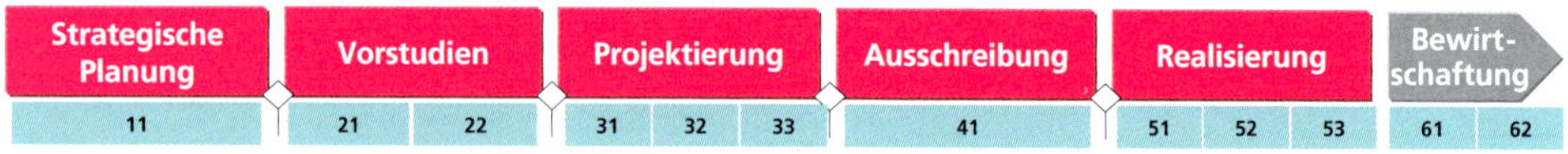

Abb. 5.10: Allgemeines Phasenmodell gemäss SIA-Norm 112 für Bauprojekte

Die Phasengliederung wird als lineare Sequenz von einzelnen, aufeinanderfolgenden Phasen dargestellt. Im wirklichen Ablauf können jedoch auch bei diesem Phasenmodell ganze Phasen oder Teile der Phasen wiederholt werden. Innerhalb einer Phase sind die Leistungen der Planer und die Entscheide des Auftraggebers definiert. Leistungen sind in Modulen paketweise zusammengefasst.

Phasen	Teilphase und Ziele
Strategische Planung	**11** Bedürfnisformulierungen, Lösungsstrategien
	- Definition der übergeordneten Ziele und Rahmenbedingungen
	- Wahl der Lösungsstrategie
Vorstudien	**21** Projektdefinition, Machbarkeitsstudie
	- Vorgaben und Organisation festlegen
	- Projektgrundlagen definieren
	22 Auswahlverfahren
	- Anbieter bzw. Projekt auswählen
	- Phasengenehmigung
Vorprojekt	**31** Vorprojekt
	- Definition der optimalen baulichen Lösung
	- Konzeption und Wirtschaftlichkeit optimieren
	32 Bauprojekt
	- Baureifes Projekt
	- Definition der Kosten und Termine
	33 Bewilligungsverfahren, Auflageprojekt
	- Projekt bewilligen
	- Kosten/Termine verifizieren und genehmigen

Ausschreibung	**41** Ausschreibung, Offertvergleich, Vergabeantrag
	- Vergabereife erreichen
Realisierung	**51** Ausführungsprojekt
	- Ausführungsreife erreichen
	52 Ausführung
	- Bauwerk gemäss Pflichtenheft und Vertrag erstellt
	53 Inbetriebnahme, Abschluss
	- Nachweis der Vertragserfüllung, Schlussabrechnung abgenommen
	- Ingebrauchnahme des Bauwerks, Mängel behoben

5.1.5 Phasenvorgehen bei Beschaffungs-/Evaluationsprojekten

Wie Schreiber [Schr 2000] in seinen Ausführungen umfassend erläutert, ist ein Beschaffungsvorhaben durch eine gewisse Einmaligkeit gekennzeichnet und zeitlich innerhalb eines vorgegebenen Sollsystems begrenzt. Es hat darüber hinaus in der Regel einen hohen Stellenwert und Novitätsgrad. Damit verkörpert es die typischen Merkmale eines Projekts.

Im Normalfall wird man eine Beschaffung und die damit verbundene Evaluation nicht isoliert angehen, sondern sie vielmehr in ein übergeordnetes Vorgehenskonzept zur Realisierung von Projekten einbetten. Dies aus folgenden Gründen:

- Beachtung ganzheitlicher, unternehmensweiter Betrachtungsweisen und Richtlinien (z.B. Grundsätze der Finanz-, Beschaffungs-, Informatikstrategie oder bestehende Projektmanagementverfahren), Beachtung bestehender Führungsgrundsätze und Kompetenzen, Gewährleistung vertretbarer Kosten-Risiken-Korrelationen usw.
- Bei einem reinen Beschaffungsprojekt wird das Evaluationsphasenmodell eingesetzt, wie es Abbildung 5.11 zeigt. Hier wird die Initialisierung gemäss dem Problemlösungs-Prozess ausgeführt, sodass eine klare Situations- und Bedarfsanalyse und ein eingegrenzter Lösungsansatz

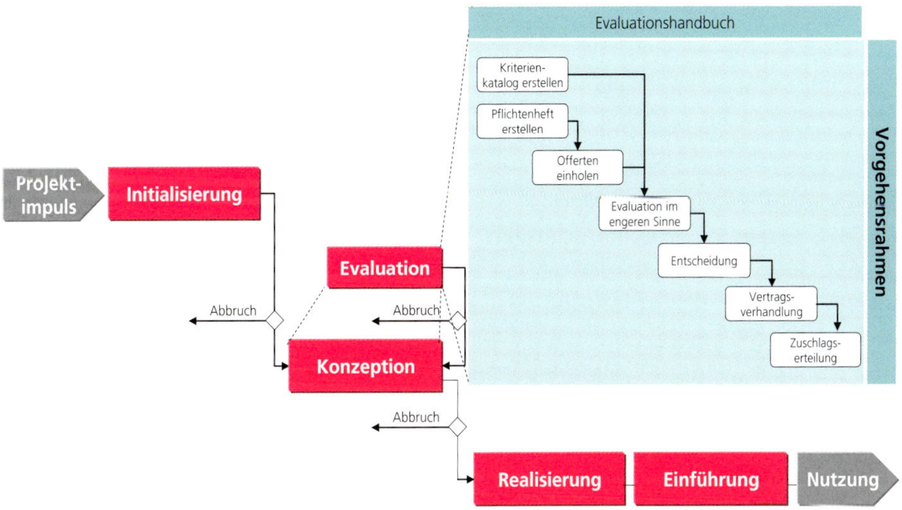

Abb. 5.11: Evaluationsphasenmodell in Anlehnung an Schreiber [Schr 2000]

vorliegen. Entscheidet man sich aufgrund der groben Lösungsvorschläge und der Make-or-Buy-Analyse für das Beschaffen, so „zweigt" hier der Weg der Umsetzung in die Phase „Konzeption/ Evalutation" ab.

Diese Phase unterteilt sich in zwei Hauptbereiche: Der eine Bereich ist der klassische Konzeptions- und Anforderungsentwicklungsteil. Hier wird definiert, wie die Lösung aussehen sollte. Die erarbeiteten Werte fliessen anschliessend in das Pflichtenheft ein. Im Weiteren werden in diesem Bereich weitere Arbeiten, so z.B. Schulungspläne und ein Testplan, erstellt. Der andere Bereich ist die Evaluation, in der ein Pflichtenheft erstellt wird, Offerten eingeholt werden und schliesslich das beste Angebot nach einem festgelegten Kriterienkatalog ermittelt wird (☞ Kapitel 9.5 „Beschaffungsmanagement"). Sobald alle Arbeiten dieser Phase abgeschlossen sind, werden (nach der entsprechenden Vernehmlassung) in der darauf folgenden Phase „Realisierung" – in diesem Zusammenhang oftmals „Implementierung" genannt – das gewünschte System/die Maschine/die Applikation bestellt, auf die firmenspezifischen Gegebenheiten konfiguriert (costumized) und nach den entsprechenden Vorbereitungsarbeiten eingeführt. Um eine erfolgreiche Implementierung respektive Einführung zu bewerkstelligen, muss in dieser Phase je nach Evaluationsobjekt begleitend eine Rahmenorganisation (Anpassen des Umfeldes an die neuen Prozesse, bauliche und infrastrukturelle Ausführungen, Schulungen etc.) erstellt werden.

- Evaluationshandbuch erstellen
  Die erste Handlung in der Beschaffungsanalyse sollte das Anlegen des Evaluationshandbuchs sein, um die in einer Beschaffung sehr zentrale Organisation der Dokumentation managen zu können. Das Evaluationshandbuch beinhaltet per se nur ein Inhaltsverzeichnis, in das schliesslich alle beim Beschaffungsprozess erarbeiteten und erhaltenen Dokumente abgelegt werden.

- Pflichtenheft erstellen
  Wird aufgrund der Lösungserarbeitung des Business Case beschlossen, Lösungen oder auch nur Teillösungen auf dem „Markt" einzukaufen, so wird die Erstellung eines Pflichtenhefts, allenfalls auf Basis einer Konzeption, notwendig. Das Pflichtenheft nimmt bei jedem Beschaffungsvorhaben eine zentrale Stellung ein. Darin werden die angestrebten Ziele, Anforderungen und Wünsche an das zukünftige System formuliert. Damit wird das Pflichtenheft zur unentbehrlichen Grundlage für die Offertabgabe [Scr 1991].

- Kriterienkatalog erstellen
  Der Kriterienkatalog wird parallel zur Anforderungsdefinition des Pflichtenhefts erstellt. Er definiert die Werte, die das neue System oder Objekt aufweisen muss (☞ Kapitel 9.5.2.1 „Selektionskriterien"). Der Kriterienkatalog besteht im Wesentlichen aus zwei Teilen:
  – den vom Projektteam (in Vertretung des Benutzers) verlangten Kriterien mit den relativen und absoluten Gewichtungen,
  – freiem Platz für spätere Eintragungen der Ergebnisse aus der Offertbewertung.
  Um mit dem Kriterienkatalog effizient arbeiten zu können, wäre es sinnvoll, wenn dieser mit der Offertstruktur so gut als möglich abgestimmt ist.

- Offerten einholen
  Das Einholen von Offerten muss z.B. bei öffentlichen Ausschreibungen, die von staatlichen oder halbstaatlichen Institutionen ausgeführt werden, sehr exakt, das heisst formal richtig ablaufen.

Ansonsten drohen Einsprachen, welche die zeitgerechte Projektabwicklung verhindern können. Unabhängig davon, ob von staatlicher oder privatwirtschaftlicher Seite Offerten eingeholt werden, sollte dieser Prozess für den Anbieter möglichst effizient durchgeführt werden können. Zum Beispiel macht es durchaus Sinn, den Anbietern eine vorgefertigte, sinnvolle Offertstruktur zuzustellen.

- Evaluation im engeren Sinn
  Je nachdem, was beschafft wird, werden neben dem Einholen von Offerten auch Referenzbesuche vorgenommen, Muster erstellt, Interviews geführt etc. und geprüft, ob die Offertangaben stimmen. Dies mit dem Ziel, dass genügend Grundlagen existieren, die einen qualifizierten Entscheid ermöglichen.

- Entscheiden/Zuschlagserteilung
  Anhand von verbalen, relativen und absoluten Bewertungen können entsprechend Entscheide gefällt und der Zuschlag dem besten Anbieter gegeben werden. Je nach Beschaffung kann eine sogenannte Short List erstellt werden. Das heisst, aus einer Vielzahl von Anbietern werden die zwei, drei oder fünf Besten ausgewählt, mit denen nochmals eine vertiefte Evaluation durchgeführt wird, bis der endgültige Sieger feststeht.

- Vertragsverhandlung führen
  Die Vertragsbedingungen müssen dem Anbieter schon bei der Evaluation klar aufgezeigt werden, sodass er ein entsprechendes Angebot machen kann. Die endgültigen Vertragsinhalte sollten jedoch in entsprechenden Sitzungen oder Workshops ausgearbeitet werden. Grosse Firmen haben für diese Aufgabe spezialisierte Mitarbeiter und auch klare Vorgehensstrategien.

- Vertragserstellung
  Sind alle Bedingungen auf beiden Seiten geklärt, können der Vertrag oder die Verträge erstellt werden. Meistens stützen sich die Verträge auf Standardvorlagen ab, die je nach Vertragsart die notwendigen Eigenheiten abdecken. Diese müssen auf das einzukaufende Gut und die Situation angepasst und anschliessend von allen Parteien unterschrieben werden.

5.1.6 Phasenvorgehen bei einem Programm

Werden in einem Unternehmen grössere und komplexere, unterteilbare Vorhaben umgesetzt, die zusätzlich noch exogenen komplexen Faktoren ausgesetzt sind und eine grössere Unternehmensinitiative betreffen (gemeinsam ein Gesamtziel), so wird vielfach von einem Programm gesprochen.

Fälschlicherweise wird nicht selten das Managen eines „Programms" mit dem Managen eines „Projektportfolios" verwechselt. Während Programme vornehmlich ein Unternehmensziel verfolgen, z.B. das Erneuern einer gesamten Produktpalette, und sich daher in verschiedene Unter- oder Subprojekte unterteilen, die untereinander meistens stark verknüpft sind, besteht das Projektportfolio aus einer Menge von gleichzeitig existierenden, eigenständigen Vorhaben eines Unternehmens oder einer Führungseinheit, z.B. des Budgetbereichs. Mit dem „Instrument" Projektportfolio kann selbstverständlich auch ein Programm geführt werden.

Ein Programm ist ein grosses, zeitlich begrenztes Vorhaben, um eine strategische Aufgabe zu erfüllen. Diese wird erfüllt, indem mehrere Projekte, die durch gemeinsame Hauptziele eng miteinander gekoppelt sind, ins Leben gerufen und durch eine vernetzte Planung, organisatorische Regeln, eine gemeinsame Kultur und eine abgestimmte Kommunikation koordiniert werden.

Diese Projekte lassen sich, wie Zehnder [Zeh 1991] in der folgenden Abbildung aufführt, nach einem speziellen Phasenmodell abwickeln. Das Spezielle daran ist, dass nach der Phase „Konzept für Gliederung des Programms" der gesamte Veränderungsprozess in Projekte und Teilprojekte aufgeteilt wird, die durch eine übergeordnete Institution geplant, gesteuert und kontrolliert werden (☞ Kapitel 2.1.3.4 „Programmorganisation").

Bei einem Programmvorgehen unterteilt man das Ganze somit in ein überschaubares Step-by-Step-Vorgehen, was nicht heisst, dass alle Projekte und Teilprojekte sequenziell ablaufen. Je nach Abhängigkeiten der einzelnen in den Projekten erstellten Lieferobjekte, je nach zur Verfügung stehenden Ressourcen, je nach vom Business „verkraftbaren" Initiativen, je nach Machbarkeit etc. können die Projekte parallel oder eben sequenziell abgewickelt werden. Eines der wichtigsten Elemente bei einem Programm ist die Kommunikation beziehungsweise das Programmmarketing nach innen sowie nach aussen und die strikte Anwendung der definierten Standards. Der letzte Schritt im Programm, welcher einerseits pro Projekt einzeln, aber nicht selten miteinander gemacht werden muss, ist die Implementierung respektive Einführung.

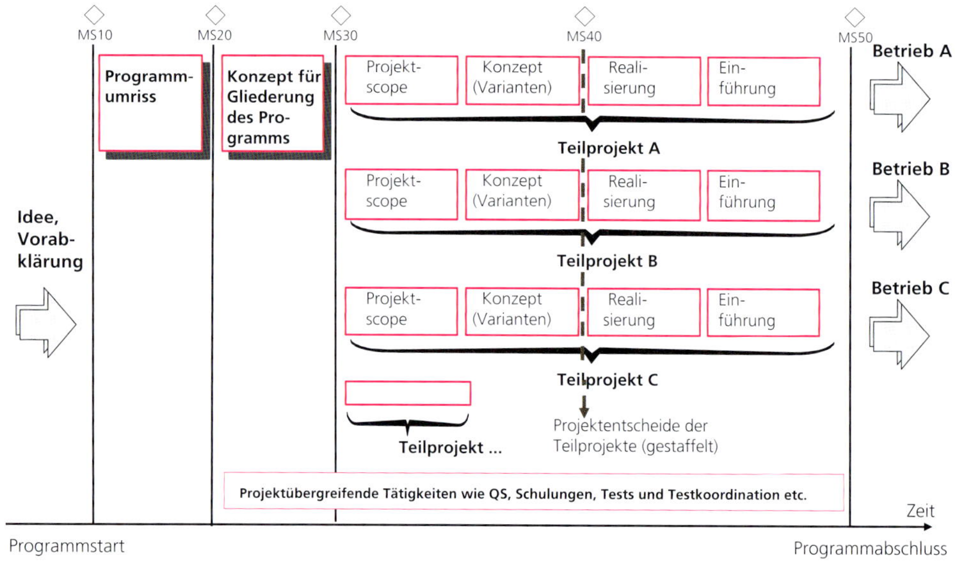

Abb. 5.12: Programmphasenmodell

Bis zum Meilenstein MS30 sollten folgende Tätigkeiten ausgeführt werden:

- klarer und umfassender Programmauftrag,
- mit den machthabenden Stakeholdern abgestimmte Programmziele,
- von allen akzeptiertes Gesamtkonzept,
- ganzheitliche Darstellung der Programmstruktur, z.B. Releasekonzept,

- Programmterminplanung (Entwicklungsplan),
- so weit als möglich Detailplanung für jedes Projekt,
- Erstellen der zu geltenden Standards und Richtlinien,
- Darstellung des Programmorganigramms und Zuordnung der Verantwortlichkeiten,
- klares Controlling- und Kommunikations- respektive Marketingkonzept.

5.2 Konzipieren

Zwei Dinge müssen beim Konzipieren besonders betont werden. Zum einen ist es nicht so, wie Abbildung 5.02 vielleicht auf den ersten Blick zeigt, dass die verschiedenen strukturierten Denkprozesse sakrosankt auf konkrete Phasen abgrenzbar sind. Je nachdem kann die eine oder andere Aufgabe früher und konkret oder erst später und stark eingegrenzt erledigt werden. Zum anderen bestehen zwischen den Prozessen respektive Tätigkeiten starke Interdependenzen. Besonders der parallel zur Konzipierung laufende Anforderungsentwicklungs-Prozess stützt sich gegenüber den (Teil-)Prozessen des Konzipierens ab. Im Folgenden werden die vier Teilprozesse Ideenfindungs-, Scopemanagement-, Zielfindungs- und Problemlösungs-Prozess der Konzipierung beschrieben. Je nach Branche kann die Konzipierung auch Analyse- und Design-, Projektierungs- oder Entwicklungsphase genannt werden.

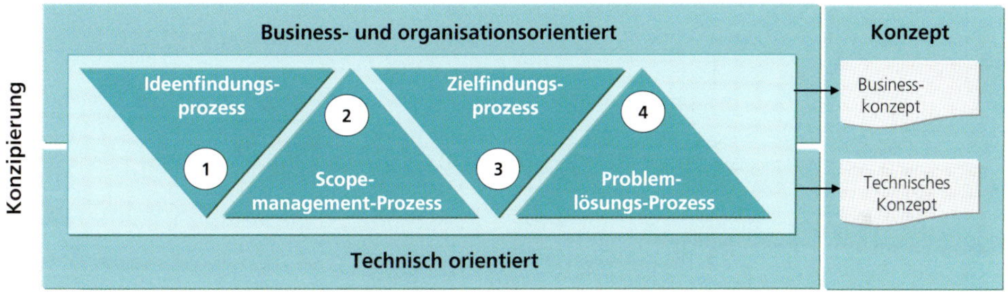

Abb. 5.13: Konzipieren

In einigen Projektarten wird die Konzipierung aus zwei unterschiedlichen Blickwinkeln umgesetzt. Der eine ist die Business- und Organisationskonzeption: Dabei muss das Business beschreiben, wie das Projektprodukt konzeptionell gelöst und das neue Produkt organisatorisch „betrieben", sprich eingebettet wird. Auf der anderen Seite muss eine technische Konzeption erfolgen, in der beschrieben wird, wie das Produkt technisch gelöst werden muss/kann. Beim Konzipieren können verschiedene Ansätze angewendet werden, welche unterschiedliche Vor- und Nachteile mit sich bringen (Abbildung 5.14):

- Empirischer Ansatz
  Beim empirischen Ansatz wird das reale IST umfassend analysiert und werden die gewünschten Veränderungen, so weit wie möglich, direkt in das physische SOLL umgesetzt.
- Empirisch-konzeptioneller Ansatz
  Beim empirisch-konzeptionellen Ansatz wird vom allenfalls dokumentierten, logischen IST ausgegangen. Ohne grosse Erhebungen auf der Ebene des physischen IST werden anschliessend die gewünschten Veränderungen, so weit wie möglich, direkt in das physische SOLL umgesetzt.
- Konzeptioneller Ansatz (grüne Wiese)
  Ohne gross das physische wie logische IST zu ergeben, wird „auf der grünen Wiese" gemäss der

strategischen oder architektonischen Vorgaben ein logisches und technisches SOLL erstellt und anschliessend in das physische SOLL umgesetzt.

- Kombinierter Ansatz
  Dabei können auch Ansätze in Kombination für eine Konzipierung verwendet werden. So z.B., dass die sogenannten Quick Wins mit dem empirischen Ansatz sofort umgesetzt werden, um das derzeitige Produkt/System mit geringstem Aufwand zu verbessern. Gleichzeitig wird mit einem konzeptionellen Ansatz eine gänzlich neue Lösung angestrebt.

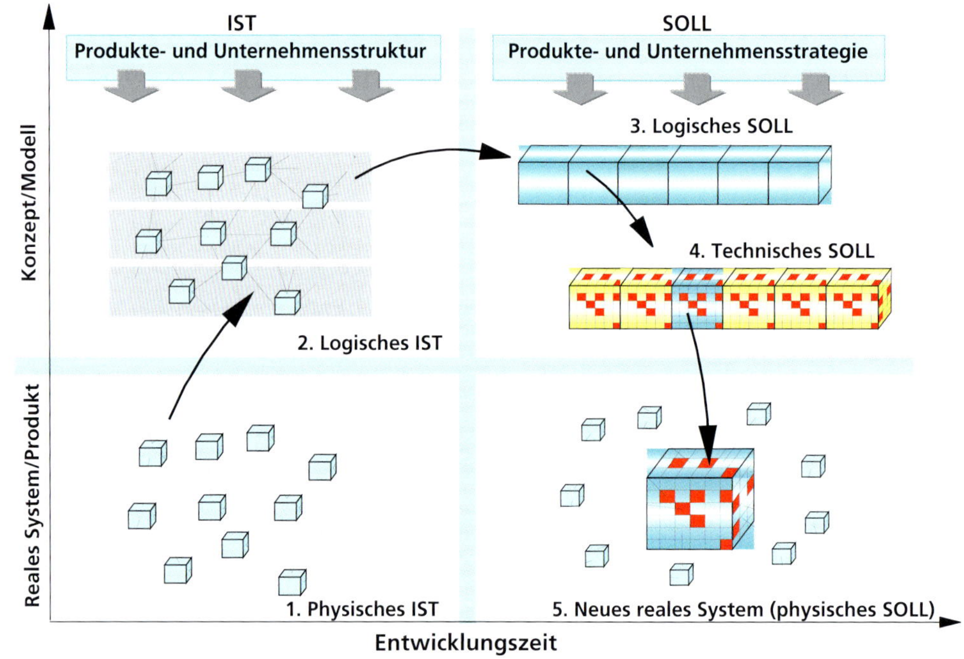

Abb. 5.14: Verschiedene Konzipierungsansätze

5.2.1 Ideenfindungsprozess

Um von einem Projektimpuls zu einer Projektidee zu gelangen, sprich: um einen qualifizierten Projektantrag/-auftrag erstellen zu können, wird unter anderem der Ideenfindungsprozess angewendet. Mit einem standardisierten Prozess soll der Projektimpuls auch für Drittpersonen verständlich aufgezeigt werden.

- Blitzgedanke/Problem/Bedürfnis
  Aller Anfang ist schwer. Dies ist auch bei der Suche nach einer qualifizierten Projektidee der Fall. Oftmals existiert nur ein Blitzgedanke im Kopf eines Einzelnen. Diesen Blitzgedanken aufzunehmen und bis und mit MS30 endgültig zu qualifizieren, ist die Aufgabe der Konzipierung. Dabei kann zwischen einer zufällig erhaltenen Projektidee und einer methodisch entwickelten Projektidee unterschieden werden.
- Zufällig erhalten
  Neue Projektidee zufällig erhalten oder von internen und externen Quellen zusammengetragen.

- Methodisch entwickeln
  Die grösste Schwierigkeit bei der methodischen Suche nach einer Projektidee ist der Sachverhalt, dass des Öfteren vorhandene Denkmuster oder Denkschablonen existieren, aus denen nicht ausgebrochen werden kann.
- Qualifizierte Projektidee
  Um solche Blockaden zu überwinden, werden Kreativitätstechniken (z.B. Brainstorming) angewendet. Mit diesen Techniken soll der Projektimpuls in seiner Einfachheit verifiziert, ausgeweitet, abgegrenzt und qualifiziert werden.
- Ideenfilter
  Diese Qualifizierung ist umso notwendiger, da auf Ideen oftmals der Ideenfilter wartet, der sich z.B. in Form einer Killerphrase, „das machen wir seit 20 Jahren anders", oder sachlicher Einwände, „ist nicht wirtschaftlich", präsentiert. Eine gut ausformulierte Projektidee sollte somit den Killerphrasen problemlos standhalten können.
  – Ausserbetriebliche Filter wie Gesetzgebung, Verbände, Fachbereiche etc.
  – Innerbetriebliche Filter wie Marketing, Geschäftsleitung, Rechnungswesen etc.

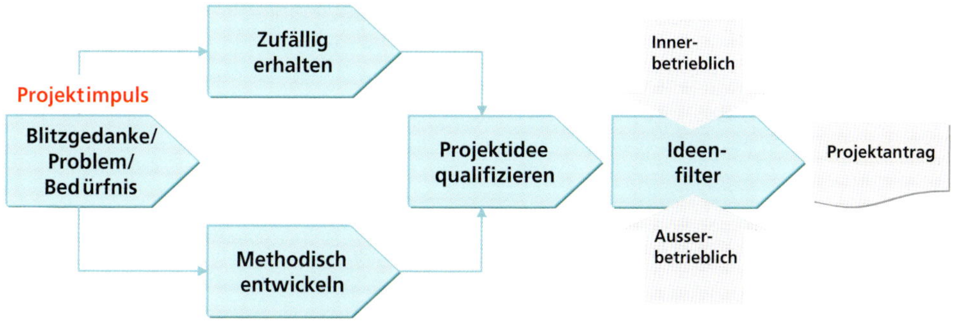

Abb. 5.15: Ideenfindungsprozess

Ist der Projektimpuls einmal in Form eines Projektantrags schriftlich ausformuliert, kann er auch bei Drittpersonen Zuspruch finden. Das Ausformulieren bedeutet, bereits konkret über Projektkosten, Projektnutzen, Lösungswege, Projektdauer, mögliche Sponsoren etc. nachzudenken, um Grössenordnungen angeben zu können.

Und in diesem Zeitraum beginnt auch jedes gute Projektmarketing (☞ Kapitel 10.5 „Projektmarketing"). Ist der Initiant fähig, andere mit seiner Idee auf einer sachlichen Ebene zu überzeugen, so gelingt es ihm, die notwendige Unterstützung zu erhalten. Anders ausgedrückt: Eine Idee, bei der der Lösungsweg noch nicht angedacht ist, der Nutzen nicht seriös aufgezeigt und die Durchführungszeit nicht ungefähr abgeschätzt werden kann, die keine Mitinitianten findet, hat nichts auf der „Projektbühne" zu suchen. Solche Ideen werden leider oftmals als U-Boote gestartet. Sie tauchen dann kurz vor der Realisierung auf und werden dann vom Management erstaunt entgegengenommen. Dabei wird bei diesem inoffiziellen „Tauchvorgang" so viel idealistische und freiwillige Arbeit geleistet, dass wenn das Management dieses U-Boot versenken will, es ein Führungsproblem bei den Mitarbeitern hat, da diese überzeugt sind, an einer guten Sache gearbeitet zu haben.

5.2.2 Scopemanagement-Prozess

Obwohl der Scopemanagement-Prozess ein Prozess der Projektführung ist, wurde er bewusst bezüglich der Scopedefinition im Hauptkapitel Projektdurchführung angesiedelt, da es bei diesem Prozess schwergewichtig um den fachlichen Inhalt geht, den das Projektteam spezialisiert.

Das Scopemanagement hat in vielen Fällen zwei Klärungsdimensionen: Einerseits geht es darum, die in der Abbildung 1.59 aufgeführten Inhalte des Scopemanagements, z.B „Produktscope" oder „Projektabwicklungs-Scope", zu klären. Andererseits muss in einem Top-Down-Ansatz wie in Abbildung 5.16 zuerst der Ideenscope, dann der Auftragsscope, das Konzept sowie der technische Scope vorgenommen werden.

Grundsätzlich wird beim Scopemanagement das Ziel verfolgt, dass bis und mit MS20 der Scope soweit geklärt sein soll, dass ein klarer Projektauftrag erstellt werden kann. Es ist zu beachten, dass dies bei fluiden Projekten nicht immer zu erreichen ist und der tatsächliche Scope erst bei MS25 oder sogar MS30 definiert ist.

Der Scopemanagement-Prozess ist somit ein Prozess, der insbesondere in der Initialisierungsphase, aber aufgrund von entsprechenden Projektcharakteristiken auch noch in der Konzeptionsphase umzusetzen ist. Wie bereits erwähnt, muss spätestens am Ende der Konzeptionsphase definitiv geklärt sein, was in und out of Scope ist. Nach der Konzeptionsphase gilt es, diesen Scope mit den verschiedenen Projektmanagement-Instrumenten, insbesondere mit dem Änderungsmanagement, bis zur Auslieferung des Projektprodukts zu „verwalten".

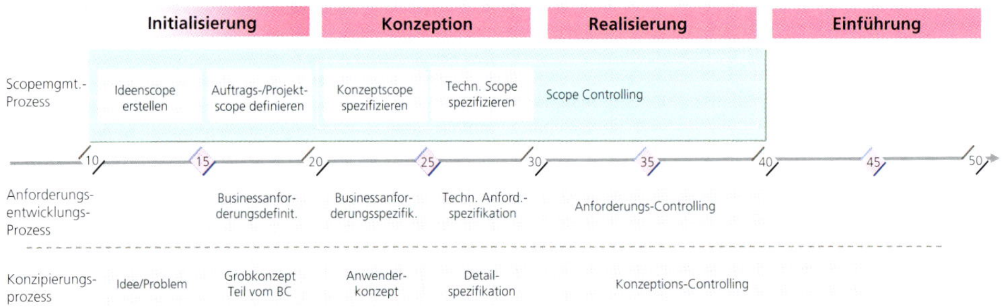

Abb. 5.16: Scopemanagement-Prozess in Bezug auf Anforderungen und Konzeption

Einfach dargestellte Prozesse suggerieren nicht selten eine absolut sequenzielle Abfolge. Dies ist natürlich auch beim Scopemanagement-Prozess so. Stimmen sequenziell die ersten zwei Schritte in den meisten Fällen noch, kann die Scopedefinition bezüglich Technik schon recht früh in einem Projekt erfolgen, da je nach Projektart schon sehr bald eine detaillierte Anforderung bezüglich der technischen Gegebenheiten zu definieren ist. Wendet man, wie im Kapitel 5.3 (☞ „Anforderungsentwicklung") beschrieben, eine klar stufenorientierte Bedürfnisanalyse an, so kann der gesamte Projektscope, wie einleitend beschrieben, abschliessend erst bei Meilenstein MS30 erstellt werden. So oder so muss das Ziel verfolgt werden, dass beim Projektauftrag (MS20) der Projektscope definiert ist. Die weiteren in der Projektabwicklung spezifizierenden Schritte, die in den Prozessen Konzipieren und Anforderungsentwicklung erfolgen, sollten am Scope nur noch marginal Veränderungen bewirken.

- Prozessschritt: Ideenscope
  Beim Ideenscope geht es lediglich darum, die Idee ein- und abzugrenzen: Betrifft es ein Zimmer, ein Haus oder die gesamte Siedlung (Produktscope)? Wie viel Geld darf es in etwa kosten und in welcher Zeit muss es umgesetzt werden (Projektabwicklungs-Scope)? Welche Baunormen sollten berücksichtigt werden (Einflussscope), und wer sind z.B. die Betroffenen (Stakeholder Scope)?
- Prozessschritt: Auftragsscope
  Beim Auftragsscope sollte schon wesentlich mehr geklärt sein als beim Ideenscope: Ist es nur das Frischwassersystem oder auch das Abwassersystem und das Heizsystem inklusive oder exklusive der Heizung, das optimiert werden muss? Etc. etc. Wie im vorhergehenden Absatz erläutert, müsste bei MS20 der Projektscope so weit geklärt sein, dass man einen „Vertrag", den Projektauftrag, unterschreiben kann. Kann dies nicht in gewünschtem Masse erstellt werden, so sollte als nächster Schritt nur ein Phasenauftrag bis MS30 erfolgen.
- Prozessschritt: Konzeptscope
  Kongruent zum Anforderungs- und Konzipierungsprozess, sollte durch die klare businessbezogene Lösungsvariante und bezüglich der Businessanforderungen der Konzeptscope erfolgen, der im Detail definiert, welche Funktionen oder Prozesse in und out of Scope sind.
- Prozessschritt: Technical Scope
  Kongruent zum Anforderungs- und Konzipierungsprozess, muss durch die klare technisch bezogene Lösungsvariante und bezüglich der technischen Anforderungen der Technical Scope erfolgen. Dieser hat zum Ziel festzuhalten, welche technischen Komponenten in oder out of Scope sind.
- Prozessschritt: Scope Controlling
  Nach dem Auftragsscope hat ein Scope Controlling zu erfolgen, welches kontrolliert, ob die vom Projekt erbrachten Leistungen (Lieferobjekte) innerhalb oder ausserhalb des Projektscope sind. Angehängt an das Scope Controlling ist natürlich sehr direkt das Änderungsmanagement, aber auch das Konfigurationsmanagement per se und das Versionsmanagement.

5

5.2.3 Zielfindungsprozess

Im Zielfindungsprozess werden die Systemziele (☞ Kapitel 1.4.2.1 „Systemziele") systematisch strukturiert, auf Vollständigkeit und Widersprüche geprüft, bereinigt und schliesslich in verbindlicher Form festgehalten. Im allgemeinsten Sinn ist ein Ziel ein Ort, ein Punkt oder ein gegenüber heute veränderter Zustand, den man erreichen will.

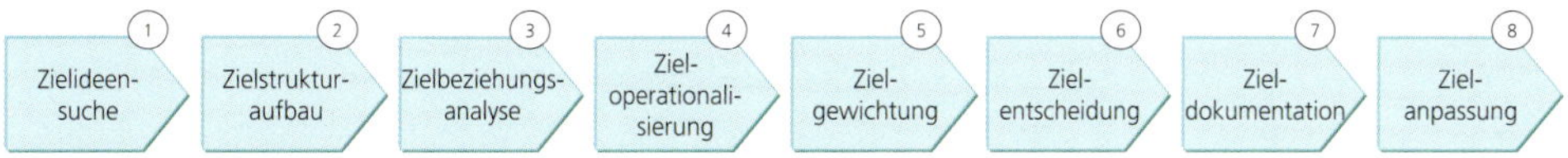

Abb. 5.17: Der Zielfindungsprozess

Der Zielfindungsprozess wird und muss in einem Projekt in der Initialisierungsphase durchlaufen werden. Es ist jedoch zu beachten, dass zu einem solch frühen Zeitpunkt nicht alle Systemziele bis ins Detail erarbeitet werden können. Dafür bieten sich während der Projektabwicklung noch unterschiedliche Gelegenheiten, insbesondere in der Konzeptionsphase beim Problemlösungs-Prozess (☞ Kapitel 5.2.4 „Problemlösungs-Prozess").

1. Zielideensuche
Um einen vollständigen Zielkatalog zu erstellen, ist es hilfreich, bei der Suche nach Zielideen die folgenden drei Zielkategorien zu berücksichtigen respektive zu prüfen. Dabei ist zu beachten, dass ein Ziel zu mehr als einer Kategorie gehören kann. Systemzielkategorien sind:

- Firmenziele (oder auch Finanzziele genannt)
  wie Produktivität, Wirtschaftlichkeit, Zukunftssicherung, Ansehen, Koordination, Kontrollierbarkeit, Normengerechtheit, Transparenz und Flexibilität etc.

- Kundenziele (oder auch Funktionsziele genannt)
  wie Produktqualität, niedrige Preise, schnelle Leistung, individuelle Produkte, eindeutige Ansprechpartner, erhöhter Service etc.

- Mitarbeiterziele (oder auch Sozialziele genannt)
  wie Arbeitszufriedenheit, abwechslungsreiche Aufgaben, anspruchsvolle Aufgaben, Autonomie, Beteiligung, Macht, Abschirmung, Sicherheit, Aufstiegschancen, Konfliktfreiheit etc.

2. Zielstrukturaufbau
Für einen besseren Überblick über die Ziele, die an eine neue Lösung gestellt werden, hat sich die hierarchische Strukturierung des Zielkatalogs bewährt. Dadurch werden auch Doppelspurigkeiten und Widersprüche bei den Zielen entdeckt. Bei der Zielhierarchie gibt es drei Ebenen: Globalziele, Gruppenziele und Detailziele. Wurde die Strukturierung und somit die Überprüfung vorgenommen, ist grundsätzlich nur noch die unterste Ebene, die der Detailziele, von entsprechender Bedeutung.
In dieser dreistufigen Zielhierarchie wird in der Praxis insbesondere die unterste Hierarchiestufe in weitere Ebenen (bis zur absoluten Operationalisierung) unterteilt. Bei der Einstufung von Wunschzielen ist es für den Projektleiter sehr hilfreich, wenn er mittels einer Präferenzmatrix die Ziele miteinander vergleicht und gewichtet. Dadurch erhält er eine Prioritätensondierung, die ihm speziell in turbulenten Zeiten hilft, die am stärksten gewichteten Ziele konsequent zu verfolgen.

3. Zielbeziehungsanalyse
Jedes Ziel soll durch einen Abgleich mit den anderen Zielen auf einen möglichen Zielkonflikt (ein Ziel verhindert das Erfüllen des anderen Ziels), auf eine mögliche Zielunterstützung (ein Ziel unterstützt das andere) und auf eine mögliche Zielunabhängigkeit (keines der zwei Ziele beeinflusst das andere) überprüft werden. Bei Zielunterstützung und Zielunabhängigkeit einer Zielbeziehung muss grundsätzlich nichts unternommen werden. Wurde ein Konflikt von zwei Zielen aufgedeckt, so wird vielfach für eines der Ziele eine Beschränkung eingeführt – oder eines der Detailziele muss geändert oder gar gelöscht werden.

4. Zieloperationalisierung
Damit zwischen den verschiedenen Parteien keine Missverständnisse auftreten, müssen die Ziele operationalisiert werden. Dafür müssen die Kriterien der Ziele messbar gemacht werden. Nur so kann am Schluss überprüft werden, ob die Ziele erreicht wurden. Ein Ziel wie „der Prozess muss schneller laufen" ist dabei nicht ideal, da das Ziel schon bei einer Verkürzung der Prozessdauer um eine Sekunde faktisch erreicht wäre.

5. Zielgewichtung
Wurden alle Ziele definiert, so sollte festgelegt werden, welche Ziele wie zu gewichten sind. Dazu werden die Ziele in die zwei Zielkriterien Muss- und Kann-Ziele aufgeteilt. Die Muss-Ziele (Erfüllung z.B. gesetzlicher Vorschriften, technischer Mindestanforderungen, bestimmter Persönlichkeits- oder Fachkriterien) müssen dabei durch die später einmal definierten Lösungsvarianten erfüllt werden, ansonsten scheiden diese Lösungen aus. Zu den Kann-Zielen gehören sowohl klare quantifizierbare als auch vage formulierte qualitative Ziele (z.B. psychologische, politische, ästhetische etc.). Sofern diese nicht quantifiziert sind, wird später „subjektiv" beurteilt, wie weit sie durch eine Lösungsvariante erreicht werden.

Innerhalb der Kann-Ziele muss eine Rangliste aufgestellt werden: Welches Ziel ist wie wichtig? Diese Zielgewichtung ist insbesondere dann von grossem Nutzen, wenn während der Projektabwicklung zeitliche oder finanzielle Engpässe auftreten. Ist eine Zielgewichtung vorhanden, kann man sich auf das Erreichen der wichtigsten Ziele konzentrieren.

- Muss-Ziele; sind erstrangige Ziele, die in einem Projekt unbedingt erreicht werden müssen. Wird ein Muss-Ziel nicht erreicht, so sind das Projekt oder die entsprechende Teillösung als nicht erfolgreich zu taxieren. Deshalb ist es äusserst wichtig, solche Ziele genau zu definieren und zu quantifizieren.
- Kann-Ziele; sind zweitrangige Ziele, die auch als „Wunschziele" bezeichnet werden. Der definierte Erfüllungsgrad muss nicht unter allen Umständen erreicht werden. Diese Ziele unterstützen aber die Projektführung und geben den Mitarbeitern die nötige Orientierung.
- Stakeholderbezug: Jedes Ziel, das definiert wurde, muss einen Bezug zu einem oder mehreren Stakeholdern haben. Hat es dies nicht, so ist dessen Notwendigkeit zu hinterfragen.

6. Zielentscheidung
Ist eine Operationalisierung durchgeführt, so soll mit dem Auftraggeber festgelegt werden, welche Ziele im Auftrag umgesetzt werden. Neben der rein sachlichen Gewichtung kann der Auftraggeber noch andere Werte (politische, taktische etc.) haben, nach welchen er die Ziele erreichen will. So mag es z.B. sachlich absolut richtig sein, ein qualitativ hochstehendes Produkt zu entwickeln. Ist die Konkurrenz jedoch früher auf dem Markt, kann dies gravierende Auswirkungen haben.

7. Zieldokumentation
Ein definiertes Ziel sollte wenn möglich umfassend beschrieben sein, damit erstens alle Betroffenen und Involvierten es verstehen und zweitens der Autor der Ziele auch nach vier Wochen noch weiss, was mit diesem Ziel gemeint war. Nicht selten wird hier nur mit Schlagwörtern gearbeitet; diese lassen gravierende Fehlinterpretationen zu. Solch definierte Ziele sind dann oftmals auch der Anlass zu grundlegenden Meinungsverschiedenheiten zwischen dem Auftraggeber und dem Projektleiter.

8. Zielanpassung
Da die Welt während eines Projekts nicht stehen bleibt, kann es gut sein, dass ein im Projektauftrag definiertes Ziel verändert werden muss. Dies sollte zwar nicht allzu oft vorkommen, aber verhindert werden kann es nicht. Es ist daher unabdingbar, dass alle Änderungen der Ziele schriftlich festgehalten und von allen betroffenen Parteien jeweils wieder unterschrieben werden (☞ Kapitel 11.5 „Änderungsmanagement").

5.2.4 Problemlösungs-Prozess

Der Problemlösungs-Prozess kommt meistens schon bei der Initialisierung für grobe Lösungsansätze zum Einsatz, z.B. in Form einer Machbarkeitsanalyse. Spätestens in der Konzeptionsphase muss das Problem jedoch als Ganzes erfasst und die Lösung bis zur Umsetzungsreife ausgearbeitet werden. Dazu wird als Hilfe nicht selten der Problemlösungs-Prozess angewendet.

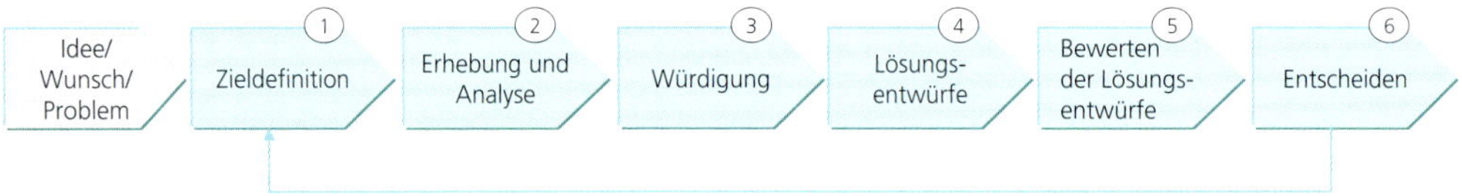

Abb. 5.18: Der Problemlösungs-Prozess

Im Überblick weist der Problemlösungs-Prozess folgende Teilschritte auf:

- Zieldefinition
  Zu Beginn sind die zu verfolgenden detaillierten Systemziele festzulegen, um den Projekterfolg konkret nachweisen zu können.

- Erhebung und Analyse
  Die Erhebung dient der Sammlung aller für das Projekt relevanten Daten. Diese werden anschliessend für die weitere Bearbeitung analysiert, d.h. zerlegt und geordnet.

- Würdigung
  Bei der Würdigung werden die erhobenen Daten beurteilt. Dabei werden das Positive wie das Negative sowie deren Ursachen herausgefunden und analysiert.

- Lösungsentwürfe
  Der Teilschritt „Lösungsentwurf" wird in die beiden Gruppen „Konzeptentwurf" und „Konzeptanalyse" gegliedert. Der Konzeptentwurf enthält die Sammlung von Lösungsmöglichkeiten. Die Konzeptanalyse wird dem Konzeptentwurf nachgeschaltet und soll helfen, die Lösungen durch kritisches Hinterfragen bis ins Detail zu konkretisieren.

- Bewerten der Lösungsentwürfe
  Auf die Sammlung respektive das Ausarbeiten von Lösungen folgt das Aussondern eindeutig unbrauchbarer Lösungsentwürfe. Daher sollen die Lösungen nach entsprechend abgestimmten Kriterien bewertet werden.

- Entscheiden, „Auswahl der Lösung"
  Bei diesem Teilschritt geht es darum, den Auftraggeber so umfassend zu informieren, dass er die bestmögliche Variante auswählt.

Wie der Ideenfindungs- und der Zielfindungsprozess ist auch der Problemlösungs-Prozess nichts anderes als ein strukturierter Denkprozess. Er wird auch systematisch dokumentiert, sodass der Auftraggeber respektive andere Beteiligte und Involvierte „einfach" nachvollziehen können, was gedacht wurde. Dieser Prozess wird aus rein logischer Sicht durch die Prozesse Anforderungsentwicklung und Scopemanagement begleitet, da die konzeptionelle Lösung in einem Projekt einen direkten Bezug zu diesen zwei Themen hat.

Selbstverständlich kommen je nach Projektart unterschiedliche Techniken zum Einsatz, wie eine Erhebung oder Analyse erstellt werden muss. Ab einer gewissen Tiefe reicht es auch nicht mehr aus, z.B. mit einer morphologischen Kreativitätstechnik eine Lösung zu erarbeiten. Dazu ist auch nicht der Problemlösungs-Prozess vorgesehen: Mit ihm sollen Lösungswege erarbeitet werden. Die Lösungen im Detail auszuarbeiten respektive zu spezifizieren, muss je nach Projektart mit den entsprechend geeigneten Instrumenten angegangen werden.

5.3 Anforderungsentwicklung

In einem Projekt werden von verschiedenen Stakeholdern (Interessengruppen) Anforderungen an das zu erstellende System (Produkt) gestellt. Um möglichst allen Bedürfnisse gerecht werden zu können, wird parallel zur Konzipierung der Anforderungsentwicklungs-Prozess definiert. Die Disziplin Anforderungsentwicklung (Requirement Engineering) wird wohl in Zukunft eine verstärkte Dominanz erhalten und nicht zuletzt auch zu einem wesentlichen Erfolgsfaktor in einem Projektabwicklungsprozess werden.

Unter Anforderungsentwicklung (oder Requirement Engineering) versteht man das systematische Spezifizieren, d.h. Erheben, Beschreiben, Prüfen und Priorisieren der Systemanforderungen.

Es gilt zu beachten, dass die Anforderungsentwicklung bzw. Anforderungsdokumentation in besonderem Mass dem Änderungsmanagement unterliegt, da jede Veränderung von abgenommenen Anforderungen zumeist einen Einfluss auf den vereinbarten Projektscope (Leistung, Qualität, Zeit und Kosten) hat.

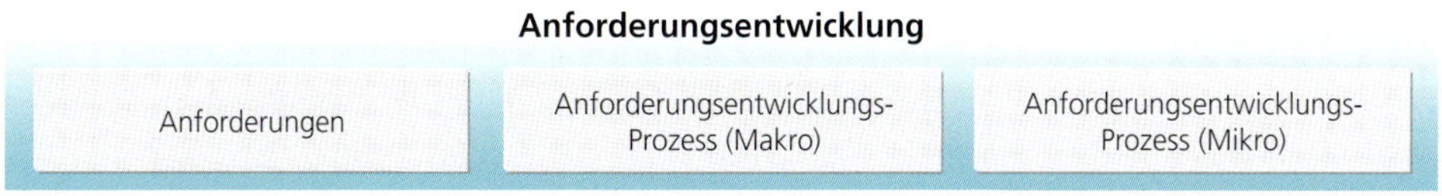

Abb. 5.19: Elemente der Anforderungsentwicklung (Requirement Engineering)

Hinter einem professionellen Requirement Engineering steht einerseits das Ziel, genau wissen zu wollen, was der Auftraggeber konkret will und andererseits der Grundgedanke, die Wirtschaftlichkeit und Akzeptanz von projekt- und auftragsbezogenen Leistungen zu erhöhen/verbessern. Zum einen sollen dank frühzeitigem Entdecken und Beheben von Denkfehlern Kosten eingespart werden, und zum andern sollen dank dem verbesserten Erfüllen der geforderten/gewünschten Anforderungen respektive dem in der Endfassung erstellten Projektprodukt ein entsprechend höherer Mehrerlös generiert werden. Demzufolge ist die nutzbringende Wirkung des Requirement Engineering eine indirekte, auf den Projektabwicklungsprozess bezogene Professionalisierung. Natürlich gilt es bei jedem Projekt abzuwägen, in welchem Umfang die Anforderungsentwicklung einzusetzen ist, da diese Disziplin z.B. beim Einkauf eines Standardprodukts nicht im gleichen Rahmen sprich in gleicher Tiefe durchgeführt wird wie bei einer Eigenentwicklung.

5.3.1 Anforderungen

Eine Anforderung ist eine Aussage über eine zu erfüllende qualitative und/oder quantitative Eigenschaft eines Produkts. Oder etwas formeller:

Eine Anforderung ist eine Bedingung oder Fähigkeit, die ein Produkt erfüllen oder besitzen muss, um einen Vertrag, eine Norm oder ein anderes, formell bestimmtes Dokument zu erfüllen [in Anlehnung an IEEE 1990].

Es wird des Öftern auch diskutiert, was der Unterschied zwischen Anforderungen und Zielen ist. Daher im Folgenden zum Vergleich nochmals die Definition von Zielen:

Ein Ziel ist ein angestrebter zukünftiger Zustand, der nach Inhalt, Zeit und Ausmass genau bestimmt ist.

Nun existieren in einem Projekt normalerweise nicht nur eine Anforderung, sondern viele. Die Gesamtheit dieser Anforderungen bezeichnet man als Anforderungsspezifikation.

Unter Anforderungsspezifikation versteht man die Zusammenstellung aller Anforderungen an ein Produkt.

Anforderungen fliegen einem nicht einfach zu; sie müssen erhoben werden (Anforderungserhebung), was Zeit und Geld kostet. Allerdings kostet es vermutlich deutlich mehr, wenn dies nicht systematisch geleistet wird und deshalb die falschen Anforderungen realisiert werden.

Anforderungen an das Produkt werden in funktionale und nichtfunktionale Anforderungen unterteilt.

5.3.1.1 Funktionale Anforderungen

Funktionale Anforderungen sind eine explizite Darstellung des geforderten Produkts bzw. von dessen Inhalten. Sie stellen das dar, was der Auftraggeber bzw. Benutzer des Produkts schliesslich zu „sehen" bekommt. Nachstehend einige Beispiele von funktionalen Anforderungen:
- Mit dem System müssen Balken- und Liniengrafiken erzeugt werden können.
- Das System muss Auskunft darüber erteilen können, wer welchen Artikel bis wann ausgeliehen hat.
- Der Tank muss über die Zentralverriegelung verschlossen bzw. geöffnet werden können.

5.3.1.2 Nichtfunktionale Anforderungen

Nichtfunktionale Anforderungen beeinflussen die Art und Weise, wie das Produkt erstellt wird, bzw. dessen Qualität. Eine nichtfunktionale Anforderung an eine Software-Applikation könnte beispielsweise lauten:
- Der Benutzer darf nie länger als 2 Sekunden auf die Rückmeldung des Systems warten müssen.
- Zugriffsberechtigungen müssen pro Benutzer möglich sein.
- Zerstörte Daten müssen jederzeit wiederhergestellt werden können (Restore).

5.3.2 Anforderungsentwicklungs-Prozess (Makro)

Die Erfahrung im Projektmanagement hat gezeigt, dass Anforderungsmanagement respektive -entwicklung in Projekten sinnvollerweise in zwei Teilen respektive, wie die Abbildung 5.20 aufzeigt, in drei Schritten umgesetzt werden sollten. Die zwei Teile Businessanforderungen und Produktentwicklung unterscheiden sich insofern, als der Lead der Arbeiten unterschiedlich ist. Werden die ersten beiden Schritte Businessanforderungs-Definition und Businessanforderungs-Spezifikation unter der Leitung des Business oder vom Business Requirement Engineer durchgeführt, so ist der Schritt der Produktanforderungs-Spezifikation vom Engineer oder bei einem Softwareentwicklungs-Projekt vom IT-Architekten vorzunehmen. Diese Unterteilung macht Sinn, da so eher garantiert wird, dass die Businessanforderungen gemäss den Wünschen des Business erstellt werden.

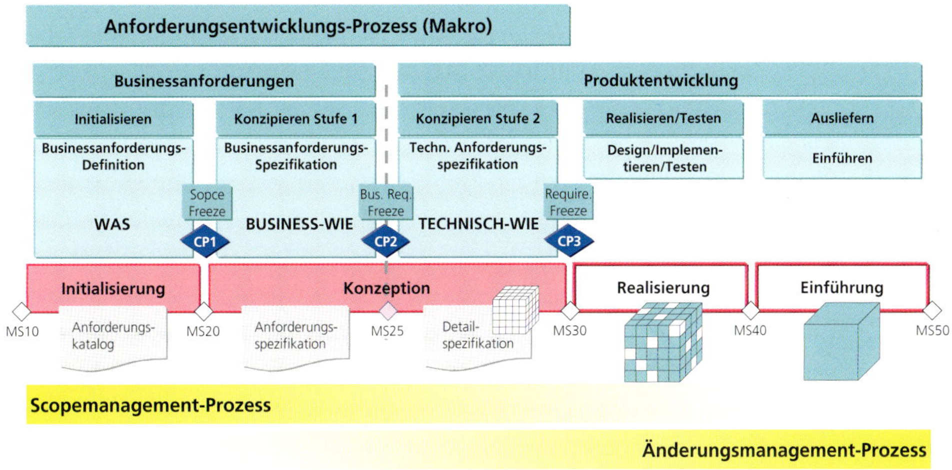

Abb. 5.20: Drei Schritte im Anforderungsentwicklungs-Prozess

In jedem Schritt im Anforderungsentwicklungs-Prozess werden die entsprechenden Aufgaben (☞ Kapitel 5.3.3 „Anforderungsentwicklungs-Prozess (Mikro)") durchlaufen. Nach jedem Schritt gibt es einen Check Point, dem ein sogenannter „Freeze" folgt.

- Businessanforderungs-Definition
  Während der Projektinitialisierung (Schritt: Definition) werden Businessbedürfnisse im Anforderungskatalog oder im Business Case festgehalten. Wenn möglich, können zu diesem Zeitpunkt schon die wichtigen Anforderungen etwas konkreter umschrieben werden. Am Ende dieses Prozessschrittes sollte im Groben geklärt sein, WAS im Projekt funktionsbezogen umgesetzt wird und WAS im Projekt nicht umgesetzt wird. Falls die definierten Businessanforderungen den definierten Scope abdecken, erfolgt der Scope Freeze (CP1). Es liegt auf der Hand, dass dieser Schritt sehr eng mit dem Scopemanagement-Prozess verbunden ist (☞ Kapitel 1.4.3 „Scopemanagement").

  Da MS20 (was wollen wir tun?) der Zeitpunkt des erstellten Projektauftrags ist, hat der Scope Freeze einen entscheidenden Einfluss auf das Projektmanagement. Alle Änderungen ab diesem Zeitpunkt, die den Scope verändern, müssen via Projektsteuerungs-Gremium beantragt werden.

- Businessanforderungs-Spezifikation
  Im ersten Teil der Konzeptionsphase werden auf der Grundlage der festgehaltenen Bedürfnisse bzw. des Scope die Anforderungen durch das Projekt respektive den Requirement Engineer aktiv erhoben und weiter spezifiziert. Sobald die Anforderungsspezifikation vollständige „Breite" (was muss alles realisiert werden?) und die notwendige Qualität aufweist, erfolgt der Business Freeze (CP2). Das heisst, zu diesem Zeitpunkt muss dem Business klar sein, was es konkret wünscht respektive umsetzen will und kann.

  Mit den Interaktionen zwischen der Konzipierung und dem Arbeitsschritt Anforderungsspezifikation ergibt sich schliesslich das „Business-WIE". Werden nach diesem Zeitpunkt Änderungen oder Erweiterungen gewünscht, sind diese „kostenpflichtig" und müssen über das Änderungsmanagement abgewickelt werden. Auf dem Bau heisst dies Regiearbeiten, und jeder, der schon einmal gebaut hat, weiss, was das bedeutet! Um der dauernd stattfindenden Evolution entgegenzutreten, sollte in dieser Phase die Umsetzung im höchstmöglichen Tempo vollzogen werden, da sich jede Zeitverzögerung in Spannung vom definierten SOLL zum evolutionären SOLL aufbaut.

- Technische Anforderungsspezifikation
  Aus den Arbeiten des Schritts „technische Anforderungsspezifikation" geht die Detailspezifikation hervor, die die Businessanforderungen mit den technischen Anforderungen ergänzt und somit mit den möglichen technischen Gegebenheiten ausstattet. Falls diese die notwendige Qualität aufweisen, erfolgt der Requirement Freeze (CP3). Das heisst, ab diesem Zeitpunkt können weder die Business- noch die technischen Anforderungen verändert werden, ausser das Projekt respektive der Auftraggeber hat genügend Zeit und Geld.

Diese schön sequenziell aufgeführten Prozessschritte können bei Berücksichtigung von gewissen Spielregeln überlappend vorgenommen werden. Eine sehr hilfreiche Form des effizienten Requirement Management ist das Führen einer Repository-Datenbank. Da sich bei immer grösser werdenden Konzernen der Zufall häuft, dass eindeutige Anforderungen in x-facher Form umgesetzt werden, könnten über eine solche Repository-Datenbank die Anforderungen zentral hinterlegt werden.

Wie bereits angesprochen, werden in jedem dieser drei Prozessschritte Anforderungen erhoben, beschrieben, geprüft und priorisiert. Wie dies allgemein auf einer generischen Stufe in allen drei Schritten funktioniert, wird im nachfolgenden Kapitel erläutert. Für vertiefte fachspezifische Ausführungen wird an dieser Stelle auf andere sehr gute Fachbücher (wie beispielsweise „Kontinuierliches Anforderungsmanagement" von B. Schienmann [Schi 2002]) verwiesen.

5.3.3 Anforderungsentwicklungs-Prozess (Mikro)

Das Spezifizieren von Anforderungen erfolgt (etwas plakativ formuliert) wie folgt: Die Projektmitarbeiter, die für die Anforderungsspezifikation zuständig sind, nehmen mit den Vertretern der Stakeholder Kontakt auf. Bei dieser Begegnung versuchen sie alle Anforderungen „aus den Köpfen der Interessenvertreter zu holen" (Anforderungserhebung). Danach werden in einem Zusammenspiel, einer intensiven Interaktion die Anforderungen konkret ausgearbeitet (Anforderungsbeschreibung). Die umfassend beschriebenen Anforderungen werden von den Interessenvertretern mittels einer qualifizierten Reviewtechnik geprüft (Anforderungsprüfung). In Zusammenhang mit dieser Prüfung müssen die einzelnen Anforderungen noch gegenseitig bezüglich deren Umsetzung abgewogen werden (Anforderungspriorisierung).

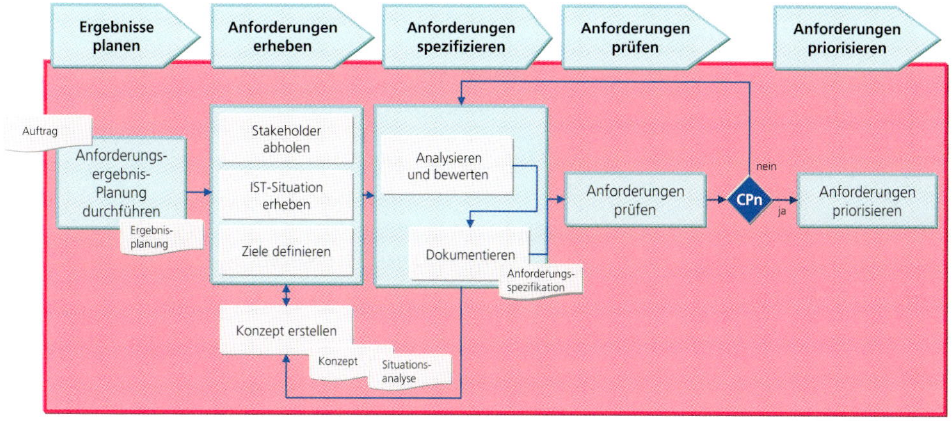

Abb. 5.21: Generische Arbeitsschritte des Anforderungsentwicklungs-Prozesses (Mikro)

Werden die Anforderungen, wie im Kapitel 5.3.2 (☞ „Anforderungsentwicklungs-Prozess (Makro)") aufgeführt, mittels eines dreistufigen Anforderungsenwicklungs-Prozesses erstellt, so können die Aufgaben dieser drei Schritte auf einer generischen Ebene wie folgt definiert werden.

5.3.3.1 Anforderungsergebnis-Planung

Zu Beginn eines Prozessschritts erfolgt die Festlegung der Anforderungsthemen-Planung (Tailoring) bzw. der Ergebnisse, sprich Lieferobjekte, die bezogen auf das Projekt relevant sind und in der Folge in diesem Schritt erarbeitet werden müssen. Das heisst, die in der Theorie aufgeführten notwendigen Lieferobjekte des Anforderungs-Engineering müssen auf die im Projekt gestellte Anforderung und Projektsituation „zurechtgeschnitten" und in einem entsprechenden Ergebnisplan (z.B. Prüfplan) aufgeführt werden.

5.3.3.2 Anforderungserhebung

Die Erhebung der Anforderungen erfolgt bei den verschiedenen Stakeholdern des zu erstellenden Projektprodukts. Dabei sind oftmals die beteiligten Firmen sowie deren Mitarbeiter und Kunden die wichtigsten Stakeholder. Selbstverständlich gibt es noch weitere Stakeholder wie Umweltschützer, Gewerkschaften, Staat etc., die je nach Umständen ebenfalls eine sehr zentrale Rolle spielen können. Mit welchen Stakeholdern man es zu tun hat, ist für jedes Projekt individuell abzuklären (☞ Kapitel 10.3 „Stakeholdermanagement").

Bei der Anforderungserhebung geht es darum, alle Erwartungen, die von den Stakeholdern an das System gestellt werden, zu erfassen. Dabei kann der Kontakt zwischen den Projektmitarbeitern und den Stakeholdern ganz verschieden erfolgen, bzw. es können verschiedene Techniken zum Einsatz gelangen (Fragebögen, Interviews, gemeinsame Arbeitstagungen etc.). An dieser Stelle wird jedoch nicht auf konkrete Techniken eingegangen. Vielmehr werden Hinweise zu einigen Schwierigkeiten/Problemen gegeben, die bei fast jedem Projekt bzw. jeder Anforderungsgewinnung auftreten:

- Begriffsdiskrepanz
  Da die Stakeholder meist aus unterschiedlichen Fachrichtungen kommen, empfiehlt es sich, ein Glossar (Requirement-Glossar) mit den wichtigsten Fachbegriffen zu definieren, um mögliche Begriffsdiskrepanzen auszugleichen.

- Ausdrucksschwierigkeiten
  Stakeholder sind meist keine Analytiker oder Architekten. Der Stakeholder spricht in einer speziellen „Sprache", das ist z.B. die Problem- oder Nichtproblemsprache, die Ziel- und Nichtzielsprache, die Lösungs- und Nichtlösungssprache etc. Hinzu kommt, dass er meist fliessend zwischen diesen Sprachen wechselt. So empfiehlt es sich, den Stakeholdern etwas zu helfen, wenn es darum geht, die eigenen Erwartungen zu äussern. Beispielsweise könnte man mit ihnen gemeinsam SOLL-Prozessabläufe untersuchen, Anwendungsszenarien bilden und durchspielen oder den Anwendungsbereich modellieren.

- Enthaltsamkeit
  Das wohl grösste Übel bei der Anforderungsgewinnung ist, wenn kein Stakeholder präzise Angaben (Zahlenwerte) über das zu erstellende Projektprodukt machen will, um so z.B. keine Verantwortung tragen zu müssen. Hier empfiehlt es sich, mit dem Projektsteuerungs-Gremium oder mit dem Auftraggeber Kontakt aufzunehmen.

Bei der Anforderungserhebung werden folgende konkrete Schritte umgesetzt:

- IST-Situation erheben
  Diese Aufgabe ist insbesondere beim ersten Schritt, dem Scopemanagement, wenn das „Business-IST", und im dritten Schritt, wenn das „technische IST" erhoben wird, wichtig. Die IST-Situation beschreibt und analysiert die gegenwärtige Situation im Untersuchungsbereich.

- Bedürfnisse erheben
  Die Bedürfnisse der Business-Interessenvertreter und/oder der Techniker/Architekten sind zu ermitteln und festzuhalten. Die Ermittlung der Bedürfnisse soll in der Sprache der Stakeholder erfolgen. Dies bedeutet, dass die Formulierung der Bedürfnisse insbesondere beim ersten Prozessschritt „Businessanforderungsdefinition" in Form von Lösungsideen, Zielen/Nichtzielen, Problemen/keine Probleme, konkreten Anforderungen und Einflussgrössen erfolgt. Bei diesen Erhebungsarbeiten gilt es bereits eine möglichst klare Definition der Anforderungen zu erhalten. Die erhobenen Bedürfnisse bilden die Basis für die weiteren Schritte des Anforderungsentwicklungs-Prozesses, wo sie bis ins Detail spezifiziert werden.

- Ziele definieren
  Auf Basis der erhobenen IST-Situation und der Erhebung der Bedürfnisse erfolgt die Formulierung und Konkretisierung der messbaren Systemziele „SOLL", die mit der Umsetzung des Vorhabens zu erfüllen sind.

- Konzept erstellen
  Dies ist der aktive Link zu den Konzeptionsarbeiten, insbesondere zum Problemlösungs-Prozess, in dem es darum geht, mit der Beschreibung der Businessidee und mit der Beschreibung der technischen Lösungsidee eine mit den Anforderungen abgestimmte Konzeption zu erstellen

(☞ Kapitel 5.2.4 „Problemlösungs-Prozess"). Neben der Beschreibung der Lösungsvarianten wird eine allgemeine Bewertung und, wenn notwendig, eine umfassende Risikoanalyse erstellt. Bei grossen Projekten beinhaltet dies eine Machbarkeitsstudie und bei Bedarf die Erstellung von Prototypen. Im Businesskonzept wird die businessbezogene Lösungsvariante (wie lösen wir dies, z.B. Aufbau- und Ablauforganisation?) beschrieben. Das Ergebnis bildet die Grundlage für die weiteren Ergebnisse. Die konkreten Businessfunktionen, welche die Lösung benötigt, werden im Dokument „Anforderungsspezifikation" festgehalten.

5.3.4 Anforderungen spezifizieren

Die korrekte Definition der funktionalen und nichtfunktionalen Anforderungen ist neben der Definition der Projektziele und Einflussgrössen eine der wichtigsten Aufgaben im Projekt (☞ Kapitel 5.3.1 „Anforderungen"). Diese werden z.B. in der Softwareentwicklung in Form von Anforderungsfällen (Use Case) festgehalten. Dabei ist es sinnvoll, die gesammelten Anforderungen zu klassifizieren bzw. zu kategorisieren, um beispielsweise fehlende Anforderungen oder Überlappungen zu erkennen.

Bei der Beschreibung von Anforderungen stehen verschiedene Techniken zur Verfügung, wobei alle entweder auf einer konstruktiven oder einer deskriptiven Darstellung des Projektprodukts beruhen. Während bei der konstruktiven Darstellung ein anschauliches Modell erstellt wird, beschreibt die deskriptive Darstellung bloss das äussere Verhalten der Lösung. Beide Darstellungsformen haben sowohl Vor- als auch Nachteile. Welche Darstellung bzw. Technik schliesslich benutzt wird, hängt von der Problemstellung sowie von den Kenntnissen der projektbeteiligten Personen ab.

Folgende zwei Aufgaben werden in diesem Arbeitsschritt vollzogen:

- Anforderungen analysieren und bewerten
  Die Gewinnung der Anforderungen aus unterschiedlichen Quellen führt in der Regel zu einer Reihe von Ungenauigkeiten, Widersprüchen und Inkompatibilitäten. Die Anforderungen werden deshalb analysiert und auf ihre sachliche Notwendigkeit bewertet. Die auftraggebenden Stakeholder verhandeln über die Bedeutung der einzelnen Anforderungen. Das Resultat ist ein Satz von Anforderungen, mit dem alle Beteiligten einverstanden sind.

- Anforderungen dokumentieren
  Im Anschluss an Erhebung, Analyse und Bewertung der Requirements erfolgt die Dokumentation (Spezifikation) der Anforderung pro Requirementstufe in einer angemessenen Form. Dabei sind die Anforderungsfälle, die benötigten Daten, die Prozesse, Sicherheitsaspekte, die Schnittstellen und der Output zu beschreiben. Die Anforderungsfälle bilden den Kern, aus dem alle anderen zu spezifizierenden Elemente abgeleitet werden. Sie sind im ersten Schritt „Businessanforderungs-Definition" mindestens im Standardablauf zu beschreiben. Sofern es die Situation (Verständnis) erfordert, werden die Use Cases bereits in dieser ersten Phase vollumfänglich beschrieben.

  Für die Projektdokumentation wird zudem auf Basis des zentralen Unternehmensglossars ein projektspezifisches Glossar erstellt. Dieses enthält alle im Zusammenhang mit dem Vorhaben verwendeten Begriffsdefinitionen. Bei Abschluss des Projekts ist zu prüfen, ob neue Begriffe aus dem „Projekt- oder Requirement-Glossar" in das zentrale Unternehmensglossar übernommen werden müssen.

5.3.5 Anforderungsprüfung

Die Anforderungsprüfung ist keine einmalige Tätigkeit, sondern ein stetiger Prozess. Werden die Anforderungen nicht fortlaufend (konsequent) geprüft, kann sich das Projekt leicht in eine falsche Richtung entwickeln, was teuer zu stehen kommen kann. Mögliche Techniken, die bei der Anforderungsprüfung zur Verfügung stehen, sind: Review, Audit und natürlich zu einem späteren Zeitpunkt Tests (☞ Anhang A.4.2 „Kontrolltechniken").

Grundsätzlich gilt es bei der Anforderungsprüfung zwischen der Verifikation und der Validierung zu unterscheiden. Während die Verifikation zumeist von Fachspezialisten erfolgt und es um die analytische Prüfung der Anforderungen geht („to do the things right"), handelt es sich bei der Validierung um die Prüfung der inhaltlichen Korrektheit seitens der Stakeholder („to do the right things").

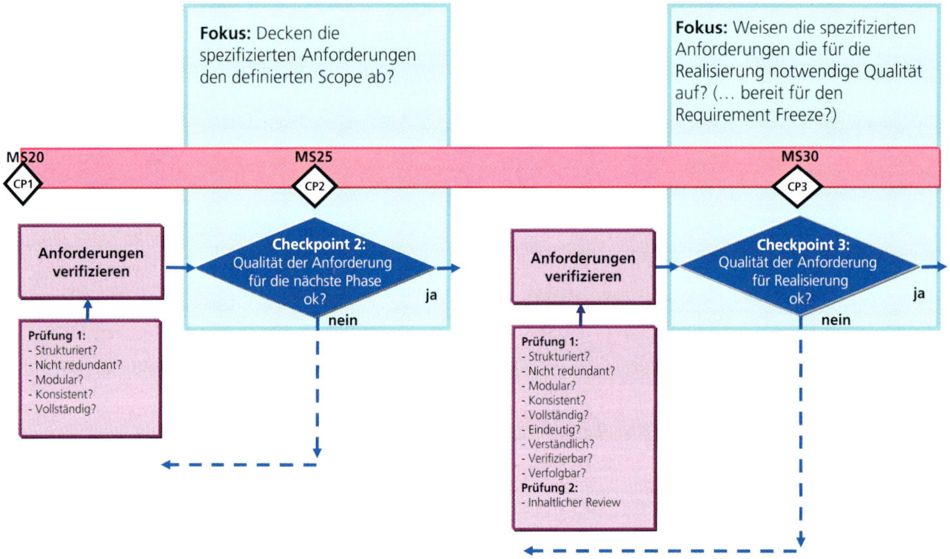

Abb. 5.22: Checkpoints für die Garantie einer guten Ergebnisqualität

Wie Abbildung 5.22 aufzeigt, werden bei einem Projekt respektive den dokumentierten Anforderungen drei Prüfzeitpunkte durchlaufen. Bei CP1 geht es primär um eine Formalprüfung. Demgegenüber wird bei CP2 und CP3 nebst der formalen eine inhaltliche Prüfung zwingend durchgeführt.

Das Anforderungsmanagement hat sein Ziel erfüllt, wenn sämtliche Anforderungen am Ende der Konzeptionsphase (neben den funktionalen auch die nichtfunktionalen Aspekte) gemäss den entsprechenden Qualitätsattributen abgenommen wurden. Als Unterstützung einer umfassenden Prüfung können die Qualitätsattribute der Internationalen Standardisierungsorganisation IEEE 830 [IEEE1998] verwendet werden:

- vollständig: Alle Anforderungen des Kunden müssen explizit beschrieben sein, es darf keine impliziten Annahmen des Kunden über das zu entwickelnde System geben. Das heisst, alle wesentlichen Anforderungen (z.B. bezüglich Funktionalität, Performance, Schnittstellen) sind aufgeführt.

- eindeutig: Eine Anforderung ist dann eindeutig, wenn es nur eine einzige Interpretation gibt. Dadurch sollen die Missverständnisse zwischen Auftraggeber und Entwickler möglichst gering gehalten werden.
- verständlich: Alle am Business-Requirement-Engineering-Prozess beteiligten Personen müssen den Inhalt der Anforderungen mit vertretbarem Aufwand lesen und verstehen können.
- korrekt: Die Use Cases müssen korrekt aus der übergeordneten Ebene (Lösungsszenarien, Ziele, Einflussgrössen) abgeleitet sein. Der Bedarfsteller muss entscheiden, ob eine bestimmte Anforderung einem Bedürfnis korrekt entspricht.
- widerspruchsfrei: Es gibt keine Anforderungen, die sich selber, aber auch untereinander widersprechen.
- priorisiert: Es muss klar sein, welche Anforderungen wichtig sind und welche weniger, um so eine Releaseplanung ableiten zu können.
- notwendig: Was nicht vom Auftraggeber oder einer klaren Logik gefordert wird, ist keine Anforderung.
- verifizierbar: Eine Anforderung ist verifizierbar, wenn ein Mensch oder eine Maschine überprüfen kann, ob die Anforderung erfüllt ist oder nicht.
- modifizierbar: Damit Änderungen an Anforderungen leicht vorgenommen werden können, müssen sie gut strukturiert sein. Ferner sollten die Anforderungen, wegen besserer Wartbarkeit, nicht redundant beschrieben sein.
- verfolgbar: (1) Jede Anforderung hat einen eindeutigen Identifikator, z.B. eine Nummer. Der Identifikator wird nie geändert (sonst geht die Verfolgbarkeit verloren). (2) Die Quelle jeder Anforderung ist festgehalten (wer hat die Anforderung xy eingebracht?).
- ergebniskausal: damit einerseits erkennbar ist, ob jede Anforderung erfüllt wurde und andererseits bei jeder implementierten Funktionalität erkennbar ist, aus welcher Anforderung sie resultiert, damit also nichts Überflüssiges entwickelt wird.

5.3.6 Anforderungen priorisieren

Ob Anforderungsfälle durch Wartungs(-Arbeiten), einen Arbeitsauftrag, die „Bündelung einiger weniger Anforderungen, welche zusammen gemäss Klassifizierung kein Projekt ergeben" oder ein Projekt umgesetzt werden, ist bezüglich Priorisierung egal. Die Anforderungspriorisierung ist in erster Linie „Vorhabenskategorien-neutral". Ob Projekt, Wartung oder Arbeitsauftrag – auf Stufe der groben Anforderungsbeschreibung (Anforderungskatalog) muss in Bezug zum Releasemanagement eine Priorisierung erfolgen.

Bei Bedarf müssen die definierten Anforderungsfälle (Use Case) innerhalb eines Projekts priorisiert werden. Dies empfiehlt sich unter anderem bei Vorhaben, bei denen – aufgrund der Vorhabensgrösse – eine etappierte Realisierung und Einführung des Gesamtergebnisses (Gesamtsystems) erfolgen muss (☞ Kapitel 11.3 „Releasemanagement"). Oder bei den Vorhaben, bei denen zu wenig Zeit und/oder Geld vorhanden ist. Durch die Priorisierung wird unter anderem sichergestellt, dass die wichtigen Anforderungsfälle mit der grössten Wirkung als Erstes umgesetzt werden. Die in Abbildung 5.23 aufgeführten Priorisierungsmerkmale beziehen sich auf Priorisierungskriterien, die sich von Bewertungsgrössen wie strategischer Beitrag und Wirtschaftlichkeit sowie auf die Minderung von Unternehmensrisiken ableiten lassen. Die Einflussgrössen können für die Muss/Kann-Beurteilung herangezogen werden.

Das Ziel der Anforderungsfall-Priorisierung ist somit, in einem einfachen, aber effizienten Verfahren festzulegen, welche Anforderungsfälle als erste respektive zweite Priorität umgesetzt werden und welche nicht.

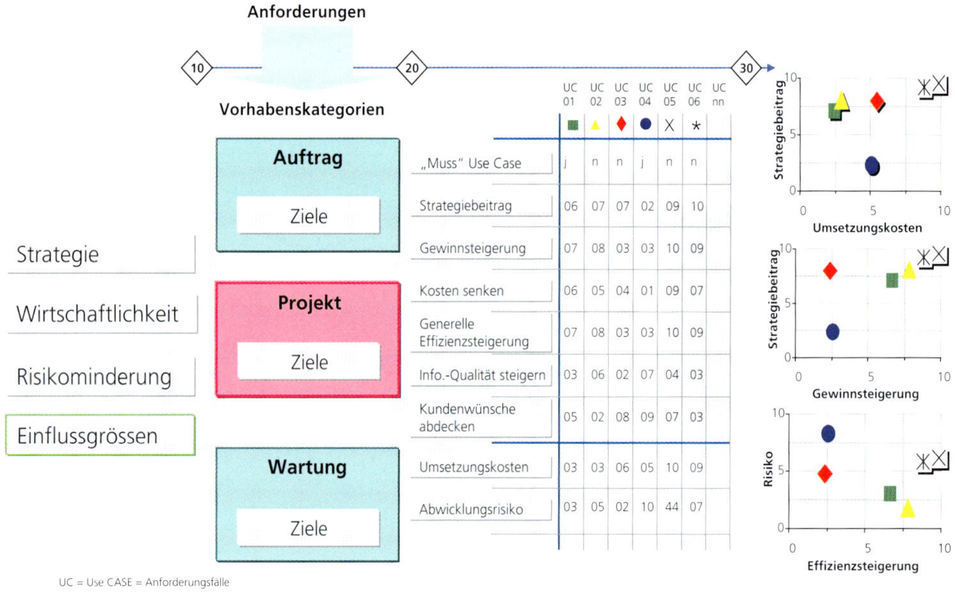

Abb. 5.23: Anforderungspriorisierung

5.4 Realisieren

Sind die Anforderungen spezifiziert, die Detailpläne gezeichnet und die Konzeptionen so ausgearbeitet, dass das Projektprodukt „papiermässig" gelöst ist, kann in den Realisierungsprozess eingestiegen werden. Im Gegensatz zu den vorangegangenen Phasen handelt es sich hier bei den meisten Projektarten um eine Phase, bei der man das Ergebnis, sprich das Projektprodukt, konkret sieht. Im Vordergrund steht die spezifikationsgerechte Erstellung eines Produkts im Rahmen vorgegebener Termin- und Kostengrenzen [Mad 1994]. Bei diesem Arbeitsvorgang könnten nun x verschiedene Prozesse, pro Projektart ein Prozess, beschrieben werden. In gewissen Branchen, sprich Projekten, ist der Anforderungsentwicklungs-Prozess und der Produkteentwicklungs-Prozess fliessend: Aus Projektmanagement-Sicht macht es jedoch Sinn, diesen Übergang bei jeder Projektart zeitmässig mit einem Meilenstein zu trennen.

Das „Realisieren" endet mit der Ablieferung und funktionsfähigen Übergabe des vereinbarten Endprodukts zum vereinbarten Termin [Mad 1994]. So gesehen gehört richtigerweise der unter Kapitel 5.6 (☞ „Auslieferung") aufgeführte Auslieferungsprozess (Integrationsprozess) auch noch zur Realisierung. Aus Sicht der Projektführung ist es sinnvoll, die Phase „Realisierung" vor der Auslieferung in offizieller Form zu beenden, damit die Phase „Einführung" mit dem Durchführungsprozess „Auslieferung" gestartet werden kann.

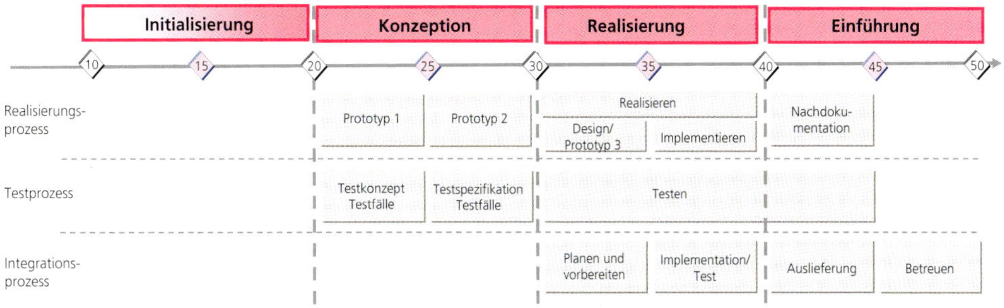

Abb. 5.24: Prozesskontextdiagramm mit Sicht der Phase Realisierung

In grösseren Projekten wird die Realisierung des Projektprodukts in mehrere Realisierungseinheiten unterteilt. Das heisst, in Form von Releases wird allenfalls ein iteratives Vorgehen angesetzt (☞ Kapitel 5.1.1 „Evolutionäres Phasenmodell") oder das Ganze in Teilprojekte aufgeteilt. Wird die Realisierung nicht in klar abgrenzbare delegierbare Einheiten unterteilt, besteht die Hauptaufgabe des Projektleiters bei diesem Projektabwicklungsschritt zur Hauptsache darin, die Umsetzungsarbeit zu koordinieren und zu kontrollieren. Er muss im Auge behalten, ob das Projekt zeitmässig, kostenmässig und im Hinblick auf die Qualität im Plan ist. Vergleiche des IST (aktueller Stand) mit dem PLAN (Pläne) sind laufend notwendig: Abweichungen müssen erkannt und analysiert werden. Eventuell sind auch korrigierende Massnahmen angebracht, zum Beispiel:

- Hinzuziehen weiterer Spezialisten	- Neue oder andere Einsatzmittel
- Absprachen mit dem Auftraggeber	- Veränderungen der Prioritäten
- Anpassung der Pläne	- Korrigieren/verändern der bisher erstellten Produkteteile

Die Hauptelemente des Realisierens können sein:

Abb. 5.25: Hauptelemente der Realisierung

5.4.1 Prototyping

Je nach Betrachtungsweise und Prototyping-Art kann diskutiert werden, ob Prototyping zur Realisierung gehört oder nicht. Entscheidend ist nicht ob, sondern welchen effektiven Fertigstellungsbeitrag das Prototyping an das gewünschte Endprodukt liefert.

Entwickeln mittels Prototyping ist nur möglich bei evolutionärem Prototyping. Dabei geht es im Grunde um nichts anderes, als die Konzipierungs- und die Realisierungsarbeiten bis zu einem gewissen Grad zusammenzulegen. Dies mit dem Wissen, dass man sich einerseits sukzessiv an die endgültige Lösung „herantasten" kann, und andererseits das Prototyping ein klares methodisches Konstrukt ist, das mit try and error nichts zu tun hat. Die zwei Hauptziele von Prototypen sind einerseits eine verbesserte Verifikation der Spezifikationen und andererseits das Senken der Entwicklungsrisiken bezüglich des angestrebten Projektprodukts.

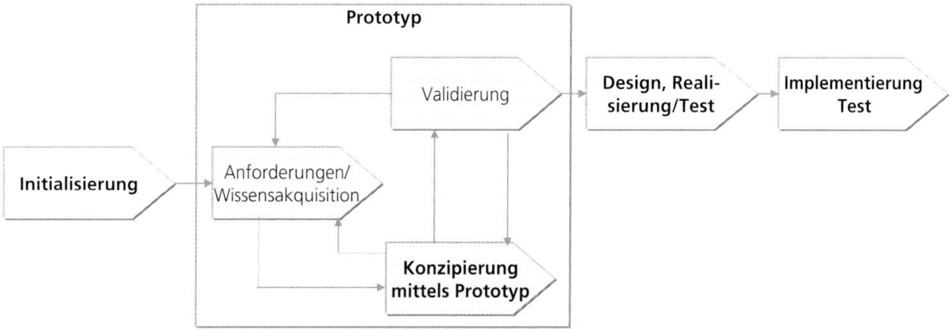

Abb. 5.26: Prototypingorientiertes experimentelles Entwickeln eines Projektprodukts

Beim Prototyping werden, wie im Kapitel „Anforderungsentwicklung" beschrieben, die Anforderungen respektive die notwendigen Ziele und Kennzahlen erhoben, und es wird ein neutrales, nicht selten vereinfachtes Modell oder Konstrukt erstellt. Anschliessend wird die konzipierte Lösung nicht, wie im vorhergehenden Kapitel dargestellt, mittels einer „Papierlösung" ins Detail beschrieben, sondern es wird mit Unterstützung von entsprechenden Instrumenten ein für den Auftraggeber oder Spezialisten validierbarer Prototyp erstellt. Dem Schritt folgend wird der Prototyp im Kontext der Anforderungen validiert. „Welche Anforderungen werden abgedeckt und welche nicht?" Dies kann nach einem klar abgestimmten Stufenmodell iterativ erfolgen, bis man in die endgültige Realisierung verzweigt.

Folgenden Arten von Prototypen können beim evolutionären Vorgehen zum Einsatz [Flo 1994] kommen:

- Explorative Prototypen
  Der Einsatz von explorativen Prototypen hat eine möglichst vollständige Spezifikation zum Ziel. Mittels Zielfindungsprototyp oder auch Spezifikationsprototyp wird der erste Schritt zu klaren Benutzeranforderungen gemacht (z.B. Oberflächenprototyp/Holz- oder Gipsmodell).

- Experimentelle Prototypen
  Die Einsatzmöglichkeiten von experimentellen Prototypen (technischer Prototyp) sind vielfältig. Mit experimentellen Prototypen werden insbesondere technische Risiken frühzeitig aufgedeckt, bzw. sie werden aufgrund einer Risikoanalyse geplant und durchgeführt. Müssen Verifikationen von technischen Lösungsansätzen vorgenommen werden (Methodeneinsatz, Machbarkeitsnachweise etc.), so kann dies durch Einsatz eines experimentellen Prototyps erfolgen. Durch den gezielten Einsatz von experimentellen Prototypen erhält man z.B. auch eine vollständige Spezifikation von Sub- respektive Teilsystemen für die endgültige Realisierung.

- Evolutionärer Prototyp
  Der evolutionäre Prototyp stellt grundlegende Funktionen des definierten Systems in einer Art zur Verfügung, dass damit bereits nutzbringend gearbeitet werden kann. Daher wird der evolutionäre

Prototyp stufenweise bis zur endgültigen Leistungsfähigkeit des Anwendungssystems ausgebaut [Brö 1995].

Explorative und experimentelle Prototypen werden nach ihrer Erstellung in der Regel nicht mehr als Ganzes weiterverwendet. Um aus diesen Prototypen einen möglichst grossen Nutzen zu ziehen, müssen sie so weit wie möglich gemäss den gültigen Entwicklungsrichtlinien erstellt werden. So können viele Teile (Routinen, Layouts etc.) für die definitive Lösung weiterverwendet werden.

Ist das Entwickeln von Prototypen gemäss den allgemeingültigen Entwicklungsrichtlinien zu teuer, so sind wahrscheinlich die Richtlinien, die eingesetzten Instrumente oder die Ablauforganisation in der Entwicklung falsch. Damit man beim Prototyping die Wirtschaftlichkeit des Projekts rechtfertigen kann, muss man zwei Grundsätze strikt befolgen:
1. Der Realisationsumfang ist vom Zweck des Prototyps abhängig, somit muss dieser Zweck klar definiert sein.
2. Es muss klar im Voraus über den Realisationsumfang des Prototyps entschieden werden.

Das projektorientierte Vorgehen mit Prototypen hat folgende Vorteile:
- liefert bezüglich Endlösung schnell erste Ergebnisse,
- kann frühzeitig Probleme aufdecken, z.B. bezüglich Design,
- eine verbesserte Qualitätssicherung und ein klarerer Scope,
- ermöglicht ein besseres Einbringen von Kundenwünschen.

5.4.2 Projektprodukt-Design

Mit der Unterstützung eines experimentellen Prototyps klären die Spezialisten des Projektteams allenfalls, wie die Benutzererwartungen technisch umgesetzt werden können. Der Designabwicklungsschritt eines Projekts hat anschliessend zum Ziel, dass die neue Lösung vollends bezüglich Aufbau und Funktionsweise beschrieben wird. Bei Entwicklungsprojekten von neuen Maschinen wird zum Beispiel alles bis zur kleinsten Schraube inklusive deren zu erfüllenden Funktionsnormen beschrieben respektive gezeichnet.

Da bei vielen Produkten die Schnittstellen ein ganz zentraler Punkt sind, macht es aus Projektmanagement-Sicht Sinn, diesen eine erhöhte Aufmerksamkeit zu schenken. Bei wichtigen Schnittstellen sollte, wenn nicht schon bei der Anforderungsspezifikation, dann spätestens zu diesem Zeitpunkt, eine Schnittstellenvereinbarung getroffen werden, die die anzuwendenden Protokolle festlegt.

In diesem Arbeitsschritt müssen nicht nur die Schnittstellen bis ins letzte Detail geklärt werden, die das System, die Organisation, das Produkt etc. in ihrem späteren „Leben" haben, sondern auch die notwendigen Arbeiten, die für eine Migration vom Alten in das Neue notwendig sind.

5.4.3 Projektprodukt-Implementierung

Die Projektprodukt-Implementierung ist der Arbeitsschritt, bei dem aus den Anforderungen/ Spezifikationen, der Architektur und dem Design die endgültige Lösung konstruiert wird. Dabei kann es sich um das Bauen eines Hauses, um die Programmierung einer Softwarelösung oder um die physikalische Realisierung von technischen Systemen handeln. Oder einfach gesagt: Die in der Detailspezifikation vereinbarten Anforderungen werden nach den Vorgaben des Designs technisch umgesetzt. Das geplante Projektprodukt wird nun gebaut, getestet und dokumentiert.

Je nach Projektprodukt, das erstellt wird, müssen auch die Geschäftsprozesse und Organisationsstrukturen entsprechend angepasst und dokumentiert werden. Im Weiteren sollten, wenn notwendig, Schulungsunterlagen erstellt werden, sodass die Schulung „auslieferungsfertig" bereit liegt. Dazu gehört bei einer grösseren Schulungsaktion auch das „Train the Trainer".

Am Ende dieses Arbeitsschritts ist das Produkt fertig entwickelt und z.B. bei einer Softwarelösung in einer Testumgebung vollständig installiert, oder bei einer neuen Maschine/einem neuen Motor ist diese bzw. dieser auf dem Prüfstand bereit.

Projektprodukt	**Beispiele von auszuliefernden Ergebnissen**
Software	Lauffähiges Programm mit Versionskennzeichnung, Benutzerhandbuch, Quellcodes/ Quelltext, kompiliertes Programm, etc.
Hardware, Komponenten, Baugruppen, Geräte, Anlagen	Das einsatzfähige Objekt, Bedienungsanleitungen, Wartungs- und Kalibriervorschriften, CAD-Zeichnungen/Stücklisten, Prüfvorschriften, Liste der ausgelieferten Versionen/ Konfigurationen etc.
Schulung	Foliensätze, Prüfungen, Skript, Tests, Drehbuch etc.
Dokumentationen	Ergänzend zu einen Projektprodukt müssen entsprechende Dokumentationen mitgeliefert werden.
Etc.	

Eine ganz wichtige Aufgabe bei der Realisierung ist das „Managen" der einzelnen Stücke, welche dann in der Summe das ganze Produkt bilden. Wo anwendbar, muss das Projektteam während der gesamten Produktrealisierung mit geeigneten Mitteln Produkt wie auch Prüfstatus kennzeichnen. Dieses produktelementbezogene Managen der einzelnen Stücke respektive Teilobjekte wird mittels Konfigurationsmanagement wahrgenommen (☞ Kapitel 11 „Konfigurationsmanagement"). Wo Rückverfolgbarkeit eine Forderung ist, muss der Projektleiter respektive das -team die eindeutige Kennzeichnung des Produkts gewährleisten und aufzeichnen. Dazu werden Nummernsysteme festgelegt, die der Identifikation und Rückverfolgbarkeit von Dokumenten, Aufzeichnungen und ausgelieferten Einheiten dienen.

5.5 Testen und Erproben

Bei der projektorientierten Herstellung eines Produkts – von der Software bis zu einer Dienstleistung – werden die Teil- und Endprodukte (Projektprodukt) dahingegen geprüft, ob sie den vertraglich vereinbarten Requirements und Zielen entsprechen (Verifikation). Im Weiteren wird geprüft, ob das Projektprodukt die geforderte Aufgabe löst (Validation). Je nach Projektprodukt gibt es auch unterschiedliche Anforderungen an die Qualität der Lösung [Spi 2005]. Erweist sich das Produkt als fehlerhaft, so müssen gegebenenfalls Korrekturen in der Konzeption und/oder beim Requirement oder aber am Projektabwicklungsprozess als Ganzem oder spezifisch im Projektdurchführungsprozess erfolgen.

Abb. 5.27: Hauptelemente des Testprozesses

Das Testen ist im Projektdurchführungsprozess nicht nur bezüglich der Qualität ein sehr wichtiger Teil, sondern auch hinsichtlich anderer Erfolgsfaktoren wie Akzeptanz, Kosten, Zeit etc. Durch das ausführliche Testen verringern sich die Risiken des in der Zukunft einzusetzenden Projektprodukts massgeblich. Testen darf nicht isoliert betrachtet werden: Es muss immer im Kontext zu den anderen Qualitätssicherungsmassnahmen (☞ Kapitel 7 „Qualitätsmanagement") betrachtet werden.

Der Nachteil von Tests ist (ausser man verwendet Prototypen), dass sie erst sehr spät durchgeführt werden können, sodass grundlegende Fehler, die z.B. im Konzept gemacht wurden, nur noch mit sehr hohem Aufwand, wenn überhaupt, korrigiert werden können. Hinzu kommt, dass man bei Tests naturgemäss immer eine relativ kleine Anzahl von Fällen betrachten kann und ein vollständiger Test aufgrund der Vielzahl möglicher Parameter normalerweise unmöglich ist.

Immer wichtiger wird das Testen von Schnittstellen. Diese müssen mit einem Review und/oder Test auf Vollständigkeit und Richtigkeit geprüft werden.

Prinzipien des Testens:

- Ein Entwickler sollte nie versuchen, sein eigenes Werk abschliessend zu testen.
- Testfälle müssen für ungültige und unerwartete ebenso wie für gültige und erwartete Inputs definiert werden.
- Die Ergebnisse von Tests müssen gründlich untersucht und analysiert werden.
- Die Wahrscheinlichkeit, in einem bestimmten Segment des zu testenden Objekts in der näheren Umgebung eines bereits bekannten Fehlers weitere Fehler zu finden, ist überproportional hoch.
- Zu jedem Test gehört die Definition des erwarteten Ergebnisses vor dem Beginn des Tests.
- Testen ist definiert als die Ausführung eines Objekts mit der erklärten Absicht, Fehler zu finden.
- Es sollte nie ein Test mit der Annahme, dass keine Fehler gefunden werden, geplant werden.

5.5.1 Testplanung

Der Projektleiter entwickelt, unter Beteiligung des Testverantwortlichen, so früh wie möglich einen Testplan (Testkonzept). Wieweit Tests in den Projekten notwendig sind, muss der Projektleiter selber bestimmen. Ob viel oder wenig getestet wird – die Tests müssen zwingend im Vorfeld geplant und im Testplan als Bestandteil des Qualitätsplans festgehalten werden. Nur so können die notwendigen Arbeiten rechtzeitig vorgenommen werden, sodass der reine Testprozess möglichst effizient durchgeführt werden kann. Was genau getestet wird, erfolgt abgestuft aus den Spezifikations- und Designergebnissen der Konzeptions- und Realisierungsphase. Beim Testplan müssen unter anderem folgende Punkte bestimmt werden:

- Festlegen der Aufgaben und Zielsetzung der Tests,
- Festlegen der Testzyklen,
- Bestimmen der Vorbereitungsarbeiten (Testfälle, Testkonfiguration, Datenbereitstellung, Schulungen der Mitarbeiter etc.),
- Eruieren und Festlegen des Aufwands und der Personalmittel für die einzelnen Tests,
- Eruieren und Festlegen der Sach- und Hilfsmittel für die Tests,
- konkreter Zeitplan der Tests,
- Verantwortlichkeiten der Testdaten, Testfälle und der Testdurchführung.

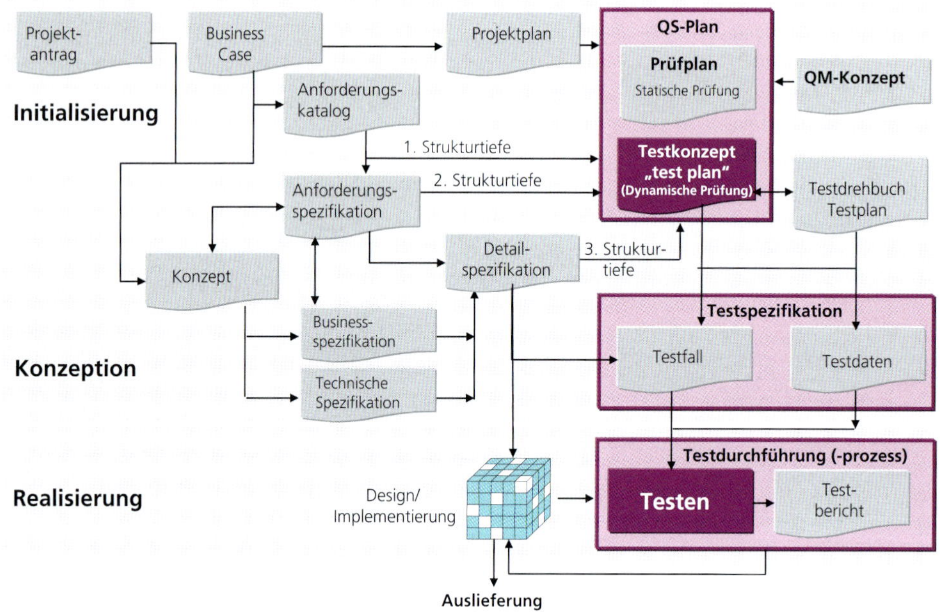

Abb. 5.28: Testelemente im Zusammenhang mit den wichtigsten Abwicklungslieferobjekten

5.5.2 Testspezifikation

Die Testfälle werden primär auf Basis der Detailspezifikation erstellt. Sie können jedoch, nach den Stufen des Requirement Engineering, schon recht früh im Anforderungsentwicklungs-Prozess bestimmt werden. Die Testfälle stellen schliesslich eine Überprüfung der Arbeiten des Entwicklungsteams gegenüber den beschriebenen Anforderungen dar. Sie prüfen aber auch die Arbeit der „Konzeptionisten" und „Architekten". Die Spezifikation der Testfälle erfolgt vielfach in zwei Schritten: Zuerst sind logische Testfälle zu definieren (was will ich überhaupt testen?). Danach können die logischen Testfälle konkretisiert werden (wie, mit was, wie viel will ich testen?) . Auch der umgekehrte Weg ist möglich: vom konkreten zum allgemeinen, logischen Testfall. Dieses Vorgehen muss dann angewendet werden, wenn ein Testobjekt unzureichend spezifiziert ist und eher ein experimentelles Vorgehen einzuschlagen ist. Als dritter Schritt erfolgt das Erstellen der konkreten Testfälle [Spi 2005].

5.5.3 Testdurchführung

Nach der Definition der Testfälle ist es erforderlich, den konkreten Ablauf der Tests festzulegen (☞ Abbildung 5.29). Die Testdurchführung ist der Arbeitsschritt der Überprüfung, in der die vorbereiteten Tests unter anderem durch Aufruf der Testroutinen mit den dafür definierten Testeingaben, mittels allfälliger Unterstützung von Testtools, abgearbeitet und ihre Resultate in einer zuvor definierten Form protokolliert werden. Die Ergebnisse dieses Arbeitsschritts werden im Testprotokoll zusammengefasst und angemessen dokumentiert.

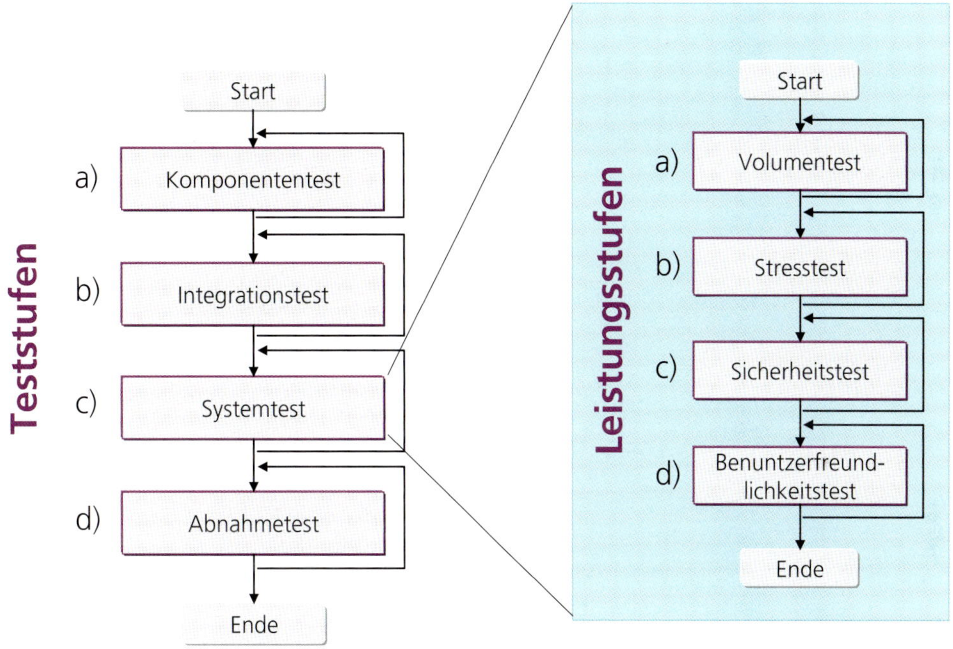

Abb. 5.29: Mögliche Test- und Leistungsstufen

Die Testergebnisse werden mit den definierten Anforderungen verglichen und beurteilt. Grundsätzlich sollten je nach Projektart folgende Teststufen durchgeführt werden:

- Komponententest (Unit Test): „Komponententest (oder auch Modultest genannt) bedeutet, dass nicht das gesamte Produkt als Ganzes getestet wird, sondern kleinere Einheiten eines Produkts. Dies ist vorteilhaft, da man z.B. den Ort des Fehlers schneller und präziser bestimmen kann."
- Integrationstest (Integration Test): „Ziel des Integrationstests ist es, die Kommunikation und das Zusammenwirken der zu grösseren Teilsystemen zusammengefügten Komponenten zu überprüfen. Dabei werden Schnittstellenfehler aufgedeckt, die durch einen Komponententest nicht entdeckt werden können."
- Systemtest: „Beim Systemtest [Bal 1998] wird das Gesamtobjekt/System in der realen Umgebung ohne den Auftraggeber getestet. Innerhalb des Systemtests sollten unter anderem folgende wichtige Leistungsstufen geprüft werden:
  - Volumentest,
  - Stresstest,

  – Testen der Sicherheit,
  – Testen der Benutzerfreundlichkeit."

- Beim Abnahmetest ist der Auftraggeber anwesend. Dabei wird ein Teil der bei den Systemtests genannten Methoden eingesetzt. Ziel ist es nicht, Fehler zu finden, sondern zu zeigen, dass das Produkt die gestellten Anforderungen erfüllt. Das Projektprodukt arbeitet in allen notwendigen Testfällen fehlerfrei.

5.5.4 Testprotokollierung/-bericht

Ein wichtiger Punkt bei Tests ist die Testprotokollierung, da dieses Dokument entscheiden kann, ob ein Ergebnis definitiv abgenommen, sprich dem Auftraggeber übergeben werden kann oder nicht. Auch nach Abschluss des Projekts, nicht selten bei einem Streit vor Gericht, wird auf dieses Dokument zurückgegriffen. Die Protokollierung soll nicht nur das Negative beinhalten, sondern auch die positiven Ergebnisse müssen festgehalten werden. Dadurch kann bei der Auswertung oder auch später noch nachvollzogen werden, ob vollständig getestet wurde. Tritt beim Testen ein Unterschied zwischen dem erwarteten und dem tatsächlichen Wert auf, ist dies zu protokollieren und eine erste Analyse der möglichen Ursachen vorzunehmen. Allenfalls können Abweichungen auf ein fehlerhaftes Ausführen der Tests, falsche Eingabedaten oder eine falsche Testspezifikation hindeuten.

Definition der Testfälle					Testprotokoll			
					Getestet		Nicht getestet/ Begründung	Datum/ Unterschrift
Nr.	Name	Schritt	ANr.	Erwartetes Resultat	Tatsächliches Resultat	Befund		

Abb. 5.30: Mögliches Testprotokoll

5.5.5 Testauswertung

Nach jedem Testlauf, spätestens mit Ende des Testzyklus, erfolgt eine Auswertung der resultierenden Testprotokolle. Die Protokolle werden auf Abweichungen zwischen erwartetem Sollverhalten und beobachtetem Istverhalten untersucht. Jedes signifikante, unerwartete Ereignis, das während des Testens aufgetreten ist, kann ein Symptom sein, das auf ein Fehlverhalten des Testobjekts hindeutet. Entsprechende Stellen im Testprotokoll werden analysiert. Die Tester vergewissern sich, ob tatsächlich eine Abweichung im Sollverhalten vorliegt oder ob die Ursache ein falsch entworfener Testfall war [Spi 2005].

5.5.6 Testmanagement

Zu den Aufgaben des Testmanagements gehören neben der Planung des Testprozesses auch die Verwaltung des Testprozesses, der Testinfrastruktur, der Testmittel sowie die Überwachung des Fortschritts im Testprozess und entsprechend korrigierende Massnahmen. Das Testmanagement beinhaltet auch die Koordination der Informationen aus dem und zum Testumfeld. Diese Tätigkeit ist insbesondere bei integralen Systemen von grosser Bedeutung. Zudem kann im Testmanagement auch das Problem-Tracking gegenüber dem Hersteller/Realisierer übernommen werden.

5.6 Auslieferung

Ist das Projektprodukt erstellt und entsprechend getestet, so kann es ausgeliefert werden. Dies kann je nach Projektart die Marktfreigabe eines Produkts sein oder bei Software die Verteilung und Installation beim Zielsystem einschliesslich der Konfiguration. Dieser Auslieferungsprozess hat an grosser Bedeutung gewonnen, da einerseits Systeme und Produkte in sich komplexer und sensibler wurden und andererseits Produkte und Systeme meistens ein Stück eines integralen Gesamtsystems mit vielen logischen, technischen und organisatorischen Schnittstellen darstellen. Der Auslieferungsprozess ist eine Haupttätigkeit der Einführungsphase und steht neben seiner klaren Zielsetzung der Produktauslieferung in wechselseitiger Beziehung mit dem Stakeholder-, Requirement-, Änderungs-, Qualitäts- und Dokumentenmanagement. Folgende Ziele werden mit diesem Prozess verfolgt:

- Geordnete Übergabe des Projektprodukts, sei dies bezüglich Technik, Service der Organisation.
- Den Benutzer/Betreiber befähigen, das Produkt produktiv zu nutzen.
- Sicherstellen, dass die Risiken beim Empfänger bei Produktionsanlauf möglichst nicht eintreten respektive klein sind.
- Allfällige Ausserbetriebnahme von alten Systemen/Produkten.
- Klare Übergabe der Verantwortlichkeiten.

Die Herausforderung, die der Auslieferungsprozess meistern muss, ist die problemlose Übergabe des Projektprodukts an den „Prozess-/Produktowner" – sei dies der neue Hausbesitzer, der Betreiber von Software oder die Produktion. Dabei sind Zielkonflikte der beiden Parteien oder je nach Situation mehrerer Parteien wie Projektteam, Betreiber, Business etc. zu bewältigen.

Abb. 5.31: Auslieferungsprozess

Die Prozessschritte zwei bis vier der Abbildung 5.31 müssen nicht genau in dieser aufgeführten Reihenfolge und auch nicht immer sequenziell erfolgen, da je nach Projektprodukt unterschiedliche Bedingungen vorliegen.

5.6.1 Planung und Vorbereitung

Der Auslieferungsprozess beginnt bereits während der Entwicklungsphase. Dabei wird meistens durch Detailanalyse sichergestellt, dass das Projektprodukt integriert werden kann. Je nach Projektart kann dies bis zu Simulationen gehen. Die gesamte Auslieferung wird bis ins kleinste Detail geplant; auch dieser Punkt kann je nach Projektart nur durch ein konkretes Datum festgelegt werden (z.B. einfacher Hausbezug) oder aber er wird bis auf die Minute genau spezifiziert.

Hinsichtlich des zeitlichen Ablaufs dieser Phase kommen drei Einführungsvarianten in Frage:

- Schlagartige Einführung
  Es gibt einen fixen Termin, an dem z.B. von der bestehenden Organisationsform auf die neue übergegangen wird. Oder es wird beispielsweise eine gesamte Werbeaktion lanciert.

- Stufenweise Einführung
  Die Umstellung erfolgt Schritt für Schritt, indem Teilbereich auf Teilbereich folgt.

- Parallele Einführung
  Das alte und das neue Produkt bestehen während einer bestimmten Zeit nebeneinander. Wenn alles gut läuft, wird das alte Produkt aus dem Betrieb genommen.

Damit die Produkteintegration funktionieren kann, müssen u.a. die Schnittstellen zwischen den einzelnen Komponenten, innerhalb des Produkts und nach aussen festgelegt werden. Dies ist bei den vorherrschenden Produktkomplexitäten und in Bezug auf die Produktintegrität eine wichtige planerische Tätigkeit.

5.6.2 Produktionstest und Produktabnahme

Gekoppelt mit dem Testprozess, ist der letzte und endgültige Test vor der Auslieferung oder Produktefreigabe ein wichtiger Prozessschritt im Auslieferungsprozess: der Produktionstest. Wobei zu erwähnen ist, dass bei einigen Projektarten die endgültige Abnahme vielfach erst nach der Implementierung vorgenommen werden kann.

Abnahmebereitschaft ist der Zustand, in dem alle Bedingungen vonseiten des Auftragnehmers erfüllt sind, die für die Durchführung der Abnahme erforderlich sind [DIN 69905].

Welche Projektart auch immer – die Produktabnahme ist der Zeitpunkt, bei dem die Verantwortung für das erstellte Projektprodukt in andere Hände geht. Das heisst, es kann eine vertragliche Relevanz haben und muss daher sehr sorgfältig dokumentiert durchgeführt werden (☞ 9.4.4 „Lieferantenproduktabnahme").

Bei der Produktabnahme werden unter anderem gemäss den definierten Abnahmekriterien folgende Tätigkeiten durchgeführt:

- Systemabnahme
  Bei der Systemabnahme wird das System/Produkt auf seine Funktionalität und Beständigkeit sowie auf seine Leistungsfähigkeit und Qualität geprüft. Es wird verifiziert, ob das, was bestellt ist, auch geliefert wurde.

- Integrationsabnahme
  Bei der Integrationsabnahme wird das System/Produkt als Ganzes bzw. werden die einzelnen Subsysteme oder Module in Bezug auf deren Schnittstellen und Verbindungen zur Umwelt, z.B. zur bestehenden Systemumgebung, geprüft.

- Akzeptanzprüfung
  Mit der Akzeptanzprüfung (oder dem Abnahmetest) wird das Vertrauen des Benutzers, Kunden oder Auftraggebers in das System/Produkt überprüft. Diese Prüfung soll nicht allzu früh durchgeführt werden, da die Akzeptanz oft erst mit der guten Kenntnis eines neuen Systems/Produkts erwartet werden darf. Es wird unter anderem validiert, ob das, was bestellt und schliesslich geliefert wurde, auch logisch angewendet/eingesetzt werden kann.

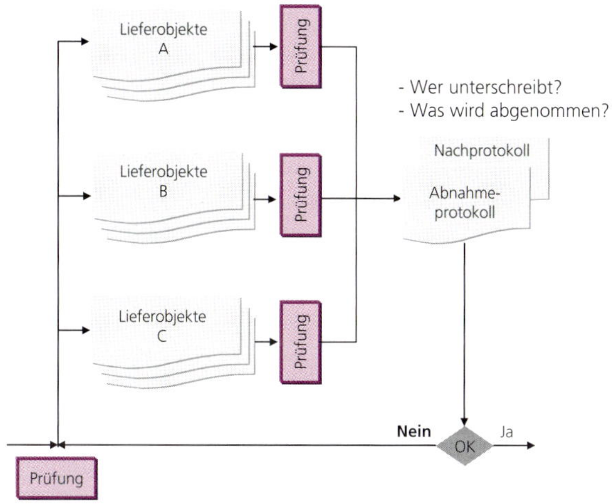

Abb. 5.32: Der Zeitpunkt, bei dem die Verantwortung des Projektprodukts übergeben wird

Das Ergebnis dieses Prozessschritts ist das Abnahmeprotokoll, in dem alle relevanten Befunde festgehalten werden und das zusammen mit dem Einführungsbericht den Antrag für das „ok" im Hinblick auf den endgültigen Projektabschluss bildet.

5.6.3 Auslieferung des Projektprodukts

Die Art der Auslieferung des Projektprodukts und mit ihm anfallende Arbeiten wie Installations-Dienstleistungen bis hin zur „Erst"-Wartung sind natürlich je nach Produkt unterschiedlich. Neben der Auslieferung des Projektprodukts liegt der Schwerpunkt bei den meisten Auslieferungen beim Know-how-Transfer, basierend auf den individuellen Bedürfnissen des Kunden respektive Betreibers. Bei den heutigen Implementierungen geht es auch darum, eine geeignete Konfiguration und Grundinstallation zu bieten, sodass der Einzelkunde respektive -anwender „nur" ein für ihn spezifisches Customizing umsetzen muss, um das Produkt nach seinen Bedürfnissen einsetzen zu können. Aus dieser Arbeit erfolgt ein Einführungs- respektive Auslieferungsbericht.

5.6.4 Betreuung

Wiederum je nach Projektsituation muss eine Serviceorganisation (3-Level-System) mit eigenem Spezialisten-Helpdesk zum Teil rund um die Uhr aufgebaut werden. Viele Produktauslieferungen, z.B. Lifte, können auch über Fernüberwachung sowie mit vorbeugenden Wartungsmassnahmen wie die Überwachung der Leistung, oder von speziellen Komponenten wie Speichermedien, Leitung etc. oder Log Files, betreut werden, sodass die Anfangsschwierigkeiten schnell behoben werden können. Dabei wird eine derartige Betreuung über einen gewissen Zeitraum durch das Projektteam und den Betreiber gemeinsam wahrgenommen, bevor dann die Verantwortung endgültig zum Betreiber übergeht.

5.7 Lieferobjekte der Projektdurchführung

Wie mehrmals im Kapitel 5 erläutert, spielt bei der Projektdurchführung einerseits die Projektart, aber andererseits auch die Projektklasse eine entscheidende Rolle bei der Frage, welche Lieferobjekte erstellt werden müssen. Im Folgenden werden für jeden in diesem Kapitel beschriebenen logischen Arbeitsschritt die wichtigsten Lieferobjekte in Kurzform und aus einer, soweit möglich, projektarten-neutralen Perspektive erläutert. Weitere Ausführungen zu den Lieferobjekten sind im Anhang C.3 (☞ „Lieferobjekte der Projektdurchführung") aufgeführt.

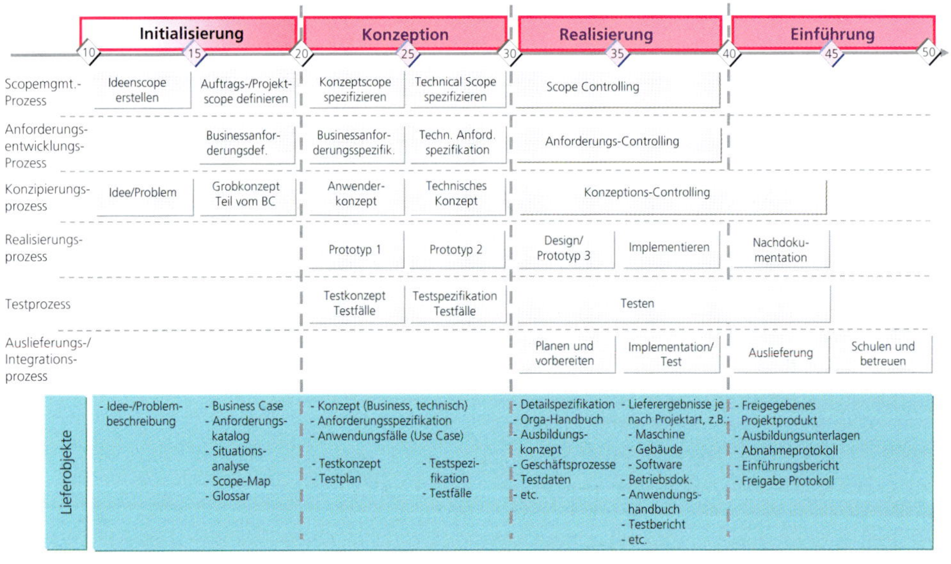

Abb. 5.33: Übersicht über die Lieferobjekte der Projektdurchführung

Ob ein Lieferobjekt gemäss Abbildung 5.33 genau zum aufgeführten Zeitpunkt erstellt werden kann oder muss oder ob sogar zwei Lieferobjekte wie z.B. Situationsanalyse und Business Case zusammengelegt werden können, muss mittels Tailoring festgelegt werden.

5.7.1 Lieferobjekt des Scopemanagement-Prozesses

Scopemanagement eine Disziplin der Projektführung, welche den Inhalt der Projektdurchführung bestimmt hat Ablegern in verschiedene Lieferobjekte des Projektmanagements wie Projektauftrag, Releaseplan etc. Zusammengefasst können die Werte des Scopemanagements in der Scope-Map aufgeführt werden.

Scope-Map	Mit der Scope-Map wird das Ziel verfolgt, aus vier Perspektiven den Projektscope zu klären und diesen für alle verständlich aufzuzeigen.

5.7.2 Lieferobjekte der Konzipierung

In der Konzipierung sollten die folgenden Lieferobjekte in einer gewissen generischen, „projektarten-neutralen" Form und in Abstimmung mit dem Prozess der Anforderungsentwicklung erarbeitet respektive von der vorhergehenden Phase ergänzt werden:

Lieferobjekt	Kurzbeschreibung
Situationsanalyse	Die Situationsanalyse beschreibt und analysiert die gegenwärtige Situation (IST) im Untersuchungsbereich des Vorhabens. Oftmals ist die Situationsanalyse kein eigenes Lieferobjekt, sondern ein Teil des Konzepts.
Businesskonzept (Konzept)	Das Businesskonzept kann eigenständig, aber auch als Teil des Business Case erstellt werden und beschreibt den Lösungsansatz aus fachlicher Sicht. Das Dokument zeigt auf, wie die Anforderungen aus Sicht des Business umgesetzt werden sollen.
Technisches Konzept (Konzept)	Das technische Konzept beschreibt den Lösungsansatz aus technischer Sicht und zeigt auf, wie die Anforderungen aus Sicht der Technik (z.B. IT, Haustechnik) umgesetzt werden sollen.

5.7.3 Lieferobjekte der Anforderungsentwicklung

Da sich die Anforderungsentwicklung mehr und mehr zur eigenständigen Disziplin innerhalb des Projekts etabliert, werden im Folgenden die einzelnen sinnvoll zu erstellenden Lieferobjekte kurz erläutert. Diese stehen oftmals im Kontext zu anderen Lieferobjekten und/oder sind durch frühere Arbeitsschritte zu ergänzen.

Lieferobjekt	Kurzbeschreibung
Ergebnisplanung (Projektplan)	In der Ergebnisplanung wird festgehalten, welche Themen des Requirement Engineering im Rahmen des vorgegebenen Themenkatalogs erarbeitet werden. Dies kann in einem speziellen Dokument oder auch in der Projektplanung erfolgen.
Situationsanalyse (Konzeption)	Basierend auf den Erkenntnissen der Anforderungsentwicklung, wird das in der Konzipierung erstellte Dokument „Situationsanalyse" angepasst.
Businesskonzept (Konzept)	Basierend auf den Erkenntnissen der Anforderungsentwicklung, wird das in der Konzipierung erstellte Dokument „Businesskonzept" angepasst.
Technisches Konzept (Konzept)	Basierend auf den Erkenntnissen der Anforderungsentwicklung, wird das in der Konzipierung erstellte Dokument „Technisches Konzept" angepasst.
Anforderungs-katalog	Die im Katalog beschriebenen Anforderungen sind mit messbaren Kriterien versehen und werden von den zu erreichenden Systemzielen oder/und Einflussgrössen abgeleitet.
Anforderungs-spezifikation	Die Anforderungsspezifikation enthält die Beschreibung der gebündelten fachlichen funktionalen und nicht funktionalen Anforderungen.

Anwendungsfälle (Use Cases)	Die einzelnen Anwendungsfälle beschreiben das gewünschte Systemverhalten und damit die funktionalen Anforderungen aus Sicht des Anwenders. Die Anwendungsfälle beschreiben nur das gewünschte Systemverhalten bzw. das Was – ganz bewusst jedoch nicht das Wie.
„Requirements" Glossary	Das zentrale Unternehmensglossar enthält die Definition der wichtigsten fachlichen Begriffe und Abkürzungen. Ergänzend wird bei Bedarf ein vorhabensspezifisches Requirements Glossary erstellt, welches die im Projekt verwendeten fachlichen Begriffe und Abkürzungen aufführt.

5.7.4 Lieferobjekte der Realisierung

Eine nicht selten etwas vernachlässigte Disziplin ist das Dokumentieren respektive Nachdokumentieren der Designpapiere im Realisierungsprozess. Wie im Kapitel 2.5 (☞ „Projektdokumentations-System") erläutert, kann die Projektdokumentation in Produkt- und Projektabwicklungsdokumentation unterteilt werden. Es ist das Ziel des Realisierungsprozesses, dass die Dokumentation möglichst 1 zu 1 dem Reifegrad des Produkts entspricht. Daher muss die Dokumentation auch über das Versionsmanagement gemanagt werden. Aus der Phase/dem Prozess der Realisierung ergeben sich auf einer Metaebene folgende, für viele Projektarten geltende Dokumente, die neu erstellt oder zu den vorhergehenden Lieferobjekten ergänzend beschrieben werden:

Lieferobjekt	**Kurzbeschreibung**
Businesskonzept	Angepasstes Businesskonzept
Technisches Konzept	Angepasstes technisches Konzept
Anwendungsfälle	Angepasste respektive nachgeführte einzelne Anwendungsfälle (Use Cases)
Anforderungs-Spez.	Angepasste Anforderungsspezifikation der Businessanforderungen
Requirements Glossary	Nachgeführtes Glossary
Detailspezifikation	Die Detailspezifikation enthält die detaillierte Beschreibung der gebündelten technischen funktionalen und nicht funktionalen Anforderungen.
Ausbildungskonzept	Das Ausbildungskonzept beinhaltet alle Ausführungen (WER, WIE, WANN, WO, WAS) respektive Anforderungen an die projektbezogene Ausbildung plus alle Massnahmen und Mittel, um die Betroffenen auszubilden.
Geschäftsprozess-beschreibung	Dieses Lieferobjekt beschreibt im Detail, wie der neue Prozess z.B. im Unternehmen abläuft. Es enthält neben den Ablaufinformationen auch Zielwerte, Verantwortlichkeiten und Ausnahmefälle etc.
Organisations-beschreibung/ Organisations-handbuch	Das Organisationshandbuch enthält eine strukturierte Zusammenfassung der allgemeingültigen neuen organisatorischen Regelungen und Vorschriften im Unternehmen. Es handelt sich dabei um ein Nachschlagewerk („Gesetzbuch des Unternehmens"), das schnell und umfassend über die Regeln im Unternehmen informieren soll.
Betriebs- und Supportbeschreibung	Die Betriebs- und Supportbeschreibung beinhaltet alle Angaben, die für das Betreiben des Produkts/Systems notwendig sind (Achtung: nicht Anwendung!). Sie sollen sicherstellen, dass die Benutzer im täglichen Gebrauch problemlos arbeiten können.
Anwendungs-handbuch (Benutzer-dokumentation)	Die Benutzerdokumentation beinhaltet alle Informationen, die ein Anwender eines Produkts/ Systems benötigt, um dieses ordnungsgemäss bedienen zu können. Dies beinhaltet auch das Verhalten bei Fehlern und im Problemfall.

5.7.5 Lieferobjekte des Testens

Testlieferobjekte wie Testkonzept, Testplan, Testfall etc. werden im Kapitel 7 (☞ „Qualitätsmanagement") und im Anhang C. erläutert.

5.7.6 Lieferobjekte der Auslieferung

Neben dem Ausliefern des effektiven Projektprodukts, sprich System/Maschine/Dienstleistung etc., werden in diesem Prozess folgende Lieferobjekte erstellt:

Lieferobjekt	Kurzbeschreibung
Ausbildungsunterlagen	Handelt es sich nicht um ein eigenes Ausbildungsprojekt, so werden spätestens im Arbeitsschritt der Auslieferung die Ausbildungsunterlagen erstellt respektive zu Ende erstellt. Dazu gehören all diejenigen Unterlagen, welche notwendig sind, damit der Anwender/Benutzer/Betroffene einfach und effizient ausgebildet werden kann.
Abnahmeprotokoll	Nach den durchgeführten Produktabnahmetests (Benutzer und/oder Betreiber) wird das Abnahmeprotokoll, oder beim zweiten Mal das Nachprotokoll, erstellt. In einer Zusammenfassung werden die durchgeführten Tests bestätigt und deren Ergebnisse bewertet.
Einführungsbericht	Der Einführungsbericht bildet die Basis für den von den Verantwortlichen vorzunehmenden Entscheid, das Projekt zu beenden.
Freigabe Protokoll	Mit dem Freigabeprotokoll wird die erfolgreiche Produktivsetzung des Projektprodukts durch die Verantwortlichen bestätigt. In diesem Protokoll wird unter anderem festgelegt, wann die Garantiezeit wirklich beginnt respektive auslaufen wird.

Teil 4: Weitere Elemente des Projektmanagements

6 Lernziele des Kapitels „Teammanagement"

Sie können …

- die Ausprägungen der Zusammenarbeit anhand von vier Beispielen erläutern.
- mindestens drei Vor- und Nachteile der Teamarbeit nennen.
- in eigenen Worten den Begriff Team charakterisieren.
- Die unterschiedlichen Rollen der Mitglieder eines Teams aufführen und deren Ausprägungen in einem Team aufzeigen.
- jede Phase des Teambildungs-Prozesses beschreiben und mindestens drei charakteristische Merkmale zu jeder Phase aufzählen.
- die verschiedenen Kompetenzen eines Individuums aufführen und erläutern, was dies in Bezug auf die projektbezogene Handlungskompetenz eines Projektmitarbeiters heisst.
- eine einfache Kompetenzanalyse eines Projektteams durchführen.
- die Bestandteile einer Teamarchitektur sowie die stärksten Einflussgrössen aufzeichnen.
- den Führungsfunktions-Prozess bzw. die darin enthaltenen Aufgabenelemente in eigenen Worten beschreiben.
- selber einschätzen, welchem Führungsstil Ihr Führungsverhalten am ehesten entspricht.
- die wichtigsten Einflüsse, welche auf das situative Führungsverhalten einwirken, aufzählen.
- die sechs wichtigsten Merkmale des Führungsverhaltens anhand von Beispielen erläutern.
- mindestens fünf verschiedene Kommunikationsstrukturen aufzählen und an einem Beispiel darlegen, in welcher Situation welche Struktur sinnvoll ist.
- eine Nachricht in ihre vier Bestandteile zerlegen.
- drei häufige Fehler bei einer Gesprächsführung seitens des Sprechers und seitens des Zuhörers aufzählen.
- die wichtigsten vier Regeln des konstruktiven Feedbacks in einem Feedback-Gespräch umsetzen.
- anhand eines Beispiels die drei verschiedenen Gesprächsarten erläutern.
- mindestens vier vorteilhafte Seiten eines Konflikts nennen.
- die drei wichtigsten Komponenten aufzählen, die zur Steuerung des Verhaltens führen.
- die fünf Phasen des Motivationsprozesses anhand eines Beispiels erläutern.
- den Mitarbeiterbeurteilungs- und -förderungsprozess aufzeichnen und erklären, wie dieser in einem Projektumfeld einzusetzen ist.
- die Hauptelemente für eine Standortbestimmung aufführen.
- anhand eines Beispiels zeigen, weshalb die Teamauflösung professionell vor sich gehen sollte.

6 Teammanagement

Die Führungsaufgaben des Projektleiters sind einerseits aufgabenbezogen, andererseits aber mindestens genauso stark personenbezogen. Wurde im Kapitel 4 (☞ „Projektführung") die aufgabenorientierte Führung ausführlich erläutert, so wird in diesem Kapitel die personenbezogene Führung des Projektteams und weiterer Beteiligter ins Zentrum gestellt.

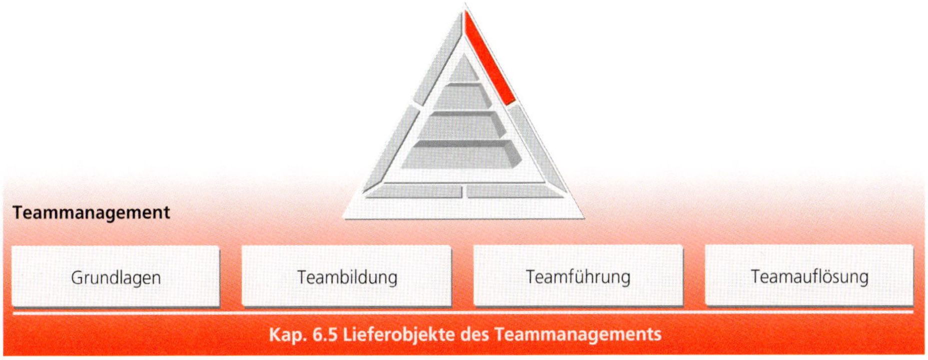

Abb. 6.01: Strukturierung des Teammanagements im Projektumfeld

Teammanagement in Projekten beinhaltet die Prozesse, Techniken und Vorgehensweisen, die insbesondere das Projektteam, aber auch andere Beteiligte unter der Berücksichtigung der personenbezogenen wie auch aufgabenbezogenen Zielsetzungen organisieren und managen.

In den letzten Jahrzehnten wurde viel über den Menschen als Leistungskomponente gesprochen und geschrieben, wobei auf der einen Seite (Arbeitgeber) oft nur vom Gesichtspunkt des Modernisierungs-, Leistungs- und Rentabilitätsdenkens aus gedacht wurde. Auf der anderen Seite (Arbeitnehmervertreter) wurden über alle Berufsgattungen hinweg einheitlich genormte gesetzliche und ideologische Werte aufgebaut, die einen Leistungsrahmen zementiert haben, der ein unverkrampftes, individuelles und situatives Arbeitsverhalten, bezogen auf die gestellten leistungsorientierten Zielsetzungen, fast verunmöglicht. Was heute vielerorts existiert, ist ein durch diese zwei Pole verursachtes Spannungsfeld, das von der operativen Führung gemanagt werden muss. In diesem Spannungsfeld (Arbeitsfeld) werden qualifizierte Mitarbeiter eingesetzt, die aufgrund des Tempos der Veränderungen, des Zeitdrucks sowie der vorherrschenden allgegenwärtigen Komplexitäten an ihre physischen und psychischen Leistungsgrenzen stossen.

In der „Projektwelt", in der das einzelne Individuum, aber auch das harmonisierte Team als der zentralste „Produktionsfaktor" zählt, erzwingt dieser ideologisch eingekapselte leistungsorientierte Druck ein ausgeprägtes situatives Führungsverhalten vom Projektleiter.

Das „Projekt" als eigenständiges System mit seinem klaren leistungsorientierten Ansatz ist einerseits das unsozialste Ding der Arbeitswelt: Was in einem Projekt neben der Stakeholder-Zufriedenheit primär zählt, ist das Ergebnis und nichts anderes als das Ergebnis. Jeder, der schon einmal ein Haus gebaut hat, weiss dies. Es interessiert ihn in keiner Weise, ob der Maler krank war und somit das Haus innen noch nicht gestrichen ist, wenn er schon die Wohnung gekündigt hat und nun termingerecht ausziehen muss respektive ins neue Haus einziehen sollte. Andererseits ist diese ungeschminkte leistungsbezogene Art eine gute Voraussetzung, um ein gutes, auf die Situation bezogenes, effektives soziales Arbeitsfeld aufzubauen.

In der Praxis zeigt sich, dass Projekte heute nur noch dort erfolgreich durchgeführt werden, wo der Mensch mit grosser Eigenverantwortung an der zu erbringenden Leistung und mit dem richtigen Mass an Mitspracherecht in den gesamten projektbezogenen Arbeitsprozess eingebunden wird. Das Mitarbeiten in einem Team, die Eigenständigkeit und -verantwortung, Entwicklungsmöglichkeiten sowie das aktive, positive Mitarbeiten an einer Herausforderung bringen eine starke Identifikation mit der zu erfüllenden Aufgabe. Daraus entwickelt sich Spass sowie Stolz auf die erbrachte Leistung und somit eine gewisse Befriedigung der individuell gesetzten Motivationsfaktoren. Aus Projektleitersicht heisst dies nichts anderes, als dass man eine hohe Führungskompetenz haben muss, um diesen professionellen Spassfaktor mit dem Team zu erreichen. Der Projektleiter mit der an ihn in einem Projekt gestellten, zweigeteilten Verantwortung, die sich einerseits aus dem zu erfüllenden Leistungsauftrag und andererseits aus der sozialen Verantwortung gegenüber dem einzelnen Mitarbeiter sowie dem Team zusammensetzt, muss ein proaktives Führen im Spannungsfeld des stetigen Förderns und Forderns umsetzen.

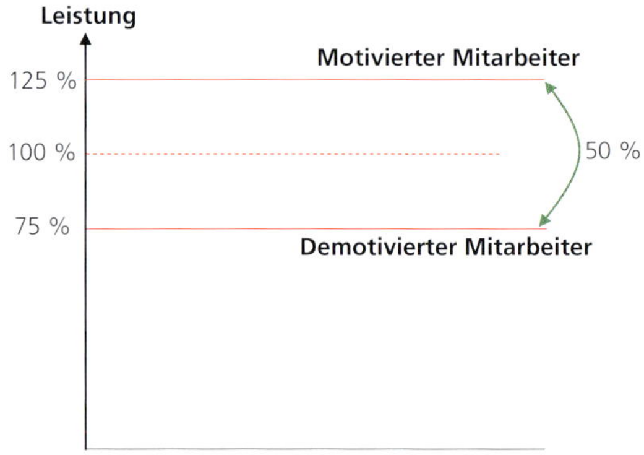

Abb. 6.02: Beeinflussungsfaktor des Projektleiters

Was das Führen von Menschen bezogen auf die Leistung bewirken kann, zeigt Abbildung 6.02. Nimmt man theoretisch an, dass bei einer Neuanstellung die Leistungsbereitschaft eines Mitarbeiters bei 100% steht, so kann sie bei Demotivation auf 75% sinken (unter 75% liegt die innere oder effektive Kündigung vor). Bei einem motivierten Mitarbeiter, der an der zu erfüllenden Arbeit Spass hat, sich im Team wohlfühlt etc. steigt die Leistung auf bis zu 125%. Im Spektrum dieser 50% Leistungsdifferenz kann der Projektleiter mit einer guten Führung beim Mitarbeiter einiges direkt zum Positiven beeinflussen.

Es gibt unzählige gute, bereits bestehende Führungsansätze und -techniken. Einige wenige, für den Projektleiter wichtige Aspekte werden im Folgenden aufgeführt.

6.1 Grundlagen der Teamarbeit

Auf der ganzen Welt existieren Gruppen und Gruppierungen. Die Gründe, warum Gruppen gebildet werden oder sich bilden, sind so mannigfaltig wie die Anzahl der existierenden Gruppen. Der einzelne Mensch wird in der Gruppe zum Teil eines Ganzen. Jeder Mensch trägt etwas zum Gruppenergebnis bei und erhält dafür etwas von der Gruppe zurück. Versucht man, das Wort Gruppe zu definieren, so kann man dies am besten aufgrund ihrer leicht erkennbaren Merkmale:

> Die Gruppe ist ein in ihrer Mitgliederzahl meist noch überschaubarer, für Nichtmitglieder erkennbarer Zusammenschluss von Individuen, die gemeinsame Ziele verfolgen, einen Status besitzen und entsprechende Rollen innehaben. Sie stehen in wechselseitiger Beziehung zueinander (häufige Interaktionen).

Der Zweck einer Gruppe ist es, die kumulierten Kompetenzen der einzelnen Mitglieder, also den Gruppeneffekt, zu nutzen. Dieser soll möglichst lange anhalten, und es ist diese Besonderheit, die eine Gruppe von anderen Formen des Zusammenseins unterscheidet, die wesentlich kurzlebiger und weniger entwickelt sind. Es gibt Personen, die wurden als Einzelkämpfer geboren und fühlen sich wohl dabei. Andere können mit der Einsamkeit überhaupt nichts anfangen und freuen sich immer wieder aufs Neue, wenn sie gemeinsam mit Kolleginnen und Kollegen eine Sache bearbeiten können. Welche Form der Arbeit nun „besser" ist, kann nicht allgemein beantwortet werden: Gemäss von Rosenstiel [Ros 1993] kommt es dabei auf die angewandten Bewertungskriterien an, auf die Art der Aufgabe, auf die Struktur des Teams, die zeitliche Dauer und auf die Persönlichkeitsmerkmale der Teammitglieder.

6.1.1 Ausprägungen der Zusammenarbeit

Bei der Zusammenarbeit bzw. beim Zusammensein von Personen unterscheidet man verschiedene Ausprägungen [Mar 1991]:

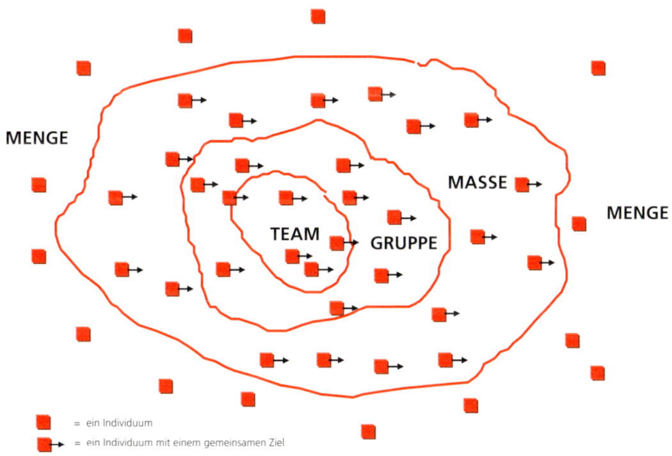

Abb. 6.03: Ausprägungen des Zusammenseins

- Menge
  Eine Menge ist eine kurzfristige, örtliche Ballung von Menschen. Somit entsteht eine Menge, wenn viele Menschen ohne besonderen Grund oder ohne besondere Beziehung zusammenkommen (keine Zusammenarbeit).

- Masse
  Eine Masse ist eine kurzfristige, örtliche Ballung von Menschen, die alle ein gemeinsames Motiv haben. Ereignet sich etwas, das eine Menge betrifft, so wird diese Menge motiviert bzw. bewegt und wird so zur Masse. Somit ist die Masse eine aktivierte Menge (Massenveranstaltung).

- Gruppe
  Eine Gruppe ist eine örtliche Ballung von Menschen, die alle ein gemeinsames Motiv haben und zielgerichtet miteinander kommunizieren. Im Vergleich zur Masse sind die Mitglieder einer Gruppe fassbar und strukturiert.

- Team
  Im Kontext zu den anderen Ausprägungen ist ein Team eine hierarchiefreie, partnerschaftliche, leistungsorientierte, meist längerfristige Gruppe mit einem gemeinsamen Ziel. Während man bei einer Zweiergruppe von einer „Dyade“ und bei einer Dreiergruppe von einer „Triade“ spricht, kann man von einem „echten“ Team erst ab vier interagierenden Personen sprechen.

6.1.2 Der Begriff „Team“

Das Team ist eine in ihrer Mitgliederzahl meist noch überschaubare, für Nichtmitglieder erkennbare harmonierende Gesamtheit von Individuen, die gemeinsame Ziele verfolgen, einen Status besitzen und entsprechende Rollen innehaben. Sie stehen wechselseitig häufig konstruktiv und weitgehend harmonisch in Beziehungen (Interaktion).

Versucht man, den Begriff „Team“ etwas genauer zu fassen, so kann man dies am besten aufgrund seiner leicht erkennbaren Merkmale tun:

Aufgrund der gegebenen Strukturen ist jedem Menschen innerhalb eines Teams eine bestimmte „Rolle“ zugewiesen: Er muss sich nach festgelegten „Normen“ (Sozialnormen) verhalten, und er eignet sich einen bestimmten „Status“ an (Wertschätzung). Die Normen, die entsprechenden Rollen und den angeeigneten Status braucht es, um innerhalb einer gebildeten Gruppenstruktur gemeinsam Teamziele zu verfolgen.

6.1.2.1 Ziele

Die Ziele eines Teams stellen den Kern oder eine Achse der Vereinigung für das Miteinander dar. Gemeinsame Ziele oder Motive fördern die interne Kommunikation und die Kontaktfreudigkeit, da sich das einzelne Teammitglied, obwohl gegenüber den anderen Teammitgliedern mit unterschiedlichem Charakter und unterschiedlicher Rolle belegt, unter „Gleichgesinnten“ meistens wohlfühlt. Hierbei werden Energien und Aktivitäten auf das erklärte Ziel gerichtet, was zu einer zielorientierten Dynamik anwachsen kann. Teamziele entstehen durch eine Konvergenz der Vorstellungen der einzelnen Mitglieder. Diese Annäherung ist mit sehr viel Kommunikation und Interaktionen verbunden, was alleine schon positiv bewertet werden kann.

6.1.2.2 Status

Der Status ist die Beachtung (Wertschätzung), die einer bestimmten Position innerhalb eines Teams beigemessen wird und die ein Teammitglied innehat. Da es unterschiedliche Kriterien der Wertschätzung (Rang, Prestige, Autorität, Macht etc.) gibt, ist der Status abhängig vom jeweiligen Team bzw. den Grundwerten und Normen, die es vertritt. Das äussere Merkmal der Wertschätzung nennt man „Statussymbol":

- Es weist auf die Eignung für eine bestimmte Rolle hin.
- Es muss auffällig und relativ selten sein.
- Es muss von möglichst vielen Menschen richtig gedeutet werden.

6.1.2.3 Rollen

Mit dem Begriff „Rolle" definiert man alle Erwartungen, die sich auf das Verhalten eines Positionsinhabers im Team beziehen (nicht gleichzusetzen mit „Stelleninhaber"). Während Normen für alle Teammitglieder gelten, richten sich Rollenvorschriften nur an die Inhaber der jeweiligen Rolle. Dabei gibt es Dinge, die ein Rollenträger (z.B. ein Projektleiter) tun

- muss (der Projektleiter muss das Projekt führen),
- soll (der Projektleiter soll alle gleich behandeln),
- kann (der Projektleiter kann sich für etwas ganz besonders interessieren).

In jedem Team existieren viele verschiedene Rollen, die für die Effektivität des Teams von Bedeutung sind. Ein vereinfachtes Rollenschema für ein Projektteam ist in Abbildung 6.04 skizziert.

Positive Rollen	Negative Rollen
• Schlichter	• Störenfried
• Fachmann	• Rechthaber
• Moderator	• Passiver
• Führer	• Nörgler
• Ideengeber	• Alleswisser
• Kritiker	• Pessimist
• Koordinator	• Eigenbrötler
• Etc.	• Etc.

Abb. 6.04: Verschiedene positive und negative Rollen in einem Projektteam

Der Projektleiter sollte versuchen, allen Teammitgliedern eine positive Rolle zuzuweisen respektive zu ermöglichen; diese soll auch den Fähigkeiten, der Persönlichkeit und der Funktion der Person entsprechen. Er sollte aber auch konsequent durchgreifen, wenn sich in einem Projektteam negative Rollen „einschleichen".

6.1.2.4 Normen

Die Teammitglieder halten sich bewusst oder unbewusst an bestimmte Spielregeln. Dies sind die sozialen Normen. Gemäss Marmet [Mar 1991] sind soziale Normen Verhaltensvorschriften, die sich an denjenigen richten, der sich in einem bestimmten Lebensraum aufhält oder in diesen eintritt. Da sich die meisten Menschen zwischen vielen verschiedenartigen Lebensräumen hin- und herbewegen (Familie, Freundeskreis, Öffentlichkeit, Arbeitsplatz etc.), müssen sie sich immer wieder neuen Normen bzw. Normensystemen anpassen. In jedem einzelnen Lebensraum gilt ein bestimmtes Verhalten als erwünscht („normgerecht"): Wenn jemand gegen die herrschenden Normen verstösst, muss er mit korrigierenden Reaktionen des Teams rechnen. Diese Reaktionen bezeichnet man als Sanktionen (Auslachen, Ausschluss aus dem Team, Bestrafung etc.).

Für eine Erfolg versprechende Teamarbeit sollten in einem Projekt nachfolgende Teamspielregeln von allen Mitgliedern anerkannt und gelebt werden:

- Alle Mitglieder sind gleichwertige Partner (keine strukturelle Hierarchie drängt sich in den Vordergrund). Dabei sind selbstverständlich die auf Teamrollen bezogenen Kompetenzen zu berücksichtigen.
- Die benötigten Unterlagen sind allen Mitgliedern zugänglich zu machen.
- Meinungen müssen/sollen ständig herausgefordert und geäussert werden (Feedback-Kultur).
- Zuhören ist genauso wichtig wie Reden; Schweigen bedeutet jedoch nicht Zustimmung.
- Innerhalb des Teams soll sachlich kritisiert, aber nicht getadelt werden.
- Keine Killerphrasen, sondern konstruktive Kritik anbringen.
- Konflikte und Konfliktprozesse dürfen nicht verzögert oder verdeckt werden. Konflikte müssen ausdiskutiert werden und haben erste Priorität.
- Der Informationsstand sollte wenn möglich bei allen Mitgliedern stets gleich hoch sein.
- Entscheidungen sollen nicht durch Mehrheitsbeschluss, sondern mit weitgehender Einstimmigkeit erzielt werden.
- Jeder sollte einen offenen Terminkalender führen, damit alle wissen, woran der Einzelne arbeitet, und schnell gemeinsame Treffen vereinbart werden können.
- Beschlüsse und Ergebnisse müssen bekannt gemacht und visualisiert werden.
- Die Mitglieder sollen sich in den einzelnen Rollen abwechseln (Moderation, Protokollführer, Präsentator etc.).

6.1.3 Vor- und Nachteile der Teamarbeit

Die nachfolgend aufgeführten Vor- und Nachteile der Teamarbeit im Vergleich zur Einzelarbeit müssen unter den sozialpsychologischen, situativen Aspekten betrachtet werden. Die Erfahrung hat aber gezeigt, dass bei der Projektarbeit die Vorteile der Teamarbeit meistens überwiegen. Das Arbeiten im Team bringt folgende Vorteile mit sich:

- Das Wissen des Teams ist gesamthaft grösser als das Wissen eines Einzelnen.
- Aufgrund der Ergänzungshypothese können alle Mitglieder vom Wissen der anderen profitieren.
- Die Kreativität ist im Team grösser als bei der Einzelarbeit (Assoziation). Dazu kommen Synergien, die bei der Teamarbeit frei werden.
- Durch unterschiedliche Betrachtungsweisen werden Fehler schneller aufgedeckt.
- Ein positives Klima beeinflusst den Zusammenhalt eines Teams massgeblich. Das Miteinander führt zur Identifikation und schliesslich zur Motivation.
- Das Risiko des Einzelnen wird durch ein Team geteilt, was die Risikobereitschaft erhöht.
- Die Grösse oder das Gewicht eines Teams fördert die Realisierung, Durchsetzung und Akzeptanz eines Projekts.

Das Arbeiten im Team kann folgende Nachteile mit sich bringen:
- Es können persönliche Interessenkonflikte entstehen, die eine sachliche Aufgabenabwicklung behindern.
- Die Verantwortlichkeit kann nicht immer eindeutig bestimmt werden. Dadurch entstehen auch Kompetenzkämpfe.
- Der Teamleistungsdruck und der Anpassungsdruck können für einzelne Mitglieder sehr gross werden.
- Aufgrund der Spielregeln ist jeder im Grundverhalten als Teammitglied gleichberechtigt. Diese Gleichberechtigung in die Praxis umzusetzen, benötigt enorm viel Zeit.
- Es können sich Cliquen und Untergruppen bilden, die sich bekämpfen anstelle zu arbeiten bzw. die ihre eigenen Interessen verfolgen. Somit werden unnötig Ressourcen verschwendet.

6.1.4 Individuum

Bevor wir uns mit den Elementen eines Projektteams auseinandersetzen, sollten einige Überlegungen bezüglich des einzelnen Individuums bzw. dessen Handlungskompetenz gemacht werden. Dabei gilt es für den Projektleiter nur eine Frage zu beantworten: „Welche und wie viele dieser Kompetenzen stehen mir pro Individuum für wie viel Zeit zur Verfügung?"

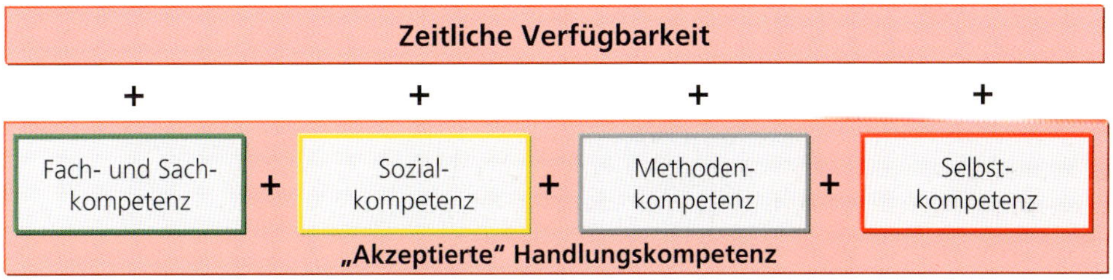

Abb. 6.05: Kompetenzen des einzelnen Individuums

Projektbezogene Handlungskompetenz ist die Fähigkeit eines Individuums (Projektmitarbeiters), in entsprechenden Situationen selbstständig, verantwortlich und sach- bzw. fachgerecht Probleme und Aufgaben zu lösen bzw. zu bearbeiten.

Es gibt in der Wissenschaft keine generelle Norm für Handlungskompetenz respektive deren Schlüsselkompetenzen. Generell wird Handlungskompetenz wie folgt unterteilt [Erp 2003]:

- Fach- und Sachkompetenz
  Berufsspezifisches deklaratives Wissen im Sinne von „Wissen, dass" und berufsspezifisches prozedurales Wissen im Sinne von „Wissen, wie wann".
- Sozialkompetenz
  Befähigung, in unterschiedlichen sozialen Kontexten mit anderen Personen in angemessener Weise umzugehen.
- Methodenkompetenz
  Kontext- und fachübergreifend einsetzbare Fertigkeiten.
- Personal- oder Selbstkompetenz
  Personal- oder Selbstkompetenz umfasst innere Einstellungen und Persönlichkeitsmerkmale, die sich nicht in eine der anderen drei Befähigungsbereiche einordnen lassen, wie z.B. generelle Einstellungen, Werthaltungen, Motive, produktive Einstellungen oder die eigenen Fähigkeiten und Stärken zu kennen und damit situationsgerecht umgehen zu können.

Wie Abbildung 6.06 aufzeigt, macht es für den Projektleiter bei der Zusammensetzung oder bei einer späteren Beurteilung Sinn, sein Team – sich selber miteinbezogen – bezüglich dieser Kompetenzen zu analysieren. Dazu sollte er entsprechende Beurteilungsgrundwerte der jeweiligen Kompetenzen beiziehen und in der Abstufung „Wissen" (hat der Mitarbeiter die kognitive Kompetenz) sowie „Handlung" (kann der Mitarbeiter diese Kompetenz auch umsetzen), prüfen. Dazu gibt es auf dem Markt oder auch in den Unternehmen verschiedene Beurteilungsraster, die sinnvollerweise beigezogen werden sollten.

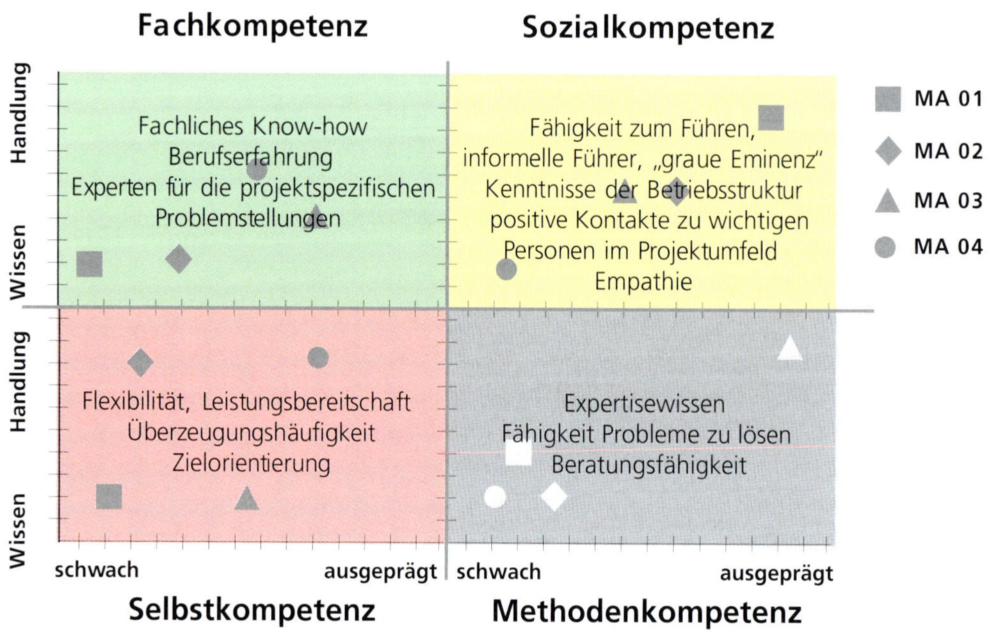

Abb. 6.06: Analysematrix der in einem Team involvierten Kompetenzen

In Bezug auf die Arbeitsleistung können gemäss Organisationspsychologie Menschen respektive das einzelne Individuum mit seinen Kompetenzen generell, insbesondere aber in der Arbeitswelt in verschiedene Typen unterteilt werden. Bei der Analyse und Beeinflussung von menschlichem Handeln und Verhalten in Organisationen bedienen sich Theoretiker wie Praktiker implizit der Konstruktion eines Menschenbildes [Bec 2005]: Als normative Vorgaben schreiben diese vor, wie Mitglieder in einer Organisation sein sollen. Menschenbilder sind idealtypische, aber dennoch auf die Realität in einer Organisation bezogene Beschreibungen; sie wirken handlungsleitend [Bec 2005]. Aus der Vielzahl der Typisierungsmethoden wird im Folgenden die für ein im Projektumfeld traditionelle, anwendbare und bekannte Typisierung von Edgar Schein [Sche 1980] kurz erläutert.

Typisierung	Eigenschaften
Rational-economic man	**Der materiell steuerbare Mensch**
	- Ist in erster Linie durch monetäre Anreize motiviert
	- Ist passiv und wird von der Organisation manipuliert, motiviert und kontrolliert
	- Sein Handeln ist rational
	- Verlangt verwertungsfähige Qualifizierung
Social man	**Der über Sozialkontakte steuerbare Mensch**
	- Ist in erster Linie durch soziale Bedürfnisse motiviert
	- Als Folge der Sinnentleerung der Arbeit wird in sozialen Beziehungen am Arbeitsplatz Ersatzbefriedigung gesucht
	- Wird stärker durch soziale Normen seiner Arbeitsgruppe als durch Anreize und Kontrolle des Vorgesetzten gelenkt
	- Will auf Kooperation, Kommunikation und Konfliktbewältigung in arbeitsteiligen Organisationen vorbereitet werden
Self-actualizing man	**Der über die Komponente Selbstverwirklichung steuerbare Mensch**
	- Menschliche Bedürfnisse lassen sich in einer Hierarchie anordnen
	- Der Mensch strebt nach Autonomie und bevorzugt Selbstmotivation und Selbstkontrolle
	- Es gibt keinen zwangsläufigen Konflikt zwischen Selbstverwirklichung und organisatorischer Zielerreichung
	- Ist bereit, aktiv an seiner Entwicklung in variationsreichen Tätigkeitsfeldern mitzuwirken
Complex man	**Der nicht steuerbare, aber beeinflussbare Mensch**
	- Ist äusserst wandlungsfähig
	- Die Dringlichkeit der Bedürfnisse unterliegt einem Wandel
	- Der Mensch ist lernfähig, erwirbt neue Motive
	- In unterschiedlichen Systemen werden unterschiedliche Motive bedeutsam

Menschenbilder sind vereinfachende, implizite Typologisierungen von Menschen, die durch Abstraktion und Verallgemeinerung die Vielfalt von real existierenden Wesensmerkmalen und Verhaltensmustern zu ordnen versuchen [Sche 1980].

Man muss sich bewusst sein, dass einerseits solch „verallgemeinerte" Menschenbilder, wie z.B. von Edgar Schein beschrieben, Erklärungen liefern können für den in einem Projekt praktizierten Führungsstil, für die mögliche Leistung oder Leistungsineffizienz, für die Motivation oder Demotivation und für ein Verhalten etc. Sie dürfen jedoch nie als abschliessende Qualifizierung eines einzelnen Menschen angewendet werden, dazu sind die Verhaltenseigenschaften von Menschen viel zu unterschiedlich.

Andererseits können Beschäftigte, abhängig von ihren eigenen Motiven und Fähigkeiten und der Art der Aufgabe, sehr unterschiedlich auf Managementstrategien reagieren; d.h., es gibt auch keine Managementstrategie, die für alle Menschen und alle Zeiten als sinnvoll und erfolgreich bezeichnet werden kann [Sche 1980].

Trotz dieser Unmöglichkeit, einen Menschen endgültig einer Gruppe zuzuweisen, oder der Nichtexistenz einer Managementstrategie, die alle Mitarbeitenden gleichartig anspricht, muss der Projektleiter fähig sein, ein ihm und seinem Führungsverhalten entsprechendes, leistungsorientiertes, harmonisches Team zusammenzustellen. Dazu kann ihm allenfalls der Ansatz einer Teamarchitektur helfen.

6.1.5 Teamarchitektur

Das Wort Architektur für ein Team zu verwenden, mutet vielleicht etwas abstrakt an. Es ist jedoch genau das, was ein Projektleiter bei der Zusammensetzung überlegen muss: Welches ist „langfristig" die ideale Teamarchitektur, abgestützt auf die im Projekt gestellte Aufgabenstellung, die vorhandenen Fähigkeiten und die vorherrschenden Rahmenbedingungen?

Das Ziel der Architekturüberlegung ist immer das Gleiche: Um miteinander, basierend auf der Aufgabenstellung, die daraus abgeleitete Zielsetzung erreichen zu können, muss der Projektleiter ein kompetentes, harmonisches und leistungsfähiges Team „geistig" konstituieren (PLAN-Wert).

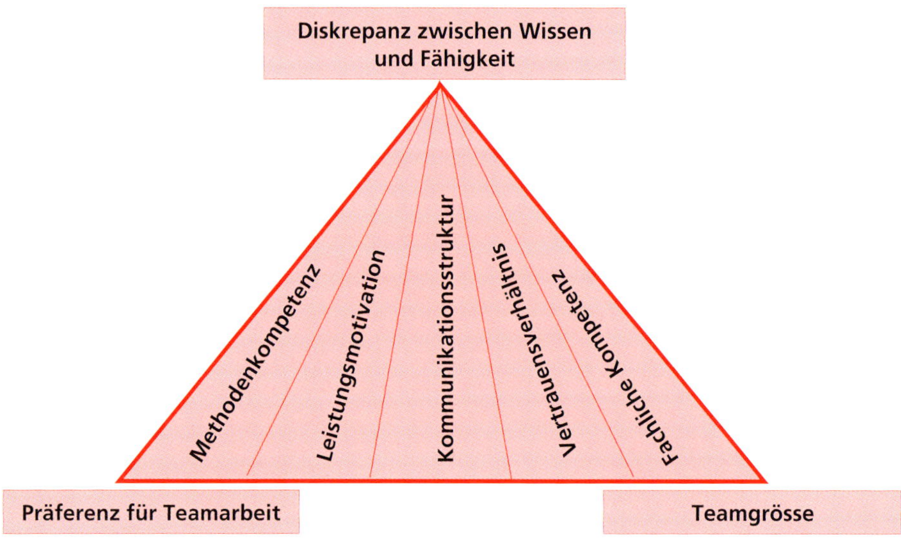

Abb. 6.07: Komponenten und Einflussgrössen einer Projektteam-Architektur

Er muss sich überlegen, ob nun die Voraussetzungen ideal sind (d.h. er uneingeschränkt ein neues Team zusammensetzen kann) oder ob er aufgrund der ihm zur Verfügung stehenden Mitarbeiter ein

Team bekommt, das bereits eine bestimmte „Team-Architektur" (IST-Wert) aufweist. Da die Realität leider so aussieht, dass der Projektleiter nehmen muss, was ihm an Mitarbeitenden zur Verfügung gestellt wird – wobei er häufig nicht einmal alle kennt und deshalb auch ihre Stärken und Schwächen nicht einschätzen kann (das kommt dann im Lauf der Projektarbeit von alleine) –, muss er die bestehende IST-Architektur stetig mit seiner Plan-Architektur abgleichen und versuchen, entsprechende konstruktive Korrekturmassnahmen einzuleiten.

Die Teamarchitektur für ein leistungsorientiertes Team setzt sich aus folgenden fünf Hauptkomponenten zusammen:

- Methodenkompetenz
  Die Methodenkompetenz im Team basiert auf der Summe der Methoden bezüglich Fachkompetenz (z.B. Erstellen eines Konzepts), der Persönlichkeitskompetenz (z.B. persönliches Zeitmanagement) und der Sozialkompetenz (z.B. Methode zur Konfliktlösung). Darunter wird einerseits die „ergänzende Methodenfähigkeit" im Team verstanden: Es ist gut, wenn einer die Methode beherrscht, wie man einen Elfmeter schiesst, und wenn einer die Methode beherrscht, wie man einen Eckball schlägt – zehn Elfmeterspezialisten garantierten noch keinen guten Eckball. Andererseits ist die „kollektive Methodenfähigkeit" in einem Team für gewisse Teamfähigkeiten von grosser Bedeutung: Das heisst, alle Teammitglieder weisen über die gleiche Methode eine Fähigkeit aus, sodass eine Kollektivfähigkeit funktioniert. Beim Beispiel Fussballspiel ist die Abseitsfalle oder das Pressing eine Fähigkeit, die ein Team nur miteinander beherrschen kann.

- Leistungsmotivation
  Wie Maslow in seinem Motivationsmodell auf einfache Weise definiert hat, braucht das einzelne Individuum, aber natürlich auch das gesamte Team Motivatoren, damit es eine Leistung erbringt (☞ Kapitel 6.3.6 „Motivation"). Alle Sozial-, Methoden- und Fachkompetenzen nützen nichts, wenn keiner im Team will. Zur Leistungsmotivation gehören neben in der Arbeitswelt üblichen monetären Werten z.B. auch eine produktive, konstruktive Rivalität (Ergebnisse von anderen Teammitgliedern zu verbessern), Ehrgeiz ohne Missgunst (das heisst auch gute Leistungen von anderen Teammitgliedern in der Öffentlichkeit anerkennen) oder Spass an der Arbeit mit einem gewissen Grad von Fehlertoleranz.

- Kommunikationsstruktur
  Da die interaktive Kommunikation ein wichtiges Attribut eines Teams ist, gehört zur Teamarchitektur auch die Kommunikationsstruktur (☞ Kapitel 6.3.4.1 „Kommunikationsstrukturen"). Untersuchungen haben gezeigt, dass es keine „beste" Teamkommunikations-Struktur gibt. Es hängt jeweils von der Aufgabe, den involvierten Personen und deren Positionen, der Zeitdauer und der Infrastruktur ab, welche Kommunikationsstruktur man für ein Team einsetzen muss.

- Vertrauensverhältnis („Zuverlässigkeit ist die Basis jeder vertrauensvollen Zusammenarbeit!")
  Eine weitere Säule der Teamarchitektur ist das Vertrauen respektive der Grad des Vertrauens. Um in einem Team erfolgreich und effektiv zusammenarbeiten zu können, braucht es gegenseitiges Vertrauen. Die Teammitglieder können auf verschiedene Weise dazu beitragen, dass ein Vertrauensverhältnis eines Teams entsteht: z.B. indem sie deutlich machen, welche Kompetenzen jeder Einzelne in das Team einbringt, indem sie ihre Einsatzbereitschaft zur Erfüllung der Anforderungen an das Team unter Beweis stellen sowie indem sie die unvermeidlichen Probleme

im Projektverlauf zuverlässig erkennen und mit entsprechender Sorgfalt lösen. Eine wichtige Komponente des Vertrauens ist eine gleichartige Werthaltung der gelebten Ethik. Sobald eine Vertrauensbasis im Team geschaffen wird, lassen sich alle Vorteile eines Teams nutzen.

- Fachliche Kompetenz
  Adäquat zur Aufgabenstellung muss im Team die fachliche Kompetenz vorhanden sein, d.h. diejenige des Projektprodukts und der Projektabwicklung. Zum einen sollen die einzelnen Teammitglieder natürlich über die entsprechenden fachlichen Fähigkeiten verfügen; zum anderen liegt die Stärke eines echten Teams vor allem darin, dass sich die einzelnen Mitglieder in ihren Fähigkeiten ergänzen und unterstützen. Mit Fähigkeiten sind dabei nicht nur die fachlichen Qualifikationen gemeint, sondern auch die Fähigkeit der sachlichen Rolle, welche die Personen in einem Team einnehmen.

Diese fünf Komponenten zusammen ergeben schliesslich die Teamqualität und damit die Leistungsfähigkeit. In Anlehnung an Högel [Hög 1998] gibt es unter anderem folgende dominante Einflussfaktoren bezüglich der erfolgreichen Teamarbeit:

- Präferenz zu Teamarbeit
  Für ein erfolgreiches Team ist die Grundvoraussetzung, dass es einerseits Teamplayer hat, die auch in einem Team arbeiten möchten. Das heisst, sie müssen Freude haben an der kollektiven Bearbeitung von Aufgaben respektive sie müssen für eine solche Art von Aufgabenstellung eine entsprechende Einsatzbereitschaft aufweisen. Dass dies möglich ist, bedingt einen gewohnten Grad an Sozial- und Persönlichkeitskompetenz bei jedem einzelnen Teammitglied. Andererseits muss ein Team auch die Möglichkeit haben, die geforderte Leistung umzusetzen. Wie anderorts bereits aufgeführt, kann auch hier das Baggerführerbeispiel herangezogen werden: Es nützt dem Projekt nichts, wenn man fünf sozialkompetente Baggerführer hat, aber nur einen Bagger.

- Teamgrösse
  Für kleine Teams (Dyade oder Triade) ist es zum Teil schwierig, den inhaltlichen Anforderungen eines Projektteams gerecht zu werden. Andererseits besteht bei zu grossen Teams die Problematik, dass es kein Team, sondern „nur" eine Gruppe wird und deshalb bei den wichtigen Werten eines Teams wie „Motivation", „Kommunikation" und „Selbstkoordination" Defizite bestehen. Daher ist es notwendig, die Anzahl der Teammitglieder im Hinblick auf die Aufgabe, sprich das Projekt, sorgfältig zu bestimmen. Um die Teamgrösse einzuschränken, können bestimmte Leistungen einzelner Personen als externe Teambeiträge definiert werden. Anhaltspunkte für die richtige Teamgrösse sind:
  - Das Team kann sich ohne grossen Aufwand – zur Not auch spontan – versammeln oder miteinander kommunizieren.
  - Jedem ist seine Rolle und Aufgabe im Team klar.
  - Es fällt auf, wenn ein Teammitglied fehlt oder sich sehr passiv verhält.
  - Das Gesamtteam wird eher wahrgenommen als die eingelagerten Kleingruppen.
  - Bei Besprechungen besteht für jeden die Chance sich einzubringen.

- Diskrepanz zwischen Wissen und Fähigkeit
  Gemäss Högel ist eine ausgeprägte Polarisierung zwischen den sogenannten Low- und High-Performern für die Teamarbeit schädlich. Ein für die Aufgabenstellung hinreichend homogenes

Wissens- und Fähigkeitsniveau innerhalb eines Teams ist daher anzustreben. Ein Team ist besonders stark, wenn es eine gemeinsame Umsetzungsfähigkeit aufweist. Das heisst, nicht nur das Wissen, wie man es machen müsste, sondern auch die gemeinsame Fähigkeit, das Wissen in konkrete, brauchbare Ergebnisse umzusetzen, ist die effektive Teamleistung.

Damit eine Teamarchitektur nicht nur kognitiv auf dem Papier steht, sondern zu einem leistungsfähigen Team mit grosser, akzeptierter Handlungsfähigkeit wird, müssen verschiedene Massnahmen der Teambildungsförderung vorgenommen werden:

- Einheitliche Ausbildungen für alle Mitglieder durchführen, um so die gemeinsame Terminologie und die Methodenkompetenz zu fördern.
- Schulungen müssen an einem einheitlichen unternehmensspezifischen Beispiel und/oder mindestens mit den im Unternehmen eingesetzten Instrumenten erfolgen.
- Teamcoaching: Ein Experte begleitet das Team z.B. für die Anwendung bestimmter Normen.
- Selbstreflexion: Das Team muss, basierend auf der Zielsetzung, jeweils in gewissen Abständen eine Selbstreflexion mit konkreten Optimierungsvorschlägen durchführen, z.B. nach einer Sitzung (was war gut, was könnte verbessert werden, was lief schief im Team/Teamverhalten?)
- Training on the Job: Das Team muss die Möglichkeit erhalten, sich gemeinsam an den gestellten Aufgaben weiterentwickeln zu können. Das heisst auch, es dürfen Fehler gemacht werden!
- Gemeinsame Anlässe bewusst planen, z.B. Kick-off, Erfolge feiern etc.

6.2 Teambildung

Das Wissen über den Teambildungs-Prozess ist wohl einer der wichtigsten Bestandteile der Ausbildung, die ein Projektleiter auf dem Gebiet der Sozialpsychologie erhalten muss. Dieser Bestandteil ist deshalb so wichtig, weil sich der Teambildungs-Prozess nicht nur bei der Neubildung eines Projektteams, sprich beim Projektstart, abspielt, sondern fortlaufend bei jeder Veränderung der Teamstruktur oder des Projektumfelds. Das heisst also, dass es praktisch keinen „stabilen" Zustand des Teams und der damit verbundenen Teamleistung gibt.

Gemäss der Theorie von Bruce Tuckman [Tuk 1965] läuft die Bildung oder die Umgestaltung eines Teams in vier Phasen ab.

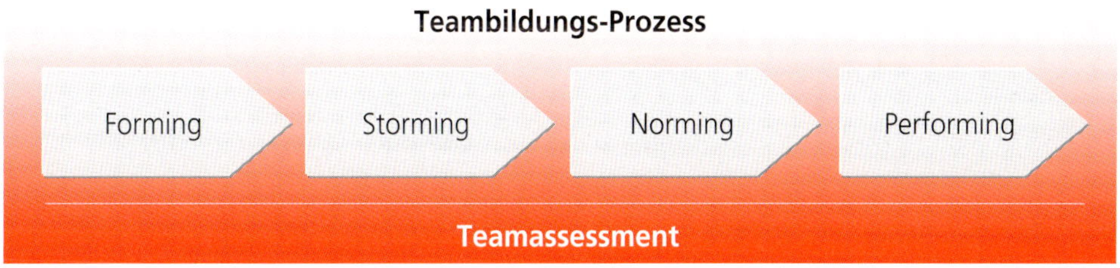

Abb. 6.08: Teambildungs-Prozess gemäss Tuckman [Tuk 1965]

Während die ersten drei Phasen eine Strukturveränderung bewirken (Forming, Storming, Norming), ist die vierte Phase (Performing) der anzustrebende Zustand der Teambildung, da erst in dieser Phase die volle Arbeitsleistung erbracht werden kann. Die Intensität der Ausprägungen der ersten drei Prozessphasen ist von Situation zu Situation verschieden. Dabei fällt wesentlich ins Gewicht, ob ein

Team neu gebildet wird (Erstellung der Teamstruktur) oder ob beispielsweise durch den Eintritt eines neuen Mitglieds (Modifizierung der Teamstruktur) der Prozess erneut gestartet wird. Die Dauer der einzelnen Phasen kann nicht genau festgelegt werden, da diese sehr situationsbezogen ablaufen.

Das Ziel jeder Teambildung ist grundsätzlich – ob im Umfeld von Beruf, Sport oder wo auch immer – dasselbe: möglichst schnell durch die ersten drei Phasen laufen, um so möglichst lange in der letzten Phase zu verbleiben. Dabei ist die Performingphase nicht immer mit Leistung im wirtschaftlichen Sinn gleichzusetzen, da dies z.B. bei einer Familie nicht unbedingt im Zentrum steht. Vielmehr ist es die Teamharmonie, die bei dieser Phase im Mittelpunkt steht, aus der eine hohe Teamleistung entstehen kann. Gemäss einer Untersuchung von Katz [Kat 1982] kann z.B. die leistungsbezogene Arbeitsphase zwischen eineinhalb und fünf Jahren (☞ Abbildung 6.09) dauern. Innerhalb der gegebenen Rahmenbedingungen obliegt es auch der Fähigkeit des Projektleiters, wie schnell er die Gruppe aktiv durch die Phasen Forming, Storming und Norming durchführt und wie lange er das so formierte Team in der Performance-Phase halten kann.

Da, mit Ausnahmen, die Projektzyklen nicht länger als 24 Monate dauern sollten, ist die Dauer, bezogen auf die Leistung im Sinne der Länge, nicht unbedingt ausschlaggebend. Wenn man die Abbildung 6.09 betrachtet, liegt die Problematik eher darin, die volle Leistungsfähigkeit möglichst schnell und nicht erst nach eineinhalb Jahren von einem Team abzurufen.

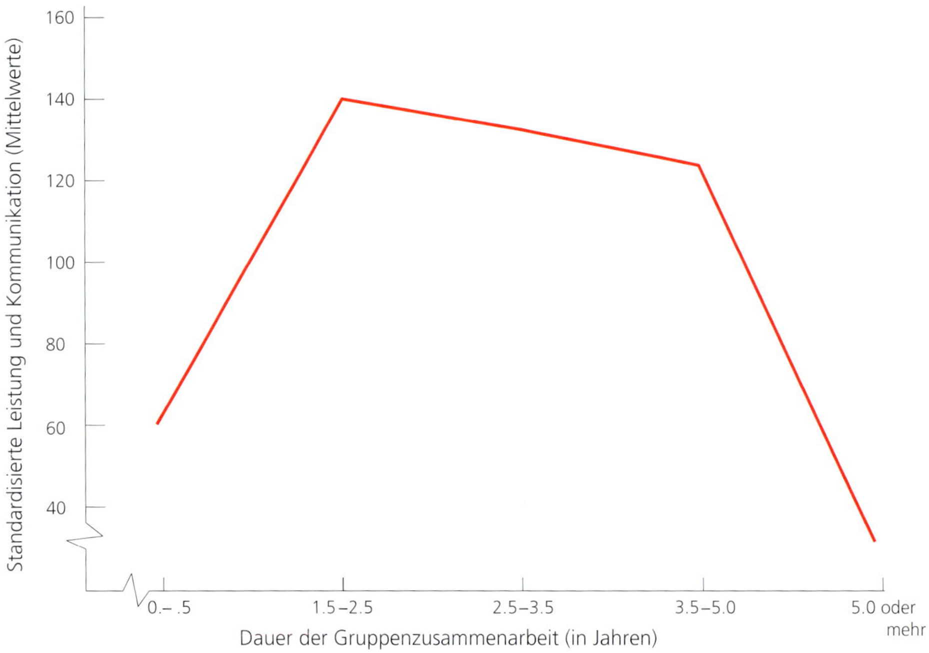

Abb. 6.09: Teamleistung in Abhängigkeit der Teamzugehörigkeitsdauer

6.2.1 Forming

Am Anfang einer Teambildung müssen sich die Mitglieder orientieren und formieren. Dabei werden aufgrund früherer Erfahrungen Verhaltensmuster ausprobiert. Charakteristische Merkmale der Teammitglieder in der Forming-Phase sind:

- Die Mitglieder fühlen sich unsicher.
- Es wird bei einem anderen Mitglied „Schutz" gesucht.
- Die Mitglieder stellen sich unter anderem die folgenden Fragen:
  - Was wissen die anderen von mir, was weiss ich über sie?
  - Welche Normen und Regeln gelten im Team?
- Die Mitglieder sind eher zurückhaltend und abwartend.
- Man zeigt grundsätzlich seine freundliche Seite.
- Es wird nach Normen und Regeln gesucht.

In dieser Phase sollte für alle Mitglieder klar ersichtlich sein, wer welche Aufgaben und Kompetenzen hat (Funktionsdiagramm, Stellenbeschreibung), welche Zielsetzungen erfüllt werden müssen und nach welchen Spielregeln zusammengearbeitet wird. Der Projektleiter muss hier die Teammitglieder motivieren, sich an die Rahmenbedingungen zu halten, sodass sich die teamspezifischen sozialen Normen bilden können.

6.2.2 Storming

Sobald die sozialen Normen im Team gefestigt sind und die Mitglieder mehr voneinander wissen, können sie mit ihrem Verhalten experimentieren [Vop 2000]. Aufgrund der gewonnenen Sicherheit tritt ein eher forderndes Verhalten zutage, das sich wie folgt bemerkbar macht:

- Macht- und Positionskämpfe brechen aus.
- Suche nach der eigenen Identifikation innerhalb des Teams.
- Widerstände entstehen durch häufiges Kritisieren.
- Das Ich-Denken herrscht vor dem Du-Denken.
- Die Führungsart des Vorgesetzten wird infrage gestellt.
- Es bilden sich Cliquen und Untergruppen, die sich bekämpfen.

Die Storming-Phase ist die schwierigste Phase für einen Projektleiter, da er jetzt seinen persönlichen Führungsstil durchsetzen muss. Gleichzeitig muss er darauf achten, dass die Teamstruktur nicht einstürzt. Es ist wichtig, dass er herausfindet, ob die Konflikte durch persönliche Interessen (Status, Macht, Angst etc.) oder durch sachliche Probleme verursacht werden. Natürlich werden in dieser Situation immer sachliche Problemstellungen vorgeschoben (die Organisationsstruktur ist falsch, der Prozess läuft nicht richtig ab etc.). Deshalb muss der Projektleiter den wirklichen Auslöser des Konflikts ermitteln. Dies kann er nur mit viel Geduld, mit striktem Durchsetzen der Teamspielregeln, durch konkrete Verantwortungszuteilung und mit fundierten Analysen. So wird sich herausstellen, ob nicht doch persönliche Interessen die Hauptursache der Probleme sind.

6.2.3 Norming

Sobald das Team die Spielregeln einhält und die sozialen Normen berücksichtigt, kann die Norming-Phase beginnen. Je enger die Teammitglieder miteinander kommunizieren, desto höher ist ihre Bereitschaft, miteinander gemeinsame Interessen zu verfolgen. Hier tritt eine spürbare Veränderung ein, und die Gefühle der Teammitglieder wandeln sich. Herrschten bei der Storming-Phase eher aggressive Gefühle, so stellen sich allmählich harmonische Gefühle ein. Das Team schafft sich in dieser Phase eine Identität, die zu einem Teamzusammenhalt (team spirit) führt. Die Teamnormen sind nun deutlich sichtbar und die einzelnen Mitglieder versuchen sich daran zu halten. In dieser Situation ist man darum bemüht, den Fortbestand des Teams zu gewährleisten. Die Norming-Phase ist durch folgende Merkmale geprägt:

- Die Mitglieder reden offener miteinander.
- Bei Konflikten wird ein Konsens gefunden.
- Zugunsten der Leistung werden Kompromisse geschlossen.
- Eine freundliche, zuvorkommende Stimmung verbreitet sich.
- Gemeinsame Zielsetzungen werden deutlicher, und alle sind bestrebt, diese gemeinsam zu erreichen.

Am Schluss dieser Phase werden die Teammitglieder konstruktiv miteinander konkurrieren, um mit gestärkten individuellen Fähigkeiten noch besser kooperieren zu können.

6.2.4 Performing

Die internen Teamprobleme sind gelöst. Die Normen wurden akzeptiert und die Rollen sind verteilt. Die volle Aufmerksamkeit kann nun der zu lösenden Aufgabe gewidmet werden. Unvorhergesehene Probleme werden nicht mehr als störend empfunden, sondern eher als Herausforderung. Die Performing-Phase hat folgende Merkmale:

- Es herrscht eine freundliche, zuvorkommende Stimmung.
- Man hilft sich gegenseitig.
- Abweichendes Verhalten wird eher toleriert.
- Das Teamleben ist harmonisch.
- Die gesamte Energie kann für die Leistung eingesetzt werden.

In dieser Phase ist das Team nicht nur fähig konfliktfrei zu arbeiten, sondern es kann mit der definierten Teamstruktur und den genau verteilten Rollen über eine längere Zeit eine überdurchschnittliche Leistung erbringen. Um diese Arbeitsphase möglichst lange aktiv zu halten, sollten folgende Führungsmassnahmen getroffen werden:

- Teamarbeiten mit Kreativitätsteilen durchführen.
- Konstruktive Teamarbeiten anregen.
- Durch Anlässe die zwischenmenschlichen Beziehungen fördern.
- Die teaminternen Prozessabläufe überprüfen (und verbessern).
- Nach Wegen suchen, um die Teamleistung steigern zu können.

6.2.5 Teamassessment „Kontrollfragen für das Teammanagement"

Um das Teammanagement in einem Projekt bezüglich seiner „Tauglichkeit" zu prüfen, können folgende Fragen helfen [Gau 2004]:

- Gibt es einen für die Situation erfahrenen Projektleiter? Wenn nein, wurden entsprechende Unterstützungsmassnahmen eingeleitet?
- Besteht das Projektteam aus Mitarbeitern mit den notwendigsten Fähigkeiten? Sind die Mitarbeiter freigestellt und engagiert?
- Kennen sich die Nutzenvertreter mit dem Anwendungsumfeld aus?
- Wurde der Schulungsbedarf der Projektteam-Mitglieder identifiziert und adressiert?
- Gibt es klare Rollen und Verantwortlichkeiten? Gibt es Zielvereinbarungen zwischen dem Projektleiter und den Mitgliedern des Projektteams?
- Werden mit den Mitgliedern des Projektteams regelmässig Leistungsbeurteilungen durchgeführt? Gibt es eine transparente leistungsabhängige Vergütung und/oder Anreize für die Mitglieder des Projektteams?
- Werden die Auswirkungen von organisatorischen Veränderungen auf die Mitglieder des Projektteams berücksichtigt?
- Gibt es Schlüsselpersonal im Projektteam? Sind Massnahmen zur Förderung des Know-how-Transfers vorhanden?
- Sind die Arbeitszeiten des Projektteams unter Kontrolle? Ermöglicht die Arbeitsumgebung ein produktives Arbeiten?
- Ist das Projektteam motiviert? Sind Massnahmen zur Steigerung des Teamgeists geplant?

6.3 Teamführung

Gemäss Joschke [Jos 1968] ist Führung im Sinne von betrieblicher Menschen- oder Personalführung die Ausrichtung des soziologisch allgemein gegebenen Phänomens der Führung auf die übergeordnete Zielsetzung der Unternehmung. Dabei geht es auch um die Fähigkeit, einen Menschen dazu zu bringen das zu tun, was man will, wann man will, wie man will, „weil er es will" [Eis 1970].

Abb. 6.10: Bereiche der Teamführung

6.3.1 Führungsfunktions-Prozess

Betrachtet man die Führungsaufgaben als zusammenhängende, eindeutig in sich abgegrenzte, aneinander gereihte Führungsfunktionen, so spricht man von einem Führungsfunktions-Prozess oder vom klassischen Führungsvorgang. Die darin enthaltenen Aufgabenelemente gelten für alle Arten der Führung, unabhängig vom angewendeten Führungsstil oder Führungsverhalten.

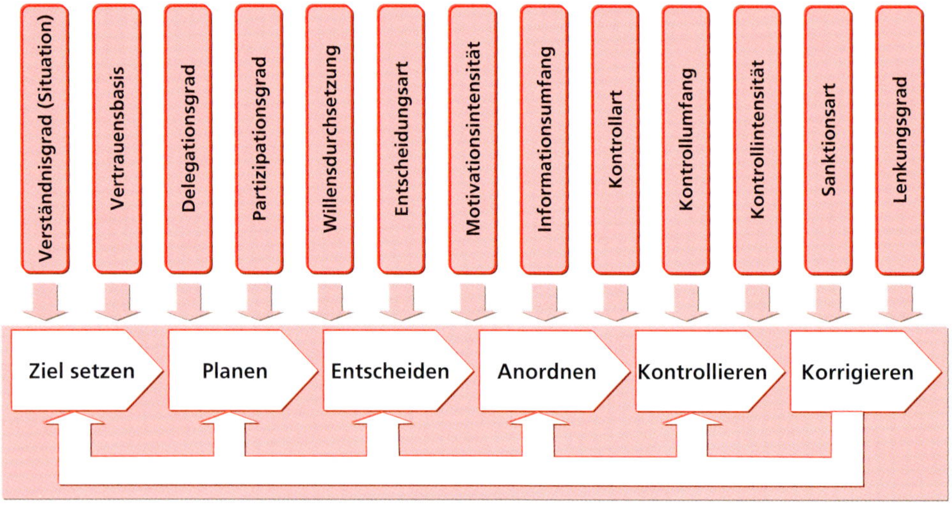

Abb. 6.11: Der Führungsfunktions-Prozess

6.3.1.1 Ziel setzen

Mit der Setzung eines Ziels bestimmt man die Anforderungen an das zu erwartende Resultat, nicht aber das Vorgehen. Ein Ziel muss folgende Charakteristiken aufweisen:

- vollständig definiert (Termin, Anzahl, Qualität etc.),
- erreichbar,
- situationsgerecht (Zeit, Mittel, Kompetenzen etc.),
- mitarbeitergerecht (Kenntnisse, Fähigkeiten, Fertigkeiten etc.),
- eindeutig (Vorgesetzte und Mitarbeiter verstehen dasselbe).

Wird der Mitarbeiter in den Zielfindungsprozess mit einbezogen, so kann er sich mit dem Ziel besser identifizieren.

6.3.1.2 Planen

Die Planung legt den Weg fest, der mit den vorbestimmten Mitteln und Massnahmen zur Erreichung der Ziele zurückgelegt werden muss. Mit einer detaillierten Planung werden unnötige Improvisationen verhindert. Bei allen Planungsaufgaben ist das folgende „W-Fragen"-Schema ein wertvolles Instrument:

- Was will man erreichen (Ziel)?
- Wer muss das Ziel erreichen (Zuständigkeiten)?
- Wie wird das Ziel erreicht (Vorgehen)?
- Womit und mit welcher Menge wird das Ziel erreicht (Betriebsmittel, Quantum)?
- Wann wird das Ziel erreicht (Zeitdauer, Termine)?

6.3.1.3 Entscheiden

Je genauer die Entscheidungsgrundlagen erarbeitet wurden, desto kleiner ist das Risiko eines Fehlentscheides. Aus diesem Grund ist der Miteinbezug der Mitarbeiter bei der Entscheidungsvorbereitung wichtig (Informationsbeschaffung, Erfahrungen einbringen, Auswirkungen beurteilen). Es können dabei ungezählte Einzelaspekte mit einfliessen.

Entscheiden heisst, von möglichen Alternativen diejenige auszuwählen, mit der ein definiertes Ziel – unter Berücksichtigung der zur Verfügung stehenden personellen und materiellen Mittel sowie eventuell eingrenzender Rahmenbedingungen – optimal erreicht werden kann.

6.3.1.4 Anordnen

Die Verrichtung einer Arbeit setzt eine klare Auftragserteilung voraus, eine grösstmögliche Ausführungsfreiheit für den Mitarbeiter (seinen Fähigkeiten entsprechend) und die Zuteilung der benötigten Mittel. Je nach Führungsverhalten muss eine mündliche oder schriftliche Anordnung auf Basis einer Vereinbarung (Arbeitsfreigabe) die folgenden Fragen beantworten:
- WAS muss gemacht werden?
- WARUM wird es gemacht?
- WIE kann es gemacht werden?
- WANN muss es erledigt sein?
- WO wird es gemacht?
- WAS muss berücksichtigt werden (Vorgaben)?
- WER muss es machen?

6.3.1.5 Kontrollieren

Kontrolle ist die objektive Beurteilung (Vergleich) einer erbrachten Leistung oder des Verhaltens eines Mitarbeiters. Damit objektiv kontrolliert werden kann, ist es sinnvoll, wenn messbare oder genau beschriebene PLAN-Werte vorhanden sind.

Die Kontrolle dient grundsätzlich der Unterstützung und nicht als Ausgangspunkt für eine Bestrafung. Folgende Kontrollarten sind möglich:
- Stichproben,
- laufende Kontrolle,
- Qualitätskontrollen,
- Ergebniskontrolle,
- Zeitkontrolle,
- Verhaltenskontrolle,
- Selbstkontrolle.

Das Grundschema einer Kontrolle läuft wie folgt ab:
- Kontrollobjekt und Massgrössen bestimmen,
- PLAN-/IST-Vergleich durchführen,
- Abweichungen ermitteln und beurteilen,
- Korrekturen einleiten.

6.3.1.6 Korrigieren

Werden die Toleranzgrenzen überschritten und bestehen noch Beeinflussungsmöglichkeiten, so können Korrekturmassnahmen getroffen werden [Rüh 1993]. Das Korrigieren, das viel mit Steuern zu tun hat, soll den täglich auftretenden Störungen sowie den Abweichungen der Arbeitsergebnisse entgegenwirken, damit die gesetzten Ziele erreicht werden können. Bei grösseren Korrekturen ist es notwendig, eventuell eine neue Zielsetzung zu definieren oder eine neue Planung bzw. eine grundlegend neue Anordnung vorzunehmen. Als Prinzip gilt: zeitlich kleinere Intervalle setzen, damit die Beeinflussungsmöglichkeit optimiert wird.

6.3.2 Führungsstile

Während Führungsmodelle oder -techniken wie das Management by Objectives in erster Linie das formelle Zusammenwirken von Leistung und Mensch nach einem bestimmten Muster aufzeigen, bezieht sich der Führungsstil vor allem auf das Verhalten und die Persönlichkeitsaspekte des Führenden.

> Unter Führungsstil versteht man das dauerhafte und in bestimmten Situationen gleichbleibende Verhalten von Vorgesetzten gegenüber Mitarbeitern, das auf einem bestimmten Menschenbild basiert.

Gemäss Malik [Mal 1992] wird mit Stil nicht ein allgemeines Verhalten bezeichnet, sondern eine bestimmte Art des Verhaltens. Unabhängig von konkreten Umständen eines Einzelfalls oder der im Einzelnen verfolgten Ziele ist das Verhalten einer Führungskraft an gewisse Normen und Regeln gebunden. Einen bestimmten Stil oder Stil ganz allgemein hat demnach jemand, der bestimmte Normen und Regeln mit seinem Verhalten ausdrückt oder sich an jenen orientiert. In der Praxis wird von vielen verschiedenen Führungsstilen gesprochen, die jedoch auf den gleichen Grundansätzen basieren.

Bei Führungsstilen kann grundsätzlich polarisierend zwischen „autoritär" und „kooperativ" unterschieden werden. Diese Unterscheidung geht auf eine bekannte Untersuchung des deutschen Psychologen Lewin zurück, der in den dreissiger Jahren in den USA eine derartige Studie durchgeführt hat. Er hat mit dieser Studie die Zufriedenheit und die Leistung eines Teams unter dem jeweiligen Führungsstil gemessen. Ähnliche Untersuchungen wurden in der Folge noch oft durchgeführt, und es wurde meistens zwischen autoritärem und kooperativem Führungsstil unterschieden.

Als autoritärer Führungsstil gelten die folgenden Verhaltensweisen:
- diktatorischer Führungsstil (Regentverhalten),
- patriarchalischer Führungsstil (Vaterverhalten),
- autokratischer Führungsstil (starkes Statusverhalten),
- imperativer Führungsstil (starkes Entscheidungsverhalten).

Als kooperativer Führungsstil gelten:
- partizipativer Führungsstil (Mitbestimmung bei Entscheidungen),
- delegativer Führungsstil (selbstständige Entscheidung des Mitarbeiters),
- demokratischer Führungsstil (Mehrheitsentscheidungen).

Nachfolgend werden die zwei Extremvarianten und der „Führungsstil, der keiner ist und dadurch einer wird", der Laissez-faire-Führungsstil, sowie das situative Führungsverhalten kurz beschrieben [Gro 1980].

6.3.2.1 Autoritärer Führungsstil

Wenn ein Projektleiter sämtliche Entscheidungen alleine trifft, führt er seine Mitarbeiter autoritär. Er legt auch jeden einzelnen Arbeitsschritt der Mitarbeiter fest, ohne sie zu befragen. Die Projektmitarbeiter kennen den Umfang der Arbeiten nicht, die für das Projekt umgesetzt werden müssen. Der Projektleiter arbeitet grundsätzlich nicht mit den Projektmitarbeitern zusammen, sondern zeigt ihnen nur, wie sie ihre Arbeit ausführen müssen. Er bestimmt auch, wer welche Arbeiten auszuführen hat und wer mit wem zusammenarbeiten muss. Dieser Führungsstil ist gekennzeichnet durch:
- ein hohes Mass an Lenkung durch die Führungsperson,
- strikte und umfangreiche Kontrollen,
- wenig Information an die Mitarbeiter,
- verbindliche Vorgaben und praktisch keine Delegation,
- Willensdurchsetzung auf der Befehlsgrundlage,
- Kritik, Tadel und Vorschriften durch die Führungsperson.

Die Mitarbeiter empfinden diesen Führungsstil eher als negativ:
- Sie fühlen sich stark bevormundet.
- Sie fühlen sich unwissend.
- Sie sind unzufrieden, weil sie keine Entscheidungen treffen dürfen.

Der autoritäre Führungsstil verhindert nicht selten Initiative und Einfallsreichtum der Mitarbeiter. Sie sind deshalb in hohem Mass von der Führungsperson abhängig. Positive Leistungen kann der autoritäre Führungsstil hervorbringen, wenn sehr einfache, repetitive oder dringliche Arbeiten (z.B. eine Brandbekämpfung durch die Feuerwehr) ausgeführt werden müssen.

6.3.2.2 Kooperativer Führungsstil

Führt der Projektleiter seine Projektmitarbeiter kooperativ, so macht er die Projektarbeit zur Aufgabe des gesamten Projektteams. Die einzelnen Aufgaben werden zur Diskussion gestellt, und der Projektleiter greift eigentlich erst bei den Entscheidungsfindungen unterstützend ein. Die Aufgabenaufteilung erfolgt grösstenteils durch das Projektteam selbst, wobei auch der Projektleiter einen Teil davon übernimmt. Auch die Abwicklungsziele werden durch das Projektteam erarbeitet, wobei der Projektleiter nur bei Schwierigkeiten eingreift. Dieser Führungsstil zeichnet sich aus durch:
- ein Mittelmass an Lenkung,
- Selbstkontrolle der Mitarbeiter,
- Zielvereinbarungen als Vorgabe,
- umfassende Information der Mitarbeiter,
- Mithilfe bei der Arbeit durch die Führungsperson,
- gegenseitige Anerkennung als vollwertige Partner,
- Kommunikation anstelle von Anordnen und Befehlen,
- Freiraum für Mitarbeiter, um Erfahrungen und Fehler machen zu können.

Die Voraussetzungen für diesen Führungsstil werden schon mit dem Wort „kooperativ" (miteinander) ausgedrückt. Er funktioniert natürlich nur dort, wo Führer und Geführte dieses Wort nicht nur kennen, sondern es auch leben. Das heisst Vertrauen, grosse soziale Kompetenz des Vorgesetzten und Sensibilität gegenüber den Bedürfnissen der Mitarbeiter müssen gegeben sein. Dieser Führungsstil erzeugt oftmals ein hohes Mass an positiven sozialen Beziehungen im Team. Die eigentliche Aufgabe steht im Mittelpunkt, und Konflikte können sich nicht gut ausbreiten. Somit eignet er sich vor allem für komplexe Aufgaben, bei denen die Mitarbeiter sehr eigenständig arbeiten müssen. Oder wenn das Team über einen längeren Zeitraum eine hohe Leistung erbringen muss und es aufgrund der Örtlichkeiten oder der Aufgabenstellung nicht immer einfach ist, die Mitarbeiter zu kontrollieren.

6.3.2.3 Laissez-faire-Führungsstil

Führt der Projektleiter das Projektteam im Laissez-faire-Stil (gewähren lassen), so haben die Teammitglieder bezüglich der auszuführenden Arbeit völlige Freiheit. Der Projektleiter stellt einzig die benötigten Mittel zur Verfügung, ohne Ziele vorzugeben oder konkrete Vorgaben zu präsentieren. Sein Wissen gibt er nur weiter, wenn man ihn fragt. Er selbst arbeitet nicht direkt am Projekt mit und übernimmt in keiner Situation irgendwelche Ausführungsarbeiten.

Bei diesem Führungsstil
- wird praktisch keine Kontrolle angewandt,
- existieren wenige Informationen und Vorgaben,
- verhält sich die Führungsperson bei allen Führungsaufgaben passiv,
- ist keinerlei Lenkung der Mitarbeiter vorhanden,
- gibt die Führungsperson nur schwach definierte Leitplanken vor,
- regelt das Team bzw. einzelne Mitarbeiter die Aufgaben selber,
- entscheidet das Team bzw. einzelne Mitarbeiter weitgehend selber.

Die Konsequenz eines solchen Führungsstils ist vielfach eine grosse Unsicherheit bei den Mitarbeitern. Es entwickelt sich eine organisatorische Unordnung, die oft Streitigkeiten auslöst. Somit kann der Laissez-faire-Führungsstil nur dann angewandt werden, wenn das Projektteam absolut eigenständig ist. Dies ist z.B. bei Forschungsprojekten der Fall, bei denen man in Bereiche vorstösst, die noch unerforscht sind, und somit keine Vorgaben bezüglich Zeit, Aufwand, Resultat etc. möglich sind.

In der Praxis kommt dieser Führungsstil (neben Forschungsprojekten) leider oftmals dann vor, wenn ein Projektleiter innerlich gekündigt, sprich resigniert hat. Dabei nimmt er die Bedürfnisse des Teams nicht mehr wahr, und manchmal will er sogar verhindern, dass andere Personen von seinem Wissen profitieren.

6.3.2.4 Situatives Führungsverhalten

Es ist nicht durchwegs so, dass ein einseitiges Festhalten an einem bestimmten Führungsstil die bestmögliche Leistung eines Teams erzeugt. Je besser ein Projektleiter die Situation erkennt und je angemessener er handelt, desto leistungsfähiger ist das gesamte Projektteam. Der situative Gebrauch der verschiedenen Führungsstile begünstigt somit ein positives Resultat. Bezieht man die gesellschaftlichen Einflüsse auf dem Umweg über die einzelne Person oder über das Team in die Führungssituation mit ein, so hängt das konkrete Handeln eines Vorgesetzten mit den in Abbildung 6.12 aufgeführten Einflussgrössen unmittelbar zusammen.

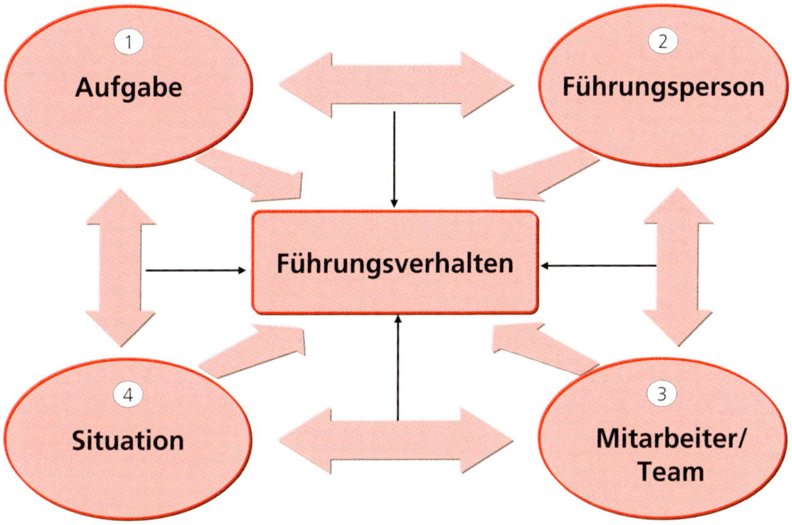

Abb. 6.12: Einflüsse auf das situative Führungsverhalten

Wenn die zu lösende Aufgabe, das situative Umfeld, die Führungsperson(en), die Struktur des Teams und das Verhalten der einzelnen Mitarbeiter beim Führen berücksichtigt werden, spricht man von situativer Führung. Die vier wichtigen Elemente dieses „Führungsstils" sind:

1. Aufgabe
   Art der Problemstellung, Komplexität, Umfang, Ziel etc.

2. Führungsperson
   Führungsstil, Menschenbild, Unternehmenskultur, Fähigkeiten etc.

3. Mitarbeiter/Team
   Alter, Wissen, Fähigkeiten, Kultur, Organisation, Gesellschaft etc.

4. Situation
   Ort, Umfeld, Dringlichkeit, Wichtigkeit, Markt, Konjunktur etc.

Wie Abbildung 6.12 darstellt, beeinflussen diese vier Elemente das Führungsverhalten. Sie können nicht isoliert betrachtet werden, da sie untereinander Beziehungen aufweisen und sich gegenseitig beeinflussen. Dies wiederum beeinflusst die Führung zusätzlich. Eine Führungsperson muss daher beim situativen Führen alle Elemente und deren Beziehungen berücksichtigen.

Ein Vorgesetzter, der situativ führt, sollte sich nach den Grundsätzen eines bestimmten Führungsstils verhalten. So können die Mitarbeiter ihre Führungsperson einschätzen und sich danach richten. Wenn dies möglich ist, werden die zeitlich begrenzten, situativen Elemente eines autoritären oder eines Laissez-faire-Führungsstils akzeptiert. Ändert der Vorgesetzte sein Führungsverhalten nach Lust und Laune und ist dies von seinen Mitarbeitern nicht nachvollziehbar, so handelt es sich nicht um eine situative Führung, sondern um eine instabile Führungsperson.

Die Charakteristiken des situativen Führungsverhaltens sind:
- ein der Situation angemessenes Mass an Kontrolle,
- der Situation entsprechend berücksichtigende Vorgaben,
- auf die Situation bezogene, detaillierte Planung und Zielsetzung,
- auf die Situation bezogene Motivation.

6.3.3 Führungsverhalten

Der Führungsfunktions-Prozess wird von diversen situativen Komponenten beeinflusst (☞ Kapitel 6.3.1 „Führungsfunktions-Prozess"). Diese Beeinflussungsgrössen ergeben das Führungsverhalten, das die Führungsperson schliesslich einnimmt. Man nennt diese Einflussgrössen, an denen man das Führungsverhalten misst, Führungsmerkmale.

Neben der eindeutig klassifizierenden Einteilung durch die kategorisierenden Führungsstile kann mit dem Messen des Führungsverhaltens eine andere, zweidimensionale Bewertung des Führens vorgenommen werden. Die Führungsperson ist in besonderer Weise dafür verantwortlich, dass die Ziele erreicht werden und dass dies unter Berücksichtigung der Bedürfnisse und Ansprüche der Mitarbeiter geschieht [Ulr 1986]. Um diese Vorgabe zu erfüllen, muss sie zwei verschiedene Funktionen wahrnehmen:

1. Lokomotionsfunktionen
   Mit den Lokomotionsfunktionen sollen die Mitarbeiter auf die Ziele des Projekts ausgerichtet werden. Hier geht es um die Definition von Arbeitszielen und Aktivitäten für den einzelnen Projektmitarbeiter oder das ganze Projektteam, um die Aufgabenverteilung, die Koordination sowie um Prozess- und Ergebniskontrollen.

2. Kohäsionsfunktionen
   Kohäsionsfunktionen beziehen sich auf den Zusammenhalt des Projektteams, die Aufrechterhaltung und Förderung der teaminternen Beziehungen sowie der Beziehungen zwischen Projektleiter und -mitarbeitern.

Schmidt [Sch 2000b] definiert den Begriff Kohäsionsfunktion als „Führung" und Lokomotionsfunktion als „Leitung". Er versteht Leitung als Sache (Ergebnis, Produkt, Verfahren), die im Vordergrund steht. Die Führung bezieht er auf den Menschen. Für ihn dient sie dazu,
- die Leistungsbereitschaft bzw. Motivation und
- die Zufriedenheit der Mitarbeiter mit ihrer Arbeit

zu fördern. Viele andere Exponenten machen zwischen Führen und Leiten keinen Unterschied. Eine Führungsperson kann sich nach einem Führungsmodell richten und damit die Art und Weise ihres Führungsverhaltens messen.

Unter Führungsmodell wird die Gesamtheit aller Regelungen verstanden, die sich hauptsächlich auf die Motivation der Mitarbeiter auswirken.

In einem Führungsmodell setzt der Leiter/Führer durch sein Verhalten die Ideen und Vorgaben nach bestimmten Grundsätzen, Regeln und Gewohnheiten durch Führung um. Dabei charakterisiert er sein Verhalten anhand der Messgrössen der Führungsmerkmale.

Merkmale	Autoritärer Führungsstil	Kooperativer Führungsstil
1. Delegationsgrad	niedrig	hoch
2. Partizipationsgrad	gering	ausgeprägt
3. Informationsumfang	minimal	umfassend
4. Lenkungsgrad	einzelne Anweisung	Ziele
5. Situation	nicht berücksichtigt	berücksichtigt
6. Entscheidungsart	nach Vorgabe	situationsbezogen
7. Kontrolle		
- Kontrollart	Fremdkontrolle	Eigenkontrolle
- Kontrollumfang	detailliert	global
- Kontrollintensität	hoch	niedrig

Abb. 6.13: Merkmale des Führungsverhaltens

Bei der Führungsart gemäss einem Führungsmodell spricht man vom Führungsverhalten, das diese Person anwendet bzw. verkörpert. In Bezug auf eine Klassifizierung der Führungsmerkmale herrscht Uneinigkeit, da die stets ändernden Situationen es schwierig machen, die (gemessenen) Merkmale eindeutig zu interpretieren. Auf die eindimensionale Klassifizierung bezogen kann dies, wie in Abbildung 6.13 dargestellt, einen Verhaltenswert zwischen den Extremvarianten autoritärer und kooperativer Führungsstile ergeben.

Nachfolgend werden die entscheidenden Merkmale kurz erläutert:

1. Delegation

   Unter Delegation versteht man die Übertragung von Aufgaben mit den dazugehörigen Kompetenzen und der entsprechenden Verantwortung von einer höheren hierarchischen Ebene auf eine tiefere. Wichtig dabei ist, dass diese aufeinander abgestimmt sind. Je mehr die Führungsperson delegiert, umso eigenständiger können die Mitarbeiter arbeiten. Dies bewirkt häufig ein kooperativeres Verhalten der Mitarbeiter. Die Delegation ist ein hervorragendes Instrument zur Mitarbeiterförderung: Durch eine stufenweise Delegation kann ein Mitarbeiter in langsamen Schritten (gemessen an seinen Fähigkeiten) an schwierigere Aufgaben herangeführt werden. Folgende Kompetenzen können (je nach Führungsstil) an die Mitarbeiter abgegeben werden:

   – Ausführungskompetenz,
   – Verfügungskompetenz,
   – Antragskompetenz,
   – Mitsprachekompetenz,
   – Entscheidungs- und Anordnungskompetenz,
   – Vertretungskompetenz.

2. Partizipation
   Unter Partizipation wird eine möglichst direkte Teilnahme (Beteiligung) der Mitarbeiter an Prozessen der Willensbildung und der Entscheidungsfindung der höheren Hierarchieebenen verstanden. Je umfassender die Führungsperson ihre Mitarbeiter partizipieren lässt, umso kooperativer führt sie, da die Mitarbeiter ihre Meinungen äussern können und diese auch bei den Entscheidungen mit berücksichtigt werden. Es ist nicht immer einfach, dieses Merkmal zu analysieren, da für die Mitarbeiter nur zählt, was die Führungsperson an Beteiligung erwartet, und nicht, welche Beteiligungsmöglichkeiten ihnen angeboten werden. Insofern ist nicht das objektive Partizipationsangebot entscheidend, sondern vielmehr die von den Mitarbeitern subjektiv empfundene Beteiligung an der Willensbildung.

3. Information
   Informationen sind zweckbezogene Nachrichten, die für den Empfänger Neuigkeitswert haben. Je umfassender über eine gestellte Aufgabe informiert wird, umso eigenständiger kann der Mitarbeiter arbeiten. Je weniger Informationen der Mitarbeiter erhält, desto autokratischer wird er geführt, da ihm aufgrund der fehlenden Informationen ein zielgerichtetes, selbstständiges Arbeiten verwehrt ist. Das Informationsmerkmal kann aufgrund einer Informationsanalyse des Arbeitspaketes gemessen werden. In dieser Analyse wird vorab entschieden, wie viele Informationen notwendig sind.

4. Vorgaben
   Vorgesetzte können ihre Mitarbeiter durch laufende Eingriffe in Form von Einzelanweisungen, detaillierten, organisatorischen Vorgaben oder allgemeinen Zielen lenken. Wird häufig mit Vorgaben bzw. Zielsetzungen gearbeitet, so kann der Mitarbeiter weitgehend selbst bestimmen, welchen Weg er zur Erreichung des Ziels beschreiten will. Werden die Vorgaben durch laufende, situative Einzelanweisungen geprägt, so neigt der Mitarbeiter dazu, sich den Weg zum Ziel von der Führungsperson zeigen zu lassen, was wiederum zu einem autoritären Führungsstil führen kann.

5. Situation
   Die Berücksichtigung der jeweiligen Situation steht über allen Führungsmerkmalen. Erst wenn eine Situation objektiv beurteilt und in das Führungsverhalten integriert wurde, kann man einen „Führungserfolg" verzeichnen. Demzufolge kann jede beliebige Kombination von Führungsverhalten schliesslich einen Erfolg bringen. Das heisst, je nach Situation führt das eine oder andere Verhalten zu besseren Führungsergebnissen.

6. Entscheiden
   Bei einem idealtypischen Führungsablauf erfolgt das Entscheiden nach der Planungsphase. Von den geprüften Möglichkeiten wird als Abschluss des Willensbildungsprozesses eine Auswahl getroffen [Rüh 1993]. Trifft die Führungsperson ihre Entscheidungen jeweils nach klaren Vorgaben wie „Gesetze", „Richtlinien", „festgelegte Arbeitsprozesse" etc., so führt sie mit einem autoritären Führungsstil. Berücksichtigt sie neben diesen Vorgaben auch die bestehende Situation und weicht deshalb gelegentlich von den Vorgaben ab, so spricht man ihr kooperatives Verhalten zu. Das Entscheidungsverhalten kann an drei hierarchisch geordneten Kriterien gemessen werden [Ros 1993]:

- Qualität der Entscheidung,
- Akzeptanz der Entscheidung,
- Ökonomie des Entscheidungsverhaltens.

7. Kontrolle
   Kontrolle ist der Vergleich der Planwerte mit den Realisierungswerten (PLAN-/IST-Vergleich). Wenn Mitarbeiter intensiv und umfangreich kontrolliert werden, so wird dies als autoritärer Führungsstil bezeichnet, da die „Freiheiten" der Mitarbeiter direkt beschnitten werden. Bei der Analyse und Beurteilung wird auf folgende Werte geachtet:
   - Kontrollart,
   - Kontrollumfang,
   - Kontrollintensität.

Selbstverständlich könnten noch weitere Führungsmerkmale aufgeführt und analysiert werden wie z.B. das Verständnis gegenüber den Mitarbeitern, die situative Regelung der Stellvertretung, das vorhandene Vertrauen, Bestrafungs- und Belohnungsmassnahmen oder der Lenkungsgrad und die Motivationsintensität.

6.3.3.1 Verhaltensgitter nach Blake und Mouton

Neben der eindimensionalen Unterscheidung der Führungsstile wird häufig die zweidimensionale Darstellungsform von Blake und Mouton [Bla 1968] verwendet. Gemäss dieser Darstellung wird das Führungsverhalten eines Vorgesetzten in die zwei voneinander unabhängigen Dimensionen

- Interesse für Personen/Mitarbeiter = Menschenorientierung
- Interesse für Produktion/Aufgaben/Ziele = Sachorientierung

unterteilt. Sie können von einem Vorgesetzten gleichzeitig mehr oder weniger stark verfolgt werden. Dieses Modell versucht, Mensch und Arbeit in die Führung zu integrieren. Das optimale Führungsverhalten eines Vorgesetzten wäre, wenn er beide Dimensionen gleichermassen berücksichtigen könnte. Das heisst, der Vorgesetzte soll sich dafür verantwortlich fühlen, dass Planung, Leitung und Kontrolle vernünftig gehandhabt werden. Blake und Mouton stellen in diesem Koordinatensystem die mit Ziffern bezeichneten Punkte als bestimmte Formen des Führungsverhaltens dar, die sich modellmässig in fünf Führungsstile unterscheiden lassen [Ebe 1987].

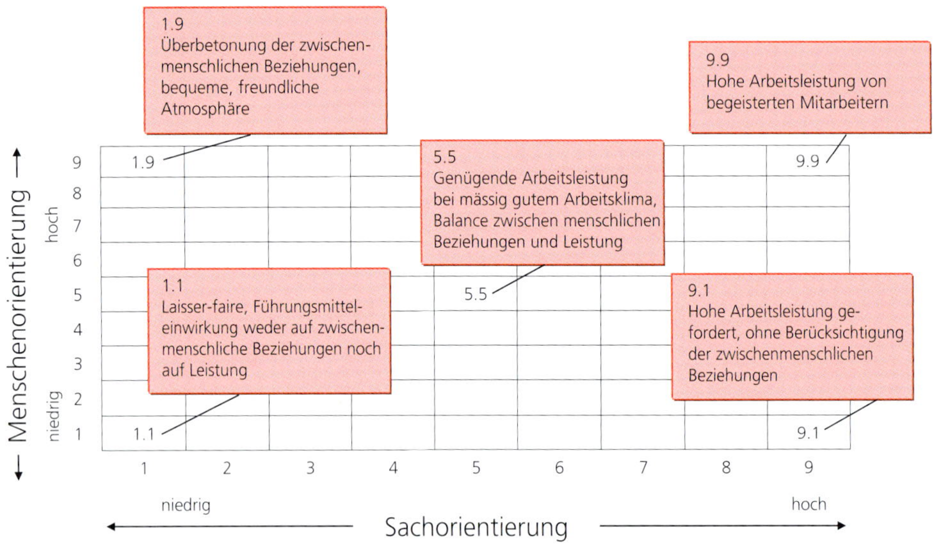

Abb. 6.14: Verhaltensgitter von Blake und Mouton, Düsseldorf/Wien 1969

- Führungsstil 1.1 „Laisser-faire"
  Der Vorgesetzte fühlt sich nicht verpflichtet, bestimmte Führungsziele zu erreichen, und nimmt kaum Einfluss auf das Geschehen in seinem Verantwortungsbereich. Er beschränkt sich auf das Einhalten von Vorschriften.

- Führungsstil 1.9 „sozial/patriarchalisch"
  Der Vorgesetzte möchte die zwischenmenschlichen Beziehungen in seinem Verantwortungsbereich möglichst angenehm gestalten, um den persönlichen Interessen der Mitarbeiter entgegenzukommen. Die Leistungsorientierung wird weitgehend vernachlässigt.

- Führungsstil 9.1 „autoritär"
  Das Führungsverhalten des Vorgesetzten ist einseitig an Leistungsaspekten orientiert. Die Förderung der zwischenmenschlichen Beziehungen und der individuellen Ziele der Mitarbeiter tritt praktisch gänzlich zurück zugunsten unmittelbar betriebswirtschaftlicher Kriterien.

- Führungsstil 5.5
  Der Vorgesetzte strebt mit seinem Verhalten einen Kompromiss zwischen Mitarbeiter- und Aufgabenorientierung an. In beiden Beziehungen werden jedoch keine besonderen Ansprüche gestellt, sodass von einem blossen Verwalten des Verantwortungsbereichs gesprochen werden kann.

- Führungsstil 9.9 „charismatisch"
  Der Vorgesetzte versucht, anspruchsvolle Sachziele zu verwirklichen, indem er die Mitarbeiter in persönlicher und aufgabenbezogener Hinsicht motiviert. Dazu gewährt er ausreichende Handlungsspielräume und fördert die Kreativität, wobei stets eine klare Ausrichtung auf die Unternehmensziele besteht.

6.3.3.2 Führungsverhalten des Projektleiters

Nach der vorhergehenden Aufzählung der verschiedenen Führungsstile und des unterschiedlichen Führungsverhaltens stellt sich die Frage, ob es den speziellen Führungsstil oder das besondere Führungsverhalten eines Projektleiters überhaupt gibt. Die Antwort lautet „Jein". Ein Projektleiter hat dieselben Führungsfunktionen und Führungsmerkmale wie andere Führungskräfte. Andererseits unterscheidet sich seine Führungssituation jedoch erheblich von beispielsweise derjenigen eines Finanz- oder Einkaufsabteilungsleiters. Durch die zeitliche Begrenzung, den starken Kostendruck, die von der Unternehmung weitgehend losgelöste Organisationsstruktur, die erhöhte Komplexität, die fast zu 100% nicht routinemässigen Arbeiten und speziell durch die dynamischen Veränderungen in einem Projekt steht er oftmals in einer sich stark verändernden, wechselwirkenden Führungssituation.

Diese Situation erfordert nicht unbedingt einen neuen Führungsstil als vielmehr einen bestimmten Typ Mensch, der mit solchen Situationen umgehen kann. Wie im Kapitel 2.2.4 (☞ „Projektleiter") beschrieben, sollte der Projektleiter idealerweise ein initiativer, konfliktresistenter Typ sein, der das Neue liebt, viel Energie besitzt und einen gewissen Drang zur Selbstverwirklichung hat. Des Weiteren sollte er die Fähigkeit besitzen, mit halbfertigen Objekten und weitgehend strukturlosen Zuständen umgehen zu können.

Die persönliche Autorität des Projektleiters sollte durch soziale Fähigkeiten wie Glaubwürdigkeit, Kritikfähigkeit, emotionale Stabilität und Toleranz begründet sein. Der Projektleiter muss ebenso über ein hohes Mass an Sensibilität und Sensitivität gegenüber seinem Projektteam verfügen. Daher sollte der Projektleiter Verhaltensweisen vermeiden, die das Klima negativ beeinflussen könnten. Beispielsweise sollte er die Aufmerksamkeit nicht zu stark auf sich lenken und nicht seinen Status als „Projektleiter" hervorheben. Seine Interessen sollten „projektweit" verteilt sein und sich nicht auf wenige bevorzugte Sachverhalte beschränken.

Weil die Einflussgrössen der Arbeitssituation in einem Projekt unterschiedlich stark anfallen, braucht es nicht nur einen bestimmten Menschen als Führer, sondern auch spezielle Mitarbeiter, die unter solch ungewöhnlichen Bedingungen arbeiten wollen. Aufgrund der Organisationsform und des zeitlich beschränkten Mitwirkens ergibt sich grundsätzlich in der Projektwelt das nach Hersey und Blanchard [Her 1977] entwickelte Modell der reifegradorientierten Führung, welches von den beiden klassischen Dimensionen des Führungsverhaltens (Aufgabenorientierung und Mitarbeiterorientierung) ausgeht. Die Kernaussage lautet, dass es keinen generell erfolgreichsten Führungsstil gibt, sondern dass die Führungskraft ihr Führungsverhalten auf den aufgabenbezogenen Reifegrad des Mitarbeiters ausrichten muss. Je nach Reifegrad ist ein anderer Führungsstil notwendig, um mit dem Mitarbeiter die Leistungsziele zu erreichen, seine Leistungsmotivation zu erhalten und ihn seinen Potenzialen entsprechend weiterzuentwickeln [Gmü 2001]. Daher setzt sich der Reifegrad eines Mitarbeiters aus zwei voneinander weitgehend unabhängigen Komponenten zusammen:

- Fähigkeit zu selbstständiger Aufgabenerfüllung,
- intrinsische Motivation und Selbstvertrauen zu selbstständiger Aufgabenerfüllung.

Wichtig ist, den aufgabenbezogenen Reifegrad von der persönlichen Reife zu unterscheiden. Der persönliche Reifungsprozess verläuft kontinuierlich und weitgehend unabhängig von konkreten beruflichen Aufgabenstellungen [Gmü 2007]. Die aufgabenbezogene Reife entsteht mit jeder Tätigkeit neu, was insbesondere bei der Führung in der Projektwelt zu berücksichtigen ist.

Gemäss Gmür [Gmü 2007] kann beispielsweise ein Mitarbeiter in seiner Sachbearbeiterfunktion einen hohen Reifegrad erworben haben. Wird er daraufhin in eine andere Rolle oder Position befördert, wird er sich dadurch persönlich weiterentwickeln, aber seine aufgabenbezogene Reife ist in Auseinandersetzung mit den neuartigen Anforderungen, die sich aus der neuen Aufgabenstellung ergeben, anfangs noch gering.

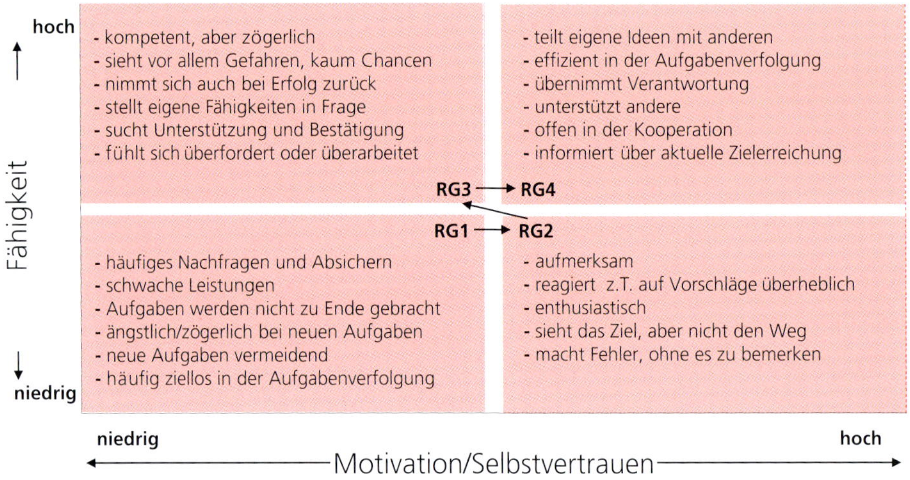

Abb. 6.15: Indikatoren des individuellen Reifegrads nach Hersey und Blanchard [Her 1977]

Aus jeder der vier Reifegradstufen ergeben sich besondere Anforderungen an die Mitarbeiterführung. Bei einem geringen Reifegrad (RG1), der durch hohe Verunsicherung, fehlende Leistungsmotivation und Defizite in der Qualifikation gekennzeichnet ist, wird demnach ein rein aufgabenorientierter Führungsstil empfohlen. Damit absorbiert die Führungskraft die fehlende Motivation und fängt Qualifikationsdefizite auf. Wenn der Mitarbeiter mehr Sicherheit gewinnt, aber noch nicht fähig zur selbstständigen Aufgabenerfüllung ist (RG 2), soll die Führungskraft einen Führungsstil anwenden, der gleichzeitig durch hohe Aufgaben- und Mitarbeiterorientierung gekennzeichnet ist. Sie gibt damit weitere Anstösse zur Zielerreichung, geht dabei aber verstärkt auf den Mitarbeiter ein und fördert die Leistungsfähigkeit. Erreicht der Mitarbeiter ein Niveau, das es ihm ermöglicht, seine Aufgaben eigenständig und ohne Unterstützung der Führungskraft zu bearbeiten (RG3), kann es zu vorübergehender Verunsicherung und damit Motivationsstörung kommen, welche die Führungskraft mit einem betont mitarbeiterorientierten Führungsstil auffangen soll. Wenn der Mitarbeiter schliesslich einen hohen Reifegrad erreicht und sowohl fähig als auch motiviert und sicher in der Aufgabenerfüllung ist (RG4), empfehlen Hersey und Blanchard einen delegativen Führungsstil. Im Reifegradmodell ist also die Personalführung motivierend und entwicklungsförderlich, wenn sie dem aktuellen Reifegrad des Mitarbeiters im Umgang mit den eigenen Aufgaben entspricht [Gmü 2007].

Aufgrund starker Rhythmuswechsel infolge ständig ändernder Termine, neu geforderten Leistungen oder Krisenfällen etc. ist die Führungsaufgabe des Projektleiters einerseits stark aufgabenbezogen, aber andererseits mindestens genauso stark personenbezogen. Berücksichtigt man diese zwei Dimensionen und den aufgabenbezogenen Reifegrad des Mitarbeiters, so würde eine ideale Klassifizierung des Führungsverhaltens bzw. Führungsstils nach Blake und Mouton im Bereich von

4.9 bis 9.4 mit der Tendenz zu 9.9 liegen. Gemäss Gmür [Gmü 2007] sind die Führungsstile nicht nur durch die Einstellung der Führungskraft gegenüber den Mitarbeitern und der Aufgabe gekennzeichnet, sondern auch dadurch, wie und in welchem Ausmass die Führungskraft ihre eigene Persönlichkeit in der Führungsbeziehung zum Ausdruck bringt (geringe oder starke Betonung). Diese Betonung des Ausdrucks führt insbesondere bei den Projektleitern zu einer weiteren guten Differenzierung.

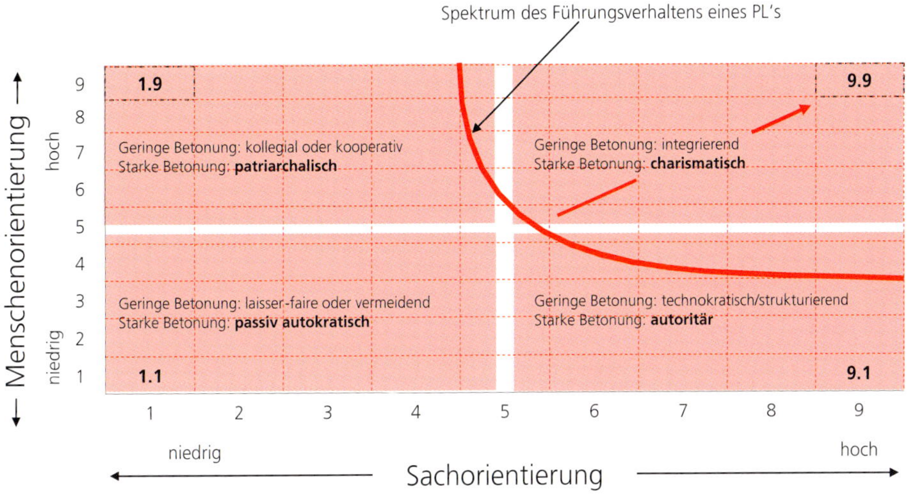

Abb. 6.16: Positionierung des Führungsverhaltens eines Projektleiters

Eine der grössten Schwächen der Darstellungsform von Blake und Mouton ist, dass durch die statische Abbildung von zwei Dimensionen die im Projekt vorkommenden speziellen Situationen nicht erfasst werden können.

Berücksichtigt man weitere Kriterien (Teammotivationsgrad, Selbstständigkeitsgrad, Grad der Kontrollierbarkeit etc.), so stellt sich heraus, dass ein Projektleiter grundsätzlich einen kooperativen Führungsstil mit einem hohen Anteil an situativem Führungsverhalten anwenden sollte. Dabei werden oft Situationen entstehen, in denen er sehr autoritär oder aber ausgeprägt kooperativ führen muss. All diesen Situationen zum Trotz sollten beim Führen folgende Grundsätze verfolgt werden:

- Die Führung des Teams sollte sich nicht durch den Rang, sondern durch Persönlichkeit, Überzeugung und Argumentation auszeichnen.
- Jeder Mitarbeiter hat klar definierte Aufgaben, Befugnisse und Verantwortungen.
- Nicht nur immer das Projekt, sondern auch der Mensch sollte im Mittelpunkt des Geschehens stehen.
- Dem Prinzip der offenen Tür folgend, sollte jeder Mitarbeiter jederzeit über jedes Thema im Rahmen des Projekts mit dem Projektleiter ein Gespräch führen können.
- Das Weiterleiten von Informationen über vorgegebene lange Dienstwege sollte vermieden werden. Der Informationsweg sollte direkt und unkompliziert sein. Die vorgegebenen Dienst- und Informationswege sind einzuhalten.
- Eine Beurteilung des Mitarbeiters erfolgt gemeinsam mit diesem.
- Eigenverantwortung und Initiative sollten gefördert werden.

- Aussergewöhnliche Leistungen bedürfen besonderer Würdigung und angemessener Anerkennung, sofern entsprechende Mittel vorhanden sind.
- Probleme der Mitarbeiter auf fachlicher oder zwischenmenschlicher Ebene geniessen Priorität.

6.3.4 Zwischenmenschliche Kommunikation

In vielen sozialpsychologischen Analysen wurde festgestellt, dass die Kommunikation ein zentraler und grundlegender Faktor des sozialen Geschehens ist. Da Projekte stark in die sozialpsychologischen Strukturen eingebettet sind, muss der Projektleiter dafür sorgen, dass die Kommunikation innerhalb eines Projekts als ein wichtiger Bestandteil anerkannt wird. Er ist daher verantwortlich, dass er, basierend auf der bestehenden Kommunikationskultur, eine für das Projekt unterstützende Projektkommunikations-Kultur aufbaut.

Unter Projektkommunikations-Kultur lassen sich alle Regelungen, Normen, Erwartungen, Festlegungen einer Projektinstitution in Bezug auf mögliche und notwendige Kommunikationen mit Personen innerhalb und ausserhalb des Projektteams zusammenfassen.

Die Fragestellung der Kommunikationskultur lässt sich formulieren als [Ros 1992]:

- Wer darf (muss, kann, darf nicht),	- wann,
- wo,	- wie,
- mit wem,	- worüber sprechen?

6.3.4.1 Kommunikationsstrukturen

Das Verhalten der Projektmitarbeiter wird gemäss Abbildung 6.07 von unterschiedlichen Komponenten geprägt. Kommunikationsstruktur ist dabei eine sehr wesentliche Komponente, da sie die Grundlage bildet, dass alle Teammitglieder zum richtigen Zeitpunkt und im richtigen Umfang die notwendigen Informationen bekommen können. Die Kommunikationsstrukturen wurden in den Arbeiten von Leavitt [Lea 1951] und Bavelas [Bav 1962] untersucht. In diesen wie auch in späteren Untersuchungen wurden die Kommunikationskonstellationen der einzelnen Mitglieder eines Teams analysiert. Dabei ging es um die Erforschung der individuellen Zufriedenheit, der Zufriedenheit des Teams, der Organisationsform innerhalb des Teams, der Führerrolle etc. Die verschiedenen Kommunikationsstrukturen sind in Abbildung 6.17 dargestellt.

Aus diesen Untersuchungen ging hervor, dass bei einfachen, immer wiederkehrenden Aufgaben die hierarchische Struktur vorherrscht (dargestellt mit dem Stern). Der Stern zeigt, dass eine hohe Leistung und eine grosse Identifikation mit der Führungsperson besteht, aber eine geringe Teamzufriedenheit. Dagegen führt eine Vollstruktur (Netz) zum gegenteiligen Resultat. Die Vollstruktur kann bei Problemlösungen, die eine intensive gegenseitige Kommunikation erfordern, sehr vorteilhaft sein. Diese Ergebnisse lassen erkennen, dass es auch hier keine „beste" Struktur gibt. Die bestgeeignete Struktur hängt jeweils von der Aufgabe, den involvierten Personen und deren Positionen, der Zeitdauer und der Infrastruktur ab. Der Projektleiter hat somit auch in diesem Bereich die Aufgabe, je nach Situation die entsprechende Kommunikationsstruktur einzusetzen.

Kommunikations-struktur / Kriterium	Stern/Rad	Baum/Y	Kette	Kreis	Voll-Struktur
Beispiel	Formale Arbeitsgruppe	Auffächerung der Hierarchie	Dienstweg	Kontrolle Phantom	Team
Zentralisation	Sehr hoch	Hoch	Mittel	Niedrig	Sehr niedrig
Führung	Sehr hoch	Hoch	Mittel	Niedrig	Sehr niedrig
Kommunikationsgeschwindigkeit	Hoch	Mittel	Niedrig	Niedrig	Sehr hoch
Entscheidungsgeschwindigkeit	Mittel	Mittel	Hoch	Niedrig	Niedrig
Genauigkeit der Informationen	Sehr hoch	Mittel	Niedrig	Niedrig	Mittel
Gruppenzufriedenheit	Niedrig	Niedrig	Mittel	Mittel	Hoch
Individuelle Zufriedenheit	Hoch	Hoch	Mittel	Niedrig	Sehr niedrig

Abb. 6.17: Kommunikationsstrukturen in Anlehnung an [Ros 1992]

6.3.4.2 Kommunikationsprozess

Die kleinste Teilmenge einer Kommunikationsstruktur ist der Kommunikationsablauf, der sich auf einen Sender und einen Empfänger bezieht. Die zwischenmenschliche Kommunikation ist im Grunde genommen ein einfacher Prozess.

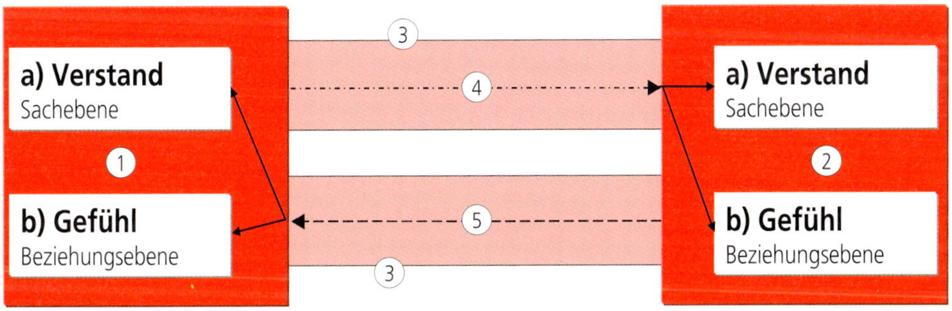

Abb. 6.18: Komponenten eines Kommunikationsprozesses

Die einzelnen Komponenten dieses Kommunikationsprozesses können wie folgt beschrieben werden [Kum 1988]:

1. Sender
   Der Sender setzt den Kommunikationsprozess in Gang. Er möchte durch diesen Prozess ein Ziel erreichen. Der Sender wählt das Übertragungsmittel aus und verschlüsselt seine Nachricht.
2. Empfänger
   Der Empfänger nimmt die Nachricht entgegen. Die Qualität der ankommenden Information ist, neben der Genauigkeit der Übertragung (Sender) und dem Grad der Störungen im Kanal, abhän-

gig vom einwandfreien Funktionieren der Wahrnehmungsorgane, von der Aufmerksamkeit des Empfängers und seiner Entschlüsselungsfähigkeit.

3. Kanal
   Der Kanal ist die Verbindung zwischen Sender und Empfänger. Die Mittel der Übertragung sind hörbare oder sichtbare Zeichen und Signale, die gesprochene oder geschriebene Sprache, technische Hilfsmittel wie Telefon oder Gegensprechanlage etc. Im Kanal treten oft Störungen auf (physikalische, semantische oder psychologische), welche die Übertragung bzw. den Nachrichtenaustausch behindern.
4. Nachricht
   Entscheidend ist hier vor allem die Form der Nachricht, also eine klare Sprache, deutliche Schrift, eindeutige Formulierungen, die Gliederung und Darstellung und nicht zuletzt der Gehalt (Wert). Das Bedeutsame an einer Nachricht ist, dass sie stets mehrere Botschaften gleichzeitig enthält. Aus psychologischer Sicht gliedert sich eine Nachricht in zwei Bereiche, die beim Empfänger auf unterschiedlichen Ebenen ankommen. Dies ist einerseits die (a) Sach- und andererseits die (b) Beziehungsebene, auf denen die Informationen ausgetauscht werden.
5. Feedback
   Die Reaktion des Empfängers zeigt dem Sender, ob und wie die Nachricht angekommen ist. Das Feedback spiegelt die Gedanken und Gefühle des Empfängers wider. Das mögliche Mass und die Wirksamkeit des Feedbacks wird weitgehend vom Ausmass des Vertrauens im Team und zwischen den betroffenen Personen bestimmt (☞ Kapitel 6.3.4.4 „Feedback").

6.3.4.3 Teile einer Nachricht

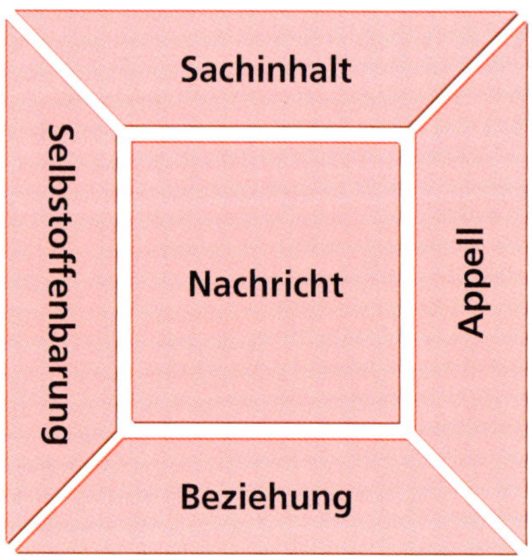

Abb. 6.19: Bestandteile einer Nachricht

Jede soziale Interaktion oder zwischenmenschliche Kommunikation (Nachricht) kann in verschiedene Bereiche mit verschiedenen Inhalten unterteilt werden. Schulz von Thun [Schu 1994] hat ein Modell entwickelt, nach dem die Nachricht in vier Teile zerlegt wird.

Jede Nachricht besteht aus vier Bestandteilen, die unweigerlich vom Sender zum Empfänger übertragen werden:

- Sachinhalt (worüber ich informiere)
  Als Erstes enthält eine Nachricht eine Sachinformation. Da Sender und Empfänger Menschen sind und nicht Maschinen (wie z.B. Computer), ist es relativ schwierig, eine reine Sachinformation zu erzeugen. Der Anteil an Sachlichkeit in der Nachricht stellt den Wert einer solchen Information dar. Sie sollte auf ein Sachziel bezogen sein, d.h. möglichst frei von Emotionen. Sachinhalte können Dinge, Projekte, Termine, Leistungsziele, Organisationsprobleme etc. sein, über die kommuniziert wird. Der Empfänger des Sachinhalts ist beim „sozialpsychologischen" Kommunikationsprozess der Verstand. Man spricht hier von der Sachebene.

- Appell (was ich bei dir erreichen möchte)
  Mit einem Appell möchte der Sender den Empfänger zu etwas veranlassen. Deshalb müssen Nachrichten immer eindeutig formuliert werden und sollten ein Ziel beinhalten. Diese Art Nachricht dient dazu, den Empfänger zu veranlassen, bestimmte Dinge zu tun oder zu unterlassen, zu denken oder zu fühlen.

- Selbstoffenbarung (was ich von mir selbst preisgebe)
  In jeder Nachricht stecken nicht nur Informationen über die mitgeteilten Sachinhalte, sondern auch Informationen über den Sender als Person. Daraus kann z.B. entnommen werden, dass der Sender es eilig hat, dass er sehr engagiert arbeitet etc. Gemäss Schulz von Thun handelt es sich dabei um die „Selbstoffenbarung", die gewollte Selbstdarstellung oder auch die unfreiwillige Selbstenthüllung.

- Beziehung (was ich von dir halte und wie wir zueinander stehen)
  Aus der gesendeten Nachricht geht auch die Beziehung vom Sender zum Empfänger hervor. Dies zeigt sich in der gewählten Formulierung, im Tonfall und anderen nichtsprachlichen Begleitsignalen. Für diese Seite der Nachricht hat der Empfänger ein besonders empfindliches Ohr, denn hier fühlt er sich als Person auf eine bestimmte Weise behandelt. Auf der Beziehungsebene geht es um die Art und Weise, wie miteinander gesprochen wird. Sie ist geprägt von Sympathie, Antipathie, Emotionen, Erwartungen, Hoffnungen und Ängsten. Der Empfangsteil des Beziehungsinhaltes ist beim sozialpsychologischen Kommunikationsprozess das Herz oder die Gefühlsebene des Menschen. Man spricht hier von der Beziehungsebene.

6.3.4.4 Feedback

Bei jeder zwischenmenschlichen Kommunikation herrscht vorerst weitgehende Unsicherheit über die Wirkung, welche die Nachricht beim Empfänger ausgelöst hat. Erst wenn der Empfänger in irgendeiner Form reagiert, bringt dies etwas Licht in die möglicherweise erzeugte Wirkung der gesendeten Nachricht. Die Reaktion (Feedback) des Empfängers zeigt somit dem Sender, ob und wie die Nachricht angekommen ist. Das Feedback bezieht sich auf die erzeugten Gedanken auf Sachebene wie auch auf die ausgelösten Gefühle auf Beziehungsebene. Einer der markantesten Sätze zu dieser Problematik ist der von Norbert Wiener: „Ich weiss erst, was ich gesagt habe, wenn ich die Antwort höre."

Feedback ist eine Mitteilung an eine Person, die diese darüber informiert, wie ihre Verhaltensweisen und ihre sachlichen Inhalte von anderen wahrgenommen, verstanden und erlebt werden [in Anlehnung an Ant 1992].

Das Feedback ist die Rückmeldung dessen, was der Empfänger der Nachricht empfunden und inhaltlich verstanden hat. Speziell in Projekten, wo Gespräche über komplexe Themen stattfinden, ist das Feedback ein unheimlich wichtiges Hilfsinstrument, sowohl für den Empfänger wie für den Sender. Das mögliche Mass und die Wirksamkeit des Feedbacks werden weitgehend vom Mass des Vertrauens im Team und zwischen den betroffenen Personen bestimmt. Das heisst, je besser die Beziehungsebene ist, desto ehrlichere Feedback-Reaktionen sind möglich.

Um ein konstruktives Feedback zu vermitteln, müssen folgende Regeln eingehalten werden [Ant 1992]:

- Ein Feedback sollte offen und echt sein. Das setzt eine vertrauensvolle Atmosphäre und/oder persönlichen Mut voraus.
- Beim Feedback sollten keine Globalaussagen gemacht werden („Sie hören mir nie zu"), sondern Sachverhalte möglichst konkret beschrieben werden („Ich habe Ihnen mehrfach zu erklären versucht, weshalb ich die Veränderung momentan nicht möchte, aber Sie haben mich jedes Mal unterbrochen").
- Das Feedback muss angemessen sein. Das heisst, es muss die Bedürfnisse aller beteiligten Personen in angemessener Weise berücksichtigen.
- Das Feedback muss für den Empfänger verständlich und nutzbar sein. Es muss sich auf Verhaltensweisen beziehen, die der Empfänger auch verändern kann.
- Das Feedback muss auf Verlangen angebracht werden, kann aber jemandem nicht aufgezwungen werden.
- Das Feedback muss zur richtigen Zeit gegeben werden. Je kürzer die Zeit zwischen dem betreffenden Verhalten und der Rückmeldung ist, desto wirksamer ist es.
- Das Feedback sollte korrekt und wahr, nicht manipulatorisch sein.

Das Feedback hat folgende positive Wirkungen:

- Es stützt und fördert positive Verhaltensweisen.
- Es korrigiert Verhaltensweisen, die dem Betroffenen und dem Team nicht weiterhelfen.
- Es klärt die Beziehungen zwischen Personen und hilft, den anderen besser zu verstehen.
- Es vermittelt dem Sender das Gefühl, dass der Empfänger „alles" verstanden hat.

Die Techniken der Kommunikation, d.h. die verbale Art und Weise, wie Menschen sich miteinander verständigen, sind im Anhang A.5.5 (☞ „Kommunikationstechniken") ausführlich behandelt.

6.3.4.5 Technik „Kommunikationsfehler-Analyse"

Muss man innerhalb eines Kommunikationsprozesses Fehler eruieren, so orientiert man sich häufig an der sogenannten Lasswell-Formel [Ros 1992]: „Wer sagt was zu wem auf welchem Kanal mit welchem Effekt?"

Bei einer Fehlersuche kann das Modell der Abbildung 6.18 vom Kapitel 6.3.4.2 (☞ „Kommunikationsprozess") als Hilfe benützt werden, mit dem man die einzelnen Komponenten des Kommunikationsprozesses überprüfen kann. Oder aber man zerlegt die Nachricht in vier Teile und analysiert diese. Der erste Teil der Analyse, die Überprüfung des Kommunikationsprozesses, ist relativ einfach. Die Überprüfung der Nachricht aber, und ganz besonders des Empfangsteils, sowie deren Effekte können sich relativ schwierig gestalten.

Empfangsfehler finden vorwiegend entweder auf der Sach- oder auf der Beziehungsebene statt. Während sich die Sachbotschaften an den Kopf des Empfängers richten und von seinem Verstand empfangen und ausgewertet werden, gehen die begleitenden Beziehungsbotschaften direkt an das Gefühl oder ins Herz [Schu 1994]. Daher muss man bei der Untersuchung eines zwischenmenschlichen Kommunikationsproblems verifizieren, ob sich beide Partner sowohl auf der Sachebene als auch auf der Beziehungsebene verstehen. Denn es besteht durchaus die Möglichkeit, dass auf der Sachebene etwas völlig anderes gesagt wird, als auf der Beziehungsebene gefühlt wird.

Die grössten Probleme treten bei der zwischenmenschlichen Kommunikation immer dort auf, wo Beziehungsstörungen auf der Sachebene ausgetragen werden. Es ist natürlich sehr schwierig, miteinander sachlich zu kommunizieren, wenn über die Beziehung der Gesprächspartner keine Klarheit herrscht.

6.3.4.6 Fehler bei der Gesprächsführung

In jedem Gespräch nehmen die beteiligten Personen abwechselnd die Rolle des Senders (Sprecher) und des Empfängers (Zuhörer) ein. Demnach muss jede Person aktiv zuhören und sich auch klar und direkt ausdrücken können. Dabei können verschiedene „Fehler" begangen werden. [Ant 1992].

Häufige Fehler des Sprechers (Senders) sind:
- Er ordnet seine Gedanken nicht, bevor er spricht.
- Er drückt sich ungenau aus.
- Er redet zu lange.
- Er flickt zu viele Ideen in seine Äusserungen ein.
- Er redet aus Unsicherheit immer weiter.
- Er überhört wichtige Aussagen in der Antwort des Gesprächspartners.

Häufige Fehler des Zuhörers (Empfängers) sind:
- Er bietet keine ungeteilte Aufmerksamkeit.
- Er legt sich seine Antwort frühzeitig zurecht.
- Er nimmt nur Details auf.
- Er denkt den Gedanken des Sprechers schon weiter.

6.3.4.7 Gesprächsarten

Gespräche zwischen Führungspersonen und Mitarbeitern kann man danach beurteilen, wie stark der Vorgesetzte das Gespräch nach seinen eigenen Vorstellungen, Ideen und Wünschen steuert oder aber wie sehr er auf die persönlichen Belange des Mitarbeiters, auf dessen Vorstellungen, Wünsche und Bedürfnisse eingeht [Ros 1993]. Dabei können Gespräche in die folgenden drei Arten unterteilt werden.

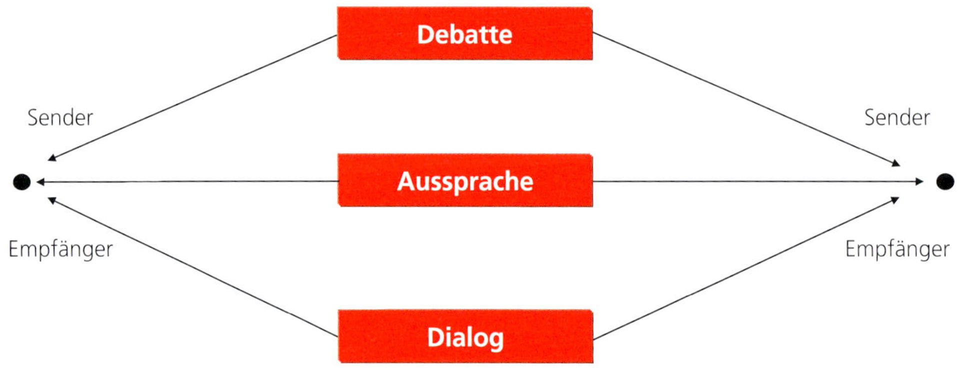

Abb. 6.20: Gesprächsarten

- Debatte: Disput = Streit- oder Lehrgespräch
  Die Debatte ist ein Disput mit dem Ziel, um jeden Preis Recht zu bekommen. Diese Art der Gesprächsführung wird häufig in der Politik angewendet. Der Gesprächsführende geht dabei keinen Kompromiss ein. Er verliert eher den Kopf als das Gesicht. Er will keinen Dialog, sondern nur Zuhörer. So wird in Debatten meistens übertrieben bzw. polemisiert. Debatten werden dazu benutzt, den Zuhörern die eigene Meinung und Position mit Nachdruck mitzuteilen.

- Aussprache: persönliches Gespräch mit Offenlegung der persönlichen Intimsphäre
  Bei der Aussprache liegt meistens ein personenbezogenes Problem vor, das oft in der Intimsphäre angesiedelt ist. Solche Probleme werden daher auch im Persönlichkeitsbereich gelöst. Diese Gespräche werden bei Teamproblemen oder bei erwiesenem Fehlverhalten geführt. Dabei ist die eine Person aufgrund des Sachverhaltes meistens überlegen und dominiert das Gespräch. In Projektsituationen kommt die Aussprache dann zur Anwendung, wenn ein Teammitglied ein persönliches Problem an den Projektleiter delegieren will. Der Projektleiter muss versuchen, das Gespräch auf die Dialogebene anzuheben. Nur so kann er die Problematik sachlich analysieren und eventuell Unterstützung anbieten.

- Dialog: sachliches, offenes Gespräch
  Der Dialog ist ein „neutrales", sachliches Gespräch, mit dem eine bessere Übereinstimmung zwischen persönlichen und betrieblichen Erwartungen erreicht werden soll. Der Dialog wird auf der sachlichen Ebene geführt, und die menschliche Komponente wird auf eine neutrale Weise mit einbezogen. Der Projektleiter muss versuchen, alle seine Gespräche auf der Dialogebene zu führen. Diese Gesprächsart benötigt zwar im Moment viel Zeit, bringt aber langfristig den grösseren Nutzen. Bei solchen Gesprächen ist nicht das Reden wichtig, sondern das aktive Zuhören.

6.3.5 Konfliktmanagement

Ein Team muss ständig Probleme lösen, Situationen analysieren und Entscheidungen treffen. Bei der Erfüllung dieser Aufgaben werden die Teammitglieder mit internen Problemen konfrontiert, die sich auf ihre Leistung hinderlich auswirken. Schwierigkeiten und Konflikte im Team gibt es bei Meinungsverschiedenheiten, bei affektgeladenem Argumentieren, bei Ungeduld und Anklagen oder wenn ein Mangel an Zuhörbereitschaft, Kompromissbereitschaft und Übereinstimmung beobachtet werden kann. Gemäss Antons [Ant 1992] kommen folgende drei Probleme am häufigsten vor:

- Konflikt,
- Interesselosigkeit,
- Unentschlossenheit.

In grösseren Projektteams bestehen oft alle drei Probleme gleichzeitig. Der Projektleiter darf aber nicht versuchen, diese drei verschiedenartigen Probleme mit dem gleichen Mittel zu lösen. Wird beim Entstehen eines Konflikts nach den Regeln des Konfliktmanagements gehandelt, so dürfte bei Interesselosigkeit das Erneuern oder Anpassen der Motive bzw. der persönlichen Ziele zur Lösung führen (☞ Kapitel 6.3.6 „Motivation"). Unentschlossenheit herrscht meistens beim Fehlen von Zielen bzw. deren Gewichtung. Dieses Problem kann mittels Zielfindungsprozessen oder Präferenzierung gelöst werden.

Konflikte innerhalb von Projekten sind normal, da durch die Projekte Veränderungen entstehen, die von Menschen veranlasst und durchlebt werden, die unterschiedliche Meinungen, Ziele, Bedürfnisse etc. haben bzw. verfolgen. Diese Verschiedenheit führt überall dort zum Konflikt, wo die Handlungen und Ansichten von zwei oder mehreren Parteien widersprüchlich oder unvereinbar sind.

> Konflikte sind Spannungssituationen, in denen zwei oder mehrere Parteien, die miteinander in Beziehung stehen, mit Nachdruck versuchen, scheinbar oder tatsächlich unvereinbare Handlungspläne zu verwirklichen, und sich dabei ihrer Gegnerschaft bewusst sind.

Der Projektleiter muss sich bewusst sein, dass er sich bei seiner Aufgabe immer mit Konflikten auseinandersetzen muss. Kann oder mag er dies nicht, ist der Erfolg des Projekts infrage gestellt. Konflikte im alltäglichen Umfeld eines Projekts sollten nicht als negativ, sondern als Herausforderung betrachtet werden. Sie können bei geschicktem Angehen sogar projektbezogene Gewinne mit sich bringen. Das heisst natürlich nicht, dass ein Projektleiter Konflikte heraufbeschwören soll. Die Existenz von Konflikten ist eine Tatsache, und der Projektleiter darf diesen nicht aus dem Weg gehen. Es hängt jedoch sehr viel davon ab, wie sich ein Projektleiter in einer Konfliktsituation verhält und welchen Nutzen er daraus ziehen kann. Deshalb ist es notwendig, dass ein Projektleiter die Grundlagen der Entstehung und Bewältigung von Konflikten versteht, da Konflikte nämlich erkennbar, steuerbar und sogar produzierbar sind. In der Theorie wie auch in der Praxis werden Konflikte in folgende Kategorien eingeordnet:

- Rollenkonflikte
  Ein Rollenkonflikt liegt einerseits vor, wenn die Aufgaben, Kompetenzen und Verantwortungen der einzelnen Rollen nicht klar definiert wurden. Andererseits, wenn ein „Positionsinhaber" die Erwartungen nicht erfüllt, welche man an seine Rolle stellt.

- Intraindividuelle Konflikte
  Ein intraindividueller Konflikt liegt vor, wenn bei einer Person verschiedene unvereinbare Handlungstendenzen bestehen.

- Interindividueller Konflikt
  Ein interindividueller Konflikt liegt vor, wenn zwischen Konfliktparteien, die jeweils aus mindestens einer Person bestehen, unvereinbare Handlungstendenzen beobachtet werden [Ber 1984].

- Zeitkonflikte
  Ein Zeitkonflikt liegt vor, wenn die eingesetzten Personal- und/oder Betriebsmittel zeitlich konkurrenzierend eingesetzt werden, wenn man sich über den klaren Zeitpunkt nicht einig ist oder wenn die Zeit für die Erfüllung der Leistung fehlt (ergibt oftmals negativen Leistungsdruck) etc.

Analysiert man die Konflikte in Projekten, so findet man am häufigsten die folgenden Ursachen:
- unterschiedliche Ziele (Koordinationszwang),
- unterschiedliche Informationen,
- unterschiedliche Methoden,
- unterschiedliche Wertvorstellungen,
- zwischenmenschliche Beziehungen (Antipathie und Sympathie).

Analysiert man den Ablauf von Konflikten, so erkennt man verschiedene Entwicklungsstadien. Dies lässt die Schlussfolgerung zu, dass Konflikte nicht plötzlich zum Ausbruch kommen [Kum 1988]:

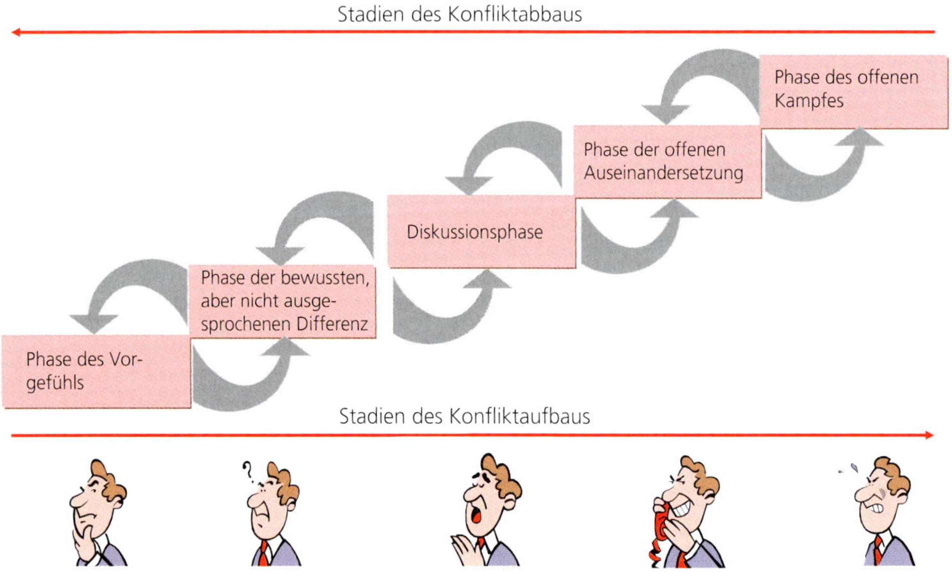

Abb. 6.21: Stadien des Konflikts

1. Stadium: Phase des Vorgefühls
   Die Gegensätze sind den potenziellen Konfliktpartnern noch nicht bewusst, möglicherweise aber einigen Personen, die nicht direkt davon betroffen sind (z.B. dem gemeinsamen Vorgesetzten).

2. Stadium: Phase der bewussten, aber nicht ausgesprochenen Differenzen
   Den potenziellen Konfliktparteien sind die Probleme bewusst. Aus verschiedenen Gründen verzichten sie jedoch darauf, miteinander darüber zu sprechen. Einerseits entsteht ein solches Verhalten in der Hoffnung, dass sich das Problem von selbst lösen werde, andererseits könnte eine Wartehaltung neue Fakten ergeben, welche die Sachlage entscheidend verändern würden.

3. Stadium: Diskussionsphase
   Die abweichenden Ansichten werden angesprochen, allerdings im Stil eines Informationsaustausches. Dies kann eine Vorsichtsmassnahme sein oder ein Versuch, das Problem auf eine friedliche Art zu lösen.

4. Stadium: Phase der offenen Auseinandersetzung
   Die Gegensätze werden offen ausgesprochen. Der Versuch zur Durchsetzung des eigenen Standpunktes gegen den oder die anderen Standpunkte wird offenkundig.

5. Stadium: Phase des offenen Kampfes
   Die Auseinandersetzung nimmt klare Formen an. Jetzt geht es um Sieg oder Niederlage.

Analysiert man das Verhalten der betroffenen Menschen in Konfliktsituationen, so erkennt man die folgenden Eigenschaften, die man als negative Begleiterscheinungen im Konflikt erkennen kann:
- übersteigertes Selbstwertgefühl,
- Übersehen der eigenen Schwächen und Fehler,
- Polarisierung der Meinungen (Schwarz-Weiss-Malerei),
- Abkapselung gegenüber der anderen Partei,
- Selektion, Filtrierung und Verzerrung der Kommunikation,
- gedankliche Kurzsichtigkeit,
- fehlendes Einfühlungsvermögen,
- Vorverurteilung des Gegners,
- Überschätzung der eigenen Position.

6

Trotz des negativen Images des Wortes „Konflikt" kann eine Auseinandersetzung produktiv genutzt werden. Steht der Projektleiter nicht in, sondern über einem Konflikt, so kann er diesen eventuell positiv verwenden. Abbildung 6.22 zeigt die vorteilhaften Seiten eines Konflikts auf:
1. Wo ein Konflikt herrscht, muss auch ein Problem sein. Diesen positiven Aspekt sollte sich der Projektleiter bei der Problemsuche zunutze machen.
2. Wo ein Konflikt herrscht, drängt sich eine Veränderung auf. Daraus kann der Vorteil abgeleitet werden, dass die betroffenen Menschen bereits „in Bewegung" sind.
3. Besteht ein Konflikt, so sind die beteiligten Personen grundsätzlich bestrebt, diesen zu lösen. Sprich, die Situation verlangt nach einer Lösung.
4. Wenn ein Team gegen einen gemeinsamen Gegner kämpft, so festigt dies den inneren Zusammenhalt. Neben dem Vorteil der verstärkten Zusammengehörigkeit fördert diese Situation die Konzentrationsqualität, die Willensbereitschaft etc. Projektgegner wirken einerseits sehr störend, andererseits hat jedoch die Erfahrung gezeigt, dass sie in Bezug auf die erwähnten Aspekte sehr förderlich wirken.
5. Sind Menschen in Konflikte verwickelt, so stossen sie oftmals an ihre physischen, psychischen und geistigen Grenzen. Können sich die Menschen in diesem Konfliktzustand selbst analysieren, so

gelangen sie oft zu wertvollen Selbsterkenntnissen. In der Projektsituation kann sich dies unter Umständen vorteilhaft auswirken, indem Menschen, die an ihre Grenzen gestossen sind oder die ihr Verhalten besser kennengelernt haben, sich eher helfen lassen bzw. offener für Veränderungen sind.

6. Ein wesentlicher positiver Aspekt des Konflikts ist, dass er grundsätzlich die Stagnation verhindert. Dieser Aspekt steht in engem Zusammenhang mit Punkt zwei dieser Aufzählung.

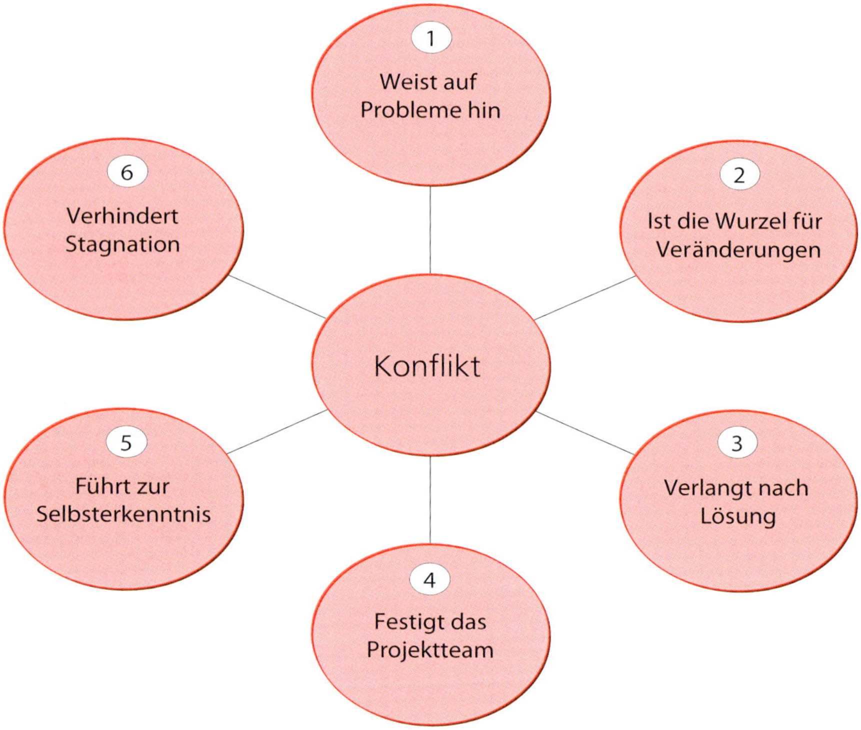

Abb. 6.22: Positiver Nutzen aus einem Konflikt [Kum 1988]

Der Projektleiter soll, wenn möglich, einen positiven Nutzen aus Konflikten ziehen. Er muss sich jedoch darüber im Klaren sein, dass die Übergänge zwischen den positiven und negativen Aspekten fliessend sind.

Ein Projektleiter, der einen Konflikt als soziales Führungsinstrument benutzt, muss vor allem drei Gesetzmässigkeiten beachten:

- Der Zeitraum zwischen Konfliktentstehung und Konfliktlösung muss gross genug sein. Beiden Parteien muss genügend Zeit zur Verfügung stehen, um eine sachliche Lösung zu finden. Ist dies nicht der Fall, „explodiert" der Konflikt (Stadium 5) und wird zu einem unsteuerbaren Prozess. Dies geschieht nicht selten unmittelbar vor dem geplanten Endtermin des Projekts (z.B. bei der Systemeinführung), was infolgedessen beide Parteien in Mitleidenschaft zieht. Dies heisst, Konflikte müssen möglichst frühzeitig bearbeitet werden, sodass die zur Verfügung stehende Zeitspanne für eine konstruktive Lösungsfindung genutzt werden kann.

- Bei einem bewusst entfachten Konflikt darf die Gegenpartei nie das Gesicht verlieren, sonst hat der Projektleiter nur eine Runde gewonnen, nicht aber den Kampf. Das heisst, der Sieger hat entsprechende Diplomatie und Toleranz zu berücksichtigen, die es dem Gegner ermöglicht, auch einen Erfolg zu verbuchen (Sieger-Sieger-Prinzip).
- Wichtig ist zudem, dass der Projektleiter nicht in zu viele Konflikte gleichzeitig verwickelt ist, da auch die Energie des Projektleiters begrenzt ist. Daher empfiehlt sich eine Konzentration auf zwei, maximal drei „Kriegsschauplätze".

In jedem Konflikt steckt ein dynamisches, vorwärtstreibendes Moment. Solange ein Konflikt existiert, hält er jedoch das Team davon ab, Ziele geschlossen anzustreben, Aufgaben koordiniert abzuwickeln und Beziehungen vertrauensvoll zu gestalten [Ros 1993]. Aus diesen Gründen ist es sehr wichtig, dass der Projektleiter die Konflikte möglichst schnell bereinigt. Sonst lösen sie Folgekonflikte aus, bei denen er auf der reagierenden und nicht mehr auf der agierenden Seite steht.

Setzt man – etwas plakativ aufgeführt – in einem Projekt während der Abwicklung gezielt Konfliktlösungsstrategien ein, so kann man tendenziell aufführen, dass in Bezug auf die für eine Konfliktlösung zur Verfügung stehende Zeit am Anfang eher die Gewinner-Gewinner-Strategie (wir gewinnen beide) angewendet wird. Wenn es nicht mehr lange dauert bis zum Projektabschluss, wird oftmals die Gewinner-Verlierer-Strategie (ich gewinne, du verlierst) herangezogen, und wenn die Zeit drängt, so kommt die Verlierer-Verlierer-Strategie (wenn ich verliere, verlierst du ganz sicher auch) zum Zug (☞ Anhang A.5.4 „Konfliktbewältigungstechniken"). Wann welche Strategie in einem Projekt und über das Projekt hinaus sinnvoll ist, muss jeder Projektleiter selbst entscheiden; jede Strategie hat ihre Wirkung und Nachwirkung. Die Tatsache ist, dass es leider nicht immer möglich ist, mit der Gewinner-Gewinner-Strategie zu operieren. Welche Strategie auch immer gewählt wird, es müssen folgende zwei Voraussetzungen gegeben sein:

- Für eine erfolgreiche Konfliktbewältigung muss ein gewisser Grad an Kritikfähigkeit vorhanden sein.
- Ein Konflikt kann nur bearbeitet werden, wenn er von allen Beteiligten anerkannt wird.

6.3.6 Motivation

Die Motivation ist ein wichtiger Faktor zur Erreichung von Zielen, da die Mitarbeiter sich bei ausreichender und gezielter Motivation zielstrebig, initiativ und ausdauernd verhalten. Für den Projektleiter ist daher die Motivation respektive die Voraussetzung, dass die Mitarbeiter sich motivieren können, ein unerlässliches Führungsinstrument, das er stets und dauerhaft einsetzen muss.

Die Motivation der Mitarbeiter beginnt bei der Motivation des Vorgesetzten. Nur wenn der Projektleiter selber motiviert ist, kann er überzeugend auf die Mitarbeiter Einfluss nehmen.

Motivation ist die aktuelle Bereitschaft zum Handeln oder zu einem bestimmten Verhalten.

Das Verhalten des Menschen wird nicht nur durch den Faktor Motivation (Eigen- und Fremdmotivation) gesteuert, sondern auch durch

- die Fähigkeiten und Fertigkeiten,
- die Umgebungseinflüsse.

Abbildung 6.23 zeigt, dass in der Verhaltenspsychologie die drei Komponenten „Motivation", „Fähigkeit" und „Bedingungen" im Vordergrund einer zu erbringenden Leistung stehen.

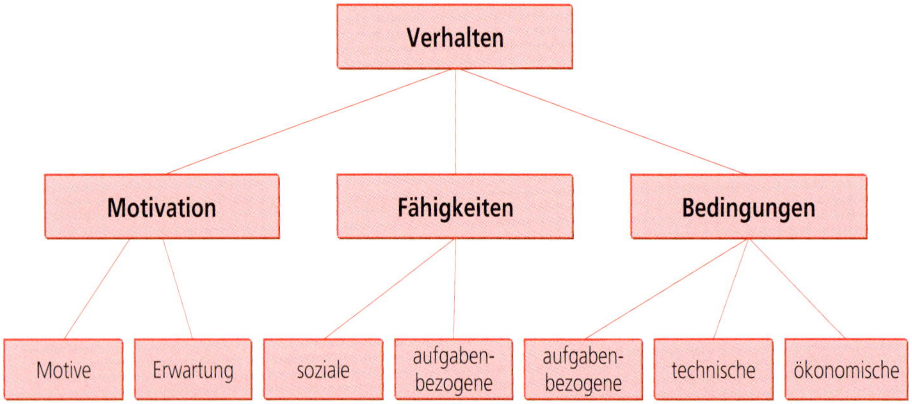

Abb. 6.23: Die Steuerung des Verhaltens [Kie 1988]

Die Motivation spielt dabei eine dominierende Rolle. Mit der Motivationspsychologie wird versucht, das „Warum" des menschlichen Verhaltens zu ergründen. Für die Arbeitswelt ist sie der interessanteste Bereich der Psychologie, da mittels Motivation „freiwillig" Leistung erzeugt werden kann. Auf dem Gebiet der Psychologie existieren ausführliche Listen über arbeitssteigernde Motive. Gemäss von Rosenstiel [Ros 1992] ist die relative Willkür und Beliebigkeit dieser Daten unübersehbar, und sie sind nur als Hinweise für die Gestaltung betrieblicher Anreize wertvoll. Gemäss Lewin [Lew 1947] gliedert man die Faktoren, die zur Motivation beitragen, nach

- intrinsischen (inneren) Motiven,
- extrinsischen (äusseren) Motiven.

Lewin hat schon in seinen früheren Schriften [Lew 1920] die Unterschiede zwischen extrinsischer und intrinsischer Motivation beschrieben. Es handelt sich dabei um die zwei Seiten der Arbeit: Die eine ist Mühe, Last und Kraftaufwand und wird aus purer Notwendigkeit verrichtet, um den Lebensunterhalt zu verdienen. Die andere Seite der Arbeit besteht darin, dass sie dem individuellen Leben Sinn und Gewicht zu geben vermag. Die folgende Auflistung der Arbeitsmotive stammt von Rosenstiel [Ros 1975]:

- Intrinsische Arbeitsmotive
  Sie betreffen das innere Streben eines Individuums und können durch die Arbeit selbst befriedigt werden. Dazu gehören z.B.:
  – Bedürfnis nach Tätigkeit und Arbeit,
  – Neigung zur Machtausübung,
  – Interesse an zwischenmenschlichen Kontakten,
  – Wunsch nach Lebensinhalt und Selbstverwirklichung,
  – Wille zur Leistung.

- Extrinsische Arbeitsmotive
  Extrinsische Motivationsfaktoren werden durch die Folgen der Arbeit befriedigt. Äussere Antriebe bzw. erwünschte Objekte stehen dabei im Mittelpunkt des Handlungsbedarfs. Extrinsische Motivationsfaktoren sind z.B.:
  – Beschaffenheit und Eigenschaften des Objekts (Projekts),
  – Prestige, Status, Geltungsstreben,
  – Bedürfnis nach Geld und Belohnung,
  – Kontaktbedürfnis, soweit dies mit Berufskollegen ausserhalb der Arbeit möglich ist.

Die intrinsischen Faktoren haben eine stabilisierendere und nachhaltigere Wirkung als die extrinsischen. Sie sind aber auch schwieriger zu beeinflussen.

Ein Motiv löst eine Bewegung im zeitlich relativ konstanten Verhalten einer Person aus.

Kiechl [Kie 1977] hält fest, dass die intrinsischen Bedürfnisse durch das Arbeitsverhalten selbst befriedigt werden. Demgegenüber steht die Befriedigung der extrinsischen Bedürfnisse im Zusammenhang mit den Folgen oder den Begleitumständen der Arbeit.

6.3.6.1 Belohnung und Bestrafung

Sobald nach den ersten Planungen die Tragweite, das Risiko, die Wichtigkeit und das notwendige Engagement abgeschätzt werden können, sollte die Projektträgerinstanz zusammen mit dem Projektleiter darüber entscheiden, ob allenfalls bei einer Termineinhaltung eine Belohnung bzw. bei einer Nichteinhaltung eine Bestrafung aller Beteiligten erfolgen soll. In der Praxis kommen solche Bestimmungen nur erfolgreich zum Tragen, wenn den Betroffenen alle Bedingungen von Anfang an bekannt sind. Beim Einsetzen eines Belohnungssystems muss berücksichtigt werden, dass jede Belohnung immer auch eine Bestrafung in sich birgt. Wenn nämlich Mitarbeiter A eine Belohnung von Fr. 500.– erhält, wird Mitarbeiter B dadurch bestraft, dass er keine Belohnung erhält. Das Resultat von Belohnungsmassnahmen sind des Öfteren Neid, Intrigen, etc. Die Verantwortlichen müssen sich daher von vornherein im Klaren sein, was sie mit Belohnungs- und Bestrafungsmassnahmen bezwecken.

6.3.6.2 Der Motivationsprozess

Der Motivationsprozess lässt sich in fünf Phasen beschreiben:
1. Ein Bedürfnis entsteht, oder ein Mangel droht.
2. Es entsteht eine Spannung.
3. Energien werden freigesetzt, die ein entsprechendes Verhalten bewirken; dabei spielt die Erwartung von Erfolg eine wesentliche Rolle.
4. Das entsprechende Verhalten führt zur Bedürfnisbefriedigung und bewirkt den Abbau der Spannung.
5. Nach einer bestimmten Zeit entsteht wieder ein neues Bedürfnis, entweder im Sinne einer Wiederholung, einer Variation oder einer Weiterentwicklung.

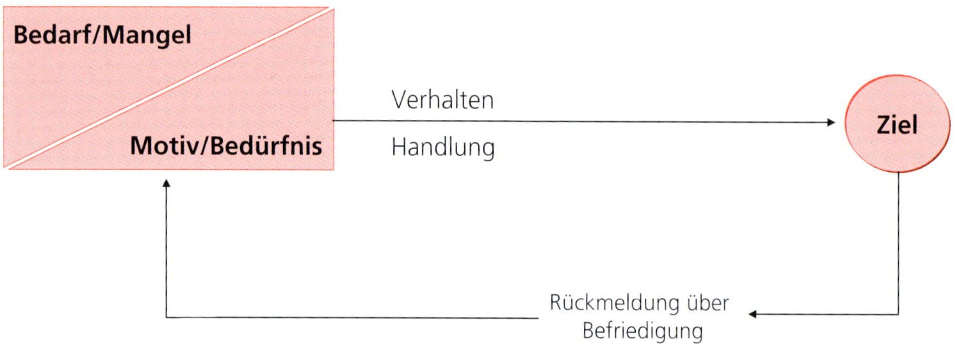

Abb. 6.24: Motivationsprozess

Ein Bedürfnis „ich habe Durst und Lust auf etwas Gutes" löst einen Bedarf aus: „Ich will etwas Gutes trinken." Daraus erfolgt ein Motiv, um einen Mangel zu beheben (ich gehe Getränke einkaufen, sodass ich etwas trinken kann, das mir schmeckt). Habe ich etwas Gutes getrunken, so kommt der Ist-Soll-Abgleich, ob ich den Mangel/Bedarf beseitigt/befriedigt habe. Wenn nicht, läuft die Handlung im Rahmen der vorherrschenden Situation wieder ab, bis das Ziel erreicht wird.

Bedürfnisse sind durch Anreize oder Mängel ausgelöste bzw. aktualisierte Spannungszustände, die eine Person dazu drängen, diese Bedürfnisse zu befriedigen.

6.3.6.3 Die Motivationstheorie von Maslow

Die Theorie und die gesamte wissenschaftliche Arbeit Maslows [Mas 1954] sind der „Humanistischen Psychologie" zuzuordnen. Das entscheidende Thema seiner Theorie ist die „Selbstverwirklichung". Diese Selbstverwirklichung steht in einem hierarchischen Modell (☞ Abbildung 6.25) an oberster Stelle. Das heisst, der Mensch kann sich erst selbst verwirklichen, wenn er die hierarchisch tiefer liegenden Motive befriedigt hat. In seinen Ausführungen unterscheidet Maslow daher zwei Klassen von Bedürfnissen:
1. Klasse: Defizitmotive,
2. Klasse: Wachstumsmotive.

Diese Motivklassen werden inhaltlich wiederum gegliedert. Dabei sind die Defizitmotive in den Veröffentlichungen von Maslow unterschiedlich gegliedert. Maslow stellt in Bezug auf die Defizitmotive die Behauptung auf, dass bei deren Nichterfüllung Krankheit droht, deren Erfüllung hingegen Gesundsein bedeutet. Damit die Wachstumsmotive aktiv werden und den Menschen zur Selbstverwirklichung führen können, müssen zuerst die Defizitmotive erfüllt sein. Dieses Hierarchieverhältnis ist nicht nur zwischen den zwei Klassen gegeben, sondern auch innerhalb dieser Klassen. Sind die Bedürfnisse der untersten Schicht, welchen sich das Individuum zuerst zuwendet, gesättigt, dann richtet sich die Aufmerksamkeit auf die unbefriedigten Bedürfnisse der nächsthöheren Stufe. Bei der hierarchischen Struktur von Maslow gilt somit der Grundgedanke: „Unbefriedigte Bedürfnisse stellen einen Anreiz zum Handeln dar, um diesen Zustand zu beheben."

Nachfolgend werden die einzelnen Motive der verschiedenen Hierarchiestufen zusammengefasst:

1. Physiologische Motive
   Bedürfnis nach ausreichend Sauerstoff, Schlaf, Essen und Trinken etc.
2. Sicherheitsmotive
   Bedürfnis nach ausreichend Schutz vor Schmerz, Furcht und Angst, Schutz vor Abhängigkeit; Ordnung, ökonomische Sicherheit, Information (Kenntnisse von Strukturen und Prozessen, Regeln etc.).
3. Soziale Motive
   Bedürfnis nach ausreichend Liebe und Zärtlichkeit, Geselligkeit, Geborgenheit, sozialem Anschluss, sozialem Austausch.
4. Wertschätzungsmotive
   Bedürfnis nach ausreichend Macht, Zustimmung, Prestige, Anerkennung = soziales Ansehen.
5. Motive der Selbstverwirklichung
   Bedürfnis nach eigenständigem Handeln, ethischem Handeln, Autonomie, Verwirklichung der eigenen kreativen Anlagen, Persönlichkeitsentwicklung.

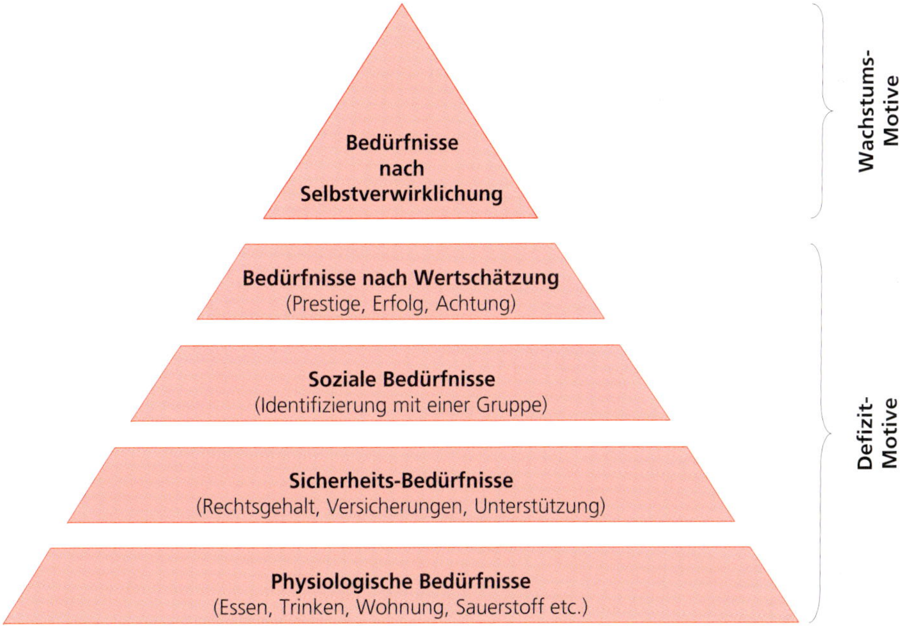

Abb. 6.25: Motivpyramide gemäss Maslow [Mas 1954]

Die von Maslow definierte strenge Hierarchie der menschlichen Motive ist ein gutes Modell, wie die menschliche „Triebfeder" auf einfache Art und Weise dargestellt werden kann. Es ist jedoch zu berücksichtigen, dass die Gültigkeit dieser hierarchischen Ordnung zum Teil widerlegt wurde. Es gibt heute moderne Strukturen der Motivationstheorie. Leider aber sind sie viel komplizierter.

Auf die Arbeit bezogen gilt es, hinsichtlich der Motivation die folgenden drei Punkte zu beachten [Kie 1988]:

- Der Mensch strebt in der Regel mit seinen Handlungen und Verhaltensweisen eine Befriedigung persönlicher Bedürfnisse an (Erkenntnisgrundlage aller Motivationstheorien).
- Kann er bei seiner Arbeit persönliche Bedürfnisse befriedigen, dann arbeitet er in der Regel mit mehr Einsatz und Freude (er hat ein Motiv, er ist motiviert).
- Es sind nicht zu jedem Zeitpunkt alle Bedürfnisse gleich wichtig und somit verhaltensbestimmend. Die Dominanz bestimmter Bedürfnisse kann sich beim Menschen mehrmals verändern (psychologische Entwicklung, Alter, äussere Einflüsse etc.). In der Regel treten Bedürfnisse einer bestimmten Kategorie erst dann in den Vordergrund, wenn die vorgelagerten Bedürfnisse genügend befriedigt worden sind.

6.3.7 Mitarbeiterbeurteilung und -förderung

Die Mitarbeiterbeurteilung ist nicht nur für das Unternehmen wichtig, sondern auch für das Projekt und die darin arbeitenden einzelnen Mitarbeiter. Sie liefert Informationen zu den Leistungen der jeweiligen Mitarbeiter, deren Stand im Unternehmen/Projekt und damit verbunden auch zu deren Entwicklungsmöglichkeiten. Für die jeweiligen Unternehmen ist die Mitarbeiterbeurteilung wichtig, um diese effektiv im Unternehmen einsetzen zu können. Für das jeweilige Projekt ist sie wichtig, um projektbezogene Leistungen erkennen zu können und den Mitarbeiter im Projekt richtig einzusetzen. Dabei gibt es öfters Zielkonflikte zwischen Unternehmens- und Projektbedürfnissen, die es zu lösen gilt, da sich die Mitarbeit an einem Projekt deutlich von Tätigkeiten innerhalb der Linie abhebt. Sie fügt sich nicht in den Budgetrhythmus und nicht in den Beurteilungsrhythmus der Linie ein [Hil 1997]. So muss der Projektleiter eine projektbezogene Beurteilung vornehmen und sie für die Gesamtqualifikation der Linie liefern.

Abb. 6.26: Mitarbeiterbeurteilungs- und -förderungsprozess

Für den Mitarbeiter ist die Leistungsbeurteilung wichtig, um zu sehen, welchen Stellenwert seine Arbeit im Unternehmen respektive im Projekt hat; dies beeinflusst einerseits seine Motivation und zeigt ihm andererseits auf, welche Entwicklungschancen sich bieten. Aus der Standortbestimmung ergeben sich anschliessend die Zielvereinbarungen sowie Förderungs- und Entwicklungsmöglichkeiten, die in der heutigen Zeit wieder vermehrt mit der Eigenverantwortung des Mitarbeiters gekoppelt werden.

Wie bereits erwähnt, hat der Projektleiter in der Regel eine Lokomotions- und Kohäsionsfunktion innerhalb des Teams. Dies bedeutet, dass er einerseits für den Prozess der Zielerreichung und die aufgabenorientierte Organisation des Teams verantwortlich ist. Andererseits hat er auch bei kleineren Projekten Aufgaben zu erfüllen, die für den Zusammenhalt des Teams selbst notwendig sind. Mit der Mitarbeiterbeurteilung und -förderung hat er Führungsinstrumente, die ihn genau diesbezüglich unterstützen. Ein Mitarbeiterbeurteilungs- und -förderungsprozess bringt für das Unternehmen und die Mitarbeiter folgenden Nutzen:

- effiziente Weiterbildung; zielgerichtete Vorgehensweise,
- Verbesserung des Personaleinsatzes; verbesserte Experten- und Wissensidentifikation, erfolgreiches Projekt-Staffing,
- verbesserte Mitarbeiterentwicklung; standardisierte Prozesse für qualifizierteres Arbeiten, erhöhte Motivation, Erhöhen der Eigenverantwortung,
- optimalere Motivation der Mitarbeiter, da sie für sich eine Entwicklung sehen.

Gemäss Becker [Bec 1994] löst das strukturierte Mitarbeitergespräch (SMG) die formalisierte, eher starre Mitarbeiterbeurteilung bei variationsreichen Aufgaben und häufig wechselnden fachlichen und persönlichen Anforderungen (wie bei der Projektarbeit) ab und ist in die drei Komponenten Leistungsbeurteilung, Standortbestimmung und Zielvereinbarung aufgeteilt.

6.3.7.1 Leistungsbeurteilung

Diese SMGs sollten in einem Projektumfeld in sinnvollen Abständen (in Projekten von Phase zu Phase oder am Projektende) umgesetzt werden und sich klar von den wöchentlichen bilateralen Mitarbeitergesprächen unterscheiden. Die Mitarbeiterbeurteilung ist ein formalisiertes Verfahren, durch das die jeweiligen Vorgesetzten (Projektleiter) veranlasst werden, die Teammitarbeiter unter Berücksichtigung bestimmter Kriterien zu beurteilen [in Anlehnung an Men 2006]. Ziele des strukturierten Mitarbeitergesprächs sind die Rückmeldung von Leistung und Verhalten, die Stärken-Schwächen-Analyse, das Erkennen von Wünschen und Zielen der Mitarbeiter, die Abklärung von Aufgaben und Zielen, die Potenzialanalyse sowie die Erörterung von konkreten Personalentwicklungsmassnahmen. Neben der Findung des Bonus/der Leistungsprämie (Leistungskomponente des Lohns) gilt die Leistungsbeurteilung aus Projektsicht insbesondere der Mitarbeiterentwicklung und -förderung.

6

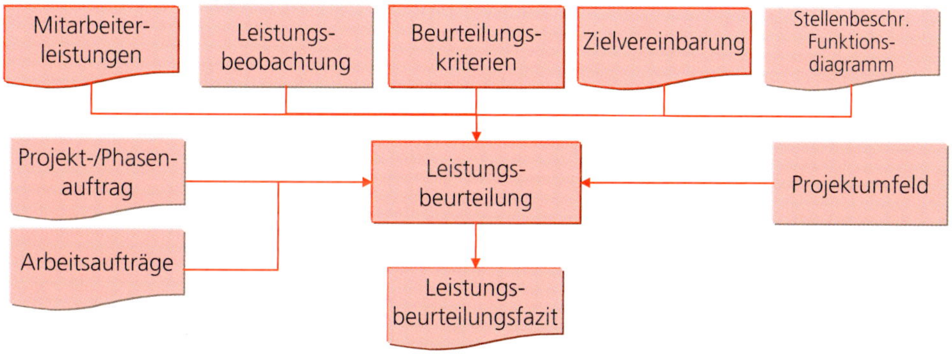

Abb. 6.27: Hauptelemente der Mitarbeiter-Leistungsbeurteilung

Gemäss Becker [Bec 2005] lässt sich die Leistungsbeurteilung in die Verfahren der freien Eindrucksschilderung und standardisierte Verfahren unterteilen. Die Verfahren der freien „strukturierten" Eindrucksschilderung unterliegen keiner formalen oder inhaltlichen Einengung. Beurteilungsergebnisse können durch Protokollnotizen, Episodenschilderungen, Interviews oder Gespräche gewonnen werden. Zu den standardisierten Verfahren zählen Kennzeichnungsverfahren, Rangordnungsverfahren und Einstufungsverfahren. Sie geben also klare Beurteilungskriterien vor, die im Vorfeld einer Mitarbeiterbeurteilung durch Self- und Fremd-Assessment bewertet werden können.

Ob die Leistung als wichtigste Variable in die Beurteilung eingehen soll oder ob man auch noch andere Variablen des Arbeitsprozesses messen sollte, ist umstritten. Man kann auf jeden Fall nicht die reine Leistung an sich messen, da sie nicht losgelöst von anderen Kriterien wie „Projektumfeld und Projekt-Phasenauftrag" etc. im Arbeitsprozess zu sehen ist [Bec 2005]. Bei der Projektarbeit, die sehr ergebnisorientiert ist und in kurzen Abständen auch häufig geprüft wird (Arbeitspaket- respektive Lieferobjektkontrolle), ist die reine Arbeitsleistung („Mitarbeiterleistungen") innerhalb der klar definierbaren Projektsituation gegenüber anderen Arbeiten noch einfach zu beurteilen. Demgegenüber ist die Leistung für das Team respektive die Teamarchitektur (☞ Kapitel 6.1.5 „Teamarchitektur") nicht ganz so einfach zu beurteilen; sie ist für den Projekterfolg schliesslich nicht minder bedeutungsvoll wie die effektive Leistung. Diese Leistung kann oftmals nur basierend auf den vom Vorgesetzten gemachten Beobachtungen („Leistungsbeobachtung") bewertet werden.

Die vom Mitarbeiter zu erbringenden gewünschten Leistungen sollten in einer „Zielvereinbarung" festgehalten werden, die dann im Beurteilungsgespräch miteinbezogen wird. Die zusammen mit dem Projektmitarbeiter erstellte Bewertung respektive Beurteilung der erbrachten Leistung sollte in einem „Leistungsbeurteilungsfazit" zusammengefasst werden.

6.3.7.2 Standortbestimmung

Die Frage stellt sich natürlich: Was ist zuerst, die Standortbestimmung oder die Leistungsbeurteilung? Die in diesem Prozess durch zwei separate Aufgaben getrennte Tätigkeit wird in den Mitarbeiterbeurteilungs- und -(be)förderungsprozessen oftmals zusammengenommen.

Neben der für den Projektleiter sicherlich wichtigen Beurteilung, ob ein Mitarbeiter seine von ihm erwartete Leistung bringt oder nicht, geht es bei den Projektmitarbeitern oftmals darum, sie in ihrer Kompetenz für die kommenden Projektaufgaben entsprechend zu fördern. Daher gilt es, die in einem Projektumfeld notwendigen und von einem Mitarbeiter gemäss Stellenbeschreibung abzudeckenden Kompetenzen zu beurteilen. Das heisst, man stellt fest, wie der Mitarbeiter IST (Standort), ohne gleich zu beurteilen, ob dies nun schlecht oder gut ist.

Bei einer Standortbestimmung hilft zweifellos die durchgeführte Leistungsbeurteilung. Neben diesem Input ist es sehr hilfreich, einfache und effiziente Fremd- und Selfassessment-Instrumente einzusetzen, wobei zu erwähnen ist, dass solche Beurteilungsinstrumente nicht Verurteilungs-, sondern Unterstützungsinstrumente sind. Wurde schon im Kapitel 6.1.4 (☞ „Individuum") erwähnt, dass ein Projektmitarbeiter vorzugsweise die geeigneten Sozial-, Methoden-, Fach- und Sach- sowie Selbstkompetenzen haben sollte, so liegt es auf der Hand, dass eine Standortbestimmung auf diese vier Kompetenzfelder ausgerichtet sein sollte.

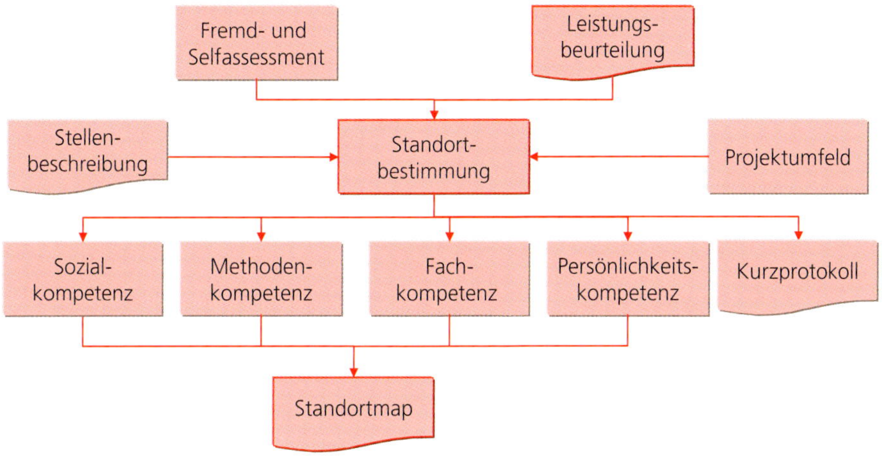

Abb. 6.28: Hauptelemente der Standortbestimmung

Im Folgenden werden die für die Projektarbeit wichtigen Komponenten der Kompetenzfähigkeit in den einzelnen Kompetenzfeldern kurz aufgeführt.

Sozialkompetenz [Hil 1997]	**Methodenkompetenz**
- Loyalität, Solidarität, Hilfsbereitschaft	- Problemlösungstechniken
- Lösungsfähigkeit	- Präsentationstechniken, Moderations- und Mediationsfähigkeit
- Kommunikationsfähigkeit	- Selbstmanagement mit Bausteinen wie Wissensmanagement, Arbeitsplatz und Zeitmanagement
- Kontaktfähigkeit	- Kommunikationsfähigkeit wie Telefonieren, E-Mail, Smalltalk, Rhetorik, Argumentation, Diskussion, Verhandlung
- Initiative, Engagement, Begeisterungsfähigkeit	- Fähigkeit, Anforderungen aufzunehmen und zu formulieren
- Sensibilität, Selbstkontrolle, Verantwortungsbewusstsein, persönliche Integrität	- Fähigkeit, Resultate zu validieren und zu verifizieren
- Konfliktbewältigungsfähigkeit mit Feedback und Kritik, Streitkultur	- Arbeitsmethoden wie Brainstorming, Mindmapping, Coaching und Mentoring, Besprechungen vorbereiten, leiten und nachbereiten
Fachkompetenz	**Personal-/Selbstkompetenz**
- Grundverständnis von den im Projekt relevanten Fachdisziplinen	- Fähigkeit der Selbsterkenntnis (Selbstwahrnehmung)
- Fähigkeit, die vorhandenen Möglichkeiten der Instrumente effizient zu nutzen	- Einfühlungsvermögen/Wahrnehmung
- Kenntnis über betriebliche Abläufe (Policy, Prozesse, Kultur)	- Fähigkeit der Reaktion auf spontane Situationen
- Unternehmerisches Denken	- Fähigkeit zur Eigenmotivation/Einsatzbereitschaft
- Fähigkeit der gezielten betriebswirtschaftlichen Umsetzung	- Stablilität/Belastbarkeit
- Fähigkeit, erworbenes Wissen zu verknüpfen, zu vertiefen, kritisch zu prüfen sowie in Handlungszusammenhängen anzuwenden	- Fähigkeit zur Autonomie (Selbstständigkeit/Selbstdisziplin)
	- Integrität, Authentizität, Loyalität = Teamfähigkeit

6.3.7.3 Zielvereinbarung

Ein wichtiges Instrument im Zusammenhang mit erfolgreicher Teamführung ist die Führung mittels Zielvereinbarung. Aus dem Führen über Zielvereinbarungen resultiert höhere Leistung, wenn

- die Ziele herausfordern, aber nicht unrealistisch sind;
- die vorhandenen Leistungspotenziale nicht überbeansprucht werden;
- kein Widerspruch zu bestehenden Strategien vorliegt;
- die im Projekt vereinbarten Ziele mit den Linienverantwortlichen abgestimmt sind;
- die Ziele von allen Beteiligten akzeptiert werden;
- die Ziele hinreichend genau spezifiziert sind;
- eine Leistungsrückmeldung erfolgt;
- die Methoden zur Zielerreichung offensichtlich sind;
- die Zielerreichung positive Konsequenzen für die Mitarbeiter hat.

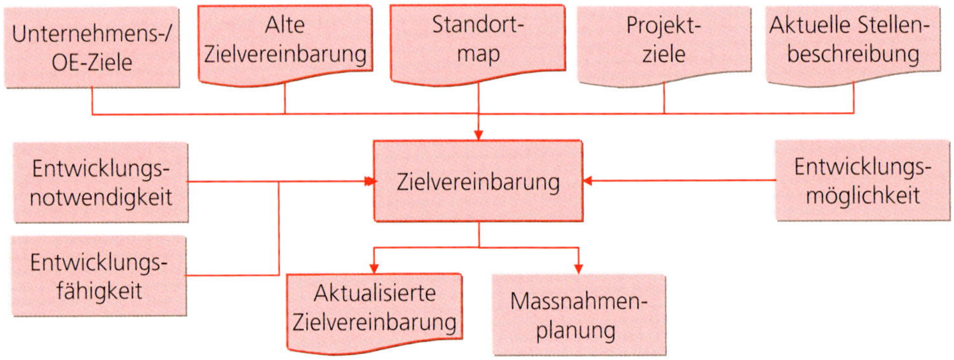

Abb. 6.29: Hauptelemente der Zielvereinbarung

Es ist ein Muss, dass die Zielvereinbarung kooperativ und konsultativ ausgestaltet ist. Wichtig bei der Zielvereinbarung ist, dass der Projektleiter sowie der Projektmitarbeiter mit den definierten Zielen einverstanden sind. Wobei hier zu erwähnen ist, dass Zielvereinbarungen kein Kuhhandel sind, bei dem es darum geht, welche der beiden Parteien das bessere Filetstück bekommt; sie sollten vielmehr auf der Basis der Unternehmens- wie Mitarbeiterentwicklung liegen.

Für Management by Objectives eignen sich folgende Ziele [Gmü 2007]:

- Aufgabenziele, welche die Qualität oder die Quantität der Aufgabenerfüllung definieren;
- Bereichsentwicklungsziele, welche die Voraussetzungen für die langfristige Aufgabenerfüllung schaffen, z.B. Verbessern der Leistungsfähigkeit;
- persönliche Entwicklungsziele, mit denen insbesondere Kompetenzdefizite beseitigt und weitergehende Einsatzmöglichkeiten für den Mitarbeiter geschaffen werden.

Grundsätzlich ist der Zeithorizont für die vereinbarten Ziele in den meisten Unternehmungen ein Jahr. Dies ist im Projektumfeld jedoch nicht immer möglich und muss allenfalls gemäss Phasenplan angelegt werden.

6.3.7.4 Mitarbeiterförderung

Mitarbeiterförderung basiert auf Massnahmen, die im Mitarbeitergespräch oder bei der Qualifikation hinsichtlich Förderung und weiterer Entwicklung des Mitarbeiters besprochen werden. Hierbei geht es vor allem darum, den Aufgabenkreis des Mitarbeiters zu erweitern und anspruchsvoller zu gestalten. Es werden ihm weitere Fähigkeiten beigebracht, um seine Motivation zu steigern und sein Wissen zu verbessern. Bei Mitarbeitern, die in Projekten arbeiten, macht es natürlich Sinn, dass die Mitarbeiterförderung auch im Einklang mit der Projektteamentwicklung liegt.

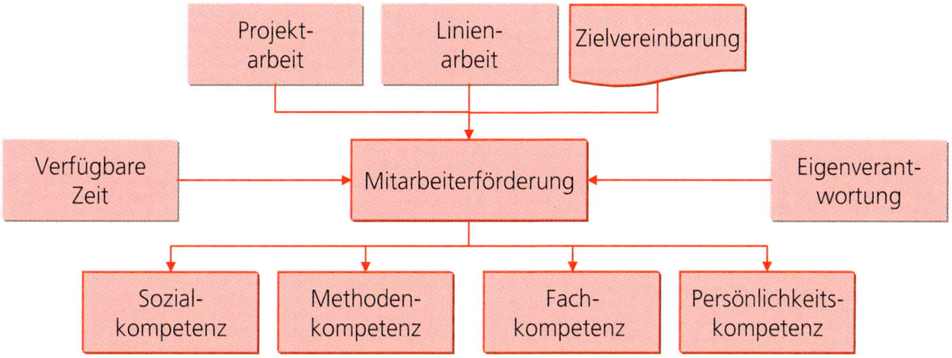

Abb. 6.30: Hauptelemente der Mitarbeiterförderung

Dies kann auf unterschiedliche Arten erfolgen:

- Ausbildung
  Eine gezielte Ausbildung dient dazu, Fehler am Arbeitsplatz zu verhindern oder frühzeitig zu entdecken. Gleichzeitig soll dadurch die Qualität des zu erstellenden Produkts verbessert und die Produktivität gesteigert werden. Eine fundierte Weiterbildung vermittelt auch den methodisch richtigen Ansatz, damit die Mitarbeiter verstehen können, warum und wie die Praxis von der Theorie abweicht. Dies kann das Arbeitsverhalten positiv verändern. Die folgenden Schulungsmethoden ermöglichen die effiziente Förderung der Mitarbeiter:
  – klassischer Frontalunterricht,
  – Training on the job (Coaching),
  – virtuelle Schulung (E-Learning),
  – interne und externe Vorträge,
  – interne und externe Kurse.

- Erfahrungsworkshop
  Praxisbezogene Workshops (z.B. Qualitätszirkel) eignen sich hervorragend, um das Verhalten am Arbeitsplatz oder bezüglich einer Tätigkeit zu verändern. Mit verschiedenen Übungen und Tests lernt der Teilnehmer sich selber besser kennen bzw. mit seinen Stärken und Schwächen umzugehen, und das gemeinsame Lernen und Streben mit den Berufskollegen gibt ihm neue Impulse.

- Organisatorische Förderungsmethoden
  Mit der Anwendung einer der nachfolgenden Förderungsmethoden (die grundsätzlich zur organisatorischen Stellenbildung gehören) können interessierte Mitarbeiter fachlich sowie im sozialen Bereich niveaugerecht gefördert werden:

  - Job Enrichment (Aufgabenbereicherung)
  - Das Job Enrichment ist eine Anreicherung der Arbeit durch Führungsaufgaben (Planungs-, Entscheidungs-, Anordnungs- und Kontrollaufgaben). Diese Methode führt zwangsläufig zu einer verstärkten Delegation und somit auch zu einer Entlastung des Vorgesetzten.
  - Jobrotation (Arbeitsplatz-/Aufgabenwechsel)
  - Beim Aufgabenwechsel (Jobrotation) lösen sich die Mitarbeiter in einem bestimmten zeitlichen Rhythmus in den unterschiedlichen Arbeitsbereichen ab. Das gibt ihnen die Möglichkeit, ihr Wissen zu vergrössern, da sie sich stets mit neuen Gegebenheiten auseinandersetzen müssen. Es fördert das ganzheitliche Denken, das sich auch in anderen Bereichen bewährt.
  - Job Enlargement (Aufgabenerweiterung)
  - Es handelt sich um eine Aufgabenerweiterung, wenn dem Mitarbeiter zusätzlich vor- oder nachgelagerte Aufgaben des Ablaufprozesses übertragen werden. Damit vergrössert sich der individuelle Arbeitsradius, und es wird der gleiche Effekt erreicht wie bei der Jobrotation, mit dem Unterschied, dass der Mitarbeiter ein grösseres Verantwortungsspektrum innerhalb seiner Stelle übernimmt. Job Enlargement beinhaltet eine zusammenhängende Sequenz von mehreren Operationen und lässt ein Wachstum zu, das nicht zu unterschätzen ist.

Bei der Mitarbeiterförderung ist zu berücksichtigen, dass sich die Aufgabenziele der Linien- und der Projektaufgaben nicht widersprechen. Im relativ freien Feld der Projektarbeit wird dem Mitarbeiter die Möglichkeit geboten, sich in einem ausgeprägten Masse zu entwickeln. Dies bedingt jedoch, dass sich der Mitarbeiter für seine Förderung auch Zeit nimmt und dass er eine grosse Eigenverantwortung dafür trägt, ob er sich weiterentwickeln wird. Dies insbesondere, da Projekte einmalig sind und eine Chance meistens nicht wiederkommt.

6.4 Teamauflösung

Ein Projekt hat bekanntlich einen definierten Start und ein vorbestimmtes Ende. Deshalb gibt es am Schluss, nach harter Arbeit, natürlich ein Fest. Bevor dies endgültig gefeiert werden kann, ist die wohl wichtigste Frage bei der Projektauflösung zu klären: „Wohin mit den Projektmitarbeitern?" Dies ist vielfach ein zentrales Problem, mit dem sich das Projektsteuerungs-Gremium und der Projektleiter schon Monate vor dem Projektabschluss auseinandersetzen sollten. Aus betriebswirtschaftlicher Sicht ist ein sukzessiver Abbau des Projektteams am vorteilhaftesten, vor allem dann, wenn die betroffenen Personen nahtlos in andere Projekte überwechseln können. Dieser projektteambezogene Auflösungsprozess ist jedoch anspruchsvoll, da in den meisten Projektteams zwischenmenschliche Bindungen entstanden sind, die ungern wieder aufgelöst werden. Die aufgabenbezogenen Arbeiten bei einem Projektabschluss oder Projektabbruch, die „hard facts", werden im Kapitel 4.5 (☜ „Projekt abschliessen") erläutert. Nachfolgend werden einige Punkte bezüglich den „soft facts", welche insbesondere der Projektleiter durchführen muss, als Denkanstoss aufgeführt:

- Möglichst früh den Projektmitarbeitern ihre Zukunft aufzeigen respektive mit anderen Projektleitern oder Linienvorgesetzten Möglichkeiten für sie ausarbeiten. Idealerweise sollte dies bereits beim Projektstart gemacht werden.
- Den Projektmitarbeitern schriftlich ein Leistungszeugnis respektive eine Qualifikation ausstellen, sodass sie sich betriebsintern selber verkaufen können.
- Den Mitarbeitern den speziellen Status, den sie im Projekt hatten, wieder entziehen. Gespräche führen, dass sie wieder „normale" (ihrem vorhergehenden Status und ihrer Rolle gemäss) Mitarbeiter sind und keine besonderen projektbezogenen Privilegien mehr geniessen.
- Gewährleisten, dass alle Mitarbeiter ihre Überzeiten und Ferien einziehen können.
- Gewährleisten, dass die Mitarbeiter sich eine Regenerationsphase gönnen können, das heisst in die Linie oder in das Projekt-Office zurückgehen, wo eine normale Arbeitslast besteht, die es erlaubt, z.B. Arbeit, Familie und Hobby „unter einen Hut" (Work-Life-Balance).
- Sicherstellen, dass die Mitarbeiter die versäumten Ausbildungstage nachholen können.
- Durchführen eines Workshops, bei dem auf eine gute Art nochmals alles gesagt werden darf, was einem gefallen und nicht gefallen hat. Die vorhandenen Konflikte sollten an solchen Workshops bereinigt oder wenigstens entschärft werden. Damit sorgt man vor, dass nicht allfällige (unterschwellig geführte) Konflikte in den Alltag hinüberschwappen.
- Ein offizielles Dankeschön an die Beteiligten geben, um einen klaren, sauberen Projektabschluss vornehmen zu können. Dies schafft auch eine positive Basis für künftige Projekte.

Die Auflösung des Teams muss bewusst und geplant vorgenommen werden. Daher sollte diese Arbeit in einem kleinen Prozess erfolgen, welcher folgende Etappen aufweisen kann:

1) Information der Mitarbeiter
   - Der Projektleiter geht mit seinen Mitarbeitern die Planung des Projektabschlusses durch. Dabei ist besonders auf Aktivitäten zu achten, die Auswirkungen auf die Projektteammitglieder haben:
     - Zeitplan für den Abschluss des Projektes;
     - Aktivitäten, die eine Beteiligung der Mitarbeiter erfordern (z.B. Dokumentieren der gesammelten Erfahrungen, Abschliessen der Leistungsbeurteilungen);
   - Feedback zur Leistung des Projektmanagements abholen;
   - Vorgehen zur Anerkennung der Leistung des Einzelnen und des Teams;
   - Abschlussfeier oder ähnliche Aktivitäten im Rahmen des Projektabschlusses.

2) Karriereziele der Mitarbeiter berücksichtigen
   - Präferenzen für neue Aufgaben feststellen (z.B. Präferenzen für neue Aufgaben an Personalabteilung weiterleiten);
   - Mitarbeiterprofile aktualisieren;
   - abschliessende Leistungsbeurteilung der Teammitglieder durchführen.

3) Projektmitarbeiter via Linieninstanzen anderen Aufgaben zuweisen
   - neue Einsatzmöglichkeiten für die Mitarbeiter ermitteln (Informieren der Personalabteilung über die Verfügbarkeit der Teammitglieder);
   - Mitarbeiter-Übertrittszeitplan und -vereinbarungen aushandeln.

6.5 Lieferobjekte des Teammanagements

Basierend auf den in diesem Kapitel 6 erläuterten Hauptaufgaben, werden im Folgenden die wichtigsten daraus resultierenden Lieferobjekte in Kurzform erläutert. Weitere Ausführungen sind im Anhang C.4 (☞ „Lieferobjekte des Teammanagements") aufgeführt.

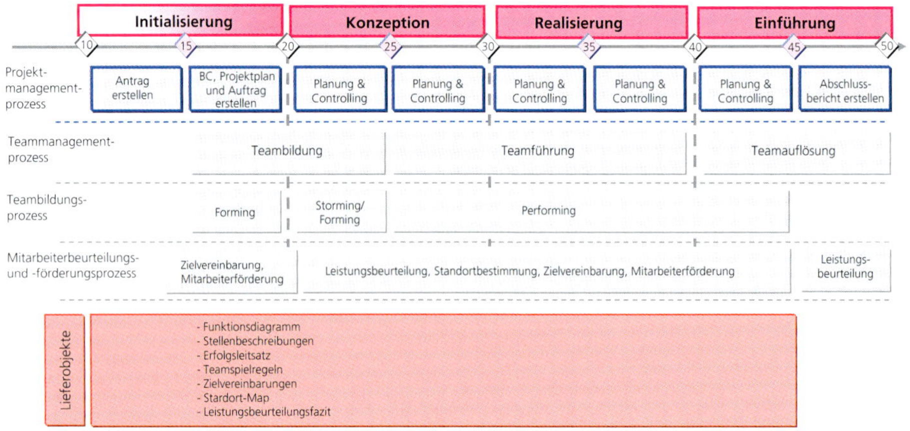

Abb. 6.31: Übersicht über die Lieferobjekte des Teammanagements

Ob ein Lieferobjekt gemäss Abbildung 6.31 genau zu dem aufgeführten Zeitpunkt erstellt werden kann oder muss oder ob sogar zwei Lieferobjekte wie z.B. Mitarbeiterbeurteilung und Mitarbeiterzielvereinbarung zusammengelegt werden können, muss durch ein Tailoring festgelegt werden.

Lieferobjekt	**Kurzbeschreibung**
Funktionsdiagramm	Basierend auf dem im Organisationsplan erstellten Funktionsdiagramm. Aus dem Funktionsdiagramm ergeben sich klare Verantwortlichkeitsbereiche, zu denen entsprechende Aufgaben und der/die verantwortliche(n) Mitarbeiter hinzugefügt werden kann resp. können.
Stellenbeschreibung	Basierend auf dem Funktionsdiagramm, kann pro Stelle eine Stellenbeschreibung erstellt werden. Die Stellenbeschreibung ist eine verbindliche Dokumentation über personenbezogene Aufgabenstellungen, Befugnisse und die organisatorische Einordnung des Stelleninhabers [Sch 2000b]
Erfolgsleitsatz	Gemäss dem im Kapitel Risikomanagement erläuterten Erfolgsleitsatz macht es Sinn, diesen mit dem gesamten Team in der Formingphase zu erstellen. Ziel ist es, einen proaktiven Erfolgsleitsatz zu bekommen, der die relevanten Erfolgsfaktoren beeinflusst.
Teamspielregeln	Die mit dem Team zusammengestellten Spielregeln sollen die wichtigen Gesetzmässigkeiten und Regeln für das Projektteam aufführen, welche jedes Teammitglied zu befolgen hat und die jeder Teamleiter (Projektleiter/Teilprojektleiter) in der täglichen Führungsarbeit beachten sollte.
Zielvereinbarungen	Zielvereinbarungen sollen dazu führen, dass die Mitarbeiter im Kontext der täglichen Arbeit übergeordnete konkrete Zielgrössen erhalten, die sie als Person bei der Erreichung der Ziele weiterbringen. Zielvereinbarungen enthalten qualitative wie quantitative Aspekte.
Standort-Map (Assessment)	Basierend auf einer Standortbestimmung (Assessment), die als Schlüsselfaktor für die zukunftsgerichtete Mitarbeiterentwicklung gilt, wird ein Standort-Map erstellt. Damit soll für den Mitarbeiter nicht nur verständlich aufgezeigt werden, was er weiss und was er kann, sondern in einem weit ausgeprägteren Mass, wer er ist und wie er ist.
Leistungs-beurteilungs-fazit	Das Leistungsbeurteilungfazit besteht aus einem Katalog von Merkmalen, der die erbrachte Leistung anhand verschiedener Kriterien darstellt. Das Leistungsbeurteilungsfazit hat zum Ziel, dass sich der Vorgesetze wie der Mitarbeiter soweit möglich über die vom Mitarbeiter erbrachte Leistung in quantitativer und qualitativer Hinsicht einig sind.

7 Lernziele des Kapitels „Qualitätsmanagement"

Sie können ...

- den Einsatz des Qualitätsmanagements in Projekten begründen und den Regelkreis des Qualitätsmanagements erläutern.
- abgestimmt auf das Risikomanagement das entsprechend notwendige Qualitätskonzept definieren.
- die am Qualitätsmanagement beteiligten Rollen definieren und deren Aufgaben erläutern.
- die Q-Aufgaben festlegen und deren Auswirkungen definieren.
- die Inhalte des Q-Konzepts beschreiben.
- die wichtigsten Lieferobjekte des Prüffeldes einer Projektabwicklung aufführen.
- erklären, warum Q-Kosten zu einem häufigen Streitpunkt werden.
- mindestens drei kostenverursachende Gebiete aufzählen, die zu den Qualitätskosten zuzuordnen sind.
- begründen, warum die Q-Kosten eine Einsparung der Projektabwicklungskosten bewirken.
- mit mindestens drei Argumenten begründen, warum es einen Q-Plan braucht.
- den Unterschied zwischen konstruktiven und analytischen Qualitätslenkungsmassnahmen anhand von zwei Beispielen aufzeigen.
- erläutern, was mit „geforderter Qualität" gemeint ist.
- die sechs Hauptfragen des Q-Plans anhand eines Beispiels darlegen.
- den Prüfplan als effizientes Instrument erstellen und seine Vorteile aufzählen.
- erläutern, was der Unterschied zwischen validieren und verifizieren ist.
- die Relevanz eines Prüfinstruments schildern und an einem Beispiel anwenden.
- die Prüfverfahren in Bezug zur Qualitätsplanung und Qualitätsprüfung setzen.
- den Unterschied zwischen der Produkt- und der Projektabwicklungs-Qualität erläutern und nachvollziehen, wie dies in Abhängigkeit zueinander steht.
- den Unterschied zwischen Qualitätslenkung und Qualitätsprüfung anhand von Beispielen veranschaulichen.
- einen sinnvollen Bezug zwischen Qualitätsmanagement im Projektumfeld und dem PM-Leitfaden herstellen und den Sinn und Zweck dieses Bezugs durch ein Beispiel begründen.
- herleiten, in welchem Zusammenhang die im Anhang B aufgeführten „Allgemeinen Qualitätsmanagement-Modelle" zum projektbezogenen Qualitätsmanagement stehen.

7 Qualitätsmanagement

Qualität ist die optimale Erfüllung von Kundenbedürfnissen, die Vermeidung von Fehlern und Risiken, die effiziente Leistungserstellung und das Bestreben, ständig besser zu werden. Qualität bedeutet nicht übertriebenes Streben nach Perfektion; gezielt eingesetzte Qualität respektive ein effizient eingesetztes Qualitätsmanagement ist ein wichtiger Bestandteil jedes Unternehmens. Logischerweise hat das projektbezogene Qualitätsmanagement (PQM) für das einzelne Projekt genau die gleiche Bedeutung wie für das Unternehmen.

Qualitätsmanagement in Projekten beinhaltet alle Tätigkeiten der Projektführung, welche die qualitätsbezogenen Projektziele und die Verantwortlichkeiten festlegen sowie diese mittels der Qualitätsplanung, der Qualitätslenkung und der Qualitätsprüfung verwirklichen.

Wie in den vorhergehenden Kapiteln ausführlich erläutert, setzen sich Projekte aus vielen Einzelaktivitäten zusammen, die als Ganzes die Projektabwicklung bilden. Da das Qualitätsmanagement alle Prozesse eines Unternehmens umfasst, unterliegt das Projekt respektive der Projektabwicklungsprozess den gleichen Einflussfaktoren und Systematiken bezüglich der Qualität wie alle anderen unternehmerischen Prozesse. Anders gesagt: Was für alle anderen Prozesse bezüglich Qualität gilt, gilt insbesondere auch für den Projektabwicklungsprozess, da aufgrund der Einzigartigkeit eines Projekts vieles gut respektive sehr vieles nicht gut gemacht werden kann.

Abb. 7.01: Strukturierung des Qualitätsmanagements im Projektumfeld

Qualität bezieht sich in einem Projekt zur Hauptsache auf zwei Qualitäts- respektive Beurteilungsbereiche, die getrennt betrachtet werden müssen. Einerseits ist dies in Bezug auf die Qualität des Projektabwicklungsprozesses primär das Senken von Risiken in der Projektarbeit, andererseits in Bezug auf die Qualität des Produkts primär das Senken der Produkterisiken, wobei sich Letzteres aus Ersterem ergibt.

Das PQM ist ein Führungsinstrument in der Hand des Auftraggebers und des Projektleiters auf dem Weg zum Projekterfolg. PQM ist daher ein wichtiger Teil des Projektmanagements und gehört zu den zentralen Aufgaben des Projektleiters [SIA 2007]. PQM wird heute auch in der Norm ISO 10006 beschrieben (☞ Anhang B.8.4.1 „ISO 10006“).

7.1 Grundlagen

7.1.1 Regelkreis des Qualitätsmanagements

Ein vollständiges Umsetzen des Qualitätsmanagements in der Projektabwicklung umfasst die drei Hauptpunkte Qualitätsplanung, Qualitätslenkung und Qualitätsprüfung. Dieser thematischen Bündelung der Q-Aufgaben in die drei Regelkreiselemente gemäss Abbildung 7.02 entspricht in der Praxis nichts anderes als aggregierte qualitätsbezogene Aufgabenelemente, die in allen Projektabwicklungstätigkeiten, insbesondere in der Projektkontrolle, existent sind.

1. Qualitätsplanung: Festlegen, welche Anforderungen in welchem qualitativen Umfang an das Produkt gestellt werden sollen und in welcher Qualität mit welchem Risikograd der Projektabwicklungsprozess (Führung und Durchführung) umzusetzen ist.
2. Qualitätslenkung: Umfasst alle Aktivitäten im Laufe des Projekts, die das Ziel haben, die aus der Qualitätsplanung vorgegebenen Anforderungen zu erfüllen sowie die aus der Qualitätsprüfung definierten Massnahmen umzusetzen.
3. Qualitätsprüfung: Mittels Prüfungen wird untersucht, inwieweit die PLAN-Vorgaben aus der Qualitätsplanung und dem Qualitätsprüfplan erfüllt und entsprechende Massnahmen definiert sind.

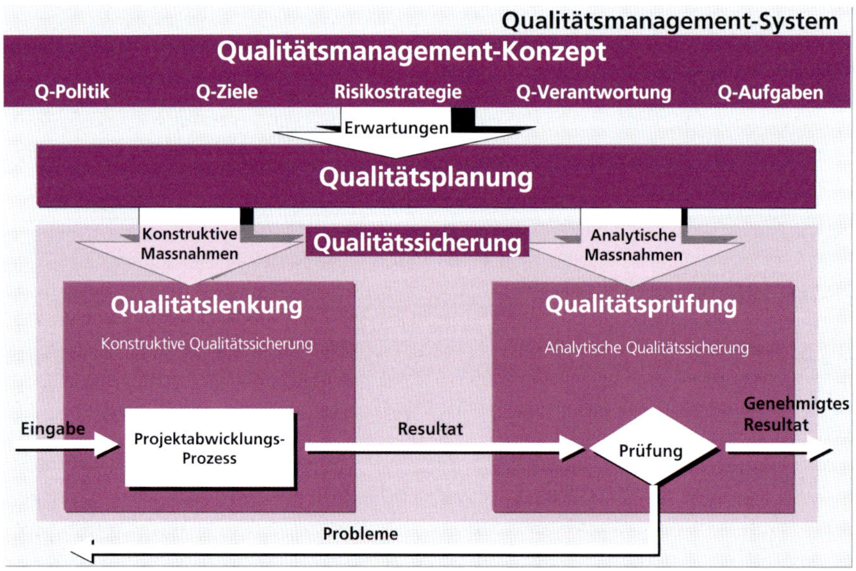

Abb. 7.02: Regelkreis des Qualitäsmanagement-Systems

Die aktive Qualitätssicherung in einem Projekt, welche in Qualitätslenkung und -prüfung aufgeteilt wird, umfasst alle Aufgaben, die sicherstellen, dass die geforderte Ergebnisqualität erreicht wird. Jedes Projekt hat, etwas vereinfachend gesagt, ein Prüffeld. In diesem Prüffeld werden

- Eingangsprüfungen (Lieferobjekte, die an das Projekt zugeliefert werden),
- Erstellungsprüfungen (Lieferobjekte, die vom Projekt erstellt werden) und
- Auslieferungsprüfungen (Lieferobjekte, die vom Projekt an Dritte abgeliefert werden) durchgeführt.

Mit diesen Prüfungen werden die verschiedenen Lieferobjekte gemäss festgelegten Prüfaspekten verifiziert und/oder validiert.

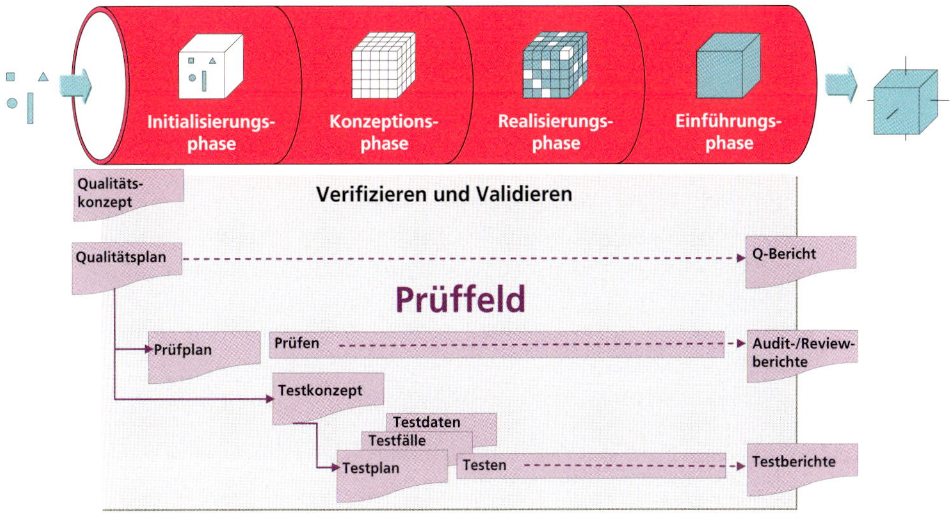

Abb. 7.03: Prüffeld und wichtige Lieferobjekte des projektbezogenen Qualitätsmanagements

7.1.2 Rollen im Qualitätsmanagement

Eine grosse Herausforderung bezüglich der Qualität im Projektmanagement ist die klare Zuordnung der Aufgaben aus Sicht der Unternehmung. Klar ist, dass die Verantwortung bezüglich der Umsetzung der definierten Qualität zur Hauptsache beim Projektleiter (Abwicklung) und beim Auftraggeber (Produkt) liegt. Daher bestimmen grundsätzlich sie, was in einem Projekt bezüglich der Qualität umgesetzt werden muss und was nicht. Diese einfache, in sich „abgekapselte" Betrachtungsweise stimmt aber mit der Realität nicht immer ganz überein. Meistens wirken verschiedene Beteiligte im Projekt an einer gemeinsamen Aufgabe in projektübergreifenden Prozessen. Das heisst, ein Projektteam als temporäre Organisationseinheit ist stark mit anderen Abteilungen und den dort beschäftigten Mitarbeitern verbunden, für die das Führungssystem des Unternehmens zuständig ist. Dieses Führungssystem beinhaltet in sich ein Qualitätsmanagement-System, das in diesen projektübergreifenden Prozessen die Qualität „bestimmt". Das PQM bezieht sich in erster Linie auf das Zusammenwirken entlang der vertikalen Projektachse, ohne aber die horizontale Achse des Managementsystems zu vernachlässigen. Diese Schnittstelle von PQM und QSM ist in einem Projekt klar zu definieren (vgl. Abb. 7.04).

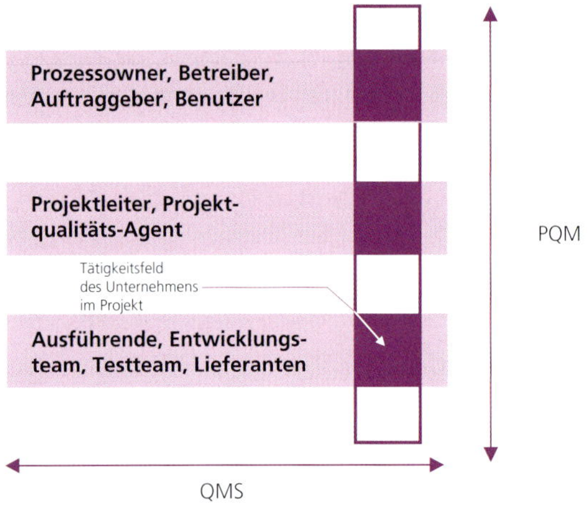

Abb. 7.04: Zusammenwirken zwischen dem Managementsystem des Unternehmens (QMS) und dem projektbezogenen Qualitätsmanagement (PQM) [SIA 2007]

Qualitativ hochstehende und sichere Arbeit in Projekten kann nur durch qualifizierte, verantwortungsbewusste und für ihre Aufgabe geeignete Personen geleistet werden. Voraussetzung dafür ist die sorgfältige Auswahl der Personen, Arbeitsgemeinschaften und Lieferanten. Einerseits gibt es keine gemeinsame Verantwortung (im Sinne einer Solidarhaftung) für die Qualität im Projekt. Andererseits ist eine spezifische Rollenverteilung bezüglich der Qualität, wie bereits erwähnt, nicht ganz einfach, da jeder im Projekt die seinen Möglichkeiten entsprechende notwendige Qualität bieten muss. Die Verantwortung der einzelnen Projektbeteiligten und ihr Zusammenspiel müssen so klar wie möglich definiert und vereinbart werden [SIA 2007]. Je nach Projektgrösse ergibt sich bezüglich der Aufgaben im PQM folgende Unterteilung:

- Auftraggeber (Mitglied des Projektausschusses)
  Definiert und verwaltet die QM-Vereinbarungen. Überprüft und genehmigt die Q-Pläne des Projektleiters. Überprüft die relevanten Q-Berichte und leitet Korrekturmassnahmen bei Abweichungen ein. Definiert die Risikostrategie. Nimmt schliesslich das Endergebnis (Projektprodukt) in offizieller Form ab. Der Auftraggeber trägt somit die qualitätsbezogene Schlussverantwortung des Projektprodukts.

- Projektleiter
  Erstellt und pflegt den Qualitätsplan. Führt das Projekt operativ (Planung, Beauftragung, Kontrolle, Berichterstattung, Entscheidung). Unternimmt alles, damit die Konformität bezüglich der Projektabwicklungsprozesse und der (Teil-)Produkte eingehalten wird. Hat somit die Verantwortung, dass die gewünschte Qualität im Projekt erfüllt und eingehalten werden kann. Der Projektleiter berichtet diesbezüglich periodisch an den Projektausschuss.

- Projektqualitäts-Verantwortlicher
  Unterstützt den Projektleiter und den Auftraggeber bei der Erstellung des Qualitätsplans sowie des Prüfplans. Verifiziert die Prozesseinhaltung, veranlasst nötige und initiiert ggf. zusätzliche Prüfungen und stellt sicher, dass Reviews, Tests und Audits richtig aufgesetzt sind und durchgeführt werden.

- Entwicklungsteam
  Setzt die Produkte- und Projektabwicklungsanforderungen mit der gewählten Technologie innerhalb der definierten Standards und Richtlinien um, erstellt Dokumentationen und überprüft die Ergebnisse gemäss den gestellten Anforderungen. Das Entwicklungsteam ist für die massgerechte Erfüllung der Qualitätsanforderung (Prozess und Produkt) verantwortlich.

- Testteam
  Basierend auf den Anforderungen, erstellt es das Testkonzept und die Testspezifikation. Stimmt das Vorgehen frühzeitig mit dem Entwicklerteam ab. Ist für die Durchführung der definierten Tests und für die entsprechende Ergebnisrapportierung verantwortlich.

7.2 Welche Qualität wird benötigt?

Bei jedem Projekt müssen zu Beginn immer die zwei gleichen Fragen beantwortet werden: „Welche Qualität wird im Projekt benötigt?" und „Welche Qualität müssen oder können wir uns leisten?". Diese simplen Fragen sind nicht ganz einfach zu beantworten. Bei Bauprojekten ist es aufgrund der verschiedenen Standards, Vorschriften, Gesetze und Normen eher einfacher als z.B. bei Software-Entwicklungsprojekten, bei denen es zwar auch Vorschriften und Standards gibt, die aber im Vergleich zu anderen Branchen einer dauernden starken Veränderung ausgesetzt sind. Allerdings hat die Nichteinhaltung von Vorschriften und Standards nicht immer die gleichen Folgen.

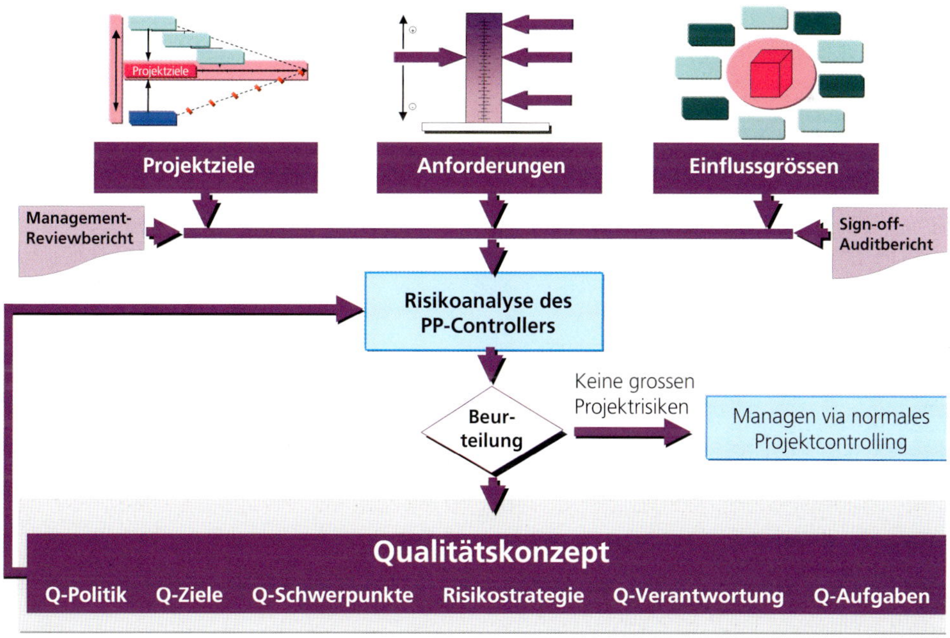

Abb. 7.05: Einsteuerung der Qualität

Im Wissen, dass im wirklichen Leben der „Teufel" im Detail steckt, soll die folgende Abbildung vereinfacht aufzeigen, welche Hauptkomponenten für das Definieren der Qualität von Bedeutung sind. Das Definieren der Projektziele (Abwicklungs- wie Systemziele), das Festlegen der qualitativen Werte der Anforderungen und das Berücksichtigen der Einflussgrössen (Rahmenbedingungen wie Restriktionen) sind die Basis der Risikoanalyse, die der Projektportfolio-Controller zu Beginn eines Projekts und vor jeder neuen Phasenfreigabe durchführen muss (☞ Kapitel 8.2.2 „Risikomanagement Ebene ‚Projektportfolio'"). Gemäss dieser Beurteilung werden das Qualitätskonzept respektive in einem kleinen Projekt die projektbezogenen Q-Aufgaben festgelegt.

- Projektziele
  Wie unter Kapitel 1.4.2 (☞ „Projektziele") beschrieben, werden Projektabwicklungs- wie auch Systemziele unter dem Begriff Projektziele summiert. Beide „Zielgruppen" haben einen wesentlichen Einfluss auf die Qualität. So ist es bezüglich der Abwicklungsziele nicht selten entscheidend, ob das vom Auftraggeber definierte Projektende einen Monat früher oder später angesetzt ist. Oder bezüglich Systemziele, ob die Softwareapplikation z.B. 7 x 24 Std. x 52 Wochen zur Verfügung stehen muss. Die definierten Projektziele werden in den Anforderungen konkretisiert.

- Einflussgrössen
  Die Einflussgrössen, wie sie im Kapitel 1.4.3.3 (☞ „Einflussscope") beschrieben wurden, unterteilen sich in Rahmenbedingungen und Restriktionen. Es sind Vorgaben an das Projekt, die zu berücksichtigen und/oder einzuhalten sind. In diesem Sinn trennen die Rahmenbedingungen die zulässigen und machbaren von den unzulässigen und nicht machbaren Lösungen bzw. Ergebnissen [SIA 2007].

- Anforderungen
  Die Projektanforderungen ergeben sich aus den Projektzielen sowie aus den Einflussgrössen und sind in diesem Buch im Kapitel 5.3 (☞ „Anforderungsentwicklung") detaillierter beschrieben. Projektanforderungen können aus der Qualitätssicht produkt- oder prozessbezogen sein. Prozessbezogene Projektanforderungen beziehen sich auf Projektabwicklungsprozesse wie z.B. Arbeitssicherheit, Dokumentations- und Informationssystem. Produktbezogene Anforderungen beziehen sich auf das Endprodukt (System, Haus, Dienstleistung) der Projektabwicklung und teilen sich in funktionale und nichtfunktionale Anforderungen auf. Anforderungen beinhalten die Hauptwerte, welche die Qualität in der Projektabwicklung bestimmen.

- Management-Review- und Sign-off-Auditbericht
  Vor der jeweiligen Freigabe einer Phase ist für die Steuerung der notwendigen Qualität wichtig, die Ergebnisse des Managementreviews – eher ergebnisbezogen (☞ Anhang A.4.2.4 „Projektreview") – und die Ergebnisse des Sign-off-Auditberichts – eher konformitätsbezogen (☞ Anhang A.4.2.7 „Sign-off-Audit") – neben den Projektzielen, Einflussgrössen und Anforderungen zu berücksichtigen.

- Risikoanalyse
  Das erfolgreiche Erfüllen der Projektanforderungen wird von bestimmten Gefahren und Chancen beeinflusst. Die beim Projektstart (und bei jeder Phasenfreigabe) durchgeführte Risikoanalyse bildet den Hauptansatzpunkt des projektbezogenen Qualitätsmanagements (PQM). Dabei werden die grossen Risiken im PQM speziell berücksichtigt und entsprechende Q-Schwerpunkte definiert sowie eine Risikostrategie abgeleitet.

7.2.1 Q-Konzept

Abgeleitet von der Risikoanalyse, kann in einem Projekt das Qualitätskonzept für das Management nachvollziehbar erstellt werden. Im Folgenden eine kurze Übersicht der in Abbildung 7.05 aufgeführten Inhalte des Q-Konzepts. Gewisse Inhalte werden in den folgenden Kapiteln noch weiter vertieft:

- Qualitätspolitik
  Die Q-Politik legt das Grundverhalten fest, das beim „normalen Arbeiten" bezüglich der Qualität für alle Mitarbeitenden gilt. Es ist eine klare Botschaft an den Auftraggeber/Kunden und soll den Willen und die Fähigkeit zur professionellen Arbeit demonstrieren. Bei jedem Projekt, egal ob klein oder gross, sollte in offizieller Form die Qualitätspolitik festgelegt werden. Dabei kann man, wenn es in offizieller Form daherkommt, auch Quick and Dirty als Q-Politik akzeptieren. Besser sind natürlich tiefer gehende Werte wie z.B. die konkret beschriebene 80/20-Regel oder „Unsere Produkte sind fehlerfrei". Die Qualitätspolitik in einem Projekt sollte vom Auftraggeber definiert und vom gesamten Projektsteuerungs-Gremium vollumfänglich getragen werden. Dass die Q-Politik im Projekt umgesetzt wird, ist die Aufgabe des Auftraggebers.

- Qualitätsziele
  Ausgehend von der Q-Politik, sind Q-Ziele zu definieren, welche einen entscheidenden Einfluss bezüglich der Q-Kosten haben. Mit den Q-Zielen legt man verbindliche Anforderungen an das Produkt oder an den Projektabwicklungsprozess fest. Sie werden in Form von Merkmalen wie Zuverlässigkeit, Sicherheit etc. definiert. Eine gute Q-Politik und von dieser qualifiziert abgeleitete Q-Ziele werden mit einem Schlag vernichtet, wenn vom Auftraggeber beispielsweise unrealistische Termine gesetzt werden.

- Qualitätsschwerpunkte
  Gemäss vorausgehender Risikoanalyse können vom Management Qualitätsschwerpunkte gesetzt werden. Damit werden gezielte Absichten festgehalten, um z.B. stark gefährdete Projektanforderungen, die für den Projekterfolg entscheidend sind, sicherzustellen. Etwas anders formuliert, sind Q-Schwerpunkte nichts anderes als kritische Erfolgsfaktoren eines Projekts. So kann z.B. bei einem Fusionsprojekt aufgrund der Risikoanalyse festgestellt werden, dass die zwei Kulturen der zusammenzulegenden Firmen sehr unterschiedlich sind und es dadurch zu grösseren Problemen kommen wird. Deshalb wird ein von Spezialisten begleitetes, über die gesamte Projektzeit dauerndes Kulturprogramm initiiert.

- Risikostrategie
  Die Risikostrategie des Auftraggebers definiert, wie das Management (diesbezügliche Entscheidungsinstanzen des Unternehmens) mit den definierten Risiken der Projektabwicklung umgehen will – dies kann von Überwälzen an Dritte bis zu Akzeptieren gehen (☞ Kapitel 8.1.2.6 „Massnahmen [Vorsorgestrategie]").

- Qualitätsverantwortung
  In diesem Punkt werden die generellen Verantwortlichkeiten bezüglich der Q-Aufgaben im Projekt festgelegt (die spezifischen werden im Q-Plan bestimmt).

- Qualitätsaufgaben
  Insbesondere wenn in den Unternehmen mehrere Personen, sprich unterschiedliche Rollen für die Qualität zuständig sind, sollten die Q-Aufgaben in einem Q-Konzept für ein Projekt generell geregelt werden. Hier ist es auch von grosser Wichtigkeit, dass im Projekt allen, auch dem Auftraggeber, klar ist, wer bezüglich der Qualität für was konkret zuständig ist.

7.2.2 Qualitätskosten

Wollen die verantwortlichen Stakeholder erreichen, dass ein zu erstellendes Produkt den angestrebten qualitativen Wert erreicht, so müssen sie bereit sein, entsprechende Aufwendungen im Projektabwicklungs-Prozess zu tragen. In der Praxis hat sich gezeigt, dass die Kosten einen der grössten Streitpunkte im Bereich des Qualitätsmanagements darstellen.

Lassen sich diese Kosten überhaupt beziffern? Oder sind diesbezügliche Aufwendungen ein Bestandteil der Projektabwicklungs-Kosten? Gemäss Dobbins und Buck [Dob 1987] sind Qualitätskosten der in Geldeinheiten ausgedrückte Aufwand für Aktivitäten, welche die Wertminderung (Fehlerverhütung) eines Produkts verhindern bzw. den Wert (Fehlerbehebung) steigern und untersuchen, ob die Anforderungen erfüllt werden (Prüfungen).

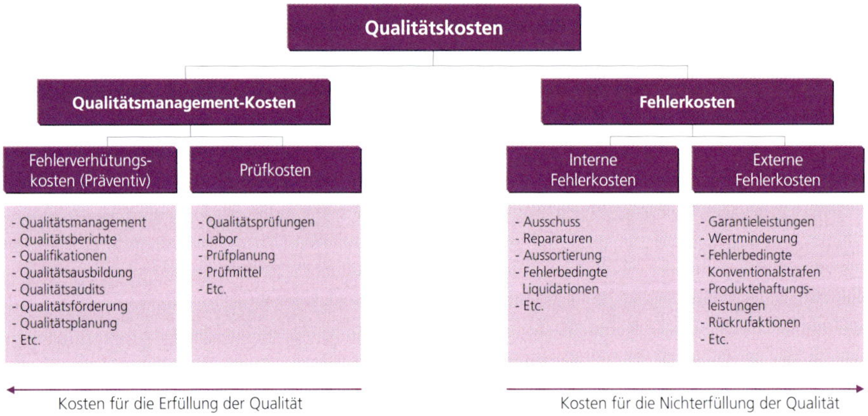

Abb. 7.06: Gliederung der Qualitätskosten

Die Problematik bei den Qualitätskosten liegt darin, wie man Fehlerkosten aufzeigen kann, wenn diese nicht entstanden sind. Oder anders gesagt: Wenn kein Fehler eintrifft, so empfindet man dies als Normalität, ohne gross zu überlegen, woher diese Fehlerlosigkeit kommt. Ergeben sich bei einem Produkt dauernd Fehler und sind diese zu beseitigen, was nicht selten sehr teuer wird, so werden die Q-Kosten spürbar ins richtige Licht gerückt. Bei diesem Abwägen der qualitätsbezogenen Investition oder Nichtinvestition und der möglichen Wirkung respektive Nichtwirkung ist man sehr schnell im Thema Risikomanagement. Risiko- und Qualitätsmanagement sind daher für den Projektleiter eine nicht zu trennende Thematik.

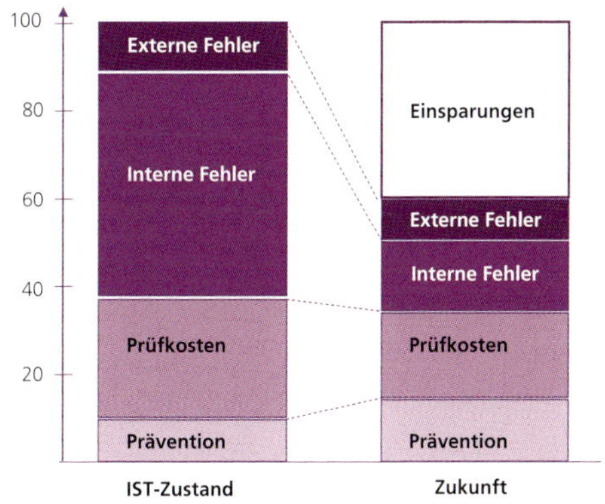

Abb. 7.07: Die Wirkung von Prävention [Ker 2003]

Abbildung 7.07 zeigt, welche Auswirkungen ein umfassendes Qualitätsmanagementsystem auf die Qualitätskosten hat [Ker 2003], sei dies für das Unternehmen wie auch für die Projekte.

7.3 Die Qualitätsplanung

Der wichtigste und oft auch der schwierigste Teil des Qualitätsmanagements ist die Qualitätsplanung. In der Qualitätsplanung muss definitiv festgelegt werden, welche qualitätsbezogenen Anforderungen an das Produkt und an den Projektabwicklungsprozess gestellt werden und in welchem Umfang die Qualität realisiert werden muss. Die Qualitätsmerkmale müssen bestimmt, klassifiziert und gewichtet werden. Nur mit operationalisierten Qualitätsmerkmalen (Zielen) ist die Überprüfung der Planerfüllung möglich.

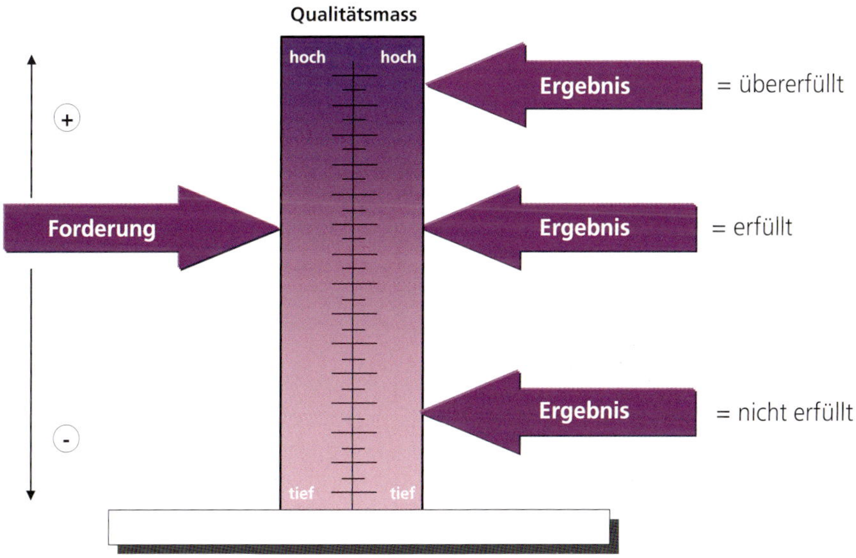

Abb. 7.08: Die geforderte und nicht die bestmögliche Qualität ist entscheidend.

Unter Qualitätsplanung in Projekten versteht man das Definieren und Planen von konstruktiven und analytischen Massnahmen und Verfahren der Qualitätssicherung, um die an den Projektabwicklungsprozess und an das Produkt gestellten Anforderungen, unter Berücksichtigung ihrer Realisierungsmöglichkeiten, sicherzustellen.

Für einen Projektleiter gibt es, wie schon erläutert, zwei Qualitätssichten. Die eine Sicht ist die Qualität des zu erstellenden Produkts: Das Qualitätsmass kann hier gemäss Anforderung des Auftraggebers von tiefer bis zu hoher Qualität gehen – also auch das „gemeinsame Einverständnis" zu „Quick and Dirty" (tiefe Qualität) ist absolut erlaubt und im Markt gang und gäbe. Die andere Sicht ist die Qualität bezüglich des Projektabwicklungs-Prozesses, die grundsätzlich sicherstellt, dass die gewünschte Produktqualität möglichst ökonomisch, unter Berücksichtigung der Standards, erreicht werden kann.

Im Qualitätsplan eines Projekts müssen folgende sechs Hauptfragen beantwortet sein:

- Was muss zur Qualitätssicherung unternommen werden? Identifizierung der relevanten Qualitätsmerkmale, ihre Bedeutung und ihre Quantifizierung möglichst in Form von messbaren Grössen.
- Wann müssen Qualitätssicherungsaktivitäten erfolgen? Festlegung der Zeitpunkte respektive Indikatoren der das gesamte Projekt begleitenden qualitätssichernden Aktivitäten und Prüfungen. Eine Kontrolle kann entweder ergebnisbezogen oder aufwandbezogen erfolgen. Daraus abgeleitet ergeben sich die drei Kontrollindikatoren: Phasenende, Zeitdauer und Kontrollvolumen.
- Wie muss die Qualitätslenkung erfolgen? Auswahl der Techniken und Methoden für Qualitätsprüfungen, um die Anforderungen zu erfüllen. Aktivitäten zur Einhaltung der Anforderungen, bei Änderung von Zielen und zur Abnahme bei Erfüllung der Qualitätsanforderungen. Bei den analytischen Massnahmen werden drei Prüfverfahren – Review, Audit und Test – unterschieden, die ihrerseits unterschiedliche Prüftechniken beinhalten. Diese werden im Anhang A.4.2 (☞ „Kontrolltechniken") ausführlicher beschrieben.
- Wer ist im Qualitätsmanagement des Projekts aktiv? Festlegung der Aufgaben und Verantwortlichkeiten für die Qualitätsprüfung und -lenkung. Aus der Kontrollsicht muss klar hervorgehen, welche Personen welche Bereiche und Lieferobjekte prüfen müssen.
- Welche Lieferobjekte respektive Ergebnisse müssen geprüft werden? Es muss definiert werden, welche Lieferobjekte, sprich Ergebnisse, und welche Prozesse im Projekt wie und wann kontrolliert werden müssen.
- Welche Kontrollbereiche werden wann geprüft? Es gibt die beiden Kontrollbereiche Planungskontrolle und Realisierungskontrolle. Diese lassen sich, wie in Abbildung 4.114 gezeigt wird, weiter unterteilen. Es muss im Qualitätsplan geklärt werden, welche Bereiche wann in welchem Zusammenhang geprüft werden müssen.

Im Kapitel 4.4.3.2 „Kontrolldimensionen" werden diese sechs Hauptfragen im Zusammenhang mit der Projektabwicklung detaillierter erläutert. Zusammenfassend kann gesagt werden, dass im Q-Plan unter Berücksichtigung projektübergreifender Standards und Vorgaben alle konstruktiven und analytischen qualitätssichernden Massnahmen festgehalten werden, die unter anderem in die Projektplanung mit einfliessen.

Ein guter Qualitätsplan hat sowohl für den Kunden (Auftraggeber) wie auch für die auftragnehmende Seite (Projektleiter und Projektteam) Vorteile:

- Gemeinsames Verständnis der Anforderungen und Erwartungen an die Produkt-/Projektqualität.
- Verantwortlichkeiten im Projekt im Hinblick auf die Qualitätssicherung sowie Mitwirkungspflichten des Auftraggebers sowie auch weitere Stakeholder bezüglich der Qualität sind definiert.
- Produktbezogene Transparenz für den Auftraggeber und weitere wichtige Stakeholder über die bewusst gewählten Qualitätssicherungsmassnahmen und die Rapportierung in Bezug auf die Qualität im Projekt. Somit auch Verständnis für die anfallenden Kosten.
- Senkung des Risikos von hohen Fehlerkosten durch das erklärte Ziel, Fehler frühzeitig zu entdecken und deren Behebung so früh wie möglich sicherzustellen.
- Erhöhung der Zufriedenheit aufgrund weniger Fehler bei der Abnahme und im Betrieb.

Der Qualitätsplan enthält folgende Kapitel:

- Ziele des Qualitätsmanagements für das Projekt,
- referenzierte Dokumente (vollständige Liste aller Dokumente, die im Qualitätsplan erwähnt werden),
- Management (Beschreibung der Organisation für QM und Verantwortlichkeiten bei den Qualitätsmanagement-Aufgaben),
- Produktdokumentation (Auflistung aller Dokumente, die den Entwicklungs- und Wartungsprozess beschreiben sowie aller Reviews und Audits, welche die Angemessenheit und die Qualität der Dokumentation feststellen),
- Festlegung von (Verweisen auf) Normen, Verfahren und Konventionen,
- Planen von Reviews, Audits und Tests (Prüfplan),
- das definierte Konfigurationsmanagement,
- Problem-Meldewesen und Korrekturmassnahmen (Änderungsverfahren),
- Entwicklungskonzept (nach welcher Logik/Form/Methode wird entwickelt, interne und externe Schnittstellen),
- Lieferantenkontrolle.

Beim erstmaligen Betrachten dieser zu beschreibenden Kapitel könnte es einem bezüglich des Aufwands für ein gutes Qualitätsmanagement angst und bange werden. Auf den zweiten Blick erkennt man hier die aggregierten Werte: Das heisst, vieles wird in anderen Bereichen, wie im Konfigurationsmanagement, im Phasenmodell, in der Projektplanung etc. schon erstellt. Etwas vereinfacht gesagt, muss vieles nur aus Qualitätssicht neu zusammengetragen werden.

Aus der Auflistung der oben aufgeführten Kapitelstruktur wird im folgenden Kapitel der Prüfplan herausgearbeitet, der eine Teilmenge des Qualitätsplans ist. Er ist ein sehr wirkungsvolles, effizientes und einfaches Instrument für jeden Projektleiter und ein absolutes Muss, egal für welche Projektgrösse.

7.3.1 Prüfplan

Je komplexer ein Projekt ist, desto wichtiger ist der Prüfplan. Durch ihn wissen alle Betroffenen und Involvierten im Voraus genau, wann was wie durch wen kontrolliert wird. Ist der Prüfplan ein im Unternehmen anerkanntes Instrument, so wird durch ihn auch eine vermehrt ergebnisorientierte Arbeit der Beteiligten erreicht. Wie Abbildung 7.09 aufzeigt, ist es relativ einfach, einen solchen

Prüfplan zu erstellen. Man nimmt die im zweiten Planungselement erstellten Arbeitspakete respektive deren Lieferobjekte und fügt die entsprechenden Kontrolldaten sowie die Kontrolltechniken hinzu (☞ Anhang A.4.2 „Kontrolltechniken").

Mit dem Prüfplan kann der Projektleiter unter anderem allen entscheidungsfällenden Instanzen und interessierten Kreisen aufzeigen, wie, wann, welche Lieferobjekte im Projekt geprüft wurden bzw. werden. Er kann also mit diesem Instrument die Qualität der Lieferobjekte im Detail massgeblich lenken und dies transparent aufzeigen. Da ein Lieferobjekt erst zu Ende erstellt ist, wenn es keine massgebenden Befunde aufweist, ist der Prüfplan auch ein sehr gutes Instrument für das Bewerten des Sachfortschritts.

Der Prüfplan besteht aus:

- zu überprüfenden Prüflingen (Ergebnis – Teilergebnisse) respektive Lieferobjekten,
- anzuwendender Prüfungstechnik pro Prüfling,
- Prüfziel pro Lieferobjekt,
- Prüfaspekten (für die Prüfung massgebende Kriterien),
- verantwortlichen Stellen (Autor, Moderator, Gutachter etc.),
- Prüfaufwand/Prüfkosten,
- sonstigen Bemerkungen.

Ergebnis-/Prüfplan

Projekt: Pauschwelt, TP: Produktentwicklung Nr.: B.1
Projektleiter: Y. Meier
Seite 1

Phase	Arbeitspakete/Vorgänge AP-Name	Verant-wortlich	Hauptlieferobjekt der Arbeitspakete	Erledigungs-datum	Status	Kontroll-datum	Kontroll-technik	Status	Verant-wortlich
Init.	Arbeitspaket A	TRM	Business Case	06.02.2010	✓	12.02.2010	TR	◆	GNJ
Konz.	Arbeitspaket B	TDP	SWOT-Analyse	02.04.2010	✓	26.04.2010	DC	◆	TRM
Konz.	Arbeitspaket C	LNR,	Pflichtenheft	02.04.2010	✓	12.04.2010	TR	◆	TDP
Konz.	Arbeitspaket D	TRM	Kriterienkatalog	02.04.2010	✓	05.04.2010	V	◆	LNR
Konz.	Arbeitspaket E	TDP	Vertrag	16.04.2010	⧗	29.04.2010	Wt	⧗	TRM
Init.	Arbeitspaket F	SRP	Marktanalyse	15.01.2010	✓	22.02.2010	DC	◆	TDP
Konz.	Arbeitspaket G	SRP	Konzept	26.02.2010	⧗	26.02.2010	TR	⧗	SRP
Konz.	Arbeitspaket H	BGS	Mengengerüst	19.02.2010	⧗	19.02.2010	V	⧗	SRP
Konz.	Arbeitspaket I	BGS	Phasenbericht	16.04.2010	⧗	16.04.2010	V	⧗	BGS
Konz.	Arbeitspaket J	LNR	Anforderungsspezifikation	12.02.2010	⧗	12.02.2010	TR	⧗	BGS
Konz.	Arbeitspaket K	GNJ	Papierprototyp	26.03.2010	⧗	26.03.2010	Wt	⧗	LNR
Konz.	Arbeitspaket L	GNJ	Aktualisierter Projektplan	16.04.2010	⧗	16.04.2010	TR	⧗	GNJ

⧗ = geplant ✓ = erstellt ◆ = geprüft   TR = Tech. Review; V = Vernehmlassung, Wt = Walkthrough, DC = Desk Check; EK = Eigenkontrolle

Abb. 7.09: Beispiel eines einfachen Prüfplans

7.3.2 Produkt- und Projektabwicklungsqualität

Wie bereits mehrfach erwähnt, ist zwischen der Produkt- und Projektabwicklungsqualität zu unterscheiden. In der Qualitätsplanung wird mittels der festgelegten Qualitätsziele bestimmt, welche Qualitätsanforderungen an das Produkt und welche Qualitätsanforderung an den Projektabwicklungsprozess in welchem Umfang und in welcher Form gestellt werden müssen.

Die im Detail zu erreichenden Qualitätsmerkmale der einzelnen Anforderungen werden beim Konzipieren (☞ Kapitel 5.2 „Konzipieren") und bei der Anforderungsentwicklung (☞ Kapitel 5.3

„Anforderungsentwicklung") bestimmt, klassifiziert und gewichtet. Nur mit diesen quantifizierbaren Qualitätsmerkmalen ist die Überprüfung der Planerfüllung möglich. Auf der Seite des Produkts können z.B. in Anlehnung für Softwareprodukte folgende Qualitätsmerkmale nach ISO/IEC 9126 (DIN66272) massgebend sein:

- Funktionalität (Functionality)
  Korrektheit, Angemessenheit, Interoperabilität, Ordnungsmässigkeit, Sicherheit

- Zuverlässigkeit (Reliability)
  Reife, Fehlertoleranz, Wiederherstellbarkeit

- Benutzbarkeit (Usability)
  Verständlichkeit, Bedienbarkeit, Erlernbarkeit, Robustheit

- Effizienz (Efficiency)
  Wirtschaftlichkeit, Zeitverhalten, Verbrauchsverhalten

- Wartungsfreundlichkeit (Maintainability)
  Analysierbarkeit, Änderbarkeit, Stabilität, Testbarkeit

- Übertragbarkeit (Portability)
  Anpassbarkeit, Installierbarkeit, Konformität, Austauschbarkeit

Im Rahmen der Qualitätssicherung muss auch die Einhaltung der definierten Kriterien zur Projektabwicklung definiert werden. Hierzu zählen:

- Einhalten der PM-Richtlinien
- Definition von erfolgskritischen Prüfungen
- Einhalten der Dokumentationsaktualität
- Sicherstellen der Arbeitssicherheit
- Sicherstellen der Kompetenz
- Erreichbarkeit der gesetzten Termine
- Sicherstellen der Versionen
- Einhalten der definierten Q-Vorgaben
- Einhalten von Prüfterminen
- Lückenloses Erfassen der PM-Kennzahlen
- Sicherstellen der Zuverlässigkeit
- Sicherstellen der Kommunikation
- Vertrauenswürdigkeit
- Etc.

7.4 Die Qualitätslenkung

Unter Qualitätslenkung in Projekten wird die Steuerung verstanden, die notwendig ist, um die vorgegebenen projektbezogenen Qualitätsziele und -anforderungen zu erreichen. Als Voraussetzungen für eine gute Qualitätslenkung dienen eine umfassende Qualitätsplanung sowie die Ergebnisse der Qualitätsprüfung, aus welcher die Differenz zwischen geforderter und vorhandener Qualität ersichtlich ist.

> Qualitätslenkung steuert, überwacht und korrigiert den Entwicklungsprozess mit dem Ziel, die vorgegebenen Qualitätsanforderungen zu erfüllen [ISO 8402].

Bei der Qualitätslenkung werden erstens, basierend auf den in der Qualitätsplanung definierten Werten, die Arbeitstechniken, die Ausbildungen sowie die Methoden gezielt eingeleitet. Zweitens werden aufgrund der Erkenntnisse über Qualitätsdifferenzen, die durch die Qualitätsprüfung aufgedeckt wurden, die eingesetzten Arbeitstechniken, Methoden, Checklisten für das weitere Arbeiten optimiert. Die Qualitätslenkung besteht damit grösstenteils aus konstruktiven Massnahmen. Konstruktive Massnahmen sind Werte wie Methoden, Sprachen, Werkzeuge, Richtlinien, Standards und Checklisten, die dafür sorgen, dass das entstehende Produkt bzw. der Entwicklungsprozess à priori bestimmte Eigenschaften besitzt [Bal 1998]. Angelehnt an Wallmüller [Wal 2001], heisst dies etwas ausführlicher:

- Prinzipien (Grundsätze), die dem Handeln bezüglich der Entwicklung zugrunde gelegt werden.
- Methoden, die die Entwicklungsprinzipien unterstützen und die Projektmitarbeiter zu planbaren Ergebnissen führen.
- Formalismen (Notation), die auf den verschiedenen Abstraktionsebenen zur Ergebnisbeschreibung verwendet werden und die Darstellung von Zwischen- und Endergebnissen des methodischen Arbeitens ermöglichen.
- Werkzeuge, die die Anwendung von Prinzipien, Methoden und Formalismen unterstützen und sowohl dem Projektmitarbeiter als auch dem Projektleiter nützen.
- Strukturierung des Entwicklungs- und Pflegeprozesses durch ein standardisiertes Vorgehen (Phasenmodell).

Die konstruktiven Massnahmen können in drei verschiedene Klassen unterteilt werden:

- Technische Qualitätsmassnahmen:
  – konsequente Anwendung der Methoden und Techniken,
  – Einsatz adäquater Werkzeuge,
  – striktes Anlegen von Dokumentationsstrukturen,
  – Verfahren nach dem Baukastenprinzip.

- Organisatorische Qualitätsmassnahmen:
  – Einsatz von Vorgehensmodellen durchsetzen,
  – Mitarbeiter ausbilden und eventuell erfahrene Mitarbeiter beiziehen,
  – Qualitätskonzept institutionalisieren, z.B. Einsetzen von Checklisten, Richtlinien und Standards.

- Soziologische/psychologische Qualitätsmassnahmen:
  – Massnahmen zur Förderung der Kommunikation,
  – Mischung des Projektteams (fachbezogen, personenbezogen),
  – Kultur mit dem Projektteam als Erbringer einer Dienstleistung aufbauen.

Wie bei den organisatorischen Qualitätsmassnahmen aufgeführt, gehört zur Qualitätslenkung unter anderem auch die Ausbildung der Projektmitarbeiter, sodass sie, wenn sie die geplante Arbeit ausführen, die nötige Kompetenz aufweisen. Auch ein spezialisiertes Testteam sollte nicht warten, bis man das Produkt testen kann, da zu diesem Zeitpunkt nur noch reagiert werden kann, also die aufgedeckten Diskrepanzen korrigiert werden. Werden die Anliegen des Testteams schon in der Konzeption berücksichtigt und die Tester bereits bei der Spezifikation gezielt beigezogen, so sind dies konstruktive Qualitätsmassnahmen. Abgeleitet von diesem Beispiel, könnte somit ein Testteam das gesamte Projektteam im Voraus schulen, wie es Testfälle, Testdaten, Testkonzepte etc. entwerfen muss. Dadurch würden die Projektmitarbeiter diese Tätigkeiten besser durchführen, und es käme beim Testen mit Sicherheit nicht zu so vielen Qualitätsdifferenzen wie ohne Schulung.

Qualitätslenkung ist eine wichtige Komponente im Projektmanagement. Je besser sie wirkt, je besser die Massnahmen umgesetzt werden, um so weniger muss kontrolliert werden.

7.5 Die Qualitätsprüfung

Da die Lieferobjekte in einem Projekt in allen Phasen eine bestimmte, definierte Qualität aufweisen müssen, scheint die Qualität „allgegenwärtig" zu sein. Je nach Priorität, welche Qualität in einem Projekt zugewiesen wird, macht diese „Allgegenwärtigkeit" eine umfassende Kontrolle notwendig. Diese wird von den Projektverantwortlichen oder von Spezialisten (Projektqualitäts-Verantwortlicher, Sign-off Board, Testteams) in einem dauernden Prozess oder in regelmässig abgehaltenen Sitzungen (Management Circle, Inspektionen, Test Session etc.) bezüglich aller Lieferobjekte vorgenommen.

Qualitätsprüfungen in Projekten sind primär Kontrollen, die aufzeigen, ob ein projektbezogenes Lieferobjekt die vorgegebenen qualitativen Anforderungen erfüllt oder nicht. Daher werden zur Hauptsache die im Rahmen der Qualitätsplanung festgelegten analytischen Massnahmen durchgeführt. Anders gesagt: Bei der Qualitätsprüfung im Projektumfeld wird das IST mit dem PLAN verglichen, und die Differenz wird analysiert.

Es wird jedoch auch überprüft, ob die konstruktiven Massnahmen der Qualitätslenkung, z.B. das Einhalten des definierten Entwicklungsstandards, umgesetzt wurden respektive ob die Wirkungen dieser Massnahmen der Planung entsprechen.

> Unter Qualitätsprüfung in Projekten wird das Feststellen verstanden, inwieweit eine Einheit respektive ein Lieferobjekt im Prüfstatus (Prüfobjekt) die vorgegebenen Anforderungen erfüllt und inwieweit die Projektabwicklungsprozesse gemäss dem definierten Vorgehen eingehalten wurden.

Die Qualitätsprüfung der Lieferobjekte basiert auf zwei Lieferobjekt-Gruppen:

- Den Konzeptionsdokumenten
  Business Case, Lösungskonzepte, Evaluationsdokumente, Detailpläne etc.

- Den Realisierungsergebnissen
  Software-Programme, Datenbank, Haus, Maschine, Prozesse, Schulungsdokumentation etc.

Die Überprüfung dieser Lieferobjekte muss sowohl die Abweichung vom Entwicklungsziel als auch die Abweichung von Normen und Verfahren aufzeigen. Daraus ergeben sich die zwei grundlegenden Fragen:

- Erstellen wir das richtige „Produkt"?
- Erstellen wir das „Produkt" richtig?

Die einzusetzenden Prüfungs- respektive Kontrolltechniken werden in statische und dynamische Prüfungen unterteilt (☞ Anhang A.4.2 „Kontrolltechniken"). Der wesentliche Unterschied besteht darin, dass das Prüfobjekt bei der dynamischen Prüfung ausgeführt wird, was bei der statischen

Prüfung nicht der Fall ist [Wal 2001]. Zu den statischen Prüfungen gehören alle Kontrolltechniken, welche die Prüfverfahren Review und Audit aufweisen. Zu den dynamischen Prüfungen gehören Kontrolltechniken, die mehrheitlich beim Testen angewendet werden.

Gemäss Balzert [Bal 1998] ist eine weitere Art von Qualitätsprüfung die Mängel- und Fehleranalyse, die auf Mängelkatalogen und Problemberichten beruht. Sie gibt Antworten auf folgende Fragen:
- In welcher Phase kommen welche Fehlertypen am häufigsten vor?
- Wie viele noch nicht behobene Fehler existieren im Produkt?

Diese Fragen sind die Basis für weitere Verbesserungen des Projektabwicklungsprozesses und somit auch den daraus resultierenden Lieferobjekten.

Das Prüfen ist aufwendig und kostet auch etwas. Daher müssen die Prüfungen effizient (wirtschaftlich) durchgeführt werden. Es sei jedoch nochmals erwähnt, dass die in der Qualitätsprüfung anfallenden Kosten innerhalb der Projektabwicklung wieder „amortisiert" werden, da frühzeitiges Erkennen und Korrigieren von Fehlern kostengünstiger ist (☜ Abbildung 4.108). Die Problematik der Qualitätsprüfung und -lenkung ist, dass ein nicht eingetretener oder rechtzeitig gefundener Fehler keinen „richtigen" Gewinn abwirft, sondern als normal und logisch empfunden wird.

Die Qualitätsprüfung widerspiegelt zu einem grossen Teil die Durchführung der Projektkontrolle (☜ Kapitel 4.4.3 „Projekt kontrollieren") und lässt sich auf der Metaebene zwischen der Verifikation und der Validierung unterscheiden.

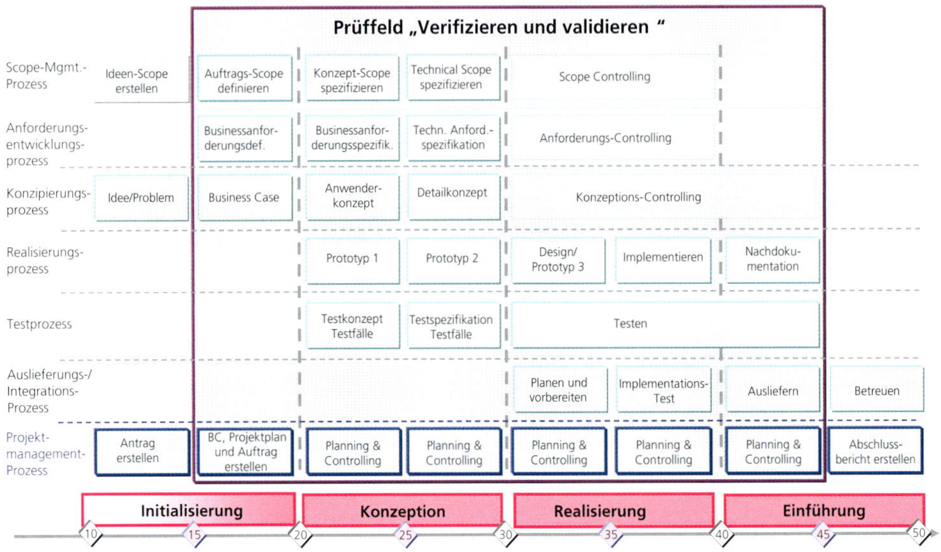

Abb. 7.10: Wichtige Projektabwicklungs-Prozesse im Zusammenhang mit PQM

7.5.1 Verifikation

Ziel der Verifikation ist es festzustellen, ob eine Spezifikation, eine Konzeption oder generell ein Lieferobjekt bestimmte definierte Kriterien wie Vollständigkeit, Konsistenz und Verständlichkeit erfüllt. Die Art der hierzu einsetzbaren Techniken hängt stark vom Grad der Formalisierung des statischen Lieferobjekts ab. Die Verwendung von formalen Notationen erleichtert die Überprüfung von Eigenschaften wie z.B. Vollständigkeit.

Verifizierung ist eine Nachweisführung, bei der gezeigt wird, dass ein Produkt die Anforderungen, die während vorhergehender Aktivitäten festgelegt wurden, vollständig erfüllt und keine weiteren Funktionen enthält [Brö 1995].

7.5.2 Validierung

Unter Validierung wird der Prozess verstanden, in dem das Lieferobjekt geprüft wird, um sicherzustellen, dass das beschriebene Produkt die ursprünglichen Intentionen der Stakeholder adäquat wiedergibt. Dabei ist zu beachten, dass das Vorgehen ein formales Verfahren ist, die zu prüfenden (Benutzer-)Anforderungen aber meist nicht formalisiert vorliegen.

Validation ist eine Nachweisführung, bei der gezeigt wird, dass das betrachtete Produkt die Erwartungshaltung und die Erfordernisse des Nutzers erfüllt.

Die Validierung der Anforderungsdokumente erfolgt in der Regel mittels Inspektionen oder formalen Reviews durch Gutachtergruppen. Ziel ist es, mit Hilfe von Checklisten Fehler, irrtümliche Annahmen, unklar bestimmte Begriffe und Abweichungen von üblichen Vorgehensweisen zu identifizieren.

Auch Prototyping kann als Validierung eingesetzt werden. Durch diese Technik werden z.B. die Auftraggeber mit dem Produktverständnis des Auftragnehmers konfrontiert. Diese Technik ist in verschiedenen Projektarten einsetzbar. So sind manchmal Skizzen auf Papier wegen ihrer geringeren Komplexität sehr hilfreich, zeigen jedoch nicht das Verhalten einer Komponente, eines Systems oder Produkts. Mit Prototyping kann das Geplante für den Auftraggeber oder Benutzer, aber auch für den Entwickler, in einer realen Form validiert werden.

In den meisten Fällen werden die Anforderungen an ein Lieferobjekt oder an das gesamte Projektprodukt durch Abnahmeprüfungen validiert.

7.6 Lieferobjekte des Qualitätsmanagements

Nachfolgend werden in Kurzform die zentralen Lieferobjekte für das Qualitätsmanagement im Projektumfeld zur Erfüllung der Produkt- und Prozessanforderungen dargestellt. Weitere Ausführungen zu den Lieferobjekten sind im Anhang C.5 (☞ „Lieferobjekte des Qualitätsmanagements") aufgeführt.

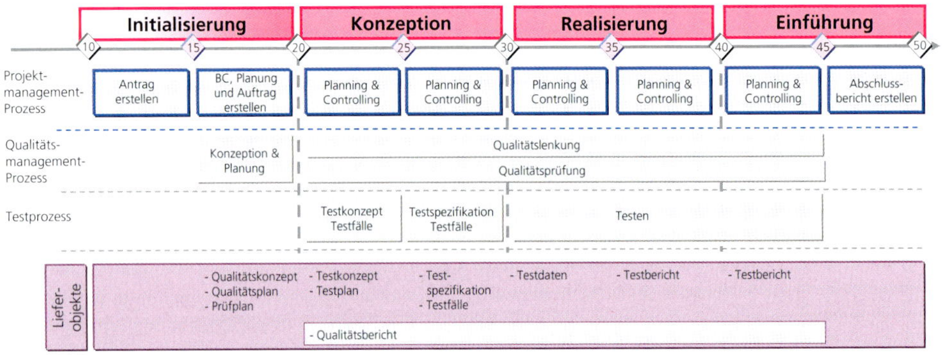

Abb. 7.11: Übersicht über die Lieferobjekte des projektbezogenen Qualitätsmanagements

Ob ein Lieferobjekt gemäss Abbildung 7.11 genau zu dem aufgeführten Zeitpunkt erstellt werden kann oder muss oder ob sogar mehrere Lieferobjekte wie z.B. Qualitätskonzept, Qualitätsplan und Prüfplan zusammengelegt werden können, muss via Tailoring festgelegt werden.

Lieferobjekt	Kurzbeschreibung
Qualitätskonzept	Das Qualitätskonzept definiert den Rahmen des in einem Projekt anzuwendenden Qualitätsmanagements und sichert die organisatorische und instrumentelle Machbarkeit.
Qualitätsplan	Im Qualitätsplan werden die Qualitätsziele und -aktivitäten der Qualitätssicherung für das konkrete Projekt definiert. Er ist in einem Projekt das zentrale Dokument zur Planung und Lenkung der definierten Prozess- und Produktqualität.
Prüfplan	Der Prüfplan legt den organisatorischen und zeitlichen Ablauf der Prüfungen fest und ergänzt den Projekt- und Qualitätsplan als Handlungsgrundlage.
Qualitätsbericht	Der Q-Bericht fasst die projektbezogenen Berichte wie Prüf- und Testberichte/-protokolle zusammen. Er rapportiert den allgemeinen QS-Status des Projekts und schlägt allfällige Massnahmen vor, welche vom Auftraggeber eingeleitet werden sollten.
Testkonzept	Dokument, das den Umfang, die Vorgehensweise, die Einsatzmittel und die Zeitplanung der intendierten Tests (inklusive aller Aktivitäten) beschreibt.
Testplan	1. Zeitliche Planung der Testdurchführung (Zuordnung der Testfälle zu Testern und Festlegung des Durchführungszeitpunktes). 2. Verzeichnis aller Testfälle, in der Regel thematisch bzw. nach Testzielen gruppiert.
Testfall	Umfasst Angaben zu den für die Ausführung notwendigen Vorbedingungen, zur Menge der Eingabewerte oder Inputs und zur Menge der erwarteten Sollwerte, zu Prüfanweisungen sowie zu den erwarteten Nachbedingungen. [Spi 2005].
Testdaten	Eingabe- und Zustandswerte für ein Testobjekt und Sollwerte nach Ausführung des betreffenden Testfalls [Spi 2005].
Testbericht	Dokument, das die Testaktivitäten und -ergebnisse zusammenfasst und eine darauf basierende Bewertung der Testobjekte enthält [Spi 2005].

8

Lernziele des Kapitels „Risikomanagement"

Sie können …

- mindestens fünf Lieferobjekte aufführen, die eine Beziehung zum Risikomanagement aufweisen und diese Beziehung erläutern.
- die Entwicklung von potenziellen Projektrisiken anhand eines Beispiels erläutern.
- die drei verschiedenen Sichtweisen im Risikomanagement mit eigenen Worten beschreiben.
- zu jeder Risikoklasse (Umsetzungsrisiken, Managementrisiken und soziale Risiken) mindestens zwei konkrete Risiken anhand eines Beispiels formulieren.
- den Risikograd für verschiedene Projektrisiken quantitativ berechnen, grafisch darstellen und entsprechende Risiko-Vorsorgestrategien definieren.
- Chancen in einem Projekt identifizieren und entsprechende Chancen-Vorsorgestrategien entwickeln.
- den Risikomanagement-Prozess anhand eines Beispiels erläutern.
- die für ein Projekt dominierenden Ursachengruppen aufführen und dazu je zwei Beispiele definieren .
- ein Schema der Risiko-Erstbeurteilung zeichnen.
- Projektrisiken vollumfänglich – mit all ihren Komponenten – beschreiben.
- Grenzwerte für den Auswirkungsgrad von Risiken definieren.
- begründen, wieso es in gewissen Projekten durchaus Sinn macht, einen Risikovorsorgeplan zu erstellen.
- den Unterschied zwischen einem Risiko und Problem erläutern und einen einfachen Problemlösungs-Prozess aufzeichnen.
- eine Krise (theoretisch) anhand des Krisenmanagement-Prozesses beheben.
- in eigenen Worten begründen, was einen Projekterfolg ausmacht.
- den Unterschied zwischen einer Krise und einer Katastrophe anhand ihrer Auswirkungen erläutern.
- aufzeigen, in welcher Form das Risikomanagement zum Projekterfolg in Beziehung steht.
- zu allen fünf Erfolgsfaktoren-Gruppen jeweils zwei konkrete Massnahmen aufführen, die als Erfolgsfaktoren gegen die Projektrisiken wirken.

8 Risikomanagement

In vielen Unternehmungen ist das projektbezogene Risikomanagement nur mit dem Auflisten und Verfolgen von Risiken beschäftigt. Diese einseitige Risikobetrachtung kostet in Projekten nicht nur viel Zeit, sondern erzeugt auch eine falsche Sichtweise. Wenn man den Projektrisiken zu viel Aufmerksamkeit widmet, ist die Gefahr gross, dass das grundlegende Projektziel – das Projekt zum Erfolg zu bringen – aus den Augen verloren geht. Dass in einer unsicheren Situation nicht nur Risiken, sondern auch Chancen entstehen können, wird nicht immer automatisch gesehen. Diese positive Betrachtung muss im Risikomanagement transparent gemacht werden, und es gilt sie, wenn möglich, zu nutzen.

Abb. 8.01: Strukturierung des Risikomanagements im Projektumfeld

Ziel der folgenden Beschreibung ist es, schwergewichtig die verschiedenen Komponenten des Risikomanagements im Projektumfeld in ihrem Zusammenwirken aufzuführen, ohne sich in unnötigen Details zu verlieren. Trotz der Vorgaben des Projektmanagement-Leitfadens muss jeder professionelle Projektleiter situativ selbst entscheiden, in welchem Mass und Detaillierungsgrad er Risikomanagement betreiben will.

Risikomanagement als Teil der Projektabwicklung ist das bewusste Einbeziehen und Bewältigen von möglichen, projektbezogenen Störfällen in der Projektabwicklung auf Grundlage der systematischen Erfassung, Bewertung und Verfolgung von projektbezogenen Risiken. Es ist aber auch das gezielte Wahrnehmen und Umsetzen von Chancen.

In diesem Kapitel wird nicht nur das Risikomanagement in der reinen Projektabwicklung, sondern auch die Verbindung des Risikomanagements auf der Stufe des Managements sowie des Projektportfolio-Controllers aufgezeigt. Im Weiteren wird auch das Risiko im Kontext zu anderen Thematiken wie Problem, Chance, Krise und Erfolgsfaktoren erläutert.

8.1 Grundlagen

8.1.1 Sichtweisen im Risikomanagement

Projektrisiken und Projektchancen lassen sich grundsätzlich von drei Sichtweisen betrachten. Dabei werden die Risiken und Chancen hierarchisch gesehen aggregiert. Nur so ist es möglich, im Unternehmen, speziell im oberen Management, insbesondere hinsichtlich der PM-Governance die richtigen Entscheide zu treffen.

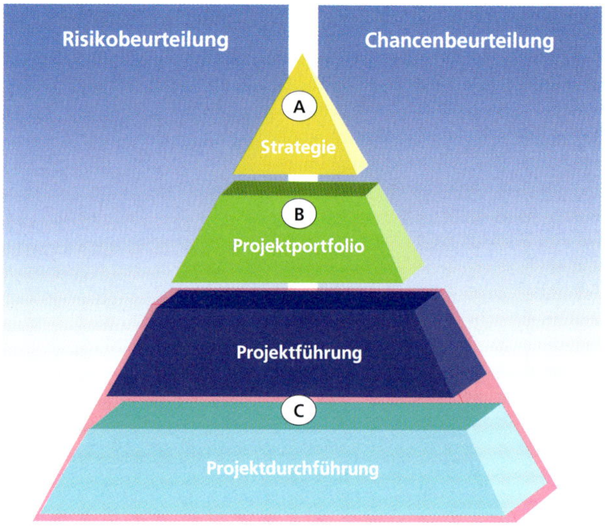

Abb. 8.02: Beurteilungssichten des Risikomanagements

8.1.1.1 Hierarchische Betrachtung

A) Sichtweise: Strategie (☞ Kapitel 8.2.1)
Die Risikobeurteilung aus der Sicht „Strategie" ist vor allem für den Auftraggeber, die Geschäftsleitung oder gar den Verwaltungsrat von Bedeutung. Es geht dabei um folgende Risiken:
- Das „Gesamtrisiko" oder die Risiken, die man eingeht, wenn man das Projekt „Bürogebäude" realisieren würde (z.B. „Wir haben ein Bürogebäude, das wir nicht vermieten können").
- Die Risiken, die bestehen oder entstehen würden, wenn man das Projekt „Bürogebäude" nicht realisieren würde (z.B. einseitige Anlagestrategie).

B) Sichtweise: Projektportfolio (☞ Kapitel 3.4.1.2.1 und ☞ Kapitel 8.2.2)
Diese Risikobeurteilungssicht ist jene des Projektportfolio-Boards respektive des Projektportfolio-Controllers. Bezüglich des Einzelprojekts prüft der Projektportfolio-Controller, welche Risiken während der Abwicklung auftreten könnten, z.B. Schnittstellenrisiken, Lieferantenrisiko, Risiken mit anderen Projekten. Zudem wägt er ab, welche Massnahmen angebracht sind, um den Eintrittsgrad oder die Auswirkung dieser Risiken zu minimieren, und was diese Massnahmen kosten.

C) Sichtweise: Projektabwicklung (☞ Kapitel 8.2.3)
Diese Risikobeurteilung ist insbesondere für den Projektleiter relevant. Dabei geht es um die Risiken, die während der Projektabwicklung entstehen („heute" bis Projektschluss) und die den Projekterfolg massgeblich gefährden. Solche Risiken bestehen innerhalb und ausserhalb des Projektscope, das heisst z.B. auch, dass es Risiken bezüglich der Stakeholder gibt.

8.1.1.2 Risiko versus Chance

Insbesondere im Projektmanagement gilt es zu erwähnen, dass ein Risiko bzw. eine Risikosituation oftmals verschiedene mögliche Folgen haben kann. Welche dieser Folgen von einer Person als positiv und welche als negativ betrachtet werden, hängt ganz von den Erwartungen der Person ab (Plan). Ihre Erwartungen bzw. ihr Plan müssen dabei nicht mit dem stochastischen Erwartungswert der risikobehafteten Situation zusammenfallen. Dies kann an folgender Situation verdeutlicht werden: Eine Person setzt bei einem Glücksspiel, bei dem ein Erlös zwischen 0 und 100 Euro resultieren kann, Geld und erwartet einen Erlös von 50 Euro. Dies ist ihr Plan, wie die Situation ausgehen sollte. Darüber hinaus gibt es ein objektives Ergebnis des Spiels mit einem bestimmten stochastischen Erwartungswert (z.B. 25 Euro). Nimmt man nun die Sicht der spielenden Person ein, so kann man die unsicheren (risikobehafteten) Ergebnisse des Spiels wie folgt bewerten: Alle Resultate mit einem Erlös zwischen 0 und 49 stellen für die Person ein Risiko dar, diejenigen zwischen 50 und 100 eine Chance. Das Ergebnis von genau 50 stellt im Prinzip weder ein Risiko noch eine Chance dar. (Diese Situation entspricht in der Abbildung 8.03 dem Risiko-Chancen-Profil 4.) Nachfolgend werden die acht Risiko-Chancen-Profile der Abbildung 8.03 kurz beschrieben:

1. Symmetrisches Risiko-Chancen-Profil um den Planwert
2. Risikolastiges Risiko-Chancen-Profil
3. Chancenbetontes Risiko-Chancen-Profil
4. Risiko-Chancen-Profil eines sicheren Ereignisses gemäss Plan
5. Risiko-Chancen-Profil: entweder Risiko oder Chance
6. Risiko-Chancen-Profil: entweder Risiko oder Plan
7. Risiko-Chancen-Profil: entweder Plan oder Chance
8. Risiko-Chancen-Profil: entweder Risiko, Plan oder Chance

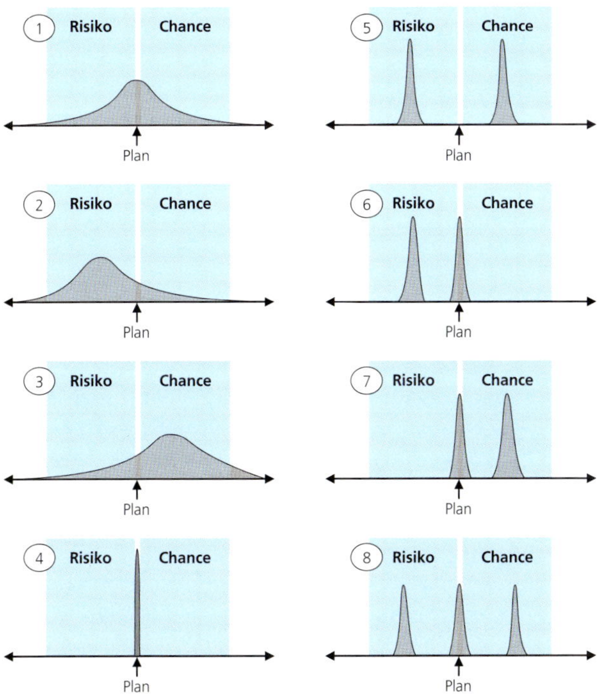

Abb. 8.03: Mögliche Risiko-Chancen-Profile

Das Ziel des Risikomanagements muss es sein, einerseits den stochastischen Erwartungswert so zu verändern, dass er dem Plan entspricht oder gar darüber liegt, und andererseits die Streuung um diesen Erwartungswert zu minimieren. Am besten wäre, wenn man brutto sogar eine Chance verwerten könnte. Dass diese Beeinflussung nicht immer einfach ist, zeigt auch das Beispiel mit dem Glückspiel. Dort müsste man schon zu Manipulationen greifen, die von Gesetzes wegen nicht erlaubt sind. Doch die Intuition ist klar: Die risikomanagende Person muss versuchen, die Spitze des Berges auf die Chancenseite zu ziehen. Dabei muss allerdings darauf geachtet werden, dass das Eingreifen wirtschaftlich erfolgt, sprich die erwartete Risiko-Chancen-Verbesserung darf die Kosten des Eingriffes nicht übersteigen.

In der Realität gibt es unzählige solcher Risiko-Chancen-Profile. Oftmals lassen sich diese nicht so einfach in ein solches zweidimensionales Koordinatensystem einzeichnen. (Auf der horizontalen Achse ist jeweils die negative/positive Auswirkung eingetragen, auf der vertikalen Achse die jeweilige Eintrittswahrscheinlichkeit.) Gemäss Kolmogoroff muss ein Risiko-Chancen-Profil drei Punkten genügen [Fah 2005]:

- Jedem Ausgang „Ereignis" einer unsicheren Situation muss eine nicht negative Wahrscheinlichkeit zugeordnet werden. (Eine Wahrscheinlichkeit von 0 ist dabei zulässig.)
- Gibt es einen sicheren Ausgang „Ereignis", so muss diesem die Wahrscheinlichkeit 1 zugeordnet werden.
- Sind die Ergebnisse „Ereignisse" disjunkt (zwei Mengen A und B sind disjunkt oder elementfremd, wenn sie kein gemeinsames Element besitzen), so muss die Summe aller Ereigniswahrscheinlichkeiten 1 ergeben.

Es gilt zu beachten, dass ein solches Profil nicht nur durch aktives Management verändert wird, sondern fortlaufend durch irgendwelche Einflüsse.

Risiken und Chancen gehören per Projektdefinition zu einem Projekt. Es ist wichtig, diese in einer wirtschaftlichen Art und Weise zu managen. Das gilt allerdings nicht nur für die Risiken und Chancen, sondern auch für Massnahmen zur Reduktion der Eintrittswahrscheinlichkeit sowie Auswirkungen. Im Folgenden werden daher diese Thematiken etwas umfassender erläutert.

8.1.2 Risikobetrachtung

Die Problematik, mit der der Projektleiter wie auch alle anderen Projektträgerinstanzen konfrontiert sind, ist die unterschiedliche Betrachtungsweise bezüglich der zu erwartenden Risiken respektive Bedrohungen. Diese können bzw. werden sich von Vorhaben zu Vorhaben ändern. Das heisst, es gibt keine generellen Risikoregeln ausser dem Grundsatz, dass die Risiken immer dort zu suchen sind, wo eine unerwünschte Wirkung eintreten kann.

Ein Risiko ist ein mögliches Ereignis mit unerwünschter Wirkung.

Risiken und potenzielle Auswirkungen (Probleme, Krisen und Katastrophen) sind nicht objektiv gegeben, sondern müssen von den Mitgliedern eines sozialen Systems, z.B. vom Projektteam oder von den Stakeholdern, explizit definiert werden. Dabei findet ein machtpolitischer Aushandlungsprozess statt, der zur Konstruktion einer gemeinsamen Wirklichkeit führt [Wei 2006]. Methodisch betrachtet, lässt sich ein Risiko auf der Stufe Projektabwicklung in sechs Komponenten gliedern.

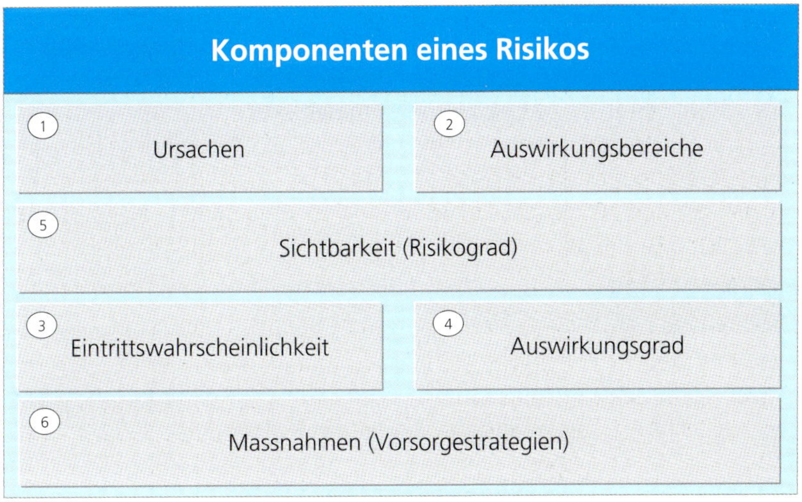

Abb. 8.04: Komponenten eines Risikos

Die einzelnen Komponenten eines Risikos werden nachfolgend erläutert.

8.1.2.1 Ursachen

Die Schwierigkeit beim projektbezogenen Risikomanagement ist, die wirklichen Risiken zu finden. Um dies zu erleichtern, werden entsprechende Checklisten verwendet, auf denen die Risikogruppen (Risikokategorien) für die entsprechende Sichtweise aufgeführt sind. So kann z.B. der Projektleiter anhand einer Risikocheckliste alleine, mit dem gesamten Projektteam und/oder anderen Stakeholdern zusammen virtuell durch das Projekt gehen. Dabei wird geprüft, ob das Projekt entsprechende Risiken hat. Mit dieser Vorgehensweise können ca. 90% der Risiken entdeckt werden. Für einen Projektleiter ist es weder möglich noch sinnvoll, alle potenziellen Risiken zu berücksichtigen, denen das Unternehmen bzw. sein Projekt ausgesetzt ist. Er wäre vor lauter Risikobekämpfung nicht mehr fähig, seine eigentlichen Aufgaben wahrzunehmen. Daher ist es wichtig, dass der Projektleiter sich „nur" um die Risiken kümmert, für die er eine Verantwortung hat, und dass ihm entsprechende, im Unternehmen existierende Organisationseinheiten (z.B. Information Center, Rechtsabteilung, Controlling) durch Vorkehrungen präventive Unterstützung bieten (z.B. Sichern aller Entwicklungsdaten des Information Center). Durch diese organisatorische Massnahme ist der Projektleiter z.B. für Datenverluste nicht mehr verantwortlich, was ihn entscheidend entlasten kann. In Abbildung 8.05 sind, abgeleitet von einer Unternehmensrisiko-Ursachenbetrachtung, diejenigen Risiken oder Risikogruppen bzw. deren Ursachen aufgeführt, denen sich der Projektleiter während der Projektabwicklung widmen sollte. Selbstverständlich kommen zu dieser Auflistung auch noch die problembezogenen situativen Risiken.

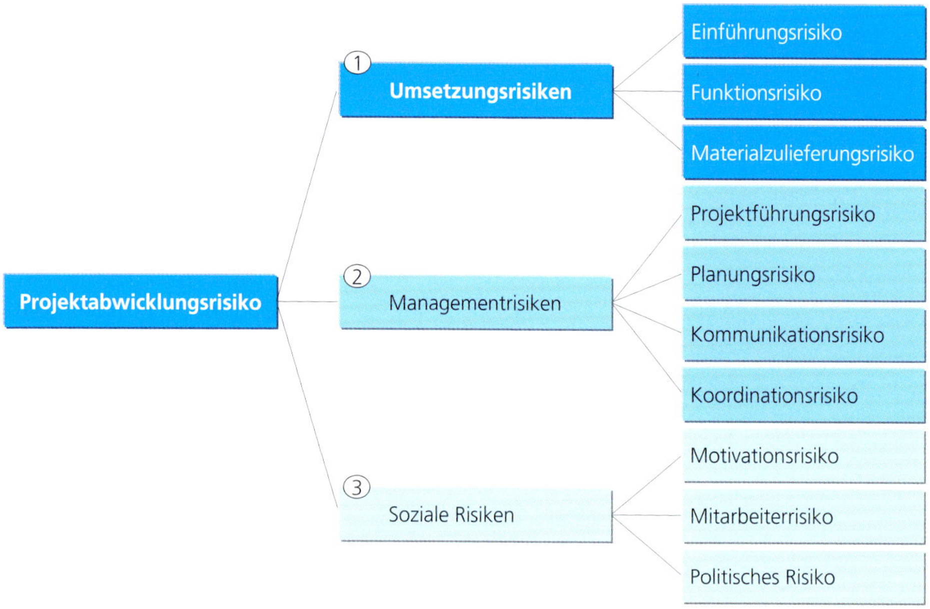

Abb. 8.05: Ursachen von Risiken

8.1.2.1.1 Umsetzungsrisiken

Umsetzungsrisiken können sich aus folgenden Situationen ergeben:

- Einführungsrisiko
  Dieses tritt vielfach dann ein, wenn die detaillierte Planung der Einführungsaktivitäten von den Teammitgliedern zu wenig konsultiert wurde, wenn der Projektleiter sich für die Einführungsplanung zu wenig Zeit genommen hat oder wenn mangelhafte Prozesse, z.B. ein Testprozess oder Integrationsprozess, zugrunde liegen. Dies hat zur Folge, dass die Produktkomponenten nicht im erforderlichen Masse den soziologischen und technischen Notwendigkeiten einer Integration entsprechen und somit das Projektprodukt nicht konsequent eingeführt werden kann. Oder die Situation ist so komplex und kompliziert, dass es schwierig ist, alles planmässig zu erfassen und zu ordnen. Ein weiterer Grund kann sein, dass die Einführung auf der falschen Einführungstaktik (z.B. alles auf einmal) beruht. Etc.

- Funktionsrisiko
  Das Funktionsrisiko tritt ein, wenn durch eine mangelhafte Auslegung der geplanten Leistungen „Anforderung" (Menge, Umfang, Funktionen und Qualität) das System oder Produkt nicht im richtigen Umfang erstellt wird oder durch falsche Analysen der Benutzerschnittstellen Unstimmigkeiten bezüglich des Ablaufs entstehen. Im Weiteren besteht dieses Risiko, wenn Gesetze, Vorschriften und Richtlinien nicht eingehalten werden oder neben all den Produktinnovationen in der Projektabwicklung neue Methoden und Techniken eingesetzt werden, deren Nutzungsmöglichkeiten nicht ausgeschöpft werden können.

- Materialzulieferungsrisiko
  Ein Materialzulieferungsrisiko kann z.B. dann eintreten, wenn die Zulieferungsanforderungen nicht genügend qualifiziert publiziert werden und dadurch die extern ausgeführten Arbeiten nicht den notwendigen Qualitätsnormen entsprechen. Durch fehlende oder ungenaue Eingangskontrollen werden solche fehlerhaften Zulieferungen in die Projekte integriert. Diese Nachlässigkeiten können sich als massives Risiko auf das Projekt auswirken, da bei solchen Fehlern weitgehend unbeeinflussbare Reaktionsfristen für die Fehlerbehebung bestehen. Das heisst, man wird von weiteren äusseren, unbeeinflussbaren Faktoren abhängig. So können auch schlecht abgefasste Verträge (☞ Kapitel 9.3 „Vertragsmanagement") oder mangelhafte Lieferantenüberwachung (☞ Kapitel 9.4.3 „Lieferantencontrolling") ein Risiko bedeuten.

8.1.2.1.2 Managementrisiken

Unter Managementrisiken werden Risiken verstanden, die in folgenden Bereichen eines Projekts auftreten können:

- Projektführungsrisiko
  Gemäss Erfahrungswerten ist dies eines der häufigsten Risiken in einem Projekt. Es beruht vielfach auf der oberflächlichen Selektion des Projektleiters, sodass diese Funktion nicht mit den notwendigen Fähigkeiten ausgefüllt wird (fachlich und führungsbezogen). Diese Situation ist oft der Auslöser anderer Projektrisiken. Ein Sprichwort sagt: „Es gibt nicht schlechte Projektleiter, sondern nur den falschen für das entsprechende Projekt!"

- Planungsrisiko
  Ein Planungsrisiko kann aufgrund von fehlerhaften Planungen bezüglich Zeit und Aufwand eintreten, deren Ursachen oft in der unrealistischen Einschätzung der Arbeitsleistungen liegen. Auch die ständige Zunahme der Anforderungen an das Produkt während der Projektabwicklung (Scopeveränderung) ohne gut geführtes Anforderungsmanagement kann eine mögliche Ursache für dieses Risiko sein. Es führt nicht selten zu Leistungsproblemen, z.B. sinkender Teammotivation, die nur mit überdurchschnittlichen zusätzlichen Investitionen gelöst werden können. Auch eine schlechte Fortschrittskontrolle führt zu Planungsrisiken.

- Kommunikationsrisiko
  Je mehr Unternehmensbereiche, Gremien und externe Stellen in ein Projekt involviert sind, desto grösser wird der Kommunikationsaufwand (☞ Kapitel 10.4 „Informations- und Kommunikationsmanagement"). Sind die Beteiligten nicht ihrer Projektaufgabe entsprechend informiert, kann dies zu einem Kommunikationsmanko führen. Die Folge davon kann eine Eigendynamik oder sogar ein Stillstand des Projekts sein. Diese Gefahr vergrössert sich laufend, wenn man der Ansicht ist, dass mit dem Versand von Mails und SMS der Projektkommunikation Genüge getan ist.

- Koordinationsrisiko
  Das Eintreffen des Koordinationsrisikos wird wie das Kommunikationsrisiko von der Projektgrösse und der Anzahl involvierter Parteien beeinflusst. Wird zwischen den externen und internen Beteiligten (Leistungserbringer) sowie innerhalb des Projektteams nicht genügend koordiniert, so entstehen Doppelspurigkeiten und Insellösungen, die das Projekt stark gefährden können.

8.1.2.1.3 Soziale Risiken

Soziale Risiken können sein:

- Motivationsrisiko
  Menschliche Leistung ist gemäss Führungslehre grösstenteils durch Motivation bedingt. Sind die Projektmitarbeiter demotiviert, so fallen ihre Leistungen ab, und dies hat für ein Projekt grössere negative Folgen. Demotivation trifft unter anderem dann ein, wenn die verantwortlichen Führungspersonen (Auftraggeber, Projektportfolio-Board, Projektleiter etc.) die Führungsaufgaben nicht in genügendem Masse wahrnehmen. So führt z.B. eine schlechte Planung zur ständigen Überlastung der am Projekt beteiligten Mitarbeiter, was wiederum ein Gefühl der Überforderung mit sich bringt. Oder die Ziele sind nicht klar und werden dauernd geändert. Dies senkt die Arbeitsmotivation drastisch.

- Mitarbeiterrisiko
  Der Mitarbeiter stellt mit seiner Fähigkeit, Fertigkeit und Einsatzzeit ein Risiko dar, da er mit bewussten oder unbewussten Handlungen (Vernachlässigen der Dokumentation, Kündigung, fehlendes Fachwissen etc.) eine negative Wirkung erzeugen kann. Dieses Risiko wird oft ignoriert und durch Vernachlässigung der notwendigen Kontrollen oder durch ein schlecht organisiertes Stellvertreterwesen für Schlüsselpersonen stark erhöht.

- Politisches Risiko
  Projekte können dadurch bedroht werden, dass durch die Bildung von Gruppierungen (z.B. Cliquen) nicht mehr die Sachziele, sondern nur noch persönliche Ziele verfolgt werden (soziale Bedingungen, politische Unternehmensmachtkämpfe etc.). Geraten Projekte zwischen die Fronten solcher Machtkämpfe, werden sie zu Spielbällen von „Mächten", auf die weder der Projektleiter noch der Auftraggeber einen Einfluss ausüben können. Es ist die Pflicht des Projektleiters, solche politischen Risiken „sachlich" aufzuzeigen, auch wenn dabei manchmal auch ein wichtiger Stakeholder beim Namen genannt werden muss.

8.1.2.2 Auswirkungsbereiche

Wenn es, wie in Kapitel 8.4 (☞ „Projekterfolg") beschrieben, stimmt, dass sich der Projekterfolg mit dem Erreichen der sechs Projekterfolgskomponenten messen lässt, so ist auch der Wirkungsbereich der Risiken problemlos definierbar (siehe Abb. 8.06). Selbstverständlich ist, insbesondere bei wirtschaftlich geführten Unternehmen, die Endwirkung eines jeden Risikos letztlich monetär zu betrachten! Das heisst, die Auswirkung eines Risikos tangiert immer eine oder mehrere der Projekterfolgskomponenten.

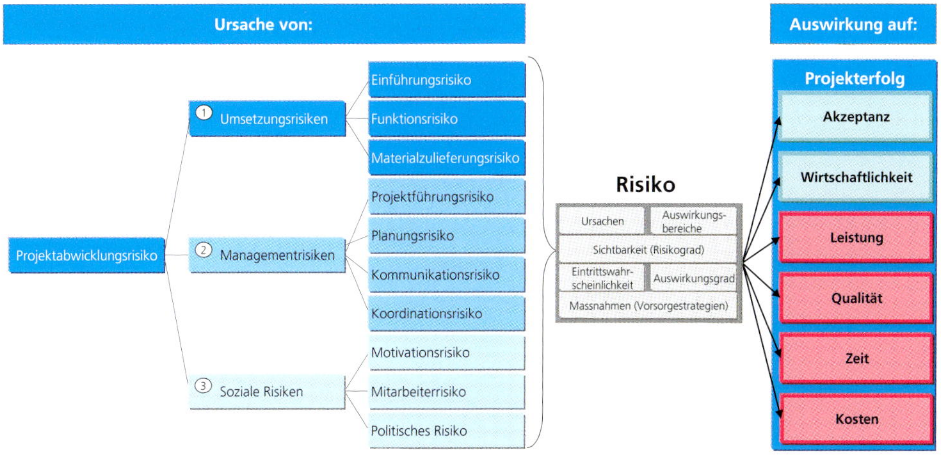

Abb. 8.06: Ursachen und Wirkungen von Risiken

Risiken respektive die darin lauernden negativen Auswirkungen gefährden also den Projekterfolg. Da prinzipiell jede Tätigkeit risikobehaftet ist, hat der Projektleiter die Aufgabe, mögliche substanzielle Risiken vorauszusehen und ebenso weitblickend zu handeln. Diese Betrachtungsweise ist auch der Grund, wieso in der unter Kapitel 8.1.2.7 („Risikodokumentation") aufgeführten Abbildung die Auswirkungsgrade einzeln eingestuft sind.

8.1.2.3 Eintrittswahrscheinlichkeit

Der Trend setzt sich mehr und mehr durch, dass die Eintrittswahrscheinlichkeit (EW) in Prozent angegeben wird und nicht mehr in gering, mittel, hoch und sehr hoch. Es macht jedoch auch Sinn, dass gewisse Grenzwerte für beide Bewertungsarten definiert werden.

gering - 1 -			mittel - 2 -			hoch - 3 -		sehr hoch - 4 -		
5%	10%	20%	30%	40%	50%	60%	70%	80%	90%	99%

Abb. 8.07: Eintrittswahrscheinlichkeiten

Das Einstufen der Eintrittswahrscheinlichkeit ist neben dem Identifizieren der Risiken die wohl schwierigste Aufgabe im Risikomanagement. Fehlen qualifizierte Erfahrungswerte, folgt diese Einschätzung nicht selten dem Bauchgefühl. Wenn das Risiko eine Eintrittswahrscheinlichkeit von 100% hat, so ist es eingetreten und somit kein Risiko mehr, sondern ein Problem!

8.1.2.4 Auswirkungsgrad

Bei einem einfach geführten Risikomanagement wird idealerweise mit klein, mittel, gross und sehr gross der generelle Auswirkungsgrad (das Schadenpotenzial) des Risikos bewertet. Bei einem qualifizierteren Risikomanagement sind die vier Stufen auf alle sechs projektbezogenen Erfolgsfaktoren, wie sie in Abbildung 8.08 aufgeführt sind, und auf die unternehmerische Bedeutung zu beziehen.

Damit im gesamten Unternehmen und über alle Hierarchiestufen hinweg in etwa die gleichen Einschätzungen der Tragweite erfolgen, sollten Einschätzungsgrenzwerte definiert werden. Grenzwerte bezüglich des Grads der Auswirkung auf die einzelnen Erfolgskomponenten können gemäss Abbildung 8.08 beispielsweise folgende Werte aufweisen:

	gering - 1 -	mittel - 2 -	hoch - 3 -	sehr hoch - 4 -
Kosten	< 5% Kostensteigerung	5–10% Kostensteigerung	10–20% Kostensteigerung	> 20% Kostensteigerung
Leistung	Geringfügige Minderung von Leistung	Einige Bereiche sind betroffen	Wichtige Bereiche sind nicht lieferbar	Gesamtergebnis ist nicht lieferbar
Qualität	Geringfügige Minderung von Qualität	Wichtige Bereiche weisen qualitative Probleme auf	Projektergebnisse weisen grosse qualitative Probleme auf	Projektergebnis ist unbrauchbar
Termin	Meilenstein unbeeinträchtigt	Meilenstein qualitativ beeinträchtigt	Meilenstein terminlich gefährdet	Klarer Verzug auf Endtermin
Wirtschaftlichkeit	Minderung des Gewinns < 10%	Minderung des Gewinns 11–20%	Minderung des Gewinns 21–30%	Minderung des Gewinns > 30%
Akzeptanz	Es gibt gewisse Akzeptanzvorbehalte	Betroffene Benutzer haben Akzeptanzprobleme	Wichtige Stakeholder haben grosse Akzeptanzprobleme	Wichtige Stakeholder akzeptieren das Projekt nicht
Unternehmensrisiko	Geringfügige Wirkung auf ein oder mehrere U-Risiken	Ein Unternehmensrisiko ist mittel bis stark betroffen	Mehre U-Risiken sind mittel bis stark betroffen	Unternehmung ist stark gefährdet

Abb. 8.08: Grenzwerte für den Auswirkungsgrad in Anlehnung nach PMBok [PMI 2008]

Aus Sicht des strategischen Projektportfolios macht es Sinn, neben der projektbezogenen Wirkung das Risiko zusätzlich bezüglich der unternehmensbezogenen Wirkung zu bewerten. Als Beispiel gehen wir von zwei Projekten aus: Projekt a) kostet 200 000 und bringt einen jährlichen Erlös von 100 000. Projekt b) kostet 2 000 000 und bringt einen jährlichen Erlös von 1 000 000.

Bei Projekt a) würde dies gemäss den aufgeführten Erfolgsbewertungskriterien „Kosten" und „Wirtschaftlichkeit" bei einer Einstufung von „sehr hoch" eine Kostenüberschreitung von mehr als 40 000 und eine Gewinnreduktion von jährlich 40 000 bedeuten.

Bei Projekt b) würde dies gemäss den aufgeführten Erfolgsbewertungskriterien „Kosten" und „Wirtschaftlichkeit" bei einer Einstufung von „gering" eine Kostenüberschreitung von mehr als 100 000 und eine Gewinnreduktion von jährlich 100 000 bedeuten.

Im Klartext bedeutet dies, dass das wesentlich kleinere Risiko von Projekt a) eskaliert wird, weil es als sehr hoch bewertet wird, und das grössere Risiko von Projekt B) dem Projektleiter überlassen wird, weil es als gering eingestuft wird. Da beim grösseren Projekt wahrscheinlich ganz andere verantwortliche Personen im Projekt involviert sind, mag dies gut gehen. Es macht jedoch Sinn, diese zwei Projekte über eine für alle Projekte gültige Skala (Bewertungskategorie; Auswirkungsgrad) für das Unternehmen zu bewerten (☞ Abbildung 8.09).

Bezüglich der aufgeführten Grenzwerte ist festzuhalten, dass diese je nach Projektart unterschiedlich definiert werden können. Eine Untersuchung zeigte, dass Hightechprodukte 33% der Gewinne nach Steuern verloren, wenn sie zu spät geliefert wurden, jedoch nur 4%, wenn sie pünktlich geliefert wurden, obwohl sie sogar 30% über Budget waren! Also kann es sein, dass eine 20%ige Überschreitung des Projektbudgets weniger gravierend ist als eine Zeitverzögerung.

8.1.2.5 Sichtbarkeit (Risikograd)

Ein Risiko sollte i.d.R. für alle beteiligten Personen sichtbar gemacht werden. Dies kann auf eine relativ einfache Art und Weise geschehen, indem man den Risikograd als Produkt der Eintrittswahrscheinlichkeit und des Auswirkungsgrads berechnet. Die Interpretation des Koeffizienten „Risikograd" erfolgt auf zwei verschiedenen Stufen: Zum einen auf der Stufe „Projekt" und zum anderen auf der Stufe „Unternehmung".

Die in Abbildung 8.09 aufgeführte Berechnung des Risikograds mit der Einstufung der Zuständigkeit hilft nicht nur der Sichtbarkeit, sondern auch der Verantwortlichkeit bezüglich der vorhandenen Risiken. Es bietet die Grenzwerte für die Kommunikations- und Eskalationsstruktur (☞ Abbildung 8.23).

Eintrittswahrscheinlichkeit					
	100%	1.00	2.00	3.00	4.00
sehr hoch	90%	0.90	1.80	2.70	3.60
	80%	0.80	1.60	2.40	3.20
hoch	70%	**0.70**	1.40	2.10	2.80
	60%	0.60	1.20	1.80	2.40
mittel	50%	0.50	1.00	1.50	2.00
	40%	0.40	**0.80**	1.20	1.60
	30%	0.30	0.60	**0.90**	1.20
gering	20%	0.20	0.40	0.60	**0.80**
	10%	0.10	0.20	0.30	0.40
	5%	0.05	0.10	0.15	0.20
	Auswirkungsgrad	gering 1	mittel 2	hoch 3	sehr hoch 4

Ab 0.7 müssen Massnahmen eingeleitet werden

Abb. 8.09: Berechnen des Risikokoeffizienten „Risikograd"

Das Gefühl, das eine Person mit einer unsicheren Situation bezüglich Risiken und Chancen verbindet, ist sehr vom Menschentyp, seiner hierarchischen Position sowie der Unternehmenskultur abhängig. Ist ein Risiko aus Sicht des Projektleiters enorm gross, so kann dasselbe Risiko für den Linienmanager gering sein. Dies dürfte wahrscheinlich einer der Gründe sein, warum Projektampeln (je höher sie in einer Organisationsstruktur rapportiert werden) von Rot auf Grün wechseln! Insbesondere auch darum, weil eine höhere Instanz eher bereit ist zu sagen: „Mit diesem Risiko können wir leben", respektive „die Massnahmenprävention ist zu teuer".

8.1.2.6 Massnahmen (Vorsorgestrategien)

Ist ein Risiko auf welcher Stufe auch immer erkannt (Strategie, Portfolio, Projektabwicklung), so werden mit einer Präventions- respektive Vorsorgestrategie entsprechende Massnahmen eingeleitet, die das Risiko vor dem Eintritt eliminieren, die Eintrittswahrscheinlichkeit senken oder den voraussichtlichen Schaden für das Projekt minimieren. An diesem Punkt schaltet sich auch das Qualitätsmanagement (☜ Abbildung 7.05 „Einsteuerung der Qualität") ein, bei dem sich die Verantwortlichen überlegen müssen, welche Strategie sich mit welchen Qualitätswerten positiv in Verbindung setzen lässt. Aus diesen Massnahmen kann unter anderem auch ein Risikomanagementplan resultieren.

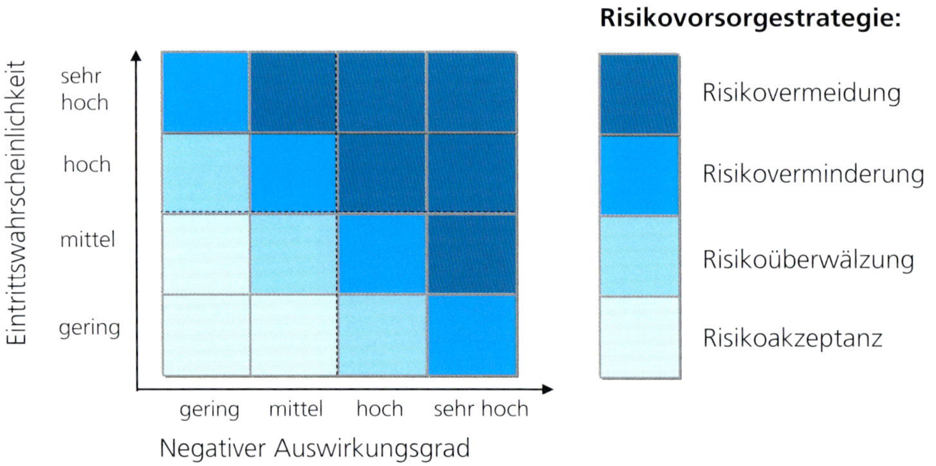

Abb. 8.10: Ableiten von Risikovorsorgestrategien

Diese Massnahmen, auf der Führungsebene Risikovorsorgestrategien genannt, ermöglichen verschiedene Wege [in Anlehnung an Sche 2005]:

- Risikovermeidung
  Ziel dieser Strategie ist es, auf ein Risiko gar nicht erst einzugehen. Im Extremfall kann dies auf der Stufe Strategie bedeuten, dass sich das Unternehmen nach eingehender Prüfung des Antrags/Auftrags dazu entschliesst, das bevorstehende Projekt des potenziellen Auftraggebers zu stoppen. Eine andere Möglichkeit wäre, bestimmte Anforderungen aus dem Pflichtenheft, deren Erfüllung ein hohes Risiko bedeuten, zu streichen.

- Risikoverminderung
  Diese Strategie zielt vorbeugend entweder auf die Verringerung der Eintrittswahrscheinlichkeit (ursachenbezogen) oder auf die Geringhaltung der Folgen eines Schadenfalls (wirkungsbezogen) ab. Die Massnahmen der wirkungsbezogenen Risikoverminderung greifen grundsätzlich erst dann konkret, wenn der Ernstfall bereits eingetreten ist. Eine gute Möglichkeit zur Schadensbegrenzung ist, Redundanzen vorzusehen (z.B. wenn ein Passagierflugzeug zwei oder sogar drei Steuersysteme hat). Dies hat natürlich Kostenfolgen.

Massnahmen	Risikoref.	Kosten	Verantwortl.	Termin	Phase
M1. Externe Unterstützung so schnell als möglich einstellen	R2, R10	255 000	Müller	05.20nn	Initial.
M2. Konzept der Umweltverträglichkeit erstellen	R5	86 000	Meier	08.20nn	Konz.
M3. Externes Controlling beauftragen; Systemanpassung	R8	233 000	Huber	09.20nn	Konz.
M4. Zwei Werbeveranstaltungen durchführen	R4	24 000	Müller	12.20nn	Umsetz.
Total Kosten der Risikominderungsmassnahme		**598 000**			

Abb. 8.11: Risikovorsorgeplan bezüglich der akzeptierten Restrisiken

- Risikoüberwälzung (Risikoübertragung)
  Bei der Risikoüberwälzung (= Risikotransfer) versucht das Unternehmen, das Projektrisiko auf andere Organisationen zu übertragen. Das kann zum Beispiel eine Versicherung sein, die zu Beginn der Projektarbeiten abgeschlossen wird (Fremdversicherung), und/oder eine entsprechende Vertragsgestaltung (Werkvertrag mit Kostendach), bei der das Risiko vom Auftraggeber auf den Auftragnehmer (z.B. Lieferant), das heisst auf Dritte, abgewälzt wird.

- Risikoakzeptanz (Risiko selber tragen)
  Können die vorhergehenden Strategien nicht nutzbringend eingesetzt werden, müssen die Risiken, wenn man das Projekt doch umgesetzt haben will, akzeptiert werden. Auch diese „Restrisiken", die in der Regel eine geringe Schadenshöhe und eine niedrige Eintrittswahrscheinlichkeit haben, sollte der Projektleiter in einem guten Verhältnis zwischen Aufwand und Ertrag verfolgen. Bei solchen Risiken kann allenfalls vorausgesagt werden, wann (Zeitpunkt) diese eintreten könnten, und es kann entsprechende Vorsorge getroffen werden, dass beispielsweise genügend Ressourcen vorhanden sind, um dieses Problem oder diese Krise zu bewältigen.

Das Bilden eines Vorsorgeplans erfolgt grundsätzlich auf zwei Stufen: erstens auf Stufe des Projektportfolio-Controllers, der im Zusammenhang mit der Entscheidung über ein Go/NoGo des Projekts den Vorsorgeplan (Contingencyplan) definiert. Hier ist natürlich zu erwähnen, dass neben den „normalen" Aufwendungen für das Projekt noch die Aufwendungen für das Bekämpfen der Projektrisiken dazugezählt werden müssen (Wirtschaftlichkeit). Auf Stufe der Projektabwicklung reduziert sich der Vorsorgeplan meistens auf Massnahmen, die der Projektleiter in seinem Projektstatusbericht oder qualifiziert im Risikokatalog definiert.

8.1.2.7 Risikodokumentation

Der gesamte Risikoprozess kann erst dann optimal zum Tragen gebracht werden, wenn eine gute Risikodokumentation erfolgt. Es macht Sinn, ab mittleren Projektklassen einen ausführlichen, qualitativen Risikokatalog mit allen im Kapitel 8.1.2.7 beschriebenen Komponenten zu dokumentieren.

Wie in Abbildung 8.12 aufgeführt, wird in einem Risikokatalog ein Risiko umfassend beschrieben. Neben der eindeutigen Risikonummer, dem Risikobeschrieb und dessen Ursache(n) wird auch die Einstufung der Eintrittswahrscheinlichkeit sowie der Grad der Auswirkung auf die Projekterfolgskomponenten (RGP) festgelegt. Zusätzlich kann eine Beurteilung der Auswirkung des Risikos auf das Unternehmen vorgenommen werden. Dadurch erhält man über alle Risiken und über alle Projekte hinweg einen „einheitlichen" Grad (RGU) des Risikos.

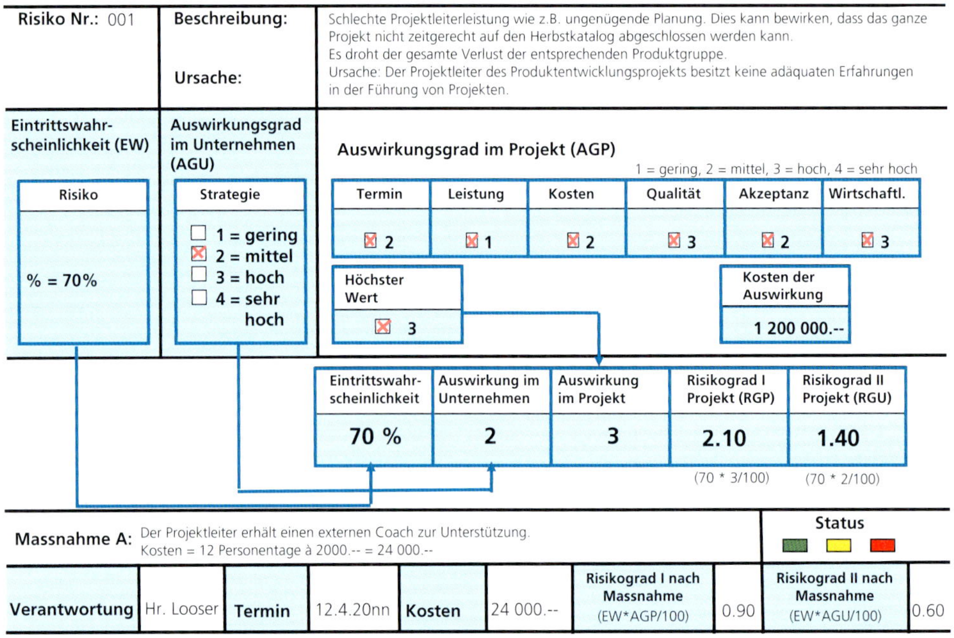

Abb. 8.12: Risikobeschreibung (Ausschnitt aus einem Risikokatalog)

Mit dem Beschreiben einer oder mehrerer Massnahmen, die auf die Eintrittswahrscheinlichkeit oder den Auswirkungsgrad oder auf beide Komponenten eine Wirkung haben, sollte entsprechende Vorsorge getroffen werden. Hier ist zu erwähnen, dass eine Massnahme grössere Chancen zur Umsetzung hat, wenn sie einer konkreten Person zugeordnet und mit einem Termin versehen wird. Sind die Kosten für die einzuleitenden Massnahmen nicht mit einem Pauschalbetrag im Projektbudget vorgesehen, so müssen sie vom Projektträger (Entscheidungsinstanzen) abgesegnet werden. Zusätzlich kann eine Bewertung der zwei Risikograde vorgenommen werden, die der Projektleiter erwartet, wenn die Massnahmen umgesetzt sind.

8.1.3 Chancenbetrachtung

In jedem Risiko verbergen sich auch Chancen. Ob jemand eher das Risiko oder die Chance sieht, ist meist eine Frage des Blickwinkels respektive der Unternehmenskultur. Das Wahrnehmen von Chancen ist auf Unternehmensstufe oftmals entscheidend über Unternehmenserfolg oder -misserfolg. Der Umgang mit den Chancen sollte nicht nur eine Aufgabe des Managements sein. Genau gleich wie bei den verschiedenen Stufen der Risikobetrachtung können die Chancen in die drei Stufen Strategie, Projektportfolio und Projektabwicklung gegliedert werden.

Stufe Strategie = Der Entscheid, dass ein Vorhaben umgesetzt wird, ist nichts anderes als das aktive Verfolgen und Ausnützen einer Chance (Erschliessen von neuen Märkten, neue Produkte, Aufmerksamkeit, einen Schaden abzuwenden etc.).

Stufe Projektportfolio = Mit der Erstbewertung der möglichen Projektabwicklungsrisiken gibt es im gleichen Ausmass Chancen, die vom Projektportfolio-Controller analysiert und aktiv verfolgt werden sollten.

Stufe Projektabwicklung = Wie die folgende Definition zeigt, bedeutet das Erreichen der Projektziele grundsätzlich das Ausschöpfen der Chancen, die auf der Ebene Strategie definiert wurden.

Unter Projektchance wird die Höhe des zusätzlichen Gewinns verstanden, den ein Unternehmen realisieren kann, wenn die Projektziele erreicht oder gar übertroffen werden.

Die Frage stellt sich, ob für das Erarbeiten der Chancen ein eigenständiger Prozess benötigt wird. Grundsätzlich muss mit Nein geantwortet werden, da das Projekt respektive die Abwicklung ja der Prozess der Chancenumsetzung ist.

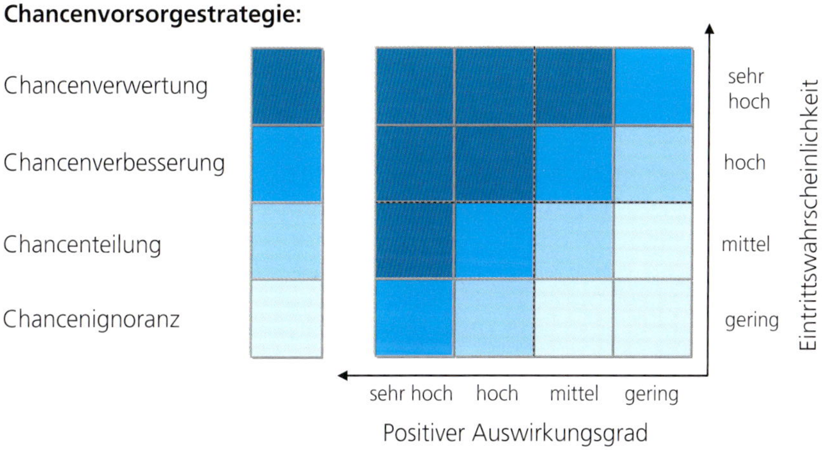

Abb. 8.13: Ableiten von Chancenvorsorgestrategien

Wie die vorhergehende Abbildung zeigt, können auch bei den Chancen bzw. zu den Chancengraden klare Vorgehensstrategien definiert werden. Wie es falsch ist, jedem Risiko seine unmittelbare Aufmerksamkeit zu schenken, ist es auch bei den Chancen nicht sinnvoll, hinter jeder Chance nachzurennen. Es sollte jedem zu Beginn eines Projekts klar sein, welche Chancen man nutzen will; dies konzentriert die Kräfte. Folgende Chancenvorsorgestrategien können unterschieden werden:

- Chancenverwertung
  Die Strategie Chancenverwertung besteht darin, die Eintrittswahrscheinlichkeit auf 100% zu erhöhen, das heisst, durch entsprechende Massnahmen den Eintritt der Chancen definitiv herbeizuführen. Mit dem Starten des Reorganisationsprojekts weiss das Management z.B. genau, dass das grosse Risiko besteht, dass sich die Fluktuation um 10% erhöhen wird. Für ein Unternehmen besteht eben darin die grosse Chance, gezielt zusätzliches Know-how durch neue Mitarbeiter aufzubauen. Dies hat zur Folge, dass die Personalabteilung gezielt eingeschaltet wird.

- Chancenverbesserung
  Chancenverbesserung bedeutet, entweder die Eintrittswahrscheinlichkeit und/oder den Auswirkungsgrad der identifizierten Chancen durch geeignete Massnahmen zu erhöhen, um damit den Bruttoerwartungswert für das Projekt heraufzusetzen. Wenn man etwa bei einem Reorganisationsprojekt zusätzlich die Lieferanten mit in den Fokus nimmt, bietet sich die erhöhte Chance, einen Prozess von A bis Z neu und somit effizienter zu gestalten.

- Chancenteilung
  Erstellt man z.B. ein neues Produkt, könnte die Chance verbessert werden, wenn man dies mit einem weiteren Vertriebspartner macht, der zum Beispiel über einen besseren Brand verfügt. Das heisst, es lohnt sich, einen Partner zu suchen, der das Vorhaben unterstützt, um mögliche Chancen und Herausforderungen in die Realität umzusetzen. Dieser Partner kann der Auftraggeber selbst, aber auch ein Lieferant sein. Es können aber auch am Projekt nichtbeteiligte Parteien in Frage kommen. So kann etwa bei einer Ausschreibung eine Bietergemeinschaft gebildet werden, was die Chance des Zuschlags massiv erhöht und zugleich auch hilft, das Umsetzungsrisiko zu tragen.

- Chancenignoranz
  Es gibt in jedem Projekt eine gewisse Anzahl von potenziellen Chancen, die entweder zu Projektbeginn nicht erkannt werden oder eine so geringe Eintrittswahrscheinlichkeit oder einen so geringen Auswirkungsgrad haben, dass die Definition und Durchführung von Massnahmen hier als nicht angebracht erscheinen.

Fasst man die Risiko- und Chancensichtweise insbesondere des Projektportfolios zusammen, kann grafisch mit dem „Arrow of attention" [PMI 2008] leicht gezeigt werden, welche Risiko- bzw. Chancengrade für ein Unternehmen von zentralem Interesse sind.

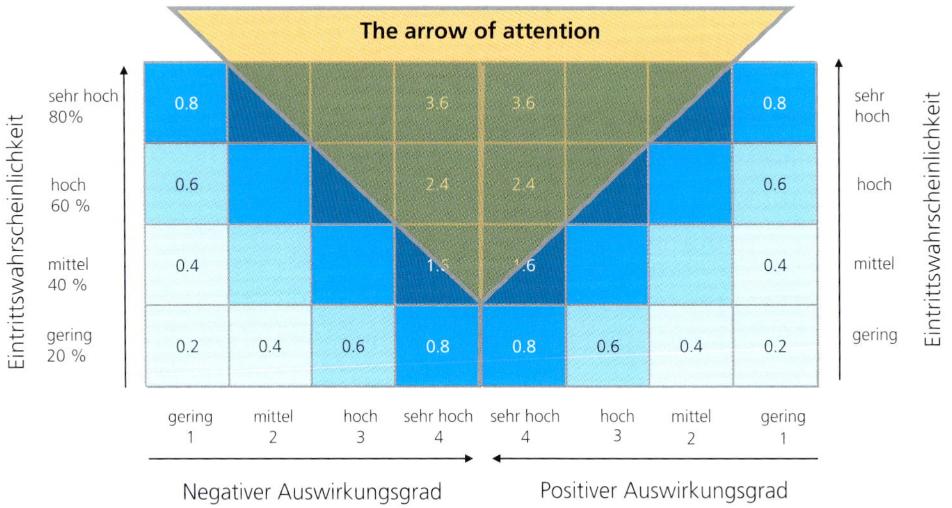

Abb. 8.14: The arrow of attention [PMI 2008]

8.2 Risikomanagement-Prozess im Projektumfeld

Der Risikomanagement-Prozess im Projektumfeld lässt sich, wie Abbildung 8.15 aufzeigt, über drei Ebenen einfach abbilden. Dies natürlich im Wissen, dass unternehmerische Vorschriften, projektspezifische Eigenheiten und PM-kulturbezogene Fähigkeiten solch einen Prozess in der Umsetzung beeinflussen können.

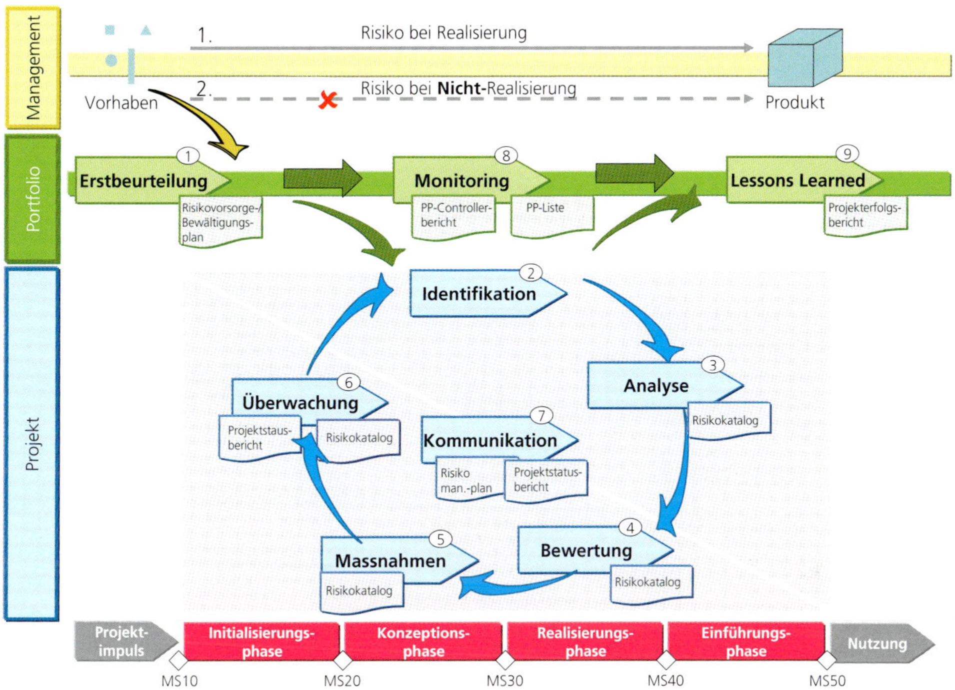

Abb. 8.15: Risikomanagement-Prozess

Im Folgenden werden die einzelnen Prozessebenen kurz beschrieben.

8

8.2.1 Risikomanagement Ebene „Strategie"

Wie schon erwähnt, muss sich das Management eines Unternehmens bei einem umzusetzenden Vorhaben im Klaren sein, welche Risiken es eingeht, wenn es das Produkt, das System oder die Dienstleistung umsetzt, und welche Risiken es eingeht, wenn es diese nicht umsetzt. Diese grundsätzlich simple und logische Managementaufgabe wird zur echten Herausforderung, wenn man etwas, was kognitiv richtig und notwendig ist, unter dem Aspekt einer komplexen Situation entscheiden muss. So zum Beispiel, wenn das Management weiss, was man umsetzen sollte, aber zu wenig qualifizierte Skills hat, oder wenn man weiss, was man verhindern sollte, aber zu wenig Geld hat, oder wenn man weiss, auf was man nicht verzichten kann, aber keine Alternative findet – dann wird die Aufgabe der Risikoeinstufung eines Vorhabens recht anspruchsvoll. Eine Risikobewertung bei Durchführung und Nichtdurchführung bekommt eine gute Aussagekraft, wenn man ein Projekt immer mit mehreren Projekten in Kontext setzt und die Bewertung immer über eine standardisierte Risikokategorisierung vornimmt, wie sie im Kapitel 3.4.1.1.5 (☜ „Bewerten des Unternehmensrisikos") aufgeführt ist.

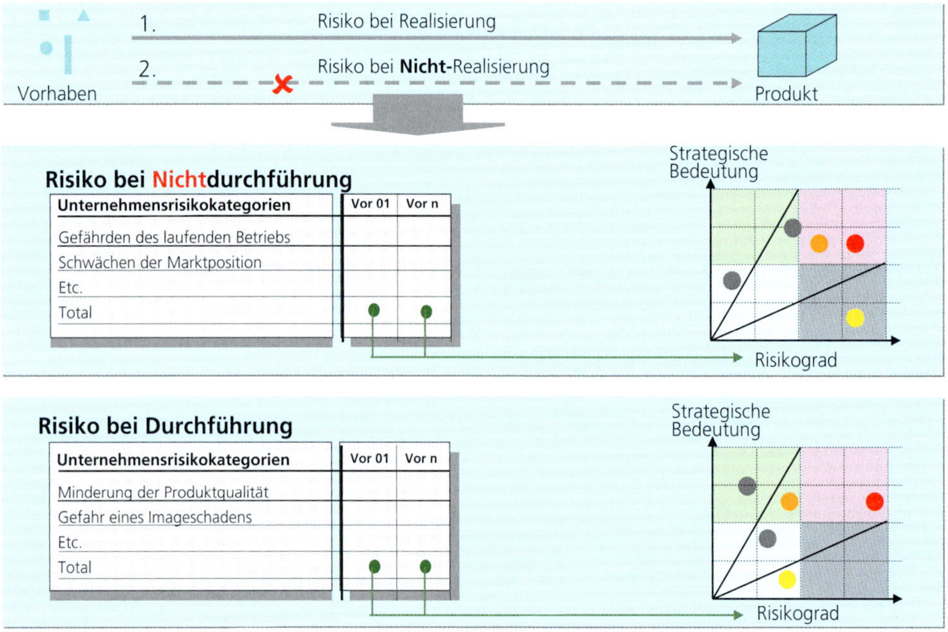

Abb. 8.16: Vorhabensrisikobeurteilung bezüglich Durch- und Nichtdurchführung

8.2.2 Risikomanagement Ebene „Projektportfolio"

Wer die Projektrisiken der generellen Projektabwicklung feststellen will, sollte bereits in der Initialisierungsphase eine Erstbeurteilung durchführen (☜ Kapitel 3.4.1.2.1 „Bewerten des Abwicklungsrisikos"). Sie hat zum Ziel, sämtliche für das Projekt relevanten Risiken zu identifizieren und deren Auswirkungsgrad sowie deren Eintrittswahrscheinlichkeit abzuschätzen. Dieser Prozessschritt gehört grundsätzlich zum Projektportfolio-Controller. Er kann je nach institutioneller Struktur oder Projektgrösse auch vom Antragsteller/Auftraggeber selbst durchgeführt werden.

Wie Abbildung 8.17 zeigt, gehören neben der Erstbeurteilung die Prozessschritte Monitoring und Lessons Learned auch zu den Aufgaben des Portfolio-Controllers. Die Schritte Erstbeurteilung und Lessons Learned werden meistens nur einmal pro Projekt durchlaufen. Der Prozessschritt Monitoring wird idealerweise monatlich, basierend auf den Projektstatusberichten, vorgenommen.

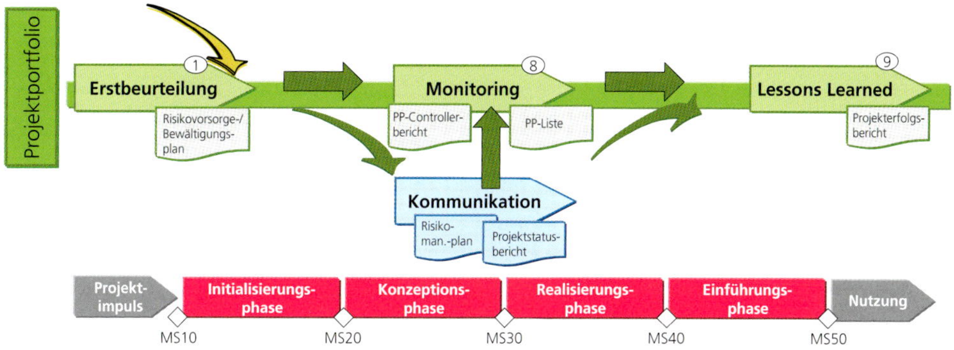

Abb. 8.17: Prozesselemente auf Ebene des Projektportfolio-Controllers

1. Erstbeurteilung (☜ Kapitel 3.4.1.2.1 „Bewertung des Abwicklungsrisikos")
   Aufgrund der Projektidee und des Projektantrags wird vonseiten des Projektportfolio-Controllers oder des Projekt-Controllers mittels einer Annahmeanalyse eine erste Risikobeurteilung (First Cut Risk Analysis) des Vorhabens vorgenommen.

Abwicklungsrisikokategorien	Eintritts-wahrschein-lichkeit (EW)	Auswir-kungsgrad (AG)	Änderungs-notwendig-keit (N)	Änderungs-aufwand (A)	Änder.-grad A*N = R
R1. Stakeholder-Risiko	3	2	2	1	2
R2. Anforderungsrisiko (Qualität der Anforderungen)	1	3	3	3	9
R3. Innovationsrisiko	1	1	1	1	1
R4. Politische Risiken (soft factors)	3	2	3	1	3
R5. Zulieferungsrisiko	1	2	2	3	6
R6. Zeitrisiko (Umsetzungszeit)	1	2	2	1	2
R7. Qualitätsrisiko	1	2	2	1	2
R8. Sicherheitsrisiko	4	2	4	4	16
R9. Recht und Bewilligungen	1	2	2	1	2
R10. Infrastruktur-/Betriebsrisiko	2	2	2	2	4
Total	**17**	**20**	**22**	**17**	**38**

Abb. 8.18: First Cut Risk Analysis

Die „Grösse" eines Risikos wird mit dem Risikograd (RG) bestimmt, der durch die Eintrittswahrscheinlichkeit (EW) und den Auswirkungsgrad (AG) definiert ist. Diese Erstrisikobeurteilung kann pro Projektart nach einem standardisierten Verfahren vorgenommen werden. Dabei werden neben dem Auswirkungsgrad und der Eintrittswahrscheinlichkeit auch die Notwendigkeit einer Änderung (N) sowie deren Aufwand (A) bewertet.

Im Weiteren wird eine Projektrisikoeinstufung durchgeführt, welche einerseits als endgültige Go/NoGo-Entscheidungsgrundlage für die GL dient. Andererseits werden daraus eine Vorsorgestrategie und entsprechende Q-Schwerpunkte definiert (☜ Kapitel 7.2.1 „Q-Konzept"). Diese Erstbeurteilung wird, wie erwähnt, zu Beginn des Projektes und anschliessend mindestens vor der Freigabe einer neuen Projektphase aktualisiert. Sie dient einerseits zum Einsteuern der benötigten Q-Aufgaben. Andererseits müssen sich die Verantwortlichen bewusst sein, was die Kosten für allfällige Präventionsmassnahmen sind (☜ Kapitel 8.1.2.6 „Massnahmen (Vorsorgestrategien)").

8. Risikomonitoring (☞ Kapitel 3.4.4.1.1 „Monitoring der Projektabwicklung")
   Eine umfassende Risikoanalyse pro Projekt ist nicht nur bei seiner Aufnahme ins Portfolio bzw. bei dessen Start sinnvoll, sondern sollte monatlich durchgeführt werden. Dies aus zwei Sichtweisen: einerseits aus Sicht der Erstbeurteilung und andererseits aus Sicht der Abwicklungsrisiken. Es ist nicht selten, dass ein Projektrisiko in der Einzelbewertung nicht weiter schlimm ist. In der Kausalität zu den anderen Projekten respektive deren Risiken kann sich der Risikograd jedoch erhöhen. Ein immer wieder in diesem Zusammenhang anzutreffendes Beispiel ist das Personalmittelrisiko: Fehlende Personalressource im einzelnen Projekt kann noch eine relativ kleine Auswirkung haben. Wenn aber alle Projekte Personalmittelrisiken melden, dann könnte dies, insbesondere bezüglich Abhängigkeit und schliesslich Termin, massive Folgen für das gesamte Unternehmen haben. Es ist ideal, wenn die Ergebnisse des Risikomonitorings aus Projektportfolio-Sicht im Projektportfolio-Controllerbericht (PPC-Bericht) festgehalten werden.

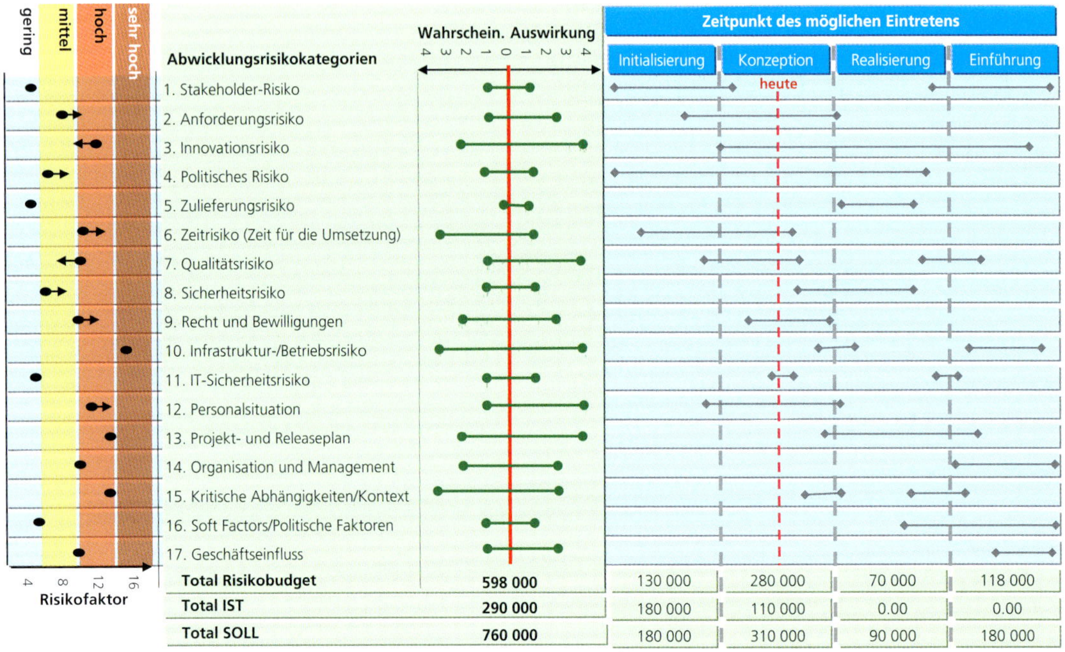

Abb. 8.19: Risikomonitoring auf Basis der Erstbeurteilung

Aufgrund dieses Risikomonitorings (Risikoverfolgung) können präventive Massnahmen ergriffen werden, die zwar etwas kosten, aber auch helfen, die Risiken in den Griff zu bekommen. Diese Kosten sind je nach Projektbudget zusätzlich zu den Projektkosten hinzuzurechnen, was nichts anderes als einen Budgetveränderungsantrag verursacht.

9. Lessons Learned
   Am Schluss des Projekts sollten, als Input für den vom Projektportfolio-Controller beschriebenen Erfolgsbericht, die bezüglich der Risiken gemachten Lernwerte festgehalten werden. Notwendige Massnahmen der Optimierung werden definiert und für die Freigabe zur Umsetzung an das Management weitergeleitet.

8.2.3 Risikomanagement Ebene „Projektführung"

Hat das Unternehmensmanagement die Risiken für die Projektdurchführung respektive für die Nichtdurchführung und der Projektportfolio-Controller die möglichen Risiken der gesamten Projektabwicklung analysiert, diversifiziert und die notwendigen Massnahmen eingeleitet, so muss der Projektleiter aus seiner Sichtweise „von heute bis zum Projektabschluss" die Risiken und Chancen bearbeiten. Um die einzelnen Prozesselemente auf der Projektleiterebene richtig zu verstehen, sind die Kenntnisse, welche unter 8.2 aufgeführt sind, eine gute Voraussetzung.

Es ist die Aufgabe des Projektleiters, die Vielzahl von unbekannten Faktoren eines komplexen Projekts, die es in irgendeiner Form bei der unmittelbaren Abwicklung gefährden können, vorauszusehen, die möglichen negativen Auswirkungen abzuschätzen und entsprechende Massnahmen einzuleiten.

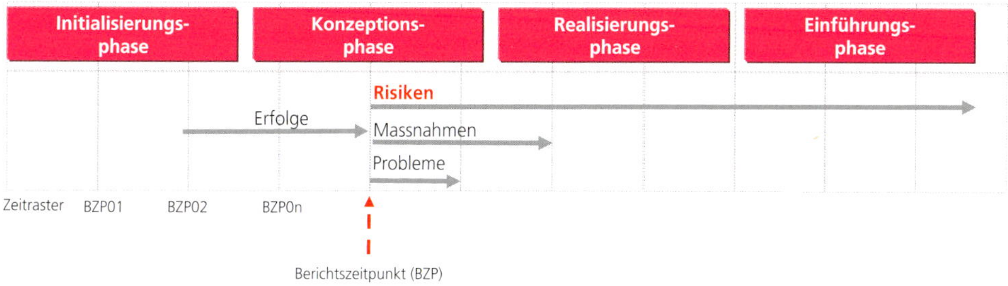

Abb. 8.20: Risikobeurteilung in der Projektabwicklung

Der Projektleiter muss immer eine fortlaufende Risikoanalyse, meistens im monatlichen Rhythmus des Berichtszeitpunkts, erstellen. Das heisst, er beurteilt jeweils aus der Perspektive „heute, bis Projektende" die Projektrisikosituation. Auf der Betrachtungsebene des Projektleiters gibt es

- in Abhängigkeit zu den Risiken die entsprechend einzuleitenden Massnahmen, welche konsequent umgesetzt werden müssen.
- Risiken, die eingetreten sind und damit zu Problemen werden. Diese werden auf die Problemliste verschoben und somit weiterverfolgt.
- Risiken, die eliminiert werden oder sich selbst erledigt haben. Diese gelten als Erfolg und sollten im nächstfolgenden Projektstatusbericht in der Erfolgsliste aufgeführt werden.

Durch dieses Vorgehen kann sichergestellt werden, dass sich Projektrisiken nicht einfach in Luft auflösen.

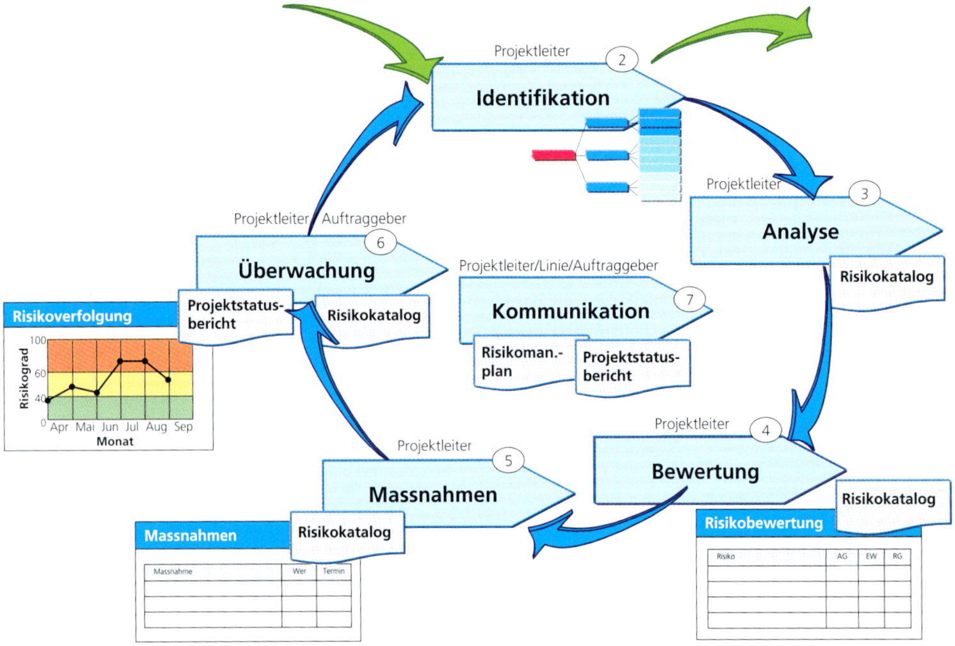

Abb. 8.21: Schritte des Risikoprozesses auf der Ebene Projektabwicklung

Sehr viele Abwicklungsrisiken können durch das permanente Anwenden guter PM-Richtlinien oder das Einsetzen von entsprechenden Unterstützungsverfahren wie z.B. über das Projektcontrolling entschärft werden. Basierend auf dem Ergebnis der Erstbeurteilung vom Projektportfolio-Controller werden in einem meist monatlichen iterativ durchzuführenden Prozess die Schritte zwei bis sieben vom Projektleiter durchlaufen.

2. Identifikation

   Auf der Stufe des Projektleiters werden zunächst die Risiken (Gefahren) identifiziert, die auf eine Projektsituation einwirken können. Bei der Identifikation der Risiken soll verbal auch festgehalten werden, was der Schaden ist, wenn das Risiko eintritt. Die vielfach gesehene Beschreibung „Ressourcenmangel" kann höchstens als Risikotitel dienen und ein Ursachenindikator sein, sagt aber nichts über das Risiko aus! Die Risikoidentifikation sollte immer in Teamarbeit erfolgen und kann gemäss folgenden Fragestellungen oder anderen „Ursachenlisten" (☜ Abbildung 8.06) vorgenommen werden:
   - Wo kommen im Projektablauf Aktivitäten mit besonders hohem Innovationsanteil vor?
   - Gibt es Konzentrationen von Aktivitäten?
   - Existieren kritische Termine im Ablauf?
   - Bei welchen Aktivitäten ist die Abhängigkeit von bestimmten Einsatzmitteln besonders gross?
   - Wer sind die Schlüsselpersonen im Projekt (Abhängigkeiten)?
   - Bei welchen Aktivitäten ist ein besonderes Know-how nötig?
   - Bei welchen Teilergebnissen bzw. Meilensteinen werden besonders hohe Qualitätsansprüche gestellt?

Im Verlauf eines Projekts können drohende Risiken wie folgt aufgedeckt werden:
- Projektplanung infrage stellen,
- Checklisten einsetzen,
- das Projekt durch unabhängige und erfahrene Personen überprüfen lassen,
- Erfahrungen von früher entwickelten Projekten einfliessen lassen,
- ein offenes Ohr für Warnungen von beteiligten Mitarbeitern und Stakeholdern haben,
- Durchführen von Audits und Reviews.

3. Risikoanalyse
   Wurden die Risiken einmal entdeckt, geht es darum, diese in Form einer qualitativen Risikoanalyse fachkundig zu analysieren:
   - Beschreiben der Ursachen
   - Jedes Risiko hat eine oder mehrere Ursachen. Werden die wahren Ursachen allenfalls aufgrund einer ursachenorientierten Risikoanalyse ermittelt, so ist es einfacher, die adäquaten Massnahmen oder auch Erfolgsfaktoren einzusetzen.
   - Früherkennung
   - Definieren, wie die Risiken sichtbar werden, um allfällige „Früherkennungssysteme" aufbauen zu können.
   - Analysieren des Auswirkungsgrads (AG)
   - Basierend z.B. auf einer wirkungsorientierten Risikoanalyse, können die definierten Risiken bezüglich ihrer möglichen Auswirkungen – auch Schadenpotenzial genannt – untersucht werden. Der Grad der Beeinträchtigung (falls das Risiko eintritt) wird bei einfachen, für Risikomanagement im Projektumfeld meist ausreichendem Risikoverfahren mit sehr hoch = 4, hoch = 3, mittel = 2 oder gering = 1 angegeben.
   - Analysieren der Eintrittswahrscheinlichkeit
     Die Eintrittswahrscheinlichkeit (EW) wird in Prozenten angegeben. Dabei ist eine geringe EW (5–20%) mit 1, eine mittlere (21–60%) mit 2, eine hohe mit 3 (61–80%) und eine sehr hohe mit 4 (81–99%) zu bemessen.

4. Bewertung
   Je höher der Auswirkungsgrad (AG) und die Eintrittswahrscheinlichkeit (EW), desto höher ist die Bewertung des Risikos (Risikograd oder auch „-koeffizient"). Eine einfache Art, den Risikograd (RG) festzulegen bzw. zu berechnen, ist die Multiplikation des Auswirkungsgrads mit der prozentualen Eintrittswahrscheinlichkeit. Berechnet man bei allen Risiken den Risikograd und leitet man diesen von der Eskalationstabelle ab, so sieht man, welche Risiken besonders beobachtet resp. eskaliert werden müssen. Diese Eskalationstabelle wird auch Risikoprofil oder Risikoboard genannt.

5. Massnahmen
   Nachdem die Risiken ermittelt und klassifiziert wurden, können konkrete Gegenmassnahmen ergriffen werden. Wir unterscheiden dabei analytische und konstruktive Gegenmassnahmen. Das Projektteam kann somit präventive Aktionen planen, die dem Eintreffen einer Risikosituation in geeigneter Weise entgegenwirken. Falls eine solche Situation trotzdem eintreffen sollte, ist das Projektteam bereits vorbereitet und in der Lage, richtig zu reagieren. Die Massnahmen müssen jeweils auf die Eintrittswahrscheinlichkeit und/oder auf den Auswirkungsgrad Einfluss haben. Jede Massnahme hat einen Termin und einen Verantwortlichen.

6. Risikoüberwachung / Risikoverfolgung

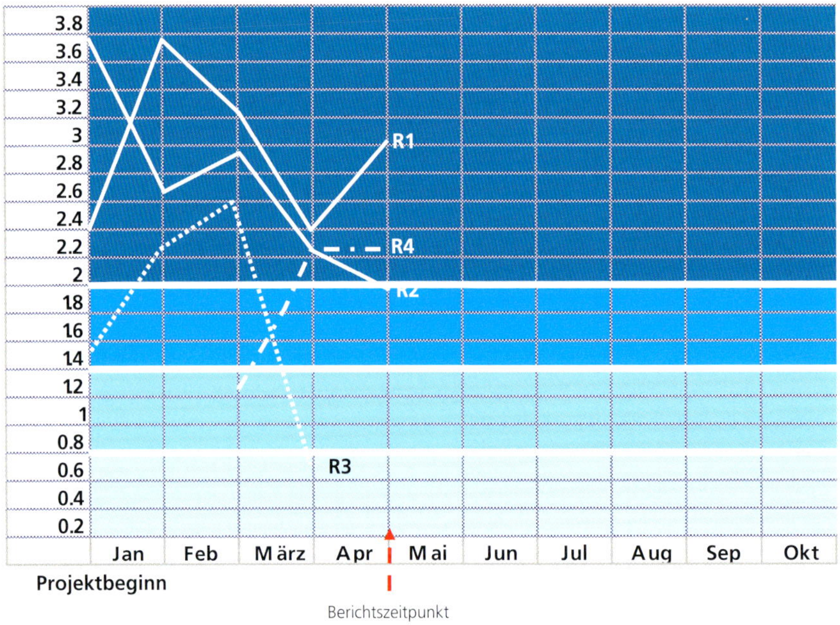

Abb. 8.22: Risikoüberwachung, -verfolgung

Da sich die Risikosituation innerhalb eines Projekts mit der Zeit verändert, muss das erstellte Risikoprofil öfters überprüft und gegebenenfalls aktualisiert werden. Dafür eignen sich besonders die Projektreviews. Hierbei werden folgende Punkte hinterfragt:

- Zeichnen sich neue, noch nicht definierte Risiken ab?
- Sind die bekannten Risiken unter Kontrolle, oder haben sich die Faktoren geändert?
- Sind die getroffenen Massnahmen, die auf die Eintrittswahrscheinlichkeit und/oder auf den Auswirkungsgrad eines Risikos wirken sollen, noch adäquat?

Bezüglich der Überwachung gilt es noch zwei weitere Punkte zu beachten:
a) Das Management interessiert sich für die Risiken, aber noch viel mehr für deren Verlauf. Nehmen die Risiken und der Risikograd zu oder ab? Dies kann mittels eines monatlich geführten Berichts gut aufgezeigt werden.

b) Eine Risikonummer darf pro Projekt nur einmal verwendet werden. Das heisst, es gibt immer nur ein Risiko 1. Erledigt sich dieses Risiko, so verschwindet auch die Nummer. Verstärkt sich zu einem späteren Zeitpunkt das Risiko wieder, so bekommt es wieder die Nummer 1. Dies ist ein Teil des projektinternen Kontrollsystems (PIKS).

7. Kommunikation
Es ist von zentraler Bedeutung, dass insbesondere den Projektträgern die aktuellen Risiken und getroffenen Massnahmen regelmässig mitgeteilt werden. Dies kann beispielsweise über den monatlich erstellten Projektstatusbericht geschehen. Wenn immer notwendig, kann für die Eskalation natürlich auch der mündliche, direkte Weg genommen werden.

Projektrisikograd				
Eskalation	Teilprojektleitung	Projektleitung	Projektausschuss	Portfoliomanagement
Risikograd	0.00 bis 0.60	0.70 bis 1.20	1.40 bis 2.00	2.10 bis 4.00
Bereich	•Teilprojekt	•Projekt •Teilprojektübergreifend	•Gesamtprojekt •Projektausschuss	•Programm •Projektportfolio

Unternehmensrisikograd				
Eskalation	Projektleitung	Abteilungsleitung	Ressortleitung	Geschäftsleitung
Risikograd	0.00 bis 0.60	0.70 bis 1.20	1.40 bis 2.00	2.10 bis 4.00
Bereich	•Teilprojekt	•Abteilung •Abteilungsübergreifend	•Ressort •Ressortübergreifend	•Unternehmen •Unternehmensübergreifend

Abb. 8.23: Kommunikations- und Eskalationsgrenzwerte

Es ist wichtig, dass die Schritte 2 bis 7 in angemessenen Zeitabständen immer wiederholt werden. Eine Risikoanalyse zu Beginn des Projekts „und dann nie mehr" sowie halbherziges Managen von 43,5 Risiken machen keinen Sinn; man sollte sich lieber z.B. mittels einer quantitativen Risikoanalyse auf die Top Ten konzentrieren und diese konsequent managen.

8.3 Risikokontext

Wurden in den vorangehenden Kapiteln die Chancen und die Risiken etwas ausführlicher erläutert, so macht es auch Sinn, das Risiko in den Kontext zu weiteren vorhandenen Komponenten zu stellen.

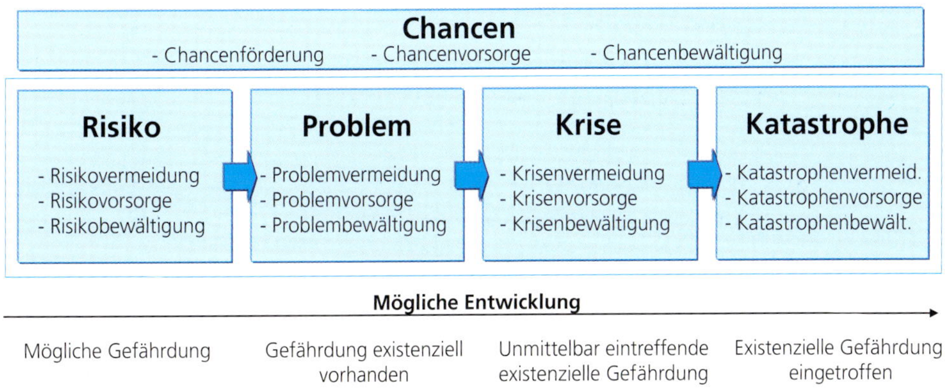

Abb. 8.24: Potenzielle Risiko- und Chancenentwicklung

Gibt es eine Chance, so realisiert sich ein Erfolg. Dazu gilt es zu erwähnen, dass man auch gern von Erfolg spricht, wenn sich „nur" der PLAN realisiert. Trifft hingegen ein Risiko ein, so spricht man je nach Auffassung von einem Problem, von einer Krise oder gar von einer Katastrophe. Im Prinzip kann die Risikoseite als potenzieller „Downwards"-Prozess angesehen werden. So kann durch ein anfänglich eingetroffenes Problem eine Krise ausgelöst werden, welche ihrerseits sogar in eine Katastrophe münden kann. Allerdings können sich diese Möglichkeiten in der Wahrnehmung wie auch im rein funktionalen Prozess stark überschneiden. Die in Abbildung 8.24 rein linear aufgeführte Abfolge muss nicht zwingend gegeben sein, da z.B. nach einer Katastrophe eine Krise ausbrechen kann. Und wie bereits angesprochen, ist die Einschätzung, durch welche Thematik eine Situation bestimmt ist, stark vom Gefühl einer Person abhängig.

In Abbildung 8.24 ist über dem Risiko, dem Problem, der Krise und der Katastrophe die Chance abgebildet, da sich bei jeder entsprechenden Stufe Chancen ergeben. Das heisst im Prinzip, der im Kapitel 8.1.3 (☞ „Chancenbetrachtung") aufgeführte Arrow of attention könnte auch bei Problemen, Krisen und Katastrophen erstellt werden. Allerdings ist das Risiko-Chancen-Profil in diesen Situationen eher risikolastig (☞ Abbildung 8.03). Zudem spielt der Faktor Zeit (in welcher sich wieder Chancen ergeben können) eine weitere zentrale Rolle.

8.3.1 Problem

Des Öfteren wird dem Risiko von Seiten des Managements mehr Aufmerksamkeit geschenkt als dem Problem. Dies sehr wahrscheinlich deshalb, weil das Risikomanagement schon aufgrund seiner Bezeichnung eine Managementdisziplin beschreibt. Dass ein eingetroffenes Risiko zu einem Problem wird, ist nicht immer allen klar. Wie im Kapitel 5.2.4 (☞ „Problemlösungs-Prozess") bereits erläutert, kann bei einem Problem, das aus einem Risiko resultiert, auch der vereinfachte Problemlösungs-Prozess eingesetzt werden.

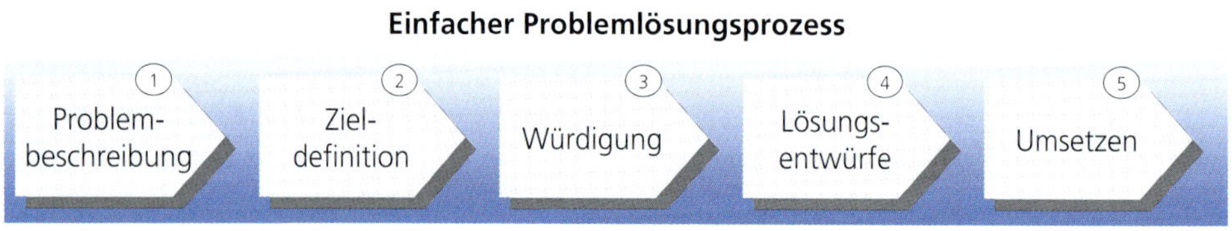

Abb. 8.25: Vereinfachter Problemlösungs-Prozess

8.3.2 Krise

In diesem Kapitel wird in einer einfachen Form die Thematik des Krisenmanagements erläutert.

Eine Krise im unternehmerischen Sinn ist ein Verlust oder eine Einbusse von Kontrolle über Geschäftsprozesse, durch die Ertragsgrundlagen bzw. die Wettbewerbsfähigkeit eines Unternehmens gravierend und dauerhaft beeinträchtigen werden. Ob eine Krise zur Katastrophe wird und/oder bei den Betroffenen und Verantwortlichen zu neuen Erkenntnissen und zu umsetzbaren Lösungen führt, ist wesentlich von der internen und externen Kommunikation eines Unternehmens abhängig.

Eine Krise im Projekt ist ein Risiko, das eingetroffen ist und sich meistens zeitbezogen zu einem grösseren unkontrollierten Problem entwickelt hat, welches den gesamten Projekterfolg oder das Unternehmen stark gefährdet.

Krisenmanagement bezeichnet den systematischen Umgang mit einer Krisensituation. Dies beinhaltet die Identifikation von Krisensituationen, deren Analyse, die Entwicklung von Strategien zur Bewältigung sowie die Einleitung und Verfolgung von Gegenmassnahmen.

Gemäss Weidinger [Wei 2006] sind Krisen und Chancen in Krisensituationen zeitlich, sachlich und sozial begrenzte Prozesse, die durch eine hohe Komplexität und durch Entscheidungsdruck charakterisiert sind. Eine explizite Definition einer Situation der existenziellen Gefährdung als Krise schafft eine symbolische Legitimation für Krisenmanagement-Massnahmen. Eine Situation als Krise zu bezeichnen, schafft somit gegenüber der „normalen" Situation die Legitimation für andere Verhaltensweisen, Entscheidungsgrundsätze, einen anderen Führungsstil etc.

Grosse, existenzielle Probleme können mit einem gezielten Krisenmanagement angegangen werden. Gegenüber dem Risikomanagement ist Krisenmanagement ganz klar Managementsache. Projektkrisen können von innen wie von aussen verursacht werden. So kann eine schlechte Projektplanung wie auch ein plötzlicher Konkurs eines Zulieferanten Ursache einer Krise sein. Wie bei den Risiken und Chancen kann auch bei der Bewältigung von Krisen zwischen konstruktiver Vermeidung und Vorsorge unterschieden werden.

- Massnahmen, bezogen auf Krisenvermeidung:
  - Kompetente, auf die Situation bezogene Projektorganisation,
  - Einhalten von definierten, relevanten Standards (insbesondere im Bereich der Sicherheit),
  - adäquater Einsatz von Planungs- und Controllingmethoden,
  - dauernde Reflexion der Projektsituation.

- Massnahmen, bezogen auf Krisenvorsorge:
  Wenn ein Projekt krisengefährdet ist (Auswirkungsgrad grösser als 80%, mit sehr hoher negativer Auswirkung), können auch entsprechende Vorsorgemassnahmen eingeleitet werden:
  - allfällige Simulationen durchführen,
  - Definieren von wirkungsvollen Standards (ablauf- wie aufbaubezogen) zur Krisenbewältigung,
  - Erstellen von alternativen Lösungen und Szenarien,
  - Trainieren der Krisenbewältigung,
  - externe Beratung, Coaching, Unterstützung,
  - Einleiten von krisenpolitischen Massnahmen, z.B. das Management auf eine mögliche Krise vorbereiten.

- Massnahmen, bezogen auf Krisenbewältigung:
  Tritt bei einem Projekt eine Krise ein, so gibt es einfache Regeln, die sofort befolgt werden müssen:
  - Es entscheidet immer nur der Spezialist für sein Fachgebiet.
  - Die Gesamtverantwortung trägt der Krisenmanager.
  - Es reden nur Personen mit, die eine Veränderung bewirken können.
  - Hätte, wäre etc. sind zu diesem Zeitpunkt nicht angebracht.

Wie die Risiko-/Problembewältigung kann auch die Krisenbewältigung als eigener Prozess definiert werden.

Krisenmanagement-Prozess

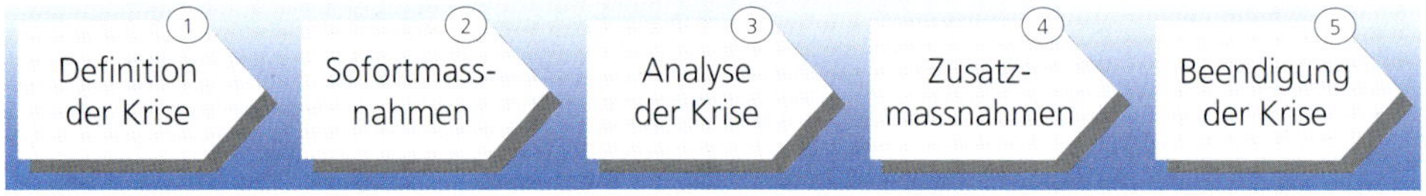

Abb. 8.26: Krisenmanagement-Prozess

1. Definition der Krise
   Bei der Definition der Krise gilt es, die Konstruktion der Krise festzuhalten (was ist eigentlich los und wie kann man dies beschreiben?) und sie offiziell als Krise zu taxieren. Hierzu macht es Sinn, dass unterschiedliche Sichtweisen integriert werden, damit die effektive Ursache wie auch die Wirkung umfassend abgeklärt und festgehalten werden können. Hier wie auch bei Schritt 3 können spontane Ideen zum Umgang mit der Krise aufgeführt werden.

2. Sofortmassnahmen
   Bei der Sofortmassnahme geht es darum, was zur unmittelbaren Schadensbegrenzung und zwecks Sicherung von noch vorhandenen Potenzialen sofort getan werden kann. Sofortmassnahmen sind Massnahmen, die eine sofortige oder unmittelbare Wirkung haben.

3. Analyse der Krise
   Nach dem Einleiten der Sofortmassnahmen geht es darum, die Krise gründlich zu analysieren. Dieser Schritt ist wichtig, da es in einer solchen Situation nur drei Entscheidungsmöglichkeiten gibt: Abbruch, Relaunch, Fortführung! Bei der Analyse der Krise geht es auch um folgende Fragen: Was für Alternativpläne zur Krisenbewältigung gibt es, wie wirkt sich die Krise auf den weiteren Projektverlauf aus, welche zusätzliche Analyse ist notwendig, und wie wird in der Krise kommuniziert?

4. Zusatzmassnahmen
   Je nach Entscheid müssen die langfristig wirkenden Massnahmen (Strategien) definiert und eingeleitet werden. Dazu gehören die Kommunikationsoffensive oder der Beizug von externen Spezialisten, aber auch Verzögerungs- bzw. Verschleierungstaktiken.

5. Beendigung der Krise
   Nicht selten werden Krisen sehr schnell öffentlich kommuniziert. Demgegenüber geschieht das Beenden eher im Stillen. Das offizielle Beenden einer Krise ist sehr wichtig, da der Normalzustand wieder eintreten soll. Das heisst, die Prozesse, Entscheidungen, Verantwortlichkeiten etc. sind wieder anders und müssen kommuniziert werden.

8.3.3 Katastrophe

Eine Katastrophe unterscheidet sich grundsätzlich von einer Krise: Bei Katastrophen werden die wesentlichen Systemstrukturen zerstört, sodass nach ihnen das Erreichen des Systemziels nicht mehr gewährleistet bzw. möglich ist.

Ob Naturereignisse, Terrorakte oder menschliches Fehlverhalten, die Ursachen für Katastrophen sind vielfältig. Allen gemeinsam ist, dass Reaktionen auf Katastrophen extrem schnell eingeleitet werden müssen. In den meisten Fällen erstrecken sich Katastrophen auf grosse geografische Flächen, sei es durch das Ereignis selbst oder aufgrund der Verteilung von Betroffenen und Helfern. Die Koordination und Informationslogistik sollten beim Managen von Katastrophen an zentraler Stelle zusammenlaufen. In diesem Sinne könnte die Bewältigung einer Katastrophe (z.B. Wirbelsturm in New Orleans) ein Projekt sein, das durch eine Task Force geführt wird.

Eine der grössten Herausforderungen bei der Bewältigung von Katastrophen ist – für verantwortliche Stellen und die Einsatzleitung genauso wie für Hilfskräfte und nicht zuletzt für die Öffentlichkeit – die Informationslogistik und das Informationsmanagement.

Das Katastrophenmanagement ist ein äusserst vielschichtiger Prozess mit mehreren Teilaufgaben in unterschiedlichen zeitlichen Phasen, der in seinem Ergebnis die Auswirkungen von Naturereignissen vermindert und im Katastrophenfall ein konzertiertes, zielorientiertes Handeln ermöglicht.

Was für die direkte Umgebung eine Katastrophe ist, beschreibt am besten folgende Definition:

> Eine Katastrophe ist eine sprunghaft veränderte Diskontinuität eines singulären Ereignisses mit eindeutig negativem Ausgang, die auch eine nachfolgende Krise auslösen kann.

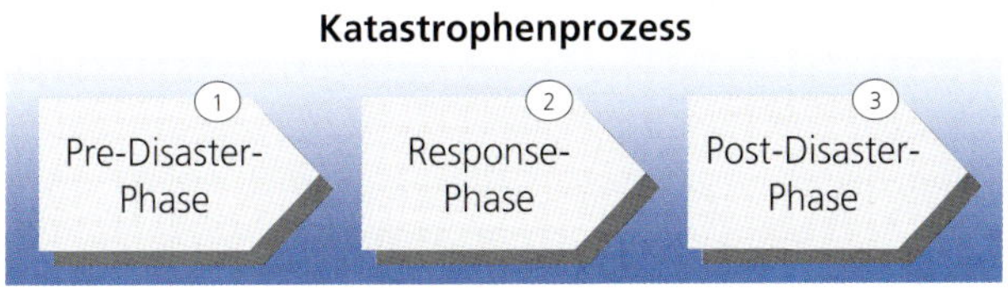

Abb. 8.27: Phasen einer Katastrophe

Zur genaueren Betrachtung der ablaufenden Prozesse im Katastrophenmanagement ist es sinnvoll, das hoch komplexe Thema in einzelne Felder zu gliedern und diese in eine zeitliche Abfolge einzuordnen. Der zeitliche Ablauf des Katastrophenmanagements ist in drei Phasen unterteilt, die zyklisch ablaufen.

1. Pre-Disaster-Phase
   Die erste Phase ist die Pre-Disaster-Phase: In ihr laufen sowohl Präventions-, Linderungs- als auch Vorbereitungsaktionen zum Zeitpunkt einer eventuell kurz bevorstehenden Katastrophe ab. In dieser Phase sind auch Notfallpläne zu erstellen. Ist ein Frühwarnsystem institutionalisiert, so kann auf die Katastrophe bzw. deren Auswirkungen aktiv eingewirkt werden (z.B. Evakuation).

2. Response-Phase
   In der anschliessenden Response-Phase erfolgt die Katastrophenbewältigung im engeren Sinn. Das heisst, diese Phase beginnt zum Zeitpunkt der unmittelbar bevorstehenden Katastrophe und hat ihren Hauptschwerpunkt nach dem Einwirken der Katastrophenmanager und allen ablaufenden Nothilfemassnahmen.

3. Post-Disaster-Phase
   In der anschliessenden Post-Disaster-Phase kommt dann das Rehabilitationsmanagement zum Einsatz; dabei geht es vor allem um die Überwindung der Notlage und die Wiederherstellung von Minimal- und Grundfunktionalitäten.

Wie die Krise ist auch eine Katastrophe immer im Kontext der Betroffenen zu sehen. So kann ein im negativen Sinn erzwungener Abbruch eines Projekts auch eine Katastrophe für die Betroffenen, für die Sponsoren und für das Projektteam sein. Gerne werden solche Projektkatastrophen von Unternehmen aus Imagegründen verständlicherweise verschwiegen.

8.4 Projekterfolg

Wurde im Risiko-Chancen-Profil (☞ Kapitel 8.1.1.2 „Risiko versus Chance") ein Wert realisiert, der gleich oder oberhalb des PLAN-Werts liegt, spricht man in der allgemeinen Definition von einem Erfolg, da der PLAN-Wert erreicht wurde.

Betrachtet man „nur" die Projektabwicklung, nicht auch noch die Wirkung der Abwicklung, so kann der Projekterfolg wie folgt definiert werden:

Ein Projekterfolg liegt dann vor, wenn die vom Auftraggeber gewünschten Resultate (Leistung) mit den vorgesehenen Mitteln innerhalb der vorgegebenen Zeit in der geforderten Qualität erreicht oder gar übertroffen werden und wenn die Betroffenen das „Neue" akzeptieren und die gewünschte Wirtschaftlichkeit nachweislich eingetroffen ist.

Um den ganzen Projekterfolg festzulegen, bedarf es noch einer kleinen Erklärung. Betrachten wir die Entwicklung eines Systems auf der Basis einer Beziehung zwischen zwei Systemen, d.h. einerseits dem System, das entwickelt wird (= Projektprodukt), und andererseits dem System, mit dem wir das erstgenannte System entwickeln (= Projektabwicklung), so müssen für einen ganzen Projekterfolg zu den Projektabwicklungs-Erfolgskriterien auch noch die Projektprodukt-Kriterien Akzeptanz und Wirtschaftlichkeit hinzugenommen werden.

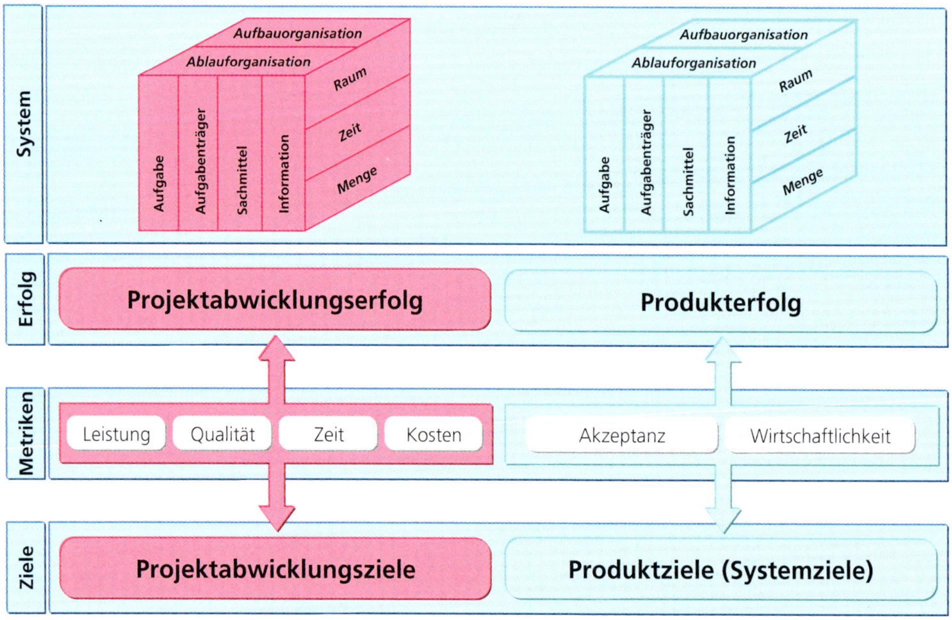

Abb. 8.28: Erfolgsmetriken der Projektabwicklung

Wie Abbildung 8.28 zeigt, kann somit erst dann von einem vollen Projekterfolg gesprochen werden, wenn alle Kriterien beider Systeme erfüllt werden. Dabei ergeben sich jedoch Messschwierigkeiten, da die Erfolgskriterien der Abwicklung gleich nach dem Projektabschluss gemessen werden können, die Erfolgskriterien des Systems sich hingegen meist erst einige Monate nach der Einführung einstellen und somit messbar werden.

Aufgrund dieser Ausführungen kann der Projekterfolg besser erfasst werden, was ein auf die Projektsituation gezieltes Einleiten von Erfolgsfaktoren ermöglicht. Das heisst, das hochgesteckte Ziel, ein Projekt zum Erfolg zu führen, kann der Projektleiter unter anderem durch die Berücksichtigung von Erfolgsfaktoren erreichen.

8.4.1 Erfolgsfaktoren

Auf ein Unternehmen bezogen sind jene Faktoren, die diesem im Vergleich zur Konkurrenz auch längerfristig überdurchschnittliche Ergebnisse ermöglichen, Erfolgsfaktoren [Püm 1986].

Unter Erfolgsfaktoren in einem Projekt versteht man die Voraussetzungen, die wesentlich zur Erreichung der wünschbaren Zustände gemäss Erfolgsermittlungskriterien beitragen.

Wenn laut Theorie ein Projektleiter durch das Hinzuziehen und das Einhalten dieser Faktoren Erfolg hat, ist es wichtig, die Grundlage dieser Faktoren, sprich „Hilfsmittel", näher zu betrachten. Dies umso mehr, als das Gegenteil von Erfolg der Misserfolg ist!

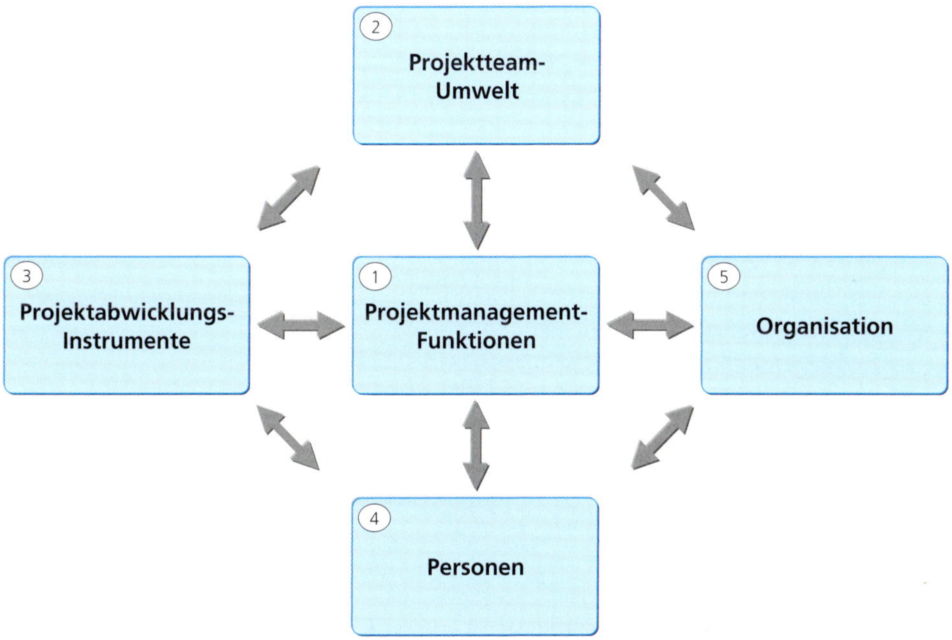

Abb. 8.29: Fünf Gruppen der Erfolgsfaktoren

Gemäss der Erhebung von Keplinger [Kep 1992], der die Erfolgsmerkmale von erfolgreichen Projekten untersucht hat, können die Erfolgsfaktoren in fünf Gruppen zusammengefasst werden. Diese Gruppen stehen in Beziehung zueinander, was beinahe wieder einen Erfolgsfaktor ergibt; es ist nämlich wesentlich einfacher, einen einzelnen Faktor zu verfolgen, als gleichzeitig mehrere Faktoren im Auge zu behalten. Abbildung 8.29 zeigt diese Erfolgsfaktoren-Gruppen und deren Beziehungen auf. Nachfolgend werden die Gruppen näher beschrieben.

8.4.1.1 Projektmanagement-Funktionen

Oftmals entsteht Widerstand gegen die hohen Kosten, die ein aktives Projektmanagement verursacht, da man den Nutzen einer guten Managementleistung nicht direkt messen kann. Je komplexer und umfangreicher ein Projekt ist, desto wichtiger ist dieser Managementfaktor. Um ein aktives und gutes Projektmanagement verfolgen zu können, sollten folgende managementbezogene Erfolgsfaktoren berücksichtigt werden:

- Das Management muss dem Projektstart die grösste Beachtung schenken, sei dies bei der Wahl des Projektleiters, bei der portfoliogestützten Projektbewertung oder bei der Transparenz bezüglich dem Projektscope.
- Die saubere Aufbereitung der Entscheidungsunterlagen, der Dokumentationen sowie der Ergebnisse ist ebenso wichtig wie ein geordnetes Berichtswesen.
- Abgeleitet von einer langfristigen Planung, müssen die Zielsetzungen mit den Anforderungen genau definiert und allen Projektmitarbeitern bekannt sein.
- Der Planungsumfang muss der Aufgabenstellung und der Projektgrösse angepasst sein.
- Der Detaillierungsgrad der Planung muss ausreichend sein: Es soll so detailliert geplant werden, dass genügend Spielraum für die Bearbeitung von situativ anfallenden Problemen bestehen bleibt. Eine detaillierte Planung ermöglicht auch ein qualifiziertes Tailoring.
- In jedem Projekt müssen zweckmässige Kontrollen durch die Projektträgerinstanz wie auch durch den Projektleiter stattfinden.

8.4.1.2 Projektteam-Umwelt

Die Qualifikation und Integration der direkten Projektteam-Umwelt kann einen massgeblichen Einfluss auf den Projekterfolg haben. Zur Projektteam-Umwelt (Stakeholdermanagement) gehören in erster Linie der Auftraggeber, die Sponsoren, die Promoter, die ein aktives Projektmarketing betreiben, wie auch die Benutzer. Je nach Qualität – wie Autorität, Durchsetzungsvermögen oder auch Fachkompetenz der Projektteam-Umwelt – ist es den Projektmitarbeitern möglich, ihre Fähigkeiten, ihre Motivation und ihr Umsetzungsvermögen optimal einzusetzen. Daher ist es wichtig, folgende Erfolgsfaktoren zu berücksichtigen:

- Der Bedürfnisträger (Benutzer) muss mittels gut geführtem Requirement-Engineering ins Projekt integriert werden.
- Durch rechtzeitige, angemessene und vollständige Information und Koordination ist die Mitarbeit der direkt oder indirekt Betroffenen zu fördern.
- Für das Projekt sind gemäss der Zieldefinition klare und messbare Zielsetzungen schriftlich festzuhalten.
- Durch stetiges Involvieren des Auftraggebers erhält das Projekt die notwendige Unterstützung.

- Der Beistand eines „schwergewichtigen" Promoters oder Sponsors schafft eine grössere Akzeptanz und Durchschlagskraft und ermöglicht ein effizientes Projektmarketing.

8.4.1.3 Projektabwicklungsinstrumente

Instrumente sind Methoden wie Top-Down-Vorgehen, Systemdenken, Konfigurationsmanagement, aber auch Hilfsmittel, Werkzeuge und Tools (Planungssoftware, Datenbanken, Diagramme etc.), die in einem Projekt zur Anwendung gelangen bzw. angemessen eingesetzt werden. Diese Methoden und Werkzeuge situationsgerecht anzuwenden, heisst, sie je nach Problemstellung so zu gebrauchen, dass sie, bezogen auf die Projektziele, am meisten Nutzen bringen. Daraus können folgende Erfolgsfaktoren abgeleitet werden:

- Die aus der eingesetzten Methode resultierenden Richtlinien für die Projektdurchführung müssen umfassend und für alle verständlich sein. Ein Tailoring muss möglich sein.
- Projekte sind gemäss dem angewandten Denkmodell innerhalb eines Gesamtkonzepts in überblickbare Phasen zu gliedern.
- Wichtige Aspekte einer Phase müssen berücksichtigt bzw. auf die Situation bezogen angewendet werden.
- Das Einsetzen der Methoden oder Techniken bedingt das Vorhandensein von qualifizierten Betriebsmitteln.
- Eingesetzte Betriebsmittel müssen einwandfrei funktionieren, und die Benutzer müssen mit ihnen, aber auch mit den eingesetzten Methoden und Techniken, professionell umgehen können.

8.4.1.4 Personen

Trotz aller Regeln scheitern Projekte eher an falschen Einsätzen oder an mangelndem Engagement der Beteiligten als an der Unlösbarkeit der Probleme. Um ein Projekt erfolgreich abwickeln zu können, braucht es deshalb neben formellen Regeln und Vorschriften bestimmte Voraussetzungen beim Projektteam wie Fachwissen, Durchsetzungsvermögen, Identifikation mit der Aufgabe etc. Damit werden auch die Grenzen formeller Vorschriften erkennbar, da diese lediglich die Voraussetzungen für eine erfolgreiche Projektdurchführung verbessern. Die Gewähr für einen Erfolg können nur ein qualifiziertes Team bzw. „mündige" Beteiligte bieten, d.h. Personen, die von der Projektproblematik sowie von den Projektmethoden eine Ahnung haben. Personenbezogene Erfolgsfaktoren sind:

- Der Projektleiter muss über genügend Methoden-, Fach- und Betriebskenntnisse verfügen, um diese mit seinen guten Führungsqualitäten (Führungs- und Sozialkompetenz) umsetzen zu können.
- In einem Projektteam muss die notwendige Fachkompetenz, Erfahrung und Teamfähigkeit vorhanden sein.
- Der Projektleiter sowie der Projektauftraggeber müssen die Teammitarbeiter und sich selbst immer wieder von Neuem motivieren können. Dabei müssen sie fähig sein, das Teamverhalten so zu beeinflussen, dass deren Mitglieder über eine längere Zeit eine hohe Leistung bringen können.
- Der Projektleiter muss fähig sein, das Team situativ (auf Aufgabe und Person bezogen) zu führen.
- Der Projektleiter muss das Stakeholdermanagement beherrschen und fähig sein, mit Konflikten umzugehen.

8.4.1.5 Organisation

Aufgrund der Einmaligkeit eines jeden Projekts sollte die Organisation unbürokratisch gestaltet werden. Sie muss jedoch Stabilität aufweisen, und nur der Projektleiter darf nach Festlegung der Projektorganisation gezielte personelle Veränderungen vornehmen. Kündigungen, Jobrotationen und Beförderungen, die personelle oder leistungsbezogene Konsequenzen haben würden, müssen während der Projektdauer vermieden werden. Die im Projekt verwendete Organisationsstruktur muss so gestaltet sein, dass alle Beteiligten über ihre entsprechenden Aufgaben, Kompetenzen und Verantwortung aufgeklärt sind und aufgrund dieser Kriterien auch zur Rechenschaft gezogen werden können.

- Die Projektorganisation muss der Grösse des Projekts angepasst sein. Dabei ist speziell zu beachten, dass der Anwender bzw. der Benutzer von Anfang an miteinbezogen wird.
- Die Projektorganisation ist nach jeder Phase zu überprüfen und allenfalls anzupassen. Dies mit dem Ziel, dass das Kernteam möglichst unverändert bleibt.
- Projektorganisationen müssen flexibel sein, damit die Veränderungsdynamik und die Besonderheiten des Projekts berücksichtigt werden können.

8.4.1.6 Risikoschutzmantel

Die konsequente Berücksichtigung dieser fünf Erfolgsfaktoren-„Gruppen" wirkt wie ein Schutzmantel um die Projektabwicklung.

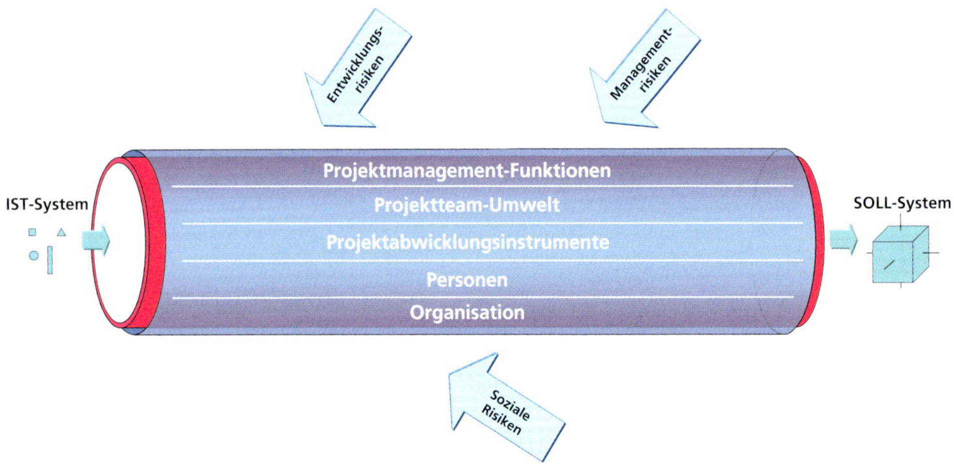

Abb. 8.30: Erfolgsfaktoren als Risikoschutzmantel um die Projektabwicklung

Werden die Eigenschaften eines erfolgreichen und eines misslungenen Projekts verglichen, so stellt sich heraus, dass das Risiko der polarisierende Wert des Erfolgsfaktors ist. Das heisst, wenn ein Projektleiter von den möglichen Risiken Kenntnis hat, kann er die Aufmerksamkeit auf die Einhaltung des entsprechenden Erfolgsfaktors richten. Wenn beispielsweise ein grosses Zeitrisiko besteht, muss der Projektleiter speziell den Erfolgsfaktor „detaillierte und umfangreiche Planung" einsetzen. Mit diesem Instrument kann er das Risiko bis zu dem Grad mindern, wo er die Verantwortung dafür wieder tragen muss oder kann (Einhaltung der Sorgfaltspflicht).

Ein proaktiver Ansatz, den Projekterfolg sicherzustellen, ist, wenn ein Erfolgsleitsatz definiert wird, der die relevanten Erfolgsfaktoren beeinflusst. Ideal ist es, wenn zu Beginn eines Projekts das gesamte Team für einen Workshop (Kick-off) zusammengezogen wird. Die Frage, die bei einem solchen Workshop in den Raum gestellt wird, ist: „Wieso haben wir Erfolg?" Diese einfach wirkende und zum Teil belustigende Frage gilt es vom gesamten Team konkret zu beantworten.

Die Aufgabe des Projektleiters besteht darin, innerhalb der Projektgruppe einen Erfolgsleitsatz zu bestimmen, der von der Projektgruppe über die ganze Projektdauer hinweg konsequent verfolgt und eingehalten wird. Während des Projekts wird die Projektgruppe immer wieder im Hinblick auf die Einhaltung dieses „Leitsatzes" beobachtet und beurteilt. Es gilt somit den Erfolgsleitsatz so zu bestimmen, dass er ein effizientes Arbeiten ermöglicht und für alle Gruppenmitglieder erfüllbar ist.

Die Kunst des Projektleiters ist es, die Risiken mit den polarisierenden Erfolgsfaktoren und/oder mit einem gezielten Erfolgsleitsatz zu neutralisieren, sprich die Projektenergie positiv einzusetzen. Das gezielte Definieren von Erfolgsfaktoren kann natürlich je nach Gesichtspunkt auch ganz einfach als Vorsorgestrategie deklariert werden.

8.5 Lieferobjekte des Risikomanagements

Im Folgenden werden die wichtigsten Lieferobjekte für jeden in diesem Kapitel erläuterten logischen Arbeitsschritt des Risikomanagement-Prozesses in Kurzform erläutert. Weitere Ausführungen zu den Lieferobjekten sind im Anhang C.6 (☞ „Lieferobjekte des Risikomanagements") aufgeführt.

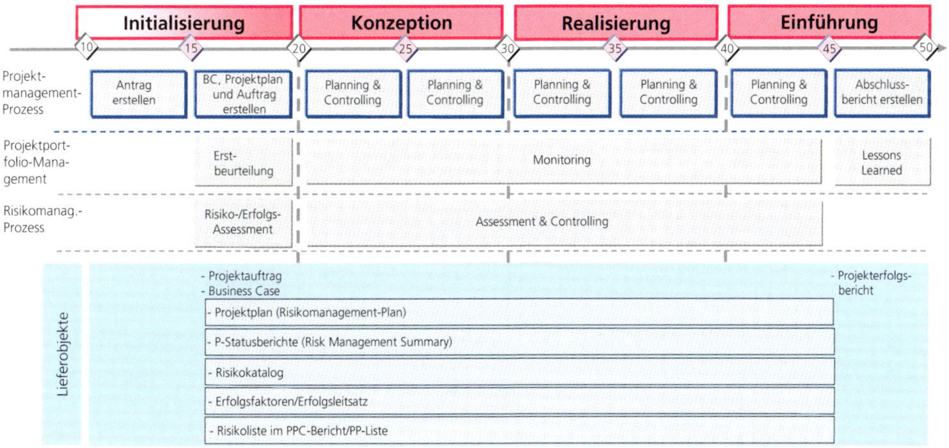

Abb. 8.31: Übersicht über die Lieferobjekte des Risikomanagements

Ob ein Lieferobjekt gemäss Abbildung 8.31 genau zu dem aufgeführten Zeitpunkt erstellt werden kann/muss oder ob sogar zwei Lieferobjekte wie z.B. Risikokatalog und Projektstatusbericht zusammengelegt werden können, muss am Projektanfang vom PPC festgelegt werden.

Lieferobjekt	Kurzbeschreibung
Risikomanagement-Plan	Je grösser ein Projekt ist, desto bedeutender ist die Erstellung des Risikomanagement-Plans. In diesem wird beschrieben, wie während der Projektabwicklung die Risiken identifiziert und analysiert werden, wie die Planung der Risikobewältigung erfolgt und wie die Risiken überwacht werden sollen. Durch den Risikomanagement-Plan wird nicht die Bewältigung der einzelnen Risiken definiert, sondern z.B. Methodik, Grenzwerte, Budgetierung etc. [PMI 2008].
Risikovorsorgeplan/ -bewältigungsplan	Unter Führung des Projektportfolio-Controllers muss bei Projekten dort, wo es sinnvoll ist, ein Risikovorsorgeplan respektive ein Risikobewältigungsplan erstellt werden. Darin sind Alternativen zu entwickeln und Massnahmen zu bestimmen, um die Chancen zur Erreichung der gesetzten Projektziele zu erhöhen und allfällige Gefahren gezielt zu reduzieren [PMI 2008].
Risikoliste im Business Case/ Projektauftrag	Der Business Case ist ein Lieferobjekt in der Initialisierungsphase, also vor dem eigentlichen Projektstart. Der Teil „Risiko" im Business Case hat das Ziel, den Entscheidern aufzuzeigen, mit welchen Risiken sie zu rechnen haben und was die Risikobekämpfung in etwa kostet. Diese Kosten können je nach Projektart einen wesentlichen Teil der Gesamtkosten des Projekts ausmachen.
Risikoliste Risk-Management Summary	Für das Management ist eine Zusammenfassung auf einem A4-Querblatt oder die verständliche, komprimierte Aufführung im monatlichen Projektstatusbericht sehr wichtig. Will das Management aufgrund der Aufführung eine ausführlichere Information über ein bestimmtes Risiko, sollte es – allenfalls softwaremässig gestützt – möglich sein, in einer einfachen, elektronisch unterstützten Form in den detaillierteren Risikokatalog zu verzweigen.
Risikokatalog	Im Risikokatalog werden die einzelnen Risiken gemäss der qualitativen Risikoanalyse ausführlich beschrieben. Neben der Beschreibung, was das Risiko bewirken wird, wenn es eintritt, und wie man das Risiko erkennen kann (Früherkennung), bevor es eintritt, sollte auch die Ursache genauestens beschrieben werden.
Risikoliste im PPC-Bericht/in der PP-Liste	Im Projektportfolio-Controllingbericht (PPC-Bericht) und/oder in der Projektportfolio-Liste (PP-Liste) wird das Projektgesamtrisiko aufgeführt und wenn notwendig erläutert. Im PPC-Bericht werden die in kausaler Beziehung stehenden Risiken erläutert und allenfalls entsprechende Gesamtgegenmassnahmen definiert.
Risikoliste im Projekterfolgsbericht	Ein Teil des Projekterfolgsberichts, der vom Projektportfolio-Controller geschrieben werden muss, widmet sich den Lessons Learned bezüglich der Risiken. In diesem Bericht können Erkenntnisse aufgearbeitet und/oder entsprechende Massnahmen definiert und durch das Projektportfolio-Board eingeleitet werden, um zukünftige Vorhaben bezüglich Risiken optimaler zu managen.
Erfolgsfaktoren/ Erfolgsleitsatz	Im Zusammenhang mit der Risikoanalyse macht es Sinn zu prüfen, ob die Voraussetzungen für den Projekterfolg überhaupt gegeben sind und, wenn ja, welches die Erfolgsfaktoren sind, die den Erfolg positiv beeinflussen. In diesem Zusammenhang kann ein Erfolgsleitsatz definiert werden, der alle Beteiligten dahingehend „leitet", erfolgsorientiert zu arbeiten.

9

Lernziele des Kapitels „Ressourcenmanagement"

Sie können ...

- die gebräuchlichsten Ressourcen (Einsatzmittel), die in einem Projekt Verwendung finden, in ein Ordnungsschema einordnen (systematisieren).
- den Ressourcenmanagement-Prozess in eigenen Worten erläutern.
- die Hauptprozesse des Ressourcenmanagements wie Einsatzmittelmanagement und Kostenmanagement im Kontext zu Vertragsmanagement, Lieferantenmanagement und Beschaffungsmanagement aufzeigen.
- in einfacher Form den Teilprozess „Einsatzmittelzuteilung" aufzeichnen und erklären, wo in diesem Teilprozess die grössten allgemeinen Problematiken versteckt sind.
- das Zusammenspiel zwischen dem Vertrags- und dem Lieferantenmanagement anhand eines Beispiels erläutern.
- die einzelnen Aufgaben der Vertragsplanung in ihrem Projekt erfolgreich umsetzen.
- die vier Hauptteile des Vertragsdesigns aufführen und ihre Zielsetzungen argumentieren.
- Vertragstypen wie Werkvertrag, Arbeitsvertrag etc. voneinander unterscheiden.
- die allgemeinen Elemente (Inhaltsverzeichnis) eines Vertrags anhand eines Beispiels aufführen.
- mindestens zehn Schritte der Vertragsplanung (Vorbereitung des Vertrags) aufzählen.
- die Bedeutung der Beziehungsfaktoren einer Zusammenarbeit mit einem Lieferanten aufführen und deren Anwendung thematisieren.
- in eigenen Worten erklären, was man unter Claimmanagement versteht.
- mit Hilfe des Lieferantenauswahl-Prozesses aus mehreren Lieferanten den passenden auswählen.
- die Bestandteile des Lieferantenmanagements ausführlich darlegen.
- ein Lieferantencontrolling-Konzept erstellen.
- theoretisch erläutern, wann man sich für „make" und wann man sich für „buy" entscheiden sollte.
- die zehn Inhaltsschwerpunkte einer Offerte nennen und in eigenen Worten beschreiben.
- die Fehlerklassen der Produktabnahme eines Lieferanten erläutern.
- den Beschaffungsprozess aufführen und erklären, welchen Stellenwert der Kriterienkatalog in diesem Prozess einnimmt.
- einen zweistufigen Kriterienkatalog erstellen.
- die wichtigsten Teilschritte des Kostenmanagement-Prozesses und deren Lieferobjekte aufführen.
- das Aufgabenschema des Prozessschritts „Projektkostencontrolling" aufzeichnen.
- erläutern, wie man auf Seiten der Projektkostenrechnung das Projekt richtig abschliesst.
- die Hauptlieferobjekte des Ressourcenmanagements aufführen.

9 Ressourcenmanagement

Das übergeordnete Ziel des Ressourcenmanagements ist aus Unternehmens- wie aus Projektsicht das zielgerichtete, kontrollierte und effiziente Einsetzen und Nutzen aller verwendeten Ressourcen, die für die Zielerreichung notwendig sind. Das heisst, mit qualifiziertem Ressourcenmanagement soll auch eine optimale Durchführung der Prozesse gewährleistet werden. Dabei gilt es, den Bedarf an Ressourcen im Voraus zu ermitteln und allfällige vertragliche Verpflichtungen mit externen wie auch internen Ressourcenlieferanten abzuschliessen sowie die Angemessenheit der erworbenen Ressourcen gegenüber der auszuführenden Arbeit regelmässig zu prüfen.

Abb. 9.01: Strukturierung des Ressourcenmanagements im Projektumfeld

Ressourcenmanagement in der Projektabwicklung ist das qualitative, zeitliche und räumliche Managen (Planen, Steuern, Kontrollieren) von Finanz-, Personal- und Betriebsmitteln, die für die Projektarbeit benötigt werden.

- Unternehmenssicht
  Das Ressourcenmanagement bildet aus Unternehmenssicht die optimale Schnittstelle zwischen Projekt- und Linienorganisation. Es gibt Auskunft, wie viele Projekte sich ein Unternehmen leisten kann bzw. leisten will.

- Projektsicht
  Das Ressourcenmanagement bezieht sich aus Projektleitersicht auf die Beschaffung und Qualifizierung der notwendigen Ressourcen sowie auf die optimalste Nutzung. Es gibt Auskunft, wie viel in einem Projekt geleistet werden kann respektive geleistet werden sollte.

9

9.1 Grundlagen

Das Ziel des projektorientierten Ressourcenmanagements ist es zum einen, die „richtigen" Ressourcen zur „richtigen" Zeit in der „richtigen" Menge am „richtigen" Ort zu haben. Zum andern soll aus Projektportfolio-Sicht eine möglichst gerechte Versorgung der Projekte mit den benötigten Kapazitäten gewährleistet werden. Das heisst unter anderem: Es ist eine optimale Ressourcenallokation anzustreben.

9.1.1 Arten von Ressourcen

Bevor die einzelnen Bestandteile des Ressourcenmanagements genauer erläutert werden, wird auf den Begriff „Ressourcen" eingegangen.

Unter Ressourcen in der Projektabwicklung werden Personal-, Betriebs- und Finanzmittel verstanden, die für die Durchführung von Projektvorgängen bzw. für die Erledigung von Arbeitspaketen notwendig sind.

Gemäss Abbildung 9.02 können die Personal- und die Betriebsmittel als Einsatzmittel zusammengefasst werden. Dies deshalb, weil sie direkt in der Projektabwicklung „eingesetzt" werden. Finanzmittel sind in diesem Sinne oftmals keine Einsatzmittel, da sie nicht direkt eingesetzt werden. Mit Finanzmitteln werden in der Regel Personal- und Betriebsmittel gekauft. Natürlich könnten Finanzmittel auch Einsatzmittel sein, wenn sie direkt (z.B. Zins für Kredit) eingesetzt würden.

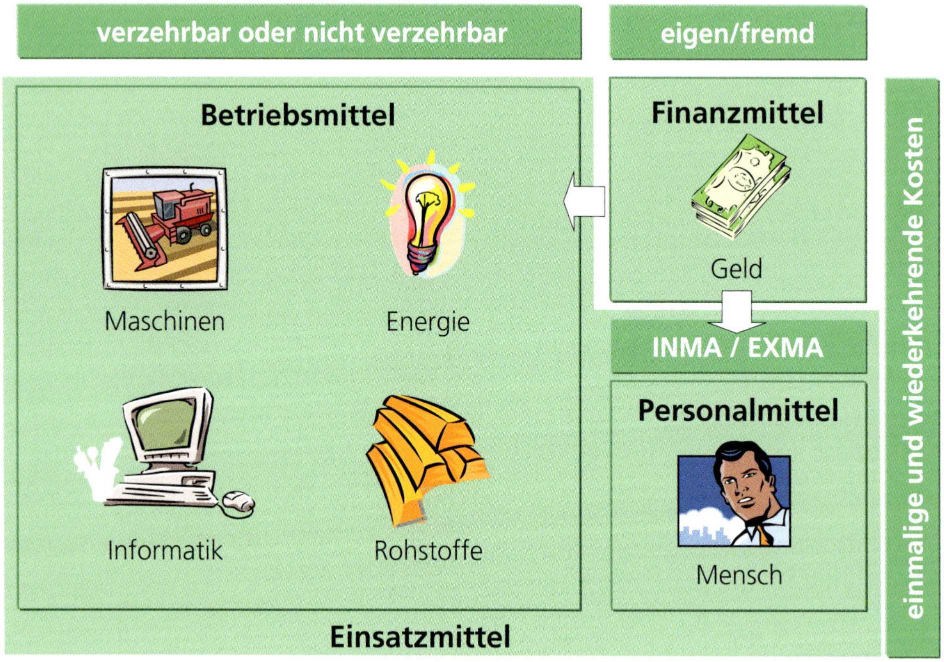

Abb. 9.02: Arten von Ressourcen

- Personalmittel
  Dazu gehören alle Mitarbeiterleistungen sowie Dienstleistungen projektexterner Einheiten (andere Abteilungen oder andere Unternehmen, d.h. „Lieferanten"), die für das Projekt gebraucht werden. Personalmittel können aus Sicht des Unternehmens in interne und externe Personalmittel unterteilt werden. Alle Personen, die über einen Arbeitsvertrag, auch Anstellungsvertrag genannt, verfügen, sind als interne Personalmittel (INMA) zu betrachten. Alle, die über keinen Arbeitsvertrag direkt mit der Auftraggeberunternehmung verfügen, sind als externe Personalmittel (EXMA) bzw. als Lieferanten zu betrachten.

- Betriebsmittel
  Dazu zählen nach den Gesichtspunkten der Projektplanung alle nichtmonetären und nichtpersonalbezogenen Einsatzmittel, die sich ihrerseits wie folgt unterteilen lassen:
  - Gebrauchsgüter (nicht verzehrbar)
    Damit sind Betriebsmittel gemeint, die nicht durch das Projekt verzehrt werden; das heisst, sie sind nach deren Nutzung immer noch verwendbar. Viele Gebrauchsgüter stehen dem Projekt zeitlich begrenzt zur Verfügung. Beispiele sind Produktionshallen, ein Rechenzentrum, Testanlagen, Entwicklungsarbeitsplätze, Schulungs- und Entwicklungsräumlichkeiten.
  - Verbrauchsgüter (verzehrbar)
    Umfasst Betriebsmittel, die durch das Projekt verzehrt werden; demzufolge stehen sie nach deren Nutzung nicht mehr zur Verfügung. Beispiele für solche Betriebsmittel sind Strom, Papier, Wasser, Büromaterial, Datenträger, Konvertierungssoftware etc.

- Finanzmittel
  Buchhalterisch oder bilanztechnisch erfassbare Geldmengen, die zur Kostendeckung von Vorgängen, Arbeitspaketen oder Projekten benötigt werden. Finanzmittel werden stets in Währungseinheiten beschrieben und können für einen Zeitpunkt oder einen Zeitraum disponiert werden [Glo 2006]. Die für ein Projekt freigegebenen Finanzmittel werden im Projektumfeld mittels Kostenmanagement verwaltet.

Oftmals wird unter Ressourcenmanagement im Projektumfeld auch nur die Einsatzplanung von Mitarbeitern (Personal) respektive Arbeitskräften für die Projektarbeit verstanden. Diese Ressource wird im Folgenden als Personalmittel bezeichnet. Einen wichtigen Bestandteil des Ressourcenmanagements im Projektumfeld bilden das Vertrags-, das Lieferanten- und das Beschaffungsmanagement. Diese stehen, wie Abbildung 9.03 aufzeigt, in wechselseitiger Beziehung zueinander und managen die firmenexternen Ressourcen, die in die Projektabwicklung miteinbezogen werden.

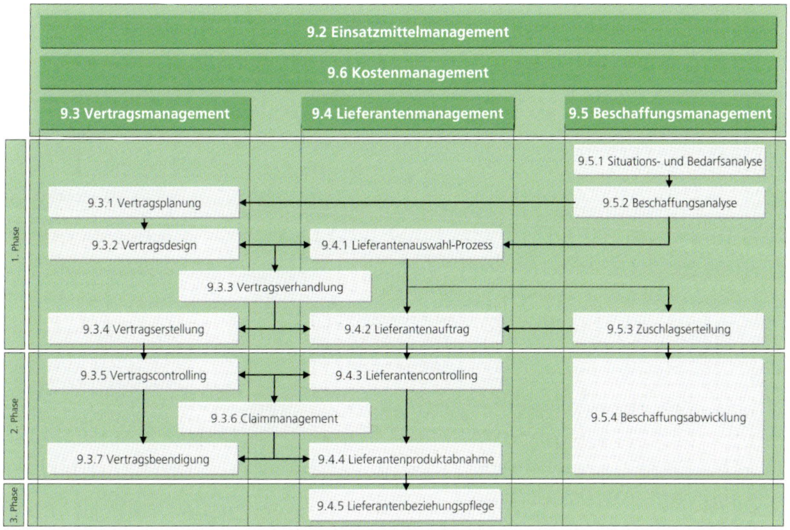

Abb. 9.03: Vertrags-, Lieferanten- und Beschaffungsmanagement als ergänzende Disziplinen zu Kosten- und Einsatzmittelmanagement

9.2 Einsatzmittelmanagement

Nachfolgende Abbildung gibt einen Überblick über die Schritte des Einsatzmittelmanagement-Prozesses.

Einsatzmittelmanagement-Prozess

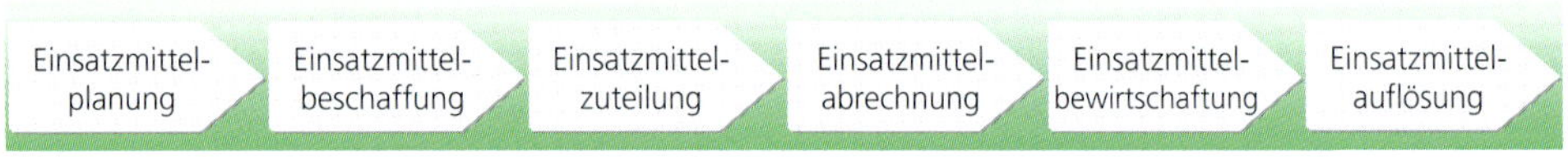

Abb. 9.04: Bestandteile des Einsatzmittelmanagement-Prozesses

Die einzelnen Schritte werden in den kommenden Kapiteln beschrieben.

9.2.1 Einsatzmittelplanung

Bei der Einsatzmittelplanung, auch Einsatzmittelbedarfsplanung genannt, geht es um den Prozessschritt, der feststellt, welche Einsatzmittel (Personal- und Betriebsmittel) im Projekt wann benötigt werden. Dieser Prozessschritt entspricht dem Planungselement 4 des Projektplanungsablaufs (☞ Kapitel 4.3.3 „Planungsablauf"). Basierend auf dem Projektstrukturplan respektive der Arbeitspaketliste, werden die benötigten Einsatzmittel mit einer geeigneten Aufwandschätz- und Berechnungstechnik (Einsatzmittelbedarfsschätzung) ermittelt bzw. anhand von Erfahrungswerten errechnet. Dabei kann gedanklich zwischen einer Personalmittel- und einer Betriebsmittelplanung unterschieden werden, die es anschliessend zu konsolidieren gilt.

Da die Einsatzmittelplanung grundsätzlich das Herzstück des projektbezogenen Ressourcenmanagements ist und sich gegenüber den anderen Schritten des Einsatzmittelmanagement-Prozesses umfangmässig stark unterscheidet, wird diese Thematik zwecks besserer Lesbarkeit und „Planungslogik" im Kapitel 4.3.3.4 (☞ „Einsatzmittelplanung") umfassend beschrieben.

9.2.2 Einsatzmittelbeschaffung

Weiss man aufgrund der Einsatzmittelplanung, welche Personal- und Betriebsmittel in einem Projekt wann, wie und wo benötigt werden, kann man diese beschaffen. Das Ziel der Beschaffung ist es, zum richtigen Zeitpunkt die richtigen Mengen in der gewünschten Qualität zu einem optimalen Preis-Leistungs-Verhältnis zu erhalten. Dabei können die Einsatzmittel auf verschiedene Arten beschafft werden: So können z.B. die einfachen Einkäufe im Rahmen der verfügbaren Kompetenz der Projektträgerinstanz intern wie auch extern direkt beschafft werden. Diese einfache Art geht bis zum Punkt, wo es einerseits nach dem Motto Bestprice oder anderseits aufgrund der gesetzlichen internen/externen Bestimmungen angebracht ist, eine offizielle Beschaffung, sprich Ausschreibung, vorzunehmen. Diese umfassende Tätigkeit kann mit dem im Kapitel 9.5 aufgeführten Beschaffungsmanagement-Prozess und dem im Kapitel 9.4.1 beschriebenen „Lieferantenauswahl-Prozess" unterlegt werden. Zur Einsatzmittelbeschaffung gehören insbesondere bei internen Personalmitteln auch das rechtzeitige Ausbilden wie auch ein gutes Personalmanagement, vor allem ein effizienter Rekrutierungsprozess.

9.2.3 Einsatzmittelzuteilung

Wie im Kapitel 4.3.3.4 (☞ „Einsatzmittelplanung") erläutert, geht es bei diesem Schritt möglichst darum, die zur Verfügung stehenden Einsatzmittel zum richtigen Zeitpunkt einzusetzen, sprich sie bezüglich der Menge, der Fähigkeit und gemäss der taktischen Richtigkeit den entsprechenden Arbeitspaketen zuzuteilen. Das heisst, es ist die Aufgabe des Projektleiters, hier das Maximum herauszuholen: Es nützt nichts – wie gesagt –, wenn man sechs fähige Baggerführer und nur einen Bagger hat.

In einem grösseren Unternehmen, bei dem die internen Personalmittel dem Linienmanagement oder einem strategischen Projekt-Office disziplinarisch zugewiesen sind, läuft ein Einsatzmittelzuteilungs-Prozess bezüglich der Personalmittel auf der Metaebene wie folgt ab [Scho 2003]:

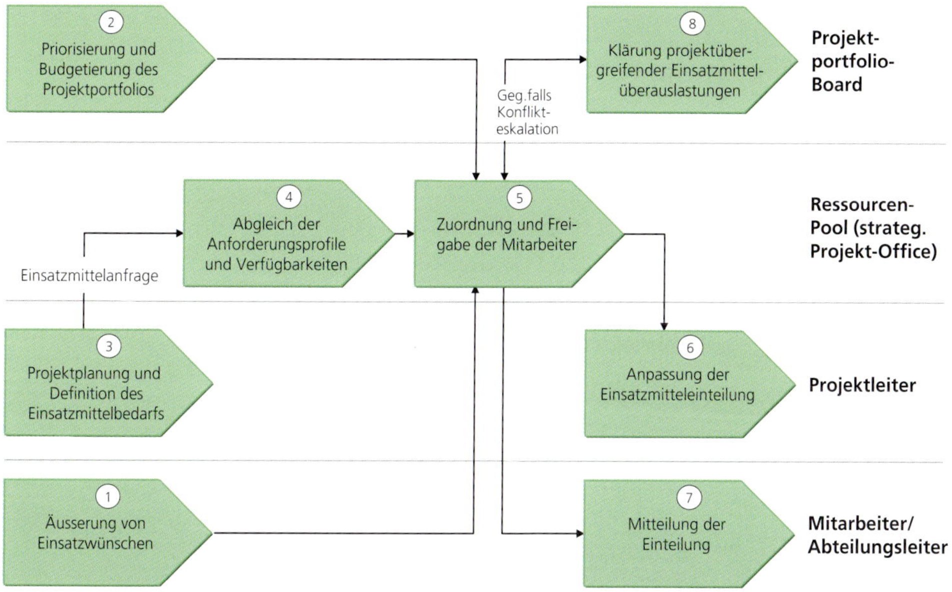

Abb. 9.05: Einsatzmittelzuteilungs-Prozess von zentral geführten Personalmitteln [Scho 2003]

Die einzelnen Schritte kurz erläutert:

1. Ein Mitarbeiter oder die Mitarbeiter äussern bei den bilateralen oder beim jährlichen Zielvereinbarungsgespräch, welche Arbeit sie wünschen oder wo sie eine Möglichkeit sehen, um motivierte, aufbauende Arbeit zu erbringen.
2. Das Management priorisiert die Projekte im Projektportfolio und gibt dementsprechend projekt- oder phasenbezogen das Budget frei.
3. Der Projektleiter meldet auf Basis der Einsatzmittelplanung seinen Bedarf, d.h. er macht an das strategische Projekt-Office eine entsprechende Anfrage.
4. Das Projekt-Office oder das Linienmanagement gleicht die Verfügbarkeit und Fähigkeit (Skills) der Mitarbeiter mit dem gemeldeten Bedarf ab.
5. Das entsprechende Management weist die Mitarbeiter in offizieller Form dem Projekt zu und gibt die Mitarbeiterkapazität dem Projekt frei.

6. Bekommt der Projektleiter neue/zusätzliche Personalmittel, so passt er die bestehende Personalmitteleinteilung an die neuen Gegebenheiten an.
7. Dem Mitarbeiter wird seine Zuteilung (Dauer und Einsatzzeiten) mitgeteilt.
8. Da die menschliche Ressource das wichtigste Element in einem Projekt ist, gibt es nicht selten eine Überauslastung der Personalmittel. Dies nicht zuletzt deshalb, weil die Leistungfähigkeit der internen Ressourcen erfahrungsgemäss tendenziell oft überschätzt wird. Dieser Konflikt muss auf Portfolioebene gelöst werden.

Zur Einsatzmittelzuteilung gehört neben der Personalmittelkoordination natürlich auch das gesamte Koordinieren der Betriebsmittel. Dies kann je nach Projektsituation ganz extreme Formen annehmen: So zum Beispiel das Koordinieren eines Lastwagens, der genau zur Minute X Bauelemente im Einklang mit der laufenden Bauetappe (17. Etage, rechter Flügel) in Manhattan an die Baustelle bringen muss, da der Umschlagplatz bei diesem Bauprojekt sehr begrenzt ist.

9.2.4 Einsatzmittelabrechnung

In vielen Projekten verschlingen die externen Personalmittel den grössten Kostenanteil, der dem Unternehmen sofort belastend zu Buche schlägt. Meistens sind diese externen Personalmittel im Vergleich zu den internen erheblich teurer, da man keine Vollkostenrechnung führt. Beim Einsetzen von EXMA ist es wichtig, eine aktuelle und qualifizierte Einsatzmittelabrechnung zu führen und diese mit den erledigten und noch ausstehenden Arbeiten zu analysieren.

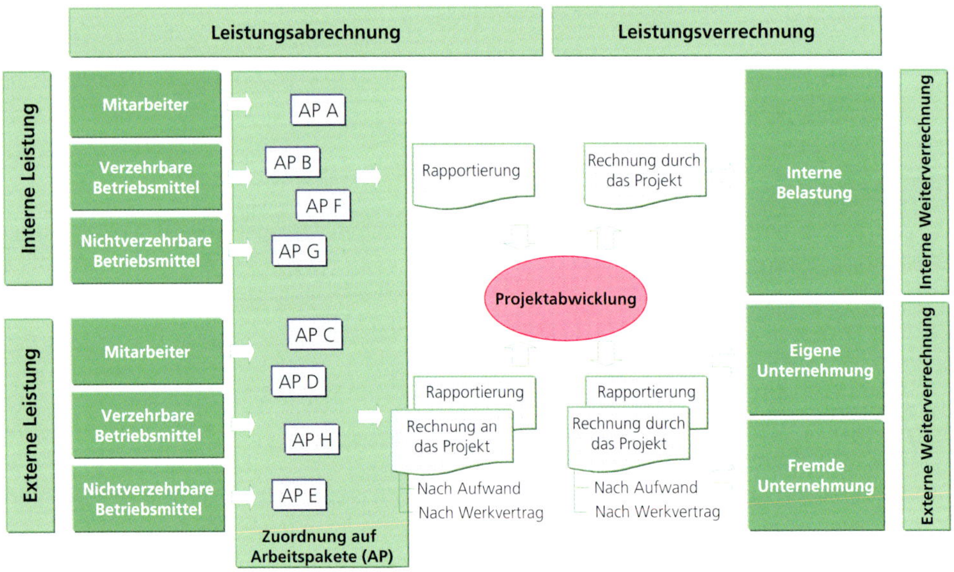

Abb. 9.06: Sichten der Einsatzmittelabrechnung

Wie Abbildung 9.06 aufzeigt, ist es bei der Einsatzmittelabrechnung entscheidend, aus welcher Sicht man dies betrachtet. Auf der einen Seite können interne Leistungen, meistens Mitarbeiterstunden oder Räume, auch verbrauchte Materialien, an das Projekt verrechnet werden. Auf der anderen Seite werden die Leistungen von externen Firmen in Form einer Rapportierung, aber natürlich auch mit beigelegter Rechnung, dem Projektleiter zugestellt.

Der Projektleiter bzw. das -Office muss diese Rapportierung genau prüfen. Je nach organisatorischer Einbettung und Sponsoringregeln werden diese internen und externen Projektleistungen an „Kostenträger" weiterverrechnet; diese können auch wieder intern oder extern sein. Meistens ist das Weiterverrechnen interner Leistungen an interne Stellen nicht so problembehaftet. Bei Grossunternehmen sind solche Verrechnungsmechanismen oftmals etabliert. Demgegenüber ist die Weiterverrechnung an eine eigene Unternehmenseinheit (Tochtergesellschaft) oder an externe Unternehmungen nicht immer einfach, da sie genau nach den vertraglich vereinbarten Konditionen ausgeführt werden muss. Weitere Ausführungen zur Verrechnung sind im Kapitel 9.6 (☞ „Kostenmanagement") aufgeführt.

Gemäss Burghard [Bur 2002] wird bei der Abrechnung nach Aufwand z.B. der Stundenverbrauch des Auftragnehmers, so wie er durch Stundenrapportierung der dortigen Mitarbeiter anfällt, direkt (meist monatlich) dem Auftraggeber in Rechnung gestellt. Reisekosten und die Kosten für die Nutzung und Verbrauch von Betriebsmitteln sind ebenso an den Auftraggeber zu verrechnen. Der Wert der von Auftragnehmern erbrachten Leistungen kann dabei nicht immer zu den entstandenen Kosten in Beziehung gebracht werden; jedoch ist eine relative Aussage zur Plausibilität des Sachfortschritts meist möglich.

Bei der auf Werkverträgen basierenden Abrechnungsform wird eine vorher definierte Leistung zu einem Festpreis (Fixed-Price) im Rahmen eines Werkvertrags (☞ Kapitel 9.3.2.1 „Werkvertrag") abgerechnet. Die Abrechnung bei Werkverträgen ist bezüglich der gelieferten Leistung zwar einfacher nachvollziehbar. Das Definieren eines „Werks" ist jedoch nicht selten schwierig, wie z.B. bei der Entwicklung von neuer Software.

9.2.5 Einsatzmittelbewirtschaftung

Bei jedem Projekt muss man sich Gedanken zur nachhaltigen Bewirtschaftung der Einsatzmittel machen. In der Bewirtschaftung der verwendeten oder zu Verwendung stehenden Einsatzmittel ist einiges an Einsparungs- respektive Ausnützungspotenzial vorhanden. Folgende Arbeiten können unter Bewirtschaftung fallen, wobei die Bewirtschaftung der Betriebsmittel je nach Projektart unterschiedlich ist.

Personalmittel

- Mitarbeiterbewertung durchführen
- Mitarbeiterförderung gezielt angehen
- Mitarbeitereinsatzpläne mit allen absprechen
- Klare organisatorische Mitarbeiterzuordnung
- Führungsstil/-verhalten durchsetzen
- Teamharmonie optimieren (z.B. mit Events)
- Arbeitsverträge erstellen und pflegen

Betriebsmittel

- Unterhaltsservice durchführen
- Einzelne Bestandteile erneuern
- Spezielle Abfälle entsorgen
- Lagerplätze optimieren
- Miet- und Leasingverträge aktuell halten
- Sicherheitstests durchführen
- Etc.

Mit einfachen Führungsmassnahmen können im Projektmanagement Personal- und Betriebsmittel langfristig besser genutzt werden. So müssen z.B. insbesondere Mitarbeiter vor einer Dauerüberauslastung geschützt werden. Dabei wird heutzutage auch vermehrt eine optimierte Work-Life-Balance angestrebt. Diese Problematik der Überauslastung bei Projektmitarbeitern wird in den kommenden Jahren noch massiv zunehmen, da die heutigen allgemeingültigen europäischen „Sozialsysteme" der Arbeitnehmer für projektbezogenes Arbeiten meistens ungeeignet sind. Hierfür werden in der Zukunft für Arbeitgeber wie Arbeitnehmer neue positiv ausgelegte Regelwerke benötigt.

In Bezug auf die Betriebsmittel hat die Projekt- und Unternehmensleitung das Ziel, den langfristigen Werterhalt und die Qualität insbesondere der nichtverzehrbaren Betriebsmittel zu sichern. Der Unterhalt dient dazu, alle nichtverzehrbaren Betriebsmittel so lange als möglich betreiben zu können und deren Erneuerungszeitpunkt möglichst hinauszuschieben. Die verwendeten Betriebsmittel sollen werthaltig, nachhaltig und auch ästhetisch befriedigen. Um dies zu sichern, müssen allenfalls Serviceverträge abgeschlossen werden.

9.2.6 Einsatzmittelauflösung

Hat das Projekt im Laufe der Zeit „eigene" Einsatzmittel angeschafft, gilt es, diese bei Projektabschluss wieder zu „veräussern". Auch die gemieteten oder ausgeliehenen Personal- und Betriebsmittel müssen wieder abgegeben respektive zurückgegeben werden.

- Personalmittelauflösung
  Bei den Personalmitteln (☞ Kapitel 6.4 „Teamauflösung") müssen die unternehmenseigenen Mitarbeiter einem neuen Projekt oder der Linienorganisation übergeben werden. Die externen Mitarbeiter sind ihren neuen Bestimmungen abzugeben und den allfällig für das Projekt eigens in einer Festanstellung verpflichteten Mitarbeitern ist rechtzeitig zu kündigen, sofern sie nicht über andere unternehmensinterne Projekte beschäftigt werden können.

- Betriebsmittelauflösung
  Zu den projekteigenen Betriebsmitteln, die beim Projektabschluss abgegeben oder veräussert werden, gehören sowohl Gebrauchs- als auch Verbrauchsgüter. Um die Auflösung der Betriebsmittel gezielt und effizient umsetzen zu können, benötigt man eine Bestandesaufnahme. Danach gibt es drei Wege:
  1. Das Zurück- oder Freigeben von Räumen, Geräten etc., die vom Unternehmen zum Gebrauch zur Verfügung gestellt wurden.
  2. Die unentgeltliche Überlassung von Betriebsmitteln und Restposten, für die man betriebsintern keine Verwendung findet und die aufgrund ihres Zustandes und Alters nicht mehr veräussert und zu Geld gemacht werden können. Von den Objekten, die unentgeltlich überlassen wurden, empfiehlt es sich eine Inventur inkl. Empfängername zu erstellen und diese Liste vom Projektsteuerungs-Gremium unterschreiben zu lassen.
  3. Betriebsmittel, die noch verkauft oder weiter verwendet werden können, müssen ebenfalls in einer Inventarliste erfasst werden und über die verschiedenen offiziellen Kanäle veräussert respektive zugewiesen werden. Das durch die veräusserten Betriebsmittel eingenommene Geld wird, sofern sie über das Projektbudget gekauft wurden, dem Projekt gutgeschrieben.

9.3 Vertragsmanagement

Gemäss Heussen [Heu 2007] umfasst das Vertragsmanagement alle planerischen und organisatorischen Tätigkeiten, die dazu dienen, den Vertrag zu gestalten und zu realisieren. Diese Tätigkeiten lassen sich zwei Phasen zuordnen: derjenigen vor Vertragsabschluss (Vertragsbildung) und derjenigen nach Vertragsabschluss (Vertragsabwicklung).

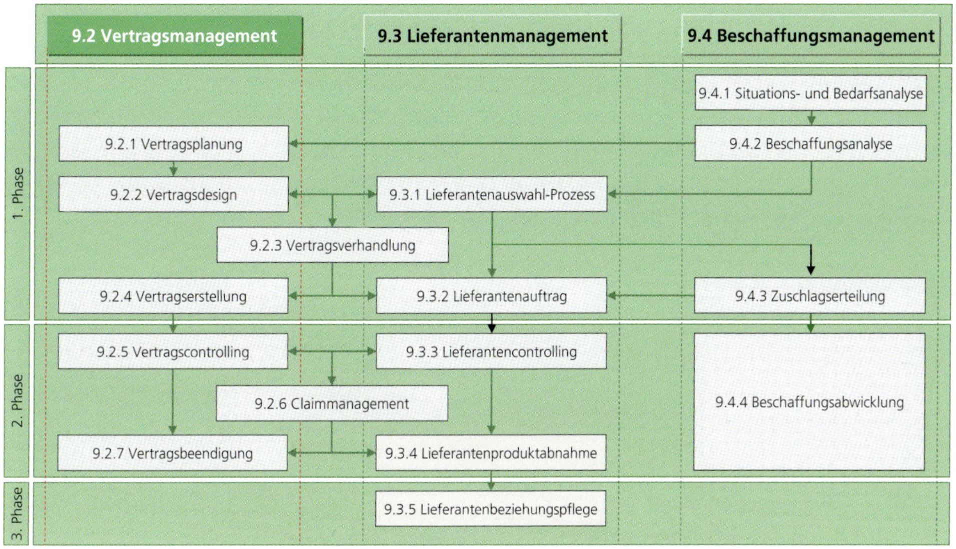

Abb. 9.07: Bestandteile des Vertragsmanagement-Prozesses

Projekte werden oftmals in Zusammenarbeit mit einem oder mehreren Partnern umgesetzt. Da dieses Zusammenarbeiten im Vorfeld, während und nach dem Projekt mit vielen Unbekannten versehen ist, birgt es nicht selten grosse Risiken. Die entsprechenden Massnahmen, um diese zu minimieren, sind einerseits Verträge, welche die Zusammenarbeit bezüglich der Projektabwicklung und gewünschten Lieferung regeln, und andererseits die Vertragsverfolgung, welche die dynamische Dimension der Vertragsregelung überwacht. Um die Bedürfnisse rund um den Vertrag und seine Zielverfolgung abdecken zu können, wurde das Vertragsmanagement definiert, mit dem

- man schnellen und gezielten Zugriff auf sämtliche Vertragsdaten und -informationen bekommt.
- rechtzeitiges und vorausschauendes Reagieren auf Vertragsänderungen wie Ablauffristen oder Preisanpassungen ermöglicht wird.
- klare Verhältnisse über Rechte und Pflichten gemacht werden.
- die vertragsrelevanten Informationen zugriffsmässig, flexibel, zeitgerecht und schnell verwaltet werden können.
- die gegenseitige Voraussetzung für das sogenannte Claimmanagement (Nachforderungsmanagement) geschaffen wird.

Vertragsmanagement im Projektmanagement ist ein Aufgabengebiet innerhalb des Projektmanagements zur Steuerung der Gestaltung, des Abschlusses, der Fortschreibung und der Abwicklung von Verträgen zur Erreichung der Projektziele [DIN 69905].

Ein vollständiges, durchgängiges Vertragsmanagement ist somit integraler Bestandteil eines ordnungsmässigen Projektmanagements. Die darin enthaltenen Aufgaben können vom Projektleiter, von einem Projektteammitglied oder von einem zentralen Projekt- oder Unternehmensoffice (Supply Chain Management) koordiniert und/oder wahrgenommen werden.

In den kommenden Unterkapiteln wird nicht ein im juristischen Sinn vollumfängliches und rechtlich breit abgestütztes Vertragsmanagement beschrieben, sondern es werden einige aus Projektsicht wichtige Punkte des Vertragsmanagements aufgeführt. Dabei gilt es zu erwähnen, dass der Umfang des im Projekt eingesetzten Vertragsmanagements jeweils dem Projektumfang bzw. der Projektklasse respektive daraus abgeleiteten Risiken angepasst werden sollte.

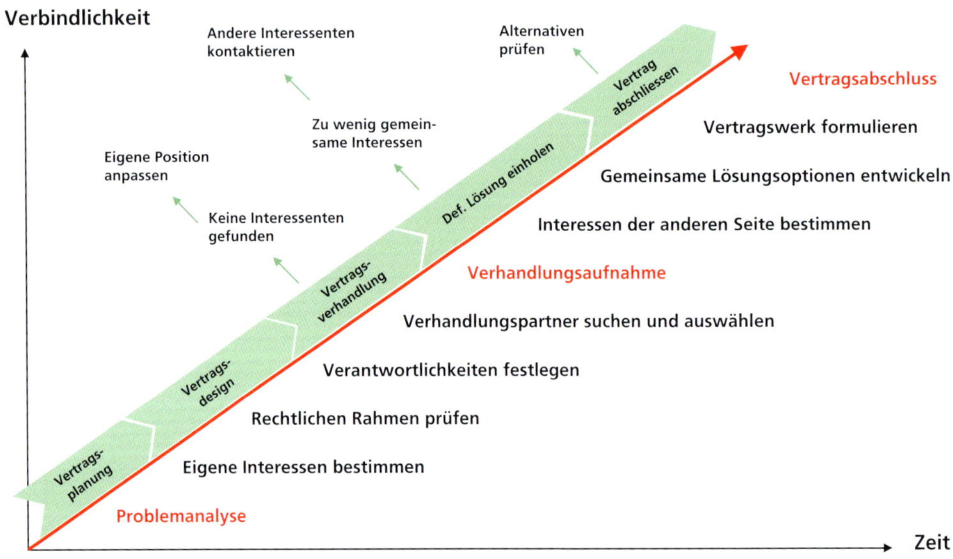

Abb. 9.08: Chart zur Planung von Vertragsverhandlungen [Heu 2007] © denkmodell Berlin®

9.3.1 Vertragsplanung

Mit der Vertragsplanung wird geklärt, welche Ziele mit dem Vertrag erreicht werden sollen und wie (aufgabenbezogen) diese zu erreichen sind.

Des Öfteren werden in Projekten aufgrund von höheren Einflüssen oder eines plötzlich verkürzten Zeitrahmens Teile eines Projekts ausgelagert. Dies führt dazu, dass (nach kurzen, unverbindlichen eigenen Vorüberlegungen) direkt in Vertragsverhandlungen gesprungen wird. Dass dieses situative und spontane Vorgehen bei Projekten nicht immer erfolgsbringend ist, haben schon einige Projektverantwortliche selber erlebt. Wenn möglich, sollte dem Weg bis zur Vertragsunterzeichnung genügend Raum hinsichtlich Aufwand und Zeit eingeräumt werden. Dieser Weg und der dafür benötigte „Raum" kann mit dem Punkt Vertragsplanung am besten bestimmt werden.

Egal ob ein grosses oder kleines Vertragswerk entstehen soll, es ist empfehlenswert, einen Juristen für gewisse Teilschritte oder sogar für den gesamten Prozess hinzuzuziehen. Obwohl ein juristisches Beratungshonorar nicht gerade günstig ist, ist dieser Betrag letztlich doch viel kleiner als die Kosten aus einem juristisch geführten Rechtsstreit. Auch das frühzeitige Beiziehen eines Einkaufsspezialisten, eines „Supply Chain Managers" (wenn diese im Unternehmen zur Verfügung stehen), macht grossen Sinn. Diese Fachkräfte haben spezifische Erfahrung im Umgang mit Lieferanten und können viele Stolpersteine rechtzeitig beiseite räumen.

In diesem Zusammenhang ist negativ zu erwähnen, dass in den letzten Jahren gewisse Einkäufer zu wahren „Zitronenpressern" wurden. Das heisst, sie drücken den Lieferanten so stark im Preis, dass er nicht mehr kostendeckend arbeiten kann. Dies mit dem Effekt, dass das Risiko auf der Projektseite massiv ansteigt. Lieferanten, die kein Geld mehr an einem Geschäft verdienen, setzen die Prioritäten anders! Das heisst, ein Projektleiter muss dieses Risiko bei der Vertragsplanung berücksichtigen und gewisse Langfristoptionen bezüglich der Zuschlagskriterien in die Planung mit aufnehmen.

Bei sehr grossen und komplexen Projektvorhaben ist es nicht selten, dass der Prozess des Vertragsmanagements, insbesondere die erste Phase (bis zum Vertragsabschluss), selbst ein Teilprojekt oder sogar ein „Vorprojekt" ist.

In und mit der Vertragsplanung läuft die gesamte Vorbereitung ab, die gemäss Heussen [Heu 2007] folgende Aufgaben umfasst:

- Ermitteln des allgemeinen Planungsziels,
- Festlegung der Funktionen des Vertrags im Rahmen der Projektgesamtplanung,
- Zuweisung der Planungsverantwortung,
- Definieren der Tätigkeiten des gesamten Vertragsmanagement-Prozesses,
- Ermitteln der eigenen Interessen und vorhersehbaren Verpflichtungen,
- Abschätzung der Interessen des Vertragspartners,
- Ermittlung und Bewertung der Interessen Dritter (Stakeholder),
- Erarbeitung der Gesamtstrategie,
- Durchdenken einzelner Szenarien,
- Ermittlung aller möglichen Alternativen,
- Festlegung der Abbruchkriterien für das Projekt,
- Definition des Zeitrahmens,
- Erarbeitung der ersten internen Entwürfe,
- Abstimmung dieser Entwürfe,
- Aufnahme des Kontakts mit der Gegenseite,
- Einarbeitung der Vorschläge des Vertragspartners,
- Vorbereitung der Verhandlungsstrategie mit internen Checklisten.

Das bei Projektgeschäften meistens verwendete Werkvertragsrecht geht davon aus, dass die Parteien sich schon zum Zeitpunkt des Vertragsabschlusses darüber einig sind, welche genaue Beschaffenheit das spätere Werk haben soll und welche Vergütung hierfür zu entrichten ist. Bei Verträgen über die Erstellung individueller und komplexer Lösungen, bei denen häufig erst in der Konzeptionsphase deutlich wird, was realisierbar ist (agile Projekte) und welche spezifischen Probleme bestehen, ist ein Werkvertrag ein immer noch verbreitetes Mittel; zu Beginn aber solcher Vorhaben ist er ungeeignet.

Die Projektnatur solcher Vorhaben erfordert eine abgestufte Vorgehensweise, die mindestens die Konzeptionsphase (Erstellen von eindeutigen Anforderungen) von der Erstellungsphase trennt. Mittels eines „Vorschaltvertrags" in Form eines Auftrags- oder Arbeitsvertrags wird eine konkrete Leistungsbeschreibung in Auftrag gegeben. Erst wenn eine vollständige Beschreibung der benötigten Verfahren (Anforderungen/Objekte) möglich ist, beispielsweise in einem Pflichtenheft/Lastenheft, kann Vertragssicherheit erreicht und können unabsehbare Haftungsrisiken für den Auftragnehmer bzw. eine genügende Erfolgssicherheit für den Auftraggeber erreicht werden. Empfehlenswert ist auch die Einigung auf bestimmte Verfahrensregeln, die eine geordnete Durchführung des Projekts ermöglichen.

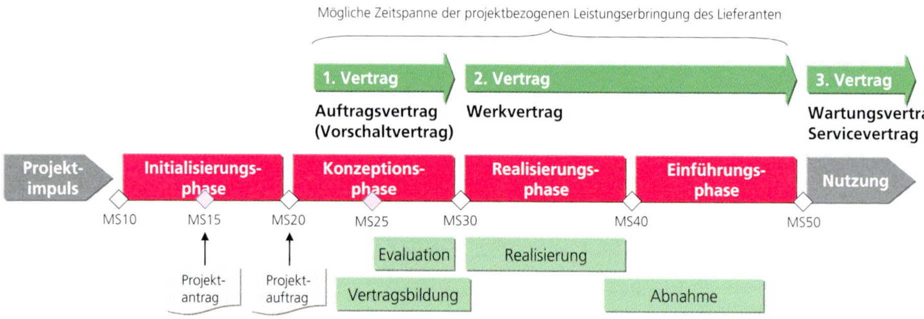

Abb. 9.09: Schrittweises Vorgehen

Hier gilt es zu erwähnen, dass bei öffentlichen Vergaben, d.h. wenn die klare Auftragsformulierung noch nicht vorliegt, nach diesem Prinzip vorgegangen werden muss. Das heisst, wird dieses abgestufte Verfahren eingesetzt, so darf der Partner, sprich Lieferant des ersten Vertrags (Vorschaltvertrag), nicht derselbe sein wie der Partner des zweiten Vertrags (z.B. Werkvertrag).

Ein weiterer positiver Effekt der Vertragsplanung ist die gesamtheitliche Sichtweise. So kann z.B. schon zu diesem frühen Zeitpunkt berücksichtigt werden, ob nach Erstellung respektive Lieferung des geplanten Objekts unterstützende Wartung und Service durch externe Stellen benötigt wird. Die frühzeitige Berücksichtigung solcher relevanten Komponenten kann auf die Beschaffung wie auch auf die Kosten mehrere Vorteile ausweisen.

9.3.2 Vertragsdesign

Ist das Ziel, für das man einen Vertrag benötigt, klar, und weiss man, wie man das Ziel erreichen will, kann mit dem Vertragsdesign begonnen werden. Hierfür gilt es, aus rechtlicher Sicht auf der ersten Designstufe die richtige Entscheidung bezüglich der Vertragsart zu treffen.

> Vertragsdesign beinhaltet die Gesamtheit der Regeln, die den Entwurf im Aufbau, in seinen Formen und in seiner Sprache bestimmen.

Auf der zweiten Designstufe wird dann der konkrete Inhalt des Vertrags festgelegt.

Da heutzutage mit Projekten alle möglichen Herausforderungen gelöst werden, kommen selbstverständlich auch alle Vertragsarten zum Einsatz.

Ein Vertrag ist eine für beide Seiten verbindliche Vereinbarung, die den Auftragnehmer verpflichtet, das genannte Produkt zu liefern, und den Auftraggeber verpflichtet, dafür zu bezahlen [PMI 2004].

Der Inhalt eines Vertrags kann in vier Hauptteile aufgeteilt werden. Einfach gesagt regeln die ersten drei Hauptteile die Leistung, die Vergütung und die Art der Zusammenarbeit. Der vierte Teil regelt die Situation der nicht mehr idealen Zusammenarbeit. Also, wenn etwas nicht so läuft oder gelaufen ist wie vereinbart.

- Leistungsbeschreibung
  Dazu gehören alle leistungsbeschreibenden Regelungen, die in zwei unterschiedlichen Arten (konkret und abstrakt) aufgeführt sein können:
  – Enumerative, „aufzählende" Beschreibung, d.h. alle Projektteile müssen sinnvoll zusammenwirken („konkret"),
  – Beschreibung des wirtschaftlich-organisatorischen Ziels („konkret"),
  – Beschreibung durch ein Referenzprojekt („konkret"),
  – mehrere Beschreibungswege parallel oder in Rangfolge („konkret"),
  – Stand der Technik („abstrakt"),
  – Ergonomie (ist von sehr hoher Praxisbedeutung) („abstrakt"),
  – Zeitverhalten wie Reaktionszeit, Vorgaben in Bezug auf die Verfügbarkeit („abstrakt").
  Wenn keine konkrete Leistungsbeschreibung möglich ist, muss ein „Vorschaltvertrag" abgeschlossen werden, in dem vereinbart wird, dass eine Projektstudie, ein Pflichtenheft, ein Anforderungskatalog, eine -spezifikation erstellt wird.

- Vergütung
  Der zweite Teil ist der Vergütungsbereich, also die Summe aller Regeln, die für die Festlegung der endgültigen Vergütung massgeblich sind. Für die Regelung der Vergütung gibt es drei verschiedene „Systeme":
  – Festpreis (Pauschalsummenvertrag/Fixed-Price Contract),
  – Preis nach Aufwand, allenfalls mit einem Kostendach,
  – Listenpreis.
  Die Fälligkeit der Vergütung hat Einfluss auf den Ablauf des Projekts! Wenn weitgehend alles bezahlt ist, ist der Lieferant nicht immer bis zum Letzten an der Beseitigung letzter Mängel interessiert.

- Organisationsregeln
  Dieser Teil enthält alle Organisations- und Verfahrensregeln. Weil das Projekt anfangs nicht immer inhaltlich komplett definiert sein kann und weil sein geordneter Ablauf auf Verfahrensregeln beruht, kommt diesem Bereich besondere Bedeutung zu:
  – Zeitplan und Meilensteine (zeitliche Verbindlichkeiten beider Seiten),
  – Teilprojekte (mögliche Teilabnahme, parallele Entwicklung, sofort nutzbar),

- Personen (konstantes qualifiziertes Projektteam, Aufgaben/Kompetenz/Verantwortung),
- Mitwirkung des Auftraggebers,
- Projektbesprechungen und Projektdokumentation,
- Abnahme (Reaktionszeiten, Abnahmerhythmus, Mängelbehebung),
- Nachbesserung und Gewährleistung (Fehlerklassen, Fehlermeldungen).

- Rechtliche Regeln
  Wird ein Vertrag gemäss den vier definierten Bereichen organisiert und aufgeteilt, so ist der vierte Teil, „rechtlichen Regeln", zwar sehr wichtig, im wörtlichen Sinne aber nur noch ein Randbestandteil. Die schon genannten drei Teile enthalten Vorgaben, die sichern sollen, dass die Mitspieler das Spielfeld nicht verlassen, also in der Kooperation und Zielorientierung bleiben. Rechtliche Regeln erfassen nur Situationen ausserhalb des Projekts, Geschehnisse ausserhalb des Spielfeldes oder des korrekten Spielverlaufs! Hierzu gehören unter anderem
  - Gerichtsort
  - geltendes Recht
  - Etc.

Egal, um welche Fachbereiche es inhaltlich geht: Das Vertragsdesign muss ein Werk der Zusammenarbeit der betroffenen Fachspezialisten sein, z.B. mit Blick auf den Einkäufer bezüglich der Vergütungsregelung, mit Blick auf den Informatiker bezüglich der Leistungsbeschreibung und in Bezug auf den Juristen bezüglich der rechtlichen Regeln. Im Idealfall haben diese Spezialisten interdisziplinäre Fachkenntnisse. Die Aufteilung eines Vertrags in vier Hauptteile vereinfacht auch die Vertragsprüfung. Dabei soll nicht vergessen werden, dass zum Vertrag als physischem Objekt unter anderem noch folgende Dokumente hinzugefügt werden können:

- Lastenheft, Pflichtenheft, Spezifikationen des Projektergebnisses,
- Absichtserklärungen/Letters of Intent (LoI) oder Memorandum of Understanding (MoU),
- Realisierungsplan, Prüfplan, Testkonzept,
- Geheimhaltungsvereinbarungen/Non Disclosure Agreement (NDA),
- sonstige projektrelevante Dokumente.

Im Rahmen der Projektabwicklung kann zwischen folgenden häufig verwendeten Vertragsarten/Vertragstypen unterschieden werden:

Einmalige Leistungen		Dauerleistungen	
Entwickeln eines Objekts	→ Werkvertrag	Nutzen eines Objekts	→ Mietvertrag
Kauf eines Objekts	→ Kaufvertrag	Anstellen eines Subjekts	→ Arbeitsvertrag
Warten eines Objekts	→ Auftragsvertrag	Langzeitdienstleistung	→ Dienstleistungsvertrag

Abb. 9.10: Vertragsarten (bzw. Vertragstypen)[1]

1 Die folgenden rechtlichen Ausführungen (OR) „Obligationenrecht" stellen die Situation gemäss Schweizerischem Zivilgesetzbuch (ZGB) dar. Für Österreich decken diese Ausführungen das Unternehmensgesetzbuch (UGB) und für Deutschland das Handelsgesetzbuch (HGB) ab.

9.3.2.1 Werkvertrag

Die Hauptleistung beim Werkvertrag besteht in der Herstellung eines bestimmten Werks zu einem bestimmten Preis durch den Unternehmer. Das Werk kann sowohl eine körperliche Sache als auch eine geistige Leistung sein: Der Unternehmer schuldet die Leistung eines bestimmten Erfolgs, also eines messbaren Arbeitsresultats. Erst wenn das Resultat wie vereinbart abgeliefert ist, hat der Unternehmer (Lieferant) seine Pflicht erfüllt. Im Gegensatz zum Kaufvertrag sieht das Gesetz beim Werkvertrag die Möglichkeit vor, unentgeltliche Nachbesserung zu verlangen. Hat das Werk derartige Mängel, dass dem Besteller die Annahme nicht zugemutet werden kann, so darf er diese verweigern und bei Verschulden des Unternehmers Schadenersatz fordern (Art. 368 Abs. 1 OR) (☞ Kapitel 9.4.4 „Lieferantenproduktabnahme").

Lässt sich während der Ausführung des Werks eine mangelhafte oder sonst vertragswidrige Erstellung durch Verschulden des Unternehmers voraussehen, kann ihm der Besteller eine angemessene Nachfrist zur Abhilfe ansetzen mit der Androhung, dass im Unterlassungsfall die Verbesserung oder Fertigstellung des Werks auf Gefahr und Kosten des Unternehmers einem Dritten übertragen werde (Art. 366 Abs. 2 OR).

Verzögert der Unternehmer die Ausführung in vertragswidriger Weise oder ist er so sehr im Rückstand, dass die rechtzeitige Vollendung nicht mehr zu erwarten ist, so kann der Besteller, ohne den Liefertermin abzuwarten, vom Vertrag zurücktreten (Art. 366 Abs. 1 OR).

Wichtig ist beim Werkvertrag insbesondere die Abgrenzung vom einfachen Auftrag: Beim Auftrag ist (wie auch beim Arbeitsverhältnis) nicht ein Resultat geschuldet, sondern lediglich ein Tätigwerden im Interesse des Auftraggebers. Auch die Abgrenzung vom Werkvertrag zum Kauf ist nicht immer ganz einfach. Im Prinzip kann gesagt werden: Ist bei Vertragsschluss die zu liefernde Sache (z.B. ein bestimmtes Hardwareprodukt, eine Software) erst noch herzustellen und weist diese Sache einen gewissen Einmaligkeitscharakter auf, dann liegt ein Werkvertrag vor. Routinemässige Herstellung der Sache deutet dagegen auf einen Kaufvertrag hin.

9.3.2.2 Kaufvertrag

Der Kaufvertrag bezieht sich auf Vereinbarungen über die Lieferung eines bereits bestehenden Vertragsgegenstandes. Hauptleistung beim Kaufvertrag ist die Übertragung des Eigentums an einer Sache oder einem Recht. „Sache" kann sowohl Auto, Haus, Hardware als auch Software sein (Letzteres allerdings nur, wenn der Urheber mit dem Verkauf der Software auf sämtliche Urheberrechte verzichtet). Den Verkäufer trifft neben der Pflicht zur Eigentumsverschaffung auch eine zweifache Gewährleistungspflicht: Er muss zum einen „unbeschwertes Eigentum" verschaffen, das heisst die Sache darf nicht durch fremdes Eigentum oder Pfandrechte beschwert sein. Wird die Sache dem Käufer entzogen (z.B. durch den wirklichen Eigentümer), so hat der Verkäufer Schadenersatz zu leisten (Art. 196 OR).

Zum andern muss der Verkäufer dafür einstehen, dass die Sache alle vorauszusetzenden und vertraglich zugesicherten Eigenschaften aufweist (wobei eine solche Eigenschaft auch die Abwesenheit von Mängeln darstellt). Es ist deshalb wichtig, dass der Vertrag die Beschaffenheit der Kaufsache möglichst präzis umschreibt. Um Mängel rügen zu können, hat der Käufer die Ware so bald wie möglich nach Empfang zu prüfen und offene Mängel sofort zu rügen (Art. 201 ff. OR). Unterlässt er die Prüfung bzw. die Mängelrüge, so verwirkt er seine Gewährleistungsansprüche.

Die Rechte, die der Käufer ausüben kann, sind entweder die „Wandelung" (d.h. die Rückabwicklung des Kaufs) oder die „Minderung" (d.h. die Herabsetzung des Kaufpreises). Der Verkäufer kann den Mangel beseitigen, indem er die Sache durch eine mangelfreie ersetzt. Das Gesetz sieht die Möglichkeit einer Reparatur der Sache nicht vor. Sie kann jedoch vereinbart werden.

Es kann sein, dass die mangelhafte Lieferung beim Käufer einen Schaden verursacht. Nur wenn der Kauf mittels Wandelung rückgängig gemacht wird, hat der Käufer Anspruch auf Schadenersatz. Dabei haftet der Verkäufer verschuldensunabhängig für den unmittelbaren Schaden (Art. 208 Abs. 2 OR). Zusätzlich muss er auch für den „weiteren Schaden" (Produktionsausfälle etc.) einstehen, wenn ihn ein Verschulden trifft.

Es ist zulässig, die Haftung (z.B. summenmässig oder auf bestimmte Schäden) zu beschränken. Hat der Verkäufer allerdings Mängel arglistig verschwiegen, so ist eine Haftungsbeschränkung ungültig.

Der Kaufvertrag ist, wie bereits im vorherigen Kapitel erläutert, vom Werkvertrag (bei dem sich der Unternehmer zur Herstellung eines Werks und somit zu einem gewissen Erfolg verpflichtet) abzugrenzen. Diese Unterscheidung ist wichtig, da insbesondere das Vorgehen bei Sach- bzw. Werkmängeln anders geregelt ist. Weiter gehen Nutzen und Gefahr beim Kauf in der Regel schon bei Vertragsschluss auf den Käufer über, beim Werkvertrag erst bei Ablieferung des Werks. Auch ein allfälliger Rücktritt vom Vertrag ist anders geregelt.

Abzugrenzen ist der Kauf auch vom Lizenzvertrag: Hier räumt der Inhaber eines Immaterialgüterrechts (z.B. eines Urheberrechts) dem Lizenznehmer lediglich ein (zeitlich, räumlich oder inhaltlich) beschränktes Benutzungsrecht ein, während das Recht selbst im Eigentum des Lizenzgebers verbleibt.

9.3.2.3 Auftragsvertrag

Im Auftragsverhältnis verpflichtet sich der Beauftragte zur Besorgung der ihm übertragenen Dienste oder Geschäfte, wobei er die Interessen und den Willen des Auftraggebers zu beachten hat. Normalerweise ist der Beauftragte weder organisatorisch noch örtlich in den Betrieb des Auftraggebers integriert. Er wird in der Regel nach Aufwand bezahlt. Typische Beispiele für Auftragsverhältnisse sind der Wartungs- und der Beratungsvertrag. Kennzeichnend für den einfachen Auftrag ist, dass kein bestimmter Erfolg (z.B. das Gelingen einer in Auftrag gegebenen Reparatur) geschuldet ist.

Der Auftragnehmer hat das ihm übertragene Geschäft persönlich zu besorgen, es sei denn, der Auftraggeber habe ihn zur Übertragung auf einen Dritten ermächtigt. Die Vertretung kann auch aufgrund der Umstände üblich und somit zulässig sein. Der Auftragnehmer haftet gegenüber dem Auftraggeber für getreue und sorgfältige Ausführung (Art. 398 Abs. 2 OR). Verursacht er fahrlässig oder gar vorsätzlich einen Schaden, so hat er diesen zu ersetzen.

Auftragsverhältnisse können von beiden Parteien jederzeit gekündigt werden. Diese Kündigungsmöglichkeit kann nicht durch eine Vereinbarung aufgehoben oder beschränkt werden. Allerdings zieht eine Kündigung „zur Unzeit" (z.B. in einer entscheidenden Phase eines Projekts) eine

Schadenersatzpflicht der kündigenden Partei nach sich. Zudem hat sich in der Praxis die Vereinbarung von Kündigungsfristen etabliert, was mittlerweile als zulässig erachtet wird, wenn es sich um eine Dienstleistung handelt, die der Beauftragte nicht unbedingt persönlich zu besorgen hat.

9.3.2.4 Mietvertrag

Die Miete bezweckt keine Eigentumsübertragung, sondern lediglich die vorübergehende Überlassung einer Sache oder eines Rechts. Es liegt ein Dauerschuldverhältnis vor, d.h., der Mieter hat das Recht, im Rahmen der vereinbarten Dauer die Mietsache zu nutzen. Der Vermieter hat die Pflicht, die Sache zum vereinbarten Zeitpunkt in einem gebrauchstauglichen Zustand zu übergeben und auch in diesem Zustand zu erhalten (Art. 256 OR). Kleinere Mängel hingegen, die während der Mietdauer auftreten, hat der Mieter auf eigene Kosten zu beheben (Art. 259 OR).

Die Miete ist vor allem gegenüber dem (gesetzlich nicht eigens geregelten) Leasing abzugrenzen. Das Investitionsgüterleasing stellt eine Mischform von Kauf und Miete dar und hat in der Regel zum Zweck, dass nach Ablauf der Leasingdauer der Leasingnehmer die Wahl hat, die geleaste Sache als Eigentum zu übernehmen.

Bei der Überlassung von Software spricht man meist von einem Lizenzvertrag. Der Lizenzvertrag ist im Gesetz nicht vorgesehen. Wenn auch eine Verwandtschaft mit der Miete besteht, so werden die Normen des Mietvertrags dem Lizenzvertrag doch nur beschränkt gerecht, weshalb hier die vertragliche Vereinbarung (Umfang der übertragenen Befugnisse, Garantien, Modalitäten bei Weiterentwicklung der Software) besonders wichtig ist.

9.3.2.5 Arbeitsvertrag

Dabei handelt es sich um eine Vereinbarung über die Überlassung der „Arbeitskraft" zur Erfüllung einer sorgfältigen Arbeitsleistung. Auf weitere Ausführungen wird hier verzichtet, da dies den Rahmen dieses Buches sprengen würde.

9.3.2.6 Dienstleistungsvertrag

In gewissen Branchen und Bereichen werden vermehrt Dienstleistungsverträge mit Langzeitcharakter abgeschlossen. Zu diesen werden Vereinbarungen wie

- Service Level Agreements,
- Wartungs- und Supportverträge,
- Rechenleistungen, Hosting und Applications Service Providing (ASP),
- Outsourcing-Vereinbarungen

gezählt. Diese können nicht durch „normale" Vertragsarten abgedeckt werden und bedürfen einer speziellen Regelung. Die Abwicklung solcher oftmals komplexer Langzeitverträge erfordert eine intensive Zusammenarbeit der verschiedenen involvierten Parteien: Daher haben in solchen Verträgen die Mitwirkungs- und Nebenpflichten besonders grosse Bedeutung. Zu ihrer Konkretisierung empfiehlt sich die Institutionalisierung eines Claimmanagement-Verfahrens (☞ Kapitel 9.3.6 „Claimmanagement").

9.3.3 Vertragsverhandlung

Die Vertragsverhandlung beinhaltet jede Art von kommunikativer Strategie, die zu einem von beiden Seiten akzeptierten Ergebnis führen soll. Akzeptiertes Ergebnis in einem betriebswirtschaftlichen Umfeld heisst, dass beide Parteien als „monetäre" Gewinner hervorgehen. Das Ziel eines jeden Vertrags sollte es sein, eine Pareto-effiziente Situation zu erreichen. Dies ist dann der Fall, wenn keine Paretoverbesserung mehr möglich ist, das heisst, es ist nicht mehr möglich, eine Partei besser zu stellen, ohne dabei eine andere schlechter zu stellen.

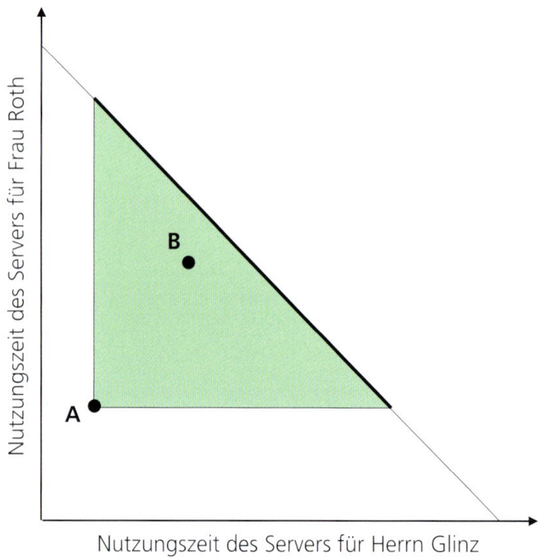

Abb. 9.11: Beispiel von Paretoverbesserung und Paretoeffizienz

Ein einfaches Beispiel illustriert diesen Gedanke sehr deutlich: Nimmt man an, Frau Roth und Herr Glinz verhandeln um die Nutzungszeit eines Servers. Es ist klar, dass der Server nicht mehr als 24 Stunden pro Tag laufen kann. Zurzeit steht der Server für Herrn Glinz 6 Stunden und für Frau Roth 9 Stunden im Einsatz. Diese Zeitallokation ist in der Abbildung 9.11 als Punkt A bezeichnet. Alle möglichen Allokationen, die sich in der grünen Fläche befinden, stellen in Bezug auf Punkt A eine Paretoverbesserung dar (wie beispielsweise die Allokation B). Die fett gezeichnete Linie bildet dabei alle Pareto-effizienten Allokationen (in Bezug auf die Allokation A). Diese sind durch Verhandlung anzustreben (Verhandlungsführung). Dass dabei nicht jeder Punkt gleich „fair" ist, liegt auf der Hand. Dies zeigt, dass Effizienz primär nichts mit Fairness zu tun hat. Indirekt spielt allerdings die Fairness doch eine Rolle. Dies beispielsweise dann, wenn eine Paretoverbesserung nicht zustande kommt, weil eine Partei sich unfair behandelt fühlt.

Der in etwas härteren und schnelllebigen Zeiten veränderte Grundgedanke bezüglich Fairness hat insbesondere bei Projektverträgen schon für manch böse Überraschung gesorgt. Der Auftraggeber als primärer monetärer Sieger der Vertragsverhandlung sieht sich plötzlich als Verlierer, wenn er das Hauptziel der Verhandlung auf das Herunterhandeln der Kosten legte, es jedoch unterliess, einen harten und „wasserdichten", aber fairen Vertrag bezüglich der zu erbringenden Leistung abzuschliessen. Dies dann, wenn der Lieferant aufgrund von besseren Vertragsbedingungen bei anderen

Aufträgen die Prioritäten anders setzt und somit weder in der Zeit noch in der geforderten Leistung/ Umfang liefern kann/will. Bei IT-Projekten werden solche Verzögerungen – aus was für Gründen auch immer – oftmals viel zu spät entdeckt: Jede noch so wohlüberlegte Entschädigung, Zahlungsstopps etc. nützen dem Auftraggeber nichts, da das Softwarepaket meist ein integraler Bestandteil einer Gesamtlösung ist. Die bei Vertragsabschluss erreichte Kostensenkung wird dann nicht selten im negativen Sinn um das Vielfache übertroffen.

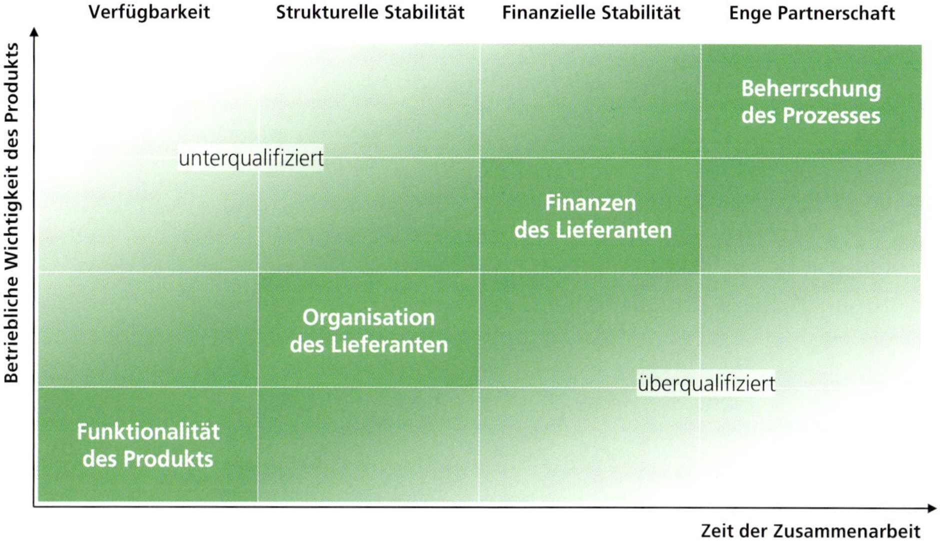

Abb. 9.12: Bedeutung der Faktoren in einer Beziehung

Das Beispiel zeigt, wieso es wichtig ist (wie in der Vertragsplanung aufgeführt) die Ziele zu kennen, die mit dem Vertrag erreicht werden sollen. Je genauer die Ziele und die Funktionen definiert sind, die der Vertrag abdecken soll, desto qualifizierter steigt man in die Vertragsverhandlung ein.

Wie in Abbildung 9.12 aufgeführt, ist die Beurteilung der Bedeutung der Beziehung, die man bei einem Vertrag mit einem Lieferanten eingeht, stark von den zwei Dimensionen „Dauer der Zusammenarbeit respektive objektbezogene, bedingte Bindung" und „Wichtigkeit des einzukaufenden Produkts für das Unternehmen" abhängig. Geht es um ein „unwichtiges Produkt", das für eine „kurze Dauer" in der Unternehmung eingesetzt wird, zählen ganz klar die Funktionalitäten und der Preis. Je mehr die beiden Dimensionen an Bedeutung zunehmen, desto wichtiger ist es, dass der Lieferant monetär gesund und somit auch noch in drei, vier Jahren existiert respektive dass er den „Produktionsprozess" beherrscht (☞ Anhang B.7 „CMMI-Modell").

Wer als „Sieger" aus Verhandlungen gehen will, muss gut vorbereitet in die Verhandlung einsteigen. Neben der Vertragsplanung (Ziele, Ablauf, Zeit etc.) und dem Vertragsdesign (Vertrag, gewünschte Leistungen etc.), die als Basiswerte in die Verhandlung mitgenommen werden, ist im Weiteren eine definierte und abgestimmte Verhandlungsstrategie die Basis des Erfolgs.

So viele Verhandlungen es gibt, so viele Verhandlungsstrategien gibt es. Grundsätzlich ist es so, dass derjenige, der die Verhandlungen führt, auch die Strategie bestimmt. Eine gute Strategie kann dann besonders gut zurechtgelegt werden, wenn eine klare Struktur der Sachverhalte vorliegt. Folgende Fragen helfen bei der gedanklichen Strukturierung [Heu 2007]:

- Welche Ziele (eigene und die der anderen Beteiligten) werden durch die Verhandlung versucht zu verfolgen?
- Wie ist das Umfeld, in das die Verhandlung eingebettet ist? (Zeitrahmen, Risiken etc.)
- Ist der vorherrschende Verhandlungsstand allen Beteiligten klar (dokumentiert)?
- Wissen die Beteiligten, wo Übereinkunft und wo noch Differenzen bestehen?
- Welche Entscheidungsspielräume stehen zur Verfügung, und was bedeuten diese Spielräume in Bezug auf allfällige Risiken?
- Handelt es sich bei einer Information um eine Tatsache oder um die Meinung einer Person?
- Was wurde bis jetzt entschieden und was sollte als Nächstes entschieden werden, damit die Verhandlungen weitergeführt werden können?

Als taugliches Mittel für eine erfolgreiche Führung von Vertragsverhandlungen dient in komplexen Situationen das von Heussen [Heu 2007] beschriebene Vergleichsnetz. Der erste Teil der Abbildung zeigt beispielhaft acht Gesichtspunke, die für den Auftraggeber bei Bewertung eines Vertrags notwendig sein können. Die Skalen von 0 bis 100 zeigen die Spannweite der möglichen Ziele: So ist im Beispielfall die Qualität und der Kundensupport von besonderer Bedeutung, während Termine eine geringere Bedeutung haben, und der Wunsch nach Absicherung der Leistung oder einem günstigen Preis liegt etwa bei drei Viertel der denkbaren Prioritäten.

Demgegenüber zeigt der zweite Teil der Abbildung das Angebot, das der Auftragnehmer abgegeben hat. Bei der Leistung erfüllt es ebenso wie beim Preis 100% der denkbaren Wünsche des Auftraggebers; es bleibt aber bei Qualität und Kundensupport deutlich hinter den Erwartungen zurück.

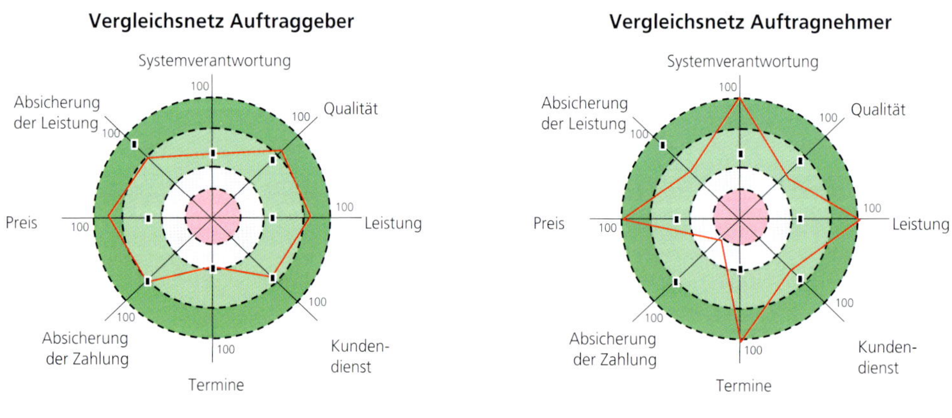

Abb. 9.13: Vergleichsnetzmethode von „©Denkmodell Berlin®"

Wie unterschiedlich die Vorstellungen beider Parteien bezüglich der skizzierten acht Schwerpunkte sind, zeigt sich am augenfälligsten, wenn beide Vergleichssätze übereinandergelegt werden. Man kann sofort erkennen, in welche Richtung sich Zugeständnisse bewegen müssen. Der Auftraggeber wird zwar fordern, die Qualität des Kundendienstes deutlich zu erhöhen, wird andererseits aber

Zugeständnisse in Aussicht stellen etc. Die Entwicklung und Benutzung solcher Planungswerkzeuge (z.B. SINFONIE von Denkmodell Berlin) ist Gegenstand einer umfassenden Literatur.

Mit der Aufnahme der Verhandlungen entsteht zwischen den Parteien ein besonderes Verhältnis, das durch die Pflicht zum Verhandeln nach „Treu und Glauben" geprägt ist [Heu 2007]. Jede Partei darf von der anderen erwarten, dass sie sich fair verhält. Aus diesem Grundsatz werden insbesondere folgende Pflichten abgeleitet, deren Verletzung Schadensersatzansprüche nach sich ziehen können:

- Beide Partien müssen ernsthaft verhandeln.
- Auch ohne Abschluss dürfen von der Gegenpartei eingereichte Pläne und Dokumente nicht anderweitig verwertet werden.
- Es darf nicht Personal der Gegenpartei abgeworben werden.
- Täuschendes Verhalten einer Partei kann gegen das Lauterkeitsrecht verstossen. Daher gilt bei beiden Parteien die Aufklärungspflicht.
- Beide Parteien müssen kostenbildende Faktoren, die sie der anderen Partei mitteilen, sorgfältig ermitteln.
- Während der Vertragsverhandlungen müssen Schädigungen der Verhandlungspartner an Person und Eigentum vermieden werden.
- Einen Verstoss gegen das Gebot des Verhandelns nach Treu und Glauben stellen auch Schmiergeldzahlungen einer Partei an die Vertreter der anderen dar.

Bei grösseren Vorhaben kann es sein, dass die Parteien für die Zeit während der Vertragsverhandlungen Regeln vereinbaren, die selbst vertragliche Gültigkeit haben. Verbreitet sind insbesondere folgende Elemente [Heu 2007]:

- Vergütungspflichten für Planungs- und Offertleistungen oder Auslagen im Zusammenhang mit den Vertragsverhandlungen.
- Geheimhaltungsvereinbarungen, Verwendungsverbote und Aufbewahrungsvorschriften für während der Vertragsverhandlungen offengelegte, nicht allgemein bekannte Informationen.
- Gelegentlich werden Vorverträge geschlossen, die zum Abschluss eines Hauptvertrages verpflichten.
- Weniger weit als Vorverträge gehen blosse Absichtserklärungen (Letter of Intent), welche die Absicht zum Ausdruck bringen, einen Vertrag mit einem bestimmten Inhalt zu schliessen.
- Mitunter wird durch Instructions to Proceed der weitere Ablauf der Verhandlungen skizziert.
- Besteht die Absicht, dass die Parteien mehrere Projekte miteinander realisieren möchten, und bestehen bezüglich der einzelnen Projekte noch keine konkreten Einzelheiten, kommt der Abschluss eines Rahmenvertrages in Betracht, der für alle Teile geltende Punkte wie Stundenansätze, Geheimhaltungspflichten etc. enthält.
- Es kann einer Partei unter gewissen Voraussetzungen das Recht gegeben werden, durch einseitige Erklärung einen Vertrag mit vorausdefiniertem Inhalt in Kraft zu setzen (Option).

9.3.4 Vertragserstellung

Die Vertragserstellung umfasst alle organisatorischen Massnahmen und Verhaltensregeln, um die durch die Planung und mittels Vertrag rechtskräftig festgelegten Ziele tatsächlich zu erreichen. Diesem Prozessschritt liegt somit ein abgeschlossener und rechtsgültiger Vertrag zugrunde. Der generelle Inhalt ist unter Punkt ☞ 9.3.2 „Vertragsdesign" grob beschrieben. Bei Verträgen in der Projektwelt werden meistens die Regelungen bezüglich Beginn und Ende von vertraglichen Beziehungen sehr genau geregelt: Diese definierten Vertragswerte sagen oftmals sehr wenig über die Leistungserbringung respektive Vertragsabwicklung aus. Es sollte daher neben den terminlichen Regelungen Folgendes möglichst genau definiert werden [Heu 2007]:

- Bestimmen von Projektleitern, die während der Vertragsdurchführung engen Kontakt halten.
- Projektsitzungen, die in der Durchführungsphase in regelmässigen Abständen abgehalten und protokolliert werden.
- Konkretisierung von Hinweis- und Warnpflichten.
- Ausgedehnte Informationspflichten über den jeweiligen Stand des Projekts.
- Warnpflichten bei drohenden Gefahren von dritter Seite.
- Verfahrensregeln beim Auftauchen technischer Auseinandersetzungen.
- Vereinbarung von abgestimmtem Verhalten bei Angriffen Dritter.
- Prüfungs- und Abnahmeverfahren für die Leistungen.
- Vorgezogene Qualitätsprüfungen.
- Vereinbarte Ersatzvornahmerechte, wenn der Vertragspartner ganz oder teilweise ausfällt.

Die Abwicklung in Bezug zum Vertragsmanagement heisst, dass der Projektleiter auf der Seite des Auftraggebers während der Dauer des Vertragsverhältnisses stets prüft, ob aus rein vertraglicher Sicht noch alles in Ordnung ist. Gibt es vertragsbezogene Unklarheiten (es zeigt sich, dass im Vertragstext ein Begriff mehrdeutig ist oder dass er eine Regelungslücke enthält) und Probleme (wenn eine Geschäftsgrundlage wegfällt), können Vertragskorrekturen und somit eine Neuerstellung eines Vertrags erzwungen werden.

9.3.5 Vertragscontrolling

Das Vertragscontrolling ist eine Aufgabe, die jede Partei für sich zu erledigen hat. Da die Vertragsziele für die involvierten Parteien unterschiedlich sind, muss jede Partei auch selbst bewerten können, ob sie erreicht wurden und welche Differenzen es zwischen Ziel und Realität gegeben hat.

Aus Sicht des Vertragsmanagements ist das Vertragscontrolling aufseiten des Auftraggebers während der Vertragsabwicklung beziehungsweise -erfüllung relativ einfach. Als Basis dienen der Vertrag, die einzelnen Arbeitsergebnisse, die Änderungsanträge sowie die Lieferantenrechnungen [PMI 2004]. Das Controlling hat folgende Hauptaufgaben:

- Erbrachte Leistung mit den vertraglich vereinbarten Leistungen prüfen (Lieferantencontrolling).
- Abweichungen zwischen vertraglich vereinbarten Leistungen und den tatsächlich erbrachten Leistungen dokumentieren und melden (Claimmanagement).
- Prüfen, ob Änderungsanträge die leistungsbezogenen Vertragsbedingungen verletzen und, wenn ja, entsprechend reagieren.
- Die Wirkung der Änderungsanträge prüfen, ob sie nicht allfällige Folgen auslösen könnten, die vertragsbedingt nicht abgedeckt sind.
- Mögliche, aus Vertragssicht drohende Risiken rechtzeitig erkennen und geeignete Gegenmassnahmen einleiten.

Wurde vom Lieferanten die vertraglich vereinbarte Leistung erbracht, kann die Zahlungsforderung des Lieferanten vom Vertragscontrolling zur Auszahlung freigegeben werden; dies kann der Projektleiter, das Projekt-Office, das Supply Chain Management etc. sein (☜ Kapitel 9.2.4 „Einsatzmittelabrechnung" und ☞ Kapitel 9.6.3 „Projektkostenverrechnung").

Nicht selten wird das Vertragscontrolling vom Projektleiter selbst ausgeführt. Wird diese Aufgabe vom PL diszipliniert vorgenommen, ist dem nichts entgegenzusetzen: Oftmals ist es jedoch so, dass die Aufgabe in der Hitze des Gefechts vernachlässigt wird, was zu grösseren „Folgeschäden" führt. Daher ist es idealer, wenn diese Aufgabe an das Projekt-Office oder an eine spezialisierte Stelle delegiert wird. Ein guter Erinnerungseffekt für ein diszipliniertes lieferantenbezogenes Vertragscontrolling ist, wenn man im monatlichen Projektstatusbericht bezüglich des Vertragsverhältnisses und der Vertragsvereinbarung eine „Status"-Ampel setzen muss.

9.3.6 Claimmanagement

Bestehen mit externen Firmen Verträge, insbesondere Werkverträge, so ist es die Pflicht des Projekt-Offices, die eingehenden Rechnungen kontinuierlich durch den internen Ergebnisverantwortlichen signieren zu lassen; dieser muss melden, wenn eine Diskrepanz zur vertraglich vereinbarten Leistung besteht. Solche Meldungen oder auch Folgeschäden in der Garantiezeit von Halbprodukten müssen dem Lieferanten als Vertragsnachforderungen (Claims) sofort gemeldet werden. Das Ziel des Claimmanagements ist es, Forderungen, die eine Vertragspartei nach Vertragsabschluss an eine andere stellt, durchzusetzen und Gegenforderungen abzuwehren.

Claims sind (Nach-)Forderungen aufgrund eines Vertrags, die eine Vertragspartei an die andere stellen kann,

- wenn Änderungsvereinbarungen (Änderungsantrag) vorliegen.
- wenn Zusatzleistungen aufgrund mündlicher Anordnung erbracht werden.
- wenn die andere Vertragspartei ihre vertraglichen Pflichten nicht oder nur mangelhaft erfüllt.
- wenn die Vertragsabwicklung nachweisbar behindert und unterbrochen wird.

Claimmanagement (Nachforderungsmanagement) ist ein Aufgabengebiet innerhalb des Projektmanagements zur Überwachung und Beurteilung von Abweichungen bzw. Änderungen und deren wirtschaftlichen Folgen zwecks Ermittlung und Durchsetzung von Ansprüchen [DIN 69905].

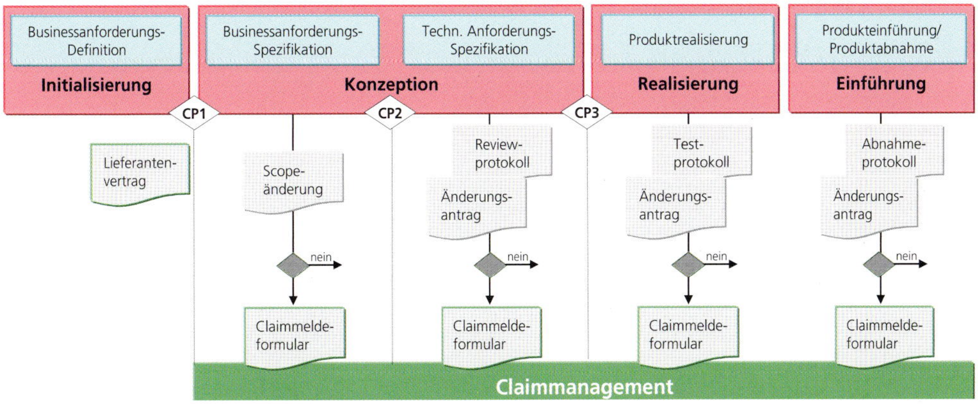

Abb. 9.14: Vereinfachte Darstellung einer Claimliste in Bezug auf Änderungen

Voraussetzung für ein erfolgreiches Claimmanagement ist die konsequente Anwendung des Vertragsmanagements und seiner Instrumente. Ein aktiv geführtes Claimmanagement hilft einer guten Partnerschaft zwischen Lieferanten und Auftraggeber nach dem Motto „streng, aber fair" enorm.

Es ist normal, dass der Auftraggeber und der Lieferant unterschiedliche Ziele verfolgen:

Ziele des Auftraggebers
- niedere Investitionen bzw. Kosten
- klare und effiziente Umsetzung
- keine Claims
- seinen Weg umsetzen (His way)
- möglichst hohe Qualität

Ziele des Lieferanten
- möglichst hoher Profit
- Sicherung der Anstellung, sprich des Auftrags
- gute Referenzen
- Arbeiten nach eigenen Methoden/Standards
- Folgeaufträge

Deshalb und aufgrund weiterer divergierender und zum Teil konkurrenzierender Ziele ist es somit normal, dass es Claims gibt. Wie die Vertragsparteien mit den Claims umgehen, ist das Entscheidende.

Das Claimmanagement übernimmt die Handhabung möglicher finanzieller Forderungen aufgrund der Änderungen oder des Nichteinhaltens von vereinbarten Leistungen. Es hat jedoch kein eigenes Erfassungssystem für Änderungen, sondern entnimmt diese unter anderem dem Änderungsmanagement. Das Claimmanagement „erfasst" die mittels Claimmeldeformular gemeldeten Nachforderungen und verwaltet aus Konfigurationssicht, basierend auf der Claimliste, die vertragsorientierten Teilaspekte. Deshalb ist das Claimmanagement mit dem Vertragsmanagement wie auch mit dem Konfigurationsmanagement sehr eng verkoppelt [PMF 2003].

In der Claimliste sind je nach Vertrag alle wesentlichen Informationen zur Verfolgung und Durchsetzung oder, bei umgekehrter Blickrichtung, zur Analyse und Abwehr von Ansprüchen aufzunehmen.

Was beim projektbezogenen Claimmanagement in Zusammenhang mit dem Änderungsmanagement sehr wichtig ist, ist der Zeitpunkt des „Freeze". Dieser Zeitpunkt muss – wie im Kapitel ☞ 5.3.5, „Anforderungsprüfung", explizit aufgeführt – allen Parteien in offizieller Form mitgeteilt werden. Das heisst, dass ab Zeitpunkt CP1, CP2 und CP3 nur gegen entsprechende Auflagen Änderungen und Veränderungen gemacht werden dürfen. Diese projektinterne Richtlinie (Policy) gilt nicht nur für die Bereichsverantwortlichen respektive Teilprojektleiter, sondern für die gesamte im Projekt involvierte Belegschaft. Neben der Thematik der Änderungen seitens Auftraggeber und Lieferanten beinhaltet das Claimanagement zusammenfassend das Managen von:
- Lücken im Vertrag,
- Lücken in der Projektbeschreibung,
- ungenauen Standards, die Spielraum für Interpretationen lassen,
- Leerlaufzeiten für den Contractor/Kunden,
- Kosten für die Zeitverzögerungen durch Entscheidungsprozesse auch beim Festpreisvertrag.

Möchte man ein Claimmanagement einsetzen, so soll sich gemäss Gregorc [Gre 2005] ein Projektleiter folgende Fragen stellen:
- Wie gehen wir zielgerichtet vor, um zu unserem Recht zu kommen?
- Was kann ich zu meinem Schutz anführen, und wie halte ich das fest?

- Wie weit will ich in der Durchsetzung oder in der Abwehr von Ansprüchen gehen?
- Was darf das ganze Claimmanagement kosten? Rechnet es sich für mein Projekt auch wirklich?

9.3.7 Vertragsbeendigung

Die vertraglichen Vereinbarungen können einen vorzeitigen Vertragsabbruch vorsehen. Eine solch „abnormale" Beendigung sollte in einem klar definierten Verfahren im Vertrag festgehalten werden.

Geht der Vertrag „normal" zu Ende, kann dies – aber es muss nicht – auch gleichzeitig das Projektende bedeuten. Die Beendigung eines Vertrags ist oftmals nur ein administrativer Prozess, in dem unter anderem durch ein Abnahme-Audit (strukturiertes Abnahmeverfahren) schriftlich festgehalten wird, ob von beiden Parteien alle Leistungen gemäss vertraglichen Vereinbarungen erbracht wurden. Wenn nein, kann die offizielle Vertragsbeendigung nicht unterzeichnet werden, und es müssen ein spezielles Verfahren (z.B. Mängelrüge) sowie entsprechende Korrekturmassnahmen eingeleitet werden. Dieser Prozessschritt ist Bestandteil der Produktabnahme (☞ Kapitel 5.6.2 „Produktionstest und Produktabnahme") und allenfalls auch des Projektabschlusses (☞ Kapitel 4.5 „Projekt abschliessen").
Bei der Vertragsbeendigung sollten folgende Tätigkeiten umgesetzt werden:

- „Abschliessendes" Überprüfen aller Leistungen und erstellten Lieferobjekte.
- Überprüfen aller vorhandenen Claims, dies nicht nur auf Auftraggeber-, sondern auch auf Auftragnehmerseite.
- Archivieren aller Prüfprotokolle, die den Endzustand des vertraglich vereinbarten Lieferobjekts dokumentieren.
- Sicherstellen, dass der neue Besitzer des Objekts weiss, dass er der neue Besitzer ist.
- Archivieren aller Dokumentationen.
- Sicherstellen, dass allfällige weitere Vertragsvereinbarungen wie Wartungs- oder Dienstleistungsverträge in Kraft treten.
- Freigeben respektive Terminieren der Restzahlungen.
- Offiziell den Vertrag als beendet deklarieren.
- Erfahrungen werden dokumentiert.
- Allenfalls eine Lieferantenbewertung (Rating) bezüglich Leistung erstellen und kommunizieren.

9

9.4 Lieferantenmanagement

Basierend auf dem Ansatz von Koppelmann, umfasst das Lieferantenmanagement die Identifikation potenzieller Lieferanten, die Bewertung und Auswahl der Lieferanten, die Abwicklung, das heisst das Steuern der Lieferanten-Abnehmer-Beziehung sowie die Lieferantenpflege [Kop 2000].

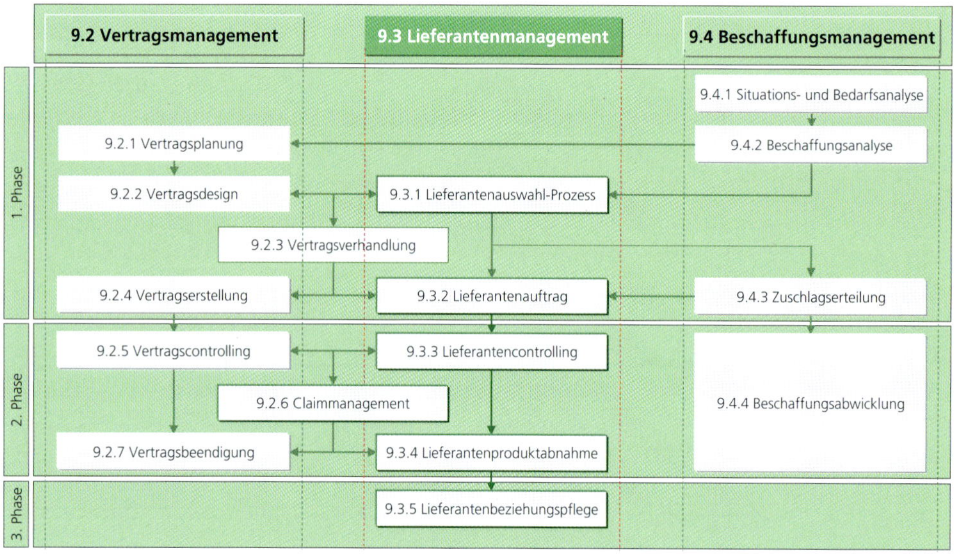

Abb. 9.15: Bestandteile des Lieferantenmanagement-Prozesses

In Abgrenzung zu Kapitel 9.5 (☞ „Beschaffungsmanagement"), bei dem es darum geht, z.B. eine Maschine, Lizenzsoftware, ein Auto, aber auch mögliche Lieferanten in Bezug eines Werkauftrags durch ein qualifiziertes Vorgehen zu beschaffen, hat das Lieferantenmanagement einen anderen, viel grösseren Fokus. Bezieht sich die Beschaffung in Kombination mit dem Vertragsmanagement insbesondere bis zum Vertragsabschluss darauf, den richtigen Lieferanten auszuwählen und die kommende Geschäftsbeziehung auf eine gute rechtliche Grundlage zu stellen, ist es das Ziel des Lieferantenmanagements, eine gute und kontrollierte betriebswirtschaftliche Beziehung mit dem Lieferanten zu betreiben; dies über die Dauer einer oder auch mehrerer vertraglicher Vereinbarungen. Die generellen Ziele des Lieferantenmanagements sind:

- die „richtige" Leistung zu Marktpreisen,
- effizientes Managen der Lieferantenbeziehungen,
- Pflegen von erfolgreichen Partnerschaften,
- Senken von Lieferantenrisiken.

Aus Unternehmenssicht heisst dies zusammengefasst: ein konsequentes, langfristiges und stabiles Verhältnis zu allen strategisch wichtigen Lieferanten. Dabei kann eine generelle Bewertung aller in eine Unternehmung eingebundenen Lieferanten vorgenommen werden, welche schliesslich definiert, mit welchen Lieferanten eine bevorzugte Beziehung („preferred supplier") eingegangen wird.

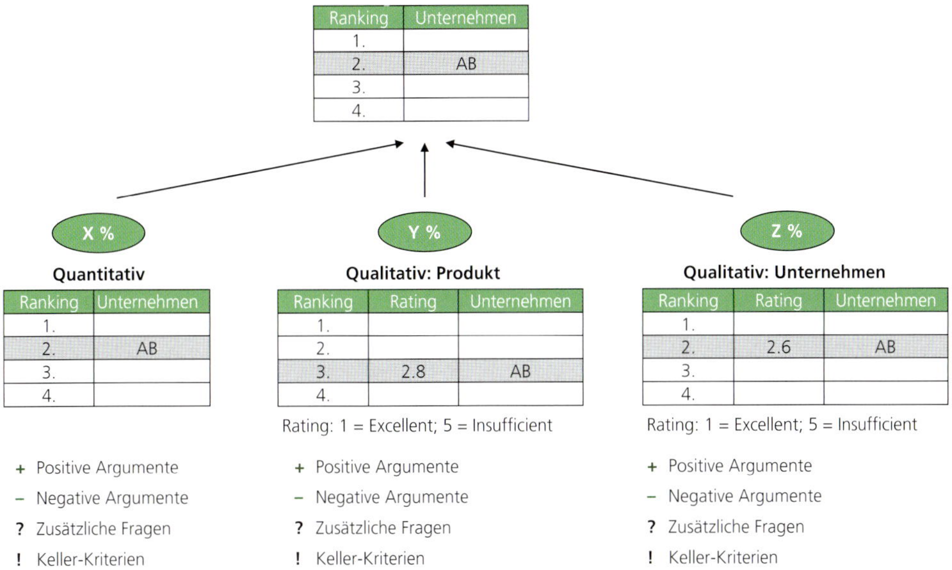

Abb. 9.16: Unternehmensranking-Modell für „preferred supplier"

Diese Zielsetzungen, z.B. „Leistung zu Marktpreisen", sind nicht immer deckungsgleich mit der Zielsetzung des Projektleiters. Da die Projekte einmalig sind, da es dem Projekt „egal" ist, ob der Lieferant nach dem Projekt noch existiert, und da in einem Projekt neben der betriebswirtschaftlichen Professionalität nicht selten auch die soziale Komponente des Zusammenarbeitens entscheidend ist, sind z.B. die Entscheidungskriterien für den richtigen Lieferanten in Bezug zu einem Projekt viel mehr auf den unmittelbaren Projekterfolg gesetzt.

Im Spannungsfeld dieser möglichen Diskrepanz hat der Projektleiter die Aufgabe – in Verbindung zum Vertragsmanagement und zum Beschaffungsprozess –, das Bestmögliche für das Projekt, aber auch für die Unternehmung zu erreichen.

9.4.1 Lieferantenauswahl-Prozess

Obwohl bei dieser Aufgabenstellung, der Selektion eines geeigneten Lieferanten, unternehmensintern oftmals kein oder ein minimaler Personalmitteleinsatz koordiniert werden muss, ist es wichtig, diesem Selektionsprozess entsprechende Managementaufmerksamkeit zu geben. Da einerseits die Termine, Rhythmen und das benötigte Know-how nicht immer kongruent zum Hauptprojekt verlaufen und andererseits eine entsprechende Auswahl für das Unternehmen sehr relevant sein kann, ist zu überlegen, ob die Ausschreibung, sprich die Lieferantenauswahl, nicht im Sinne einer effizienten, transparenten Beschaffung (☞ Kapitel 9.5 „Beschaffungsmanagement") mittels eines eigenen Beschaffungsprojekts umzusetzen ist.

Gemäss Arnold [Arn 1997] kommt vor allem dem Koordinieren von Informationen zwischen den Verantwortlichen des Beschaffungs- und Lieferantenmanagements eine grosse Bedeutung zu. Dies deshalb, da insbesondere in einem grösseren Unternehmen das Supply Chain Management

(Unternehmenssicht) und der Beschaffungsprozess (Projektsicht) nicht immer von denselben Personen umgesetzt werden. Neben den Informationen, die über die Bedarfs- und Beschaffungsmarktsituation Auskunft geben, müssen zur Identifikation neuer oder vorhandener Lieferanten Informationen und Daten durch die Beschaffungsmarktforschung oder durch interne Informationsquellen bereitgestellt werden. Andererseits dienen die Daten, die im Rahmen des Lieferantenmanagements gewonnen werden, als Informations- und Ausgangsbasis für einzelne Aktivitäten in der Beschaffungsmarktforschung oder stellen jene situations- und konstellationsbestimmenden Determinanten dar, die das Aufgaben- und Entscheidungsfeld innerhalb des gesamten Beschaffungsprozesses definieren und beeinflussen. Im vordergründigen Interesse steht hier beispielsweise die Entscheidung über die Bestimmung der Leistungs- und Wertschöpfungstiefe eines Unternehmens.

Die Lieferantenauswahl muss in Bezug zum Beschaffungsmanagement gesehen werden. Schliesslich geht es bei diesem Prozess darum, einen Vertragspartner zu finden, der ein Beschaffungsobjekt liefert.

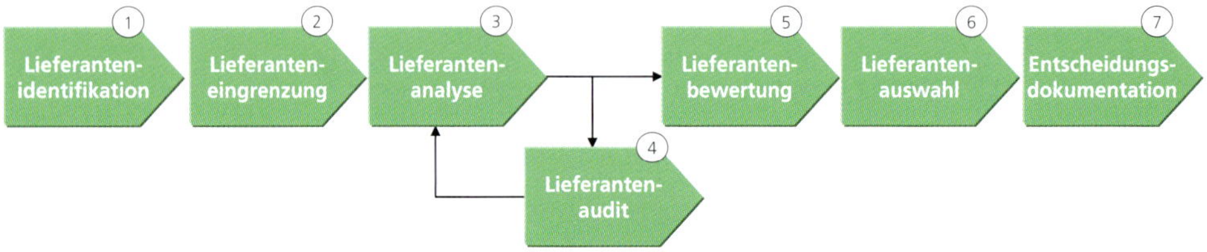

Abb. 9.17: Lieferantenauswahl-Prozess, basierend auf dem Modell von Janker [Jan 2004]

1. Lieferantenidentifikation
   Ausgehend von einem konkreten Bedarf gemäss Bedarfs- und Beschaffungsanalyse (☞ Abbildung 9.26), gilt es im Rahmen der Lieferantenidentifikation jene Hersteller zu identifizieren, die das benötigte Beschaffungsobjekt anbieten. Hierfür wird zunächst der in Frage kommende Beschaffungsmarkt abgesteckt und nach potenziellen Lieferanten abgesucht, die das gewünschte Beschaffungsobjekt herstellen bzw. in der Lage sind es herzustellen. Führt dieser erste Anlauf zu keinem verwertbaren Ergebnis, so ist eine Ausweitung der Suche auf angrenzende Branchen sinnvoll. Bei Spezialprodukten, welche bei Projekten nicht selten im Vordergrund stehen, ist die Suche auf Anbieter von ähnlichen Produkten oder auf Anbieter mit spezifischen, auf das benötigte Beschaffungsobjekt anwendbaren Verfahrensfähigkeiten auszudehnen [Gla 1994].

2. Lieferanteneingrenzung
   Bei einem zweistufigen Beschaffungsverfahren hat der Auftraggeber im ersten Durchlauf meistens mittels „Eignungskriterien" zu entscheiden, welchen Lieferanten er zur Offertabgabe respektive zur Verhandlung einlädt. Das heisst, von den meist mehreren Dutzend möglichen Lieferanten sollte mit einem effizienten Verfahren die Spreu vom Weizen getrennt werden. Diese Selektion muss aufgrund objektiver Eignungskriterien im Sinne der Mindestleistungsfähigkeit mit Lieferantenfragebögen sowie Zertifikaten und Auszeichnungen erfolgen. Zweistufigkeit wird in der Praxis mit den Begriffen RFI (Informationsanfrage) und RFP (Angebotsaufforderung) erläutert: RFI/RFQ = Request for Information/Quotation (insbesondere notwendig, wenn keine klar definierten Requirements vorliegen) und RFP = Request for Proposal.

3. Lieferantenanalyse
   Wurden gemäss Janker [Jan 2004] die Informationen der ersten zwei Schritte in der gewünschten Tiefe zusammengetragen, werden diese analysiert und bewertet. Es erfolgt eine Querschnittsbetrachtung der wirtschaftlichen, ökologischen und technischen Leistungsfähigkeit der potenzielleren Lieferanten. Dabei werden das gesamte Marktleistungsangebot der Lieferanten sowie die Mittel und Möglichkeiten, dieses zu realisieren, analysiert. Weiterhin muss die zukünftige Beziehung zwischen Lieferant und Auftraggeber beleuchtet werden, um eventuell sich ergebende wechselseitige Abhängigkeiten, Konkurrenzbelieferungen etc. in der Bewertung berücksichtigen zu können.

4. Lieferantenaudit
   Wird eine längerfristige Zusammenarbeit mit einem Lieferanten gesucht, welcher zum Beispiel für den Auftraggeber Software, Halbprodukte oder Teilleistungen produziert, muss eine vertiefte Abklärung der Produktion, sprich der Prozessreife, mittels eines ISO- oder CMMI-basierenden Audits geprüft werden (☞Anhang B.7, B.8). Bei solchen langfristigen Partnerschaften geht es in erster Linie nicht um den Preis, sondern um die Fähigkeit der Flexibilität, „Standfestigkeit" und die gleichbleibende Qualität. Das heisst, bei einer derartigen Lieferantenauswahl sind andere Kriterien wichtig (☞ Abbildung 9.18), die man nicht anhand eines Prospekts respektive durch Aussenanalyse beurteilen kann, sondern nur durch eine Innenanalyse.

5. Lieferantenbewertung
   Bei diesem Schritt geht es nun darum, die selektierten potenzielleren Lieferanten mittels geeigneter Verfahren zu bewerten. Basierend auf den Resultaten der Lieferantenanalyse, kann nun die effektive Leistungsfähigkeit der verschiedenen Anbieter systematisiert bewertet und aufgezeigt werden. Dabei sollten sowohl quantitativ messbare als auch qualitative Kriterien in die Bewertung eingehen. Die Bewertung sollte für jede Entscheidungssituation aussagekräftige Ergebnisse liefern können. Sind die Entscheider bezüglich ihres Entscheids nicht ganz sicher, so führen sie z.B. eine Konsequenzenanalyse oder Sensitivitätsanalyse durch. Das heisst, sie fragen sich, was passiert, wenn sie eine bestimmte Variante/ein bestimmtes Angebot wählen (Risikobetrachtung). Oder bei der Sensitivitätsanalyse wird z.B. ein starkes Kriterium des Siegers tiefer gewichtet: Bleibt der Sieger nach der Veränderung immer noch Sieger, so erkennt man, dass er z.B. nicht nur auf „einem Bein" steht. Jedoch: Selbst die raffinierteste Methode nimmt schliesslich die Entscheidung und die Verantwortung nicht ab. Sie sollte jedoch die Transparenz und das Gefühl der Seriosität in einer Entscheidungssituation erheblich erhöhen. Bei öffentlichen Ausschreibungen ist ein nachvollziehbares, transparentes Vorgehen aufgrund der Beweislage zu einem späteren Zeitpunkt sogar Pflicht.

6. Lieferantenauswahl
   Gemäss Janker [Jan 2004] wird mit der Wahl des Lieferanten der Lieferantenauswahl-Prozess abgeschlossen. Im Rahmen einer strategischen Lieferantenauswahl gilt es zunächst, Erfolgspotenziale und damit Lieferanten für das Unternehmen zu erschliessen, um anschliessend mittels der operativen Lieferantenauswahl aus diesem Lieferantenkreis konkrete Aufträge über bestimmte Beschaffungsobjekte zu vergeben. Bei der Auswahl sollten sowohl die Ergebnisse der Lieferantenbewertung als auch die in der Lieferantenanalyse beschriebenen Beziehungen zwischen Lieferant und Abnehmer in die Entscheidungsfindung einbezogen werden. Wird bei einem

Konzern ein Lieferant in den offiziellen Kreis der Lieferanten aufgenommen, so spricht man von preferred supplier.

7. Entscheidungsdokumentation
   Das gebräuchlichste Hilfsmittel in der Entscheidungsfindung der auszuwählenden Varianten bildet das aufgeführte Standardverfahren einer Punktebewertung, z.B. die Kostennutzwert-Analyse. Der Ablauf sieht grob gesehen wie folgt aus:
   – Ermittlung der Ziele,
   – Gewichtung der Ziele,
   – Wertigkeitsskalen für die Punktevergabe erstellen,
   – Entscheidungsmatrix aufstellen,
   – Vergabe von Punkten für die Varianten,
   – Ausrechnen der Entscheidungsmatrix,
   – Sensibilitätsanalyse,
   – Entscheidung aufgrund der vorliegenden Resultate.

Nutzwertanalyse	Gewicht	Angebot A		Angebot B		Angebot C	
		Punkte	Total	Punkte	Total	Punkte	Total
a. Anbieterbezogene Kriterien	8	6	48	4	32	7	56
b. Hardwarebezogene Kriterien	8	7	56	8	64	9	72
c. Softwarebezogene Kriterien	6	8	48	9	54	10	60
d. Entwicklungstoolbezogene Kriterien	14	8	112	7	98	9	126
e. Kriterien bezüglich nichtfunktionaler Anforderungen	17	7	119	8	136	9	153
f. Kriterien bezüglich funktionaler Anforderungen	8	9	72	9	72	8	64
g. Realisierungsbezogene Kriterien	19	9	171	7	133	9	171
h. Kostenbezogene Kriterien	14	8	112	6	84	7	98
i. Offertenbezogene Kriterien	6	7	42	5	30	8	48
Nutzwert			**780**		**703**		**848**

Kosten pro Jahr: Angebot A: 440 000. –
Angebot B: 380 000. –
Angebot C: 550 000. –

Kosten pro Nutzpunkt: Angebot A: 440 000. – : 780 = 564.1 pro Nutzpunkt
Angebot B: 380 000. – : 703 = 540.5 pro Nutzpunkt
Angebot C: 550 000. – : 848 = 648.5 pro Nutzpunkt

Abb. 9.18: Nachweis der Kosten-Nutzwert-Analyse

9.4.2 Lieferantenauftrag

Das Auswählen des richtigen Lieferanten ist nur eine Seite der Medaille. Die andere Seite ist, den selektierten Lieferanten professionell in einen Vertrag einzubinden. Dies wird in der Teilkomponente Lieferantenauftrag des Lieferantenmanagements bewerkstelligt. Bei diesem Teil geht es nicht nur darum, wie unter Kapitel 9.3.3 (☞ „Vertragsverhandlung") und 9.3.4 (☞ „Vertragserstellung") beschrieben, die Vertragsverhandlungen und die Vertragserstellung erfolgreich durchzuführen, sondern auch möglichst schnell und effizient die Zusammenarbeit zu starten. Dabei wird ein interner Administrationsauftrag ausgelöst, mit dem Ziel, alles daran zu setzen, dass eine schnelle und problemlose Zusammenarbeit möglich wird. Zu den Aufgaben dieses Auftrags gehören unter anderem:

- administratives Erfassen der Vertragsparteien respektive Einzelpersonen,
- Erstellen der Dispositionskalkulation (Materialdisposition, Produktestücklisten),
- Terminplanung,

- Freigeben der Budgets,
- Aufbauen des Kennzahlenstatus (Leistungs-, Qualitäts-, Zeit- und Kostentreue),
- Erfassen der Zahlungsmodalitäten (Teil- oder Abschlussrechnung, Zahlungsfristen etc.),
- Auftragserteilung und -zustellung plus allgemeine Information an die Betroffenen,
- Erstellen der Arbeitskonfiguration, nicht zuletzt auch Erteilen der benötigten Berechtigungen,
- Etc.

Diese Punkte sind bei industriellen Aufträgen eine Normalität. Bei Projektaufträgen wie z.B. einer projektorientierten Zusammenarbeit für die Erstellung einer neuen Software ist man diesbezüglich bei vielen Unternehmen noch etwas rückständig. Für eine gute Lieferantenbeziehung ist das Legen der „administrativen" Basis eine nicht wegzudenkende Notwendigkeit.

9.4.3 Lieferantencontrolling

Je nach Art des Projekts und der vertraglich vereinbarten Leistung fällt das Lieferantencontrolling anders aus. Da der Controllingaufwand mit Kosten verbunden ist, gilt es auch zu berücksichtigen, wie gut der Lieferant die Prozesse und Standards und generell die Unternehmenskultur kennt. Dadurch kann allenfalls die Intensität der Kontrolle fallbezogen festgelegt werden. Selbstverständlich gehört zum Aufgabenspektrum eines guten Lieferantencontrollings die Wareneingangsprüfung bzw. die Überwachung der Leistungserfüllung bei Dienstleistern, welche vom Projektteam wahrgenommen werden muss.

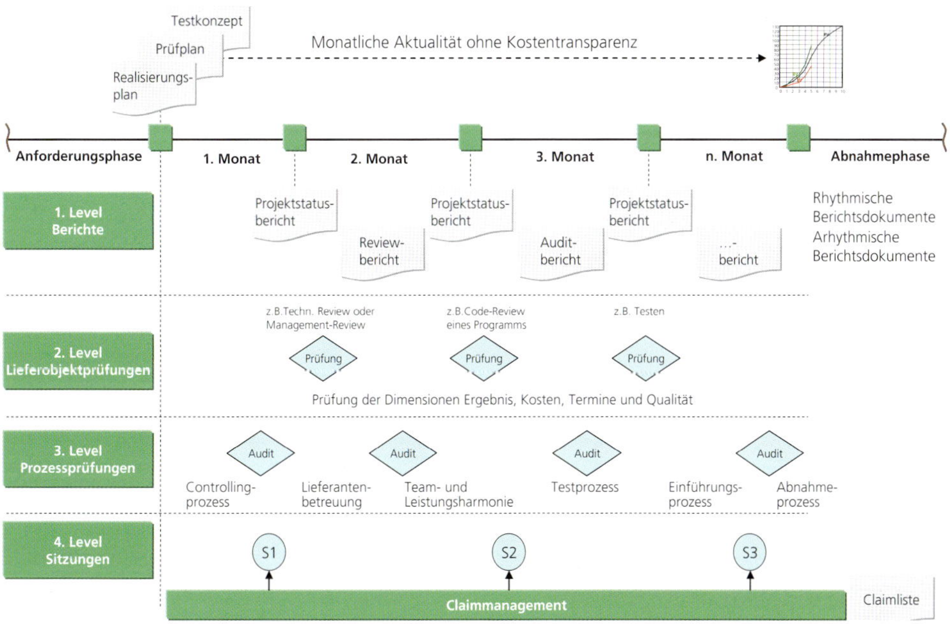

Abb. 9.19: Die vier Level des Lieferantencontrollings

Des Weiteren zählt dazu die umfassende Überprüfung der Leistungsfähigkeit, die mit einem hohen Informationsaufwand verbunden ist und demzufolge nicht permanent, sondern nur in bestimmten Intervallen erfolgt. Eine weitere Aufgabe des Lieferantencontrollings ist die Sammlung und Bereitstellung von lieferantenspezifischen Informationen und damit die Schaffung einer Informationsbasis für künftige Auswahlentscheide [Jan 2004]. Diese Überprüfungsaufgaben sollten, wenn vorhanden, vom unternehmensinternen Lieferantenmanagement wahrgenommen werden. Das ganze Lieferantencontrolling ist je nach Situation recht schwierig und darf nicht nur durch die Eingangskontrollen abgestützt werden. Sehr oft wird nach dem Motto „no news are good news" gelebt, was oftmals kurz vor Liefertermin zu einem bösen Erwachen führen kann. Deshalb ist das fortlaufende Überwachen der Leistungserbringung in der projektorientierten Zusammenarbeit sehr wichtig. Dabei geht es nicht darum, den Lieferanten „in die Zange zu nehmen" und ihn so eng wie möglich zu führen respektive zu kontrollieren, sondern es sollen in einem ausgewogenen Verhältnis seine Leistung und die daraus resultierenden Teilergebnisse geprüft werden.

Wie Abbildung 9.19 aufzeigt, kann das Lieferantencontrolling durch einen 4-Level-Ansatz umgesetzt werden:

1. Level: Berichte
   Der Lieferant muss in einem vereinbarten Rhythmus einen Projektstatusbericht gemäss der Rapportierungsstruktur des Auftraggebers abliefern. Im Weiteren sind Arbeitsleistungen, basierend auf Audit-/Review- oder weiteren Berichten (Arbeitsleistungsinformationen), zu dokumentieren und zu kommunizieren.

2. Level: Lieferobjektprüfungen
   Auf Grundlage eines definierten Prüfplans sind Teillieferungen beziehungsweise Teilprodukte zu prüfen und durch den Auftraggeber abzunehmen (☞ Kapitel 7.3.1 „Prüfplan").

3. Level: Prozessprüfungen
   In der vertraglichen Vereinbarung muss festgehalten werden, dass der Auftraggeber unter Berücksichtigung einer angemessenen Vorinformation Prozesse des Lieferanten jederzeit mittels Audit überprüfen kann. Diese Prüfung macht insbesondere am Anfang einer Beziehung Sinn, um beispielsweise festzustellen, ob der Lieferant die vertraglich vereinbarten Entwicklungsstandards einhält.

4. Level: Sitzungen
   Nicht zuletzt hilft immer noch eine qualifizierte Sitzung, bei der man dem Lieferanten in die Augen schauen kann und ihn fragt, ob er alles gesagt habe, was man wissen muss. Bei solchen Sitzungen müssen selbstverständlich auch die noch relevanten offenen Punkte, z.B. von der Claimliste, besprochen werden. Insbesondere dieser vierte Level ist für eine gute Lieferantenbeziehung enorm wichtig und kann durch keine SMS ersetzt werden.

9.4.4 Lieferantenproduktabnahme

Bei der projektorientierten Produktabnahme des Lieferanten handelt es sich um ein organisiertes und kontrolliertes Verifizieren und, soweit möglich, ein Validieren von (Teil-)Projektergebnissen zu einem definierten Zeitpunkt (☞ Kapitel 5.6.2 „Produktionstest und Produktabnahme"). Diese

Produktabnahme (Eingangskontrolle) prüft die Vollständigkeit und die Erfüllung der inhaltlichen Anforderungen von bestimmten Ergebnissen gemäss der Bestellung.

Mit der erfolgreichen Abnahme erklärt der Auftraggeber schriftlich, dass ein abgeliefertes (Teil-) oder das gesamte Produkt die vertraglichen Vereinbarungen erfüllt respektive nicht erfüllt. Die Schriftlichkeit dieser Stellungnahme wird vorausgesetzt, da die Abnahme ein juristisch definierter Vorgang ist.

Das Abnahmeverfahren hat die Bereitstellung, Durchführung und Erklärung der (Teil-)Abnahme eines (Teil-)Lieferobjekts zum Gegenstand. Durch die Planung des Vorgehens wird sichergestellt, dass keine inhaltlichen oder formalen Fehler begangen werden, die eine wirksame Abnahme verhindern. Für die Beurteilung werden die im Projektauftrag – für Externe ist es der Projektvertrag (Werkvertrag, Dienstleistungsvertrag) – beschriebenen Projektergebnisse/Leistungen herangezogen.

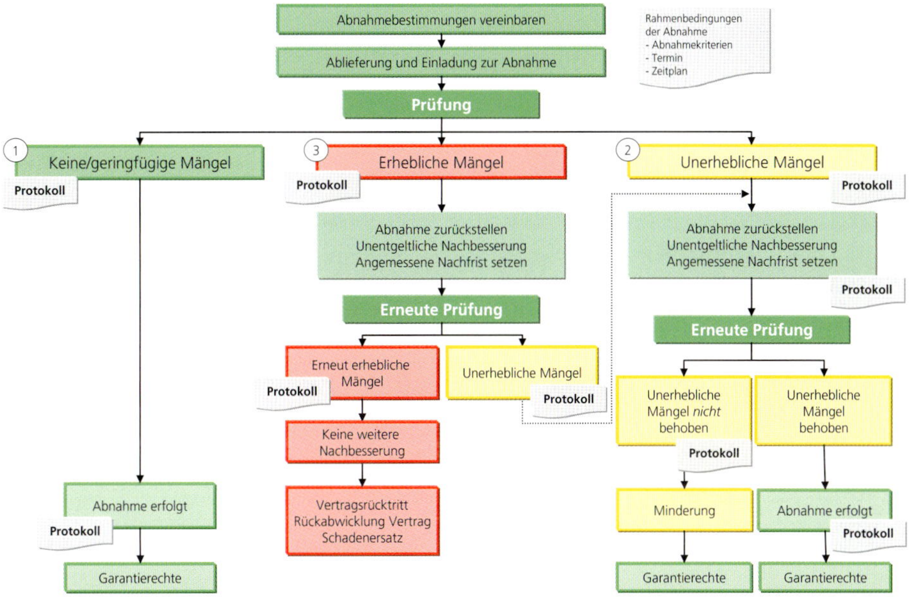

Abb. 9.20: Abnahmevorgang aus Sicht der Fehlerklassen

Auch wenn man lieber hofft, dass jede Abnahme erfolgreich sei, muss doch der Prozess bezüglich der Fehlerklassen, gemäss Abbildung 9.20, jedem Lieferanten klar sein. Die nachstehende Legende zur Abbildung verdeutlicht, dass nicht jeder gefundene Fehler juristisch gesehen zwangsläufig zur Verweigerung der Abnahme führt. Daher macht es Sinn, die Fehler respektive Mängel zu klassifizieren:

1. Keine/geringfügige Mängel
   Das Produkt wird akzeptiert und abgenommen. Allenfalls werden noch ästhetische Verbesserungen vorgenommen (z.B. über einen Wartungsvertag).

2. Unerhebliche Mängel
   Das Produkt wird nicht akzeptiert und somit nicht abgenommen. Es kann z.B. einen vertraglich festgehaltenen Einbehalt (z.B. Auslösungsstopp der letzten Teilzahlung) geltend gemacht werden.

3. Erhebliche Mängel
   Das Produkt entspricht nicht dem, was bestellt wurde. Das Produkt wird folglich nicht abgenommen. Können z.B. aus Zeitgründen die Mängel nicht behoben werden, kann eine Rückabwicklung vom Vertrag und/oder Schadenersatz verlangt werden.

Oftmals wird der Termin bezüglich Produktabnahme von vielen Projektteammitgliedern so verstanden, dass am definierten Liefertag das Produkt zu Ende erstellt ist, d.h. als letzter Zeitpunkt, bis zu dem man noch malen, leimen, schweissen, programmieren etc. kann. Dies in der Hoffnung, dass alles, was man noch unter Hochdruck erstellt, ohnehin fehlerfrei ist. Dadurch erhöht sich natürlich die Wahrscheinlichkeit enorm, dass erhebliche Mängel bei der Abnahme auftauchen. Ein solches Fehlverhalten ist nicht selten auf eine fehlende oder fehlerhafte Planung des Projektleiters zurückzuführen.

Jede Projektart hat heutzutage Erfahrungswerte, wie viel Zeit ein umfassendes Prüfen benötigt. Wird das Produkt geliefert, darf der Auftraggeber davon ausgehen, dass es zu Ende erstellt (die bestellten Funktionen, Objekte, Komponenten etc. sind vorhanden) und getestet ist (die bestellten Funktionen, Objekte, Komponenten etc. „verhalten" sich so wie vereinbart). Je nach Projektart, sprich nach Art des im Projekt erstellten Objekts, sollten die Tests, die beim Kunden/Auftraggeber noch durchgeführt werden, nur noch marginal sein. Grundsätzlich liegt es in der Verantwortung des Lieferanten, wie viele Testiterationen (Abbildung 9.21) er machen will, bis er sicher ist, dass keine erheblichen wie auch unerheblichen Mängel mehr vorhanden sind; er muss einfach zum vertraglich vereinbarten Zeitpunkt vollständig und fehlerfrei liefern. Da jedoch solche Abnahmen in vielen Fällen auch erhebliche Ressourcen auf der Seite des Auftraggebers benötigen, sollte vertraglich festgelegt werden, dass der Abnahmeprozess z.B. maximal dreimal durchgeführt werden darf und ansonsten eine Konventionalstrafe erfolgt.

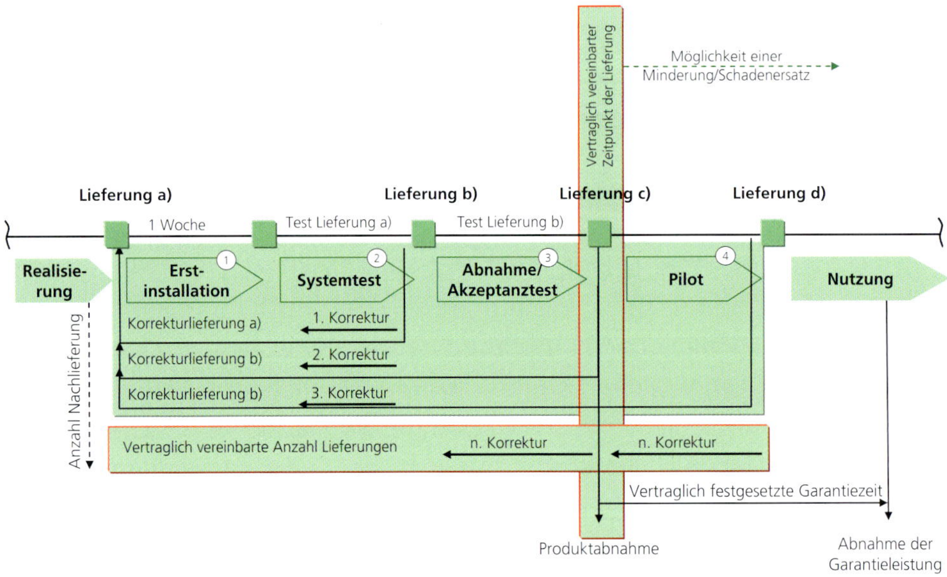

Abb. 9.21: Abnahme eines Lieferobjekts

1. Erstinstallation (bei Produkten, die geliefert werden)
   Nachdem das Produkt beim Lieferanten ausführlich getestet wurde, wird es zum ersten Mal in der Zielumgebung installiert und geprüft. Die dabei aufgetreten Fehler werden notiert und bis zu einem festgelegten Zeitpunkt behoben.

2. Systemtest (Produkte, die in ein Umfeld integriert werden müssen)
   Wenn möglich, wird dieser Test nach dem Integrationstest und vor dem Abnahmetest ohne Auftraggeber durchgeführt. Dabei wird überprüft, ob das neue Produkt wie vorgesehen mit den anderen integrierten Systemen/Produkten harmoniert. Wenn dies nicht möglich ist, werden Systemtest und Abnahmetest zusammen gemacht.

3. Abnahme-/Akzeptanztest
   Bei diesem Test wird überprüft, ob die expliziten Anforderungen des Auftraggebers/Anwenders, wie im Anforderungsdokument (z.B. Pflichtenheft oder Fachkonzept) spezifiziert, und die impliziten Erwartungen des Auftraggebers, die dem allgemeinen Stand der Technik entsprechen, erfüllt wurden. Ist dies der Fall, wird das Abnahmeprotokoll unterschrieben, und die vertraglich festgelegte Garantiezeit beginnt zu laufen. Ist dies nicht der Fall, müssen die Fehler/Mängel innert nützlicher Frist behoben werden. Darauf folgt ein neuerlicher Abnahmetest.

4. Pilot
   Das neue Produkt soll sich über einen vorbestimmten Zeitraum in der produktiven Umgebung oder in einer möglichst realen Situation bewähren. Aufgrund dessen kann ein Pilotbetrieb aufgesetzt werden. Fallen zu diesem Zeitraum noch Fehler an, werden diese innert nützlicher Frist auf Garantie behoben.

Nach Ablauf der Garantiezeit wird die Garantieleistung formell abgenommen, und das Produkt ist dadurch endgültig geliefert.

9.4.4.1 Gewährleistung

Der Besteller eines mangelfreien Werkes kann, wie auch der Käufer einer mangelhaften Sache, eine Herabsetzung der Vergütung, eine „Minderung" und – unter strengeren Voraussetzungen – die Rückabwicklung des ganzen Vertrages, eine „Wandelung", verlangen (☞ Abb. 9.20), wenn das bestellte Objekt oder die bestellte Leistung nicht zum vereinbarten Zeitpunkt geliefert wird. Darüber hinaus sieht das Werkvertragsrecht ein Recht auf „Nachbesserung" vor, welches bei vielen Projektarten von grosser praktischer Bedeutung ist. Neben Wandelung, Minderung und Nachbesserung kann bei Verschulden des Unternehmens „Schadenersatz" für Mangelfolgeschäden verlangt werden [Heu 2007]:

- Minderung
  Durch Minderung wird die Vergütung des Unternehmens proportional zum objektiven Minderwert des Werks herabgesetzt.

$$\text{Herabsetzungsbetrag} = \frac{\text{Volle Vergütung x Minderwert des Werks}}{\text{Wert des hypothetischen mängelfreien Werkes}}$$

Die Minderung dient dazu, das Verhältnis zwischen dem Wert des Werks und der Vergütung aufrechtzuerhalten. Der Besteller trägt die Beweislast für die Höhe des Minderwerts. Massgeblicher Zeitpunkt für die Minderwertberechnung ist der Übergang von Nutzen und Gefahr, daher in der Regel die Ablieferung. Von der Minderung ist der gesamte Vergütungsanspruch des Unternehmens betroffen, nicht nur die Vergütung für die mangelhafte Teilleistung.

- Wandelung
  Die einer Abnahme zugrunde liegenden Mängel können, wie bei den Fehlerklassen beschrieben, unterschiedlich gewichtet werden. Ist ein Werkmangel derart erheblich, dass das Werk für den Besteller unbrauchbar ist, sollte – soweit von speziellen Regeln ausgenommen – die Abnahme verweigert werden. Wandelung setzt definitive Unbrauchbarkeit des Werks voraus. Die Erklärung der Wandelung löst die vollständige Rückabwicklung des Vertrags aus. Sie ist daher unwiderruflich. Wandelung umfasst das ganze Vertragsverhältnis. Der Besteller kann daher grundsätzlich weder eine auf die mangelhaften Werkteile beschränkte Wandelung verlangen, noch kann ihm die Annahme der mängelfreien Werkteile zugemutet werden. Der Besteller (Auftraggeber) soll so gestellt werden, wie wenn er den Vertrag nie abgeschlossen hätte. Er muss sich daher bereits bezogene Leistung nicht anrechnen lassen. Umgekehrt hat der Unternehmer (Lieferant) dem Besteller nutzlosen Aufwand und allfällige bereits bezahlte Vergütungen samt Zinsen zurückzuerstatten.

- Nachbesserung
  Der Besteller soll durch die Nachbesserung (Garantiearbeit) wirtschaftlich so gestellt werden, wie wenn das Werk von Anfang an mangelfrei geliefert worden wäre. Der Unternehmer muss daher – selbst wenn ihn kein Verschulden an der Mangelhaftigkeit des Werks trifft – nicht nur den Mangel beheben, sondern auch alle in Zusammenhang mit der Verbesserung anfallenden Begleitkosten tragen. Die Nachbesserung kann nur verlangt werden, wenn sie möglich ist. Wenn der Besteller Nachbesserung verlangt hat, kann er bis zu deren Durchführung grundsätzlich alle Zahlungen zurückhalten, welche Zug um Zug gegen Ablieferung des Werks fällig geworden sind. Die Nachbesserung hat innerhalb angemessener Frist zu erfolgen.

- Schadenersatz
  Das Recht auf Wandlung, Minderung oder Nachbesserung wird durch einen Anspruch auf Schadenersatz ergänzt. Dabei geht es nicht um den vom Mangel verursachten Minderwert des Werks selbst, sondern um Schäden, welche infolge des Mangels eingetreten sind (Mangelfolgeschäden). Es kann sich sowohl um entgangene Gewinne als auch um Vermögenseinbussen handeln. Ein Anspruch auf Ersatz des Mangelfolgeschadens setzt ein Verschulden des Unternehmers voraus. Das Verschulden braucht nicht vom Besteller bewiesen zu werden, sondern der Unternehmer muss nachweisen, dass ihm keinerlei Verschulden am Schadeneintritt trifft. Hingegen hat der Besteller die Höhe des Schadens zu beweisen.

9.4.5 Lieferantenbeziehungspflege

Mit der Abnahme des Produkts geht die aktive Beziehung Auftraggeber/Lieferant auf der Projektebene meistens zu Ende. Aus Sicht des Supply Chain Management ist dies auf der Ebene des Unternehmens meistens nicht der Fall.

Gemäss Janker [Jan 2004] ergibt sich für das Unternehmen die Notwendigkeit, die Leistungsfähigkeit seiner Zulieferer durch gezielte Massnahmen zu beeinflussen, unter der Zielsetzung, die Leistungsstruktur seitens des Lieferantenstammes fortwährend zu optimieren und den sich ändernden Bedingungen anzupassen. Damit diese auch zum gewünschten Erfolg führen, ist das Unternehmen auf die Kooperation der Lieferanten und auf deren Akzeptanz hinsichtlich der Art und Weise der Leistungserfassung angewiesen.

Dabei gilt es Verschiedenes zu beachten. Zum einen sollten Kriterien und Verfahren der Lieferantenbewertung allen Lieferanten bekannt sein [Mus 1998]. Darüber hinaus sollte jeder Lieferant neben den eigenen auch die Ergebnisse der Zuliefererkonkurrenz als Anreiz zur Leistungsverbesserung erhalten (Möglichkeit eines Leistungsvergleichs im Sinne eines Benchmarking). Zusätzlich gilt es, die an die Zulieferer gestellten Anforderungen sowie die Qualitätsrichtlinien des Abnehmers in Form eines Lieferantenleitfadens festzuhalten und offenzulegen.

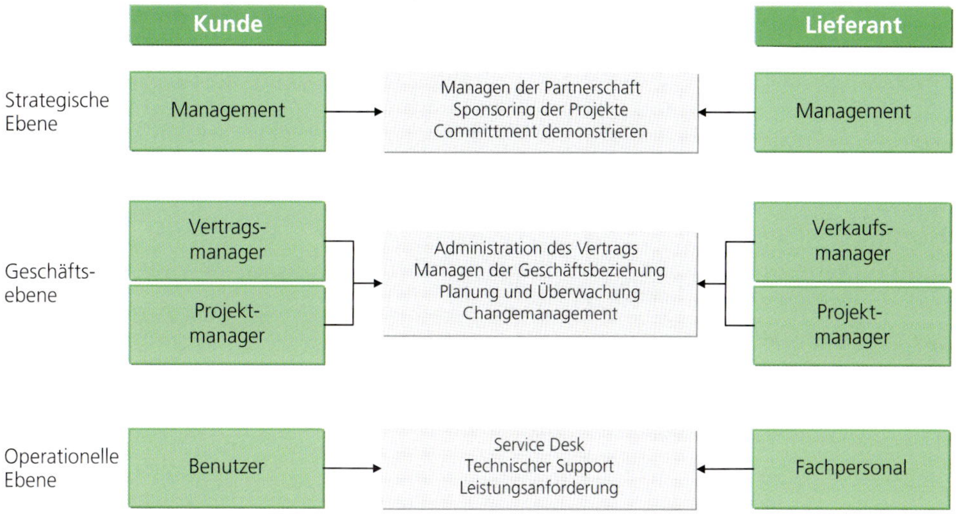

Abb. 9.22: Beziehungsebene zwischen Kunde und Lieferant

Wie Abbildung 9.22 aufzeigt, macht es Sinn, die Beziehung eines Kunden (Unternehmung) zum Lieferanten auf verschiedenen Ebenen zu pflegen. Dabei gilt es auf jeder Ebene entsprechende Kriterien der Partnerschaft zu berücksichtigen. Kriterien für eine gute Partnerschaft im Projektgeschäft, aber auch bei anderen Geschäftsbeziehungen rund um den Globus sind:

1. ehrliche und offene Kommunikation – „transparent";
2. klare und vereinbarte Ziele, Verantwortlichkeiten und Erwartungen – „was";
3. gegenseitiges Verständnis der jeweiligen Situation – „warum";
4. Vereinbarungen/Entscheidungen fällen und diese umsetzen – „wie";
5. definierte Ansprechpartner mit notwendigen Kompetenzen – „wer";
6. die Steuerlösung (nicht die technische oder methodische Lösung) steht im Vordergrund – „fachlich";
7. gemeinsames und abgestimmtes Handeln – „miteinander";
8. am wichtigsten: gegenseitige Achtung des Menschen!

9.5 Beschaffungsmanagement

Dieses Kapitel beschreibt die Tätigkeiten und im Speziellen die Ergebnisse bei einer Evaluation respektive des Beschaffungsprozesses. Egal ob dies im Rahmen der Entwicklung von Produkten wie Maschinen, Software-Applikationen etc. oder beim Kauf eines fertigen Stückgut passiert: Ein definiertes, geordnetes Vorgehen beim Beschaffen stellt sicher, dass die Selektion fundiert und somit objektiver ist. Gleichzeitig wird die Grundlage für ein qualitativ gutes Lieferprodukt unter Einhaltung der definierten Kosten und Termine gelegt.

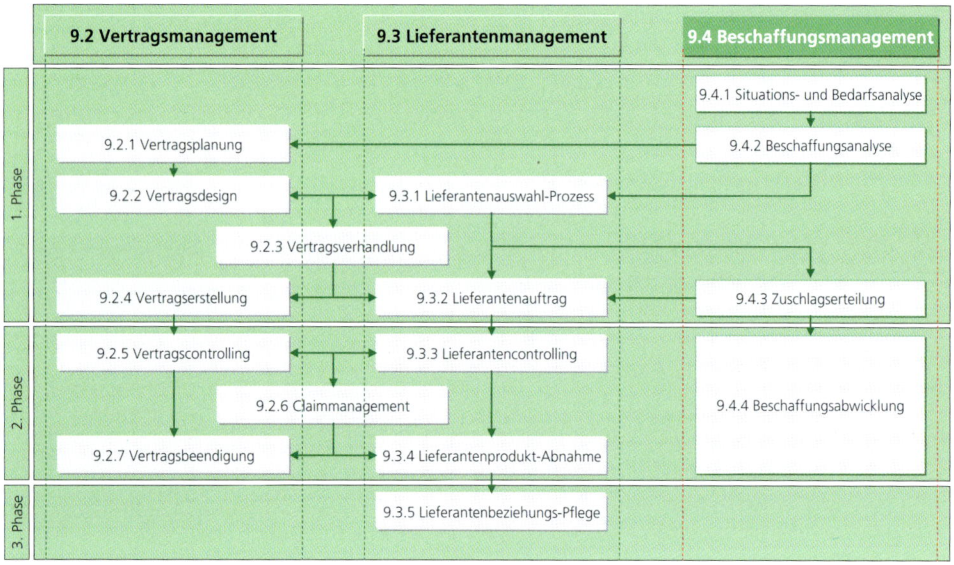

Abb. 9.23: Bestandteile des Beschaffungsmanagement-Prozesses

Beim Beschaffungsprozess stellt sich für den Projektleiter wiederum die Frage nach der Prozessausführungstiefe respektive dem Detaillierungsgrad. Ist diese Frage in den öffentlichen Verwaltungen und halbstaatlichen Betrieben klar definiert, so haben es diesbezüglich die verwaltungsunabhängigen, betriebswirtschaftlich rechtlich eigenständigen Unternehmen etwas einfacher: Sie können alles, von der absolut subjektiv geführten Selektion bis zum umfassenden, bis ins kleinste Detail verifizierten Auswahlverfahren einsetzen. Anhand eines Beispiels der Beschaffung einer Software-Applikation inkl. Lieferantenauswahl werden die wichtigsten Punkte dieses Prozesses im Folgenden etwas ausführlicher erläutert.

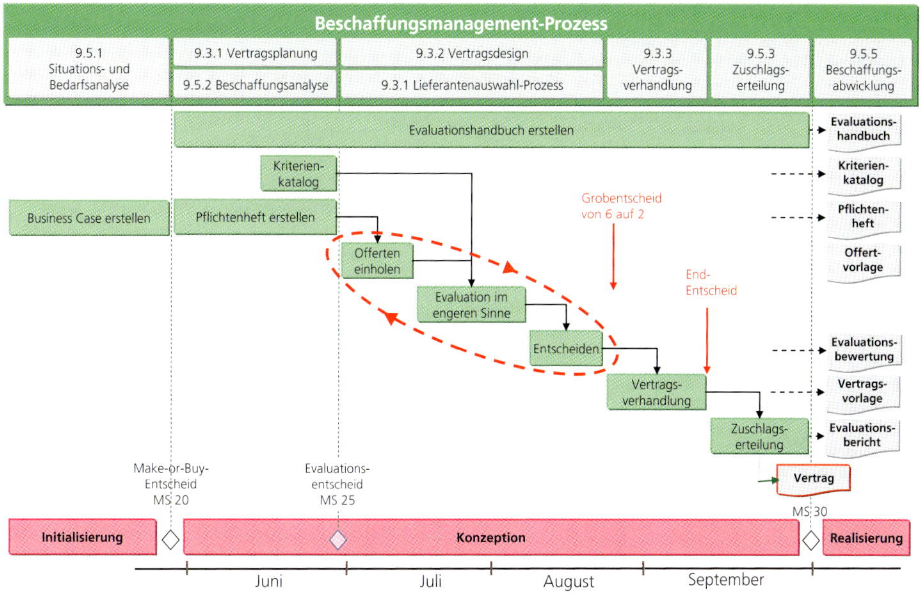

Abb. 9.24: Beschaffungsmanagement-Prozess mit seinen Hauptlieferobjekten, basierend auf dem Modell von Koppelmann [Kop 2000]

Abbildung 9.24 zeigt ansatzweise die Verknüpfungen respektive Abhängigkeiten der unterschiedlichen Prozesse oder Prozessschritte und Lieferobjekte auf, die eine Beschaffung innerhalb der Projektabwicklung aufweist. Basierend auf dem Vierphasenmodell, wurde der Beschaffungsprozess von Koppelmann [Kop 2000] im phasenorientierten Sinn mit seinen einzelnen Tätigkeiten der Beschaffung inkl. seiner wichtigsten Tätigkeiten des Vertrags- und Lieferantenmanagements eingebettet. Kombiniert mit der Zeitachse, die symbolisieren soll, dass der Beschaffungsprozess möglichst effizient abgewickelt werden sollte, widerspiegelt die Abbildung anschaulich die Komplexität der Realität.

> Beschaffung ist die betriebsnotwendige Aktivität der Bereitstellung von Personalmitteln, Betriebsmitteln (Maschinen, Rohstoffe etc.) und Finanzmitteln zum Zwecke der Weiterverwendung.

Die Beschaffung respektive Evaluation unterliegt folgenden Prinzipien, die insbesondere beim projektorientierten Vorgehen berücksichtigt werden sollten:

- Die Lieferanten sollten erst evaluiert werden, wenn die Anforderungen im Detail erarbeitet wurden.
- Anforderungen respektive Detailspezifikationen sollten als Vertragsbestandteil gekennzeichnet sein.
- Jede Vergabe sollte zuerst dem Projektsteuerungs-Gremium vorgelegt werden.
- Der Evaluationsentscheid sollte beim Projektsteuerungs-Gremium abgesegnet werden.
- Alle Evaluationsergebnisse gehören zur Projektdokumentation.
- Der Aufwand für die Erstellung der Offerte muss vom Auftraggeber durch ein im Verhältnis zum Volumen angesetztes Pflichtenheft gesteuert werden.
- Bei Absagen sollten jeweils die Gründe angegeben werden.

Im Folgenden werden die Haupttätigkeiten und -lieferobjekte des Beschaffungsprozesses kurz erläutert.

9.5.1 Situations- und Bedarfsanalyse

Betrachtet man eine Beschaffung isoliert von der projektbezogenen Abwicklung, so muss als Erstes eine Situations- und als Zweites eine ausführliche Bedarfsanalyse erstellt werden. Wird die Beschaffung gemäss dem in diesem Buch erläuterten Phasenmodell (☜ Kapitel 5.1.5 „Phasenvorgehen bei Beschaffungs-/Evaluationsprojekten") und nach dem beschriebenen Projektstartprozess (☜ Kapitel 4.2 „Projekt starten") umgesetzt, so sind diese zwei Tätigkeiten in der Initialisierungsphase der Projektabwicklung umzusetzen. Bezüglich der Situations- und Bedarfsanalyse gilt der Grundsatz: Je besser man den IST-Wert eines Systems/Produkts/Problems erarbeitet hat, je besser man den PLAN-Wert definiert hat, umso genauer kann man den Beschaffungsprozess aufsetzen.

Im Umfeld der Beschaffung respektive zum Projektabwicklungszeitpunkt MS20 (Projektauftrag) muss bezüglich des Make-or-Buy-Konzepts auch entschieden werden, ob das gewünschte Objekt selbst mit eigenen oder fremden Ressourcen vom Unternehmen selbst (inhouse) erstellt, als fertiges Objekt eingekauft oder mittels Werkvertrag extern in Auftrag gegeben wird. Dieser Entscheid hat natürlich einen enormen Einfluss. Gemäss PMBoK [PMI 2008] ist die Make-or-Buy-Analyse ein allgemeines Managementverfahren: Sie ist ein Teil des projektbezogenen Initialisierungsprozesses. Meistens wird diese Fragestellung respektive Analyse in einem Kapitel des Business Case abgearbeitet. Die Make-or-Buy-Analyse betrachtet sowohl direkte als auch indirekte Kosten (Transaktionskosten).

Gemäss der Ökonomie sind bei dieser Analyse die Transaktionskosten der entscheidende Punkt. Dies sind Suchkosten, Anbahnungskosten, Vertragskosten, Anpassungskosten etc. – einfach all diejenigen Kosten, die sich neben dem eigentlichen Kaufpreis ergeben. Zudem ist es auch eine strategische Entscheidung: Wie sehr möchte man von jemandem abhängig sein? Ist der Vertragspartner durch seine Macht nach Vertragsabschluss imstande, den Auftraggeber zu diktieren? Bzw. ist der Auftraggeber erpressbar (hold up)?

Abb. 9.25: Integrationsgrad in Anlehnung an Dumke [Dum 1996]

Nachfolgend sind einige Punkte aufgeführt, die bei der Analyse bezüglich Make-or-Buy eine Rolle spielen [Ker 2003]:

Make (Produkt selber herstellen)
- leichtere Integration
- Ausnutzung von ungenutzten Kapazitäten
- direkte Steuerung und Kontrolle möglich
- optimalere Geheimhaltung
- geringeres Zuliefererrisiko
- etc.

Buy (Produkt zu kaufen)
- Ausnutzung der Kenntnisse des Zulieferers
- begrenzte eigene Kapazitäten/Fähigkeiten
- indirekte Steuerung und Kontrolle
- geringere Mengen kostengünstiger herstellen
- Beibehaltung mehrerer Quellen
- etc.

Es ist wichtig zu verstehen, dass das externe Projektteam (Projektleiter und Projektmitarbeiter) durch die Ausschreibung eines Projekts oder eines Teilauftrags nicht zwingend „diszipliniert" wird. Die Ausschreibung von Projektleistungen führt zwar zu Wettbewerb zwischen den offerterstellenden Anbietern, aber eventuell auch zu Offerten unter Kosten (Buy a Business). Das heisst, bei der Offerterstellung hat man zwar Wettbewerb, doch danach bei der Projektabwicklung ist dieser nicht mehr existent. Dadurch entsteht die Gefahr, dass der Auftraggeber in eine erpressbare Situation gerät, die finanziell und strategisch gravierend sein kann. (Dies sollte bei jeder Make-or-Buy-Entscheidung bedacht werden.) Unter Umständen kann die Gefahr der Erpressung so gross sein, dass der Auftraggeber das Risiko nicht eingehen will und das Projekt gar nicht erst startet. Es entsteht ein Hold Up.

Die Erpressungsgefahr ist in jenen Situationen weniger akut, in denen entweder eine langfristige Zusammenarbeit angestrebt wird oder das offerterstellende Unternehmen an einer guten Reputation interessiert ist, weil es weiterhin als externer Projektdurchführer tätig sein möchte.

9.5.2 Beschaffungsanalyse

Das Ziel der Beschaffungsanalyse ist es, auf eine effiziente Art und Weise die Einkaufspotenziale systematisch zu erkennen, d.h. Klarheit zu bekommen, was man konkret einkaufen will, sowie die Identifizierung der Marktpotenziale und die Bewertung der eigenen Stärken und Schwächen. Nach diesem Schritt ist man fähig, die Anbieter qualifiziert anzugehen.

Die Beschaffungsanalyse hat in sich grundsätzlich auch einen klaren Prozess. Das heisst, nach dem Anlegen des Evaluationshandbuchs sollte man als Zweites die Beschaffungsorganisation aufstellen, dann die Spezifikationen des gewünschten Produkts ermitteln respektive das Pflichtenheft erstellen, gleichzeitig dazu den Kriterienkatalog definieren, dann den Beschaffungsmarkt analysieren etc. etc. Diese logische Folge ist in der Wirklichkeit eher selten anzutreffen. Die Aufgaben der Beschaffungsanalyse werden so gestaltet, wie sie anfallen und es die Situation ermöglicht. Dabei gibt es ein eisernes Gesetz zu befolgen: Bevor der erste persönliche Kontakt mit einem möglichen (An-)Bieter aufgenommen wird, sollte der Kriterienkatalog stehen. So kann eine subjektive Beeinflussung am besten verhindert werden. Prozessmässig ausgedrückt heisst dies, es sollte erst nach der Beschaffungsmarktanalyse im Lieferantenauswahl-Prozess mit dem möglichen Bieter Kontakt aufgenommen werden.

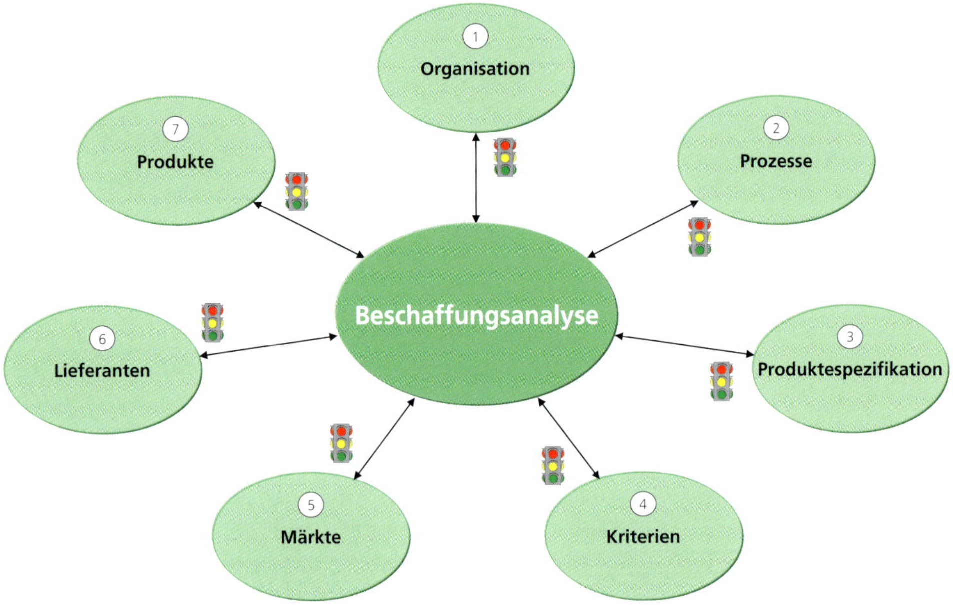

Abb. 9.26: Interaktion mit den Komponenten der Beschaffungsanalyse

Folgende Komponenten gilt es bei der Beschaffungsanalyse anzugehen, sodass eine mögliche Transparenz der Einkaufsstrukturen vorliegt:

1. Organisation
   Aufbau der Organisationsstruktur bezüglich der Beschaffung: Definieren, wer hat welche Rolle, wie werden z.B. die Organisationseinheiten Einkauf und/oder Rechtsabteilung beigezogen respektive involviert.

2. Prozesse
   Definieren und Planen des Beschaffungsprozesses: Gibt es im Unternehmen Standardprozesse, so gilt es, diese auf die vorliegende Beschaffung zuzuschneiden.

3. Produktespezifikation
   Erstellen der Produktespezifikation, das heisst, bis ins notwendige Detail definieren, welchen Anforderungen das neue Produkt genügen muss.

4. Kriterien
   Zusammenstellen der Entscheidungskriterien, deren Abhängigkeiten untereinander analysieren und bewerten.

5. Märkte
   Analyse und Bewertung von Beschaffungsmärkten in den Bereichen Anbieter und Marktpotenziale sowie Rahmenbedingungen und Marktmechanismen.

6. Lieferanten
   Aufbereitung der Lieferantenstrukturen wie Analyse und Bewertung der Leistungsfähigkeit (Eignungskriterien).

7. Produkte
   Aufbereiten der Produktestruktur (Bedarfsstruktur): Das heisst, im Zusammenhang mit der Produktespezifikation die Gewichtung der Komponenten vornehmen (Kriterienkatalog) sowie die eventuell auf dem Markt vorhandenen Produkte ordnen. Denn es ist entscheidend, ob z.B. ein Drucker „nur" drucken kann oder ob man auch Drucker in die Analyse miteinbezieht, die faxen und scannen können.

Aus diesem Arbeitsschritt resultieren hauptsächlich folgende Lieferobjekte, die im Anhang C detaillierter beschrieben sind:
- Evaluationshandbuch,
- Pflichtenheft,
- Kriterienkatalog.

9.5.2.1 Selektionskriterien

Jeder Entscheid, der gefällt wird, basiert auf bewussten oder unbewussten Kriterien. Es ist natürlich das Ziel, dass bei einem offiziellen Beschaffungsverfahren möglichst bewusste und für alle nachvollziehbare Kriterien zur Anwendung gelangen. Jedes definierte Kriterium wird bei einer Beschaffung in ein Muss- oder Kann-Kriterium klassifiziert. Muss-Kriterien können in ein absolutes Muss- und in ein relatives Muss-Kriterium unterteilt werden. Diese Klassifizierung der Kriterien muss bei jeder Evaluation situationsbezogen neu erstellt werden.

- Absolutes Muss-Kriterium
  Diese Kriterien können nur mit ja oder nein beantwortet werden. Gibt es ein Nein, so scheidet die Offerte aus (z.B. die Firma muss ein Eigenkapital über 1 000 000 haben). Diese sogenannten KO-Kriterien können nicht gewichtet werden, da sie entweder erfüllt oder nicht erfüllt sind. Ein Evaluationsteam muss jedoch sehr gut überlegen, welches tatsächliche KO-Kriterien sind!

- Relatives Muss-Kriterium
  Diese Kriterien müssen resp. können meistens mit ja beantwortet werden. Das Ja kann jedoch unterschiedlich ausgeprägt sein (z.B. die Erfahrung mit der Oracle-Datenbank wird mit ja beantwortet, kann jedoch gemäss vorheriger Definition aufgrund kleiner, mittlerer oder grosser Erfahrung relativiert werden).

- Kann-Kriterien
  Kann-Kriterien oder auch Wunschkriterien, sind als Kriterien für die effektive Leistung nicht massgebend. So ist z.B. beim Autokauf die Sitzheizung nicht leistungsbeeinflussend, im Sinne von „nice to have" jedoch wünschenswert.

Es macht bei wichtigen oder bei einem zweistufigen Verfahren (☞ Kapitel 9.4.1 „Lieferantenauswahl-Prozess") Sinn, die Kriterien auf oberster Stufe in Eignungs- und Zuschlagskriterien zu unterteilen.

- Eignungskriterien
  Eignungskriterien sollen sicherstellen, dass nur geeignete Anbieter mit der erforderlichen Leistungsfähigkeit für den Auftrag berücksichtigt werden. Ein Anbieter ist nicht geeignet, wenn eines der aufgeführten absoluten Muss-Kriterien nicht erfüllt ist. Die Offerte wird dann von der weiteren Evaluation ausgeschlossen.

  > Eignungskriterien sind die vom Auftraggeber festgelegten, nicht diskriminierenden Mindestanforderungen an den Bewerber oder Bieter.

  Folgende Eignungskriterien können z.B. festgelegt werden:
  - Leistungsfähigkeit aller Beteiligten (personell, technisch, wirtschaftlich).
  - Vorweisen von Referenzen zu vergleichbaren Projekten.
  - Bereitschaft, die Gesamtverantwortung als Generalunternehmen für alle im Pflichtenheft beschriebenen Leistungen des Lieferanten zu übernehmen.
  - Bereitschaft, auf Verlangen die eingereichten Offerten in Bezug auf die Erfüllung der im Pflichtenheft beschriebenen Security-Anforderungen durch Vertreter des Auftraggebers überprüfen zu lassen.
  - Bereitschaft, auf Verlangen unentgeltlich eine Präsentation zur Firma und zur angebotenen Lösung durchzuführen.
  - Bereitschaft, die auf den Auftraggeber bezogenen Vertragsbedingungen zu akzeptieren.

- Zuschlagskriterien
  Neben den Eignungskriterien müssen die Zuschlagskriterien, die in Zusammenhang mit dem Auftragsgegenstand (Pflichten-/Lastenheft) stehen, definiert werden. Mit Hilfe der Zuschlagskriterien wird das beste Angebot unter den geeigneten Anbietern ermittelt.

  > Zuschlagskriterien sind bei der Wahl des technisch und wirtschaftlich günstigsten Angebots die vom Auftraggeber im Verhältnis zu ihrer Bedeutung festgelegten, nicht diskriminierenden und auftragsbezogenen Kriterien, nach welchen das technisch und wirtschaftlich günstigste Angebot ermittelt wird.

9.5.2.2 Präferenzierung

Wurden alle Kriterien definiert, gilt es zu bestimmen, welches Kriterium respektive welche Kriteriumgruppe wie viel Gewicht in der Entscheidungsfindung hat. Ein Entscheid hat jeweils einen Wert von 100%, der wiederum aus mehreren Subentscheiden besteht. Damit die anteilsmässige Gewichtung der einzelnen Subentscheide gemäss den sachlichen Anforderungen einer Auftragsstellung bestimmt werden kann, sollte eine Präferenzierung mittels Präferenzmatrix vorgenommen werden. Die ganzen Entscheide sollen in einem Bewertungsdokument festgehalten werden.

Gewicht	Rangfolge	Anzahl Nennungen		Kriterien
11.1	4	4	a	Anbieterbezogene Kriterien
2.78	8	1	b	Hardwarebezogene Kriterien
8.33	6	3	c	Systemsoftwarebezogene Kriterien
5.56	7	2	d	Entwicklungstoolbezogene Kriterien
19.4	2	7	e	Kriterien bezüglich nicht funktionalen Anforderungen
16.7	3	6	f	Kriterien bezüglich funktionalen Anforderungen
22.2	1	8	g	Realisierungsbezogene Kriterien
11.1	4	4	h	Kostenbezogene Kriterien
2.78	8	1	i	Offertkriterien
0	10	0	t	
Total 100		36		(100 / 36 = 2.78 pro Nennung)

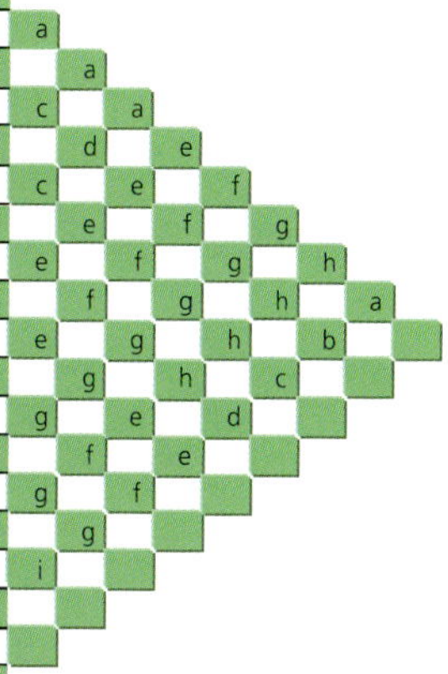

Abb. 9.27: Präferenzmatrix als Kriteriengewichtungsmethode

Eine Paarvergleichsmethode (Präferenzierung) ist geeignet, um den Rang der einzelnen Kriterien festzulegen. Mittels Präferenzierungsmethode wird jedes Kriterium mit jedem verglichen. Durch diesen direkten Vergleich erhält man eine Gewichtung des einzelnen Kriteriums in Bezug auf die Anforderung. Eine Präferenzierung läuft wie folgt ab:

- Definieren der Kriterien: Im Falle einer einfachen Ausschreibung sind dies, wie in Abbildung 9.27 aufgezeigt, die Eignungskriterien zusammen mit den Zuschlagskriterien. Bei einer komplexen oder einer von der öffentlichen Verwaltung durchgeführten Ausschreibung müssten diese Kriterien getrennt werden (☞ Anhang C.7.8 „Kriterienkatalog").
- Vergleichen eines jeden Kriteriums mit jedem anderen und Festlegen einer Präferenzierung/ Bevorzugung. Der Buchstabe des jeweils höher bewerteten Kriteriums wird in den betreffenden Kreuzungspunkt der Matrix eingetragen.
- Die Anzahl Nennungen der einzelnen Kriteriennummern am Ende der Abfrage ergibt die Rangfolge der Kriterien: die höchste Zahl erhält Rang 1, usw.
- Errechnen der Gewichtung der Kriterien, um das entsprechende Gewicht für die Nutzwertanalyse herauszufinden: 100/Total der Nennungen*Anzahl der Nennung eines Kriteriums. 100 ist der vollständige Wunsch, die richtige Lösung zu haben.
- Bei gleicher Anzahl Nennungen wird die Rangfolge durch den Präferenzwert beim direkten Vergleich der beiden Kriterien bestimmt.

Um über die Vielzahl der Kriterien, die bei einer komplexen Evaluation notwendig sind, eine Übersicht zu erhalten, sollten die Kriterien in einem mehrstufigen Kriterienkatalog hierarchisch gruppiert werden. Damit der Kriterienkatalog sinnvoll und wirtschaftlich eingesetzt werden kann, sollte die Gruppierung nicht mehr als 3 Stufen haben, und innerhalb eines Kriteriums sollten nicht mehr als 8–10 Subkriterien definiert werden.

Im Folgenden wird ein Ausschnitt aus einem mehrstufigen, umfassenden Gruppen-Kriterienkatalog für Entwicklungs- und Beschaffungsprojekte aufgeführt. Aus diesem Kriterienkatalog können die entsprechenden Kriterien gemäss Auftragsbeschreibung selektioniert und ergänzt werden. Es gilt zu beachten, dass die Anwendung der 2. und 3. Kriterienstufe (G2 und G3 siehe Abb. 9.29) bezüglich Nutzen und Wirkungskraft im Voraus zu überlegen ist. Auch das Arbeiten mit den aggregierten Kriterien bringt nicht den erhofften Nutzen, wenn diese Angaben in der Offertstruktur nicht explizit gefordert werden. Die in den Abbildungen aufgeführten Gewichtungen in Prozent (G_1, G_2 und G_3) dienen lediglich als Mustergrössen. Sie sollten jeweils anhand einer Präferenzmatrix von Evaluation zu Evaluation neu erstellt werden.

Nr.	Kriterien der 1. Stufe	G_1
a	Anbieterbezogene Kriterien	11
b	Hardwarebezogene Kriterien	3
c	Systemsoftwarebezogene Kriterien	8
d	Entwicklungstoolbezogene Kriterien	5
e	Kriterien bezüglich nicht funktionaler Anforderungen	19
f	Kriterien bezüglich funktionaler Anforderungen	17
g	Realisierungsbezogene Kriterien	22
h	Kostenbezogene Kriterien	11
i	Offertenbezogene Kriterien	2
j	Aggregierte Kriterien (keine Gewichtung auf dieser Stufe)	–
	Total (in Prozent)	**100**

Abb. 9.28: Kriterienkategorien der 1. Stufe (auf- und abgerundet)

Im Folgenden einige kurze Erläuterungen zu möglichen Kriterienkategorien einer Ausschreibung für die Hard-/Softwarebeschaffung:

a. Anbieterbezogene Kriterien
Anbieterbezogene Kriterien betreffen Werte, die der Vertragspartner der Unternehmung bei einem möglichen Lieferanten bezüglich seiner Institution (Organisationsform, Grösse etc.) bewerten möchte.

b. Hardwarebezogene Kriterien
Grundsätzlich wird die Gerätearchitektur von der Unternehmung als „Muss" vorgegeben. Werden in einem Vorhaben spezielle Geräte eingesetzt (z.B. Scanner, Digitalkameras etc.), so können in diesem Hauptkriterium entsprechende Leistungswerte definiert werden.

c. Systemsoftwarebezogene Kriterien
Systemsoftwarebezogene Kriterien sind Werte, die der zukünftige Auftragnehmer im Bereich der Unternehmens-Systemplattform bezüglich des neuen Systems erfüllen muss. In der Offerte sollten vom möglichen Lieferanten zu diesen Kriterien nur Zusagen gemacht werden. Stellt er diese Plattform sicher (= „Ja"), so kann dies bezüglich der Erfahrung, die der Lieferant gemacht hat, noch differenziert werden, z.B. „grosse Erfahrung" (= 6 Punkte), „gute Erfahrung" (= 4 Punkte) etc.

d. Entwicklungstoolbezogene Kriterien
Mit diesen Kriterien soll bewertet werden, ob bei den möglichen Lieferanten die von der Unternehmung gewünschten respektive verlangten Entwicklungstools vorhanden sind und, wenn ja, wie viel Erfahrung die möglichen Mitarbeiter mit diesen Tools haben. Weiter kann auch bewertet werden, ob der mögliche Lieferant Entwicklungstools einsetzt, die von der Unternehmung nicht verlangt werden, jedoch einen positiven Einfluss auf die Entwicklung haben, z.B. Konfigurationsmanagement-Tools etc.

e. Kriterien bezüglich nicht funktionaler Anforderungen
Hier werden die gesamten Kriterien hinsichtlich der zu erfüllenden nicht funktionalen Anforderungen definiert. Grundsätzlich erfüllt der Bieter die Kriterien, wenn er bestätigt, dass er die nicht funktionalen Anforderungen erfüllen wird. Vielleicht macht der Bieter Aussagen darüber, wie er die nicht funktionalen Anforderungen umsetzen will, oder wenn es die Auftragsbeschreibung erfordert, werden mit diesen Kriterien die Lösungsvarianten bewertet, die der mögliche Bieter in seiner Offerte ausgearbeitet hat.

f. Kriterien bezüglich funktionaler Anforderungen
Sie definieren die gesamten Kriterien der zu erfüllenden funktionalen Anforderungen. Grundsätzlich erfüllt der Bieter diese Kriterien, wenn er bestätigt, dass er die funktionalen Anforderungen erfüllen wird. Vielleicht macht er Aussagen, wie er diese umsetzen will, oder wenn es die Auftragsbeschreibung erfordert, wird mit diesen Kriterien die Lösungsvariante bewertet, die der mögliche Bieter in seiner Offerte ausgearbeitet hat.

g. Realisierungsbezogene Kriterien
Die realisierungsbezogenen Kriterien beziehen sich mehrheitlich auf die Leistungsmöglichkeit, die der Bieter bezüglich der Realisierung und Wartung erbringen wird respektive kann. Bei diesen Kriterien ist es wichtig, dass nicht nur die Erfahrung im Bereich der Umsetzungsmethodik, sondern auch die anderen Bereiche wie QM-System, PM-Erfahrung etc. in die Beurteilung miteinbezogen werden.

h. Kostenbezogene Kriterien
Die Kostenkriterien beziehen sich auf alle möglichen Kosten, die es bei einem Auftrag geben kann. Dabei ist zu berücksichtigen, dass – wenn zu einem späteren Zeitpunkt eine Kosten-Nutzen-Analyse vorgenommen wird – man sich überlegen sollte, ob das Kriterium „Kosten" in dieser Bewertungsstruktur überhaupt angewendet werden sollte. Bei einer Anwendung der Kosten-Nutzen-Analyse werden die Kosten dadurch zweimal bewertet. Grundsätzlich könnten die Kosten als ein aggregiertes Kriterium aufgeführt werden, da in einer komplexen Auftragsvergabe verschiedene Kosten (Serviceleistungen, Unterhalt, Weiterentwicklung, Ausbildung, Kommunikation, Lizenzen, Distribution etc.) anfallen.

i. Offertenbezogene Kriterien
Dies sind Kriterien, die für die Unternehmung in direktem Bezug zur Offerte wichtig sind (Vollständigkeit, Ablieferungstermin etc.).

j. Aggregierte Kriterien
Aggregierte Kriterien sind spezielle Kriterien, die sich grundsätzlich aus gleichen Einzelteilen (Eigenschaften) anderer Kriterien zusammensetzen. So kann z.B. die Qualität (Q) als aggregiertes Kriterium bestimmt werden. Das bedeutet, dass aus allen anderen Kriterienstrukturen – anbieterbezogenen, hardwarebezogenen etc. – alle diejenigen Kriterien markiert werden, die sich auf einen Qualitätsaspekt beziehen. Somit erhält man bezüglich der Qualität eine Gesamtübersicht respektive eine Beurteilungsgrösse darüber, was der zukünftige Vertragspartner an Qualität zu bieten hat. Weitere typische aggregierte Kriterien sind z.B. Kosten oder Sicherheit.

1. Anbieterbezogene Kriterien (11 Bewertungspunkte)					
Nr.	**Kriterien der 2. und 3. Stufe** (Übertrag der 1. Stufe: G1 = 11)	**G_2**	**G_3**	**P**	**Ag. Krit.**
1.1	**Unternehmenskriterien**	**40**		**4.4**	
1.1.1	Marktstellung		25	1.1	
1.1.2	Umsatz im zu beliefernden Land		5	0.22	
1.1.3	Gewinn im zu beliefernden Land		10	0.44	
1.1.4	Nächste Verkaufsniederlassung/Entwicklungsort		15	0.66	
1.1.5	Know-how-Potenzial (Anzahl der Mitarbeiter vom benötigten Fachbereich, Stellvertretung etc.)		25	1.1	Q
1.1.6	Alter der Firma		10	0.44	
1.1.7	Gesamtmitarbeiterzahl/Mitarbeiter in der Abteilung/Gruppe		10	0.44	
	Total (in Prozent)		**100**		
1.2	**Projekterfahrung**	**60**		**6.6**	
1.2.1	Anzahl der durchgeführten oder begleiteten Projekte		25	1.65	
1.2.2	Durchschnittsgrösse der durchgeführten Projekte (Betrag und Personentage)		25	1.65	
1.2.3	Referenzbeurteilung		50	3.3	Q
	Total (in Prozent)		**100**		
	Total (in Prozent)	**100**			

Abb. 9.29: Kriterien der 2. und 3. Stufe

Die Gewichtung (P) der 2. und 3. Kriterienstufe erhält man dadurch, dass die jeweiligen Gewichtungen wie folgt berechnet werden:

$$\text{Gewichtung P} = \frac{G_1 \times G_2}{100} \times \frac{G_3}{100}$$

Alle nachfolgend aufgeführten Kriterien wurden als „relative Muss-Kriterien" aufgeführt. Bei jeder Evaluation muss daher neu definiert werden, ob diese Kriterien

- notwendig sind, respektive ob diese bewertet werden.
- ob es ein absolutes oder ein relatives Muss-Kriterium ist.
- ob die Kriterien richtig sind, jedoch für diese Ausschreibung präzisiert werden müssen.
- ob es in den einzelnen Bereichen noch weitere Kriterien gibt (Ergänzung des Katalogs).
- ob bei den relativen Muss-Kriterien noch eine Bewertungsskala (z.B. sehr gut, gut, schlecht etc.) definiert werden muss (z.B. sehr gut, gut, schlecht etc.).

Es muss erwähnt werden, dass trotz einer sehr guten Entscheidungstechnik und trotz langer Überlegungen jeder Entscheid von einer gewissen Subjektivität geprägt ist. Gerade wegen dieser Subjektivität ist es jedoch wichtig, dass die in einer Evaluation definierten Kriterien von allen Entscheidungsbefugten getragen werden. Wenn nicht, sollten die Unstimmigkeiten vor der Angebotsbewertung mit allen Entscheidungsträgern zusammen in einer Sitzung bereinigt werden.

Nach der Beschaffungsanalyse, das heisst nach dem Erstellen des Kriterienkatalogs und des Pflichtenhefts, können die Bieter direkt angegangen und entsprechende Offerten eingeholt werden. Die Evaluation im engeren Sinne, die dem Lieferantenauswahl-Prozess entspricht, wurde bereits im Kapitel 5.1.5 (☞ „Phasenvorgehen bei Beschaffungs-/Evaluationsprojekten") beschrieben.

9.5.2.3 Verfahrensarten

Müssen staatliche oder halbstaatliche Organisationen Beschaffungen vornehmen, so richten sie sich nach den nationalen oder internationalen Vorgehensrichtlinien wie z.B. der Welthandelsorganisation, engl. World Trade Organization (WTO). Diese Gesetze und Verordnungen haben folgende Ziele:
- Gewährleistung der Gleichbehandlung aller Anbieter,
- Stärkung des Wettbewerbs unter den Anbietern,
- Förderung des wirtschaftlichen Einsatzes der öffentlichen Mittel,
- Regelung des Verfahrens zur Vergabe von öffentlichen Liefer-, Dienstleistungs- und Bauaufträgen mit der Wirkung einer transparenten Gestaltung.

Kurz zusammengefasst, es gibt unterschiedliche Verfahrensarten. Der Schwellenwert legt fest, ab welcher Auftragssumme Aufträge und Vorhaben öffentlich in welcher Verfahrensart ausgeschrieben werden müssen. Hinter den verschiedenen Verfahrensarten liegen zum Teil sehr komplexe Verordnungen, sodass im Folgenden nur grob skizzierte Prozesse beispielhaft aufgeführt werden können:

- Offenes Verfahren
  Im offenen Verfahren können alle Anbieter auf eine öffentliche Ausschreibung hin Angebote einreichen.

- Selektives Verfahren
  Im selektiven Verfahren können alle Anbieter auf eine öffentliche Ausschreibung hin Anträge auf Teilnahme einreichen. Der Auftraggeber bestimmt je nach Eignung diejenigen Anbieter, die ein Angebot einreichen können.

- Einladungsverfahren
  Im Einladungsverfahren werden Anbieter vom Auftraggeber ohne öffentliche Ausschreibung direkt eingeladen, Angebote einzureichen. Es sind mindestens drei Angebote einzuholen.

- Freihändige Vergabe
  Im freihändigen Verfahren lädt der Auftraggeber einen Anbieter direkt zur Angebotsabgabe ein.

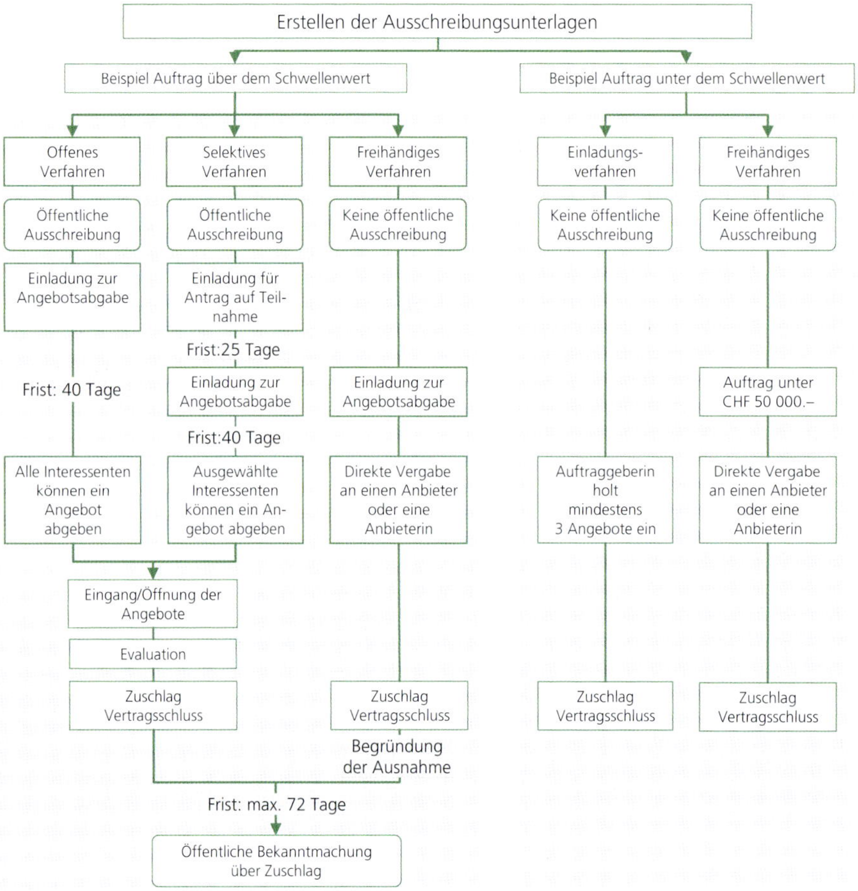

Abb. 9.30: Beispiele der grob skizzierten Ausschreibungsverfahren [Her 2005]

9.5.3 Zuschlagserteilung

Aus dem Lieferantenauswahl-Prozess resultieren für das Beschaffungsmanagement hauptsächlich folgende Lieferobjekte:

- Entscheidungsdokumentation
  Jeder Entscheid muss dokumentiert werden. Diese Dokumentation wird vereinfacht, wenn man eine Bewertungsmethode einsetzt (☞ Anhang C.7.10).

- Offertstrukturvorlage
  Die Offertstrukturvorlage soll helfen, dass alle Bieter die Offerte nach der gleichen Struktur einreichen. Dies senkt den Bewertungsaufwand erheblich (☞ Anhang C.7.11).

- Offerten
  Die Offerten werden natürlich von den potenziellen Lieferanten (Bietern) fristgerecht eingereicht, entsprechend analysiert, bewertet und in Zusammenhang mit allen Offerten gewichtet.

Das Beschaffungsmanagement endet gegen aussen entweder durch die Zuschlagserteilung oder den Widerruf der Ausschreibung. Wie unter Kapitel 9.3.3 (☞ „Vertragsverhandlung") und 9.3.4 (☞ „Vertragserstellung") beschrieben, gilt es nach der Selektion des Lieferanten nun die Inhalte des Vertrags resp. der Verträge endgültig auszuhandeln und abschliessend zu erstellen.

Je nach Beschaffung und je nach Marktsituation macht es sogar Sinn, mit zwei Lieferanten in die endgültige Vertragsverhandlung zu gehen. Dies nicht unbedingt mit dem Ziel, ein Preisdumping zu bewirken, sondern um das Risiko eines Lieferantenrückzugs abzusichern, da schon manchem Lieferanten die effektive Bedeutung des Auftrags erst bewusst wurde, als er auch die Details des Vertrags kennenlernte respektive wahrnahm. Das heisst, die Selektion eines Lieferanten kann inklusive der Vertragsverhandlungen erfolgen. Um dem Risiko eines „Aussteigens" aufgrund der Vertragsbedingungen entgegenzuwirken, macht es durchaus Sinn, bei der Abgabe des Pflichtenhefts – soweit machbar – einen verbindlichen Mustervertrag beizulegen. Aus diesem Arbeitsschritt können folgende Hauptlieferobjekte erstellt werden:

- Vertrag (z.B. Werkvertrag)
  Die mit dem Lieferanten ausgearbeiteten Werte sind in einem Vertrag festzuhalten und gegenseitig zu unterzeichnen (☞ Anhang C.7.13).

- Evaluationsbericht
  Die letzte Arbeit des Beschaffungsprozesses vor der Abwicklung gilt dem Evaluationsbericht: In diesem wird der gesamte Prozess, wie er aus Sicht des Projektleiters abgelaufen ist, zusammenfassend festgehalten (☞ Anhang C.7.14).

9.5.4 Beschaffungsabwicklung

Die Abwicklung einer Bestellung, das heisst von der Vertragsunterzeichnung bis zur abgenommenen Lieferung, soll aufgrund der immer schneller laufenden Veränderungen möglichst effizient durchgeführt werden. Sei dies bei einem ganz einfachen Kauf von Büromöbeln oder auch beim Einkauf einer komplexen Software. Setzt man die Abwicklung zu langsam um, so erhält man bei der Lieferung meist eine „alte Version". Beschaffungsabwicklung beinhaltet auf Bestellerseite auch das Durchsetzen von Standards, was bekanntlich nicht immer leicht ist. Beschaffungsabwicklung führt dann zum Erfolg, wenn die Vorgaben bezüglich Produkt, Aufgaben des Lieferanten und des abzuwickelnden Prozesses allen bekannt sind. Die Beschaffungsabwicklung wird an dieser Stelle nicht mehr weiter erläutert, da sie die überschneidende Menge der folgenden Kapitel umfasst:

- Vertragscontrolling (☞ Kapitel 9.3.5)
- Claimmanagement (☞ Kapitel 9.3.6),
- Vertragsbeendigung (☞ Kapitel 9.3.7),
- Lieferantencontrolling (☞ Kapitel 9.4.3),
- Lieferantenproduktabnahme (☞ Kapitel 9.4.4).

9.6 Kostenmanagement

Das Kostenmanagement ist wie das Qualitätsmanagement ein aggregierter Wert, der in allen Elementen des Projektmanagement-Systems enthalten ist. Da es logischerweise im betriebswirtschaftlichen Umfeld nichts mehr umsonst gibt, trägt jede Arbeit respektive tragen die ausführenden Personalmittel und jedes dabei verwendete Betriebsmittel ein Preisschild. Daher ermittelt und verwaltet das Kostenmanagement die einzelnen Kosten der Arbeiten respektive Arbeitspakete und somit des gesamten Projekts. Es ist die Grundlage der gesamten Projektfinanzierung.

Abb. 9.31: Prozessschritte des Kostenmangement-Prozesses

Egal wie attraktiv ein Projekt sich zeigt, der wirtschaftliche Standpunkt darf bei der Spezifikation und den Möglichkeiten der späteren Umsetzung nicht missachtet werden. Innerhalb des Rahmens eines Projektmanagements beschäftigt sich daher das Kostenmanagement mit den verschiedenen nötigen Prozessen, um in der Zeit der Projektabwicklung sicherzustellen, dass das definierte Projektprodukt innerhalb eines geplanten und freigegebenen Budgets fertiggestellt wird.

Im Wesentlichen wird im Kostenmanagement auf die Beeinflussung der Kosten abgezielt, und es umfasst dabei alle Methoden und Verfahren, die eine positive Einflussnahme auf die Kosten ermöglichen und unterstützen. Etwas vereinfacht dargestellt, umfasst der Kostenmanagement-Prozess die in Abbildung 9.31 aufgeführten Prozessschritte.

9.6.1 Projektkostenplanung

Wie im Kapitel 4.2.4.7 (☞ „Projektkostenplanung") erläutert, müssen die anfallenden Kosten bei einem Projekt vom Projektleiter planerisch ermittelt werden. Die Praxis zeigt immer wieder, dass der Projektleiter besonders während des Projektstarts die geschätzten Aufwendungen für das ganze Projekt noch nicht offenlegen sollte. Es geht dabei nicht darum, etwas zu verbergen, sondern um ein taktisches Manöver, da einmal genannte Zahlen in den Köpfen des Managements verständlicherweise „unauslöschbar" festsitzen! Um in Projekten einigermassen zufriedenstellende Kostenangaben machen zu können, ist es angebracht, die Kosten in Etappen zu berechnen. Falls eine finanzbezogene Machbarkeitsstudie bei einem grösseren Vorhaben zum Zeitpunkt der Initialisierung fehlt (nicht machbar ist), ist zuerst eine sehr genaue Berechnung nur für die Konzeptionsphase anzustellen. Diese Phase soll anschliessend zur Durchführung freigegeben werden. Wenn man im Verlauf oder am Ende der Konzeptionsphase auf genaueren Werten und Entscheidungen aufbauen kann, soll das Budget für das gesamte Projekt aufgestellt und allenfalls freigegeben werden. Dieses Vorgehen ist insbesondere bei „fluiden" Projekten sinnvoll.

Die Projektkostenplanung beinhaltet die Ermittlung und Zuordnung der voraussichtlichen Kosten für die Arbeitspakete unter Berücksichtigung der vorhandenen Einflussgrössen und der vorgegebenen Ziele.

Abb. 9.32: Hauptelemente der Projektkostenplanung

Damit eine seriöse Projektkostenplanung vorgenommen werden kann, müssen verschiedene Inputwerte berücksichtigt werden:

- Der Projektstrukturplan, der die gesamten Projektarbeiten in klare abgrenzbare Arbeitspakete unterteilt und so den „Berg" von Arbeiten für die Projektkostenplanung „fassbar" macht (☞ Kapitel 4.3.3.2.2 „Projektstrukturplan").
- Der Einsatzmittelplan, der die notwendigen Personal- und Betriebsmittel in Qualität und Quantität gesamthaft und für die einzelnen Arbeitspakete aufzeigt und somit eine wichtige Grösse für die Projektkostenplanung ist (☞ Kapitel 4.3.3.4 „Einsatzmittelplanung").
- Der Organisationsplan, der endgültig definiert, ob interne (und dann welche) oder externe Ressourcen im Projekt mitmachen. Dies hat auf die Projektkostenplanung bezüglich der Primär- und Sekundärkosten sowie bezüglich der Kostenstellen und -träger einen Einfluss (☞ Kapitel 4.3.3.5 „Organisationsplanung").
- Die Aufwandschätzung, wie sich neben den statischen Kostenparametern auch die finanziellen Varianten auf das Projekt auswirken können und wie diese gemanagt werden (☞ Anhang A.2 „Aufwandschätztechniken")
- Der Change Request, welcher während des Projektverlaufs entscheidende Werte für die erneute Projektkostenplanung liefert (☞ Kapitel 11.5 „Änderungsmanagement").

Für die Projektkostenplanung wichtige Unterstützungswerte sind:

- Die Projektkostenstruktur, die die logische, hierarchische Unterteilung der in einem Projekt anfallenden Kostenarten vorgibt (☞ Kapitel 4.3.3.6.1 „Kostenstrukturplan").
- Mögliche Lieferanten.
- Der Projektnutzen, der den Gegenpol zu den Kosten bildet und so im Grundsatz in vielen Projekten den Handlungsspielraum vorgibt (☞ Anhang A.3 „Bewertungstechniken").
- Der Projektscope.

Aus der Projetkkostenplanung resultieren:

- Projektkostenplan
  Der gesamte Projektkostenplan enthält schliesslich die für eine Tätigkeit, ein Arbeitspaket und für das gesamte Projekt kalkulierten Projektkosten.

- Wirtschaftlichkeitsrechnung
  Durch die Gegenüberstellung der Kosten mit dem Nutzen kann auf unterschiedliche Arten die Wirtschaftlichkeit der Projektinvestition berechnet werden, welche als wichtige Grundlage für Entscheidungen der Sponsoren dient.

9.6.2 Projektbudgetplanung

Gemäss Madauss [Mad 1994] resultiert die Notwendigkeit eines Projektbudgets letztlich aus dem Grundprinzip des Wirtschaftens. Um Verluste zu vermeiden, dürfen die Kosten niemals grösser sein als die geplanten Erlöse in der gleichen Zeitperiode einer Investitions- und Nutzungsperiode.

Unter einem Budget wird in der Regel eine systematische Zusammenstellung der erwarteten Mengen- und Wertgrössen während einer gewissen Periode verstanden [Mey 1992].

Zu dieser Definition gesellt sich die Definition des Projektbudgets, die etwas anders aussieht, da Kosten und Erlös zum Zeitpunkt der projektbezogenen Investition einander nicht gegenübergestellt werden können. So gesehen ist das Projektbudget nur eine Teilmenge des gesamten Unternehmensbudgets, das insbesondere die Kostenseite belastet.

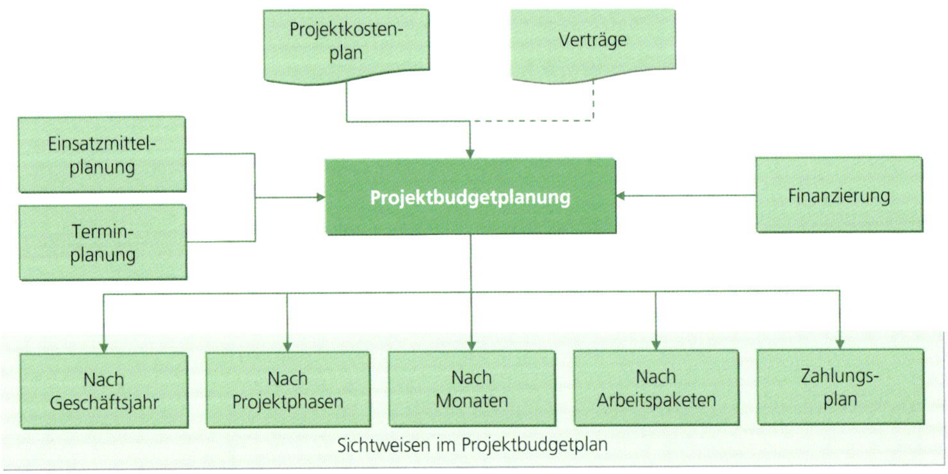

Abb. 9.33: Hauptelemente der Projektbudgetplanung

Auf Basis des vom Projektleiter erstellten Projektkostenplans, der mit anderen Parteien eingegangenen Verträge, der erstellten Terminplanung, der personen- und betriebsmittelbezogenen Einsatzpläne und der Art der Finanzierung kann das Gesamtprojektbudget erstellt werden (☜ Kapitel 4.3.3.8 „Projektbudgetplanung“), das auf verschiedene Sichtweisen zu-/aufgeteilt werden kann:

- Geschäftsjahr: Das Unternehmensmanagement, insbesondere den Finanzcontroller, interessieren mit Sicherheit die gesamten Projektkosten, im Speziellen aber die Kosten per Geschäftsjahr.
- Projektphasen: In vielen Projekten wird das Projekt als Gesamtes auf einmal freigegeben. Kostenmässig wird jedoch nur die anstehende Phase freigegeben; der Projektauftraggeber interessiert sich „nur" für das Phasenbudget.
- Monate: Um eine kontrollierbare Finanzgrösse zu erhalten, macht es für den Projektleiter wie auch für den Finanzcontroller Sinn, die Kosten auf Monate aufzuteilen.
- Arbeitspakete: Um die Kosten/Leistung im Sinn eines Earned Value beurteilen zu können, muss die endgültige Budgetzuteilung auf die Arbeitspakete (basierend auf der gesamten Kostenplanung) vorgenommen werden.
- Zahlungsplan: Dabei handelt es sich um einen vertragsorientierten, zeitlichen Plan zur Regelung der Zahlungen an Unternehmer, Lieferanten, Beauftragte, Berater und Spezialisten. Aus dem Zahlungsplan werden die sogenannten Obligokosten abgeleitet [SIA D510].

9.6.3 Projektkostenverrechnung

Ausgehend von den durch den Projektleiter berechneten PLAN-Kosten über die Freigabe des Budgets auf die Phasen und das entsprechende Abrechnungsjahr, können während der Projektabwicklung die Kostenverrechnungen vollzogen werden. Die Projektkostenverrechnung beruht auf den Eingaben bezüglich der Aufwendungen der Personal- und Betriebsmittel.

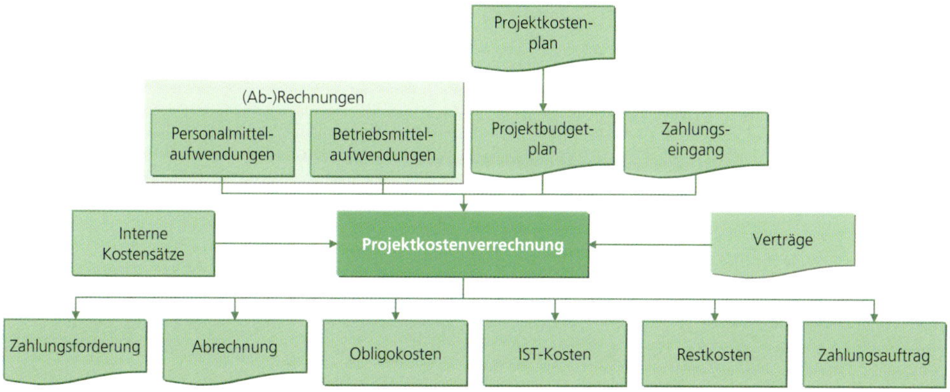

Abb. 9.34: Hauptelemente der Projektkostenverrechnung

Zur Projektkostenverrechnung braucht es folgende (Ab-)Rechnungen bzw. Aufwandsgrössen:

- Projektbudgetplan
  Der bewilligte Projektbudgetplan gibt dem Projektleiter den zeitlichen und kostenmässigen Spielraum vor.

- Zahlungseingang
  Die im Schritt Projektkostenverrechnung erstellten Zahlungsforderungen bewirken entsprechende Zahlungseingänge. Werden diese zeitlich vom Schuldner nicht getätigt, erfolgt der Mahnprozess.

- Personalmittelaufwendungen
  Durch die einfache Zuordnung der geleisteten Stunden zu Stundenarten und deren Einteilung in produktive und unproduktive Stunden fällt die Ermittlung des für die Kalkulation so wichtigen Produktivitätssatzes automatisch weg. Das heisst, die Verrechnung der geleisteten Stunden der internen Mitarbeiter erfolgt meist automatisch über ein entsprechendes Tool. Demgegenüber läuft die Verrechnung der Stunden von externen Mitarbeitern einerseits nur über die geleisteten und rapportierten Stunden, andererseits je nach Vertrag (z.B. mit Kostendach etc.) gemäss der separat an das Projekt gestellten Rechnung.

- Betriebsmittelaufwendungen
  Die anfallenden Kosten im Bereich der eingesetzten Ge- und Verbrauchsbetriebsmittel plus allfällige Beschaffungen (Investitionen) werden vom Projekt-Office bei entsprechender Rechnungstellung dem richtigen Projektkostenträger verrechnet. Die an das Projekt gestellten Rechnungen basieren jeweils auf einem Vertrag.

Aus der Projektkostenverrechnung gehen folgende Grössen hervor:

- Abrechnung
  Die auf das Projekt anfallenden IST-Kosten kann das Projekt je nach Vereinbarung an andere Einheiten, basierend auf internen Kostensätzen, weiterverrechnen respektive mit einer anderen Orga-Einheit abrechnen. Dabei gibt es allenfalls entsprechende Gegenbuchungen zur Entlastung des Projekts. Solche Abrechnungen können auch offizielle externe Zahlungsaufforderungen (Rechnungen) auslösen.

- Obligokosten
  Obligokosten sind bereits aufgrund von Verträgen eingegangene Verpflichtungen. Diese werden daher bereits vom PLAN-Wert als provisorische IST-Kosten via Obligokosten abgezogen, da sie dem Projekt rein kostenmässig schon nicht mehr zur Verfügung stehen.

- IST-Kosten
  Die tatsächlich angefallenen, gesamten Kosten eines Projekts ergeben zu einem bestimmten Stichtag die IST-Kosten. Hierbei ist nicht der Zahlungsfluss, sondern der Zeitpunkt der Einsatzmittelverwendung ausschlaggebend.

- Restkosten
  Nachdem die ersten IST-Kosten angefallen sind, ist es notwendig, die Höhe der noch verbleibenden Restkosten (Estimate to Completion) zu überprüfen und zu aktualisieren. In diese Arbeit gehört auch die Ermittlung der auf den neusten Kenntnissen der Sachlage stehenden kostenbasierenden Einflussgrössen wie Risiken (Kosten für [„Verhinderungs"-]Massnahmen), erwartete Projektänderungen (Change Request), Prozentsatz von Unvorhergesehenem etc. Nur so kann der Projektleiter eine Basis für eine realistische Kostenvorhersage (SOLL-Kosten) während der gesamten Projektlaufzeit erhalten.

- Zahlungsauftrag
  Das Projekt-Office oder der Projektleiter erteilt an die Finanzabteilung den Zahlungsauftrag bezüglich den fälligen Auszahlungen.

9.6.4 Projektkostencontrolling

In der Regel steht – nach einem möglichst exakten PLAN-IST-Kostenvergleich – beim Projektkostencontrolling die exakte Einhaltung, aber auch die Reduzierung von Kosten im Vordergrund. Voraussetzung für ein professionelles Projektkostencontrolling ist eine gute Planung, welche die gleiche strukturelle Tiefe wie die Kostenüberwachung hat. Die detaillierte Beschreibung der Aufwand- und Kostenkontrolle ist im Kapitel 4.4.3.3.2.3 (☞ „Aufwand- und Kostenkontrolle") erläutert.

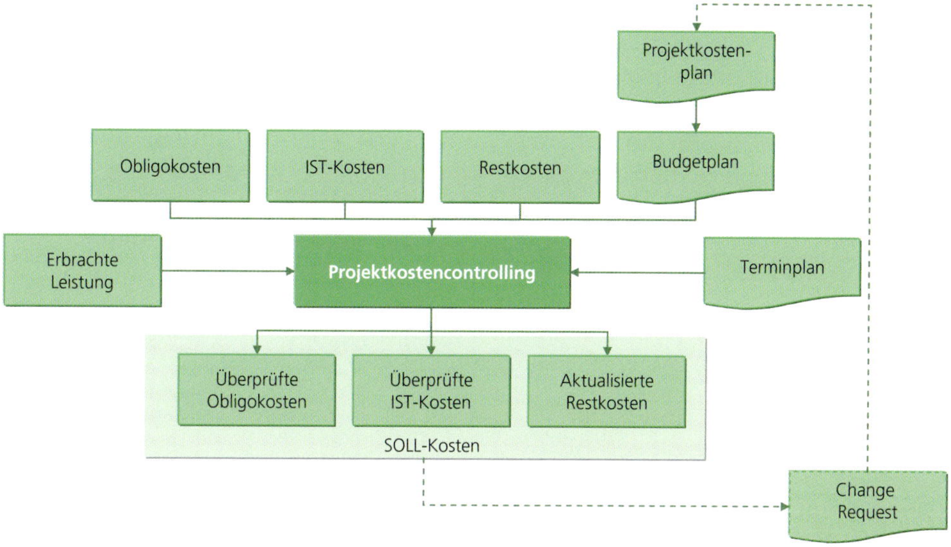

Abb. 9.35: Hauptelemente des Projektkostencontrollings

Die Kostenkontrolle, die während der Projektlaufzeit durchgeführt wird, besteht aus folgenden Aufgaben:

- Überwachung der Kosten jedes einzelnen Arbeitsschritts, um möglichst frühzeitig Abweichungen vom geplanten Zustand zu erkennen.
- Im Falle einer Projektänderung die Sicherstellung, dass nur im Rahmen des Budgets angemessene Projektänderungen durchgeführt werden. Darüber müssen in passender Weise die Projektbeteiligten informiert werden.
- Information der Projektbeteiligten über den aktuellen Zustand des Budgets.

Basierend auf dem Projektbudgetplan, den angefallenen IST-Kosten, den noch verbleibenden Obligokosten und bis anhin definierten Prognosekosten (Restkosten) kann ein entsprechendes Projektkostencontrolling geführt werden. Die reine IST-PLAN-SOLL-Kostengegenüberstellung sagt in den meisten Fällen nicht allzu viel aus. Um eine qualifizierte Beurteilung der Lage zu erhalten, werden der Sachfortschritt (erbrachte Leistung) und der Terminplan benötigt. Nach der Überprüfung der Obligokosten, der angefallenen IST-Kosten und der Aktualisierung der Restkosten ergeben sich die SOLL-Kosten.

9.6.5 Projektkostenabschlussrechnung

Im Rahmen des Phasen- oder Projektabschlusses müssen die entsprechenden betriebswirtschaftlichen Arbeiten einer sauberen Abschlussrechnung vorgenommen werden. Dabei ist es einerseits wichtig, dass ein Schlussreview vorgenommen wird. Bei diesem Review wird geprüft, ob die entsprechenden Kostendaten zu den „richtigen" Perioden, zu den „richtigen" Kostenstrukturen und zu den „richtigen" Leistungen geführt wurden. Andererseits muss anhand der abgeschlossenen Verträge abschliessend geprüft werden, ob noch generelle Forderungen oder aus Claims (☞ Kapitel 9.3.6 „Claimmanagement") bestehende Nachforderungen ausstehend sind, ob auf Grundlage von Abnahmeprotokollen die (Rest-)Zahlungen ausgelöst wurden etc. Allfällige falsche Buchungen müssen bereinigt, Zahlungen ausgelöst und Konten geschlossen werden. Je nach Abrechnungsart müssen für gewisse Materialien, Personalmittel etc. zudem Gemeinkostenzuschläge berechnet werden. Die so ins Reine gebrachten Daten müssen für den Projektphasen- oder Projektabschlussbericht in Form einer Abschlussrechnung aufbereitet und dem Unternehmenscontrolling zur Verfügung gestellt werden.

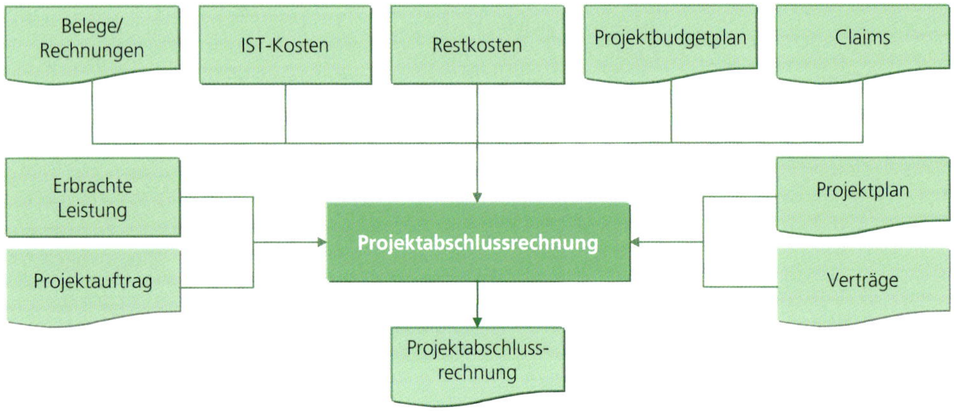

Abb. 9.36: Hauptelemente der Projektkostenabschlussrechnung

Ausgehend von den durch den Projektauftrag vertraglich vereinbarten Leistungen, werden die Kosten und allfällig noch offene Forderungen aufgeführt. Die Projektkostenabschlussrechnung kann bei kleinen und mittleren Projekten ein Teil des Projektabschlussberichts sein. Bei grösseren Projekten ist dies ein eigenständiges Lieferobjekt.

9.6.6 Projektkostennachkalkulation

In der Projektkostennachkalkulation werden die wesentlichen kaufmännischen IST-Daten den Plan-Daten gegenübergestellt. Die Struktur der Projektkostennachkalkulation lehnt sich an die Struktur der Vorkalkulation an, die bei der Projektplanung erstellt wurde; dies ist wichtig, damit eine Vergleichbarkeit der beiden Rechnungen gegeben ist. Diese grundsätzlich simple Anforderung ist nicht immer einfach haltbar, da während der Phase der Projektabwicklung bei grösseren Unternehmungen reorganisiert, fusioniert oder ausgelagert wird, was Kostenstrukturen massgeblich durcheinanderbringen kann.

Die Hauptaufgabe der Projektkostennachkalkulation ist:

- Die Daten für die Projektbewertung mittels PLAN-IST-Vergleich, die Daten für die Qualitätskostenauswertung und die Daten für die Messdatenermittlung zur Erfahrungssicherung sicherstellen und aufbereiten.

Die Projektkostennachkalkulation ist auch für die Überprüfung der wirtschaftlichen Tragfähigkeit des entwickelten Produkts wichtig. Es reicht nicht aus, einen Plan zu erstellen, weil die in der Realität auftretenden Abweichungen normalerweise zu Differenzen führen.

Nur durch die Projektkostennachkalkulation erhält man die tatsächlichen Entwicklungskosten, die die Produktwirtschaftlichkeit mit bestimmen. Aus diesen qualifizierten Entwicklungskosten können Lehren für künftige Projekte gezogen werden.

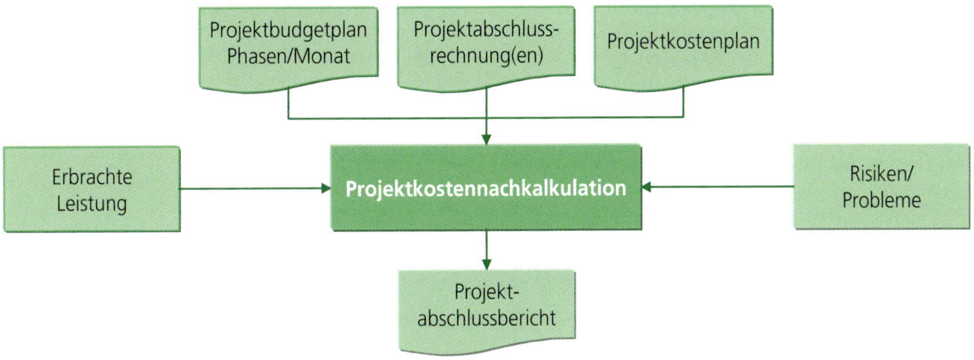

Abb. 9.37: Hauptelemente der Projektkostennachkalkulation

Da nicht alle Kosten direkt aus dem Projekt entstammen bzw. nach der Herkunft dem Projekt direkt zugeordnet werden können, unterscheidet man zwischen direkt zuordenbaren Kosten wie

- Personalaufwände,
- Beratungskosten,
- Anschaffen von Betriebsmitteln (Maschinen, Gebäuden etc.),
- sonstigen Ausgaben

und Kosten, die über einen Verteilungsschlüssel aus der Gemeinkostenumlage stammen. Dabei werden die Kosten ausgewählt, die das Projekt betreffen:

- Fehlerbehebungskosten nach Ablieferung,
- Kosten für Tool- und Supportentwicklung, z.B. Formatierungs- und Eingabewerkzeug für Testdaten o.Ä.
- Kosten für Grundlagenentwicklung,
- Verwaltungskosten.

Schon bei der Planung muss entschieden werden, ob man im Projekt eine Vollkosten- oder nur eine Projektteilkostenrechnung vornehmen will. Die Berücksichtigung aller Entwicklungskosten in der Vollkostenrechnung ermöglicht die Beurteilung, ob ein Produktpreis zur Über- oder Unterdeckung der Entwicklungskosten führt. Eine starke Überdeckung sichert zwar zunächst die Refinanzierung der Projektkosten, deutet aber auf eine falsche Planung hin und kann zu Absatzproblemen führen. Eine starke Unterdeckung ist natürlich ebenso unerwünscht, weil die Projekt- und Produktkosten nicht wieder zurückfliessen. Es lassen sich mehrere angewendete Arten von Nachkalkulation festmachen: Meistens wird aus Projektsicht eine prozessbezogene Nachkalkulation eingesetzt.

Bei der Projektdurchführung ergeben sich aufgrund von Risiken, Problemen, zusätzlichen oder veränderten Anforderungen etc. häufig Abweichungen zwischen Plan und Realität. Daher macht es Sinn, die Ursachen dieser Abweichungen am Schluss zu ermitteln. Diese Analyse wird in fünf Schritten vollzogen:

- Aufführen aller SOLL-Kostengrössen,
- Aufführen aller IST-Kosten (was am Projektende identisch mit den SOLL-Kosten ist) und PLAN-Kosten gegenüberstellen,
- Feststellen der Abweichungen und der Nicht-Abweichungen,
- Ermitteln der Ursachen für Abweichungen und für Nicht-Abweichungen,
- Ausarbeiten der Massnahmen und diese an entsprechende Stellen weiterleiten.

Da eine Nicht-Abweichung auch ein ganz wichtiger Wert ist, muss auch dieser bei einer Projektkostennachkalkulation begründet werden. Aus der Nachkalkulation werden für das Management wichtige Kennwerte generiert, die aus Abrechnungssumme und PLAN-Kenngrössen resultieren. Sie schaffen sich so die Grundlage für neue Kostenermittlungen bei vergleichbaren Projekten.

9.7 Lieferobjekte des Ressourcenmanagements

Im Folgenden werden die wichtigsten Lieferobjekte pro in diesem Kapitel erläuterten Hauptkapitel in Kurzform dargestellt. Weitere Ausführungen zu den Lieferobjekten sind im Anhang C.7 (☞ „Lieferobjekte des Ressourcenmanagements") aufgeführt.

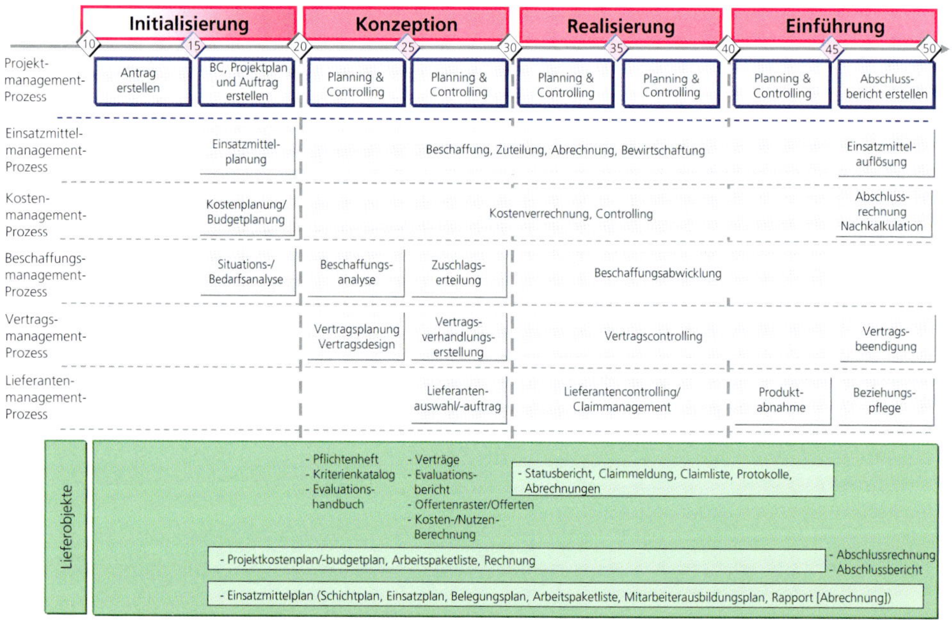

Abb. 9.38: Übersicht über die Lieferobjekte des Ressourcenmanagements

Abbildung 9.38 zeigt die in diesem Hauptkapitel erläuterten Prozesse im Kontext zum Projektmanagement-Prozess. Die Beschaffungs-, Vertrags- und Lieferantenmanagement-Prozesse können je nach Projektsituation viel früher/später und/oder kürzer angesetzt werden. Ob ein Lieferobjekt genau zu dem gemäss Abbildung 9.38 aufgeführten Zeitpunkt erstellt werden kann oder muss oder ob sogar zwei Lieferobjekte wie z.B. Personalmittelplan und Projektplan zusammengelegt werden können, liegt in der Entscheidungskompetenz des Auftraggebers.

Lieferobjekt	Kurzbeschreibung
Arbeitspaketliste (ergänzt)	Die Arbeitspaketliste als Ergebnis der Projektstrukturplanung wird bei der Einsatzmittel- und Projektkostenplanung jeweils entsprechend ergänzt. Dies mit dem Ziel, die Einsatzmittel und die Kosten pro Arbeitspaket zu berechnen/zuzuweisen.
Einsatzmittelplan	Dieser Plan enthält die Zuordnung der Betriebs- und Personalmittel zu den einzelnen Arbeitspaketen mit den voraussichtlichen Aufwänden. Mit diesem Plan wird auch die Verteilung der Einsatzmittel in zeitlicher Hinsicht abgebildet. Je nach Bedarf können daraus Schicht-, Einsatz-, Belegungs- und Mitarbeiterausbildungspläne erstellt werden.
Projektkosten-strukturplan	Der Projektkostenstrukturplan ist ein Teil des Projektplans. Er beinhaltet die Ermittlung und Zuordnung der voraussichtlichen Kosten für die Arbeitspakete sowie die Investitionen. Zu berücksichtigen sind alle direkten und indirekten Kosten, die zulasten des Projektbudgets gehen.
Projektbudgetplan	Der Projektbudgetplan enthält die Aufteilung der Projektkosten nach Budgetierungszeiträumen (meist fiskaljahrbezogen).
Weitere Lieferobjekte des Einsatzmittel- und Projektkosten-managements	Aus dem Einsatzmittel- und Kostenmittelmanagement können/müssen je nach Projektumfang, -situation und -richtlinien weitere Lieferobjekte wie Rapporte und Abrechnungen erstellt werden.
Abschlussrechnung	Bei grösseren Projekten ist die Abschlussrechnung ein eigenständiges Lieferobjekt. Bei mittleren und kleinen Projekten ist sie ein Kapitel des Projektabschlussberichts.
Projektabschlussbericht (ergänzt)	Aus den aufsummierten IST-Werten müssen im Projektabschlussbericht die Kosten und die daraus resultierende Wirtschaftlichkeit sowie Erkenntnisse abschliessend aufgezeigt werden.
Weitere Lieferobjekte des Vertrags- und Lieferanten-managements	Aus dem Vertrags- und Lieferantenmanagement können/müssen je nach Projektumfang, -situation und -richtlinien weitere Lieferobjekte wie Protokolle, Statusberichte und Abrechnungen erstellt werden.
Claimliste	In der Claimliste sind je nach Vertrag alle wesentlichen Informationen zur Verfolgung und Durchsetzung oder, bei umgekehrter Blickrichtung, zur Analyse und Abwehr von Ansprüchen aufzunehmen.
Claimmeldeformular	Mit dem Claimmeldeformular wird der Vertragspartner auf die Auswirkungen des Ereignisses in terminlicher, sachlicher und/oder finanzieller Art hingewiesen und auf den beanstandeten Vertragspunkt aufmerksam gemacht.
Evaluationshandbuch	Lückenlose und umfassende Dokumentation der Evaluation.
Kriterienkatalog	Qualifizierter, gewichteter Bewertungsraster mit Bewertungskriterien für die Offertenbewertung.
Pflichtenheft	Das Pflichtenheft und das Konzept können ein wie auch zwei Dokumente sein. Ab einer bestimmten Grösse ist es besser, wenn die Dokumente getrennt sind. Das Pflichtenheft führt die Ziele auf, die mit der angestrebten Lösung zu erreichen sind, sowie die Anforderungen und Wünsche an das zukünftige Projektprodukt.

9

Offertenraster	Abgabe eines Offertrasters an die Bieter, um von ihnen eine strukturierte Offerte zurückzubekommen, die einfach zu bewerten ist.
Offerten	Die Offerten werden natürlich von den potenziellen Lieferanten (Bietern) fristgerecht eingereicht. Diese werden entsprechend analysiert, beurteilt und in Zusammenhang mit allen Offerten bewertet.
Evalutionsbewertung (Entscheidungs-dokumentation)	Absolute, relative (z.B. Kosten-Nutzen-Bewertung) und verbale Bewertung der eingegangenen Offerten als Grundlage für die Entscheidung durch das Management. Jeder Entscheid muss dokumentiert werden.
Verträge	Je nach Bedarf muss ein Werk-, Kauf-, Miet-, Auftrags-, Arbeits- oder Dienstleistungsvertrag abgeschlossen werden. Dies mit dem Ziel, eine für alle beteiligten Parteien verständliche Vereinbarung in schriftlicher, rechtlich verbindlicher Form festzuhalten, wodurch eine erfolgreiche Zusammenarbeit geregelt wird.
Evaluationsbericht	Die letzte Arbeit des Beschaffungsprozesses vor der Abwicklung gilt dem Evaluationsbericht. In diesem wird der gesamte Prozess, wie er aus Sicht des Projektleiters abgelaufen ist, zusammenfassend festgehalten.

10

Lernziele des Kapitels „Changemanagement“

Sie können …

- die Werte der sieben Wesenselemente gemäss Glasl zum Innensystem und zum Umfeld beschreiben.
- die Randprobleme, die bei den einzelnen Phasen der Unternehmensentwicklung auftreten, nennen und als Voraussetzungen für die Kernaufgaben der kommenden Entwicklungsphasen beschreiben.
- die vier Aspekte des Changemanagements erläutern und begründen, warum diese für eine gute Unternehmenskultur wichtig sind.
- die fünf Konzepttrends mit Hilfe eines konkreten Beispiels beschreiben.
- die wesentlichen Elemente des Drei-Phasen-Modells von Lewin beschreiben und kennen die Folgen, was bei der Nichtberücksichtigung dieser drei Phasen passiert.
- die wichtigen Instrumente des Changemanagements begründet aufführen.
- die Ziele des Stakeholdermanagements mit konkreten Beispielen erläutern.
- das Stakeholdermanagement anhand der drei Phasen erklären.
- alle wesentlichen Punkte einer Stakeholderanalyse an einem konkreten Beispiel durchführen.
- Massnahmen definieren, die Ihnen helfen, ein erfolgreiches Stakeholdermanagement zu führen.
- die drei Basisstrategien erläutern und je einen konkreten Fall dazu beschreiben.
- wesentliche Punkte der Projektkommunikation aufzählen und mit einem konkreten Beispiel begründen.
- den Nutzen der Projektinformationsplanung ausführlich beschreiben und die spezifischen Resultate aus diesem Prozessschritt folgern.
- die verschiedenen Instrumente zur Informationsverteilung beschreiben und in einem Fall konkret umsetzen.
- die Notwendigkeit der Informationskontrolle erläutern und die Auswirkungen einer guten Informationskontrolle auf einen konkreten Fall beschreiben.
- die Auswirkungen eines nichtfunktionierenden Projektmarketings in allen drei Wirkungsfeldern anhand eines Beispiels erläutern.
- konkrete projektbezogene Marketingideen formulieren, damit in allen Wirkungsfeldern eine positive Entwicklung vor sich geht.
- ein konkretes Projekt bezüglich notwendiger Marketingaktivität einschätzen.
- Auswirkungen von falsch angewandtem Projektmarketing beschreiben.
- eine Projektumfeldanalyse, eine Risikoanalyse und die Marketingziele für ein Projekt durchführen.
- eine spezifische Marketingstrategie entwickeln und Ihre Entscheide begründen.
- den Nutzen respektive die Verwendung der Marketingkontrolle erläutern.

10 Changemanagement

Setzt man das Wort Change etwas umfassender an, so können darin mehrere Komponenten platziert werden. Neben dem Produkte-Change, der insbesondere in der Informatikwelt mit diesem Wort assoziiert wird, können auch die Komponenten Struktur, Kultur, Mensch – sprich alles, was sich in unserer Umwelt verändert – hineinprojiziert werden. Um dies im Sinne der Projektabwicklung etwas zu fokussieren (selbst auf die Gefahr hin, dass bezüglich der Evolutionstheorie wichtige Werte ausgelassen werden) kann das Changemanagement in der generellen Projektabwicklung in zwei Hauptteile gegliedert werden: einen funktions- respektive produktbezogenen Change (Änderung) und einen personenbezogenen Change (Veränderung).

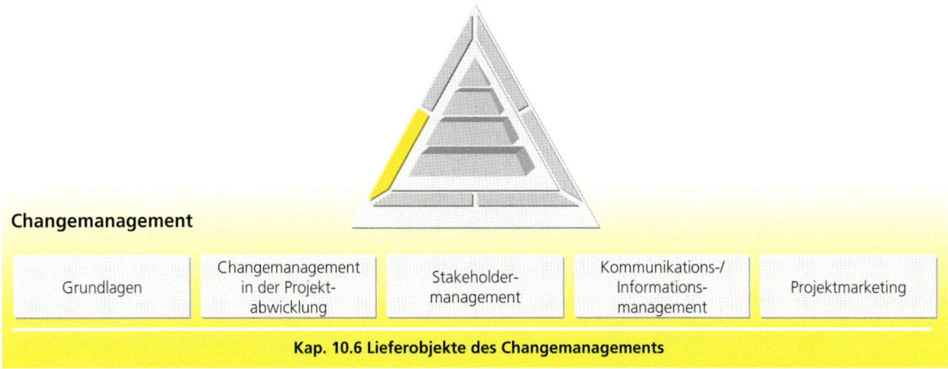

Abb. 10.01: Strukturierung des Changemanagements im Projektumfeld

Im Zusammenhang mit der Verwendung in unterschiedlichen Fachrichtungen gibt es bei den Begriffen Änderungs-, Veränderungs- und Changemanagement einige terminologische Verwirrungen. In diesem Buch werden die Begriffe wie folgt belegt:

- Änderungsmanagement wird in Bezug auf den gezielten Change von Prozessen, physischen/ materiellen Mitteln und Produkten angewendet.
- Veränderungsmanagement oder auch Changemanagement bezieht sich jeweils auf den gezielten Change von Strukturen, Menschen und Einzelfunktionen einer Organisation.

> Changemanagement als Teil der Projektabwicklung ist die Summe aller Massnahmen, welche notwendig sind, um die betroffenen Organisationen zu befähigen, die durch das Projekt bewirkten Veränderungen in kürzester Zeit zu adaptieren und zu leben.

Changemanagement

10.1 Grundlagen

10.1.1 Unternehmensentwicklung

Besteht eine Organisation gemäss Glasl [Gla 1990] aus den in der Abbildung 10.02 aufgeführten sieben Wesenselementen, so kann Changemanagement – zeitlich isoliert betrachtet – auch eine eigenständige Methode der Projektart „Organisationsprojekt" sein. Bei dieser projektmässigen Betrachtung geht es darum, in einem vorbestimmten Zeitraum eines oder mehrere der Wesenselemente einer Organisation(seinheit) zu verändern. Im Weiteren kann Changemanagement aber auch ein kontinuierlicher Führungsbegleitprozess („Unternehmensentwicklung") sein, um eine Organisation laufend der Veränderung der Umwelt anzupassen.

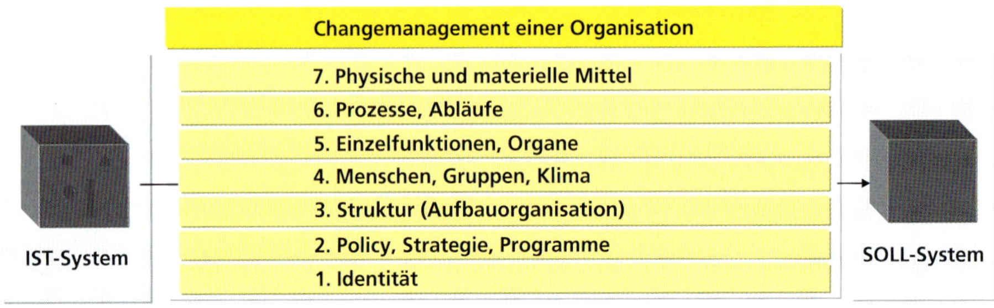

Abb. 10.02: Die Wesenselemente des Changemanagements

Die sieben Wesenselemente des Changemanagements von Glasl [Gla 1990] beinhalten zusammengefasst folgende Werte:

Im Innensystem	Zum Umfeld
1. Identität	
Die gesellschaftliche Aufgabe der Organisation, Mission, Sinn und Zweck, Leitbild, Fernziel, Philosophie, Grund- respektive Kernwerte, Image nach innen, historisches Selbstverständnis der Organisation	Image bei Kunden, Lieferanten, Banken, Politik, Gewerkschaft usw.; Konkurrenzprofil, Position in Märkten und Gesellschaft; Selbstständigkeit bzw. Abhängigkeit
2. Policy, Strategie, Programme	
Langfristige Programme der Organisation, Unternehmenspolitik, Leitsätze für Produkt-, Markt-, Finanz-, Preis-, Personalpolitik usw.	Leitsätze für den Umgang mit Lieferanten, Kunden usw., PR-Konzepte, Marktstrategien; Übereinstimmung mit Spielregeln der Branche
3. Struktur (Aufbauorganisation)	
Statuten, Gesellschaftsvertrag, Aufbauprinzipien der Organisation, Führungshierarchie, Linien- und Stabsstellen, zentrale und dezentrale Stellen, formales Layout	Strukturelle Beziehung zu externen Gruppierungen, Präsenz in Verbänden usw., strategische Allianzen
4. Menschen, Gruppen, Klima	
Wissen und Können der Mitarbeiterinnen und Mitarbeiter, Haltung und Einstellungen, Beziehungen, Führungsstile, informelle Zusammenhänge und Gruppierungen, Rollen, Macht und Konflikte, Betriebsklima	Pflege der informellen Beziehungen zu externen Stellen, Beziehungsklima in der Branche, Stil des Umgehens mit Macht gegenüber dem Umfeld

5. Einzelfunktionen, Organe	
Aufgaben, Kompetenzen und Verantwortung, Aufgabeninhalte der einzelnen Funktionen, Gremien, Kommissionen, Projektgruppen, Spezialisten, Koordination	Verhältnis zum üblichen Branchenverständnis über Arbeitsteilung, Funktionen zur Pflege der externen Schnittstellen
6. Prozesse, Abläufe	
Primäre Arbeitsprozesse, sekundäre und tertiäre Prozesse: Informationsprozesse, Entscheidungsprozesse; interne Logistik, Planungs- und Controllingprozesse, Supportprozesse	Beschaffungsprozesse für Ressourcen, Lieferprozesse (JIT), Speditionslogistik, Aktivitäten zur Beschaffung externer Informationen
7. Physische und materielle Mittel	
Instrumente, Maschinen, Geräte, Material, Möbel, Transportmittel, Gebäude, Räume, finanzielle Mittel	Physisches Umfeld, Platz im Umfeld – Verkehrssystem, Verhältnis Eigenmittel – Fremdmittel

Abb. 10.03: Ganzheitliches Systemkonzept der Organisation: die sieben Wesenselemente [Gla 1990]

Kraus [Kra 2006] definiert Changemanagement als Überbegriff für professionelles Management von Veränderungen. Für ihn ist Changemangement ohne bestimmtes Methodenkonzept ein Metabegriff, der einzelne Konzepte subsumiert, die sich durchaus ergänzen oder auch widersprechen können.

Wie in der Definition aufgeführt, bedeutet Changemanagement im Zusammenhang mit diesem Buch eine klar begleitete Disziplin innerhalb eines jeden Projekts mit dem speziellen Fokus auf die Wesenselemente 3, 4 und 5. Der Changeprozess braucht jeweils eine klare Botschaft, und diese sollte mit der internen bzw. integrierten Kommunikationsabteilung geplant und abgestimmt werden. Dabei wird auf die Prinzipien der Organisationsentwicklung abgestützt, und im Zusammenhang mit dem Projektmanagement werden die zwei starken Instrumente Stakeholdermanagement und Projektmarketing aufgeführt.

Bevor das Changemanagement im Kontext der Projektabwicklung als solches erläutert wird, gilt es die Inhalte einer Organisation und deren Entwicklung („Unternehmensentwicklung") in kurzer Form aufzuführen.

10.1.1.1 Segmente der Unternehmensentwicklung

Gemäss Glasl [Gla 1990] umfasst eine Organisation sieben konstituierende Wesenselemente, welche in drei Subsysteme „Kulturelles", „Soziales" und „Technisch-Instrumentelles" zusammengefasst werden können. Aus diesen drei Subsystemen einer Organisation wird schliesslich eine konkrete Leistung erbracht respektive sie kann erbracht werden.

Sind die Verantwortlichen eines Unternehmens mit dem in der Abbildung 10.03 aufgeführten Leistungsrahmen nicht zufrieden oder muss man diese Leistung auf eine neue Situation (Firmenwachstum, Marktveränderung etc.) anpassen, so muss sich das Unternehmen oder die Organisation entsprechend entwickeln.

> Unternehmensentwicklung wird als ein langfristiger, dynamischer und geplanter Problemlösungs-, Erneuerungs- und Lernprozess beschrieben, der sich auf die betroffenen Mitglieder und die zwischen ihnen bestehenden sozialen Beziehungen sowie auf Funktionen und die Struktur der Organisation erstreckt.

Abb. 10.04: Segmente des Changemanagements

Bei der Unternehmensentwicklung geht es nicht primär nur darum, ein einzelnes Wesenselement forciert zu verändern, sondern die gesamte Organisation – somit wenn möglich alle sieben Elemente, die in wechselseitiger Beziehung zueinanderstehen, im Einklang zu verändern. Dabei werden insbesondere die einzelnen psychologischen Überlegungen in den grösseren Zusammenhang einer umfassenden und ganzheitlichen Strategie geplanter Veränderungen gestellt.

10.1.1.2 Phasen der Unternehmensentwicklung

Die Evolution eines Unternehmens läuft jeweils nicht im „dauernden" Idealzustand, sondern ist einem kontinuierlichen Optimierungsprozess unterworfen, der gemäss Glasl [Gla 2004] in vier Phasen unterteilt werden kann:

	1. Pionierphase	**2. Differenzierungsphase**	**3. Integrationsphase**	**4. Assoziationsphase**
Metapher	Unternehmen als Familie oder Stamm	Unternehmen als konstruierter Apparat	Unternehmen als lebendiger Organismus	Unternehmen als Glied im Biotop
Kernaufgabe	Impulsieren einer informellen Gemeinschaft	Aufbauen eines steuerbaren Apparates	Entwickeln eines ganzheitlichen Organismus	Assoziative Vernetzung mit vielen Umwelten

Abb. 10.05: Generelle Metaphern der vier Entwicklungsphasen [Gla 2004]

Im Folgenden die Zusammenfassung von Glasl [Gla 2004], dem es gelungen ist, die Entwicklung eines Unternehmens prägnant zu beschreiben.

Damit ein Unternehmen überhaupt gegründet wird, muss jemand in seiner Umwelt ein Kundenproblem erkennen, für das mit den vorhandenen Fähigkeiten wertvolle Lösungen geboten werden können. Für die Pionierphase ist also die Kernaufgabe das Impulsieren einer aussenorientierten Arbeitsgemeinschaft, nämlich einer informalen Organisation. Dies geschieht durch die besonderen Fähigkeiten einer Gründerin bzw. eines Pioniers. Das Funktionieren dieser Organisation lässt sich am besten mit der Metapher „Familien- oder Stammeskultur" charakterisieren, weil durch die mitgebrachten Persönlichkeitsstrukturen der Beteiligten informale Rollensysteme entstehen, die autokratisch-charismatisch geführt werden usw.

Gemäss Glasl [Gla 2004] tritt bei der Bewältigung der Kernaufgabe – bedingt durch die spontane, informale Art zu führen und zu organisieren – ein Randproblem immer stärker auf: die Transparenz und Steuerbarkeit des Systems. Das „Familien-" oder „Stammesmodell" der Pionierphase kommt somit trotz seiner bewiesenen Stärken an eine Grenze, weil dieses Rand- und Begleitproblem das bisher selbstverständliche spontane Denken und Handeln grundsätzlich infrage stellt. Am Anfang wird noch versucht, das neue Problem mit den bisherigen, bewährten Denk- und Handlungsansätzen zu lösen, mit der Zeit gelingt dies aber nicht mehr. Man braucht ein anderes Gedankenkonzept, andere Prinzipien, andere Denkmuster, andere Verhaltensweisen, Strukturen usw.

Die Differenzierungsphase konzentriert sich deshalb voll und ganz darauf, mit Chaos und Willkür, Unberechenbarkeit und Unlenkbarkeit aufzuräumen. Die Kernaufgabe ist das logische und planmässige Konstruieren und Aufbauen eines Organisationsapparates, der den Willen der Geschäftsführung reibungslos ausführt. Das makrosoziale und kulturelle Problem am Rande dieser Unternehmensgestaltung sowie innerbetrieblich die Aushöhlung des sozialen und kulturellen Subsystems werden in dieser Phase als Randprobleme auftreten, was Beweggründe gibt, in die nächste Phase zu wechseln.

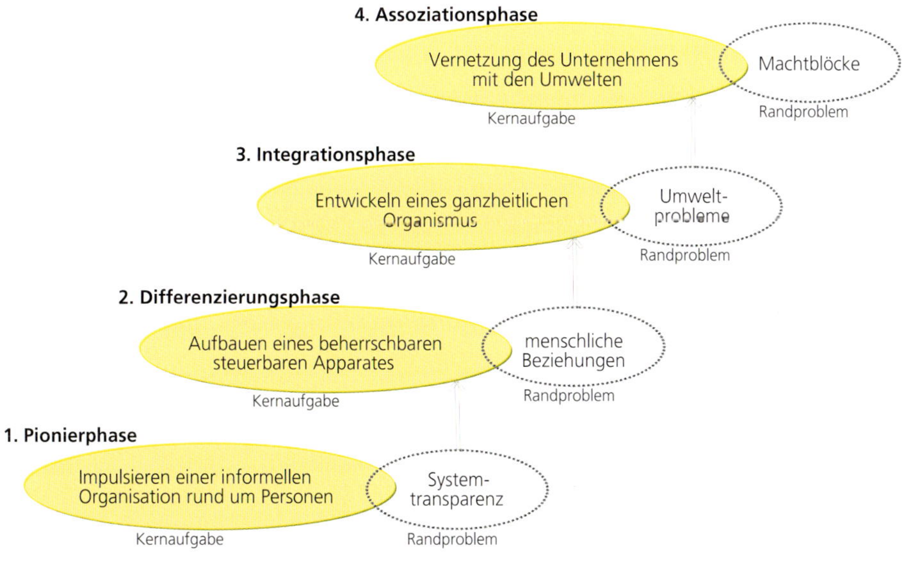

Abb. 10.06: Die Verschiebung von Kernaufgaben und Randproblemen [Gla 2004]

10

Durch das ganzheitliche Denken der Integrationsphase kommen die drei konstituierenden Subsysteme (kulturell, sozial, instrumentell) gemäss Abbildung 10.4 und deren gegenseitige Beziehungen neu ins Bewusstsein. Die Kernaufgabe ist es, wieder ein ganzes Unternehmensgebilde zu schaffen und so die Vitalisierung (Corporate Identity) des leblosen Apparates durch Ziel- und Kundenorientierung, durch Prozessdenken und Selbstorganisation zu erreichen, damit die Menschen an möglichst vielen Stellen der Organisation unternehmerische Mitverantwortung tragen können.

Bei Realisierungen der Integrationsphase lässt sich erkennen, wie durch die Integrationsbemühungen zwar viele Kraftquellen im sozialen Subsystem geweckt und genutzt werden konnten, die Grenzen des Unternehmens zu seinen verschiedenen Umwelten jedoch als Barrieren spürbar werden: Die Beziehungen zu Lieferanten und Vorlieferanten, zu Kapital- und Know-how-Gebern, zu Händlern und Kunden werden zwar von einer durchgehenden Kunden- und Zielorientierung getragen, jedoch bleibt die Gestaltung der Unternehmensprozesse auf das eigene Unternehmen konzentriert und beschränkt. Materialfluss, Produktentwicklung und dergleichen übersteigen aber immer die organisatorischen Grenzen von Abteilungen, Bereichen und Unternehmen: Der Bewusstseins- und Handlungsrahmen muss sich ausweiten. An diesen und weiteren Eigenschaften zeichnet sich das neue herausfordernde Randproblem ab: Sowohl die Integration als auch die Festigung eines Unternehmens im beschriebenen Sinn können einen kollektiven Egoismus der relativ selbstständigen Unternehmensteile fördern. Dieser Gruppenegoismus wird dann auf Kosten anderer Unternehmensteile oder der Lieferanten oder Sublieferanten sowie der Kunden ausgetragen.

Die Assoziationsphase wendet sich nun der Kernaufgabe zu, das Unternehmen mit den Umwelten assoziativ so zu integrieren, dass es sich vorausschauend proaktiv und partnerschaftlich-dialogisch mit ihnen auseinandersetzen kann und in diesem Spannungsfeld verbindliche Massnahmen trifft. Es wird nicht genügen, sich dann und wann in mehr oder weniger defensiven PR-Aktivitäten zu einzelnen Korrekturmassnahmen zu äussern. Vielmehr müssen der Informationsaustausch sowie die Problemlösung und Entscheidung in Fragen der verschiedenen Umwelten zu Kernaufgaben der Führung und Organisation gemacht werden. Anstelle der Dominanz eines Unternehmens müssen Mittel und Wege gefunden werden, wie mit gegenseitiger Abhängigkeit aller Beteiligten konstruktiv umgegangen werden kann, so z.B. durch den gezielten Einsatz der integrierten Unternehmenskommunikation. Dadurch entstehen weitläufige, miteinander vernetzte Unternehmensgruppen.

Auch die Assoziationsphase kennt ihr Randproblem: Es wird sich vermutlich durch die Bildung grosser Machtpotenziale akzentuieren. Die auf dem Weg vielfältiger Assoziationsformen gebildeten „Unternehmensbiotope“ können sich makrogesellschaftlich als Machtblock gebärden und gegenüber dem politisch-rechtlichen und geistig-kulturellen Bereich der Gesellschaft eine unerwünschte Dominanz entwickeln, die vermutlich auch demokratische Entscheidungs- und Kontrollformen ausser Wirkung setzen könnten. Die Folge wäre eine sehr mächtige Form des Totalitarismus, nämlich des „Wirtschafts-Totalitarismus“.

Im Übergang von einer Phase zur nächsten (☞ Abbildung 10.06) bringt jedes neu entwickelte Konzept eine Lösung der aufgetretenen und wahrgenommenen Kernprobleme, gleichzeitig schafft es aber zusätzlich neue Probleme, die als ungewollte Begleiterscheinungen auftreten. Was in der einen Phase als Randproblem neu aufgetaucht ist und die Lösungskonzepte dieser Phase überfordert, wird in der nachfolgenden Phase als Kernproblem in Angriff genommen. Und die wirksame Behandlung des neuen Kernproblems löst wiederum ein neues Randproblem aus, das bereits wieder die Herausforderung für die nächste Entwicklungsphase präsentiert. Erst durch neuerlichen Perspektivenwechsel wird das Randproblem in seiner Bedeutung erkannt und erweist sich als Herausforderung, als das Kernproblem des nächsten Entwicklungsschrittes.

10.1.1.3 Wandeln der sieben Wesenselemente

Korreliert man die sieben Wesenselemente und die Entwicklungsphasen eines Unternehmens, ergibt sich daraus die Unternehmensentwicklung, die natürlich nicht nur innen-, sondern auch aussenbezogen seine Form bilden [Gla 2004].

a) Identität

1. Pionierphase	2. Differenzierungsphase	3. Integrationsphase	4. Assoziationsphase
Persönliche Identität der Pionierpersonen Kunde ist König Kundentreue	Rationales Definieren der Position Markt anonym, von innen nach aussen denkend	Bewusste Arbeit an Mission = Leitbild, Credo, orientiert auf Kundenbedürfnis	Assoziiert zum Unternehmensbiotop, Position durch gesellschaftlichen Nutzen im Dialog definiert

b) Policy, Leitsätze, Programme

1. Pionierphase	2. Differenzierungsphase	3. Integrationsphase	4. Assoziationsphase
Ziele und Leitsätze implizit und intuitiv Treue, Kreativität, Spontaneität	Prinzipien der wissenschaftlichen Betriebsführung festgelegt Transparenz, Steuerbarkeit, Ordnung	Partizipativ überarbeitet und kommuniziert Initiative, Verantwortung, Selbstorganisation	Leitsätze proaktiv mit Umfeld als Schicksalsgemeinschaft, ohne Sicherheitsnetze

c) Struktur (Aufbauorganisation)

1. Pionierphase	2. Differenzierungsphase	3. Integrationsphase	4. Assoziationsphase
Weder Formalisierung noch Festlegung, breite Kammstruktur um Pioniere und Sub-Pioniere, Flexibilität	Formalisierung, funktionale Gliederungen, Stab-Linie, Führungsebenen spezialisiert in konstituierende, organisierende und dirigierende Führung	Mischung von formaler und informaler Struktur, föderative Vernetzung relativ autonomer Unternehmensbereiche, auf Kunden/ Produktgruppen bezogen	Durchlässige Grenzen der Organisation, interne und externe Vernetzung relativ selbststeuernder Bereiche, Nahtstellenorgane mit Externen

d) Menschen

1. Pionierphase	2. Differenzierungsphase	3. Integrationsphase	4. Assoziationsphase
Charismatisch-autokratische Führung, direkte informale, persönliche Kontakte, Wärme	Sachorientiertes Führen, technokratisch und bürokratisch instrumentalisierte Kontakte, kaum Teamarbeit, Kühle und Distanz	Agogisch-situatives Führen, strategische Personalentwicklung, formale und informale Kontakte, viel Teamarbeit, Wärme und Nähe	Hohe Durchlässigkeit der Führung, agogisch-situativ, Personalentwicklung auch im Unternehmensbiotop, Mitarbeiter als Bürger

e) Einzelfunktionen

1. Pionierphase	2. Differenzierungsphase	3. Integrationsphase	4. Assoziationsphase
Aufgabenkonzentration um Personen, durch Allround-Funktionen Erfolgserlebnisse	Rationale Aufgabenteilung und Spezialisierung, Festlegung in Stellenbeschreibungen, Trennung von Planung, Ausführung, Kontrolle	Sachliche und humane Kriterien für Funktionsinhalte: Job Enrichment = integrierte Funktionen, Flexibilität	Ausbau des Job Enrichment, erweiterter Aufgaben- und Prozesshorizont, Nahtstellenmanagement, externe Jobrotation

f) Ablauforganisation

1. Pionierphase	2. Differenzierungsphase	3. Integrationsphase	4. Assoziationsphase
Beweglichkeit, Improvisation, nach handwerklichen Gesichtspunkten, Sonderanfertigungen statt Standards	Standardisierung und Routine, Verfahren geplant, formalisiert, mechanisiert und möglichst automatisiert, zentrale Koordinationsstellen	Innerhalb von Rahmenvorgaben flexible Prozesssteuerung durch Betroffene, Mischung von Selbst- und Fremdplanung/ -steuerung	Auswertung des Prozessdenkens und der Selbststeuerung, Nahtstellenmanagement, Verzicht auf Pufferzonen und Sicherheitsnetze (just in time usw.)

g) Physische Mittel

1. Pionierphase	2. Differenzierungsphase	3. Integrationsphase	4. Assoziationsphase
Gebäude, Maschinen, Werkzeuge usw. werden als untergeordnet erlebt, improvisierend gebraucht	Durch technische Orientierung hoher Stellenwert der Technologie, Logik der Technik prägt als „Sachzwang" auch das Soziale, Informationstechnologie dezentral genutzt	Räume und Ausstattung nach soziotechnischen Kriterien, „softtechnology" erlaubt Teambedienung, Informationstechnologie dezentral genutzt	Anlagen auf Teamarbeit ausgerichtet, wesentliche Vereinfachung der Unterstützung durch Roboter, äusserst sparsamer Einsatz von Raum, Kapital

Zusammengefasst kann somit gesagt werden, dass die Unternehmensentwicklung, sei es nach dem Modell von Glasl oder anderen Exponenten, ein dauernder Change ist, der aus Unternehmenssicht ungesteuert oder, soweit erkennbar und machbar, gesteuert durchlaufen respektive durchlebt werden muss. Ungesteuert braucht es sehr viele positive Zufälle, damit sich das Unternehmen „automatisch" in die nächste Phase begeben kann, ohne dass es „sich selbst zerstört". Gesteuert bedingt es ein bewusstes, unternehmensbezogenes Changemanagement respektive einen methodisch abgestützten Changeprozess, der gemanagt wird. Im folgenden Kapitel wird kurz auf einige methodisch abgestützte Changeprozesse eingegangen.

10.1.1.4 Wichtige Ziele und Merkmale der Unternehmensentwicklung

In der Veränderung einer Unternehmensentwicklung verbergen sich Komplexitäten, welchen nur mit einem geordneten Ansatz beizukommen ist, denen weniger eine einheitliche Technik als vielmehr eine gemeinsame Philosophie zugrunde liegt. In allen Ansätzen werden die folgenden zwei wichtigen Ziele verfolgt:

- Steigerung der Effizienz von Organisationen, die Veränderungen unterliegen, und
- die gleichzeitige Humanisierung der Arbeit.

Die wichtigsten Merkmale und Kriterien eines geordneten Veränderungsansatzes, sprich einer Methode, sind:

- Der Einsatz einer Changemethode erfolgt planmässig.
- Diese Methode muss von der Führungsebene unterstützt werden.
- Auslöser einer Veränderung sind Probleme im sozialen oder soziotechnischen Bereich, die von allen Betroffenen erkannt und soweit möglich anerkannt werden.
- Probleme werden reell gelöst.
- Betroffene werden zu Beteiligten.
- Die eingesetzte Veränderungsmethode ist prozessorientiert und rückgekoppelt.

10.1.2 Aspekte des Changemanagements

Ein weiterer wichtiger Schwerpunkt neben der Struktur, Kultur und Strategie zum erfolgreichen Changemanagement liegt in der Architektur bzw. im Fahrplan der Veränderung. Es kommt darauf an, den Veränderungsprozess klar und professionell zu gestalten sowie unter Berücksichtigung folgender Aspekte zu begleiten:

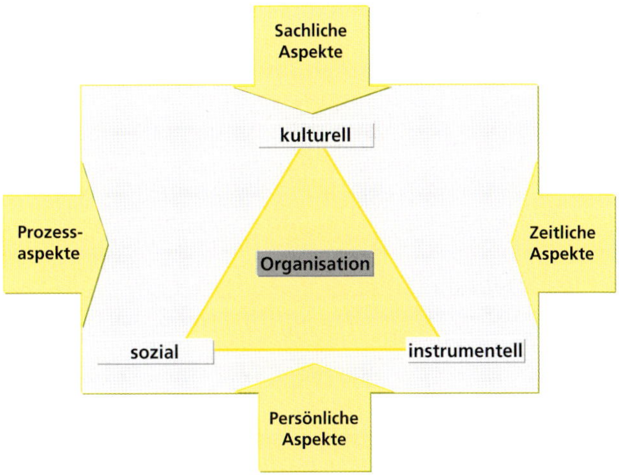

Abb. 10.07: Hauptaspekte des Changemanagements [Kra 2006]

Gemäss Kraus [Kra 2006] gilt es mit Blick auf den Fahrplan eines Changes folgende Aspekte zu berücksichtigen:

- Sachliche Aspekte
  Die sachlichen Aspekte des Changemanagements beziehen sich auf alle Sachthemen wie Informationen, Organisationsstrukturen, Finanz- oder Einsatzmittelplan. Da die sachlichen Aspekte Basis für die Veränderungsmassnahmen sind, benötigt man diesbezüglich vollständige und aktuelle Daten.

- Zeitliche Aspekte
  Der zeitliche Aspekt berücksichtigt die Abfolge der einzelnen Veränderungsschritte. Dabei werden besonders die Geschichte und die Dauer der Schritte beachtet. Durch das Verstehen der Historie,

durch Kenntnis des bisherigen Werdegangs und durch das Wissen um die Erfahrungen lassen sich zielführende Veränderungsmassnahmen einsetzen. Nur wenn die Verantwortlichen verstehen, welche alten Traditionen und Rituale die Menschen in Organisationen pflegen, sind sie in der Lage, den Changeprozess richtig anzulegen und zu steuern.

- Prozessaspekte
  Besonders der Ablauf einer Organisationsveränderung, in dem sich die Menschen, die Strukturen, die Kulturen und die Verhaltensweisen gleichzeitig entwickeln, ist nicht von heute auf morgen zu bewältigen. In einer solchen Veränderungszeit müssen die Änderungen in einer bestimmten Folge ablaufen, in der auch Rückschritte oder Widerstände ihren Platz haben. Jeder einzelne Schritt im Prozess baut auf den vorhergehenden auf und bereitet den nächsten Schritt vor.

- Persönlicher oder psychologischer Aspekt
  Der persönliche oder psychologische Aspekt betrachtet das individuelle Verhalten, die Einstellungen, Gefühle, die Motivation, den Widerstand eines Menschen. Menschen reagieren auf geplante oder reale Veränderungen verschieden, je nachdem, ob sie damit Verbesserungen oder Verschlechterungen erwarten. Ängste müssen ernst genommen werden, um die Menschen persönlich „dort abzuholen", wo sie im Moment mit ihren Veränderungsschritten stehen. Die Relevanz der persönlichen Aspekte wird oft unterschätzt.

Die Werte dieser Aspekte müssen den Betroffenen z.B. über die Unternehmenskommunikation richtig vermittelt werden. Werden sie nicht oder nur ungenügend berücksichtigt, so erhalten die Betroffenen das Gefühl eines chaotischen, unrealistischen und unkontrollierbaren Dahintreibens, was zu einer Bedrohung für die Existenz des Unternehmens führen kann.

10.1.3 Changemanagement-Konzepte

Im Laufe der „neueren" Unternehmenszeit ergaben sich mehrere Konzepte, wie man mit der Veränderung einer Organisation respektive Unternehmung umgeht. Nicht alle diese Konzepte haben jeweils die von Glasl aufgeführten sieben Wesenselemente berücksichtigt (☞ Abbildung 10.03), was je nach Organisation zu mehr oder weniger erfolgreichen Transformationen führte. Die bekanntesten Konzepttrends der letzten Jahre sind:

Im Folgenden eine kurze Zusammenfassung der Konzepttrends von Kraus [Kra 2006], die sich natürlich in zahlreichen verschiedenen Unterformen und Modellen widerspiegeln und die zum Teil auch in Kombination bei Unternehmen mehr oder weniger erfolgreich eingeführt respektive umgesetzt wurden:

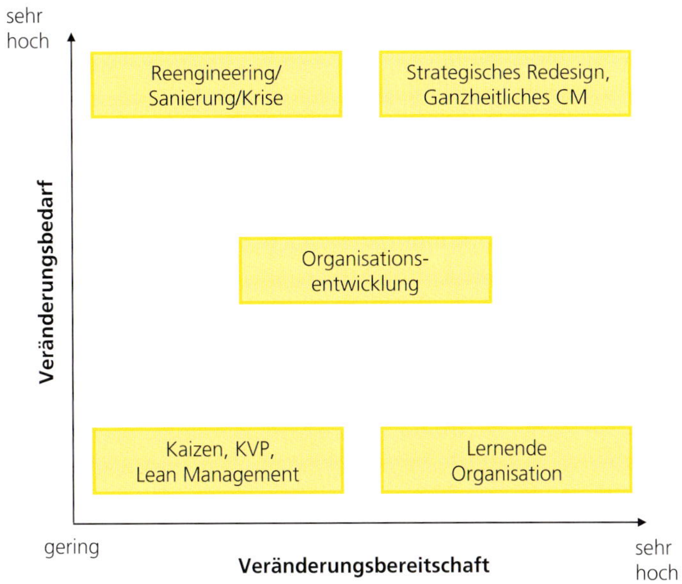

Abb. 10.08: Die fünf wesentlichsten Konzepttrends [Kra 2006]

10.1.3.1 Reengineering/Sanierung/Krise

Hammer und Champy haben 1993 mit ihrem Buch „Business Reengineering" diesen Begriff öffentlich gemacht. Ziel des Reengineerings ist es, die Kundenzufriedenheit und die Leistungsfähigkeit des Unternehmens in einer revolutionären Grössenordnung zu erhöhen. Zum Business Process Reengineering gehören vier wesentliche Merkmale:

- Infragestellen der Strategie (überprüfen, ob das Richtige getan wird),
- radikales Neugestalten (statt „sanfter Optimierung", der Bruch z.B. von bestehenden Regeln),
- Angestrebtes um erhebliche Grössenordnungen verbessern,
- Ausrichtungen von Unternehmen oder Bereichen auf zentrale Prozesse.

Diese Konzeption ist ein Top-Down-Ansatz und insbesondere dort erfolgreich, wo ein erhöhter Veränderungsdruck oder eine Krise vorherrscht. Die Kernthemen im Business Reengineering sind:

- Orientierung an den erfolgskritischen Geschäftsprozessen (Kernprozesse),
- Ausrichtung der Kernprozesse auf den Kunden (Kundenfokus),
- Konzentration auf die Kernkompetenzen (Core Business) und
- Nutzung modernster Informationstechnologien.

10.1.3.2 Strategisches Redesign/ganzheitliches Changemanagement

Die Vorgehensweise beim strategischen Redesign ist ähnlich wie die des Reengineerings, daher ist es ebenfalls ein Top-Down-Prozess. Der wesentliche Unterschied liegt darin, dass die Mitarbeiter und das mittlere Management von Anfang an sehr stark in die Überlegungen und in die Umsetzung eingebunden werden. Dies führt zu deren hohen Identifikation. Es wird daher neben den Methoden der „Optimierung des Geschäfts" auf Methoden zur Einbindung der Menschen in den Changeprozess gesetzt. Dabei wird ein Interventionsdesign definiert, in dem festgehalten wird, wann und in welchem Umfang die Mitarbeiter in den Prozess integriert und welche „Interventionen" geplant und umgesetzt werden. Bei der Planung von Interventionen gibt es vier verschiedene Dimensionen zu berücksichtigen [Wil 1995]:

- Sachliche Dimension: Setzen von inhaltlichen Schwerpunkten und Zielsetzungen des Veränderungsprozesses.
- Zeitliche Dimension: Durch das „Timing" von Interventionen lassen sich Rahmenbedingungen und Sinnzusammenhänge herstellen.
- Soziale Dimension: Die soziale Dimension bestimmt beispielsweise, wer mit wem in welcher Zusammensetzung zu welchen Ereignissen zusammenkommen wird.
- Räumliche Dimension: Wo finden die Interventionen statt? Gibt es Orte für Ergebnissicherung, Arbeitsräume für Arbeitsgruppen etc.

10.1.3.3 Organisationsentwicklung

Die Organisationsentwicklungs-Methode (OE), zur Hauptsache auf Kurt Lewin [Lew 1947] zurückzuführen, ist von einem prozesshaften, evolutionären Entwicklungsansatz geprägt. Es geht in der Regel darum, vorhandenes Potenzial zu aktivieren und zu erweitern. Die Organisation und ihre Mitglieder werden aktiviert und befähigt, sich mit den Anforderungen interner und externer Umwelten auseinanderzusetzen. Die entsprechenden Antworten auf die Herausforderungen werden selbst erarbeitet und umgesetzt. Dies geschieht in Coachingsitzungen und Supervisionen, in Workshops und Seminaren, in Team- und Bereichsentwicklungen, in Grossgruppenveranstaltungen und mit Qualifizierungsmassnahmen. Dabei gibt es grundsätzlich folgende Interventionsebenen:

- Ebene des Individuums – z.B. Coachings, Supervisionen, Feedbacks, Schulungen;
- interpersonelle Ebene und Teamebene – z.B. Caochings, Supervisionen, Rollenklärungen, Schulungen, Prozessberatungen, Teamentwicklungen;
- Intergruppen- und Organisationsebene – z.B. Organisationsdiagnose, Einführung von Feedback-Instrumenten wie Vorgesetztenbeurteilung oder Mitarbeiter-Feedback.

Wichtig ist es zu erkennen, das die Probleme und Chancen der Mitarbeiter und Führungskräfte eine Reaktion auf die jeweilige Situation sind. Daher werden auf Grundlage einer Situationsdiagnose Massnahmen entwickelt, die sowohl die Verbesserung der Arbeitsresultate als auch eine erhöhte Arbeitszufriedenheit zum Ziel haben.

10.1.3.4 Kaizen, KVP, Leanmanagement

Leanmanagement – mit der Veröffentlichung der Studie des Massachusetts Institute of Technology (MIT) im Jahre 1990 durch Womack, Jones und Roos und deren Zusammenfassung in „The machine that changed the world" ins Leben gerufen – hat seinen Schwerpunkt in der Optimierung der Fertigungsorganisation. Der Schwerpunkt zeichnet sich in der Einführung der „Neuen Formen der Arbeitsorganisation" (NFAO) ab. Dazu gehören die Managementkonzepte Gruppenarbeit und Kaizen oder „Kontinuierlicher Verbesserungsprozess" (KVP).

Bei der Gruppenarbeit handelt es sich um „Teilautonome Arbeitsgruppen". Die Idee ist, Mitarbeiter in Teams zusammenzuführen und für einen klar abgegrenzten Arbeitsauftrag verantwortlich zu machen. Dadurch sollen eine höhere Identifikation mit der Tätigkeit und höheres Engagement erreicht werden.

Kaizen ist eine aus Japan stammende Form des mitarbeiterorientierten Managements. Es wird allgemein definiert als Philosophie der ewigen Veränderung und der Flexibilität, um auf die Veränderungen der Umwelt zu reagieren.

10.1.3.5 Lernende Organisation

Gemäss Groth und Kammel [Gro 1998] verändert sich die lernende Organisation kontinuierlich. Sie unterstützt Individuen, Gruppen und die Organisation als Ganzes in einem ständigen Verbesserungsprozess bei der Transformation hinsichtlich der Struktur, der Steuerungspotenziale, der Umfeldwahrnehmung, des Wissensbestandes und des Verhaltens. Das in der lernenden Organisation stattfindende organisatorische Lernen ist als aktive Auseinandersetzung mit dem jeweils spezifischen Umfeld darauf ausgerichtet, das kollektive Wissens- und Verhaltensrepertoire ständig zu verbessern, um eine Steigerung der organisationalen Effizienz zu bewirken. Gemäss Senge [Sen 2000] gibt es fünf grundlegende Bausteine Lernender Organisationen:

1. Personal Mastery
   Weitgehende Selbstführung im Gesamtinteresse der Organisation
2. Mental Models
   Kritisches Hinterfragen von Denk- und Verhaltensmustern
3. Shared Vision
   Gemeinsam getragene mittel- und langfristige Vision
4. Team Learning
   Kooperativer Austausch von individuell und gemeinsam gesammelten Erfahrungen zur Weiterentwicklung der Handlungskompetenz der Organisation
5. System Thinking
   Denken in Systemen, ganzheitliche Problemanalyse

Gerade die fünfte Disziplin, das Denken in Systemen, soll nach Senge [Sen 2000] der Garant für eine ganzheitliche Berücksichtigung aller fünf Faktoren bei der Organisationsgestaltung sein. Wichtig in diesem Zusammenhang ist auch die Definition der unterschiedlichen Arten des Lernens. In der Literatur werden im Allgemeinen drei unterschiedliche Niveaus des Lernens voneinander abgegrenzt [Kra 2006]:

- Single-loop-learning (Anpassungslernen, Assimilation von Wissen),
- Double-loop-learning (Veränderung des Verhaltensrepertoires, Evolutionslernen),
- Deutero learning (Lernen des Lernens, Entwicklungslernen).

10.2 Changemanagement in der Projektabwicklung

Bei jeder Umsetzung von Projektaufträgen treten, ohne dass man nun gleich von einem Changeprojekt im Sinne einer Unternehmensentwicklung sprechen muss, Veränderungen ein, die bei den Betroffenen oft Spannungen bewirken. Obwohl diese Produkt-, System, Dienstleistungs- etc. -reform erwünscht und geplant ist, bekunden die betroffenen Personen nicht selten Mühe, sich den Neuerungen anzupassen. Das heisst, dass jede Veränderung, mag sie noch so positiv sein, bei den direkt Betroffenen oder im direkten Umfeld meistens aufgrund der Angst vor dem Unbekannten psychologische Probleme hervorruft. Rechnet man auf der Stufe des Projektmanagements von vornherein mit psychologischen Schwierigkeiten, so können auch unterstützende Verfahren eingeplant werden, mit denen man diesen Schwierigkeiten effizient und sachgemäss begegnen kann. In der Projektabwicklung wird dazu vor allem das Verfahren der Organisationsentwicklung (OE) eingesetzt.

10.2.1 Dimensionen des Change

Jede projektbezogene Veränderung kann, wie einleitend zu diesem Hauptkapitel bereits erwähnt, auf der Metaebene in zwei Hauptdimensionen unterteilt werden:

- Funktions- und produktbezogen
  Dies ist zur Hauptsache im Kapitel 5 (☞ „Projektdurchführung") beschrieben, in dem es darum geht, Produkte, Prozesse, Funktionen einer Organisation in einem geordneten Abwicklungsprozess vom Ist-Zustand in den Soll-Zustand zu bringen. Das Managen der betroffenen und zu erstellenden Objekte während dieses Prozesses wird im Kapitel 11 (☞ „Konfigurationsmanagement") beschrieben.

- Organisationsänderung/-change
  Die gezielte, projektbezogene Organisationsänderung, in der Summe von Struktur, Kultur und Mensch zusammengefasst, wird in diesem Buch als Changemanagement in der Projektabwicklung erläutert und im Folgenden etwas ausführlicher im Rahmen des sozialen Changemanagement-Prozesses ausgeführt.

Hat man die verschiedenen Konzepte (☞ Kapitel 10.1.3 „Changemanagement-Konzepte") gelesen, so stellt sich die Frage: Was und wie umfassend ist überhaupt das Changemanagement in einem Projekt? Die einfachste Antwort, aber wohl auch die schwierigste in Bezug auf Ihre Umsetzung ist: „Die sinnvolle und notwendige aggregierte Menge aller notwendigen Aufgaben der aufgeführten Changekonzepte, basierend auf den betroffenen Wesenselementen." In dieser Formulierung steckt der Ansatz, dass man nicht aus jedem Projekt gleich ein Changeprojekt machen muss – aber auch das Bewusstsein, dass sich in jedem Projekt ein sozial bedingter Change befindet.

Das Changemanagement in Projekten kann gemäss Modell Glasl [Gla 2004] und wie in der Abbildung 10.09 aufgeführt wie folgt am besten erläutert werden:

- Der Projektauftrag sollte auf dem von ihm definierten kulturellen Subsystem, das heisst auf der Identität und innerhalb der Strategie, Policy etc., basieren.
- Der produkt- und funktionsbasierte Change sollte das technisch-instrumentelle Subsystem, das heisst die Prozesse, Abläufe und physischen/materiellen Mittel, umfassen.
- Der organisations- und personenbezogene Change bezieht sich auf das soziale Subsystem von Glasl und umfasst die Struktur, den Menschen und Einzelfunktionen. Dieser Teil gilt als eigentliches Changemanagement in Projekten.

Abb. 10.09: Die zwei Veränderungsgruppen eines Change

Um den Aufwand des Changemanagements noch einmal – auf das absolut Notwendigste in jeder Projektabwicklung – zu reduzieren, gilt es, sich auf das Wesenselement „Menschen, Gruppen, Klima" zu konzentrieren; dies selbstverständlich im Wissen, dass es jeweils in wechselseitiger Beziehung zu allen anderen Elementen steht. Will man dieses Element mit einer Methode kombinieren, so steht das alte, aber sehr einfache und effiziente Modell der Organisationsentwicklung von Lewin [Lew 1947] im Vordergrund: Flankierend mit den Instrumenten Stakeholdermanagement und Projektmarketing ergibt dies ein machbares, erfolgreiches Changemanagement-Konzept.

10.2.2 Sozialer Changemanagement-Prozess

Da der Mensch ein „Gewohnheitstier" ist und in der Regel Veränderungen eher skeptisch gegenübersteht, ist es umso wichtiger, diese Tatsache aus Sicht des Projektmanagements zu berücksichtigen. Soziale Veränderungen in Organisationen folgen nicht den gleichen Gesetzmässigkeiten wie technologische bzw. funktionale, aber sie bedingen sich gegenseitig. In vielen Projekten wird leider der Phasenablauf nur nach ökonomischen oder technologischen Gesichtspunkten konzipiert, um daraus den neuen organisatorischen Ablauf zu entwickeln. Dabei wird die Technologie als Sachzwang gesehen und die Organisation der Technologie untergeordnet. In der Organisationsentwicklung versucht man hingegen, mit einer soziotechnischen Systemgestaltung Organisation und Technologie gemeinsam zu optimieren. Dabei lässt sich die Organisation nach Lewin [Lew 1947] in die Hauptphasen „unfreeze", „move" und „freeze" unterteilen und den ökonomischen oder technologischen Phasenmodellen hierarchisch gleichwertig zuordnen. In der Folge lässt sich ein Travomodell ableiten, das die sozialen wie auch die funktionalen Veränderungen eines Systems mehr oder weniger synchron ablaufen lässt.

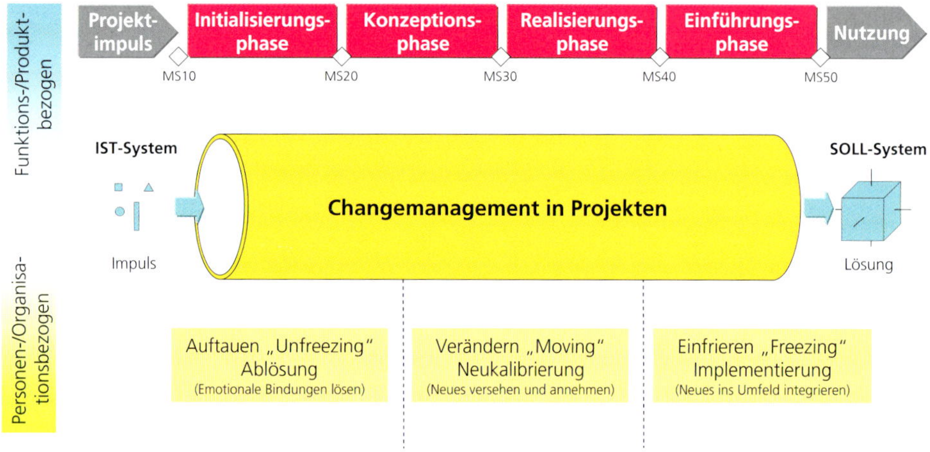

Abb. 10.10: Drei-Phasen-Modell von Lewin [Lew 1947]

Die drei Phasen von Lewis werden – etwas vereinfachend – über das Phasenkonzept der Projektabwicklung, Teil Projektdurchführung, gelegt. Dabei beginnt das Unfreezing bereits während der Initialisierung. Die Neukalibrierung hat sich von der Konzeption bis hin zur Realisierungsphase zu bewähren. Freezing beginnt in der Phase Realisierung und dauert oftmals rund 3 bis 6 Monate über den Einführungszeitpunkt hinaus an. Eine ganz klare Abgrenzung dieser drei Phasen ist natürlich nicht möglich, da sie sich je nach Projektart zeitlich verschieben und/oder auch überlappen können.

10.2.2.1 Unfreezing

In der Unfreezing-Phase geht es darum, alte Theorien (Denken) und Ideologien bzw. Verhaltensmuster (Fühlen) abzulösen. Soziale Strukturen wie Rollen, Status, Normen müssen aufgeweicht und aufgelöst werden. Wie schwierig dies ist, sieht man täglich an sich selbst. Was bis heute jeweils richtig war, nun aber durch eine Veränderung nicht mehr richtig sein soll, stört massgeblich den natürlich angenommenen Verhaltensprozess. Wenn es nicht gelingt aufzuzeigen, wie es künftig sein soll, wird das Loslassen und Bereitsein für eine Veränderung zu einer Herausforderung.

Um das Unfreezing effizient in einem Projekt umzusetzen, ist es wichtig, dass alle relevanten Personen von Anfang an in den Veränderungsprozess miteinbezogen werden. Im Allgemeinen beginnt dies mit einer Orientierung, in der ein erster Kontakt zwischen dem Projektteam und den Betroffenen hergestellt wird, um so die Übereinstimmung von Zielen und Vorgehen aller Beteiligten zu erreichen. Sodann werden eine Standortbestimmung und eine Zukunftskonzeption vorgenommen. Danach wird versucht, das Vorgehen transparent zu machen, die ersten Widerstände gegen die drohenden Veränderungen abzubauen und verhärtete Normen und Strukturen aufzubrechen. Die Wirkung dieser Phase zeichnet sich bei den Betroffenen durch steigende Akzeptanz der Notwendigkeit einer möglichen Veränderung aus, respektive das alte Verhalten wird langsam in Frage gestellt. Massnahmen vor der Veränderung in Anlehnung an Becker [Bec 2002]:

- Betroffene über das Vorhaben informieren
- Aufzeigen, dass nicht alles alte schlecht ist
- Klar definieren, was weiter geführt werden kann

- Zielvorstellungen der Benutzer und Betroffenen einholen
- Erfahrungen der Benutzer und Betroffenen würdigen
- Anwenderbedürfnisse anhören und akzeptieren
- Schwachstellen nur in Zusammenarbeit mit Betroffenen analysieren
- Unternehmenskultur erfassen und analysieren
- Problemhintergründe erfassen sowie analysieren und die Kernproblematik ermitteln, die dem Bedürfnis zugrunde liegt
- Im Laufe der Initialisierung und Konzeptionsphase wiederholt: Rückkoppelung mit Anwendern und Betroffenen.

10.2.2.2 Moving

In der Moving-Phase (Veränderung) geht es darum, die bestehenden Konzepte (Denken) und Muster (Fühlen) neu zu kalibrieren. Das heisst, die alte „Position" wird verlassen und die Betroffenen und Beteiligten setzen sich in Bewegung. Dies mit dem schwierigen Ziel, dass sich die Betroffenen in die richtige Richtung bewegen.

Um dies erreichen zu können, werden die in der Unfreezing-Phase konkretisierten Ziele und Vorgehen jetzt umgesetzt. Oftmals zeigt es sich als Vorteil, wenn die Auswirkungen der organisatorischen Veränderungen in Pilotprojekten getestet oder in Teilprojekten gelöst werden. Ein weiterer Vorteil ist, wenn die organisatorischen Veränderungen relativ schnell umgesetzt werden. Diesbezüglich hat es sich gezeigt, dass solche Veränderungen nie ohne „Unzufriedenheit" einer Gruppe über die Bühne gehen. Daher ist es sinnvoll, diese Phase möglichst kurz und intensiv zu vollziehen, sodass möglichst schnell wieder Ruhe aufkommen kann.

Alle im Projektumfeld betroffenen und involvierten Personen werden in diesem Buch als Stakeholder bezeichnet. Die Thematik Stakeholdermanagement wird im folgenden Kapitel detaillierter erläutert.

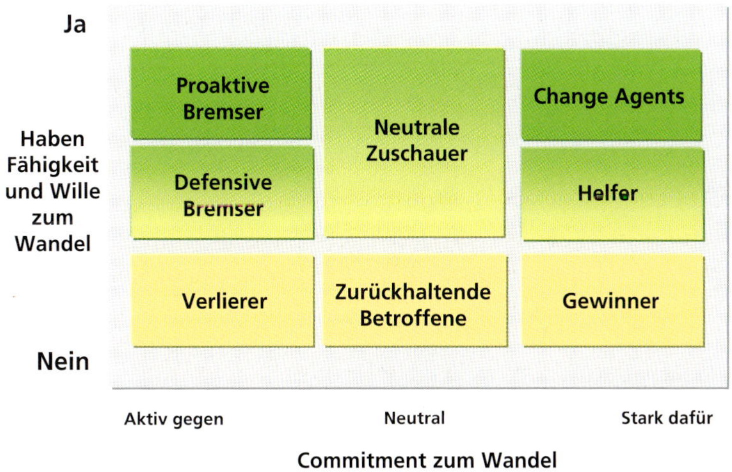

Abb. 10.11: Commitment und Fähigkeit zur Wandlung der Stakeholder

Massnahmen während der Veränderung [Bec 2002]:

- Mitwirkung der Betroffenen und Beteiligten (Stakeholder) in allen Phasen beim Aufbau eines geregelten Kommunikationsaustausches (einheitliches Sozialsystem zwischen Projektierenden und Anwendern).
- Einsatz eines Sozialpromotors (neben einem Fachpromotor) in der Funktion eines Architekten der neuen Kultur.
- Schwarzmalerei vonseiten der Betroffenen und Beteiligten nicht dulden (Widerstände ernst nehmen).
- Den Betroffenen und Beteiligten Anpassungszeit gewähren.
- Einen möglichst elastischen, anpassungsfähigen, offenen Prozess anstreben, trotz der festen Struktur und klaren Stationen.
- Information und Instruktion in verdaubaren Schritten parallel zum Projektierungsprozess anbieten.
- Die organisatorischen Einflussgrössen frühzeitig unter Mitwirkung der Betroffenen und Beteiligten festlegen (Führungsmittel, Arbeitsplätze, Teamzusammensetzung). Dies ist natürlich auch im Zusammenhang mit den „sozialen Zielen“ zu sehen, die im ersten Schritt des Zielfindungsprozesses definiert werden (☞ Kapitel 5.2.3 „Zielfindungs-Prozess“).

Aus Projektsicht gibt es einen „Daumenwert“ zu berücksichtigen. Will man, dass das Ergebnis des Projekts bei den Betroffenen akzeptiert wird (das ist mehr als nur angewendet), so muss man zu einem relativ frühen Zeitpunkt des Projektabwicklungsprozesses ca. 20% der Betroffenen als zum Projekt positiv eingestellte Change Agents, „kleine“ Helfer, sowie Gewinner (☞ Abbildung 10.11) überzeugen. Sind unter diesen 20% auch einige wichtige, gegenüber dem Projekt positiv eingestellte Stakeholder (Change Agents), so besteht eine grosse Chance, auch die anderen Betroffenen für den Wandel zu überzeugen. Ein Projektleiter, auch mit dem Projektteam zusammen, schafft diese Überzeugungsarbeit selten alleine: Es braucht immer Change Agents, die die zurückhaltenden Betroffenen sowie die „Zuschauer“gezielt überzeugen müssen. Ist diese Masse von Zuschauern, zurückhaltend Betroffenen sowie die „kleinen“ und „grossen“ Change Agents positiv auf die neue Lösung eingestellt, so kann man zuversichtlich sein, dass die neue Lösung schliesslich von allen akzeptiert wird. Diese sanfte, auf Überzeugung und Bevorzugung ausgelegte Art, eine Veränderung umzusetzen, ist jedoch nur eine von drei Strategien, die eingesetzt werden können (☞ Kapitel 10.3.1.5 „Massnahmen planen“).

10.2.2.3 Freezing

In der Freezing-Phase geht es darum, die veränderten Konzepte (Denken) und Verhaltensmuster (Fühlen) in den Kontext (Abläufe, Strukturen, Ziele, Menschen etc.) zu implementieren.

Dazu werden die bereits durchgeführten Veränderungen in den Alltag der Organisation übergeführt. Eine optimale Voraussetzung dafür ist die genaue Auswertung der Pilotprojekte. Um die Verbesserungen im Organisationsalltag zu etablieren, ist es notwendig, die Veränderungen schriftlich im Organisationshandbuch oder einer Policy festzuhalten. Massnahmen nach der Veränderung sind [Bec 2002]:

- Einrichten einer „Klagemauer" für Notfälle,
- regelmässiger Feedback und laufende Fortschrittskontrolle zwischen Projektverantwortlichen und Anwendern,
- Unterstützung von Rationalisierungsopfern und deren Wiedereingliederung in ein neues Umfeld,
- seriöse Abklärung von Abweichungen und keine Schuldzuweisungen.

10.2.3 Instrumente des Changemanagements

Wichtige Instrumente des Changemanagements im allgemeinen Projektumfeld sind das Stakeholdermanagement, das Informationsmanagement und das Projektmarketing. Es sind Instrumente, die einzeln einsetzbar sind. In der täglichen Projektarbeit werden sie bewusst oder unbewusst in einer kombinierenden Form angewendet.

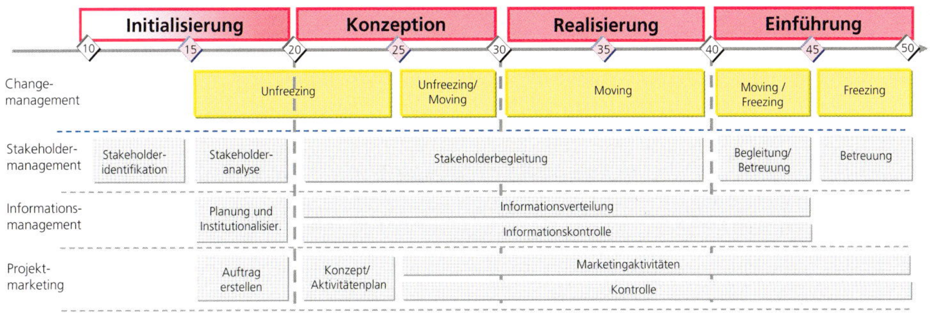

Abb. 10.12: Wichtige Instrumente des Changemanagements im Projektumfeld

In den folgenden Kapiteln werden diese Instrumente einzeln beschrieben.

10.3 Stakeholdermanagement

Wie in Abbildung 10.13 aufgezeigt, können das Projektumfeld beziehungsweise die daraus entstehenden Rahmenbedingungen und Restriktionen in zwei Hauptkomponenten unterteilt werden. Im Bereich der Interessengruppen, sprich Stakeholder, werden mit dem Stakeholdermanagement die darauf wirkenden sozialen projektbezogenen Einflussgrössen „gemanagt". Im Bereich der Umfeldelemente werden die sachlichen Faktoren durch die geordnete Projektdurchführung berücksichtigt.

Das Managen der vorwiegend kommunikationsbasierten Interaktionen in und um ein Projekt herum wird künftig noch stärker über den Projekterfolg respektive -misserfolg entscheiden als heute. Der Projektleiter muss die in dieser Interaktion involvierten Schlüsselpersonen oder -gruppen kennen und sich mit den Anliegen dieser Personen auseinandersetzen. Um diese wachsende Anforderung im Projekt meistern zu können, wird das Stakeholdermanagement mehr und mehr bewusst in der Projektabwicklung eingesetzt.

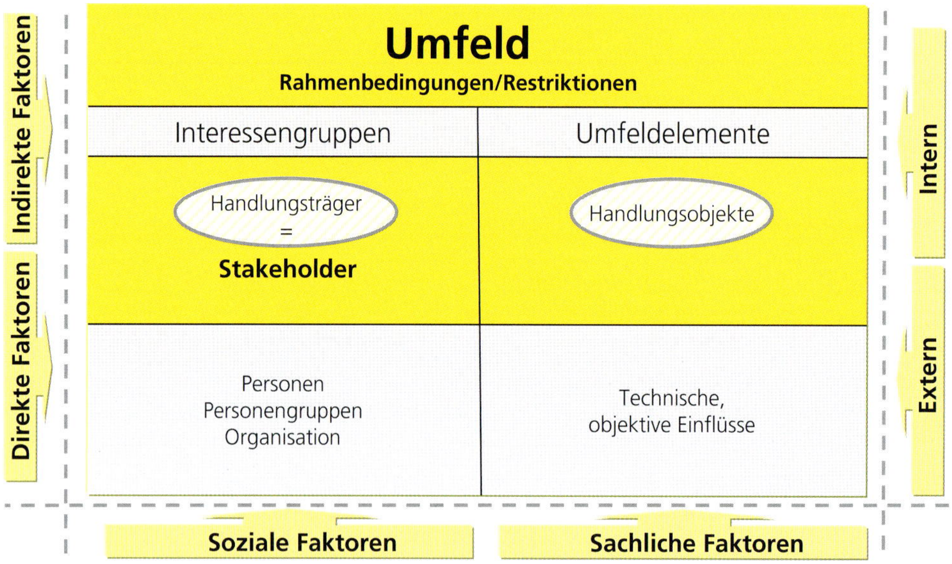

Abb. 10.13: Aufteilung des Projektumfelds [PMF 2003]

Die Stakeholder des Projekts sind Einzelpersonen und Organisationen, die aktiv am Projekt beteiligt sind oder deren Interessen durch die Durchführung oder den Abschluss des Projekts eventuell positiv oder negativ beeinflusst werden; sie können auch Einfluss auf das Projekt oder seine Ergebnisse ausüben [PMI 2004].

Kurz gesagt: Jede Person, die „something at stake" an das Projekt hat, ist ein Stakeholder. Ein Stakeholder (= Interessent oder Anspruchshalter) ist also z.B. auch das Projektteam. Das Managen des Projektteams wird aus der Perspektive des „Stake" in diesem Kapitel mit eingeschlossen. Aus der Perspektive des „Managen als Führen des Projektteams" ist es im Kapitel 6 (☜ „Teammanagement") beschrieben.

Das grundsätzliche Ziel des Stakeholdermanagements ist es, die vom Projekt erwarteten Effekte und Wirkungen (Ziele) mit den persönlichen Zielen der einzelnen Stakeholder möglichst in Übereinstimmung zu bringen, um so die allfälligen negativen Einflüsse und Konflikte mit den Stakeholdern zu verringern. Das heisst nichts anderes, als dass der Erfolgswert „Akzeptanz" eines jeden einzelnen wichtigen Stakeholders durch das Stakeholdermanagement im positiven Sinne beeinflusst werden soll (☜ Kapitel 8.4 „Projekterfolg").

Abgeleitet vom Zeitpunkt der Projektumfeldanalyse, positioniert sich das Stakeholdermanagement in Bezug zum Projektabwicklungsprozess wie folgt:

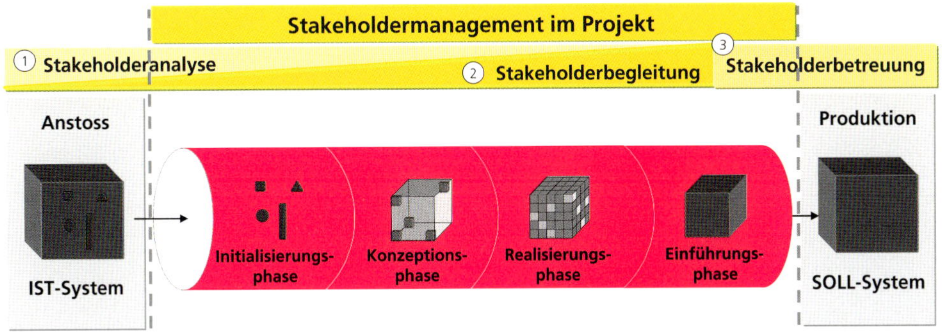

Abb. 10.14: Stakholdermanagement-Prozess im Kontext der Vor- und Nachleistung

Der Stakeholdermanagement-Prozess fängt schon sehr früh an, oftmals vor dem offiziellen Projektstart, und läuft gewissermassen länger als das Projekt selbst. Ob diese Vor- und Nachprojektphase auch vom Projektleiter oder von einer anderen Person gemanagt wird und was in diesen Vor- und Nachphasen bezüglich Stakeholdermanagement geschieht, ist nicht Gegenstand dieses Kapitels: Der Projektleiter muss sich jedoch bewusst sein, dass die absoluten Grenzen nicht immer mit dem Projektstart und -ende identisch sind.

Ein vom Projektleiter qualitativ hochwertig angewendetes Stakeholdermanagement, das idealerweise in Stakeholder-Analyse, Stakeholder-Begleitung und Stakeholder-Betreuung unterteilt ist, führt zur verbesserten Orientierungs-, Reaktions- und Adaptionsfähigkeit eines Projekts! Dabei ist die Vereinbarung von gemeinsamen Zielen und die Fokussierung auf die Realisierung der vereinbarten Ziele die Grundessenz des vom Projektleiter in drei Phasen umgesetzten Stakeholdermanagements.

10.3.1 Stakeholderanalyse

Ein Projektleiter hat entweder selber Geld oder sitzt an einer Position, wo er die notwendigen Mittel beschaffen kann, oder aber er hat machthabende Stakeholder. Trifft keines dieser drei Elemente zu, so sollte er schleunigst das Projekt abbrechen!

Da nun ein Projektleiter selten über genügend Geld und über entscheidende Macht verfügt, um ein Projekt erfolgreich umzusetzen, ist er wohl oder übel gezwungen, sich mit den Stakeholdern auseinanderzusetzen.

Jeder guten Stakeholderanalyse geht eine sehr gute Projekt- und Systemabgrenzung voraus (☞ Kapitel 4.2.5.1 „Projekt und System abgrenzen"). Nur wenn der Projektleiter den Projektscope gut und klar abgesteckt hat, kann er eine entsprechend wirkungsvolle Stakeholderanalyse vornehmen. Die Stakeholderanalyse unterteilt sich wiederum in verschiedene Prozessschritte:

Abb. 10.15: Stakeholderanalyse-Prozess

Der Kern der Stakeholderanalyse besteht in Anlehnung an den PM-Fachmann [PMF 2003] aus vier Fragen:

- Welche Personen bzw. Personengruppen und Institutionen müssen als potenzielle Stakeholder des Projekts betrachtet werden?
- Welchen Einfluss haben die potenziellen Stakeholder, d.h. welche Macht in Bezug auf die Projektziele steht den Stakeholdern zur Verfügung?
- Wie werden sich die relevanten Stakeholder in Bezug auf das Projekt verhalten?
- Wie müssen die Stakeholder kommunikativ gesehen angesprochen werden?

10.3.1.1 Identifikation potenzieller Stakeholder

Für den richtigen Umgang mit dem Stakeholdermanagement ist die Identifikation der wichtigsten Befürworter und Gegner eines Vorhabens von zentraler Bedeutung!

Die Identifikation von Stakeholdern ist trotz Umfeldanalyse nicht ganz so einfach. Wo grenzt man die Stakeholder ab? Ist der Lebenspartner respektive die -partnerin eines Projektleiters auch ein Stakeholder? Ist der Projektleiter, der das Stakeholdermanagement einsetzen soll, selbst auch ein Stakeholder?

Die Antwort auf die letzten zwei Fragen wird mit einem klaren Ja beantwortet. Was jedoch in diesem Zusammenhang bei der Stakeholder-Identifikation berücksichtigt werden muss, ist die Bedeutung dieser Stakeholder. Dies geschieht im Prozessschritt drei: „Strategische Einordnung". Ist für den Projekterfolg der Lebenspartner des Projektleiters entscheidend, so soll er oder sie aufgeführt und soweit „gepflegt" werden.

Obwohl der Projektleiter, der das Stakeholdermanagement managt, selbst auch ein zentraler Stakeholder ist, wird er in den folgenden Ausführungen einer eher philosophischen Betrachtungsweise nicht weiter direkt berücksichtigt. Es sollte für die heutigen Führungssysteme selbstverständlich sein, dass der Auftraggeber und/oder der Vorgesetzte mit entsprechenden Führungsmassnahmen die Bedürfnisse und Motivationen eines Projektleiters so weit berücksichtigt, dass dieser den Erfolg des Projekts unterstützt.

Wie bei den Risiken gilt auch hier: Es nützt nichts, wenn man 99 Stakeholder identifiziert und diese feinsäuberlich auflistet, aber nichts damit anfängt. Die Erfahrung zeigt: Lieber weniger Stakeholder aufführen, aber mit diesen dann auch gezielt arbeiten und ihre Bedürfnisse konkret verfolgen, sodass die Projektziele mit der Unterstützung des Stakeholdermanagements respektive dessen Wirkung erreicht werden können. Man kann durch diese Eingrenzung unter Stakeholdermanagement primär sogar noch etwas stärker nur das „Managen" jener Personen sehen, die etwas Konkretes mit dem Projekt erreichen wollen, und derjenigen, die direkt verstärkt betroffen sind. Also die, die aktiv dabei sind und die unmittelbar stark betroffen sind. Welche und wie viele Stakeholder in einem Projekt aufgeführt werden müssen, ist auch dem Geschick und der Erfahrung des Projektleiters überlassen.

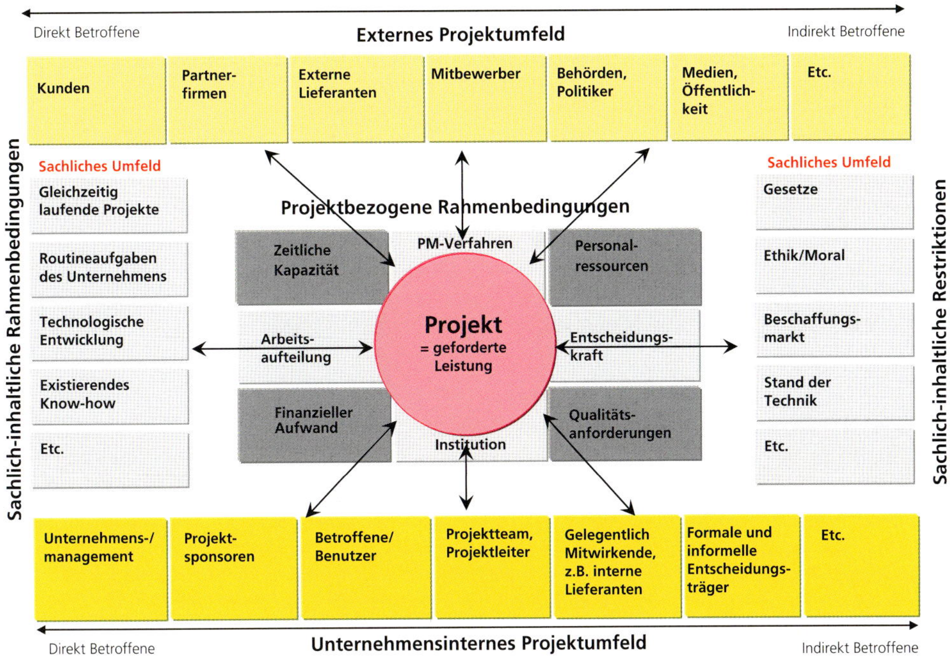

Abb. 10.16: Umfeldgruppen und Einflussgrössen

Wichtig ist, dass man in der ersten Runde der Identifikation, basierend auf den projektbezogenen Rahmenbedingungen, möglichst viele Stakeholder aufnimmt und diese primär in interne und externe sowie direkte und indirekt betroffene Stakeholder unterteilt; anschliessend werden sie auf die wichtigsten reduziert.

- Interne Stakeholder:
  Sind Personen oder Personengruppen, welche firmenintern, das heisst bei der gleichen Unternehmensorganisation wie das Projekt, angesiedelt sind. Dazu gehören z.B. die Geschäftsleitung, andere betroffene Organisationseinheiten wie Verkauf, Lager etc.

- Externe Stakeholder:
  Sind Personen oder Personengruppen, welche firmenextern, das heisst nicht in der gleichen Unternehmensorganisation wie das Projekt, angesiedelt sind, wie Lieferanten, Kunden, Bevölkerung einer Region etc.

Die internen und externen Stakeholder werden danach in direkt und indirekt betroffene Stakeholder eingeteilt:

- Direkt betroffene Stakeholder:
  Sind alle Personen oder Personengruppen, die in unmittelbarer Verbindung mit der Projektorganisation oder den Projektzielen stehen. Meistens sind dies Auftraggeber, Lieferanten oder Projektmitarbeiter, die aktiv an der Definition und Erreichung der Projektziele beteiligt sind.

- Indirekte betroffene Stakeholder:
  Sind alle Personen oder Personengruppen, die nur mittelbar vom Projekt tangiert sind. Das heisst, sie nehmen keinen direkten Einfluss auf die Definition und das Erreichen der Projektziele. Das können Bürger, Verwaltungen, Non-Profit-Organisationen, Unternehmensmitarbeiter etc. sein.

Diese Unterteilung respektive Attributisierung der Stakeholder macht insbesondere bei mittleren und grösseren Projekten Sinn, da so einerseits der Umfang resp. die Anzahl Stakeholder stark reduziert werden kann und andererseits die einzuleitenden Massnahmen je nach Stakeholder unterschieden werden müssen.

Etwas plakativ gesagt, können die Stakeholder mit einem Schinken-Ei-Sandwich verglichen werden: Das Huhn als Lieferant des Eis, oftmals als machthabender beteiligter Stakeholder klassifiziert, fühlt sich wohl und erhaben wegen seiner entscheidenden Beihilfe zum geschmackvollen Sandwich. Demgegenüber ist die Sau respektive das Schwein ein betroffener Stakeholder. Aus diesem Blickwinkel ist es nicht mehr als verständlich, wenn die betroffenen Stakeholder manchmal „saublöd" tun.

Bei kleinen Projekten können die Stakeholder, wie in der Abbildung 10.16 gezeigt in eine einfache, aber effiziente Art und Weise unterteilt werden. Dabei kann ein Stakeholder mehreren Gruppen zugeteilt werden:

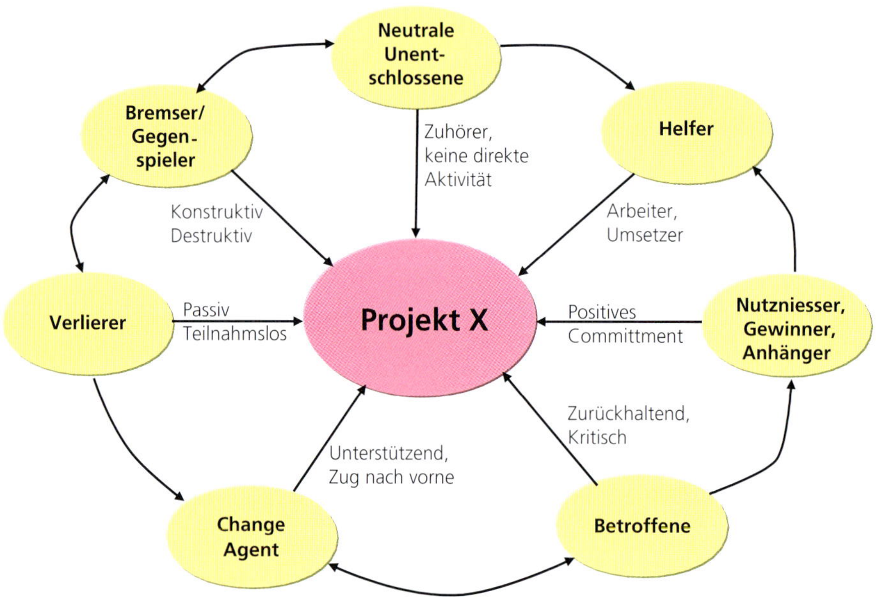

Abb. 10.17: Stakeholdermap für kleine Projekte (Analyse der Energieströme)

10.3.1.2 Sammeln von Information

Man muss die Erwartungen der Stakeholder kennen, um sie managen zu können! Kennt man sie, basierend auf dem ersten Schritt der Identifikation, ist es entscheidend, entsprechend projekt-relevante Stakeholderinformationen bezüglich der Wünsche/Bedürfnisse, der „politischen" Einstellungen, Verhaltensweisen etc. zu sammeln. Die Bedürfnisse/Ansprüche, Wünsche etc. der einzelnen Stakeholder oder Stakeholdergruppen können mit bekannten Methoden eruiert werden, wie

- Befragungen in Form von Interviews, Umfragen etc.,
- Beobachtungen,
- Gruppendiskussionen,
- Brainstorming,
- Etc.

Wichtig ist, dass die Bedürfnisse/Ansprüche respektive die Erwartungen und Befürchtungen, sprich die daraus sich ergebenden Minimalanforderungen, eindeutig identifiziert und klar beschrieben werden. Die hohe Schule in diesem Bereich ist die Fähigkeit, den Sprachgebrauch der Bedürfnisträger qualifiziert aufzunehmen. Dies, weil viele Stakeholder ihre Bedürfnisse sehr unterschiedlich und oft indirekt mitteilen:

- Einflussgrössen (man muss achtgeben, dass ...),
- Ziele und Nichtziele (das muss erreicht werden, oder dies und jenes darf auf keinen Fall eintreten),
- Probleme und Nichtprobleme (da haben wir heute keine Probleme resp. das ist für mich ein grosses Problem),
- Anforderungen und keine Anforderung (das Projekt muss das und das können bzw. nicht können),
- Lösungsideen (ich will es so ... haben).

Diese „Dialektik", welche in einem Gespräch ständig wechselt, muss in eine qualifizierte Form (z.B. Anforderungskatalog, Zielkatalog und/oder Problemkatalog) aufgenommen werden, abgestützt auf eine Stakeholdermap.

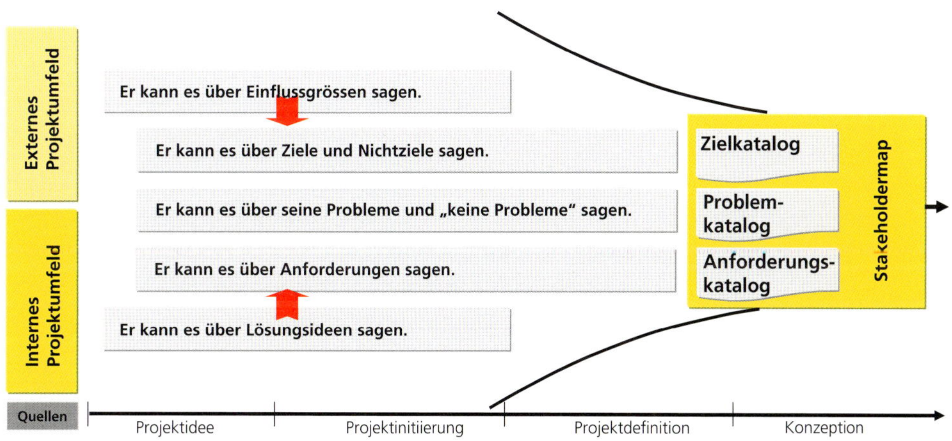

Abb. 10.18: Die „Dialektik" der Stakeholder

In der Praxis gehen Identifikation und Informationssammlung häufig fliessend ineinander über [PMF 2003]. Das Ziel dieses Arbeitsschritts ist, aufgrund der gesammelten Informationen folgende Punkte herauszufinden:

1. Bedeutung/Betroffenheit
   Wie sind die Stakeholder vom Projekt respektive von dessen Ergebnis betroffen? Oder auch: Welche Bedeutung hat der Erfolg respektive Misserfolg des Projekts für den Stakeholder, objektiv oder auch subjektiv?

2. Interesse
   Was sind die Ziele der Stakeholder und wie stehen die Ziele mit den Projektzielen in Verbindung, respektive welche Anforderungen haben die Stakeholder an das Projekt? Wo können Sie aus den Projektzielen und ihren Zielen Synergien ziehen, und wo stehen ihre Ziele und die Projektziele in Konflikt zueinander?

3. Macht
   Was ist der Einfluss, sprich die Macht (ob negativ oder positiv), den/die ein Stakeholder hat? Wo kann er z.B. direkt entscheiden, wo hat er Einfluss auf einen bestimmten Verlauf?

Diese gesammelten Informationen werden in einer übersichtlichen Stakeholdermap aufgeführt, mit der man in kleineren und mittleren Projekten bereits sehr viel bewirken kann. Wie in Abbildung 10.19 aufgeführt, kann bezüglich der Bedeutung und Betroffenheit einfach die Maslow-Motivationsstruktur zur Hilfe genommen werden. Wenn Maslow mit seiner Theorie recht hat, so sollten alle Beweggründe eines Stakeholders darin untergebracht werden können. Die in der Spalte Erwartungen und Befürchtungen aufgeführten Informationen sind sehr gute Inputwerte für die Anforderungsentwicklung.

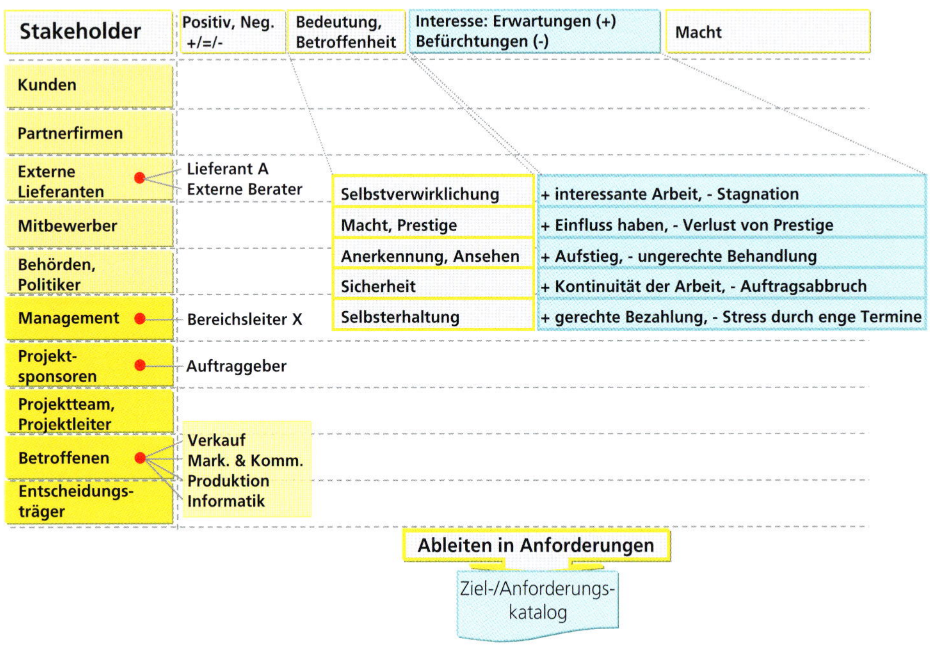

Abb. 10.19: Stakeholdermap eines mittleren bis grossen Projekts

Die grösste Schwierigkeit dieses Arbeitsschrittes liegt in der Abgrenzung und Bewertung von legitimen und unbegründeten Stakeholderansprüchen sowie in der Koordination der vielfach vernetzten Stakeholderbeziehungen.

10.3.1.3 Strategisches Einordnen

Bei mittleren bis grösseren Projekten macht es Sinn, eine etwas ausführlichere Klassifizierung der Stakeholder vorzunehmen, als dies automatisch beim Sammeln der Informationen schon geschieht. Das heisst, die Stakeholder können nach folgender Systematisierung eingeordnet werden:

ihrer Bedeutung im analysierten Umfeld	ihrem Anforderungsbezug
ihrer vertretenen Positionen	ihrem Konfliktpotenzial
ihrer Kooperationsfähigkeit	ihrer Reputation
ihrer Themenkompetenz	ihrem Vernetzungsgrad

Im Folgenden werden zwei, drei für das Stakeholdermanagement wichtige Stakeholder-Klassifizierungen aufgezeigt, die beliebig erweiterbar sind. Bei solchen Auswertungen ist zu berücksichtigen, dass eine Klassifizierung grundsätzlich täglich, je nach Ereignis, wechseln kann. Deshalb ist bei der strategischen Einordnung zu berücksichtigen, dass einerseits auf Werte abgestützt wird, die nicht dauernden Veränderungen ausgesetzt sind, und andererseits, dass man nur die Auswertungen erstellt, welche anschliessend auch gepflegt werden. Alles andere ist wohl für schöne Grafiken gut, bringt jedoch nichts.

Aspekte der Betroffenheit	Betroffenheit „objektive/subjektive"																			
	Produktion					Verkauf					Informatik					Mark. & Komm.				
Grad der Betroffenheit	1	2	3	4	5	1	2	3	4	5	1	2	3	4	5	1	2	3	4	5
Handlungsspielraum			P			P								N						N
Persönliches Ansehen				N					N						N				N	
Aufstiegschancen	P						P							P		N				
Einkommen			P					P					P				N			
Sicherheit			N			P							P							N
Selbstverwirklichung		P				P									P	P				
Arbeitszufriedenheit				P		P						P						P		
Informationsstand			P						N						P	N				
Betroffenheit pro Kunde		3	P				2	P				4		P			3		N	

Bewertung: 1 ... Die Abteilung ist nicht betroffen 5 ... Die Abteilung ist stark betroffen
P ... Die Abteilung ist positiv betroffen N ... Die Abteilung ist negativ betroffen

Abb. 10.20: Stakeholderanalyse bezüglich Betroffenheit

Bezüglich der Betroffenheit können die Betroffenheitsaspekte aufgeführt werden und die verschiedenen Stakeholder nach Stärke und Art der Betroffenheit pro Aspekt (negativ, positiv) festgelegt werden.

10

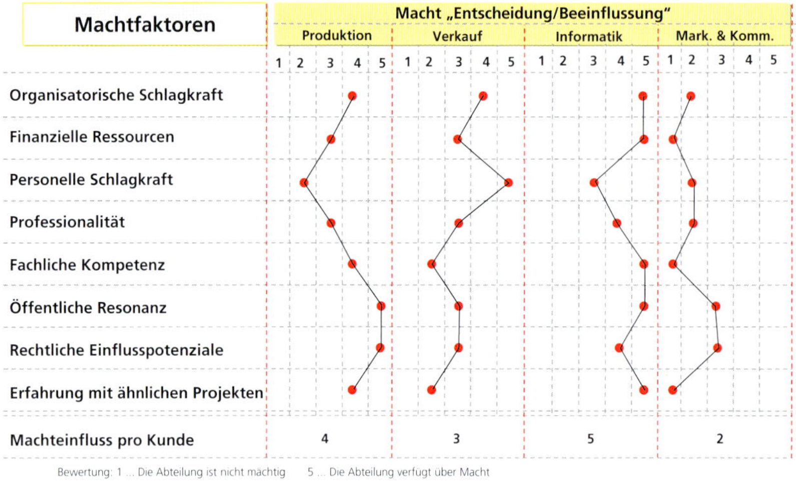

Abb. 10.21: Stakeholderanalyse bezüglich Machtfaktoren

Bezüglich Macht ist zu berücksichtigen, dass kein Stakeholder über alles unbegrenzt Macht hat. Daher ist es in dieser Auswertung wichtig, die verschiedenen für das Projekt wichtigen Machtfaktoren aufzuführen und so pro Stakeholder ein Machtprofil zu erstellen.

Hauptanforderungen/Ziele	Interesse: Produkt.		Verkauf		Informatik		Marketing		Total Erwart.
Macht 1-5	4		3		5		2		
Anwendung muss auf andere Lösung Rücksicht nehmen	3	12	5	15	1	05	1	02	34
Langfristige Weiterentwicklung ist möglich	2	08	4	12	5	25	1	02	47
Einfache Benutzeroberfläche	4	16	1	03	2	10	4	08	37
Modulare Lösung	5	20	3	09	5	25	3	06	60
Preisgünstige Lösung	3	12	2	06	5	25	3	06	49
Unternehmensweiter Standard muss gewährleistet sein	2	08	2	06	2	10	2	06	30
Günstiger Betriebsunterhalt	5	20	1	03	3	15	4	08	46
Sehr stabile Lösung	5	20	3	09	4	20	5	10	59
Absolut innovative Lösung	5	20	2	06	5	25	4	08	59
Total pro Kunden-Umfeldgruppe	34	136	23	69	32	160	27	56	

Bewertung: 1 ... Der Abteilung unwichtig 5 ... Der Abteilung sehr wichtig

Abb. 10.22: Stakeholderanalyse in Bezug zu Machtstärke und Interesse

Bezüglich der Interessen respektive der Anforderungen, die ein Stakeholder an ein Projekt stellt, kann man mit einer einfachen Aufstellung der Hauptanforderungen schnell herausfinden, welcher Stakeholder woran Interesse hat. Gepaart mit dem Machtfaktor, gibt die Aufstellung einen guten Aufschluss über die Bedeutung einer vom Stakeholder gestellten Anforderung. Mit ihr können auch schnell Seilschaften oder „Interessengruppen" erkannt werden.

Gibt es zu den definierten Projektzielen respektive -anforderungen keine „machthabenden" Stakeholder, die ein entsprechendes Interesse bezüglich der Umsetzung ihrer Anforderungen haben, so darf die Sinnhaftigkeit dieser Projektziele respektive -anforderungen infrage gestellt werden. Würde man vermehrt dieser Einsicht folgen, so würde das eine oder andere Projekt auf dieser Welt etwas kleiner ausfallen, was wiederum nichts anderes bedeutet, als dass der Projekterfolg steigt.

Eine weitere, sehr wichtige Analyse betrifft den „Grad der Beteiligung": Nicht selten ist es so, dass diejenigen, die es betrifft, nicht beteiligt sind respektive sich auch gar nicht beteiligen dürfen. Um auf das Schinken-Ei-Sandwich zurückzukommen, sind entsprechende harte Reaktionen bei der Einführung nur eine logische Folge. Auf der anderen Seite gibt es immer Situationen, bei denen Stakeholder einen sehr hohen Grad an Beteiligung aufweisen – d.h. sie können mitreden oder sogar mitentscheiden, sind aber von der Projektsituation in keinster Weise betroffen. Deshalb ist es sinnvoll, bei komplexeren Projekten den Grad der Beteiligung zu analysieren und diesen, wie in Abbildung 10.23 aufgeführt, mit dem Grad der Betroffenheit zu kombinieren.

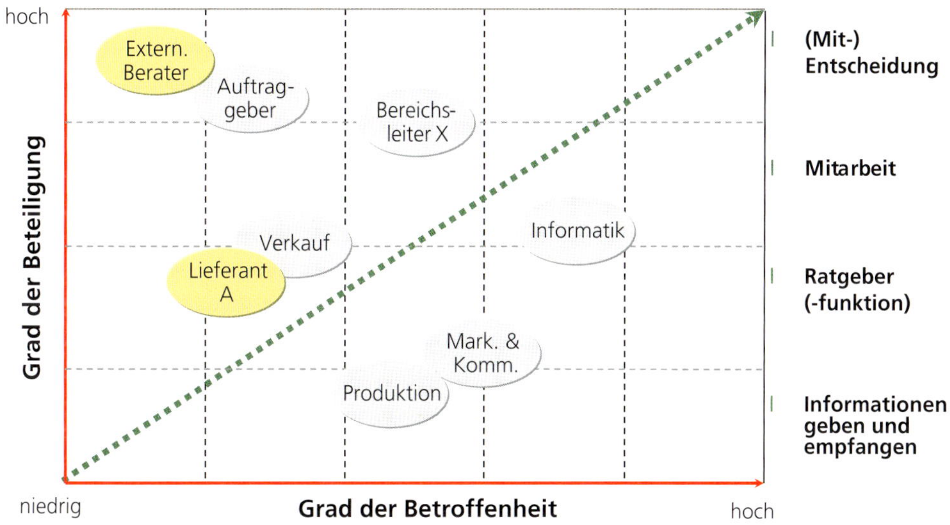

Abb. 10.23: Analyse des Engagements der Stakeholder

10.3.1.4 Analyse des Stakeholderverhaltens

Nach einer ausführlichen Klassifizierung ist es das Naheliegendste, dass man eine Analyse der Reaktionen und des möglichen Verhaltens der einzelnen Stakeholder vornimmt. Dieser sinnvolle, aber aufgrund von Fehlinterpretationen nicht ganz ungefährliche Arbeitsschritt kann mögliche Verhaltensmuster von Stakeholdern aufdecken. Geht man wieder von den drei Stakeholder-Attributen Macht, Interesse und Betroffenheit aus, so kann daraus – je nach Umfang und Genauigkeit der gesammelten Informationen – das Grundverhalten der einzelnen Stakeholder abgeleitet werden.

Ein ganz wichtiger Punkt bei der Stakeholderverhaltens-Analyse ist es, die Erwartungen der Stakeholder zu hinterfragen. Unrealistische Erwartungshaltungen sind nicht selten die Grundursache für das Scheitern eines Projekts. Daher ist es eine ganz wichtige Massnahme, dass der Projektleiter diese Erwartungshaltung wenn möglich mit gezielten Aktionen (Gesprächen, Veranstaltungen, Marketing etc.) auf eine realistische Ebene herunterbringt und diese Erwartungshaltung dann Erfolg versprechend positioniert. Dieses Normalisieren der Erwartungshaltung ergibt ein auch für alle nachvollziehbares Verhalten.

Bei diesem Punkt stellt sich natürlich die Frage, wie gross der Einfluss des Projektleiters allein oder zusammen mit andern Stakeholdern sein kann, um das analysierte Stakeholderverhalten zu stärken, zu schwächen oder zu bekämpfen.

Was in Abbildung 10.24 verdeutlicht wird, ist, dass sich das Interesse und die Einflussstärke von Stakeholdern im Laufe des Projekts verändern können. Aus diesem Grund muss der gesamte Stakeholderanalyseprozess nicht nur einmal, sondern wiederkehrend in einem Projekt durchgeführt werden. Abbildung 10.24 zeigt als Beispiel, dass der Einfluss der machthabenden Stakeholder mit der Zeit schwinden kann: Dies zum einen, wenn das Projekt gut läuft und die machthabenden Stakeholder sich anderen Problematiken annehmen, aber auch, wenn das zu erstellende Produkt fortgeschritten ist und der machthabende Stakeholder ergebnisbezogen nichts mehr oder nur noch im beschränkten Masse etwas verändern kann – ob er will oder nicht. Wurde z.B. eine Baueingabe bei den Amtsstellen eingereicht und von diversen Behörden bewilligt, so ist sie meist unveränderbar. Diese Konsequenz des „Anforderungs-Freeze" hat schon manchen machthabenden Stakeholder ernüchtert (☜ Kapitel 5.3.2 „Anforderungsentwicklungs-Prozess (Makro)").

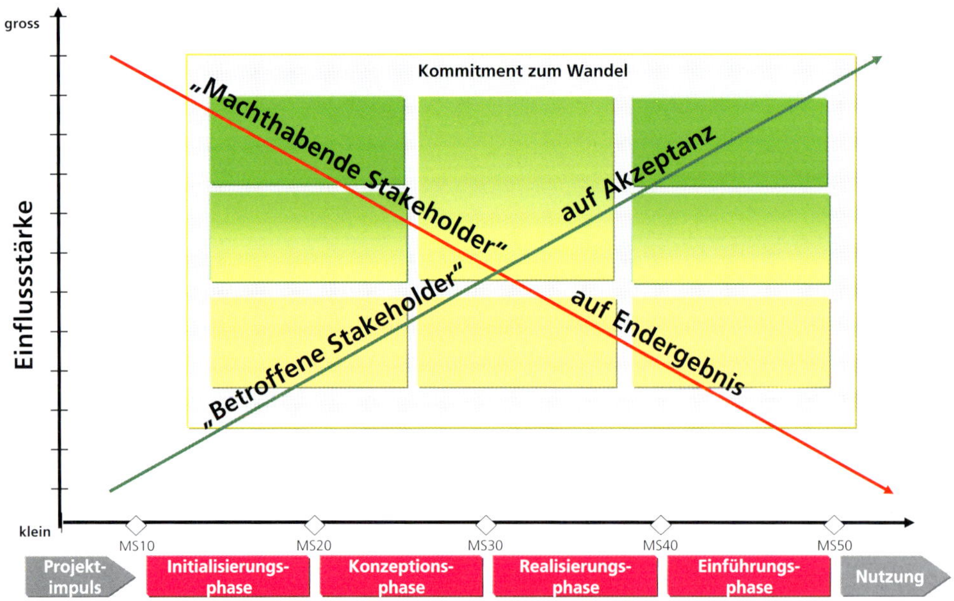

Abb. 10.24: Stakeholdereinfluss auf das Ereignis

Dementsprechend anders gestaltet sich der Einflussfaktor der betroffenen Stakeholder: Sind sie zu Beginn eines Projekts meistens neutral, das heisst weder dafür noch dagegen, so kann sich dies über Nacht je nach Ereignis ändern und die neue Lösung in einer Form beeinflussen, wie es der Projektleiter nicht unbedingt erwartet. Eine derart wechselnde Einflussstärke sieht man oftmals bei Reorganisationen in Konzernen; die machthabenden Stakeholder definieren z.B., wie reorganisiert, wo gespart, wo investiert und welches Werk geschlossen wird. Sind die Informationen allen Betroffenen bekannt, realisieren sie, was genau abläuft, formieren sie sich zu einer oder mehreren Interessengruppen (Betroffene) und können so zum Teil grossen Einfluss aufbauen, der zwingend auf das Vorhaben einwirkt.

Neben dem Analysieren des Verhaltens der einzelnen Stakeholder geht es in diesem Arbeitsschritt auch darum, Ziele zu setzen: Wohin möchte „das Projekt" respektive der Projektleiter die Stakeholder bewegen? Diese Zielsetzung sollte innerhalb eines realistischen Rahmens (☞ Abbildung 10.25) definiert werden.

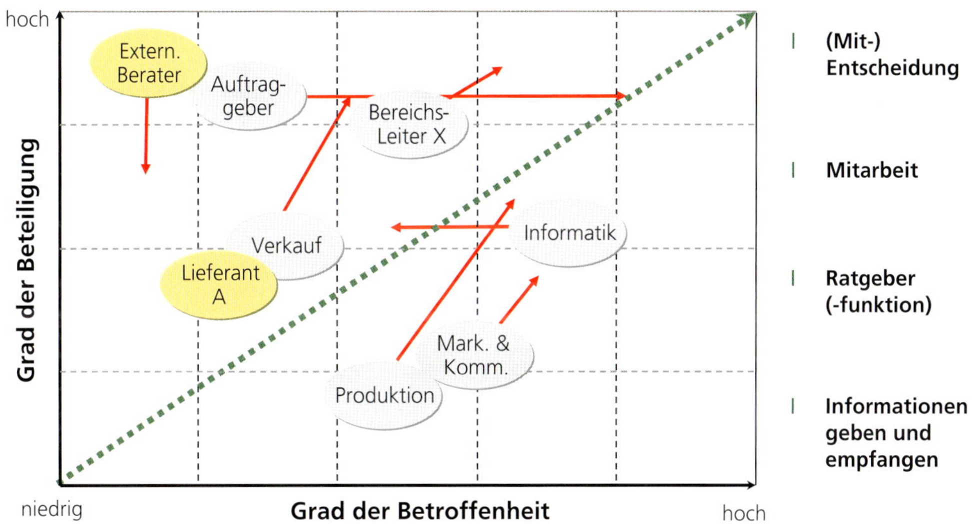

Abb. 10.25: Strategische Zielsetzung bezüglich der Stakeholder

10.3.1.5 Massnahmen planen

Basierend auf der strategischen Einordnung und der „Verhaltensanalyse" sind einerseits die notwendigen Massnahmen einzuleiten, um die Stakeholder in ihren Positionen zu halten (z.B. Befriedigung der Interessen). Andererseits müssen Massnahmen ergriffen werden, um die notwendigen Umpositionierungen von Stakeholdern vorzunehmen (z.B. Verminderung des Einflusses eines wichtigen Gegners; Erhöhung des Interesses eines einflussreichen Befürworters).

Theoretisch gibt es die Möglichkeit, drei Basisstrategien pro Stakeholder respektive Stakeholdergruppe zu verfolgen [PMF 2003], die Grundlage der zu definierenden Massnahmen sind:

- Das Ziel der partizipativen Strategie ist es, die Stakeholder zur Mitarbeit zu bewegen, sei dies insofern, dass sie in der Meinungsbildung mitmachen oder sogar entscheiden können. Zu den besten Instrumenten dieser Strategie gehören ein qualifiziertes Kommunikationsmanagement und ein gutes Projektmarketing, welches das Projekt so positiv ins Licht rückt, dass jeder freiwillig mitmachen möchte. Das Stakeholdermanagement grenzt sich vom Projektmarketing in dem Sinne ab, dass es nicht wie das Projektmarketing die „anonyme Kommunikation in der Breite", sondern die gezielte Interaktion mit den Stakeholdern fordert und fördert, und zwar auf der Ebene der persönlichen Beziehung. Das Projektmarketing als effizientes Changemanagement-Instrument ist im Kapitel 10.5 (☞ „Projektmarketing") vertieft erläutert.

- Die diskursive Strategie wirkt sich auf den Stakeholder nicht gerade positiver aus. Diese nicht selten eingesetzte Strategie soll die beabsichtigten Handlungen des Stakeholders verhindern, indem er z.B. mit anderen Dingen überhäuft oder direkt durch Konfliktkonfrontation abgelenkt oder „geweckt" wird. Dabei ist zu berücksichtigen, dass solche Stakeholder – haben sie dann wieder Zeit – umso intensiver für ihre Anliegen kämpfen. Es muss auch darauf geachtet werden, dass kein destruktives, sondern ein konstruktives Konfliktmanagement eingesetzt wird.

- Die repressive Strategie hat zum Ziel, den Stakeholder mit Druck zur „richtigen" Handlung zu bewegen. Dies kann durch kurzfristigen intensiven Druck oder das Zurückhalten von Informationen („austrocknen") etc. geschehen. Auch hier muss man sich bewusst sein, dass dieser Ansatz nicht immer bewirkt, dass die Stakeholder anschliessend die entsprechende Lösung akzeptieren.

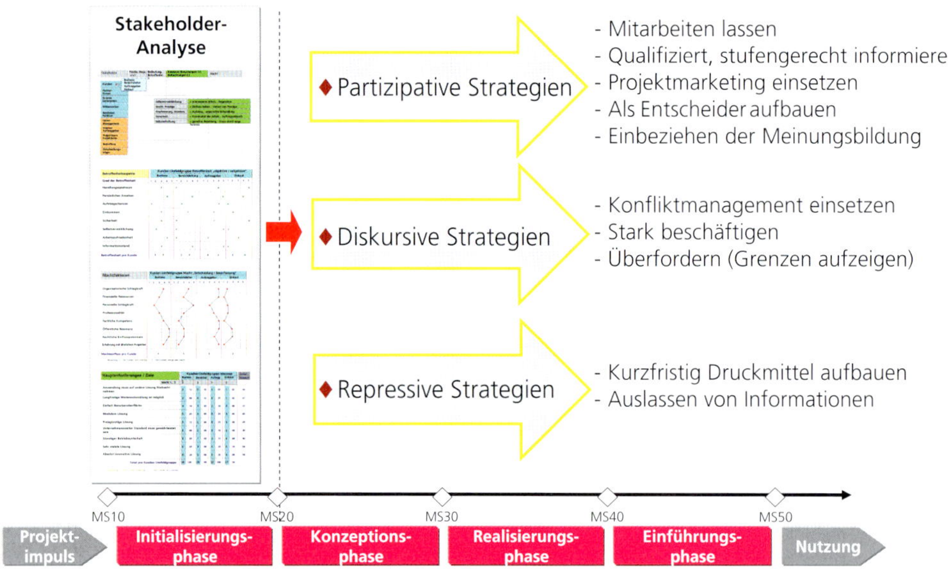

Abb. 10.26: Strategie basierend auf der Stakeholderanalyse

Es ist klar, dass bei Projekten primär die partizipative Strategie verfolgt werden sollte; es gibt aber immer wieder auch Situationen, die zwischenzeitlich eine der anderen Strategie verlangen. Solange das Ergebnis solcher für den betroffenen Stakeholder negativ ausgerichteten Massnahmen nicht nur dem Vorteil einzelner Personen dient, können sie Sinn machen. Alle drei Strategien müssen aber immer innerhalb der beiden Grenzen „Ethik" und „Gesetz" umgesetzt werden. Projektleiter, die diese beiden Grenzen überschreiten, haben ein kurzes Denkvermögen. Dies rächt sich später sicherlich, da nicht selten ein betroffener Stakeholder in einer anderen Situation, z.B. beim nächsten Projekt, der machthabende Stakeholder ist.

Aufgrund der Zielsetzung, wohin das Projekt respektive der Projektleiter die Stakeholder positioniert haben möchte, können nun basierend auf der gewählten Strategie konkrete Massnahmen definiert werden. In Bezug zum Bubble Chart für kleine Projekte (☞ Abbildung 10.17) kann dies sehr einfach gehandhabt werden: Bei grösseren oder sehr grossen Projekten müssen entsprechende Massnahmenlisten bis zu Teilprojekten, z.B. dem Marketingprojekt, definiert werden.

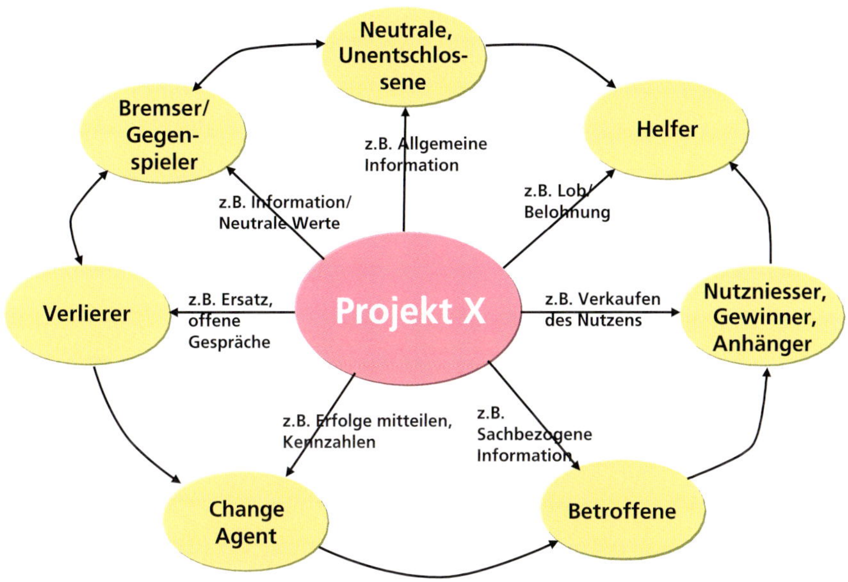

Abb. 10.27: Aktionsplan bezüglich Stakeholdermap für kleine Projekte

10.3.2 Stakeholder-Begleitung

Die schliessliche Akzeptanz der Lösung durch die Stakeholder ist der grundlegendste Erfolgsfaktor jedes Projekts. Daher gilt es, je nach definierter Stakeholderstrategie und geplanten Massnahmen die Stakeholder oder Stakeholdergruppen individuell oder „flächendeckend" während der gesamten Projektabwicklung zu begleiten. Dies mit dem klaren Ziel, das Projektumfeld so zu steuern, dass die Projektziele möglichst gut erreicht werden können.

10.3.2.1 Massnahmen umsetzen

Läuft das Projekt, so gilt es, die geplanten Stakeholder-Massnahmen kontinuierlich und konsequent umzusetzen und die daraus resultierenden Ergebnisse zu überprüfen. Wie Abbildung 10.27 auf-

zeigt, kann z.B. ein Stakeholder aufgrund seiner politischen Macht gezielt als Unterstützung auf ein Projekt-Arbeitspaket angesetzt werden, das durch ein grösseres politisches Risiko belegt ist.
Die einzuleitenden Massnahmen basieren auf der Stakeholderanalyse und -Strategie. Sie sind situativ projektabhängig und können im Folgenden nicht methodisch sinnvoll erläutert werden. Über alles hinweg können jedoch generell folgende Aspekte berücksichtigt werden:

- Stakeholder als „Helfer" mit in die Projektabwicklung einbeziehen. Dies gilt insbesondere für Stakeholder, die durch die Wirkung des Projekts Vorteile erlangen.
- Rechtzeitige Bereitstellung der benötigten Informationen für die Stakeholder. Allenfalls gewisse Stakeholder gezielt vorinformieren.
- Jeder Stakeholder verfügt über Fähigkeiten und Wissen; dies kann bei der Ausarbeitung des Projektplans, aber auch für die Umsetzung nützlich sein.
- Das Verifizieren des Inhalts und des Umfangs von Projektlieferobjekten ist der Prozess, in dem eine formelle Abnahme durch die Stakeholder erreicht wird.
- Änderungswünsche sollten dem Stakeholder mitgeteilt werden.
- Änderungswünsche vom Stakeholder sollten offizialisiert werden.
- Änderungen an der Planung werden dem Stakeholder entsprechend frühzeitig kommuniziert.
- Stakeholder sollten Zugang auf die aktuellen Projektdaten haben.
- Unterschiedliche Stakeholder haben eine unterschiedliche Risikotoleranz; dies muss im Speziellen bezüglich Informationsabgabe berücksichtigt werden.

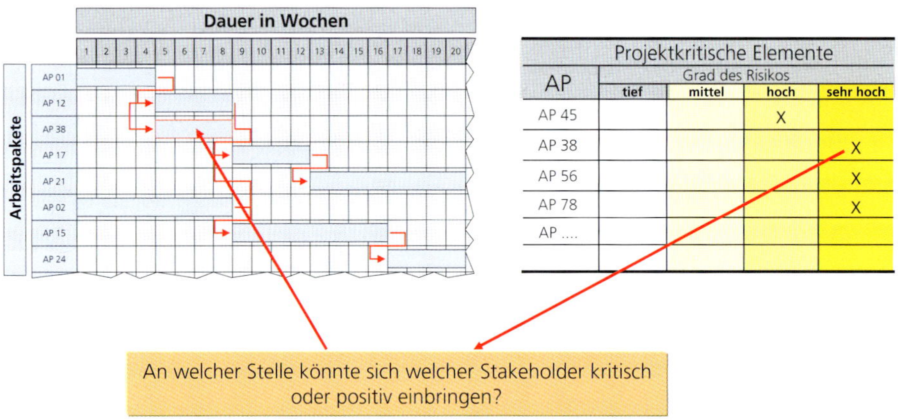

Abb. 10.28: Wo können Stakeholder dem Projekt helfen?

10.3.2.2 Stakeholdermonitoring

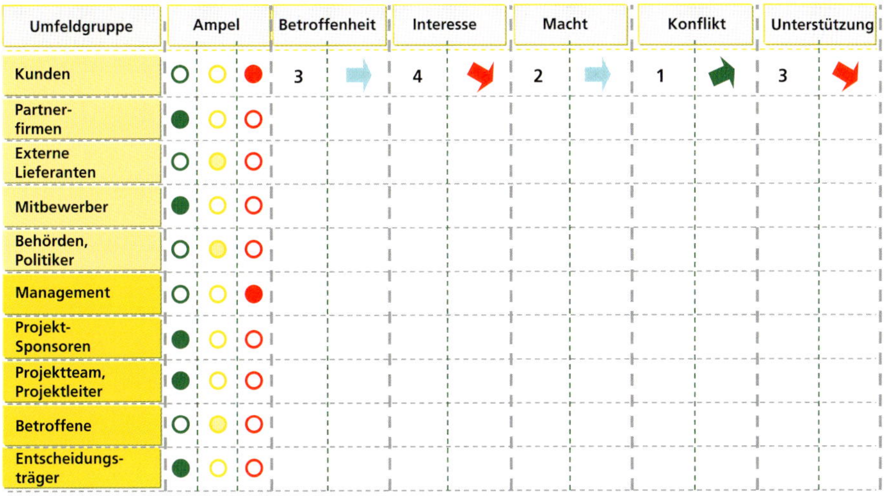

Abb. 10.29: Stakeholdermonitoring

Art und Anzahl der Stakeholder ändern sich oft, wenn das Projekt im Zuge des Projektlebenszyklus von einer Phase zur nächsten wechselt. Daher macht es Sinn, die entsprechend wichtigen Stakeholder während des ganzen Projektverlaufs zu monitoren. Dies insbesondere, da frühzeitige und vorausschauende sowie systematische Betrachtungen der positiven (Unterstützung) und negativen (Störung) Einflüsse des Projektumfeldes wesentliche Projekterfolgsfaktoren sind.

10.3.3 Stakeholderbetreuung

Das projektbezogene Stakeholdermanagement ist mit der Stakeholder-Begleitung respektive mit dem Projektende grundsätzlich zu Ende. Betrachtet man das Ganze aus der Distanz, so ist ein Projektende jedoch noch lange nicht das effektive Ende der Stakeholder-Beziehung. Ein Teil des Projekts und somit auch die Beziehungen „leben" im Projektleiter weiter. Daher macht es Sinn, dass der Projektleiter diese Phase auch noch mitberücksichtigt, auch wenn es sich eher um das persönliche Beziehungsnetz handelt. Dieses ist jedoch vielfach eine entscheidende Erfolgsbasis, um beim nächsten Projekt gut zu starten oder Nachprojektwehen des alten Projekts im Keim zu ersticken. Zur Stakeholderbetreuung zählen einfache, aber wirkungsvolle Mittel wie:

- In kleinere, positive Überraschungen involvieren	- Aktive Kommunikationsbeziehung pflegen
- Gezielten Wissentransfer aufbauen	- Ab und zu für den Stakeholder kleinere Probleme lösen
- Sporadisch positive Informationen zustellen	- Leistungen aufzeigen, etc.

10

10.4 Informations- und Kommunikationsmanagement

Projekte stellen durch ihre zeitliche Begrenzung und die unterschiedlich involvierten Zielgruppen spezielle Anforderungen an das Thema Kommunikation. Auch aufgrund der in einem Projekt herrschenden Geschwindigkeit und Komplexität muss der Kommunikation besondere Aufmerksamkeit geschenkt werden. Gerade bei Projekten, bei denen mit Ablehnung zu rechnen ist oder die tief greifende Veränderungen nach sich ziehen, spielt die Kommunikation bezüglich des Projekterfolgs eine zentrale Rolle. Folgende wichtige Punkte sind im Hinblick auf die Projektkommunikation zu berücksichtigen:

- Projekte zeichnen sich durch ihre Einmaligkeit aus. Das heisst, es gibt nichts vor dem Projekt und nichts nach dem Projekt. Die Projektdauer ist somit das „einzige" Zeitfenster für die gezielte Kommunikation.
- Durch die projektspezifische Organisation gibt es „keine" etablierten Kommunikationsprozesse. Sie müssen erst durch das Projektmarketing individuell auf das Projektumfeld angepasst und im Projekt aufgebaut werden.
- Die projektspezifischen Vorgehensmethoden erzeugen einen eigenen projektabwicklungsbezogenen Informationsbedarf, der speziell berücksichtigt werden muss.
- Durch die zeitliche Begrenztheit eines Projekts und die vielfach engen Termine ist eine Vorausplanung der einzusetzenden Kommunikationsinstrumente und -inhalte unumgänglich.

> Kommunikationsmanagement in Projekten ist das PM-Führungsinstrument, in dem die Prozesse angewendet werden, die für das rechtzeitige und sachgerechte Erzeugen, Sammeln, Verteilen, Speichern, Abrufen und Verwenden von Projektinformationen notwendig sind [in Anlehnung an PMB 2004].

Das Informations- und Kommunikationsmanagement ist ein Zusammenspiel von Elementen, die in diesem Buch an verschiedenen Orten aufgeführt sind. Dazu gehören die in einem Projekt institutionalisierten Elemente wie Informations- und Kommunikationssystem, aber auch Projektmarketing, Informationsplanung, Informationskontrolle etc. Prozessmässig kann dieses Managementgebiet grob wie folgt dargestellt werden:

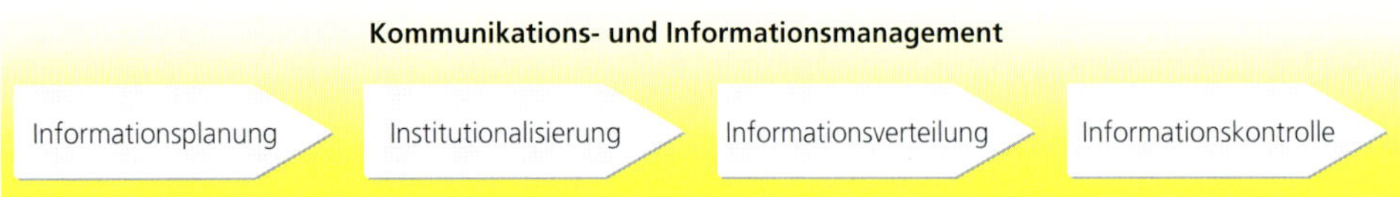

Abb. 10.30: Hauptelemente des Kommunikations- und Informationsmanagement-Prozesses

Dieser Prozess muss in jedem Projekt umgesetzt werden. Der Inhalt der im Folgenden aufgeführten Prozessschritte kann je nach Projektgrösse, Projektart und Projektsituation unterschiedlich sein. Da in den verschiedenen Kapiteln eine ausführliche Beschreibung der einzelnen Themen vorgenommen wurde, wird nachfolgend das Zusammenspiel der einzelnen Themen kurz aufgezeigt.

10.4.1 Projektinformationsplanung

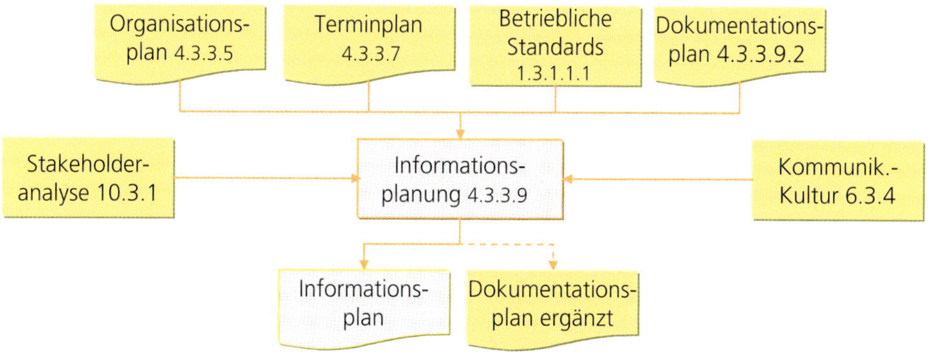

Abb. 10.31: Hauptelemente der Projektinformationsplanung

Wie im Kapitel 4.3.3.9.1 (☞ „Planung des Informationssystems") ausführlich beschrieben, benötigt ein gut geführtes Projekt einen Projektinformationsplan, welcher – auf die Projektorganisation und auf den Terminplan abgestützt – planerisch sicherstellt, dass die notwendigen Informationen in entsprechender Form an den Informationsempfänger gelangen. Bezüglich dieser Planung kann dem Projektleiter eine Stakeholderanalyse gute Anhaltspunkte geben, wie viele Informationen wann, in welcher Form notwendig sind. Der Projektleiter muss bei der Informationsplanung auch die im Unternehmen vorherrschende Kommunikationskultur berücksichtigen und versuchen, mit eigenen Normen, Regelungen etc. die eigene, für das Projekt nutzbringende Kommunikationskultur zu erstellen.

Das Hauptergebnis dieses Prozessschrittes ist ein Informations- und Kommunikationsplan (genannt Informationsplan), der sicherstellt, dass jede im Projekt involvierte Person über die entsprechende Information verfügt. Diese Informationen beziehen sich vielfach auf in einem Projekt erstellte Arbeiten respektive Dokumentationen. Daher liegt es nahe, dass beim Planungselement „Informationsplanung" auch festgelegt wird, wann, was, wie in welcher Form dokumentiert wird.

10.4.2 Institutionalisierung

Ist bezüglich der Projektplanung so weit geklärt, wann, wer, wie informiert wird, kann das erste Mal bei Projektstart und anschliessend korrigierend jeweils bei einem Phasenstart das Kommunikations-, Informations- und das Dokumentationssystem für das Projekt institutionalisiert werden.

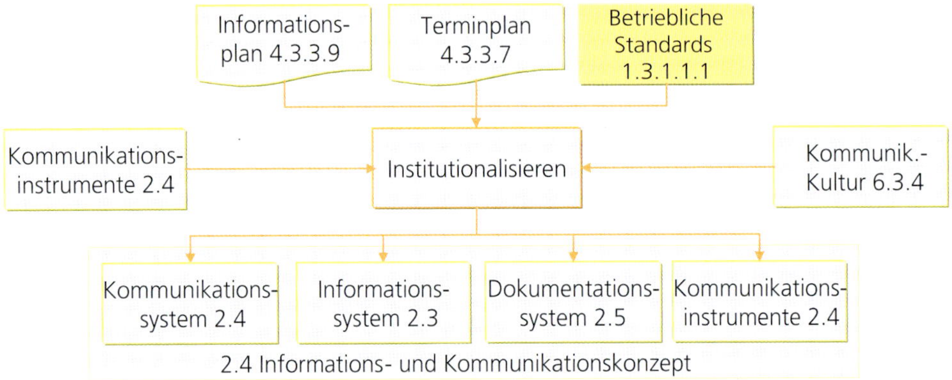

Abb. 10.32: Hauptelemente der Kommunikations- und Informationssystem-Institutionalisierung

Das heisst, mit der Institutionalisierung

- des Kommunikationssystems definiert der Projektleiter, welche Informationsträger (Intranet, Meetings, Mailing etc.) er im Projekt wofür einsetzt.
- des Informationssystems definiert der Projektleiter, welche Informationen er standardmässig (z.B. Protokoll der Sitzung xy geht an A, B und C, oder an der Expertenrunde macht Person 1, 2 und 5 mit etc.) an wen und mit welchem Inhalt verteilt.
- des Dokumentationssystems definiert der Projektleiter, welche Dokumentationen wie, wann und wo erfasst respektive ablegt werden.

Je besser diese Institutionalisierung am Anfang des Projekts erfolgt, desto einfacher und klarer ist es, die Informations- und Kommunikationsaufgabe in einem Projekt zu erfüllen. In vielen Unternehmen stehen dem Projektleiter diesbezüglich schon Standards auf der Ebene des gesamten Unternehmens (Organisationshandbuch) und/oder auf der Ebene des Projektmanagements (Projektmanagement-Leitfaden) zu Verfügung. Es macht daher Sinn, dass der Projektleiter diese nach einer kurzen kritischen Überprüfung zum Standard erklärt, sodass sie nicht nochmals für das vorliegende Projekt speziell „erfunden" werden müssen.

10.4.3 Informationsverteilung

Wurde die Planung und Institutionalisierung vom Projektinformations- und Kommunikationssystem vorgenommen, geht es in der Informationsverteilung darum, die benötigten Informationen für alle Stakeholder aufzubereiten und im richtigen Zeitpunkt zu verteilen respektive einen konstruktiven Dialog aufzubauen.

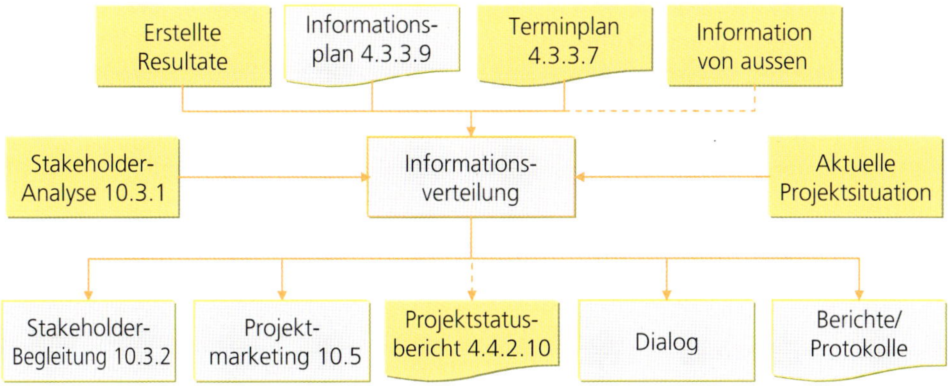

Abb. 10.33: Hauptelemente der Projektinformationsverteilung

Dazu werden nun die verschiedenen Instrumente gemäss dem Informations- und Terminplan in den verschiedenen Disziplinen eingesetzt:

Stakeholder-Begleitung: Aus Informations- und Kommunikationssicht ist vom gesamten Stakeholder-Management der Prozessschritt Stakeholder-Begleitung von grosser Bedeutung. Basierend auf der Stakeholder-Analyse, müssen einerseits die gezielt auf die Stakeholder bezogenen, geplanten Massnahmen umgesetzt werden, um die definierte Stakholder-Strategie aktiv zu verfolgen. Andererseits muss durch spontanes, gezieltes Handeln auf Grundlagen der sich immer verändernden Projektsituation (neue oder gelöste Probleme, neue Change Request, unerwartete Einflussgrössen etc.) in einem dauernden Prozess versucht werden, die Ziele des Projekts und die Ziele der Stakeholder möglichst deckungsgleich zu erarbeiten.

Projektmarketing: Durch die projektspezifische Organisation gibt es keine etablierten Kommunikationsprozesse für das Projektumfeld. Sie müssen erst durch das Projektmarketing individuell auf das Projekt angepasst und aufgebaut werden. Projektmarketing als unterstützende Strategie des Stakeholder-Managements ist nicht nur da, um Informationen zu verteilen. Mit dem Umsetzen des Projektmarketing-Plans will man gezielt und proaktiv die Meinung der Stakeholder beeinflussen. Damit soll zum Beispiel der „Projekt-Goodwill" aller Beteiligten gefördert werden. Oder es geht bei den Involvierten um konkrete Handlungen im Sinn des Projekts, um die Sicherung von Finanz- und Einsatzmitteln zur Projektabwicklung und um die Vorbereitung der anschliessenden Vermarktung des erzielten Ergebnisses.

Projektstatusbericht: Das zentralste Element, ob bei einem kleinen oder grossen Projekt, ist der Projektstatusbericht, der in einem vorbestimmten Rhythmus erstellt wird. Aus Kommunikationssicht ist es wichtig, dass jeder PSB-Empfänger dem Projektleiter ein Feedback bezüglich Verständlichkeit und Vollständigkeit abgibt.

Dialog: Es hängt nicht alles nur am Projektleiter, aber er ist im Projektteam die zentrale Stelle der gezielten Dialogführung. Dies ist eine Managementfähigkeit, in der – wie die Praxis aufzeigt – noch etliches Potenzial versteckt ist, da SMS und MMS ein gutes Gespräch noch lange nicht ersetzen. Ein gut geführtes Gespräch zum richtigen Zeitpunkt kann so manches Problem lösen: Gespräche können ad hoc geführt werden, um so z.B. die „Information von aussen" unkompliziert an das Team oder andere Personen weiterzugeben. Es macht aber auch Sinn, dass sich der PL Zeit für die Gespräche reserviert und diese auch gezielt umsetzt. Er sollte sich auch überlegen, wen er z.B. von der Auftraggeberseite für ein anstehendes Gespräch einsetzt, um dem Gespräch mehr Gewicht zu geben.

Berichte/Protokolle: Ein ganz wichtiges Kommunikations- und Informationsinstrument sind Berichte und Protokolle. Es muss, basierend auf den Institutionalisierungen der Sitzungen, jeweils ein Protokoll erstellt werden, das mindestens die Entscheidungen der jeweiligen Sitzungen festhält (☞ Kapitel 2.3.1.1 „Projektsitzungen"). Dieses Protokoll muss dem definierten Empfängerkreis zugestellt werden, der eine kurze Frist erhält, um zwingend ein kurzes Feedback abzugeben. Genauso bei Berichten wie z.B. beim Audit- oder Testbericht: Basierend auf dem institutionalisierten Berichtswesen, müssen die Berichte im entsprechenden Umfang und in der erwarteten Qualität erstellt werden. Berichte beruhen meisten auf zwei Indikatoren: Sie sind einerseits ergebnisbezogen (Testbericht) und andererseits zeitbezogen (Phasenbericht). Insbesondere bei den in einem Projekt erstellten Berichten gilt es zu beachten, dass die Qualität (kurz und prägnant) vor Quantität steht (☞ Kapitel 2.3.2 „Projektberichtswesen").

10.4.4 Informationskontrolle

Ein ganz wichtiger Teil des Informations- und Kommunikationsmanagements ist die Informationskontrolle: Wie beim Projektcontrolling allgemein geht es im Projektinformations- und -kommunikationsmanagement einerseits darum, mit den im Abschnitt Informationsverteilung aufgeführten Instrumenten je nach Projektsituation steuernd einzugreifen. Das heisst z.B., dass – je nachdem, wie der Projektleiter die Stimmung einschätzt – ein Mitarbeiter veranlasst werden soll, eine Präsentation aufzubereiten und zu realisieren, obwohl gemäss Plan keine Präsentation für die betroffenen Stakeholder ansteht. Andererseits muss die Informationskontrolle durchgeführt werden (☞ Kapitel 4.4.3.3.3.5 „Projektinformationskontrolle").

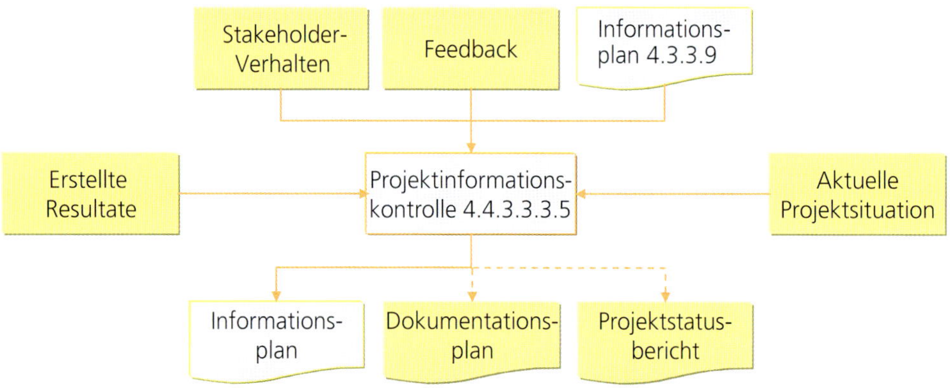

Abb. 10.34: Hauptelemente der Projektinformationskontrolle

Die Informationskontrolle sollte generell folgende periodische Prüfungen beinhalten:

- Vollständigkeit	- Wirtschaftlichkeit
- Zuverlässigkeit	- Hierarchiegerechtigkeit
- Aktualität	- Feedback-Verhalten
- Einfachheit der Ausführung	- Wahrnehmen der Informationsverantwortung

Basierend auf diesen Kontrollen, müssen die entsprechenden Informations- und Kommunikationspläne wie auch der Dokumentationsplan überarbeitet und angepasst werden. Das Ergebnis der Kontrolle muss im Projektstatusbericht als Erfolg oder Problem/Risiko festgehalten werden, sodass der Auftraggeber über den Zustand der „Informationsverteilung, -wirkung und -wahrnehmung" informiert ist.

10.5 Projektmarketing

Die Aufgabe der Projektkommunikation ist es, den reibungslosen Ablauf des Projekts durch optimalen Informationsaustausch sicherzustellen. Der grundsätzliche Sinn eines Projektmarketing-Einsatzes ist auch, mittels der eingesetzten Kommunikationsinstrumente rechtzeitig, vollständig und sachbezogen zu informieren. Projektmarketing geht jedoch noch ein Stück weiter, indem man mit dem Marketing nicht nur informieren, sondern gezielt und proaktiv die Meinung der Stakeholder beeinflussen will. So gilt es zum Beispiel, mit dem Projektmarketing den Goodwill aller Beteiligten zu erreichen, um so das Projekt in seiner Zielerreichung zu unterstützen. Oder es geht um die Sicherung von Finanz- und Einsatzmitteln zur Projektabwicklung und um die Vorbereitung der anschliessenden Vermarktung des erzielten Ergebnisses. Das Projektmarketing sollte folgende positive Akzeptanzwerte bezüglich der verschiedenen Stakeholdergruppen ansteuern [Wag 2003]:

- Kunde (Auftraggeber):
  - Hat das Gefühl, sich richtig entschieden zu haben.
  - Umfeld entwickelt eine positive Erwartungshaltung.
  - Unterstützt die Abwicklung und Abnahme aktiv.
  - Entscheidungen werden zeitgerecht gefällt.

- Lieferanten:
  - Räumen der Zusammenarbeit hohe Priorität ein.
  - Management und Team handeln proaktiv.

- Eigene Firma, sprich Abteilung oder Ressort:
  - Management fördert das Projekt auf allen Ebenen.
  - Projektmitarbeiter entwickeln positive Identifikation.
  - Umfeld kennt das Projekt und unterstützt bei Bedarf.

> Als Projektmarketing bezeichnet man alle bewusst werbenden Aktionen für ein Projekt innerhalb der internen und externen Stakeholder (Projektumfeld), um diese im Sinne des Projekterfolgs mittels eines partizipativen Ansatzes strategisch zu beeinflussen und abzusichern.

Wie die Definition erläutert, bezeichnet man als Projektmarketing alle bewusst werbenden Aktionen für ein Projekt (z.B. Präsentationen, Darstellungen). Aber, ob man will oder nicht, es gehören auch unbewusste Aktionen wie Stammtischäusserungen eines Projektmitarbeiters, Telefongespräche oder Sitzungen zum Projektmarketing. Dabei ist z.B. beim Stammtisch zu hoffen, dass diese Äusserungen nur positive Inhalte haben! Oder anders gesagt: Der Projektleiter muss nicht nur „externes", sondern auch „internes" Marketing betreiben, welches das interaktive Markting zwischen den Projektmitarbeitern und den restlichen Stakeholdern gezielt unterstützt.

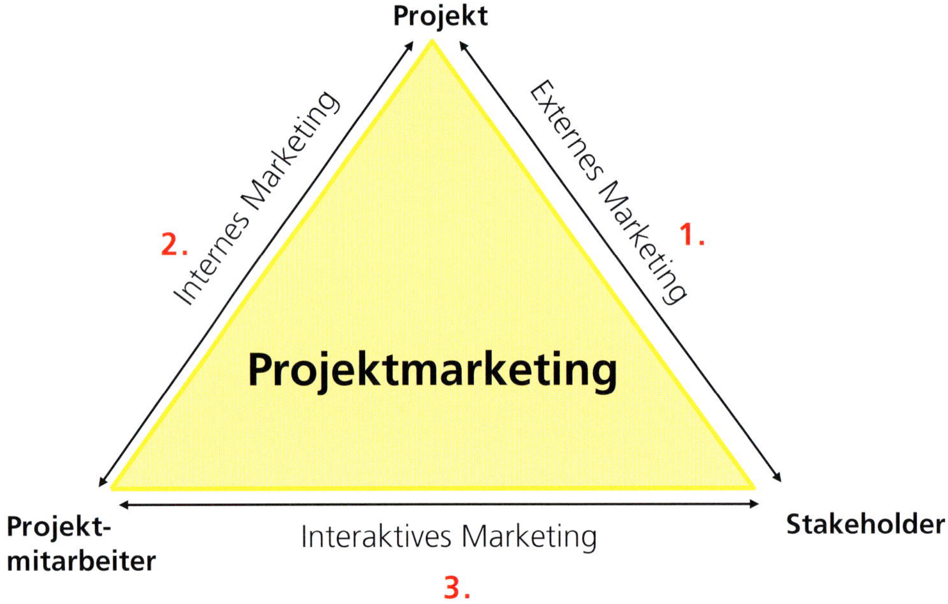

Abb. 10.35: Wirkungsfeld des Projektmarketings gemäss Ansatz Kotler [Kot 1999]

Das Projektmarketing hat im Rahmen der Projektabwicklung eine Support- resp. Unterstützungs- sowie Informationsfunktion. Der Nutzen dieser Funktion liegt im Wesentlichen in den folgenden Punkten:

- Das Projekt und das Produkt an die Zielgruppen heranzuführen.
- Eine Verbesserung des Projektablaufs durch eine positive Grundeinstellung zu ermöglichen und somit das Arbeitsklima zu verbessern.
- Widerstände abzubauen und durch eine präventive Schadensbegrenzung die Schaffung einer Identifikationsgrundlage zu ermöglichen.
- Die Einführung zu unterstützen und somit, wenn immer möglich, die Akzeptanz des Projekts zu erhöhen.

Um das Instrument Projektmarketing in einem Projekt zielgerichtet und erfolgreich einzusetzen, gilt es gemäss folgendem Ansatz Fragen zu stellen respektive zu beantworten:

Zeitliche Kapazität	Was kann das Projektmarketing beitragen, um Zeitverluste zu verhindern (z.B. durch Reduktion oder gänzliche Eliminierung von Widerständen gegen das Projekt)?
Finanzieller Aufwand	Was kann das Projektmarketing beitragen, um bei knappen finanziellen Mitteln notwendige Erhöhungen oder Nachtragskredite zu erreichen? Sind Aktionen im Sponsoringbereich notwendig?
Personalmittel	Was kann das Projektmarketing im Bereich Personalmittel beitragen? Welche Vorgesetzten von Projektmitarbeitern sollten mit Goodwill-Aktionen „bearbeitet" werden, um evtl. zusätzliche notwendige Ressourcen zu erhalten?
Projekt-ergebnisse	Wie kann das Marketing die erstellten Projektergebnisse positiv „vermarkten"? Was sind die Nachteile der Lösung, und wie können diese Nachteile in Relation zu den Vorteilen gesetzt werden?
Unternehmenskultur	Was für ein Einfluss hat die Unternehmenskultur auf das Projektmarketing? Was für ein Arbeitsklima herrscht in der Unternehmung?
Restriktionen	Sind technologische Vorgaben oder Limiten vorhanden, die mittels Marketing bekannt gemacht werden müssen? Müssen Gesetze berücksichtigt werden, die alle Betroffenen kennen müssen, damit sie die Lösung verstehen und somit akzeptieren können?

Durch diese Fragestellungen erkennt man, dass das Projektmarketing nicht nur einen direkten Einfluss auf den Erfolgsfaktor Akzeptanz hat, sondern auch auf Qualität, Budget- und Termintreue (☞ Kapitel 8.4 „Projekterfolg"). Frühzeitig eingesetzt (bereits beim Projektauftrag), kann es das Projekt in allen Phasen unterstützen. Der grösste Unterschied zwischen Projektmarketing und Produkt- respektive Unternehmensmarketing ist, dass das Projektmarketing vielfach erst in vollem Umfang beginnt, wenn der Kunde/Auftraggeber das Projekt bereits „gekauft" hat. Das Ziel ist somit nicht der Kauf, sondern die reibungslose Abwicklung des Projekts, sprich die Abnahme seiner Ergebnisse.

10.5.1 Für welches Projekt braucht es Projektmarketing?

Jedes Projekt braucht im Grundverständnis des Wortes etwas Marketing. Es liegt auf der Hand, dass eine gewisse Verhältnismässigkeit in dieser Disziplin besonders angebracht ist. Daher stellt sich die Frage, für welches Projekt es ein im Ansatz der Definition „Projektmarketing" respektive daraus abgeleiteten Supportprozess ein entsprechendes eigenständiges Projektmarketing braucht [Wag 2003]:

- Wenn das Unternehmen mehr als einen Standort hat.
- Wenn mit Ablehnung gegenüber dem Projekt zu rechnen ist.
- Wenn das Projekt viele Personen betrifft.
- Wenn die Veränderungen, die durch das Projekt geschehen, tief greifend sind.
- Wenn es keine interne geeignete, offizielle Kommunikation gibt, um Neuigkeiten zu verbreiten.
- Wenn im Unternehmen trotz offizieller Kommunikationsinstrumente vorwiegend über „Gerüchteküchen" kommuniziert wird.
- Wenn das Projekt dem Kunden Vorteile bringt, die er auf den ersten Blick nicht sofort erkennt.

Bei allen anderen Projekten reicht schon ein qualifizierter, aktiv geführter Informationsplan (☞ Kapitel 4.3.3.9.1 „Planung des Informationssystems") sowie die folgenden Elemente des Projektmarketings:

- Projektbenennung mit einem zutreffenden Namen.
- Konsequent Standards einhalten, z.B. das Projekt-CD (Corporate Design).
- Durchführung eines Kick-off (Workshop zum Projektstart).
- Bestimmung und Einrichtung eines eigenen Projektraums.
- Die Arbeiten des Projekts in einer geeigneten, erfolgsorientierten Form darstellen.
- Information über den Projektfortschritt in regelmässigen und sinnvollen Abständen an die Entscheidungsträger weiterleiten.
- Offizieller Projektabschlussanlass. Wer ein Kick-off macht, macht auch einen offiziellen Abschluss!

Bei dieser pauschalen Selektion, bei welchem Projekt es gilt, Marketing zu betreiben, kommt sicher auch noch jeweils die Eigenheit der Projektart hinzu. So muss bei einem grösseren technischen Projekt, bei dem schliesslich das ganze Unternehmen betroffen ist, aber im Hintergrund unbemerkt abläuft (z.B. Auswechseln des Informatiknetzwerks), nicht im gleichen Masse Marketing betrieben werden wie bei einem kleinen Organisationsprojekt, bei dem es darum geht, eine neu aufgekaufte kleinere Unternehmung zu integrieren. Beim ersten Fall ist eher eine gute Einbindung der Unternehmenskommunikation als ein umfassendes Projektmarketing gefragt.

10.5.2 Risiken des Projektmarketings

Projektmarketing muss unbedingt als etwas Positives betrachtet werden, das Nutzen und Vorteile fürs Projekt bringt. Im Projektmarketing verbergen sich aber auch Risiken, so z.B. [Wag 2003]:

- Schlechtes Projektmarketing erzeugt Missverständnisse und unterschiedliche Betrachtung der Probleme im Projekt.
- Werden Projektmarketingaktionen für das falsche Zielpublikum eingesetzt, bewirken sie unnötigen Aufwand ohne Nutzen.
- Ungezielte und zu häufig eingesetzte Kommunikationsaktivitäten empfinden die Stakeholder als „Selbstbeweihräucherung".
- Falsch gewählte Marketingschwerpunkte haben nur negative Wirkung auf die Projektkosten.
- Geplante Kommunikation wird wegen zu hoher Arbeitsauslastung gestrichen, was zu Informationslücken und Ablehnung führt.
- Falscher Stil des Projektmarketings erzeugt mit Bestimmtheit Ablehnung bei den Zielgruppen.
- Ungenügende oder falsche Behandlung von Feedbacks, die von den Betroffenen an das Projektteam gegeben werden, bewirkt Unverständnis und Gegendruck.

10.5.3 Projektmarketing-Prozess

Als Ergänzung zum Stakeholder-Management kann das Projektmarketing auch als eigenständiger Prozess abgebildet werden. Dabei werden die ersten vier Tätigkeiten idealerweise beim Projektstart einmalig durchgeführt und die Umsetzung gemäss Konzept sowie die fortlaufende Kontrolle der Marketingergebnisse und -wirkung während der gesamten restlichen Zeit der Projektabwicklung.

Abb. 10.36: Hauptaktivitäten des Projektmarketing-Prozesses

Projektmarketing als eigenständige Stelle sollte bei entsprechend marketingintensiven Projekten direkt dem Projektleiter unterstellt sein. Ansonsten macht es Sinn, diese Funktion/Rolle dem Projektoffice zuzuteilen. Vielfach werden die Marketing-/Kommunikationsaufgaben über das ganze Projektteam verteilt und vom Projektleiter koordiniert. Sinnvoll ist es, wenn diese Aufgaben strukturell vom Unternehmensmarketing getrennt, aber in Abstimmung mit diesem ausgeführt werden.

10.5.3.1 Marketingauftrag erstellen

Da Marketing im Projektumfeld von einer qualifizierten Projektpräsentation bis hin zu umfangreichen Roadshows gehen kann, macht es Sinn, zuerst einen klaren Auftrag zu erarbeiten, sodass einerseits alle involvierten Personen den Scope erkennen und andererseits die Arbeitsverteilung klar zugewiesen werden kann. Im Folgenden drei wichtige Arbeiten, welche eine Klärung bezüglich des Marketingeinsatzes im Projektumfeld ergeben.

10.5.3.1.1 Auf das Projektmarketing bezogene Projektumfeld-Analyse

Bevor das Projektmarketing geplant wird, muss in erster Linie das Projektumfeld analysiert werden. Wie im Kapitel 10.3 (☞ „Stakeholdermanagement") ausführlich erläutert, finden sich in einem Projekt verschiedene Zielgruppen mit äusserst unterschiedlichen Forderungen und Erwartungen. Es gilt, diese Zielgruppen frühzeitig zu erkennen, deren Bedürfnisse oder Erwartungen zu analysieren und transparent festzuhalten. Hat man diese Kenntnisse, so geht es darum sich zu fragen, was das Projektmarketing bei der einzelnen Zielgruppe bewirken kann. Folgende generelle Fragen können in diesem Zusammenhang gestellt werden:

- Management
  - Welche Werte müssen kommuniziert werden, damit das Linienmanagement seine Ressourcen für das Projekt freistellt?
  - Was kann man dem Linienmanagement bevorzugt kommunizieren, von welchen erbrachten Projektleistungen es profitieren würde?
- Projektsponsoren/Auftraggeber
  - Mit welchen Mitteln können sie motiviert und vermehrt ins Projekt miteinbezogen werden?
  - Gibt es eine Möglichkeit, die Sponsoren mittels Marketing ins positive Licht zu rücken?

- Benutzer und allgemein Betroffene, z.B. betroffene Abteilungen
  - Mit welchen Massnahmen/Messages kann die betroffene Abteilung zu Höchstleistungen für das Projekt motiviert werden?
  - Wissen die Gewinner, dass sie Gewinner sind? Was macht man für die Verlierer?
  - Was muss unternommen werden, damit auch der Benutzer hinter dem Projekt steht?

- Projektteam
  - Ist das kundenorientierte Denken in das Projekt eingebracht worden?
  - Welcher Projektnutzen soll kommuniziert werden?

- Externe Lieferanten
  - Wie ist die Zusammenarbeit geregelt? Könnte der Lieferant ins Marketing eingebunden werden?
  - Welche Marketingmassnahmen sind nötig, um Lieferantenleistungen zum Vorteil des Projekts zu verbessern?

Je stärker die Ziele und Interessen eines Stakeholders durch das Projekt beeinflusst werden, desto stärker wird dieser auf das Projekt reagieren und versuchen, es in einer für ihn günstigen Weise zu beeinflussen (fördern oder aber auch stören). Daher ist die Projektumfeld-Analyse eine wichtige Basis für das zu erstellende Projektmarketing-Konzept. Wie beim Unternehmensmarketing macht auch beim Projektmarketing eine gute Analyse den halben Erfolg des Projektmarketings aus.

10.5.3.1.2 Marketingbezogene Risikoanalyse

In dieser Analyse gilt es zu überlegen, welche projektumfeldbezogenen Risiken den Projekterfolg gefährden und – in Ableitung davon –, wie wir uns mit gezieltem Marketing dagegen absichern respektive das Risikopotenzial reduziert werden kann. Die marketingbezogene Risikoanalyse ist eine Teilmenge der Gesamtrisikoanalyse (☜ Kapitel 8.2.2 „Risikomanagement Ebene Projektportfolio"), jedoch mit dem Betrachtungsfokus auf die Risiken, die das Projektumfeld tangieren. Das heisst, die aus dem Gesamtrisikokatalog selektierten Risiken respektive daraus abzuleitenden Projektmarketing-Aktionen sind nichts anderes als entsprechende Risiko-Verhinderungsmassnahmen. Diese Analyseergebnisse und Massnahmen fliessen in das Marketingkonzept ein.

10.5.3.1.3 Marketingziele

Als dritte Aufgabe respektive Ergebnis zu den Ergebnissen aus der Projektumfeld- und Risikoanalyse müssen für einen vollständigen Projektmarketing-Auftrag die Marketingziele geklärt werden. Idealerweise werden diese bezogen auf die Stakeholder-Gruppen definiert, so z.B.:

- Management
  sollte Ressourcen bereitstellen, Unterstützung bieten und das Projekt in seiner Abwicklung nicht stören.

- Projektsponsoren/Auftraggeber
  sollten gegenüber dem Projekt eine direkte positive Identifikation haben und stets den Projektnutzen erkennen.

- Benutzer und allgemein Betroffene
  sollten dem Projekt gegenüber eine positive Identifikation haben und dem Projekt Wertschätzung entgegenbringen sowie den Nutzen kennen.

- Projektteam
  sollte dem Projekt gegenüber positiv eingestellt sein und gerne zu dessen Erfolg beitragen.

- Kunde
  sollte dem Projekt gegenüber wohlwollend eingestellt sein und darauf achten, dass alle notwendigen Informationen ausgetauscht werden.

- Öffentlichkeit
  (wie die Presse, allgemeine Öffentlichkeit und sonstige Stakeholder) sollte über das Projekt gut informiert werden. Dies insbesondere, da jeder heute den Anspruch erhebt, er müsse informiert sein, obwohl er nichts bewirken kann. Dadurch erzeugt man Wohlwollen gegenüber dem Projekt.

Bei der Erstellung der stakeholderbezogenen Zielsetzung ist zu berücksichtigen, dass Art und Umfang der notwendigen Bearbeitung des entsprechenden Stakeholders von seiner Machtposition abhängt. Dabei muss auch die Grösse des direkten Einflusses, den er auf das Projekt ausüben kann, berücksichtigt werden (☞ Kapitel 10.3.1.3 „Strategisches Einordnen").

10.5.3.2 Projektmarketing-Konzept erstellen

Bei der Projektmarketing-Konzeption werden aufgrund der Ergebnisse der Umfeld- und Risikoanalyse sowie der definierten Marketingziele und -strategie eine oder mehrere Lösungsvorschläge ausgearbeitet, wie das Projektmarketing in einem Projekt am effektivsten eingesetzt, sprich umgesetzt wird. In der Konzeption sollten mindestens folgende Themen abgehandelt werden:

10.5.3.2.1 Marketingstrategie

Das Wort Strategie im Kontext von Projekt und Marketing ist bei vielen Projekten etwas „überstrapaziert". Dennoch ist es in jedem Projekt, insbesondere aber bei Produktentwicklungs-Projekten, wichtig zu definieren, mit welcher „verkaufsunterstützenden" Strategie das Gesamtergebnis oder die Teilergebnisse des Projekts verkauft respektive die definierten Markteingangsziele erreicht werden sollen. Das heisst, die Marketingstrategie umfasst bei Projekten die „langfristigen", globalen Verhaltenspläne zur Erreichung der definierten Projekt- und Marketingziele. Es wird darin unter anderem festgelegt:

- welche Projektziele mittels Marketing unterstützt respektive nicht unterstützt werden sollen,
- welche Stakeholder an- respektive nicht angegangen werden sollen,
- welche Projektrisiken aktiv durch das Projektmarketing bekämpft werden sollen.

Im Rahmen dieses „Definitionsprozesses" wird im Weiteren die Marketingstrategie durch Projekt- und Produktpositionierung konkretisiert:

- Projektpositionierung
  Die Positionierung widerspiegelt Auftrag und Ziel des Projekts und ist die Basis für die Entwicklung eines Projektimages. Die Positionierung ist ein wichtiger Bestandteil der Projektkommunikation und sollte – kurz und prägnant – durch die Projektleitung oder (aus Identifikationsgründen) besser durch das Projektteam gemeinsam definiert werden.

- Produktpositionierung
  Noch wichtiger als das Projekt ist normalerweise das entstehende Produkt bzw. die Dienstleistung, welche ebenfalls „verkauft" werden muss. Dabei gilt es, die Produkte-USPs herauszuschälen und deren Nutzen zu kommunizieren. Die Produktevorteile ergeben sich durch die Auswertungen der System- und Projektabwicklungsanalyse oder durch eine separate, produktbezogene Stärken-Schwächen-/Chancen-Gefahren-Analyse.

Mit den daraus resultierenden Entscheidungen legt man die Eckpfeiler der Marketingstrategie fest. Ergänzend dazu wird geklärt, welche Inhalte kommuniziert respektive nicht kommuniziert werden und wann, was, wie (sanft, aufrüttelnd, aggressiv) vermittelt wird.

- Message (werbliche Aussagen)
  Aufgrund der Projekt- und Produktpositionierung sind folgende Punkte im Konzept zu überlegen und festzulegen:
  – Was sind die Kommunikationsziele (Projekt und Produkt)?
  – Welches sind die wichtigsten Botschaften, die übermittelt werden müssen?
  – An welche Zielgruppen richten sich die Botschaften und Kommunikationsinhalte?
  – Sind bestimmte Hindernisse und Einflussgrössen zu beachten?
  – Etc.

10.5.3.2.2 Projekt-CD und -PR

Wie das Wort Marketingstrategie sind auf den ersten Blick auch CD (Corporate Design) und PR (Public Relations) stark strapazierte Begriffe im normalen Projektumfeld. Bei genauerer Betrachtung stellt man fest, dass selbst die kleinen Projekte in dieser Hinsicht mit einfachen Mitteln viel bewegen können. Es macht einfach einen guten Eindruck, wenn z.B. die Projektdokumente immer gleich aussehen oder wenn die Betroffenen bei einem Restrukturierungsprojekt aufgrund von qualifizierten Öffentlichkeitsarbeiten das Gefühl haben, dass die Verantwortlichen des Projekts die Projektergebnisse im Sinne der Belegschaft umsetzen.

Mittels Corporate Identity (CI) sollen die Selbstdarstellung (das Selbstbild) und das Verhalten des Projektteams aufgrund widerspruchsfreier und eindeutiger Werte erzeugt werden. Damit sind alle Aktivitäten in einem Projekt gemeint, die das Projekt als Ganzes gegenüber den internen und externen Anspruchsgruppen (Stakeholder) als Identitätsträger vermitteln. In Abgrenzung zum umfassenden CI einer Unternehmung sind bei Projekten folgende Teile des CI für das Projektmarketing interessant:

Teilgebiete	Nutzbare Anteile für das Projektmarketing
CI (Corporate Identity)	Abgestimmter Einsatz von Verhalten, Kommunikation und Erscheinungsbild nach innen und aussen gemäss dem Projekterfolgs-Leitsatz. Kernwert von CD, CB und CC.
CD (Corporate Design)	Einheitliche Gestaltung der Dokumentation, der Infodatenbanken, der Protokolle und der Korrespondenz
CB (Corporate Behaviour)	Verhaltensregeln für Projektmitarbeiter mit Management- und/oder Kundenkontakt
CC (Corporate Communications)	Sitzungswesen, richtige Darstellung von Erfolgen und Problemen, E-Mail- und Telefonkultur etc.

Bei grösseren und wichtigen (prestigeträchtigen) Projekten/Programmen muss mit einer Marketingagentur zusammengearbeitet werden, die alle Komponenten des Marketings professionell umsetzt. Bei den anderen Projekten können einzelne Teile durch professionelle Fachkräfte abgedeckt werden. So kann man sich z.B. von einem Designer ein eigenes Projektlogo kreieren oder das entsprechende eigene Output-Design entwerfen lassen. Über das Logo hinaus können noch weitere aus dem CI-/CD-Bereich bekannte Massnahmen oder Aktivitäten wie Projektfarbe und/oder -bild, Kleidercode der Projektmitarbeiter, Schrifttyp etc. umgesetzt werden.

Unter Public Relations (PR) im Projekt versteht man zusammengefasst die generelle Vermarktung des Projekts bei allen Stakeholdern. Darin enthalten ist das Schaffen von Vertrauen, das Bilden der „öffentlichen" Meinungen, welche adäquat zu den Projektzielen stehen, und damit die Akzeptanz des Projekts. Bei kleinen internen Projekten dürfte PR nicht matchentscheidend sein. Bei mittleren und grösseren, insbesondere bei öffentlichen Projekten ist eine gute PR jedoch ein wichtiger Erfolgsfaktor. So kann allein der Einsatz einer Person (Meinungsbildner) – z.B. ein ehemaliger Politiker oder Unternehmer, der von der Öffentlichkeit akzeptiert wird – einen grossen vertrauensbildenden Wert bewirken. Zu einer guten Projekt-PR können natürlich auch Instrumente wie Vorträge, Road Shows, Publikationen etc. beitragen.

10.5.3.2.3 Umsetzungsinstrumente

Um die Ziele des Projektmarketings in einem Projekt umzusetzen, gibt es unzählige Kommunikationsmittel. Unter Kommunikationsmittel verstehen wir jene Mittel, die dazu dienen, das Projekt und das Produkt (werblich, verkaufsfördernd, informierend) in den Vordergrund zu stellen. Im Folgenden werden einige Kommunikationsmittel mit konkreten Massnahmen erläutert:

- Vorhandene Unternehmensmedien
  Mit bereits vorhandenen Unternehmensmedien (z.B. internem Newsletter) werden das Projekt respektive dessen Ziele für alle verständlich erläutert. Dies ist das Ziel – es muss so einfach und klar sein, dass der Leser den Inhalt des Projekts Aussenstehenden erklären kann. Die Informationen sollten von guter Qualität sein, um eine positive Identifikation mit dem Projekt zu ermöglichen. Über dieses Medium können auch einfach die wichtigsten Eckdaten des Projekts sowie die Ansprechpartner respektive deren Telefonnummern aufgeführt werden; dies um zu zeigen, dass man offen ist für eine direkte Kommunikation.

- Projektbroschüre
  Eine eigene Projektbroschüre macht nur bei komplexen und grossen Projekten mit vielen Zielgruppen Sinn. Wichtig ist das regelmässige Erscheinen, um bei Kunden und Mitarbeitern ein Gefühl der Kontinuität zu erzeugen. Informationen in diesem Medium können beispielsweise die Vorstellung des Projektteams, der Fortschritt oder wesentliche Änderungen im Projekt sein.

- Kundenzeitungen
  Nach einem erfolgreich abgeschlossenen Projekt wird ein zufriedener Kunde gerne bereit sein, das Projekt in seiner Kundenzeitung zu publizieren. So kann die erbrachte Leistung einem breiten Publikum zugänglich gemacht werden.

- Intranet (ggf. Internet)
  Das Intranet eignet sich besonders für das interne Projektmarketing. Auf dieser Plattform kann sich jeder individuell informieren und erhält die aktuellsten Daten. Wichtig sind eine häufige Aktualisierung der Informationen und ein ansprechender, unverwechselbarer Aufbau der Informationsseite. Das Internet eignet sich für komplexe/grosse Projekte, die eine externe Zielgruppe ansprechen.

- Weitere Instrumente

- Serienbriefe und -Mails/ Brief der GL	- E-Mails, Newsletter	- Projektflyer, -kolumne, -artikel
- Infos an Führungskräfte oder umgekehrt Infos von Führungskräften	- Vorträge, Workshops (Kick-off), Pro-und-Contra-Diskussionsrunden	- Demonstrationen, Modell-, Prototypvorführungen
- Hotlines, Chatrooms resp. Diskussionsforen	- Informationscenter, -konferenzen	- Multimedia-, Hör-, Mini-CD, Video, Fotogalerie
- Events wie Marktplatz, Feier, Tagungen	- Road Show, Projektevent, Pressekonferenz, Projektolympiade	- Werbesäulen, Projektinserate etc.

10.5.3.2.4 Kommunikationsmix

Gezielte Projektkommunikation ist das wichtigste Instrument des Projektmarketings, da es das Bindeglied zwischen dem Projekt und den Stakeholdern ist. Mit dem Kommunikationsmix erreicht man die feine Abstimmung von bestimmten Kommunikationsinstrumenten und -massnahmen auf eine konkrete Zielgruppe. Daher gilt es in der Konzeption, mit dem Kommunikationsmix konkrete Aktionen (Massnahmen) unter Einsatz der definierten Kommunikationsinstrumente auf ein ganz bestimmtes Zielpublikum festzulegen. Solche Aktionen können selbstverständlich von „dauernden" Aktionen unterlegt werden wie:

- Generelle Information (Projekt-PR)
  Unter genereller Information werden die über die fachlich-rationalen Informationen (Protokolle, Monatsrapporte etc.) hinausgehenden Informationsaktivitäten verstanden. Adressaten sind vorwiegend die nicht direkt am Projekt beteiligten Personen wie Unternehmensleitung, Linienmanagement, Schnittstellen (Zulieferer), Sponsoren etc.

- Beziehungsmanagement (Networking)
  Unter Beziehungsmanagement wird das während der Projektzeit aktive, direkte und indirekte persönliche Lobbyieren bei den Opinion Leaders oder Einflussnehmern (Influencer) im Projekt verstanden. Die Meinungsbeeinflussung der Entscheidungsträger im persönlichen Gespräch ist ein starkes Mittel im Projektmarketing-Einsatz: Sie kann die Zusammenarbeit intensivieren, Hindernisse beseitigen und so den Projektablauf unterstützen und beschleunigen. Das Beziehungsmanagement ist effizient, wenn es gezielt, offen, ehrlich, rational und im Interesse von beiden Parteien eingesetzt wird. Ansonsten kann es kontraproduktiv wirken.

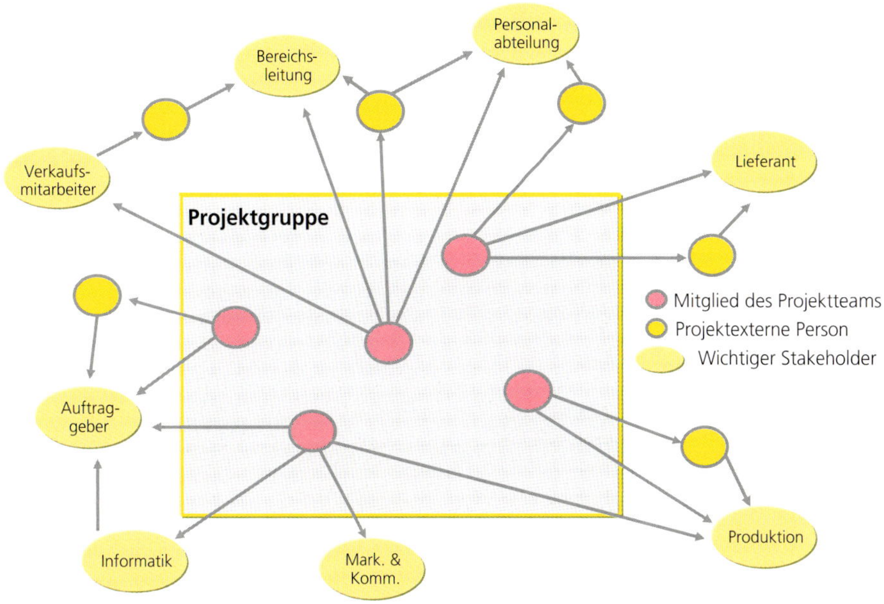

Abb. 10.37: Gegen aussen gerichtetes Beziehungsnetz der Projektgruppe

Beim Kommunikationsmix werden in einer guten Übersicht die einzelnen „Kommunikations"-Massnahmen, welche bei den verschiedenen Zielgruppen eingesetzt werden, festgehalten. Dadurch beugt man einer gewissen Monotonie vor, die bei Nichtmarketingspezialisten schnell auftreten kann:

Zielgruppen Kommunikationsmittel	**Betroffene**	**Projekt-sponsoren**	**Management**	**Externe Lieferanten**
Monatsberichte (aus Marketingsicht)		X	X	
Präsentationen/Präsent.-unterlagen	X		X	
Intranet-Homepage	X	X	X	
Veranstaltungen	X		X	
Persönliche Kontakte		X	X	X
Fachartikel	X			X
Etc.				

Diese Aktionen sind auf einer Zeitachse so einzusetzen, dass sie das Projekt vom Projektstart bis zum Projektabschluss kontinuierlich unterstützen. Daneben sind auch Aktionen für unerwartete Ereignisse (z.B. Kurs über Medientraining), Probleme oder Pannen vorzusehen oder sogar vorzubereiten. Können diese nicht präzise definiert werden, sollten mindestens Handlungsmassnahmen (Checklisten) vorbereitet werden, um einer Negativsituation rasch und kompetent zu begegnen.

10.5.3.2.5 Aktivitätenplan

Der Aktivitätenplan ist der Umsetzungsplan aller im Konzept beschriebenen Massnahmen. Der aufgabenbezogene Aktivitätenplan könnte etwa folgende Raster haben:

AP-Nr.	Arbeitspakete/Aktivitäten	Verantwortung	Koordination mit	Frequenz	Aufwand
AP0900	Monatsberichte erstellen	GPL und PL	Controlling	Monatlich	2 Std. pro Bericht
AP0901	Allgemeine Präsentationsunterlagen erstellen	GPL	PL	Einmalig	24 Std.
AP0902	Intranet-Homepage erstellen und pflegen	Office	Projektteam	Wöchentlich	2,5 Std. pro Woche
AP0903	Kick-off-Veranstaltung	GPL	PLs und ATG	Einmalig	18 Std.
AP0904	Pflegen der Einzelkontakte	GPL und PLs	Projektteam	Dauernd	---
AP0905	Road Show aufbauen und durchführen	Hugentobler	Marketing	Einmalig 01.03. bis 04.03	96 Std.
AP0906	etc.				

Mit dem konkreten Aufführen der Marketing- und Kommunikationsaktivitäten und dem Eintragen auf eine mit dem Projektplan abgestimmte Zeitskala werden konkrete zeitliche Verpflichtungen festgelegt, die im Programmplan berücksichtigt werden müssen. Marketingaktionen (ob für ein Unternehmen oder für ein Projekt), die über Nacht mit den noch übrig gebliebenen Ressourcen erstellt werden müssen, verfehlen mit Bestimmtheit die Wirkung! Daher gilt es, einen Marketing- und Kommunikations-Aktivitätenplan zu erstellen, bei dem sich die Ersteller im Klaren sind, was wann produziert werden muss.

Aktivitäten	Jan.	Febr.	März	April	Mai	Juni	Juli	Aug.	Sept.
AP0900 Monatsberichte erstellen	x	x	x	x	x	x	x	x	x
AP0901 Allgemeine Präsentationsunterlagen erstellen		x						x	
AP0902 Intranet-Homepage erstellen und pflegen		x	x	x	x	x	x		x
AP0903 Kick-off-Veranstaltung		x							

AP0904 Pflegen der Einzelkontakte	x	x	x	x	x	x	x	x	x
AP0905 Aufbau und Durchführung der Road Show			x	x					
AP0906 etc.									

Reduzieren sich die projektbezogenen Marketingaktivitäten auf einen Informations- und Kommunikationsplan, so ist es wichtig, nicht nur über Entscheidungen und Ergebnisse zu informieren, sondern auch [Wag 2003]:

- warum man sich so entschieden hat;
- was für Vorteile welche Zielgruppe hat;
- warum die Alternativen schlechter wären und
- wie das Ergebnis zustande gekommen ist (Prozess!).

10.5.3.2.6 Projektmarketing-Budget

Mit dem Einsatz von Projektmarketing entstehen natürlich zusätzliche Projektkosten. Da es zwischen dem Projekt und dem Marketing keine sachliche Logik gibt, kann keine Prozentmethode eingesetzt werden. Je detaillierter die Konzeption erstellt wird, desto besser können die Kosten berechnet werden. Bei kleineren Projekten sind es vornehmlich Personalkosten, die in dieses Budget aufgenommen werden müssen. Bei grösseren Projekten kann der Material- und Kommunikationskosten-Anteil bedeutend sein. Diese Kosten müssen budgetiert und in die Projektkosten miteingerechnet werden, ansonsten besteht die Gefahr, dass Projektmarketing „als Hobby so nebenbei nach dem Lustprinzip" betrieben wird. Die Erfahrung hat gezeigt, dass mit etwas Kreativität und Motivation im Projektmarketing sehr viel Positives erreicht werden kann, ohne dass dies grosse Kosten verursacht – oder es findet sich vielleicht ein Sponsor, der gewisse Leistungen kostenlos übernimmt.

Aktivitäten	**Personalkosten**	**Kosten für Betriebsmittel**	**Kosten für externe Lieferanten**
Monatsberichte (aus Marketingsicht)	12 x 500 = 6000	0	0
Präsentationen/Präsentat.-unterlagen	24 Tg. à 1000 = 24 000	0	12 000
Intranet-Homepage	12 Tg. à 1000 = 12 000	3500	0
Veranstaltungen	5 x 6000 = 30 000	0	15 000
Persönl. Kontakte	2000	0	0
Fachartikel	5 x 2 Tg. à 1000 = 10 000	0	1000
Total	84 000	3500	28 000

Neben dem in der Einleitung aufgeführten Nutzen verkürzt ein gutes Projektmarketing durch erhöhte Motivation des Projektteams und aktive Unterstützung der Projektarbeit durch das Projektumfeld die Projektlaufzeit. Allein dieses Argument rechtfertigt allfällige Aufwendungen für das Projektmarketing. Leider ist dieser positive Aspekt nicht direkt messbar. Wenn man früher fertig wird, ist dies meistens normal und es ist nur logisch, dass es auch Projekte gibt, welche mal früher als geplant fertig sind!

10.5.3.2.7 Das Projektmarketing-Konzept

Insbesondere bei grösseren Projekten ist es sinnvoll, alle in den vorherigen Kapiteln beschriebenen Tätigkeiten in einem Projektmarketing-Konzept zusammenzufassen. Dadurch bekommt das Projektmarketing etwas durchdachtes „Ganzes" und etwas abgestimmtes „Rundes". Da Projektmarketing noch nicht bei allen Auftraggebern etabliert ist, leistet ein gut aufbereitetes Marketingkonzept gute Dienste. Das Projektmarketing-Konzept setzt sich aus folgenden Themenbereichen zusammen, die im Grundsatz alle Lieferobjekte des gesamten Projektmarketing-Prozesses beinhalten:

1. Abstract vom Projektmarketing-Auftrag allenfalls im Rahmen des Projektauftrages
2. Umfeld- und Risikoanalyse
3. Projektmarketing-Ziele und die Strategie, die verfolgt werden soll
4. Standards wie CD oder andere Richtwerte definieren
5. Konzeption der Instrumente und Aktionen
6. Aktivitätenplan/Marketing-/Kommunikationsplan (Umsetzung)
7. Projektmarketing-Budget
8. Kontrollplan

Bei kleineren Projekten bezieht sich das Ergebnis des Projektmarketing-Prozesses, wie verschiedentlich erwähnt, meistens nur auf den Aktivitätenplan respektive Informations- und Kommunikationsplan. In einem Projektumfeld gibt es nur ganz wenige Dokumente, die „geheim" sein sollten. Das Marketingkonzept ist eines dieser Dokumente, da das Marketing bekanntlich auch von Überraschungen lebt!

10.5.3.3 Umsetzung des Projektmarketings

Die Umsetzung der projektbezogenen Marketingaktionen basieren auf einem Marketingaktivitäten- und -zeitplan. Dieser Plan sollte mit dem Projektabwicklungsprozess kongruent sein, das heisst, er muss auf die entsprechenden Projektphasen abgestimmt sein.

Je nach Projektart und -situation ist das zeitliche Erledigen der Projektmarketing-Aufgaben total unterschiedlich. Das heisst, bei dem einen Projekt geht es darum, das Projekt selbst bekannt zu machen; somit muss das Marketing schon sehr früh im Abwicklungsprozess betrieben werden. Demgegenüber geht es beim anderen Projekt darum, erst bei der Realisierung aktiv zu werden, um das Projektergebnis gut zu verkaufen.

Ist es nicht notwendig, vor dem Projektstart mit dem Marketing zu beginnen, so wird der Projektmarketing-Auftrag, wie in Abbildung 10.38 aufgezeigt, während der Initialisierungsphase in einem Metamodell entworfen, begleitet durch allfällig notwendige Marketingaktivitäten. Das Marketingkonzept wird in den meisten Fällen in der Konzeptionsphase, wenn möglich bis zum Meilenstein 25, erstellt. Das ist der Zeitpunkt, wo das Projektteam intern mit ziemlicher Sicherheit weiss, wie die Lösung in etwa aussehen wird. Anschliessend werden die Aktivitäten gemäss der Planung bis zum Meilenstein 50 (Projektabschluss) umgesetzt. Muss das Marketing weitergeführt werden (MS60), so wird dies nicht mehr vom Projektteam, sondern vom entsprechenden Business Owner umgesetzt.

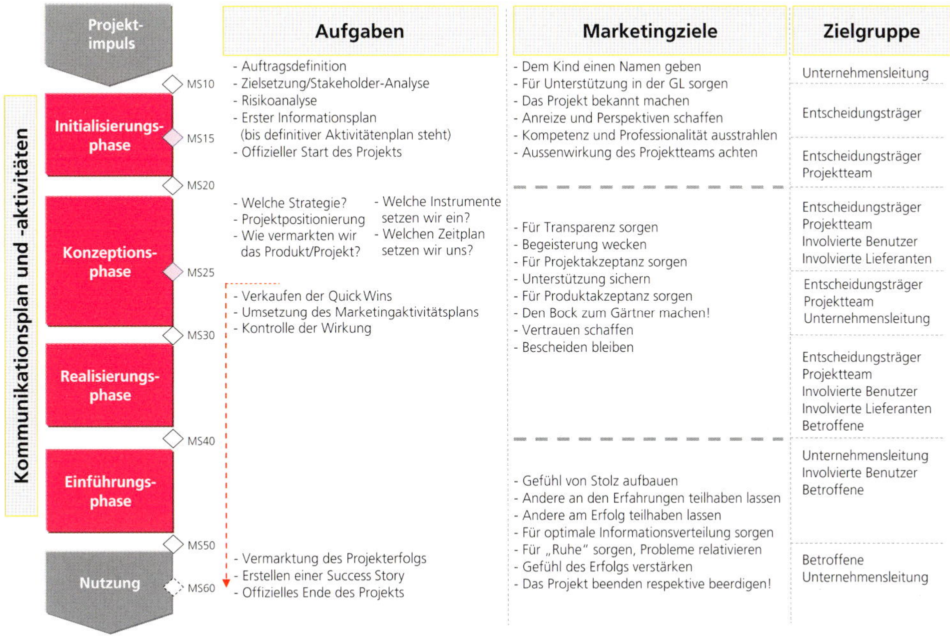

Abb. 10.38: Das Projektmarketing in den Projektabwicklungsprozess integriert

Die im Projektmarketing anfallenden Aufgaben können nicht immer im reinen Prozessdenken ausgeführt werden, sondern stehen im Kontext der generellen Aufgabenstellung respektive Zielsetzung. In Anlehnung an Wagner [Wag 2003] im Folgenden einige generelle Arbeiten:

- Wo notwendig, den Sinn und Zweck des Projekts erläutern und dabei auch den Nutzen für die unterschiedlichen Zielgruppen aufzeigen.
- Wo es geht, die Projektvision emotional vermitteln, um eine möglichst grosse Begeisterung für das Projekt wecken zu können.
- Wann immer möglich die projektrelevanten Personen vorstellen, damit die Zielgruppen die richtigen Ansprechpersonen kennen.
- So häufig wie nur möglich muss das Commitment des Managements klargestellt und verständlich gemacht werden.
- Es müssen laufend die entstehenden Informationslücken geschlossen werden. Dies ist meistens am Anfang des Projekts von zentraler Bedeutung, aber auch bei dessen Einführung. Dazu gehört: die offenen Fragen aufnehmen, das Interesse positiv bewerten, die nächsten Schritte im Projektablauf bekannt geben und einen groben Zeitrahmen stecken.
- Es gilt bei der Informationsvermittlung darauf zu achten, dass nicht nur über Entscheidungen und Ergebnisse informiert wird, sondern wesentlich dabei ist auch:
  – welche Vorteile sie für welche Zielgruppe bieten,
  – warum man sich so entschieden hat,
  – wie sich der Prozess vor dem Ergebnis entwickelt hat,
  – welche Alternativen es gegeben hätte und warum diese nicht gewählt wurden.
- Man muss bezüglich der Stimmung sensibel sein, das heisst, auch kritische Stimmen müssen einbezogen und bearbeitet werden.

- Projekterfolge darf man gezielt und richtig dosiert feiern!
- Projekterfolge sollten entsprechend auch optimal verbreitet werden. Dabei sind folgende Punkte zu beachten:
  – an alle Zielgruppen denken,
  – qualitative Standards einhalten,
  – verschiedene Formen nutzen,
  – Inhalte an den Zielgruppen orientieren.

10.5.3.4 Marketingkontrolle

Wie beim Unternehmensmarketing lässt sich der vom Projektmarketing erwirkte Nutzen nicht einfach kontrollieren. Das heisst, die Frage: „War das Marketing wirtschaftlich?", kann in dieser Form selten beantwortet werden, da zum Beispiel ein reibungsloser Projektablauf wie bereits erwähnt von allen als natürlich empfunden wird und die möglichen Komplikationen, die es ohne Marketingeinsatz gegeben hätte, reine Spekulationen sind. Trotzdem müssen die Marketing- und Kommunikationsaktivitäten einer Erfolgskontrolle unterstellt werden, um den Nutzen des Einsatzes ansatzweise zu kontrollieren. Vor allem im Kommunikationsbereich gilt es, gemäss der Zieldefinition nach Zielgruppen (☞ Kapitel 10.5.3.1.3 „Marketingziele") abzuschätzen respektive zu prüfen, ob die geplante Informationsverteilung richtig und mit entsprechender Wirkung umgesetzt wurde (☞ Kapitel 10.5.3.2.5 „Aktivitätenplan"). Die Prüfung, ob die Informationen respektive Marketingaktion vollständig, rechtzeitig und an die richtige Zielgruppe verteilt wurden, ist ein einfacher, formaler Akt. Viel schwieriger ist es zu eruieren, ob die Marketing- und Kommunikationsaktionen ihre geplante Wirkung erreicht haben.

Dazu müssen z.B. mündliche oder schriftliche Umfragen am Anfang, im Laufe und am Ende des Projekts durchgeführt werden. Rechtzeitige Kontrollen ermöglichen dem Projektteam, bei Abweichungen zu reagieren und den Marketingplan entsprechend anzupassen. Solche Umfragen können auch wichtige Informationen für den Projektfortschritt bzw. den Projekterfolg zeigen. Das heisst, die Kontrollergebnisse sind nicht nur Werte für den „Marketingverantwortlichen", sondern für das gesamte Projektteam.

Es müssen natürlich auch die vom Projektmarketing verursachten Kosten und der Aufwand geprüft werden. Bei unsachgemässem Umgang bezüglich Werbematerial können die Aufwendungen in diesem Bereich schnell aus dem Ruder laufen. Wurde das Marketingbudget in das Projektbudget integriert, so kann dessen Kontrolle im gleichen Kontrollgang wie die anderen Projektkontrollen vorgenommen werden (☞ Kapitel 4.4.3.3 „Kontrollprozess").

10.6 Lieferobjekte des Changemanagements

Abbildung 10.39 zeigt die in diesem Kapitel erläuterten Themen in einer Prozesssicht, wobei die Prozessschritte nicht bei jedem Projekt zwingend auf die aufgeführten Phasen abgestimmt werden können. Beispielsweise könnte beim Projektmarketing die Marketingintensität am Anfang des Projekts erfolgen, um so gewichtige Stakeholder zu gewinnen. Abgestimmt auf diese Prozessschritte, werden die wichtigsten Lieferobjekte kurz erläutert. Weitere Ausführungen zu den Lieferobjekten sind im Anhang C.8 (☞ „Lieferobjekte des Changemanagements") aufgeführt.

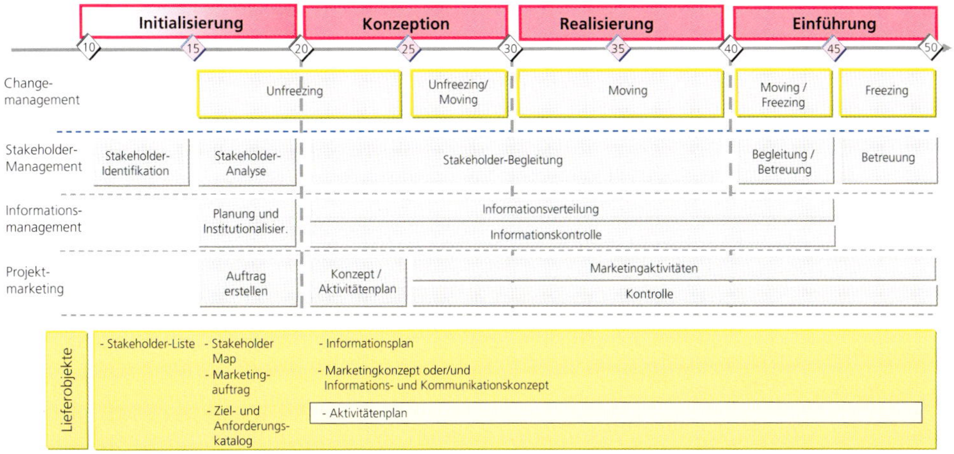

Abb. 10.39: Übersicht über die Lieferobjekte des Changemanagements

Lieferobjekt	**Kurzbeschreibung**
Stakeholder-Liste	Aufführen aller Stakeholder und deren Bedürfnisse.
Stakeholder Map	In der Stakeholder Map werden neben den namentlich aufgeführten Stakeholdern deren Bedeutung und Betroffenheit, deren Einstellung sowie Erwartungen und Bedürfnisse aufgeführt. Es macht zudem Sinn, den in diesem Zusammenhang definierten Massnahmenkatalog in dieses Dokument aufzunehmen.
Ziel- und Anforderungskatalog	Wie unter anderem im Kapitel 5.3 (☞ „Anforderungsentwicklung“) und im Kapitel 5.2.3 (☞ „Zielfindungsprozess“) ausführlich erläutert, ist es insbesondere aus Sicht des betroffenen Menschen enorm wichtig, dass die Ziele, insbesondere Sozialziele, sowie die Anforderungen des Changes ganz klar formuliert sind. Das Lieferobjekt wird der Projektdurchführung zugeordnet.
Informationsplan	Der Informationsplan ist die planerische Gestaltung der formalen Informationsversorgung aller Projektbeteiligten. In Abstimmung mit der Projektdokumentationsplanung wird im Informationsplan definiert, wer, was, wann, von wem, über welchen Kommunikationskanal erhält. Als Teil der Projektplanung werden die Struktur und der Inhalt im Kapitel 4.3.3.9.1 (☞ „Planung des Informationssystems“) genauer erläutert.
Informations- und Kommunikationskonzept	Ist begleitend zur Projektsituation ein grösserer Informationsbedarf vorhanden, so muss neben der üblichen standardisierten Informationssystematik ein auf die Projektbedürfnisse abgestimmtes Informations- und Kommunikationskonzept erstellt werden. Dies mit dem Ziel, die Kommunikations-, Informations- und Dokumentationssysteme entsprechend zu institutionalisieren.
Marketingauftrag	Da Marketing im Projektumfeld von einer qualifizierten Projektpräsentation bis hin zu umfangreichen Roadshows gehen kann, macht es Sinn, zuerst einen klaren Auftrag zu erarbeiten, sodass alle involvierten Personen einerseits den Scope erkennen und andererseits die Arbeitsverteilung klar zugewiesen werden kann.
Marketingkonzept	In einem projektbezogenen Marketingkonzept werden neben den Inhalten des Informations- und Kommunikationskonzepts die planerischen und organisatorischen Voraussetzungen für die speziellen Marketingaktivitäten während des Projekts festgelegt. Mit diesem Konzept können die Verantwortlichen über die geplanten Marketingaktionen informiert werden.
Aktivitätenplan	Der Marketing-Aktivitätenplan ist der Umsetzungsplan aller im Marketingkonzept beschriebenen Massnahmen. Mit dem konkreten Aufführen der Marketingaktivitäten und dem Eintragen auf eine mit dem Projektplan abgestimmte Zeitskala werden konkrete zeitliche Verpflichtungen festgelegt, die berücksichtigt werden müssen.

11 Lernziele des Kapitels „Konfigurationsmanagement"

Sie können …

- mit Hilfe eines Negativbeispiels aufzeigen, was ohne funktionierendes Konfigurationsmanagement passiert.
- die zum Konfigurationsmanagement gehörenden Prozesse und Verfahren kurz beschreiben.
- die Auswirkungen eines gut eingesetzten Konfigurationsmanagements auf den Produktlebenszyklus beschreiben.
- die verschiedenen Zyklen eines Produktlebenszyklus aufzählen und grafisch richtig darstellen.
- die verschiedenen Interdependenzen des Konfigurationsmanagements zu anderen Disziplinen erläutern.
- den Unterschied zwischen Projektabwicklungs- und Produktkonfiguration präzise darlegen.
- die Kernelemente des Konfigurationsmanagements benennen und die jeweiligen Aufgaben ausführlich beschreiben.
- die einzelnen Schritte des Releasemanagement-Prozesses beschreiben und fallbezogen anwenden.
- die Situationsanalyse an einem konkreten Fall zur IST-Abgrenzung anwenden.
- die drei Instrumente zur SOLL-Abgrenzung kurz erklären.
- Restriktionen und Rahmenbedingungen eines Projekts bestimmen und ihren Einfluss auf das Projekt erläutern.
- die wesentlichen fünf Komponenten des Projektabwicklungs-Scope beschreiben.
- die Aufgaben des Buildmanagements (BM) erläutern.
- die Funktion des Buildmanagements erklären und je ein Projekt nennen, bei welchem das BM beansprucht respektive nicht beansprucht wird.
- begründen, wieso dass man allenfalls zwei Änderungsmanagementprozesse hat.
- die Aufgaben und die jeweils daraus resultierenden Dokumente des Änderungsmanagements auf der Ebene Produkt einer der drei Änderungsarten zuweisen.
- die Auswirkungen einer Änderung auf der Projektebene anhand eines konkreten Beispiels aufzeigen.
- den Weg eines Change Request vom Eingang der Änderungsmeldung bis hin zur Bewilligung und schliesslich Mitteilung beschreiben.
- die einzelnen Prozessschritte des Versionsmanagements anhand eines Dokuments aufzeigen und in Verbindung zu einem Release setzen.
- den Prozess des Versionsmanagements anhand eines Software-Projekts erläutern.
- die fürs Konfigurationsmanagement notwendigen wichtigsten Lieferobjekte nennen und kurz beschreiben.

11 Konfigurationsmanagement

Mit Hilfe des Konfigurationsmanagements (KM) werden die projekt- und produktbezogenen Konfigurationseinheiten verwaltet. Es handelt sich dabei um ein integrales Teilsystem der Projektabwicklung, insbesondere der Projektdurchführung, zugleich aber auch um einen wichtigen Bestandteil der Projektführung, der vom Start bis ans Ende eines Projekts eine wichtige Rolle beim Managen der Lieferobjekte spielt. Das heisst: Projektbezogenes Konfigurationsmanagement ist eine Teildisziplin des Projektmanagements.

Unter Konfigurationsmanagement wird die Gesamtheit von Methoden, Werkzeugen und Hilfsmitteln verstanden, die die Entwicklung und Pflege eines Produkts als eine Folge von kontrollierten Änderungen (Revisionen) und Ergänzungen (Varianten) an gesicherten Prozessergebnissen unterstützen [in Anlehnung an Wal 1990].

Wie in der Definition aufgeführt, muss das KM auch im Gesamtzusammenhang eines Produktlebenszyklus gesehen werden. Gemäss ISO 10007 ist Konfigurationsmanagement die Management-Disziplin, die technische und verwaltungsmässige Regeln auf den Produktlebenslauf einer Konfigurationseinheit, von seiner Entwicklung über die Herstellung und die Betreuung, anwendet [DIN 2004].

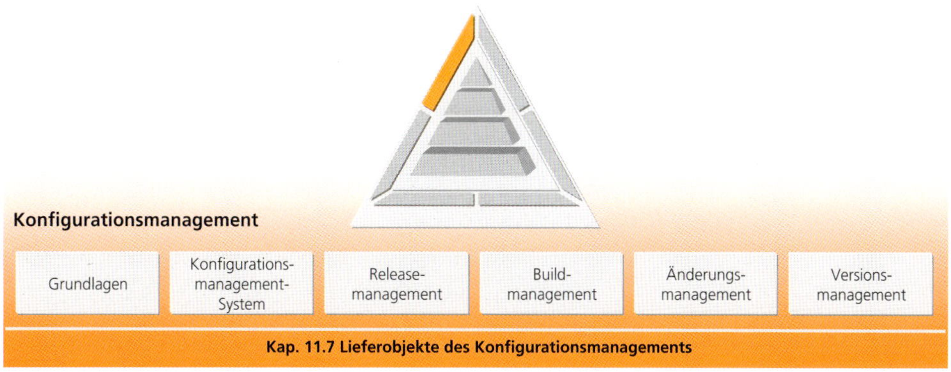

Abb. 11.01: Strukturierung des Konfigurationsmanagements im Projektumfeld

Das Konfigurationsmanagement (KM) umfasst alle Verfahren und Prozesse, die:

- zur Identifikation, Steuerung und Kontrolle von Konfigurationseinheiten (Lieferobjekte respektive Komponenten) notwendig sind.
- in Bezug auf Verfolgung von Änderungen an Konfigurationseinheiten Aufschluss geben.
- für die Freigabe und die Integration von Konfigurationseinheiten in eine Konfiguration (Versionen- und Konfigurationskontrolle) notwendig sind.
- für das Berichtswesen über den aktuellen Stand von Konfigurationseinheiten und Konfigurationen benötigt werden.

Somit ist das Konfigurationsmanagement auf der Stufe Produkt unter anderem eine für ein Unternehmen enorm wichtige Basis, um die gesetzlichen Vorlagen bezüglich der Produktegarantie zu erfüllen. Das Ziel des Konfigurationsmanagements auf der Stufe Projekt ist einerseits, alle in einem Projekt benötigten und zu erstellenden Lieferobjekte zu erfassen und zu ordnen (sowohl vergangenheits-, gegenwarts- wie auch zukunftsbezogen), andererseits die stetige Kontrolle aller Änderungen dieser Lieferobjekte zu managen. Was allerdings bei gewissen Projektarten wie z.B. Entwicklungsprojekten schon weitgehend automatisiert ist, steckt bei anderen Projektarten noch in den Kinderschuhen. Dies sei am Beispiel „Entwicklungsgeschwindigkeit" erläutert, wo es darum geht, ein Projekt schnellstmöglich umzusetzen – was ja nicht selten verlangt wird. Ein wesentlicher Faktor von Geschwindigkeit ist es zu wissen, wo die Lieferobjekte liegen (örtlich) und in welchem Zustand (Entwicklungsstatus) sie sich befinden. Bereits bei einem Projekt mittleren Umfangs können schnell Hunderte von Lieferobjekten (Dokumente, Daten, Halbprodukte etc.) vorliegen, die vom Projektteam täglich verändert werden. Dabei nicht den Überblick zu verlieren und alles unter Kontrolle zu haben, insbesondere wenn die Mitarbeiter noch räumlich verteilt sind oder wenn gar der Projektauftrag durch neue Ideen/Wünsche/Probleme geändert wird, ist anspruchsvoll und kann nur mit „eiserner" Disziplin und eben mit einem guten Konfigurationsmanagement bewerkstelligt werden.

11.1 Grundlagen

Bevor die einzelnen Komponenten des Konfigurationsmanagements erläutert werden, macht es Sinn, dessen Positionierung noch etwas zu verdeutlichen. Gemäss Versteegen [Ver 2003] zieht sich das Konfigurationsmanagement durch alle Unternehmensbereiche – alle Informationen, die irgendeinen Einfluss auf Sicherheit, Qualität, Planung, Kosten und/oder Umwelt haben können, sind betroffen.

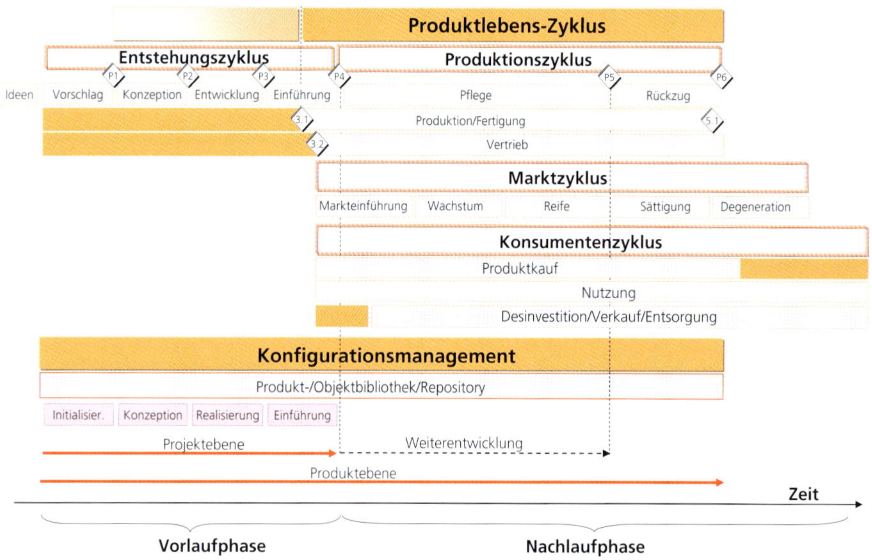

Abb. 11.02: Verschiedene Sichtweisen des Lebenszyklus

Konfigurationsmanagement kann aus dieser Optik somit nicht mehr nur als ein Teilprozess des Projektmanagements oder, wie in Abbildung 11.02 aufgeführt, der Entwicklung (Vorlaufphase) gesehen werden: Abbildung 11.02 zeigt auf, dass sich das Konfigurationsmanagement über den gesamten Produktionszyklus hinwegzieht. Bei gewissen Produkten muss das Konfigurationsmanagement sogar bis ans Ende des Konsumentenzyklus geführt werden, sei dies von der Herstellungsfirma oder von einem anderen Dienstleister – z.B. bei Oldtimermodellen. Die in der Abbildung aufgezeigte Zeitachse kann je nach Produkt vollständig anders sein: Oftmals ist die Nachlaufphase im Verhältnis zur Vorlaufphase (Projektabwicklung) wesentlich länger. Je nach Produkt können innerhalb der Konstruktion zudem weitere Weiterentwicklungsprojekte folgen.

Der Produktlebenszyklus umfasst die Zeitdauer vom Start des Produktionszyklus bis und mit seiner Beseitigung vom Markt. Ein Produkt lebt aus Sicht einer Unternehmung, solange es einen wirtschaftlichen Umsatz auf dem Markt erzielt und/oder basierend auf Verpflichtungen wie z.B. Unternehmensgarantie bewirtschaftet werden muss.

Das Wort „Produktlebenszyklus" wird in der Literatur unterschiedlich definiert. Grund dafür dürften die unterschiedlichen Modelle, aber auch die Produktbetrachtungen sein, wie sie in Abbildung 11.02 dargestellt sind. Diese Betrachtung lässt sich in Entstehungs-, Produktions-, Markt-, Produktlebens- und Konsumentenzyklus mit unterschiedlichen, zum Teil stark überlappenden Phasen unterteilen:

- Entstehungszyklus
  Produktvorschlag – Konzeption – Entwicklung – Einführung in die Produktion.

- Produktionszyklus
  Pflege (Produktion/Fertigung – Vertrieb) – Marktrückzug.

- Marktzyklus
  Markteinführung – Wachstum – Reife – Sättigung – Degeneration.

- Konsumentenzyklus
  Produktkauf – Nutzung – Desinvestition/Verkauf/Entsorgung.

Für das produktbezogene Konfigurationsmanagement ist insbesondere der Produktlebenszyklus von Bedeutung. Das heisst, es betrifft die zwei Zyklen Entstehung und Produktion.

Phase	Ziel	Input	Wichtige Tätigkeiten	Ergebnisse
Produkt-vorschlag	Attraktive neue Produktvorschläge	Ideen/Kunden-anforderungen	- Grobkonzeption des Produkts - Marktfähigkeit abklären - Planen des Vorhabens	Business Case/ Marketingkonzept
Produkt-konzeption	Produktkonzept mit Marktpotenzial, Risiken und Kosten	Produktvorschlag Grobkonzeption	- Machbarkeit sicherstellen - Patentanmeldung - Konzipieren des Produkts - Muster erarbeiten	Produktspezifikation, Funktionsmuster
Produkt-entwick-lung	Entwicklung des neuen Produkts	Produkt-spezifikation	- Detaildesign erstellen - Prototypen erstellen - Verifizieren und validieren - Produkteunterlagen erstellen	Prototypen, detaillierte Produktunterlagen

Produkt-einführung	Einführung des Produkts in die Produktion	Produkt und Produkte-dokumentation	- Nullserie erstellen - Produkteunterlagen erstellen - Produkteeinführung planen	Vor-/Nullserie Fabrikations-/ Montage- und Prüfanlagen eingerichtet
Produkt-pflege	Laufende Produkt-verbesserungen	Erfahrungen/ Probleme/ Ergänzungs-vorschläge	- Analysieren, Aufbereiten und Umsetzen von Anforderungen - Optimieren der Produkte-erstellung - Fehlerkorrekturen vornehmen	Verbessertes Produkt, dokumentiert und eingeführt in Produktion und Markt
Markt-rückzug	Geordneter Marktrückzug	Markt-informationen	- Rückzug planen - Rückzug umsetzen - Lager anpassen - Demontage in der Produktion - Marktkommunikation	Produktionsanlagen abgebaut, Dokumentation archiviert

Meilensteine des Produktlebenszyklus sind bezogen auf den Entstehungszyklus grösstenteils identisch mit den Projektmeilensteinen eines Produktentwicklungsprojekts. Hinzu kommen die Meilensteine des Produktionszyklus:

Meilenstein	Status/Entscheid
P1	Start der Konzeption
P2	Start der Entwicklung
P3	Start der Produkteinführung in die Produktion
P3.1	Start der Produktion
P3.2	Start der Markteinführung
P4	Start der Produktion
P5	Einstellung der Produktepflege
P5.1	Einstellung der Produktion
P6	Abschluss Produktrückzug

Die Aktivität eines funktionsübergreifenden Teams mit Vertretern aller Produktionszyklus-Phasen umfasst die Entwicklung von Erzeugnissen, unabhängig vom Produkt. Nur wenn alle Beteiligten [Ver 2003]:

- an einem Strang ziehen,
- gültige Informationen zentral ablegen und verwalten,
- sicherstellen, dass diese Informationen stets klar, knapp und gültig sind,
- mit diesen Informationen kommunizieren,
- Änderungen an diesen Informationen über einen durchgängigen und einheitlichen Prozess einarbeiten,
- Ressourcen zentral planen und Aktivitäten einheitlich priorisieren, d.h. eine einheitliche Geschäftsprozessinfrastruktur in Form von „Betrieblichen Standards" und Verfahren verwenden,

können Korrekturmassnahmen entsprechend minimiert und allenfalls eliminiert werden. Die Basis dieser zu erreichenden Ziele ist ein im Unternehmen gut gelebtes Konfigurationsmanagement.

11.2 Konfigurationsmanagement-System

Betrachtet man das Konfigurationsmanagement-System im Zusammenhang mit dem Projektmanagement, hat es sehr viele Interdependenzen zu anderen Führungsdisziplinen wie Vertrags-, Lieferanten- Qualitätsmanagement etc., aber auch zu den Prozessen der Projektdurchführung wie Konzipieren, Anforderungsentwicklung, Scopemanagement etc. In Bezug zum Produktlebenszyklus hat das Konfigurationsmanagement-System primär Interdependenzen zu Fertigung, Support, Wartung etc.

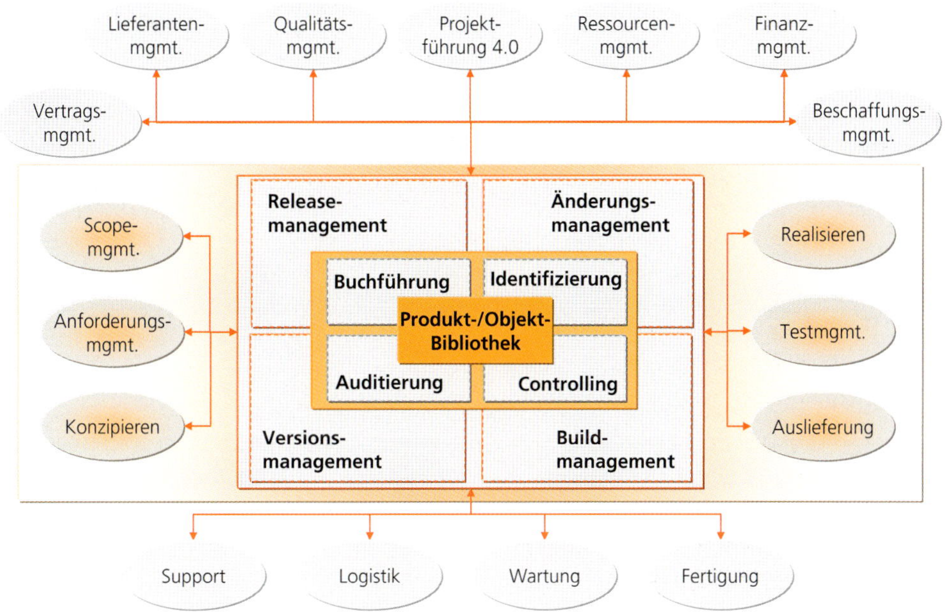

Abb. 11.03: Elemente des Konfigurationsmanagement-Systems und der Kontext zu anderen Disziplinen

Wie einleitend erwähnt, ist KM ein wichtiger Teil der Projektabwicklung und hat eine wichtige Servicefunktion (System) für das effiziente Arbeiten in der Projektabwicklungswelt. KM ist aber auch aus Sicht des Produktionszyklus, der unter anderem die Pflege und Weiterentwicklung beinhaltet, von grösster Bedeutung.

Neben klaren inhaltlichen Hauptelementen des Konfigurationsmanagement-Systems wie:

- Konfigurationsidentifizierung (-bestimmung)	- Konfigurationsbuchführung, (-verwaltung)
- Konfigurationscontrolling (Steuern und Überwachen)	- Konfigurationsauditierung

werden dem Konfigurationsmanagement folgende Managementthemen zugeordnet:

- Releasemanagement	- Änderungsmanagement
- Buildmanagement	- Versionsmanagement

Auf den folgenden Seiten werden die aufgeführten Elmente und Managementthemen des Konfigurationsmanagements beschrieben. Dabei wurde bewusst aus der prioritären Sicht des Projektmanagements z.B. das Änderungsmanagement etwas detaillierter beschrieben.

Für das bessere Verständnis werden im Folgenden einige Begriffe kurz erläutert [Mor 2003]:

- A) Konfiguration: Eine Konfiguration ist die vollständige technische bzw. fachlich-inhaltliche Beschreibung und Definition eines Produkts, die in Dokumenten niedergeschrieben wird und im Produkt verwirklicht ist (in Anlehnung an ISO 10007 [DIN 2004]). Sie besteht aus einer oder mehreren Konfigurationseinheiten. Anstelle von „Konfiguration" wird in der Produktentwicklung auch der Begriff „Lösungsstufe" oder „Lösungsversion" verwendet.
- B) Konfigurationseinheiten: Eine Einheit, die in sich abgegrenzt, eigenständig (selbstständig) installiert, ersetzt und modifiziert werden kann, wird als Konfigurationseinheit definiert. Häufig geht vergessen, dass auch Dokumente wie Benutzerhandbücher und Systemdokumentationen Konfigurationseinheiten sind. Gemäss ISO 10007 ist eine Konfigurationseinheit eine Kombination von Hardware, Software, Dienstleistungen oder jede mögliche Unterteilung davon, auf die Konfigurationsmanagement angewendet werden soll und die im Konfigurationsmanagement-Prozess als eine Einheit behandelt wird [DIN 2004].
- C) Komponenten: Eine Komponente ist die für eine Konfigurationseinheit kleinste Einheit, basierend auf dem Detaillierungsgrad. Eine Konfigurationseinheit besteht aus verschiedenen Komponenten.
- D) Bezugskonfiguration: die formell zu einem vorgegebenen Zeitpunkt festgelegte Konfiguration eines Produkts, die als Grundlage für weitere Tätigkeiten dient.
- Typen von Konfigurationseinheiten: Konfigurationseinheiten können in verschiedene Typen wie Hardware, Software, Baugruppen, Dokumente etc. unterteilt werden. Neben den allgemeinen Attributen werden je nach Typ unterschiedliche Informationen über die betreffende Konfigurationseinheit benötigt und auch unterschiedliche Anforderungen an das Konfigurationsmanagement gestellt.
- Relationen zwischen Konfigurationseinheiten: Im Rahmen des Konfigurationsmanagements will man unter anderem wissen, welche Konfigurationseinheiten von der Änderung einer Konfigurationseinheit mitbetroffen sind. Dazu müssen die Relationen, das heisst die Abhängigkeiten der Konfigurationseinheiten untereinander, bekannt sein.
- Detaillierungsgrad einer Konfigurationseinheit: Je nach Anwendung einer Konfiguration ist der Detaillierungsgrad unterschiedlich. Ist es für den Autoverkäufer der Motor, die Farbe, die Innenraumausstattung etc., so sind es für den Entwicklungsleiter des Motors die Zylinder, die Kardanwelle, die Ventile.
- Versionen und Varianten: Versionen unterscheiden sich in der Funktionalität, während Varianten eine identische Funktionalität für unterschiedliche Schnittstellen aufweisen, z.B. Softwarekomponenten zu unterschiedlichem Drucker oder Motoren zu unterschiedlichen Autotypenreihen etc. Varianten und Versionen tragen in der Regel den gleichen Namen, führen jedoch unterschiedliche Nummern, die eine eindeutige Identifikation ermöglichen.
- Attribute (Merkmale) einer Konfigurationseinheit: Für jede Konfigurationseinheit oder auch jeden -typ muss festgelegt werden, welche Attribute (Bezeichnung, Kategorie, Typ, Status, Seriennummer etc.) erfasst werden sollen. Dies immer mit dem Ziel, dass die Konfigurationseinheit eindeutig identifizierbar ist.

11.2.1 Hauptelemente des Konfigurationsmanagement-Systems

Um im Produktionszyklus (☞ Abbildung 11.03) nicht in einem Chaos von Konzeptänderungen oder bereits realisierten Produktversionen zu versinken, bedarf es, wie bereits erwähnt, der speziellen Interdependenzen-Disziplin, dem „Konfigurationsmanagement". Das Konfigurationsmanagement besteht, wie in Abbildung 11.04 aufgeführt, per se aus den Hauptelementen Konfigurations-identifizierung, -controlling, -auditierung und -buchführung.

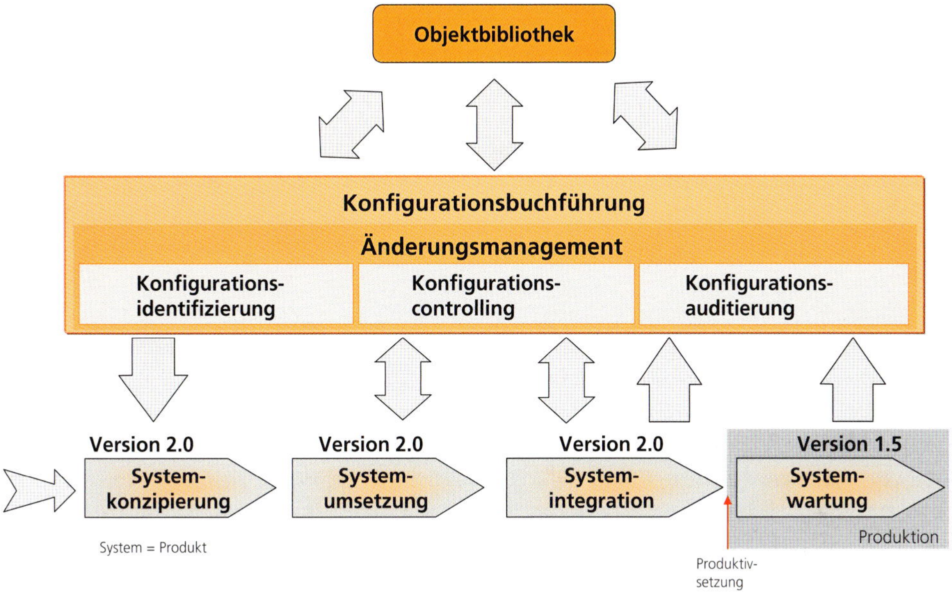

Abb. 11.04: Hauptfunktionen des Konfigurationsmanagement-Systems

Abbildung 11.04 zeigt, wie Identifizierung, Controlling sowie Auditierung der Konfiguration über dem Entwicklungsprozess angesiedelt sind. Dabei ist die Version 1.5 bereits in der Produktion respektive auf dem Markt. Gleichzeitig wird an der neuen Version (V 2.0) gearbeitet. Alle Änderungen an der neuen Version während der Projektabwicklung, alle Bestimmungen des Konfigurationsmanagements und alle versionsbezogenen Änderungen am freigegebenen/laufenden Produkt (V 1.5) werden über die Konfigurationsbuchführung in der Objektbibliothek verwaltet.

Mit einem funktionierenden Konfigurationsmanagement werden somit einerseits die in einem Projekt anfallenden Entwicklungsergebnisse aufgenommen, gesteuert, überwacht und verwaltet. Als Basis braucht man dazu einen klar definierten Releaseprozess. Andererseits übernimmt ein Produktänderungsmanagement das gesamte Änderungswesen für die Produkt- bzw. Systementwicklung [Bur 2002]. Dieses Verfahren ermöglicht es den Entwicklern, die Auswirkungen von Änderungen und Korrekturen zu erkennen und damit die einzelnen Versionen zu beherrschen.

Begibt man sich im Konfigurationsmanagement auf eine Metaebene, so unterteilt es sich projektbezogen, wie im Kapitel 1.3.3.4 (☞ „Beziehung zwischen drei Systemen") aufgeführt, aus der Systemsicht wiederum in zwei Systeme (Projektabwicklungs- und Produktkonfiguration). Diese im Ansatz des projektbezogenen Konfigurationsmanagement-Denkens etwas fremde Betrachtungsweise macht dennoch Sinn, da die Beziehung dieser zwei Konfigurationen zueinander nicht zu unterschätzen ist.

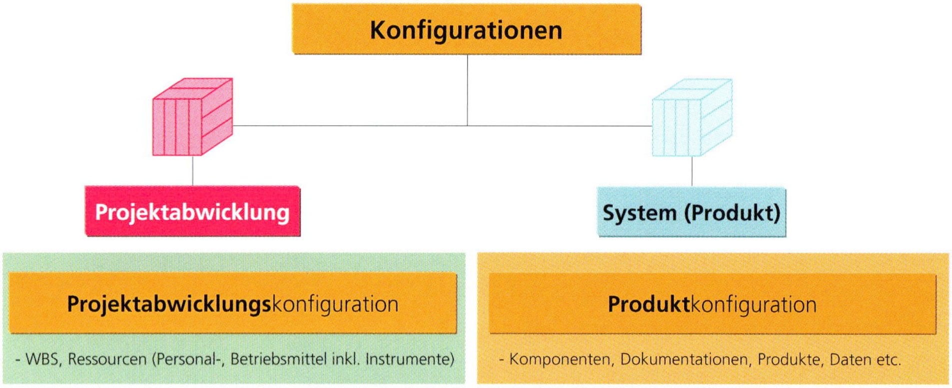

Abb. 11.05: Projektabwicklungs- und Systemkonfiguration

Eine Konfigurierung im Projektbereich ist die vollständige Beschreibung (Inventarisierung) und Definition aller Elemente des zu erstellenden Produkts sowie aller Elemente der Projektabwicklung. Diese Konfigurierung hat natürlich einen starken Bezug zum Scopemanagement. Wird ein Projekt gestartet, so ist eine Konfigurationsinitiierung (Konfigurierung) zu empfehlen. Dazu wird der Konfigurationsmanagement-Plan (KM-Plan) in Form von zwei Listen erstellt. Die eine Liste „Projektabwicklungskonfiguration" enthält die benötigten Arbeitsinstrumente, Halbprodukte, Einzelkomponenten, Lieferanten etc., um das Projekt respektive den Projektprozess abzuwickeln. Die zweite Liste „Produktkonfiguration" erfasst, welche Lieferobjekte bis zum Projektabschluss erstellt werden müssen, um das Produkt (Projektprodukt) vollständig auszuliefern. So könnten bei einem Bauprojekt diese zwei Listen folgende Punkte umfassen:

Projektabwicklungskonfiguration (Prozess)	**Produktkonfiguration**
- Bagger	- Swimmingpool
- Schaufel	- Küche
- Bauelemente	- Zentralheizung
- Etc.	- Etc.

Die Projektabwicklungskonfiguration kann man sich ganz einfach vorstellen: Was würde ein Bauherr dazu meinen, wenn beim feierlichen ersten Spatenstich die ganze Baumannschaft ohne funktionierenden Bagger, ohne Pickel und Schaufel auffahren würde. Der Bauherr erwartet, dass diesbezüglich alles klar ist. Dies sollte bei allen anderen Projektarten ebenso zur Normalität gehören.

Unter der Produktkonfiguration kann man sich allenfalls einen Lagerverwalter vorstellen, der peinlich genau weiss, welche Halb- oder Fertigprodukte in welchem Zustand in seinem Lager sind. Das Verwalten dieser aus der Projektarbeit stammenden Ergebnisse nennt man „die Ergebnisbibliothek respektive Objektbibliothek führen".

Eine gute Konfigurierung am Anfang eines Projekts stellt einen wichtigen Punkt für die Effizienz der Projektarbeit dar. Aufgrund der Komplexität ist es in gewissen Projektarten sogar unabdingbar, eine solche Objektbibliothek von einem Spezialisten (Konfigurationsmanager) zu managen.

Verlassen wir die Gedankenspiele bezüglich Projektabwicklung- und Produktkonfiguration, und konzentrieren wir uns wieder auf das Konfigurationsmanagement, wie es gemäss den allgemeinen Definitionen gemeint ist: auf das Managen der Arbeitsergebnisse bezüglich des Endprodukts. Da das Konfigurationsmanagement ein Zentrum für effizientes Arbeiten in der Projektabwicklung wie auch in der Fertigung und Produktion darstellt, stehen eher die einzelnen Kernelemente mit ihren Funktionen respektive Aufgaben als „Serviceeinheit" im Vordergrund als ein konkreter Prozess.

11.2.1.1 Konfigurationsidentifizierung/-bestimmung

Je nach Projektart, je nach Möglichkeit muss innerhalb des Scope der entsprechende Detaillierungsgrad definiert werden, um so die Konfigurationseinheiten in der notwendigen und sinnvollen „Einheitsgrösse" zu identifizieren. Dabei werden unter anderem die Konfigurationsattribute wie Objektart, Typ, Zustand, Version etc. festgehalten. Dies mit dem Ziel, dass eine eindeutige Erkennung möglich ist. Hat man die verschiedenen Konfigurationseinheiten identifiziert, so kann man diese zur einer wieder reproduzierbaren Konfiguration oder einem reproduzierbaren Erzeugnis zusammenstellen (Build). Die Konfigurationsidentifizierung umfasst die folgenden Aufgaben [Ver 2003]:

- Definition der Ergebnis-/Erzeugnisstruktur und Auswahl von Konfigurationseinheiten (Systemscope).
- Dokumentation der physischen und funktionellen Merkmale von Konfigurationseinheiten in eindeutig gekennzeichneten Konfigurationsdokumenten.
- Aufstellen und Verwenden von Regeln zur Nummerierung von Konfigurationseinheiten sowie ihren Teilen und Zusammenstellung von Dokumenten, Schnittstellen, Änderungen und Sonderfreigaben vor und nach der Realisierung.
- Aufstellen/Erstellen der notwendigen Umgebung wie z.B. Daten, Räume, Maschinen etc., sodass eine Konfiguration integriert werden kann und lauffähig ist.
- Einrichten von Bezugskonfigurationen durch formalisierte Vereinbarungen. Diese bilden zusammen mit ihren genehmigten Änderungen die aktuell vereinbarte und somit gültige Konfiguration.

Gemäss ISO 10007 beinhaltet die Konfigurationsidentifizierung die Massnahmen zur Festlegung der Produktstruktur, zur Auswahl von Konfigurationseinheiten, zur Dokumentation der physischen und funktionellen Merkmale einschliesslich der Schnittstellen und späterer Änderungen sowie die Zuweisung von Kennzeichnungen (Ziffern und/oder Buchstabenkombinationen) zu Konfigurationseinheiten und deren Dokumenten [DIN 2004].

11.2.1.2 Konfigurationscontrolling

11.2.1.2.1 Steuern der Konfigurationsänderung

Das Kernstück des Konfigurationsmanagements bildet das Steuern der Veränderungen. Die einzelnen neu zu bildenden Konfigurationen müssen in Bezug auf Identifizierung, Notwendigkeit und Auswirkungen in technischer, terminlicher und finanzieller Hinsicht geprüft und für die Erstellung freigegeben werden. Für die Prüfung wird ein Verfahren festgelegt, das die firmeninternen Gegebenheiten berücksichtigt. Zum Steuern der Konfigurationsänderung gehören [IEEE 1998A]:

- der Prozess zur Bewertung und Annahme oder Ablehnung von eindeutig identifizierbaren Konfigurationen und/oder -einheiten sowie die Koordination der Änderungen;
- die Systematik der Bewertung, der Koordination, der Annahme oder Ablehnung sowie der Realisierung von angenommenen Änderungen eindeutig identifizierbarer Konfigurationseinheiten und -elemente.

Das heisst, die Änderungsanträge, die Auswirkungen auf die Releaseplanung haben, sollten zur Bewertung und Entscheidung dem Entscheidungsgremium (z.B. dem Entwicklungsboard) zugestellt werden. Dieses Board überwacht das aktive Problem bzw. betreibt das Änderungsmanagement auf Releaseebene. Die Hauptaufgaben des Änderungsmanagements auf Releaseebene sind:

- Erfassung und Behandlung von eingereichten Fehler- oder Problemmeldungen.
- Analyse der Auswirkungen der neuen Anforderungen. Identifikation von betroffenen Funktionen/Komponenten. Ermitteln von Lösungsmöglichkeiten, Priorisierung. Entscheidung über das weitere Vorgehen.
- Integration in die Releaseplanung.
- Veranlassung der weiteren Bearbeitung, z.B. in einem Projekt, einem Einzelauftrag oder einem Wartungspackage.
- Verfolgen des Bearbeitungsstatus (Versionsüberwachung).
- Informationsdrehscheibe aller Betroffenen: Wie in der Einleitung erwähnt, ist das Änderungsmanagement insbesondere bei der evolutionären Entwicklung von grosser Bedeutung, da so das laufende System stets den neusten Umständen angepasst werden kann.

11.2.1.2.2 Überwachen der Konfigurationsänderung

Die Änderungsüberwachung im Konfigurationsmanagement überprüft die Einhaltung der Vorgaben an geänderten Systemteilen und achtet darauf, dass keine ungeplanten Änderungen durchgeführt werden. Dieser Teil ist auch ein wichtiger Beitrag zur Projektqualitätssicherung, wenn die Änderung über ein Projekt umgesetzt wird. Es ist aber auch allgemein ein wesentlicher, wichtiger Bestandteil auf Produktstufe, wenn man z.B. in der Automobilbranche den Bezug zur Verbraucherhaftpflicht in Amerika und zu den Rückrufaktionen herstellt. Gemäss IEEE-Norm wird die Überwachung der Konfigurationsänderung so definiert:

- Prozess zum Nachweis, dass
  - alle angeforderten Konfigurationen erstellt wurden,
  - ihre aktuelle Version mit den dazugehörenden Spezifikationen übereinstimmt,
  - die technische Dokumentation vollständig ist und die Konfigurationen genau beschrieben sind,
  - alle beschlossenen Änderungen durchgeführt wurden.

Die bestimmten Konfigurationseinheiten dürfen somit nur von berechtigten und kompetenten Personen gepflegt werden. Dadurch ist eine kontrollierte Veränderung sichergestellt. Zudem müssen die einzelne Komponenten bezüglich ihres Status (Zustand) überwacht werden. Hier ist zu berücksichtigen, dass die Überwachung einer in einem Projekt zu überwachenden Komponente (geplant, Rohentwurf, spezifiziert, zur Prüfung freigegeben etc.) anderen Gesetzmässigkeiten unterliegt als eine Komponente (geplant, bestellt, geliefert, getestet, installiert etc.), die in der Produktion eingeführt ist.

Eine identifizierte und bestimmte Komponente einer Konfiguration allein muss noch nicht zwangsläufig funktionstüchtig sein. Je nach Komponente braucht es auch die richtige Umgebung, wie die richtigen und vollständigen Daten, die richtige Kalibirierung oder die richtige Temperatur etc. Deshalb muss eine laufende oder in ganz bestimmten Abständen eine Plausibilisierung der „Umwelt" oder der Inputwerte vorgenommen werden.

11.2.1.3 Konfigurationsauditierung

Um sicherzustellen, dass das Erzeugnis seinen vertraglich spezifizierten Anforderungen entspricht und dass in seinen Konfigurationsdokumenten richtig dargestellt ist, sollte gemäss Versteegen [Ver 2003] vor der Annahme einer Bezugskonfiguration ein Konfigurationsaudit durchgeführt werden. In der Regel gibt es zwei Arten von Konfigurationsaudits:

- Funktionsbezogenes Konfigurationsaudit:
  Formale Prüfung einer Konfigurationseinheit, ob sie die in ihren Konfigurationsdokumenten festgelegten Leistungen und funktionellen Merkmale erreicht hat.

- Physisches Konfigurationsaudit:
  Formale Prüfung der „IST"-Konfiguration einer Konfigurationseinheit, ob diese ihren Konfigurationsdokumenten entspricht.

Neben diesen zwei Arten gibt es in Bezug zur Projektabwicklung zwei unterschiedliche Betrachtungsweisen des Audits. Die eine Auditierung erfolgt, bevor das Projektprodukt als Basiskonfiguration abgenommen wird (Auslieferungsbetrachtung); die andere, wenn die Zulieferung einer Konfigurationseinheit zum Beispiel durch einen Lieferanten erfolgt (Eingangbetrachtung). Durch dieses Audit wird verhindert, dass „schlechte" oder „unvollständige" Ware angeliefert wird.

Konfigurationsaudit ist die formale Prüfung des Ausführungsstandes einer Konfigurationseinheit in Übereinstimmung mit ihren geltenden Konfigurationsdokumenten [DIN 2004].

11.2.1.4 Konfigurationsbuchführung/-verwaltung

Jede Entwicklungsabteilung, jede Unternehmung, die nach einem evolutionären Vorgehen ein Produkt entwickelt, sollte heute über ein Konzept verfügen, das den Konfigurationsänderungs-Prozess genau definiert. Dabei geht es nicht nur um die bereits beschriebenen Konfigurationsbestimmungen, das Steuern und das Überwachen der Konfigurationsänderung, sondern auch um eine genaue Definition, wie die einzelnen Konfigurationen und/oder Versionen innerhalb der vorhandenen, physisch und logisch getrennten Systeme/Produktgruppen aussehen.

Damit die Konfigurationsänderungen nachvollziehbar sind und auch kontrolliert werden können, braucht es eine Konfigurationsbuchführung, in der alle Änderungen einer Version dokumentiert werden. Diese Dokumentation erfasst sämtliche abgrenzbaren Einheiten (Objekte) und deren Informationen, die während der Konfigurationsbestimmung, Änderungssteuerung und Änderungsüberwachung anfallen. Mit diesen Eintragungen können der Entstehungsprozess nachvollzogen und die notwendigen Informationen allen Beteiligten zur Verfügung gestellt werden. Laut der IEEE-Norm [IEEE 1998A] versteht man unter Konfigurationsbuchführung:

- Die Aufzeichnung und Wiedergabe der Informationen, wie sie zur effektiven Verwaltung von Konfigurationen benötigt werden.
- Die Auflistung der freigegebenen, eindeutig identifizierten Konfigurationen des Zustands der erwarteten Konfigurationsänderungen und der realisierten Zustände der akzeptierten Änderung.

Gemäss ISO 10007 umfasst eine Aufzeichnung in der Regel folgende Angabe [DIN 2004]:

- Identifizierung (Teile-Kennzeichen, Dokumentennummer, Ausgabe/Überwachung, Fabrikationsnummer)	- Titel
- Datum	- Freigabestatus und Einarbeitungsstatus
- Dokumente	- Änderungen
- Sonderfreigaben (vor und nach der Realisierung)	- Bezugskonfigurationen und Konfigurationseinheiten

11.2.1.5 Objekt-, Produktbibliothek/Repository

Eine Objekt- oder Produktbibliothek, auch Repository genannt, ist sinnbildlich nichts anderes als ein Hochgestellregal-Lager, das über eine Konfigurationsbuchführung gemanagt wird. Je nach Branche und Projektart werden darin z.B. unterschiedliche Objekte wie bei der Informatik oder Substanzen wie bei der Chemie in jeglichem Zustand (Entwurf, geprüft etc.) aufbewahrt. Diese zum Teil hochkomplexe, aus Tausenden von Komponenten und Konfigurationseinheiten bestehende Produktbibliothek kann auf einer ganz einfachen Ebene versinnbildlicht werden: So haben die meisten Menschen Dokumente auf dem Computer abgespeichert, die irgendwann später allenfalls verzweifelt gesucht werden. Der Speicherort dieser Dokumente, die durch ein Dokumentenmanagement-System gemanagt werden, ist nichts anderes als eine Objektbibliothek mit einer intelligenten Buchführung.

Im Sinne eines effizienten Produktmanagements können nun unterschiedliche Objektklassen oder Teil-Hochgestelllager wie z.B. das Anforderungs-Repository in einer Unternehmung aufgebaut werden. Darin werden die für das Anforderungsmanagement benötigten Anwendungsfälle zentral verwaltet. Bei jedem neuen Projekt muss auf dieses zentrale Repository zurückgegriffen werden. Mit einem solchen Repository für Anwendungsfälle wird die künftige Projektabwicklung wesentlich beschleunigt, da lediglich die vom Projekt betroffenen Anwendungsfälle ermittelt werden müssen (Scopemanagement) – diese können danach nur noch aus dem Repository „gezogen" werden und alle wesentlichen Informationen der betroffenen Geschäftslogik, Daten, etc. sind verfügbar.

11.2.1.6 Weitere Themen des Konfigurationsmanagement-Systems

Es ist nicht bei allen Projektarten und bei jedem Projektauftrag notwendig, die Themen des Konfigurationsmanagements in derselben Ausprägung einzusetzen. Sie bei gewissen Projekten gänzlich zu negieren, wäre jedoch ein falscher Ansatz. Selbstverständlich ist bei einem Einzelhausbau z.B. das Buildmanagement nur mit einem „grosszügigen Denkansatz" vorstellbar. Wobei das Versionsmanagement allein bezüglich der Zeichnungen des Architekten letztlich eine Selbstverständlichkeit ist und auch das Wissen, welche Konfigurationseinheit im Haus wie lang Garantie hat, nicht unwesentlich ist. Aus der Perspektive einer Firma, die Fertighäuser erstellt, bekommen die einzelnen Konfigurationsmanagement-Themen, so auch das Buildmanagement oder das Releasemanagement, eine ganz andere Bedeutung und somit auch einen anderen Stellenwert. Eine solche Firma muss einzelne genormte Komponenten haben, die sie auf einfache Weise zu Konfigurationseinheiten „zusammenstellen" kann. Daraus erstellt sie eine Konfiguration, sprich ein Fertighaus, das ausgeliefert wird. Wäre dies nicht so, wäre wohl das „Businessmodell Fertighaus" nicht umsetzbar.

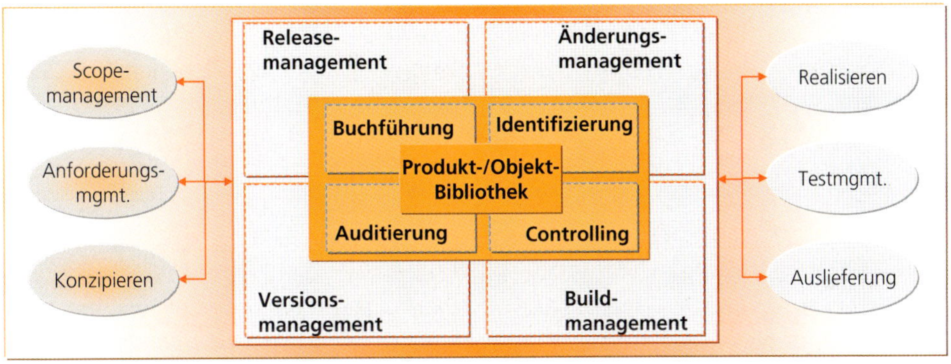

Abb. 11.06: Erweiterte Themen des Konfigurationsmanagement-Systems

Die Themen des Konfigurationsmanagements werden insbesondere bei Softwareentwicklungsprojekten mit Unterstützung von Softwareinstrumenten eingesetzt. Sie werden jedoch auch, wie kurz angedeutet, bei anderen Projektarten mit eigener branchenspezifischer Terminologie umgesetzt. Bewertet man die einzelnen Themen des Konfigurationsmanagements bezüglich eines innerbetrieblichen Einzelprojekts und nicht unbedingt aus Sicht eines auf dem Markt zu verkaufenden Produkts, so wird das Thema „Änderungsmanagement" für jeden Projektleiter zum wichtigen Erfolgsfaktor, der mit anderen PM-Themen in einer starken wechselseitigen Beziehung steht. Nicht jedes Projekt benötigt ein Versions-, Release- oder Buildmanagement. Aber jedes Projekt benötigt ein funktionierendes Änderungsmanagement. Deshalb wird dieses Thema im Unterschied zu den anderen drei Bereichen etwas ausführlicher erläutert.

11.3 Releasemanagement

Das Releasemanagement ist für die Planung, Koordination und Kontrolle der Umsetzung und Einführung eines einzelnen Release aus technischer und funktioneller Sicht verantwortlich. Es besteht idealerweise aus der inhaltlichen und zeitlichen Planung von Auslieferungsständen sowie dem Einfrieren derselben [Ver 2003]. In der Regel setzt sich das Releasemanagement (Trägerorganisation) aus den Releasemanagern der beteiligten Entwicklungs-Geschäftsbereiche zusammen.

Das Release ist die Summe aller neuen Anforderungen und Changes, die gemeinsam geplant, realisiert, getestet und in die Produktionsumgebung überführt werden. An einem Release sind in der Regel mehrere Konfigurationseinheiten beteiligt.

Das Releasemanagement ist bei vielen Unternehmungen die quer zur Linienorganisation durchgeführte Koordination eines einzelnen Release. Es beginnt mit der Übernahme der gebündelten Changes (Releasebündelung) und endet mit der Feedbackrunde nach der Produktivsetzung der Releases.

Ein funktionierendes Releasemanagement ist eine Voraussetzung, wenn ein Produkt oder System auf der Basis eines inkrementellen oder evolutionären Vorgehens entwickelt wird. Wird eine Neuentwicklung eines grösseren Produkts im Sinne eines umfassenden Programms (☜ Kapitel 5.1.6 „Phasenvorgehen bei einem Programm") vorgesehen, steht ein qualifiziertes Architekturrelease – (AR-)Paketisierung – im Vordergrund. Durch eine sinnvolle Paketisierung kann z.B. nach dem 80/20%-Prinzip eine Priorisierung der Funktionen vorgenommen werden (☜ Kapitel 1.4.6.3 „80/20-Prinzip"). Bei solchen Paketisierungen müssen natürlich auch andere Punkte wie Abhängigkeiten oder Einsatzmittel etc. berücksichtigt werden. Im Weiteren wird damit auch bezweckt, dass die einzelnen Releasepakete in schneller Folge fertiggestellt werden und dass jedes Paket in sich geschlossen und funktionsfähig ist.

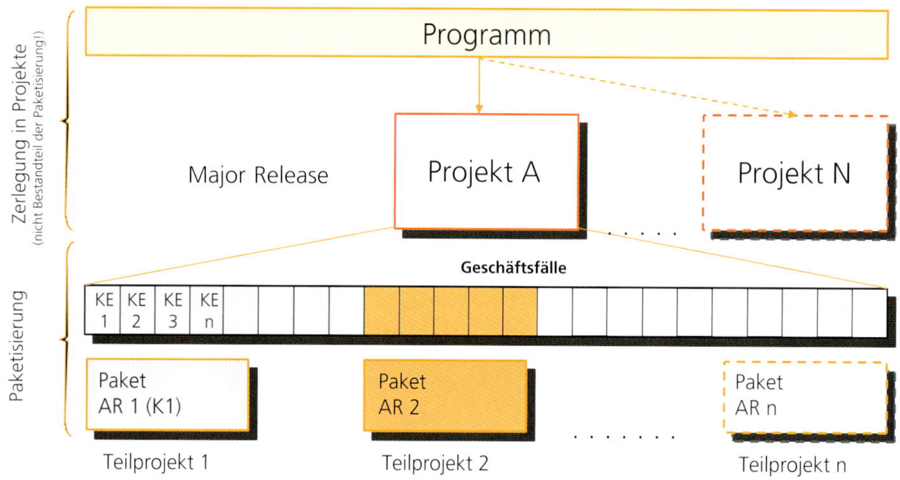

Abb. 11.07: Paketisierung von Projekten [Sti 1996]

Ausgehend von den betroffenen Geschäftsfällen oder Teilprodukten, die in einem Gesamtvorhaben (Major Release) z.B. für ein Softwareprodukt realisiert werden, wird bei der Paketisierung und Releasebildung versucht, die betroffenen Elementarfunktionen gemäss folgenden Kriterien zusammenzustellen [Sti 1996]:

- Kunde (Ziel: schnelles Ergebnis)

- Produkte	- Werbeauftritt

- Umwelt (Ziel: Berücksichtigung des Einflusses)

- Gesetzlicher Zwang	- Konkurrenz
- Beitrag zur Strategie	

- Realisierung (Ziel: wirtschaftliches, methodisch abgeschätztes Produkt)

- Qualität	- Schnittstelle
- Ablösung vom Bestehenden (Überalterung)	- Investitionen (Wirtschaftlichkeit)
- Komplexität	- Know-how
- Re-Use-Anspruch	

- Fachbetrieb

- Aufbau- und Ablauforganisation der Geschäftsfälle	- Produkte/Dienstleistungen
- Vorbereitung/Schulung	- Märkte/Kundensegment
- Betriebs-/Informatikmittel	

Einfach abgeleitet, ist die AR-Paketisierung nichts anderes als ein auf oberster Ebene strukturierter Projektstrukturplan (☞ Kapitel 4.3.3.2.2 „Projektstrukturplan").

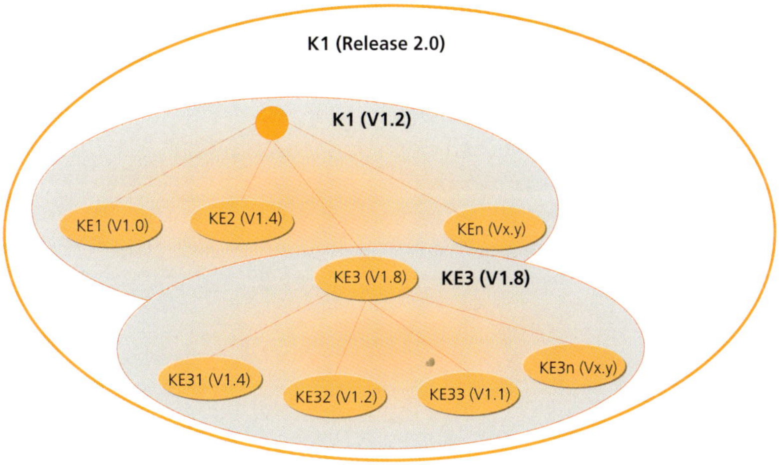

Abb. 11.08: Bestandteile eines Releases [Ver 2003]

Gemäss Versteegen [Ver 2003] haben nur wenige Unternehmen wirklich erkannt, was eine verlässliche Releaseplanung ist. Die meisten bilden ein neues Release bei Bedarf; der Inhalt ist dann erst bei Auslieferung bekannt. Der Aufwand für Erstellung, Distribution und Support dieser ungeplanten Releases ist oftmals sehr gross. Wer pro Jahr zum Beispiel zwei Releases plant, kann bei jeder Änderung schon definieren, in welchem Release diese enthalten sein wird. Um nachvollziehen zu können, aus welchen Komponenten und Konfigurationseinheiten ein bestimmtes Release bestanden hat, wird jedes Release eingefroren. Dieser Vorgang wird auch als Baselining oder „Erstellen von Bezugskonfigurationen" bezeichnet. Abbildung 11.08 zeigt zum Beispiel, dass die „Gesamt"-Konfiguration K1 im Release 2.0 aus der Konfigurationseinheit K1 in der Version 1.2 und aus der Konfigurationseinheit KE3 in der Version 1.8 besteht. Beim Einfrieren eines Release werden alle Konfigurationseinheiten, z.B. KE1, KE2, KE3 etc., entsprechend mit einer Releaseerkennung versehen (im Beispiel „Release 2.0"). Dadurch kann ein Release nicht nur eindeutig nachvollzogen werden, sondern es lässt sich sofort erkennen, in welchen Releases eine bestimmte Version einer Konfigurationseinheit verwendet wurde. Ein in einem Unternehmen eingeführtes Releasemanagement wird mit einem geeigneten Releasemanagement-Prozess hinterlegt.

Abb. 11.09: Schritte des Releasemanagement-Prozesses

- Change-Request-Bündelung
  Die vorhandenen projektunabhängigen Change Requests im Release-Change-„Topf" sowie vorhandene Ideen und Produktstrategien werden formal und funktional in der entsprechenden Detaillierung dokumentiert und einem neuen möglichen Release zugeordnet respektive entsprechend gebündelt. Dabei werden von den Verantwortlichen die Aufwände geschätzt.

- Releasekonzipierung
  In der Releasekonzipierung werden die für dieses Release verfügbaren Ressourcen erhoben und den geschätzten Aufwänden gegenübergestellt. Anhand der Businessrelevanz und der -prioritäten entscheiden die Verantwortlichen über Umfang und Inhalt der nächsten Releases. Das Release ist somit gebündelt und geht in die Verantwortung des Releasemanagers respektive des Projektleiters über. Im Grundverständnis versteckt sich in diesem Prozessschritt nichts anderes als der erste und zweite Schritt des Scopemanagementprozesses, „Ideenscope definieren" und „Auftrags-/Projektscope definieren" respektive der Projektphase „Initialisierung" (☞ Kapitel 5.2.2 „Scopemanagement-Prozess").

- Umsetzung
  Aus Sicht des Releasemanagements ist das Projekt grundsätzlich nichts anderes als die „Umsetzung" des Releasemanagement-Prozesses. Wenn man es ganz genau nimmt: die Phase von der Konzeption bis zum getesteten Projektprodukt. Das heisst, in dieser Umsetzung befinden sich die Arbeiten der Business- und Technical-Spezifikationen, der Konzipierung sowie der Entwicklung der neuen Version inklusive des Unit-Tests und des Integrationstests.

Zur Abgrenzung gegenüber der Projektabwicklung muss hier jedoch geklärt werden, dass in der Umsetzung des Releasemanagements nur der entsprechende Sachfortschritt geprüft wird und dieser mit den anderen neu zu erstellenden Produktreleases abgestimmt und koordiniert wird.

- Installation
  Das Release respektive dessen Konfigurationseinheiten werden im produktiven Umfeld installiert, z.B. indem eine neue Applikation im Produktivsystem oder eine neue Maschine im Fertigungsbetrieb installiert wird. Darauf folgend werden entsprechende Integrationstests durchgeführt, welche sicherstellen sollen, dass das neue Release störungsfrei in der „Live-Umgebung" funktioniert.

- Produktivsetzung
  Produktivsetzung kann weitgehend dem Projektdurchführungsschritt „Auslieferung" gleichgesetzt werden (☞ Kapitel 5.6 „Auslieferung"). Die Produktivsetzung erfolgt je nach Projektart durch absolute Spezialisten. Diese richten sich nach einem ablaufmässig exakt ausgearbeiteten Einsatz- und Ablaufplan, um so das ganze Release für die Produktion, für den Markt freizugeben.

Das Releasemanagement kann man nicht nur in Bezug auf ein Produkt respektive einen Produktlebenszyklus sehen, sondern es läuft über alle in einem Unternehmen bestehende Produkte und Infrastrukturen. Aus dieser Perspektive ist Releasemanagement eine Aufgabe, die von hochqualifizierten Personen ausgeführt werden muss, ansonsten würde innert Kürze ein Unternehmen in sich zusammenbrechen.

11.4 Buildmanagement

Buildmanagement in der Projektabwicklung wird nicht in allen Projektarten beansprucht. Es wird z.B. insbesondere bei der Softwareentwicklung eingesetzt.

> Unter Buildmanagement (Build) wird jene Funktion verstanden, die alle Bauteile (Komponenten/ Konfigurationseinheiten) einer Konfiguration zusammenfügt. Dieses Erzeugen soll möglichst automatisch, korrekt und mit minimalem Aufwand erfolgen.

Das Bestimmen einer Konfiguration oder Version erfolgt als Bestandteil des Konfigurationsmanagements zunächst, wie in den vorhergehenden Kapiteln beschrieben, bei Beginn eines Projekts, kann aber aufgrund einer Phasenvalidierung auch während der Projektabwicklung von Neuem durchgeführt werden (per Erweiterungsantrag, Änderungsanforderungen, Fehler-, Test- und Problemmeldungen). Die Konfiguration darf nicht isoliert betrachtet werden, sondern muss immer im Vergleich zur IST- und schliesslich zur definitiven SOLL-Version gesehen werden. Nach der IEEE-Norm (Standard Glossary for IS-Systems) [IEEE 1998A] gehören zur Konfigurationsbildung oder Versionenbildung:

- Der Prozess, in dem die Konfigurationen eines Systems/Produkts bestimmt und ihre Eigenschaften beschrieben werden.
- Die freigegebene Dokumentation, die eine Konfiguration definiert.
- Die vollständige oder bedingt freigegebene Dokumentation einer Konfiguration, die aus Spezifikationen, Zeichnungen und dazugehörigen Verzeichnissen, einschliesslich der in diesem Zusammenhang genannten Dokumente, bestehen kann.

Aufgabe des Buildmanagements ist es, mithilfe von eindeutig identifizierten Konfigurationseinheiten ein Erzeugnis reproduzierbar herzustellen, wobei die Herstellung durch einen dokumentierten Buildprozess erfolgt [Ver 2003]. Dieser Prozess, der zum Teil sehr technisch erfolgt, verläuft natürlich je nach Fachbereich – Softwareentwicklung, technische Fertigung, Forschung etc. – unterschiedlich. Beim Build muss auch berücksichtigt werden, dass die für einen Build durchzuführenden Werkzeuge/ Instrumente auch unter der Hoheit des Konfigurationsmanagements liegen. Nur so ist eine 100%ige Reproduzierbarkeit möglich. Um möglichst einwandfreie Builds durchführen zu können, sollte es das Ziel sein, solche Buildprozesse so weit als möglich zu automatisieren.

Softwareentwicklungsprojekte z.B. ohne automatisierten Build bewirken, dass:

- das Konfigurieren des Projektprodukt, sprich der Applikation, sehr aufwendig ist;
- der Build respektive eine erstellte Konfiguration häufig nicht reproduzierbar ist;
- das Wissen über den Build in vielen Köpfen „versteckt" ist;
- die Schnittstellenfehler mehrheitlich spät entdeckt werden;
- die vordefinierten, automatischen Tests nicht immer einsetzbar sind.

11.5 Änderungsmanagement

In jedem Unternehmen unterliegen Produkte einer unterschiedlichen Anzahl von Änderungsmassnahmen (Änderung, Verbesserung, Ergänzung). Dabei ist es egal, ob es sich um kleinere Ergänzungswünsche handelt oder um neue, grössere Anforderungen, die im Rahmen der Produkt- und Unternehmensentwicklung entstehen. Sie werden stets durch das Änderungsmanagement in einem kontrollierten und rückverfolgbaren Verfahren, basierend auf einem Releasemanagement, bearbeitet und einer Lösung (Version) zugeführt. Dabei werden die Anforderungen (oder auch Probleme) aufgrund eines Änderungsantrags über das Änderungsmanagement erfasst, bewertet, durchgeführt, kontrolliert und nachgewiesen. Ziele des Änderungsmanagements sind:

- Änderungen gezielt und geplant durchführen,
- Steuerung durch die zuständigen Fachbereiche (Änderungssteuerung),
- kontrollierter Anteil der Änderungskapazität,
- Abrechnung der Änderungen nach dem Verursacherprinzip,
- Effektivität und Flexibilität des Änderungsmanagements.

Wie Abbildung 11.10 (Produktleben-Zyklus) in Verbindung zu Abbildung 11.02 aufzeigt, unterteilt sich das Änderungsmanagement in zwei Teile respektive zwei Ebenen.

- Bezieht sich die eine Ebene auf die Änderungen (Release Change) im Produktlebenszyklus,
- so bezieht sich die andere Ebene mit den Änderungen (Projekt-Change) während des Projekts „nur" auf den Projektabwicklungsprozess. Dies natürlich mit einer Schnittstelle zur ersten Ebene – zum Beispiel für Anforderungen und Changes, die im Projekt zurückgestellt werden.

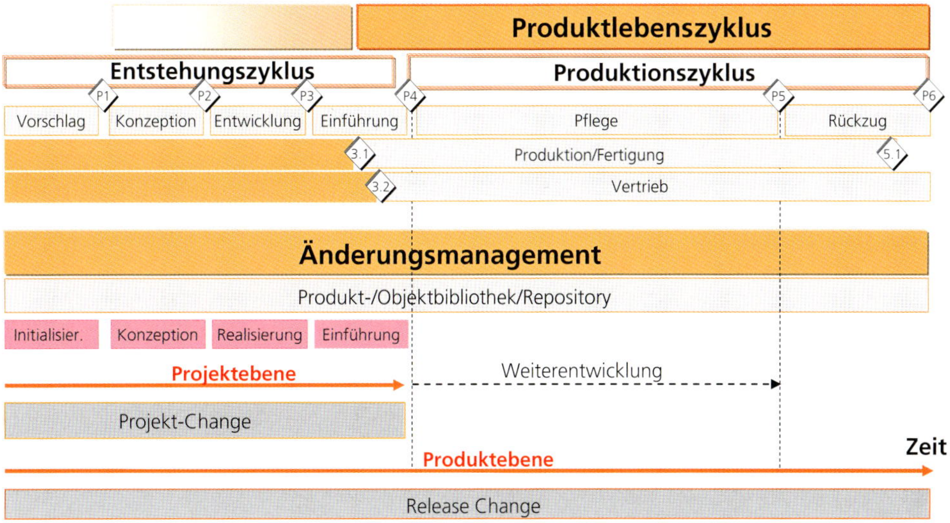

Abb. 11.10: Zwei Stufen des Änderungsmanagements

11.5.1 Änderungsmanagement auf der Ebene Produkt

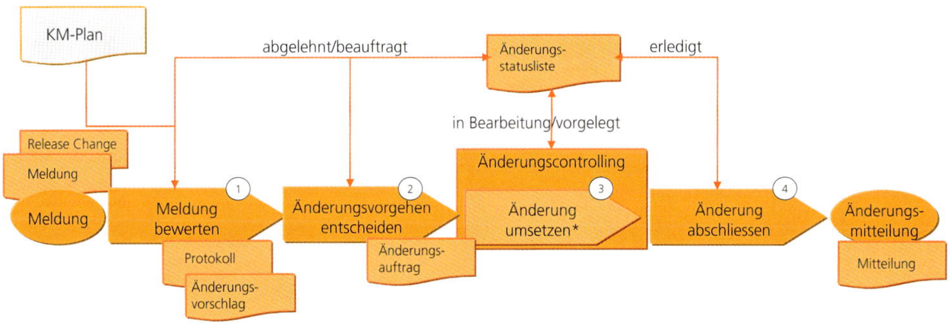

Abb. 11.11: Änderungsmanagment-Prozess auf der Ebene Produkt (Produktionszyklus)

Zu den Aufgaben des Änderungsmanagements auf der Stufe Produkt gehören folgende Tätigkeiten [In Anlehnung an Her 2003]:

1) Meldung bewerten
Problem- oder Änderungsmeldungen registrieren (Prüfung der Korrektheit und der formalen Vollständigkeit der Meldung) sowie für einen Änderungsantrag beim nächsten Release umfassend dokumentiert festhalten.

2) Änderungsvorgehen entscheiden
Eine Änderung kann die Umgestaltung einer oder mehrerer Zielgrössen erfordern. Deshalb sind die Art der Änderung (Technik, Prozess, Organisation etc.), die Verantwortlichkeiten, die Voraussetzungen sowie das Vorgehen festzulegen. Im Weiteren wird der Änderungsantrag

erstellt. Der Entscheid über die Umsetzung (Priorisierung und Kompetenzzuordnung) der Änderungsanträge erfolgt durch die verantwortlichen Stellen (Produktmanager/Releasemanager) aufgrund einer Beurteilung bezüglich Aufwand, Termine, Kosten etc. Wird der Änderungsantrag freigegeben und unterschrieben, so ist er zugleich auch der Änderungsauftrag. Ebenso muss definiert werden, wer für die Änderung die Verantwortung trägt und in welchem Release die Änderung zu erfolgen hat. Alle Aufgaben und Definitionen sind im KM-Plan und in der Änderungsstatusliste festzuhalten.

3) Änderung umsetzen
   Integration der Änderung in die entsprechende Projekt- respektive Releaseplanung und somit Umsetzung. Dieser Punkt gehört grundsätzlich nicht zum KM, sondern zur Projektabwicklung (Weiterentwicklung) oder zur Wartung. Das Änderungsmanagement verfolgt lediglich die Änderungsabwicklung (Controlling).

4) Änderung abschliessen
   Abschliessen der Änderung: Der ursprüngliche Problemmelder oder Antragsteller erhält eine Nachricht über die erfolgte Änderung.

Jede Änderung muss wieder dokumentiert werden. Die Dokumentation dient dem Nachweis sowie der Kontrolle der durchgeführten Änderung. Sie ist stets zu aktualisieren. Die Dokumente des Änderungsmanagements (neben den Protokollen) sind:

- Meldung/Release Change
  Die Meldung einer gewünschten Änderung sollte wenn möglich in schriftlicher Form eingereicht werden, die jedoch noch nicht den Status eines Änderungsvorschlags haben muss (z.B. ein nicht vom aktuell laufenden Projekt umzusetzender Release Change).

- KM-Plan
  Der KM-Plan legt alle organisatorischen und technischen Details des Konfigurationsmanagements fest. Er ist Input (Eingangswert) für den Projektplan oder ergänzt ihn aus Produktsicht.

- Änderungsvorschlag
  Was im projektbezogenen Änderungsmanagement ein Änderungsantrag (CR) ist, ist im produktbezogenen Änderungsmanagement der Änderungsvorschlag. Er enthält die technische und die wirtschaftliche vertiefte Spezifizierung und Bewertung der Meldung.

- Änderungsstatusliste
  Die Änderungsstatusliste dient zur Verfolgung und Überwachung der Änderungsaufträge. Sie gibt einen Überblick über die eingegangenen Meldungen und deren Bearbeitungsstatus.

- Änderungsauftrag
  Der Änderungsauftrag enthält eine Verfeinerung des ausgewählten Lösungswegs aus dem Änderungsvorschlag. Der Änderungsauftrag hat Anforderungscharakter und spezifiziert im Detail die durchzuführende Änderung.

- Änderungsmitteilung
  Die Änderungsmitteilung beschreibt die aufgrund einer Meldung durchgeführten Änderungen.

Die Erfahrung hat gezeigt, dass drei Grundformen der Änderung nach der Produkteinführung unterschieden werden:

- Fehlerbehebung
  Diese hat oft höchste Priorität, da Fehler die Produktivität des Betriebs behindern. Das heisst, alle Projekt- und anderweitigen Arbeiten müssen zurückgestellt werden. Dies kann eine neue Version z.B. von 1.0 zu 1.0.A zur Folge haben.

- Anpassung der Funktionalität an veränderte Anforderungen
  Sofern die Anforderung nur während einer begrenzten Entwicklungszeit besteht (z.B. kürzer als zwei Personenmonate), handelt es sich um eine empirische Anpassung. Es ist von Vorteil, solche Anpassungsanforderungen zu sammeln und daraus ein Weiterentwicklungsprojekt zu gestalten. Dies könnte dann eine Versionsveränderung von 1.0 zu 1.1 zur Folge haben. Werden solche Anforderungen einzeln und somit nicht in Wartungsprojekten gebündelt umgesetzt, resultiert daraus ein Arbeitsauftrag.

- Weiterentwicklung der bestehenden Systeme/Produkte
  Wenn der Aufwand grösser ist als z.B. zwei Personenmonate, bedingt eine solche Weiterentwicklung einen Projektantrag. Dies kann bedeuten, dass projektbezogen eine neue (Voll-)Version z.B. von 1.0 zu 2.0 entsteht. Es ist erstrebenswert, dafür das Versions- und Releasemanagement zu verwenden.

11.5.2 Änderungsmanagement auf der Ebene Projektabwicklung

Wurde das Änderungsmanagement im vorhergehenden Kapitel auf der Stufe Produkt/System beschrieben, so wird es im Folgenden auf der Stufe Projektabwicklung erläutert. Diese zwei in diesem Buch einzeln beschriebenen Änderungsmanagement-Stufen können je nach Unternehmen und Projektart stark ineinander verzahnt sein.

Wie im Kapitel Scopemanagement und Anforderungsentwicklung beschrieben, muss in der Projektphase Initialisierung, spätestens beim Projektauftrag, der Projektscope definiert sein. Das heisst, beim Meilenstein 20 wird der Projektscope mit seinen vier Elementen Produkt-, Einfluss-, Stakeholder- und Projektabwicklungs-Scope „vertraglich" eingefroren. Das heisst nichts anderes, als dass Änderungen, Wünsche etc., die ab diesem Zeitpunkt den Projektscope verletzen, grundsätzlich eine Veränderung des Projektauftrags (Vertragsdaten) zur Folge haben.

Bei „kristallinen" Projekten dürfte diese Problematik eher weniger häufig der Fall sein. Hingegen ist es bei innovativen, „fluiden" Projekten zum Teil sehr schwierig, den Projektscope zu diesem frühen Zeitpunkt definitiv abzustecken. Das heisst, bei diesen Projekten ist ein qualifiziertes, projektbezogenes Änderungsmanagement von entscheidender Bedeutung.

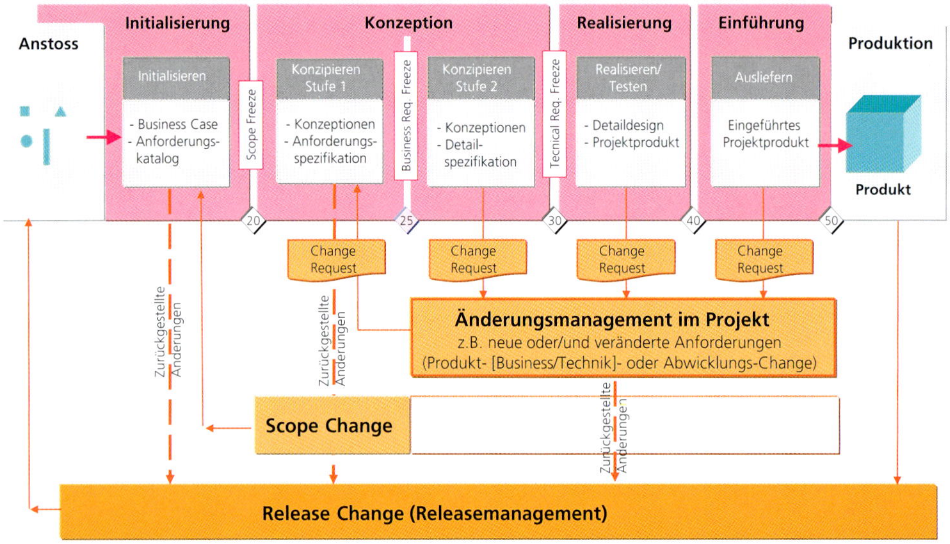

Abb. 11.12: Änderungsmanagement auf der Ebene Projekt

Wie Abbildung 11.12 zeigt, wird bei MS20 ein Scope Freeze aus Sicht des Änderungsmanagements vorgenommen. Ab diesem Zeitpunkt sind alle entsprechenden Changes, die den Scope betreffen, als „Scope Change" zu beantragen, was nicht selten eine Auftragsveränderung zur Folge hat.

Werden in der ersten Stufe der Konzeption bei vielen Projektarten zuerst die Business-Anforderungen definiert, so erfolgt bei abschliessender Prüfung der entsprechenden Dokumente der Business Freeze. Das heisst, ab diesem Zeitpunkt müssen alle Änderungen bezüglich der „eingefrorenen" Anforderungen via „Business"-Change Request beantragt werden.

Es sei hier vermerkt: Auch die im Verlauf der Konzeptionsphase oder weiterer Phasen gemachte Feststellung, dass z.B. der im Projektscope definierte Kostenrahmen nicht ausreicht, bedarf eines offiziellen Change Request!

Werden in der zweiten Stufe der Konzeption insbesondere die Anforderungen aus technischer Sicht definiert und am Ende durch eine abschliessende Prüfung der entsprechenden Dokumente eingefroren, so wird dies mit einem Technical Freeze besiegelt.

Alle Änderungen ab diesem Zeitpunkt müssen besonders geprüft werden, da ab sofort eine Umsetzung meistens sehr teuer und zeitaufwendig ist. Der Grund dafür ist, dass bei vielen Projektarten ab diesem Zeitpunkt das Produkt konkret erstellt wird.

Änderungen, die aufgrund des Zeitdrucks, des engen Budgetrahmens oder aus einem anderen Grund zurückgestellt werden, werden, sofern vorhanden, in das übergeordnete Änderungsmanagement (Stufe Produktionszyklus) aufgenommen. Sie fliessen allenfalls als Release Change bei einem Nachfolgeprojekt in die Umsetzung ein.

> Ein Change Request (CR) ist ein Antrag auf eine Änderung (Änderungsantrag) des im Projektauftrag fixierten Zielrahmens (Scope) bzw. der im Konzept festgelegten und verabschiedeten Anforderungen (Business, Technik) an das zu realisierende Produkt.

Ein Change Request ist immer über den Projektleiter an das Projektsteuerungsgremium zu stellen und wird von diesem oder einem speziellen CR-Board bewilligt. Wie Abbildung 11.12 aufzeigt, macht es Sinn, Change Requests in unterschiedliche Arten zu klassifizieren.

Change-Request-Art		**Gegenstand**
Projekt-Change	Scope Change	Veränderung des im Projektauftrag festgelegten Projekt- und Systemzielrahmens, sprich Projektscopes; z.B. Kostendach.
	Business Change	Veränderung der im Konzept für die Realisierung festgelegten Anforderungen der „Linie"(Business) an das Projektprodukt.
	Technical Change	Veränderung der in der Phase Konzept für die Realisierung festgelegten technischen Anforderungen an das Projektprodukt.
	Claim	Veränderung, die aus eingegangenen vertraglichen Vereinbarungen resultiert, die eine Vertragspartei nicht einhalten kann.
Release Change		Nicht bewilligte Change Requests werden im Release Change gesammelt und über ein Folgeprojekt mit einem Mini-Init in das Releasemanagement eingebracht.

Auf Ebene der Projektabwicklung gibt es zwei Klassen von Änderungen zu berücksichtigen:

- Änderungen, denen zufolge geprüfte und abgenommene Dokumente verändert werden müssen. Der daraus entstehende Mehraufwand liegt immer noch innerhalb des Projektscope, sprich Planwerts. Dies hat zur Folge, dass die Ergebnisse die entsprechenden Prüfungen wieder durchlaufen müssen.
- Änderungen, denen zufolge geprüfte und abgenommene Dokumente verändert werden müssen und die den Projektscope finanziell, terminlich oder funktionell verändern. Dies hat zur Folge, dass der Änderungsantrag ausschliesslich vom Auftraggeber freigegeben werden kann.

Wenn der Auftraggeber und der Auftragnehmer eines Projekts zwei juristisch eigenständige Parteien sind und dem Projektauftrag zugleich ein juristisch abgestützter Vertrag zugrunde liegt, kommt das Claimmanagement zum Einsatz (☞ Kapitel 9.3.6 „Claimmanagement"). Ergänzend zum Änderungsmanagement ist das Claimmanagement dafür verantwortlich, alle gegenseitigen Nachforderungen zu managen; dies können zum Teil auch Änderungen sein.

Ein Änderungsmanagement-Prozess auf der Ebene Projektabwicklung kann wie folgt ablaufen:

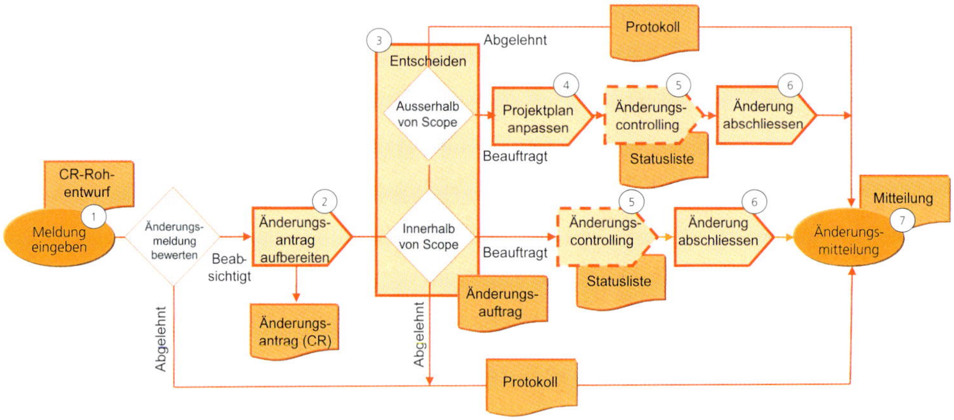

Abb. 11.13: Änderungsmanagement-Prozess in der Projektabwicklung

Die Tätigkeiten im Einzelnen:

1) Änderungsmeldung eingeben
Problem- oder Änderungsmeldungen entgegennehmen und registrieren (Prüfung der Korrektheit und der formalen Vollständigkeit der Meldung). Es ist sinnvoll, Änderungsmeldungen einer „Rohfassung" in einem Änderungsantrag (Change Request) festzuhalten und zu registrieren. Bei dieser Registrierung kann schon die erste „schnelle" Selektion vorgenommen und entschieden werden, ob diese im Projekt weiterverfolgt wird oder nicht

2) Änderungsantrag (Change Request) aufbereiten und klassifizieren
Der in Rohform erfasste Änderungsantrag soll nun entsprechend aufbereitet werden. So sollten die Art der Änderung (Technik, Prozess, Organisation etc.), die Verantwortlichkeiten, Voraussetzungen sowie das Vorgehen festgelegt und dokumentiert werden. Das Änderungsmanagement muss das Vorgehen festlegen und die Konsequenzen (Auswirkungen auf Funktionalität und Komplexität des Projektprodukts, Projekttermine und Aufwand) bewerten. Es sind die möglichen Konsequenzen bei Durchführung und bei Nichtdurchführung (z.B. Terminverschiebung, Kostenverminderung etc.) abzuschätzen. Die qualifiziert erstellten Änderungsanträge können beispielsweise wie folgt priorisiert werden [in Anlehnung an Mor 2003]:

0 (dringend)	- Ausfall einer zentralen Funktion - Grosser positiver Einfluss auf die Stakeholder, zum Beispiel den Kunden
1 (hoch)	- Ausfall einer zum Teil wichtigen Funktion - Positiver Einfluss auf Stakeholder
2 (mittel)	- Möglichkeit des Ausfalls einer Servicefunktion - Möglichkeit des positiven Einflusses
3 (niedrig)	- Änderung hat keine zeitliche Abhängigkeit, kann somit im nächsten Release umgesetzt werden

3) Änderungsantrag entscheiden (In oder Out of Scope)
   Beurteilen, ob die Änderung innerhalb oder ausserhalb vom Scope ist. Priorität und Konsequenzen sind entsprechend aufzuzeigen und zur Entscheidung und Stellungnahme dem Projektauftraggeber (allenfalls auch dem Projektsteuerungs-Gremium oder weiteren betroffenen Stellen) vorzulegen. Dieser hat zu entscheiden, ob die Änderung vorgenommen wird. Ist sie innerhalb des Scope, so wird eine Beauftragung vorgenommen. Ist sie ausserhalb vom Scope, muss entschieden werden, ob die Änderung beim nächsten Release umgesetzt wird oder ob eine Plananpassung mit entsprechenden Konsequenzen (Zeit wie Aufwand) erfolgen soll.

4) Projektplan anpassen
   Ist die Änderung in der Situation ausserhalb vom Scope bewilligt, so erfolgt eine Beauftragung, die Planung entsprechend anzupassen und die Änderung umzusetzen.

5) Änderungscontrolling
   Das Änderungscontrolling (Änderungssteuerung) sollte, soweit dies sinnvoll ist, zusammen mit dem internen Projektcontrolling erfolgen. Die Aufgaben „Änderungen umsetzen", „Tests durchführen", „umgesetzte Änderung in das Projekt integrieren" und „die Dokumentationen entsprechend nachführen" gehören nicht zum Änderungsmanagement, sondern zur Projektdurchführung.

6) Änderung abschliessen
   Von der Projektdurchführung (Teammitglied) kommt die Meldung, dass die Änderung vollzogen ist. Der Status der Änderung kann vom Projektleiter nach abschliessender Prüfung in „erledigt" mutiert werden.

7) Mitteilung
   Wenn möglich erfolgt eine schriftliche Meldung (Rapportierung) an den Projektauftraggeber und Änderungsmelder mit entsprechendem Formular.

11.6 Versionsmanagement

Änderungen oder Weiterentwicklungen eines Produkts erzeugen, wie im Releasemanagement aufgeführt, gleichzeitig neue Versionen. Mit Hilfe des Versionsmanagements plant und verwaltet man die einzelnen Konfigurationseinheiten, die allenfalls mit Unterstützung des Buildmanagements zu klar identifizierbaren und reproduzierbaren Versionen (Releases) zusammengestellt werden. Das gilt für bestehende Produkte genauso wie für entstehende. Um dies bewerkstelligen zu können, wird die Gesamtheit aller Versionen systematisch definiert und zentral gemäss Buchführung in einer Objektbibliothek verwaltet.

Projektabwicklung ist oftmals nichts anderes, als ein IST (alte Version) in das SOLL (neue Version) zu transformieren. Dabei ist man nicht selten mit dem Problem konfrontiert, dass ständig neue Versionen von Lieferobjekten produziert werden. Nicht nur das fertige Produkt, sondern z.B. auch die für Tests notwendigen Entwicklungsversionen müssen exakten Anforderungen einer Version entsprechen und zu exakt vorgegebenen Terminen zur Verfügung stehen. Insbesondere beim Erstellen komplexer Produkte kommt dem Versionsmanagement besondere Bedeutung zu, da bei vielen Projektarten während des Umsetzungsprozesses viele Lieferobjektversionen (Halbprodukte) entstehen.

Ein in der Projektabwicklung eingesetztes Versionsmanagement ist insbesondere nützlich, wenn bei einem Projekt mehrere Leute an einem aus mehreren Komponenten bestehenden Gesamtprodukt arbeiten. Dabei passiert es nur allzu häufig, dass jemand die Änderungen eines anderen aus Versehen ändert. Entsprechende moderne Entwicklungsinstrumente lösen dieses Problem, indem sie meistens jeden Anwender isolieren und ihm seine eigene, allenfalls virtuelle Arbeitsumgebung zuordnen. Anschliessend werden die einzelnen Änderungen der Mitarbeiter wieder toolunterstützt zusammengebracht.

Was für Halbprodukte bei spezifischen Projektarten wie bei Software-Entwicklungsprojekten gilt, gilt bei allen Projektarten auch für die Dokumente. Auf Basis eines klar definierten Versionsmanagements muss der Dokumentationsstatus definiert werden. Aus der Veränderungssituation ergeben sich, wie in Abbildung 11.14 aufgeführt, folgende Zustände:

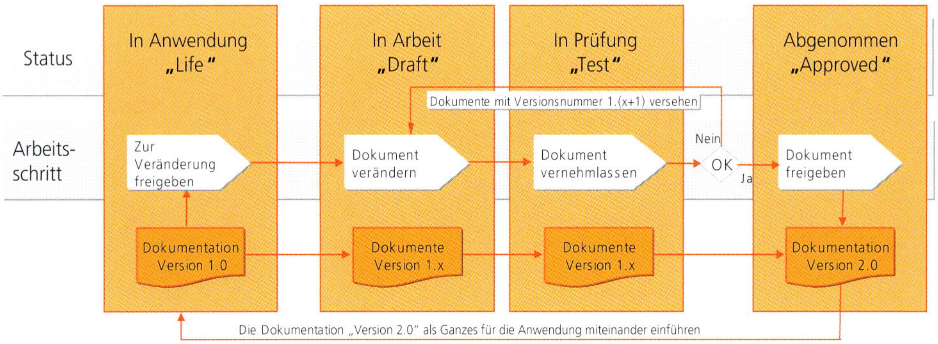

Abb. 11.14: Versionsmanagement-Prozess: Beispiel „Dokumente"

Werden neue Dokumentationen erstellt oder wird eine bereits genutzte Dokumentation zur Veränderung freigegeben, so werden die betroffenen Dokumente in den Zustand „In Arbeit" versetzt. An diesen Dokumenten wird dann so lange gearbeitet, bis der Autor oder die Autorengruppe der Meinung ist, dass ein Dokument soweit vollständig bzw. fertiggestellt ist. Das Dokument wird vom Zustand „In Arbeit" in den Zustand „In Prüfung" versetzt. Nun ist dieses Dokument von einer Kontrollinstanz (Projektleiter, Aufraggeber, Benutzervertreter etc.) zu prüfen. Eventuelle Fehler, welche die Kontrollinstanz entdeckt, müssen korrigiert werden. Dazu wird das fehlerbehaftete Dokument wieder in den Zustand „In Arbeit" versetzt. Dieser Zyklus wird so lange durchlaufen, bis eine akzeptable Menge von Fehlern übrig bleiben. Ist das Dokument schliesslich vollständig und „fehlerfrei", wird es in den Zustand „Abgenommen" versetzt und somit freigegeben, aber noch nicht eingeführt. Sind alle Dokumente in diesem einheitlichen „Versionenzustand", wird die ganze Dokumentation auf einmal eingeführt respektive in den Status „In Anwendung" versetzt.

Mit Blick auf diesen Prozess ist noch zu ergänzen, dass Dokumente im Status „Abgenommen" oder „In Anwendung" von den Projektmitarbeitern „elektronisch" gesehen, d.h. nur gelesen werden können. Nur autorisierte Personen können ein Dokument vom Status „In Prüfung" auf „Abgenommen" setzen. Dies klingt zwar etwas archaisch, ist jedoch in einer qualifizierten Entwicklungsumgebung unbedingt notwendig.

Als Beispiel kann hier die Markteinführung des bekannten Kinderbuchs „Harry Potter" aufgeführt werden. Dieses Buch, das in über 40 Sprachversionen erscheint, begleitet von extrem strikten Vorveröffentlichungs-Stillhaltevereinbarungen mit jedem Lieferanten und einer weltumspannenden Logistik sowie koordinierten Lancierungsevents, dürfte wohl einem Versionsmanagement-Prozess einiges abverlangen.

Die Dokumentation und Protokollierung der Entwicklungsstände ist für den Projektleiter essenziell, um z.B. vorhergehende Versionen wiederherzustellen oder bei Gewährleistungsfragen Änderungen nachvollziehen zu können. Ein Entwickeln ohne durchgängiges und konsistentes Versionsmanagement ist daher extrem zeitaufwendig und fehleranfällig respektive heute nicht mehr vorstellbar.

11.6.1 Herausforderung des Versionsmanagements

Im Folgenden soll an einem etwas vereinfachten Beispiel aus der Softwareentwicklung die Problematik respektive der Nutzen eines Versionsmanagements aufgezeigt werden.

Auf beiden Maschinen bzw. Computern ist eine sogenannte Produktiv-Library (P-Library) installiert, in der die in Produktion stehenden Programme und Tabellen (Objekte) identisch sind. Der Einfachheit halber wird in diesem Beispiel nur von zwei Versionen (1.5 / produktive Version und 2.0 / neue Version) gesprochen. In der Praxis ist es nicht selten, dass bis zu vier oder mehr unterschiedliche Versionen auf einer Konfigurationsplattform existieren.

In der A1-Entwicklungslibrary werden die neuen Programme entwickelt. Sie werden mit Testdaten aus der A1-Datenlibrary getestet. Sind diese Einzeltests (Komponententests) abgeschlossen, so verschiebt man die Programme (1.) in die A2-Programmlibrary, in der man den Integrationstest durchführt. Dazu verwendet man Daten aus der A2-Datenlibrary. Diese Daten sind, wenn die firmeninterne Situation es erlaubt, Extrakte aus der produktiven Datenwelt (a). Falls diese Tests positiv verlaufen, kopiert man die Programme in die A3-Programmlibrary und von dort in die Life Library der produktiven Maschine. In dieser Life Library finden die Integrations- und Systemtests mit den neuen Programmen statt, in Verbindung mit den umfassenden produktiven Daten und mit der realen produktiven Umgebung. Können diese erfolgreich abgeschlossen werden, so löscht man die Programme in dieser Life Library und die darin produzierten Daten. Die Version 2.0 hat Systemtest und Abnahmetest bestanden und steht somit vor der Einführung. Nun wird diese Version zuerst von der A3-Programmlibrary in die P-Library (4.) und danach von dieser auf der Entwicklungsmaschine existierenden P-Library in die P-Library (5.) der produktiven Maschine kopiert. Damit ist die Version 2.0 produktiv.

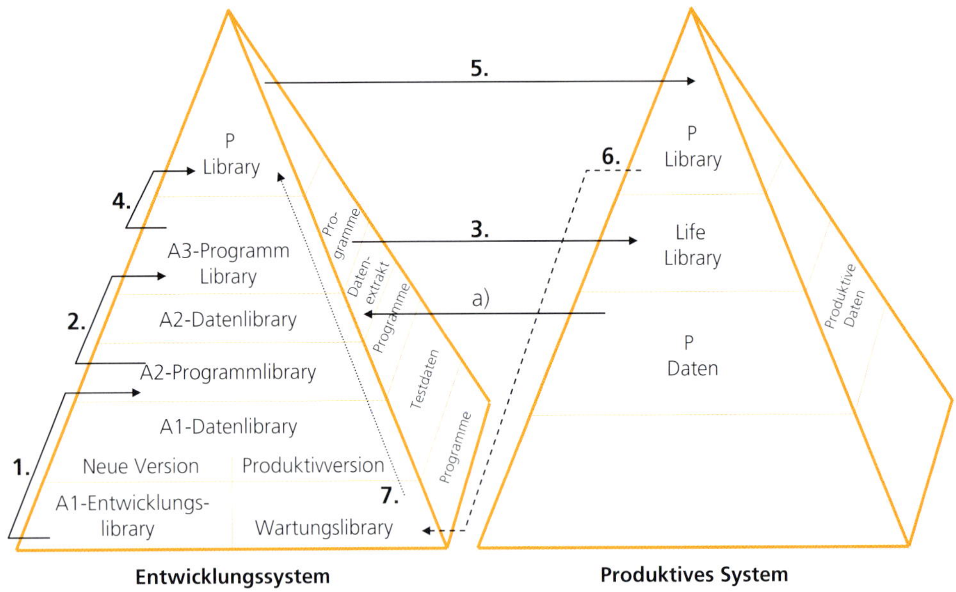

Abb. 11.15: Konfigurationsänderungs-Prozess zweier IT-Systeme

Während der Entwicklung der Version 2.0 kann es jedoch vorkommen, dass in der laufenden Version 1.5 ein Fehler auftritt. In diesem Fall wird von der P-Library der produktiven Maschine (6.) das fehlerhafte Programm in die Wartungslibrary kopiert. Dort wird der Programmfehler beseitigt und mit Daten aus der A2-Datenlibrary getestet. Ist das Testergebnis in Ordnung, wird dieses Programm in die Test-P-Library (7.) kopiert und anschliessend wieder in die P-Library der produktiven Maschine transportiert (5.). Schon dieses einfache Beispiel ist sehr komplex. Kommen noch Zwischenversionen, die Arbeitsumgebung, die Parameter, die Schnittstellen, die Testjobs sowie mehrere Projektteams dazu, die andere Systeme verändern, so sind ein streng geführtes Konfigurationsmanagement und ein darin enthaltenes Versionsmanagement unerlässlich.

„Versioning is the management of multiple copies of the same evolving resource, captured at different stages of its evolution" [vit 1999].

11.7 Lieferobjekte des Konfigurationsmanagements

Abbildung 11.16 zeigt die im Kontext zum Projekt abbildbaren und in diesem Kapitel aufgeführten Prozesse, wobei die Prozessschritte nicht bei jedem Projekt zwingend auf die aufgeführten Phasen abgestimmt werden können. So gibt es zum Beispiel bei vielen Projekten kein Konfigurations- oder Releasemanagement. Abgestimmt auf diese Prozessschritte, werden die wichtigsten Lieferobjekte kurz erläutert. Weitere Ausführungen zu den Lieferobjekten sind im Anhang C.9 (☞ „Lieferobjekte des Konfigurationsmanagements") aufgeführt.

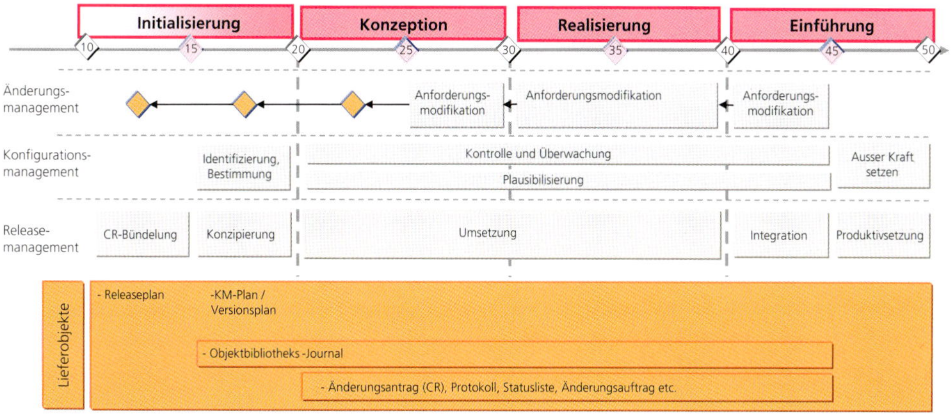

Abb. 11.16: Übersicht über die wichtigsten Lieferobjekte des Konfigurationsmanagements

Lieferobjekt	Kurzbeschreibung
Konfigurations-/ Versionsmanagement-Plan	Der KM-Plan legt alle organisatorischen und technischen Details des Konfigurationsmanagements fest. Er ergänzt aus dieser Sicht den Projektplan. Im Konfigurationsmanagement-Plan, als Teilmenge auch Versionsmanagement-Plan genannt, werden Regeln und Vorgehensweisen bezüglich der dem Konfigurations- und Versionsmanagement unterstellten Objektkategorien, der Verfahren zu Entwicklung und Integration sowie der Bildung von Baselines und Releases festgelegt.
Objektbibliotheks-Journal	Die sogenannte Buchführung wird in einem Objektbibliotheks-Journal festgehalten. Das Ziel des OB-Journals ist das lückenlose Aufzeichnen und Wiedergeben der Informationen, wie sie zur effektiven Verwaltung von Konfigurationen benötigt werden, einschliesslich der Auflistung der freigegebenen, eindeutig identifizierten Konfigurationen, des Zustands der erwarteten Konfigurationsänderungen und der realisierten Zustände der akzeptierten Änderungen [Bur 2002].
Releaseplan	Das Ziel des Releaseplans ist es, die „Architectural Releases" eines grösseren Systems oder Produkts, das auf einem Major Release basiert, logisch, räumlich, mengenmässig und zeitlich abzubilden.
Änderungsantrag (CR)	Ziel des Änderungsantrags ist es, eine vom Projektumfeld „Stakeholder" gewünschte Änderung in schriftlicher, offizieller Form festzuhalten. Der Änderungsantrag hat Anforderungscharakter und spezifiziert die durchzuführende Änderung im Detail [Her 2005].
Lieferobjekte des produktbezogenen Änderungsmanagements	Änderungswunsch/Änderungsvorschlag (Release Change), Änderungsstatusliste, Änderungsbewertungs-Protokoll, Änderungsauftrag, Änderungsmitteilung.

Teil 5: Anhang

A. Projektführungs-Techniken

Die in der Einleitung zu diesem Buch gestellte Frage „Was ist ein PM-Profi?" kann in diesem Kapitel wohl am einfachsten beantwortet werden, da das Beherrschen von Techniken die Basisanforderung eines jeden Profis ist, sei dies als Arzt, als Feuerwehrmann oder eben als Projektleiter. Viele Projektleiter erkennen heute den Wert von guten und gezielt eingesetzten Techniken und leisten dadurch einen professionellen Anteil, die Innovation und die Wandlung eines Unternehmens qualifiziert und effizient voranzutreiben.

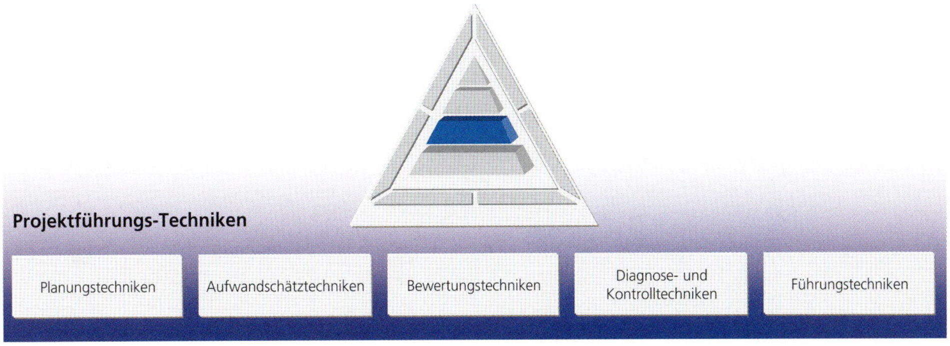

Abb. A.01: Projektführungs-Techniken (Werkzeugkästen)

Einem Projektleiter stehen viele verschiedene Techniken für seine Arbeit zur Verfügung. Werden diese nach anwendungsspezifischen Eigenheiten gruppiert, so können – einfach gesagt – fünf verschiedene Werkzeugkästen für die Projektführung unterschieden werden. Je nach Problem, Situation und Fähigkeiten des Projektleiters sollte dieser eine adäquate Technik (aus einem dieser Werkzeugkästen) auswählen und einsetzen. Die einzelnen Werkzeugkästen bzw. die darin enthaltenen Techniken werden in den kommenden Kapiteln in komprimierter Form erläutert.

A.1 Planungstechniken

Planungstechniken werden gebraucht, um ein Vorhaben planerisch zu unterstützen, den Überblick über den Projektablauf zu gewinnen sowie eine genauere Zeitschätzung und bessere Terminbestimmungen zu erhalten. Die mit den Planungstechniken im Planungsablauf (☞ Kapitel 4.3.3 „Planungsablauf") erarbeiteten Resultate werden als Entscheidungs-, Steuerungs- und Kontrollunterlagen verwendet.

Für die Struktur-, Zeit-, Einsatzmittel- und Kostenplanung bedient man sich in der Praxis für grössere Projekte oft der Netzplantechnik. Sie ist ein Instrument, mit dem wichtige und grundlegende planerische Abläufe im Projekt transparent gemacht werden können. Der Hauptbestandteil dieser Planungstechnik ist der Netzplan, der mittels grafischer Darstellung primär die logischen Abhängigkeiten der Vorgänge, die zeitlichen Komponenten einzelner Tätigkeiten sowie auch die zeitlichen Komponenten des gesamten Vorhabens aufzeigt.

Ein weiteres, oft benutztes Planungsinstrument ist das Balkendiagramm, das grundsätzlich auf einem zweidimensionalen Koordinatensystem aufgebaut ist, wovon die eine Dimension immer die Zeitachse darstellt. Diese Technik wird bei kleineren oder mittleren Projekten ohne grössere zeitliche Abhängigkeiten eingesetzt.

Das Einsatzmittel-Kapazitätsdiagramm wird auf Grundlage des Netzplans sowie des Balkendiagramms erstellt und dient der optimalen Auslastung der benötigten Einsatzmittel.

Goldratt hat mit dem CCPM (Critical Chain Project Management) einen neuen, sehr interessanten Zeitplanungsansatz veröffentlicht, der die Projektdurchlaufzeit um einiges verkürzen kann. Diese drei Planungstechniken und der CCPM-Ansatz werden im Folgenden etwas detaillierter beschrieben.

A.1.1 Netzplan

Die Netzplantechnik wurde in den 50er-Jahren entwickelt. Von den vielen Arten und „Abarten", die inzwischen entstanden sind, bewähren sich vor allem:
- Critical Path Method (CPM),
- Program Evaluation and Review Technic (PERT) und
- Metra-Potential-Method (MPM).

Im Projektmanagement hat sich der Netzplan als ein umfassendes und gut anwendbares Planungsinstrument durchgesetzt. Mit diesem Instrument besitzt der Projektleiter eine gute Möglichkeit, die immer komplizierter und komplexer werdenden Projekte auf der Planungsebene vorzubereiten, damit sie gemäss den Vorgaben durchgeführt werden können. Der Netzplan erlaubt es sogar, Kosten und Einsatzmittel mit in die Planung einzubeziehen. Daher können mit Hilfe der Netzplantechnik folgende Pläne erstellt werden:
- Projektstrukturplan (☞ Kapitel 4.3.3.2 „Projektstrukturplanung"),
- Ablaufplan (☞ Kapitel 4.3.3.3 „Ablaufplanung"),
- Einsatzmittelplan (☞ Kapitel 4.3.3.4 „Einsatzmittelplanung"),
- Kostenplan (☞ Kapitel 4.3.3.6 „Projektkostenplanung"),
- Terminplan (☞ Kapitel 4.3.3.7 „Terminplanung").

Die ausführliche Publikation von Berg, Meyer, Müller und Zogg [Ber 1973] beschreibt die Vorteile der Netzplantechnik als:
- einen leicht verständlichen, sofort erfassbaren Überblick über den ganzen Projektablauf;
- die eindeutige Darstellung des Ablaufs mit seinen logischen Folgen und gegenseitigen Abhängigkeiten;
- eine genauere Zeitschätzung bzw. Terminfestlegung, sowohl für den gesamten Ablauf als auch für einzelne Vorgänge;
- das Erkennen des kritischen Weges (Critical Path Method), d.h. die zeitintensivste Ablauffolge;
- das rechtzeitige Erfassen möglicher Störfaktoren während der Planung und Ausführung des Projekts;
- einen objektiven und relativen Vergleich der Konsequenzen von Terminen, Kosten und Einsatzmitteln der verschiedenen Planungsvarianten;

- die Entlastung von Routinearbeiten bei grösseren Projekten, weil für viele Auswertungen, Darstellungen und Berechnungen der Computer wirtschaftlich eingesetzt werden kann;
- rechtzeitige Entscheidungen, da die möglichen Konsequenzen im Netzplan erkennbar sind.

Bei der Erstellung eines Netzplanes sind acht Grundregeln zu beachten (siehe nachfolgende Seite), um dessen innere Logik zu gewährleisten. Zudem lässt sich die Erstellung in fünf Schritte gliedern. So muss zuerst eine Arbeitspaketliste erstellt werden, auf deren Basis danach die logischen Abhängigkeiten in Form eines Netzplanes grafisch dargestellt werden können. Nach der Berechnung des kritischen Weges (CPM), die den dritten Schritt darstellt, können die vier „Extremwerte" pro Tätigkeit, d.h. die Vorgangszeitpunkte, ermittelt werden. Aufbauend auf diesen Werten, können im letzten Schritt die Pufferzeiten berechnet werden.

Der Einsatz der Netzplantechnik bei der Projektplanung kann massgeblich durch den Einsatz von benutzerfreundlichen Softwareprodukten erleichtert werden. Bei den heutigen Planungs-Softwarepaketen wird vielfach versucht, die Vorteile aller Netzplanarten (CPM, PERT etc.) zusammenzufassen. Zum Teil wurden deshalb die standardisierten Darstellungsformen von den Softwareentwicklern im Laufe der Zeit etwas angepasst. Im Einzelnen spielt diese Verletzung der Normen keine entscheidende Rolle, die Hauptsache ist, dass die Qualität der Projektplanung gesteigert werden kann. Bei grösseren Projekten, an denen mehrere Projektteams oder Unternehmungen beteiligt sind, sollte jedoch, um Interpretationsmissverständnisse zu vermeiden, eine Netzplanmethode eingesetzt werden, die sich auf bekannte und klare Normierungen bezieht.

Die Basiselemente eines Netzplans sind beschriftete Knoten und Pfeile. Dabei handelt es sich bei der Methode CPM um eine Vorgangs-Pfeil-Darstellung, bei welcher ein Vorgang (z.B. Arbeitspaket) als Pfeil und ein Ereignis als Knoten gezeichnet wird (Vorgangspfeilnetzplan). Im Gegensatz dazu sind die Methoden PERT und MPM sogenannte Vorgangsknoten-Darstellungen, bei denen der Vorgang als Knoten und die Pfeile als Beziehungen gelten (Vorgangsknotennetzplan).

- Knoten des CPM
  Der Knoten bildet das Darstellungselement, mit dem ein Ereignis (bzw. ein Zustand) innerhalb eines Projekts symbolisiert wird. Dabei bildet ein Ereignis die Verknüpfung von zwei oder mehreren Vorgängen. Ein solches Ereignis kann zum Beispiel sein: „Maschine ist erstellt", „Startklar für den Test" etc. Die Knoten können grafisch entweder als Kreise oder Vierecke dargestellt werden.

- Pfeile des CPM
  Der Pfeil bildet das Darstellungselement, mit dem ein Vorgang (bzw. eine Tätigkeit) beschrieben wird. Ein solcher Vorgang entspricht in der Projektplanung einem Arbeitspaket. Es gilt dabei zu beachten, dass es zwischen der Länge des Pfeils und der Dauer des Vorgangs keinen Zusammenhang gibt.

In Abbildung A.02 sind alle Komponenten des Netzplans CPM zusammenfassend aufgeführt. Die Knoten sind als blaue Kreise dargestellt.

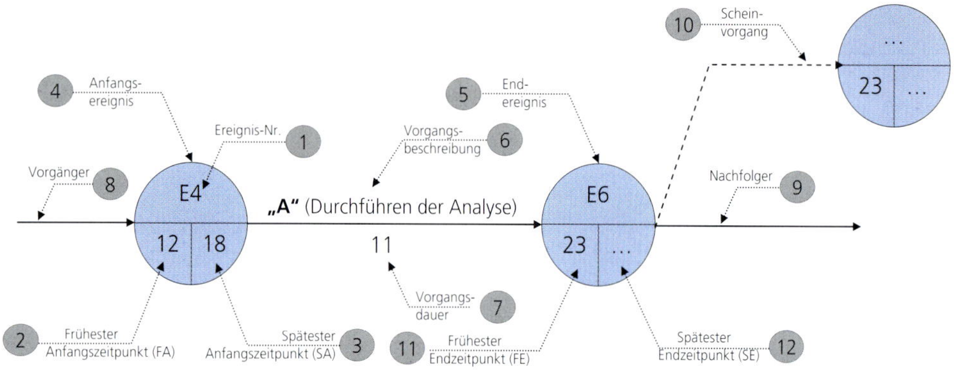

Abb. A.02: Komponenten des Netzplans CPM (Vorgangspeilnetzplan)

Nachfolgend sind die Komponenten des Netzplans CPM mit kurzen Erläuterungen aufgelistet:

1. Ereignisnummer
   Ist im Prinzip frei wählbar (oftmals in Zweierschritten: 2, 4, 6 etc.).
2. Frühester Anfangszeitpunkt (FA) des Vorgangs Nr. A
   Wird durch die Vorwärtsrechung bestimmt.
3. Spätester Anfangszeitpunkt (SA) des Vorgangs Nr. A
   Wird durch die Rückwärtsrechnung bestimmt.
4. „E4" Anfangsereignis des Vorgangs A
   Eingetroffener Zustand, muss vor Beginn des betrachteten Vorgangs eingetroffen sein.
5. „E6" Endereignis des Vorgangs A
   Liegt nach Abschluss des betrachteten Vorgangs vor und ist das Anfangsereignis der direkten Nachfolger.
6. Vorgangsbeschreibung
   Verbal- oder Indexeintrag (A, B, C oder 1, 2, 3 etc.) oberhalb des Pfeils.
7. Vorgangsdauer (Achtung nicht Aufwand!)
   Numerischer Eintrag unterhalb des Pfeils.
8. Vorgänger
   Geht dem betrachteten Vorgang unmittelbar voraus.
9. Nachfolger (Folgeaktivität)
   Folgt dem betrachteten Vorgang unmittelbar.
10. Scheinvorgang
    Ablauflogische Verknüpfung ohne Vorgang.
11. Frühester Endzeitpunkt (FE) des Vorgangs Nr. A
    Wird durch die Vorwärtsrechnung bestimmt.
12. Spätester Endzeitpunkt (SE) des Vorgangs Nr. A
    Wird durch die Rückwärtsrechnung bestimmt.

Beim Erstellen eines Netzplans CPM sind folgende acht einfache Regeln anzuwenden bzw. bezüglich Anfangsfolge zu berücksichtigen, damit die aus dem Netzplan errechneten Zeitwerte als logisch und richtig taxiert werden können:

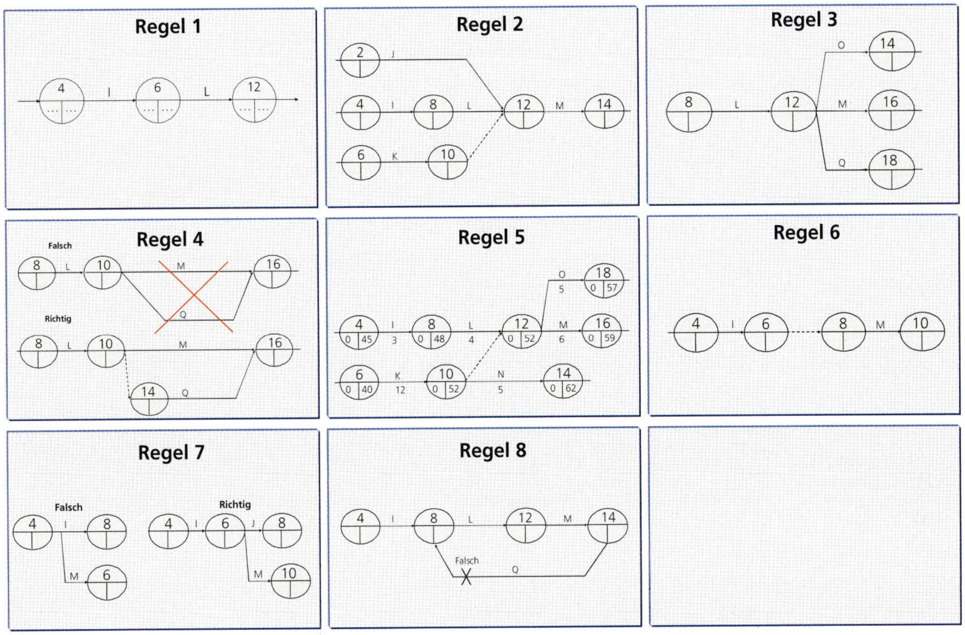

Abb. A.03: Regeln der CPM-Technik bezüglich der Netzplanablaufstruktur

1. Regel
   Ein Vorgang kann erst beginnen, wenn alle (die für ihn nötigen) Vorgänge abgeschlossen sind. Dabei fällt, mit Ausnahme des ersten Vorgangs, das Anfangsereignis eines Vorgangs mit dem Endereignis des vorangehenden Vorgangs zusammen.

2. Regel
   Müssen mehrere Vorgänge beendet sein, bevor ein weiterer Vorgang beginnen kann, so enden sie im Anfangsereignis des nachfolgenden Vorgangs.

3. Regel
   Falls mehrere Vorgänge beginnen, nachdem ein direkt vorangehender Vorgang beendet ist, so beginnen sie im Endereignis des vorangehenden Vorgangs.

4. Regel
   Haben zwei oder mehr Vorgänge gemeinsame Anfangs- und Endereignisse, so ist ihre eindeutige Kennzeichnung durch Einfügen von Scheinvorgängen zu gewährleisten.

5. Regel
   Beginnen und enden in einem Ereignis mehrere Vorgänge, die nicht alle voneinander abhängig sind, so ist der richtige Ablauf durch Auflösung der Unabhängigkeiten mittels Scheinvorgängen darzustellen.

6. Regel
   Innerhalb einer Folge von Vorgängen können beliebig viele Scheinvorgänge eingefügt werden. Sie dienen neben der logischen Verknüpfung auch der besseren Übersicht.

7. Regel
   Kann ein Vorgang beginnen, bevor der vorangehende Vorgang vollständig beendet ist, so ist der vorangehende weiter zu unterteilen, damit ein „Zwischenereignis" definiert werden kann.

8. Regel
   Jeder Vorgang kann nur einmal ablaufen. Daher dürfen keine Schleifen auftreten.

Ein Netzplan muss in einer aufbauenden Form erstellt werden, da die erhaltenen Zwischenergebnisse jeweils die Basis für den nächsten Schritt bilden. Theoretisch können dabei fünf Schritte unterschieden werden.

Abb. A.04: Erstellungsablauf des Netzplans CPM

A.1.1.1 Erstellen der Arbeitspaketliste (Schritt 1)

Die Grundlage des Netzplans ist die Arbeitspaketliste, die wiederum auf der Grundlage des Projektstrukturplans (☞ Kapitel 4.3.3.2.2 „Projektstrukturplan") erstellt wird. In diesem Schritt müssen für jeden Vorgang (Arbeitspaket) neben der Beschreibung mindestens die Vorgangsdauer und der (oder die) direkten Nachfolger eingetragen werden. Alle weiteren Daten werden im Laufe der Projektplanung ergänzt und eventuell angepasst. Die einzelnen Vorgänge bzw. Arbeitspakete werden in möglichst ablaufgerechter, chronologischer Form in die Arbeitspaketliste eingetragen.

Arbeitspaketliste	Projekt: Pauschwelt, TP: Produktentwicklung Nr.: B.1	Seite
	Aussteller: Y. Meier	1

Arbeitspakete/Vorgänge	**Vorgangs-dauer**	**Vorgangs-aufwand**	**Direkter Nachläufer**	**Termine**		**Vorgangszeitpunkte**				**Puffer-zeit**	**Ressourcenbedarf**		
AP-Namen				Start	Ende	FA	SA	FE	SE	GP	PM	BM	FM
Arbeitspaket A	**5**		**B, C, D**										
Arbeitspaket B	**6**		**E**										
Arbeitspaket C	**7**		**E**										
Arbeitspaket D	**8**		**E**										
Arbeitspaket E	**2**		**-**										
Arbeitspaket F	**2**		**G, H**										
Arbeitspaket G	**6**		**I**										
Arbeitspaket H	**3**		**L**										
Arbeitspaket I	**3**		**-**										
Arbeitspaket J	**6**		**K**										
Arbeitspaket K	**4**		**L**										
Arbeitspaket L	**2**		**-**										

FA = Frühester Anfangszeitpunkt des Vorgangs	GP = Gesamte Pufferzeit	PM = Personalmittel
SA = Spätester Anfangszeitpunkt des Vorgangs	FP = Freie Pufferzeit	BM = Betriebsmittel
FE = Frühester Endzeitpunkt des Vorgangs	UP = Unabhängige Pufferzeit	FM = Finanzmittel
SE = Spätester Endzeitpunkt des Vorgangs		

Abb. A.05: Erster Schritt: Arbeitspaketliste erstellen

A.1.1.2 Erarbeiten des Netzplans (Schritt 2)

In diesem Schritt werden die Werte der Arbeitspaketliste grafisch darstellt. Gemäss theoretischem Planungsablauf erfolgt dies in zwei Teilschritten. Im ersten Schritt wird nur die rein logische Struktur des Netzplans erarbeitet (☜ Kapitel 4.3.3.3 „Ablaufplanung"). Im zweiten Schritt werden die Zeitwerte in ein Ablaufdiagramm wie z.B. in ein Netzplandiagramm eingetragen.

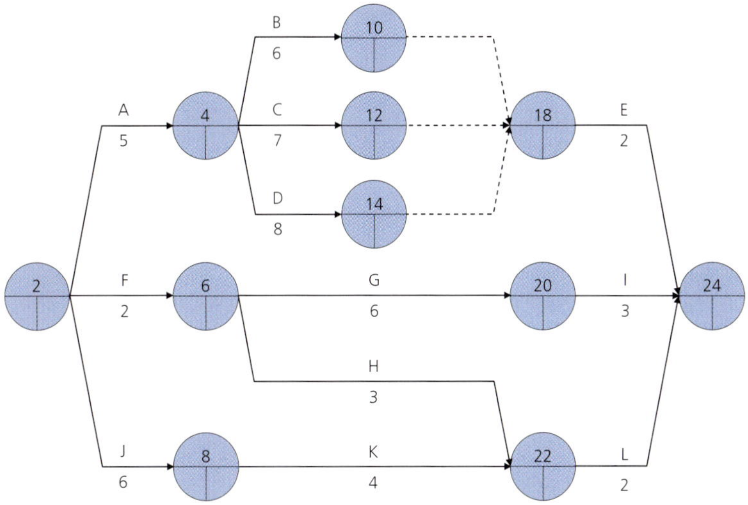

Abb. A.06: Zweiter Schritt: Netzplan erarbeiten

A.1.1.3 Bestimmen des kritischen Wegs (Schritt 3)

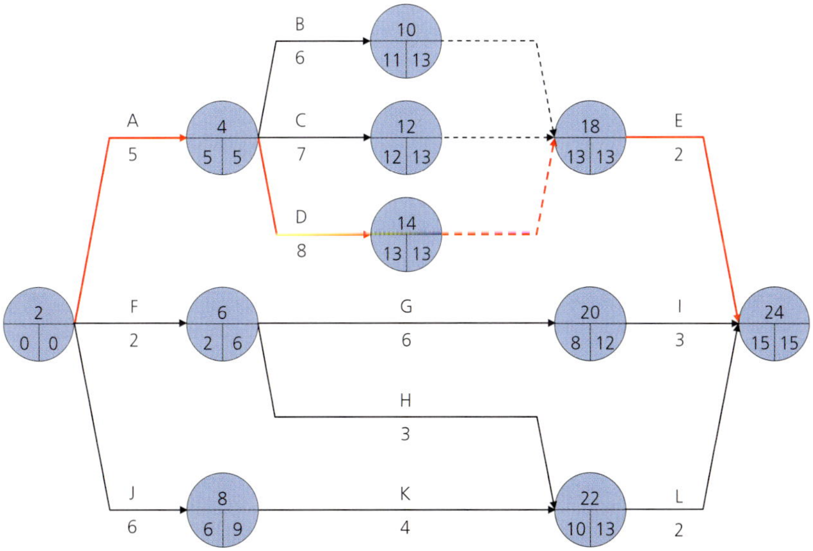

Abb. A.07: Dritter Schritt: kritischen Weg bestimmen

Durch die Vorwärts- und die anschliessende Rückwärtsrechnung kann man den kritischen Weg (Critical Path) des Netzplans bestimmen. Um diese beiden Rechnungen einfach durchführen zu können, werden die geschätzten Zeiteinheiten der Vorgänge (bzw. Arbeitspakete) in den Netzplan eingetragen. Bei der Vorwärtsrechnung wird der Netzplan, wie der Name bereits sagt, „vorwärts" durchgerechnet (Addition der Zeitwerte nach der logischen Reihenfolge). Dadurch wird der früheste Anfangszeitpunkt des Vorgangs „FA" respektive der Vorgänge bestimmt und in den linken unteren Teil des jeweiligen Knotens eingetragen. Anschliessend wird durch Rückwärtsrechnung der späteste Anfangszeitpunkt des Vorgangs „SA" respektive der Vorgänge bestimmt und in den rechten unteren Teil des jeweiligen Knotens eingetragen. Der kritische Weg umfasst nun alle diejenigen Vorgänge, die keine Pufferzeit aufweisen (kritischer Vorgang). Dabei kann der kritische Weg mehrere Ablauffolgen in einem Netzplan betreffen und wird oftmals mit einem dicken oder roten Pfeil gekennzeichnet. Das Wort „kritisch" hat dabei folgende Bedeutung:

- Ein Ereignis ist kritisch,
  wenn dessen frühester und spätester Realisierungszeitpunkt zeitlich zusammenfallen.

- Ein Vorgang ist kritisch,
  wenn sein Anfangs- und Endereignis kritisch sind und wenn die Vorgangsdauer gleich lang ist wie die zeitliche Differenz zwischen dem kritischen Anfangsereignis und dem kritischen Endereignis.

- Ein Scheinvorgang ist kritisch,
  wenn dessen Anfangs- und Endereignis kritisch sind und die Zeitwerte von Anfangs- und Endereignis gleich gross sind.

A.1.1.4 Berechnen der Vorgangszeitpunkte (Schritt 4)

Für einen Projektleiter ist es nicht nur wichtig, den kritischen Weg zu kennen, sondern auch den frühesten und den spätesten Anfangszeitpunkt eines Vorgangs sowie auch den frühesten und spätesten Endzeitpunkt eines Vorgangs zu erkennen. Dadurch erhält er die Berechnungsgrössen, um die Pufferzeiten auszurechnen. Diese Zeiten erhält er auch durch die Vorwärts- und Rückwärtsrechnung. Solche Zeitpunkte sind:
- frühester Anfangszeitpunkt des Vorgangs (FA),
- spätester Anfangszeitpunkt des Vorgangs (SA),
- frühester Endzeitpunkt des Vorgangs (FE),
- spätester Endzeitpunkt des Vorgangs (SE).

Arbeitspaketliste	Projekt: Pauschwelt, TP: Produktentwicklung	Nr.: B.1	Seite
	Aussteller: Y. Meier		1

Arbeitspakete/Vorgänge	Vorgangsdauer	Vorgangsaufwand	Direkter Nachläufer	Termine		Vorgangszeitpunkte				Pufferzeit	Ressourcenbedarf		
AP-Namen				Start	Ende	FA	SA	FE	SE	GP	PM	BM	FM
Arbeitspaket A	5		B, C, D			0	0	5	5				
Arbeitspaket B	6		E			5	7	11	13				
Arbeitspaket C	7		E			5	6	12	13				
Arbeitspaket D	8		E			5	5	13	13				
Arbeitspaket E	2		-			13	13	15	15				
Arbeitspaket F	2		G, H			0	4	2	6				
Arbeitspaket G	6		I			2	6	8	12				
Arbeitspaket H	3		L			2	10	5	13				
Arbeitspaket I	3		-			8	12	11	15				
Arbeitspaket J	6		K			0	3	6	9				
Arbeitspaket K	4		L			6	9	10	13				
Arbeitspaket L	2		-			10	13	12	15				

FA = Frühester Anfangszeitpunkt des Vorgangs	GP = Gesamte Pufferzeit	PM = Personalmittel
SA = Spätester Anfangszeitpunkt des Vorgangs	FP = Freie Pufferzeit	BM = Betriebsmittel
FE = Frühester Endzeitpunkt des Vorgangs	UP = Unabhängige Pufferzeit	FM = Finanzmittel
SE = Spätester Endzeitpunkt des Vorgangs		

Abb. A.08: Vierter Schritt: Berechnen der Vorgangszeiten

A.1.1.5 Ausrechnen der Pufferzeiten (Schritt 5)

Sind bei einem Vorgang (bzw. Arbeitspaket) der früheste und der späteste Anfangszeitpunkt sowie der früheste und der späteste Endzeitpunkt jeweils nicht kursiv kongruent, so enthält dieser Vorgang eine Zeitreserve, die als Pufferzeit bezeichnet wird. Diese Zeitreserve bedeutet für den Planer, dass der Vorgang zeitlich gesehen nicht kritisch ist. Um die Pufferzeit eines Vorgangs zu berechnen, empfiehlt es sich, die Realisierungszeitwerte des Anfangs- und des Endereignisses zu verwenden. Die folgende Abbildung illustriert diese Zeitwerte noch einmal deutlich.

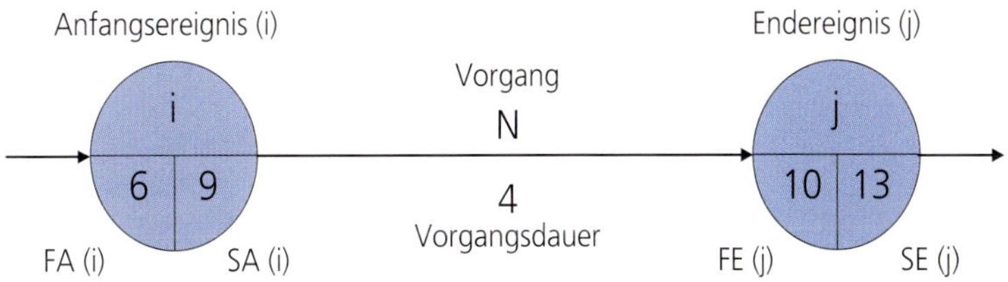

Abb. A.09: Zeitwerte für die Berechnung der Pufferzeiten

Man unterscheidet drei verschiedene Arten von Pufferzeiten. Die nachfolgende Abbildung zeigt die drei Arten anhand des Vorgangs N in einem Überblick.

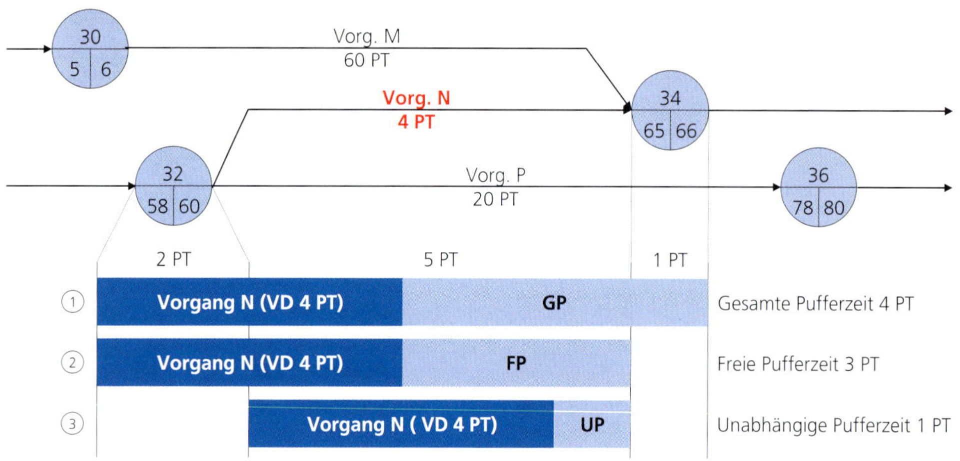

Abb. A.10: Pufferzeiten anhand des Vorgangs N im Überblick

1. Gesamte Pufferzeit
   Mathematisch kann diese wie folgt bestimmt werden:

   Gesamte Pufferzeit (GP) = SE(j) – FA(i) - VD

   Bei der gesamten Pufferzeit wird das Anfangsereignis des betrachteten Vorgangs zum frühesten Zeitpunkt, das Endereignis hingegen zum spätesten Zeitpunkt realisiert. Somit gibt die gesamte Pufferzeit entweder an,
   - wie lange ein Vorgang höchstens ausgedehnt (verlängert) werden kann, ohne dass der Endzeitpunkt des Netzplans beeinträchtigt wird (vorausgesetzt, das Anfangsereignis realisiert sich zum frühesten Zeitpunkt),
   - oder wie lange der Anfangszeitpunkt eines Vorgangs verzögert werden kann, ohne dass der Endzeitpunkt des Netzplans beeinträchtigt wird (vorausgesetzt, das Anfangsereignis realisiert sich zum frühesten Zeitpunkt).

2. Freie Pufferzeit
   Mathematisch kann diese wie folgt bestimmt werden:

   Freie Pufferzeit (FP) = FE(j) – FA(i) - VD

   Bei der freien Pufferzeit wird sowohl das Anfangsereignis als auch das Endereignis des betreffenden Vorgangs zum frühesten Zeitpunkt realisiert. Somit gibt die freie Pufferzeit entweder an,
   - wie lange ein Vorgang höchstens ausgedehnt (verlängert) werden kann, ohne den frühesten Anfangszeitpunkt der Nachfolger zu beeinflussen (vorausgesetzt, das Anfangsereignis realisiert sich zum frühesten Zeitpunkt),
   - oder wie lange der Anfangszeitpunkt eines Vorgangs verzögert werden kann, ohne den frühesten Anfangszeitpunkt der Nachfolger zu beeinflussen (vorausgesetzt, das Anfangsereignis realisiert sich zum frühesten Zeitpunkt).

3. Unabhängige Pufferzeit
   Mathematisch kann diese wie folgt bestimmt werden:

   Unabhängige Pufferzeit (UP) = FE(j) – SA(i) - VD

   Bei der unabhängigen Pufferzeit wird das Anfangsereignis des betrachteten Vorgangs zum spätesten Zeitpunkt, das Endereignis hingegen zum frühesten Zeitpunkt realisiert. Somit gibt die freie Pufferzeit entweder an,
   - wie lange ein Vorgang höchstens ausgedehnt (verlängert) werden kann, ohne den frühesten Anfangszeitpunkt der Nachfolger zu beeinflussen (unabhängig, wann das Anfangsereignis realisiert wird),
   - oder wie lange der Anfangszeitpunkt eines Vorgangs verzögert werden kann, ohne den frühesten Anfangszeitpunkt der Nachfolger zu beeinflussen (unabhängig, wann das Anfangsereignis realisiert wird).

Arbeitspaketliste	Projekt: Pauschwelt, TP: Produktentwicklung	Nr.: B.1	Seite
	Aussteller: Y. Meier		1

Arbeitspakete/Vorgänge	**Vorgangs-dauer**	**Vorgangs-aufwand**	**Direkter Nachläufer**	**Termine**		**Vorgangszeitpunkte**				**Puffer-zeit**	**Ressourcenbedarf**		
AP-Namen				Start	Ende	FA	SA	FE	SE	GP	PM	BM	FM
Arbeitspaket A	5		B, C, D			0	0	5	5	**0**			
Arbeitspaket B	6		E			5	7	11	13	**2**			
Arbeitspaket C	7		E			5	6	12	13	**1**			
Arbeitspaket D	8		E			5	5	13	13	**0**			
Arbeitspaket E	2		-			13	13	15	15	**0**			
Arbeitspaket F	2		G, H			0	4	2	6	**4**			
Arbeitspaket G	6		I			2	6	8	12	**4**			
Arbeitspaket H	3		L			2	10	5	13	**8**			
Arbeitspaket I	3		-			8	12	11	15	**4**			
Arbeitspaket J	6		K			0	3	6	9	**3**			
Arbeitspaket K	4		L			6	9	10	13	**3**			
Arbeitspaket L	2		-			10	13	12	15	**3**			

FA = Frühester Anfangszeitpunkt des Vorgangs
SA = Spätester Anfangszeitpunkt des Vorgangs
FE = Frühester Endzeitpunkt des Vorgangs
SE = Spätester Endzeitpunkt des Vorgangs
GP = Gesamte Pufferzeit
FP = Freie Pufferzeit
UP = Unabhängige Pufferzeit
PM = Personalmittel
BM = Betriebsmittel
FM = Finanzmittel

Abb. A.11: Fünfter Schritt: Ausrechnen der Pufferzeiten

In der Abbildung A.11 wurde pro Arbeitspaket bloss die gesamte Pufferzeit berechnet.

A.1.2 Balkendiagramm

Balkendiagramme, die in der Planung sehr häufig benützt werden, sind aufgrund ihrer Darstellungsweise anschaulich, übersichtlich und einfach zu interpretieren. Sie werden nach ihrem geistigen Vater auch „Gantt-Diagramme" genannt. Die Verwendung von Balkendiagrammen ist sehr vielseitig, und es ergeben sich immer wieder neue Variationen. Das Diagramm basiert auf einem zweidimensionalen Koordinatensystem, bei dem auf der Horizontalen die Zeitachse und auf der Vertikalen unterschiedliche Werte wie Betriebsmittel, Aufgabenträger oder Aufgaben eingetragen werden. Stehen die Betriebsmittel und die Zeitachse einander gegenüber, so spricht man von einem Belegungsplan. Werden Mitarbeiter der Zeitachse gegenübergestellt, so ergibt dies einen Einsatzplan. Werden Aufgaben der Zeitachse gegenübergestellt, so resultiert daraus ein Ablaufplan.

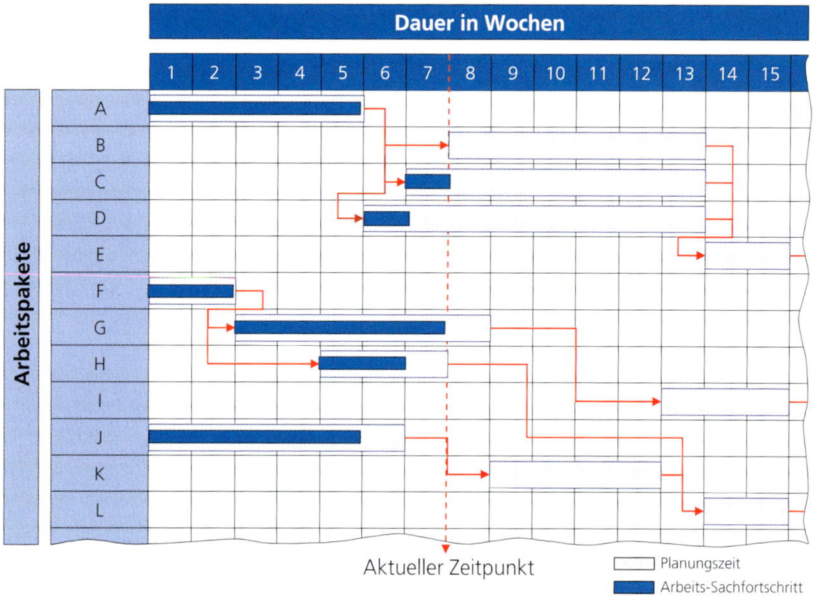

Abb. A.12: Balkendiagramm mit Fertigstellungsgrad des Sachfortschritts

Um die Einsatzmöglichkeiten des Balkendiagramms noch zu steigern, kann eine dritte Dimension hinzugefügt werden, indem man die Balken mit einem Wert belegt. In der Abbildung A.12 wurde auf diese Weise der Ablaufplan mit dem Sachfortschritt ergänzt. Gekoppelt mit dem aktuellen Zeitpunkt, kann relativ fein abgelesen werden, wie weit das Projekt, bezogen auf die Zeitachse, fortgeschritten ist.

Ferner kann durch die Verbindung der Balken mit Pfeilen eine logische Folgebeziehung dargestellt werden. Die Darstellungsmöglichkeit ist allerdings begrenzt.

A.1.3 Einsatzmittel-Kapazitätsdiagramm

Ein Einsatzmittel-Kapazitätsdiagramm wird erstellt, um die zu einem gewissen Zeitpunkt benötigte Menge eines Einsatzmittels zu errechnen, zu visualisieren und anzupassen. Die Menge an Personal, Maschinen etc. ergibt sich aus der Summe des geplanten Bedarfs aller jeweiligen Einsatzmittel, die zu einem bestimmten Zeitpunkt während des Projekts verfügbar sein müssen. Wird die Menge für die gesamte Projektdauer ermittelt, so kann sie in Form eines Einsatzmittel-Kapazitätsdiagramms grafisch aufgezeichnet werden [Ber 1973]. Dies ergibt eine genaue Übersicht darüber, welche Personal- oder Betriebsmitteleinheiten während einer bestimmten Zeitdauer benötigt werden. Bei den Projekten beziehen sich die Berechnungen vielfach auf die Personaleinheiten. Es ist vorteilhaft, wenn der Projektleiter auch andere benötigte Einsatzmittel wie z.B. Arbeitsplätze, Bagger, Transportmittel in Form eines Kapazitätsdiagramms visualisiert, damit Engpässe frühzeitig entdeckt und behoben werden können.

Abb. A.13: Erstellungsablauf eines Einsatzmittel-Kapazitätsdiagramms

Die Einsatzmittelplanung versucht mit Hilfe des Diagramms, die kumulierten Zeit- und Mengenkriterien von SOLL- oder IST-Situationen darzustellen, um speziell bei den SOLL-Buchungen:

- die Brachzeiten eines Einsatzmittels (speziell von Betriebsmitteln) zu reduzieren,
- die Zahl der Einsatzmittelarten zu reduzieren,
- die Anzahl der zu bearbeitenden Objekte zu erhöhen,
- den Einsatz von Menschen und Maschinen zu optimieren (Nettozeit).

> Unter Einsatzmittelart wird die Gesamtheit von Einsatzmitteln verstanden, die nach bestimmten, gemeinsamen Merkmalen zusammengefasst sind, wie stoffliche Merkmale, technische Merkmale, funktionale Merkmale und berufliche Qualifikation [DIN 69902].

Das Einsatzmittel-Kapazitätsdiagramm wird am besten in sechs einzelnen, kleinen Schritten erstellt.

A.1.3.1 Erweitern des Netzplans um die Einsatzmitteleinheiten

Der Netzplan bildet die Basis für das Einsatzmittel-Kapazitätsdiagramm. Alle Zeitangaben und Einträge über die benötigten Einsatzmitteleinheiten pro Vorgang müssen darin festgehalten werden. Dies bedeutet, dass neben der logischen Abhängigkeit der Vorgänge die Menge von Einsatzmitteln einer bestimmten Einsatzmittelart (Testanlage, Engineers etc.), die zur Erzielung des Arbeitsergebnisses zu einem bestimmten Zeitpunkt oder innerhalb eines Zeitraumes erforderlich ist, festgelegt wird.

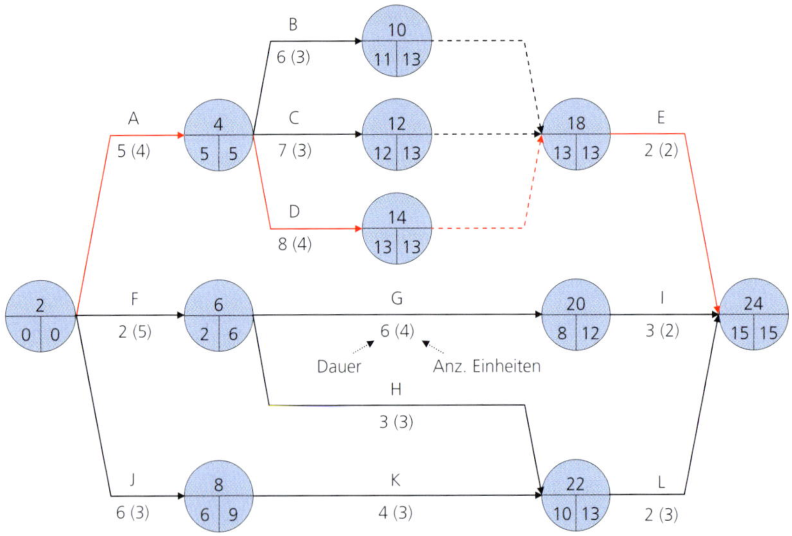

Abb. A.14: Netzplan um Einsatzmitteleinheiten, z.B. Personen, erweitert

A.1.3.2 Erstellen des Balkendiagramms der frühesten Lage

Der zweite Schritt beinhaltet das Erstellen eines Balkendiagramms der frühesten Lage. Die Ausarbeitung des Einsatzmittel-Kapazitätsdiagramms wird mit diesem Zwischenschritt wesentlich erleichtert, da die Positionen der einzelnen Elemente (Zeitachse) beim dritten Schritt auf das Diagramm übertragen werden können.

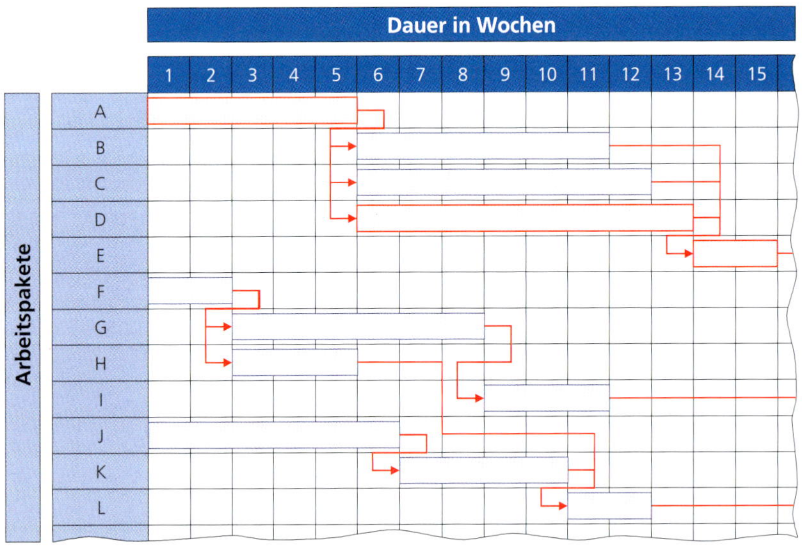

Abb. A.15: Balkendiagramm der frühesten Lage

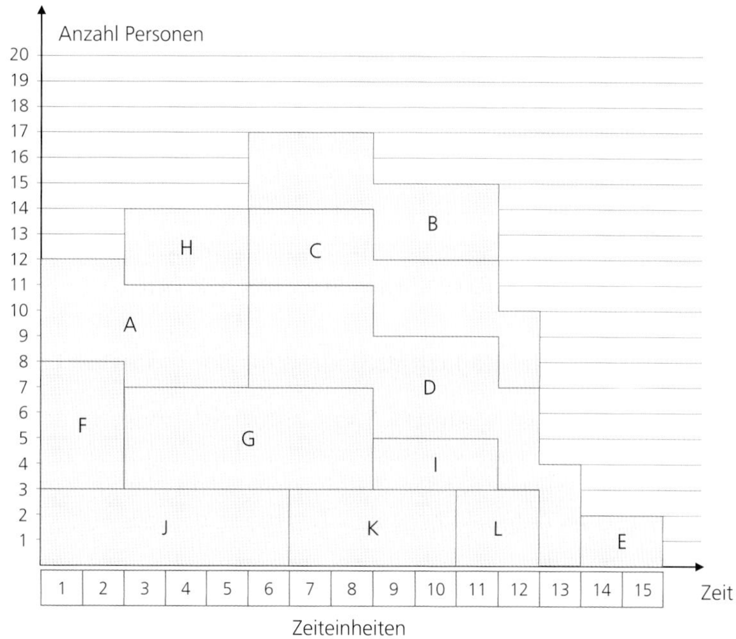

A.1.3.3 Erstellen des Einsatzmittel-Kapazitätsdiagramms der frühesten Lage

Das Balkendiagramm der frühesten Lage wird nun auf das Einsatzmittel-Kapazitätsdiagramm des frühesten Anfangszeitpunktes übertragen. Abbildung A.16 zeigt die benötigten Einsatzmitteleinheiten zu den entsprechenden Zeitpunkten, wenn alle Vorgänge des Netzplans zum frühestmöglichen Zeitpunkt beginnen. Das heisst, keiner der Vorgänge nutzt die zum Teil vorhandene Pufferzeit aus.

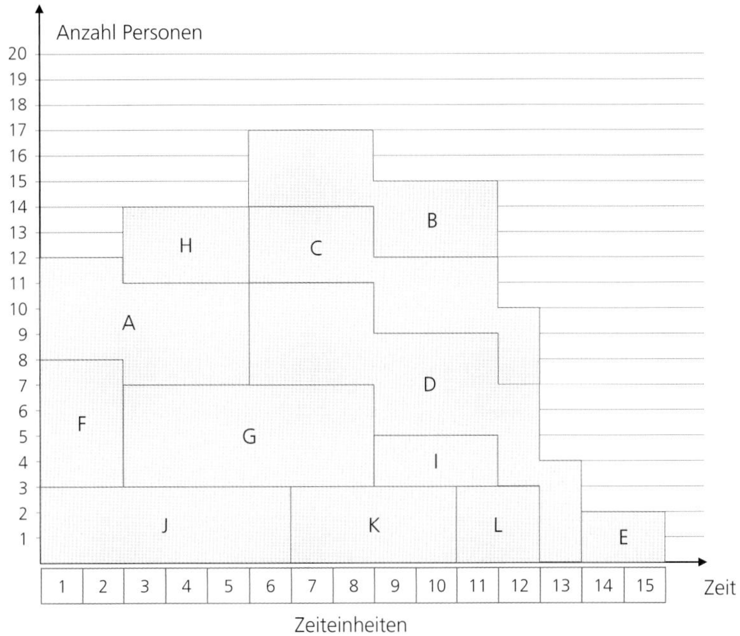

Abb. A.16: Einsatzmittel-Kapazitätsdiagramm der frühesten Lage

A.1.3.4 Erstellen des Balkendiagramms der spätesten Lage

Nach den Berechnungen und Darstellungen der Einsatzmittelmengen zum Zeitpunkt der frühesten Lage müssen dieselben Operationen mit den Zeiten der spätesten Lage durchgeführt werden. Dies kann wiederum mit einem Balkendiagramm erfolgen.

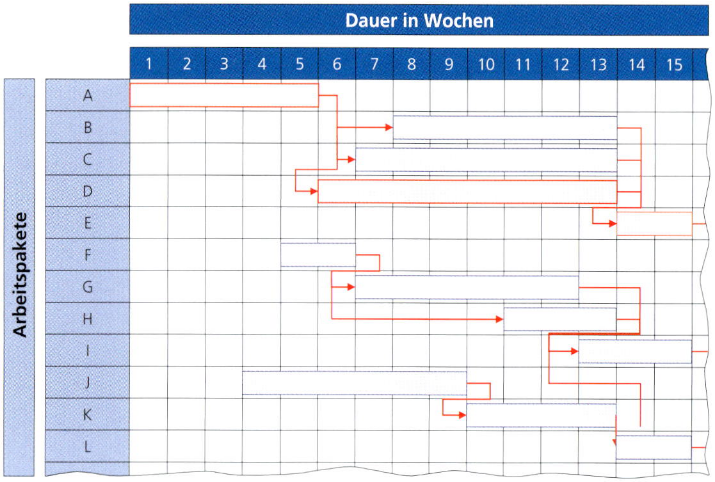

Abb. A.17: Balkendiagramm der spätesten Lage

A.1.3.5 Erstellen des Einsatzmittel-Kapazitätsdiagramms der spätesten Lage

Nachdem das Balkendiagramm der spätesten Lage erstellt ist, muss es in das Einsatzmittel-Kapazitätsdiagramm der spätesten Lage integriert werden. Abbildung A.18 zeigt die notwendigen Einsatzmitteleinheiten zu den entsprechenden Zeitpunkten, wenn alle im Netzplan aufgeführten Vorgänge zum spätestmöglichen Zeitpunkt beginnen. Das heisst, dass alle Pufferzeiten des gesamten Netzplans voll ausgenützt werden.

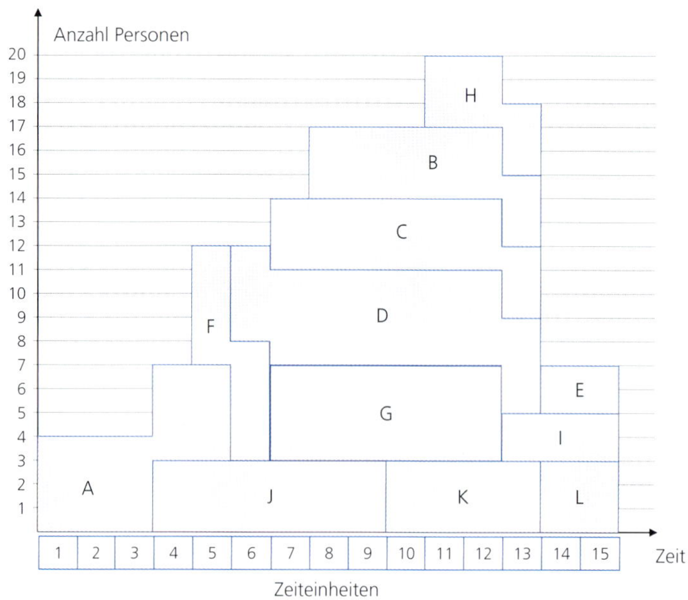

Abb. A.18: Einsatzmittel-Kapazitätsdiagramm der spätesten Lage

A.1.3.6 Durchführen der Bedarfsglättung

Die Kapazitätsdiagramme der frühesten wie auch der spätesten Lage zeigen, dass es zeitweise zu Extremwerten kommen kann. Dies wird mit einer Bedarfsglättung verhindert. Mit einer idealen Ausnutzung der vorhandenen Pufferzeiten können die Tätigkeiten zeitlich so verschoben werden, dass die Extremwerte abgeschwächt oder beseitigt werden. Für die Neuordnung ist somit eine Bedarfsglättung der einzelnen Tätigkeiten innerhalb des erlaubten Spektrums notwendig. Damit kann eine Anpassung des Bedarfs gemäss der Bedarfsbegrenzung vorgenommen werden. Dies wird durch Verschieben der Vorgänge, der Ereignisse oder der Arbeitspakete innerhalb der Pufferzeit erreicht. Damit soll z.B. eine vorgegebene Bestandesgrenze (Vorrat) nicht überschritten werden.

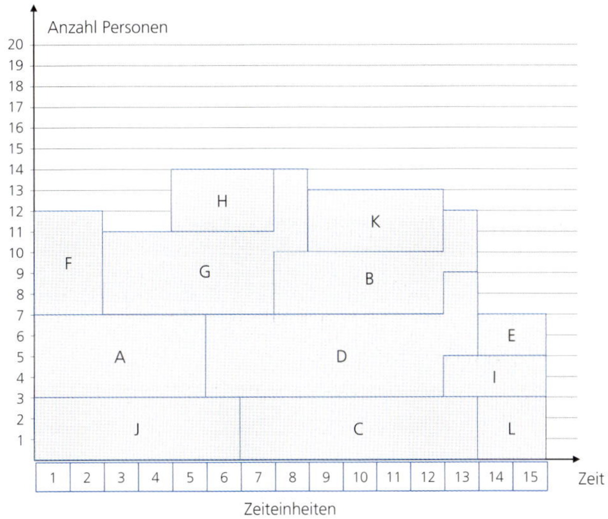

Abb. A.19: Bedarfsglättung der Einsatzmitteleinheiten

Das dazugehörige Balkendiagramm sieht wie folgt aus:

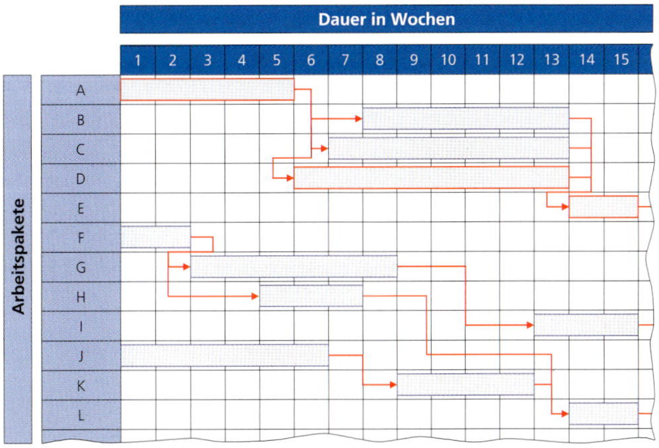

Abb. A.20: Balkendiagramm bei optimaler Bedarfsglättung

A.1.4 Critical-Chain-Projektmanagement

Goldratt [Gol 1997] definierte in seinem in Romanform geschriebenen Planvorgehen einen neuen Denkansatz, der bezüglich der zeitlichen Planwerte für Projekte von entscheidender Bedeutung ist. Wie in den vorhergehenden Kapiteln der CPM-Technik erläutert, wird der Pfad, auf dem die Arbeitspakete liegen, welche durchgehend keine Pufferzeiten aufweisen, als Critical Path bezeichnet. Goldmann definiert nicht einen Critical Path, sondern einen Critical Chain, sprich eine kritische Kette.

Den CCPM-Ansatz kann man nicht unbedingt als Technik bezeichnen, da er unterschiedliche Methoden beinhaltet und weitgreifende Voraussetzungen bedingt. So darf zum Beispiel eine in einem Projekt involvierte Schlüsselperson an keinem weiteren Projekt gleichzeitig arbeiten!

Oder umgekehrt: Das Projekt richtet sich nach der Verfügbarkeit der Schlüsselperson aus. Das bedeutet im Extremfall, dass ein Arbeitspaket, welches rein ablauforganisatorisch (mengenmässige Abhängigkeit, zeitliche Abhängigkeit etc.) parallel mit anderen Arbeitspaketen umgesetzt werden könnte, aufgrund dieser Schlüsselperson sequenziell abgewickelt werden muss.

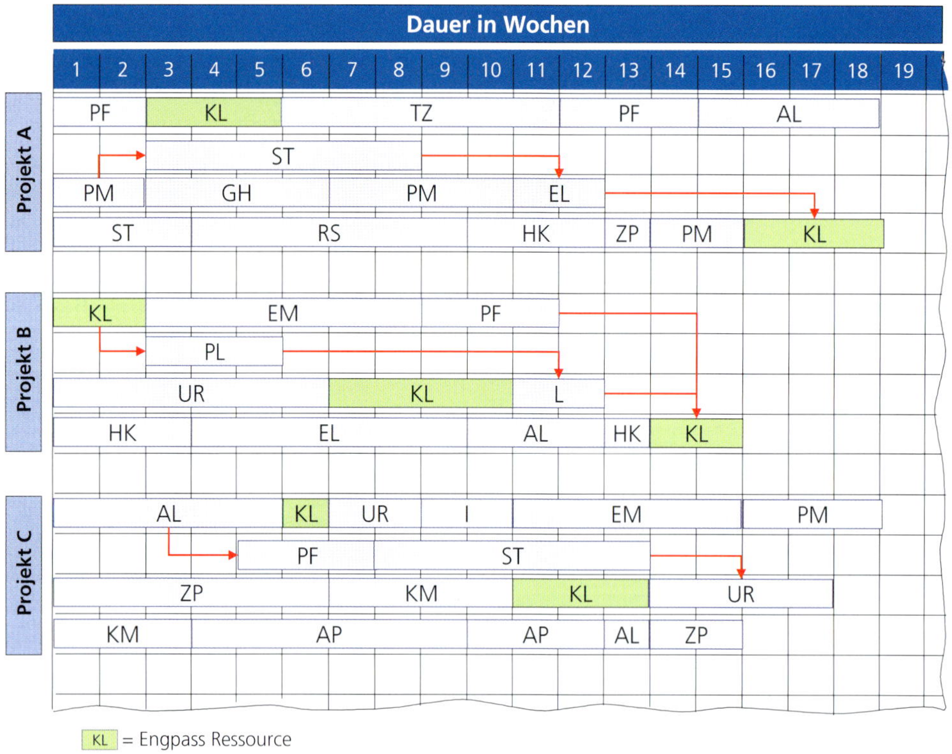

Abb. A.21: Optimaler Einsatz der Schlüsselpersonen

Dies ist der erste entscheidende Schlüssel dieses erfolgreichen Ansatzes. In vielen Firmen werden die Schlüsselpersonen richtiggehend zwischen den Projekten auseinandergerissen, was meist zur Folge hat, dass a) die Projekte durch diese „Zerrissenheit" nicht wie geplant auf diese Ressourcen zählen können und b) die Schlüsselpersonen aufgrund dieser „Zerrissenheit" respektive des Multitasking nicht auf ihre mögliche konzentrierte Leistung kommen.

Dieser Schlüsselwert kommt natürlich erst dann zum Tragen, wenn man via Programm- oder Projektportfolio-Management die Kompetenz hat, über den Einsatz von Schlüsselpersonen zu verfügen.

Wie Abbildung A.21 aufzeigt, werden die Projekte so gestaffelt und geplant, dass die Schlüsselpersonen optimal eingesetzt werden können.

Der zweite entscheidende Schlüssel von Goldratt ist, dass er mit seinem Ansatz das Termin-Sicherheitsdenken der Projektmitarbeiter auflöst. Viele Mitarbeiter werden daran gemessen, ob sie ihre Arbeitspakettermine einhalten können. Diese meist noch mit einer MBO-Vereinbarung gestützte Verhaltensweise führt im Einzelnen dazu, dass jeder Mitarbeiter bei der Aufwandschätzung verständlicherweise für sich noch Reserven, also nicht deklarierte Pufferzeiten einbaut. Dadurch verlängert sich die Durchlaufzeit des Projekts schon in der Planung. Hinzu kommt noch das Unvorhergesehene, das bei jedem Projekt eintrifft und somit zu effektiven Verspätungen führt, da in den meisten Projekten keine Pufferzeiten für solch Unvorhergesehenes vorgesehen wird.

Beim CCPM-Ansatz wird nur mit Schätzungen ohne Pufferzeiten auf den einzelnen Arbeitspaketen geplant. Die Mitarbeiter werden nicht mehr auf die Endtermine der einzelnen Arbeitspakete verpflichtet (allfällige Auflösung des MBO-Ziels!), sondern von ihnen wird einfach eine fachlich realistische Schätzung erwartet. Da, wie bereits erwähnt, jedes Projekt mit Ungeplantem rechnen muss, werden am Ende einer kritischen Kette und am Ende des Projekts gezielt Pufferzeiten hinzugefügt respektive eingeplant.

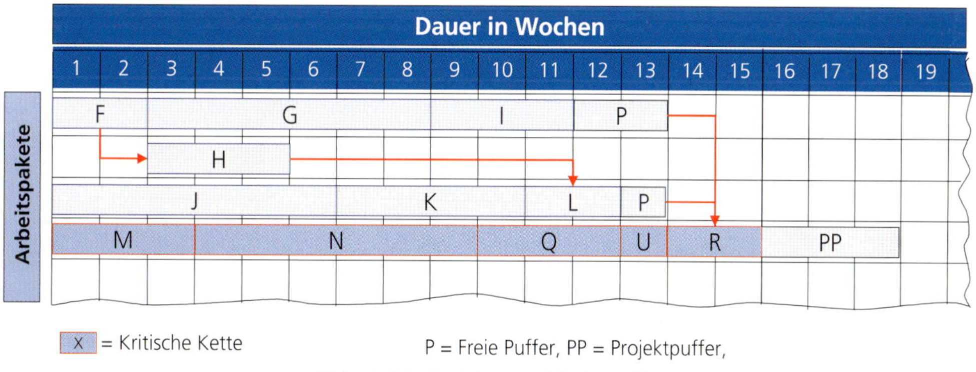

Abb. A.22: Projekt- und freie Puffer

So gesehen, sichert der CCPM-Ansatz gegenüber dem üblichen Projektmanagement-Zeitplanungsansatz nicht mehr jeden einzelnen Projektschritt, sondern das Projektende.

A.2 Aufwandschätztechniken

Durch den Einsatz von geeigneten Aufwandschätztechniken soll eine möglichst hohe Genauigkeit der Schätzungen des Projektvolumens in einem frühen Entwicklungsstadium erreicht werden, wobei man sich bewusst sein muss, dass eine absolute Genauigkeit nie erreicht werden kann.

A.2.1 Grundlagen der Aufwandschätztechnik

Jede Branche, jede Projektart hat Präferenzen, Instrumente und schliesslich ihre Techniken, um in ihren Projekten den Aufwand schätzen zu können. Über alles hinweg gibt es einfache, effiziente und mehrheitlich in allen Projekten anwendbare Techniken, die in diesem Hauptkapitel kurz beschrieben werden. Bevor die einzelnen Techniken erklärt werden, werden generelle Punkte erläutert.

A.2.1.1 Schätzgenauigkeit

Wie im Kapitel 1.4.1.2 (☞ „Projektcharakterisierung") dargelegt, ist es entscheidend, ob der Aufwand für ein kristallines oder ein fluides Projekt geschätzt werden muss. Bei einem stark kristallinen Projekt, bei dem das Wissen und die Erfahrung schon zu Beginn des Projekts vorliegen, sollte die Schätzabweichung vom PLAN gegenüber dem am Projektende eingetroffenen IST kleiner als 10% sein. Dies verhält sich natürlich ganz anders bei fluiden Projekten.

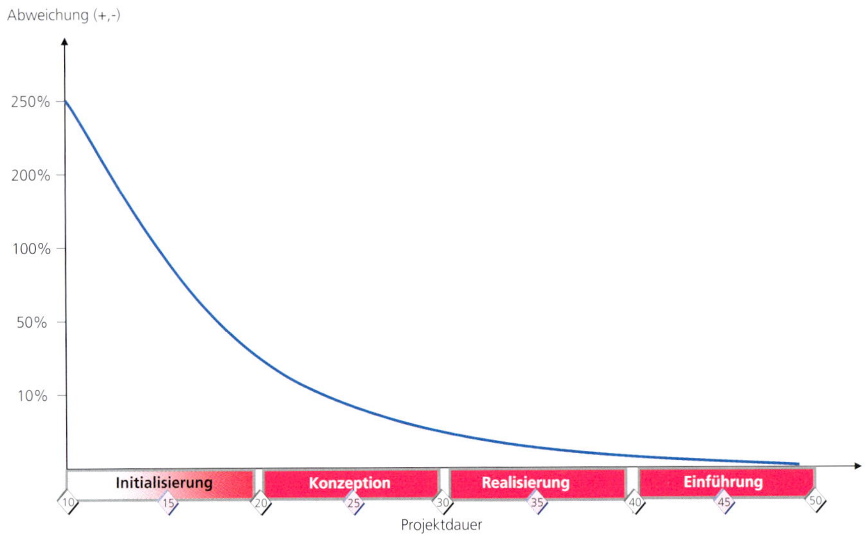

Abb. A.23: Schätzgenauigkeit über die Projektdauer, z.B. bei „fluiden Projekten"

Wie Abbildung A.23 verdeutlicht, ist die Genauigkeit der in einem Projektplan erstellten Aufwandschätzungen bei fluiden Projekten zum Zeitpunkt des Projektstarts sehr gering, da für eine gute Schätzung die notwendigen Grundwerte oft nicht bekannt und generell oft noch zu viele unbekannte Einflussgrössen vorliegen. Nach der Konzipierung, welche z.B. in der Konzeptionsphase erstellt wird, d.h., sobald der ganze Lösungsweg bekannt ist, kann bei einer sehr guten Planung mit Unterstützung einer Erfahrungsdatenbank der Abweichungswert auf ca. 20–10% reduziert werden. Dieser Wert kann jedoch je nach Projektart variieren, da bekanntlich bei innovativen Projekten noch während der Realisierung sehr viele weitere unbekannte Faktoren auftauchen können. Es gilt hierbei zu beachten, dass die Abweichungen sowohl positiver (es wurde zu viel) wie auch negativer Art (es wurde zu wenig geschätzt) sein können.

Wichtig im Umgang mit der Schätzung und der Kommunikation der geschätzten Grössen ist jeweils, dass der Projektleiter nicht nur den geschätzten Wert bekannt gibt, sondern auch den Zeitpunkt der durchgeführten Schätzung. So ist eine Aussage „1000 Tage", geschätzt bei der Initialisierung, anders zu werten als eine Aussage „1300 Tage" beim Start der Realisierungsphase.

Geht man der Abweichung noch etwas stärker auf den Grund, so muss festgehalten werden, dass es sogar bezüglich der Genauigkeit entscheidend ist, ob eine Schätzung vor oder nach einem Review durchgeführt wurde.

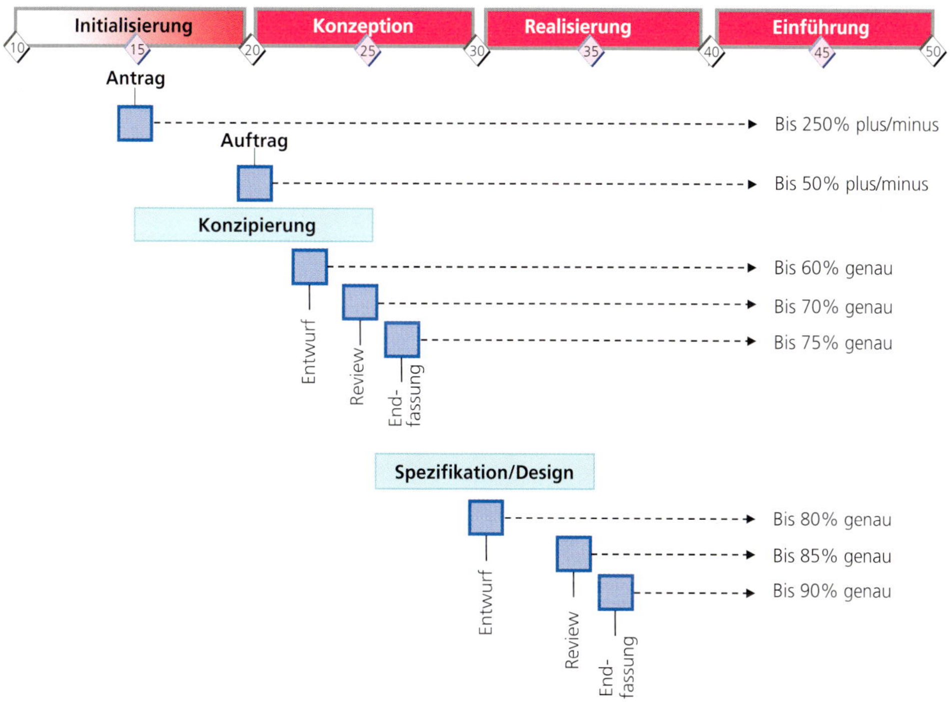

Abb. A.24: Schätzgenauigkeit bei Entwurf – Review – Endfassung

Selbstverständlich darf man die in der Abbildung A.24 dargestellte Optimierung der Abweichung nicht als absoluten Wert entgegennehmen, da dies von Projektart zu Projektart, von Projektcharakter zu Projektcharakter unterschiedlich zu bewerten ist. Wie schon erwähnt, ist jedoch für die Schätzung entscheidend, ob sie auf der Basis von erarbeiteten Ergebnissen vor deren oder nach deren Prüfung, vor oder nach deren Endfassung erstellt wird.

A.2.1.2 Schätzprozesse

Jede Aufwandschätztechnik hat ihren eigenen spezifischen Prozess. Betrachtet man dies aus einer etwas grösseren Distanz, kristallisieren sich über alle Techniken zwei Grundprozesse heraus:

A.2.1.2.1 Lieferobjektorientierter Schätzprozess

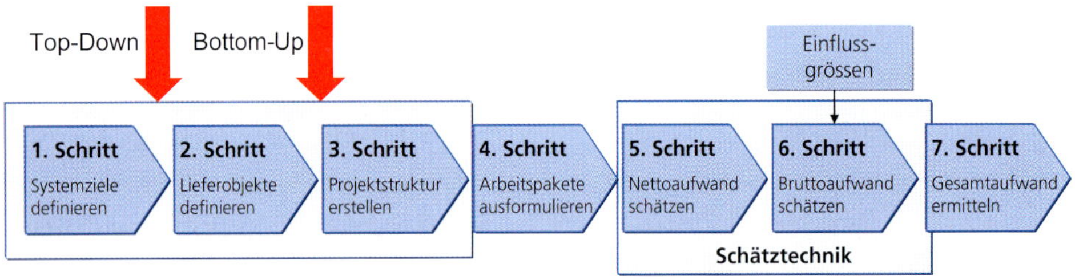

Abb. A.25: Lieferobjektorientierter Schätzprozess

1. Systemziele definieren	Als Erstes sollten die Systemziele so weit als möglich definiert werden. Wie im Kapitel 1.4.2.1 (☞ „Systemziele") beschrieben, gibt es unterschiedliche Formulierungszeitpunkte respektive Detaillierungsgrade.
2. Lieferobjekte definieren	Wie im Kapitel 1.4.2.2 (☞ „Abwicklungsziele") sowie im Kapitel 4.3.3.1 (☞ „Abwicklungszielplanung") erläutert, sollte, basierend auf einem Top-Down- und Bottom-Up-Ansatz, eine möglichst vollständige Lieferobjektliste bezüglich der Projektabwicklung beschrieben werden.
3. Projektstrukturplan erstellen	Gemäss Kapitel 4.3.3.2 (☞ „Projektstrukturplanung") wird das aus den Lieferobjekten definierte Ergebnisvolumen mittels Projektstrukturplan in eine übersichtliche hierarchische Form strukturiert.
4. Arbeitspakete ausformulieren	Als weiteren Schritt gilt es auf der untersten Ebene des Projektstrukturplans die Arbeitspakete zu formulieren, welche die im zweiten Schritt beschriebenen Lieferobjekte erzeugen.
5. Nettoaufwand schätzen	Anhand geeigneter Aufwandschätztechniken werden die Nettoaufwendungen geschätzt. Das heisst in diesem Schritt: ohne jegliche Berücksichtigung der Einflussgrössen.
6. Bruttoaufwand schätzen	Je nach Aufwandschätztechnik werden die Einflussgrössen respektive deren Einflussfaktoren in die Aufwandschätzung miteinbezogen.
7. Gesamtaufwand ermitteln	Um den Gesamtaufwand zu ermitteln, kommen allenfalls noch weitere arbeitspaketunabhängige Aufwände hinzu, welche in diesem Zeitpunkt dazugerechnet werden.

Dieser Schätzprozess wird vornehmlich dort eingesetzt, wo mehrheitlich nur Ziele vorliegen und ein klares Wissen darüber vorhanden ist, wie ein Projekt abgewickelt werden muss.

A.2.1.2.2 Funktionsorientierter Schätzprozess

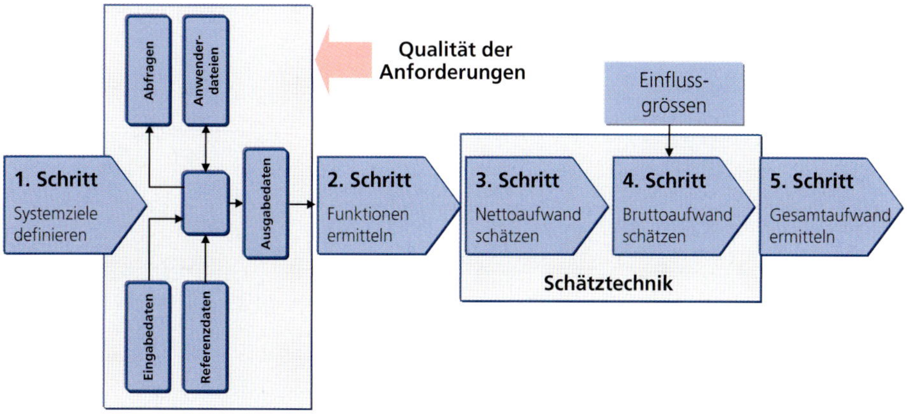

Abb. A.26: Funktionsorientierter Schätzprozess

1. Systemziele definieren	Als Erstes sollten die Systemziele so weit als möglich definiert werden. Wie im Kapitel 1.4.2.1 (☞ „Systemziele") beschrieben, gibt es unterschiedliche Formulierungszeitpunkte respektive Detaillierungsgrade.
2. Funktionen ermitteln	Wie im Beispiel der Function-Point-Methode (FPM) aufgeführt (☞A.2.7 „Function-Point-Methode") werden die entsprechenden Funktionen ermittelt und nach ihrer Art klassifiziert und gewichtet. Ob diese Funktion für Software wie bei der FPM oder für andere Systeme ermittelt wird, ist grundsätzlich irrelevant.
3. Nettoaufwand schätzen	Mittels einer Aufwandschätztechnik werden die Nettoaufwendungen meistens anhand eines Referenzmodells geschätzt, das heisst ohne jegliche Berücksichtigung der Einflussgrössen.
4. Bruttoaufwand schätzen	Je nach Aufwandschätztechnik werden die Einflussgrössen in die Aufwandschätzung miteinbezogen. Dies wird sehr schön bei der FPM-Technik aufgezeigt.
5. Gesamtaufwand ermitteln	Um den Gesamtaufwand zu ermitteln, kommen allenfalls noch weitere arbeitspaketunabhängige Aufwände hinzu, die in diesem Schritt dazuaddiert werden.

Diese Art von Schätzprozess kann bei Projekten angewendet werden, bei denen es möglich ist, die konkreten Funktionen zu definieren, und bei denen dazu eine entsprechende Erfahrungsdatenbank oder ein Referenzmodell vorliegt.

A.2.1.3 Einflussgrössen

Wie in beiden Schätzprozessen aufgezeigt, ist es entscheidend, die Einflussgrössen und deren Stärken (Einflussfaktor) zu kennen. Dabei kann grundsätzlich zwischen den zwei Einflussbereichen Produkt und Prozess unterschieden werden. Die Praxis hat gezeigt, dass erfahrene Personen bezüglich des Nettovolumens gar nicht so schlecht schätzen. Was meistens ausser Acht gelassen wird, ist die richtige Berücksichtigung der Einflussfaktoren.

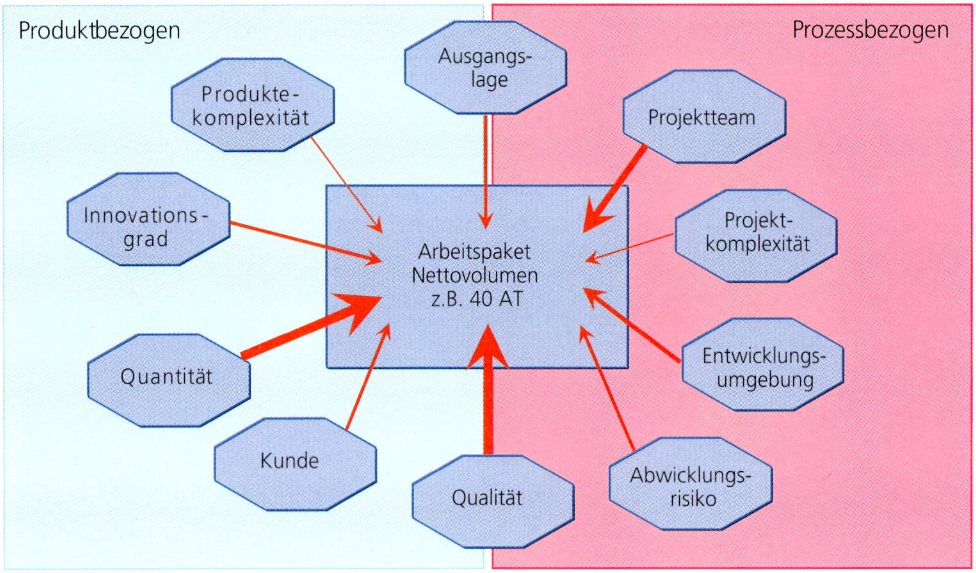

Abb. A.27: Einflussfaktoren der zwei relevanten Einflussbereiche

Weitere Erläuterungen bezüglich Einflussgrössen sind im Kapitel 1.4.3.3 (☞ „Einflussscope") aufgeführt. Wie solche Einflussgrössen in der Aufwandschätzung mitberücksichtigt werden können, zeigt die Function-Point-Methode im Kapitel A.2.7 (☞ „Function-Point-Methode").

A.2.1.4 Klassen der Aufwandschätztechnik

Einem Projektleiter stehen diverse Aufwandschätztechniken zur Verfügung. Gemäss Burghardt [Bur 2002] lassen sich diese in drei Klassen einteilen:

- Algorithmisches Verfahren
  Algorithmische Verfahren bedienen sich immer einer Formel oder eines Formelgebildes, dessen Strukturen und Konstanten empirisch sind und die teilweise durch mathematische Modelle bestimmt werden.

- Vergleichsverfahren
  Vergleichsverfahren basieren nicht auf Formeln, sondern auf dem zahlenmässigen Zusammenhang zwischen der geplanten Produktgrösse und dem dazu benötigten Entwicklungsaufwand. Durch dieses Verfahren werden vergangene Entwicklungen mit dem aktuellen Projekt verglichen. In der Projektabwicklung werden diese Verfahren speziell in der Frühphase eines Projekts eingesetzt.

- Kennzahlenverfahren
  Wie die Vergleichsverfahren erfordern auch die Kennzahlenverfahren das systematische Sammeln projekt- und produktspezifischer Messdaten von abgeschlossenen, früheren Entwicklungen. Diese Messdaten werden allerdings nicht zum Vergleich von Projekten herangezogen, sondern man

leitet aus ihnen aussagekräftige Kennzahlen ab, die zur Bewertung von Schätzgrössen für das geplante Entwicklungsprojekt verwendet werden (Parametrische Schätzung).

Bei allen Verfahren ist zu berücksichtigen, dass bei Schätzverfahren nur die Formeln festgelegt werden bzw. die Art und Weise der Errechnung. Das Schätzen der Werte muss immer noch vom Projektleiter oder -mitarbeiter vorgenommen werden. Deshalb ist es wichtig, neben der Anwendung eines Verfahrens auch eine möglichst kleine Segmentierung der einzelnen geplanten Arbeiten (Arbeitspakete) oder der zu erstellenden Objekte (= Quantität) vorzunehmen. Die Segmentierung liefert dem Projektleiter eine gute Schätzbasis, da aus kleineren Arbeitspaketen eine Vielzahl genau errechenbarer Kenngrössen entnommen werden kann.

A.2.2 Delphi-Verfahren

Das Delphi-Verfahren beinhaltet eine streng systematische Befragung von mindestens zwei, möglichst aber mehreren fachlich kompetenten Personen (Fachurteil). Die Experten sollen Voraussagen über den Zeitbedarf der einzelnen Aktivitäten machen. Es wird unterschieden zwischen:
- Standard-Delphi-Verfahren und
- Breitband-Delphi-Verfahren.

Der wesentliche Unterschied besteht in der Bekanntgabe der Schätzresultate. Die Befragung im Standard-Delphi-Verfahren erfolgt anonym. Beim Breitband-Delphi-Verfahren werden die Schätzergebnisse gegenseitig bekannt gegeben (Rückkoppelung), damit die Experten die Resultate miteinander besprechen und nötigenfalls korrigieren können.

Das Standard-Delphi-Verfahren läuft wie folgt ab:
1. Der Projektleiter schildert persönlich jedem Experten das Projektvorhaben und übergibt ihm ein Formular, auf dem die einzelnen Arbeitspakete strukturiert aufgeführt sind.
2. Jeder Experte füllt das Formular aus, ohne dabei mit einem anderen Experten Kontakt aufzu nehmen. Fragen oder Probleme können hingegen jederzeit mit dem Projektleiter besprochen werden.
3. Der Projektleiter sammelt die Formulare der Experten ein und analysiert die Angaben. Sollten die Schätzwerte der gleichen Arbeitspakete stark voneinander abweichen, erfasst er diese mit einem entsprechenden Kommentar auf einem neuen Formular.
4. Das neue Formular wird erneut an die Experten verteilt. Sie überarbeiten selbstständig ihre Ergebnisse.
5. Die Schritte 2 bis 4 werden so lange wiederholt, bis die gewünschte Annäherung der verschiedenen Ergebnisse erreicht ist oder bis der Projektleiter die Ergebnisse akzeptiert.
6. Der Durchschnittswert der letzten Überarbeitung der Ergebnisse aller Arbeitspakete stellt das endgültige Schätzergebnis dar.

Das Breitband-Delphi-Verfahren läuft wie folgt ab:
1. Der Projektleiter schildert jedem Experten persönlich das Projektvorhaben und übergibt ihm ein Formular, auf dem die einzelnen Arbeitspakete strukturiert aufgeführt sind.
2. Der Projektleiter beruft eine Sitzung ein, an der alle Experten teilnehmen. Unter der Moderation des Projektleiters diskutieren die Teilnehmer über die zu erstellende Schätzung.

3. Jeder einzelne Experte füllt das Formular aus, ohne mit einem anderen Experten zu diskutieren. Der Experte darf während dieser Phase jederzeit mit dem Projektleiter Kontakt aufnehmen, um einzelne Punkte zu klären.
4. Der Projektleiter sammelt die Formulare ein und analysiert die Angaben. Wenn die Schätzwerte der gleichen Arbeitspakete stark voneinander abweichen, erfasst er diese ohne Kommentar auf einem neuen Formular.
5. Der Projektleiter beruft wiederum eine Sitzung ein, in der die Teilnehmer über die zurückerhaltenen Formulare diskutieren.
6. Die Experten überarbeiten ihre eigenen Ergebnisse selbstständig und übergeben diese dem Projektleiter.
7. Die Schritte 2 bis 6 werden so lange wiederholt, bis die gewünschte Annäherung der verschiedenen Ergebnisse erreicht ist oder bis der Projektleiter die Ergebnisse akzeptiert.
8. Der Durchschnittswert der letzten Überarbeitung der Ergebnisse aller Arbeitspakete stellt das endgültige Schätzergebnis dar.

In der Praxis kann diese Methode eine Gefahr mit sich bringen. Überschreiten die Projektkosten am Ende die Schätzung, neigt der eine oder andere Projektleiter dazu, die Schuld den Experten zuzuschieben. Dies ist jedoch grundsätzlich nicht richtig, da der Projektleiter entscheidet, wann er die geschätzten Werte der Experten akzeptieren will.

Die Experten leiten ihre Schätzwerte meistens aus vergangenen Entwicklungen und den daraus resultierenden Erfahrungen ab. Aus diesem Grund wird das Delphi-Verfahren zu den Vergleichsverfahren gezählt.

A.2.3 Analogieverfahren

Das Analogieverfahren (Analoge Schätzung) greift auf die IST-Werte von vergleichbaren, bereits abgewickelten Projekten zurück. Diese IST-Werte werden mit den entsprechenden Korrekturfaktoren multipliziert. In den meisten Fällen bestehen neue Systeme zu einem grossen Teil aus bereits existierenden Komponenten, oder es können Analogien zu ähnlichen Bauteilen hergestellt werden [Mad 1994]. Existieren im Projektumfeld solche Grundlagen, so kann der Projektleiter die Projektaufwendungen anhand des Analogieverfahrens schätzen. Sind komplette Erfahrungsdaten vorhanden, gilt das Analogieverfahren, besonders im Anfangsstadium eines Projekts, als eine sehr geeignete Schätzmethode. Je genauer und aktueller (max. 3 Jahre alt) solche Daten auf einer Projekt-Erfahrungsdatenbank (PEDB oder Cost Data Base genannt) erfasst sind, umso bessere Voraussetzungen bestehen für eine genaue Einschätzung des neuen Projekts. Das Analogieverfahren wird zu den Vergleichsverfahren gezählt.

Eine solche Projekt-Erfahrungsdatenbank sollte für jede Projektart aufgebaut werden. Für Softwareentwicklungs-Projekte wird sie in 6 verschiedene Eigenschaftsgruppen gegliedert [End 1990]:

1. Projektidentifikation
   - Projektname, Projektbeginn und -ende
   - Aufgabenstellung (Neuentwicklung, Wartungsprojekt)

- Fachgebiet (Rechnungswesen, Lagerverwaltung)
- Arbeitspakete (Leistungsbeschreibung)

2. Ergebnisse
   - Anzahl der Anweisungen (Befehle, Konstanten, Kommentare)
   - Anzahl A4-Seiten (aufgeteilt in Projekt- und Produktdokumentation)
   - Anzahl Programme (z.B. durchschnittliche Modulgrösse)
   - Anzahl Fehler (z.B. Entwurfsfehler, Kommunikationsfehler)

3. Aufwand
   - Anzahl Personenmonate
   - Anzahl Rechnerstunden für die Entwicklung
   - Fremdkosten (z.B. Beratungskosten, externe Programmierung)
   - Verteilung der Personenmonate und Rechnerstunden auf die gesamte Zeit
   - Personenmonate und Rechnerstunden pro Produkt und Teilprodukt (z.B. Spezifikationen, Module, Programme, Verfahren)
   - Anzahl Mitarbeiter (Berufsjahre, Fluktuation)
   - Aufwand pro Fehler (Fehlerbehebungsdauer, Aufwand für Analyse, Behebungsart etc.)

4. Eingesetzte Hilfsmittel in der Projektabwicklung
   Es soll dokumentiert werden, welche Hilfsmittel aus welchen Gründen abgelehnt und welche Erfahrungen mit den eingesetzten Hilfsmitteln gemacht wurden.
5. Umgebungsbedingungen
   - Betriebssystem
   - Innovationsgrad des Projekts
   - Einflüsse durch Organisation, Rechenzentrum etc.
   - Schätzabweichungsanalyse (Wo hat man sich verschätzt und warum?)
   - Besonderheiten des technischen Lösungswegs
   - Klare Kennzahlen (z.B. Kosten pro Personenmonat und Rechnerstunde)
   - Weitere Erkenntnisse, die aus dem Projekt gewonnen wurden

6. Einflussfaktoren
   Werden die Werte der ersten fünf Eigenschaftsgruppen vornehmlich in verbaler Form festgehalten, so werden die Einflussfaktoren innerhalb einer vorgegebenen Skala genau klassifiziert. Zu den Einflussfaktoren gehören:
   - Genauigkeit (Detaillierungsgrad) der Ziele und Anforderungen
   - Komplexität der Aufgabe
   - Erfahrungsstand der Projektmitarbeiter
   - Geforderte Qualität des Produkts
   - Hilfsmitteleinsatz

Neben der Projekt-Erfahrungsdatenbank ist eine möglichst vergleichbare Gliederung der Arbeitspakete die zweite Bedingung für eine optimale Aufwandschätzung durch ein Analogieverfahren. Sind diese zwei Vorbedingungen erfüllt, so kann das Verfahren durchgeführt werden. Es läuft wie folgt ab:

1. Risikoeinschätzung des Projekts
   Aufgrund der Einflussfaktoren wird eine Risikoanalyse mittels der vorgesehenen Skala (z.B. 0 = normales Risiko, 3 = sehr hohes Risiko) durchgeführt. Mit folgender Formel kann eine Risikoklasse bestimmt werden:

$$\text{Risikoklasse in \%} = \frac{\text{Vorhandener Skalawert}}{\text{Grösstmöglicher Skalawert}} \times 100$$

2. Schätzen der Aufwände
   Nun wird die Aufwandschätzung der einzelnen Arbeitspakete vorgenommen. Dabei müssen Bezugsgrössen definiert werden, wie z.B.:
   – Anzahl Ziele
   – Anzahl Anforderungen pro Klasse
   – Grössen Laufmeter, Gewicht, Fläche etc.
   – Konvertierungsmenge
   – Anzahl Komponenten
   – Anzahl durchzuführende Testfälle
   – Anzahl Seiten Dokumentation

3. Bezug herstellen zur Aufwandschätzung der Pakete „PM_{P0}"
   Die Werte aus der Projekt-Erfahrungsdatenbank liefern die Faktoren, mit denen der Personen-Monat-Aufwand „PM_{P0}" pro Paket berechnet wird. Dieser Aufwand kann sehr gut mit der Delphi-Methode geschätzt werden, wo mit Expertenvoraussagen gearbeitet wird.

4. Modifizierung der Aufwände „PM_{P1}"
   Die Aufwandwerte aus Punkt drei werden anhand ihrer Einflussfaktoren modifiziert, sodass der neue Aufwandwert „Personenmonat PM_{P1}" errechnet werden kann. Die Einflussfaktoren sind: F^a (Genauigkeit der Anforderung), F^b (Komplexität der Aufgabe), F^c (Erfahrungsstand der Projektmitarbeiter), F^d (Geforderte Produktqualität) und F^e (Hilfsmitteleinsatz). Folgende Formel kommt zur Anwendung:

$$PM_{P1} = PM_{P0} \times F^a \times F^b \times F^c \times F^d \times F^e$$

Beim Analogieverfahren ist zu beachten, dass die betriebsinternen Eigenheiten einer Projekt-Erfahrungsdatenbank schwer zu neutralisieren sind. Daher sind die erfassten Werte für Personen ausserhalb des aufgenommenen Entwicklungsumfelds nur beschränkt zu gebrauchen.

A.2.4 Beta-Verfahren

Das Beta-Verfahren, auch Drei-Zeiten-Verfahren oder Drei-Punkt-Schätzung, verdankt seinen Bekanntheitsgrad der Netzplantechnik PERT, bei der es ein wichtiger Bestandteil ist. In dieser Technik weist ein Vorgang (bzw. ein Arbeitspaket) nicht nur einen Zeitwert aus, sondern deren drei. Mit diesen drei Zeitwerten wird versucht, die Unsicherheit der Aufwandschätzung etwas zu verringern. Die drei Zeitwerte heissen [Ber 1973]:

- Optimistische Dauer (OD)
  Unter besonders günstigen Arbeitsbedingungen kann die Optimistische Dauer für eine Aufgabenstellung erreicht werden. Die Arbeiten können aber unter keinen Umständen in kürzerer Zeit erledigt werden, da die Optimistische Dauer die minimal notwendige Dauer darstellt.

- Häufigste Dauer (HD)
  Die Häufigste Dauer kann unter normalen Arbeitsbedingungen eingehalten werden. Wenn ein Vorgang (bzw. ein Arbeitspaket) mehrmals unter gleichen Bedingungen ausgeführt wird, erhält man die Dauer, die am häufigsten zutrifft.

- Pessimistische Dauer (PD)
  Wenn bei der Zeitschätzung ungünstige Voraussetzungen angenommen werden, erhält man die Pessimistische Dauer, die unter besonders schlechten Bedingungen eintreten kann. Sie ist die längste und am schwierigsten zu ermittelnde Dauer und darf nur im Krisenfall überschritten werden.

Mit den Zeiten OD, HD und PD wird nach einer Wahrscheinlichkeitsverteilung (Beta-Verteilung) der Erwartungswert für die Mittlere Dauer (MD) errechnet. Dabei wird folgende Formel verwendet:

$$\text{Mittlere Dauer (MD)} = \frac{OD + 4 \times HD + PD}{6}$$

Beim Beta-Verfahren wird mit der Formel keine feste Zeitdauer für eine einzelne Tätigkeit festgelegt, sondern es wird die Möglichkeit einer Abweichung in Betracht gezogen. Das heisst, man geht davon aus, dass alle Zeitwerte bei mehrfacher Durchführung zwischen die beiden Grenzwerte OD und PD zu liegen kommen, was schliesslich zu einer kontinuierlichen Verteilungskurve führt. Es handelt sich dabei um die Beta-Verteilung.

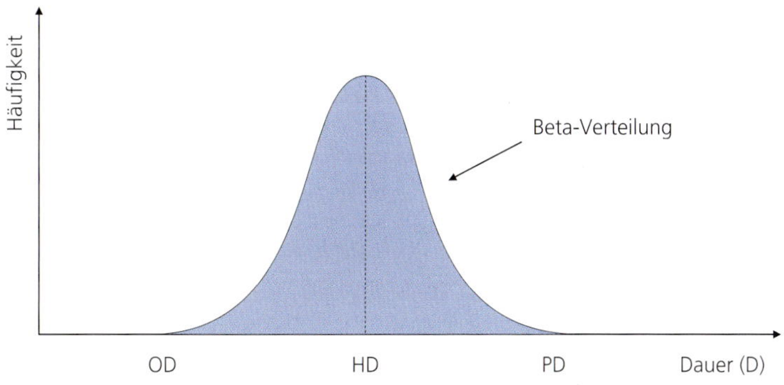

Abb. A.28: Verteilung der Vorgangsdauer beim Beta-Verfahren

Je nach häufigstem Wert liegt der Erwartungswert links oder rechts von der Mittleren Dauer [Ber 1973]:

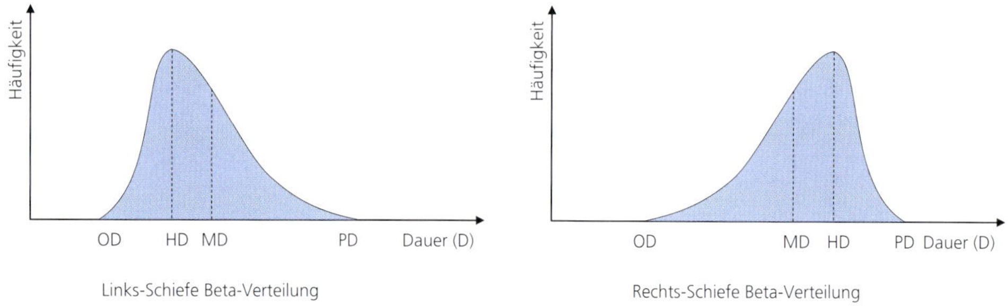

Abb. A.29: Schiefe Beta-Verteilungen

Dieses Berechnungsverfahren findet besonders bei innovativen Projekten Anwendung, da solche Vorhaben zu einem grossen Teil aus „Forschung" bestehen und zwar die Aufwände, nicht aber die Ergebnisse genauer bestimmt werden können.

				Tage Aufwand für alle MA pro AP zu 100%					1 Tag = 1000.–
Phase		**Arbeitspaket**	**Personen**	**OD**	**HD**	**PD**	**MD**	**Total**	**Betrag**
Init.	AP A	Erstellen Business Case	4	12	18 x 4	38	**20.3**	81.2	81 200
Konz.	AP B	Erhebung/Analyse und Erstellung einer SWOT-Analyse	3	4	10 x 4	18	**10.3**	30.9	30 900
Konz.	AP C	Erstellen des Pflichtenhefts	3	15	19 x 4	36	**21.0**	63	63 000
Konz.	AP D	Erstellen des Kriterienkatalogs und Offertrasters sowie Evaluation	4	24	30 x 4	48	**32.0**	128	128 000
Konz.	AP E	Erstellen der Verträge	2	2	4 x 3.5	9	**4.2**	8.4	8 400
Init.	AP F	Erstellen der Marktanalyse	5	6	9 x 4	18	**10.0**	50	50 000
Konz.	AP G	Erstellen des Konzepts, abgestützt auf die Marktanalyse	4	18	22 x 4	38	**24.0**	96	90 000
Konz.	AP H	Erstellen des Mengengerüsts	3	7	8.5 x 4	21	**9.0**	27	27 000
Konz.	AP I	Erstellen des Phasenberichts	2	3	5 x 4	13	**6,0**	12	12 000
Konz.	AP J	Erstellen der Anforderungsspezifikation	3	40	32 x 4	201	**33.5**	100.5	100 500
Etc.									
								591	591 000

Abb. A.30: Berechnungsbeispiel mittels Beta-Verfahren

Die Vorteile der Beta-Methode können dann gut genutzt werden, wenn für alle drei Zeiten zuverlässige Zahlen erarbeitet werden und die verantwortlichen Personen (Projektträger) die Aussagen der Berechnung in Bezug auf die Wahrscheinlichkeit richtig auslegen können.

A.2.5 Extrapolationsverfahren

Das Extrapolationsverfahren (oder auch Prozentsatzverfahren) gehört in die Klasse der Kennzahlenverfahren. Diese stützen sich auf ein genau definiertes Entwicklungsverfahren, für dessen einzelne Phasen genaue prozentuale Anteilswerte von früheren Projekten vorliegen, die mit dem gleichen Verfahren durchgeführt wurden. Auf Basis solcher Erfahrungswerte werden die Aufwendungen der einzelnen Phasen aus früheren Projekten mit Hilfe der Extrapolation in die Zukunft projiziert. Damit das Extrapolationsverfahren überhaupt sinnvoll eingesetzt werden kann, müssen folgende Voraussetzungen erfüllt sein:

- Die Umweltbedingungen müssen eine gewisse Stabilität aufweisen.
- Das verwendete Extrapolationsverfahren muss in der Lage sein, zufällige Schwankungen einer Zeitreihe auszuschalten oder zumindest zu glätten.
- Die verfügbaren Vergangenheitswerte sollten möglichst umfassend sein und mindestens den gleichen Informationsgehalt aufweisen wie die gewünschten Prognosewerte.

Dieses Verfahren basiert auf zwei Vorgehensweisen:

- Berechnungsbasis
  Zuerst wird eine detaillierte Schätzung einer Phase mit einem anderen Verfahren durchgeführt. Dieser Wert bezieht sich auf den vorgegebenen Prozentsatz und gilt als Basis der Extrapolationsrechnung für die restlichen Phasenaufwendungen.

- Vergangenheitsbasis
  Bei dieser Vorgehensweise wird zuerst die erste Phase (Initialisierung) beendet. Die dazu benötigten Aufwände bilden die Basis für die Extrapolationsrechnung. Damit können die Schätzungen der Aufwendungen für die restlichen Phasen extrapoliert werden.

Bei grösseren Firmen können pro Projektart aufgrund der Vielzahl erledigter Projekte auf eine einfache Art und Weise gute Erfahrungswerte pro Phase ermittelt werden. Diese Erfahrungswerte geben eine gute prozentuale Aufschlüsselung darüber, wie viel anteilmässiger Aufwand ein entsprechendes Projekt pro Phase hat.

Die Schwächen des Extrapolationverfahrens liegen bei der Hochrechnung mit relativ kleinen Werten, wie z.B. 5% (Initialisierung). Daher ist es von Vorteil, wenn am Anfang nach dem Berechnungsverfahren und von der Detailspezifikationsphase an nach dem Vergangenheitsverfahren gerechnet wird. Es muss auch berücksichtigt werden, dass dieses Verfahren je nach angewandter Projektabwicklungsmethode, vorliegendem Projekttyp, Projektgrösse oder Entwicklungsgebiet unterschiedliche Werte aufweist, welche die prozentuale Verschiebung innerhalb einer Entwicklungsmethode aufgrund der Projektgrösse beeinflussen. Je grösser und komplexer ein Vorhaben ist, desto grösser ist z.B. der prozentuale Anteil der Aufwendungen während der Konzipierungsphasen.

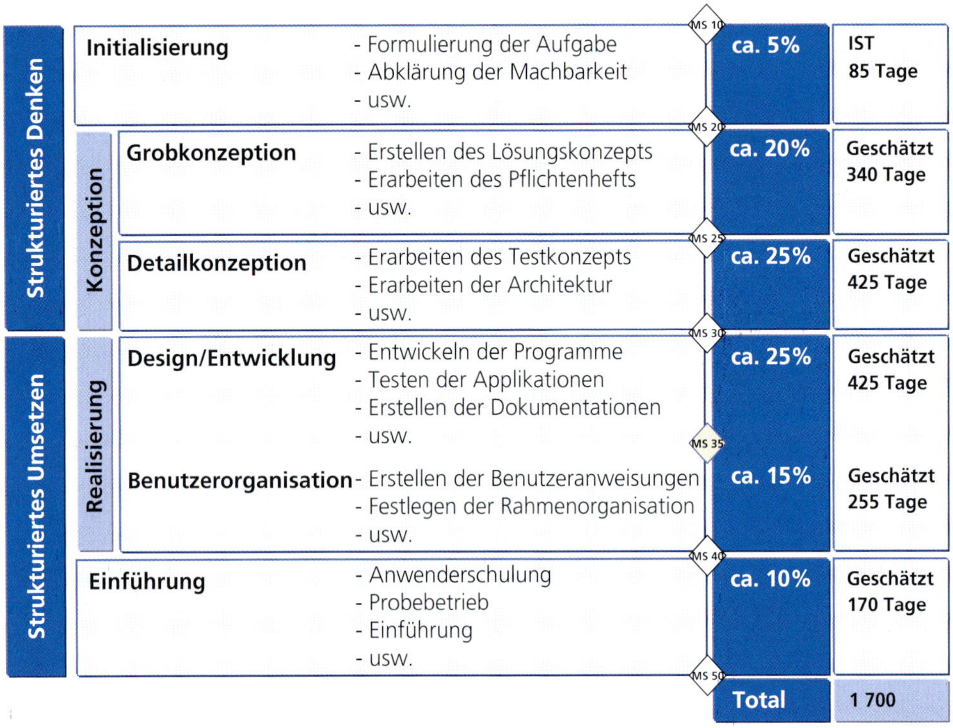

Abb. A.31: Mögliche Aufteilung der Projektzeit auf einzelne Phasen mittels Extrapolationsverfahren

Die Stärke dieses Verfahrens liegt zweifellos im Einsatz bei Projektkontrollen, bei der Schnellanalyse von Projektaufwendungen oder bei sogenannten Aufwand-Frühwarnsystemen, mit denen jeweils geprüft wird, ob der Projektverlauf in etwa den vorgegebenen Prozentwerten entspricht. Dieses Verfahren eignet sich am besten für Projekte, die nach dem Schleifen-Vorgehensmodell entwickelt werden und in denen die Phasen rein sequenziell ablaufen. Bei einem evolutionären Vorgehensmodell dürfte die Anwendung des Extrapolationsverfahrens einige Schwierigkeiten verursachen.

A.2.6 Standardwertverfahren

Sind alle Kostengrössen eines Arbeitspakets bekannt, so bildet das Standardwertverfahren (auch Multiplikatorverfahren) die einfachste, beste und sicherste Art, eine Projektschätzung durchzuführen. Es erlaubt dem Projektleiter, für jede Berechnung den klaren Nachweis zu erbringen. Voraussetzung ist natürlich, dass aktuelle Standardwerte (Kosten pro Einheit, %-Werte, Aufwand, Durchlaufzeiten etc.) zur Verfügung stehen und sie den einzelnen Arbeitspaketen quantitativ zugewiesen werden können. Um eine möglichst genaue Kostenschätzung zu erreichen, müssen somit die Leistungs- und Investitionswerte mit diesen Standardwerten in Einklang gebracht werden.

Mögliche Standardwerte	Einheit		%-werte	Aufwand in Std.	Durchlaufzeit
Kosten pro Transaktion	Währung	0.02			
Anzahl Arbeitstage pro Monat	Tage	20		160	
Monatliche Kosten pro Projektmitarbeiter	Währung	20 000			
Schreiben einer Konzeptionsseite	Seite	1		4	
Projektmanagementanteil in einem Projekt	Währung	1 000 000	10 – 15 %	640	Ganzes Projekt
Durchschnittliche Transaktionsmenge pro Tag	Transaktion	1 800			
Geschäftsleitungsentscheid	Tage				12
Management Review	Währung	5 400		35	3.5 Wochen

Abb. A.32: Mögliche Standardwerte

Bei diesem Verfahren schätzt oder errechnet man die Anzahl der Einheiten, die für die Erfüllung der Aufgabe notwendig sind. Ist diese Grösse bekannt, so multipliziert man sie z.B. mit dem Aufwand pro Standardwert (Einheit). Die Kumulation aller errechneten Aufwände ergibt die Arbeitspaket- und die Phasen- bzw. Projektkosten.

Das Standardwertverfahren eignet sich am besten für reine Entwicklungsprojekte „mit kleinem Innovationsgrad", in denen während einer vorgegebenen Zeitdauer ein gewisses Problem mit einer bestimmten Anzahl Personen gelöst werden muss, oder für Organisationsprojekte, bei denen „keine" Realisierungsarbeiten durchgeführt werden müssen. In diesen Organisationsprojekten bilden die reinen, einmaligen Investitionswerte den grössten Kostenanteil.

Der Vorteil der Projektkostenschätzung mit dem Standardwertverfahren ist, dass sie, wenn sie bei den geschilderten Projektarten angewendet wird, eine realistische Aufwandschätzung zulässt, ohne dass man allzu detailliert auf projektspezifische Probleme eingehen muss.

In der Baubranche liegt eine Unmenge von sehr guten Standardwerten vor. Es nützt jedoch wenig, wenn man ein Projekt mit dieser Schätztechnik schätzt und dann unter dem Preis offeriert, um garantiert den Zuschlag zu erhalten. Schätzen und Verkaufen sind zwei unterschiedliche Disziplinen!

A.2.7 Function-Point-Methode

Das Funktionspunkteverfahren (oder auch Function-Point-Methode) gehört zu der Gruppe der algorithmischen Schätzmethoden. Aufgrund seiner Übersichtlichkeit, Qualität und Anpassungsfähigkeit hat sich das von Allan J. Albrecht, IBM USA, entwickelte Verfahren „Function-Point" in vielen Softwareentwicklungsabteilungen schnell verbreitet und durchgesetzt. Das Funktionspunkteverfahren stützt sich auf fünf Schritte ab.

Abb. A.33: Die fünf Schritte des Funktionspunkteverfahrens

Das Verfahren wurde im Laufe der Zeit modifiziert und gewissen Situationen (Informatikprojekte, Industrieprojekte etc.) angepasst. Daher existieren heute mehrere, leicht unterschiedliche Verfahren.

Die Unterschiede liegen meistens in der Anzahl und Art der Einflussfaktoren. Das hier erklärte Verfahren hat IBM Deutschland für Softwareentwicklungs-Projekte modifiziert.

A.2.7.1 Ermitteln der Komponenten

In einem ersten Schritt wird jede einzelne Projektanforderung einer der folgenden fünf Komponenten zugeordnet.

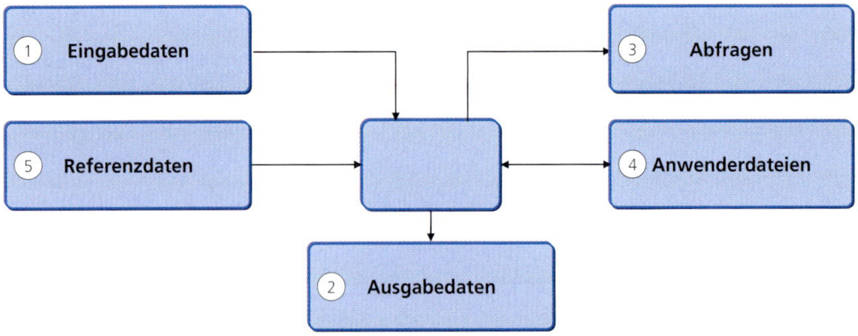

Abb. A.34: Die fünf Komponenten der Projektanforderung [IBM 1985]

1. Eingabedaten (Geschäftsvorfall)
   Als Eingabedaten gelten alle Arten von Inputs wie Formulare, Bildschirmmasken, Datenströme von anderen Systemen, die im neuen System verarbeitet werden. Jede Eingabe wird einzeln aufgeführt, wenn sie ein eigenes, sich von den anderen unterscheidendes Format aufweist oder eine andere Verarbeitungslogik verlangt.

2. Ausgabedaten (Geschäftsvorfall)
   Als Ausgabedaten gelten alle Arten von Outputs wie Bildschirmmasken, Listen oder auch die Bereitstellung von Daten für andere, die im neuen System bearbeitet werden. Gezählt wird jede einzelne Ausgabe, wenn sie ein Format hat, das sich von den anderen unterscheidet, oder wenn zu ihrer Erstellung eine andere Verarbeitungsweise notwendig ist. Eine Eingabe, die in der gleichen Onlinetransaktion wieder zur Ausgabe wird, wird dabei nur einmal gezählt.

3. Abfragen (Geschäftsvorfall)
   Durch gezieltes Abfragen kann nach genau definierten Daten bzw. Beständen gesucht werden. Gezählt wird jeweils eine Einheit von unterschiedlich formatierten Onlineeingaben. Die Abfragen bewirken keine Veränderung der Datenbestände.

4. Anwenderdateien (Datenbestände)
   Anwenderdateien sind Dateien, die im Rahmen des Anwendungssystems (Updatefunktionen) gepflegt oder betreut (Security, Recovery) werden. Gezählt wird jeweils jede logische Datei (Relation); sortier- und verarbeitungstechnisch bedingte Zwischendateien werden nicht gezählt.

5. Referenzdateien
   Zu den Referenzdateien gehören alle Dateien und Tabellen, die vom Anwendungssystem nur gelesen und nicht gepflegt werden. Diese Daten werden nicht komplett verarbeitet, sondern

dienen der Bereitstellung von Zusatzinformationen. Nicht gezählt werden Tabellen, die zur Implementierung benötigt werden.

A.2.7.2 Bewerten der Komponenten

Als zweiter Schritt wird jede Komponente in Komplexitätsstufen eingeteilt, die als Funktionspunkte (FP) bezeichnet werden. Es erfolgt eine Klassifizierung, für die Werte zwischen 3 und 15 vergeben werden müssen. Die Anzahl der Funktionen wird mit den ihnen zugewiesenen Werten multipliziert (z.B. 5 einfache Eingabedaten ergeben 15 Punkte), und schliesslich wird alles zusammengezählt. Dies ergibt die erste Summe „S1" (☞ Abbildung A.38 „Berechnungsbeispiel Teil 1").

Funktionsart	einfach	mittel	komplex
Eingabedaten	3	4	6
Ausgabedaten	4	5	7
Datenbestände	7	10	15
Referenzdaten	5	7	10
Abfrage	3	4	6

Abb. A.35: Bewertungspunkte pro Komponentenklasse

A.2.7.3 Klassifizieren der Einflussfaktoren

Als dritter Schritt werden die Einflussfaktoren der gesamten Anwendung festgelegt und klassifiziert. Die Bewertung der Einflussfaktoren wird aufgrund untenstehender Skala vorgenommen. Einflussfaktoren, die in einer Entwicklungsumgebung berücksichtigt werden können, sind:

- Verflechtung mit anderen Systemen
- Dezentrale Verarbeitung und Datenhaltung
- Transaktionsrate und Antwortzeitverhalten
- Verarbeitungskomplexität
  Abweichend von der allgemeinen Bewertung gilt die Bewertungsspanne von 3 bis 30. Dies ergibt sich aus den Summen der folgenden vier Einzelbewertungen [IBM 1985]:
  – Schwierigkeit und Komplexität der Rechenoperationen (0–10)
  – Umfang der Prüfverfahren für die Datensicherstellung (0–5)
  – Anzahl der Ausnahmeregelungen (0–10)
  – Schwierigkeit und Komplexität der Logik (0–5)
- Wiederverwendbarkeit (z.B. Module, Routinen)
- Datenbestand-Konvertierungen
- Benutzer- und Änderungsfreundlichkeit.

Skala	Beschreibung	Skala	Beschreibung	Skala	Beschreibung
0	kein Einfluss	1	gelegentlicher Einfluss	2	mässiger Einfluss
3	mittlerer Einfluss	4	bedeutender Einfluss	5	starker Einfluss

Abb. A.36: Bewertung der Einflussfaktoren

Das Total der Bewertung der Einflussfaktoren kann 60 Punkte ergeben. Nach der Beurteilung werden die Einflussfaktoren addiert, und deren Total bildet die zweite Summe (S2). Der Einfluss der Faktoren kann maximal +/– 30% des errechneten Werts betragen. Dazu wird die folgende Formel angewendet:

Faktor der Einflussbewertung S3 = 0,70 + (0,01 x S2)

Die hier aufgeführten Einflussfaktoren sind vor allem im Entwicklungsbereich zu berücksichtigen. Für wissenschaftliche und technische Projekte gilt ein anderes, leicht abgeändertes Einfluss-Faktorenmodell.

A.2.7.4 Ermitteln der Anzahl Funktionspunkte

Als vierter Schritt muss nun das sogenannte „Total Funktionspunkte" (TFP) errechnet werden, das sich aus den zuvor erstellten Summen ergibt.

Total Funktionspunkte TFP = S1 x S3

A.2.7.5 Berechnen des Entwicklungsaufwands

Als fünfter und letzter Schritt wird aus den TFP-Werten eines Anwendungssystems der Entwicklungsaufwand in Personenmonaten abgeleitet. Dazu nimmt man eine Wertetabelle zu Hilfe, welche die TFP-Werte den entsprechenden Personenmonaten zuweist. Diese Wertetabelle ist durch eine Nachkalkulation von verschiedenen, implementierten Systemen entstanden. Sie gilt als Erfahrungswerttabelle und kann deshalb in jeder Entwicklungsabteilung unterschiedlich ausfallen.

Funktionspunkte	PM	Funktionspunkte	PM	Funktionspunkte	PM
150	5	500	33	850	61
200	9	550	37	900	65
250	13	600	41	950	70
300	17	650	45	1000	75
350	21	700	49	1050	84
400	25	750	53	1100	93
450	29	800	57	...	...

Abb. A.37: Mögliche Wertetabelle

In den kommenden zwei Abbildungen ein Beispiel dazu:

GV-Gruppe	Klassifizierung	Menge		Gewicht		Total
Eingabedaten	einfach	11	x	3	=	33
	mittel	15	x	4	=	60
	komplex	18	x	6	=	108
Ausgabedaten	einfach	7	x	4	=	28
	mittel	19	x	5	=	95
	komplex	5	x	7	=	35
Datenbestände	einfach	2	x	7	=	14
	mittel	4	x	10	=	40
	komplex	9	x	15	=	135
Referenzdaten	einfach	2	x	5	=	10
	mittel	0	x	7	=	0
	komplex	7	x	10	=	70
Abfragen	einfach	3	x	3	=	9
	mittel	7	x	4	=	28
	komplex	9	x	6	=	54
Summe					**S1**	**719**

Abb. A.38: Berechnungsbeispiel Teil 1

Einflussfaktoren		Bewertung
Verflechtung mit anderen Systemen	=	2
Dezentrale Verarbeitung und Datenhaltung (DDP)	=	3
Transaktionsrate und Antwortzeitverhalten	=	2
Verarbeitungskomplexität		
- Schwierigkeit und Komplexität der Rechenoperationen	=	5
- Umfang der Kontrollverfahren für die Datensicherstellung	=	3
- Anzahl der Ausnahmeregelungen	=	8
- Schwierigkeit und Komplexität der Logik	=	4
Widerverwendbarkeit	=	1
Datenbestand-Konvertierungen	=	2
Benutzer- und Änderungsfreundlichkeit	=	5
Summe	**S2**	**35**
Faktor der Einflussbewertung: 0,70 + (0,01* S2)	S3	1,05
Bewertung der Function Points: S1 * S3	TFP	755
Personenmonate gemäss Wertetabelle	PM	**53**

Abb. A.39: Berechnungsbeispiel Teil 2

A.3 Bewertungstechniken

Jede Investition, auch diejenige in ein Projekt, muss auf ihre Wirtschaftlichkeit geprüft werden. Es ist jedoch aufgrund fehlender Kenngrössen oft schwierig, den Nutzen einer Investition in ein Projekt in absoluten Zahlen (z.B. Geldeinheiten) auszudrücken. Dies verleitet viele Projektverantwortliche dazu, auf Kosten-Nutzen-Überlegungen zu verzichten. Eine solche Unterlassung ist jedoch sehr fragwürdig und erhöht das Risiko einer Fehlinvestition enorm. Der Projektleiter sollte sich verpflichtet fühlen, die Aufwände und Erträge des geplanten Vorhabens zu berechnen und zu beurteilen. Der richtige Zeitpunkt einer Wirtschaftlichkeitsprüfung kann nicht bestimmt werden. Ideal ist es jedoch, wenn diese Berechnungen der Projektkostenplanung (☞ Kapitel 4.3.3.6 „Projektkostenplanung") respektive basierend auf der Groblösung im Business Case angestellt werden, da zu diesem Zeitpunkt umfassende Planungsdaten bzw. Kenngrössen (Detailaufwendungen, Zeit etc.) vorliegen.

Um die Investitionskosten für ein Projekt im rein betriebswirtschaftlichen Sinn zu ermitteln, können die Kosten-Nutzen-Berechnungen angewendet werden, die in folgende zwei Rechenmethoden unterteilt werden [Tho 2002]:

- Statische Investitionsrechnungen
  Bei den statischen Investitionsrechnungen werden grundsätzlich nur diejenigen Informationen berücksichtigt, die zum Zeitpunkt der Investition bekannt sind. Es wird zwischen Kostenvergleichs-, Gewinnvergleichs-, Rentabilitäts- und Amortisationsrechnung unterschieden. Die jeweiligen Rechnungsgrössen fallen zu unterschiedlichen Zeitpunkten während eines Projekts an, was aber nicht berücksichtigt wird.

- Dynamische Investitionsrechnungen
  Die dynamischen Investitionsrechnungen berücksichtigen den Zeitablauf einer Investition und die sich dabei verändernden Komponenten (Kosten, Erlös, Erfolg). An die Stelle von Kosten- und Nutzengrössen treten nun Ausgaben und Einnahmen. Dadurch entfallen bestimmte Notwendigkeiten der buchhalterischen Abgrenzungen (z.B. bei Abschreibungen). Diese zeitlich unterschiedlich anfallenden Einnahmen- und Ausgabenströme können verglichen werden, wenn sie auf einen bestimmten Zeitpunkt abgezinst werden. Abschreibungen, also nicht mittelflusswirksame Aufwendungen, werden in der dynamischen Investitionsrechnung somit nicht berücksichtigt. „Altlasten" vergangener Investitionen (Sunk Costs) dürfen nicht in die dynamische Investitionsrechnung (IR) miteinbezogen werden, da diese die zukunftsorientierte Sicht verfälschen würden. Die fünf Einflussgrössen der dynamischen Investitionsrechnung:
  - Die „Nutzungsdauer" ist der Zeitraum, in welchem der Zusatznutzen der Investition generiert wird.
  - Der „Diskontierungssatz" widerspiegelt das generelle Investitionsrisiko. Er setzt sich zusammen aus dem Zinssatz der Bundesobligationen, Projekt-, Unternehmens-, Branchen- und Inflationsrisiken.
  - Der „NPV" (Net Present Value) zeigt aufgrund der diskontierten künftigen Mittelflüsse den monetären Nutzen der Investition zum Zeitpunkt 0. Dabei ist der zeitliche Nutzenanfall relevant.
  - Der „Pay-Back-Wert" zeigt den Zeitpunkt der Investitionsamortisation und basiert ebenfalls auf den diskontierten künftigen Mittelflüssen (Zeitpunkt NPV = 0).

- IRR (Internal Rate of Return) zeigt den maximalen Diskontierungssatz, bei welchem der NPV zum Zeitpunkt 0 genau den Wert null annimmt.

Für eine monetäre Wirtschaftlichkeitsbetrachtung ist grundsätzlich der Projektauftraggeber verantwortlich. Er muss sich überlegen, ob er die Investition tätigen will oder nicht. Dabei kann er verschiedene Berechnungstechniken einsetzen, die sich einerseits in statische Verfahren (Projektkostenvergleichs-, Kostenvergleichs-, Gewinnvergleichs-, Rentabilitäts- und Amortisationsrechnung) sowie andererseits in die etwas anspruchsvolleren dynamischen Verfahren (Methode des Internen Zinsfusses und Kapitalwertmethode) einteilen lassen. Der Projektleiter erhält mit diesen Berechnungstechniken nützliche Hilfsmittel, die er zur Bewertung der Wirtschaftlichkeit in seinem Projekt einsetzen kann. Die Berechnungen ergeben brauchbare Kennzahlen, die er als Argumentationshilfen in diversen Verhandlungen einsetzen kann.

In der Praxis hat sich gezeigt, dass es bei solchen Berechnungen von Vorteil ist, die Kosten eher höher und den Nutzen eher tiefer zu bewerten, da bekanntlich eine positive Überraschung erfreulicher ist als eine Ernüchterung. Wie Abbildung A.40 aufzeigt, gilt es sicher beim Projektstart eine Wirtschaftlichkeitsberechnung zu machen. Es macht aber Sinn, diese Berechnung pro Phasenantrag, basierend auf dem beim Projektstart erstmalig erstellten Business Case, zu wiederholen, um zu prüfen, ob die wirtschaftliche Komponente noch den Vorstellungen des Auftraggebers entspricht.

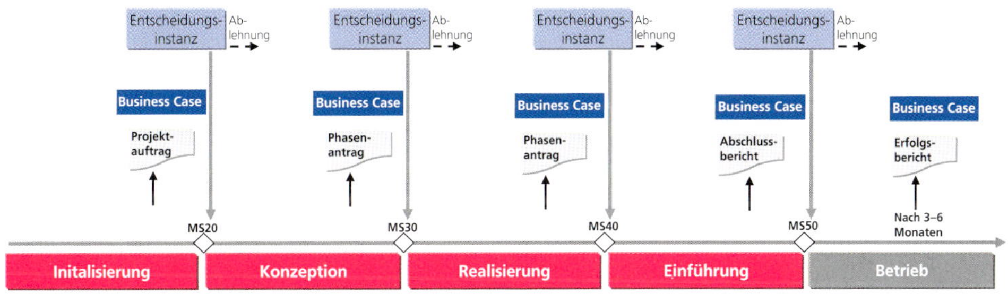

Abb. A.40: Wiederholen der Wirtschaftlichkeitsberechnung auf der Basis des nachgeführten Business Case

A.3.1 Projektkosten

Um aussagekräftige Resultate aus der Projektkostenanalyse zu erhalten, kann z.B. die nachfolgende Kostenstruktur erstellt werden. Es muss grundsätzlich zwischen den Investitionsaufwendungen (einmalig) und den Betriebskosten (wiederkehrend) unterschieden werden, die nach der Inbetriebnahme des Systems oder der Produkte anfallen. Für Produkte, die über eine längere Zeitdauer entwickelt wurden, sollten für eine exakte Berechnung die Investitionen nochmals in einmalige und weitgehend wiederkehrende Kosten aufgeteilt werden. Die folgende Tabelle zeigt das Beispiel einer Kostenstrukturierung. Diese Aufstellung kann von Betrieb zu Betrieb variieren bzw. andere Vorgaben beinhalten:

Investitionen	einmalig	wieder-kehrend
Personalkosten (intern)	x	x
Hardwarekosten	x	
Infrastrukturkosten (sonstige)	x	x
Unterhaltskosten bis zur Inbetriebnahme		x
Softwarekosten (Kauf)	x	
Erweiterungsinvestitionen	x	
Materialkosten	x	
Datenübertragungskosten		x
Externe Dienstleistungen		x
Sekundärinvestitionen	x	

Betriebskosten (wiederkehrend)
Personalkosten
Amortisation
Kosten für Qualität
Betriebsmaterialkosten
Unterhaltskosten
Kalkulatorische Zinsen für Investitionen
Mietkosten
Energiekosten
Versicherungskosten
Diverse Kosten

Abb. A.41: Beispiele von Investitionen und Betriebskosten

Gemäss Prochinig [Pro 1994] sind alle Sekundärinvestitionen, die unmittelbar mit der eigentlichen Investition in Zusammenhang stehen, Folgeinvestitionen. Erweiterungsinvestitionen sind beispielsweise erhöhte Bestände an liquiden Mitteln, die während einer Übergangsphase eine vorübergehende Bindung von massgeblichem Kapital zur Folge haben. Die wiederkehrenden Investitionskosten findet man besonders in Projekten, bei denen über eine längere Zeitspanne (z.B. 18 Monate) kontinuierliche Ausgaben anfallen, da z.B. fünf Personen daran arbeiten. Diese Kosten sollten bei den dynamischen Investitionen Monat für Monat bis zum Ende der Investitionszeit aufgezinst werden. Im Folgenden werden einige Rechnungsmethoden zur Gegenüberstellung von absoluten Kosten und Nutzen als betriebswirtschaftliche Investitionsargumentationen aufgeführt.

A.3.2 Projektkosten-Vergleichsrechnungen

Bei der Projektkosten-Vergleichsrechnung oder der Investitionskosten-Vergleichsrechnung werden die Investitionen eines Projekts verglichen. Dabei werden die Kosten der einzelnen Lösungsvarianten innerhalb des Projekts einander gegenübergestellt. Die nachfolgend vereinfacht dargestellte Berechnung zeigt, dass die Variante mit den geringeren Kosten vorzuziehen ist.

Investitionen	Variante A	Variante B
Personalkosten	180	152
Softwarekosten	10	15
Unterhaltskosten	10	23
Infrastrukturkosten (ohne Hardware)	30	30
Hardwarekosten	130	180
Total der Investitionen	**360**	**400**

Abb. A.42: Beispiel von Projektkosten-Vergleichsrechnung

Bei der Projektkosten-Vergleichsrechnung kann gleichzeitig infolge der relativen Bewertung des Nutzens auch eine Kosten-Nutzen-Beurteilung durchgeführt werden. Mit Hilfe einer Punktebewertung errechnet man den Kosten-Nutzen-Punktefaktor (Investition/Punkte = Kostenpunkte). Die Variante mit dem tiefsten Punktwert ist die preiswerteste.

A.3.3 Kostenvergleichsrechnung (statische Methode)

Bei der Kostenvergleichsrechnung vergleicht man die in einer gewissen Periode (in der Regel ein Jahr) anfallenden Betriebskosten mit dem Kapitaleinsatz (Investitionen) zweier oder mehrerer verschiedener Varianten. Dabei kann es sich um Vergleiche handeln zwischen

- altem System (Produkt A) – neuem System (Produkt B), oder auch
- neuem System 1 (Produkt B) – neuem System 2 (Produkt C).

Die Kapitalkosten setzen sich aus den kalkulatorischen Abschreibungen zusammen, die aus dem Investitionsbetrag, der Nutzungsdauer und dem kalkulatorischen Zins ermittelt werden. Da bei diesem Vergleich der Erlös nicht berücksichtigt wird, ist diese Berechnung nur sinnvoll, wenn derselbe Erlös bzw. Nutzen vorausgesetzt wird oder ein Erlös gar nicht ermittelt werden kann. Gewählt wird diejenige Investition, bei der die jährlichen Durchschnittskosten am geringsten sind. Die Werte der Aufstellung basieren auf den Angaben aus der Projektkostenberechnung.

Kostenarten	Variante A	Variante B
Kapitaleinsatz KE	360	400
Jährliche Betriebskosten	200	200
Nutzungsdauer	6 Jahre	8 Jahre
Kalkulatorischer Zinsfuss	7%	7%

Abb. A.43: Aufstellung

Jährliche Gesamtkosten (BK) = JB + JA + Z

Kostenarten	Variante A	Variante B
Jährliche Betriebskosten JB	200	200
Jährliche Abschreibung JA	60	50
Zins auf Durchschnittskapital (Z) (z.B. Variante A; 180: 100* 7)	12,6	14
Jährliche Gesamtkosten (BK)	272,6	264

Abb. A.44: Berechnung

A.3.4 Gewinnvergleich (statische Methode)

Bei der Gewinnvergleichsrechnung (auch Erfolgsdifferenzrechnung genannt) wird der Gewinn der einzelnen Varianten in die Berechnung einbezogen. Man stellt den zu erwartenden jährlichen Erlös den Investitionen (im Beispiel A.45 als Betriebskosten aufgeführt) gegenüber, und diejenige Variante mit dem grössten Jahresgewinn wird gewählt.

$$\text{Gewinn (G)} = \text{E} - \text{BK}$$

Kosten/Gewinn	Variante A	Variante B
Jährlicher Erlös „E"	300	290
Betriebskosten „BK"	272,6	264
Gewinn „G"	27,4	26

Abb. A.45: Berechnung

Die Werte der aufgeführten Berechnung stammen aus den vorhergehenden Rechnungen. Diese Rechenmethode wird dann angewendet, wenn die zu prüfenden Investitionsvarianten mit verschiedenen Erlösen zu berechnen sind. Allerdings dürfen die Kapitaleinsätze dieser Varianten nicht stark voneinander abweichen, da sonst das Projekt mit dem grössten Kapitaleinsatz einen ungerechtfertigten Vorteil hat [Pro 1994].

A.3.5 Rentabilitätsrechnung (statische Methode)

Mit der Rentabilitätsrechnung (Return on Investment = ROI) kann der durchschnittlich erzielte Jahresgewinn vor Abzug der kalkulatorischen Zinsen auf das durchschnittlich eingesetzte Kapital (= Erlös – Kosten) errechnet werden.

$$\text{Rentabilität (ROI)} = \frac{\text{Gewinn} + \text{kalkulatorische Zinsen}}{\text{durchschnittlicher Kapitaleinsatz}} \times 100$$

	Variante A	Variante B
Berechnung der Varianten	(27,4 + 12,6)*100 / 180	(26 + 14)*100 / 200
Rentabilität	22,2	20

Abb. A.46: Berechnung

Bei der Rentabilitätsrechnung wird diejenige Variante gewählt, welche die höhere Rendite aufweist. Im Berechnungsbeispiel wäre dies die Variante A.

A.3.6 Amortisationsrechnung (statische Methode)

Mit der Amortisationsrechnung (auch Kapitalrückflussrechnung genannt) wird der Zeitpunkt bestimmt, an dem die kumulierten Einnahmenüberschüsse die Höhe der Investitionssumme erreichen, den „Break-even-Point". Dadurch wird der Zeitraum ermittelt, in dem eine Investition mit den durchschnittlich erzielten Einnahmen und/oder liquiditätswirksamen Kostenersparnissen vollständig zurückbezahlt wird. Wiedergewinnungszeit, Amortisationsdauer, Payback Period oder Payoff Period sind Bezeichnungen für diesen Zeitraum.

$$\text{Wiedergewinnungszeit} = \frac{\text{Kapitaleinsatz}}{\text{jährlicher Nutzen}} \quad \text{„oder"} \quad \frac{\text{Kapitaleinsatz}}{\text{Kostenersparnis}}$$

Eine Investition wird dann als positiv bewertet, wenn die Nutzungsdauer grösser ist als die Wiedergewinnungszeit der Auslagen (Zeit, die es braucht, bis der Cashflow oder die Kostenersparnisse die getätigten Investitionen decken).

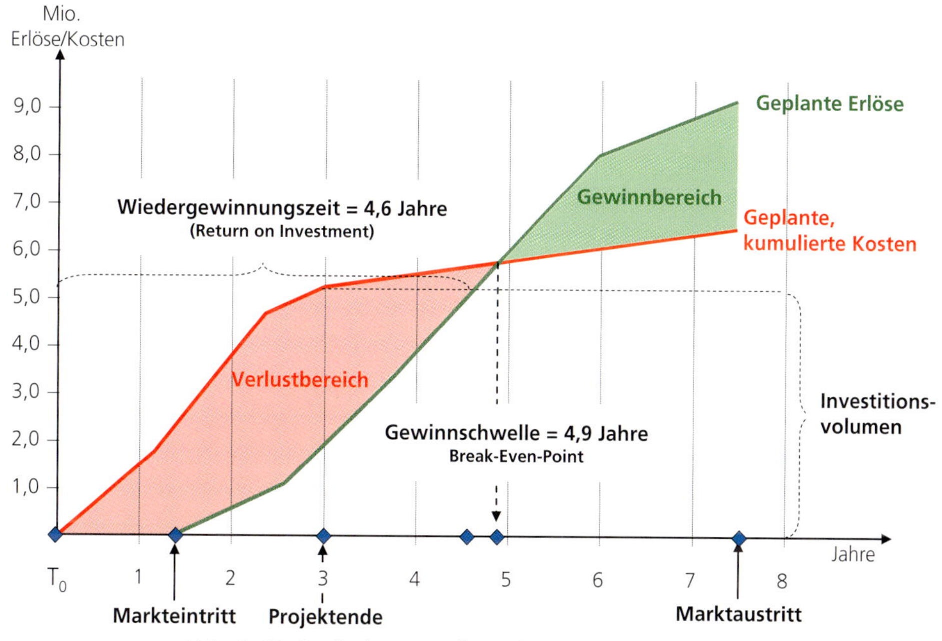

Abb. A.47: Grafische Darstellung der Amortisationsrechnung

Bei Entwicklungsprojekten gibt es in der Amortisationsrechnung einen Punkt, der gegenüber einem reinen Anschaffungsprojekt beachtet werden muss. Wird für 500 000.– eine neue Maschine angeschafft, so wird die Amortisation bei einem reinen Anschaffungsvorhaben über den vollen Betrag berechnet, und zwar zu dem Zeitpunkt, an dem die Maschine installiert und bezahlt wird. Kostet ein zwei Jahre dauerndes Entwicklungsprojekt jährlich 250 000.–, also insgesamt 500 000.–, so kann der Beginn der Amortisationszeit (T_0) je nach betriebsinternen Berechnungsmodularitäten schon zu einem früheren Zeitpunkt angesetzt werden. Es müssen dabei allenfalls eine Auf- sowie eine Abzinsung vorgenommen werden, was schliesslich in eine dynamische Amortisationsrechnung mündet.

A.3.7 Methode des Internen Zinsfusses (dynamische Methode)

Bei der Berechnung des Internen Zinsfusses (auch interner Ertragssatz bzw. IRR = Internal Rate of Return genannt) wird der Zinssatz gesucht, bei dem ein Kapitalwert von null erzielt wird. Der Interne Zinsfuss einer Projektinvestition entspricht demjenigen Zinssatz, bei dem der Barwert der Ausgaben gleich dem Barwert der Einnahmen ist. Es wird die Variante mit dem grössten Zinsfuss bevorzugt, wenn dieser zudem den von der Geschäftsleitung geforderten Mindestzinsfuss für Investitionen überschreitet. Den Internen Zinsfuss (i) erhält man durch Auflösung der nachfolgenden Gleichung nach (i). (L: Liquidationserlös)

$$KE - (E_0 - BK_0) - \frac{E_1\text{-}BK_1}{1+i} - \frac{E_2\text{-}BK_2}{(1+i)^2} - \ldots - \frac{E_n\text{-}BK_n}{(1+i)^n} - \frac{L}{(1+i)^n} = 0$$

Eine Projektinvestition ist dann vorteilhaft, wenn der Interne Zinsfuss über dem von der Geschäftsleitung geforderten Mindestzinsfuss liegt. Bei mehreren Lösungsvarianten ist diejenige Investition zu tätigen, die den grössten internen Ertragssatz verspricht.

A.3.8 Kapitalwertmethode (dynamische Methode)

Bei der Barwert- oder Kapitalwertmethode (Net Present Value Method „NPV") gilt der Kapitalwert einer Investition als Beurteilungsmassstab für deren Wirtschaftlichkeit. Er ergibt sich aus der Differenz aller auf den Bezugszeitpunkt abgezinsten Ausgaben und Einnahmen. Bei der NPV wird somit vom Opportunitätskostenprinzip ausgegangen (welche Verzinsung ein Investor bei einer risikoäquivalenten Anlage seiner Mittel erzielen könnte).

$$\text{Kapitalwert (NPV)} = \sum_{t=1}^{n} \frac{R_t}{\left(1 + \frac{p}{100}\right)^t} - I_0$$

Die Variablen in der Formel bedeuten Folgendes: R_t „Einnahmeüberschuss im Jahr t", I_0 „Kapitaleinsatz zum Zeitpunkt der Inbetriebnahme", p „Kalkulationszinssatz", t „einzelne Jahre von 1 bis n".

Bei der Kapitalwertmethode beeinflussen im Wesentlichen zwei Faktoren den Barwert des Cashflows [Pro 1994]:

- Die Höhe des Kalkulationszinsfusses
  Je höher der gewählte Zinsfuss ist, desto stärker ist der Abzinsungseffekt bzw. desto kleiner ist der Kapitalwert.

	Cashflow		Abzinsungs-faktor 20%	Barwert	
	A	B		A	B
1. Jahr	10 000	70 000	0.833	8 330	58 310
2. Jahr	20 000	20 000	0.694	13 880	13 880
3. Jahr	70 000	10 000	0.579	40 530	5 790
	100 000	100 000		62 740	77 980

Abb. A.48: Berechnung mit einem Zinsfuss von 20%

- Die Höhe und die zeitliche Verteilung des Cashflows
  Je grösser der anfängliche Cashflow ist, desto grösser ist der Kapitalwert.

	Cashflow		Abzinsungs-faktor 10%	Barwert	
	A	B		A	B
1. Jahr	10 000	70 000	0.909	9 090	63 630
2. Jahr	20 000	20 000	0.826	16 520	16 520
3. Jahr	70 000	10 000	0.751	52 570	7 510
	100 000	100 000		78 180	87 660

Abb. A.49: Berechnung mit einem Zinsfuss von 10%

Eine Projektinvestition ist nach dieser Methode dann wirtschaftlich und somit durchzuführen, wenn der Kapitalwert gleich null oder grösser als null ist. Bei mehreren Alternativen ist diejenige Investition zu tätigen, die den grössten Kapitalwert aufweist.

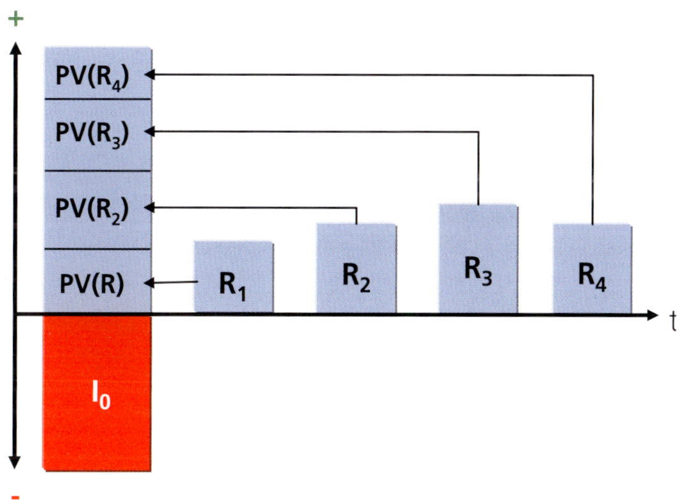

Abb. A.50: Beispiel einer NPV-Investitionsberechnung

A.4 Diagnose- und Kontrolltechniken

Nach Rühli [Rüh 1993] führen die Komplexität der Probleme, Mängel in der Kommunikation, Unzulänglichkeiten im Handeln, Informationsunsicherheiten, die menschliche Unvollkommenheit sowie generell der stetige Wandel immer dazu, dass Kontrollen unerlässlich sind. Die Kontrollen können ihren Zweck jedoch nur erfüllen, wenn geeignete Kontrolltechniken/Diagnosetechniken zum Einsatz gelangen. Damit soll gewährleistet werden, dass Abweichungen vom Geplanten festgestellt, die Abweichungsursachen eruiert sowie auch geeignete Korrekturmassnahmen in die Wege geleitet werden. Im Umfeld des Projektcontrollings sind nicht nur die Kontrolltechniken sehr wichtig, sondern auch die Diagnosetechniken, die das Monitoring, sprich das Überwachen, erleichtern. Nachfolgend werden zuerst einige praxiserprobte Diagnosetechniken und Kennzahlen beschrieben, anhand derer der Projektleiter den Stand des Projekts aufzeigen kann.

A.4.1 Diagnosetechniken

In einem Projekt können verschiedene Diagnosetechniken zum Einsatz gelangen, die helfen, den Stand des Projekts hinsichtlich des planerischen, effektiven und subjektiven Wertes zu definieren und für Dritte, insbesondere für die Projektträger, zu visualisieren.

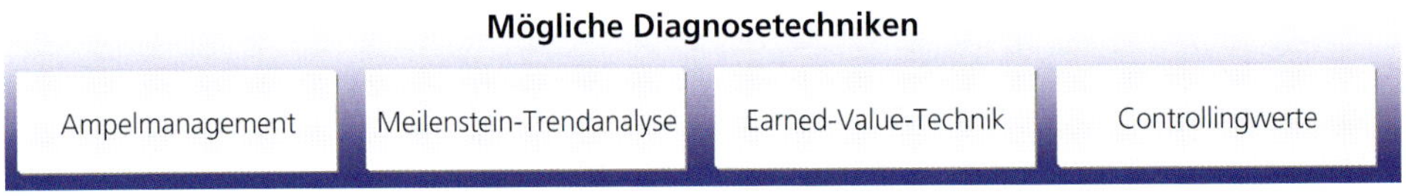

Abb. A.51: Mögliche Diagnosetechniken

A.4.1.1 Ampelmanagement

Ampeln haben sich in der Projektwelt durchgesetzt. Richtig angewendet, entsprechen sie genau dem einfachen und effizienten Diagnoseinstrument – sprich Eskalationsinstrument – das sich alle erhoffen.

Ampeln	Führend	Projektleiter	Basisplan 0				
Gesamt		○ ○ ●	PLAN	IST	Bis Ende	SOLL	Kommentar
Risiken		○ ○ ●	598 000	290 000	450 000	760 000	
Kosten		○ ● ○	9 700 000	4 600 000	5 600 000	10 200 000	
Ressourcen		● ○ ○	7 400	3 320	4 200	7 520	
Termin (Tage)		● ○ ○	730	365	365	730	
Qualität (Prüfungen)	✓	○ ○ ●	48	21	39	60	
Leistung (AP)		● ○ ○	234	130	110	240	
Abhängigkeiten		● ○ ○	15	7	8	15	

Abb. A.52: Ampelmanagement

Um das Ampelmanagement richtig anwenden zu können, sind gewisse Regeln zu verfolgen:

- Eine Ampel darf nicht mehr und mehr auf Grün umgestellt werden, je höher der Bericht geht. Wenn z.B. das Linienmanagement nicht mit den Ampeln einverstanden ist, die der Projektleiter gestellt hat, nicht einverstanden ist, so soll es eigene Ampeln setzen.
- Projektampeln werden immer vom Projektleiter gesetzt. Dazu können weitere Ampelbetrachtungen kommen, so z.B. vom Controller oder, wie oben erwähnt, vom Linienmanager und allenfalls vom PM-Tool, das die Ampeln automatisch setzt, z.B. bei der PLAN-/IST-Abweichung der Kosten. Für die Verantwortlichen des Projekts ist die Divergenz der Ampeln von Bedeutung.
- Die Gesamtampel des Projekts steuert sich immer über die führende(n) Ampel(n), die am Anfang des Projekts gesetzt wird (werden). So ist bei Olympischen Spielen zweifellos der Termin zwingend, sprich führend. Demgegenüber dürften bei einem neuen Target-Cost-Produkt die Kosten führend sein.
- Soweit möglich, sollen zu jeder Ampel die Werte PLAN, IST, Bis Ende und SOLL aufgeführt werden. Dies steigert die Aussagekraft der Ampel.
- Es müssen pro Ampel immer Grenzwerte definiert werden, sodass für alle grün, grün und rot oder rot ist.
- Trotz der Grenzwerte basieren die Ampeln auf subjektivem Empfinden des Ampelstellers. Daher muss das Management, sprich die Unternehmung, eine entsprechende professionelle „Ampel"-Kultur haben. Das heisst z.B., wenn eine Ampel rot ist, so braucht das Projekt hier Unterstützung, und es bedeutet nicht, dass der Projektleiter einen Fehler gemacht hat.

A.4.1.2 Meilenstein-Trendanalyse

Die Meilenstein-Trendanalyse unterscheidet sich insofern von anderen Methoden, als der Fertigstellungsgrad nicht in Prozenten ausgedrückt wird, sondern mit einer Auflistung der erreichten Meilensteine respektive den dahinter „versteckten" erledigten Lieferobjekten.

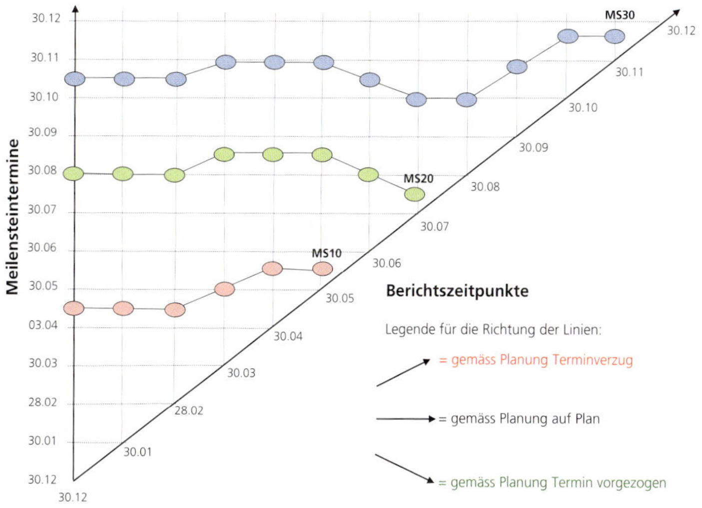

Abb. A.53: Meilenstein-Trendanalyse

Mit der Meilensteintrend-Analyse kann für Dritte sehr einfach aufgezeigt werden, wie sich ein Projektendtermin voraussichtlich verhält. Das heisst z.B., eine Verspätung von MS10 wirkt sich sofort auf die restlichen MS oder, wenn keine Pufferzeiten vorhanden, auf den Endtermin aus. Bei dieser Methode werden auf der vertikalen Achse (Planungsachse) die Meilensteine respektive deren Termine eingetragen. Auf der horizontalen Achse (Berichtszeitpunkt) werden die MS-Terminwerte des neusten MS-Planungswerts eingetragen. Dadurch kann bei jedem Berichtszeitpunkt analysiert werden, ob der einmal geplante Meilenstein gehalten wird oder später oder früher anfällt.

Um die Meilenstein-Trendanalyse richtig anwenden zu können, sind gewisse Regeln zu befolgen:

- Linie nach oben symbolisiert jeweils eine Verspätung, Linie nach unten eine terminliche Beschleunigung, Pfeil waagrecht symbolisiert Termin gemäss Planung.
- Nur Meilenstein als Termin nützt nichts. Wie beim Prüfplan aufgeführt, müssen hinter dem Termin konkrete Lieferobjekte definiert werden, welche bis zu diesem Termin erfolgreich erledigt wurden.
- Es gilt klarzustellen, welche Zeiten diese Termine gemäss Netzplantechnik bedeuten. Ist es das späteste Ende, der späteste Anfang, das früheste Ende oder der früheste Anfang.
- Der Meilensteintermin ist ein ganz bestimmter Zeitpunkt und keine Periode.

A.4.1.3 Earned-Value-Technik

Versucht man den Begriff „Earned Value" ins Deutsche zu übersetzen, so kommen die Begriffe „Arbeitswert" oder „erzielte Wertschöpfung" der Sache am nächsten. Doch bevor der eigentliche „Earned Value" beschrieben wird, soll – wie bereits im Kapitel 4.4.3.3.3 (☜ „Realisierungskontrolle") aufgeführt – zuerst nochmals in Kurzform die Sachfortschrittskontrolle innerhalb eines Projekts geklärt werden. Dabei muss unterschieden werden zwischen

- Kontrolle des Produktfortschritts, und
- Kontrolle des Projektfortschritts.

Der Produktfortschritt setzt den Fokus auf die technischen Daten eines in der Entwicklung befindlichen Produkts. Er spielt für die Berechnung des Earned Value nur eine untergeordnete Rolle, in dem Sinn, dass der Projektfortschritt auch vom Produktfortschritt abhängt. Somit geht es beim Earned Value um die objektive Messung des Projektforschritts. Die Earned-Value-Technik zu gebrauchen heisst, den Fortschritt der Ergebnisse nicht aufgrund des Sachfortschritts zu bewerten, sondern die geleistete Arbeit an einem Arbeitspaket oder einem Projekt als Grundlage zu nehmen.

Führungstechnisch ist die Earned-Value-Technik dem „Management by Objectives"-Konzept zuzuordnen und wird meistens in ein Cost-and-Schedule-System integriert. Zwingende Voraussetzung für die Earned-Value-Technik ist, wie Abbildung A.54 zeigt, die Existenz einer umfangreichen Projektplanung. Aufgrund der Werte der Projektplanung werden die drei zentralen Grössen (der Planned Value, der Burned Value und der Earned Value) für die Earned-Value-Technik abgeleitet bzw. berechnet. In den kommenden Kapiteln wird kurz auf deren Herleitung eingegangen.

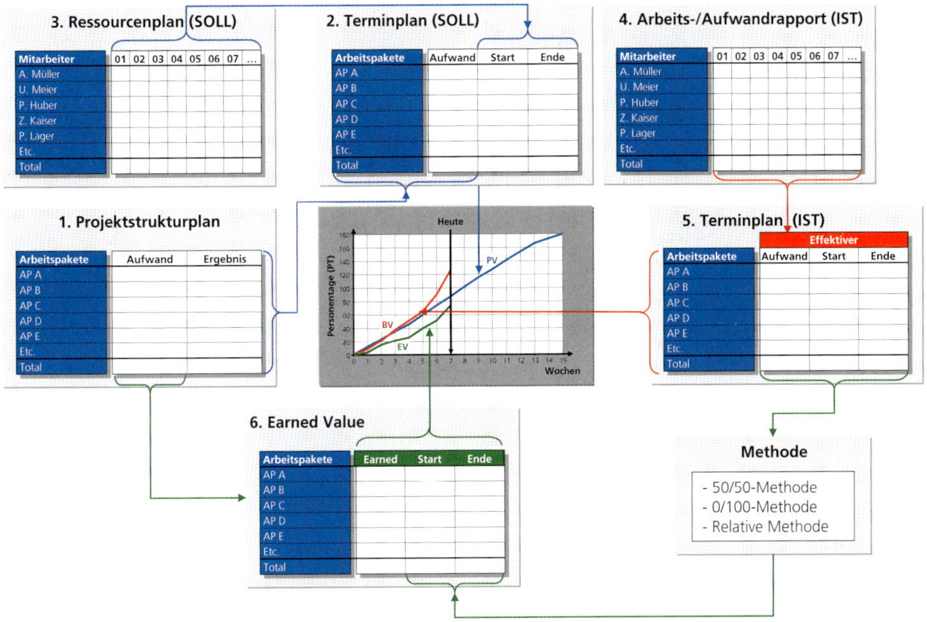

Abb. A.54: Berechnungswerte des Earned Value

A.4.1.3.1 Bestimmung des Planned Value

Für die Bestimmung des Planned Value benötigt der Projektleiter die geschätzten und somit die geplanten Aufwände der einzelnen Arbeitspakete sowie deren Anfangs- und Endzeitpunkte. Für die Aufwandschätzung stehen dem Projektleiter verschiedene Aufwandschätztechniken zur Verfügung (☞ Anhang A.2 „Aufwandschätztechniken“).

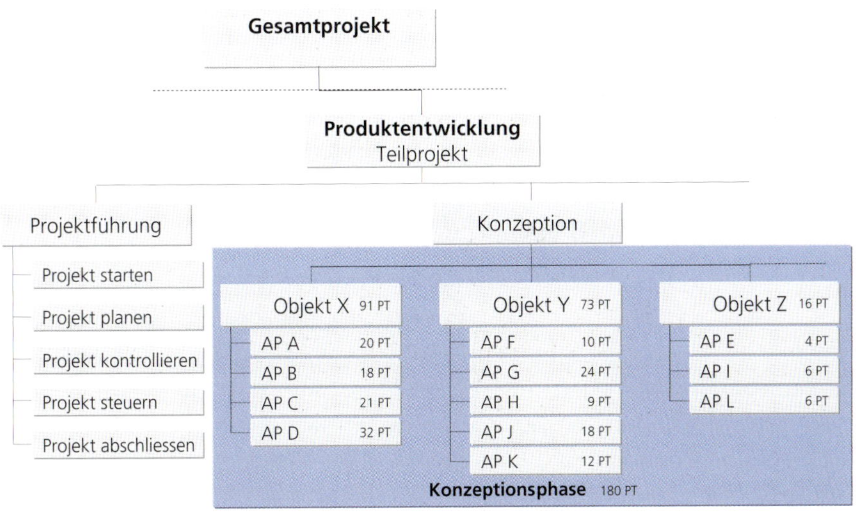

Abb. A.55: Projektstrukturplan mit geschätzten Personentagen pro Arbeitspaket

In der aufgeführten Abbildung sind die geschätzten Personentage pro Arbeitspaket direkt in den Projektstrukturplan eingetragen. Die folgenden Beispiele werden nur anhand von Personentagen durchgespielt. Es ist natürlich möglich oder in einer Unternehmung zwingend, dass dies in Kosten, und zwar nicht nur in Personalkosten, sondern in einer Vollkostenrechnung umgesetzt werden muss.

Um besser aufzeigen zu können, wie die Earned-Value-Technik funktioniert, wurden die Arbeitspakete bzw. die geplanten Aufwände des Objektes X in eine Hilfstabelle übertragen, die in den nächsten zwei Kapiteln vervollständigt wird.

Arbeitspaket	Geplanter Aufwand (Planned Value)	IST-Aufwand (Burned Value)	Fertigstellungsgrad real	Fertigstellungsgrad geschätzt	Arbeitswert (Earned Value)
AP A	20 PT				
AP B	18 PT				
AP C	21 PT				
AP D	32 PT				
Objekt X	91 PT				

Abb. A.56: Hilfstabelle für die Earned-Value-Technik

A.4.1.3.2 Bestimmung des Burned Value

Um den Burned Value eines Projekts bestimmen zu können, muss der Projektleiter die Arbeits- bzw. Aufwandrapporte sowie den Betriebsmittelverbrauch (Anzahl Bagger, Testmaschinen etc.) von den entsprechenden Personen einfordern. Durch die Kumulation all dieser „IST"-Leistungen ergibt sich der Burned Value, der ebenfalls in die Hilfstabelle eingetragen werden kann.

Arbeitspaket	Geplanter Aufwand (Planned Value)	IST-Aufwand (Burned Value)	Fertigstellungsgrad real	Fertigstellungsgrad geschätzt	Arbeitswert (Earned Value)
AP A	20 PT	25 PT			
AP B	18 PT	0 PT			
AP C	21 PT	2 PT			
AP D	32 PT	20 PT			
Objekt X	91 PT	47 PT			

Abb. A.57: Hilfstabelle für die Earned-Value-Technik, ergänzt mit IST-Aufwänden

A.4.1.3.3 Bestimmung des Earned Value

Das Spezielle an der EV-Technik ist, dass der „Earned Value"-Wert versucht, den Projektfortschritt indirekt über die geleistete Arbeit zu messen. Es steht also nicht der Sachfortschritt im Mittelpunkt der Betrachtungen, sondern die geplanten Arbeitsressourcen, die verbraucht wurden. Entgegen einer weit verbreiteten Meinung wird jedoch für die Berechnung nicht die tatsächlich verbrauchte Arbeit einbezogen, sondern wirklich nur der geplante Aufwand: Plant der Projektleiter für ein Arbeitspaket einen Aufwand von 10 Tagen (Planned Value) und hat der Projektmitarbeiter schliesslich dafür 13 (Burned-Value-)Tage rapportiert, so ist nach erfolgreichem Abschluss der effektive Earned Value 10 Tage. Das macht den Earned Value als Kennzahl auch so attraktiv!

Entscheidend ist jedoch zugleich auch die Bestimmung des Fertigstellungsgrads der einzelnen Arbeitspakete beziehungsweise der Phase oder gar des ganzen Projekts. Dies stellt sich als besonders schwierig heraus, weil die meist subjektiven Einschätzungen der am Projekt beteiligten Personen oftmals falsch sind. Dafür gibt es verschiedene Gründe [Bur 2002]:

- Der Restaufwand wird erheblich unterschätzt.
- Der bereits erfolgte Aufwand wird überschätzt.
- Zukünftige Schwierigkeiten werden nicht erkannt oder vertuscht.
- Bereits eingetretene Terminüberschreitungen werden verharmlost.
- Das Drängen der Leitung beeinträchtigt die „Realitätstreue" der Entwickler.
- Nicht selten wird für den Restaufwand von 10% über 40% der Entwicklungszeit benötigt.

Insbesondere bei Informatikprojekten ist diese Einschätzung besonders schwierig, da es sich bei Software um etwas Nichtgreifbares, Immaterielles handelt. Daher gilt bei solchen Projekten: Je kleiner die Arbeitspakete definiert sind, desto geringer wird die Abweichung des geschätzten zum realen Fertigstellungsgrad sein. Um den Earned Value richtig berechnen zu können, muss zwischen zwei verschiedenen Arbeitspaketen und den verschiedenen Methoden des Fertigstellungsgrads unterschieden werden. Arbeitspakete unterteilen sich in:

- Ergebnisbezogene Arbeitspakete
  Ergebnisbezogene Arbeitspakte bringen ein konkretes, überprüfbares Lieferobjekt hervor.

- Dauerhafte Arbeitspakete
  Arbeitspakete, die nicht auf einen Zeitabschnitt eines Projekts beschränkt sind, bilden die Dauerarbeitspakete. Sie dauern von Anfang bis Ende des Projekts bzw. einer Phase. Typische Beispiele sind das Koordinieren des Projektleiters oder gewisse Arbeiten des Konfigurationsmanagements.

Es gibt verschiedene Methoden, den Fertigstellungsgrad eines ergebnisbezogenen Arbeitspaketes zu bewerten:

- 50/50-Methode (diskret),
- 0/100-Methode (diskret),
- relative Methode (stetig).

Wichtig bei den Fertigstellungsmethoden ist, dass in einem Projekt immer dieselbe Methode verwendet wird. Es ist auch wichtig zu berücksichtigen, dass 100% Fertigstellungsgrad die qualitative und quantitative Erfüllung ist – das heisst somit inklusive der Tests und inklusive der vollständigen Dokumentation.

Betrachtet man beispielsweise das Arbeitspaket A des aufgeführten Beispiels, so hat dies einen geplanten Aufwand von 20 Personentagen. Das Arbeitspaket wird zu drei unterschiedlichen Zeitpunkten betrachtet und gemäss den unterschiedlichen Methoden bewertet:

- Zeitpunkt 1: Das Arbeitspaket ist zu 8% fertig.
- Zeitpunkt 2: Das Arbeitspaket ist zu 68% fertig.
- Zeitpunkt 3: Das Arbeitspaket ist zu 100% fertig.

In der Realität weiss man von dieser Tatsache der prozentualen 8% oder 68% meistens nichts. Damit die unterschiedlichen Methoden besser erläutert werden können, wird davon ausgegangen, dass man den realen Fertigstellungsgrad kennt.

Nachfolgend werden die einzelnen Methoden anhand des Arbeitspakets A ausführlich erläutert:

- 50/50-Methode
  Die 50/50-Methode ist ein Kompromiss zwischen der 0/100- und der relativen Methode. Wenn das AP geplant ist, wird der FG mit 0% bewertet. Sobald aber mit der Arbeit begonnen wird, nimmt der FG den Wert 50% an. Den FG-Wert 100% bekommt das AP erst nach der Fertigstellung.
  - Beurteilung der Methode: Die Methode eignet sich sehr gut (auch für Projekte mit wenigen APs), da sie erfahrungsgemäss den Fortschritt über alle APs gut beurteilt. Die Entwickler haben keinen Einfluss auf die Berechnung des FG, was zu einer objektiveren Bewertung führt.

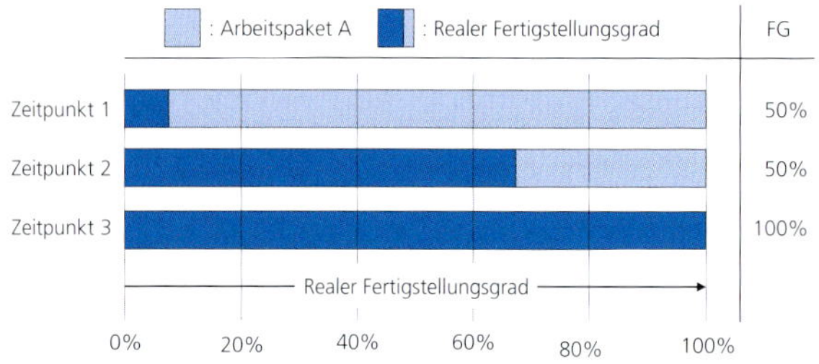

Abb. A.58: Bewertung des Fertigstellungsgrads (FG) des AP A nach der 50/50-Methode

- 0/100-Methode
  Der FG kann bei dieser Methode nur den Wert 0% oder 100% annehmen. Das AP ist so lange auf 0% gesetzt, bis es fertiggestellt ist. Das kann bedeuten, dass ein AP mit einem effektiven FG von 95% immer noch auf 0% steht.
  - Beurteilung der Methode: Die Methode arbeitet mit einer extrem vorsichtigen Beurteilung. Sie ist daher in Projekten mit wenig APs, d.h. für kleine Projekte, ungeeignet, da es zu erheblichen Wirklichkeitsverzerrungen kommen kann. Es kann passieren, dass die Bewertung des FG immer 0% ist, dann werden fast gleichzeitig mehrere APs fertig, und der FG „springt" auf 100%. Der Vorteil dieser Methode ist, dass sie das beste (realistischste) Verhältnis zwischen Projekt- und Produktfortschritt im Vergleich zu den anderen Methoden liefert. Die ausführenden Teammitglieder haben keinen Einfluss auf die Berechnung des FG, was zu einer objektiveren Bewertung führt.

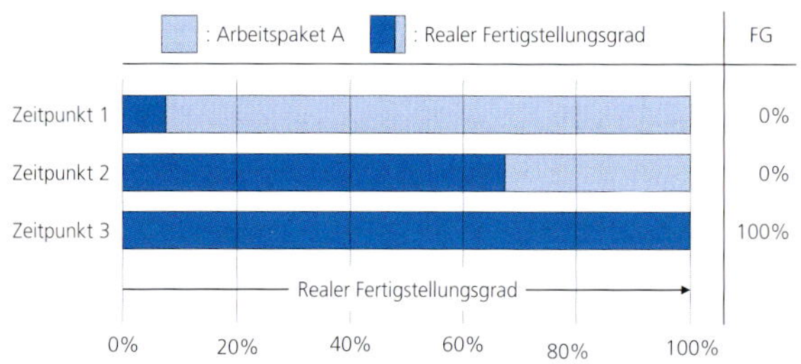

Abb. A.59: Bewertung des Fertigstellungsgrads des AP A nach der 0/100-Methode

- Relative Methode
  Der FG verhält sich bei dieser Methode stetig, das bedeutet, dass er beliebig viele Werte annehmen kann. Der Projektmitarbeiter muss also in regelmässigen Abständen den Fertigungsgrad seiner Arbeit im AP einschätzen und rapportieren.
  – Beurteilung der Methode: Die Methode ist veraltet und verpönt, da sie eine hohe Genauigkeit vortäuscht und erfahrungsgemäss viel zu hohe Werte für den FG generiert. Leider ist sie aber immer noch die am meisten verwendete aller Varianten. Die Teammitglieder haben einen zu grossen Einfluss auf die Schätzung.

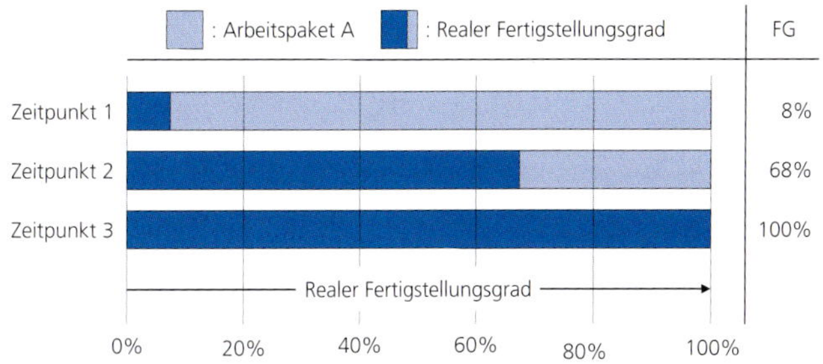

Abb. A.60: Bewertung des Fertigstellungsgrads (FG) des AP A nach der relativen Methode

Um nun den Earned Value eines (ergebnisbezogenen oder dauerhaften) Arbeitspakets berechnen zu können, muss dessen Fertigstellungsgrad mit dem geplanten Aufwand (Planned Value) des Arbeitspakets multipliziert werden. Analoges gilt für die Berechung eines Teilprojekts oder auch eines ganzen Projekts. Dabei darf das eiserne Gesetz des Earned Value nicht verletzt werden: „Man kann höchstens den Wert ernten, der geplant war." Das heisst, liegt der Burned Value über dem Planned Value, so entspricht der Earned Value dem Planned Value.

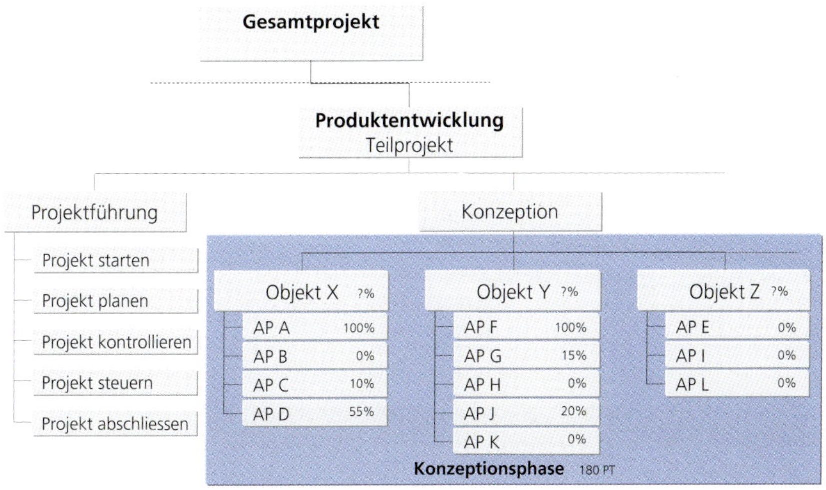

Abb. A.61: Momentaufnahme mit den jeweiligen realen Fertigstellungsgraden der APs

Um die Berechnung zu illustrieren, soll der Earned Value des Objekts X der Abbildung A.61 nach den drei bereits aufgeführten Methoden bestimmt werden. Das Beispiel wurde um die realen

Fertigstellungsgrade der einzelnen Arbeitspakete ergänzt, die in der Realität praktisch nicht genau messbar sind.

- 50/50-Methode
  Wird nach der 50/50-Methode vorgegangen, wird der geplante Arbeitsaufwand eines Arbeitspakets (Planned Value) zur Hälfte als Earned Value verbucht, sobald das Arbeitspaket gestartet worden ist. Die andere Hälfte wird erst nach Abschluss des Arbeitspakets als Earned Value verbucht. Der Earned Value des Objektes X ergibt sich durch die Kumulation aller Earned Values der Arbeitspakete A bis D. Betrachtet man den realen und den nach der 50/50-Methode geschätzten Fertigstellungsgrad, so ist erkennbar, dass der tatsächliche Projektwert überbewertet ist. (Den geschätzten Fertigstellungsgrad des Objektes X erhält man durch die Division des Earned Value mit dem Planned Value.)

Arbeitspaket	Geplanter Aufwand (Planned Value)	IST-Aufwand (Burned Value)	Fertigstellungsgrad real	Fertigstellungsgrad geschätzt	Arbeitswert (Earned Value)
AP A	20 PT	25 PT	100%	100%	20 PT
AP B	18 PT	0 PT	0%	0%	0 PT
AP C	21 PT	2 PT	10%	50%	10.5 PT
AP D	32 PT	20 PT	55%	50%	16 PT
Objekt X	91 PT	47 PT	43.63%	51.10%	46.5 PT

Abb. A.62: Hilfstabelle für die Earned-Value-Technik nach der 50/50-Methode

- 0/100-Methode
  Wird nach der 0/100-Methode vorgegangen, wird der geplante Arbeitsaufwand eines Arbeitspakets (Planned Value) erst dann als Earned Value verbucht, wenn dieses abgeschlossen ist. Der Earned Value darf mit dieser Berechnungsmethode etwas „schleppend" sein, das heisst, er darf unter dem Burned Value liegen. (Dies sieht man auch bei einem Vergleich des realen und geschätzten Fertigstellungsgrades des Objektes X.)

Arbeitspaket	Geplanter Aufwand (Planned Value)	IST-Aufwand (Burned Value)	Fertigstellungsgrad real	Fertigstellungsgrad geschätzt	Arbeitswert (Earned Value)
AP A	20 PT	25 PT	100%	100%	20 PT
AP B	18 PT	0 PT	0%	0%	0 PT
AP C	21 PT	2 PT	10%	0%	0 PT
AP D	32 PT	20 PT	55%	0%	0 PT
Objekt X	91 PT	47 PT	43.63%	21.98%	20 PT

Abb. A.63: Hilfstabelle für die Earned-Value-Technik nach der 0/100-Methode

- Die relative Methode
  Wird nach der relativen Methode vorgegangen, wird der geplante Arbeitsaufwand eines Arbeitspakets relativ zum geschätzten Fertigstellungsgrad als Earned Value verbucht. (In diesem Fall entspricht der geschätzte Fertigstellungsgrad genau dem realen Fertigstellungsgrad.)

Arbeitspaket	Geplanter Aufwand (Planned Value)	IST-Aufwand (Burned Value)	Fertigstellungs-grad real	Fertigstellungs-grad geschätzt	Arbeitswert (Earned Value)
AP A	20 PT	25 PT	100%	100%	20 PT
AP B	18 PT	0 PT	0%	0%	0 PT
AP C	21 PT	2 PT	10%	10%	2.1 PT
AP D	32 PT	20 PT	55%	55%	17.6 PT
Objekt X	91 PT	47 PT	43.63%	43.63%	39.7 PT

Abb. A.64: Hilfstabelle für die Earned-Value-Technik nach der relativen Methode

A.4.1.3.4 Grafische Analyse

Generell kann gesagt werden, dass der Wert „Earned Value" allein nicht viel Aussagekraft hat. Dies aus zwei Gründen:

1. Hinter dem Begriff „Earned Value" steht ein ganzes System, wie der Projektfortschritt objektiv bewertet werden kann. (Welche Methode zur Bestimmung des Fertigstellungsgrads der Arbeitspakete wird verwendet?)
2. Ein Wert als Momentaufnahme sagt nichts aus. Die Betrachtung des Earned Value in Wechselwirkung mit anderen Werten über eine Zeitspanne hingegen lässt brauchbare und fundierte Schlüsse über den Stand eines Projekts zu.

Daher ist es hilfreich, wenn man sich den Earned Value zusammen mit den Grössen Planned Value und Burned Value in einer Grafik (über die Zeit abgetragen) visualisiert.

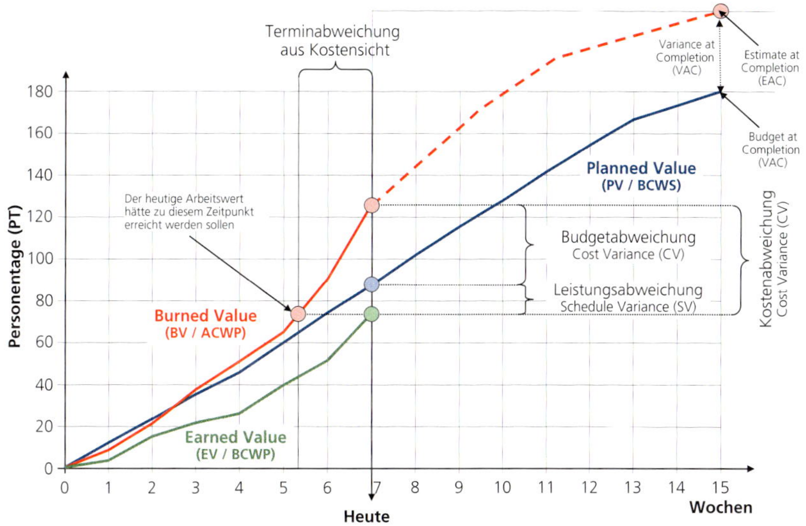

Abb. A.65: Kurvenanalyse (Grafik korrespondiert nicht mit den Abbildungen A.62–A.64)

Aus der Abbildung A.65 lassen sich direkt einige sehr interessante Dinge über den Verlauf dieses Projekts herauslesen:

- Terminabweichung aus Kostensicht
  Aus Kostensicht liegt dieses Projekt fast 2 Wochen hinter dem Plan. Mit anderen Worten: Der heutige Earned Value entspricht dem Burned Value von vor fast 2 Wochen.

- Budgetabweichung
  Aus heutiger Sicht liegen die Projektkosten um fast 40 Personentage über dem geplanten Wert.

- Leistungsabweichung
  Aus heutiger Sicht liegt der Arbeitswert um etwa 15 Tage hinter dem geplanten Wert.

- Kostenabweichung
  Die Projektkosten sind aus heutiger Sicht gegenüber der erzielten Wertschöpfung um etwa 50 Personentage zu hoch.

A.4.1.4 Controllingwerte

Im Folgenden zusammenfassend eine kurze Auflistung der möglichen kosten- und terminbezogenen Projektkennzahlen auf der Stufe von Arbeitspaketen mit Bezug zum Fertigstellungswert:

	Geplant	Fertiggestellt	Kosten					Leistungsindex	
Arbeitspakete der Phase „Konzeption"	**Budget**	**Fertig-stellungswert**	**IST-Kosten**	**Kostenabweichung (CV)**		**Terminplanabweichung (SV)**		**Kosten**	**Termin-plan**
	(Betrag) (PV)	**(Betrag) (EV)**	**(Betrag) (AC)**	**(Betrag) (EV-AC)**	**(%) (CV÷EV)**	**(Betrag) (EV-PV)**	**(%) (SV÷PV)**	**CPI (EV÷AC)**	**SPI (EV ÷PV)**
AP Erstellen Marktanalyse	51 500	40 000	35 500	4 500	11.2	- 11 500	- 22.3	1.12	0.77
AP Erstellen IST-Analyse	101 500	90 000	98 500	- 8 500	- 9.4	- 10 500	- 10.3	0.91	0.88
AP Erstellen Konzept	105 000	105 000	118 500	- 13 500	- 12.8	0	0	0.88	1.00
AP Erstellen Pflichtenheft	160 000	120 000	153 500	- 33 500	- 27.9	- 40 000	- 25.0	0.78	0.75
AP Erstellen Organisationsk.	21 000	18 000	18 000	0	0.0	- 3 000	- 14.2	1.00	0.85
AP Erstellen Detailstudie	50 000	43 000	49 300	- 6 300	- 14.6	- 7 000	- 14.0	0.87	0.86
AP Erstellen Architektur	120 000	118 500	134 200	- 15 700	- 13.2	- 1 500	- 1.25	0.88	0.98
AP Erstellen Testkonzept	45 000	4 000	4 000	0	0	- 41 000	- 9.1	1.00	0,68
AP Erstellen Schulungskonz.	30 000	29 000	33 100	- 4 100	- 14.1	- 1 000	- 3.3	0.87	0.96
AP Erstellen Einführungskonz.	91 500	76 000	88 000	- 12 000	- 15.7	- 15 500	- 16.9	0.86	0.83
Summen	**775 500**	**643 500**	**732 600**	**- 89 100**	**- 13.8**	**- 132 000**	**- 17.0**	**0.87**	**0.82**

PV = Geplanter Wert, EV = Fertigstellungswert, AC = IST-Kosten, CV = Kostenabweichung, SV = Terminplanabweichung

CPI = Kostenentwicklungsindex, SPI = Terminentwicklungsindex

Abb. A.66: Muster eines tabellarischen Leistungsberichts (Kosten, Termin und Leistung) in Anlehnung nach PMBok [PMI 2004]

Der in Abbildung A.65 aufgeführte Fertigstellungswert „EV" respektive Projektfortschritt (das finanzielle Gegenstück zum Fertigstellungsgrad „PC", Percent Complete) ist ein wichtiges Indiz beim Controlling der Kosten. Er zeigt auf, ob das ausgegebene Geld auch dem entsprechenden Gegenwert entspricht.

- Planned Value (PV), in diesem Buch „PLAN-Kosten" genannt
  Wird auch einfach „Budget" oder Budgeted Cost of Work Scheduled (BCWS)/„Budgetkosten der geplanten Arbeit" genannt und beinhaltet die bewilligten Kosten im Rahmen einer Abschätzung, die für das Projekt (oder eine bestimmte Aktivität) bis zu einem bestimmten Zeitpunkt ausgegeben werden können. Daraus kann auch der Fertigstellungsgrad abgeleitet werden. Für das Projektende definiert der BAC (s.u.) die Gesamtkosten.

- Actual Cost (AC) oder auch Fertigstellungskosten, in diesem Buch „IST-Kosten" genannt
  Auch Actual Cost of Work Performed (ACWP), kurz AC genannt: die gesamten direkten und indirekten Kosten des Projekts (oder einer bestimmten Aktivität), die bis zum aktuellen Zeitpunkt angefallen sind.

- Earned Value (EV), in diesem Buch „Fertigstellungswert" genannt
  Auch Budgeted Cost of Work Performed (BCWP) genannt: Bezeichnet die geplanten Kosten/den Betrag für die Arbeit an einem Arbeitspaket, die bis zu einem bestimmten Zeitpunkt für einen gewissen Zeitraum tatsächlich verrichtet wurde.

Während sich PV auf den geplanten und EV sowie AC auf den aktuellen Zeitpunkt innerhalb des Projektverlaufs beziehen, weisen die folgenden Parameter auf die geplanten bzw. voraussichtlichen Kosten am Ende des Projekts:

- Budget at Completion (BAC)
  Der BAC stellt die gesamten bewilligten Kosten des Projekts dar und entspricht dem PV am Projektende respektive dem gesamten kumulativen PV bei Fertigstellung.

- Estimate at Completion (EAC), in diesem Buch „SOLL-Kosten" genannt
  Der EAC bildet eine Abschätzung der Gesamtkosten bis zum Ende des Projekts, die sich auf den aktuellen Kostenstatus stützt.

- Estimate to Completion (ETC), in diesem Buch „Restkosten" genannt
  Der ETC bildet eine Abschätzung der Restkosten bis zum Ende des Projekts, die sich auf den aktuellen Kostenstatus stützt, oder leitet sich von der Formel EAC – AC ab.

A.4.1.4.1 Kennzahlenmässige Analyse

Neben der Analyse der absoluten Basiswerte und deren grafischen Aufbereitung wie z.B. Earned Value ist es auch sehr hilfreich, weitergehende Kennzahlen zu berechnen. Mit diesen wird eine wichtige Grundlage für sachliche Diagnosediskussionen bezüglich des Projektstands gelegt. Aus den Basiswerten können unter anderem folgende Kennzahlen berechnet werden:

- Cost Variance (CV), in diesem Buch als „Kostenabweichung" in Geldwert verwendet
  Die Kostenabweichung am Ende des Projekts ist die Differenz zwischen den ursprünglich geplanten Gesamtkosten (BAC) und dem tatsächlich ausgegebenen Betrag. CV = EV – AC

- Schedule Variance (SV), in diesem Buch als „Terminplanabweichung" in Zeiteinheit verwendet
  Die Terminplanabweichung ist gleich Fertigstellungswert (EV) minus geplanter Wert (PV). SV = EV – PV

- Variance at Completion (VAC)
  Kostenvarianz zwischen den bewilligten und den aktuellen Kosten am Ende des Projekts.
  VAC = BAC – EAC

Die zwei bekanntesten Kennzahlen im Zusammenhang mit der Earned-Value-Technik sind die Folgenden:

- Schedule Performance Index (SPI)
  Der SPI (Terminentwicklungsindex) ist ein Mass für die Zeiteffizienz. Er misst, wo sich ein Projekt (im Vergleich zum Plan) zeitlich gesehen befindet. Ein Wert grösser als 1 deutet an, dass der Projektverlauf schneller vonstatten geht als ursprünglich geplant. Umgekehrt deutet ein Wert kleiner als 1 einen Projektverzug an.

$$\text{Schedule Performance Index (SPI)} = \frac{\text{Earned Value}}{\text{Planned Value}} \qquad \underset{\text{(33\% hinter Plan)}}{0{,}67} = \frac{800\,000}{1\,200\,000}$$

- Cost Performance Index (CPI)
  Der CPI (Kostenentwicklungsindex) ist ein Mass für die Kosteneffizienz. Er setzt den Arbeitswert (Earned Value) dem ursprünglich geplanten Wert (Planned Value) gegenüber. Ein Wert grösser als 1 deutet auf eine Kostenersparnis im Projekt hin, auf der anderen Seite weist ein Wert kleiner als 1 darauf hin, dass sich das Projekt teurer entwickelt als geplant.

$$\text{Cost Performance Index (CPI)} = \frac{\text{Earned Value}}{\text{Burned Value}} \qquad \underset{\text{(20\% über dem Budget)}}{0.8} = \frac{800\,000}{1\,000\,000}$$

Hat man diese Kennzahlen bestimmt, so kann auch eine Trendanalyse vorgenommen werden. Damit ist es lange vor Projektabschluss möglich, Prognosen zu erstellen, mit deren Hilfe entsprechend frühzeitig auf Planabweichungen reagiert werden kann. So kann beispielsweise analysiert werden, inwiefern das Projektbudget bei einer negativen Planabweichung mindestens bzw. höchstens überschritten werden wird. Die Wahrheit liegt dann wohl irgendwo dazwischen.

- Projektion tief (mindestens über Budget)

$$\text{Projektion tief} = \frac{\text{Planned Value}}{\text{CPI}} \qquad \underset{\text{(mindestens 300 000 über Budget)}}{1\,500\,000} = \frac{1\,200\,000}{0.8}$$

- Projektion hoch (höchstens über Budget)

$$\text{Projektion hoch} = \frac{\text{Planned Value}}{\text{CPI * SPI}} \qquad \underset{\text{(höchstens 1 022 222 über Budget)}}{2\,222\,222} = \frac{1\,200\,000}{0.8 * 0.67 = 0.54}$$

A.4.2 Kontrolltechniken

Projektkontrollen werden im alltäglichen Sprachgebrauch als Audits, Reviews oder Tests bezeichnet. In diesem Buch sind dies Sammelbegriffe, welche unterschiedliche Techniken z.B. Walk Through, Lieferantenaudit, Black-Box-Test etc. beinhalten. Von den vielen Techniken, die bei der Projektkontrolle angewendet werden können, wird in diesem Kapitel zuerst allgemein auf die drei Verfahren Audit, Review und Test eingegangen, bevor anschliessend punktuell einige effiziente Techniken vertieft erläutert werden.

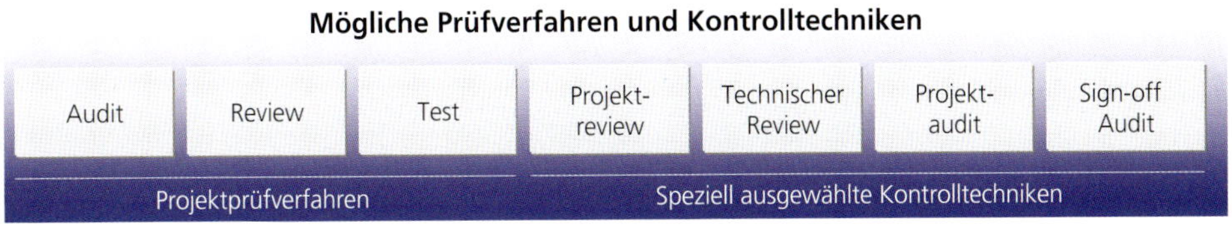

Abb. A.67: Mögliche Kontrolltechniken

Auf den Projektabwicklungsprozess bezogen, werden, wie in Abbildung 4.112 von Kapitel 4.4.3.2.4 (☜ „Prüfverfahren") aufgeführt, die Verfahren Audit, Review und Test schwergewichtig zu unterschiedlichen Zeitpunkten eingesetzt. Das Zusammenspiel von Audits, Reviews und Tests in der Betrachtung eines geschlossenen Regelkreises wird in Abbildung 4.114 des Kapitels 4.4.3.3 (☜ „Kontrollprozesse") illustriert.

A.4.2.1 Audit

Gemäss Crawford [Cra 1985] werden im Bereich der Projektabwicklung Audits durchgeführt, welche die Leistungen und die Produktivität eines Projektteams, die Konformität von Projektergebnissen mit vorgegebenen Standards sowie die Wirksamkeit der eingesetzten Methoden und Werkzeuge prüfen.

> Ein Audit ist eine Aktivität, bei der sowohl die Angemessenheit und Einhaltung vorgegebener Vorgehensweisen, Anweisungen und Standards als auch deren Wirksamkeit und Sinnhaftigkeit geprüft werden [Wal 1990].

Der Ursprung des Audits liegt im Finanzbereich. Es hat stark im Unternehmens-QM Einzug gehalten und wird schon seit geraumer Zeit bei grösseren Projekten gezielt zu unterschiedlichen Themen eingesetzt.

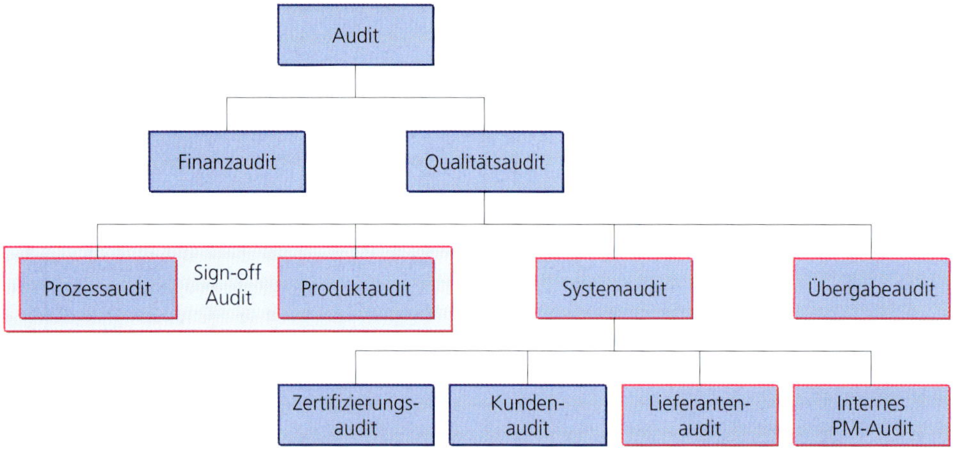

Abb. A.68: Audittechniken

Audits können grundsätzlich in Qualitäts- und Finanzaudits unterteilt werden, wobei die Qualitätsaudits z.B. folgendermassen unterschieden werden können:

- Prozessaudit (Konformität bezüglich Leistung und Standards),
- Produktaudit (Konformität bezüglich des Produkts),
- Systemaudit (Überprüfung des gesamten Qualitätsmanagementsystems eines Unternehmens oder Teile davon),
- Übergabeaudit (funktionale und physische Vollständigkeitsprüfung des gesamten Projektprodukts für eine reibungslose Wartung).

Abgestützt auf die Qualitätsaudits, können im Bereich der Projektabwicklung neben dem Übergabeaudit verschiedene Auditarten speziell zum Zug kommen:

- Projektmanagement-Audit (Konformität bezüglich Organisation, Projektmanagement-Prozesse und Standards),
- Lieferantenaudit (Konformität des Lieferanten gegenüber dem unterzeichneten Vertragsregelwerk),
- Prozessaudit (Konformität bezüglich der Projektabwicklungs-Standards),
- Produktaudit (Konformität bezüglich des in der Anforderungsentwicklung definierten Standards (z.B. Umweltnormen des Projektprodukts).

Bei den verschiedenen projektbezogenen Audits kann z.B. ein Prozess- und ein Produktaudit zusammengenommen werden. Solch ein Audit kann z.B. als Sign-off Audit definiert werden, das jeweils bei Phasenende durchgeführt wird.

A.4.2.2 Review

Als Review wird ein geplanter und strukturierter Analyse- und Bewertungsprozess bezeichnet, mit dem einzelne „statische" Lieferobjekte wie Konzept, Anforderungskatalog oder Projektdaten wie Projektplandaten und Testdaten überprüft werden. Dabei kann ein Review mehr oder weniger formal sein.

- Formelle Reviews
  Formelle Reviews werden nach einem definierten Prozedere durchgeführt, das in der Regel eine Planungs- oder Vorbereitungs-, eine Durchführungs- und eine Nachbearbeitungsphase umfasst. Das heisst also, formelle Reviews werden geplant durchgeführt.

- Informelle Reviews
  Informelle Reviews werden ad hoc, nicht selten „zwischen Tür und Angel", „in der Kaffeepause" oder „bei einem Glas Bier" durchgeführt. Ihr Nutzen darf nicht unterschätzt werden, wobei festzuhalten ist, dass kein informelles Review ein formelles ersetzt.

Während informelle Reviews meist einen Beitrag zur Lösung eines Einzelproblems leisten, haben formelle Reviews die Prüfung mit Fokus auf das gesamte Projektprodukt zum Gegenstand. Beide Formen werden mit Erfolg praktiziert. Die Ausübung der einen Form schliesst die der anderen nicht aus.

Ein Review ist ein mehr oder weniger formal geplanter und strukturierter Analyse- und Bewertungsprozess, in dem Projektergebnisse einem Team von Gutachtern präsentiert und von diesem kommentiert oder genehmigt werden [Wal 1990].

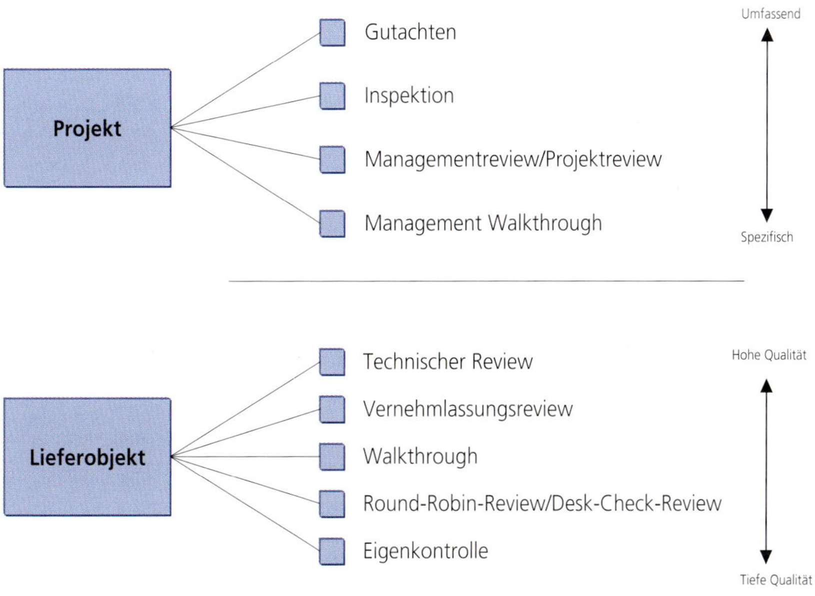

Abb. A.69: Reviewtechniken

Im Bereich der Reviews werden folgende Arten und „Abarten" unterschieden:

- Technisches Review (Formalreview)
  Mit technischen Reviews werden Projektergebnisse auf Form und Inhalt geprüft und bewertet (insbesondere im Bereich der Sachfortschrittskontrolle). Zu den technischen Reviews kann unter anderem das Anforderungskatalogs- und das Anforderungsspezifikations-Review beziehungsweise das sogenannte Entwurfsreview (Design Review) gezählt werden.

- Vernehmlassungsreview (-verfahren)
  Im Vernehmlassungsreview kann der Autor sein Dokument von verschiedenen Gutachtern durchlesen lassen. Die Vermerke bzw. Ergänzungen, die die Gutachter an den Autor weiterleiten, kann dieser (muss er aber nicht) zur Vervollständigung seines Dokuments aufnehmen. Mit diesem Review wird grundsätzlich die Abstimmung der Meinungen des verantwortlichen Personenkreises bezweckt.

- Walkthrough
  Beim Walkthrough wird gemäss Wallmüller [Wal 1990] die Funktionalität des Prüfgegenstandes anhand von Beispielen und Testfällen vom Benutzervertreter oder Koordinator im Beisein des Autors oder Erstellers durchgespielt. Dabei gilt es, Schwachstellen aufzudecken und über diese lösungsbezogen zu diskutieren.

- Round-Robin-Review/Desk-Check-Review
  In einem Round-Robin-Review wird von jedem Gutachter (sicher von einem Gutachter = Desk-Check) mittels verbaler Überzeugungskraft versucht, die Kollegen von der akzeptierbaren Qualität des Prüflings zu überzeugen. Gelingt dies in einem Punkt nicht, so dürfte dort die Schwachstelle liegen.

- Eigenkontrolle
  Eigen- oder Selbstkontrolle wird nirgends als offizielle Kontrolltechnik aufgeführt, obwohl diese „Technik" wohl am meisten eingesetzt wird. Das heisst, ein Autor schreibt z.B. sein Lieferobjekt, beispielsweise den Projektauftrag, welchen er nach dem Erstellen bewusst und kritisch selbst prüft. Von allen Reviewtechniken ist diese Technik die mit dem tiefsten Qualitätsniveau.

In vielen Branchen gibt es spezifische Reviewtechniken für entsprechende Projektarten. In der Informatik können dies z.B. sein:

- Code-Inspektionen
  Code-Inspektionen wurden von M. Fagan [Fag 1976] schon 1972 bei der IBM durchgeführt. Dabei geht es darum, die Qualität der Software sowie die Leistung der Programmierer zu steigern, indem die Schnittstellen, die Ablaufstruktur, der Codierstandard, die Berechnungsformeln etc. von eigens dafür erstellten Programmen überprüft werden.

- Peer Rating
  Beim Peer Rating handelt es sich um eine Reviewart, in der Programme auf ihre Qualität, Wartungsfreundlichkeit, Erweiterbarkeit, Anwendbarkeit etc. geprüft werden. Mit dem Peer Rating verfolgt man das Ziel, die Qualität der gesamten Funktionalität sowie des Programmierstils laufend zu steigern.

- Testreview
  Im Testreview gilt es vor allem, den Erfolg der Testaktivitäten zu untersuchen. Dabei werden die Übereinstimmung des Testentwurfs mit den Testzielen (Testentwurfsreviews), die Testfälle, die korrekte Durchführung des Tests (Testinspektion) etc. geprüft.

Der Blick von aussen oder „von oben" (Management) in Teilaspekte („spezifisch") oder ins ganze Projekt („umfassend") kann mit folgenden Reviewtechniken vorgenommen werden:

- Gutachten
  Ein Gutachten ist meistens ein sehr umfassendes und ins Detail gehendes Prüfverfahren, bei dem sämtliche Aspekte in und um das Projekt geprüft werden. Dabei werden a) Erfolge, b) Risiken, c) Probleme, d) einzuleitende Massnahmen, e) die „Schuldigen", f) das Beweisen, dass sie schuldig sind und g) eine Verteidigungsstellung für die Gutachter erstellt. Der letzte Punkt ist entscheidend, da – wenn der Schuldige schuldig gesprochen wird – seine erste Reaktion ist, die Unfähigkeit der Gutachter anzuprangern oder die Richtigkeit der Ergebnisse zu bezweifeln.

- Inspektion
  Die Inspektion ist viel formeller als der Management-Walkthrough. Sie wird geplant und von offizieller Stelle unterstützt. Bei der Inspektion werden z.B. die Dokumentationen des Projektstandes umfassend kontrolliert (☞ Kapitel 4.4.3.3.3 „Realisierungskontrolle").

- Projektreview
  Mit Projektreviews, auch Managementreviews oder Freigabereviews genannt, werden die managementorientierten Ergebnisse eines Projekts überprüft. Das heisst, es werden die Einhaltung der Kosten- und Zeitpläne sowie die Beziehungsrelation zum Sachfortschritt geprüft.

- Management-Walkthrough
  Der Management-Walkthrough ist ein verkürztes Prüfverfahren mit dem Ziel, die Probleme und Risiken in einem Projekt möglichst schnell zu finden und entsprechende Massnahmen einzuleiten. Dabei wird gezielt darauf verzichtet, den Schuldigen zu finden und ihm zu beweisen, dass er schuldig ist.

Entscheidend bei allen Reviews ist die Hierarchie der Beteiligten. Je nach Rang der Beteiligten wird zwischen Reviews unter Gleichgestellten (oft beim Walkthrough) und Reviews mit Beteiligten aus verschiedenen Hierarchiestufen (oft bei der Inspektion) unterschieden. Alle Arten von Reviews haben sich je nach Situation als nützlich erwiesen. Bei allen aufgeführten Reviews können folgende Rollen auftreten:
- Moderator: Er führt die Reviewsitzung.
- Autor: Er hat den Prüfling erstellt (ist oft auch der Protokollführer).
- Projektleiter: Ist verantwortlich dafür, dass die Reviews gemäss dem Prüfplan durchgeführt werden.
- Gutachter: Spezialisten, die den Prüfling gemäss den definierten Aspekten überprüfen.
- Protokollführer: Schreibt das Reviewprotokoll bzw. hält die Befunde fest.

Aufgrund der Thematik dieses Buches werden schwergewichtig nur das Projektreview und das technische Review im Detail weiterverfolgt (☞ Anhang A.4.2.4 „Projektreview" und Anhang A.4.2.5 „Technisches Review").

A.4.2.3 Test

Mit Tests (Prüfung der dynamischen Lieferobjekte) wird die Überprüfung einer ausführbaren Komponente (Modul, Programm, Maschine etc.) bezeichnet.

Testen ist der Prozess, ein Produkt durch manuelle oder automatisierte Hilfsmittel zu bewerten, um damit die Erfüllung der spezifizierten Anforderungen nachzuweisen [IEEE 1983b].

Es können unterschieden werden:

- Black-Box-Testing (Testen anhand von Daten)
  - Error-Guessing (Fehlererwartung): „Kreation von Testfällen aus der Praxiserfahrung des Experten, die auf Problemen anderer gleichartiger Komponenten basieren."
  - Grenzwertanalyse (Boundary Value Analysis): „Die Grenzwertanalyse liefert Testfälle, die die Grenzen der Wertebereiche von Ein-/Ausgabegrössen oder ihre Umgebung abdecken."
  - Äquivalenzklassen (Equivalence Partitioning): „Aufteilen der Eingabemenge in Klassen, sodass alle Eingaben einer Klasse ähnliches Ausgabeverhalten hervorrufen sollten. Anschliessend werden aus jeder Klasse Repräsentanten als Testdaten ausgewählt."
  - Funktionsabdeckung: „Anhand von konkreten Anwendungsfällen werden die Funktionen des Testobjekts identifiziert."
  - Ursachen-Wirkungs-Graph: „Die Ursachen-Wirkungs-Graphen dienen der systematischen Bestimmung von Eingabedaten, die ein gewünschtes Ergebnis bewirken."

- White-Box-Testing (Testen der Logik)
  - Anweisungsüberdeckungstest: „Jeder mögliche Befehl des Objekts muss mindestens einmal ausgeführt werden."
  - Zweigüberdeckungstest: „Alle Entscheidungen oder Sprünge werden erfasst. Entsprechend viele Testfälle sind notwendig, um diese austesten zu können."
  - Bedingungsüberdeckungstest: „Test aufgrund der Bedingungen von Schleifen und logischen Ausdrücken. Alle Bedingungen, die zum Durchlaufen eines Zweigs führen können, werden getestet."
  - Pfadüberdeckungstest: „Ziel ist die Ausführung aller unterschiedlichen Pfade des Objekts."

Testprozess und Teststufen der Projektabwicklung werden in Kapitel 5.5 (☞ „Testen") ausführlicher erläutert.

A.4.2.4 Projektreview

Ein Projektreview (oder Managementreview) ist eine Standortbestimmung aus dem bestimmten Blickwinkel des Managements, definiert durch das jeweilige Ziel, die Managementergebnisse eines Projekts zu kontrollieren. Methodisch stehen hier Checklisten im Vordergrund, welche die Gutachter bei der Durchführung unterstützen. Generell lohnt es sich, den Ablauf des Managementreviews mit klaren „Spielregeln" schriftlich festzulegen, da bei dieser Arbeit mindestens zwei Parteien involviert sind, die sonst meistens nicht direkt zusammenarbeiten. Die folgenden Ausführungen zeigen, wie sich der Ablauf des Projektreviews bzw. Managementreviews gestalten sollte, der speziell die

Kostenseite, die Termine und den Sachfortschritt eines Projekts kontrolliert. Dies unter Beizug der erstellten Test- und Auditberichte sowie der technischen Reviewberichte und/oder des Sign-off-Berichts (☞ Abbildung 4.114 „Prüfregelkreis“).

Das Projektreview sollte bei Phasenende, oder in speziellen Situationen wie z.B. bei einem Projektleiterwechsel, Auftraggeber- bzw. Auftragnehmerproblemen oder in bestimmten zeitlichen Abständen durchgeführt werden. Es verläuft nicht ganz so formal wie das technische Review, da die Komplexität, die Einflussgrössen, die Situation etc. es erschweren, ein konkretes Vorgehen wie bei anderen Prüfverfahren festzulegen. Nichtsdestotrotz muss das Projektreview einen bedingt formalen Prozess durchlaufen, damit die Effizienz und der Nutzen gesichert sind.

A.4.2.4.1 Voraussetzungen

Erste Voraussetzung für ein Projektreview ist, dass die Anforderungen an das Projektmanagement und -team quantifiziert, also messbar definiert sind. Ohne messbare Anforderungen wird ein Projektreview zur Plauderstunde, in der vage, meist unterschiedliche Auffassungen mit wechselnden Ergebnissen und Auswirkungen „diskutiert“ werden.

Diese Anforderungen müssen im jeweils projektbezogenen Pflichtenheft des Projektmanagements (Business Case, Projektplan, Projektauftrag) definiert sein. Weitere Voraussetzungen sind:
- Definition der Ziele des Reviews: Was soll mit einem Review erreicht werden? Wo sind die Schwerpunkte zu setzen?
- Es muss ein Prüfplan vorhanden sein. Damit können sich alle Beteiligten auf die geplanten Prüfetappen und -zeitpunkte vorbereiten.
- Es müssen quantifizierte System- und Abwicklungsziele vorhanden sein. Bei Projekten ohne klare Ziele ist die Durchführung eines Reviews sinnlos!
- Es muss ein offizielles Projektmanagement existieren, das unter anderem auch ein formelles Berichtswesen führt.
- Die Bereitschaft zur Verwertung der Reviewergebnisse muss vorhanden sein, d.h. die Bereitschaft zur Änderung der Organisation, des Vorgehens bis hin zur Änderung der personellen Zusammensetzung des Projektteams, wenn dies das Reviewergebnis verlangt.
- Das bewusste Informieren aller Beteiligten darüber, dass das Projektreview weder ein Forum für die „Suche nach dem Schuldigen“ noch eine Einrichtung für die Verteilung von „Freigabestempeln“ ist.

A.4.2.4.2 Ablauf

Der Reviewablauf besteht aus fünf Schritten.

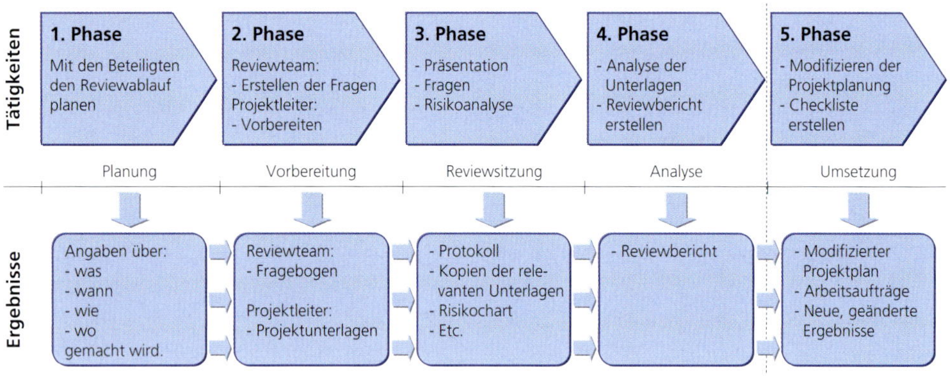

Abb. A.70: Die fünf Phasen eines Projektreview-Ablaufs

1. Phase: Planung
   In der Planungsphase wird innerhalb einer ca. einstündigen Sitzung mit den direkt Beteiligten (z.B. Gutachter, Moderator und Projektleiter, Projektleiter-Vorgesetzter, Projektmitarbeiter etc.) das kommende Review geplant. Der Projektleiter und alle Beteiligten werden vom Moderator ausführlich darüber informiert, was auf sie zukommt. In dieser Sitzung werden folgende Punkte behandelt:
   – Wer kontrolliert, und wer wird kontrolliert?
   – Wann wird kontrolliert (Tag, Zeit)?
   – Wo wird diese Kontrolle durchgeführt (Ort)?
   – Was wird kontrolliert (Aspekte)?
   – Welche(s) Ziel(e) wird (werden) mit dieser Kontrolle verfolgt?
   – Wie stellt sich der Ablauf des gesamten Reviews dar?

2. Phase: Reviewsitzung
   Die Vorbereitungszeit für ein Review sollte nicht länger als zwei Wochen dauern. In diesem Zeitraum können auf der Ebene des Projekts noch offene Arbeiten abgeschlossen und eventuelle Fehler bereinigt werden. Die Vorbereitung verläuft auf drei Ebenen:
   – Gutachter
     Die Gutachter formulieren die Fragen und erstellen die Checklisten für die Reviewsitzung.
   – Projektleiter und Teammitarbeiter
   – Sie bringen die Informationen zu den bisherigen Ergebnissen auf den neuesten Stand und bereiten alle benötigten Dokumente vor, damit der Projektleiter eine Präsentation abhalten kann.
   – Moderator
     Er informiert alle Verantwortlichen offiziell über das geplante Vorhaben.

3. Phase: Durchführung
   Je nach Umfang der Arbeitsleistung, die untersucht werden muss, dauert ein Review etwa 170 Minuten. Ein Review läuft etwa wie folgt ab:

- Präsentation Projektstatus (max. 30 Min.)
- Der Projektleiter und eventuell seine Mitarbeiter präsentieren den Projektstatus. Sie zeigen die geleisteten Arbeiten plus die „Qualität" der Ergebnisse. Die Gutachter machen sich während der Präsentation Notizen, z.B. Mind Maps, um einen Überblick über die Präsentation zu erhalten.
- Fragen betreffend Präsentation (ca. 40 Min.)
- Die Gutachter stellen aufgrund ihrer während der Präsentation gemachten Skizzen dem Projektleiter Fragen, damit sie z.B. ihre Mind Maps bzw. ihre Übersichten vervollständigen können.
- Zusatzfragen gemäss Checklisten (ca. 60 Min.)
- Die Gutachter stellen aufgrund ihrer in der Vorbereitungsphase erstellten Checklisten, die sich unter anderem auf die Situation, auf die Test-, technischen Review- und Auditberichte beziehen, Fragen, die der Projektleiter oder ein Teammitglied sofort beantworten muss. Mit diesen Fragen erhalten die Gutachter einen adäquaten Eindruck davon, wie gut der Projektleiter sein Projekt beherrscht. Mit geeigneten Kontrollfragen kann die „Wahrheit" ans Licht gebracht werden.
- Konklusionen ziehen, Risikobeurteilung (ca. 40 Min.)
  In einem gemeinsamen Gespräch diskutieren die Beteiligten über etwelche Konklusionen, mögliche Risiken in Bezug auf Leistung, Qualität, Zeit und Kosten oder allfällige Schwierigkeiten sowie auch über die Stärken des Projekts. Der Projektleiter-Vorgesetzte legt in Abstimmung mit dem Projektleiter das weitere Vorgehen fest.

4. Phase: Analyse
   Im Anschluss an das Review findet eine maximal einwöchige Analysephase statt. In dieser werden von den Gutachtern die Ergebnisse der Reviewsitzung analysiert. Im Weiteren werden Massnahmen zur Lösung der festgestellten Probleme entworfen:
   - Reviewbericht mit
     - technischen Sachverhalten,
     - Risikobeurteilung eines laufenden Projekts,
     - Empfehlung korrektiver Massnahmen (z.B. Qualitätslenkungs-Massnahmen) und
     - zu treffenden Entscheidungen.
   - Aktionsplan
   - Als konsequente Folge der Feststellung von Abweichungen zwischen PLAN und IST bei der Überwachung und Kontrolle sind Massnahmen und Eingriffe einzuleiten. Diese sollen die Durchsetzung der getroffenen Phasenentscheidungen und/oder Qualitätsmängelbehebungen gewährleisten. Bei der Nachkontrolle müssen z.B. die folgenden Veränderungen berücksichtigt werden:
     - Änderung der Prioritäten,
     - Änderung der Termine,
     - Änderung des Budgets,
     - Aufgabenumverteilung,
     - Änderung des Verfahrens oder des Verhaltens im Verfahren.

   Die in der Analyse erarbeiteten Ergebnisse werden in einem Managementreview-Bericht zusammengefasst und der zuständigen Instanz (Kontrollausschuss, Auftraggeber etc.) zugestellt, die über das konkrete „Wie weiter?" entscheidet.

5. Phase: Umsetzung
   Der Projektleiter setzt die von den Entscheidungsträgern erlassenen Massnahmen um. Er modifiziert seinen Projektplan und führt das Projekt gemäss der neuen Planung weiter. Diese Phase gehört grundsätzlich nicht mehr zum Reviewprozess, sondern ist wieder Teil der eigentlichen Projektabwicklung.

A.4.2.5 Technisches Review

Das Ziel dieses Reviews ist es – neben dem Lerneffekt aller Beteiligten –, einerseits die erreichte Qualität zu überprüfen und andererseits dazu beizutragen, die angestrebte Qualität zu produzieren. Im Detail bedeutet dies, man will mit dem technischen Review erreichen:
- zu einfachen Strukturen zu kommen,
- weniger Fehler zu machen,
- die Vollständigkeit zu optimieren,
- die Verständlichkeit zu verbessern.

Technische Reviews können grundsätzlich an allen statischen Lieferobjekten durchgeführt werden. Die grössten Effekte erzielen sie insbesondere bei den Konzeptions- und Planungsdokumenten.

Folgende Voraussetzungen müssen gegeben sein:
- Ein Prüfling, z.B. eine Anforderungsspezifikation, kann erst zum Review freigegeben werden, wenn ihn die Autoren als beendet betrachten, jedoch vor der offiziellen Vernehmlassung.
- Die Methodik, mit der oder nach der ein Prüfling erstellt wurde, muss allen Gutachtern bekannt sein.
- Die Richtlinien (unternehmensweite oder projektspezifische), nach denen der Prüfling erstellt wurde, sind mit ihren Bezugsquellen aufzuführen.
- Die Referenzunterlagen sind mit Angabe der Bezugsquelle direkt am Ort des Zitierens zu dokumentieren.
- Der Fragenkatalog bzw. die Aspekte, nach denen der Gutachter den Prüfling prüfen muss, sind schriftlich festzulegen.

A.4.2.5.1 Ablauf

Wie Abbildung A.71 zeigt, läuft das technische Review in vier Phasen ab.

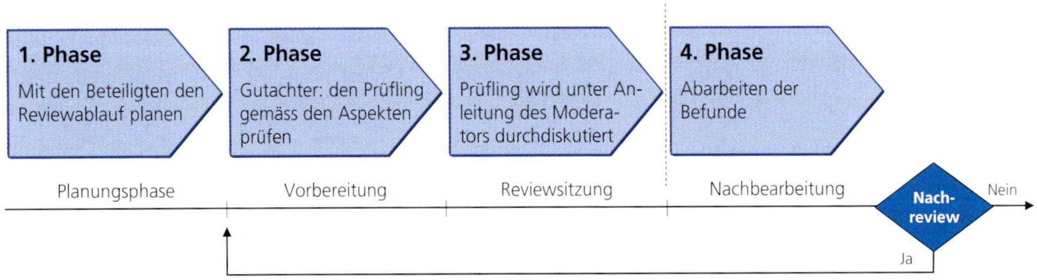

Abb. A.71: Prozess eines technischen Reviews

1. Phase: Planungsphase
Da der technische Review erst nach der definitiven Fertigstellung des Prüflings und nach den projektinternen Kontrollen durchgeführt wird, kann er während der letzten Arbeiten am Prüfling geplant werden. Der Projektleiter bestimmt die Gutachter, falls diese nicht vorgegeben sind. Ein möglichst grosses Wissensspektrum der Gutachter ist die beste Voraussetzung für eine fundierte, umfassende Prüfung. Daher ist es sehr sinnvoll, ein – bezogen auf das Spezialwissen – heterogenes Gutachterteam zusammenzustellen. Im Weiteren werden in diesem Schritt die Aspekte definiert, nach denen die Gutachter den Prüfling überprüfen müssen. Aufgrund eines vereinbarten Termins werden die Revieweinladungen (Datum, Ort, Zeit, Vorgaben, Richtwerte, Teilnehmer und die ihnen zugeteilten Rollen und Aspekte) und der Prüfling versandt. In Unternehmen, bei denen das Reviewverfahren nicht fest institutionalisiert ist, wird in der Planungsphase mit Vorteil eine Informationssitzung durchgeführt. In dieser halbstündigen Sitzung erläutert der Moderator den Sinn und Zweck des Reviews wie auch die Aufgaben bzw. die Rollen der Beteiligten.

2. Phase: Vorbereitung
Die Vorbereitungen, welche die Gutachter treffen müssen, umfassen:
- Durchlesen des gesamten Dokuments gemäss den ihnen zugeteilten Aspekten. Aspekte können beispielsweise sein:
  - Sind die Funktionen intern und extern widerspruchsfrei?
  - Sind die Funktionen oder Kapitel vollständig?
  - Ist das Geschriebene umsetzbar bzw. realisierbar?
- Fehler, Unklarheiten, Unvollständigkeiten, Anregungen schriftlich festhalten.
- Korrekturanregungen, die nichts mit der Aussage über den Prüfling direkt zu tun haben (z.B. Schreibfehler, Darstellungsformen etc.), können direkt ins Dokument geschrieben werden, das den Autoren wieder ausgehändigt wird.

Die Vorbereitungszeit muss genügend lang sein, damit sich die Gutachter fundiert vorbereiten können. Pro zehn Seiten Dokumentation benötigt ein Gutachter gemäss Erfahrungswerten ca. eine Stunde Vorbereitungszeit.

3. Phase: Reviewsitzung
Zum festgelegten Zeitpunkt treffen sich die Gutachter, der Protokollführer, die Autoren, der Projektleiter sowie der Moderator am vorbestimmten Ort. Der Moderator eröffnet die Sitzung. Er stellt die Beteiligten vor und erläutert kurz die Spielregeln. Sind alle mit der Ausgangssituation einverstanden, so kann das eigentliche Reviewverfahren beginnen: Der Moderator zitiert Absatz für Absatz bzw. Zeile für Zeile. Hat ein Gutachter eine Bemerkung zu einem Absatz anzubringen, so meldet er sich. Die Gutachter klassifizieren den Befund, der im Protokoll festgehalten wird. Die Klassifizierung der Befunde für ein Konzeptpapier könnte folgendermassen aussehen:
- G: keine Mängel (= Gut, geprüfte Stelle nicht mehr verändern),
- N: Nebenfehler (= Korrektur dem Autor oder Autorenteam überlassen),
- H: Hauptfehler (= Muss zwingend geändert werden),
- K: kritischer Befund (= Zur Korrektur ist projektexterne Hilfe nötig).

Befundliste „Technisches Review"

Projekt:	Review-Nr.:	Seite:
Moderator:	Protokollführer:	

Gewicht: G: keine Mängel, N: Nebenfehler, H: Hauptfehler, K: kritischer Befund
(Über die Beschreibung und Gewichtung entscheiden die Gutachter!)

Nr.	Referenz (Seite, Kapitel)	Beschreibung des Befundes	Gewichtung	Name des Gutachters

Abb. A.72: Befundliste

Es hat sich gezeigt, dass es für Aussenstehende manchmal sehr schwierig ist, die Menge der Befunde richtig zu interpretieren, da z.B. 104 Befunde doch eine eindrückliche Zahl darstellen. Sie sagt jedoch sehr wenig über die Qualität des Produkts aus und sollte aufgrund der möglichen Fehlinterpretationen somit nicht „veröffentlicht" werden. Am Schluss der Reviewsitzung wird ein gemeinsames Urteil über den Prüfling gefällt. Dieses Urteil kann von „abgelehnt" über „nochmals überarbeiten" bis „angenommen" lauten. Das Protokoll mit dem Urteil wird daraufhin von allen Beteiligten unterschrieben. Anschliessend löst der Moderator die Sitzung auf.

4. Phase: Nachbearbeitung
   Je nach Urteil müssen die Autoren den Prüfling gemäss den Befunden bereinigen. Basierend auf der Abmachung des Reviewteams, muss das Dokument entweder nochmals in einem technischen Review geprüft werden, oder es kann durch die alleinige Nachprüfung einer dafür bestimmten Person freigegeben werden.

A.4.2.5.2 Praxiserfahrungen

Das Review weist in der Theorie einige Differenzen gegenüber der Praxis auf. Scheint theoretisch alles logisch, sinnvoll und machbar, so hat es sich gezeigt, dass in der Praxis die jeweilige Situation eine massgebende Rolle spielt. Einige negative Erfahrungen mit Reviews mögen daher helfen, künftige Kontrollen zu verbessern:

- Reviews ohne Managementunterstützung sind demotivierend und nutzlos.
- Formelle Reviews ohne Planung und Vorbereitung sind nutzlos.
- Reviews ohne Dokumentation (Reviewbericht) bringen keine Veränderungen.
- Reviews ohne Aufarbeitung der Reviewergebnisse bringen nur zusätzliche Arbeit ohne Nutzen.
- Als reine „Pflichtübungen" durchgeführte Reviews sind nutzlos.
- Der Zeitraum zwischen Reviewdurchführung und dem Ende der Analyse ist häufig zu lang.
- Der Zeitraum zwischen Reviewdurchführung und Umsetzung der Reviewmassnahmen ist häufig zu lang.
- Meistens werden zu wenige (und bezüglich des Arbeitsvolumens zu lange) Reviews abgehalten.
- Mehrere aufeinanderfolgende Reviews, in denen keine gravierenden Mängel im Projektmanagement und in den Ergebnissen erkannt wurden, berechtigen nicht zur Reduktion der Reviewhäufigkeit.

A.4.2.6 Projektaudit

Der Hauptzweck des hier aufgeführten Projektaudits besteht darin, die Qualität des Projektabwicklungsverfahrens zu beurteilen. Das heisst, es wird einerseits auf der Basis des Prozessaudits die Konformität des Prozesses hinsichtlich Vollständigkeit, Richtigkeit und Wirksamkeit geprüft. Andererseits wird zugleich aber auch im Sinne eines Projektmanagement-Audits der Managementprozess in Bezug auf seine Praktiken, Leistungen, Organisation etc. kontrolliert.

A.4.2.6.1 Ablauf

Ein Projektaudit läuft in vier Phasen ab.

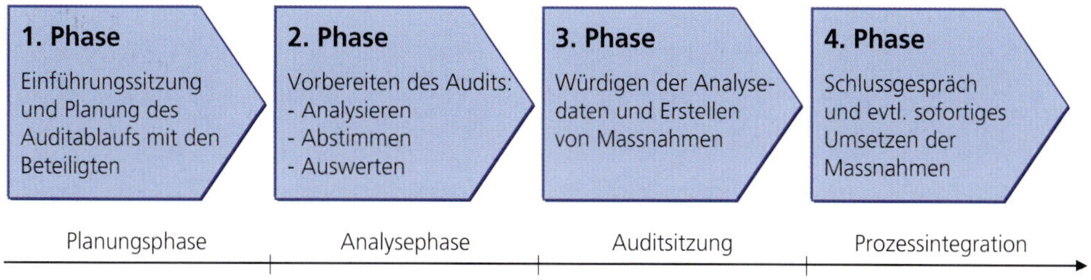

Abb. A.73: Projektaudit-Ablauf

1. Phase: Planungsphase
   Unter der Leitung des Qualitätsauditors bzw. Qualitätsauditleiters findet ein Einführungsgespräch statt, in dem mit den am Audit beteiligten Personen (z.B. Projektteammitglieder, Methodiker, externe Spezialisten, Linienverantwortliche, Auftraggeber) unter anderem Folgendes besprochen wird:
   - Termine, Ort und Zeit der Auditsitzung etc.,
   - Ablauf, Aufgaben jedes Einzelnen, Ziele,
   - vorhandene Projektkennwerte, Checklisten, Projektmanagement-Leitfaden,
   - aktuelle QM-Richtlinien, Verhaltenswerte etc.

   Gemäss der Besprechung werden die vorhandenen Daten zusammengetragen, sodass eine vollständige Analyse möglich ist.

2. Phase: Analysephase
   Auf Basis der aktuellen QM-Richtlinien/Projektkennwerte und mittels Unterstützung von bestehenden Checklisten werden unter anderem folgende wichtige Fragen analysiert, abgestimmt und ausgewertet:
   - Sind dem Projektteam die aktuellen QM-Richtlinien bekannt?
   - Wurde in der Projektabwicklung gemäss dem offiziellen Abwicklungsverfahren gearbeitet?
   - Entsprechen die Ergebnisse bezüglich der Formalität (Vollständigkeit, Richtigkeit etc.) den geforderten Werten?
   - Entspricht die Wirksamkeit der eingesetzten Methoden und Werkzeuge den definierten Vorstellungen?
   - Entsprechen die Projektplandaten den Projektkennwerten?
   - Entspricht der Managementprozess den allgemeinen Managementpraktiken bzw. -leistungen?

- Sind gemäss den vorliegenden Reviewberichten systematische Fehler zu erkennen?
- Für die darauffolgende Auditsitzung werden die Analysedaten verdichtet und schriftlich festgehalten.

3. Phase: Auditsitzung
   Auf Basis der Analysedaten werden unter der Leitung des Auditleiters alle aufgeführten Analysedaten beurteilt. Dabei gilt es, nicht nur Negativ- (Fehler/Nichtkonformität), sondern auch Positivwerte zu ordnen und deren systembedingte Ursachen herauszufinden. Es wird ein Auditbericht erstellt, in dem die Auditfeststellungen sowie die notwendigen und besprochenen Massnahmen klar und präzise aufgeführt sind. Nichtkonformitäten sollten durch entsprechende Forderungen bezüglich der Norm ergänzt werden. Nach dem Ermessen des Auditleiters können einzelne Punkte an höhere Gremien weitergeleitet werden. Es ist sicherzustellen, dass Änderungen nur aufgrund systembedingter Fehler vorgenommen werden. Ein Fehler ist systembedingt, wenn er bei gleicher Ausgangslage, unabhängig von den Personen, wieder auftreten würde [Fid 1996].

4. Phase: Prozessintegration
   Grundsätzlich wird der Auditbericht zuhanden des Projektreview-Teams weitergeleitet, das bei seinem nächsten Projektreview die empfohlenen Massnahmen bespricht – eventuell auch mit den betroffenen Stellen – sowie die notwendige und sinnvolle Prozessintegration. In den empfohlenen Reviewmassnahmen sind somit die auditbedingten Massnahmen enthalten!

Steht kein Projektreview an und sollten dennoch zur Vermeidung weiterer systembedingter Fehler sofort Massnahmen gemäss der Auditsitzung eingeleitet werden, so kann dies mittels Einberufung eines Projektträgergremiums bewerkstelligt werden.

A.4.2.6.2 Zeitaufwendung

Grundsätzlich können keine genauen Angaben bezüglich der Zeitaufwendungen gemacht werden, da die Grösse, die Komplexität, die zur Verfügung stehenden Grundlagen etc. von Audit zu Audit sowie von Unternehmen zu Unternehmen unterschiedlich sind. Um doch einen Planwert zu erhalten, werden Grössen auf der Rechenbasis von vier beteiligten Personen aufgeführt.

Phasen	Dauer	Aufwand
Planungsphase (pro Person 1 Std.)	1. Tag	4 Std.
Analysephase (pro Person ca. 8 Std.)	2. bis 5. Tag	32 Std.
Auditsitzung (pro Person ca. 3 Std.)	6. Tag	12 Std.
Prozessintegration	X. Tag	X Std.

Abb. A.74: Audit-Zeitaufwendungen

A.4.2.7 Sign-off Audit

Um den innerbetrieblichen Restriktionen und Rahmenbedingungen sowie den ausserbetrieblichen Vorschriften – z.B. Normen und Gesetzen (u.a. Haftpflicht) – garantiert Folge leisten zu können, kann das effiziente Instrument „Sign-off Audit", welches jeweils am Phasenende zum Tragen kommt, eingesetzt werden. Die Phasenfreigabe aus fachlicher und Konformitätssicht sichert die Durchsetzung der Vorgaben bezüglich Organisation, Architektur, Recht, Standards, Security, Support und Betreibbarkeit bei den Projekten (Quality Gate). Für jede Projektphase wird im Projektplan festgelegt, welche Ergebnisse zu erreichen sind. Mit Abschluss der Phase wird die fachliche Zielerreichung durch ein Fachgremium überprüft, das je nach Projektart institutionalisiert ist. Das Projektsteuerungs-Gremium und der Projektauftraggeber entscheiden anhand der Überprüfung des Fachgremiums – unter Berücksichtigung der wichtigsten Managementkomponenten (Leistung, Qualität, Zeit, Kosten) –, ob die nächste Phase begonnen werden kann, ob Nacharbeiten notwendig sind oder ob das Projekt abgebrochen wird.

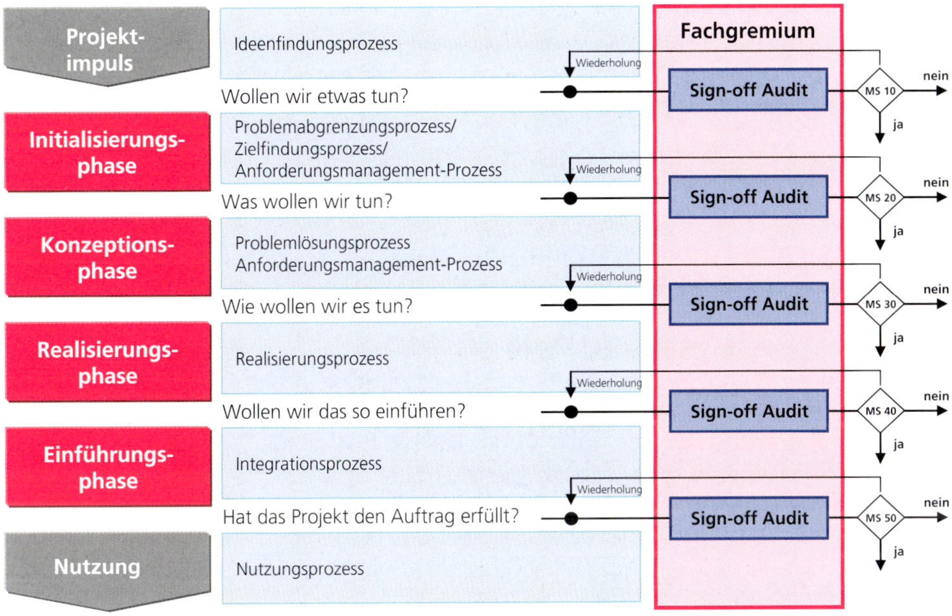

Abb. A.75: Sign-off Audit als effizientes Governance-Instrument

Das Sign-off Audit respektive die fachliche Phasenfreigabe definiert, welche Projektergebnisse nach welcher Projektabwicklungsphase durch welchen Experten respektive welches Fachgremium begutachtet werden, um sicherzustellen, dass das Projekt die grösstmögliche produktive Erfolgschance aufweist. Ein Sign-off Audit bündelt alle Produkteprüfungen aus qualitativer Sicht sowie prüft insbesondere die Einhaltung der vorhandenen Standards und gibt die Grundlage für das Management, eine optimalere Go-Nogo-Entscheidung zu treffen.

Mit dieser klaren Zuordnung der Abnahmebeurteilung bezüglich der Produktqualität respektive dem Einhalten der inner- und ausserbetrieblichen Standards und Vorschriften wird die Garantie der Erfüllung wesentlich erhöht.

MS	Resultat ist Input für	Beschreibung	Beurteiler	Entscheider
MS10	Projektimpuls	Der Projektportfolio-Controller (PPC) oder Bereichsverantwortliche prüft die Projektanmeldung/-idee, allenfalls zusammen mit entsprechenden Fachspezialisten.	PPC oder BL	PPB oder BL
MS20	Projektauftrag	Der PPC prüft Projektplan und Business Cases mit entsprechenden Fachspezialisten.	PPC und Fachgremium	PPM/ATG
MS30	Umsetzungsantrag	Das Fachgremium prüft alle Prüfprotokolle der wichtigen Lieferobjekte der Projektdurchführung.	PPC und Fachgremium	ATG/PA
MS40	Einführungsantrag	Das Fachgremium prüft alle Prüfprotokolle der wichtigen Lieferobjekte der Projektdurchführung.	PPC und Fachgremium	ATG/PA
MS50	Abschlussantrag	Der PPC prüft den Projektabschlussbericht, allenfalls zusammen mit entsprechenden Fachspezialisten.	PPC	ATG/PA

Abb. A.76: Prüfobjekt, Prüfer und Entscheider von Sign-off Audits

Die Phasenfreigabe aus fachlicher und Konformitätssicht ist wie bereits erwähnt eine „Vor"-Freigabe, bevor der Projektauftraggeber und das Projektsteuerungs-Gremium die definitive„Management"-Freigabe erteilen. Das heisst, das Ergebnis (fachliche und Konformitätsbeurteilung) der fachlichen Phasenfreigabesitzung wird dem Projektauftraggeber für seinen Entscheid zugestellt respektive fliesst in die Projekt- und Phasenanträge ein.

Hauptnutzen der Phasenfreigabe durch ein Sign-off Audit:

- Die Qualität und das Einhalten der Standards wird gesteigert, Kosten und Risiken werden gesenkt. Die Qualität der Projektlieferobjekte wird durch geeignete Vorgaben gefördert. Die Projektumsetzung wird durch den Support der Fachstellen unterstützt. Dadurch vermindert sich das Risiko einer Fehlentwicklung, und die Gesamtkosten lassen sich senken.
- Die Kommunikation wird verbessert: Die Kommunikation zwischen Projekten, Projektbeteiligten und Fachgremien wird durch die Verwendung eines einheitlichen Instrumentariums effizient gefördert. Rechte und Pflichten der Beteiligten sind dadurch geregelt.
- Strategie und Architektur werden unterstützt. Die entstehenden Lösungen passen dank frühzeitiger Abstimmung mit den Fachgremien besser in die bestehende respektive gut in die künftige Produktlandschaft.
- Unklare Verantwortlichkeiten bezüglich der erstellten Ergebnisse können noch geklärt werden. Dabei geht es nicht darum, die Verantwortlichkeiten während der Projektabwicklung festzulegen, sondern wer die Verantwortung bis nach dem Projektende übernimmt.

Um solche Sign-off Audits in ein Unternehmen erfolgreich einzubinden, soll das Fachgremium nicht als Bremser („das entspricht nicht der geforderten Qualität, und daher darf das Projekt nicht in die nächste Phase gehen") auftreten, sondern „nur" als Quality Sounding Board. Das heisst „das Lieferobjekt XY hat die und die Mängel, was projektmässig am Ende zu folgenden Risiken führt etc." Es obliegt der Verantwortung des Managements, ob es mit den aufgeführten Mängeln und Risiken das Projekt weiterführen will.

A.4.2.7.1 Ablauf

Wie Abbildung A.77 aufzeigt, überprüft das Fachgremium nicht die Projektlieferobjekte, sondern die entsprechenden Prüfprotokolle sowie die korrekte Durchführung der Prüfung (Prozessaudit). Dem Fachgremium ist es überlassen, entsprechende Stichproben bezüglich der Lieferobjekte vorzunehmen. Idealerweise lassen sich einzelne Experten als Gutachter für die entsprechenden Prüfungen, z.B. das technische Review, einbinden.

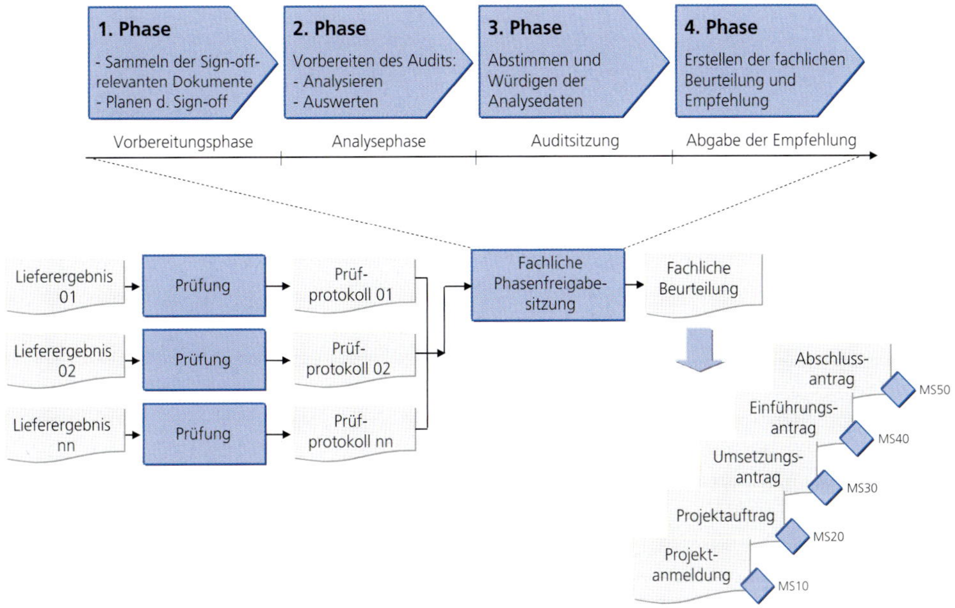

Abb. A.77: Sign-off-Prozess bei einem Quality Gate

1. Phase: Planung
   Der Sign-off wird geplant. Dabei ist zu berücksichtigen, dass es pro Phase inhaltlich ein unterschiedliches Sing-off Audit gibt. Alle Sign-off-relevanten Dokumente werden gesammelt und rechtzeitig an das Fachgremium mit entsprechender Aufforderung zur Prüfung und Einladung zur Auditsitzung zugestellt.

2. Phase: Analyse
   Jeder einzelne Fachspezialist prüft die ihm zugestellten Lieferobjekte gemäss der Konformität. Dabei geht es nicht darum, um jeden Preis gesetzeskonform zu handeln, sondern im Kontext der Wichtigkeit die entsprechende Beurteilung vorzunehmen.

3. Phase: Auditsitzung Sign-off
   Die vorbereiteten Beurteilungen und Analyseergebnisse werden mit den anderen Fachverantwortlichen besprochen und abgestimmt. Dabei wird die gesamte Projektsituation bezüglich der Konformität gewürdigt und eine entsprechende Risikobeurteilung vorgenommen.

4. Phase: Empfehlungsabgabe
   Basierend auf dem Ergebnis der Auditsitzung muss zusammenfassend eine Beurteilung und eine Empfehlung aufbereitet und an das Management abgegeben werden. Wie schon erwähnt, geht es in der Beurteilung nur darum aufzuzeigen, „wie hohes Fieber" der Patient, sprich das Projekt hat und welches Risiko er eingeht, wenn er noch weiter im „Rennen" mitmacht. Es ist hilfreich, wenn im unterstützenden Sinne konkrete Empfehlungen des Fachteams aufgeführt werden. Es ist Sache des Managements zu entscheiden, ob das Projekt und mit welchen Massnahmen es weitergeführt wird.

A.5 Führungstechniken

Bei jedem Führungskonzept kann grundsätzlich zwischen dem materiellen Gehalt der Führungsaufgabe und der formellen Seite der Führung unterschieden werden. In diesem Kapitel wird nun im Bereich der formellen Seite der Führung speziell auf die Führungstechniken eingegangen. Die Führungstechniken dürfen dabei jedoch nicht losgelöst vom „menschlichen" Aspekt der Führung betrachtet werden, da Führung immer die Beeinflussung von Menschen beinhaltet, Führung deshalb immer auch „Menschenführung" ist. Ein wesentliches Element stellen dabei die an der Führung beteiligten Menschen (Individuen und Gruppen) mit all ihren Eigenheiten dar. Ein zweites Merkmal der Menschenführung liegt im Tatbestand, dass immer einerseits Beeinflussende und andererseits Beeinflusste vorhanden sind, woraus die Problematik des Vorgesetzten-Untergebenen-Verhältnisses resultiert. Schliesslich darf als dritter Aspekt auch nicht vergessen werden, dass sich Führung immer im Beziehungsgefüge eines sozialen Kontexts abspielt. Nachfolgend werden nun – als Auswahl von der „unheimlichen Vielzahl" existierender Techniken – diejenigen Führungstechniken beschrieben, die vor dem Hintergrund des Projektmanagements von besonderer Bedeutung sind und die zugleich die bei Projekten sehr wichtige menschliche Seite bei der Führungsarbeit gebührend berücksichtigen.

A.5.1 Präsentationstechnik

Wie in den vorherigen Kapiteln immer wieder zum Ausdruck gebracht wurde, ist es für einen Projektleiter enorm wichtig, dass er die während des und für das Projekt produzierten und verwalteten Informationen in einer zweckmässigen Form auch nach „aussen" fliessen lässt. Neben der schriftlichen Form (Protokoll, Konzept etc.) und der unstrukturierten mündlichen Form (Sitzungen, situative Dialoge) existiert auch die strukturierte mündliche Form, die sogenannte Präsentation. Gemäss Wohlleben [Woh 1984] ist die Präsentation eine spezielle Form der Kommunikation. Sie ermöglicht einen strukturierten und gezielten Gebrauch von Wort, Schrift und Bild. Dabei können mit Hilfe der menschlichen Ausdrucksfähigkeit und durch die unmittelbare persönliche Begegnung zwischen dem Veranstalter und den Teilnehmern die eigenen Ideen eingebracht und evtl. beabsichtigte Wirkungen erzielt werden. Die Präsentation in der richtigen Form, am richten Ort, für das richtige Zielpublikum etc. ist eines der wichtigsten Marketinginstrumente, das einem Projektteam zur Verfügung steht.

Mit seinen Präsentationen stellt sich das Projektteam der unmittelbaren Umgebung zur Schau. Mit Hilfe von Präsentationen können die neusten Informationen verkündet werden. Vermutungen über Produktentwicklungen werden durch gezielte Informationen ersetzt. Im Weiteren werden bei Präsentationen Fehlinterpretationen berichtigt, etwelche Zweifel unverzüglich geklärt und Fragen sofort beantwortet.

Präsentationen bieten dem Projektleiter daher viele Vorteile. Sie sind aber nicht immer ganz ungefährlich. Gelingt es dem Projektleiter, die Teilnehmer durch sein Auftreten, mit seinem Thema etc. zu überzeugen, so wird das Gesagte oft einfach akzeptiert, und es entsteht keine Opposition. Ist dies jedoch nicht der Fall, so sieht sich der Projektleiter teilweise einer herben Kritik ausgesetzt, die ihm und dem Projekt schaden kann. Um dies zu verhindern, ist es wichtig, dass sich der Präsentator an gewisse Normen und Vorschriften hält, die ihn bei seiner Präsentation unterstützen. Nachfolgend werden die Präsentationskategorien, die zu verfolgenden Ziele sowie der Ablauf einer Präsentation erläutert.

A.5.1.1 Präsentationskategorien

Im Verlauf grosser Projekte ergeben sich viele Situationen, bei denen die Präsentation als Hilfsmittel zur Kommunikation eingesetzt werden kann. Abbildung A.78 zeigt ein Beispiel, wie verschiedene Präsentationskategorien [Sch 2000a] in einem Projekt gezielt eingesetzt werden können.

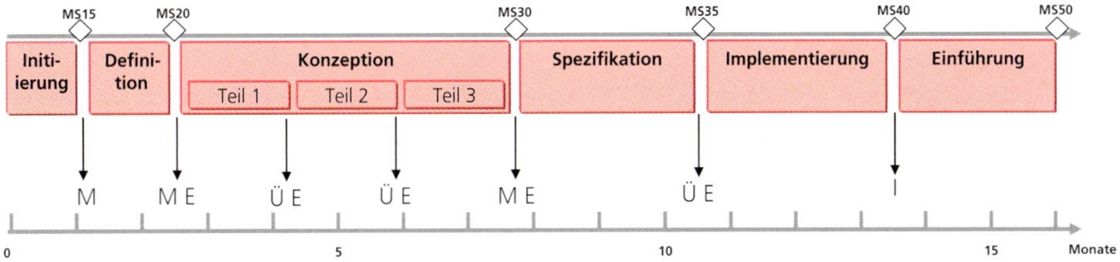

Abb. A.78: Beispiel der Präsentationszeitpunkte in einem Projekt

E. Entscheidungsfindungs-Präsentationen
Entscheidungsfindungs-Präsentationen werden einberufen, um ereignisorientierte oder auch zeitpunktorientierte Entscheidungen zu treffen. Sie sind mit Verkaufssitzungen vergleichbar. Der Präsentator stellt den Entscheidungsträgern ein konzeptionell erarbeitetes Ergebnis, eine Variante oder eine Lösung vor, um grünes Licht für die Fortführung des Projekts zu erhalten oder um darüber zu informieren, welchen Weg das Projektteam weiterverfolgen wird.

I. Informationsabgabe-Präsentationen
Bei dieser Präsentationsform stehen die Ergebnisse fest. Hier muss nicht mehr diskutiert werden, welcher Weg verfolgt werden soll. Diese Präsentationen dienen lediglich dazu, den Teilnehmern verabschiedete Lösungen vorzustellen sowie diese zu erläutern und zu begründen. Sie unterstützen die Politik der offenen Tür während der Projektarbeit und dienen speziell der Einführung bzw. der Bekanntmachung neuer Lösungen. In dieser Kategorie wird eine kurze Diskussionszeit eingerechnet, in der „nur" Fragen aufgegriffen werden, Ängsten etc. begegnet wird und Befürchtungen beseitigt werden.

M. Meinungsbildungs-Präsentationen
Bei Präsentationen zur Meinungsbildung (meist Workshops) soll weniger ein geplantes Ergebnis verkauft als vielmehr eine breite gemeinsame Basis für Lösungen gefunden werden. Die Teilnehmer werden mit Lösungsansätzen und offenen Fragen konfrontiert. Während offen gestalteter Diskussionen wird eine gemeinsame Meinung gebildet. Solche Präsentationen fördern die

Identifikation mit dem Projekt. Bei dieser Präsentationskategorie versucht man, durch aktives Mitmachen im Sinne eines Workshops bei den Teilnehmern eine Identifikation mit der angestrebten Lösung zu erreichen.

Ü. Überzeugungs-Präsentationen
Diese Präsentationsform ist der Informations-Präsentation sehr ähnlich. Allerdings wird grosser Wert darauf gelegt, den Anwesenden die Vorteile der Lösung darzulegen. Die Schilderung der Varianten tritt dabei in den Hintergrund.

Der markanteste ablauforientierte Unterschied zwischen diesen Präsentationskategorien ist die Zeitdauer, die für Diskussionen und Fragen einberechnet werden muss. Bei der Informationsabgabe-Präsentation muss im Verhältnis zur reinen Präsentationszeit relativ wenig Diskussionszeit eingeplant werden. Bei einer Meinungsbildungs-Präsentation jedoch braucht es genügend Zeit zum Diskutieren und um gestellte Fragen zu klären. Werden diese Faktoren nicht berücksichtigt, kann die Präsentation die beabsichtigte Wirkung verfehlen.

A.5.1.2 Präsentationsziele

Betrachtet man ein Projekt während seiner Entstehung, so stellt man fest, dass mit einer Präsentation neben den allgemeinen noch weitere projektbezogene Ziele zu verfolgen sind.

- Projektinitialisierung/Projektdefinierung
  Am Anfang eines Projekts werden mit den entsprechenden Präsentationen die folgenden Ziele verfolgt:
  - alle Mitarbeiter auf den gleichen Wissensstand bringen,
  - die Motivation und das Interesse aller Beteiligten wecken,
  - Wünsche und Ideen sammeln und eingrenzen,
  - aktives Projektmarketing betreiben.

- Produktkonzeption
  Während der Konzeptionsphasen werden mit einer Präsentation die folgenden Ziele anvisiert:
  - Varianten vortragen und darüber diskutieren,
  - Zusammenhänge aufzeigen,
  - Probleme erfassen, abgrenzen und zuordnen,
  - Resultate visualisieren.

- Produktrealisierung
  In der Phase der konkreten Produktentwicklung gilt es, mit Präsentationen:
  - die Akzeptanz von Teillösungen beim Benutzer zu fördern,
  - den Benutzer auf die kommenden Veränderungen vorzubereiten,
  - die Motivation des Entwicklers zu erhöhen.

- Produkteinführung
  Am Ende eines Projekts werden mit den Präsentationen evtl. die folgenden Ziele verfolgt:
  - Einsatzpläne der Übernahmezeit veröffentlichen,
  - unmittelbar betroffene Führungskräfte informieren,
  - betroffene Mitarbeiter motivieren.

A.5.1.3 Präsentationsabwicklung

Der erfolgreiche Ablauf einer Präsentation ist nicht gewährleistet, wenn ihr Ziel erst fünf Minuten vor Beginn definiert wird. Das heisst, will man eine erfolgreiche Präsentation durchführen, so muss diese in Phasen aufgeteilt werden. Dabei stellt sich heraus, dass neben der eigentlichen Präsentation z.B. noch eine umfassende Planungs- und Vorbereitungs- sowie eine Nachbearbeitungsphase durchgeführt werden muss. Nachfolgend sind die vier Phasen beschrieben [Woh 1984]:

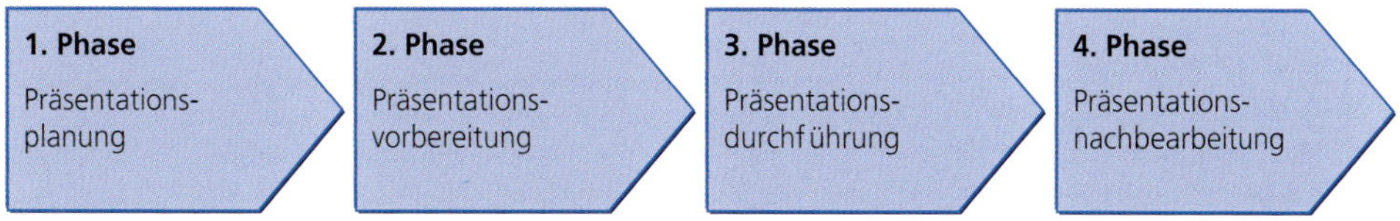

Abb. A.79: Phasen eines Präsentationsablaufs

A.5.1.3.1 Präsentationsplanung

Die Vorbereitungen für eine Präsentation sind arbeitsintensiv, und sie müssen, wie andere Vorhaben auch, sorgfältig geplant werden. In dieser Phase werden folgende Punkte festgelegt oder definiert:

- Ziel der Präsentation,
- Inhalt der Präsentation,
- Einsatzzeitpunkt und Einsatzdauer der einzelnen Teammitarbeiter,
- Zielpublikum,
- geeignete Planungsmassnahmen zur Eingrenzung möglicher Störfaktoren,
- Darstellungsform und -weise,
- Darstellungsmittel.

A.5.1.3.2 Präsentationsvorbereitung

In der nächsten Phase wird die Präsentation vorbereitet. Dadurch erhält sie eine solide Ausgangsbasis. In der Vorbereitungsphase sollten folgende Arbeiten durchgeführt werden [Woh 1984]:

- Der Veranstaltungstermin wird auf die anstehenden Arbeiten abgestimmt und festgelegt.
- Der Raum und die Infrastruktur für die Präsentation müssen schriftlich bestellt/reserviert und bestätigt werden.
- Einladungen für die Teilnehmer entwerfen und rechtzeitig versenden.
- Die Unterlagen für die Teilnehmer und für den Präsentator erstellen.
- Die gesamte Raumeinrichtung am Präsentationsort überprüfen (IST – SOLL).
- Bereitstellen aller Medien und Hilfsmittel und diese ausprobieren (evtl. Reservehilfsmittel bereitstellen für alle Fälle).
- Eventuell eine Hauptprobe durchführen, damit vorbeugende Massnahmen gegen unerwünschte Störungen eingeleitet werden können.

Eine gute Vorbereitung, speziell in schwierigen Projektsituationen, verhindert unnötigen Stress. In der Praxis kommt es öfters vor, dass der Präsentator zu spät und mit einer noch „warmen" Folie die Präsentation beginnt.

Bei der Präsentation wie bei der Moderation ist die Visualisierung ein wichtiges Element. Dabei sind Formen und Farben Hauptbestandteile. Die Wirkung von Formen ist schon längst bekannt; der gezielte Einsatz von Farben gewinnt mehr und mehr an Bedeutung.

Farbe	Wirkung	Einsatz
Blau	- kalt, passiv, desintegrierend, Konzentration, Wahrheit, Vertiefung, leidenschaftslos, seriös	- Fakten präsentieren, Tatsachen erläutern, bei Sachthemen, Wissensvermittlung und bei Einzelarbeiten Informationen geben
Weiss	- Vergessen, Anfang, Klarheit, avital, leer, Einfachheit, Neues	- Rahmen beschreiben, Organisation festlegen, offene Punkteliste
Grün	- Gleichgewicht, Mitgefühl, ausgleichend, passiv, neutral, bleibend, beruhigend, Sicherung	- Feedback geben, Konsens festhalten, Erkenntnisse aus Konflikten visualisieren, Kompromisse finden, Zusammenfassungen schreiben
Orange	- gesellig, Partizipation, Du-Bezug, reizend, aktiv, verströmend, Macht und Wissen	- in der Vertiefungsphase, um eine Struktur zu geben, bei der Lösungssuche, bei der Arbeit auf der Beziehungsebene
Gelb	- sanft reizend, expansive Eigenart, intellektuelle Kraft, kommunikativ, Bewegung, leicht, kreativ	- in der Phase der Ideenfindung, um vorhandenes Wissen auszuheben, beim Erfahrungsaustausch
Rot	- stark aktivierend, Leidenschaft, geistig belebend, bewusstes Wollen, dynamisch, kraftvoll	- Massnahmen definieren, Konflikte erzeugen, Widerspruch einlegen, Regeln aufstellen, Themen emotionalisieren

Neben all den Möglichkeiten, die Farben bei einer Präsentation und Moderation ermöglichen, muss vor allem der übertriebenen Vielfalt Einhalt geboten werden.

A.5.1.3.3 Präsentationsdurchführung

Wurden die ersten zwei Phasen seriös durchgeführt, ist der Grundstein für den Erfolg gelegt. Nun gilt es das gesetzte Ziel zu realisieren, indem die eigentliche Präsentation abgehalten wird. Dabei sollten folgende Punkte berücksichtigt werden:

- Sobald die Teilnehmer den Raum betreten, sollten eine gute Atmosphäre und ein Sympathiefeld geschaffen werden.
- Der Präsentator sollte vor seinem Vortrag in aller Ruhe einen Kaffee trinken, die Gäste begrüssen oder sonst etwas tun, das ihn nicht nervös macht.
- Die ersten fünf Sätze muss der Präsentator auswendig lernen. Das schafft die psychologische Grundlage für einen flüssigen Vortrag.

Der Vortrag selbst wird wiederum in 4 Phasen gegliedert:

1. Phase „Die Einleitung"
   In der Einleitung werden die Teilnehmer begrüsst, es wird ihnen der Zeitablauf vorgestellt, die Rahmenbedingungen und die Zielsetzungen werden erklärt.

2. Phase „Der Vortrag"
   Im Vortrag wird den Teilnehmern das Thema erläutert, so wie es in der Planungs- und Vorbereitungsphase für die Präsentation ausgearbeitet wurde.

3. Phase „Die Diskussion"
   Während der Diskussionsphase werden vor allem die Fragen der Teilnehmer beantwortet. Je nach Präsentationsart leitet der Präsentator in eine aktive Diskussion über, in der er die Moderation übernimmt. Dabei ist es wichtig, dass die Spielregeln eingehalten werden.

4. Phase „Der Abschluss"
   Nach der Diskussion folgt immer ein offizieller Abschluss. Den Teilnehmern wird mitgeteilt, wie es weitergeht und wann sie wieder etwas vom Präsentator oder vom Team hören, sei dies in Form eines Protokolls, eines Ergebnisses oder z.B. einer nächsten Präsentation.

A.5.1.3.4 Präsentationsnachbearbeitung

Nach einer Präsentation ist es sinnvoll, eine Nachbearbeitungsphase durchzuführen. Je eher dies geschieht, desto mehr Verbesserungsmöglichkeiten bieten sich an, da die Reaktionen, Äusserungen und Präsentationsfehler dem Präsentationsteam noch im Gedächtnis haften. Folgende Arbeiten sollten in dieser Phase durchgeführt werden [Woh 1984]:

- Ergebnisprotokoll erstellen und möglichst schnell an alle Teilnehmer verteilen.
- Manöverkritik: Wurde das geplante Ziel erreicht?
- Was war gut, was ist beim nächsten Mal zu verbessern?
- War die Zielgruppe richtig gewählt?
- War der Ort gut gewählt?
- War der Zeitpunkt richtig?

A.5.2 Moderation

Der Projektleiter muss die Moderation von Sitzungen beherrschen. In seiner Funktion kommt er öfters in die Lage, Sitzungen leiten und moderieren zu müssen. Das heisst aber nicht, dass die Moderation oder Sitzungsleitung immer Sache des Projektleiters ist. Diese Tätigkeit ist nicht an eine bestimmte Person gebunden und kann daher bei entsprechenden Fähigkeiten auch von den Projektmitarbeitern übernommen werden. Dies stellt weder die betriebliche Hierarchie noch die Kompetenz eines Projektleiters in Frage. Ein guter Moderator erfüllt die folgenden, personenbezogenen Anforderungen:

- Neutralität,
- soziale Sensibilität,
- sprachliche Ausdrucksfähigkeit,
- sachliche Kenntnisse der Arbeitsmethoden/Techniken,
- allgemeine Akzeptanz bei den Gesprächsparteien.

Die erfolgreiche Leitung einer Sitzung verlangt vom Moderator:
- gründliche Vorbereitung,
- Formulierung und Durchsetzung der gemeinsam anerkannten Spielregeln,
- aktive Führung der Teamarbeiten.

Die Moderation ist eine spezifische Rolle in einer Teamsituation und darf daher nicht als Beruf, Rang oder Leitfunktion angesehen werden. Die primäre Aufgabe des Moderators während eines Gesprächs ist es, das Team sachlich und zielbewusst zu steuern. Dazu muss er folgende zwei Führungsfunktionen übernehmen:
- Lokomotionsfunktion:
  - Problemlösungstechniken einsetzen, die komplexe Denkvorgänge in überschaubare Phasen zerlegen.
  - Lenkung mittels Aufgabenorientierung, damit das Team auf ein gemeinsam akzeptiertes Ziel hinarbeiten kann.

- Kohäsionsfunktion:
  - Mittels Zuspruch, Anerkennung und Aufmunterung steigert er den Zusammenhalt innerhalb des Teams, und durch gegenseitige Unterstützung werden gemeinsame Ziele erreicht.
  - Durch das Abgrenzen der persönlichen und der sachlichen Ebene trägt er dazu bei, dass sich zwischenmenschliche Beziehungen während der Teamarbeit nicht negativ entwickeln.

A.5.3 Sitzungsleitung

Im Gegensatz zur Moderation übernimmt der Leiter bei einer Sitzung die aktive Gesprächsführung und führt die Teilnehmer durch die vorbereiteten Punkte bzw. Traktanden. Ein grosser Teil des Erfolgs einer Sitzung liegt in der Vorbereitung:
- Festlegung des Ziels,
- Festlegung der Traktanden und der Sitzungsdauer,
- Teilnahme der richtigen Personen,
- frühzeitige Information der Teilnehmer.

Der Gesprächsleiter muss während der Sitzung darauf achten, dass [Kum 1988]:
- das Ziel der Sitzung erreicht wird,
- die Zeit und das festgelegte Vorgehen (Traktanden etc.) eingehalten werden,
- bei Abschweifungen die Teilnehmer zum Thema zurückfinden,
- alle Teilnehmer zu Wort kommen und niemand bevorzugt oder benachteiligt wird,
- Störungen (Konflikte etc.) behoben werden, indem er die entsprechenden Teilnehmer unter Umständen direkt anspricht,
- am Ende der Sitzung das weitere Vorgehen (Tätigkeiten, Termine etc.) festgelegt wird.

Neben dem methodischen Vorgehen ist für den Sitzungsleiter auch das Verhalten gegenüber den Teilnehmern von grosser Bedeutung. Je nach Teilnehmertypus muss der Sitzungsleiter sein Gesprächsverhalten auch verschiedenartigen Diskussionstypen anpassen.

A.5.4 Konfliktbewältigungstechniken

Gehen wir davon aus, dass Konflikte sich, wie in Kapitel 6.3.5 (☞ „Konfliktmanagement") beschrieben, über fünf Phasen entwickeln, so sollte auch die Technik der Konfliktbewältigung diese Stufen berücksichtigen (☞ Abbildung 6.21). Gemäss Kummer [Kum 1988] lassen sich drei Grundstrategien der Konfliktbewältigung unterscheiden:

1. Gewinner-Gewinner-Strategie
   In einer Gegenüberstellung wird der Konflikt direkt angesprochen. Die gegensätzlichen Meinungen werden diskutiert, gegeneinander abgewogen und neu formuliert. Es wird kooperativ nach einer Lösung des Problems gesucht, die für alle Beteiligten annehmbar ist (Integration der Bedürfnisse beider Parteien).

2. Gewinner-Verlierer-Strategie
   Die Gewinner-Verlierer-Strategie geht davon aus, dass jede Partei nur so viel gewinnen kann, wie die andere verliert. Jeder Gewinn der einen Partei führt unweigerlich zum Verlust für die andere Partei. Das heisst, die Strategie ist darauf aus, so viel wie möglich zu gewinnen und den anderen ganz klar als Verlierer zu klassifizieren. Bei dieser in vielen Projekten angewendeten Strategie entgeht dem Sieger, dass er nur eine Runde, aber noch nicht den Kampf gewonnen hat. Als Beispiele sind das Durchsetzen (Machtanwendung) und das Glätten zu erwähnen. Bei der Machtanwendung setzt eine Partei auf Kosten der anderen ihren Standpunkt durch. Oft ist eine solche Situation durch Konkurrenzdenken charakterisiert. Die Machtanwendung ist nur dann vertretbar, wenn die Konfliktbewältigung innert kürzester Frist geschehen muss. Beim Glätten vermeidet oder spielt man die Differenzen herunter und hebt die positiven Seiten oder die übereinstimmenden Punkte hervor.

3. Verlierer-Verlierer-Strategie
   Sie bringt beiden Parteien einen Verlust. Weder die eine noch die andere Partei erreicht mit der Austragung des Konflikts genau das, was sie erreichen wollte. Beide Parteien müssen sich mit Teil-Zugeständnissen begnügen, und dies führt oft zu „faulen" Kompromissen. Das Positive an dieser Strategie ist, dass wenn die gegnerische Partei erkennt, dass man sich auf eine Verlierer-Verlierer-Situation hinzubewegt, doch noch bereit ist, sich zu arrangieren. Daher ist es mit Blick auf den Projektleiter ideal, wenn dieser bei solchen Situationen klar und deutlich aufzeigt, was der Verlust für beide Parteien ist. Zur Verlierer-Verlierer-Strategie sind vor allem der Rückzug und der Kompromiss zu zählen: Beim Rückzug wird einer potenziellen oder tatsächlichen Meinungsverschiedenheit ausgewichen. Einen Kompromiss schliessen bedeutet, zu einem Vergleich, einer Übereinkunft oder einem Ausgleich zu kommen, ohne dass die wirkliche Ursache des Problems auf beiden Seiten bereinigt wurde. Das geschieht in der Praxis durch gegenseitiges Verhandeln und Aushandeln, wobei jeder Beteiligte Zugeständnisse machen muss.

Es ist wohl klar, dass grundsätzlich nur die erste Strategie anzustreben ist. Nur wenn keine Zeit (z.B. nicht verschiebbarer Einführungszeitpunkt) für diese Art der Konfliktbewältigung zur Verfügung steht, sollte der Projektleiter eine andere Strategie wählen, wobei hier festzuhalten ist, dass die zweite und dritte Strategie grundsätzlich nur kurzfristige Lösungen darstellen.

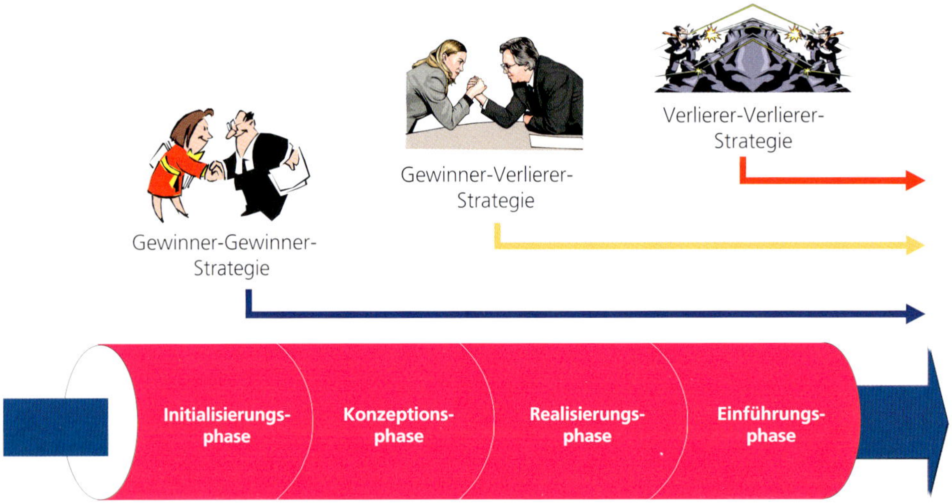

Abb. A.80: Lösungsstrategien basierend auf der zur Verfügung stehenden Zeit

Zwischenmenschliche Konflikte lassen sich auf der Basis dieser Entwicklungsstadien grundsätzlich durch folgende Konfliktbewältigungsregeln beheben [Ros 1993]:

- Mit einfachen Punkten beginnen, die eine rasche Einigung zulassen
  Eine erfolgreiche, kooperative Konfliktbewältigung entwickelt sich im Fortgang des Verhandelns. Wenn es gelingt, einen ersten Fortschritt oder Durchbruch zu erzielen, so ermutigt das die Parteien, in der gemeinsamen Suche fortzufahren. Daher ist es wichtig, möglichst rasch Resultate zu erzielen, was am ehesten mit weniger schwierigen Themen gelingt.

- Zwei-Phasen-Abfolge
  Als Erstes ist es wichtig, sich auf einen Rahmen festzulegen, d.h. einige wenige, gemeinsam zu erreichende Ziele zu benennen. Erst in einer zweiten Phase ist es sinnvoll, die Details auszuarbeiten.

- Trennung von Diskussion und Lösung
  Damit wirklich neue Lösungen ins Blickfeld gelangen können, ist es erforderlich, zunächst einmal die Konfliktthemen möglichst breit zu diskutieren. Dabei gilt es dem Irrtum entgegenzuwirken, jeder Punkt müsse so lange diskutiert werden, bis eine Einigung erzielt ist. Erst wenn das gesamte Spektrum andiskutiert ist, lassen sich Möglichkeiten erkennen, wo eine Seite Konzessionen machen, Kompensationen anbieten kann etc.

- Verhandlungsabfolge festlegen
  Man kann nicht gleichzeitig über alles diskutieren. Wenn man sich andererseits auf eine Abfolge der zu behandelnden Punkte festlegt, gerät man in Gefahr, die Vorteile der vorher aufgeführten Regel zu verlieren. Daher sollte am Anfang die Grundregel aufgestellt werden, dass kein Elementarbeschluss endgültig gebilligt wird, bevor nicht alle Punkte diskutiert worden sind.

- Konfliktbewältigung auf verschiedene Personen verteilen
  In politischen und geschäftlichen Verhandlungen laufen die Strategien „Gewinner – Verlierer" und „Gewinner – Gewinner" nebeneinander her. Beide Strategien werden auf verschiedene Personengruppen aufgeteilt, um den Rollenkonflikt der Verhandelnden gering zu halten. Während niedrigrangige Personen die Aufgabe haben, Einigungsmöglichkeiten auszuloten, können die höherrangigen abwarten. Falls es zu keiner Einigung kommt, haben sie wenigstens nach aussen hin ihr Gesicht gewahrt.

- Konfliktanalyse durch gefühlsgeladenen Konfliktausdruck ergänzen
  Eine rein rationale Konfliktanalyse kann Verhandlungen austrocknen. Sie muss durch gefühlsgeladene Gesten ergänzt werden, die der anderen Seite deutlich signalisieren, wie wichtig einem die Sache ist. Zu vermeiden sind allerdings aggressive Handlungen wie Beleidigungen, endloses Hinauszögern der Debatte, juristische Spitzfindigkeiten etc.

- Für eine entspannte Atmosphäre sorgen
  Eine zur Entspannung einladende Umgebung, Unterbrechungen durch ein gutes Essen, Einstreuen von humorvollen Episoden sowie der Austausch von Geschenken können die Stimmung merklich verbessern.

- Rollentausch praktizieren
  Die Kommunikation zwischen den Verhandelnden kann durch einen Rollentausch verbessert werden. Dabei formuliert jeder so genau wie möglich die Standpunkte und Forderungen der anderen Seite.

A.5.5 Kommunikationstechniken

Bei der zwischenmenschlichen Kommunikation kann man gewisse Techniken benützen, um den Inhalt einer Nachricht möglichst genau und umfassend zu übermitteln. Nachfolgend werden einige dieser Techniken beschrieben, die der Verbesserung der Kommunikation dienen. Sie werden auch als Gesprächsführungshilfen gebraucht (☞ Kapitel 6.3.4 „Zwischenmenschliche Kommunikation").

A.5.5.1 Aktives Zuhören

Durch aktives Zuhören wird die Kommunikation zwischen den Partnern sach- und gefühlsmässig erfasst und überprüft. Dabei geht es darum, sich dem Gesprächspartner 100%ig zu widmen. Jeder Mensch macht Gedankensprünge, während sein Gegenüber noch spricht, probiert eventuell seine Antwort aus, vertieft eine interessante Aussage gedanklich oder löst das Problem schon, während der Gesprächspartner am Erzählen ist. Man schweift ab und hört nur noch halb oder gar nicht mehr zu. Die Antwort spiegelt dann meistens nur einen Teil dessen, was der Gesprächspartner geäussert hat, und das kann zu Problemen führen. Die Technik des aktiven Zuhörens ist sehr einfach; der Empfänger wendet sie wahrscheinlich auch ganz natürlich an, vor allem dann, wenn er am Inhalt des Gesagten wirklich interessiert ist. Findet der Empfänger die Nachricht nicht sehr interessant, so sollte er sich im aktiven Zuhören üben und es als Technik anwenden, da er mit falschen Antworten unangenehme Situationen heraufbeschwören kann.

A.5.5.2 Fragetechnik

Um den Gehalt eines Gespräches zu erhöhen, kann die Fragetechnik angewendet werden. Dies ist wiederum eine Selbstverständlichkeit, wenn der Empfänger an der Thematik des Gesprächs interessiert ist. Andernfalls können folgende zwei Varianten der Fragetechnik angewendet werden [Kie 1988]:

- Offene Fragen
  Offene Fragen erlauben dem Antwortenden, so viele Informationen zu geben, wie aus seiner Sicht nötig sind, um die Frage zu beantworten. Im negativen Extremfall erhält der Empfänger wortreiche Ausführungen mit wenig Aussagekraft. Auf jeden Fall wird er irgendeine Antwort erhalten. Er kriegt also Informationen, mit denen er weiterarbeiten kann. Das Gegenteil von offenen Fragen sind geschlossene Fragen, auf die der Kommunikationspartner praktisch nur mit Ja oder Nein antworten muss, was für den Dialog nicht unbedingt förderlich ist. Offene Fragen sind die sogenannten W-Fragen. Sie beginnen mit den Fragewörtern „Wie?", „Was?", „Warum?", „Welche?" etc.

- Präzises Fragen
  Bei der zweiten Technik stellt man präzise Fragen. In vielen Gesprächssituationen liegt das Problem darin, dass der Sender entweder die präzisen Informationen als selbstverständlich voraussetzt oder aber dass er die Details im Augenblick selbst nicht erklären kann. In beiden Fällen ist es die Aufgabe des Fragers, die präzisen Details zu erhalten. Dabei sind folgende Regeln zu beachten:
  - Einstiegsfragen (zur Beruhigung, zur positiven Einstimmung, um Interesse zu wecken).
  - Konkrete Fragen: je nach Gesprächsphase. Offene Fragen stellen, vor allem am Anfang und während des Gesprächs. Geschlossene Fragen stellen (Antwort: ja/nein) am Ende des Gesprächs.
  - Positive Fragen stellen.
  - Keine Suggestivfragen stellen.
  - Zuhören, ausreden lassen.
  - Positive Vorstellungen auslösen (positives Wiederholen).
  - Themawechsel unmissverständlich signalisieren.
  - Wichtige, delikate oder persönliche Fragen begründen und die Reaktion analysieren.

Besonders in Projektsituationen sind präzise Fragen sehr hilfreich, da oftmals aus Unsicherheit pauschale Aussagen gemacht werden, wie z.B. „das neue System funktioniert überhaupt nicht". Hakt man bei einer solchen Aussage mit präzisen Fragen nach, so kann man feststellen, dass von 300 neu eingeführten Funktionen vielleicht zwei einen Fehler aufweisen, die jedoch für den Kommunikationspartner störend sind, da diese Funktionen für ihn sehr wichtig sind. Mit der Präzisionsfragetechnik bewirkt man in solchen Situationen zwei positive Effekte: Zum einen erhält man eine klare Aussage, und zum andern hat der Kommunikationspartner das Gefühl, dass ihm jemand wirklich zuhört.

A.5.5.3 Ich-Botschaften

Ich-Botschaften senden heisst, mit den Menschen, denen man begegnet, offen, ehrlich und direkt umzugehen. Sie besagen: „Ich bin ein Mensch und habe Probleme und Gefühle wie jeder andere." In einem gewissen Sinne ist eine Ich-Botschaft eine Bitte um Hilfe. Dabei wendet man sich an die Person, die ein Problem hat oder eines verursacht hat. Der Ich-Satz „Ich habe mich nicht wohl gefühlt, als ich die fehlerhaften Folien auflegte" löst bei dem, der die Folien geschrieben hat, eher eine Hilfe-Massnahme aus. Ich-Botschaften erfüllen drei wichtige Kriterien für eine effektive Kommunikation:

- Sie fördern die Bereitschaft, sich zu ändern.
- Sie enthalten kaum eine negative Bewertung der anderen Person.
- Sie verletzen die Beziehung nicht.

A.5.5.4 Du-Botschaften

Während Ich-Botschaften etwas über den Sender aussagen, verfügen Du-Botschaften ausschliesslich über den Empfänger. Durch Du-Botschaften werden Fassaden aufgebaut. Fassaden machen die Kommunikation unpersönlich und dienen sehr oft dem Verbergen der eigenen Gedanken und Wünsche [Kie 1988]. Beispiele:

- „Das haben Sie falsch gemacht."
- „Das sollten Sie nicht tun."
- „Warum haben Sie nicht?"

Mit Du-Botschaften beschuldigt der Sender den Empfänger, er wertet und kategorisiert. Das ist eine negative Grundhaltung, und die Folge davon sind gefühlsmässige gegenseitige Abwendung, Rückzug oder Aggression, auf alle Fälle eine Verhärtung der Fronten. In einem Konfliktgespräch verstärken Du-Botschaften die schon bestehenden Fronten und erschweren eine Konfliktlösung unnötig. Daher sollte der Projektleiter in solch heiklen Situationen keine Du-Botschaften anwenden.

B. Allgemeine Qualitätsmanagementmodelle

„Früher" waren vor allem Produktivität, hohe Qualität und Preis ausschlaggebend für den Erfolg eines Unternehmens. Heute werden von einem modernen Unternehmen zusätzlich Innovationsfähigkeit, Einmaligkeit, Lernfähigkeit, ein durchdachtes Produkt- oder Serviceprogramm, eine flexible Anpassung an sich verändernde Marktbedingungen und Kundenbedürfnisse sowie benötigte Qualität gefordert. Diesen enormen Anforderungen können Unternehmen „nur" noch mit einem systematischen Qualitätsmanagementsystem begegnen. Durch das QM-System legt das Unternehmen fest, welche Vorgaben im Dienstleistungs- und Produktionsbereich umgesetzt werden müssen, um die Effektivität zu erhöhen und eine Sicherung der Qualität bei allen Abteilungen/Schnittstellen zu gewährleisten.

Durch die Einführung eines Qualitätsmanagementsystems optimieren die Unternehmen nicht nur ihre Prozesse und Schnittstellen, sondern stärken nachweislich ihre Konkurrenzfähigkeit im sich verschärfenden globalen Wettbewerb. Dieses Optimieren bezieht sich nicht nur auf das „Betriebsfeld", sondern auch auf das „Projektfeld" (Abbildung 1.02 von ☞ Kapitel 1.1.1 „Grundgedanke"). Ob ein Bau-, Informatik- oder Organisationsprojekt – die qualifizierte und erfolgreiche Projektabwicklung richtet sich heute nach Qualitätsmanagementmodellen aus. Dies erlaubt die prozess- und ergebnisbezogene Leistung eines durchgeführten Projekts zu qualifizieren und zu optimieren.

Unter einem Qualitätsmanagementmodell versteht man ein Hilfsmittel zur Zielsetzung, Planung, Prüfung, Lenkung und Sicherung von Qualitätsanforderungen, welches ein methodisch abgestütztes, gesamtunternehmerisches Qualitätsziel verfolgt.

In der Businesswelt gibt es verschiedene QM-Modelle. Das Ziel – das Verfolgen der optimierten Qualität – ist grundsätzlich bei allen das Gleiche. Was sie im Wesentlichen unterscheidet, sind die Herkunft und somit meistens die Branchenspezifikation und deren unterschiedliche Anwendung, sprich Gewichtung der einzelnen Elemente.

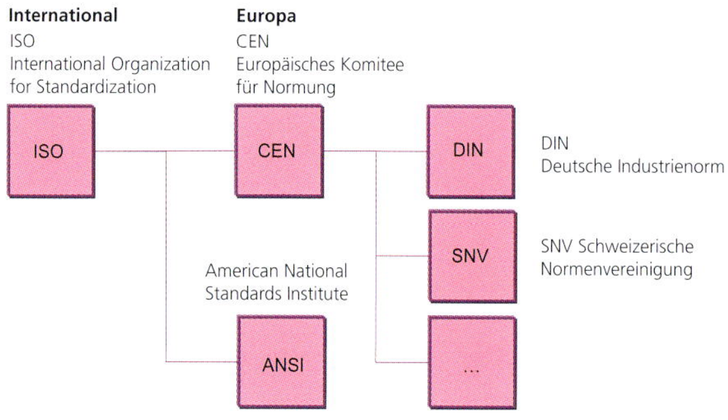

Abb. B.01: Die internationalen Normenorganisationen

ISO zusammen mit IEC (International Electrotechnical Commission) für Elektrik und Elektronik und die ITU (International Telecommunication Union) für Telekommunikation sind Vereinigungen von Normenorganisationen, die international gültige Normen definieren. Diese drei bilden die WSC

(World Standards Cooperation). Die CEN (Comité Européen de Normalisation) ist eine private, nicht gewinnorientierte Organisation, deren Mission es ist, die europäische Wirtschaft im globalen Handel zu fördern, das Wohlbefinden der Bürger zu gewährleisten und den Umweltschutz voranzutreiben. Sie setzt innerhalb des Normenbereichs von ISO an, welche wiederum länderspezifisch (z.B. DIN für Deutsches Institut für Normung) ausgerichtet werden kann. Nationale Normungsorganisationen übernehmen regionale und internationale Normen, die dann – nötigenfalls übersetzt – als nationale Normen erscheinen. Solches findet man bei Bezeichnungen mit der gleichzeitigen Nennung von DIN, EN und ISO (z.B. bei DIN EN ISO 9001). Sie besagt, dass eine Norm unter derselben Nummer gleichzeitig eine deutsche „DIN-", europäische „EN-" und internationale „SIO-" Norm ist.

Wenn ein QM-System im Unternehmen eingeführt und zusätzlich die Zertifizierung nach z.B. ISO 9001:2000, SPICE oder nach CMMI gemacht wird, kann folgender Nutzen erreicht werden:

- Verbesserte Wettbewerbsfähigkeit: vergleichbare Leistungsfähigkeit auf nationaler, europa- und weltweiter Ebene.
- Gesteigerte Wirtschaftlichkeit und Rentabilität: klare Abläufe, Fehlerminimierung durch Fehlerverhütung und frühzeitige Fehlererkennung, Reduktion von Produktionslaufzeiten.
- Selbstverständlichkeit: Einbeziehung der Mitarbeiter durch Kommunikation, Information und Schulung.
- Verbesserung des Images: international belegbare Qualitätsfähigkeit.
- Sicherheit: unternehmerisches Risiko wird überschaubarer, transparente Prozesse unterstützen bei der Umsetzung von Gesetzen und Verordnungen (Produkthaftung).
- Kundenorientierung: vom Nur-Produzenten zum gleichwertigen Partner.
  Kontinuierlicher Verbesserungsprozess (KVP): Plan – Do – Check – Act.

Im Folgenden ein Auszug von QM-Modellen, die sich mehrheitlich nach einer oder mehreren Normen ausrichten und die, bezogen auf die gesamte Unternehmung (Betriebs- und Projektfeld) oder in Bezug zur Projektabwicklung (nur Projektfeld), wirksam eingesetzt werden können:

Modellnamen	Kurze Erläuterung
Allgemeine Modelle/Methoden	
EFQM	European Foundation for Quality Management, auch unter dem Bewertungsmodell Business Excellence bekannt: bezieht sich im Speziellen auf einen anerkannten, ganzheitlichen Qualitätsmanagementansatz, „Total Quality Management". Projektabwicklungsprozesse können problemlos „unter" EFQM gestellt werden.
ISO 9001	Ursprung aus der Fertigstellungsindustrie. Sehr allgemein formuliert und somit in vielen Unternehmungen einsetzbar. ISO = International Organization for Standardization. Projektabwicklungsprozesse können problemlos „unter" ISO 9001 gestellt werden.
Six Sigma	Wurde in den 80er-Jahren bei Motorola zum ersten Mal verwendet und kommt daher aus der produzierenden Industrie mit dem Ziel der kontinuierlichen Prozessverbesserung auf Basis statistischer Untersuchungen. Six Sigma verfolgt die Nullfehlerkultur. Da Projekte oftmals etwas Einmaliges sind und somit nicht wie Produktionsprozesse hochrepetitiv sind, können die Ziele von Six Sigma im Projektumfeld nur schwer erreicht werden.
SOX	Ausgelöst durch die Wirtschaftsskandale Anfang 2000, wurde von den Amerikanern der Sarbanes-Oxley ACT (SOX) definiert, in dem es darum geht, in den USA kotierten Aktiengesellschaften geeignete Kontroll- und Steuerungsmechanismen aufzuerlegen. Hat auf die Projektabwicklungsprozesse nur eine begrenzte Wirkung.

Schwergewichtig informatikbezogene Modelle/Methoden	
SPICE „ISO 15504"	SPICE („Software Process Improvement and Capability Determination") hat klar einen Rahmen für Reifegradmodelle und zugehörige Assessments definiert, welcher zweidimensional (Vollständigkeit und Leistungsfähigkeit) vorwiegend die Softwareentwicklungsprozesse bewertet.
Bootstrap	Bootstrap wurde im Rahmen von Esprit im Auftrag der EU entwickelt, um den Unternehmen ein Modell an die Hand zu geben, das besser auf die europäische Softwareindustrie der integralen Entwicklung zugeschnitten ist. Bootstrap ist weitgehend kompatibel mit dem CMMI.
PSP und TSP	Team Software Process TSP und Personal Software Process sind zwei Modelle, die sich auf Entwickler respektive Entwicklerteams beziehen und ihnen einen Ansatz zur Prozessverbesserung geben.
ITIL	IT Infrastructure Library „ITIL" bezieht sich auch auf IT-Technologie respektive deren Aufbau, Dienstleistungen wie Service Level Management, Änderungsmanagement und Kapazitätsmanagement.
COBIT	Control Objectives for Information and Related Technologie „COBIT" [COB 2000] der Information Systems Audit and Control Association „ISACA" behandelt die Sicherheit sowie die Steuerung der in einer Unternehmung eingesetzten Informationstechnologie.
Schwergewichtig projektbezogene Modelle/Methoden	
Project Excellence	Project Excellence von IPMA. Dieses Modell, das von der IPMA (International Project Management Association) definiert und geführt wird, wurde analog zum Business Excellence der „European Foundation for Quality Management (EFQM)" erstellt. IPMA hat unter anderem das Ziel, ein für alle Projekte gültiges Benchmark-Modell zu erstellen.
CMMI	Capability Maturity Modell Integration ist eine Weiterentwicklung von CMM, das sehr software-entwicklungslastig war. Mit CMMI wurde die Öffnung auf alle Arten der Produkteentwicklungs-Prozesse vollzogen. Ist im Projektumfeld sehr gut einsetzbar.
ISO 10006	Die Norm deckt die qualitativen Werte von gewissen Prozessen der Projektführung ab und wird daher als „Leitfaden für Qualitätsmanagement in Projekten", aber nicht als Leitfaden des „Projektmanagements" selbst bezeichnet [ISO 10006]. ISO 10006 ist in 8 Kapitel gegliedert, die analog zu den Kapiteln der DIN EN ISO 9001 aufgebaut sind und zum Teil auch dieselben Kapitelüberschriften haben.
SIA 112	Das Leistungsmodell SIA 112 ist ein Phasenmodell des Schweizerischen Ingenieur- und Architektenvereins SIA. Im Lebenszyklus eines Bauwerks sollen mittels der Phasen und Teilphasen alle Projekte abgewickelt werden können, von der ersten Idee bis zum Betrieb und der Erhaltung.
DIN 69901	Diese Norm fasst die früheren Normen DIN 9001, DIN 69902, DIN 69903, DIN 69904 und DIN 69905 zusammen – strukturiert, durchgängig aktualisiert und um wesentliche Teile ergänzt. Kern der neuen Struktur ist ein Modell der Prozesse im Projektmanagementsystem [DIN 69901-1].
PMMM	Project Management Maturity Modell lehnt sich stark an das CMMI an, jedoch mit der absoluten Ausrichtung auf Projektprozesse.
OPM3	Das Projektbenchmarkingmodell OPM3 (Organizational Project Management Maturity Model) von Project Management Institute (PMI) ist ein branchenneutrales Modell, mit dem gemessen werden kann, wie gross die Fähigkeiten einer Organisation zur Planung und Realisierung von Projekten sind.
PMBOK	Das PMBOK „Projektmanagement Body of Knowledge" wurde vom PMI Project Management Institut für das erfolgreiche Umsetzen von Projektmanagement definiert.
PRINCE2	PRINCE2 oder Projects in Controlled Environments ist eine Projektmanagement-Methode. Sie behandelt Management, Steuerung und Organisation von Projekten und wurde ursprünglich 1989 von der britischen CCTA als Regierungsstandard für PM im Informationstechnikbereich entwickelt. Heute gilt PRINCE2 als allgemeiner PM-Standard.
V-Modell XT	Das V-Modell XT (Extreme Tailoring) ist das Nachfolgemodell von V-Modell 97 und unterstützt das Planen und Durchführen von Entwicklungsprojekten unter Berücksichtigung des gesamten Systemlebenszyklus. Das V-Modell 97 wurde unter Einbezug verschiedener deutscher Bundesämter im Auftrag der Deutschen Regierung entwickelt.
HERMES	Einen ähnlichen Ansatz wie das V-Modell XT verfolgt das schweizerische Projektführungsmodell „Hermes". Es bezieht sich stark auf Informatik (Build or Buy) und auf die spezielle Situation der Bundesverwaltung.

Die Definition von Qualitätsmanagementmodell ist bei gewissen aufgeführten Modellen nicht unbedingt in der Bedeutung jedes einzelnen Wortes deckungsgleich. Alle aufgeführten Modelle haben jedoch das Ziel, im Sinne der Qualität Optimierungen vorzunehmen. Neben den aufgeführten

Modellen gibt es noch eine Vielzahl firmen- und länderspezifischer PM-Modelle, die viel zur professionellen Projektabwicklung beitragen. Im Folgenden werden einzelne ausgewählte praktizierte PM-Vorgehensmodelle sowie weiter verbreitete Qualitätsmanagementmodelle erläutert.

B.1 Project-Excellence-Modell

Eines der bekanntesten Bewertungsmodelle im Bereich des Projektmanagements ist das „Project Excellence" von IPMA. Dieses Modell, das von der IPMA (International Project Management Association) definiert und geführt wird, wurde analog zum Business Excellence der „European Foundation for Quality Management (EFQM)" erstellt. Es ermöglicht einem Unternehmen, sich an zwei terminologisch und thematisch fast identischen Qualitätsmanagementmodellen auszurichten. Das Business-QM-Modell und das Project-QM-Modell sind gleichartig strukturiert und haben die gleiche Bewertungsgrundlagen-Methodik (☞ Abbildung B.02). Dieses Miteinander und nicht Gegeneinander auf der Modellebene wird in Zukunft bei Unternehmen noch sehr viel Akzeptanz erhalten.

Im Gegensatz zum Business-Excellence-Modell steht beim Project-Excellence-Modell nicht ein Unternehmen oder eine Organisation insgesamt im Mittelpunkt der Betrachtung, sondern ein einzelnes Projekt und seine Beteiligten. Das Modell basiert generell auf folgenden Ansprüchen, Einsichten und Forderungen [GPM 2006]:

- Kundenorientierung,
- Mitarbeiterentwicklung und -beteiligung,
- Partnerschaft mit Lieferanten,
- Führung und Zielkonsequenz,
- gesellschaftliche Verantwortung,
- Prozesse und Fakten,
- Ergebnisorientierung.

Das Project-Excellence-Modell gliedert die Bewertungskriterien in die zwei Beurteilungsbereiche:

- Befähigter
  Wie verhält sich das Projekt? Wie wird es geführt? Hier wird beurteilt, inwieweit das Vorgehen (der Prozess) exzellent ist.

- Projektergebnisse
  Was leistet das Projekt? Was kommt dabei heraus? Hier wird beurteilt, inwieweit die Ergebnisse (Lieferobjekte) gemäss den Systemzielen und machbaren Situationen exzellent sind.

Das Project-Excellence-Modell umfasst alle wichtigen Komponenten, die ein gutes Projekt abdecken muss, z.B. Ergebnisse, Prozesse, Mitarbeiter, Stakeholder etc. Zudem steht mit diesem Modell den Projektverantwortlichen ein Analyseinstrument zur Verfügung, durch das Verbesserungspotenziale aufgedeckt und genutzt werden können. Schöpft eine Unternehmung diese Möglichkeiten der Selbstreflexion und der kontinuierlichen Verbesserung konsequent aus, so wird die Projektabwicklung respektive generell das Projektmanagement-System dieses Unternehmens zu einem effizienten und professionellen Instrument bezüglich der Innovation und Wandlung. Überdies erlauben der ganzheitliche Ansatz und der branchenübergreifende Charakter, notwendige Vergleiche mit anderen Projekten herzustellen und auch fremde Erfahrungen für eigene Spitzenleistungen zu nutzen.

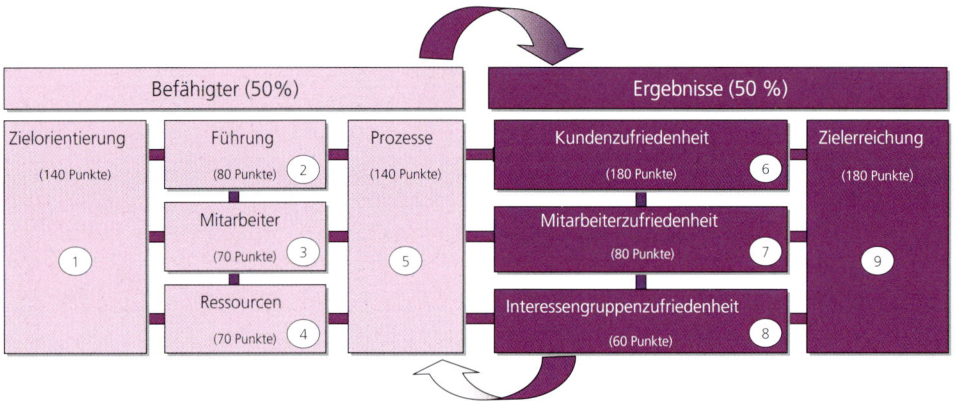

Abb. B.02: Project-Excellence-Modell [GPM 2006]

Das Project-Excellence-Modell bewertet insgesamt neun Kriterien [GPM 2006]:

1. Zielorientierung
   Wie formuliert, entwickelt und überprüft das Projekt seine Ziele aufgrund umfassender Informationen über die Anforderungen seiner Interessengruppen, und wie setzt es diese um?
2. Führung
   Wie wird das Verhalten aller Führungskräfte im „Project Excellence" inspiriert, unterstützt und promotet?
3. Mitarbeiter
   Wie werden die Projektmitarbeiter einbezogen und ihre Potenziale erkannt und genutzt?
4. Ressourcen
   Wie wirksam und wie effizient werden die vorhandenen Ressourcen eingesetzt?
5. Prozesse
   Wie werden im Projekt wertschöpfende Prozesse identifiziert, überprüft und gegebenenfalls verändert?
6. Kundenzufriedenheit
   Was leistet das Projekt im Hinblick auf die Erwartungen und die Zufriedenheit der Kunden?
7. Mitarbeiterzufriedenheit
   Was leistet das Projekt im Hinblick auf die Erwartungen und die Zufriedenheit seiner Mitarbeiter?
8. Interessengruppenzufriedenheit
   Was leistet das Projekt im Hinblick auf die Erwartungen und die Zufriedenheit sonstiger Interessengruppen?
9. Zielerreichung
   Was leistet das Projekt im Hinblick auf die geplanten Projektziele (Abwicklungs- und Systemziele)?

B.1.1 IPMA Competence Baseline 3 (ICB 3)

Gemäss den Autoren von ICB3 [ICB 2006] ist ICB die inhaltliche Grundlage für die internationale Anerkennung der nationalen Programme zur Zertifizierung von Projektmanagement-Personal über drei Qualifikations- und Kompetenzebenen. Diese sind zwischen der International Project Management Association (IPMA) und ihren 40 Landesgesellschaften abgestimmt und werden im sogenannten 4-L-C-System beschrieben (☞ Kapitel Einleitung IV „Projektmanagement-Zertifizierung"). Die ICB3 umfasst die drei Kompetenzfelder Technical Competences, Behavioural Competences und Contextual Competences, bestehend aus insgesamt 46 Elementen für die Beurteilung von Wissen und Erfahrung sowie von persönlichem Verhalten und dem allgemeinen Eindruck, die den Kompetenznachweis von Personen im Projektmanagement abrunden. Neben der Zertifizierung dienen die ICB auch als Grundlage zur Definition unternehmensinterner Projektmanagement-Spielregeln.

	Technische Kompetenzen		
01	Projektmanagement-Erfolg	11	Zeit- u. Projektphasen
02	Interessengruppen	12	Einsatzmittel (Personal- und Betriebsmittel)
03	Projektanforderungen und -zielsetzungen	13	Kosten und Finanzierung
04	Risiken und Chancen	14	Beschaffung und Vertrag
05	Qualität	15	Veränderungen (Veränderungsmanagement)
06	Projektorganisation	16	Control und Berichte
07	Teamarbeit	17	Information und Dokumentation
08	Problemlösung	18	Kommunikation
09	Projektstrukturen	19	Projektstart
10	Projektabgrenzung & Lieferobjekte	20	Projektabschluss
	Verhaltenskompetenzen		
01	Führung, Leadership	09	Leistungsfähigkeit, Effizienz
02	Verpflichtung, Engagement	10	Beratungsfähigkeit
03	Selbststeuerung, -kontrolle	11	Vermittlung, Verhandlung
04	Selbstsicherheit	12	Konflikt und Krise
05	Entspannung	13	Zuverlässigkeit
06	Offenheit	14	Wertanerkennung, Bewertung
07	Kreativität	15	Ethik
08	Resultatorientierung		
	Kontextkompetenzen	06	Geschäft
01	Projektorientierung	07	Systeme, Produkte und Technologie
02	Programmorientierung	08	Personalverwaltung
03	Projektportfolio-Orientierung	09	Gesundheit, Sicherheit und Umgebung
04	Dauerhafte Organisation	10	Finanzierung
05	Projekt-, Programm- und Projektportfolio-Implementierung	11	Gesetz

ICB3 ist kein QM-Modell. Generell oder in Ergänzung zum Project-Excellence-Modell ist es jedoch eine sinnvolle Grundlage, um die Professionalität im Projektmanagement gezielt zu fördern.

B.2 PMBOK® Guide

Mit dem Ziel, die vorherrschenden Kommunikationsprobleme bei Systemintegrationen zu beseitigen, wurde unter anderem der PMBOK® Guide für Projektmanagement entworfen. Dies ist die absolute Stärke dieses guten PM-Standards, aber zugleich auch die grösste Schwäche. Da der Ursprung dieses PM-Standards in Amerika zu finden ist, ist logischerweise auch die ganze Terminologie englisch, sprich amerikanisch. Vereinfacht heisst dies, dass sich alle Länder, alle Unternehmen dieser Terminologie unterordnen müssen, was die Akzeptanz nicht immer vereinfacht. Auf der anderen Seite ist genau diese zwingende Terminologie im internationalen Projektgeschäft eine nicht zu unterschätzende Stärke.

Das US-amerikanische Project Management Institute (PMI) ist vom American National Standards Institute (ANSI) als eine Standards Development Organization anerkannt. Daher wurde der PMBOK® Guide als American National Standard durch das ANSI sowie auch durch das Institute of Electrical and Electronics Engineers (IEEE) als eine IEEE-Norm anerkannt.

Gemäss den Ausführungen von PMI „Project Management Body of Knowledge" [PMI 2004] wird in diesem Standardwerk sowohl das Wissen des Bereichs Projektmanagement als auch das Wissen, das sich mit anderen Managementfachgebieten überschneidet, erläutert. In der Abbildung B.03 sind die von PMI definierten allgemeinen Fachgebiete dargestellt, die für das Projektteam erforderlich sind. Das die Prozessqualität sicherstellende Werk „PMBOK® Guide" ist folglich eine Teilmenge des umfassenderen Werks „Project Management Body of Knowledge". Der „PMBOK® Guide"oder „A Guide to the Project Management Body of Knowledge" ist der international am weitesten anerkannte Projektmanagement-Industrie-Standard und die zentrale Referenz von PMI.

PMI hat Ende 2008 eine neue Version der PMBOK® in englischer Sprache herausgegeben [PMI 2008]. Die grössten Unterschiede zur früheren Version sind die Reduktion von 44 auf 42 Prozesse, mehr Grafiken, 100 Seiten mehr Umfang aufgrund der grösseren Schrift, einige neue Prozessnamen sowie inhaltliche Optimierungen insbesondere in den Kapiteln 1, 2 und 12.

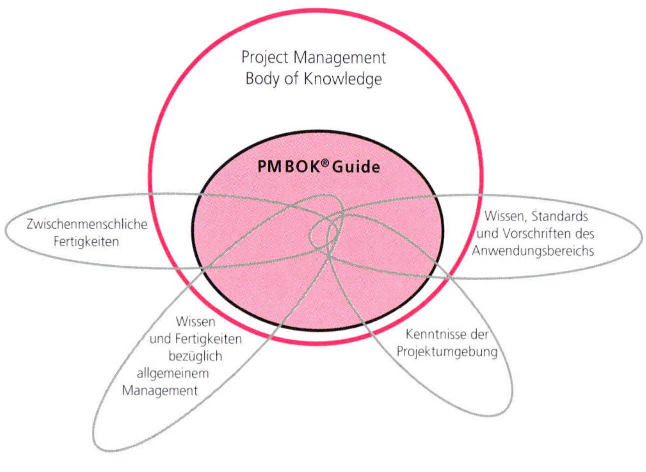

Abb. B.03: Positionierung von Body of Knowledge und PMBOK® Guide [PMI 2004]

Der PMBOK® Guide ist sogleich auch eine Basis für die Zertifizierungsprüfung zum Project Management Professional (PMP) und die Basis für die Eingangslevel-Zertifizierung Certified Associate in Project Management (CAPM).

Der PMBOK® Guide enthält Informationen zu den Prozessen des PM und den Ergebnistypen. Insgesamt bleibt das PMBOK in seiner Grundsätzlichkeit sehr abstrakt und ist daher ein sehr gutes Nachschlagewerk für viele Projektarten respektive -typen. Das PMBOK besteht aus vier Abschnitten, dem PM-Rahmen mit einer allgemeinen Einführung in das Projektmanagement und in die Prozessgruppen, den PM-Wissensgebieten mit einer detaillierten Liste von Prozessen und Ergebnistypen im Projektmanagement sowie den Anhängen und dem Glossar. Zusammenfassend setzt sich der Standard aus fünf Prozessgruppen und aus neun Wissensgebieten zusammen. Die Prozessgruppen sind auf ein gesamtes Projekt wie auch auf einzelne Projektphasen anzuwenden. Im Folgenden wird in sehr kurzer Form eine Übersicht dieser beiden Teile vorgestellt.

B.2.1 Prozessgruppen

Mit den Prozessen der Initiierungsprozessgruppe beschreiben der Initiator oder die von ihm beauftragten Personen das Projekt, sodass es vom Auftraggeber freigegeben oder abgelehnt werden kann.

Prozesse der Initiierungsprozessgruppe	
- Entwickeln des Projektauftrags	- Entwickeln der vorläufigen Beschreibung des Projektinhalts und -umfangs

Mit den Prozessen der Planungsprozessgruppe legen die Projektverantwortlichen die Zielsetzung des Projekts detailliert fest, wie dieses Ziel erreicht wird und nach welchen Regeln das Projekt gesteuert wird.

Prozesse der Planungsprozessgruppe	
- Entwickeln des Projektmanagementplans	- Planung des Inhalts und Umfangs
- Definition des Inhalts und Umfangs	- Erstellen eines Projektstrukturplans
- Definition der Vorgänge	- Festlegen der Vorgangsfolgen
- Einsatzmittelbedarfsschätzung für den Vorgang	- Schätzung der Vorgangsdauer
- Entwicklung des Terminplans	- Kostenschätzung
- Kostenplanung	- Qualitätsplanung
- Personalbedarfsplanung	- Kommunikationsplanung
- Risikomanagementplanung	- Risikoidentifikation
- Risikobewältigungsplanung	- Planen der Einkäufe und Beschaffungen
- Planen des Vertragswesens	- Qualitative Risikoanalyse
- Quantitative Risikoanalyse	

Mit den Prozessen der Ausführungsprozessgruppe begleiten und unterstützen die Projektverantwortlichen die Projektdurchführung.

Prozesse der Ausführungsprozessgruppe	
- Lenken und Managen der Projektausführung	- Durchführung der Qualitätssicherung
- Zusammenstellen des Projektteams	- Entwickeln des Projektteams
- Informationsverteilung	- Lieferantenanfragen
- Lieferantenauswahl	

Mit den Prozessen der Überwachungs- und Steuerungsprozessgruppe leiten die Projektverantwortlichen die Projektdurchführung. Hierzu gehören die Beobachtung des Projektfortschritts und der Vergleich mit der Projektplanung.

Prozesse der Überwachungs- und Steuerungsprozessgruppe	
- Überwachen und Steuern der Projektarbeit	- Integrierte Änderungssteuerung
- Verifizieren des Inhalts und Umfangs	- Steuerung des Inhalts und Umfangs
- Steuerung des Terminplans	- Steuerung der Kosten
- Durchführen der Qualitätslenkung	- Leiten des Projektteams
- Fortschrittsberichtswesen	- Stakeholdermanagement
- Risikoüberwachung und -steuerung	- Vertragsabwicklung

Die Prozesse der Abschlussprozessgruppe sorgen für eine formelle und geordnete Beendigung des Projekts oder einer Projektphase. Sie regeln die Übergabe des Projektergebnisses und sorgen für die Dokumentation des Projekts.

Prozesse der Abschlussprozessgruppe	
- Abschliessen des Projekts	- Vertragsbeendigung

An die Prozessgruppen „angehängt" sind die neun Wissensgebiete:

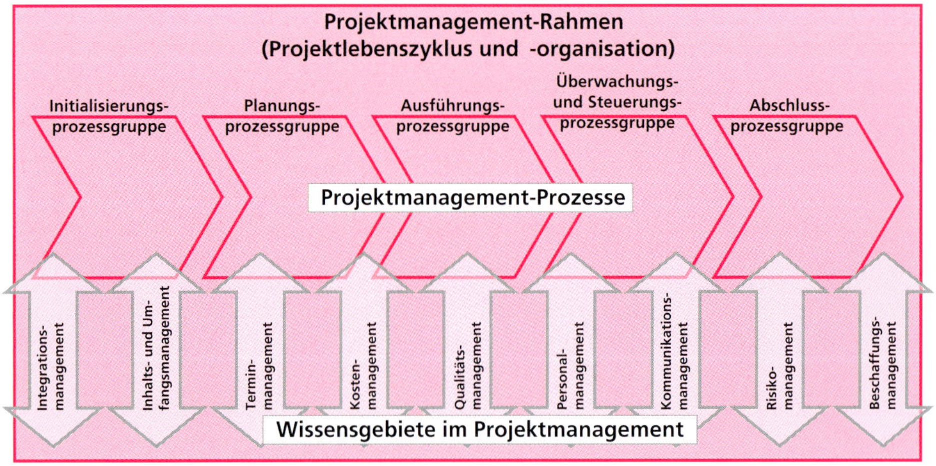

Abb. B.04: Wissensgebiete, an die Prozessgruppen angehängt

B.2.2 Wissensgebiete

Die Wissensgebiete des Projektmanagements beschreiben das Wissen und die Praxis des Projektmanagements anhand seiner Teilprozesse. Diese Prozesse wurden in neun Wissengebiete unterteilt, die den Prozessgruppen jeweils eindeutig zugeordnet sind [PMI 2008]:

4. Integrationsmanagement		4.1	Entwickeln des Projektauftrags
4.2	Entwickeln des Projektmanagement-Plans	4.3	Lenken und Managen der Projektausführung
4.4	Überwachen und Steuern der Projektarbeit	4.5	Integrierte Änderungssteuerung
4.6	Abschliessen des Projekts		
5. Inhalts- und Umfangsmanagement (Scopemagt.)		5.1	Definieren und Zusammenstellen der Anforderungen
5.2	Definition des Umfangs	5.3	Erstellen des Projektstrukturplans
5.4	Verifizieren des Inhalts und Umfangs	5.5	Steuerung des Inhalts und Umfangs
6. Terminmanagement		6.1	Definition der Vorgänge
6.2	Festlegen der Vorgangsfolgen	6.3	Einsatzmittelbedarfsschätzung für die Vorgänge
6.4	Schätzung der Vorgangsdauer	6.5	Entwicklung des Terminplans
6.6	Steuerung des Terminplans		
7. Kostenmanagement		7.1	Kostenschätzung
7.2	Kosten-/Budgetplanung	7.3	Steuerung der Kosten
8. Qualitätsmanagement		8.1	Qualitätsplanung
8.2	Durchführen der Qualitätssicherung	8.3	Durchführen der Qualitätslenkung
9. Personalmanagement			
9.1	Personalbedarfsplanung	9.2	Zusammenstellen des Projektteams
9.3	Entwickeln des Projektteams	9.4	Führen des Projektteams
10. Kommunikationsmanagement		10.1	Identifizieren der Stakeholder
10.2	Kommunikationsplanung	10.3	Informationsverteilung
10.4	Stakeholdererwartungen/-bedürfnisse	10.5	Fortschrittsberichtswesen
11. Risikomanagement			
11.1	Risikomanagementplanung	11.2	Risikoidentifikation
11.3	Qualitative Risikoanalyse	11.4	Quantitative Risikoanalyse
11.5	Risikobewältigungsplanung	11.6	Risikoüberwachung und -steuerung
12. Beschaffungsmanagement			
12.1	Planen der Beschaffungen	12.2	Führen der Beschaffungen
12.3	Überwachen der Beschaffungen	12.4	Beenden der Beschaffungen

Es ist nun ein Einfaches, die fünf Prozessgruppen (39 Projektmanagement-Prozesse) mit den neun Wissensgebieten zu verbinden. Natürlich ist das Umsetzen in die Praxis mit grösserem Know-how dieses Standards verbunden. Aber genau dieses so vereinfachte Diagramm ist für das Management einer Unternehmung eine sehr gute Übersicht, die zeigt, in welchem Bereich des Projektmanagements welche Prozesse noch Optimierungspotenzial haben (☞ Anhang B.7 „CMMI-Modell").

Prozessgruppen / Wissensgebiet	Initiierungs-prozessgruppe	Planungs-prozessgruppe	Ausführungs-Prozessgruppe	Überwachungs- & Steuerungsprozessgr.	Abschluss-prozessgruppe
4. Integrationsmanagement in Projekten	4.1 Entwickeln des Projektauftrags	4.2 Entwickeln des Projektmanagementplans	4.3 Lenken und Managen der Projektausführung	4.4 Überwachen und Steuern der Projektarbeit 4.5 Integrierte Änderungssteuerung	4.6 Abschliessen des Projekts
5. Inhalts- und Umfangsmanagement in Projekten		5.1 Definieren der Anforderungen 5.2 Definition des Umfangs 5.3 Erstellen eines Projektstrukturplans (WBS)		5.4 Verifizierung Inhalt/Umfang 5.5 Steuerung des Inhalts und Umfangs	
6. Terminmanagement in Projekten		6.1 Definition der Vorgänge 6.2 Festlegen Vorgangsfolgen 6.3 Einsatzmittelbedarfsschätzung für die Vorgänge 6.4 Schätzung Vorgangsdauer 6.5 Entwicklung des Terminplans		6.6 Steuerung des Terminplans	
7. Kostenmanagement in Projekten		7.1 Kostenschätzung 7.2 Kosten-/Budgetplanung		7.3 Steuerung der Kosten	
8. Qualitätsmanagement in Projekten		8.1 Qualitätsplanung	8.2 Durchführen der Qualitätssicherung	8.3 Durchführen der Qualitätslenkung	
9. Personalmanagement in Projekten		9.1 Personalbedarfsplanung	9.2 Zusammenstellen des Projektteams 9.3 Teamentwicklung	9.4 Leiten des Projektteams	
10. Kommunikationsmanagement in Projekten	10.1 Identifizieren der Stakeholder	10.2 Kommunikationsplanung	10.3 Informationsverteilung 10.4 Stakeholdermanagement	10.5 Fortschrittsberichtswesen	10.5 Administrativer Abschluss
11. Risikomanagement in Projekten		11.1 Risikomanagement-Planung 11.2 Risikoidentifikation 11.3 Qualitative Risikoanalyse 11.4 Quantitative Risikoanalyse 11.5 Risikobewältigungsplanung		11.6 Risikoüberwachung und -steuerung	
12. Beschaffungsmanagement in Projekten		12.1 Planen der Beschaffung	12.2 Führen der Beschaffungen	12.3 Überwachung der Beschaffungen	12.4 Beenden der Beschaffungen

Abb. B.05: Zuordnung der Prozessgruppen und Wissensgebiete [PMI 2008]

Wie im PMBOK® Guide beschrieben, soll das in der Abbildung B.05 aufgeführte Diagramm nicht exklusiv gesehen werden, sondern als allgemeiner Hinweis, wie sich die Projektmanagement-Prozesse sowohl in die Projektmanagement-Prozessgruppen als auch in die Projektmanagement-Wissensgebiete einfügen [PMI 2008].

Ergänzend zur „Einzelprojekt-Sicht" PMBOK® hat PMI im Jahr 2008 den OPM3™ Standard (Organizational Project Management Maturity Modell) überarbeitet. OPM3™ hat das Ziel, die Unternehmen im Vorhaben zu unterstützen, „organisationsweites" Projektmanagement einzuführen. OPM3™ beinhaltet eine Sammlung von Projektmanagemetpraktiken, -konzepten und -methoden, die miteinander vernetzt sind. Anhand des Modells können die Unternehmen feststellen, wie sie ihren Reifegrad im Projektmanagement erhöhen und eine erfolgreiche Projektumgebung schaffen können.

B.3 PRINCE2

Wie andere bekannte Modelle war auch PRINCE2™ eher eine zum allgemeinen Standard erklärte, skalierbare und flexible PM-Methode, sprich ein Phasenmodell für die IT. Das Phasenmodell wurde jedoch so allgemein gehalten, dass es an die jeweiligen Projektarten angepasst und somit als Qualitätsmanagement-Modell für Projektmanagement einer gesamten Unternehmung verwendet werden kann. PRINCE2™ hat sich inzwischen mit seinen zusätzlich zum Prozessmodell definierten weiteren Komponenten und Techniken vom Vorgehensmodell zu einer anerkannten, allgemein guten PM-Methode weit über die englischen Grenzen hinaus entwickelt. Eigentümer ist die staatliche britische Behörde, das Office of Government Commerce (OGC). Wichtige Eigenheiten von PRINCE2 sind:

- Bei PRINCE2 wird eine definierte Organisationsstruktur für das Projektmanagement verlangt.
- PRINCE2 ist prozessorientiert. Projektbeteiligte wissen theoretisch jederzeit, welche Schritte zu ergreifen sind.
- Die Qualität der Produkte (= Lieferobjekte) steht während des ganzen Projekts im Zentrum.
- Die Methode betont die Aufteilung von Projekten in beherrschbare und kontrollierbare Phasen.

Die Methode wurde inhaltlich, jedoch nicht strukturell grundlegend überarbeitet und Mitte 2009 veröffentlicht. Dabei wurde eine Anpassung an die veränderte Geschäftswelt inklusive einer Verschlankung der Methode vorgenommen. Diese Veränderung trägt sicher zur grösseren Akzeptanz von PRINCE2 bei.

B.3.1 Prozesse

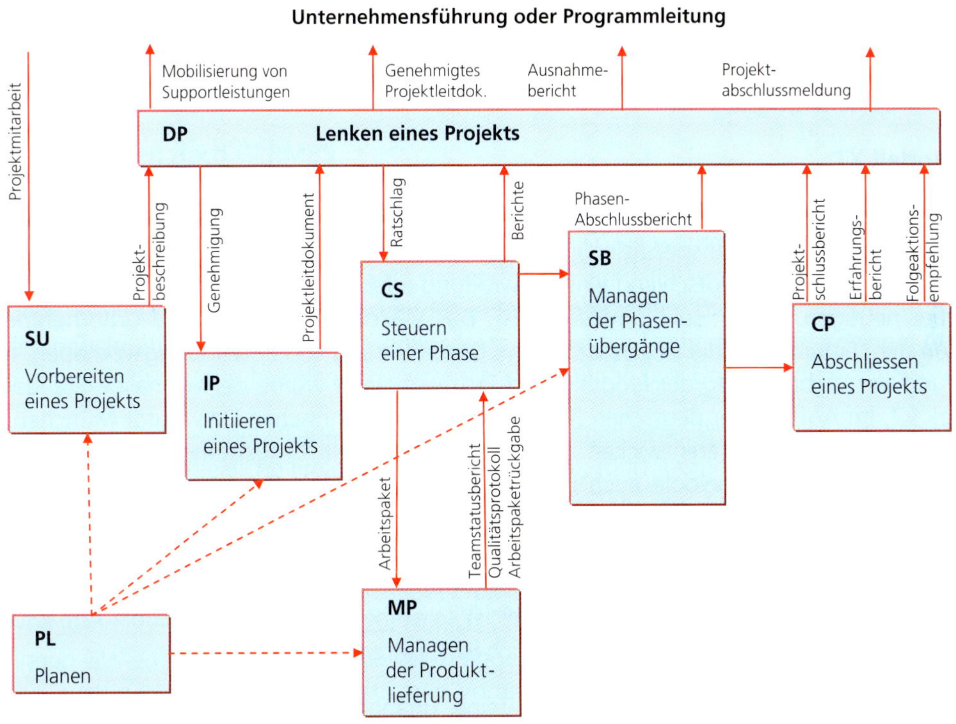

Abb. B.06: PRINCE2-PM-Prozesse [Ben 2005]

Bei der PRINCE2-Methode konzentrieren sich sieben Prozesse auf die Aufgaben der Führungskräfte des Projekts. Dabei existieren für jede Rolle dedizierte Prozesse. Sie decken den Projektlebenszyklus und die Vorbereitungsarbeit ab. Der achte Prozess ist der Planungsprozess, der sowohl vom Projektmanager als auch vom Teammanager verwendet und durch weitere Prozesse ausgelöst wird. Die Prozesse erklären, was wann geschehen soll [Ben 2005].

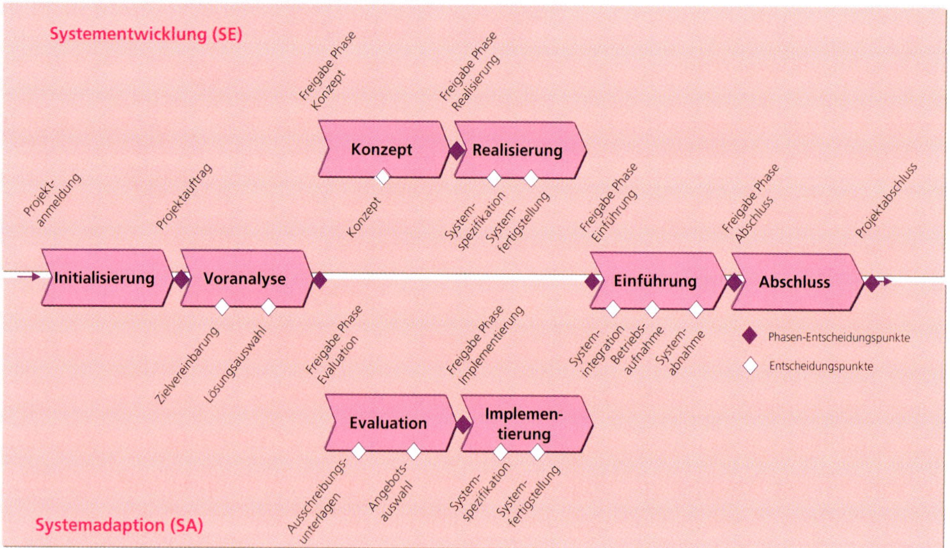

Abb. B.08: Phasenmodell gemäss HERMES [HER 2003]

B.6 SIA-Modell

Mitte der 90er-Jahre wurde vom Schweizerischen Ingenieur- und Architektenverein SIA mit dem Leistungsmodell 95 eine neue Ordnung publiziert. Damit wurde den Auftraggebern und Planern ein Instrument zur Verfügung gestellt, das flexiblere Zusammenarbeitsformen unterstützt und sich gemäss verändernden Marktbedürfnissen einsetzen lässt.

Die Aktualisierung wurde vom SIA im Jahre 2001 als Leistungsmodell, Ordnung SIA 112, publiziert. Das Leistungsmodell ist für Neubau-, Umbau-, Erhaltungs- und Umnutzungsvorhaben im Hoch-, Tief- und Anlagenbau sowie für Freianlagen ausgelegt. Es kann auf alle Arten von baubezogenen Planungsleistungen und Bauwerken angewendet werden. Das Leistungsmodell ist für die Anwendung im Verbund mit den Ordnungen für Leistungen und Honorare der Architekten, der Landschaftsarchitekten, der Bauingenieure, der Forstingenieure, der Maschinen- und der Elektroingenieure, der Fachingenieure für Gebäudeinstallationen sowie der Raumplaner (Ordnungen SIA 102, 103, 104, 108 und 110) konzipiert.

Das Leistungsmodell SIA 112 ist ein Phasenmodell. Im Lebenszyklus eines Bauwerks sollen mittels der Phasen und Teilphasen alle Projekte abgewickelt werden können, von der ersten Idee bis zum Betrieb und der Erhaltung. Das Leistungsmodell ist ein Instrument zur Verständigung zwischen Auftraggeber und Planerteam bei der Erstellung und Erbringung von Leistungen. Dem Auftraggeber steht nur ein verantwortlicher Vertragspartner gegenüber. Ein Gesamtleiter führt das Planerteam. Ausgehend von klar definierten Zielen werden anforderungsorientierte, integrale Leistungsbeschreibungen erstellt. Die Leistungsbestandteile können auf Basis der jeweiligen Honorarordnungen projektbezogen festgelegt werden.

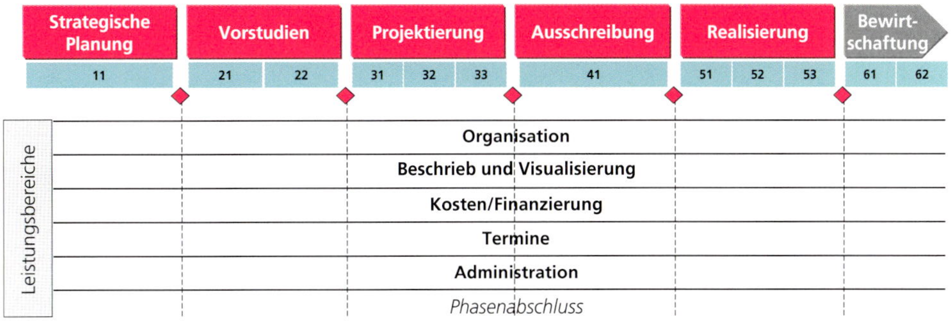

Abb. B.09: Phasenmodell nach SIA 112

Der Fokus im Leistungsmodell ist auf das Projekt, die darin zu erbringenden Leistungen und die Verantwortlichkeiten gerichtet. Das Zusammenspiel zwischen den verschiedenen betrieblichen Managementsystemen (ISO 9000 ff.) mit dem Projekt-Qualitätsmanagement PQM wird im Merkblatt SIA 2007 („Qualität im Bauwesen – Aufbau und Anwendung von Managementsystemen"), erläutert. Im Leistungsmodell SIA 112 sind nur wenige PQM-Aspekte integriert.

B.7 CMMI-Modell

Das Capability Maturity Model Integration (CMMI) des Software Engineering Institute (SEI) der Carnegie Mellon University in Pittsburgh [CMM 2007] ist ein „Framework" zur kontinuierlichen Verbesserung des Softwareentwicklungs-Prozesses und somit einer gesamten Entwicklungsorganisation. Durch die Integration des Vorgängermodells CMM mit verschiedenen anderen Modellen zu CMMI wurde der Anwendungsbereich von der reinen Softwareentwicklung auf die Entwicklung kompletter Systeme respektive Produktegruppen erweitert.

Primär ist das Prozessmodell CMMI wie erwähnt ein Werkzeug zur gezielten Steigerung der Effektivität und Effizienz der Produkteentwicklungs-Prozesse. Die verwendete modulare Systematik von CMMI baut auf bewährten Praktiken, die eine professionelle Entwicklungsorganisation auszeichnen. Diese Systematik kann verwendet werden, um die Stärken und Schwächen einer Produktentwicklung objektiv zu analysieren, um Verbesserungsmassnahmen zu bestimmen und diese in eine sinnvolle Reihenfolge zu bringen. Sekundär ist es eine von der Industrie mehr und mehr anerkannte Auszeichnung für die Überprüfung der Fähigkeiten einer Organisation. Neben CMMI als Prozessmodell hat das SEI das Assessment-Verfahren SCAMPI Appraisal zur Bewertung der Prozessreife veröffentlicht. Durch das Verfahren wird festgelegt, welche Informationen bei einem Assessment herangezogen werden müssen und welche Voraussetzung die Assessoren erfüllen müssen.

Zur Strukturierung der Entwicklungsprozesse definiert CMMI Prozessgebiete (Process Areas), deren Realisierung jeweils durch die Erreichung messbarer Ziele festgestellt werden kann. Die vier Kategorien der Prozessgebiete sind [Kneu 2006]:

1. Das Prozessmanagement umfasst alle Prozessgebiete, die sich mit dem Management der für die gesamte Organisation gültigen Prozesse, der sogenannten organisationsweiten Prozesse, befassen. Dazu gehört u.a. die Definition und kontinuierliche Verbesserung dieser Prozesse.

2. Das Projektmanagement umfasst die Prozessgebiete, die sich mit dem Management des einzelnen Projekts befassen.
3. Ingenieurdisziplinen sind (technische) Entwicklungsthemen und umfassen neben einem einfachen Lebenszyklusmodell auch die Verifikation und Validation der Ergebnisse.
4. Die Kategorie Unterstützung schliesslich beinhaltet eine Reihe von Querschnittsthemen, die die Arbeit in den anderen Prozessgebieten unterstützen.

Durch die starke Spezialisierung auf die Produktentwicklung erlangt CMMI in der Projektumgebung eine immer grössere Bedeutung. Dies auch deshalb, weil es mit CMMI möglich ist, die Zusammenführung der unterschiedlichen Sichten auf die Organisation, die zum Erfolg von Entwicklungsprojekten beitragen, aufzuzeigen.

Im Gegensatz z.B. zum Projekt Management Body of Knowledge (PMBOK), das sich auf Projektmanagement beschränkt, versucht CMMI Projektmanagement, Entwicklung, organisatorische Unterstützungsfunktionen, Prozessverbesserung und Managementaufgaben in einem gemeinsamen, übergeordneten Modell zu adressieren. Obwohl CMMI nicht nur auf theoretischen Dokumentationen, sondern auch auf angewandten Praktiken und deren konkreten Ergebnissen aufbaut, muss man auch bei diesem Modell wie bei allen auf dem Markt gängigen Modellen achtgeben, dass es nicht „veradministriert" wird. Dadurch würde insbesondere CMMI seine Frische, Klarheit und Effizienz verlieren.

B.7.1 Stufenförmige Darstellung des CMMI

In der *Staged Representation* von CMMI wird der Reifegrad einer Organisation anhand von fünf Stufen gemessen. Zur Erreichung der einzelnen Stufen müssen jeweils Kategorien zusammengehöriger Prozessgebiete eingeführt sein. Damit ist die Bewertung einer Gesamtorganisation möglich. Zusätzlich definieren die Stufen einen Pfad für die schrittweise Verbesserung der Prozesse.

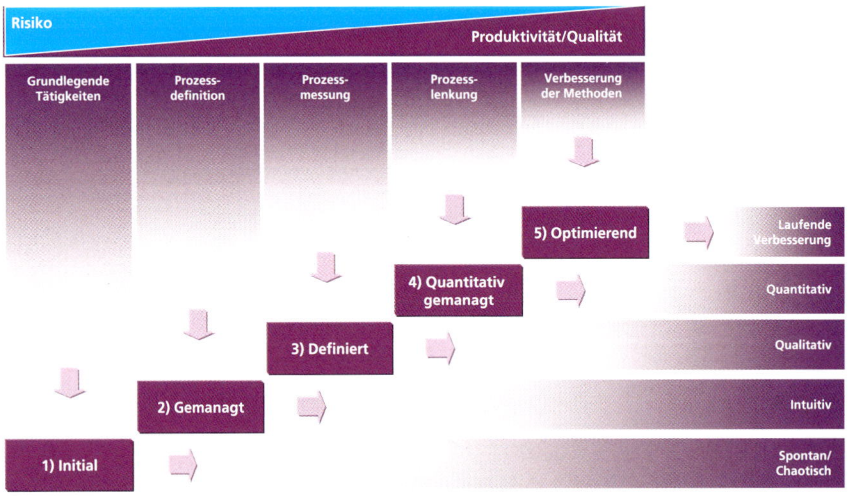

Abb. B.10: Prozessreifemodell [CMM 2007]

Im ersten Augenblick sollte man meinen, dass die erste Stufe (grundlegende Tätigkeiten der PM-Prozesse) problemlos zu erfüllen ist. Die Erfahrung zeigt, dass sich die meisten Abteilungen und Unternehmen, die sich intensiv mit Projekten befassen, innerhalb des Range (0.8–1.9) bewegen. Aufgrund der fehlenden respektive konsequenten Durchsetzung der einfachen Standards und des Fehlens einer professionellen PM-Kultur erreichen die meisten Organisationen die Stufe 3 nie. Das heisst z.B., dass das wiederholte genaue Berechnen der Wirtschaftlichkeit grundsätzlich über alle Projekte nicht möglich ist, da jeder Projektleiter über eine andere Basis verfügt. Oder dass eine vom Projektleiter gesetzte rote Ampel nicht für alle rot ist, da dies ohne Standardgrenzwerte subjektiv interpretiert und umgesetzt wird!

B.7.1.1 LEVEL 1 „Initial"

Auf der Stufe „Initial" – oder früher prägnanter „Anfänger" – besitzt eine Organisation keine stabile Umgebung zur Entwicklung von Produkten. Es existieren über alle Projekte hinweg keine Projektpläne, keine zuverlässigen Kosteneinschätzungen und keine definierten Vorgehensweisen. Tools sind ebenfalls nicht vorhanden oder kommen aufgrund ihrer fehlenden Abstimmung nicht richtig zum Einsatz. Abteilungen/Unternehmungen mit Level 1 weisen u.a. folgende Eigenschaften auf:
- chaotische/unstabile Umgebung;
- Ergebnisse gründen auf individueller Leistung;
- ungenügende Planung;
- in Krisensituationen wird die Planung verlassen, Konzentration auf Realisierung und Testen;
- reaktive Haltung;
- Entwicklungsprozess ist nicht voraussehbar, weil laufend verändert und den Bedürfnissen angepasst wird.

B.7.1.2 LEVEL 2 „Gemanagt"

Die zweite Stufe wird als „gemanagt" oder in einer vorgehenden Version als „wiederholbar" bezeichnet. In dieser Stufe werden einige Projektmanagement-Praktiken und -Prozesse der Unterstützungskategorie eingeführt und etabliert. Dazu gehören Projektplanung, Projektkontrolle, Kontrolle der Lieferanten, Qualitätssicherung und ein Konfigurationsmanagement. Diese Projektmanagement-Praktiken tragen dazu bei, dass der Erfolg bei der Erstellung von Produkten nicht nur bei einem Projekt erzielt wird. Denn bei neuen zu erstellenden Produkten respektive umzusetzenden Projekten basiert die Planung und Führung nun auf vorhandenen Erfahrungswerten früherer ähnlicher Projekte. Abteilungen/Unternehmen mit Level 2 weisen u.a. folgende Eigenschaften auf:
- Man weiss, was gute Anforderungen sind, und beherrscht die Erstellung dieser Anforderungen.
- Planung und Management neuer Projekte gründen auf der Erfahrung ähnlicher Projekte.
- Kontrolltätigkeiten sind geplant und werden entsprechend umfassend kontrolliert ausgeführt.
- Projektbewertungen erfolgen aufgrund vergangener Projekte sowie der Anforderungserfüllung aktueller Projekte.
- Die Tätigkeiten der definierten Prozesse sind wiederholbar.
- Die Mitarbeiter kennen und leben die wichtigsten Projektmanagement-Prozesse.

Prozessgebiete des Reifegrades 2 „Gemanagt"	Kürzel
Anforderungsmanagement „Requirements Management"	REQM
Projektplanung „Project Planning"	PP
Projektverfolgung und -steuerung „Project Monitoring and Control"	PMC
Management von Lieferantenvereinbarungen (Supplier Agreement Management)	SAM
Messung und Analyse „Measurement and Analysis"	MA
Qualitätssicherung von Prozessen und Produkten „Process and Product Quality Assurance"	PPQA
Konfigurationsmanagement „Configuration Management"	CM

B.7.1.3 LEVEL 3 „Definiert"

Organisationen, die bereits die dritte Entwicklungsstufe erreicht haben, verfügen über ein spezielles Team an Managern und Ingenieuren etc., das den gesamten Prozess der Entwicklung lebt, dokumentiert und beurteilt sowie auf der Basis von Level 2 das ganze Entwicklungsumfeld managt. Speziell ausgebildete Verantwortliche sorgen dafür, dass organisationsweite Standards der betroffenen Prozesskategorien eingehalten werden. Aus den statistischen Daten über fertige Produkte werden Methoden abgeleitet, die über das konkrete Problem hinaus gültig bleiben. Diese Methoden wiederum können in die Entwicklungsumgebung eingebunden werden. Abteilungen/Unternehmen weisen mit Level 3 weisen u.a. folgende Eigenschaften auf:

- Die zugeordneten Prozesse sind definiert, dokumentiert und untereinander konsistent.
- Die zugeordneten Prozesse werden proaktiv geschult und von den Mitarbeitern gelebt.
- Die zugeordneten Prozesse werden von einer Instanz im Unternehmen gepflegt.
- Die zugeordneten Prozesse sind stabil und wiederholbar.

Prozessgebiete des Reifegrades 3 „Definiert"			
Prozessgebiete	**Kürzel**	**Prozessgebiete**	**Kürzel**
Anforderungsentwicklung „Requirements Development"	RD	Technische Umsetzung „Technical Solution"	TS
Produktintegration „Product Integration"	PI	Verifikation „Verification"	VER
Validation „Validation"	VAL	Organisationsweiter Prozessfokus „Organizational Process Focus"	OPF
Organisationsweite Prozessdefiniton „Organizational Process Definition"	OPD	Organisationsweites Training Organizational Training"	OT
Integriertes Projektmanagement „Integrated Project Management"	IPM	Risikomanagement „Risk Management"	RSKM
Entscheidungsanalyse und -findung „Decision Analysis and Resolution"	DAR	Integrierte Teambildung „Integrated Teaming (nur IPPD)"	IT
Integriertes Lieferantenmanagement „Integrated Supplier Management" (nur SS)	ISM	Organisationsweite Umgebung für Integration „Organiz. Environment for Integration" (nur IPPD)	OEI

(SS = Supplier Sourcing, IPPD = Integrated Process and Product Development)

B.7.1.4 LEVEL 4 „Quantitativ gemanagt"

Auf Stufe 4 des Modells kommen spezielle Verfahren zur exakten Messung von Qualität und Kosten hinzu. Höchste Bedeutung erhält hier das optimale Zusammenspiel der verwendeten Projektmanagement- und Entwicklungsprogramme. Damit lassen sich die Auswirkungen einer bestimmten Änderung in Anforderung, Spezifikation und Produktteile relativ genau vorhersagen. Das heisst, man kann die quantitativen Aspekte der definierten Prozesse steuern. Abteilungen/Unternehmen mit Level 4 weisen u.a. folgende Eigenschaften auf:

- Quantitative Ziele für Produkte und Prozesse sind festgelegt.
- Ein übergeordnetes Messprogramm ist definiert und sammelt die Daten.
- Produktivität und Qualität werden somit gemessen und können richtig interpretiert werden.
- Es erfolgt eine Auswertung und Analyse der Daten.
- Für die aktive Steuerung der Produktivität werden Messwerte verwendet.
- Vorhersehbare Prozess- und Produktqualität, weil gemessen (Zielvorgabe liegt vor).

Prozessgebiete des Reifegrades 4 „Quantitativ gemanagt"	Kürzel
Performance der organisationsweiten Prozesse „Organizational Process Performance"	OPP
Quantitatives Projektmanagement „Quantitative Project Management"	QPM

B.7.1.5 LEVEL 5 „Optimierend"

Die „optimierende Ebene" – Stufe 5 – fügt dem zuletzt genannten Verfahren noch eine „optimierte" Fehlerreduktion hinzu sowie die Möglichkeit, den Entwicklungsprozess ändern zu können, ohne Rückfälle zu erleiden. Abteilungen/Unternehmen mit Level 5 weisen u.a. folgende Eigenschaften auf:

- Es findet eine kontinuierliche Verbesserung statt.
- Aus der Prozessanalyse erfolgen Verbesserungsmassnahmen (werden Verbesserungsprogramme lanciert).
- Problemanalysen liefern Ursachen, die proaktiv angegangen werden.
- Verbesserungen werden in laufenden und neuen Projekten aktiv eingebracht.

Prozessgebiete des Reifegrades 5 „Optimierend"	Kürzel
Organisationsweite Innovation und Verbreitung „Organizational Innovation und Verbreitung"	OID
Ursachenanalyse und Problemlösung „Causal Analysis and Resolution"	CAR

B.7.2 Kontinuierliche Darstellung des CMMI

In der *Continous Representation* wird nicht die ganze Organisation, sondern die Umsetzung einzelner Prozesse der vier Prozesskategorien isoliert betrachtet. Damit entsteht ein detailliertes Bild der Stärken und Schwächen einer Organisation, sprich eines Prozesses. Ein Unternehmen kann sich auf diese Weise flexibel auf die Prozesse mit dem grössten Nutzen konzentrieren und ist nicht gezwungen, alle Prozesse bis zum gleichen Reifegrad zu entwickeln.

Kategorie	Prozessgebiete	Kürzel
Prozessmanagement	Organisationsweiter Prozessfokus	OPF
	Organisationsweite Prozessdefinition	OPD
	Organisationsweites Training	OT
	Performance der organisationsweiten Prozesse	OPP
	Organisationsweite Innovation und Verbreitung	OID
	Organisationsweite Umgebung für Integration, „nur IPP"	OEI
Projektmanagement	Projektplanung	PP
	Projektverfolgung und -steuerung	PMC
	Management von Lieferantenvereinbarungen	SAM
	Integriertes Projektmanagement	IPM
	Risikomanagement	RSKM
	Quantitatives Projektmanagement	QPM
	Integrierte Teambildung, „nur IPPD"	IT
	Integriertes Lieferantenmanagement, „nur SS"	ISM
Ingenieurdisziplinen	Anforderungsmanagement	REQM
	Anforderungsentwicklung	RD
	Technische Umsetzung	TS
	Produktintegration	PI
	Verifikation	VER
	Validation	VAL
Unterstützung	Konfigurationsmanagement	CA
	Qualitätssicherung von Prozessen und Produkten	PPQA
	Messung und Analyse	MA
	Entscheidungsanalyse und -findung	DAR
	Ursachenanalyse der Problemlösung	CAR

Gemäss Kneuper [Kneu 2006] könnte sich eine Organisation, die sich im Wesentlichen mit dem Projektmanagement beschäftigt, z.B. auf die relevanten Projektmanagement-Themen wie „Projektplanung" und „Projektverfolgung und -steuerung" konzentrieren und hier einen hohen Fähigkeitsgrad erreichen und dokumentieren, während Themen mit in dieser konkreten Organisation geringerer Bedeutung, z.B. „Konfigurationsmanagement", nur rudimentär bearbeitet werden. In der kontinuierlichen Darstellung des CMMI gibt es fünf generische Ziele, oder anders ausgedrückt: Es gibt fünf Stufen der Institutionalisierung eines Prozessgebiets plus die Stufe 0, falls keines der generischen Ziele erfüllt ist [Kneu 2006]:

- GG1: Spezifische Ziele erreichen.
- GG2: Einen gemanagten Prozess institutionalisieren.
- GG3: Einen definierten Prozess institutionalisieren.
- GG4: Einen quantitativ gemanagten Prozess institutionalisieren.
- GG5: Einen optimierenden Prozess institutionalisieren.

Es war das Ziel von CMMI, das Modell möglichst kompatibel und konsistent zu ISO15504, sprich SPACE, zu erstellen. Daher sind die Fähigkeitsgrade beider Modelle fast zu 100% identisch. Jedes generische Ziel ist einem Fähigkeitsgrad (Capability Level im Gegensatz zum Reifegrad, Maturity Level, in der stufenförmigen Darstellung) zugeordnet:

- Fähigkeitsgrad 0 = Unvollständig „Incomplete".
- Fähigkeitsgrad 1 = Durchgeführt „Performed".
- Fähigkeitsgrad 2 = Gemanagt „Managed".
- Fähigkeitsgrad 3 = Definiert „Defined".
- Fähigkeitsgrad 4 = Quantitativ gemanagt „Quantitatively Managed".
- Fähigkeitsgrad 5 = Optimierend „Optimizing".

Ein Fähigkeitsgrad ist für ein Prozessgebiet erreicht, wenn das generische Ziel GG erfüllt ist. Jedes Prozessgebiet weist demgegenüber spezifische Ziele aus, welche nur für den jeweiligen Prozess gelten. Jedes spezifische Ziel hat spezifische Praktiken, die zu jeweils einem Prozessgebiet gehören und dazu dienen, ein spezifisches Ziel zu erreichen. Im Folgenden ein Beispiel eines Prozessgebietes; die Aufführung aller spezifischen Ziele und deren Praktiken würde den Rahmen dieses Buches sprengen:

Nr.	Spezifische Ziele für Projektplanung
SG1	Schätzungen aufstellen: Schätzungen der Projektplanungsparameter werden erstellt und gepflegt.
SG2	Projektplan erstellen: Ein Projektplan als Basis für das Management des Projekts wird erstellt und gepflegt.
SG3	Verpflichtung auf den Plan herbeiführen: Verpflichtungen auf den Projektplan werden herbeigeführt und gepflegt.

Nr.	Praktiken des spezifischen Ziels SG1 „Schätzungen aufstellen"
SG1.1	Umfang des Projekts schätzen; einen Arbeitsplan (Work Breakdown Structure, WBS) auf oberster Ebene erstellen, um den Umfang des Projekts zu schätzen.
SG1.2	Attribute der Arbeitsergebnisse und Aufgaben schätzen; Schätzungen der Attribute von Arbeitsergebnissen und Aufgaben erstellen und pflegen.
SG1.3	Projektlebenszyklus definieren; Phasen im Projektlebenszyklus definieren, um den Umfang der Planung festzulegen.
SG1.4	Schätzungen von Aufwand und Kosten bestimmen; Projektaufwand und Kosten der Arbeitsergebnisse und Aufgaben auf Basis eines Schätzprinzips schätzen.

Nr.	Generisches Ziel der Projektplanung
GG2	Einen gemanagten Prozess institutionalisieren; der Prozess wird als gemanagter Prozess institutionalisiert

Durch diesen Aufbau ergibt sich für jeden Prozess respektive pro Prozessgebiet folgende für ein Assessment klärende Strukturierung:

Level	Prozessgebiet	Spezifische Ziele	Spezifische Praktiken	Generische Ziele	Generische Praktiken
Level 2	PP	3	4+7+3=14*	1	10 bzw. 12

* die Zahlen 7 und 3 sind die Anzahl spezifischer Praktiken SG2 und SG3, die hier nicht aufgeführt sind.

Wie bereits erwähnt, ist beim kontinuierlichen Ansatz grundsätzlich der Level irrelevant; der Fähigkeitsgrad ist hier entscheidend. Der Level wird dazu verwendet, um die generischen Praktiken dieses Levels, z.B. Level 2 = 10 Stück, aufzuzeigen. Mit dem kontinuierlichen Ansatz können projektbezogen bessere Ziele respektive die Optimierung in Etappen angestrebt werden. Wobei es, wie schon einmal erwähnt, nicht unbedingt das Ziel jedes Unternehmens sein muss, Level 5 in allen Prozessen zu erreichen.

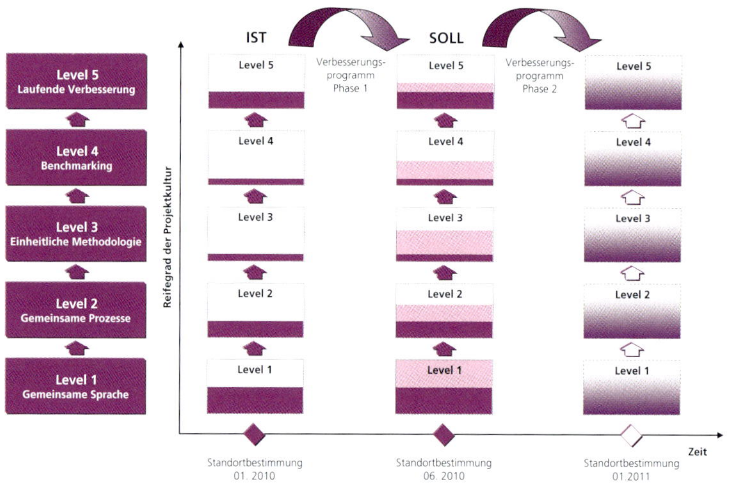

Abb. B.11: Kontinuierliche Optimierung gemäss PMMM-Modell von Kerzner [Ker 2003]

B.8 ISO 9000

Die Wurzeln der ISO 9001 liegen in der Fertigung. Dieser Ansatz war noch ganz deutlich in der 1994er-Version mit ihren 20 Elementen erkennbar. Die Revision im Jahr 2000, „ISO 9001:2000", stellt den Prozess in den Mittelpunkt. Damit erfolgte eine Öffnung hin zu den Dienstleistern wie Banken, Versicherungen, Gesundheitswesen, Gastronomie etc.

Ziel der neuen Norm mit dem Modell der Prozessorientierung war es, das Unternehmen ganzheitlich zu betrachten und nicht mehr funktionsbezogen und mittels eines ganzheitlichen Qualitätsmanagement-Systems zu steuern. Viele, vornehmlich europäische Unternehmen, haben Grundlagen für Führungs- bzw. Managementsysteme auf der Basis ISO 9001:2000 aufgebaut. Mit dem Aufbau dieser Systeme in den Unternehmungen wurde erkannt, dass positive Einflüsse z.B. bezüglich Transparenz, Verantwortungsbewusstsein etc. durch das QM-System entstehen.

Wie bei den anderen QM-Systemen gilt: Das Entscheidende geschieht – oder geschieht nicht – im Anschluss an die Bewertung (Zertifizierung), nämlich die Umsetzung der aus Stärken und Schwächen abgeleiteten Veränderungsprojekte. Wer im Unternehmen eine Zertifizierung gemäss ISO 9001:2000 durchführt, nur „um eine Zertifizierung zu haben", hat das Potenzial dieses QM-Systems nicht erkannt und somit viel Wettbewerbsvorteil vergeben.

Als Ergänzung zu ISO 9001:2000 findet man in der ISO 9004:2000 Hinweise zur Umsetzung, aber auch Anregungen zur Weiterentwicklung und Verfeinerung des Systems.

B.8.1 Die zentralen Normen der QM-Reihe

Die ISO 9000:2000er-Reihe gliedert sich in drei Teile:

Normen	Inhalt
ISO 9000:2000	Qualitätsmanagement-Systeme – Grundlagen und Begriffe. Überblick über die ISO 9000ff:2000-Normen. Grundsätze. Definitionen der im QM verwendeten Begriffe.
ISO 9001:2000	Qualitätsmanagement-Systeme – Anforderungen. Verbindliche Anforderungen. Korrelationslisten.
ISO 9004:2000	Qualitätsmanagement-Systeme – Leitfaden zur Leistungsverbesserung. Philosophie des (umfassenden) QM. Leitfaden und Ergänzungen zu den QM-Elementen. Q-Kreis.

Es gilt zu wissen, dass ISO 9000:2000 und 9004:2000 unverbindliche Richtlinien sind. Ein QM-System kann nicht nach diesen Richtlinien zertifiziert werden. Ebenso können sie nicht zum Vertragsbestandteil gemacht werden.

Die ISO 9001:2000 enthält verbindliche Anforderungen an die entsprechenden QM-Systeme. Gewisse Elemente dieser Norm können zum Vertragsbestandteil gemacht werden, was insbesondere beim Lieferantenmanagement zum Tragen kommt. Die Hauptkapitel der Norm 9001:2000 sind 4, 5, 6, 7 und 8. Ist die Norm ISO 9001:2000 ein sogenanntes „Gut genug"-Modell mit Minimalstandforderungen, so enthält 9004:2000 ein „Immer besser"-Modell zur ständigen und unendlichen Leistungsverbesserung im Bereich des Qualitätsmanagements Richtung TQM (Total Quality Management) [Seg 2006].

B.8.2 Grundsätze des QM auf Basis der ISO 9000:2000er-Reihe

Wie bei den anderen Normen gilt: Wenn sie einmal gelebt wird, ist die ISO 9000:2000er-Reihe ein entscheidender Bestandteil des unternehmerischen Führungssystems. Bei einem so integrierten Qualitätsmanagement werden folgende Grundsätze auf Basis der ISO 9000:2000er-Reihe definiert, die als Voraussetzung zur Erreichung der Qualitätsziele gelten:

1. Kundenorientierung
   Organisationen hängen von ihren Kunden ab und sollen daher gegenwärtige und künftige Kundenerwartungen verstehen, erfüllen und danach streben, sie zu übertreffen.

2. Führung
   Führungskräfte bestimmen die Ausrichtung der Organisation und sollen daher das Umfeld schaffen, dass sich Personen ganz für die Erreichung ihrer Ziele einsetzen können.

3. Einbeziehung der Personen
   Die Mitarbeiter sind das Kapital der Organisation. Nur eine umfassende Einbeziehung ermöglicht es, ihre Fähigkeiten zum grösstmöglichen Nutzen der Organisation einzusetzen.

4. Prozessorientierter Ansatz
   Ein gewünschtes Ergebnis lässt sich in effizienter Weise erreichen, wenn Tätigkeiten und dazugehörige Einsatzmittel als Prozess geleitet und gelenkt werden.

5. Systemorientierter Managementansatz
   Das Erkennen, Verstehen, Leiten und Lenken von miteinander in Wechselbeziehung stehenden Prozessen als zusammenwirkendes System trägt zur Wirksamkeit und Effizienz der Organisation beim Erreichen ihrer Ziele bei.

6. Ständige Verbesserung
   Die ständige Verbesserung der Gesamtleistung der Organisation stellt ein permanentes Ziel der Organisation dar.

7. Sachbezogener Ansatz zur Entscheidungsfindung
   Wirksame Entscheidungen beruhen auf der Analyse von Zahlen, Daten und Informationen.

8. Lieferantenbeziehung zum gegenseitigen Nutzen
   Eine Organisation und ihre Lieferanten sind voneinander aus Qualitätssicht abhängig. Beziehungen zum gegenseitigen Nutzen erhöhen die Wertschöpfung beider Seiten.

B.8.3 Kapitel und Hauptwerte der Norm

Die Norm ISO 9001:2000 beinhaltet folgende Kapitel:

Kapitel	Titel	Inhalt
N0	Einleitung	In diesem Normabschnitt werden einige wesentliche Grundsätze der Normenreihe ISO 9001:2000 genannt.
N1	Anwendungs-bereich	In diesem Normabschnitt werden der Anwendungsbereich der Norm und der mögliche Ausschluss einzelner Forderungen beschrieben.
N2	Normative Verweisungen	In diesem Normabschnitt wird der Verweis auf allfällige andere, zugehörige Normen geregelt.
N3	Begriffe	In diesem Normabschnitt wird für die Begriffsdefinition auf die Norm ISO 9000:2000 verwiesen. Weiter werden die Begriffe Produkt, Lieferant, Organisation und Kunde präzisiert.
N4	Qualitäts-management-System	In diesem Normabschnitt wird auf die grundsätzlichen Anforderungen an ein QM-System, die Voraussetzungen zu dessen Verwirklichung und die Dokumentation eingegangen.
N5	Verantwortung der Leitung	In diesem Normabschnitt geht es um die Aufgaben der obersten Leitung bei der Festlegung der Politik, Ziele, Q-Planung, Aufgaben und Kompetenzen sowie der Dokumentation und Lenkung des QM-Systems.
N6	Management von Ressourcen	In diesem Normabschnitt geht es um die Sicherstellung der für die Prozesse und die Kundenzufriedenheit notwendigen Einsatzmittel.
N7	Produkt-realisierung	In diesem Normabschnitt werden die Anforderungen an die Realisierungsprozesse festgelegt, von der Erfassung der Kundenforderungen bis zur angestrebten Kunden-zufriedenheit.
N8	Messung, Analyse und Verbesserung	In diesem Normabschnitt werden die Anforderungen an die Messung, Analyse und Verbesserung des QM-Systems, von Prozessen und Produkten beschrieben.

Die Norm verfolgt folgende Hauptwerte:

- Diese internationale Norm unterstützt die Wahl eines Prozessansatzes für das Managementsystem des Unternehmens und seiner Prozesse.
- Durch die Anwendung des prozessorientierten Ansatzes können Verbesserungspotenziale leichter identifiziert werden.

- Das Prozessmodell ist die konzeptionelle Darstellung der allgemeinen Qualitätsmanagement-Systemanforderungen in der Norm.
- Das Modell dient nicht dazu, Prozesse im Detail wiederzugeben. Trotzdem können alle Anforderungen an ein Qualitätsmanagement-System zur Erfüllung von Kundenwünschen an Produkte oder Dienstleistungen in diesem Modell untergebracht werden.
- Die Geschäftsleitung definiert die Anforderungen unter Verantwortung der Leitung; benötigte Einsatzmittel werden festgelegt und unter Ressourcenmanagement angewendet.
- Prozesse werden erstellt und implementiert unter Produktrealisierung, Ergebnisse werden untersucht, analysiert.
- Das Management Review schliesst den Kreislauf und führt zur Verantwortung der Leitung, um Änderungen zu genehmigen und Verbesserungen einzuleiten.

Das Einführen und Leben eines Qualitätssystems nach ISO 9001:2000 ist das Eine. Etwas anderes ist es, wenn sich das Unternehmen nach dieser Norm zertifizieren lässt. Diese Zertifizierung, in der Vergangenheit nicht selten als sinnlos abgetan, hat im steigenden Konkurrenzkampf der Unternehmen sehr stark an Bedeutung gewonnen und bringt nach der neuen Normenstruktur in jeglicher Hinsicht entsprechenden Nutzen.

B.8.4 ISO 9001 in einem projektorientierten Unternehmen

Wird mittels des ISO 9001-Ansatzes der Prozessvision ein projektorientiertes Unternehmen neu strukturiert, so ergibt sich auf der Ebene des Gesamtunternehmens eine Prozesslandkarte, die wie folgende Abbildung aussehen kann.

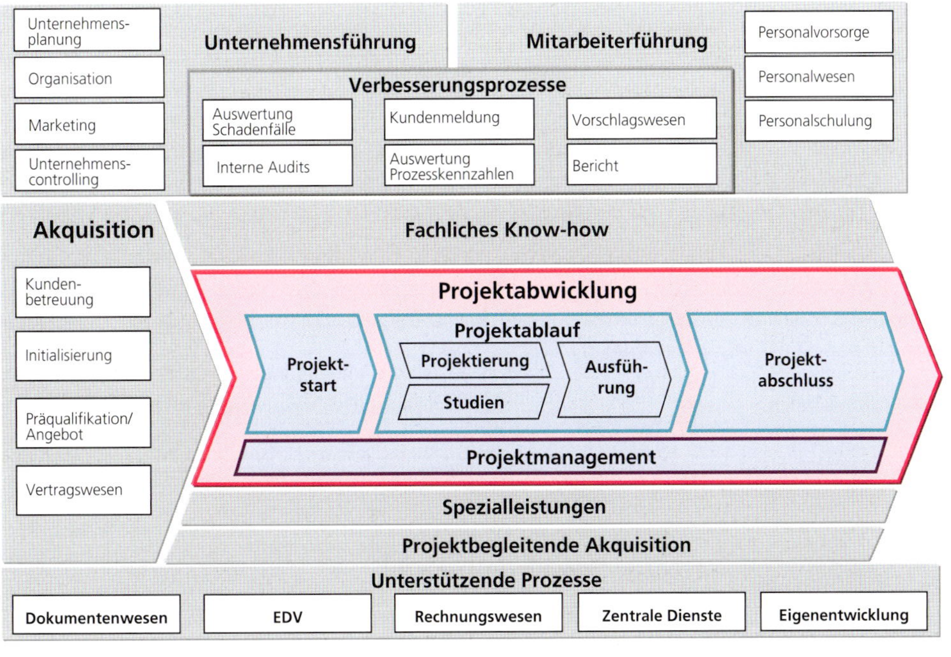

Abb. B.12: Prozesslandkarte einer projektorientierten Unternehmung

Unternehmen, die wie z.B. eine Bauunternehmung oder Werbefirmen „ausschliesslich" Projekte realisieren, müssen die gesamte Organisation und ihre Prozesse nach dem projektorientierten Ansatz gliedern. Diesen sehr ergebnisorientierten und in diesem Sinn ausgeprägten effizienten Ansatz versuchen sich auch Grossfirmen zunutze zu machen. Die Bemühungen, die Unternehmen von in sich geschlossenen „Silos" oder „Königreichen" in projektorientierte Unternehmungen umzuwandeln, haben zu grossen Konfusionen und Konflikten geführt.

Deshalb sind einige Grossunternehmen dazu übergegangen, ganze Produktpaletten aus der starren Unternehmensstruktur auszugliedern. Sie setzen eine starke Führungspersönlichkeit als „Prozessowner" ein, mit ergebnisorientierten Freiheiten ausgestattet ist. Das heisst z.B., diese Führungsperson hat die Freiheit, einen Mitarbeiter von einem „Silo", also intern, oder dann extern auf dem freien Markt für seine Produktentwicklung zu engagieren. Alleine dieser Ansatz erzeugt auf die betroffene Unternehmenseinheit einen solch wettbewerbsorientierten Druck, dass sie sich zwangsweise neu orientierten muss. Entweder will niemand mehr mit den internen Kompetenzzentren (Competence Center) zusammenarbeiten, da extern die bessere Leistung geboten wird, oder die CC verändern sich langsam zu einer verbesserten, flexiblen Organisationseinheit. Diesem simpel nachvollziehbaren geschilderten Transformationsprozess müssen natürlich noch einige weitere zweckorientierte Massnahmen zugrunde gelegt werden, damit die Transformation erfolgreich umgesetzt werden kann. Fakt ist, dass in Zukunft mehr und mehr Unternehmen sich die Vorteile einer projektorientierten Unternehmung zunutze machen.

B.8.4.1 ISO 10006

Mit ISO 10006 wurde eine internationale Norm definiert, die eine Anleitung bezüglich Anwendung von Qualitätsmanagement in Projekten gibt. Diese Norm ist unabhängig von der Projektart, Komplexität, Grösse oder Dauer anwendbar. Sie ist als Referenzmodell zu verstehen und anzuwenden. Die Norm deckt, wie die folgende Tabelle zeigt, die qualitativen Werte von gewissen Prozessen der Projektführung ab und wird daher als „Leitfaden für Qualitätsmanagement in Projekten", nicht aber als Leitfaden des „Projektmanagements" selbst bezeichnet [ISO 10006]. Die Anleitung für die Qualität in den produktbezogenen Prozessen eines Projekts sowie die Erläuterungen zum Prozess-Ansatz für diese Norm werden in ISO 9004:2000 aufgeführt. Aufgrund des Bezugs dieser Norm zu ISO 9004:2000 sollte das Qualitätsmanagement-System eines Projekts soweit wie möglich nach dem Qualitätsmanagement-System der Unternehmung ausgerichtet sein. Die ISO 10006 beruht auch auf den acht Grundsätzen des Qualitätsmanagements ISO 9000:2000 (☞ Kapitel B.8.2 „Grundsätze des QM auf Basis der ISO 9000:2000er-Reihe") [DIN 2004].

1.0 Anwendungsbereich	**2.0 Normative Verweisungen**
3.0 Begriffe	
3.1 Vorgang	3.2 Interessierte Partei
3.3 Prozess	3.4 Fortschrittsbeurteilung
3.5 Projekt	3.6 Projektmanagement
3.7 Projektmanagementplan	3.8 Qualitätsmanagement QM-Plan
3.9 Lieferant	

4.0 Qualitätsmanagementsysteme in Projekten	
4.1 Projektcharakteristika	4.2 Qualitätsmanagementsysteme
5.0 Verantwortung der Leitung	
5.1 Verpflichtung der Leitung	5.2 Strategische Prozesse
5.3 Managementbewertungen	
6.0 Management von Ressourcen	
6.1 Ressourcenbezogene Prozesse	6.2 Personalbezogene Prozesse
7.0 Produktrealisierung	
7.1 Allgemeines	7.2 Abhängigkeitsbezogene Prozesse
7.3 Umfangsbezogene Prozesse	7.4 Zeitbezogene Prozesse
7.5 Kostenbezogene Prozesse	7.6 Kommunikationsbezogene Prozesse
7.7 Risikobezogene Prozesse	7.8 Beschaffungsbezogene Prozesse
8.0 Messung, Analyse und Verbesserung	
8.1 Verbesserungsbezogene Prozesse	8.2 Messung und Analyse
8.3 Ständige Verbesserung	

C. Lieferobjekte im PM-System

Nicht ein Projektdokumentations-Management-System, sondern alle in einem Projektmanagement-System relevanten Dokumente, sprich Lieferobjekte, werden im Folgenden erläutert. Die umfassende Anzahl macht keine Aussage über die Vollständigkeit, da ein PM-System in einem Unternehmen einerseits jeweils unterschiedliche „kulturelle" Reifegrade bezüglich der benötigten Lieferobjekte projiziert und andererseits je nach Projektart unterschiedliche Lieferobjekte verlangt werden.

Mit Blick auf die Lesefreundlichkeit sowie auf die allgemeine Wichtigkeit wurden die Lieferobjekte in diesem Buch je nach Situation auf drei Detaillierungsebenen erläutert:
1. Ebene: nur der Titel (vornehmlich im Fliesstext des Buches);
2. Ebene: Titel mit inhaltlicher Kurzbeschreibung (vornehmlich am Ende jedes Hauptkapitels);
3. Ebene: Titel mit inhaltlicher Struktur, allenfalls noch mit Beschreibung (vornehmlich hier in diesem Kapitel – teilweise, wo es dem Lesefluss dient, direkt im entsprechenden Kapitel).

Das zwingende Erstellen der aufgeführten Lieferobjekte hängt zur Hauptsache von der Klassifikation und vom angewendeten Vorgehensmodell ab. Dabei gilt folgender Grundsatz: Lieber weniger Lieferobjekte, aber diese auf einem hohen Niveau erstellen respektive z.B. den Projektplan konsequent nachführen. Zur Unterstützung, welche Lieferobjekte in welcher Ausführungstiefe erstellt werden sollten, kann ein im Unternehmen anerkanntes „Tailoring" eingesetzt werden (☜ Kapitel 1.4.1.3 „Tailoring").

C.1 Lieferobjekte des Projektportfolios

In diesem Kapitel werden die wichtigsten Dokumente des Projektportfolios in Bezug zur Projektabwicklung, aber auch zum Managen des Portfolios aufgeführt.

C.1.1 Masterplan

Der Masterplan bildet das Zentrum des Projektportfolios. Der Masterplan hat zum Ziel, eine Übersicht der laufenden wie auch der zukünftigen Projekte bezüglich der wichtigsten Managementgrössen wie Zeit, Kosten und Ressourcen zu geben. Ausführlich wird er im Kapitel 3.4.3 (☜ „Planen") erläutert. Der Masterplan besteht aus folgenden Plänen oder Ergebnissen:
1. Portfolioliste mit unternehmerischer Projektrangreihenfolge und betrieblicher Projektreihenfolge;
2. Portfolio-Entwicklungsplan;
3. Projektportfolio-Finanzmittelplan;
4. Projektportfolio-Personalmittelplan (ergänzt mit Personalplan des Ausführungsbereichs etc.);
5. Projektportofolio-Betriebsmittelplan.

C.1.2 Projektportfolio-Risikoliste

Die Projektportfolio-Risikoliste enthält die gesamte Risikoeinstufung aller Projekte im Sinne der Gefährdung für das Unternehmen, einerseits gebündelt nach Risikoursachen und andererseits gruppiert nach Abhängigkeit. Eine mögliche Darstellung wurde im Kapitel 3.4.4.2.4 (☞ „Risikoanalyse") erläutert.

- Gesamtrisikostatus des Portfolios	- Gesamtrisikostatus pro Risikoart
- Risikoart	- Projekt
- Risiko-Nr.	- Risikokurzbeschreibung
- Risikoeinschätzung (EW/AW/RG)	- Risikominderungskosten

C.1.3 Projektportfolio-Liste

Auf der Projektportfolio-Liste sind alle aktuellen Eckwerte der anstehenden und laufenden Projekte aufgeführt. Mittels dieser zentralen Liste hat das Projektportfolio-Board die Übersicht über alle Projekte. Eine mögliche Darstellung wurde im Kapitel 3.4.3 (☞ „Planen") aufgeführt.

- Projektnummer	- Projektkurzname
- Projektleiter	- Start-/Endzeitpunkte
- Status	- Aktuelle Phase
- Kosten/Aufwände/Ressourcen (Absolut und Ampelstatus)	- Prioritätsrangfolge etc.

C.1.4 Initialauftrag

Wird der Projektantrag freigegeben, bildet der Initialauftrag die Basis der Zusammenarbeit zwischen Auftraggeber und Projektleiter während der Initialisierungsphase. Er umschreibt, was in welcher Qualität zu welchen Kosten bis wann während der Initialisierungsphase eines Projekts zu liefern ist. Zusätzlich regelt der Initialauftrag die Aufgaben, die Kompetenzen und die Verantwortlichkeiten des Projektleiters und allenfalls weiterer Mitarbeiter während dieser ersten Phase. Dieses Dokument wird in der Praxis eher selten eingesetzt, wäre jedoch sehr wichtig, um Projekte entsprechend offiziell und mit genügend Ressourcen ausgestattet zu starten.

- Ausgangslage	- Projektumfang/Idee/Impuls
- Angestrebte Ziele	- Zu erstellende Lieferobjekte
- Termine/Vorgehen	- Kosten/Aufwände/Ressourcen
- Mögliche Risiken	- Restriktionen

C.1.5 Projektportfolio-Controllingbericht (PPC-Bericht)

Der PPC-Bericht ist eine verdichtete Form der Projektstatusberichte aller laufenden Projekte mit der zusätzlichen Einschätzung des Projektportfolio-Controllers. Mit diesem speziellen Bericht hat das Projektportfolio-Board den Überblick über den aktuellen Status der laufenden Projekte und kann die Wirksamkeit seiner Massnahmen beurteilen.

- Entwicklungsplan (Aktuell)	**- Status aller Projekte**
- Portfoliokosten	- Portfolioressourcen
- Abhängigkeiten	- Top Erfolge
- Top-Risiken	- Top-Problemstellungen
- PPC-Massnahmen	- Anträge

C.1.6 Projekterfolgsbericht

Dieser Bericht, der vom Projektportfolio-Controller oder vom ehemaligen Auftraggeber erstellt wird, sollte unter anderem auf die Frage „Wurde der im Business Case versprochene Projektnutzen, z.B. Mehrerlöse oder Minderkosten, termingerecht realisiert?" eine abschliessende Antwort geben. Es geht in diesem Bericht um den Erfolgsgrad, den das Projekt tatsächlich bewirkt hat. Dieser wird den Erfolgsabsichten, die beim Projektstart im Projektauftrag und/oder Business Case festgehalten wurden, gegenübergestellt. Da der definitive Projekterfolg nicht sofort erkennbar ist, wird der Projekterfolgsbericht meistens drei bis sechs Monate, manchmal erst 12 Monate nach Projektabschluss erstellt.

- Ausgangslage und Auslöser des Projekts	- Ziele und angestrebter Nutzen des Projekts
- Realisierter Nutzen	- Soll-Ist-Vergleich
- Offene Punkte	- Erfahrungen z.B. bezüglich Risiken

C.2 Lieferobjekte der Projektführung

In diesem Kapitel werden die wichtigsten Dokumente der „Projektführung", die während der Projektabwicklung erstellt werden, aufgeführt und grob beschrieben. Diese können phasenunabhängig (z.B. Sitzungsprotokoll, Projektstatusbericht, projektinterne Anträge) und/oder phasenabhängig (z.B. Projektauftrag, Phasenanträge, Projektabschlussbericht) sein.

C.2.1 Projektantrag

Vor Beginn der eigentlichen Projektaktivitäten wird der Projektantrag erstellt, um zu klären, ob die darin beschriebene Idee projektmässig relevant ist. Jeder, der eine Idee realisieren will, richtet den Projektantrag an seinen direkten Vorgesetzten oder an die zuständige Fachstelle wie z.B. den Projektportfolio-Controller. Mit der Genehmigung des Antrags werden die benötigten Mittel für die Initialisierungsphase, allenfalls mittels eines Initialauftrags, freigegeben. Der Projektantrag sollte folgende Informationen enthalten:

- Projektantragskopf	- Kurze Beschreibung
- Grund des Vorhabens	- Nutzen
- Kosten	- Konsequenzen bei Nichtrealisierung
- Organisatorische Auswirkungen	- Risiken, Komplexität, Intensität
- Organisatorischer Umfang	- Nächste Schritte
- Unterschriften	- Antragsblatt

C.2.2 Projektplan

Der Projektplan wird in Bezug zum Business Case vom Projektleiter erstellt und soll die planerischen Leistungswerte des Projekts transparent machen. Da sich jede Änderung des Projekts oder der Projekteinflussgrössen immer auch auf den Projektplan niederschlägt, ist er ein dynamisches Portefeuille von Dokumenten und Plänen (Einsatzmittelplan, Organisationsplan, Projektkostenplan etc.). Die einzelnen Planungsschritte sowie die zu erstellenden Pläne werden im Kapitel 4.3.3 (☞ „Planungsablauf") ausführlich beschrieben. Bei einem sehr umfangreichen Projekt kann dieses Dokument, das die einzelnen Teilprojekte aufführt, auch als Masterplan betitelt werden. Wird der Projektplan in einem Dokument zusammengefasst, so könnte das Dokument wie folgt strukturiert werden:

- Kurzbeschreibung der IST-Situation	- Kurzbeschreibung der SOLL-Situation
- Projektorganisation	- Planungsgrundlagen
- Projektabwicklungszielplan (Meilensteine)	- Ergebnis- und Prüfplan
- Einsatzmittelplan (Personal- und Betriebsmittel)	- Kosten- und Budgetplan
- Informationsplan	- Anhang (detaillierter Terminplan, Arbeitspakete etc.)

C.2.3 Projektauftrag

Wird ein Projektantrag gutgeheissen, so muss der Projektleiter in Abstimmung mit dem Auftraggeber den Projektauftrag erstellen. Diese Arbeit kann je nach Projektgrösse ein umfassendes Volumen haben, da einige wichtige Vorarbeiten wie Business Case oder Projektplan erstellt werden müssen. Ist der Projektplan ein erstes Mal erstellt (d.h. er hat alle neun Planungselemente durchlaufen) und sind der Anforderungskatalog und/oder der Business Case vom Projektteam schriftlich festgehalten, wird darauf aufbauend der Projektauftrag erstellt. Aufgrund des vertraglichen Charakters, den ein Projektauftrag widerspiegelt, muss darauf geachtet werden, dass alle aufgeführten Punkte möglichst klar beschrieben werden. Synonyme für den Projektauftrag können z.B. Mandat, Planungsofferte oder Projektvertrag (Kontrakt) sein. Die einzelnen Punkte können gemäss folgenden vier Gruppenkriterien gegliedert werden:

- Projektidentifikationsbereich

- Bezeichnung des Projekts gemäss offizieller Projektliste	- Projektnummer gemäss offizieller Projektliste
- Abteilungen, die in die Projektbearbeitung direkt involviert sind (offizielle Abkürzung)	- Organisationseinheiten, in denen das Projekt bearbeitet wird (offizielle Abkürzung)
- Name des Projektverantwortlichen pro Organisationseinheit	- Auftraggeber, Projektleiter, Auftragsempfänger

- System-/Produktbereich

– Ausgangslage	– Umfang, Abgrenzung des zu verändernden IST-Systems
– Kurzbeschreibung des IST-Systems	– Ursache des Auftrags (Motivation)
– Systemziele	– Muster/Modell der neuen Lösung
– Stärken/Schwächen der neuen Lösung	– Systembezogene Restriktionen/Abhängigkeiten
– Chancen/Risiken des neuen Systems	– Einsatzperiodizität (zeitmässig, ereignismässig)
– Erwartete Resultate	

- Projektmanagement-Bereich

– Projektprioritäten	– Besonderheiten/Abweichungen
– Abwicklungsziele	– Ablauforganisation (Phasen und/oder Meilensteine)
– Aufbauorganisation	– Wirtschaftlichkeit
– Budget	– Terminierung
– Dokumentations- und Informationsverfahren	

- Abschlussbereich
  Der Projektauftrag besitzt einen klaren Vertragscharakter und muss daher von beiden Parteien mit rechtsgültigen Unterschriften versehen werden. Deshalb gehören auf jeden Projektauftrag:

– das Datum der Genehmigung des Projektauftrags durch die jeweilige Abteilungsleitung
– der Name der Abteilung, durch die der Projektauftrag genehmigt wird
– die Unterschriften der jeweiligen Vertreter beider Parteien

C.2.4 Realisierungsantrag

Der Realisierungsantrag, im Folgenden als Beispiel der generellen Phasenanträge aufgeführt, beinhaltet die wesentlichen Entscheidungsgrundlagen aus allen fachlichen Spezifikationen und Lösungsdokumenten der Konzeptionsphase. Der Antrag ist das Grundlagenpapier für die Entscheidung über die Umsetzung der Realisierungsphase und wird am Ende der Konzeptionsphase erstellt. Die Freigabe des Berichts ist somit der erteilte Auftrag zur Realisierung. Er wird in der Praxis eher nur bei umfangreicheren Projekten eingesetzt.

- Kurzbeurteilung der abgeschlossenen Phase	- Beschreibung der Hauptlieferobjekte der Realisierung
- Planung und Organisation	- Antrag/Unterschrift
- Referenzdokumente	

C.2.5 Einführungsantrag

Der Einführungsantrag beschreibt, wie die Einführung erfolgen soll. Anhand des Antrags fällt der Entscheid, ob das realisierte Projektprodukt fachlich, technisch und organisatorisch in Betrieb genommen werden kann. Mit der Freigabe des Antrages wird implizit der Auftrag zur Einführung gegeben. Er wird in der Praxis eher nur bei umfangreicheren Projekten eingesetzt.

- Kurzbeurteilung der abgeschlossenen Phase	- Beschreibung der Hauptlieferobjekte der Einführung
- Planung und Organisation	- Antrag/Unterschrift
- Referenzdokumente	

C.2.6 Projektabschlussbericht/Projektende-Antrag

Jeder ordentliche Projektabschluss muss im Projektabschlussbericht dokumentiert werden. Er dient als Basis zur definitiven Projektauflösung. Auch wenn das Projekt vorzeitig abgebrochen werden muss, ist ein den Umständen angepasster Projektabschlussbericht zu erstellen. In diesem Bericht wird ein kurzer Rückblick über die gesamte Projektabwicklung vorgenommen. Im Weiteren bildet er den Antrag auf Projektende.

- Kurze Projektbeschreibung (Problemstellung/Ziele etc.)	- Getroffene Entscheidungen während der Projektabwicklung
- Erreichte Werte (Ziele/Anforderungen)	- Nicht erreichte Werte und Gründe
- Noch offene Punkte und Mängel (Mängelliste)	- Gegenüberstellung sämtlicher PLAN-IST-SOLL-Werte
- Neu berechnete Wirtschaftlichkeit	- Aussagen von Beteiligten und Betroffenen
- Schlussfolgerungen Lernwerte	- Konsequenzen
- Abschlussszenario	- Antrag auf Projektende

Weitere Projektführungs-Lieferobjekte sind insbesondere die phasenunabhängigen oder phasenübergreifenden Dokumente wie Protokolle (Festhalten wichtiger Informationen einer Sitzung), Pendenzenliste (Liste mit allen offenen Pendenzen innerhalb und allenfalls auch ausserhalb des Projekts), Arbeitspakete (ausführliche Beschreibung eines Arbeitsauftrags) und Kontrollberichte (Beschreibung des Kontrollstatus gemäss einer Kontrolle wie Review, Audit oder Test). Projektberichte werden im Kapitel 2.3.2 (☞ „Projektberichtswesen") erläutert.

C.2.7 Projektstatusbericht

Projektstatusberichte (PSB) sind kurz und standardisiert (max. 2 bis 3 Seiten). Sie werden in der Regel periodisch (monatlich) erstellt. Bei sehr wichtigen Projekten oder während intensiver Zeitphasen, z.B. während der Einführungsphase, kann dies auch wöchentlich geschehen. Da der Projektstatusbericht zum Projektberichtswesen gehört, der speziell im Projektcontrolling eingesetzt wird, wurde er im Kapitel 4.4.2.10 (☞ „Projektstatusbericht") bereits ausführlicher beschrieben.

C.2.8 Berichte

Die im Kapitel 2.3.2 (☞ „Projektberichtswesen") ausführlicher beschriebenen verschiedenen Projektberichtsformen gehören in den Bereich der Dokumentation. Wenn sie ergebnisbezogen sind, gehören sie zu den phasenabhängigen Dokumentationen, wenn sie zeitbezogen sind (z.B. Projektstatusbericht), zu den phasenunabhängigen Dokumentationen.

C.2.9 Projektinterne Anträge

Die Verflechtung von betrieblichen Bestimmungen und Beschaffungskosten oder Erstellungskosten bedingen, dass trotz der Budgetfreigabe für Investitionen z.B. ein Beschaffungsantrag an die Projektträgerinstanz gestellt werden muss. Es kann innerhalb eines Projekts zu jedem Zeitpunkt ein Antrag gestellt werden. Für die projektinternen Anträge und Aufträge können identische Formulare benützt werden. Mit der Genehmigung des Antrags wird dieser zum Auftrag.

C.2.10 Sitzungsprotokoll

Von jeder Sitzung sollte ein Protokoll (Sitzungsprotokoll) erstellt werden, womit der Nutzen einer Sitzung erhöht werden kann. Es kann grundsätzlich zwischen zwei Arten von Protokollen unterschieden werden: Das Erstere ist ein standardisiertes, nach aussen offizielles Protokoll aufgrund allgemeingültiger interner Richtlinien, das so geschrieben wird, dass „alle" es lesen können. Diese Form ist vielfach sehr aufwendig, da die Sätze stilistisch korrekt etc. formuliert werden müssen. Die zweite Form von Protokollen sind die „internen" Protokolle: Sie werden von Hand, bei jeder Sitzung von einem anderen Teilnehmer, geschrieben. Am Schluss der Sitzung wird das Protokoll vom Protokollanten vorgelesen und bei Einstimmigkeit von allen unterzeichnet, fotokopiert und verteilt oder elektronisch zugestellt. Ob nun ein allgemeingültiges oder ein internes Protokoll erstellt wird, es sollte ihm folgende Struktur zugrunde liegen:

- Protokollkopf (Sitzung, Protokollführer, Ort/Datum, Zeit, Beteiligte)	- Informationen
- Offene Punkte der letzten Sitzung (Wer, was, bis wann?)	- Neue Punkte (Wer, was, bis wann?)
- Datum und Unterschriften der Beteiligten	

C.2.11 Interne Projektaufträge (Arbeitspakete)

Interne Projektaufträge bzw. Arbeitspaketaufträge können mündlich oder in schriftlicher Form durch den Auftraggeber (meistens den Projektleiter) erteilt werden. Bei der Projektinitialisierung kann der Projektleiter das erste Mal bestimmen, wann welches Arbeitspaket in welcher Form ausgeführt werden muss. Vorzugsweise erstellt der Projektleiter, wenn betrieblich nicht vorhanden, Rasterblätter für die verschiedenen Auftragsformen (interne und externe Arbeitspakete, Beschaffungsaufträge). Im Auftrag soll beschrieben werden, wer was, warum, wie, mit wem, womit, bis wann durchführt.

- Kurzbeschreibung und ID des Arbeitspakets	- Ziele und Einflussgrössen
- Aufgaben und Ergebnisse	- Beteiligte Mitarbeiter
- Kritische Ressourcen	- Aufwand
- Termine	- Prüfverfahren

C.2.12 Budget und Budgetantrag

Als Teil des Projektplans oder als separates, einzelnes Lieferobjekt wird für das gesamte Projekt ein Budget erstellt, ebenso für jede einzelne Phase oder Abrechnungsperiode; es kann auch als Antragspapier genutzt werden kann (☞ Kapitel 4.3.3.8 „Projektbudgetplanung"). In diesem Lieferobjekt müssen folgende Angaben festgehalten werden:

- Einsatzmittel, die zur Verfügung stehen
  - Personal (Arbeitsstunden),
  - Maschinenstunden, Hilfsmittelbelegung, Verbrauchsmaterial,
  - Fremdleistungen (Zulieferanten/Unterakkordanten).
- Benötigte Geldmenge, um mit den vorgesehenen Einsatzmitteln die Tätigkeiten der kommenden Abrechnungsperiode ausführen zu können. Die dabei verwendete Gliederungsstruktur ist gemäss Kostenstrukturplan vorzunehmen.

Bei den meisten Projekten werden die Budgets zu zwei verschiedenen Zeitpunkten erstellt:

- bei der Gesamtplanung (= Gesamtbudget),
- bei der Phasenplanung (= Teilbudget).

C.2.13 Zeitpläne

Zeitpläne als Teil des Projektplans oder einzeln können zu jedem Zeitpunkt eines Projekts erstellt oder überarbeitet werden. Wichtig ist, dass sie aktuell sind. Der Inhalt von Zeitplänen lässt sich in etwa wie folgt gliedern:

- Dauer	- Zeitabstand
- Errechnete Zeitpunkte und/oder Termine	- Pufferzeiten
- Kennzeichnung der kritischen Vorgänge bzw. Ergebnisse	- Geplante Zeitpunkte und/oder Termine
- Vorgegebene Zeitpunkte und/oder Termine	

C.2.14 Controllingbericht (CoB)

Da Projekte regelmässig mit erheblichen Risiken behaftet sind, macht es bei gewissen Projekten Sinn, ein externes Controlling auf das Projekt anzusetzen. Die transparente Darstellung der Risiken und Massnahmen zu deren Beseitigung stehen im Mittelpunkt eines effizienten externen Projekt-Controllings. Der Controllingbericht (CoB) – je nach Situation monatlich oder auch nur vierteljährlich erstellt – soll einen zentralen Beitrag an eine erfolgreiche Projektführung leisten.

1. Projektidentifikation (Name, Nr. PL, Datum)	2. Projektcontroller und Controllingperiode
2. Projektleistung und Beurteilung des Controllers	3. Meilensteine und Beurteilung des Controllers
4. Ressourcen und Beurteilung des Controllers	5. Kosten und Beurteilung des Controllers
6. Abhängigkeiten und Beurteilung des Controllers	7. Risiken und Beurteilung des Controllers
8. Problemfelder Sicht Controller	9. Massnahmen aus Sicht des Controllers
- Datum	- Unterschrift

C.3 Lieferobjekte der Projektdurchführung

Was bei der Projektführung punkto Anforderungen und Resultate der notwendigen Dokumente einfach und klar ist, ist bei den Projektdurchführungs-Dokumenten schwieriger, da je nach Projektart die Projektdurchführungs-Lieferobjekte sehr stark variieren. So muss z.B. bei einem Evaluationsprojekt ein Kriterienkatalog erstellt werden und bei einem Organisationsprojekt eine Prozesslandkarte. Das Projektteam muss daher beim Projektstart ganz klar aufführen, welche konkreten Dokumente es im Projekt erstellen muss. Im Folgenden werden einige zentrale Dokumente der Projektdurchführung erläutert.

C.3.1 Scope-Map

Mit der Scope-Map wird das Ziel verfolgt, aus vier Perspektiven den Projektscope zu klären und diesen für alle verständlich aufzuzeigen.

- Produkte-Scope	- Stakeholder-Scope
- Einfluss-Scope	- Projektabwicklungs-Scope

C.3.2 Business Case

Der Business Case (BC) ist ein Grundlagendokument, das den Projektträgerinstanzen erlaubt, über die Durchführung des Projekts aus Sicht des Business zu entscheiden. Mit Hilfe einer Voranalyse wird belegt, dass das neue oder umfassend zu überarbeitende Produkt/System grundsätzlich technisch realisierbar ist, aus dem derzeitigen Wissensstand eine akzeptierbare Wirtschaftlichkeit im Sinne der Unternehmensziele aufweist und der Geschäftsstrategie entspricht. Somit beschreibt der BC konkret das „Was" aus Businesssicht. Dieses Dokument wurde für businessorientierte Projekte mit einem starken Bezug zu Märkten und Kunden entwickelt. Für andere Projektarten kann der BC sinngemäss angepasst werden. Je nach Umfang des geplanten Vorhabens kann das Erstellen eines BC ein eigenes kleines Projekt sein, aus dem später mehrere Projekte gestartet werden können.

- Management Summary	- Ausgangslage
- Projektumfang	- Lösungsansatz
- Projektmanagement -Werte	- Wirtschaftlichkeit
- Finanzierung	- Anträge
- Entscheide	- Anhang (Anforderungskatalog)

C.3.3 Situationsanalyse

Die Situationsanalyse, oftmals auch Bestandteil des Business Case oder umfassender des Konzepts, umschreibt und analysiert die gegenwärtige Situation im Untersuchungsbereich des Vorhabens. Die Situationsanalyse bildet zusammen mit den Systemzielen die Grundlage für die Definition der zukünftigen zu erfüllenden Anforderungen.

- Abgrenzung des Untersuchungsbereichs (Systemscope)	- Zahlen und Fakten der IST-Situation
- Beurteilung der IST-Situation (z.B. SWOT)	- Konklusion der IST-Situation

C.3.4 Anforderungskatalog

Dient ein Projekt zur begrenzten Verbesserung und Erweiterung eines bestehenden Produkts, so spezifiziert der Anforderungskatalog die Angaben, die Wünsche und die Systemziele des Antragstellers. Die im Katalog beschriebenen Anforderungen sind mit messbaren Kriterien versehen und wurden von den zu erreichenden Zielen abgeleitet. Da die Vielzahl von Anforderungen oftmals ungeordnet zusammengetragen wird, ist es wichtig, diese im Dokument zu gliedern. Ebenfalls werden in diesem Dokument (wenn notwendig) technische und wirtschaftliche Überlegungen so weit wie möglich festgehalten. Somit beschreibt der Anforderungskatalog konkret das „Was" bei einer Produktoptimierung oder bei betriebsinternen Veränderungen. Je nach Situation kann der Anforderungskatalog ein Teil des Business Case sein.

- Kurzbeschreibung IST-Situation	- Problemkatalog
- Einflussgrössen	- Anforderungen

C.3.5 Konzept

Basierend auf dem Entscheid der im Business Case aufgeführten Varianten, werden in der Phase Konzeption ein oder mehrere Konzeptdokumente erarbeitet. Ein „Haupt-"Konzeptdokument fasst alle während der Phase geleisteten Arbeiten zusammen. Dies sind unter anderem:

- Erarbeiten einer detaillierten Konzeption aus Benutzersicht auf Basis des im Business Case gewählten Lösungsvorschlags (z.B. in einem Softwareentwicklungsprojekt Funktionen, Prozesse, Organisation): „Businesskonzept".
- Basierend auf der Konzeptdokumentation ein „technisches Lösungskonzept" erarbeiten.
- Festlegung der daraus resultierenden Anforderungen und Voraussetzungen (Personal, Hard- und Software, Räume, organisatorische und technische Hilfsmittel, Sicherheit etc.).

Das Konzept ist das wichtigste Dokument, wenn es um das „konzeptionelle Wie" geht. Das Ziel dieses Dokuments ist es, die gewünschte Lösung, allenfalls im Zusammenhang mit der Anforderungsspezifikation, konkret zu beschreiben. Denn aufgrund dieses Lieferobjekts wird in der Realisierungsphase die entsprechende Lösung umgesetzt. Je nach Art und Umfang eines Projekts gibt es inhaltliche und strukturelle Unterschiede im Dokument. Bei einem Softwareentwicklungsprojekt enthält dieses z.B. die ausgearbeitete konzeptionelle Lösung der neuen Applikation. Bei einem Marketingprojekt enthält dieses Dokument natürlich die Lösung, d.h. Aussagen darüber, wie man den Markt marketingmässig angehen will. Das heisst, darin wird unter anderem der Marketingmix einer geplanten Marketingaktion im Detail beschrieben. Solch eine branchenspezifische Anpassung muss natürlich in allen Projektarten, z.B. auch bei einem Bau- oder einem Ausbildungsprojekt, vorgenommen werden.

- Management Summary	- Ausgangslage
- Projektumfang/Situationsanalyse	- Lösungsansätze
- Variantenbewertung	- Lösungsempfehlung
- Anträge	

C.3.6 Anforderungsspezifikation

Die Anforderungsspezifikation enthält die Beschreibung der einzelnen fachlich funktionalen und nicht funktionalen Anforderungen in einem für die Umsetzung notwendigen Detaillierungsgrad. Sie wird für den Auftraggeber und Auftragnehmer (Projektleiter/Lieferant) beidseitig als Grundlage für die Realisierung und die businessseitige Abnahme des zukünftigen Produkts akzeptiert (Abnahmekriterien). Als Grundlage für dieses Lieferobjekt dienen im Speziellen der Anforderungskatalog und die Konzeption.

- Management Summary	- Ausgangslage (Umfang, Menge, Schnittstellen etc.)
- Projektzielsetzungen	- Voraussetzungen an die Projektumgebung
- 1-n Anforderungsbeschreibungen	- Offene Punkte

C.3.7 Detailspezifikation

Die Detailspezifikation, in gewissen Projektarten auch Ausführungspläne genannt, baut auf den Arbeitsergebnissen der in der Phase Konzeption erstellten Lieferobjekte auf. Darin enthalten sind:

- Die detaillierten Spezifikationen anhand der in den Konzeptionsdokumenten gewählten Variante und der Anforderungsspezifikation.
- Alle weiteren Angaben, die für die erfolgreiche Realisierung, Organisationsintegration und technische Implementierung notwendig sind.

Gegenüber der Anforderungsspezifikation, die businessmässig ausgerichtet ist, sind in diesem Lieferobjekt auch alle technischen Details (z.B. Architektur) spezifiziert. Es wird vom Auftraggeber und Auftragnehmer (Projektleiter/Lieferant) beidseitig als Grundlage für die Realisierung und die technischen Abnahme des zukünftigen Systems/Produkts eingesetzt.

- Voraussetzungen	- Implementationsmodell
- Organisatorische Lösung	- Technische Lösung
- Schnittstellen	- Lösungen für spezielle Zielgruppen
- Abnahmekriterien	- Anhang

C.3.8 Glossar

Das Ziel eines Projektglossars ist die konsequente Förderung der gemeinsamen Sprache und des gemeinsamen Verständnisses bezüglich der angewendeten Terminologie. Es enthält die Definition der wichtigsten fachlichen Begriffe und Abkürzungen. Dieses Lieferobjekt kann zu den wichtigsten Lieferobjekten im Sinne des qualifizierten und einheitlichen Zusammenarbeitens gehören.

Die Lieferobjekte des Testprozesses werden im Kapitel C.5 (☞ „Lieferobjekte des Qualitätsmanagements") erläutert.

C.4 Lieferobjekte des Teammanagements

Die meisten dieser Lieferobjekte sind in Unternehmen z.B. schon in der Personalabteilung existent und müssen allenfalls nur auf die Projektsituation angepasst werden. Der Owner der Lieferobjekte Stellenbeschreibungen, Zielvereinbarungen, Standort-Map und Leistungsbeurteilung ist der disziplinarische Vorgesetzte des Mitarbeiters (siehe „Projektorganisation"). Da der Projektleiter oftmals nur der fachliche Vorgesetzte der im Projekt involvierten Mitarbeiter ist, muss er dem disziplinarischen Vorgesetzten entsprechende Inputwerte liefern.

In diesem Kapitel werden die wichtigsten Dokumente des „Teammanagements", wie sie während der Projektabwicklung erstellt werden, aufgeführt und grob beschrieben. Eine projektbezogene Phasenzuordnung kann nur dann gemacht werden, wenn z.B. Funktionsdiagramm, Stellenbeschreibung oder Erfolgsleitsatz möglichst am Projektanfang erarbeitet werden.

C.4.1 Funktionsdiagramm

Basierend auf dem im Organisationsplan erstellten Funktionsdiagramm ergeben sich klare Verantwortlichkeitsbereiche, zu denen entsprechende Aufgaben und der/die verantwortliche/n Mitarbeiter hinzugefügt werden können. Das Funktionsdiagramm ist ein wirkungsvolles Grundlagenpapier, das den Betroffenen im Projektumfeld in einer sinnvollen granularen Struktur aufzeigt, wofür sie verantwortlich sind. Ein Ansatz dieses Funktionsdiagramms ist im Kapitel 4.3.3.5 (☜ „Organisationsplanung") aufgeführt.

- Auszuführende Aufgaben	- Involvierte Rollen
- Beteiligungsart an der auszuführenden Arbeit	

C.4.2 Stellenbeschreibung

Wenn das Funktionsdiagramm nicht ausreicht, muss für alle Mitarbeiter des Projektteams – wenn sinnvoll auch für die Fachbeteiligten – eine Stellenbeschreibung erstellt werden. Darin werden die jeweiligen Verantwortungsbereiche und Kompetenzabgrenzungen genau beschrieben. In der Praxis werden für die Stellenbeschreibung auch Synonyme wie Funktionsbeschreibung, Pflichtenheft, Positionsbeschreibung etc. verwendet. Die Stellenbeschreibung ist eine verbindliche Dokumentation über personenbezogene Aufgabenstellungen, Befugnisse und die organisatorische Einordnung des Stelleninhabers [Sch 2000b]. Eine Stellenbeschreibung muss unter anderem folgende Informationen enthalten:

- Weisungs- und Informationsbeziehungen,
- Aufgaben, Kompetenzen, Verantwortung,
- Anforderungen an den Stelleninhaber und Bewertungsmassstab.

Die Stellenbeschreibungen werden jeweils bei der Projektinitialisierung verfasst. Sie fixieren schriftlich folgende Punkte:

- Stellenbezeichnung	- Befugnisse des Stelleninhabers
- Rang des Stelleninhabers	- Schriftliche Information der Stellen
- Vorgesetzte des Stelleninhabers	- Zusammenarbeit mit Stellen
- Einzelaufträge	- Mitarbeit in Gremien
- Stellvertretung	- Unterstellte Mitarbeiter
- Zielsetzung der Stelle	- Stellenbewertungsmassstab
- Einzelaufgabe der Stelle	- Anforderung an Stelleninhaber

C.4.3 Erfolgsleitsatz

Basierend auf dem im Kapitel 8.4 (☜ „Projekterfolg") erläuterten Erfolgsleitsatz macht es Sinn, diesen mit dem gesamten Team zu erstellen. Dies mit dem Ziel, einen proaktiven Erfolgsleitsatz zu schaffen, der die relevanten Erfolgsfaktoren beeinflusst und vom Team gemeinsam getragen respektive gelebt werden kann.

- Kernsatz	- Umschreibung von Sinn und Zweck
- Wie wird er eingesetzt?	- Wie wird er kontrolliert respektive gemessen?

C.4.4 Teamspielregeln

Die mit dem Team zusammengestellten Spielregeln sollen die wichtigen Gesetzmässigkeiten und Regeln für das Projektteam aufführen, die jedes Teammitglied zu befolgen hat und die jeder Teamleiter (Projektleiter/Teilprojektleiter) für das tägliche Führen beachten sollte.

- Ziel und Wirkungsbereich der Spielregeln	- Spielregeln
- Wie können die Spielregeln geprüft werden?	- Committment aller Teammitglieder

C.4.5 Zielvereinbarungen

Zielvereinbarungen sollen dazu führen, dass der Mitarbeiter im Kontext zur täglichen Arbeit übergeordnete konkrete Zielgrössen erhält, die ihn als Person bei Erreichung persönlich weiterbringen. Zielvereinbarungen enthalten qualitative wie quantitative Aspekte.

- Vorgesetzte	- Mitarbeiter
- Rückschau	- Kurzanalyse
- Zeitpunkt und Zeitperiode	- Ziele
- Messkriterien zu den Zielen	- Datum und Unterschriften

C.4.6 Standort-Map

Basierend auf einer Standortbestimmung (Assessment), die als Schlüsselfaktor für die zukunftsgerichtete Mitarbeiterentwicklung gilt, wird als Resultat eine Standort-Map erstellt. Damit soll für den Mitarbeiter nicht nur verständlich aufgezeigt werden, was er weiss und was er kann, sondern in einem weit ausgeprägteren Mass, wer er ist und wie er ist.

- Vorgesetzte	- Mitarbeiter
- Standortbestimmung Vorgesetzte	- Standortbestimmung Mitarbeiter
- Handlungsfelder und Ziele	- Zeitumsetzungsperioden
- Massnahmen	- Umsetzungskontrollen und Zeitpunkte
- Kontrollarten	- Datum und Unterschriften

C.4.7 Leistungsbeurteilungsfazit

Das Leistungsbeurteilungsfazit besteht aus einem Katalog von Merkmalen, der die erbrachte Leistung anhand verschiedener Kriterien darstellt. Das Leistungsbeurteilungsfazit hat zum Ziel, dass, soweit möglich, der Vorgesetze wie der Mitarbeiter über die vom Mitarbeiter erbrachte Leistung in quantitativer und qualitativer Hinsicht einig sind. Dies kann auch in Form eines Protokolls abgefasst werden.

C.5 Lieferobjekte des Qualitätsmanagements

In diesem Kapitel werden die wichtigsten Dokumente des „Qualitätsmanagements“, die während der Projektabwicklung erstellt werden können, aufgeführt und grob beschrieben.

C.5.1 Qualitätskonzept

Das Qualitätskonzept definiert den Rahmen des in einem Projekt anzuwendenden Qualitätsmanagements und sichert die organisatorische und instrumentelle Machbarkeit. Eine ausführliche Beschreibung findet sich im Kapitel 7.2.1 (☞ „Qualitätskonzept“).

- Qualitätspolitik	- Qualitätsziele
- Qualitätsschwerpunkte	- Risikostrategie
- Qualitätsverantwortung	- Qualitätsaufgaben

C.5.2 Qualitätsplan

Im Qualitätsplan werden die Qualitätsziele und -aktivitäten der Qualitätssicherung für das konkrete Projekt definiert. Er ist in einem Projekt das zentrale Dokument zur Planung und Lenkung der definierten Prozess- und Produktqualität. Eine ausführliche Beschreibung findet sich im Kapitel 7.3 (☞ „Qualitätsplanung“).

- Ziele des Qualitätsmanagements für das Projekt	- Referenzierte Dokumente
- Q-Organisation (Verantwortlichkeiten)	- Produktdokumentation
- Normen, Verfahren und Konventionen	- Prüfplan
- Konfigurationsmanagement	- Änderungsverfahren
- Entwicklungskonzept	- Lieferantenkontrolle

C.5.3 Prüfplan

Der Prüfplan legt den organisatorischen und zeitlichen Ablauf der Prüfungen fest und ergänzt den Projekt- und Qualitätsplan. Er dient dem Projektleiter oder den Projektqualitätsverantwortlichen als Handlungsgrundlage für die entsprechenden Prüfungen (☞ Kapitel 7.3.1 „Prüfplan“).

- Zu überprüfende Prüflinge	- Anzuwendende Prüftechnik
- Prüfziele	- Prüfaspekte
- Prüfverantwortung	- Prüfaufwand

C.5.4 Qualitätsbericht

Der Qualitätsbericht für Projekte fasst die projektbezogenen Berichte wie Prüf- und Testberichte/ -protokolle zusammen, rapportiert den allgemeinen QS-Status des Projekts und schlägt allfällige Massnahmen vor, die vom Auftraggeber eingeleitet werden sollten. Im Qualitätsbericht wird über alle qualitätsbezogenen Arbeiten und die durch Massnahmen veränderten Prozessabläufe sowie deren

Auswirkungen auf die Resultate informiert. Dieser Bericht dient der Projektträgerinstanz als Gewähr für ein wirkungsvolles Qualitätsmanagement und die Einhaltung des Qualitätsstandards.

- Zusammenfassung („Auf einen Blick")	- Terminkenngrössen, z.B. Meilensteine (Sign-off)
- Aufführungen der eingeleiteten QS-Massnahmen	- Angaben über Fehler und Probleme bezüglich Qualität
- Prüfergebnisse	- Erfolge/Probleme/Abweichungen/Risiken
- Massnahmen und deren Kosten	- Leistungsgrössen in Bezug auf die Produktqualität
- Visum	- Anhang

C.5.5 Testkonzept

Das Testkonzept ist das Dokument, das den Umfang, die Vorgehensweise, die Einsatzmittel und die Zeitplanung der Tests (inklusive aller Aktivitäten) beschreibt. In ihm werden die projektspezifischen Festlegungen bezüglich der Testaufgaben, der Verantwortung, der Ziele, der Zeitpunkte und der Vorgehensweise bei der Testdurchführung beschrieben. Das Testkonzept beschreibt somit z.B., welche operativen Testprozesse (Funktionstest, Modultest etc.) unter welchen Bedingungen, in welcher Testumgebung, mit welchen erwarteten Resultaten durchgeführt werden.

- Ziele	- Release/Version
- Testkonfiguration	- Voraussetzungen
- Eingesetzte Testarten	- Testobjekte/Testfälle/Metriken
- Zu prüfende Eigenschaften	- Nicht zu prüfende Eigenschaften
- Testplan	- Testdaten
- Verantwortlichkeiten	- Verhalten im Fehlerfall

C.5.6 Testplan

Ergänzend zum Qualitätsplan und/oder Prüfplan sowie Testkonzept, kann/muss ein Testplan erstellt werden. Dabei werden erstens die zeitliche Planung der Testdurchführung (Zuordnung der Testfälle zu Testern und Festlegung des Durchführungszeitpunkts) definiert und zweitens das Verzeichnis aller Testfälle, in der Regel thematisch bzw. nach Testzielen gruppiert, aufgeführt.

- Ziel der Tests (Gesamtmetrikwerte)	- Allgemeines
- Testobjekt(e)	- Testinfrastruktur (Betriebsmittel)
- Testdaten	- Terminplan
- Verantwortlichkeiten	- Notwendige Ressourcen

C.5.7 Testfall

Ein Testfall könnte auch als konkrete Arbeitsanweisung zur Ausführung eines Tests gelten, umfasst Angaben wie die für die Ausführung notwendigen Vorbedingungen, die Menge der Eingabewerte oder Inputs und die Menge der erwarteten SOLL-Werte, die Prüfanweisungen sowie die erwarteten Nachbedingungen [Spi 2005].

- Testfall-ID	- Kurzbeschreibung
- Testschritte plus Vorbedingungen	- Anforderungen pro Testschritt
- Eingabewerte – Erwartete Resultate	- Testfallstatus
- Befunde	- Datum/Unterschrift

C.5.8 Prüf-/Testberichte

Dokument, das die Test-/Prüfaktivitäten und -ergebnisse zusammenfasst und eine darauf basierende Bewertung der Test-/Prüfobjekte enthält [Spi 2005].

- Zusammenfassung	- Test-/Prüfumfang
- Einschätzung des Tests/Prüflings	- Test-/Prüfergebnisse
- Bewertung	- Abweichungen
- Empfehlung – Abgenommen/Abgelehnt	- Genehmigungen

C.6 Lieferobjekte des Risikomanagements

Aus der Sicht eines Risikoexperten können bezüglich der geforderten Lieferobjekte alle aufgeführten Lieferobjekte verlangt werden, da diese aufeinander abgestimmt und zweckgebunden logisch richtig sind. In der Praxis macht es Sinn, diese Anzahl von Lieferobjekten situativ zu betrachten. So wird bei kleineren Projekten nur das Risk Management Summary erstellt. Unter dem Motto: Lieber weniger Risiken, aber die dafür konsequent und für alle klar verständlich.

C.6.1 Risikomanagement-Plan

Je grösser ein Projekt ist, desto bedeutender ist die Erstellung des Risikomanagement-Plans. In diesem wird beschrieben, wie während der Projektabwicklung die Risiken identifiziert und analysiert werden, wie die Planung der Risikobewältigung erfolgt und wie die Risiken überwacht werden sollen. Durch den Risikomanagement-Plan wird nicht die Bewältigung der einzelnen Risiken definiert, sondern [PMI 2004]:

- Kontext und Grenzen des Projekts	- Ziele des Projektrisikomanagements
- Methode, Prozesse und Schnittstellen des RMs	- Auswertung und Interpretation
- Grenzwerte	- Rollen und Verantwortlichkeiten, Kompetenzen
- Budgetierung	- Berichtsformate und Berichtskanäle
- Zeitliche Planung/Besprechungen	- Steuerung, Überprüfungsprozesse

C.6.2 Risikoreserve-/Risikovorsorgeplan (Contingencyplan)

Unter Führung des Projektportfolio-Controllers muss bei Projekten, wo es sinnvoll ist, ein Risikovorsorgeplan respektive ein Risikoreserve- und -bewältigungsplan (☞ Kapitel 8.1.2.6 „Massnahmen [Vorsorgestrategien]") erstellt werden. Darin sind Alternativen zu entwickeln und

Massnahmen zu bestimmen, um die Chancen zur Erreichung der gesetzten Projektziele zu erhöhen und allfällige Gefahren gezielt zu reduzieren [PMI 2004]:

- Identifizierte Risiken	- Das verwaltende Niveau des Restrisikos
- Eigner des Risikos (Verantwortlicher)	- Spezifische Massnahmen
- Risikoanalyse	- Budget und Termine
- Vereinbarte Bewältigungsstrategie (Reaktionsstrategie)	- Notfall- und Ausweichpläne

C.6.3 Risikoliste im Business Case/Projektauftrag

Im Business Case (oder, wenn nicht existent, im Projektauftrag) muss für den Projektentscheid eines Go respektive NoGo folgende Risikostruktur vorliegen:

- Was für Risiken haben wir aus heutiger Sicht, wenn wir das Projektprodukt erstellt haben?
- Was für Risiken haben wir aus heutiger Sicht, wenn wir das Projektprodukt nicht erstellt haben?
- Welche möglichen Risiken haben wir während der Projektabwicklung?
- Welche Vorsorgestrategie/welcher Risikovorsorgeplan muss eingeleitet werden, und was kostet dieser?

Der Business Case ist ein Lieferobjekt in der Initialisierungsphase auf der Ebene Projektdurchführung, also vor dem eigentlichen Projektstart. Das Teilrisiko im Business Case hat das Ziel, den Entscheidern aufzuzeigen, mit welchen Risiken sie zu rechnen haben und was die Risikobekämpfung in etwa kostet (☞ Kapitel 8.2.1 „Risikomanagement Ebene Strategie"). Diese Kosten können je nach Projektart einen wesentlichen Teil der Gesamtkosten vom Projekt ausmachen.

C.6.4 Risikoliste (Risk Management Summary)

In vielen Projekten wird das Risikomanagement respektive dessen Rapportierung auf die Detaillierungsstufe der Management Summary, d.h. auf das komprimierte Aufführen im monatlichen Projektstatusbericht (PSB), reduziert. Diese – basierend auf Excel-Tabellen-Spaltenbreite – in Stichworten festgehaltenen Risiken zeigen oftmals nur „registermässig" auf, dass ein Risiko existiert (Risikoregister). Nicht selten sind solche Zusammenfassungen zudem auch noch schlecht geschrieben, was zur Wirkung hat, dass das Risikomanagement in einem Projekt selbst ein Risiko darstellt. Für das Management ist eine Zusammenfassung auf einem querformatigen A4-Blatt oder die verständliche, komprimierte Aufführung im monatlichen Projektstatusbericht sehr wichtig. Will es eine ausführlichere Information über ein spezielles Risiko, sollte es möglich sein, in einer einfachen Form, elektronisch unterstützt, in den detaillierteren Risikokatalog zu verzweigen.

Risikoliste „Mgnt. Summary“	Projekt: Aussteller:	Nr.: Datum:	Seite:

Nr.	Risiko Beschreibung des Risikos	Mögliche Ursache	EW	AW	Risiko-grad	Frühwarn-system	Massnahmen

EW = Eintrittswahrscheinlichkeit AW = Auswirkungsgrad

Abb. C.01: Risikoübersichtsliste (Summary)

C.6.5 Risikokatalog

Im Risikokatalog werden die einzelnen Risiken auf Grundlagen der qualitativen Risikoanalyse ausführlich beschrieben. Neben der Beschreibung, was das Risiko bewirken wird, wenn es eintritt, und wie man das Risiko erkennen kann (Früherkennung), bevor es eintritt, sollte auch die Ursache genaustens beschrieben werden. Ein Beispiel einer möglichen Risikobeschreibung ist im Kapitel 8.1.2.7 (☜ „Risikodokumentation“) aufgeführt.

C.6.6 Risikoliste im PPC-Bericht/PP-Liste

Im Projektportfolio-Controllingbericht (PPC-Bericht) und/oder in der Projektportfolio-Liste (PP-Liste) wird das Projektgesamtrisiko aufgeführt und wenn notwendig erläutert. Im PPC-Bericht werden die in kausaler Beziehung stehenden Risiken erläutert und allenfalls entsprechende Gesamtgegenmassnahmen definiert. Dies kann auch in einer speziellen Liste zusammengeführt werden (☜ Kapitel C.1.2 „Projektportfolio-Risikoliste“).

C.6.7 Risikoliste im Projekterfolgsbericht

Ein Teil des Projekterfolgsberichts, der vom Projektportfolio-Controller geschrieben werden muss, widmet sich den Lessons Learned bezüglich Risiken. In diesem Bericht können entsprechende Erkenntnisse aufgearbeitet und/oder entsprechende Massnahmen definiert und via Projektportfolio-Board eingeleitet werden, um zukünftige Vorhaben in dieser Hinsicht optimaler zu managen (☜ Kapitel C.1.6 „Projekterfolgsbericht“).

C.6.8 Erfolgsfaktoren/Erfolgsleitsatz

Im Zusammenhang mit der Risikoanalyse macht es Sinn zu prüfen, ob die Voraussetzungen für den Projekterfolg überhaupt gegeben sind und, wenn ja, welches die Erfolgsfaktoren sind, die den Erfolg positiv beeinflussen. In diesem Zusammenhang kann ein Erfolgsleitsatz definiert werden, der alle Beteiligten dazu „leitet“, erfolgsorientiert zu arbeiten.

C.7 Lieferobjekte des Ressourcenmanagements

In diesem Kapitel werden die wichtigsten Dokumente des „Ressourcenmanagements", die während der Projektabwicklung erstellt werden, aufgeführt und grob beschrieben.

C.7.1 Arbeitspaketliste (ergänzt)

Die Arbeitspaketliste als Ergebnis der Projektstrukturplanung wird bei der Einsatzmittel- und Projektkostenplanung entsprechend ergänzt. Dies mit dem Ziel, pro Arbeitspaket die Einsatzmittel und die Kosten zu berechnen/zuzuweisen. Ein entsprechendes Beispiel ist im Kapitel 4.3.3.2.3 (☜ „Arbeitspaketisierung") und den darauffolgenden Kapiteln aufgeführt.

C.7.2 Einsatzmittelplan

Dieser Plan enthält die Zuordnung der Betriebs- und Personalmittel zu den einzelnen Arbeitspaketen mit den voraussichtlichen Aufwänden. Mit ihm wird auch die Verteilung der Einsatzmittel in zeitlicher Hinsicht abgebildet. Je nach Bedarf können daraus Schicht-, Einsatz-, Belegungs- und Mitarbeiterausbildungspläne erstellt werden. Die Einsatzmittelpläne können zu jedem beliebigen Zeitpunkt während eines Projekts erstellt oder überarbeitet werden. Beispiele der Einsatzmittelpläne sind im Kapitel 4.3.3.4 (☜ „Einsatzmittelplanung") aufgeführt.

C.7.3 Projektkostenstrukturplan

Der Projektkostenstrukturplan ist ein Teil des Projektplans. Er beinhaltet die Ermittlung und Zuordnung der voraussichtlichen Kosten für die Arbeitspakete sowie die Investitionen. Zu berücksichtigen sind alle direkten und indirekten Kosten, die zulasten des Projektbudgets gehen. Ein Beispiel eines Kostenplans ist im Kapitel 4.3.3.6 (☜ „Projektkostenplanung") aufgeführt.

C.7.4 Projektbudgetplan

Der Projektbudgetplan enthält die Aufteilung der Projektkosten nach Budgetierungszeiträumen (meist fiskaljahrbezogen). Ein Beispiel eines Projektbudgetplans ist im Kapitel 4.3.3.8 (☜ „Projektbudgetplanung") aufgeführt.

C.7.5 Abschlussrechnung

Bei grösseren Projekten ist die Abschlussabrechnung ein eigenständiges Lieferobjekt. Bei mittleren und kleinen ist es ein Kapitel des Projektabschlussberichts. Darin werden meistens phasenbezogen die Kosten und, wenn das Projekt Einnahmen hatte, die entsprechenden Einnahmen aufgeführt. Mit der Erstellung der Abschlussrechnung wird die Budgetkostenstelle geschlossen, sodass keine weiteren Beträge darauf verbucht werden können.

C.7.6 Projektabschlussbericht (ergänzt)

Aus den aufgerechneten IST-Werten müssen die Kosten und die daraus resultierende Wirtschaftlichkeit respektive der erarbeitete Nutzen und die Erkenntnisse im Projektabschlussbericht abschliessend aufgezeigt werden. Detaillierter erläutert wird dieser Bericht im Kapitel C.2.6 (☞ „Projektabschlussbericht/Projektende-Antrag“).

C.7.7 Evaluationshandbuch

Die erste Handlung eines Beschaffungsprozesses sollte das Anlegen eines Evaluationshandbuchs (Evaluationsordner) sein. Dabei sind als erster Punkt das konkrete Definieren von „Zielsetzung und Auftrag“, aber auch das Institutionalisieren der Projektorganisation und das Erstellen der zeitlichen Abfolge (Termin- oder Projektplanung) ganz zentral. In dieser „Ablagestruktur“ sollten auch alle anderen im Verlauf des Beschaffungsprozesses vorhandenen Zusatzdokumente und Ergebnisse abgelegt werden. Dadurch erhält man ein Evaluationsdossier, was ein effizientes Arbeiten ermöglicht.

1. Zielsetzung und Auftrag	6. Pflichtenheft
2. Projektorganisation	7. Bewertungsdokumente
3. Projektplanung	8. Korrespondenz
4. Projektberichtswesen	9. Ergebnisse Evaluation
5. Vorhandene Unterlagen	10. Vertragsentwürfe
	11. Evaluationsbericht

A) Anhang

C.7.8 Kriterienkatalog

Der Zweck des Kriterienkatalogs soll darin liegen, dass ein Entscheid weitgehend auf der sachlichen Ebene gefällt wird und die Begründung für diesen Entscheid einer gewissen Rekonstruierungstransparenz unterliegt. Ein Beispiel eines mehrstufigen Kriterienkatalogs findet sich im Kapitel 9.5.2.2 (☞ „Präferenzierung“).

1. Kriterienkatalog	3. Bewertungsmassstab
2. Bewertungsliste	4. CO-Kriterienliste

A) Anhang

C.7.9 Produkt „Pflichtenheft/Lastenheft“

Das Pflichtenheft beschreibt zur Hauptsache die Aufgabe/die Anforderungen und das erwartete Resultat für den zu vergebenden Auftrag. Es ist damit eine für die Evaluation eines Lieferanten wichtige Grundlage. Im ergebnisbezogenen Teil werden

- das gewünschte Resultat in einer genügenden Tiefe beschrieben und definiert,
- die Rahmenbedingungen klar und unmissverständlich ausformuliert.

Im vorgabenbezogenen Teil werden

- die Vorgaben in Bezug auf Resultate,

- die Vorgaben in Bezug auf Entwicklungsvorgehen (Phasen und Ergebnisse),
- die Vorgaben in Bezug auf das Projektmanagement definiert.

Neben einer Beschreibung der Aufgabe/der Anforderungen und der Resultate ist es auch wichtig, das Rundherum zu beschreiben, damit sich der Bieter eine Vorstellung vom Projekt, von der Unternehmenssituation und von der vorherrschenden Administration machen kann. Einfach gesagt, sollte ein Pflichtenheft in sich geschlossen wie ein Roman lesbar sein. Das Ziel eines Romanschreibers und eines Pflichtenhefterstellers ist in etwa das Gleiche: „Er will einen Leser, der wirklich versteht, was er liest"! Dies jedoch mit dem Unterschied, dass Pflichtenheftersteller eine klare und verbindliche Antwort vom Leser haben möchten.

1. Ausgangslage	6. Mengengerüst
2. IST-Zustand (Situationsanalyse)	7. Aufbau der Offerte
3. Projekt- und Beschaffungsziele	8. Fragekatalog
4. Funktionale Anforderungen	9. Projektabwicklung (Termine, Organisation etc.)
5. Nichtfunktionale Anforderungen	10. Administratives
A) Anhang	

Zu Punkt 8 gilt es noch anzumerken, dass es sein kann, dass vom Verantwortlichen des Pflichtenhefts aus Gründen der Übersicht, der Beurteilungseinfachheit, Besonderheit etc. spezielle Fragen an den Bieter, sprich möglichen Lieferanten, gestellt werden müssen.

C.7.10 Evaluationsbewertung (Entscheidungsdokumentation)

Für die Entscheidung durch das Management werden die eingegangenen Offerten mittels einer absoluten und/oder relativen (z.B. Kosten-Nutzen-Bewertung) und/oder verbalen Bewertung als Entscheidungsgrundlage aufbereitet. Jeder Entscheid muss dokumentiert werden (☜ Kapitel 9.4.1 „Lieferantenauswahl-Prozess").

C.7.11 Offertenraster (Offertstrukturvorlage)

Als Anhang eines Pflichtenheftes werden Vorgaben für den Offertaufbau gegeben – dies im Interesse möglichst vollständiger und transparenter Offerten. Zudem werden damit die Informationsgewinnung und die Vergleichbarkeit der verschiedenen Angebote stark erleichtert. Der Aufbau der Offerte wird so gewählt, dass sie praktisch den Hauptpunkten der Anforderungen des Pflichtenheftes bzw. den Kriterien im Kriterienkatalog entspricht. Deshalb ist der Bieter anzuhalten, zwingend den vorgegebenen Offertaufbau zu beachten; er ist zudem zu verpflichten, jeden allfälligen Punkt, den er für zutreffend, änderungsbedürftig oder fehlend hält, unmittelbar, präzis und knapp zu kommentieren (Aufklärungspflicht).

1. Firmenangaben	7.4 Testkonzeption
1.1 Name und Adresse des Lieferanten	7.5 Nichterfüllbare Anforderungen
1.2 Firma	7.6 Leistung der Unternehmung
1.3 Name und Adresse des Ansprechpartners	8. Projektdurchführung
1.4 Angaben über die Firma und deren Lieferanten	8.1 Realisierung/Umsetzungskonzept

1.5 Aktuelle Marktstellung	8.2 Testkonzeption
1.6 Publikumsbilanzen	8.3 Anforderungen und Erfahrung bez. Entwicklungstools
1.7 Aufbau des Supportcenters (wenn notwendig)	8.4 Unterstützung und Wartung
1.8 Standorte der Schulungszentren (wenn notwendig)	8.5 Zeitliche Aufwendungen für Unterhalt/Wartung
1.9 Referenzen	8.6 Schulungsplan (wenn notwendig)
2. Management Summary	8.7 Zusammenfassung des Leistungsumfangs
2.1 Auftrag	9. Projektführung
2.2 SOLL-Konzeption	9.1 Aufbauorganisation und personelle Angaben
2.3 Besondere Stärken des Vorgehers	9.2 Planung
2.4 Mögliche Risiken des Vorgehers und der Situation	9.3 Kontrolle
2.5 Nicht erfüllbare Anforderungen	9.4 Qualitätsmanagement
2.6 Termin/Kosten	9.5 Änderungsmanagement
3. Angaben zum Anwendungssystem	9.6 Konfigurationsmanagement
4. Schnittstellen	9.7 Stellungnahme zu den Einflussgrössen
4.1 Stellungnahme zu den logischen Schnittstellen	10. Preis/Kosten
4.2 Stellungnahme zu den physischen Schnittstellen	10.1 Hardwarekosten
4.3 Stellungnahme zu den Benutzerbeschreibungen	10.2 Infrastrukturkosten
5. Technische Systemkonzeption	10.3 Kommunikationskosten
5.1 Stellungnahme zur Systemplattform	10.4 Realisierungskosten
5.2 Angaben zur/zum speziellen Hardware/System	10.5 Kosten für die Projektführung
5.3 Systemsoftware	10.6 Kosten für Einführung und Installation
5.4 Kommunikationskomponenten	10.7 Zusätzliche Kosten/Unkosten für Offertstellung
5.5 Allgemeine Infrastruktur	10.8 Unterhalts- und Wartungskosten (wenn notwendig)
5.6 Nicht erfüllbare Anforderungen	10.9 Finanzielle Modalitäten (Strafen, Ratenzahlung etc.)
6. Stellungnahme zu den funktionalen Anforderungen	11. Diverses
6.1 Stellungnahme zu den funktionalen Anforderungen	11.1 Beantwortung der speziellen Fragen
6.2 Testkonzeption	11.2 Spez. Abkommen zwischen GU und den Lieferanten
6.3 Garantie bez. Sicherstellung des bankfachlichen Inhalts	11.3 Gültigkeit der Offerte
6.4 Nicht erfüllbare Anforderungen	11.5 Diverses
6.5 Leistungen der Unternehmung	11.6 Abschliessende Bemerkungen
7. Stellungnahme zu nichtfunktionalen Anforderungen	12. Anhang
7.1 Betreibbarkeitsgarantie der Software	12.1 Vertragsvorschlag
7.2 Wartbarkeitsgarantie der Software	12.2 Mitarbeiterprofile
7.3 Betriebliche Überwachungskonzeption des Systems	13. Prospekte/Datenblätter

Diese Tabelle zeigt eine Musterofferstruktur, die bei der Evaluation eines möglichen Lieferanten für sogenannte Turn-Key-Projekte eingesetzt werden kann. Je nach Umfang und Art des Auftrages müssen die einzelnen Kapitel angepasst respektive ergänzt werden. Um die Auswertung zu vereinfachen, sollte die angepasste Struktur dem möglichen Lieferanten in elektronischer Form abgegeben werden. Dabei sollte expliziert darauf hingewiesen werden, dass nur Offerten entgegengenommen und bewertet werden, die nach dieser Struktur ausgearbeitet wurden. Um die möglichen Lieferanten mit dieser Struktur zeitlich nicht zu überfordern, muss darauf aufmerksam gemacht werden, dass sie gewisse Punkte mit einem kurzen Satz beantworten können.

C.7.12 Verträge

Je nach Bedarf muss ein Werk-, Kauf-, Miet-, Auftrags-, Arbeits- oder Dienstleistungsvertrag abgeschlossen werden. Dies mit dem Ziel, eine für alle beteiligten Parteien in schriftlicher, verständlicher und rechtlicher Form festgehaltene Vereinbarung aufzuführen, welche eine erfolgreiche Zusammenarbeit regelt. Da im Zusammenhang mit Projekten der Werkvertrag ein oft verwendeter Vertrag ist, wird im Folgenden dieser etwas ausführlicher vorgestellt.

C.7.13 Inhalte von Werkverträgen

1. Präambel	9.2 Produktcontrolling
2. Vertragsgegenstand	10. Schutzrechte, Geheimhaltung
2.1 Angebot	10.1 Urheberrecht
2.2 Vertragsgegenstand, Verwendungszweck	10.2 Geistiges Eigentum
2.3 Lieferumfang als Ganzes	10.3 Nutzungsrechte des geistigen Eigentums
2.4 Einsatzbedingungen an anzuwendende Vorschriften	10.4 Geschäfts- und Fabrikationsgeheimnisse
2.5 System- und Funktionsanforderungen	10.5 Geheimhaltung
2.6 Rahmenbedingungen	11. Rechte an Arbeitsresultaten
3. Preise	11.1 Rechte an Software, Know-how, Verfahren und Daten
3.1 Preisgestaltung	11.2 Lizenzumfang, Lizenzerteilung
3.2 Detaillierter Lieferumfang und Preis pro Einheit/Phase	11.3 Sonderbetriebsmittel
3.3 Meistbegünstigung	11.4 Sicherstellung des Quellencodes
4. Vertragsabschluss	12. Veröffentlichungen, Dokumentationen
4.1 Inkrafttreten	12.1 Veröffentlichungen und Informationen
4.2 Allgemeine Vertragsänderungen	12.2 Übermittlung von Know-how bei Vertragsbeginn
4.3 Vorgehen bei Änderung des Leistungsumfangs	12.3 Dokumentation
4.4 Aufgabe und Verantwortung des Lieferanten	13. Ausbildung, technische Unterstützung
4.5 Aufgabe und Verantwortung des Auftraggebers	13.1 Know-how der eingesetzten Fachkräfte
4.6 Zutrittsrechte (Lieferant/Auftraggeber)	13.2 Ausbildung
4.7 Weitervergabe von Arbeiten, technische Beihilfe	13.3 Technische Unterstützung
4.8 Konkurrenzverbot	14. Wartung, Instandsetzung
5. Termine, Verspätungsfolgen	14.1 Wartung
5.1 Projektabwicklung, Termin	14.2 Lieferung von Ersatz bei Havarie/Desaster
5.2 Lieferverzug und Folgen	14.3 Lieferverpflichtung von Ersatzteilen
6. Versand, Transport	14.4 Optionen für Folgebeschaffung
6.1 Verpackung	14.5 Instandhaltung von Testmittel und Ersatzmaterial
6.2 Versandinstruktionen, Transportrisiko	15. Zahlungsmodus, Sicherstellungsverpflichtung
6.3 Zollinformationen	15.1 Rechnungsstellung und Bezahlung
7. Übernahme, Abnahmeprüfung, Annahme	15.2 Rückbehalt zur Garantiesicherstellung
7.1 Erfüllungsort, Übergang von Nutzung und Gefahr	15.3 Sicherstellung der Anzahlung
7.2 Installation, Integration und Inbetriebsetzung	16. Kontaktstellen
7.3 Abnahmeprüfung, Abnahmekriterien, Annahme	16.1 Kontaktstelle beim Auftraggeber
8. Garantie, Haftung	16.2 Kontaktstelle beim Lieferanten

8.1 Garantie, versteckte Mängel	17. Höhere Gewalt, anwendbares Recht, Gerichtsstand
8.2 Haftung	17.1 Höhere Gewalt
8.3 Rücktrittsrecht des Auftraggebers/Lieferanten	17.2 Anwendbares Recht
9. Controlling	17.3 Gerichtsstand
9.1 Prozesscontrolling	17.4 Salvatorische Klausel

Mit jedem „Projektvertrag" sind verschiedene Regelungen verbunden, die in hierarchischer Reihenfolge dem Vertrag zugrunde gelegt werden. Als ein Beispiel von aufzuführenden Punkten können die folgende bildliche Aufführung und deren nachfolgenden Erläuterungen helfen, einen Richtwert bei einem Vertragsdesign zu erhalten. Im Folgenden werden gewisse punktuelle Erläuterungen aufgeführt, die für Nichtjuristen eine kleine Verständigungshilfe sind:

1. Präambel
   Die Präambel enthält Angaben über den Lieferanten, Auftraggeber, den Vertragsgegenstand sowie die Form der beabsichtigten Zusammenarbeit als Zusammenfassung. Auf diese Weise fördert sie das Verständnis für den Vertrag und soll Schwierigkeiten bei dessen Auslegung vermeiden.

2. Urheberrecht
   - Werke nach Urheberrechtsgesetz sind geistige Schöpfungen mit individuellem Charakter.
   - Urheber eines Werks kann nur eine natürliche Person sein.

3. Konventionalstrafe
   Die Konventionalstrafe ist zu bezahlen, wenn eine Vertragsverletzung festgestellt worden ist.
   Bei der Konventionalstrafe handelt sich um eine Personalsicherheit:
   - Der Gläubiger vertraut auf das Vermögen der Person, die ihm die Konventionalstrafe schuldet.
   - Ohne gegenteilige Vereinbarung ist die schuldige Partei gegen Bezahlung der Strafe von der Erbringung ihrer Vertragspflicht entbunden.

4. Nicht-/Schlechterfüllung und Verzug
   - Unter Nichterfüllung verstehen wir, dass das Produkt nicht produktiv eingesetzt werden kann.
   - Unter Schlechterfüllung verstehen wir, dass das Produkt grob mangelhaft ist, sodass es für den produktiven Betrieb nur teilweise, mit grossem zeitlichem Mehraufwand, unter Verwendung zusätzlicher Ressourcen etc. verwendet werden kann.
   - Von Verzug in bei Projekten sprechen wir, wenn der Anbieter seine (korrekte) Leistung zu spät erbringt. Verzug kann zusammen mit Schlechterfüllung auftreten.

5. Datenschutz
   - Datenschutz ist Persönlichkeitsschutz.
   - Er bezweckt den Schutz von Angaben, die sich auf eine bestimmte/bestimmbare Person beziehen.
   - Ziel des Datenschutzes ist die informationelle Selbstbestimmung, d.h. das grundsätzliche Recht einer jeden Person selbst zu bestimmen, wer welche Daten über sie aufbewahren/bearbeiten darf.
   - Jede Verletzung des Datenschutzgesetzes ist eine Rechtsverletzung, aber nicht jede dieser Rechtsverletzungen wird zusätzlich mit einer Strafe belegt. Strafbar sind nur jene Handlungen oder Unterlassungen, die das Gesetz ausdrücklich unter Strafe stellt.

6. Übernahme, Abnahmeprüfung, Annahme
   Wer sich z.B. beim Konkurs eines Softwareanbieters den Quellcode sichern will, tut trotz der juristischen Unwägbarkeiten gut daran, mit seinem Lieferanten über ein sogenanntes Escrow Agreement zu sprechen. In diesem Fall übergibt der Softwarehersteller den Quellcode an einen Notar oder einen Escrow-Dienstleister. Dieser wird dann angewiesen, den Quellcode beim Eintritt bestimmter Bedingungen an den Softwarenutzer herauszugeben. Dabei ist besonderes Augenmerk auf die Gestaltung entsprechender Vereinbarungen zu legen sowie zu prüfen, was insolvenzrechtlich überhaupt möglich und kaufmännisch das Beste ist.

7. Salvatorische Klausel
   Zum einen wird die Vermutung abgerungen, wonach im Fall der Teilnichtigkeit, im Zweifel das ganze Rechtsgeschäft nichtig ist, wenn nicht anzunehmen ist, dass es auch ohne den nichtigen Teil vorgenommen werden würde. Zum anderen wird eine Bestimmung über den Ersatz unwirksamer Bestimmungen durch andere, wirksame Bestimmungen getroffen.

C.7.14 Evaluationsbericht

Ist der Vertrag abgeschlossen, gilt es den gesamten Beschaffungsprozess mit dem Erstellen des Evaluationsberichts zu schliessen. Dabei muss einerseits neben der Formulierung der Zielsetzung und seinem Erreichungsgrad auch der Ablauf und eine Gesamtbeurteilung möglichst sachlich aufgeführt werden. Schliesslich soll ein Antrag an das Projektsteuerungs-Gremium gestellt werden, dass der Beschaffungsprozess auch formal abgeschlossen werden kann. Allfällig noch nachzuführende Aufgaben oder spezielle Dokumente oder Auswertungen können im Anhang aufgeführt werden.

1. Zielsetzung und Auftrag	3. Beurteilung
2. Ablauf der Evaluation	4. Antrag – weiteres Vorgehen
A) Anhang	

C.7.15 Claimmeldeformular

Mit dem Claimmeldeformular wird der Vertragspartner auf die Auswirkungen des Ereignisses in terminlicher, sachlicher und/oder finanzieller Hinsicht hingewiesen und auf den beanstandeten Vertragspunkt aufmerksam gemacht [Gre 2005].

- Ereignis (Datum und Uhrzeit, Standort)	- Kurze Darstellung des Sachverhalts
- SOLL (entspr. Vertrag), IST (tatsächlicher Stand)	- SOLL-IST-Vergleich
- Beweisdokumente	- Ursache (Begründung, warum das Ereignis stattfindet)
- Anspruchsgrundlage (Besprechungsberichte, Nachtragsvereinbarungen, Vertrag, Anlagen zum Vertrag etc.)	- Auswirkungen (Terminverschiebungen, direkte Kosten, zusätzliche Kosten, Gewährleistung etc.)
- Bewertung/Zusammenfassung	- Name, Datum, Unterschrift, Ort

C.7.16 Claimliste

In der Claimliste sind je nach Vertrag alle wesentlichen Informationen zur Verfolgung und Durchsetzung oder, bei umgekehrter Blickrichtung, zur Analyse und Abwehr von Ansprüchen aufzunehmen.

- Claimnummer	- Claim-Beschreibung
- Datum der Meldung	- Name der Person die den Claim gemeldet hat
- Datum des Vergütungsanspruchs	- Beginn der Korrektur (Ausführung)
- Ende der Korrektur (Ausführung)	- Datum der Rechnung zur Forderung
- Datum der Mahnung	- Datum der Nachfrist
- Umfang der Leistung	- etc.

C.8 Lieferobjekte des Changemanagements

In diesem Kapitel werden die wichtigsten Dokumente des „Changemanagements", die während der Projektabwicklung erstellt werden können, aufgeführt und grob beschrieben. Ohne nun die ganz grossen Projekte ins Visier zu nehmen und ohne auf ein Organisationsentwicklungsprojekt im Speziellen einzugehen, macht es im Changemanagement für „normale" Projekte Sinn, insbesondere die Lieferobjekte Stakeholder Map und Informationsplan zu erstellen.

C.8.1 Stakeholder Map

In der Stakeholder Map werden neben den namentlich aufgeführten Stakeholdern deren Bedeutung und Betroffenheit, deren Einstellung sowie deren Erwartungen und Bedürfnisse aufgeführt. Es macht auch Sinn, in dieses Dokument gleich den in diesem Zusammenhang definierten Massnahmenkatalog aufzunehmen.

- Stakeholderziele	- Stakeholderanforderungen/Bedürfnisse
- Stakeholderliste	- Positionierung
- Macht, Betroffenheit, Interesse	- Massnahmenkatalog

C.8.2 Informationsplan

Der Informationsplan ist die planerische Gestaltung der formalen Informationsversorgung aller Projektbeteiligten. In Abstimmung mit der Projektdokumentationsplanung wird im Informationsplan definiert, wer was, wann, von wem über welchen Kommunikationskanal erhält. Als Teil der Projektplanung werden Struktur und der Inhalt im Kapitel 4.3.3.9 (☞ „Informations- und Dokumentationsplanung") genauer erläutert.

C.8.3 Informations- und Kommunikationskonzept

Ist begleitend zur Projektsituation ein grösserer Informationsbedarf vorhanden, so muss neben der üblichen, standardisierten Informationssystematik ein auf das Projektbedürfnis abgestimmtes Informations- und Kommunikationskonzept erstellt werden. Dies mit dem Ziel, die Kommunikations-, Informations- und Dokumentationssysteme entsprechend zu institutionalisieren.

- Zielgruppen, Informations- und Kommunikationsziele	- Informationsinhalte, -umfang
- Kommunikationskanäle sowie Kommunikationsmittel pro Kommunikationskanal	- Kommunikationsinstrumente
- Dokumentationssystem/Richtlinien	- Aufwand und Kostenschätzung
- Anhang: Informationsplan	

C.8.4 Marketingauftrag

Da Marketing im Projektumfeld von einer qualifizierten Projektpräsentation bis hin zu umfangreichen Roadshows gehen kann, macht es Sinn, zuerst einen klaren Auftrag zu erarbeiten, sodass alle involvierten Personen einerseits den Scope erkennen und andererseits die Arbeitsverteilung klar zugewiesen werden kann.

- Projektumfeldanalyse (Stakeholder Map)	- Risikoanalyse
- Marketingziele, Ergebnisse, Aufgaben	- Rahmenbedingungen (Zeit, Kosten etc.)
- Verantwortlichkeiten	- Antrag und Unterschrift

C.8.5 Marketingkonzept

Ob man ein umfassendes Projektmarketing einsetzt oder nicht: Es sollte bei Projekten mit grösserem Informationsbedarf auf jeden Fall als Minimalvariante ein Informations- und Kommunikationskonzept erstellt werden, das die wichtigsten Punkte festlegt. Bei grösseren Projekten mit entsprechendem Wirkungskreis muss neben diesem ein zielpublikumbezogenes Marketingkonzept erstellt werden. In diesem projektbezogenen Marketingkonzept werden neben den Inhalten des Informations- und Kommunikationskonzepts die planerischen und organisatorischen Voraussetzungen für die speziellen Marketingaktivitäten während des Projekts festgelegt. Damit können die Verantwortlichen über die geplanten Marketingaktionen informiert werden. Die Inhaltsstruktur dieses Konzepts könnte wie folgt aussehen:

- Abstract des Marketingauftrags	- Umfeld- und Risikoanalyse
- Projektmarketingziele/Strategie	- Einzuhaltende Standards
- Konzeption der Instrumente und Aktionen	- Aktivitätenplan/Marketing-/Kommunikationsplan
- Projektmarketing-Budget	- Kontrollplan

C.8.6 Marketing-Aktivitätenplan

Der Marketing-Aktivitätenplan ist der Umsetzungsplan aller im Marketingkonzept beschriebenen Massnahmen. Mit dem konkreten Aufführen der Marketingaktivitäten und dem Eintragen auf eine mit dem Projektplan abgestimmte Zeitskala werden konkrete zeitliche Verpflichtungen gelegt, die berücksichtigt werden müssen.

C.9 Lieferobjekte des Konfigurationsmanagements

In diesem Kapitel werden die wichtigsten Dokumente des „Konfigurationsmanagements", die im Projektumfeld erstellt werden können, aufgeführt und grob beschrieben.

C.9.1 Konfigurations-/Versionsmanagement-Plan

Der KM-Plan legt alle organisatorischen und technischen Details sowie die Verfahren des Konfigurationsmanagements fest. Er ergänzt aus dieser Sicht den Projektplan. Im Konfigurationsmanagement-Plan, als Teilmenge auch Versionsmanagement-Plan genannt, werden Regeln und Vorgehensweisen bezüglich der dem Konfigurations- und Versionsmanagement unterstellten Objektkategorien, der Verfahren zu Entwicklung und Integration sowie der Bildung von Baselines und Releases festgelegt. Der KM-Plan kann ein wichtiger Teil eines Werkvertrags sein, der mit einem Lieferanten abgeschlossen wird.

- Konfigurations-/Versionsorganisation	- Sicherung, Archivierung und Wiederherstellung
- Konfigurationen /Versionen	- Projektmeilensteine
- Prozess	- Ausbildung
	- Wartung des Plans

C.9.2 Objektbibliothek-Journal

Komplexe Produkt- oder Systementwicklung bedingt ein Instrument, das alle Arbeitsergebnisse, die sich informatikbezogen speichern lassen, in einem Archiv „Objektbibliothek" sicherstellt. Die sogenannte Buchführung wird in einem Objektbibliothek-Journal festgehalten. Das Ziel des OB-Journals ist das lückenlose Aufzeichnen und Wiedergeben der Informationen, wie sie zur effektiven Verwaltung von Konfigurationen benötigt werden, einschliesslich der Auflistung der freigegebenen, eindeutig identifizierten Konfigurationen, des Zustands der erwarteten Konfigurationsänderungen und der realisierten Zustände der akzeptierten Änderungen [Bur 2002].

- Identifizierung (Teile-Kennzeichen, Dokumentennummer, Ausgabe/Überwachung, Fabrikationsnummer)	- Titel
- Datum	- Freigabestatus und Einarbeitungsstatus
- Dokumente	- Änderungen
- Sonderfreigaben (vor und nach Realisierung)	- Bezugskonfigurationen und Konfigurationseinheiten

C.9.3 Releaseplan

Das Ziel des Releaseplans ist es, die „Architectural Releases" eines grösseren Systems oder Produkts, das in Form eines Major Release (Programm) aufgesetzt wird, logisch, räumlich, mengenmässig und zeitlich abzubilden.

- Gesamtlösung als Basis der Releasebildung	- Zu beachtende Einflussgrössen
- History der umgesetzten Releases	- Offene Anforderungen
- Releaseplan (Gantt-Diagramm)	- Release x.xx (Umfang, Termine, Konfiguration etc.)

C.9.4 Änderungsantrag (Change Request)

Ziel des Änderungsantrags ist es, eine vom Projektumfeld „Stakeholder" gewünschte Änderung in schriftlicher, offizieller Form festzuhalten. Der Änderungsantrag hat Anforderungscharakter und spezifiziert die durchzuführende Änderung im Detail [Her 2005].

- Antragsbeschreibung	- von der Änderung betroffene Ergebnisse
- Problembeschreibung	- Änderungsbeschreibung
- Beschreiben des Nutzens und der Aufwände	- Anhang (verschiedene Beilagen)

Weitere Lieferobjekte in Bezug zum Änderungsmanagement sind:

- Änderungswunsch (CR-Rohentwurf)	- Änderungsstatusliste
- Änderungsbewertungs-Protokoll	- Änderungsauftrag
- Änderungsmitteilung	

D. Korrelationsliste PMI/ICB

Nachfolgend werden die Kompetenzrichtlinien der beiden Zertifizierungsorganisationen PMI und IPMA aufgeführt. Für ein möglichst zielgerichtetes Lernen der PMI- oder IPMA-Zertfizierung sind die Kompetenzrichtlinien der beiden Organisationen mit den Kapiteln dieses Buches in Bezug gesetzt. Dabei ist der Hinweis zu machen, dass insbesondere für die Zertifizierung nach PMI die Terminologie nicht eins zu eins übereinstimmt. Wo sinnvoll und möglich, wurde die PMI-Terminologie als Synonym hinzugefügt. PMI hat Ende 2009 eine neue Version des PMBok® in englischer Sprache herausgegeben [PMI 2008].

Korrelationsliste PMI-Zertifizierungskriterien

PMI-Kompetenzrichtlinien [PMI 2008]		Kapitel in diesem Buch
Integrationsmanagement „Project Integration Management"		4.2.1, 4.2.5
4.1	Entwickeln des Projektauftrags	4.2.5, C.2.3,
4.2	Entwickeln des Projektmanagementplans	4.3
4.3	Lenken und Managen der Projektausführung	4.4.2,
4.4	Überwachen und Steuern der Projektarbeit	4.4.1, 4.4.3
4.5	Integrierte Änderungssteuerung	11.5
4.6	Abschliessen des Projekts oder Phase	4.5
Inhalts- und Umfangsmanagement „Project Scope Management"		1.4.3
5.1	Definieren und Zusammenstellen der Anforderungen	11.3, 11.6, 4.3.3.2
5.2	Definition Umfangs	4.2.5, 5.2.2
5.3	Erstellen des Projektstrukturplans	4.3.3.2.2
5.4	Verifizieren des Inhalts und Umfangs	4.4.3.3.3, A.4.2
5.5	Steuerung des Inhalts und Umfangs	4.1.1, 4.4.2.2
Terminmanagement „Project Time Management"		4.1.2.1
6.1	Definition der Vorgänge	4.3.3.1, 4.3.3.2
6.2	Festlegen der Vorgangsfolgen	4.3.3.3
6.3	Einsatzmittelbedarfsschätzung für die Vorgänge	4.3.3.4, 9.2
6.4	Schätzung der Vorgangsdauer	4.3.3.4, A.2
6.5	Entwicklung des Terminplans	4.3.3.7, A.1
6.6	Steuerung des Terminplans	4.1.1, 4.4.2.1
Kostenmanagement „Project Cost Management"		9.6
7.1	Kostenschätzung	4.3.3.6, A.2
7.2	Kosten-/Budgetplanung	4.3.3.6, 4.3.3.8
7.3	Steuerung der Kosten	4.1.1, 4.4.2.4
Qualitätsmanagement „Project Quality Management"		7
8.1	Qualitätsplanung	7.2, 7.3, 4.4.3.2.6
8.2	Durchführen der Qualitätssicherung	7.5, 4.4.3.3
8.3	Durchführen der Qualitätslenkung	7.4, 4.4.2.3

PMI-Kompetenzrichtlinien [PMI 2008]		Kapitel in diesem Buch
Personalmanagement „Project Human Ressource Management"		9.2
9.1	Personalbedarfsplanung	4.3.3.4.1, 4.3.3.5, A.1.3
9.2	Zusammenstellen des Projektteams	4.3.3.5, 9.5
9.3	Entwickeln des Projektteams	6.2, 6.3.7
9.4	Führen des Projektteams	6.3, 4.4.2.7
Kommunikationsmanagement „Project Communications Management"		10.4
10.1	Kommunikationsplanung	10.3.1
10.2	Kommunikationsplanung	4.3.3.9, 10.3
10.3	Informationsverteilung	2.3.1, 10.4.3, 10.5
10.4	Stakeholdererwartungen/-Bedürfnisse	10.3, 10.3...1.2
10.5	Fortschrittsberichtswesen	4.4.2.10, 2.3.2
Risikomanagement „Project Risk Management"		8, 8.2
11.1	Risikomanagementplanung	4.3.2.7, 8.1.2.6, C.6.1
11.2	Risikoidentifikation	8.1.2
11.3	Qualitative Risikoanalyse	8.1.2.3, 8.1.2.4, 8.1.2.5
11.4	Quantitative Risikoanalyse	8.1.2.5, 8.1.2.7
11.5	Risikobewältigungsplanung	8.1.2.6, 8.2.3
11.6	Risikoüberwachung und -steuerung	8.2.3, 4.4.2.9
Beschaffungsmanagement „Project Procurement Management"		9.5, 9.3, 9.4
12.1	Planen der Beschaffungen	9.2.1, 9.2.2, 9.3.1
12.2	Führen der Beschaffungen	9.5, 9.3.5, 9.3.6, 9.4.3, 9.5.4
12.3	Überwachung der Beschaffungen	9.4.1, 9.5, 9.5.2, 9.4.1
12.4	Beenden der Beschaffungen	9.3.7

Korrelationsliste ICB3-Zertifizierungskriterien

Die neuen ICB3-Kriterien stellen den Lernenden nicht gerade vor die einfachsten Herausforderungen, da insbesondere Verhaltenskompetenzen, die im Projektumfeld und gerade für den Projektleiter enorm wichtig sind, nur sehr schwierig vermittelt werden können. So wurden in diesem Buch z.B. zum Punkt NCB 2.05 [Ver 2007] „Entspannung und Stessbewältigung" keine Entspannungsübungen aufgeführt; der zertifizierungswillige Projektleiter muss den Assessoren auch keine entsprechenden Übungen vortragen. Es ist jedoch durchaus sinnvoll, in einem Projektbericht aufzuführen, wie er und sein Team in einem schwierigen Projekt mit der Belastung umgegangen sind.

Gemäss den nationalen Ausführungen gibt es drei Kompetenzgruppen mit ihren entsprechend definierten Kompetenzrichtlinien. Jede dieser Kompetenzen wird nachfolgend mit einer verkürzten Erläuterung aus der Veröffentlichung Swiss NCB Version 4.0 vom Verein zur Zertifizierung im Projektmanagement (VZPM) [Ver 2007] umschrieben:

Technische Kompetenzen	Buchkapitel
01 Projektmanagementerfolg	
Der Projektmangementerfolg spiegelt sich in der Akzeptanz der Lieferobjekte durch die massgeblichen interessierten Parteien. (Projektmangementerfolg, Projekterfolg, Integration, Projektmanagementpläne)	8.4, 1.4.3., 4.3
02 Interessierte Parteien	
Interessierte Parteien (engl. „Interested Parties" oder „Stakeholders") sind an der Durchführung bzw. dem Erfolg des Projekts interessierte Personen oder Einheiten bzw. solche, die durch das Projekt betroffen sind. (Interessierte Parteien, Stakeholder, Interessengruppen, Netzwerke)	10.3, 1.4.3.2
03 Projektanforderungen und -ziele	
Das Management von Anforderungen, Zielen und Prioritäten umfasst die Identifizierung, Definition und Vereinbarung der Projekte, Programme und Portfolios, um die Anforderungen und Erwartungen der interessierten Parteien, insbesondere der Kunden und Nutzer, zu erfüllen. (Unternehmensstrategie, Business Case, Projektanforderung, Projektziel, Projektstrategie, Projektentwicklungsphase, Projektbewertung, Projektfreigabe, Projektauftrag)	5.3, 1.3.1.2, 1.4.2, 3.4.1
04 Risiken und Chancen	
Risiken reduzieren die Wahrscheinlichkeit, dass die Projektziele erreicht oder übertroffen und die Rahmenbedingungen eingehalten werden. Chancen erhöhen diese Wahrscheinlichkeit. (Risiken, Chancen, Risikoanalyse, Aufteilungsverfahren, Tragweite, Eintretungswahrscheinlichkeit)	8.
05 Qualität	
Die Qualität eines Projekts ist das Ausmass, in dem seine Eigenschaften den vereinbarten bzw. üblichen Projektanforderungen entsprechen. Das Qualitätsmanagement eines Projekts zieht sich durch alle Phasen und Projektteile, von der Projektdefinition, dem Management des Projektteams über die Lieferobjekte bis hin zum Projektabschluss. (Qualität, Qualitätsmanagement, Qualitätssicherung, Qualitätsprüfung)	7., 4.4.3
06 Projektorganisation	
Die Projektorganisation besteht aus einer Gruppe von Menschen und der dazugehörigen Infrastruktur, mit einer projektbezogenen Vereinbarung bezüglich Autorität, Beziehungen und Zuständigkeiten, ausgerichtet auf die Geschäfts- oder Funktionsprozesse. (Projektorganisation, Programmorganisation, Portfolioorganisation, Auftraggeber, Auftragnehmer, Nutzer, Prozesse, Entscheidungsmodelle)	2.1, 2.2

07 Teamarbeit	
In der Regel werden Projekte durch Personen abgewickelt, die speziell für das Projekt zu einem Projektteam zusammengeführt wurden. Teamarbeit umfasst das Management und die Führungsarbeit bei der Teambildung, das Arbeiten im Team und Gruppendynamik. (Teamarbeit, Teambildung, Gruppendynamik)	6
08 Problemlösung	
Ein Grossteil der Arbeit innerhalb des Projektlebenszyklus umfasst die Definition von Arbeitsaufgaben und Problemlösung. Die meisten der in der Projektabwicklung auftretenden Probleme haben mit den Lieferobjekten, dem Zeitrahmen, den Kosten, der Zuteilung der Leistungen oder den Risiken bzw. mit einer Wechselbeziehung aller Faktoren zu tun. (Problemlösung, Situationsanalyse, Zielfindung, Problemlösungsmethodik)	1.2.3, 5.2.3, 5.3.4
09 Projektstrukturen	
Die Projekt-, Programm- und Portfoliomanager koordinieren die verschiedenen Projektstrukturen in ihren jeweiligen Bereichen. (Portfolio, Programm, Work Breakdown Structure, Projektstrukturen, Arbeitspakete, Projektorganisation, Phasen, Kostenstrukturen)	4.3.3.2, 11.3
10 Leistungsumfang & Lieferobjekte	
Die Beschreibung des Leistungsumfangs eines Projekts legt die Projektgrenzen fest. (Projektgrenzen, Leistungsumfang, Mengengerüste, Projektinhalt, Lieferobjekte, Produkt, Konfiguration)	1.4.3, 1.4.1.3, 5.5.2, 11.2.1.1
11 Projektphasen, Ablauf und Termin	
Das Terminmanagement beinhaltet die Strukturierung, terminliche Anordnung, Ermittlung der Dauer und zeitliche Planung von Vorgängen und/oder Arbeitspaketen. (Terminmanagement, Netzplandiagramm, Projektlebenszyklusmodelle, Projektphase, Phasenmodelle, Meilensteine, Fast-Tracking, Terminplanung)	4.1.2.1, 4.3.3.7, 4.4.2.1, 5.1, 1.4.4, 1.4.5
12 Ressourcen (Personal- und Betriebsmittel)	
Ressourcenmanagement umfasst die Ressourcenplanung, einschliesslich der Ermittlung und Zuweisung von Ressourcen mit angemessenen Fähigkeiten. (Ressourcenmanagement, Ressourcenplanung, Ressourcensteuerung, Produktivität)	9., 4.3.3.4, 4.4.2.5
13 Kosten und Finanzierung	
Projektkosten- und Finanzmanagement ist die Gesamtheit aller während des Projektlebenszyklus erforderlichen Massnahmen zur Planung, Ermittlung, Steuerung und Kontrolle der Kosten und Finanzmittel, einschliesslich der Ausarbeitung von Kostenvoranschlägen und Finanzmittelplänen in frühen Projektphasen. (Kosten, Finanzmittel, Projektkostenmanagement, Kostenprognose, Kostenreserven, Design to Cost, Projektfinanzierung, Betreibermodelle, Ausgaben, Projektfinanzmanagement)	9.6, 4.3.3.6, 4.3.3.8, 4.4.2.4, A.3
14 Beschaffung und Verträge	
Mit der Beschaffung erwirbt der Auftraggeber vom Lieferanten bestimmte Leistungen für das Projekt zu den günstigsten Bedingungen. (Beschaffung, Lieferanten, Vertrag, Vertragsmanagement, Vereinbarungen, Nachforderungen [Claims])	9.3, 9.4, 9.5
15 Änderungen	
Änderungen in einem Projekt werden durch neue Gegebenheiten (Risiken, Chancen, unerwartete Ereignisse und Entwicklungen) notwendig. (Änderungen, Änderungsmanagement, Konfiguration)	11.5, 11.2
16 Überwachung, Controlling und Berichte	
Überwachung und Controlling umfassen die Aktivitäten Planung, Steuerung und Zielerreichungsüberprüfung auf unterschiedlichen Ebenen. (Überwachung, Controlling, Steuerung, Berichtswesen [Reporting], Qualitätsaudits, Project Review, Business Case Management)	4.4, 3.4.4, A.4
17 Information und Dokumentation	
Das Informationsmanagement umfasst zunächst das Gestalten, Sammeln, Auswählen, Aufbewahren und Abfragen von Projektdaten (in formatierter, grafischer Form – elektronisch oder auf Papier). (Informationsmanagement, Informationen, Informationssystem, Dokumentationssystem, Dokumenttyp, Projektdokumentation)	2.3, 2.5, C, 4.3.3.9

18 Kommunikation	
Kommunikation beinhaltet den wirksamen Austausch von Informationen zwischen den Projektbeteiligten und deren Verständnis. (Kommunikation, Bring- und Holschuld, Kommunikationskonzept, Kommunikationsplan, Feedback, Geheimhaltung, Protokolle)	2.4, 10.4, 10.5 4.3.3.9
19 Projektstart	
Der Projektstart bildet die Grundlage für ein erfolgreiches Projekt oder Programm. (Projektstart, Kick-off, Initialisierungsphase)	4.2
20 Projektabschluss	
Unter Projektabschluss versteht man die Beendigung eines Projekts oder Programms oder einer bestimmten Projektphase nach dem Fertigstellen der hauptsächlichen Lieferobjekte des Projekts oder Programms bzw. der Projektphase. (Projektabschluss, Übergabe, Schlussdokumentation, Abnahmeprüfung, Evaluation)	4.5

Verhaltenskompetenzen	**Buchkapitel**
01 Führung (Leadership)	
Unter Führung (Leadership) versteht man die Anleitung und Motivation anderer bei der Erfüllung ihrer Funktionen oder Aufgaben im Dienst der Projektziele. (Führung/Leadership, Führungsstile)	6.3, 6.3.2, 6.3.3
02 Engagement und Motivation	
Engagement ist der persönliche Einsatz, den der Projekt-, Programm- und Portfoliomanager und die am Projekt beteiligten Personen aufbringen. (Engagement, Zusammenarbeit, Motivation)	6.3.6
03 Selbststeuerung, -kontrolle	
Selbstkontrolle ist ein disziplinarischer Ansatz zur Bewältigung der täglich anfallenden Arbeit, der sich ändernden Anforderungen beim Auftritt gegen aussen und im Umgang mit Stress-Situationen.	4.4, bezogen auf Einzelperson
04 Durchsetzungsvermögen	
Unter Durchsetzungsvermögen versteht man die Fähigkeit, seine Standpunkte mit Überzeugung und Autorität vorzubringen. (Durchsetzungsvermögen, Überzeugungskraft, Selbstvertrauen)	9.3.3
05 Entspannung und Stressbewältigung	
Entspannung und Stressbewältigung ist die Fähigkeit, angespannte Situationen bei Personen, in Beziehungen und in Gruppen zu erkennen und solche Spannungen abzubauen. (Entspannung, Stressbewältigung, Deeskalation, Erholung, Regeneration)	
06 Offenheit	
Offenheit ist die Fähigkeit, anderen das Gefühl zu geben, dass ihre Ideen willkommen und ihre Sorgen, Bedenken, Vorschläge und anderen Beiträge für das Projekt, Programm oder Portfolio wichtig oder hilfreich sind. (Offenheit, Nahbarkeit, Vertrauen, Diskriminierung)	
07 Kreativität	
Kreativität ist die Fähigkeit, auf originelle und einfallsreiche Weise zu denken und zu handeln. (Kreativität, Ideen, Optiminismus, Problemlösung, Intuition, Kreativitätstechniken, Lösungssuche, Projektgrenzen)	5.2.1, 1.4.6, 5.2.4
08 Ergebnisorientierung	
Ergebnisorientierung bedeutet, die Aufmerksamkeit des Teams auf kritische Erfolgsfaktoren für die Zielerreichung und Einhaltung der Rahmenbedingungen zu lenken, um ein für alle interessierten Parteien optimales Ergebnis zu erzielen. (Ergebnisorientierung, Erfolgsfaktoren, Ergebnis, Projekterfolg)	8.4, C

09 Effizienz	
Effizienz ist die Fähigkeit, Zeit und Ressourcen wirksam zu nutzen, um die vereinbarten Lieferobjekte zu liefern und die Erwartungen der interessierten Parteien zu erfüllen. (Effizienz, Produktivität, Benchmarking)	3.3.3, 3.4.4.2
10 Beratungsfähigkeit	
Unter Beratung versteht man die Kompetenz, Gründe und schlüssige Argumente vorzulegen, andere Ansichten einzubeziehen (Fragen und Zuhören können), zu verhandeln, Lösungen zu finden und Entscheide vorzubereiten. (Beratung, Meinungsaustausch, Debatte)	A.5.2, A.5.3, A.5.5
11 Verhandlung	
Verhandlungen sind die den Parteien zur Verfügung stehenden Mittel zur Überwindung von Meinungsverschiedenheiten im Zusammenhang mit dem Projekt, Programm oder Portfolio, um zu einer allseitig zufriedenstellenden bzw. machbaren Lösung zu gelangen bzw. eine Situation zu erkennen, bei der man (vorläufig) nicht weiterkommt. (Verhandlung, Verhandlungsmethoden, Konflikte, Beziehungen, Win-win-Situation)	9.3.3
12 Konflikt und Krise	
Dieses Kompetenzelement befasst sich mit der Art und Weise, wie Konflikte und Krisen zu bewältigen sind, die zwischen verschiedenen an einem Projekt beteiligten Parteien auftreten können. (Konflikte, Krisen, Eskalationsverfahren, Krisenmanagement, Risikoanalyse, Integrität, Konfliktlösung, Mediation, Konfliktprävention)	6.3.5, 8.3, 8.2, A.5.4, A.5.2
13 Verlässlichkeit	
Verlässlichkeit bedeutet, die zugesicherte Leistung punkto Zeitpunkt und Qualität mit dem vereinbarten Aufwand zu erbringen. Zuverlässigkeit erzeugt Vertrauen. (Verlässlichkeit, Zuverlässigkeit, Verantwortungsbewusstsein, Ehrlichkeit, Selbstvertrauen)	
14 Wertschätzung	
Unter Wertschätzung versteht man die Kompetenz, die natürlichen Eigenschaften und Werte anderer Menschen und sozialer Systeme zu erkennen und ihren Standpunkt zu verstehen. (Wertschätzung, Wertvorstellungen, Wertesysteme)	6.3.7
15 Ethik	
Unter Ethik versteht man das moralisch akzeptierte Verhalten oder Benehmen von Individuen. Ethisches Verhalten (z.B. Loyalität, Solidarität, Integrität) bildet die Grundlage aller gesellschaftlichen Systeme. (Ethik, Loyalität, Solidarität, Integrität, Verhaltenskodex, Loyalitätskonflikt)	1.1

Kontextkompetenzen	**Buchkapitel**
01 Projektorientierung	
Ein Projekt ist eine Operation zur Erbringung einer Reihe von klar definierten Lieferobjekten unter Einhaltung bestimmter Anforderungen und mit begrenzten Mitteln. (Projekt, Projektstart, Projektmanagement, Projektorientierung, Management by Projects)	1.3.3, 1.4
02 Programmorientierung	
Ein Programm ist eine Gesamtheit vom miteinander verbundenen Projekten und organisatorischen Änderungen, eingesetzt, um ein strategisches Ziel zu verwirklichen und die von der Organisation erwarteten Ergebnissen und Vorteile zu erreichen. (Programm, Strategie, Programmmanagement, Programmorientierung)	1.3.1, 2.1.3
03 Portfolioorientierung	
Ein Portfolio umfasst eine Gesamtheit von Projekten bzw. Programmen, die nicht notwendigerweise in Zusammenhang miteinander stehen, sondern zu Kontrollzwecken bzw. zur Koordinierung und Optimierung zusammengefasst wurden. (Portfolio, Portfoliomanagement, Priorisierung, Strategie, Strategieumsetzung, Projektauswahl, Portfoliokontrolle)	1.3.1, 2.1.3, 3

04 Projekt-, Programm- und Projektportfolio-Implementierung	
Dieses Kompetenzelement bezieht sich auf den Prozess der Einführung, kontinuierlichen Verbesserung und Anpassung von Projekt-, Programm- und Portfoliomanagement (PPPM) in Organisationen. (PPPM, Benchmarking, Best Practices, Projektmanagement-Einführung, Normen, Vorschriften, Richtlinien, Standardisierung, Qualitätssicherung)	3.3, 3.4.4.2
05 Stammorganisation	
Dieses Kompetenzelement befasst sich mit der Beziehung zwischen den zeitlich befristeten Projekt- und/oder Programmorganisationen und den Einheiten der permanenten Stammorganisationen, die Leistungen für die Projekte und Programme erbringen und/oder Schnittstellen mit der Projektorganisation aufweisen. (Stammorganisation, Veränderungen, Widerstände, Unternehmenspolitik, Management by Projects, Managementkonzept)	2.1, 4.3.3.5
06 Business	
Unter Business versteht man eine industrielle, kommerzielle oder andere professionelle Betriebstätigkeit mit dem Zweck der Lieferung von Sach- und/oder Dienstleistungen. (Business, Betriebsabläufe, Geschäftsumfeld, Unternehmensstrategie, strategische Ebene, taktische Ebene, Business Case, operative Ebene, Berichtswesen, Frühwarnsystem, Projektmarketing)	1.3.1, 3.4.4.1, 2.3.2, 10.5
07 Systeme, Produkte und Technologie	
Dieses Kompetenzelement betrifft die Verbindung zwischen einem Projekt, Programm oder Portfolio und der Stammorganisation in Bezug auf Systeme, Produkte und Technologien. (Systeme, Lebenszyklus, Produkt, Normen und Richtlinien, Pilotprojekt, Prototyp, Marktnachfrage, Nutzen, Wirtschaftlichkeit, Rentabilität, Produktlebenszyklus)	11.2, B, 5.4, 4.3.3.6, A.3
08 Personalmanagement	
Dieses Element deckt Aspekte des Personalmanagements bezogen auf Projekte und/oder Programme wie z.B. Planung, Anwerbung, Auswahl, Schulung, Verpflichtung, Leistungsbewertung und Motivation ab. (Personalentwicklung, Schulungsmöglichkeiten, Coachingmöglichkeiten, Feedback, Karrieremodell)	6.3.7, 6.3.4
09 Gesundheit, Sicherheit und Umwelt	
Dieses Element beschreibt die Themen Gesundheit, Sicherheit und Umwelt. Dies gilt sowohl während der Planungsphase eines Projekts als auch bei seiner Ausführung während des Lebenszyklus des ausgelieferten Produkts oder bei seiner Ausserbetriebnahme und Entsorgung. (Verantwortlichkeitsklagen, Gesundheit, Arbeitshygiene, Stress, Sicherheit, Sicherheitsbeauftragte, Arbeitssicherheit, Datenschutz, Umweltschutz, Recycling, Ökologie, Energieeffizienz, Entsorgung)	1.4.3.3
10 Finanzierung	
Die Finanzierung bzw. das Finanzmanagement ist für die rechtzeitige, kostengünstige und risikogerechte Bereitstellung der erfolgreichen Finanzmittel verantwortlich. Der Projekt-, Programm- und Portfoliomanager muss dem Finanzmanagement Informationen über die für die Projekte benötigten Mittel liefern und bei der Bereitstellung, der Überprüfung von Zahlungen und der Kontrolle der Liquidität mitarbeiten. (Finanzierung, Finanzmanagement, Finanzmittel, Liquidität, Finanzierungsmethoden, Betreibermodelle, Rechnungswesen, Rentabilität, Finanzbudget, Finanzrichtlinien)	9.6
11 Rechtliche Aspekte	
Dieses Kompetenzelement beschreibt die Auswirkungen der anwendbaren Gesetze und Vorschriften auf Projekte, Programme und Portfolios. (Gesetze, Vorschriften, Konfliktprävention, Mediation, Vertragsrecht, Rechtsberater, Rechtsprüfung, Rechtsgründe)	9.3

GPM (Deutsche Gesellschaft für Projektmanagement) und SPM (Swiss Projekt Management Association) haben im Frühjahr 2009 das über 2400-seitige Werk „Kompetenzenbasiertes Projektmanagement (PM3)" herausgebracht, das alle 45 Kompetenzen in einer gleichartig strukturierten Form abhandelt (GPM 2009).

E. Definitionsverzeichnis

Abnahmebereitschaft Abnahme bezieht sich auf die unternehmerische Entscheidung des Auftraggebers, dass ein (Teil-)Ergebnis den Vereinbarungen und Erwartungen entspricht und somit als Grundlage für nachfolgende Prozesse verwendet werden kann und muss [DIN 69901-5:2007].

Abwicklungsziele Abwicklungsziele sind wesentliche Merkmale des Weges, der zur Erreichung der Systemziele eingeschlagen werden soll.

Anforderung Eine Anforderung ist eine Bedingung oder Fähigkeit, die ein Produkt erfüllen oder besitzen muss, um einen Vertrag, eine Norm oder ein anderes, formell bestimmtes Dokument zu erfüllen [in Anlehnung an IEEE 1990].

Anforderungsentwicklung Unter Anforderungsentwicklung (oder Requirement Engineering) versteht man das systematische Spezifizieren, d.h. Erheben, Beschreiben, Prüfen und Priorisieren der Systemanforderungen.

Anforderungsspezifikation Unter Anforderungsspezifikation versteht man die Zusammenstellung aller Anforderungen an ein Produkt.

Arbeitspaket Ein Arbeitspaket ist eine in sich geschlossene Aufgabenstellung innerhalb eines Projekts, die bis zu einem festgelegten Zeitpunkt mit definiertem Ergebnis und Aufwand vollbracht werden kann. ANMERKUNG 1: Ein Arbeitspaket ist das kleinste Element des Projektstrukturplans, das in diesem nicht weiter aufgegliedert werden kann und auf einer beliebigen Gliederungsebene liegt.

ANMERKUNG 2: Ein Arbeitspaket kann allerdings zur besseren Strukturierung und bei der Erstellung des Ablaufplans in Vorgänge aufgegliedert werden, die dabei untereinander in Beziehung gesetzt werden [DIN 69901-5:2007]

Audit Ein Audit ist eine Aktivität, bei der sowohl die Angemessenheit und Einhaltung vorgegebener Vorgehensweisen, Anweisungen und Standards als auch deren Wirksamkeit und Sinnhaftigkeit geprüft werden [Wal 1990].

Bedürfnisse Bedürfnisse sind durch Anreize oder Mängel ausgelöste bzw. aktualisierte Spannungszustände, die eine Person dazu drängen, diese Bedürfnisse zu befriedigen.

Beschaffung Beschaffung ist die betriebsnotwendige Aktivität der Bereitstellung von Personalmitteln, Betriebsmitteln (Maschinen, Rohstoffe etc.) und Finanzmitteln zum Zwecke der Weiterverwendung.

Budget Unter einem Budget wird in der Regel eine systematische Zusammenstellung der erwarteten Mengen- und Wertgrössen während einer gewissen Periode verstanden [Mey 1992].

Buildmanagement Unter Buildmanagement (Build) wird diejenige Funktion verstanden, die alle Bauteile (Komponenten/Konfigurationseinheiten) einer Konfiguration zusammenfügt. Dieses Erzeugen soll möglichst automatisch, korrekt, mit minimalem Aufwand durchgeführt werden.

Change Request Ein Change Request (CR) ist ein Antrag auf eine Änderung (Änderungsantrag) des im Projektauftrag fixierten Zielrahmens (Scope) bzw. der im Konzept festgelegten und verabschiedeten Anforderungen (Business, Technik) an das zu realisierende Produkt.

Changemanagement Changemanagement als Teil der Projektabwicklung ist die Summe aller Massnahmen, die notwendig sind, um die betroffenen Organisationen zu befähigen, die durch das Projekt bewirkten Veränderungen in kürzester Zeit zu adaptieren und zu leben.

Claimmanagement Claimmanagement (Nachforderungsmanagement) ist ein Aufgabengebiet innerhalb des Projektmanagements zur Überwachung und Beurteilung von Abweichungen bzw. Änderungen und deren wirtschaftlichen Folgen zwecks Ermittlung und Durchsetzung von Ansprüchen [DIN 69905].

Eignungskriterien Eignungskriterien sind die vom Auftraggeber festgelegten, nicht diskriminierenden Mindestanforderungen an den Bewerber oder Bieter.

Einsatzmittelart Unter Einsatzmittelart wird die Gesamtheit von Einsatzmitteln verstanden, die nach bestimmten, gemeinsamen Merkmalen zusammengefasst sind, wie stoffliche Merkmale, technische Merkmale, funktionale Merkmale und berufliche Qualifikation [DIN 69902].

Einsatzmittelplanung Die Einsatzmittelplanung befasst sich mit den Einsatzmitteln, die für Projektvorgänge und Arbeitspakete benötigt werden. Hierbei sind vorgegebene Ziele und Einflussgrössen zu beachten und erforderliche Massnahmen vorzusehen [DIN 69902].

Entscheiden Entscheiden heisst, von möglichen Alternativen diejenige auszuwählen, mit der ein definiertes Ziel – unter Berücksichtigung der zur Verfügung stehenden personellen und materiellen Mittel sowie eventuell eingrenzender Rahmenbedingungen – optimal erreicht werden kann.

Erfolgsfaktoren Unter Erfolgsfaktoren in einem Projekt versteht man die Voraussetzungen, die wesentlich zur Erreichung der wünschbaren Zustände gemäss Erfolgsermittlungskriterien beitragen.

Feedback Feedback ist eine Mitteilung an eine Person, die diese darüber informiert, wie ihre Verhaltensweisen und ihre sachlichen Inhalte von anderen wahrgenommen, verstanden und erlebt werden [in Anlehnung an Ant 1992].

Führungsmodell Unter Führungsmodell wird die Gesamtheit aller Regelungen verstanden, die sich hauptsächlich auf die Motivation der Mitarbeiter auswirken.

Führungsstil Unter Führungsstil versteht man das dauerhafte und in bestimmten Situationen gleichbleibende Verhalten von Vorgesetzten gegenüber Mitarbeitern, das auf einem bestimmten Menschenbild basiert.

Gestaltungsprinzipien Gestaltungsprinzipien sind Denkansätze, mit deren Hilfe komplexe Aufgaben auf eine systematische Art und Weise angegangen und umgesetzt werden können.

Gruppe Die Gruppe ist ein in ihrer Mitgliederzahl meist noch überschaubarer, für Nichtmitglieder erkennbarer Zusammenschluss von Individuen, die gemeinsame Ziele verfolgen, einen Status besitzen und entsprechende Rollen innehaben. Sie stehen in wechselseitiger Beziehung zueinander (häufige Interaktionen).

Handlungskompetenz Projektbezogene Handlungskompetenz ist die Fähigkeit eines Individuums (Projektmitarbeiters), in entsprechenden Situationen selbstständig, verantwortlich und sach- bzw. fachgerecht Probleme und Aufgaben zu lösen bzw. zu bearbeiten.

Katastrophe Eine Katastrophe ist eine sprunghaft veränderte Diskontinuität eines singulären Ereignisses mit eindeutig negativem Ausgang, die auch eine nachfolgende Krise auslösen kann.

Kommunikationsmanagement Kommunikationsmanagement in Projekten ist das PM-Führungsinstrument, in dem die Prozesse angewendet werden, die für das rechtzeitige und sachgerechte Erzeugen, Sammeln, Verteilen, Speichern, Abrufen und Verwenden von Projektinformationen notwendig sind [in Anlehnung an PMB 2004].

Konfigurationsaudit Ein Konfigurationsaudit ist die formale Prüfung des Ausführungsstandes einer Konfigurationseinheit auf Übereinstimmung mit ihren geltenden Konfigurationsdokumenten [DIN 2004].

Konfigurationsidentifizierung Gemäss ISO 10007 beinhaltet die Konfigurationsidentifizierung die Massnahmen zur Festlegung der Produktstruktur, zur Auswahl von Konfigurationseinheiten, zur Dokumentation der physischen und funktionellen Merkmale einschliesslich der Schnittstellen und späterer Änderungen sowie die Zuweisung von Kennzeichnungen (Ziffern und/oder Buchstabenkombinationen) zu Konfigurationseinheiten und deren Dokumenten [DIN 2004]

Konfigurationsmanagement Unter Konfigurationsmanagement wird die Gesamtheit von Methoden, Werkzeugen und Hilfsmitteln verstanden, welche die Entwicklung und Pflege eines Produkts als eine Folge von kontrollierten Änderungen (Revisionen) und Ergänzungen (Varianten) an gesicherten Prozessergebnissen unterstützt [in Anlehnung an Wal 1990].

Konflikte Konflikte sind Spannungssituationen, in denen zwei oder mehrere Parteien, die miteinander in Beziehung stehen, mit Nachdruck versuchen, scheinbar oder tatsächlich unvereinbare Handlungspläne zu verwirklichen, und sich dabei ihrer Gegnerschaft bewusst sind.

Koordination Unter Koordination ist im Zusammenhang mit dem Projektmanagement das zielgerichtete Aufeinanderabstimmen aller Steuerungsmassnahmen zu verstehen, die in, mit und um ein Projekt stattfinden.

Kostenglättung Kostenglättung beinhaltet das Erzeugen eines vorgegebenen (z.B. gleichmässigen) Kostenanfalls durch Verschieben von Vorgängen oder Einsatzmitteln [DIN 69903].

Kostenstrukturplan Der Kostenstrukturplan eines Projekts ist die hierarchische Darstellung der Projektkosten. Er gliedert die anfallenden Kosten in Kostenarten, wobei diese wiederum in Unterkostenarten zerlegt werden können.

Krise Eine Krise im Projekt ist ein Risiko, das eingetroffen ist und sich meistens zeitbezogen zu einem grösseren unkontrollierten Problem entwickelt hat, welches den gesamten Projekterfolg oder das Unternehmen stark gefährdet.

Kybernetik Kybernetik ist die allgemeine, formale Wissenschaft von der Struktur, den Relationen und dem Verhalten dynamischer Systeme [Geo 1961].

Lieferobjekt	Als Lieferobjekt werden alle Ergebnisse bezeichnet, die im Verlauf der Projektabwicklung entstehen.
Meilenstein	Ein Meilenstein beschreibt einen Zustand einer Leistung bzw. ein oder mehrere entscheidende Lieferobjekte, die in der definierten Qualität bis zu einem bestimmten Zeitpunkt mit den entsprechenden Kosten erstellt werden müssen.
Menschenbilder	Menschenbilder sind vereinfachende, implizite Typologisierungen von Menschen, die durch Abstraktion und Verallgemeinerung die Vielfalt von real existierenden Wesensmerkmalen und Verhaltensmustern zu ordnen versuchen [Sche 1980].
Motiv	Ein Motiv löst eine Bewegung im zeitlich relativ konstanten Verhalten einer Person aus.
Motivation	Motivation ist die aktuelle Bereitschaft zum Handeln oder zu einem bestimmten Verhalten.
PM-Leitfaden	Der PM-Leitfaden beinhaltet eine gegliederte Zusammenfassung der für die Projektabwicklung gültigen, übergeordneten organisatorischen Regeln.
Präsentation	Die Präsentation ist eine spezielle Form der Kommunikation, die es ermöglicht, Wort, Schrift, Bild sowie die ganze Vielfalt menschlicher Ausdrucksfähigkeit einzusetzen, um den Teilnehmern die eigenen Ideen nahezubringen oder andere beabsichtigte Wirkungen zu erzielen.
Produktlebenszyklus	Der Produktlebenszyklus umfasst die Zeitdauer vom Start des Produktionszyklus bis und mit seiner Herausnahme aus dem Markt. Ein Produkt lebt aus Sicht einer Unternehmung, solange es einen wirtschaftlichen Umsatz auf dem Markt erzielt und/oder basierend auf Verpflichtungen wie z.B. Garantie vom Unternehmen bewirtschaftet werden muss.
Produktstruktur	Als Produktstruktur bezeichnet man die technische Gliederung des zu entwickelnden Produkts (bzw. Systems) in seine Produktteile; sie ist die Realisierungsstruktur des Produkts [Bur 2002].
Programm	Ein Programm ist ein grosses, zeitlich begrenztes Vorhaben, um eine strategische Aufgabe zu erfüllen. Diese wird erfüllt, indem mehrere Projekte, die durch gemeinsame Hauptziele eng miteinander gekoppelt sind, ins Leben gerufen und durch eine vernetzte Planung, organisatorische Regeln, eine gemeinsame Kultur und eine abgestimmte Kommunikation koordiniert werden.
Projektabwicklung	Mit Projektabwicklung wird das prozessorientierte Projektvorhaben bezeichnet, das in Projektdurchführung und Projektführung unterteilt ist. Es bezieht sich auf den gesamten Aufgabenbereich vom Start bis zum Abschluss eines Projekts.
Projektbudgetplan	Ein Projektbudgetplan sollte aufzeigen, wann welche Finanzmittel benötigt werden, die für die Abwicklung eines Projekts erforderlich sind.
Projektchance	Unter Projektchance wird die Höhe des zusätzlichen Gewinns verstanden, den ein Unternehmen realisieren kann, wenn die Projektziele erreicht oder gar übertroffen werden.
Projektdokumentation	Als Projektdokumentation gilt die Gesamtheit aller relevanten Dokumente, die in oder aus einem Projekt entstehen, Verwendung und Anwendung finden oder anderen Bezug zum Projekt haben. ANMERKUNG: Hierzu können z.B. auch Kontaktdaten, Hyperlinks und Beiträge in Projektforen oder Web 2.0 zählen [DIN 69901-5:2007].
Projektdurchführung	Die Projektdurchführung beinhaltet alle Projektaufgaben, die unmittelbar für eine effiziente Erstellung der systembezogenen Lieferobjekte (Projektprodukt) respektive für die Erfüllung der Systemziele vom Projektteam durchgeführt werden müssen.
Projekte	Projekte sind in sich geschlossene, komplexe und/oder komplizierte Aufträge. Ihre Erfüllung bedingt eine Organisation, die für die Umsetzung der Vorhaben eine Projektmethode anwendet. Mit dieser können alle anfallenden Arbeiten geplant, gesteuert, durchgeführt und kontrolliert werden.
Projekterfolg	Ein Projekterfolg liegt dann vor, wenn die vom Auftraggeber gewünschten Resultate (Leistung) mit den vorgesehenen Mitteln innerhalb der vorgegebenen Zeit in der geforderten Qualität erreicht oder gar übertroffen werden und wenn die Betroffenen das „Neue" akzeptieren und die gewünschte Wirtschaftlichkeit nachweislich eingetroffen ist.
Projektführung	Die Projektführung beinhaltet alle leitenden Aufgaben, welche von einem Projektleiter in einem Projekt wahrgenommen werden müssen, um die Abwicklungsziele erreichen zu können.
Projektinformationen	Projektinformationen sind Daten für Planung, Steuerung und Überwachung eines Projekts.

Projektinformations-system Unter Projektinformationssystem wird das ausgewogene Verhältnis zwischen vorhandenen, notwendigen und nachgefragten projektbezogenen Informationen verstanden und deren Zusammenwirken bei der Erfassung, Be- und Verarbeitung, Auswertung und Weiterleitung.

Projektinstitution Die Projektinstitution definiert das institutionelle Projektmanagement, das alle aufbauorganisatorischen Bereiche beinhaltet, die für ein Projektmanagement-System notwendig sind.

Projektkontrolle Die Projektkontrolle umfasst alle Aktivitäten, um projektbezogene Abweichungen zwischen dem Plan- und dem IST-Zustand aufzudecken.

Projektkostenanfall Der Projektkostenanfall umfasst alle Kosten, die zur Erzielung eines bestimmten Arbeitsergebnisses in einem Projekt entstehen. Sie werden einem Arbeitspaket und/oder einem bestimmten Zeitraum oder Zeitpunkt zugeordnet.

Projektkostenarten Unter Projektkostenarten versteht man, unter Berücksichtigung der jeweiligen Fragestellung, die Gliederung der Kosten von Projekten, die sich an technischen, arbeitsteiligen und/oder kalkulatorischen Gegebenheiten orientieren.

Projektkostenplanung Die Projektkostenplanung beinhaltet die Ermittlung und Zuordnung der voraussichtlichen Kosten für die Arbeitspakete unter Berücksichtigung der vorhandenen Einflussgrössen und der vorgegebenen Ziele.

Projektkostenstelle Die Projektkostenstelle ist der in einem Projekt abgegrenzte Verantwortungsbereich, der sich mit den Projektkosten befasst.

Projektleitung Mit dem Begriff Projektleitung wird die für die Dauer eines Projekts geschaffene Stelle, die für das Planen, Steuern und Kontrollieren dieses Projekts verantwortlich ist, umschrieben.

Projektmanagement-Governance Unter Projektmanagement-Governance fasst man alle Rechtsverhältnisse einer Organisation zusammen, die einen Bezug zum Projektmanagement-System in der Organisation aufweisen.

Projektmanagement-System Das Projektmanagement-System (PMS) ist ein System von Richtlinien, organisatorischen Strukturen, Prozessen und Methoden zur Planung, Überwachung und Steuerung von Projekten [DIN 69901-5:2007].

Projektmanagement-Systemelemente Projektmanagement-Systemelemente sind einzelne Disziplinen, die in einem Projekt von den jeweiligen Rollen berücksichtigt und beherrscht werden müssen.

Projektmarketing Als Projektmarketing bezeichnet man alle bewusst werbenden Aktionen eines Projekts innerhalb der internen und externen Stakeholder (Projektumfeld), um diese im Sinne des Projekterfolgs mittels eines partizipativen Ansatzes strategisch zu beeinflussen und abzusichern.

Projektorganisation Projektorganisation beinhaltet die Aufbau- und Ablauforganisation zur Abwicklung eines bestimmten Projekts [DIN 69901-5:2007].

Projektphase Eine Projektphase ist ein zeitlicher Abschnitt eines Projektablaufs, der sachlich von anderen Abschnitten getrennt ist. Die Projektphase wird durch eine Vernehmlassung offiziell abgeschlossen [DIN 69901].

Projektplanung Projektplanung ist die geistige Vorwegnahme der zukünftigen möglichen Realitäten.

Projektportfolio Im Projektportfolio (bzw. Multiprojekting) werden alle eigenständigen Projekte einer Führungseinheit gemanagt. Dazu gehören alle Aufgaben, die für das Priorisieren, das Koordinieren, das Kontrollieren und das Unterstützen der anstehenden und laufenden Projekte aus Projektportfolio-Sicht notwendig sind.

Projektprodukt Ein Projektprodukt ist ein in sich abgeschlossenes, für den Auftraggeber bestimmtes Ergebnis eines erfolgreich durchgeführten Projekts.

Projektsteuerung Die Projektsteuerung umfasst in erster Linie alle projektinternen Aktivitäten des Projektleiters, die notwendig sind, um das geplante Projekt innerhalb der Planungswerte abzuwickeln und erfolgreich durchzuführen [Men 1988].

Projektstruktur Die Projektstruktur ist die Gesamtheit aller Elemente eines Projekts (Teilprojekte, Arbeitsprojekte, Vorgänge) sowie die wesentlichen Bestandteile zwischen diesen Elementen [DIN 69901-5:2007].

Projektziele Die Projektziele sind die Gesamtheit von Einzelzielen, die durch das Projekt erreicht werden sollen, bezogen auf Projektgegenstand (Ergebnis) und Projektablauf (Abwicklung) [DIN 69905].

Qualitative Risikoanalyse Die qualitative Risikoanalyse ist ein Prozess des Ordnens von Risiken nach Priorität für eine weitere Analyse oder Aktion, indem ihre Eintrittswahrscheinlichkeit und ihre Auswirkung bewertet und kombiniert werden [PMI 2004].

Quantitative Risikoanalyse Die quantitative Risikoanalyse ist ein Prozess der numerischen Analyse der Auswirkungen aller identifizierten Risiken auf die gesamten Projektziele [PMI 2004].

Qualitätsaudit Ein Qualitätsaudit dient zur Beurteilung der Einhaltung organisatorischer Festlegungen zur Qualitätssicherung sowie der Wirksamkeit dieser Festlegungen anhand objektiver Nachweise.

Qualitätslenkung Qualitätslenkung steuert, überwacht und korrigiert den Entwicklungsprozess mit dem Ziel, die vorgegebenen Qualitätsanforderungen zu erfüllen [ISO 8402].

Qualitätsmanagement Qualitätsmanagement in Projekten beinhaltet alle Tätigkeiten der Projektführung, welche die qualitätsbezogenen Projektziele und die Verantwortlichkeiten festlegen sowie diese mittels der Qualitätsplanung, der Qualitätslenkung und der Qualitätsprüfung verwirklichen.

Qualitätsmanagement-Modell Unter einem Qualitätsmanagement-Modell versteht man ein Hilfsmittel zur Zielsetzung, Planung, Prüfung, Lenkung und Sicherung von Qualitätsanforderungen, welches ein methodisch abgestütztes, gesamtunternehmerisches Qualitätsziel verfolgt.

Qualitätsplanung Unter Qualitätsplanung in Projekten versteht man das Definieren und Planen von konstruktiven und analytischen Massnahmen und Verfahren der Qualitätssicherung, um die an den Projektabwicklungs-Prozess und an das Produkt gestellten Anforderungen, unter Berücksichtigung ihrer Realisierungsmöglichkeiten, sicherzustellen.

Qualitätsprüfung Unter Qualitätsprüfung in Projekten wird das Feststellen verstanden, inwieweit eine Einheit respektive ein Lieferobjekt im Prüfstatus (Prüfobjekt) die vorgegebenen Anforderungen erfüllt und inwieweit die Projektabwicklungsprozesse gemäss dem definierten Vorgehen eingehalten wurden.

Reaktionsfrist Mit Reaktionsfrist ist die Zeit gemeint, die vom Entdecken einer zu verändernden Situation über das Einleiten einer Massnahme bis zu ihrer effektiven Umsetzung verstreicht.

Release Das Release ist die Summe aller neuen Anforderungen und Changes, die gemeinsam geplant, realisiert, getestet und in die Produktionsumgebung überführt werden. An einem Release sind in der Regel mehrere Konfigurationseinheiten beteiligt.

Ressourcen Unter Ressourcen in der Projektabwicklung werden Personal-, Betriebs- und Finanzmittel verstanden, die für die Durchführung von Projektvorgängen bzw. für die Erledigung von Arbeitspaketen notwendig sind.

Ressourcenmanagement Ressourcenmanagement in der Projektabwicklung ist das qualitative, zeitliche und räumliche Managen (Planen, Steuern, Kontrollieren) von Finanz-, Personal- und Betriebsmitteln, welche für die Projektarbeit benötigt werden.

Review Ein Review ist ein mehr oder weniger formal geplanter und strukturierter Analyse- und Bewertungsprozess, in dem Projektergebnisse einem Team von Gutachtern präsentiert und von diesem kommentiert oder genehmigt werden [Wal 1990].

Risiko Ein Risiko ist ein mögliches Ereignis mit unerwünschter Wirkung.

Risikomanagement Risikomanagement als Teil der Projektabwicklung ist das bewusste Einbeziehen und Bewältigen von möglichen, projektbezogenen Störfällen in der Projektabwicklung auf der Grundlage der systematischen Erfassung, Bewertung und Verfolgung von projektbezogenen Risiken. Es ist aber auch das gezielte Wahrnehmen und Umsetzen von Chancen.

Stakeholder Die Stakeholder des Projekts sind Einzelpersonen und Organisationen, die aktiv am Projekt beteiligt sind oder deren Interessen durch die Durchführung oder den Abschluss des Projekts eventuell positiv oder negativ beeinflusst werden; sie können auch Einfluss auf das Projekt oder seine Ergebnisse ausüben [PMI 2004].

Strategie Eine Strategie bezweckt die langfristige Gestaltung der Unternehmung. Die Strategie ist das Wichtige, das ständig im Auge behalten werden muss; die Taktik ist das Dringliche, das bewältigt werden muss und nicht vernachlässigt werden darf, wenn man das Wichtige erreichen will [Hin 2004].

System Ein System im organisatorischen Sinn ist eine gegenüber der Umwelt abgegrenzte Gesamtheit von Elementen (in einer Unternehmung z.B. die Elemente Einkauf, Entwicklung, Verwaltung, Verkauf), zwischen denen Beziehungen bestehen.

Systemdenken Das Systemdenken ist ein Werkzeug zur Gestaltung von komplexen Systemen.

Systemziele Systemziele sind Aussagen über künftige Zustände, über wichtige Merkmale und Verhaltensweisen eines Systems, die erreicht werden sollen. Sie orientieren sich vor allem an den Wirkungen, die ein zu gestaltendes System in der Nutzungsphase hervorbringen soll.

Tailoring	Mit dem Tailoring werden die nichtrelevanten Tätigkeiten und Lieferobjekte, die im Projektmanagement-Leitfaden aufgeführt sind, gestrichen. Damit wird gewährleistet, dass der eingesetzte Aufwand für jedes Projekt situationsgerecht ist.
Team	Das Team ist eine in ihrer Mitgliederzahl meist noch überschaubare, für Nichtmitglieder erkennbare harmonierende Gesamtheit von Individuen, die gemeinsame Ziele verfolgen, einen Status besitzen und entsprechende Rollen innehaben. Sie stehen wechselseitig häufig konstruktiv und weitgehend harmonisch in Beziehungen (Interaktion).
Teammanagement	Teammanagement in Projekten beinhaltet die Prozesse, Techniken und Vorgehensweisen, die insbesondere das Projektteam, aber auch andere Beteiligte unter Berücksichtigung der personen- und aufgabenbezogenen Zielsetzungen organisieren und managen.
Teilsystem	Ein Teilsystem ist eine Menge von Elementen, die durch bestimmte Beziehungsarten miteinander verknüpft sind bzw. bestimmte Gemeinsamkeiten aufweisen. Diese Beziehungen können das gesamte System überlagern (Querschnitts- oder funktionale Betrachtung) [Sch 1994b].
Testen	Testen ist der Prozess, ein Produkt durch manuelle oder automatisierte Hilfsmittel zu bewerten, um damit die Erfüllung der spezifizierten Anforderungen nachzuweisen [IEEE 1983b].
Unternehmensentwicklung	Unternehmensentwicklung wird als ein langfristiger, dynamischer und geplanter Problemlösungs-, Erneuerungs- und Lernprozess beschrieben, der sich auf die betroffenen Mitglieder und die zwischen ihnen bestehenden sozialen Beziehungen sowie auf Funktionen und die Struktur der Organisation erstreckt.
Unternehmensleitbild	Gemäss Thommen [Tho 2002] gilt das Unternehmensleitbild (Unternehmungs- und Führungsgrundsätze) als allgemeine Richtlinie, die alle Führungskräfte bei ihrem Handeln berücksichtigen sollten.
Untersystem	Ein Untersystem ist eine vom Gesamtsystem abgrenzbare Teilmenge von Elementen und Beziehungen [Sch 1994b].
Validation	Validation ist eine Nachweisführung, bei der gezeigt wird, dass das betrachtete Produkt die Erwartungshaltung und die Erfordernisse des Nutzers erfüllt.
Verifizierung	Verifizierung ist eine Nachweisführung, bei der gezeigt wird, dass ein Produkt die Anforderungen, die während vorhergehender Aktivitäten festgelegt wurden, vollständig erfüllt und keine weiteren Funktionen enthält [Brö 1995].
Vertrag	Ein Vertrag ist eine für beide Seiten bindende Vereinbarung, die den Auftragnehmer verpflichtet, das genannte Produkt zu liefern, und den Auftraggeber verpflichtet, dafür zu bezahlen [PMI 2004].
Vertragsdesign	Vertragsdesign beinhaltet die Gesamtheit der Regeln, die den Entwurf im Aufbau, in seinen Formen und in seiner Sprache bestimmen.
Vertragsmanagement	Vertragsmanagement im Projektmanagement ist ein Aufgabengebiet innerhalb des Projektmanagements zur Steuerung der Gestaltung, des Abschlusses, der Fortschreibung und der Abwicklung von Verträgen zur Erreichung der Projektziele [DIN 69905].
Vorgehensmodell	Unter Vorgehensmodell wird eine projektübergreifende Vorgehensmethode oder Regelung verstanden, mit der Aktivitäten und Ergebnisse eines Vorhabens aus Sicht des gesamten Projekt-, aber auch Produktlebenszyklus umgesetzt bzw. bearbeitet werden können.
Werkzeuge	Werkzeuge sind im Projektmanagement meistens Softwaretools sowie intelligente Officevorlagen, welche die zur Anwendung kommenden Techniken unterstützen und deren Verwendung erzwingen.
Ziel	Ein Ziel ist ein angestrebter zukünftiger Zustand, der nach Inhalt, Zeit und Ausmass genau bestimmt ist.
Zuschlagskriterien	Zuschlagskriterien sind bei der Wahl des technisch und wirtschaftlich günstigsten Angebotes die vom Auftraggeber im Verhältnis ihrer Bedeutung festgelegten, nicht diskriminierenden und auftragsbezogenen Kriterien, nach welchen das technisch und wirtschaftlich günstigste Angebot ermittelt wird.

F. Abkürzungsverzeichnis

Im Buch verwendete gebräuchliche Abkürzungen:

A/K/V	Aufgaben, Kompetenzen, Verantwortung	ETC	Estimate to Completion
AC	Actual Cost	EW	Eintrittswahrscheinlichkeit
AG	Auswirkungsgrad	FA	Frühester Anfangszeitpunkt
ANSI	American National Standard Institut	FaG	Fachgremium
AP	Arbeitspaket	FE	Frühester Endzeitpunkt
AR	Architectural Release	FG	Fertigungsstellungsgrad
ASP	Applications Service Providing	FP	Freie Pufferzeit
ATG	Auftraggeber	FPM	Function Point Method
BAC	Budget at Completion	GP	Gesamte Pufferzeit
BC	Business Case	HD	Häufigste Dauer
BCWS	Budgeted Cost of Work Scheduled	ICB	IPMA Competence Baseline
BeP	Break-even-Point	IEC	International Electrotechnical Commission
BI	Business Intelligence	IEEE	Institute of Electrical and Electronics Engineers
BSC	Balanced Scorecard	IFRS	International Financial Reporting Standard
CAPM	Certified Assistant in Project Management	IKT	Informations- und Kommunikationstechnik
CB	Corporate Behaviour	IPMA	International Project Management Association
CC	Corporate Communications	IR	Internal Release
CCPM	Critical Chain Project Management	IRR	Internal Rate of Return
CD	Corporate Design	ISB	Informatikstrategieorgan Bund
CEN	Comité Européen de Normalisation	ISO	International Organization for Standardization
CI	Corporate Identity	ITU	International Telecommunication Union
CM	Changemanagement	KM	Konfigurationsmanagement
CMMI	Capability Maturity Modell Integration	KPI	Key Performance Indicator
CoB	Controlling-Bericht	KVP	Kontinuierlicher Verbesserungsprozess
CP	Check Point	LoI	Letters of Intent
CPI	Cost Performance Index	MD	Mittlere Dauer
CPM	Critical Path Method	MIT	Massachusetts Institute of Technolgie
CR	Change Request	MoU	Memorandum of Understanding
CRM	Customer Relationship Management	MP	Multiprojecting
CV	Cost Variance	MPM	Metra Potential Method
DIN	Deutsche Industrienorm	MR	Major Release
DM	Dokumentenmanagement	MS	Meilensteine
EAC	Estimate at Completion	NAFO	Neue Formen der Arbeitsorganisation
EF	Einsatzfaktor	NDA	Non Disclosure Agreement
EFQM	European Foundation for Quality Management	NPV	Net Present Value
ERP	Enterprise Resource Planning		

NDA	Non Disclosure Agreement	RFI	Request for Information
NPV	Net Present Value	RFP	Request for Proposal
OD	Optimistische Dauer	RFQ	Request for Quotation
OE	Organisationsentwicklung	RG	Risikograd
OGC	Office of Government Commerce	RM	Risikomanagement
OPM3	Organizational Project Management Maturity Model	ROI	Return on Investment
PD	Pessimistische Dauer	RUP	Rational Unified Process
PEDB	Projekterfahrungsdatenbank	S&R	Standard und Richtlinien
PERT	Program Evaluation and Review Technique	SA	Spätester Anfangszeitpunkt
PgMP	Program Management Professional	SE	Spätester Endzeitpunkt
PIKS	Projektinternes Kontrollsystem	SEI	Software Enineering Institute
PL	Projektleiter	SIA	Schweizerischer Ingenieur- und Architektenverein
PMA	Projektmitarbeiter	SLA	Service Level Agreements
PMI	Project Management Institute	SMG	Strukturiertes Mitarbeitergespräch
PMIS	Projektmanagement-Informationssystem	SNV	Schweizerische Normenvereiningung
PMP	Project Management Professional	SOX	Sarbanes Oxley
PMS	Projektmanagement-System	SPI	Schedule Performance Index
PO	Projekt-Office	SPO	Strategic Project Office
PPB	Projektportfolio Board	SV	Schedule Variance
PPC	Projektportfolio Controller	SWOT	Strengths, Weaknesses, Opportunities, and Threats
PPM/ PPMA	Projektportfolio Manager	TFP	Total Function Point
PQM	Projektqualitätsmanagement	TM	Teammanagement
PR	Public Relations	TPL	Teilprojektleiter
PRM	Projektrisiko-Manager	TPM	Time Based Management
PSB	Projektstatusbericht	TUM	Technische Universität München
PSC	Project Scorecard	UC	Use Case
PSG	Projektsteuerungs-Gremium	UP	Unabhängige Pufferzeit
PT	Personentage	VAC	Variance at Completion
PV	Planned Value	WBS	Work Breakdown Structure
QMS	Qualitätsmanagement-System	WSC	World Standards Cooperation
ReM	Ressourcenmanagement	WTO	World Trade Organization

G. Fachwörterbuch Deutsch–Englisch

Abgenommen	Approved
Ablaufplan (Projekt)	Flow Chart
Abnahme	Acceptance
Abnahmebereitschaft	Accept Readiness
Abnahmekriterien	Acceptance Criteria
Abschlussprozesse	Closing Processes
Abweichung	Variance
Abweichungsanalyse	Variance Analysis
Abweichungsbericht	Exception Report
Abwicklungsziele	Completion Targets
Aktualisierter Projektplan	Updated Project Plan
Amortisationsrechnung	Amortization Calculation
Analyse	Analysis
Analysetechniken	Analysis Techniques
Änderungsantrag	Change Request
Änderungsauftrag	Change Assignment
Änderungscontrollingsystem	Change Control System
Änderungsmanagement	Change Management
Änderungsmeldung	Change Request
Änderungsmitteilung	Change Information
Änderungsvorgehen	Change Procedure
Änderungsvorschlag	Change Proposal
Anforderung	Requirement
Anforderungskatalog	Catalogue of Requirements
Angebotsanfrage	Request for Quotation/Information (RFQ/RFI)
Angebotsaufforderung	Request for Proposal (RFP)
Annahmen	Assumptions
Anordnungsbeziehung	Logical Relationship
Anspruch	Claim
Antragsprüfer	Application Controller
Antragsprüfung	Application Control
Arbeit	Work
Arbeitgeber	Employer
Arbeitsfreigabe	Work Authorization
Arbeitsleistung	Performance
Arbeitspakete	Work Packages
Arbeitsschritt	Work Procedure
Arbeitswertbetrachtung	Exonomic Value Added
Aufgabe	Task
Auftrag (Projektauftrag)	Project Order
Auftraggeber	Client/Sponsor
Auftragnehmer	Contractor
Aufwand	Effort
Ausschreibung	Invitation for Bid
Auswahl	Selection
Auswirkungsgrad	Level of Impact
Balkendiagramm	Bar Chart
Basisplan	Baseline
Bedrohung	Threat
Befugnis	Authority
Benutzbarkeit	Usability
Benutzer	User
Beobachtung	Observation
Berechnungstechniken	Calculation Techniques
Berichtswesen	Performance Reporting
Beschaffung	Procurement
Beschaffungsprojekte	Procurement Projects
Beschränkung	Constraint
Besprechungsraum	Meeting Room
Betrieb	Operations
Betroffene und Involvierte	Stakeholder
Bewertungstechniken	Valuation Techniques
Bottom-Up-Prinzip (Schätzung)	Bottom-Up Estimate
Budget	Budget
Budgetabweichung	Budget Deviation
Budgetkosten der geplanten Arbeit	Budgeted Costs of Work Scheduled (BCWS)
Business Case	Business Case
Chance	Opportunity
Controlling von Inhalt und Umfang	Scope Control
Datum	Date
Datum des aktuellen Stands	Actual Date
Dauer	Duration
Definition des Inhalts und Umfangs/Scope Definition	Scope Definition
Detailziele	Detail Targets
Dialog	Dialogues
Dienstleistung	Service
Direkt wirksame Steuerung	Direct Active Execution
Dokument	Document
Dokumentationskontrolle	Control of Documents
Dokumente für die Beschaffung	Procurement Documents
Dringlichkeitsgrad	Level of Urgency
Earned Value Methode	Earned Value Technique (EVT)
Effizienzgrad	Level of Efficiency
Eigenkontrolle	Self Control
Einflussgrösse	Influencing Factor/Influencing Variable
Einführung	Deployment/Roll-Out
Einkauf	Purchasing
Einkäufer	Buyer
Einsatzmittel	Operating Resource
Einsatzmittelbedarfsschätzung für den Vorgang	Activity Resource Estimating
Einsatzmittelhistogramm	Resource Histogram
Einsatzmittelkalender	Resource Calendar
Einsatzmittelplanung	Resource Planning
Einsatzmittelstrukturplan	Resource Breakdown Structure (RBS)
Eintrittswahrscheinlichkeit	Likelihood of Occurrence/ Probability
Einzelaufwand	Single Effort
Endfolge	End to End
Endzeitpunkt	End time
Endzeitpunkt des Basisplans	Baseline End Point of Time
Entscheidungsbaum	Decision Tree
Entscheidungsbaum-Analyse	Decision Tree Analysis
Entscheidungsprozess	Decision-making Process
Entwickeln des Projektauftrags	Develop Project Order
Entwickeln des Projektplans	Develop Project Management Plan
Entwicklungsprojekte	Development Projects
Entwurfs-Review	Design Review
Ereignis	Event
Erfolgsfaktor	Factor of Success
Ergebnis	Result
Erhebung	Survey
Erhebungstechniken	Inquiry techniques
Ersatzmittel	Surrogates
Erstbeurteilung	First Assessment
Erstellen des Projektstrukturplans	Create Work Breakdown Structure (WBS)
Erstellungsdatum	Creation Date
Ertrag	Income
Evolutionär	Evolutionary

Fachgremium	Advisory Board
Fachsitzung	Technical Meeting
Fachurteil	Expert Judgment
Faktoren der Unternehmenswelt	Enterprise Environmental Factors
Fehler	Error/Bug/Defect
Fehleranalyse	Fault Analysis
Fehlerbehebung	Correction
Fertigkeit	Skill
Fertigstellungswert	Completion Rate
Festpreisvertrag	Fixed-Price Contract/Lump-Sum Contract
Finanzmittel	Funds
Finanzmittelplan	Financial Resources Plan
Fortschrittsbericht(e)	Performance Report(s)
Fragebereich	Question Area
Fragebogen	Questionnaire
Freie Pufferzeit	Free Float (FF)
Freigabe Lieferobjekte	Approval of Results
Freigegebene Lieferergebnisse	Released Results
Frühester Anfangszeitpunkt	Early Start Date (ES)
Frühester Endzeitpunkt	Early Finish Date (EF)
Frühwarnsystem	Early Warning System
Führungsentscheid	Management Decision
Führungsgrundsätze	Management Principles
Führungsstil	Style of Management
Funktionsdiagramm	Responsibility Assignment Matrix
Gantt-Diagramm	Gantt Chart
Gemeinsamkeiten	Commonals
Genehmigen	Approve
Genehmigter Änderungsantrag	Approved Change Request
Genehmigung	Approval
Geplanter Anfangszeitpunkt	Scheduled Start Date (SS)/Planned Start Date (PS)
Geplanter Endzeitpunkt	Scheduled Finish Date (SF)/Planned Finish Date (PF)
Geplanter Wert	Planned Value (PV)
Gesammelte Erfahrungen	Lessons Learned
Gesamtbeurteilung	General Judgment/Review
Gesamte Pufferzeit	Total Float (TF)
Gesamtprojektleiter	General Project Leader
Geschäftsfelder	Business Areas
Geschwindigkeit	Velocity/Speed
Gesicherter Festpreisvertrag	Firm-Fixed-Price (FFP) Contract
Gestaltungs-Prozess	Design Process
Gewichtung	Weighting
Gewinnvergleichsrechnung	Plan/Actual Profit Comparison
Globalziele	Global Targets
Gremien	Committees
Grobterminplan	Master Schedule
Grundmodell	Base Model
Grundursachenanalyse	Root Cause Analysis
Gruppenziele	Team Goals
Gutachten	Expertise
Hauptbereiche	Main Areas
Historische Daten	Historical Information
Ideenfilter	Idea Filter
Ideenfindungs-Prozess	Idea Forming Process
Improvisierter Entscheid	Ad hoc Decision
In Anwendung	In Use, In Application
In Arbeit	In Progress
In Prüfung	In Examination
Informatikprojekt	IT Project
Informationsanfrage	Request for Information
Informationsbeschaffung	Provision of Information
Informationsempfänger	Information Receiver
Informationskanäle	Information Channels
Informationsplan	Information Plan
Informationsplan	Communications Planning
Informationssystem	Information System
Informationsverteilung	Information Distribution
Informationszeitpunkt	Information Time
Inhalt und Umfang	Scope
Inhalts- und Umfangsänderungen	Scope Change/Change in Scope
Inhalts- und Umfangsbasisplan	Scope Baseline
Inhalts- und Umfangsmanagement in Projekten	Project Scope Management
Initialauftrag	Initial Assignment
Initialisierung	Initialization
Initialisierungsphase	Initialization Phase
Initiator	Initiator
Initiierungsprozesse	Initiating Processes
Inkrementell	Incremental
Input	Input
Inspektion	Inspection
Integrationsprozess	Integration Process
Integriert	Integrated
Interessengruppenzufriedenheit	Satisfaction of Stakeholders
Investitionsberechnung	Investment Calculation
Investitionskosten	Investment Costs
Investitionsvolumen	Investment Volume
Ist-Kosten	Actual Costs (AC)
Ist-Kosten der geleisteten Arbeit	Actual Costs of Work Performed (ACWP)
Ist-Situation	Actual Situation
IT-Architektur	IT Architecture
IT-Entwicklungsprojekte	IT Development Projects
Kann-Ziele	Optional Targets
Kapazitätsbelastungs-Diagramm	Capacity Load Diagram
Kapitalwertmethode	Capital Value Method
Kennzahlmethode	KPI (Key Performance Indicator)/ Benchmarking
Kerngeschäft	Core Business
Klasse	Grade
Kommunikation	Communication
Komplexitätsgrad	Level of Complexity
Komponente	Component
Konfigurationsmanagement	Configuration Management
Konfigurationsmanagementsystem	Configuration Management System
Konstruktive Massnahmen	Constructive Measures
Kontenrahmen	Chart of Accounts
Kontrollbereiche	Control Areas
Kontrolle	Control/Check/Examination
Kontrollkonto	Control Account (CA)
Kontrollsichten	Control Views
Kontrollsitzung	Control Meeting
Kontrolltechniken	Control Techniques
Kontrollverfahren	Control Procedure
Kontrollzeitpunkt	Control Time
Kontrollzweck	Control Purpose
Konzept	Concept
Konzept präsentieren	Concept Presentation
Konzeptionsanalyse	Conceptual Analysis
Konzeptionsentwurf	Conceptual Design
Konzeptionsphase	Conceptual Phase
Koordination	Co-ordination
Korrektheit	Correctness
Korrekturmassnahme	Corrective Action
Kosten	Costs
Kosten/Kosten-Vergleich	Cost/Cost Comparison
Kosten/Nutzen-Analyse	Cost/Benefit Analysis
Kosten/Nutzen-Berechnungen	Cost/Benefit Calculation
Kosten/Nutzen-Vergleich	Cost/Benefit Comparison
Kostenabweichung	Cost Variance (CV)
Kostenbasislinie	Cost Baseline
Kostendach	Cost Ceiling

Kostenentwicklungsindex	Cost Performance Index (CPI)
Kostenfaktor	Cost Factor
Kostenplanung	Cost Budgeting
Kostenschätzung	Quotation/Cost Estimate
Kostenvergleichsrechnung	Plan/Actual Cost Comparison Calculation
Kostenvoranschlag	Should-Cost Estimates
Kreativitätstechniken	Creativity Techniques
Kreis-Diagramm	Circle Diagram/Pie Chart
Kritischer Vorgang	Critical Activity
Kritischer Weg	Critical Path
Kunde	Customer
Kundenziele	Client Goals
Kundenzufriedenheit	Customer Satisfaction
Laufzettelverfahren	Route Card Procedure
Lebenszyklus	Life Cycle
Leistung	Performance
Leistungsbeschreibung	Statement of Work (SOW)
Lenkungsausschuss	Steering Committee
Lieferanten	Suppliers
Lieferantenanfragen	Supplier Query
Lieferanten-Audit	Supplier Audit
Lieferantenauswahl	Selection/Evaluation of Suppliers
Lieferantenkontrolle	Control of Supplier
Lieferobjekte	Deliverables
Lineare Optimierung	Linear Optimization
Linien-Diagramm	Line Diagram/Line Graph
Linienmanager	Line Manager
Linien-Projektorganisation	Project Line Organization
Liste der offenen Arbeiten	Open Task List
Lösung	Solution
Lösungsentwürfe	Draft Solutions
Lösungsfindung	Solution Identification
Managementrisiken	Management Risks
Mängel	Defects
Mängel-Analyse	Defect Analysis
Massnahmen-Katalog	Measurement Catalogue
Masterplan	Master Plan
Material	Material
Materialzulieferungsrisiko	Material supply risk
Matrix-Projektorganisation	Strong Matrix Organization
Meilensteine	Milestones
Meilensteintrend	Milestone Trend
Meldung	Message
Mengenanalyse	Quantitative Analysis
Messung der technischen Leistung	Technical Performance Measurement
Methode des kritischen Wegs	Critical Path Method (CPM)
Metriken	Metrics
Minimierung	Minimization
Mitarbeiter	Employee
Mitarbeiterbeurteilung	Staff Performance Appraisal
Mitarbeiterförderungsprogramm	Career Advancement Programme
Mitarbeiterrisiko	Staff Risk
Monitoring/Überwachung	Monitoring
Morphologische Analyse	Morphological Analysis
Motivationsrisiko	Motivation Risk
Multimomentstudie	Multi Moment Study
Muss-Ziele	Mandatory Targets
Nacharbeiten	Rework
Nachfolger	Successor
Netzplan	Network Plan
Netzplanablaufstruktur	Network Logic
Netzplandiagramm	Network Plan
Netzplantechnik	Network Analysis
Netzplanweg	Network Path
Netzwerken	Networking
Neueste überarbeitete Schätzung	Latest Revised Estimate
Nutzen	Benefit
Nutzwert-Analyse	Efficiency Analysis
Organigramm	Organization Chart
Organisation	Organization
Organisationsentwicklung	Organizational Development
Organisationskonzept	Organizational Concept
Organisationsorientierter Strukturplan	Organizational Breakdown Structure (OBS)
Organisationsplan	Organizational Plan
Organisationsprojekte	Organizational Projects
Organisationsveränderungsgrad	Level of Organization Change
Partiell	Partially
Personalbedarfsplanung	Human Resource Planning
Personal-Kommission	Staff Committee
Personalmanagement in Projekten	Project Human Resource Management
Personalmittelplan	Staff Resources Plan
Personen	People
Personenorientiert	People oriented
Pfeil	Arrow
Pflichtenheft	Proposal
Phasenende	End of Phase
Plan für Inhalts- und Umfangsmanagement in Projekten	Project Scope Management Plan
Planen der Einkäufe und Beschaffungen	Planning of Purchases and Acquisitions
Planen des Vertragswesens	Contract Management Planning
Planung	Planning
Planung des Inhalts- und Umfangs	Scope Planning
Planungsablauf	Planning Process
Planungsbericht	Planning Report
Planungskontrolle	Planning Control
Planungspaket	Planning Package
Planungsrisiko	Planning Risk
Planungstechniken	Planning Techniques
Politisches Risiko	Political Risk
Portabilität	Portability
Portfolio	Portfolio
Präferenzmatrix	Preference Matrix
Praktik	Practice
Präsentation	Presentations
Pro/Contra-Analyse	Pro/Contra Analysis
Problem	Issue
Problemanalyse	Problem Analysis
Problemlösung	Problem Solution
Problemmeldung	Problem Report
Produkt	Product
Produktaudit	Product Audit
Produktbezogene Rahmenbedingungen	Product Related Underlying Conditions
Produktinhalt und -umfang	Product Scope
Produktkonfiguration	Product Configuration
Produktlebenszyklus	Product Life Cycle
Produkttest	Product Test
Prognosen	Forecasts
Programm	Program
Projekt	Project
Projekt Scope/Projektinhalt	Project Scope (Statement)
Projektabschluss	End of the Project/Project Closure
Projektabschluss	Close Project
Projektabschlussbericht	Final Report
Projektabwicklung	Project Completion
Projektabwicklungserfolg	Project Completion Success
Projektabwicklungsinstrument	Project Completion Instruments
Projektabwicklungs-Prozess	Project Completion Process
Projektabwicklungs-Techniken	Project Completion Techniques
Projektantrag	Project Proposal
Projektarbeit	Project Work

Projektarten	Project Types
Projektaudit	Project Audit
Projektauflösung	Project Closing
Projektauftrag	Project Order/Contract/Agreement
Projektbasierte Organisation	Projectized Organisation
Projektberichtwesen	Project Reporting
Projektbezogene Rahmenbedingungen	Project Related Underlying Conditions
Projektbudgetplan	Project Budget Plan
Projektbüro	Project Office
Projektdauer	Project Duration
Projektdefinition	Scope Definition
Projektdokumentation	Project Documentation
Projektdokumente	Project Documents
Projektdurchführungs-Prozess	Project Performing Process
Projektdurchführungs-Techniken	Project Performing Techniques
Projekteinflussgrössen	Project Influences
Projektentwicklungsinstanz	Project Development Authority
Projekterfolg	Project Success
Projekterfolgsbericht	Project Success Report
Projekterfolgsfaktoren	Project Success Factors
Projekt-Excellence	Project Excellence
Projektfreigabe	Project Release
Projektführung	Project Management
Projektführungs-Prozess	Project Management Process
Projektführungsrisiko	Project Management Risk
Projektführungs-Techniken	Project Management Techniques
Projektgesamtklassifikation	Total Project Classification
Projektidee	Project Idea
Projektimpuls	Project Impulse
Projektinformationssystem	Project Management Information System
Projektinhalt und -umfang	Project Scope
Projektinitiierung	Project Initiation
Projektinstitution	Project Institution
Projektkalender	Project Calendar
Projektklasse	Project Class
Projektklassierung	Project Classification
Projektklassifikation	Project Classification
Projektkonfiguration	Project Configuration
Projektkontrolle	Project Monitoring & Control
Projektkosten	Project Costs
Projektkostenplan	Project Costs Plan
Projektkostenstelle	Project Costs Centre
Projektkultur	Project Culture
Projektlebenszyklus	Project Life Cycle
Projektleiter	Project Manager (PM)
Projektmanagement	Project Management (PM)
Projektmanagementbüro	Project Management Office
Projektmanagementprozess	Project Management Process
Projektmanagementsoftware	Project Management Software
Projektmanagementsystem	Project Management System
Projektmanagementzyklus	Project Management Cycle
Projektmitarbeiter	Project Staff
Projektnutzen	Project Benefit
Projektorganigramm	Project Organization Chart
Projektorganisation	Project Organization
Projektphase/Phase	Phase
Projektphase/Phase	Project Phase
Projektplan	Project Plan
Projektplanung	Project Planning
Projektportfolio Management	Project Portfolio Management
Projektportfolio-Bildung	Project Portfolio Built
Projektportfolio-Controller	Project Portfolio Controller
Projektportfolio-Controllingbericht	Project Portfolio Controlling Report
Projektportfolio-Liste	Project Portfolio List
Projektportfoliomanagement	Project Portfolio Management

Projektportfolio-Nachkontrolle	Project Portfolio Follow-Up Inspection
Projektportfolio-Prioritätskriterien	Project Portfolio Priority Criterias
Projektportfolio-Sicht	Project Portfolio View
Projektprodukt	Project Product
Projektrisiken	Project Risks
Projektsitzung	Project Meeting
Projektsponsor	Project Sponsor
Projektstart	Project Start-Up
Projektstatusbericht	Project Status Report
Projektsteuerung	Project Execution
Projektsteuerungs-Gremium	Project Steering Committee
Projektstrukturplan (PSP)	Work Breakdown Structure (WBS)
Projekttätigkeiten	Project Activities
Projektteam	Project Team
Projektteammitglieder	Project Team Members
Projektteam-Umwelt	Project Team Environment
Projektteamverzeichnis	Project Team Directory
Projektterminplan	Project Schedule
Projektträger	Project Support Agencies
Projektumwelt	Project Environment
Projektvertrag	Project Agreement
Projektziele	Project Objectives
Protokolle	Log
Prozentsatz-Verfahren	Percentage Procedure
Prozess	Process
Prozessaudit	Process Audit
Prozessgruppe	Process Group
Prüffragenkataloge	Inspection Questionnaire/Checklist
Prüfmatrix	Inspection Matrix
Prüfplan	Inspection Plan
Puffer	Buffer
Pufferzeit	Float
Punkteverfahren	Points Procedure
Qualität	Quality
Qualitative Risikoanalyse	Qualitative Risk Analysis
Qualitätsempfinden	Quality feeling
Qualitätskosten	Costs of Quality (COQ)
Qualitätslenkung	Quality Control
Qualitätsmanagement in Projekten	Project Quality Management
Qualitätsmass	Quality Measure
Qualitätsplanung	Quality Planning
Qualitätsprüfung	Quality Check
Qualitätsregelkarte	Control Chart
Qualitätssicherung	Quality Assurance
Quantitative Risikoanalyse	Quantitative Risk Analysis
Rahmenbedingungen	Underlying conditions
Rangreihenverfahren	Ranking Procedure
Realisierung	Realization
Realisierungsantrag	Realization Request
Realisierungskontrolle	Realization Monitoring
Realisierungsphase	Realization Phase
Rechtsabteilung	Legal & Compliance (L&C)
Referenzdokumente	Reference Documents
Relevanz	Relevance
Rentabilitätsrechnung	Calculation of Profitability
Reserve	Contingency Allowance
Reserve	Reserve
Ressourcenplan	Resources Plan
REST-Kosten	Estimate to Complete (ETC)
Restriktionen	Restrictions
Restrisiko	Residual Risk
Restschätzung	Residue Estimation
Risiko	Risk
Risikoakzeptanz	Risk Acceptance
Risikoanalyse	Risk Analysis
Risikobewältigungsplan	Risk Response Planning
Risikobezogene Restriktionen	Risk Related Constraints

Risikograd	Level of Risk
Risikoidentifikation	Risk Identification
Risikokategorie	Risk Category
Risikokosten	Risk Costs
Risikoliste	Risk Register
Risikomanagement	Risk Management
Risikomanagement in Projekten	Project Risk Management
Risikomanagement-Prozess	Risk Management Process
Risikominderung	Risk Mitigation
Risikoreservekosten	Contingency Reserves
Risikostrukturplan	Risk Breakdown Structure
Risikoüberwachung	Risk Controlling
Risikoüberwälzung	Risk Transfer
Risikoverfolgung	Risk Pursuance
Risikovermeidung	Risk Avoidance
Risikozuschlag	Risk Surcharge
Robustheit	Robustness
Rollen	Roles
Rückwärtsrechnung	Backward Pass
Sachfortschritt	Factual Progress
Sachfortschrittskontrolle	Factual Progress Control
Sachmittel	Material
Sammelvorgang	Summary Activity/Hammock Activity
Säulen-Diagramm	Bar chart
Schätzung der Vorgangsdauer	Activity Duration Estimate
Schätzungen	Estimate
Scheinvorgang	Dummy Activity
Schiedsrichterverfahren	Referee Procedure
Schnittstellen	Interfaces
Schulungskonzept	Training Concept
Schwachstellenanalyse	Weakness Analysis
Selbstaufschreibung	Self-Write Down
Selbstkontrolle	Self Control
Sensitivitätsanalyse	Sensitivity Analysis
Sequentiell	Sequential
Sicherheit	Security
Simulation	Simulation
Sitzungswesen	Meeting Management
SOLL-Kosten	Estimate at Completion (EAC)
Soll-Vorstellungen	Expected Targets
Soziale Risiken	Social Risks
Spätester Anfangszeitpunkt	Late Start Date (LS)
Spätester Endzeitpunkt	Late Finish Date (LF)
Spesen	Expenses
Spezifikation	Specification
Spielraum	Tolerance/Leeway
Sponsoren	Sponsors
Stab-Linien-Projektorganisation	Weak Matrix Organization
Standard	Standard
Standard-Verfahren	Standard Procedure
Stärken/Schwächen-Analyse	Strength/Weakness Analysis
Statusampeln	Traffic Lights
Statusbericht	Status Report
Steigerung der Effizient	Efficiency Increase
Stellenbeschreibung	Job Description
Steuerung	Execution
Steuerungsgremium für Änderungen	Change Control Board (CCB)
Strategieeinflussgrad	Level of Strategic Impact
Strategieerreichung	Strategy Attainment
Strategische Ausrichtung	Strategic Orientation
Struktur	Structure
Strukturiertes Denken	Structural Thinking
Strukturiertes Umsetzen	Structural Realization
Synthese	Synthesis
System	System
Systembezogene Restriktionen	System Related Constraints
Systemdenken	System Approach
Systemerfolg	System Success
Systemziele	System Targets
Tatsächliche Dauer	Actual Duration
Tatsächlicher Anfangszeitpunkt	Actual Start Date (AS)
Tatsächlicher Endzeitpunkt	Actual Finish Date
Teamauflösung	Team Dissolution
Teambildung	Team Building
Teamführung	Team Management
Teammanagement	Team Management
Teammitglieder	Team Members
Technischer Review	Technical Review
Teilnetzplan	Sub network
Teilphase	Sub Phase
Teilproblem	Sub Problem
Teilprojekt	Sub Project
Teilprojektkennzeichen	Sub Project Identification
Teilprojektleiter	Sub Project Manager
Termin	Deadline
Terminentwicklungsindex	Schedule Performance Index (SPI)
Terminkontrolle	Schedule Control
Terminmanagement in Projekten	Project Time Management
Terminplan	Schedule Management Plan
Terminplan mit begrenzten Finanzmitteln	Resource-Limited Schedule
Testabwicklungsplanung	Planning of Test Completion
Testauswertung	Evaluation/Interpretation of Test
Testbarkeit	Testability
Testdurchführung	Test Execution
Testentwurf	Test Design
Testfallerstellung	Preparing of Test Case
Testkonzept	Test Concept
Testplanung	Planning of Tests
Teufelsquadrat	Vicious Square
Top-Down-Prinzip	Top-Down-Principle
Total Quality Management	Total Quality Management (TQM)
Trägerorganisation	Sponsoring Organization
Trendanalyse	Trend Analysis
Überprüfung	Inspection
Überwachen und Steuern der Projektarbeit	Control and Steering Plan
Überwachung und Steuerung von Prozessen	Process Controlling
Umsatzwachstum	Increase in Turnover
Umsetzen der Führungsarbeit (Lenken, Mangen, Durchführen etc.)	Execute
Umsetzungsrisiken	Implementation Risks
Umsystem	Environment
Umweltbezogene Restriktionen	Environmental Constraints
Unternehmen	Company
Unternehmens-Projektportfolio	Enterprise Project Portfolio
Unternehmensstrategie	Corporate Strategy
Untersystem	Sub System
Ursprünglich geplante Gesamtkosten	Budget at Completion
Ursprüngliche Dauer	Original Duration
Validierung	Validation
Veränderungsmanagement	Change Management
Verantwortlichkeitsmatrix	Responsibility Assignment Matrix (RAM)
Verantwortung	Responsibility
Verantwortungsvolumen	Volume of Responsibility
Verbaler Vergleich	Verbal comparison
Verbände	Associations
Verbesserung	Improvement
Verbleibende Dauer	Remaining Duration (RD)
Vereinheitlichung	Standardization

Verfahren	Procedure
Vergleichsmethode	Comparison Method
Vergütung	Compensation
Verifikation	Verification
Verifizieren des Inhalts und Umfangs	Scope Verification
Verkäufer	Seller
Verschlechterung	Deterioration
Versionsdatum	Version Date
Versionsmanagement	Version Management
Verteiler	Distribution List
Vertrag	Contract
Vertrag auf Festpreisbasis plus Leistungshonorar	Fixed Price Incentive Fee (FPIF)
Vertrag auf Selbskostenbasis plus Pauschalbetrag	Cost Plus Fixed Fee (CPFF)
Vertrag auf Selbstkostenbasis plus Leistungsanreiz	Cost Plus Incentive Fee (CPIF)
Vertrag auf Zeit- und Materialbasis	Time and Material (T&M) Contract
Vertragliche Leistungsbeschreibung	Contract Statement of Work (SOW)
Vertragsabwicklung	Contract Administration
Vertragsbeendigung	Contract Termination
Vertragsmanagementplan	Contract Management Plan
Verwandtschaft	Relations
Virtuelles Team	Virtual Team
Vollständig	Complete
Voraussetzung	Prerequisite/Condition
Voraussichtlicher Anfangszeitpunkt	Expected Start Date
Voraussichtlicher Endzeitpunkt	Expected End Date
Vorbeugende Massnahmen	Preventive Measures
Vorgang	Activity
Vorgänger	Predecessor Activity
Vorgangsdauer	Activity Duration
Vorgangskennung	Activity Identifier
Vorgangsknotennetzplan	Precedence Diagramming Method (PDM)/Activity-On-Node (AON)
Vorgangsliste	Activity List
Vorgangspfeilnetzplan	Arrow Diagramming Method
Vorgehensmodelle	Process Models
Vorlage	Template
Vorlaufzeit	Lead
Vorschrift	Directive
Vorwärtsrechnung	Forward Pass
Wahrscheinlichkeits- und Auswirkungsmatrix	Probability and Impact Matrix
Warteschlangenmodelle	Queue Models
Wartungsprojekte	Maintenance Projects
Werkzeug	Tool
Wichtigkeit	Importance
Wichtigkeitsgrad	Degree of Importance
Wiederverwendbarkeit	Re-Usability
Wirkungen	Effects
Wirtschaftlichkeit	Profitability/Economic Value Added
Wirtschaftlichkeitsberechnung	Economy Calculation
Wirtschaftlichkeitsgrad (Pay-Back)	Level of Economy (Pay-Back)
Wissen	Know How
Wunsch	Wish
Würdigung	Appraisal
Zeit	Time
Zeiteinheit	Calendar Unit
Zeitpunkt des Fehlers	Fault Discovery
Zerlegen	Decompose
Zerlegung	Decomposition
Zielanpassung	Adjusting a Target
Zieldefinition	Target Definition
Zieldokumentation	Documentation on Targets
Ziele	Targets
Zielerreichung	Target Attainment
Zielgewichtung	Weighting the Targets
Zielideensuche	Seeking Ideas for Targets
Zielkatalog	Target Catalogue
Zielkonflikt	Target Conflict
Zielorientierung	Target Orientation
Zugeteilter Aufwand	Apportioned Effort (AE)
Zuordnung zu	Allocation to
Zusammenlegung der Arbeitsplätze	Co-Location
Zusammenstellen des Projektteams	Team Build Up
Zusatznutzen	Additional Benefit
Zuverlässigkeit	Reliability
Zwischenmenschliche Beziehung	Interpersonal Relationships

H. Literaturverzeichnis

Auf verwendete Textpassagen aus dem Buch „Projektmanagement in der Wirtschaftinformatik" von B. Jenny [Jen 2001] und „Projektmanagement – Das Wissen für eine erfolgreiche Karriere" von B. Jenny [Jen 2003] wird nicht an Ort und Stelle verwiesen:

Ake 2005 **Akerlof** G.A., Kranton R.E., Identity and the Economics of Organization, Journal of Economic Perspectives, Vol. 19

Ant 1992 **Antons** K., Praxis der Gruppendynamik, 5. Auflage, Hogrefe Verlag, Zürich

Arn 1997 **Arnold** U., Beschaffungsmanagement, 2. Auflage, Schäffer-Poeschel Verlag, Stuttgart

Bal 1998 **Balzert** H., Lehrbuch der Software-Technik: Software-Management, Software-Qualitätssicherung, Unternehmensmodellierung, Spektrum Akademischer Verlag, Berlin

Bau 1994 **Bauknecht** K., Bailer B., Management von Informatikprojekten, Ausbildungsunterlagen für Studenten, UNI Zürich

Bav 1962 **Bavelas** A., Communication patterns in task-oriented groups, Nachdruck in Cartwright D. & Zahnder A., Group dynamics – research and theory, pp. 669–682, 2. Auflage, Evanston, Row, Petersen and Co.

Bec 1994 **Becker** M., Strukturierte Mitarbeitergespräche. In: Schwuchow K. u.a. (SMG): Jahrbuch Weiterbildung, Luchterhand Verlag, Düsseldorf

Bec 2005 **Becker** M., Personalentwicklung, Schäffer-Poeschel Verlag, Stuttgart

Bec 2002 **Becker** M., Haberfellner R., Liebertrau G., EDV-Wissen für Anwender, 12. Auflage, Verlag Industrielle Organisation, Zürich

Ben 2005 **Bentley** C., Das Wesentliche von PRINCE2, Katana House, Hampshire

Ber 1973 **Berg** R., Meyer A., Müller M., Zogg A., Netzplantechnik, Verlag Industrielle Organisation, Zürich

Ber 1984 **Berkel** K., Konfliktforschung und Konfliktbewältigung, Verlag Duncker & Humblot, Berlin

Bla 1968 **Blake** R., Mouton J. S., Verhaltenspsychologie im Betrieb, Econ Verlag, Düsseldorf

Boe 1981 **Boehm** B., Software Engineering Economics, Verlag Prentice-Hall, New Jersey

Boe 1986 **Boehm** B., A Spiral Model of Software Development and Enhancement, ACM SIGSOFT Software Engineering Notes, Vol. 11, No. 4, pp. 22–42

Böh	1993	**Böhm** R., Wenger S., Methoden und Techniken der System-Entwicklung, vdf Hochschulverlag AG an der ETH Zürich, Zürich
Boo	1994	**Booch** G., Objektorientierte Analyse und Design: Mit praktischen Beispielen, Verlag Addison-Wesley, Bonn
Brö	1995	**Bröhl** A.-P., Dröschel W., Das V-Modell, Oldenbourg Verlag, München
Bur	2002	**Burghardt** M., Projektmanagement, Leitfaden für Planung, Überwachung und Steuerung von Entwicklungsprojekten, 6. Auflage, Siemens Verlag, Berlin und München
Bur	2006	**Burch** S., Projektmanagement-Governance, Eine fundamentale Einführung, Semesterarbeit Unversität Zürich, Institut für Rechnungswesen und Controlling, Zürich
Cat	1965	**Catell** R.B., The scientific analysis of personality, Benguin, Baltimore
Cat	1973	**Catell** R.B., Die empirische Erforschung der Persönlichkeit, Psychologie Verlags Union, Weinheim
CMM	2007	**CMMI**, Capability Maturity Model Integraton, Software Engineering Institute (SEI) der Carnegie Mellon University, CMMI for Acquisition, Pittsburgh
Coa	1937	**Coase** R.H., The Nature of the Firm, Economica, Vol. 4
COB	2000	**COBIT,** Steering Committee and Information Systems Audit and Control Foundation/ IT Governance Insitute (Hrsg.): Complete COBIT 3rd Edition
Cra	1985	**Crawford** G., Fallah M., Software Development Process Audits – A General Procedure: IEEE Proc. of 8th Int. Conf. on Software Engineering, London 1985, pp.137–141
Dae	1988	**Daenzer** W., Systems Engineering, 6. Auflage, Verlag Industrielle Organisation, Zürich
Dae	1992	**Daenzer** W., Systems Engineering, 7. Auflage, Verlag Industrielle Organisation, Zürich
DIN	2004	**DIN Deutsches Institut für Normung,** DIN-Taschenbuch 226, Qualitätsmanagement-Verfahren 5. Auflage, Beuth Verlag, Berlin
DIN	69901-5 Entwurf	**DIN-Normen Projektmanagement – Projektmanagementsysteme – Teil 5,** Begriffe, 2007-10, Beuth Verlag, Berlin „Status: Entwurf"
DIN	69901	**DIN-Normen für Projektwirtschaft und Projektmanagement**, 1989, Beuth Verlag, Berlin
DIN	69902	**DIN-Normen für Projektwirtschaft,** Einsatzmittel, 1987, Beuth Verlag, Berlin
DIN	69903	**DIN-Normen für Projektwirtschaft,** Kosten und Leistung, Finanzmittel, 1987, Beuth Verlag, Berlin
Dob	1987	**Dobbins** J.H., Buck R.D.: The Cost of Software Quality, Handbook of Software Quality Assurance, G. Schulmeyer, J. McManus (Eds.), Van Nostrand Reinhold, Wolkingham

Dum	1996	**Dumke** S., Handelsmarkenmanagement, Duisburger Betriebswirtschaftliche Schriften, Band 11, Erich Schmidt Verlag GmbH, Hamburg
Ebe	1987	**Eberhard** U., Baitsch C., Alioth, A., Führung und Organisation, Die Orientierung Nr. 81, Schweizerische Volksbank, Bern
Eis	1970	**Eisenhower** D., zitiert nach Scanlan B.K., Führungstechnik für Manager, ein Leitfaden zur erfolgreichen Mitarbeiterführung, Management Buchclub, München
End	1990	**End** W., Gotthardt H., Winkelmann R., Softwareentwicklung, Verlag Siemens Aktiengesellschaft, Berlin und München
Erp	2003	**Erpenbeck** J., von Rosenstiel L., Handbuch Kompetenzmessung, Schäffer-Poeschel Verlag, Stuttgart
Ewe	2002	**Ewert** R., Wangenhofer A., Externe Unternehmensrechnung, Springer Verlag, Berlin
Ewe	2005	**Ewert** R., Wangenhofer A., Interne Unternehmensrechnung, 6. Auflage, Springer Verlag, Berlin
Fag	1976	**Fagan** M., Design and Code Inspections to Reduce Errors in Program Development, IBM System Journal, Vol. 15, No. 3
Fah	2005	**Fahrmeir** L., Künstler R., Pigeot I., Tutz G., Caputo A., Lang C., Arbeitsbuch Statistik Reihe, 4. Auflage: Springer Verlag, Berlin
Fam	1983a	**Fama** E.F., Jensen M.C., Separation of Ownership and Control, Journal of Law and Economics, Vol. 26
Fam	1983b	**Fama** E.F., Jensen M.C., Agency Problems and Residual Claims, Journal of Law and Economics, Vol. 26
Feh	2002	**Fehr** E., Falk A., Psychological Foundations of Incentives, European Economic Review 46
Fid	1996	**FIDES Informatik,** Projekthandbuch PROFI, Effiziente Projekte und Produktentwicklung, FIDES Informatik, Zürich
Fie	2001	**Fidler** R., Controlling von Projekten, Projektplanung, Projektsteuerung und Risikomanagement, Vieweg & Sohn, Braunschweig/Wiesbaden
Fis	2001	**Fischbacher** U., Gächter S., Fehr E., Are People Conditionally Cooperative? Evidence from a Public Goods Experiment, Economics Letters 71
Fle	1966	**Flechtner** H.J., Grundbegriffe der Kybernetik, Deutscher Taschenbuch Verlag, München
Flo	1994	**Floyd** C., A Systematic Look at Prototyping, Approaches to Prototyping, Springer-Verlag, Berlin
Gab	1986	**Gabele** E., Kretschmer H., Unternehmensgrundsätze, Empirische Erhebungen und praktische Erfahrungsberichte zur Konzeption, Einrichtung und Wirkungsweise eines modernen Führungsinstrumentes, Verlag Industrielle Organisation, Frankfurt a.M.

Geo	1961	**Georg** K., Kybernetik in philosophischer Sicht, Dietz Verlag, Berlin
Gla	1994	**Glantschnig** E., Merkmalsgestützte Lieferantenbewertung, Fördergesellschaft Produkt-Marketing, Köln
Gla	1990	**Glasl** F., Gräber J., Köller B., Schmidt H.J., Das Management einer Kulturveränderung, in H. Kraus/N. Kailer/K. Sandner (Hrsg.), Management Development im Wandel, Wien
Gla	2004	**Glasl** F., Lievegoed B., Dynamische Unternehmensentwicklung, Grundlagen für nachhaltiges Change Management, 3. Auflage, Haupt Verlag, Bern
Glo	1985	**Gloor** B., Die Berücksichtigung der Revisionsanforderungen in der EDV-Systementwicklung, Schriftenreihe der Schweizerischen Treuhand und Revisionskammer, Band 69, Schweiz. Treuhand, Zürich
Glo	2006	**Glossar,** Angermeier G., Projektmanagement-Glossar, Projekt-Magazin, München, www.projektmagazin.de/glossar
Gmü	2001	**Gmür** M., Klimecki G.,: Personalmanagement, Strategien, Erfolgsbeiträge, Entwicklungsperspektiven, Uni-Taschenbücher M, 3., erweiterte Auflage, UTB Verlag, Stuttgart
Gmü	2007	**Gmür** M., Thommen J.P., Human Resource Management, Versus Verlag, Zürich
GPM	2006	**Deutsche Gesellschaft für Projektmanagement e.V.,** The International German Project Management Award, Application Brochure, Nürnberg
GPM	2009	**Deutsche Gesellschaft für Projektmanagement e.V.,** Kompetenzbasiertes Projektmanagement (PM3), Nürnberg
Gol	1997	**Goldratt,** E.M., Critical Chain, North River Press, Great Barrington
Gre	2005	**Gregorc** W., Weiner K.L., Claim Management, Ein Leitfaden für Projektmanager und Projektteam, Publicis Corporate Publishing, Erlangen
Gro	1998	**Groth** U., Kammel A., Lernende Organisation in der Praxis, Führungskräfte als Katalysatoren, in „Akademie", Nr. 2, S. 39–42, Berlin.
Gro	1980	**Grochla** E., Handwörterbuch der Organisation, 2. Auflage, Poeschel Verlag, Stuttgart
Her	2003	**HERMES**, Schweizerische Bundesverwaltung, Führen und Abwickeln von Projekten der Informations- und Kommunikationstechnik (IKT), Bern
Her	1977	**Hersey** P., Blanchard K.H., Management of Organizational Behavior, Utilizing Human Resources, Prentice-Hall, Upper Saddle River
Heu	2007	**Heussen** B., Handbuch Vertragsverhandlung und Vertragsmanagement; Verlag Dr. Otto Schmidt, Köln
Hil	1983	**Hill** W., Unternehmensplanung in kleinen und mittleren Betrieben, Die Orientierung Nr. 61, 2. Nachdruck, SchweizerischeVolksbank, Bern

Hil	1992	**Hill** W., Fehlbaum R., Ulrich P., Organisationslehre 2, Theoretische Ansätze und praktische Methoden der Organisation sozialer Systeme, Verlag Paul Haupt, Bern
Hil	1997	**Hiller** H., Lange K., Suchowski S., Zielvereinbarung und Mitarbeiterbeurteilung in Projekten, GPM, Stuttgart
Hin	2004	**Hinterhuber** H., Strategische Unternehmensführung 1, Strategisches Denken. Vision – Unternehmenspolitik – Strategie, Schmidt Erich Verlag, Berlin
Hög	1998	**Högl** M., Teamarbeit in innovativen Projekten: Einflussgrössen und Wirkungen, Gabler Verlag, Wiesbaden
IBM	1985	**IBM** Deutschland GmbH, Die Function Point Methode, Information System Management-Zeitschrift, IBM From GE12-1618-1
ICB	2006	**Caupin** G., Knöpfel H:, Koch G., Pannenbäcker K., Pérez-Polo F., Seaburg C., ICB – IPMA Competence Baseline Version 3.0, IPMA Eigenverlag, Nijkerk
IEEE	1990	**IEEE 610.12-1990** Standard Glossary of Software Engineering Terminology, Institute of Electrical and Electronics Engineers, New York
IEEE	1983	**IEEE 729**, Glossary of Software Engineering Terminology, IEEE Std. 729-1983, A Guide to Software Requirements Specifications, Institute of Electrical and Electronics Engineers, New York
IEEE	1998a	**IEEE 828**, Standard for Software Configuration Management Plans, IEEE Std. 828-1998, A Guide to Software Requirements Specifications, Institute of Electrical and Electronics Engineers, New York
IEEE	1998	**IEEE 829,** Standard for Software Test Documentation – Description, IEEE Std. 829-1998, A Guide to Software Test, Institute of Electrical and Electronics Engineers, New York
ISO	8402	**DIN ISO 8402** (DIN8402, ISO8402) Qualitätsmanagement und Qualitätssicherung – Begriffe – Identisch mit ISO/DIS 8402:1991, Beuth Verlag, Berlin
Jac	1985	**Jacobs** W., Grundbegriffe der Kybernetik, Schulungsdokumentation, SGO, Glattbrugg
Jan	2004	**Janker** C.G., Multivariate Lieferantenbewertung – Empirisch gestützte Konzeption eines anforderungsgerechten Bewertungssystems, Deutsche Universitäts-Verlag, Wiesbaden
Jar	1997	**Jarz** E.M., Entwicklung multimedialer Systeme. Planung von Lern- und Masseninformationssystemen, Gabler Verlag, Wiesbaden
Jen	2001	**Jenny** B., Projektmanagement in der Wirtschaftsinformatik, 5. Auflage, vdf Hochschulverlag AG an der ETH Zürich, Zürich
Jen	2003	**Jenny** B., Projektmanagement – Das Wissen für eine erfolgreiche Karriere, 2. Auflage, vdf Hochschulverlag AG an der ETH Zürich, Zürich
Jos	1968	**Joschke** H.K., Organisation und Mensch, Eine Betrachtung über die Stellung des Menschen zur Unternehmungsorganisation, in: Führungsprobleme personenbezogener Unternehmen, Gedenkschrift zum 75. Geburtstag von K.F. Rössle, Karl-Rössle-Vereinigung, Stuttgart

Kap	1997	**Kaplan** R.S., Norton D.P., The Balanced Scorecard, Translating Strategy into Action, Harvard Business School Press, Harvard
Kat	1982	**Katz** R., The Effects of Group Longevity on Project Communication and Performance, Administrative Science Quarterly, 27
Kep	1992	**Keplinger** W., Erfolgsmerkmale im Projektmanagement, Zeitschrift ZFO Nr. 2, S. 99–109
Ker	2003	**Kerzner** H., Project Management: A Systems Approach to planning, scheduling and controlling, John Wiley&Sons Inc., New Jersey
Kie	1977	**Kiechl** R.F., Zur Autorität in der Unternehmungsführung, Normative Überlegungen über die Autoritätsformen im kooperativen Führungsstil, Haupt Verlag, Bern
Kie	1988	**Kiechl** R.F., Ausbildungsdokumentation über Kommunikation, Schweizerischer Bankverein, Basel
Kneu	2006	**Kneuper** R., CMMI Verbesserung von Softwareprozessen mit Capability Maturity Model Integration, Dpunkt Verlag GmbH, Heidelberg
Koc	1997	**Koch** R., Das 80/20 Prinzip, Mehr Erfolg mit weniger Aufwand, Campus Verlag, New York
Kop	2000	**Koppelmann** U., Beschaffungsmarketing, 3. Auflage, Springer Verlag, Berlin
Kot	1999	**Kotler** P.H., Bliemel F., Marketing-Management, Analyse, Planung, Umsetzung und Steuerung, 9. Auflage, Schäffer Poeschel Verlag, Stuttgart
Kra	2006	**Kraus** G., Becker-Kolle C., Fischer T., Handbuch Change-Management, Cornelsen Verlag Scriptor GMBH, Berlin
Kum	1988	**Kummer** W., Projektmanagement, Leitfaden zu Methode und Teamführung, Verlag Industrielle Organisation, Zürich
Lea	1951	**Leavitt** H.J., Some Effects of Certain Communication Patterns on Group Performance, Journal of Abnormal and Social Psychology Nr. 46, pp. 38–50
Leh	1980	**Lehman** M.M., Programs, Life Cycles and Laws of Software Evolution, Proc. IEEE, Vol. 68/9, pp. 1060–1076
Leh	1991	**Lehner** F., Auer W., Bauer R., Konrad B., Lehner J., Reber G., Organisationslehre für Wirtschaftsinformatiker, Carl Hanser Verlag, München
Lew	1920	**Lewin** K., Die Sozialisierung des Taylor-Systems, Schriftenreihe praktischer Sozialismus 4, S. 3–36
Lew	1947	**Lewin** K., Frontiers in Group Dynamics: I. Concept of Group Life, Social Planning and Action Research, Human Relation Nr. 1, pp. 149–157

Lie	1989	**Liebelt** W., Sulzberger M., Grundlagen der Ablauforganisation, Verlag Götz Schmidt, Giessen
Lit	1991	**Litke** H.D., Projektmanagement, Methoden, Techniken, Verhaltensweisen, Carl Hanser Verlag, München
Mad	1994	**Madauss** B.J., Projektmanagement, Schäffer Poeschel Verlag, Stuttgart
Mal	1992	**Malik** F., Strategie des Managements komplexer Systeme, Verlag Paul Haupt, Bern
Mar	1991	**Marmet**, O., Ich und du und so weiter, 3. Auflage, Piper Verlag, München
Mas	1954	**Maslow** A.H., Motivation and Personality, Harper, New York
Mat	2005	**Matter** T., Studienarbeit, Welche Bedeutung hat der IQ und welche Relevanz ein bildungsnahes Umfeld für die niveaugerechte Einteilung von der Mittel- in die Oberstufe?, Hochschule für Angewandte Psychologie HAP, Zürich
Men	1988	**Mentor-10**, Das EDV-Projektmanagement, Planung und Überwachung von Entwicklungs- und Wartungsarbeiten, Tübingen
Men	2006	**Mentzel** W., Personalentwicklung: Erfolgreich motivieren, fördern und weiterbilden, Schäffer-Poeschel Verlag, Stuttgart
Mey	1992	**Meyer** C., Betriebswirtschaftliches Rechnungswesen, Schulthess Polygraphischer Verlag, Zürich
Mil	1992	**Milgrom** P., Roberts J., Economics, Organization and Management, Prentice-Hall, Englewood Cliffs, New Jersey
Mor	2003	**Mori** A, Scheuring J., Konfigurationsmanagement-System konzipieren und implementieren; Verlag Compendio Bildungsmedien AG, Zürich
Mus	1998	**Muschinski** W., Empirische Bestandesaufnahme der Lieferantenbewertung in Deutschland, Mönchengladbacher Schriften zur wirtschaftwissenschaftlicher Praxis, Band 1, Fachhochschule Niederrhein, Mönchengladbach
Pic	2002	**Picot** A., Dietel H., Franck E., Organisation – Eine ökonomische Perspektive, 3. Auflage, Schäffer-Poeschel Verlag, Stuttgart
PMF	2003	**GPM,** Deutsche Gesellschaft für Projektmanagement, Projektmanagement Fachmann, RKW-Verlag, Eschborn
PMI	2004	**Project Management Institute** (Hrsg.): A Guide to the Project Management Body of Knowledge (PMBOK Guide), PMI, Pennsylvania
PMI	2008	**Project Management Institute** (Hrsg.): A Guide to the Project Management Body of Knowledge (PMBOK Guide), PMI, Pennsylvania
Pro	1994	**Prochinig** U., Leimgruber J., Investitionsrechnung, Verlag des Schweizerischen Kaufmännischen Verbandes, Zürich

Püm	1986	**Pümpin** C., Management strategischer Erfolgspositionen, Verlag Paul Haupt, Bern
Ros	1975	**Von Rosenstiel** L., Die motivationalen Grundlagen des Verhaltens in Organisationen – Leistung und Zufriedenheit, Duncker und Humblot Verlag, Berlin
Ros	1992	**Von Rosenstiel** L., Grundlagen der Organisationspsychologie, Verlag Ernst Pöschel, Stuttgart
Ros	1993	**Von Rosenstiel** L., Regent E., Domsch M., Führung von Mitarbeitern, Schäffer Poeschel Verlag, Stuttgart
Rüh	1993	**Rühli** E., Unternehmungsführung und Unternehmungspolitik 3, Verlag Paul Haupt, Bern
Rup	1987	**Rupietta** W., Benutzerdokumentation für Softwareprodukte, Wissenschaftsverlag, Mannheim
Sch	2000b	**Schmidt** G., Grundlagen der Aufbauorganisation, Band 5, Verlag Dr. Götz Schmidt, Giessen
Sch	2000a	**Schmidt** G., Methoden und Techniken der Organisation, Band 1, Verlag Dr. Götz Schmidt, Giessen
Sch	1994b	**Schmidt** G., Organisatorische Grundbegriffe, Verlag Dr. Götz Schmidt, Giessen
Sche	1980	**Schein** E.H., Organizational Psychology, 3. Edition, Prentice-Hall, Englewood Cliffs
Sche	2005	**Schelle** H., Ottmann R., Pfeiffer A., Projektmanager, GPM, Deutsche Gesellschaft für Projektmanagement, Nürnberg
Schi	2002	**Schienmann** B., Kontinuierliches Anforderungsmanagement, Pearson Education Deutschland, München
Scho	2003	**Schott** E., Campana C., Von Steinbüchel A., Dammer H., Ressourcenmanagement – Ergebnisse einer qualitativen Fallstudienauswertung, Campana & Schott Realisierungsmanagement, Frankfurt
Schr	2004	**Schreckeneder** B., Projektcontrolling, Projekte überwachen, steuern und präsentieren, Rudolf Haufe Verlag, München
Schr	1991	**Schreiber** J., Beschaffung von Informatikmitteln, Verlag Paul Haupt, Bern
Schr	2000	**Schreiber** J., Beschaffung von Informatikmitteln, Verlag Paul Haupt, Bern
Schu	1994	**Schulz von Thun** F., Miteinander Reden, Störungen und Klärungen, Verlag Rowohlt, Hamburg
Seg	2006	**Seghezzi** H., Fahrni F., Herrmann F., Integriertes Qualitätsmanagement, Hanser Verlag, München
Sei	2004	**Seiler** H., Einführung in das Recht, 2. Auflage, Schulthess Verlag, Zürich

Sen 2000 **Senge** P., Fieldbook zur Fünften Disziplin, Klett-Cotta, Stuttgart

SIA D510 **SIA** D510, Bauprojektkosten mit EDV, Dokumentation zur Fachtagung von 10. März 1994, Fachgruppe für das Management im Bauwesen, Kommission für Informatik der SIA, Zürich

SIA 2007 **SIA Merkblatt 2007**, Schweizerischer Ingenieur- und Architektenverein, Zürich

Spi 2005 **Spillner** A., Linz T.; Basiswissen Softwaretest, dpunkt.verlag GmbH, Heidelberg

Sti 1996 **Stieger** D., Körsgen M., SKA-Projekthandbuch, Fides Informatik, Zürich

Sur 1978 **Surböck** E., Management von EDV-Projekten, Walter de Gruyter Verlag, New York

Tho 2002 **Thommen** J.P., Betriebswirtschaftslehre, Versus Verlag, Zürich

Tuk 1965 **Tuckmann** B.W., Development Sequence Small Companies, Group and Organizational Studies, 2, pp. 419–427

UBS 2003 **UBS AG**, Projektmanagement, Guidebook 2.0.0 für die UBS Schweiz sowie für das Corporate Center, Zürich

Ulr 1986 **Ulich** E., Baitsch C., Alioth A., Führung und Organisation Heft 81, 2. Auflage, Schweizerische Volksbank, Bern

Ver 2007 **Verein zur Zertifizierung im Projektmanagement (VZPM),** Swiss NCB Version 4.0, Swiss National Competence Baseline, VZPM, Glattbrugg

Ver 2003 **Versteegen** G., Konfigurationsmanagement, Springer Verlag, Berlin, Heidelberg

Ves 2004 **Vester** F., Die Kunst vernetzt zu denken: Ideen und Werkzeuge für einen neuen Umgang mit Komplexität, Deutscher Taschenbuch Verlag, München

Vit 1999 **Vitali** F., Versioning Hypermedia, ACM Computing Survey 31(4es), 1999.

Vmo 2004 **KBSt,** Koordinierungs- und Beratungsstelle der Bundesregierung für Informationstechnik in der Bundesverwaltung, V-Modell XT, Bundesrepublik Deutschland

Vop 2000 **Vopel** K. W., Handbuch für Gruppenleiter/innen, 9. Auflage, Verlag Iskopress, Hamburg

Wag 2003 **Wagner** E., Projektmarketing, Erfolg durch professionelle Kommunikation, Büro für Unternehmenskommunikation, München

Wal 1990 **Wallmüller** E., Software-Qualitätssicherung, Carl Hanser Verlag, München

Wal	2001	**Wallmüller** E., Software-Qualitätsmanagement in der Praxis, Carl Hanser Verlag, München
Web	1984	**Weber** F., Sachmitteleinsatz für Büroarbeitsplätze, Schulungsdokumentation, SGO, Glattbrugg
Wei	2006	**Weidinger** B., Krisenmanagement, in: Modul 4 des International Executive MBA Projekt- und Prozessmanagement, Salzburg, University of Salzburg Business School
Wew	1972	**Wewetzer**, K.H., Intelligenz und Intelligenzmessung, Wissenschaftliche Buchgesellschaft, Darmstatt
Wie	1948	**Wiener** N., Cybernetics, Paris
Wil	1995	**Willke** H., Systemtheorie III: Steuerungstheorie. Grundzüge einer Theorie der Steuerung komplexer Sozialsysteme, Stuttgart.
Woh	1984	**Wohlleben** H.D., Techniken der Präsentation, Verlag Dr. Götz Schmidt, Giessen
Zeh	1991	**Zehnder** C.A., Informatik-Projektentwicklung, vdf Hochschulverlag AG an der ETH Zürich, Zürich

I. Stichwortverzeichnis

J.spol.pm®

spol.pm® ist eine ganzheitliche PM-Vorgehensmethode. Sie unterstützt das Unternehmensmanagement, die definierte Innovation und geforderte Wandlung einer Unternehmung unabhängig von der Art und Grösse des Vorhabens in Form von Projekten effektiv und effizient umzusetzen.

Durch die Klarheit, Einfachheit und Durchgängigkeit der drei aufeinander abzustützenden Ebenen (Management – Projektmanagement – Engineering) wird eine hohe Umsetzungseffizienz der Strategie erreicht.

Der spol.pm®-Methode liegt ein ergebnisorientierter Ansatz zu Grunde, was dem Management, den Projektleitern und dem gesamten Projektteam ein zielorientiertes, effizientes und somit erfolgreiches Arbeiten ermöglicht. Zur hohen Akzeptanz und Praxisnähe trägt insbesondere bei, dass spol.pm® Themen, Prozesse, Ergebnisse sowie die einzusetzenden Instrumente zu einem ganzheitlichen, verständlichen Ansatz verbindet. spol.pm® ist zu allen bekannten Modellen kompatibel und ergänzt diese bezüglich der Branchenkompatibilität und der direkten Managementleistung.

spol.pm® ist branchenneutral und kann für kleine und grosse Projekte gleichermassen eingesetzt werden. Es hat seine Stärken in der Einfachheit und somit Verständlichkeit. Mit den gewonnenen Kenntnissen aus jahrelanger praxisbezogener Anwendung in Unternehmen jeder Grösse und Branchen ist eine PM-Vorgehensmethode entstanden, bei der das Ergebnis und somit der Erfolg im Mittelpunkt steht.

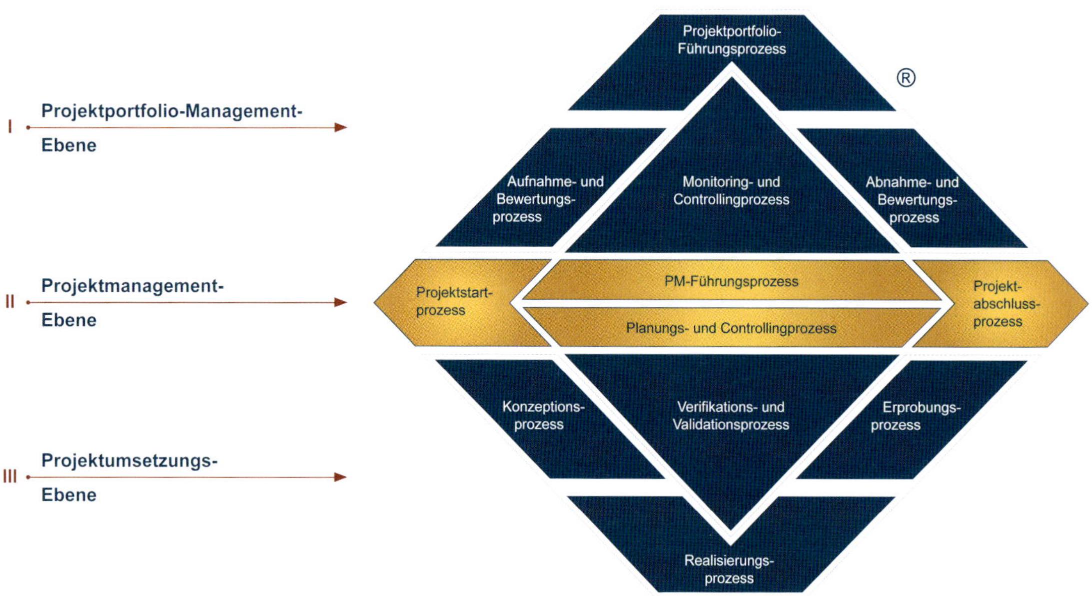

Abb. 1.01: spol.pm® – eine effiziente PM-Vorgehensmethode (www.spolpm.com)

K. Autor

Als Geschäftsführer der SPOL AG begleitet Bruno Jenny auf unterschiedlichen Hierarchiestufen Projekte bei international tätigen Versicherungen, Banken, Industriekonzernen sowie öffentlichen Ämtern. Als Dozent, Coach und Prüfungsexperte ist der Autor Kenner der aktuellen Ausbildungsszene. In Vorträgen an öffentlichen und betriebsinternen Managementseminaren sowie in verschiedenen Publikationen vermittelt er das professionelle Projektmanagement als zukunftsweisendes Managementsystem.

L. SPOL-Produkte

deutsche Version: 978-3-7281-3248-2

englische Version: 978-3-7281-3084-6

Projektmanagement –
das Wissen für eine erfolgreiche Karriere

Im Unterschied zu „Projektmanagement – das Wissen für den Profi" vermittelt dieser Band das Basiswissen und richtet sich an Projektmitarbeitende und Einsteiger wie auch an das Management.

Das Buch zeigt auf, dass Projektarbeit wesentlich mehr ist als „trendy". Es vermittelt echtes Projektmanagement-Wissen, unabhängig von Fachrichtung und Hierarchiestufe.

Dank einer leicht verständlichen Sprache und prägnanten Lerninstrumenten (Lernziele, Checklisten, Aufgaben, Musterlösungen, Fallbeispiel) kann das Projektmanagement im Selbststudium erlernt werden.

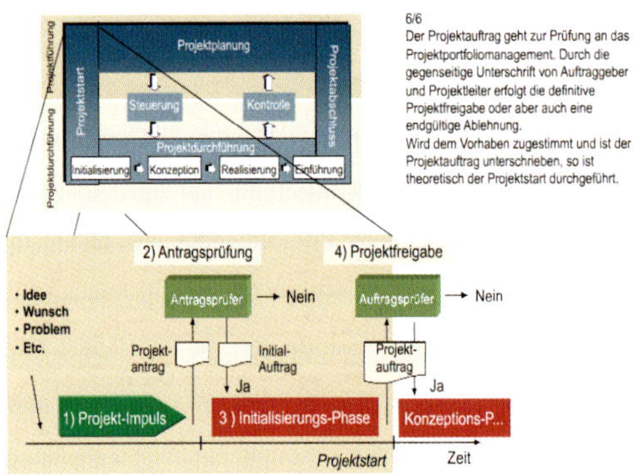

E-Learning: einfach, schnell und praxisnah. Bestellen Sie das Produkt (Halbjahres- oder Jahreslizenz) unter: www.pmplus.ch

E-Learning – ein Instrument, um Projektmanagement-Wissen zu vertiefen oder sich für eine PM-Zertifizierung vorzubereiten.

Das E-Learning-Tool vertieft den Inhalt der Publikation „Projektmanagement – das Wissen für eine erfolgreiche Karriere". Die übersichtlichen Theorieteile sind mit klar definierten Lernzielen, Verständnisfragen und Anwendungsaufgaben kombiniert.

So wird Lernen auf eine vielfältige Weise unterstützt und Sie können sich der Elemente bedienen, die für Sie nötig sind. Ihr Lernfortschritt wird gezielt gefördert durch eine leicht verständliche Sprache und intuitive Benutzerführung sowie durch animierte Grafiken, die schrittweise den Aufbau komplexer Abbildungen erläutern.

Den Interessierten stehen eine Demoversion und eine Probelektion zur Verfügung.

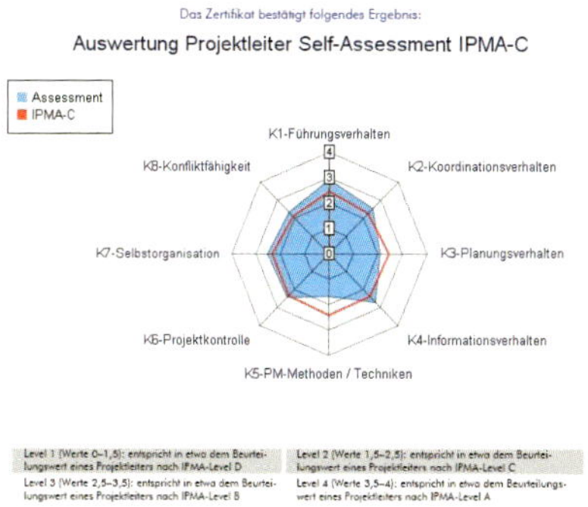

Testen Sie Ihre Projektleiterfähigkeiten!
Bestellen Sie Ihr Projektleiter-Self-Assessment unter:
www.pmplus.ch

Projektleiter-Self-Assessment – ein Instrument, um fachliches Projektmanagement-Wissen und Handlungskompetenz zu bestimmen.

Streben Sie z.B. die Zertifizierung nach IPMA an, wissen aber nicht, ob Sie sich für C oder B anmelden können? Oder benötigen Sie einen Nachweis für Ihre PL-Kompetenz? Wenn ja, so nutzen Sie das Projektleiter-Self-Assessment der SPOL AG.

Die Kompetenzbeurteilung wird aus der Beantwortung von über 200 qualifizierten Fragen abgeleitet. Grafische Darstellungen unterstützen die Verständlichkeit der Standortbestimmung.

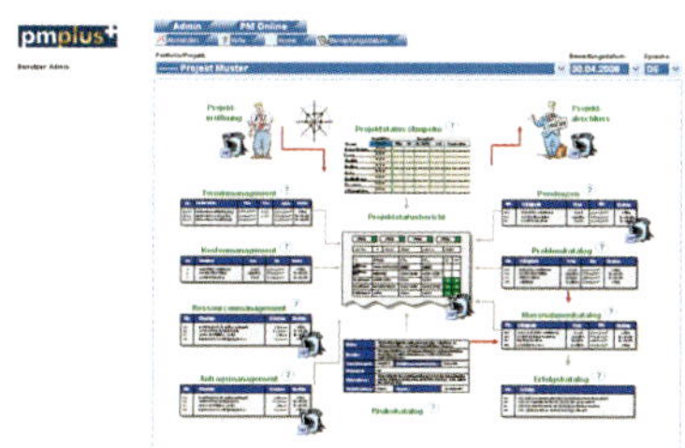

Project Monitor im ASP-Modus (online): Sie werden begeistert sein.
Bestellen Sie das Produkt unter: www.pmplus.ch

Projektmanagement-Führungsinstrument pmplus+ – pmplus+ unterstützt die Portfolio- und Projektverantwortlichen.

Das Online-Angebot „Project Monitor" bietet dem engagierten Projektleiter ein unkompliziertes Werkzeug, um jederzeit einen professionellen und aktuellen Überblick über die Projektsituation zu erhalten.

Begeistern Sie Ihre Vorgesetzten mit regelmässigen und aussagekräftigen Statusberichten, die jeweils innert 30 Minuten versandbereit sind.

Weitere Informationen erhalten Sie unter:
www.pm-ausbildung.ch

PM-Excellence-Tagesseminare mit Bruno Jenny

Akualisieren Sie mit den PM-Excellence-Tagesseminaren Ihr Projektmanagementwissen. Folgende Seminare stehen zur Auswahl:

- PM-Excellence Planung
- PM-Excellence Projektstart
- PM-Excellence Controlling
- PM-Excellence Risikomanagement
- PM-Excellence Projektportfolio-Management

Weiterbildung ist wichtig. Gerade in einem so dynamischen Umfeld wie im Projektmanagement-Bereich.

Machen Sie den ersten Schritt und nützen Sie das Fachwissen von Bruno Jenny für Ihren beruflichen Erfolg.